Vom Zählstein zum Computer

Reihe herausgegeben von

Klaus-J. Förster, Hildesheim, Deutschland

Karl-Heinz Schlote, Hildesheim, Deutschland

Thomas Sonar, Institut Computational Mathematics, TU Braunschweig, Braunschweig, Deutschland

In der Reihe „Vom Zählstein zum Computer" sind bisher erschienen:

4000 Jahre Zahlentheorie
Lemmermeyer
ISBN 978-3-662-68109-1

3000 Jahre Analysis
Sonar
ISBN 978-3-662-48917-8

Die Geschichte des Prioritätenstreits zwischen Leibniz und Newton
Sonar
ISBN 978-3-662-48861-4

4000 Jahre Algebra
Alten, Djafari Naini, Folkerts, Schlosser, Schlote, Wußing
ISBN 978-3-642-38238-3

5000 Jahre Geometrie
Scriba, Schreiber
ISBN 978-3-642-02361-3

6000 Jahre Mathematik
Band 1: Von den Anfängen bis Leibniz und Newton *Wußing*
ISBN 978-3-642-31348-6

6000 Jahre Mathematik
Band 2: Von Euler bis zur Gegenwart *Wußing*
ISBN 978-3-642-31998-3

Überblick und Biographien,
Hans Wußing et al. ISBN 978-3-88120-275-6

Vom Zählstein zum Computer – Altertum (Videofilm),
H. Wesemüller-Kock und A. Gottwald

Vom Zählstein zum Computer – Mittelalter (Videofilm),
H. Wesemüller-Kock und A. Gottwald

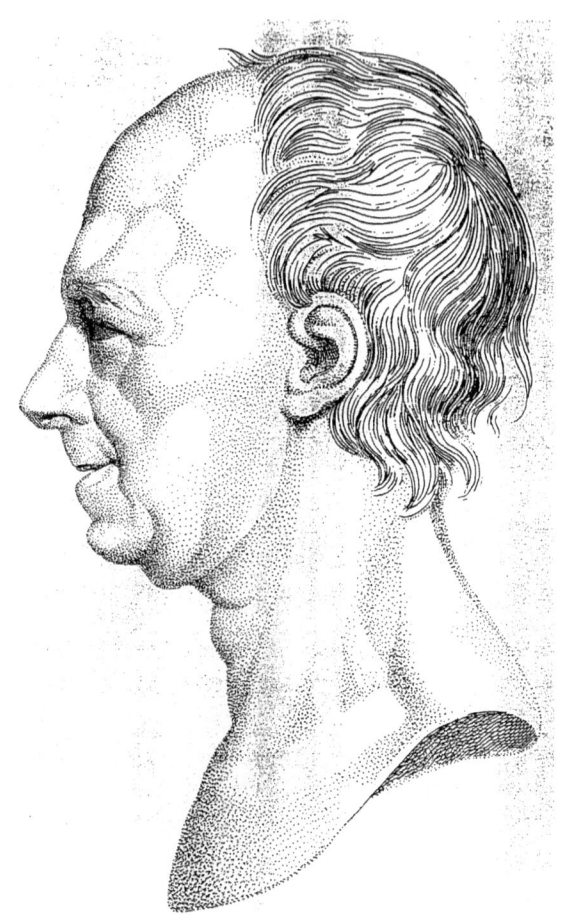
Leonhard Euler, 1707 – 1783

Rüdiger Thiele

Leonhard Euler (1707–1783)

Sein Leben, sein Werk, seine Zeit
Eine Biographie

Rüdiger Thiele
Potsdam, Deutschland

ISSN 2627-437X   ISSN 2627-4388   (electronic)
Vom Zählstein zum Computer
ISBN 978-3-662-68336-1   ISBN 978-3-662-68337-8   (eBook)
https://doi.org/10.1007/978-3-662-68337-8

Die Deutsche Nationalbibliothek verzeichnet diese Publikation in der Deutschen Nationalbibliografie; detaillierte bibliografische Daten sind im Internet über https://portal.dnb.de abrufbar.

© Der/die Herausgeber bzw. der/die Autor(en), exklusiv lizenziert an Springer-Verlag GmbH, DE, ein Teil von Springer Nature 2025

Das Werk einschließlich aller seiner Teile ist urheberrechtlich geschützt. Jede Verwertung, die nicht ausdrücklich vom Urheberrechtsgesetz zugelassen ist, bedarf der vorherigen Zustimmung des Verlags. Das gilt insbesondere für Vervielfältigungen, Bearbeitungen, Übersetzungen, Mikroverfilmungen und die Einspeicherung und Verarbeitung in elektronischen Systemen.
Die Wiedergabe von allgemein beschreibenden Bezeichnungen, Marken, Unternehmensnamen etc. in diesem Werk bedeutet nicht, dass diese frei durch jede Person benutzt werden dürfen. Die Berechtigung zur Benutzung unterliegt, auch ohne gesonderten Hinweis hierzu, den Regeln des Markenrechts. Die Rechte des/der jeweiligen Zeicheninhaber*in sind zu beachten.
Der Verlag, die Autor*innen und die Herausgeber*innen gehen davon aus, dass die Angaben und Informationen in diesem Werk zum Zeitpunkt der Veröffentlichung vollständig und korrekt sind. Weder der Verlag noch die Autor*innen oder die Herausgeber*innen übernehmen, ausdrücklich oder implizit, Gewähr für den Inhalt des Werkes, etwaige Fehler oder Äußerungen. Der Verlag bleibt im Hinblick auf geografische Zuordnungen und Gebietsbezeichnungen in veröffentlichten Karten und Institutionsadressen neutral.

Einbandabbildung: Teilabbildung von E. Handmanns Pastellbild „Leonhard Euler" (1753). © Kunstmuseum Basel (Schweiz) Slg. Online; http.//276/eMuseum.Plus (Zugriff 2025).

Springer Spektrum ist ein Imprint der eingetragenen Gesellschaft Springer-Verlag GmbH, DE und ist ein Teil von Springer Nature.
Die Anschrift der Gesellschaft ist: Heidelberger Platz 3, 14197 Berlin, Germany

Wenn Sie dieses Produkt entsorgen, geben Sie das Papier bitte zum Recycling.

Hinweise

Leonhard Euler lebte 31 Jahre (1727–1741, 1766–1783) im russischen Zarenreich. Zwei Sachverhalte sind daher beachtenswert.

- Die russische Schriftsprache benutzt kyrillische Buchstaben. Für deren Übertragung gibt es verschiedene wissenschaftliche und bibliothekarische Methoden. Wir werden ein System benutzen, das der deutschen Schreibweise weitgehend angepasst ist und dabei der russischen Aussprache möglichst einfach entsprechen soll. Ein solches Vorgehen ist insofern gerechtfertigt, da wir alle wichtigen russischen Wörter (Namen, Institutionen, geografische Bezeichnungen u. a.) vor ihrer lateinischen Wiedergabe im russischen Original angeben und bei Bedarf (etwa nach einigen Kapiteln) wiederholen.
- Die russische Orthografie hat sich seit dem 18. Jahrhundert verändert, beispielsweise gab es noch kurz vor Kriegsende 1917/18 einschlägige Reformen; heute gebräuchliche Schreibweisen beziehen sich auf die von der sowjetischen Akademie der Wissenschaften als verbindlich erklärten Regeln. Beispielsweise entfällt das Härtezeichen ъ am Wortende, ѣ wird nicht mehr gebraucht. Zur Vereinfachung lassen wir bei der lateinischen Wiedergabe das Weichheitszeichen ь (auch im Wortinneren) weg; die maskulinen Endungen -ий und -ый ersetzen wir im Allgemeinen in der lateinischen Wiedergabe nur durch -i, während wir die sächliche Endung -ое mit -oje wiedergeben.
- Wie immer gibt es Ausnahmen. Eingedeutschte Wörter wie Moskau (anstelle von Moskwa oder Moskva) oder Katherina II. (anstelle von Jekatarina) u. a.werden in den gebräuchlichen deutschen Schreibweisen benutzt.
- Die im Allgemeinen in Westeuropa und in Russland benutzten Kalendersysteme unterscheiden sich durch die katholische gregorianische Reformation. Der russische Kalender (alter Stil, a. St.) hinkte im 18. Jahrhundert gegenüber der westeuropäischen Zeitrechnung (neuer Stil, n. St.) um elf Tage hinterher (siehe hierzu Fußnote 44 in Kap. 3). Die Umrechnung zwischen den Kalendern ist somit einfach, aber wir werden insbesondere bei Briefwechseln der Bequemlichkeit halber beide Datierungen (a. St. /n. St.) angeben.
- Kalendersysteme unterscheiden sich gegenuber der katholisch-gregorianischen Reform. Der russische Kalender.

Wer das Leben eines großen Mannes beschreibt, der sein Jahrhundert durch einen beträchtlichen Grad von Aufklärung ausgezeichnet hat, macht immer eine Lobrede auf den menschlichen Geist.

NICOLAUS FUSS
Lobrede auf Herrn Leonhard Euler, 1786

Euler war der größte Mathematiker aller Zeiten; er war aber nur Mathematiker, d. h. kein Zauberer, kein Prophet, kein Heilender. Mathematik trieb er in der Überzeugung, daß diese Welt nach den bestmöglichen Naturgesetzen beherrscht wird. Er glaubte, daß es eine besondere, dem Menschen gestellte Aufgabe sei, durch Verstehen dieser Gesetze die dem Menschen prinzipiell verfügbaren Möglichkeiten zur Verbesserung zu entdecken und zu entwickeln. Das große Buch der Natur liegt vor uns offen, es ist aber in einer Sprache geschrieben, die wir nur durch eigenen Fleiß, durch Liebe und Leid lernen müssen. Diese Sprache ist die Mathematik. Der erste Schritt des eine Sprache Lernenden ist das Lesen, erst nach tieferen Studium kann er fließend sprechen und Fragen beantworten. Dann folgt der schwierigere Teil der Wissenschaft, die mathematisch formulierten Aufgaben zu lösen. Bei der Klärung und Beantwortung dieser Fragen ringt der Mensch letzten Endes um die besten Möglichkeiten, welche aus der festgelegten Ordnung der Welt folgen können.

CLIFFORD AMBROSE TRUESDELL
Eulers Leistungen in der Mechanik,
Vortrag auf der Euler-Konferenz 1957
in Basel

„Eulers Leistungen in der Mechanik"

Vorwort der Herausgeber

Es gibt keinerlei Zweifel daran, dass Leonhard Euler (1707–1783) zu den Giganten in der Geschichte der Mathematik und der Naturwissenschaften zählt. Gemessen an der Breite seiner Arbeitsgebiete und der Tiefe seiner Forschungen besaß er sicher eine außergewöhnliche Geistesgröße und ist, wenn überhaupt, nur mit wenigen vergleichbar! Von der stürmischen Weiterentwicklung der Analysis über die Variationsrechnung hin zu den partiellen Differentialgleichungen, den bahnbrechenden Resultaten in der Zahlentheorie, der Begründung der Graphentheorie durch das Königsberger Brückenproblem, den Beiträgen zur Kartografie, der Begründung der modernen Mechanik und Fluidmechanik, der Schiffswissenschaft, Himmelsmechanik und der Ballistik, bis hin zur Musiktheorie, der Theorie der Turbinen und der Konstruktion reibungsarmer Zahnräder – auf jedem dieser Gebiete hat Euler Überragendes geleistet.

Rüdiger Thiele hat sich mehr als sein halbes Leben lang wissenschaftlich mit Leonhard Euler beschäftigt; eine erste Buchveröffentlichung erschien in der Reihe *Biographien hervorragender Naturwissenschaftler, Techniker und Mediziner* als Band 56 im Jahr 1982 in Leipzig. Er hat über viele Jahre nationale und internationale Archive durchsucht und dadurch zahlreiche Entdeckungen gemacht, die bisher in der Euler-Forschung unbekannt waren. Viele Jahre lang war er Vizepräsident der Euler Society. Er ist zudem Träger des Lester Randolph Ford Awards der Mathematical Association of America. Rüdiger Thiele ist gleichzeitig ein hervorragender Kenner der Zeit, in der Euler lebte, und das vorliegende Buch zeigt seine historischen Kenntnisse gleichermaßen wie seine hervorragende Beherrschung der Mathematik der Aufklärungszeit. Die historischen und kulturhistorischen Passagen in diesem Werk lesen sich lebendig und lassen die Euler-Zeit vor den Augen der Leser auferstehen. Die mathematischen Anteile sind klar und hervorragend geklärt und lassen keine Wünsche offen.

Das vorliegende Werk ist wohl die umfangreichste und detaillierteste Euler-Biografie, die bisher geschrieben wurde. Sie enthält zahlreiche neue Erkenntnisse und ist ein wichtiger Beitrag zur mathematikhistorischen Forschung. Die Herausgebergruppe ist sehr froh, Rüdiger Thiele und sein *Opus magnum* für die Reihe „Vom Zählstein zum Computer" gewonnen zu haben.

Die Geschichte der Hildesheimer Projektgruppe „Geschichte der Mathematik" begann im Jahr ihrer Gründung 1992 durch Herrn Wesemüller-Kock und unseren langjährigen Vorsitzenden der Projektgruppe, Herrn Prof. Dr. Heinz-Wilhelm Alten, der im Jahr 2019 leider verstorben ist. Zunächst waren vier Basisbände zu Geometrie, Algebra, Zahlentheorie und Analysis geplant. Noch bevor noch der Band zur Zahlentheorie abgeschlossen wurde, erschien 2016 der erste Band außerhalb der Basisbände, „Die Geschichte des Prioritätsstreits zwischen Leibniz und Newton". Ein Band zu Leonhard Euler blieb zunächst ein Desiderat.

Möge auch dieser Band interessierte Aufnahme in breiten Kreisen finden und den geneigten Lesern das Leben und die Leistungen Leonhard Eulers nahebringen.

Hildesheim
Juni 2024

Thomas Sonar
im Namen der Herausgeber

Inhaltsverzeichnis

1	Prolog: Euler und seine Zeit – die Aufklärung.		1
	Literatur.		15
2	**Basel 1701–1727**		17
	2.1	Herkunft und Kindheit.	17
	2.2	Die Lehrjahre.	26
	2.3	Die ersten Schritte in der Wissenschaft	36
	2.4	Abschied von Basel	43
	Anhang.		46
	Literatur.		47
3	**St. Petersburg 1727–1741**.		49
	3.1	Die Reise nach St. Petersburg	49
	3.2	Die Gründung der Akademie der Wissenschaften in St. Petersburg.	59
		3.2.1 Akademische Pläne	59
		3.2.2 Der Personalbestand der Akademie	70
	3.3	Erste Petersburger Schritte.	87
	3.4	Akademischer Alltag	106
	3.5	Euler im Spiegel der Protokolle der akademischen Konferenzen.	116
	3.6	Weitere Aufgaben Eulers in St. Petersburg	129
	3.7	Auf dem Weg zum Ruhm.	139
		3.7.1 Eulers Arbeitsgebiete zeichnen sich ab	139
		3.7.2 Die Anfänge von Eulers Analysis (Reihenlehre und Schwierigkeiten der Begründung).	148
		3.7.3 Einschub: Euler und die Nichtstandardanalysis von Schmieden und Laugwitz	164
		3.7.4 Einschub: Summationsverfahren (Limitierungsmethoden).	170
	3.8	Das Königsberger Brückenproblem	178
	3.9	Erste Meisterwerke	181

	3.10	Interludium: Euler als Akustiker und Musiktheoretiker	193
		3.10.1 Mathematik und Musik	193
		3.10.2 Eulers Musiktheorie (*Tentamen*)	199
		3.10.3 Die Rezeption	215
	3.11	Die Goldbach-Briefe Teil 1: Die Jahre 1729–1741 (37 Briefe)	223
	3.12	Abschied von Petersburg	239
	Literatur		244
4	**Berlin 1741–1766**		**249**
	4.1	Osteuropäische Geschichte: Ein kurzer historischer Überblick	249
	4.2	Eulers Abreise aus St. Petersburg	254
	4.3	Ein kurzer Blick auf Preußen	262
	4.4	Euler in Berlin	265
	4.5	Friedrich II. auf dem Thron	278
	4.6	Der lange Weg zur Berliner Akademie	287
		4.6.1 Euler und die Reorganisation	293
		4.6.2 Die Société littéraire	308
		4.6.3 Die philosophischen Themen der Société littéraire	311
		4.6.4 Die Königliche Akademie der Wissenschaften (vereinigte mit der Sozietäten)	314
		4.6.5 Akademie unter Maupertuis	322
	4.7	Eulers Alltag	331
		4.7.1 Eulers Augenkrankheit	350
	4.8	Die Goldbach-Briefe Teil 2: 1741–1764 (158 Briefe)	352
	4.9	Leonhard Euler und die Philosophie	364
		4.9.1 Kritische Philosophie und Offenbarungsglaube	364
		4.9.2 Eine Skizze der Naturphilosophie zur Zeit Eulers	367
		4.9.3 Eulers Stellung in der Philosophie	373
		4.9.4 Einige einschlägige Arbeiten Eulers	376
		4.9.5 Die Rezeption der philosophischen Vorstellungen Eulers	384
	4.10	Akademische Kämpfe und philosophische Auseinandersetzungen	386
	4.11	Die historische Seite	390
	4.12	Der Monadenstreit	392
	4.13	Der Streit um das Prinzip der kleinsten Aktion	398
		4.13.1 Der Berliner Akademiepräsident Moreau de Maupertuis und Samuel Koenig	399
		4.13.2 Koenigs Eingreifen	405
		4.13.3 Maupertuis' Arbeiten zum Prinzip	410
		4.13.4 Die Auseinandersetzungen um das Prinzip der kleinsten Aktion	414
		4.13.5 Eine genauere Prüfung	423

		4.13.6	Voltaires Einmischung	429
		4.13.7	Drei Postscripta	444
	4.14	\multicolumn{2}{l}{*Lettres à une princesse d'Allemagne sur divers sujets de physique & de philosophie (Briefe an eine deutsche Prinzessin)*}	445
	4.15	\multicolumn{2}{l}{Das Zerwürfnis mit Friedrich II.}	458
	4.16	\multicolumn{2}{l}{Ein Nachwort}	477
	4.17	\multicolumn{2}{l}{Die Abreise}	478
	\multicolumn{3}{l}{Literatur}	482

5 Algebra, Geometrie und Zahlentheorie ... 489

- 5.1 Algebra. ... 489
- 5.2 Euler als Geometer. ... 502
  - 5.2.1 Geographie und Kartographie ... 512
- 5.3 Bahnbrechende Resultate – Euler und die Zahlentheorie ... 517
  - 5.3.1 Bemerkungen zur Zahlentheorie vor Euler ... 517
  - 5.3.2 Am Anfang war Fermat ... 522
  - 5.3.3 Das quadratische Reziprozitätsgesetz ... 530
  - 5.3.4 Quadratsummen ... 533
  - 5.3.5 Primzahlsuche ... 536
  - 5.3.6 Diophantische Gleichungen ... 537
  - 5.3.7 Additive Zahlentheorie ... 541
  - 5.3.8 Fermats Vermutung ... 542
- 5.4 Beispiel: Mathematische Spiele ... 552
- Literatur ... 560

6 Die Reichweite der Analysis ... 563

- 6.1 Was ist Analysis? Eine kurze historische Einführung ... 563
- 6.2 Zur Entstehung des analytischen Funktionskonzepts (Descartes, Leibniz, die Bernoullis) ... 565
- 6.3 Ausblick zur weiteren Entwicklung des Funktionsbegriffs ... 579
- 6.4 Die analytische Explosion ... 586
  - 6.4.1 Die Introductio in analysin infinitorum (1748) ... 589
  - 6.4.2 Institutiones calculi differentialis (1755) ... 617
  - 6.4.3 Institutiones calculi integralis (1768–1770) ... 646
  - 6.4.4 Editorische Bemerkungen zur analytischen Trilogie ... 661
- 6.5 Das Problem der schwingenden Saite ... 667
  - 6.5.1 Das Vorspiel ... 667
  - 6.5.2 Das Problem der schwingenden Saite und d'Alemberts Lösung ... 668
  - 6.5.3 Eulers Beitrag ... 673
  - 6.5.4 Kontroverse Auffassungen ... 679
  - 6.5.5 Die Notwendigkeit diskontinuierlicher Funktionen ... 681
  - 6.5.6 Daniel Bernoullis Beitrag ... 688
  - 6.5.7 Allgemeine Fragen ... 694

		6.5.8	Streiflichter auf den Streit	703
		6.5.9	Ein Ausblick und eine philosophische Betrachtung	711
	6.6	Eines der schönsten mathematischen Werke: Die Variationsrechnung		714
		6.6.1	Die Methode der isoperimetrischen Probleme	714
		6.6.2	Von der isoperimetrischen Methode zum „calculus variationis" (Eulers Arbeiten zur Variationsrechnung)	724
		6.6.3	Eine Einteilung von Eulers Arbeiten	728
		6.6.4	Physikalische Anwendungen der Variationsrechnung	753
	Literatur			758
7	Mechanik			761
	7.1	Einführung		761
	7.2	Mechanica sive motus scientia analytice exposita von 1736		762
	7.3	Die Hydromechanik und die Schiffswissenschaft (Scientia navalis, 1749)		773
		7.3.1	Die Affäre der Fontäne in Sanssouci	786
	7.4	Eulers zweite Mechanik: Theoria motus corporum solidorum seu rigidorum (1765)		791
	7.5	Himmelsmechanik		799
	7.6	Schießkunst		814
	Literatur			826
8	St. Petersburg 1766–1783			827
	8.1	Die Ankunft in Petersburg		827
	8.2	Das Wiedersehen mit der Akademie in St. Petersburg		834
	8.3	Das Alterswerk		853
	8.4	Schicksalsschläge		867
	8.5	Eulers letzte Jahre		879
	Literatur			890
9	Ausklang: Der Mann und sein Werk			891
	9.1	Eulers Werk (die *Opera omnia Euleri*)		896
	9.2	Leonhard Euler – der Mensch		908
10	Epilog			921

Anhang 1: Werkverzeichnis ... 925

Anhang 2: Abbildungsverzeichnis und -nachweis ... 945

Personenregister ... 959

Kapitel 1
Prolog: Euler und seine Zeit – die Aufklärung

Das 18. Jahrhundert lebte in dem Glauben an Vernunft und Wissenschaft, und es sah in beiden „des Menschen allerhöchste Kraft". Es war überzeugt, daß es nur der vollkommenen Entwicklung des Verstandes, nur einer Ausbildung aller geistigen Kräfte bedürfe, um den Menschen auch innerlich umzuschaffen und eine neue glückliche Menschheit heraufzuführen.[1]

ERNST CASSIRER (1874–1945)

Leonhard Euler gehörte dem 18. Jahrhundert an. Dieses Jahrhundert, das sich selbst das „Aufgeklärte" nannte, war nicht nur durch das intellektuelle Sich-Orientieren-im-Denken, sondern auch durch die enge Verflechtung von Naturwissenschaften und Philosophie sowie durch die Verbindung von Naturwissenschaften und industrieller Produktion und die sich hieraus ergebenden technischen Umwälzungen geprägt.

Die gewaltigen Veränderungen des Zeitalters der Reformation und der Gegenreformation verebbten, und das öffentliche Leben befand sich in einer Umbruchsphase, in der überlieferte Traditionen und alte Autoritäten neu gebildet und verstanden wurden. Die Gestaltung dieses Zeitabschnitts wird mit dem Begriff der Aufklärung erfasst, der keine ganz einheitliche Größe ist und zeitlich sowie geographisch durchaus variierte. Besonders im letzten Drittel des 18. Jahrhunderts ging mit den schnell voranstürmenden Fortschritten der industriellen Entwicklung, die zunehmend Handarbeit durch Maschinenarbeit ersetzte, eine explosive Erweiterung wissenschaftlicher Bestätigung einher. Immanuel Kant (1724–1804), der große Philosoph dieser Zeit, schrieb:

---

[1] E. Cassirer, *Rousseau, Kant, Goethe*. Zwei Studien zur Ideengeschichte des 18. Jahrhunderts, Hrsg. R. A. Basz, Hamburg 1992. Zitat aus der Rousseau-Studie.

„Indes in der Wissenschaft und insbesondere in der Naturwissenschaft erhob sich auch wirklich damals eine merkwürdige und neue Zeit. Wenn ich in diesen Beziehungen die ungeheuren Fortschritte nur der letzten drei Dezennien betrachte, so darf ich kühnlich sagen, daß drei vorhergegangene Jahrhunderte gegen sie nur Geringes geleistet haben."

Wie richtig Kant die wissenschaftlichen Bemühungen einschätzte, soll lediglich eine Tatsache belegen: Seit dem Ausgang des 18. Jahrhunderts verdoppelte sich etwa alle 15 Jahre die Anzahl der Naturwissenschaftler. Eulers Leben, dessen Spanne beinahe das ganze 18. Jahrhundert ausfüllte, umfasste 60 Jahre schöpferischer Tätigkeit, die mit einer erstaunlichen Fruchtbarkeit verbunden waren: Euler schrieb für Zeitschriften etwa 760 Artikel, verfasste 40 Bücher und 15 Preisschriften, füllte zahlreiche Notizbücher und verschickte in Europa einige Tausend Briefe. Clifford Ambrose Truesdell (1919–2000), ein ausgewiesener Euler-Kenner, schätzte, dass Euler etwa ein Drittel der im 18. Jahrhundert erschienenen mathematischen Arbeiten (einschließlich der mathematischen Physik) schrieb, aber er gehörte auch zu der Handvoll zeitgenössischer Mathematiker, die vielleicht ein gutes Dutzend bleibender mathematischer Begriff prägte. Eulers Themen betrafen neben der Mathematik und mathematischen Physik (Mechanik, Hydromechanik, Elastizitätstheorie, usw.) die Himmelsmechanik, die klassische Physik (Optik, Wärmelehre, Elektrizität und Magnetismus), Maschinenlehre, Ballistik, Schiffsbau, aber auch Musik, Geographie, Landwirtschaft sowie Philosophie und Religion.

Das 17. Jahrhundert begann experimentelle Methoden zur Abgrenzung der Gültigkeit von Theorien einzuführen und das so gerechtfertigte Wissen auf die gesamte menschliche Erfahrung auszuweiten. Darauf fußend formte das 18. Jahrhundert die Konturen der heutigen Welt. Ermöglichte es bis zum 17. Jahrhundert noch das Genie eines einzelnen, etwa Leonardo da Vincis (1425–1519) oder Gottfried Wilhelm Leibniz' (1646–1716), universal alles erworbene Wissen in sich zu vereinen, so erschienen vom 18. Jahrhundert an aufgrund der Wissensfülle mehr und mehr Fachgelehrte, die ursprünglich durchaus in verschiedenen Disziplinen bewandert waren. In diesem Sinn lässt sich mit Hermann Hankel (1839–1872) sagen, dass Leonhard Euler das naturwissenschaftliche Bewusstsein in der Mitte des 18. Jahrhunderts am besten verkörperte.[2]

Eulers Produktivität nahm im Laufe seines Lebens stetig zu. In den ersten 14 Jahren wissenschaftlicher Tätigkeit brachte er es auf 80 Arbeiten mit etwa 4000 Druckseiten, während er trotz Erblindung in den letzten 14 Jahren seines Schaffens über 350 Arbeiten mit etwa 8000 Seiten vorlegen konnte. Im St. Petersburger Akademiearchiv sind noch Tausende Seiten unveröffentlichter Manuskripte vorhanden. Statistisch gesehen muss Euler jede Woche eine Entdeckung gemacht haben. Seine erstaunliche Vielseitigkeit förderte die Mathematik seiner Zeit maßgeblich und bestimmte sie mit. Es gibt kaum ein wichtiges Problem der Folgezeit, von dem man

---

[2] Euler, der das [natur]wissenschaftliche Bewußtsein in der Mitte des vorigen Jahrhunderts [18. Jahrhundert] am vollständigsten vertritt ..., in: „Untersuchungen über die unendlich oft oszillierenden und unstetigen Funktionen", Math. Annalen 20 (1882), S. 63–112, Zitat S. 64.

nicht bereits Spuren in Eulers Werk findet.³ Die Mathematiker der nächsten Generation haben alle von ihm gelernt. „Lest Euler, er ist unser aller Meister", pflegte der französische Mathematiker Pierre Simon Laplace (1749–1827) zu sagen.⁴

Geschichtlich gesehen ist Leonhard Euler in eine Zeit gestellt, die besonders am Anfang des 18. Jahrhunderts wesentlich durch England, Frankreich und die Niederlande mit ihrer hoch entwickelten Wirtschaft bestimmt war. Wegbereiter dieser Industrialisierung war das Bürgertum, das in einigen Staaten wie England oder den Niederlanden bereits eine wichtige Rolle spielte. Die Schweizer Eidgenossenschaft, die Heimat Leonhard Eulers, war im 18. Jahrhundert ein lockeres Gefüge aus 13 Kantonen, für die es kein einheitliches festes Band gab; erst am Ende des Jahrhunderts leitete das revolutionäre Frankreich Veränderungen ein, die schließlich zu dem liberalen, demokratischen und neutralen Staatenbund führten. Deutschland, ein zurückgebliebenes Agrarland, war kein einheitlicher Nationalstaat, sondern in etwa 300 absolutistische Partikulargewalten zersplittert; seine Kräfte waren durch den 30-jährigen Krieg untergraben. Mit dem 18. Jahrhundert begann sich neben Österreich auch der brandenburgisch-preußische Staat zu entwickeln, ab 1701 war Preußen Königreich und strebte die Vorherrschaft in Deutschland an. Im Osten Europas wurde Russland unter dem Zaren Peter I. (dem Großen, Петръ Великий, 1672–1725, Regierungszeit 1689–1725) eine europäische Großmacht. Vorbild aller absoluten Monarchen ebenso wie der Duodezfürsten jener Zeit waren der Prunk und Luxus des französischen Königs Ludwigs XIV. (Louis XIV, 1638–1715, Regierungszeit 1643–1715) und dessen absolutistisches Selbstverständnis („L'Etat, c'est moi", der Staat bin ich). Sowohl Friedrich II. (der Große) von Preußen (1712–1786, Regierungszeit 1740–1786) als auch Peter I. ahmten den französischen Hof und seine Kultur nach. Ihr Versailles waren Potsdam und Petrodworez (Петродворец), die Hofsprache war bei beiden Französisch. 1783, im Todesjahr Eulers, wurde die Unabhängigkeit der Vereinigten Staaten von Nordamerika vom Königreich England anerkannt, ein deutliches Zeichen für das wirtschaftliche Erstarken des Bürgertums.

Die geistige Bewegung jener Zeit – das sich von England über alle europäischen Staaten ausbreitende „Enlightenment" (Erleuchtung) – beruhte auf den politischen und ökonomischen Bestrebungen des dritten Standes. Für diese Bewegung ist seit der Mitte des 18. Jahrhunderts die Bezeichnung „Aufklärung" üblich, in Frankreich spricht man vom „siècle philosophique" (philosophisches Jahrhundert) oder dem „siècle des lumières" (Zeitalter des Lichtes bzw. der Erleuchtung). Der Wahlspruch der Aufklärung ist die Maxime „Habe Mut, dich deines eigenen Verstandes zu bedienen!", wie 1784 einer der wichtigsten Vertreter der deutschen Aufklärung, Immanuel Kant, in seiner Abhandlung „Was ist Aufklärung?" ausführte. Das vernunftmäßige Denken in Verbindung mit Naturwissenschaft und Philosophie befähigte

---

³ Eine bemerkenswerte Ausnahme bildet das Parallelenproblem.
⁴ „Lisez Euler, lisez Euler, c'est notre maître à tous." – Dieser Ausspruch wird Laplace durch G. Libri-Carucci (1803–1869) im Journal des Savants 1846, S. 51 zugeschrieben, der ihn selbst von Laplace vernommen haben will („nous avons entendues da sa propre bouche").

die Träger der Aufklärung zu richtungweisenden Erkenntnissen in allen Bereichen, es führte zur Befreiung von Fesseln religiöser Dogmen (Freidenker), es versetzte sie in die Lage, Schwächen des feudalen Gesellschaftssystems zu erkennen, und flößte ihnen unbegrenztes Selbstvertrauen in sich und die Kraft des Denkens ein. Die Aufforderung, „sich im Denken zu orientieren" (I. Kant), um hieraus die rationale Gestaltung von Natur und Gesellschaft zu ermöglichen, wird besonders augenfällig an der monumentalen *Encyclopédie* in 17 Bänden (mit ca. 18.000 Seiten), die in Frankreich in den Jahren von 1751 bis 1765 von Denis Diderot (1713–1784) unter Mitarbeit einer Anzahl von Schriftstellern (genau 142), darunter auch führenden Mathematikern wie Jean le Rond d'Alembert, herausgegeben wurde und sämtliche die Aufklärung interessierenden Wissensgebiete enthält (Abb. 1.1 und 1.2). Bemerkenswert sind weitere elf Bände mit Illustrationen (ca. 7000 Seiten mit 2885 Kupferstichen). Ein deutsches Gegenstück ist der sogenannte „Große Zedler", ein *Universallexikon aller Wissenschaften und Künste*, das von 1732 bis 1750 in 64 Bänden erschien und mit seinen ca. 68.000 Seiten fast den vierfachen Umfang der französischen *Encyclopédie* erreichte.[5]

Ein entscheidender Beitrag zur Fundierung der Aufklärungsphilosophie ging von den Naturwissenschaften aus, genauer von Isaak Newtons (1643–1727) *Philosophiae naturalis principia mathematica* (Mathematische Prinzipien der Naturphilosophie). In diesem Buch von 1687 gipfeln die mathematisch-physikalischen Erkenntnisse des 17. Jahrhunderts; es vollzieht die Wende vom statischen Naturbild zur dynamischen Naturfassung. Zwar wiesen Nikolaus Kopernikus (1473–1543), Galileo Galilei (1564–1642) und Johannes Kepler (1571–1630) den Weg zum Begreifen des Kosmos als einer physikalische Einheit, aber es bedurfte doch des Genius Isaak Newton, um für die überall gleichen Bewegungsprinzipien sowohl den theoretischen Ansatz zu liefern als auch die tatsächliche Anwendbarkeit der Prinzipien zu demonstrieren. Die Unterscheidung zwischen irdischen und überirdischen Welten wurde mit einem Schlag hinfällig, und es erfolgte ein radikaler Bruch mit der mittelalterlichen Vorstellung, die noch auf der griechischen Kosmologie beruhte. Der Bruch mit seinen Folgen lässt sich in den Naturwissenschaften bestenfalls noch mit der Resonanz auf das Buch *On the origin of species by means of natural selection* (Über die Entstehung der Arten durch natürliche Zuchtwahl) von Charles Darwin (1809–1882) aus dem Jahre 1859 vergleichen. Newtons System blieb, von der Korpuskulartheorie des Lichtes abgesehen, über 200 Jahre, also bis zum Beginn des 20. Jahrhunderts, unangefochten. Einer der Männer, der es revidierte, Albert Einstein (1870–1950), schrieb gegen Ende seines Lebens über die Newton'sche Physik:

> „Am Anfang (wenn es einen solchen gab) schuf Gott Newtons Bewegungsgesetze samt den notwendigen Massen und Kräften. Dies ist alles; das weitere gibt die Ausbildung geeigneter mathematischer Methoden durch Deduktion."

Er fuhr fort, dass das,

---

[5] Eine erweiterte Nachauflage der *Encyclopédie* brachte es auf 35 Bände.

1 Prolog: Euler und seine Zeit – die Aufklärung

Abb. 1.1 Frontispiz der französischen *Encyclopédie*, eine Allegorie auf die Wahrheit von Nicolas Cochin d. J. (1715–1790). Die Allegorie zeigt die Wahrheit als zentrale Figur oben in der Mitte, und das von ihr ausgehende Licht („siècle des lumières", Jahrhundert des Lichts bzw. der Erleuchtung) löst die verhüllenden Wolken auf. Rechts neben der Wahrheit sind zwei weibliche Gestalten – Vernunft und Philosophie (gekrönt) – zu sehen, die die Wahrheit entschleiern. Die Theologie, zu Füßen der Wahrheit, erhält eigenes Licht von oben, wohin ihr Blick gerichtet ist. Auf der rechten Seite der Allegorie sind die Wissenschaften dargestellt; die Muse der Mathematik blickt beispielsweise auf ein Blatt Papier mit dem Satz des Pythagoras. Die andere Seite wird von den Künsten gefüllt, die von der Vorstellungskraft angeführt werden, welche sich gerade anschickt, die Wahrheit mit einer Girlande zu krönen. Im unteren Teil befinden sich noch Personen mit physikalischen und technischen Attributen. Der erste Band beginnt mit einem Vorwort („Discours Préliminaire") von Jean le Rond d'Alembert (1710–1783), das einen Überblick über die Wissenschaften gibt. Dieser *Discours* gehört zu den bedeutendsten Schriften des 18. Jahrhunderts und legt dar, wie sich Fortschritt an der Kulturgeschichte der modernen Welt prüfen lässt. Die *Encyclopédie* enthielt viel Zündstoff, sodass mehrfach die Druckerlaubnis für sie entzogen wurde und d'Alembert resignierte 1759 seine Mitarbeit einstellte. Auch Denis Diderot (1713–1784) vollendete, vom Verleger mehrfach hintergangen, das Werk nicht, sondern sein Mitarbeiter Louis de

Joucourt (1704–1780), der zunächst d'Alembert ersetzte, vollendete es.[6] Allerdings wimmelte es nicht auf jeder Seite von gefährlichen Ideen, die ohnehin geschickt von Diderot über das gesamte Werk verteilt wurden, sondern als Nachschlagewerk enthielt es auch routinemäßig erstellte Einträge und „manche Definition [ist] mehr schlecht als recht abgeschrieben" (P. Blom). Der frisch promovierte Theologe Jean Martin de Prades (~1720–1782) brachte seine Dissertation in der *Encyclopédie* als Stichwort „Certitude" (Gewissheit) unter. Er signierte den Artikel, in dem sich Aussagen befanden, die man in einer theologischen Dissertation eigentlich nicht erwartete (das Christentum prahle zu sehr mit seinen Wundern), sodass man, als man diese Kuckuckseier bemerkte, erstmals der *Encyclopédie* die Druckerlaubnis entzog und der Abbé de Prades (um 1720–1786) es vorzog, nach Preußen zu fliehen, wo er Sekretär und Vorleser Friedrichs II. wurde und dort schließlich starb

> „was auf dieser Basis geleistet wurde, insbesondere durch die Anwendung partieller Differentialgleichungen, die Bewunderung jedes empfänglichen Menschen erwecken muss."[7]

Diese Zeilen würdigen, ohne dass der Name genannt wird, auch Leonhard Euler. Isaac Newton und Gottfried Wilhelm Leibniz hatten die verschiedenen Zweige des infinitesimalen Denkens in einer einheitlichen Theorie, der Fluxionsrechnung bzw. dem Calculus, gebündelt. Die Brüder Jakob (1654–1705) und Johann Bernoulli (1667–1748) meisterten als Erste die Schwierigkeiten der neuen mathematischen Hilfsmittel (Differential- und Integralrechnung), Euler erkundete das Neuland der Analysis fast vollständig. Großen Kreisen wurde die neue Mathematik gegen Ende des 18. Jahrhunderts zugänglich, als die Französische Revolution von 1789 neue gesellschaftliche Verhältnisse schuf und dadurch beispielsweise militärischen Anwendungen mehr Raum gab (École polytechnique). Selbst Persönlichkeiten wie Friedrich II. (1712–1786) oder Johann Wolfgang Goethe (1749–1832), die wenig Verständnis für mathematisches Denken aufbringen konnten, waren immer wieder genötigt, die Bedeutung der Mathematik anzuerkennen.

Obwohl mathematische Gebiete wie die Wahrscheinlichkeitsrechnung und im letzten Drittel des 18. Jahrhunderts auch Algebra und Kombinatorik bedeutende Fortschritte machten, beschränkte sich die mathematische Produktivität in diesem Jahrhundert vornehmlich auf den Ausbau der Differential- und Integralrechnung und deren Anwendungen, was insbesondere jenes staunenswerte Gebäude der theoretischen Physik erstehen ließ. Je tiefer wir in das Verständnis der Natur eindringen, desto mehr werden wir in die Welt der Mathematik hineingezogen. Es ist daher kein Wunder, dass die Mathematik eine führende Wissenschaft der Aufklärung wurde. Allerdings war mit der Führungsrolle der Mathematik auch gelegentlich die Gefahr einer Überschätzung verbunden, die sich z. B. in dem etwas abwegigen Bemühen zeigte, im Gerichtswesen die Wahrscheinlichkeitsrechnung

---

[6] P. Blom, *Das vernünftige Ungeheuer. Diderot, d'Alembert, de Jaucourt und die Große Enzyklopädie* (= Die Andere Bibliothek. Band 243). Frankfurt/M. 2005. Ebenfalls Darnton, R., *Glänzende Geschäfte. Die Verbreitung von Diderots „Encyclopédie" oder: wie verkauft man Wissen mit Gewinn.* (Übersetzungen aus dem Französischen und Englischen). Berlin 1993.

[7] Einstein, „Autobiographisches", in Schilpp, *Albert Einstein als Philosoph und Naturforscher.* Stuttgart 1955.

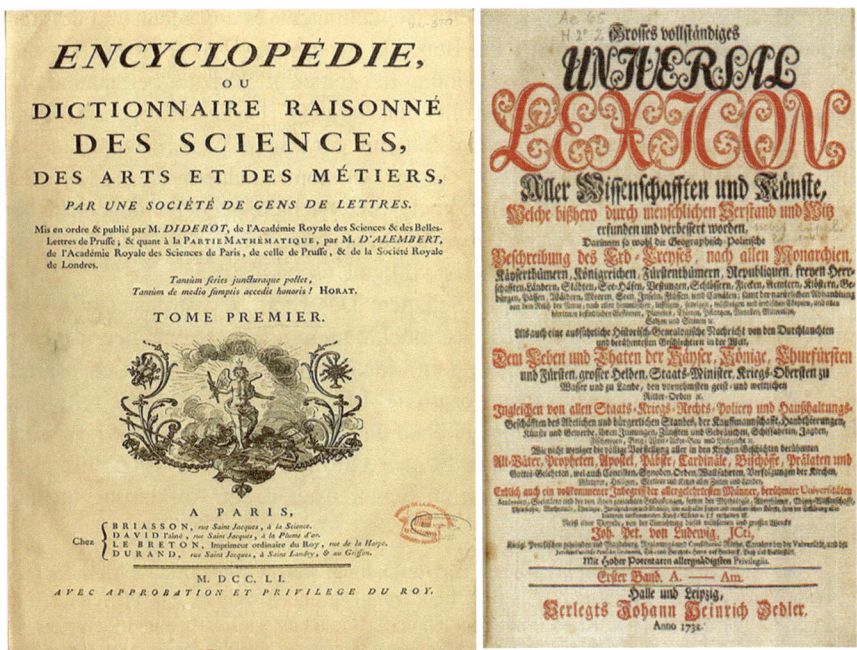

Abb. 1.2 Die Titelblätter **a** des ersten Bandes der französischen *Encyclopédie* von Denis Diderot und **b** des deutschen *Universallexikons* von Johann Heinrich Zedler (1706–1751)

zur Fällung gerechterer Urteile einzusetzen. In der Schweiz wählte man bei gewissen Ausschreibungsverfahren eine Anzahl von Kandidaten aus, die „ins Los kamen", das dann den Ausgang bestimmte. Ein anderes kurioses Beispiele: der Berliner Buchhändler Friedrich Nicolai (1733–1811) versuchte, Flausen in seinem Kopf durch das Ansetzen von Blutegeln am After zu vertreiben. Es war eben auch so, dass alles, was sich dem aufklärerischen Verständnis entgegenstellte oder sich (noch) rationalen Erklärungen entzog, ausgegrenzt und häufig schnell verteufelt wurde.

Gegenüber dem Rationalen bewahrte oder erhöhte dessen Schattenseite, die Irrationalität, sogar ihre Faszination. Vertreter eines tierischen Magnetismus wie Franz Mesmer (1734–1815) oder sogar Geisterseher wie Emanuel Swedenborg (1688–1772) sowie weitere Scharlatane von der Art des Alexander Grafen von Cagliostro (1743–1795) verfinsterten das Licht der Aufklärung. „Der höchste Menschenverstand und der krasseste Aberglauben" (Goethe) waren ineinander verwoben, und diese Verbindung zeigt sich auch noch heute, etwa bei der schwarzen Wetterkerze, die man in süddeutschen Klosterläden erwerben konnte und noch kann. Sie soll vor den Unbilden des Wetters Schutz gewähren – so glaubte und glaubt man in einigen katholischen Gegenden noch bis heute. Andererseits waren es Klöster in diesen Landschaften, die die gefährlichen Experimente wie die von Benjamin Franklin (1706–1790), die tödlich ausgehenden Versuche von Georg Wilhelm Richmann (1711–1753) in St. Petersburg und anderen interessiert aufnahmen und fortführten, um so die meteorologischen Erscheinungen vor den Richtstuhl der Vernunft zu zerren, wie es etwa der Pater Benedikt Arbuthnot (1737–1820) in Regensburg tat, der den Blitz als eine Erscheinung der reinen Elektrizität betrachtete und ihn mit materiellen Mitteln ableiten wollte, um ihn gefahrlos zu entsorgen, während der Regensburger Klerus zur gleichen Zeit mit geweihten Wetterkerzen dagegen hielt. Der Göttinger Physikprofessor Georg Christoph Lichtenberg (1742–1799) der sich ebenfalls diesem Thema widmete, unterrichtete jedoch vorsichtshalber zum einen seine Mitbürger von der Absicht, auf seinem Haus einen Blitzableiter zu bauen, und beteuerte zum anderen dessen völlige Unschädlichkeit.

Wo Licht ist, da findet sich auch Schatten. Das Licht, das im „siècle des lumières" von der Aufklärung ausging, vermochte nicht alle Bereiche menschlichen Seins auszuleuchten: über Intoleranz, dem Machtstreben und einigen Lebensarten lag Dämmerung, kein helles Licht; Vorurteile, Irr- und Aberglaube oder religiöser sowie philosophischer Dogmatismus blieben unerleuchtet. Der Schweizer Wissenschaftshistoriker und exzellente Euler-Kenner Otto Spiess (1878–1966) führte in seiner ausgezeichneten Euler-Biographie Schattenseiten der Aufklärung an und gab diese Beispiele:

> „Wenn die Theologen und Philosophen der Aufklärung, welche Religion und Moral auf reine Vernunft oder Erfahrung (statt auf Offenbarung)[8] gründen wollten, ihre Waffen häufiger der mathematischen Rüstkammer entnahmen, so machten Orthodoxie und Pietismus hinwieder die Mathematik für alle Schäden verantwortlich. Der pietistische Professor Francke in Halle erklärte, ,er könne keinen zum Christen machen, der dem Euclidem studierte', und sein orthodoxer Kollege Lange, von dem es hieß, ,er muß drey Tage zu Bett liegen, wenn er nur den Reg. Rat Wolffen nennen hört', nannte in einer Schrift die Mathematik eine falso eruditio, eine falsche Bildung, die zum Atheismus führe, wie man bei Spinoza gesehen!"[9]

---

[8] Diese sog. Physikotheologie strebt das Ersetzen geoffenbarter Glaubenswahrheiten durch empirische Erfahrungen an. Dabei kam es häufig zu lächerlich naiven Aussagen, wenn etwa der Sinn der Nasen damit erklärt wurde, Brillen zu tragen. Auch Euler streifte gelegentlich physikotheologische Sachverhalte, wenn er die Hautfalten des Rhinozeros als Ausdruck göttlichen Vorhersehens deutete, da sich sonst das Tier nicht bewegen könne (*Briefe an eine deutsche Prinzessin*; E 343, EO III/11, Brief 83). Vgl. auch „Physikotheologisches Denken in Mathematik und Physik zur Zeit der Aufklärung", in: *Wissenschaft und Musik unter dem Einfluß einer sich ändernden Geisteshaltung* (Hrsg. M. Büttner). Bochum 1992, S. 53–67.

[9] Spiess, *Leonhard Euler*. Frauenfeld/Leipzig 1929, S. 21.
Christian Wolff (1679–1754), später Freiherr von Wolff, bedeutender deutscher Philosoph der Aufklärung, zeitlich zwischen Leibniz und Kant, Universalgelehrter. *Christian Wolffs eigene Lebensbeschreibung*. Leipzig 1841, S. 190 = *Selbstschilderungen* (Hrsg. K. Guth). Berlin 2017;
August Herrman Francke (1663–1727); Theologe und Hauptvertreter des hallischen Pietismus, Begründer der Franckeschen Stiftungen in Halle (Waisenhaus) 1698, Mitglied der Preuß. Societät der Wissenschaften seit 1701;
Joachim Lange (1670–1744) Theologe in Halle; Zitat aus der 30-seitigen Streitschrift „Unpartheyische und gründliche Ausführung der Frage, ob die Mathematischen Wissenschaften wie auch die Wolffsche Philosophie zum Atheismus führe? Wider Herrn Dr. Lange, Profess. Theol. in Halle verteidigt von J. F. R. [Johann Friedrich Rubel]", fingierter Druckort 1735.
Baruch Spinoza (1632–1677) war ein rationaler niederländischer Philosoph und gilt als einer der Begründer der modernen Bibel- und Religionskritik.

Wissenschaftliche Forschung wurde zur Zeit der Aufklärung vornehmlich an königlichen Akademien oder in gelehrten Gesellschaften betrieben. Diese gelehrten Einrichtungen erlebten um die Mitte des 18. Jahrhunderts eine Blüte, viele der Akademiegründungen gehen auf diese Jahre zurück.[10] Universitäten spielten im Allgemeinen eine geringere Rolle, und entsprechend schlecht war auch die soziale Lage der dort tätigen Mathematiker. Es gab seinerzeit in Europa etwa 150 Universitäten, was zeigt, dass die universitäre Lehre und Forschung eine bedeutende Vergangenheit hat. Es gab ehrwürdige italienische Universitäten in Bologna (1119) oder Padua (1222), holländische in Utrecht (1636) oder Leiden (1575), schwedische in Lund (1668) oder Uppsala (1477), böhmische in Prag (1348), polnische in Krakau (1364), englische in Oxford (13. Jh.) und Cambridge (12./13. Jh.), schottische in St. Andrews (1413) und Edinburgh (1583), französische in Paris (1150) und Montpellier (1220), deutsche in Köln (1388), Heidelberg (1366) oder Leipzig (1409). Die Bedeutung und Größe der Universitäten schwankte: Eine Handvoll dieser hohen Schulen wie in Halle, Leipzig, Paris Oxford, Cambridge und Neapel war mit um die 500 Studenten groß, der Spitzenreiter war Salamanca mit über 2000 Studenten, aber es gab auch solche wie die in Bützow (1760), einem mecklenburgischen Städtchen, oder Altdorf (1622) bei Nürnberg, die heute vergessen sind. Universitäten, die in der Regel in die vier klassischen Fakultäten für Philosophie, Theologie, Recht und Medizin aufgeteilt waren, hatten aufgrund ihrer Traditionen europaweit akzeptierte Abschlüsse (Bachelor, Magister) und Graduierungen (Doctor, Docent, Professor), was einen internationalen Arbeitsmarkt mit lateinischer Sprache schuf. Im 18. Jahrhundert lehrten an Universitäten berühmte Gelehrte wie Adam Smith (1723–1790) oder Immanuel Kant, um nur zwei zu nennen.

Die Mitglieder von Akademien hingegen waren frei von Lehrverpflichtungen und konnten sich, wenn sie der Monarch nicht für praktische oder anderweitige Aufgaben wie etwa Gutachten benötigte, unbehindert ihrer wissenschaftlichen Tätigkeit widmen, sofern sie ausreichend besoldet waren. Damit wurde das Monopol der Universitäten gebrochen, denn Akademien erwiesen sich in der Forschung zunehmend als Konkurrenten der Universitäten. Mathematik war allerdings noch keine Fachdisziplin im heutigen Sinn, sie besaß zwar eine universelle Rolle, insbesondere waren enge Beziehungen zur Philosophie und Theologie vorhanden, aber eine mathematisch-naturwissenschaftliche Fakultät hatten die Universitäten damals noch nicht, weshalb die mathematische Lehre an der philosophischen Fakultät ihr Heim hatte.

Bedeutende wissenschaftliche Zentren in Europa im 18. Jahrhundert waren insbesondere die Académie Française in Paris (seit 1635) und die Royal Society in London (seit 1660). Die regierenden Monarchen, die sich als aufgeklärt verstanden, hatten das Bedürfnis, berühmte Wissenschafter an ihren Höfen zu versammeln

---

[10] Im Deutschen kann das Wort Akademie auch die Bedeutung einer höheren Lehranstalt haben, wie es beispielsweise in der Bezeichnung Ritterakademie, Polizeiakademie oder Bergbauakademie der Fall ist.

und sie vor ihrem Triumphwagen zu spannen: zum einen, um politische und ökonomische Macht zu zeigen, aber zum anderen auch, um sie praktische Aufgaben im Staatsinteresse lösen zu lassen. „Nichts gibt einem Reich mehr Glanz, als wenn die Künste unter seinem Schutz gedeihen", schrieb Friedrich II. als Kronprinz im *Antimachiavell* (1740). So hatte der spätere Friedrich I., König von Preußen, 1700 eine Akademie, die Königliche Societät, gegründet, die Friedrich II. neu belebte, und Peter I. von Russland veranlasste die Stiftung der Petersburger Akademie 1725 – beides auf Leibniz' Bestreben hin, Europa mit einem Netz gelehrter Akademien zu überziehen. Das Wirken Eulers brachte die beiden letztgenannten Akademien schließlich in die erste Reihe der europäischen Akademien.

Bereits 1783, im Todesjahr von Euler, ließ Georg Christoph Lichtenberg (1742–1799), der geistreiche Physiker und Schriftsteller aus Göttingen, anlässlich des Aufstiegs eines Luftschiffes, der Montgolfière, in Frankreich sein Jahrhundert resümierend sagen:

> „Und was ich gesehen habe? O genug. Ich habe Peter den Ersten [1672–1725] gesehen und Katharina [die Große 1729–1769] und Friedrich [den Großen, 1712–1786] ... und Leibniz [1646–1716] und Newton [1642–1727] und Euler ... bist du [Leser] damit zufrieden? Gut. Aber sieh hier noch ein paar Kleinigkeiten: Hier habe ich einen neuen ungeheuren Staat [USA], ... und siehe endlich habe ich in meinem 83sten Jahr ein Luftschiff [Montgolfière] gemacht."[11]

In Hinblick auf das Jahr 1783 wies Lichtenberg auch auf einen neuen „ungeheuren Staat" hin, indem er sich auf Englands Akzeptanz der amerikanischen Unabhängigkeitserklärung von 1776 (America's Declaration of Independence) bezog.

Der Aufklärung ging eine Epoche voran, in der das religiöse Leben durch Reformation und Gegenreformation geprägt war und in der scharfe konfessionelle Auseinandersetzungen stattfanden. Am Ende des 17. Jahrhunderts verebbten allmählich diese Erscheinungen und es entfaltete sich eine neue Kultur, in der Religion und Kirche zurücktraten. Der Gebrauch der Vernunft schaffte ein weltliches Kulturleben, das unabhängig von religiösen Traditionen wurde. „Diese Umwälzung des Kulturlebens und die veränderte Stellung der Kirche zu den übrigen Kulturzweigen ist die wichtigste Tatsache der nachreformatorischen Kirchengeschichte",[12] stellte der evangelische Kirchenhistoriker Karl Heussi (1877–1961) fest.

Dieser neuen Atmosphäre konnte sich weder die Philosophie noch die moderne Wissenschaft oder auch die neue Kultur entziehen. Das 18. Jahrhundert war eine Glanzzeit der mathematischen Naturwissenschaften, in denen eine Umwälzung des wissenschaftlichen Denkens erfolgte, die die gebildeten Zeitgenossen tief beeindruckte. Obwohl die Naturwissenschaften nicht von vornherein Feinde der Kirche waren, standen viele ihrer Ergebnisse in scharfem Gegensatz zu dem von

---

[11] Lichtenberg, „Vermischte Gedanken über die aerostatischen Maschinen", in: *Schriften und Briefe* (Hrsg. W. Promis), Bd. 3, S. 62–63. München 1972.

[12] K. Heussi, *Kompendium der Kirchengeschichte*. 17. Aufl. Tübingen 1988, S. 382.

der Kirche vertretenen biblischen Weltbild. Auch die Mächtigen mussten sich anpassen. Das autokratische Selbstverständnis, das Ludwig XIV. als Sonnenkönig („le roi-soleil", 1638–1715) noch ohne jeden Zweifel vertrat, indem er erklärte: „Die unumschränkte Macht wohnt allein meiner Person inne ... und die Rechte und Interessen der Nation sind notwendig mit meinen verknüpft und ruhen allein in meinen Händen", wurde zwar weiter tradiert, aber nicht gänzlich.

Leonhard Euler, in der republikanischen Schweiz geboren, hatte es in seinem Leben vor allem mit zwei prominenten „aufgeklärten" Herrschern zu tun: dem preußischen König Friedrich II (1712–1786, regierte ab 1740) (Abb. 1.3) und der russischen Zarin Katharina II. (1729–1796, regierte ab 1762)(Abb. 1.4). Beide Monarchen waren gebildet, intelligent, pflegten geistige Kontakte, versuchten Staat und Gesellschaft zu reformieren und vertraten in ihrer Zeit durchaus eine fortschrittliche Politik – entsprachen sie also dem Ideal eines aufklärerischen Herrschers? Nicht ganz. Das lag nicht nur an ihrem tradierten Machtverständnis, den Staat selbst zu verkörpern, sondern auch an Umständen, für die sie nicht allein verantwortlich waren und deren Veränderungen vielfältige Widerstände entgegengesetzt wurden, da sie Privilegien des Adels gemindert hätten (und häufig auch die der Regenten). Erich Donnert (1921–2016) beurteilte das Reformbestreben Katharina II., Russlands Kultur und Lebensbedingungen auf westliches Niveau zu heben, sehr wohlwollend, während sein Resümee dann doch enttäuschend war, „da sie es nicht vermocht hat, jegliche Mißstände abzuschaffen und mit den Grundübeln der alten Ordnung aufzuräumen, sondern mit ihrer Sozialpolitik neue Barrieren aufgebaut hat".[13] Der britische Historiker Mark Galeotti (*1965) ist kritischer und bezeichnet die die Zarin als eine Aufklärerin, die mit Begeisterung sich selbst und ihr Land an der Spitze der Aufklärung sehe, wo man verbal zwar Vernunft, Freiheit und Toleranz auf die Fahnen geschrieben habe, aber im Zentrum ihrer aufklärerischen Pläne Leere herrsche.[14]

Friedrich II. wird in der deutschen Geschichte kontrovers gesehen. Er selbst liebte es, sich als „roi philosophe" zu sehen. Aber dieser König wurde durch Voltaire schlagend demaskiert, als er darauf hinwies, dass der König seinen Philosophenmantel schnell abwerfe und zum Degen greife, sobald er eine Provinz erblicke, die ihm gefiele, sich also in einen „roi guerrier" verwandele.[15] Euler hatte nicht die scharfe Sicht Voltaires auf den preußischen König, der für ihn ein „philosophe couronné" (gekrönter Philosoph) war. Friedrich war für einen Monarchen durchaus gebildet, nicht nur in den ihn interessierenden Geisteswissenschaften, sondern er war auch in den Naturwissenschaften bewandert. Der König war sich bewusst, dass es in seinen Tagen so weit gekommen sei, „dass eine Regierung in Europa, die die Ermunterung der Wissenschaft im geringsten verabsäumte, binnen

---

[13] *Katharina II., die Große (1729–1796). Kaiserin des russischen Reiches.* Leipzig 1983, weitere überarbeitete Auflagen, zitiert nach 3. Aufl. 2004, S. 44.
[14] M. Galeotti, *Die kürzeste Geschichte Russlands*, Berlin 2011, S. 142.
[15] Wie viele andere hatte auch das geistige Haupt der Aufklärung, Voltaire, zuvor gejubelt: „Die Wissenschaft und die Künste sind auf den Thron gestiegen."

Abb. 1.3 Friedrich II (1712–1786, regierte ab 1740), König von Preußen

Abb. 1.4 Katharina II (1729–1796, regierte ab 1762), Zarin von Russland

kurzem ein Jahrhundert hinter ihren Nachbarn zurückstehen würde." Zudem sei eine treffliche gelehrte Gesellschaft Zierde eines jeden Hofes und würde diesem „Gloire" verschaffen.

Als Autokratin machte auch die gebildete Zarin Katharina, der philosophische Neigungen und Kenntnisse eigen waren (siehe Fußnote 17), keinen Hehl aus ihren Machtinteressen und führte bedenkenlos aggressive Kriege, um ihren Staatsetat zu sichern, der immense Summen für das Militär und für die rauschenden Feste am Hof abdecken musste.[16] Der Philosoph Denis Diderot, der 1773 einige Monate am Zarenhof zu Gast war, stellte nach zahlreichen Unterredungen mit der Monarchin ernüchtert fest, dass Katharina wie eine Philosophin denke,[17] aber gnadenlos als Autokratin handele (siehe auch Abb. 1.5). Die Krönungsfeier der Zarin Elisabeth Petrowna (Елизавета Петровна Романова, 1709–1762) im Jahre 1741 wurde von einer Krönungsdokumentation in deutscher Sprache begleitet, in der die Großmächtigste Fürstin etc. als Kayserin und Selbstherrscherin aller Reussen tituliert wurde (auf russsisch „самодержеца"), das Selbstherrschen zieht sich bereits sprachlich dominant durch die gesamte Zarenzeit und wiederholt letztlich das obige Zitat Ludwig XIV. In Katharinas Worten: „Der Regent ... ist selbstherrschend, keine andere als die in seiner Person vereinigte Macht kann auf eine mit der Weitläufigkeit eines so großen Reiches übereinkommende Art ihre Wirksamkeit ausüben. Eine andere Regierungsform, es sei welche es wolle, würde für Russland nicht allein schädlich sein, sondern auch zuletzt die Ursache seines Umsturzes werden."[18]

Die Grundhaltung in der Zeit der Aufklärung war optimistisch, denn das Leben war verbesserbar: die natürliche Welt durch Naturforschung und Technik, die soziale Welt durch allgemeine Bildung, religiöse Toleranz sowie ein humanisiertes Recht. Dazu formierte sich eine europäische Gelehrtenrepublik mit den wissenschaftlichen Akademien, deren Bürger ihre Unmündigkeit hinter sich gelassen hatten und Gedankenfreiheit einforderten. Die Welt ist veränderbar, aber nicht durch Interpretation, sondern in und mit der Welt (Otfried Höffe, *1943).[19]

In diesem philosophischen Jahrhundert gab es natürlich eine ganze Reihe berühmter Philosophen, die Lichtenberg nicht erwähnte und die Zeitgenossen Eulers waren: darunter George Berkeley (1685–1753), David Hume (1711–1776), Voltaire (1694–1778), Denis Diderot, Jean-Jacques Rousseau (1712–1778), Christian Wolff (1679–1754), Immanuel Kant (Abb. 1.6). Die Mathematiker Leibniz und Newton starben noch zu Eulers Lebenszeit, Carl Friedrich Gauß (1777–1855) und Bernhard Bolzano (1781–1848) wurden in Eulers letzten Lebensjahren geboren, Augustin Cauchy (1789–1857) kurz nach dessen Tod. Zeitgenossen Eulers waren ebenfalls die Wissenschaftler Carl Linné (1707–1778), Alessandro Volta (1745–1827) und Jean le Rond d'Alembert, die Dichter Pierre de Beaumarchais (1732–1799), Henry Fielding (1707–1754), Johann Christoph Gottsched (1700–1766), Gotthold Ephraim Lessing (1729–1781), Johann Wolfgang von Goethe (1749–1832) und Friedrich von Schiller (1759–1805) oder die Musiker Johann Sebastian Bach (1685–1750), Georg Friedrich Händel (1685–1759), Christoph Willibald Gluck (1714–1787), Joseph Haydn (1732–1801) und Wolfgang Amadé Mozart (1756–

---

[16] Katharina II. stützte sich übrigens hierbei auf die Kameralwissenschaft, die am Hofe von Ludwig XIV. von Jean-Baptiste Colbert, Marquis de Seignelay (1619–1683), vertreten wurde. Die deutsche Variante dieser Ökonomie war der Merkantilismus, dessen führender Vertreter ein gewisser Johann Heinrich Gottlob Justi (1717–1771) war, den wir als „Philosoph" in Kap. 4 im Monadenstreit treffen werden. – Die Kosten für den russischen Hof mit seinen berühmt-berüchtigten Festen verschlangen 1795 etwa ein Achtel des Staatsetats.

[17] Katharina II. hatte beispielsweise angeboten, die französische *Encyclopédie* in Russland zu drucken, als es in Frankreich Probleme mit der Zensur gab.

[18] Zitiert nach M. Galeotti, wie Fußnote 14, S. 148.

[19] O. Höffe, *Kleine Geschichte der Philosophie*. München 2005, S. 187.

Abb. 1.5 Die Zarin Anna Iwanowna (Анна Ивановна, Иоанновна (1693–1740, regierte ab 1730). Die sie umgebenden Medaillons stellen ihre Herrschaftsgebiete dar und versinnbildlichen beeindruckend die Weite des Zarenreiches und die unumschränkte Macht von dessen Herrscherin

Abb. 1.6 Immanuel Kant (1724–1804), Religion ist Erkenntnis aller Pflichten als göttliches Gebot

1791). Der Archäologe und Kunstwissenschaftler Johann Joachim Winckelmann (1717–1768), der dem das Rokoko ablösenden Klassizismus mit zum Durchbruch verhalf, wirkte zur Zeit Eulers. Aber auch der Freiherr von Knigge (1752–1796) oder Giacomo Casanova (1725–1823) waren Zeitgenossen Eulers.

Literatur

Böttcher, K. (Hrsg.): *Aufklärung*. Berlin 1971.
Cassirer, E.: *Philosophie der Aufklärung, in: Gesammelte Werke*, Bd. 15. Hamburg 2003.
Cobban, A. (Hrsg.): *Das achtzehnte Jahrhundert* (Übers. a. d. Englischen). München 1971.
Darnton, R.: *Glänzende Geschäfte. Die Verbreitung von Diderots „Encyclopédie" oder: wie verkauft man Wissen mit Gewinn* (Übers. a. d. Französischen und Englischen). Berlin 1993.
Diderot, D. (Hrsg.): *Encyclopédie, ou dictionnaire raisonné des sciences, des arts et des métiers, par une société des gens de lettres*. Paris 1751–1776.
Diderot, D.: *Die Welt der Encyclopédie*. Auswahl von Artikel aus Diderots *Encyclopédie*, aus dem Französischen übersetzt, kommentiert und herausgegeben von A. Selg u. a. Frankfurt am Main 2001.
Diderot. D.: *Artikel aus Diderots Enzyklopädie*. (Übers. a. d. Französischen) Leipzig 1984.
Donnert, E.: *Katharina die Grosse*. Leipzig 2004.
Donnert, E.: Zum russischen Buch-, Verlags- und Zeitschriftenwesen (1700–1783), in: Graff (Hrsg.) *Literaturbeziehungen im 18. Jahrhundert*. Berlin 1986.
Döring, D. (Hrsg.): *Erleuchtung der Welt*. (Ausstellungskatalog) Leipzig 2009.
Eichhorn, C.: *Die Geschichte der St. Petersburger Zeitung (1727–1902)*. St. Petersburg 1902.
Figes, O.: *Nataschas Tanz. Kulturgeschichte Russlands*. (Übers. a. d. Englischen) Berlin 2011.
Fontius, M.: „Der Ort des ‚Roi philosophe' in der Aufklärung", in: *Friedrich II. und die europäische Aufklärung* (Hrsg. Fontius). Berlin 1999, 2023.
Galeotti, M.: *Die kürzeste Geschichte Russlands*. Berlin 2022. Übersetzung a. d. Englischen.

Geyer, D.: Der aufgeklärte Absolutismus in Rußland, in: *Jahrbücher für Geschichte Osteuropas 30* (1982), S. 176–189.

Heussi, K.: *Kompendium der Kirchengeschichte*. Tübingen ¹⁸1988

Höffe, O.: *Kleine Geschichte der Philosophie*. München 2005.

Kant, I.: *Was ist Aufklärung?* (Hrsg. E. Bahr). Stuttgart 2004.

Kors, A. (Hrsg.): *Encyclopedia of the Enlightenment*. 4 Bde. Oxford 2003.

Neuhaus, H. (Hrsg.): *Zeitalter des Absolutismus*. Band 5 von *Deutsche Geschichte in Quellen und Darstellung*. Stuttgart 1997

Röd, W.: *Geschichte der Philosophie*. Bd. VIII. *Die Philosophie der Neuzeit*. München 1984.

Ueberweg, F.: *Grundriss der Geschichte der Philosophie*, Bd. 5/2. *Die Philosophie des 18. Jahrhunderts* (völlig neu bearbeitete Ausgabe von H. Holzhey). Basel 2014.

Weyl, H.: *Philosophie der Mathematik und Naturwissenschaft*. München 1966.

Zedler, J. H.: *Grosses vollständiges Universal Lexicon Aller Wissenschafften und Künste:* Welche bißhero durch menschlichen Verstand und Witz erfunden und verbessert worden; Darinnen so wohl die Geographisch-Politische Beschreibung des Erd-Creyses, nach allen Monarchien, Käyserthümern, ... samt der natürlichen Abhandlung von dem Reich der Natur, ... Als auch eine ausführliche Historisch-Genealogische Nachricht von den ... berühmtesten Geschlechtern in der Welt, ... Ingleichen von allen Staats- Kriegs- Rechts- Policey- und Haußhaltungs-Geschäfften des Adelichen und bürgerlichen Standes, ... Wie nicht weniger die völlige Vorstellung aller in den Kirchen-Geschichten berühmten Alt-Väter, Propheten, Apostel, Päbste, Cardinäle, ... Endlich auch ein vollkommener Inbegriff der allergelehrtesten Männer, berühmter Universitäten. (= *Der Große Zedler*). Halle 1732 ff.

Kapitel 2
Basel 1701–1727

2.1 Herkunft und Kindheit

> Der Geburtsort ist der Ort der Kindheit, der Ort der ersten und darum auch der stärksten Eindrücke, Offenbarungen und Erkenntnisse. Es ist nicht nötig, dass der Mensch dorthin zurückkehrt, denn eigentlich hat er nicht aufgehört, dort zu leben, mag er sich wo auch immer befinden. Der Geburtsort ist wie die Muttersprache; selbst wenn jemand in einer anderen Sprache sprechen oder schreiben würde, so wird er nicht aufhören, in der Sprache seiner Kindheit zu denken und zu träumen.
>
> KAREL ČAPEK (1890–1838)

Das Geschlecht der *Euler* (Ewler, Ouwler, Öwler) wurde bei Lindau am Bodensee erstmals um 1287 erwähnt und ist ab 1458 gesichert nachweisbar. Der Name hat nichts mit dem Vogel zu tun, er ist in Westdeutschland, Hessen und dem Rheinland – ehemals von den Römern besetzten Gebieten, in denen Töpferei betrieben wurde – verbreitet und leitet sich in diesem Fall aus dem mittelhochdeutschen Wort *aul* (Töpfererde, Lehm) her. Da jedoch bei Lindau kein Ton gefunden wird, ist die Deutung von *Öwler* (= Euler) als Besitzer einer kleinen, wasserreiche Au (Au = Ouwe = wasserreiches Wiesenland), d. h. einer kleinen Ouwe (= Ouwle), wahrscheinlicher.

Lindau hatte zu Basel vielseitige wirtschaftliche und politische Beziehungen (Abb. 2.1). So übersiedelte um 1590 der in Lindau getaufte Enkel Hans Georg (1573–1663) des alemannischen Lindauer Stammvaters Hans Euler (um 1510–1568), genannt Euler-Schölpi (alemannisch: der kleine Schielende, auch übertragen Schelm), nach Basel und erwarb bei seiner Volljährigkeit das Basler Bürgerrecht (10. April 1594), ließ sich als Strälmacher (Kammmacher) dort nieder und wurde bereits am 2. Juni desselben Jahres in die Safranzunft, eine der drei wichtigsten Herrenzünfte, aufgenommen. Bis zur dritten Generation übten seine männlichen Nachkommen das Gewerbe eines Strälmachers aus, dann aber erschienen sowohl mit Leonhards Vater Paul Euler (1670–1745) als auch in Seitenzweigen

Abb. 2.1 Karte der Stadt Basel und ihrer Umgebung (Vogteien durch Wappen markiert, links unten das Wappen der Stadt Basel) von Emanuel Büchel, um 1750. Norden ist am unteren Bildrand! Riehen liegt etwa auf einer Geraden, die von Basel in die linke untere Ecke gezogen wird

der Familie evangelisch-reformierte Pfarrer in der Nachkommenschaft.[1] Den Beinamen Schölpi gab Hans-Georg Euler auf, man schrieb jetzt Euler oder Ewler; in der Basler Linie fügte allerdings der Großvater des späteren deutsch-schwedischen Nobelpreisträgers für Chemie Hans von Euler-Chelpin (1873–1964) den Beinamen wieder hinzu, als er 1884 in den bayerischen Adelsstand erhoben wurde, vermutlich ohne dessen Etymologie zu kennen.

Paul Euler immatrikulierte sich 1685 mit 15 Jahren an der Universität Basel (Abb. 2.2), 1689 wurde er Magister. Im Jahre 1693 beendete er das 1688 begonnenen Theologiestudium. Paul Euler hörte bei den Theologen Peter Werenfels (1627–1703) Altes Testament, Johann Rudolf Wettstein (1647–1711) Dogmatik, und Johannes Zwinger (1634–1696) Neues Testament. Der Sohn Samuel (1657–1740) von Peter Werenfels wurde gleichfalls Theologe, und bei ihm hörte der Sohn von Paul Euler, Leonhard, Vorlesungen über das Neue Testament. Werenfels gab Paul Euler wohl Entscheidendes mit, indem er von der reinen Lehre mehr

---

[1] Karl Euler, *Das Geschlecht Euler Schölpin*. Gießen 1955; Gleb K. Michailow u. a. „Die Nachkommen Leonhard Eulers …", in: Basler Zeitschrift für Geschichte und Altertumskunde 94 (1994), S. 163–238.

Abb. 2.2 Historische Ansichten von Basel. **a** Blick aus der Kleinstadt auf Basel von E. Büchel, um 1750. Rechts ist Leonhard Eulers Taufkirche St. Martin, links das Basler Münster zu sehen. Zwischen Münster und St. Martin liegt am Uferhang die alte Universität, heute ein Mathematisches Institut der Universität. Die Schifflände beginnt am Ufer rechts neben der Brücke. **b** Das Gebiet zwischen Münster und St. Martin aus Vogelperspektive, Ausschnitt aus einer Ansicht von Merian

Einfachheit forderte sowie Toleranz, Liebe und Frieden als erforderlich hervorhob; Ethik gewann gegenüber der Dogmatik an Gewicht.

Seit 1693 war Paul Euler Sacri Minister Candidatus (Kandidat des heiligen Amtes), d. h. er war als Pfarrer wählbar. Aber erst 1701 – vermutlich eine Folge des Theologenüberschusses jener Zeit[2] – übernahm er ein kirchliches Amt in Basel als Pfarrer am Waisenhaus und später bis 1708 in St. Jakob an der Birs, unmittelbar vor Basels Stadtmauern und beide ohne zugehöriges Pfarrhaus. Beide Ämter waren nicht gut dotiert, da sie lediglich als Durchgangsstufen in der Laufbahn abgesehen wurden. Das dürfte der Grund für die späte Heirat Paul Eulers am 19. April 1706 mit Margaretha Brucker (1677–1761), einer Tochter des Basler Spitalpfarrers Johann Heinrich Brucker (1636–1702) und seiner aus einer gebildeten Basler Familie stammenden Ehefrau Maria Magdalena Faber (1652–1744), gewesen sein. Paul Euler hatte bis zur Übersiedlung nach Riehen im Jahre 1708, also bei der Geburt seines ersten Kindes Leonhard im Jahre 1707, noch keinen Anspruch auf ein Pfarrhaus, sodass er vermutlich zur Miete wohnte, wahrscheinlich in der Nähe von Leonhard Eulers Taufkirche St. Martin.[3] Familienwohnsitze befanden sich seinerzeit sowohl im Münzgässlein als auch an der Steintorstraße sowie am Rümelinsplatz.[4]

---

[2] Der Kanton Basel – damals noch nicht in Stadt und Land(schaft) unterteilt – wies im Jahre 1700 gerade einmal 47 Pfarrstellen auf, 18 davon in Basel selbst.
[3] Siehe M. Raith, „Der Vater", in: *Euler 1983*, S. 462.
[4] G. A. Wanner, „Wo Leonhard Eulers Ahnherr wohnte", in: *Basler Nachrichten* vom 7./8. März 1970; „zum dürren Sod" in *Basler Zeitung* vom 11. Juni 1977.

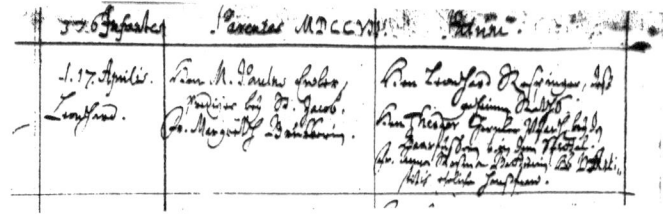

Abb. 2.3 Eintragung der Taufe Leonhard Eulers in das Taufregister von St. Martin, 1663–1762, auf Seite 376. Die linke Spalte (Infantes) gibt das Taufdatum „17. April" und den Namen des Kindes „Leonhard" an, die folgende Spalte (Parentes MDCCVII) nennt die Eltern „Herr M.[Magister] Paulus Ewler, Prediger bey St. Jacob, Fr. Margareth Bruckerin", und die rechte Spalte (Patrine) zählt die Paten auf „Herrn Leonhard Respinger, deß geheimen Raths, Herr Theodor Gernler Pfarhr. Bey de Baarfüßern v[und] in dem Spital, Fr. Anna Rosina Battierin Hr [des Herrn] D. [Doctor][Kirchen]Vorstehers ehelich Haußfraw"

Ein Jahr nach der Hochzeit, am 15. April 1707, wurde dem jung vermählten Paar das erste Kind geboren und am 17. April auf den Namen Leonhard[5] in der Basler Kirche St. Martin getauft, wo bereits der Vater getauft worden war (Abb. 2.3).[6] Die Taufpaten wurden nicht aus der Verwandtschaft, sondern aus der Basler Oberschicht gewählt. Einem der Paten, dem Geheimen Rat Leonhard Respinger (1633–1708), in dessen Familie der Name Leonhard traditionell vererbt wurde, verdankt der Sohn Paul Eulers seinen Vornamen, der außerdem in Basel infolge der beliebten Kirche St. Leonhard sehr häufig war.

Eulers Geburtshaus ist unbekannt. St. Jakob bestand aus einer Häusergruppe außerhalb der Basler Stadtmauern, gehörte aber zur Stadt Basel. In St. Jakob stand mit ziemlicher Sicherheit Eulers Wiege nicht, da diese Pfarrstelle ohne eigentliche Gemeinde kein Pfarrhaus besaß und deshalb der Prediger Paul Euler vermutlich in Basel wohnte. Damit kommt nur noch Basel als Geburtsort infrage, sodass Eulers Geburtshaus – wie üblich in der Nähe der Taufkirche – also bei St. Martin gelegen haben müsste, mithin zwischen Marktplatz und Schifflände[7] (was Michael Raith und Andreas Speiser vermuten; Abb. 2.4). In diesem Viertel ist jedoch heute fast

---

[5] Der Name Leonhard war seinerzeit nicht nur in Basel verbreitet, sondern er war auch in Süddeutschland üblich, insbesondere in Bayern, wo von allen Heiligen St. Leonhard (6. Jahrhundert) immer noch der beliebteste ist. Im ländlichen Bereich gilt er als Schutzpatron des Stallviehs, insbesondere der Pferde, aber er ist weiterhin auch noch Schutzpatron der Bergleute, Böttcher, Butterhändler, Fuhrleute, Schlosser, Schmiede, Stallknechte, Gefangenen und Geisteskranken und schließlich der Wöchnerinnen.

[6] Zur Erinnerung, dass im Kanton Basel die reformierten Gottesdienste in St. Martin eingeführt wurden, ließ man alle angehenden Pfarrer ihre Probepredigt in dieser Kirche halten, mithin hat es auch Paulus Euler getan. Vgl. das Supplement zu dem *Allgemeinen helvetisch-eidgenößisch oder schweizerischen Lexicon*, zusammengetragen von Hans Jakob Holzhalb. 6 Bände, 1. Theil, Zürich 1786, S. 140.

[7] Schweizer Bezeichnung für eine Hafenanlage.

2.1 Herkunft und Kindheit

Abb. 2.4 Drei Schweizer Eulerforscher. **a** Michal Raith, Theologe und Kirchenhistoriker (1944–2005); **b** Andreas Speiser, Mathematiker und Mathematikhistoriker (1885–1970); **c** Ludwig Otto Spiess (1878–1966), Mathematiker und Mathematikhistoriker

kein Gebäude aus dem 18. Jahrhundert mehr vorhanden, sodass es unwahrscheinlich ist, dass Leonhard Eulers Geburtshaus noch steht.

Nach dem Tode von Bonifacius Burckhardt (1665–1708) (einem direkten Ahnen des Philosophen Jakob Burckhardt, 1818–1897) am 2. Juni 1708, der – wie der Epitaph der Riehener Dorfkirche bezeugt – zwei Jahre zuvor „auf der Cantzell [von] einem Schlagfluss überfallen" wurde, wählte der Kirchenrat am 27. Juni 1708 von drei Bewerbern Paul Euler als Pfarrer für die etwa 1000 Seelen zählende Gemeinde Riehen aus,[8] und im November des gleichen Jahres wurde er in sein neues Amt als elfter Pfarrer von Riehen eingeführt. Riehen ist ein rechtsrheinisches, anmutig gelegenes Dorf auf halbem Weg von Basel nach Lörrach, etwa eine knappe Stunde zu Fuß von Basel in nordöstlicher Richtung entfernt (Abb. 2.5). Der Basler Registrator des Großen Raths (Archivar) Daniel Bruckner (1707–1781) schrieb 1752, aber es wird zu Eulers Jugendzeit nicht anders gewesen sein:

> „Das Dorf Riehen ist ein sehr grosser und wohlgebauter Ort; seine angenehme Lage und die Fruchtbarkeit erfreuen seine Einwohner mit Wonne und Nutzen; die Felder, Gräben und Wiesen erzeugen einen reichen Überfluß."[9]

---

[8] Paulus Euler besaß einen Empfehlungsbrief eines gewissen J. Zwanziger (UB Basel, Handschriftenabteilung).

[9] Zitiert nach M. Raith „Die Entwicklung der Landgemeinde Riehen", in: *Das Markgräflerland 1* (2003), S. 1. Riehen stellt eine Verkürzung von Rieheim (-heim = Ort) dar, mundartlich Rieche. Übrigens benannte M. Raith einen Catylosaurier der Art *Sclerosaurus armatus* als erstes bekanntes Lebewesen des späteren Riehen, dessen Alter man auf 215 Mio. Jahre geschätzt hat (Fund im Buntsandsteinbruch am Maienbühl, 1864); ebd. S. 1.

Abb. 2.5 Ansicht von Riehen. Federzeichnung von Emanuel Büchel, 1752. Im unteren Bildrand zwischen den Angaben Röthelen und Lörach befindet sich das Wappen von Riehen

Die dem Familienoberhaupt bald nachfolgende Familie (vermutlich schon im Jahre 1708) fand im Pfarrhaus[10] allerdings sehr bescheidene Verhältnisse vor. Das geht aus einem Gesuch Paul Eulers aus dem Jahre 1712 hervor, der damit die Wohnverhältnisse für seine inzwischen vierköpfige Familie und seine bei ihm lebende Mutter Anna Marie Gassner (1642–1712), die alle in einem Wohn- sowie Studierzimmer untergebracht waren, verbessern wollte.[11]

In der ländlichen Umgebung des Pfarrhauses verlebt der Knabe Leonhard mit zwei Schwestern die Kindheit (Abb. 2.6). Während der 1719 geborene Bruder Johann Heinrich 1756 früh verschied, überlebte die 1711 geborene Schwester Maria Magdalena den Bruder Leonhard um 16 Jahre, die andere Schwester Anna Maria lebte von 1708 bis 1778. Die ländliche Abgeschiedenheit täuscht darüber hinweg, dass Leonhard in der Umgebung von hochgebildeten Männern aufwuchs, die über theologische, philosophische und auch naturwissenschaftliche Fragen disputierten. Eulers erste öffentliche Rede 1724 wird sich wohl nicht zufällig einem seinerzeit aktuellen philosophischen Thema gewidmet haben. Erwähnenswert ist auch, dass in Eulers Kinderjahren die Schweiz eine zwar bedrohte, aber doch friedliche Insel

---

[10] Das Pfarrhaus wurde bereits 1503 erwähnt und wurde im 17. Jahrhundert umgebaut. Renovation 1851 mit dem heutigen Aussehen.

[11] Supplikation (Bittschrift) vom 3. Februar 1712. Euler wies darauf hin, dass man üblicherweise drei Zimmer habe. Die kirchliche Jugendarbeit leide unter der Platznot, aufgrund der Enge habe er für einen Vikar ein Zimmer in der Nachbarschaft mieten müssen. Sein Vorgänger Burckhardt hatte mit seiner Familie – auch während seiner Krankheit – mit einem Vikar in den zwei Zimmern gewohnt.

2.1 Herkunft und Kindheit

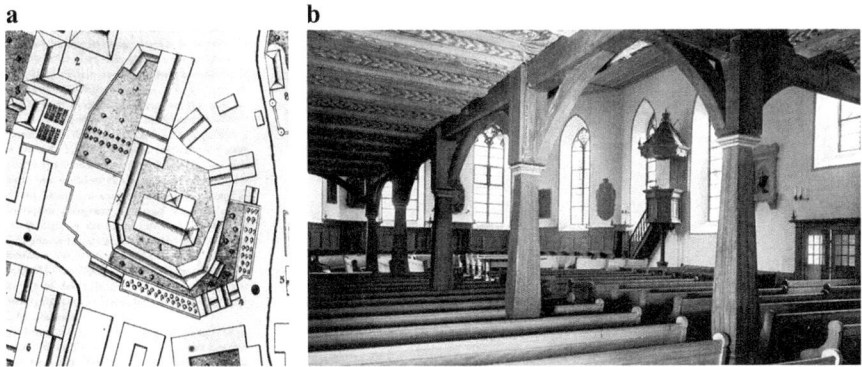

Abb. 2.6 **a** Umgebung der Kirche St. Martin in Riehen (nach einem Plan von 1786). 1 Kirche, 3 Pfarrhaus; die von 4 aus links an der Kirche vorbeilaufende Straße führt in linker Richtung nach Basel. Der Plan ist so einzuordnen: Die Diagonale von der linken unteren zu rechten oberen Ecke entspricht der Süd-Nord-Richtung (der Kirchenchor ist damit wie üblich nach Osten gerichtet). **b** Innenraum der Dorfkirche in Riehen. Obwohl die Kirche 1953 renoviert wurde, hat sie das Aussehen der früheren Kirche (vorige Renovierung 1694) bewahrt. Die ältesten Teile des Gotteshauses gehen auf die Jahre um 950 zurück

blieb, während die Nachbarn in den Spanischen Erbfolgekrieg (1701–1714) einbezogen waren. Die Nähe des Krieges dürfte die Bewohner des Kantons Basel vermutlich besorgt gemacht haben, da die Hand des Krieges im wahrsten Sinne des Wortes vor ihrer Haustür tätig war, denn die Grenze war nicht weit und letztlich kein Schutzwall.

Bereits das geistige Klima im Pfarrhaus war für Leonhards Entwicklung sehr günstig. Die Mutter stammte aus einer gebildeten Basler Familie, in der Juristen, Hebraisten, Latinisten oder Theologen zu finden waren.[12] Der Vater war mathematisch begabt und hatte bei Jakob Bernoulli (1654–1705) Vorlesungen gehört sowie bei ihm 1688 eine Dissertation über Verhältnisse und Proportionen („De rationibus et proportionibus") verteidigt, die sogar gedruckt wurde. Danach begann der nunmehrige Baccalaureus P. Euler 1687 das Studium der Theologie und wurde 1689 Magister artium liberalium (Meister der [sieben] freien Künste, eine Hochschulwürde). So hatten sich Bekanntschaften u. a. mit den Mathematikern Jakob Bernoulli und Jacob Hermann (1678–1733) ergeben.

Freilich scheint Paul Euler, der in der Humanistenstadt Basel aufgewachsen ist, keine wissenschaftliche Karriere oder etwas Höheres als die Stellung eines Landpfarrers angestrebt zu haben. Er erfüllte treu seine vielen Pflichten und hatte, wie später sein Sohn auch, eine glückliche Hand im Umgang mit Menschen.[13] Paul Euler war ein Mann der Ordnung und Erziehung: Er legte seit 1709 viele Register

---

[12] Diese Ahnen hat Leonhard Euler beispielsweise mit dem Kulturphilosophen Jakob Burckhardt (1818–1897) oder dem Theologen Karl Barth (1886–1968) gemeinsam.
[13] Siehe M. Raith, „Der Vater", in: *Euler*, 1983, S. 459.

an, verwirklichte im Kanton die erste Volkszählung (1740) und führte Familienbücher sowie Sterbe- und Trauungsregister. Die Kinderlehre und die Konfirmation wurden mit einer Prüfung vor der Gemeinde versehen (1730), zudem war der Pfarrer Vorgesetzter des Dorflehrers. Die Gemeindemitglieder waren angehalten, Vergehen dem Pfarrer anzuzeigen.

Leonhard Eulers Herkunft aus einem Pfarrhaus, in dessen Geist der junge Euler aufgewachsen ist, zeigt viele Spuren dieser „vernünftigen Orthodoxie" (Abb. 2.7). Überzeugungen und Haltungen des Vaters nebst ihren Verwirklichungen griff der Sohn in seinen Berliner Jahren als Ältester der Berliner Friedrichstadtgemeinde oder als Consistoriumsmitglied der französisch-reformierten Gemeinde bis in die Einzelheiten hinein auf und vertrat sie (siehe Abschn. 4.7, Alltag).

Wie bei berühmten Personen üblich, so überlieferten auch die Euler-Biographen eine hübsche Begebenheit aus jener Zeit: Angeblich fand man eines Tages den Knaben Leonhard geduldig auf einem Nest von Eiern hockend, um diese auszubrüten.[14]

Der Vater erteilte dem Sohn den ersten Unterricht. Leonhards erstes Mathematiklehrbuch war die *Coß* von Christoff Rudolff (1500?–1545?) in der Ausgabe von Michael Stifel (1487–1567) aus dem Jahre 1553; ein für Knaben seines Alters außerordentlich schwieriges Algebrabuch. In seiner kurzen Autobiographie von 1767 erinnerte sich Euler daran, dass er das Buch fleißig und vollständig studierte:

> „Weil derselbe [Vater] einer von den Discipeln [Schüler] des weltberühmten Jacobi Bernoulli gewesen, so trachtete er mir sogleich die ersten Gründe der Mathematic beizubringen, und bediente sich zu diesem End des Christophs Rudolphs Coss mit Michael Stifels Anmerckungen, worinnen ich mich einige Jahr mit allem Fleiß übte."[15]

Euler war kein Wunderkind, das geradlinig seiner genialen Berufung zustrebte, sondern ein aufgeweckter und kluger Junge. Als sich die Begabung des Knaben zu zeigen begann, schickte man ihn in die Lateinschule nach Basel (vermutlich vor dem Jahr 1713). Dort nahm ihn die verwitwete Großmutter Maria Magdalena Brucker (1652–1744) auf. Von Basel nach Riehen sind es etwa 5 km, sodass der junge Leonhard Euler den Weg zu den Eltern nicht gescheut haben wird und Nikolaus Fuss (1755–1826), der ihn gut kannte, hob wohl zu Recht in seiner *Eloge* (Lobrede auf Herrn Euler) (1783) (EO I/1) hervor, dass das Beispiel der Eltern sowie der ländliche Aufenthalt die Einfachheit und Unbefangenheit bewirkten, die Leonhard Euler sein Leben lang auszeichneten. Das ist auch dem Basler Michael Raith nicht entgangen:

---

[14] Ein erwachsener Aktionskünstler hat in unseren Tagen diesen Vorgang wiederholt und als Kunst betrachtet.

[15] „Meines Vaters Lebens-Lauf, so wie er ihn selbst mir in die Feder dictirt hatte. St. Petersburg, 1. December 1767 (a. St.) *(Autobiographie,* 1767). Archiv der Russischen Akademie der Wissenschaften, St. Petersburg (AAN). Von Eneström mit der Bezeichnung H 118 versehen (H für Handschrift), nicht in den *Opera Euleri,* teilweise in *Fellmann* 1996, pp. 11–13.

2.1 Herkunft und Kindheit

Abb. 2.7 a Das Pfarrhaus in Riehen (heutiger Zustand); **b** der zum Pfarrhaus gehörige Brunnen im Garten; seinerzeit dienten etwa ein Dutzend solcher Brunnen der Wasserversorgung in Riehen

> „[Er] hatte diesem ländlichen Aufenthalt [in Riehen] … , wo überhaupt sich die Sitten langsamer als anderswo verschlimmert haben, … die Einfachheit des Charakters und jene Unbefangenheit der Sitten zu danken, die ihn sein ganzes Leben ausgezeichnet haben."[16]

Gelernt wurde in der Lateinschule freilich nicht viel. Mathematik war auf Antrag der Bürgerschaft als Lehrfach gestrichen worden. Leonhards Vater besorgte sich deshalb, wie viele andere Eltern, denen an der Weiterbildung ihrer Kinder lag, einen Privatlehrer, den Theologen Johann Burckhardt (1691–1743), der gleichfalls leidenschaftliches Interesse an der Mathematik besaß und durch Schützenhilfe für Johann Bernoulli (1667–1748) im Streit mit Brook Taylor (1685–1731) bekannt geworden war. Die Rolle Burckhardts, der zunächst Pfarrer in Kleinhüningen und dann in Oltingen war, war sicher bedeutend für Eulers Entwicklung, aber sie ist noch nicht aufgeklärt. Eulers Freund Daniel Bernoulli (1700–1782) sprach von ihm immerhin als „magni Euleri praeceptor in mathemacis" (Lehrer des großen Euler in der Mathematik). Obwohl sich im Jahre 1715 der berühmte Mathematiker Johann Bernoulli selbst um die Verbesserung des Schulwesens in Basel bemüht hatte, waren seine Vorschläge – wie üblich – lange unerledigt in irgendwelchen Akten verschwunden, und erst im Jahre 1725 besserten sich die Verhältnisse. Bis dahin geschah es nicht selten, dass die Schüler von den groben und ungebildeten Lehrern geprügelt und getreten wurden, jedoch erschienen dann und wann auch entrüstete Väter vor der Klasse und zahlten es den Lehrern mit gleicher Münze heim. Die Bemühungen der Aufklärung, etwa des Pädagogen Johann Heinrich Pestalozzi (1746–1827), hatten erst später Erfolge, u. a. die Einführung der allgemeinen Schulpflicht seit dem 19. Jahrhundert im größten Teil von Europa.

---

[16] „Entwicklungen", in: Das Markgräflerland, Bd. 1, (2003). Raith problematisierte allerdings eine angebliche „Unbefangenheit" durch einen Kriminalfall, nämlich den eines versuchten Gattenmordes.

2.2 Die Lehrjahre

> Euklid hätte uns nur vergebens die schönsten Wahrheiten der Geometrie vorgesagt, wenn er nicht zu unserer Überzeugung hinlänglich Beweise hinzugesetzt hätte, denn auf sein bloßes Wort würden wir sie ihm niemals geglaubt haben.
>
> LEONHARD EULER

Am 20. Oktober des Jahres 1720 schrieb sich Leonhard Euler an der Universität Basel im Alter von 13 Jahren ein, was damals gang und gäbe war. Er gehörte zur philosophischen Fakultät, die nach heutigen Verhältnissen etwa die „Abiturstufe" vermitteln würde. Euler konnte sich immatrikulieren, da er Basler Bürgerrecht hatte, denn bis 1798 war der Landbevölkerung der Schweiz ein Hochschulstudium verwehrt.

Entsprechend dem Wunsch des Vaters sollte der Sohn Theologie studieren. Obwohl die Theologen jener Zeit wahre Frömmigkeit und tiefe Religiosität beseelte, waren sie in Basel von Amts wegen auch Vertreter der Staatsreligion. Die reformierte Kirche, wie auch die Schule, war vor allem ein Instrument des Staates, das den gehorsamen und treuen Untertanen schaffen sollte. Religiöse Gebote galten, und Sittlichkeit war Pflicht. Nichterfüllung wurde von den Gemeindemitgliedern dem Pfarrer anzeigt; Verfehlungen wurden bestraft und sogar der Bann verhängt. Euler wuchs in diesem Geist auf, und er vertrat ihn beispielsweise in der Berliner Friedrichstadtgemeinde bis in organisatorische Einzelheiten. Michael Raith, ein Basler Theologe und Kirchenhistoriker, betonte, dass man die Einstellung von Paul Euler noch nicht als aufgeklärt bezeichnen könne, denn es ging „ihm doch darum, die Bildung der Jugend primär im Interesse der Kirche und diese als Garantin von Zucht und Ordnung im aristokratischen Ständestaat zu fördern".[17] Die Verbindung von echter Frömmigkeit mit Zucht und Ordnung ist entscheidend für das Verständnis der Stellung Leonhard Eulers zwischen Calvinismus, Pietismus und Aufklärung und insbesondere für seine unerbittlich geführten Kämpfe gegen die Freigeister und Gottlosen, „diese elenden Menschen", „die Rotte der Ungläubigen", wie Euler später in Berlin in der *Rettung der göttlichen Offenbarung gegen die Einwürfe der Freygeister* (1747, E 92, EO III/12; siehe Kap. 4) schreiben sollte.

Vor seinen Kommilitonen hielt der dem Knabenalter gerade entwachsene 14-jährige Leonhard bereits 1721 einen Vortrag *Declamatio de Arithmetica et Geometria* (Redeübung in Arithmetik und Geometrie), in der er beide Wissenschaften pries und erklärte: „Je mehr eine Wissenschaft den Verstand schärft und die Vernunft vollendet, desto vortrefflicher und vorzüglicher ist diese."

---

[17] M. Raith, „Der Vater", in *Euler* 1983, S. 469

2.2 Die Lehrjahre

(Abb. 2.8)[18] Im Jahr darauf, am 9. Mai 1722, erwarb Euler erste Lorbeeren für einen philosophischen Vortrag *De temperantia* (Über die Mäßigkeit), nämlich den niedrigsten akademischen Grad prima laurea (wörtlich: erste Lorbeeren, etwa Abiturstufe) der philosophischen Fakultät.

Euler muss in erstaunlicher Weise Fortschritte gemacht haben, denn im Januar 1722 trat der als stud. phil. bezeichnete Euler zweimal als Respondent[19] bei einer Disputation um eine Logikprofessur an[20] und bereits im Dezember des gleichen Jahres in derselben Funktion bei einer Vergabe einer Professur für Jurisprudenz (Geschichte des römischen Rechts).[21] Eulers Name erschien hier erstmals auf Titelblättern einer wissenschaftlichen Arbeit, wobei er einmal noch als Sohn des Paul Euler genannt und ein andermal als junger sowie angesehener Mann bezeichnet wird. Die Arbeiten werden mit der Formel Q. D. B. V. (Quod Deus bene vertat = Was Gott zum Besten kehre, d. h. wohl gelingen lasse) eingeleitet.

Leonhard Euler erschien 1722, also mithin mit 15 Jahren, als Respondent mit einem lateinischen Diskurs aus 33 Thesen (21 Propositiones und 12 Corollaria). Diese Ausarbeitung ist besonders aufschlussreich. Zum einen vertrat der jugendliche Euler Thesen von großer Reichweite. In den Propositionen führte er seine Überlegungen der Rede *Declamatio de Arithmetica et Geometria* (1721) vom Vorjahr genauer aus, dass nämlich Logik eine Kunst sei, die sich mit dem Auffinden der Wahrheit beschäftige und die richtige Anwendung des Verstandes lehre. Dazu diene die Vernunft, mit der man Dinge in- und außerhalb von uns wahrnehmen könne, um Beziehungen zwischen ihnen durch Vergleiche zu establieren sowie durch Urteilen zu ermitteln, wie weit die Beziehungen übereinstimmten. Logik

---

[18] P. Schafheitlin, „Eine ungedruckte Rede Eulers", in *Sitzungsber. der Berliner Math. Ges.*, 1925, S. 24 f. Latein gehörte seinerzeit bekanntlich zum üblichen Unterricht, aber Schafheitlin hob die Lateinkenntnisse sowie die Belesenheit des 14-Jährigen als außerordentlich hervor (siehe Abb. 2.8). Euler, dessen Gedächtnis auffallend ungewöhnlich war, zitiert allerdings in der Schulrede Ovid nicht korrekt! Anstelle von „ … emollit mores *nec* sinit esse feros" (… mildert den Charakter und lässt ihn *nicht* wild werden) schrieb Euler die Verneinung *et*. Siehe hierzu die deutsche Übersetzung von E. Schumann, „Lob der Mathematik", NTM 20 (1983), S. 21–23. Original in UB Basel, Handschriftenabteilung, angebunden ist hier Eulers Arbeit „De Temperantia".

[19] Antwortender, Verteidiger einer Streitschrift an einer Hochschule.

[20] Johannes Burckhardt: "Theses logicae vere tumultuariae quas … pro vacante professione logica, respondente … Leonhardo Eulero, Pauli fils … ad diem 21. Jan. submittit Burcard". Basel, Lüdi 1722, 8 S.
Johannes Rudolph Battier: "Positiones logicae miscellaneae quas … pro vacante cathedra logica ad d. 30. Ian. MDCCXXII … publico eruditorum examini subiiciet Ioh. Rudolphus Battierius … respondente Leonhardo Eulero". Basel, Thurneysen 1722, 8 S.
Johannes Burckhardt, Lehrer Eulers 1691–1743; Johann Battier 1693–1757?

[21] Johann Rudolph Iselin: "Brevis Romanorum judiciorum historia quam submitted Joh. Rudolphus Iselius; respondente juvene florentissimo Leonhardo Eulero", Phil. Cult. Ad d. V. Cal. Decembr. (I)DCCXXII. Basel, Thurneysen 1722.
Joh. Rud. Iselin (1705–1779), 1726 Dr. jur., 1757 Professor für römisches Recht, 1759–1771 Dekan, 1763–1764 Rektor, alles Universität Basel.

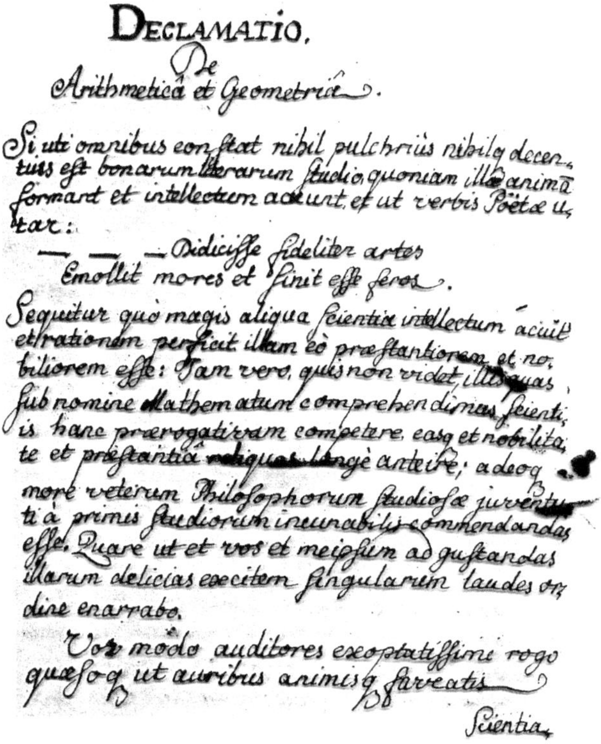
Declamatio,
De
Arithmetica et Geometria.

Si uti omnibus constat nihil pulchrius nihilq decen-
tius est bonarum literarum studio, quoniam illa animā
formant et intellectum acuunt, et ut verbis Poëtæ u-
tar:
— — — Didicisse fideliter artes
Emollit mores et sinit esse feros.
Sequitur quò magis aliqua scientia intellectum acuit
et rationem perficit illam eò præstantiorem et no-
biliorem esse: Jam vero, quis non videt, illas quas
sub nomine Mathematum comprehendimus scienti-
is hanc prærogativam competere, easq et nobilita-
te et præstantia reliquas longè antecire; adeoq
more veterum Philosophorum studiosæ juventu-
ti à primis studiorum incunabilis commendandas
esse. Quare ut et vos et meipsum ad gustandas
illarum delicias excitem singularium laudes ordine enarrabo.
Vos modo auditores exoptatissimi rogo
quæsoq ut auribus animisq faveatis.
Scientia

Abb. 2.8 Eulers Schulrede Declamatio de Arithmetica et Geometria (Redeübung in Arithmetik und Geometrie, 1721), erste Seite von acht. Vermutlich war die Länge von acht Seiten vorgegeben, denn Euler quetschte den Schluss mühsam auf den unteren Teil der letzten Seite

werde damit in allen Wissenschaften gebraucht.[22] Das erste Corrolarium wird mit Spekulationen über das Leib-Seele-Problem eröffnet, genauer geht es um den Verbleib der Seele im Augenblick des Todes. Danach führte Euler aus, dass Physik

[22] Vergleiche hierzu auch die Untersuchung von Giovanni Ferraro in: *Historia mathematica „Euler and the structure of mathematics"*, Vol. 50 (2020), S. 2–24. Der Autor untersucht die durch Eulers erste Arbeiten zur Analysis bewirkten Veränderungen in den logischen Argumentationen, die die führende Rolle der Geometrie untergruben, insbes. § 2.

2.2 Die Lehrjahre

für uns, insbesondere für Philosophen und Theologen, Bedeutung habe, da sie uns die göttliche Kraft, Tugend und Weisheit erklären könne. Mit der Vernunft könnten wir Schritt für Schritt sehr klar die Evidenz Gottes sehen. Schließlich ging Euler noch auf die Rolle der Ethik beim Streben nach Glück ein und endete mit einigen Bemerkungen über den Nutzen orientalischer Geschichte.

Zum anderen zeigte sich bereits im Januar 1722 der lange Schatten, den die Themen dieser 33 Thesen auf Eulers Werk werfen würden. Bereits hier stellte Euler (mit 15 Jahren) der Naturwissenschaft eine Mündigkeitserklärung aus und ließ sie nicht mehr von Philosophie oder Theologie abhängig sein; detaillierter äußerte sich Euler später dazu in seinen philosophischen Schriften (etwa den „Réflexions sur l'espace et le tems" [Betrachtungen über den Raum und die Zeit]; E 149, 1750 veröff.) oder der *Anleitung zur Naturlehre* (E 842). Das Leib-Seele-Problem ist ein Thema in den Briefen an eine deutsche Prinzessin (*Lettres* 1768, E 343), Brief 93; die Fragen der Glückseligkeit werden in der *Rettung der göttlichen Offenbarung* (E 92, 1747) ausführlich erörtert. Es gab zwei Nachauflagen (1844, 1851) und eine italienische Übersetzung in drei Auflagen (1777, 1787, 1815) sowie französische Ausgaben (1805, 1825), Seine Anmerkungen zur orientalischen Geschichte wiesen Euler auch als geeigneten Respondenten für die Bewerbung von Johann Rudolph Iselin (1705–1779) um eine Professur für römische Rechtsgeschichte im Dezember des Jahres 1726 aus.

Im Herbst 1723 beendete Euler die philosophische Fakultät mit einem Examen, das dem 17-jahrigen die philosophische Magisterwürde einbrachte und seinen regulären Abschluss an der philosophischen Fakultät bedeutete. Euler immatrikulierte sich gleich im Oktober 1723 auf Wunsch des Vaters an der theologischen Fakultät; „obwohl" die offizielle Bekanntgabe seines Magisterwürde erst in einer öffentlichen Sitzung der philosophischen Fakultät am 8. Juni 1724 erfolgte. Bereits im Juni 1724 hielt Leonhard Euler an der Fakultät auf Lateinisch seine erste öffentliche Rede, die sich einem damals hochaktuellen Thema widmete, nämlich dem Vergleich der Philosophien von René Descartes (1596–1650) und Isaac Newton (1643–1727), was in diesen Jahrzehnten mehr oder weniger die naturphilosophische Grundfrage der Epoche darstellte. Zu dieser Zeit, also fast 40 Jahre nach ihrer Entstehung, begann sich am Kontinent die Newton'sche Gravitationstheorie gegen die Descartes'sche Wirbeltheorie durchzusetzen. Euler bekam die Geburtswehen dieses Paradigmenwechsels in seinen ersten Petersburger Konferenzen noch zu spüren, worauf wir in Kap. 3 eingehen werden. Voltaire (1694–1778), dessen eigentlicher Name François Marie Arouet lautete, charakterisierte diesen Gegensatz in einem Brief (*Letters concerning the English Nation*. London 1723. "Letter XIV") On Des Cartes and Sir Issac Newton):

> „Ein Franzose, der nach London kommt, findet Dinge in der Philosophie sehr stark verändert. In Paris sah er das Universum aus lauter Wirbeln einer feinen Materie zusammengesetzt, in London ist davon nichts zu merken. Bei uns ist es der Druck des Mondes, der die Meeresflut verursacht, bei den Engländern strebt das Meer selbst zum Monde hin … Bei uns Cartesianern geschieht alles durch eine Impulsion [Anstoß], die man kaum versteht; bei Newton wirkt statt dessen eine Attraktion [Anziehung], deren Ursache man auch

nicht besser kennt. In Paris bildet man sich ein, daß die Erde aussehe wie eine Melone, in London ist sie auf zwei Seiten abgeplattet."[23]

Voltaire zog schließlich das Fazit: „How furiously contradictory are these opinions!" (Wie heftig widersprechen sich diese Auffassungen!).

Der Jüngling verfasste auch eine mathematische Arbeit „Auflösung eines scheinbaren Widerspruchs in dem analytischen Begriff der negativen Größe", in der er die Tragweite von Begriffen eingrenzte (z. B. „man muß bedenken, daß sich die allgemeinen Gesetze der Analysis nicht nach der üblichen Art zu reden richten können"), um Klarheit in den irritierenden Behauptungen zu schaffen und so das Paradoxon zu lösen.[24]

Die 1460 gegründete Universität Basel war um 1720 klein. Auf 19 Professoren kamen etwa 100 Studenten. Aber trotzdem nahm die Basler Universität in der mathematisch-naturwissenschaftlichen Welt eine einzigartige Stellung ein, denn sie konnte – da Gottfried Wilhelm Leibniz im Jahre 1716 gestorben und Isaak Newton alt war – nun den bedeutendsten lebenden Mathematiker in seinen besten Jahren, Johann Bernoulli, zu den Ihren zählen.

Auf Wunsch des Vaters hatte sich Euler am 29. Oktober 1723 an der theologischen Fakultät eingeschrieben. Er hörte bei Hieronymus Burckhardt (1680–1737) Altes Testament, Johann Jakob Wettstein (1693–1754), bei Jacob Iselin (1681–1737) Dogmatik, und bei Samuel Werenfels (1657–1740) Neues Testament, dem Sohn des Lehrers von Paul Euler, Peter Werenfels. Das Theologiestudium umfasste natürlich auch Altgriechisch und Hebräisch, worin Euler nicht besonders erfolgreich war; jedoch hatte er bereits eifrig Johann Bernoullis mathematischen Pflichtvorlesungen für Anfänger, wochentags um 2 Uhr am Nachmittag, besucht und danach weitere fortgeschrittenere Kurse belegt:

---

[23] "A Frenchmen who arrives in London, will find Philosophy, like every Thing else, very much chang'd there. He had left the world a *plenum,* and now he finds it a *vacuum*. In Paris the Universe is seen, compos'd of Vortices of subtle matter, but like it is seen in London. In France 'tis the Pressure of the Moon that causes the Tides; but in England 'tis the Sea that gravitates towards the Moon. ... According to your Cartesians, every Thing is perform'd by an Impulsion, of which we have little Notion; and according to Sir Isaac Newton, 'tin by an Attraction, the cause of which is as much unknown to us. At Paris you imagine that the Earth is shap'd like a Melon, or an oblique Figure, at London it has an oblate one." – A *Cartesian* „declares that light exits in the Air; but a Newtonian asserts that it comes from the Sun in six Minutes and a half." – *Letters concerning the English Nation* by Mr. De Voltaire. London 1733, S. 109 f. Die Briefe wurden während Voltaires Englandaufenthalt (1726–29) auf Englisch verfasst, erst 1735 erschien die französische Ausgabe *Lettres sur les Anglais* und eine deutsche Übersetzung als *Briefe aus England,* Jena 1742 (neuerer Nachdruck Zürich 2017). Die Briefe sind ein Meisterstück der Aufklärungsliteratur und ein intellektueller Ausgangspunkt für die Französische Revolution von 1789.
[24] P. Schafheitlin, „Eine bisher ungedruckte Jugendarbeit von Leonhard Euler", in: *Sitzungsber. Berliner Math. Ges.* 21 (1922), S. 40–44.

2.2 Die Lehrjahre

1720/21	Geometrie
1721/22	Theoretische und praktische Arithmetik
1722/24	Ausgewählte Kapitel der Geometrie nebst Anwendungen
1724/25	Astronomie

Über diese Vorlesungen besitzen wir von einem Kommilitonen des Mathematikers Johann Samuel Koenig (1671–1750) einen Bericht aus dem Jahre 1733, letzterer kreuzte später folgenreich Eulers Weg. Nachdem jener Kommilitone bemerkte, dass man eigentlich die Algebra schon beherrschen müsse, weil sich Bernoulli mit elementaren Sachen nur ungern abgegeben habe, fuhr er fort:

> „Weshalb er dann auch in dessen letzten Jahren die geometrischen und algebraischen Vorlesungen mit größtem Unwillen lase; es mussten bey ihm lauter Transcendentalia [d. h. Gegenstände der Infinitesimalrechnung] seyn, als worinnen er ganz lebte und sich solange aufhielte, bis daß seine Auditores [Hörer] einen deutlichen Begriff davon hatten."[25]

Über die im Zitat skizzierte Thematik fertigte der Schüler Euler für den Lehrer eine kleine Ausarbeitung an, die mit Korrekturen und Hinweisen von Bernoulli versehen ist. Man findet diese vermutlich erste mathematische Arbeit Eulers (etwa im Winter 1724/25 geschrieben), die den Titel „Problema. Invenire traiectorias reciprocas quae sunt curvae algebraicae" (Problem. Finde die reziproken Trajektorien, die aus algebraischen Kurven bestehen) trägt und von Gustav Eneström (1852–1923) durch H 45 erfasst wurde;[26] sie ist in den *Opera omnia Euleri* abgedruckt (EO I/27, pp. VIII-X). Sie behandelt ein Problem, das Johann Bernoullis Sohn Nikolaus II Bernoulli um 1720 aufgeworfen hat und in dem es um zwei Kurvenscharen geht, die sich unter einem festen Winkel schneiden.[27] Euler stand hier mit 17 Jahren erstmals einem Sachverhalt gegenüber, der ihn lebenslang begleiten sollte. Unter den ersten Arbeiten Eulers, die wir haben, wären noch die zwölf Blätter der Arbeit „De figuris, quas corpora flexibilia debent indicere a potentiis quibuscunque sollicitata" (Über den Einfluss von Kräften auf die Figur elastischer Körper) sowie die in einer kurzen Notiz fehlerhaft berechnete Schwingungsdauer einer Saite, deren Masse in ihrer Mitte angebracht

---

[25] J. J. Ritter in F. Börner, *Nachrichten von den vornehmsten Lebensumständen und Schriften Jetztlebender berühmter Ärzte und Naturforscher*. Bd. 2. Wolfenbüttel 1752, S. 99.

[26] Die im Eneström-Verzeichnis aufgeführten *gedruckten* Arbeiten Eulers werden durch Angabe der entsprechenden Nummer und dem Buchstaben E (für Eneström) zitiert; die Arbeiten in einem von Eneström untersuchten Paket *handschriftlicher* Arbeiten Eulers hat Eneström durch den Buchstaben H charakterisiert (Handschriften). Die Aufzählung umfasst 127 Titel und ist in dem Jahresbericht der DMV für 1913, Bd. 22, 2. Abteilung S. 197–205, von Eneström veröffentlicht; siehe dort auch die Ankündigung auf S. 39. Damit ist natürlich der handschriftliche Nachlass bei Weitem nicht erschöpft, denn das russische Akademiearchiv besitzt etwa 4000 Seiten aus Eulers Hand.

[27] Siehe hierzu auch S. Engelsman, Families of curves and the origins of partial differentiation. Amsterdam 1984.

gedacht wird,[28] besonderer Beachtung wert, denn hier fügte sein Lehrer einige Bemerkungen von eigener Hand ein.

Eulers Lehrer Johann Bernoulli interessierte sich vornehmlich für Mechanik, Optik und die zugehörige Geometrie, also für den Nährboden der aufkeimenden Analysis; Algebra und erst recht Zahlentheorie lagen ihm ferner. Bernoullis Vermögen, überzeugende physikalische Bilder zu erstellen und geometrische Verhältnisse passend zu veranschaulichen, ermöglichte ihm, mit seinem kraftvollen infinitesimalen Denken handhabbare Modelle zu schaffen sowie scharfsinnig Ähnlichkeiten in verschiedensten Bereichen zu entdecken. Ein bekanntes Beispiel ist das mechanische Brachistochronenproblem (1696),[29] das Bernoulli als optische Aufgabe behandelte, da die Strahlenoptik geeignete Hilfsmittel zur Lösung bereitstellen konnte. Es war ein seltener Glücksfall für den unvergleichlichen Bernoulli (und natürlich für die von ihm wesentlich mitgeschaffene neue Analysis), dass er in Euler für seinen Arbeitsbereich und seine Arbeitsweise einen genialen Schüler fand, der das von Bernoulli vorgezeichnete Neuland, die klassische Analysis, schließlich ganz ausschreiten sollte. Bereits die Zeitgenossen bezeichneten ihn respektvoll als die „fleischgewordene Analysis" („analysis incarnata"). Mehr noch: bald würde Euler sein Augenmerk auch anderen Gebieten als die ihn Basel studierten zuwenden, er würde sich lebhaft nicht nur für Physik, sondern auch für Algebra und mehr noch für Zahlentheorie interessieren, aber auch Disziplinen wie Kartographie behandeln. Leonhard Euler würde, auch wenn das etwas pathetisch klingt, wie kein anderer Mathematiker im 18. Jahrhundert das mathematische Wissen seiner Zeit zu seiner persönlichen Verfügung haben und so die durch seinen Lehrer vorgezeichnete analytische Vorgehensweise zu einem unvergleichlichen Höhenflug bringen.

Doch zurück in den Sommer 1724. Der jüngste Sohn Johann I Bernoullis, Johann II (1710–1790),[30] war gemeinsam mit Euler zum Magister ernannt worden, und so fand sich für Euler bald eine Gelegenheit, dem berühmten Bernoulli vorgestellt zu werden. Euler bemühte sich dabei um Teilnahme an privaten Vorlesungen bei Johann Bernoulli, den „collegia privata tam disputatoria

---

[28] Euler griff hier eine Idee seines Lehrers auf, der die schwingende Saite als gewichtslos betrachtete, aber diskret mit Gewichten belastete. Diese Methode führte Bernoulli u. a. in der Arbeit „Meditationes de cordis vibrantibus" (Betrachtungen über die schwingende Saite) 1728 in den Petersburger *Commentarii*, Bd. 3, S. 13–28 (1732 gedr., auch in Joh. Bernoullis Opera, Genf 1742, Bd. III, S. 198–210, aufgenommen) aus. Euler weitete die physikalische Frage schließlich zu einer Musiktheorie aus; siehe dazu Kap. 3, Tentamen.

[29] „Lectori benevolo", Acta Eruditorum, Decembris 1696, S. 560 = *Opera* I, S. 165 = *Streitschriften*, S. 258; "Problema Mechanico-Geometricum de Linea Celerrimi descensus", Flugschrift = *Opera* I, S. 166–169; „Curvatura radii", Acta Eruditorum, Maij 1697, S. 206–211 = *Opera* I, S. 187–193. – R. Thiele, „Die Brachistochrone. Was eine kleine Kugel alles ins Rollen brachte", (*Euler* 2007, S. 165–176). Griech. βραχις, βραχιστό brachistó = kürzeste, χρόνος chronos = Zeit, also die Kurve mit kürzester Durchlaufzeit.

[30] Da in der Bernoulli'schen Familie sich Vornamen häufig wiederholen, wird zur besseren Unterscheidung römisch durchgezählt; siehe auch den Stammbaum (Anhang zu diesem Kapitel).

2.2 Die Lehrjahre

quam explicatoria in varias matheseos et philosophiae partes" (also die privaten Vorlesungen mit Disputen und Erläuterungen über höhere Mathematik und Teile der Physik), die dieser in Basel für ausgewählte Studenten in Verbindung mit physikalischen Experimenten zu halten pflegte; unter den bevorzugten Studenten waren die später berühmtesten Mathematiker der Zeit, Samuel Koenig, Moreau de Maupertuis (1698–1758), Alexis Claude Clairaut (1713–175) oder Gabriel Cramer (1704–1752), zu finden, hinzu kam als prominenter Schüler bereits während Bernoullis Pariser Aufenthalt 1691 Guillaume de l'Hospital (1661–1704). Eulers Wunsch wurde aber zunächst abgeschlagen, da Bernoulli zeitlich sehr in Anspruch genommen war, auch durch die 1725 entsprechend seiner Anregung doch noch erfolgte Schulreform in Basel. Immerhin empfahl Johann I Bernoulli Euler mathematische Werke zum Studium, und Euler durfte ihm sonnabends Fragen stellen, auf die er beim Lesen gekommen war. Euler bemühte sich, so wenig wie möglich zu fragen, und war hierauf noch im Alter stolz. (Ein Vergleich: wir wissen z. B. von Carl Friedrich Gauß (1777–1855), einem der größten Mathematiker, dass er sich seiner jugendlichen Leistungen noch im Alter gern erinnerte, während eine Reihe großer Entdeckungen später von ihm nur beiläufig oder gar nicht mehr erwähnt worden sind.) In seiner „Lobrede auf Euler" berichtet sein späterer Petersburger Assistent Nikolaus Fuss (1755–1826) hierüber:

> „Er [Leonhard Euler] bot ... alle seine Kräfte auf, der Zweifel so wenige als möglich zu machen."[31]

Euler selbst äußerte später, dass dieses Vorgehen Bernoullis die beste Methode sei, um in der Mathematik voranzukommen.

Johann II Bernoulli machte seinen Studiengefährten Euler nicht nur mit dem Vater, sondern auch mit seiner Familie bekannt, insbesondere mit seinen älteren Brüdern Nikolaus (1695–1726) und Daniel (1700–1782). Bald wurden Euler Aufgaben gestellt, die er gemeinsam mit den drei hochbegabten Söhnen Bernoullis bearbeitete. Der streitbare Johann I Bernoulli, der eifersüchtig auf die gebührende Würdigung seiner Verdienste achtete, duldete keine Herabsetzung seines Anteils an wissenschaftlichen Leistungen oder gar vermeintlichen Diebstahl. Er scheute sich nicht, sich mit seinem älteren Bruder und Lehrmeister Jakob anzulegen, also öffentliche Händel mit diesem auszutragen,[32] in deren Verlauf Wortwechsel wie

---

[31] [EO I/1, S. LII], deutsche Übersetzung *Lobrede auf Herrn Leonhard Euler* (Basel 1786) der französischen *Éloge de M. Euler* (St. Petersburg 1783) von N. Fuss durch den Autor selbst. Beide Ausgaben enthalten ein angeblich vollständiges Verzeichnis der Euler'schen Schriften (50 Seiten), das sich bald als viel zu gering erwies.

[32] Genaueres z. B. bei R. Thiele „Das Zerwürfnis", in *Acta historica Leopoldina* 27 (1997), S. 257–276. Joh. Bernoulli war die sogenannte „franchise hélvetique" (Schweizer Freimütigkeit, hier eher Basler Spottlust, zur Grobheit neigend) eigen. Die Engländer waren ihm ein rotes Tuch. Im Alter von 75 Jahren zählte er in seinen Lebenserinnerungen eine stattliche Reihe von Fehden auf, über die d'Alembert in seiner Eloge auf Joh. Bernoulli beklagend fragt, warum machen sie dem Geist mehr Ehre als dem menschlichen Herz?

Abb. 2.9 Die verfeindeten Brüder **a** Jakob (1654–1705) und **b** Johann I Bernoulli (1667–1748), zwei epochale Basler Mathematiker, deren Veranlagungen gegensätzlich waren

bei Pferdedieben üblich waren (Otto Spiess) (Abb. 2.9). Johann Bernoulli überwarf sich später sogar mit einem seiner Söhne, nämlich Daniel, als der Sohn, nicht aber der Vater, bei einem mathematischen Wettbewerb Erfolg gehabt hatte. Johann Bernoullis lobende Worte über den 20-jährigen Euler sind deshalb keine leeren barocken Schwülstigkeiten, also nicht zu unterschätzen, denn sie zeigen, dass der 60-jährige Meister das Genie seines jungen Schülers erkannt hatte.

Noch deutlicher spiegelt sich das in den (lateinischen) Briefanreden Bernoullis wider:

1728	Doctissimo atque ingeniosissimo Viro Juveni (noch väterlich: Dem hochgelehrten und scharfsinnigen jungen Mann)
1737	Viro clarissimo ac Mathematico longe acutissimo (respektvoll: Dem hochberühmten und gelehrten Mann)
1739	Viro celeberrimo atque longe eximio Eulero, (dem sehr berühmten und weit überlegenen Mann)
1740	Viro celeberrimo atque excellentissimo Eulero, (dem hochberühmten und weitaus scharfsinnigsten Mann)

Endlich, in seinem vorletzten Brief an Euler, übertraf sich Bernoulli selbst mit der Anrede

1745	Viro Incomparabili Leonhardo Eulero, Mathematicorum Principi (dem unvergleichlichen L. Euler, dem Fürsten unter den Mathematikern)[33]

---

[33] Fuss, P. H.: Correspondance mathématique et physique de quelques célèbres géomètres. St. Petersburg 1843, Bd. 2, S. 3, 12, 18, 88.

2.2 Die Lehrjahre

Die Anrede von 1737 erschien nach der Lösung des sogenannten Basler Problems (dem Bestimmen der Summe der reziproken Quadratzahlen)[34] durch Euler, an dem sich die Brüder Bernoulli die Zähne ausgebissen hatten. Aber schon 1729 hatte Bernoulli eine Arbeit „Continuatio materiae de Trajectoris reciprocis" (Weiterführung des Themas reziproker Trajektorien; Opus CXXXIV) mit den prophetischen Worten beschlossen (freilich – Bernoulli wäre nicht Bernoulli – nicht ohne seinen Anteil zu erwähnen):

> „Das junge Talent Leonhard Euler .... von dessen Scharfsinn wir uns das Höchste versprechen, nachdem wir gesehen haben, mit welcher Leichtigkeit und Erfindungsgabe er in das Allerheiligste der höheren Geometrie[35] unter unseren Auspizien [Obhut] eingedrungen ist."[36]

Ein 62-jähriger Meister über einen 22-jährigen Eleven!

Durch den Einfluss von Johann Bernoulli gab der Vater den Gedanken an das Theologiestudium seines Sohnes auf, mit dem es ohnehin nicht recht vorwärts gegangen war, und der geniale Euler hatte nun die einmalige Gelegenheit und das außergewöhnliche Glück, den bedeutendsten lebenden Mathematiker als Lehrer zu haben. Aber auch der streitsüchtige Bernoulli erwies sich des Umstandes würdig, das Zepter der Mathematik in die berufenen Hände eines Schülers legen zu können. Er, der keinen Überlegenen neben sich dulden wollte, förderte den Schüler, ertrug und – unglaublich! – huldigte schließlich Euler als den Größeren.

Es wäre übrigens ganz falsch, aufgrund des Fakultätswechsels Euler als gescheiterten Theologen zu sehen. Er blieb zeitlebens ein tiefgläubiger Mann, für den, wie es damals nicht ungewöhnlich war (man denke nur an Leibniz, Newton, die Bernoullis), enge Beziehungen zwischen Theologie und Mathematik, die auch Weltanschauung vermitteln konnte, bestanden. Jakob Bernoulli (1654–1705), der Bruder Johann Bernoullis, beendete eine wichtige Arbeit „Analysis magni problematis isoperimetrici" (Analyse eines großen Problems der Variationsrechnung, 1701) mit: „Dem unsterblichen Gott aber, der den Sterblichen vergönnt hat, in den unerforschlichen Abgrund seiner unerschöpflichen Weisheit mit allzu oberflächlichen Blicken Einsicht zu gewinnen und ihn bis zu einem gewissen Grad zu erforschen, sei für die uns erwiesene Gnade Lob, Ehre und Ruhm."[37]

---

[34] „De summis serierum reciprocarum", in *Comment. Acad.*, sc. Petrop 7 (1734/35), S. 123–134, ersch. 1740; E 41. Nach den *Protokoli* am 5. 12. 1735 in der Petersburger Akademie vorgetragen, aber nicht archiviert. Euler berechnet u. a. für gerade Zahlen p die Reihe $\sum n^{-p}$.

[35] Damals war Geometrie noch ein Synonym für Mathematik schlechthin.

[36] Fuss, *Correspondance* Bd. 2, S. 47.

[37] Analysis, Basel 1701; auch in: Streitschriften von Jakob und Johann Bernoulli. Basel 1991, S. 485–505. Deo autem immortali, qui imperscrutabilem inexhaustae suae sapientiae abyssum leviusculis radiis introspicere, & aliquousque rimari concessit mortalibus, pro praestia nobis gratia sit laus, honos & gloria in sepiterna secula.

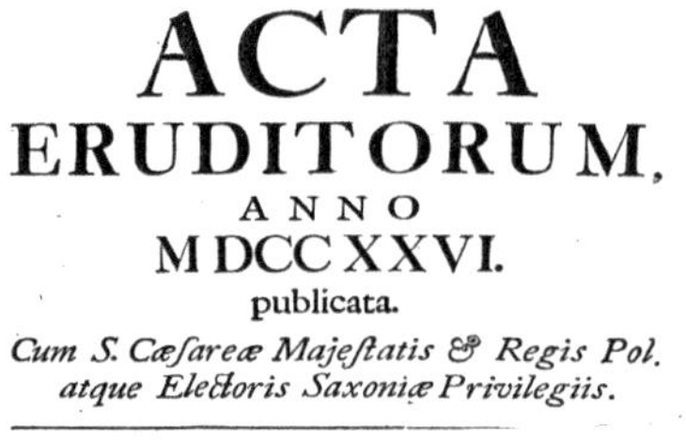

ACTA
ERUDITORUM,
ANNO
MDCCXXVI.
publicata.
Cum S. Cæſareæ Majeſtatis & Regis Pol. atque Electoris Saxoniæ Privilegiis.

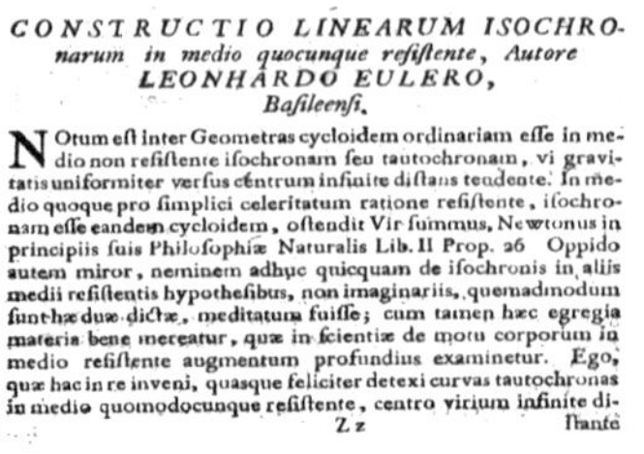

CONSTRUCTIO LINEARUM ISOCHRO- *narum in medio quocunque reſiſtente, Autore* LEONHARDO EULERO, *Baſileenſi.*

NOtum eſt inter Geometras cycloidem ordinariam eſſe in medio non reſiſtente iſochronam ſeu tautochronam, vi gravitatis uniformiter verſus centrum infinite diſtans tendente. In medio quoque pro ſimplici celeritatum ratione reſiſtente, iſochronam eſſe eandem cycloidem, oſtendit Vir ſummus, Newtonus in principiis ſuis Philoſophiæ Naturalis Lib. II Prop. 26 Oppido autem miror, neminem adhuc quicquam de iſochronis in aliis medii reſiſtentis hypotheſibus, non imaginariis, quemadmodum ſunt hæ duæ dictæ, meditatum fuiſſe; cum tamen hæc egregia materia bene mereatur, quæ in ſcientiæ de motu corporum in medio reſiſtente augmentum profundius examinetur. Ego, quæ hac in re inveni, quasque feliciter detexi curvas tautochronas in medio quomodocunque reſiſtente, centro virium infinite di-
Z z ſtante

Abb. 2.10 a, b Beginn von Eulers Arbeit „Constructio linearum isochronarum“ (Konstruktion isochroner Linien im widerstehenden Mittel, E 1) in den renommierten Leipziger Acta eruditorum, 1726, S. 361–363

2.3 Die ersten Schritte in der Wissenschaft

> Denn wir alle werden von der Sehnsucht nach Wissen und Wissenschaft angezogen und geleitet, in der wir denken, dass es schön ist, sich zu übertreffen.
>
> EULERS Motto für die „Meditationes super problemate nautico“ (1727)[38]

Mit 18 Jahren schrieb Euler seine erste Abhandlung „Constructio linearum isochronarum in medio quoconque resistente“ (Konstruktion zeitgleicher Kurven im widerstehenden Mittel; E 1, EO II/6), die sofort 1726 in den Leipziger *Acta eruditorum* (Berichte der Gelehrten) erschien (Abb. 2.10). Sie schloss an eine Aufgabe an, die sein Lehrer Johann Bernoulli im Jahre 1696 gestellt und mit gehörigem Selbstbewusstsein „die scharfsinnigsten Mathematiker des ganzen Erdkreises“ zur Lösung aufgefordert hatte. Das Problem lautete: Auf welcher Bahn bewegt sich in einer vertikalen Ebene ein Massenpunkt von einem gegebenen Punkt A zu einem gegebenen Punkt B (A nicht senkrecht unter B) vermöge der Schwerkraft in kürzester Zeit? Reibung und Luftwiderstand wurden bei Johann Bernoulli noch nicht, sondern erst später in Betracht gezogen.[39] Diese Aufgabe ist als Brachistochronenproblem bekannt; ihre Lösungen sind Zykloiden. Dieses Bernoulli'sche Brachistochrone-Problem (griech. brachistó = kürzest, chronos = Zeit) gab einen kräftigen Anstoß zur Entwicklung einer neuen mathematischen Disziplin, der Variationsrechnung (der Name stammt von Euler, aber er ist erst seit dem 19. Jahrhundert allgemein gebräuchlich). „Wie der Apfel die Eva, so hat mich dieses Problem durch seine Schönheit verlockt“, bekannte Leibniz in einem Brief an Johann Bernoulli (16. Juni 1696), unmittelbar nachdem Bernoulli ihm das Problem

---

[38] „Betrachtungen zum einem Schiffsproblem“, (E 4) in: [EO II/1, S. 1–48] „Omnes enim trahimur, et ducimur ad cognitionis et scientiae cupiditatem, in quâ excellere pulchrum putamus.“

[39] Ankündigung „Lectori Benevelo“, in: *Acta eruditorum*, Decembris 1696, S. 560 = Joh. Bernoulli *Opera,* Bd. I, Genf 1742, Bd. 1, S. 165; Auflösung „Curva radii“, in: *Acta eruditorum*, Maji 1697, S. 206–211 = Joh. Bernoulli *Opera,* Bd. I, Lausanne 1742, Bd. 1, S. 187–193, deutsche Übersetzung in: *Ostwald's Klassiker*, No. 46. Leipzig 1894, 1914.

2.3 Die ersten Schritte in der Wissenschaft

vorgestellt hatte. Dass es sich hier um eine völlig neue Aufgabenstellung handelte, nämlich die Ermittlung von extremalen Funktionen[40] anstelle von Extremalwerten einer Kurve/Funktion, bemerkten zuerst Jakob Bernoulli; insbesondere Euler und später Joseph-Louis Lagrange (1736–1813) bauten die zahlreichen unterschiedlichen Methoden zu einer einheitlichen Theorie, der klassischen Variationsrechnung, aus (siehe Abschn. 6.6, Variationsrechnung).

Die erste Euler'sche Arbeit von 1726 befasste sich bereits mit einem verallgemeinerten Brachistochronenproblem bei widerstehendem Mittel (z. B. Luftwiderstand). Nach einem halben Jahrhundert, genauer im Jahre 1780, kam Euler in drei weiteren Arbeiten (E 759, 760 und 761), die erst 1822 veröffentlicht wurden, auf diese Aufgabe zurück. Die Frage wurde gleich in mehreren Varianten behandelt: Zum Bespiel suchte Euler bei gegebener Weglänge die zugehörige Bahn, oder er bestimmte aus der Bahn die Krafteinwirkungen (inverses Problem der Variationsrechnung).

Die Pariser Akademie hatte im Jahr 1726 die Preisfrage gestellt, die beste Stelle in einem Schiffskörper für das Einsetzen der Masten zu finden sowie deren günstigste Höhe zu ermitteln. Euler, der natürlich in Fragen des Schiffsbaues keinerlei Erfahrungen aufweisen konnte (man denke nur an die vielen Witzeleien über die Schweizer Gebirgsmarine), reichte im Jahre 1726 oder 1727 seine Abhandlung „Meditationes super problemate nautico quod Illustrissima Regia Parisiensis Academia Scientiarum proposuit" (Abhandlungen über das Seefahrtsproblem, das die berühmte Königliche Pariser Akademie der Wissenschaften vorgeschlagen hat; E 4, EO II/1) ein, in der er die Preisfrage als Problem der Statik und Dynamik schwimmender Körper bearbeitete. Die Frage selbst lautete: „Welche ist die beste Art, um Schiffe in Bezug auf die Position, die Anzahl und die Höhe der Masten zu bemasten?"[41]

Der 20-jährige Euler erhielt zwar nicht den begehrten Preis der Akademie, sondern ein Accessit (eine lobende Erwähnung, etwa ein zweiter Preis),[42] womit seine Arbeit immerhin von der Akademie gedruckt wurde (in den *Recueil des Pièces qui ont reporté les prix de l'Académie royale des sciences de Paris 2* (1732); Sammlung von Stücken, die die Preise der Königlichen Akademie der Wissenschaften von Paris gewonnen haben), eine davon unabhängige Ausgabe erschien bereits 1728 in Paris. Der Preis selbst wurde 1727 Pierre Bouguer (1698–1758) verliehen, der danach von 1736 bis 1742 an der großen peruanischen Gradmessung

---

[40] Der Begriff Funktion bildete sich allerdings noch heraus, und neben Johann Bernoulli war Euler daran entscheidend beteiligt, siehe Kap. 6.

[41] „Quelle est la meilleure maniere de master les Vaisseaux tant par rapport a la situation qu'au nombre et a la hauteure des Mastes." Siehe auch G. Mikhailov, „Notizen über die unveröffentlichte Manuskripte von Euler" in *Euler* 1959, S. 256–280, Abb. 1 (Faksimile).

[42] Accéssit ist das „Beinahe", der zweite Preis oder bei Preisaufgaben ein Nebenpreis, nicht immer nur ein Belobigungspreis oder eine ehrenvolle Erwähnung. In diesem Fall war auch der Druck der Arbeit damit verbunden.

teilnehmen und sich mit umfangreichen Büchern um den Schiffsbau und die Navigation verdient machen sollte.[43] Später wurde Leonhard Euler übrigens 14-mal (davon fünfmal über Fragen des Schiffsbaues und der Navigation unter seinem Namen und ein weiteres Mal unter dem Namen seines Sohnes Johann Albrecht) der Pariser Akademiepreis zuerkannt, was ihm die Summe von insgesamt 30.000 Livres, vielleicht etwa 150.000 € heutiger Kaufkraft, einbrachte.[44] Die

In den „Meditationes" legte Euler seine Auffassung in 100 Artikeln dar. Die Arbeit schloss er mit den selbstbewussten Worten:

> „Ich habe es nicht für nötig gehalten, diese meine Theorie durch das Experiment zu bestätigen; denn sie ist ganz aus den unwiderlegbaren Prinzipien der Mechanik abgeleitet, weshalb der Zweifel, ob sie wahr sei und in der Praxis stattfinde, in keinerlei Weise erscheinen kann."[45]

In einem vor einigen Jahrzehnten in St. Petersburg von Gleb K. Mikhailov (Глеб Константинович Михайлов (1929–2021) aufgefundenen Entwurf liest sich die Behauptung allerdings etwas anders, denn Euler schloss das Manuskript mit der Beschreibung von Experimenten, die er an einem Schiffsmodell ausführte. Diese Versuche begründete er so:

> „Ich bin daran gegangen, diese meine Theorie, obwohl sie auf sicheren Fundamenten baut, und von diesen Prinzipien her, die ich als richtig abgeleitete erkennen konnte, keine Zweifel hinterlassen kann, auch noch durch das Experiment zu bekräftigen, durch das, falls jemand hinsichtlich der Zuverlässigkeit der Prinzipien oder der rechtmäßigen Ableitung meiner Theorie Zweifel hegen will, die Wahrheit durch die Tatsache selbst bekräftigt gesehen werden könnte, und so bliebe keinerlei Platz für irgendwelche Zweifel oder Bedenken."[46]

Das Fazit, die letzten Worte der Arbeit, lautet: „Womit es klar ist, dass die in Rede stehende Theorie mit der Erfahrung genau übereinstimmt" („unde patet hanc datam Theoriam cum experientia exacte conspirare").

---

[43] *De la maneuvre des vaisseaux*, Über die Steuerung von Schiffen, 1746; *Nouveau traité de navigation*, Neue Abhandlung über die Navigation, 1753 und weitere Auflagen. Das Gegenstück dieser Expedition war die lappländische Expedition von M. de Maupertuis, die uns in Kap. 4 beschäftigen wird.

[44] Der US-amerikanische Wissenschaftshistoriker Clifford A. Truesdell (1919–2000) verglich den Pariser Preis mit dem Nobelpreis, sowohl von der Bedeutung her als auch vom Preisgeld. (Für Mathematiker wäre heute der Abel-Preis besser mit dem Pariser Preis zu vergleichen, aber wer kennt schon außerhalb der Mathematik diese Ehrung?)

[45] „Haud opus esse existimavi istam meam theoriam experientia confirmare, cum integra et ex certissimis irrepugnabilibus principiis mechanicis deducta, atque adeo de illa dubitari, an vera sit ac an in praxi locum habere queat, minime possit". E 4 in: (EO II/20, S. 48).

[46] „Sed istam meam theoriam, quamvis sit ex certissimis et de quibus neutiquam dubitari potest principiis recte quantum perspicere potui deducta, tamenm eam experientia quoque confirmare agressus sum, quo, si quis de certitudine principiorum aut legitima deductione meae theoriae ambigere velit, veritatem ipso facto videre possit confirmatum iri, et ita, ulli dubitationi aut haesitationi nullus locus relinquatur." Die entsprechenden Seiten der handschriftlichen ersten Variante finden sich in dem Artikel „Notizen über die unveröffentlichte Manuskripte von Eulers" faksimiliert in *Euler* 1959, S. 256–280 sowie 20 Abbildungen, insbesondere S. 258 f. sowie Abb. 2.

2.3 Die ersten Schritte in der Wissenschaft

Euler überprüfte also doch die Resultate empirisch! Auch in seiner Abhandlung von 1727 über die Entstehung und Fortpflanzung des Schalls („Dissertatio physica de sono ... "; E 2, EO III/1, S. 181–196), auf die wir gleich zu sprechen kommen, beschrieb Euler durchgeführte Experimente. Schließlich lesen wir 1741 – jetzt greifen wir anderthalb Jahrzehnte voraus – über seine aufgestellte und mathematisch begründete Musiktheorie in einem Schreiben an D. Bernoulli:

„Durch die Experientz kann man allso leicht determinieren welche Theorie mit Wahrheit übereinkommt."[47]

Dieser hatte am 28. Januar 1741 lakonisch geschrieben: „Ich habe mir vorgenommen ...einen Flügel ... auf Dero vorgeschriebene Manier stimmen zu lassen." (Fuss 1743, Bd. 1, S. 471). Über den Ausgang der Bernoulli'schen Experimente haben wir allerdings keine Kenntnis.

Im Laufe der Zeit wuchs allerdings Eulers Vertrauen in die Unanfechtbarkeit mathematischer Prinzipien; die Wahrheit brauchte nicht mehr durch experimentelle Fakten erwiesen zu werden, sondern wurde durch die Theorie bestätigt. In den „Réflexions sur l'espace et le temps" (1748, Betrachtungen über den Raum und die Zeit) (E 149, EO III/2) lesen wir in den beiden ersten Paragraphen:

„Die Gewißheit der mechanischen Grundsätze muß uns in den dornigen Untersuchungen der Metaphysik über das Wesen und die Eigenschaften der Körper als Leitstern dienen. Jede Schlußfolgerung, die ihr widerstreitet, wird man, so gegründet sie auch erscheinen mag, mit Recht verwerfen."

So hatte er sich, wir erinnern uns, bereits in seinen Thesen als Respondent geäußert. Sein unerschütterlicher Glaube verleitete Euler auch zu „kuriosen" Ansichten. Ein solcher offensichtlicher „Fehltritt" unterlief dem jugendlichen Euler in der Abhandlung über den Schall („De sono", E 2, EO III/1), genauer in der angefügten dritten These, die das Verhalten eines fallenden Steines im Gravitationsfeld grandios missinterpretiert. Wir werden noch sehen, wie seine Gegner ihm später diesen Fehler genüsslich vorhielten und selbst Voltaire ihm einen Nasenstüber erteilte.

Praktiker blieb Euler im „Bedarfsfall" jedoch weiterhin, denn er ließ noch im hohen Alter bei Brückenbauprojekten in Petersburg Experimente ausführen, und er stellte für die Modelle sogar eine Ähnlichkeitsmechanik auf („Regula facilis", Einfache Regel, E 480, EO II, 12; 1775), die er mit dem russischen Ingenieur Iwan Petrowitsch Kulibin (Кулибинъ, 1735–1818) beim Bau einer Newa-Brücke in St. Petersburg nutzen sollte (siehe Kap. 8).

Die oben erwähnte Abhandlung über den Schall war von Euler angefertigt worden, da er sie für seine Bewerbung um die durch den Tod von Johann Rudolf Beck (1657–1726) im September 1726 vakant gewordene Physikprofessur benötigte. Dieser sechzehnseitigen Schrift „Dissertatio physica de sono ... pro vacante professione physica" (Physikalische Abhandlung über den Schall ... für eine Bewerbung

---
[47] EO IVA/3, Brief vom 21.2./4.3. 1741

Abb. 2.11 Eulers „Dissertatio physica de sono" vom 18. Februar 1727 mit der er sich vergeblich um eine freie Physikprofessor in Basel beworben hatte

auf die freie Physikprofessur; E 2, EO III/1)[48] aus dem Jahre 1727, einer physikalischen Abhandlung über die Ausbreitung und Entstehung des Schalls, ist das Kürzel Q. F. F. Q. S. (Quod felix, faustum que sit = Was glücklich und gesegnet sei, d. h. Möge es Dir Glück und ein gutes Schicksal bringen) vorangestellt (Abb. 2.11). Die Abhandlung besteht aus zwei Kapiteln: Über die Natur und die Ausbreitung des Schalls („De nature et propogatione soni") und Über die Erzeugung des Schalls („De productione soni") sowie einem Anhang aus Thesen. Am 18. Februar hielt Euler die fällige Disputation mit dem Respondenten E. L. Burckhardt und am 17. März die Lektion „De causa Gravitatis" (Über die Ursache der Gravitation). Das Gravitationsgesetz für die mathematische Beschreibung der Planetenbewegung erklärte Euler als passend und daher als physikalische Tatsache, eine erkenntnistheoretische Feststellung, der Euler lebenslang gern folgte. Euler befürwortete damit jedoch nicht die Newton'sche Auffassung, dass die Schwerkraft durch den leeren Raum wirken könne; wie die „Protokoli" (Протоколы, Protokolle) der Sitzungen der Petersburger Akademie später zeigen, gab es noch heftige Dispute in dieser Angelegenheit. Die fünfte These seiner Disputation ist insofern von Interesse, da Euler sich mit dem Hinabrollen homogener Körper auf einer Ebene unter Berücksichtigung der Reibung beschäftigte, denn es gibt eine frühe Arbeit[49] von

---

[48] Es gibt noch eine direkt auf das Bewerbungsverfahren ausgerichtete Fassung „De sono … pro vacante professione physica, Basel: Thurneysen 1727. Eulers Respondent war Ernst Ludwig Burckhardt; die Familie Burckhardt war eine weit verzweigte Basler Familie: Bonifacius Burckhardt war der Vorgänger von Eulers Vater, Johann Burckhardt war ein Mathematiklehrer des jungen Euler.

[49] „De descensu corporum rotundorum super planis inclinatis" (Das Hinabrollen einer Kugel auf geneigten Ebenen). Siehe Mikhailov in *Euler* 1959, S. 264. Die Aufgabe hat eine interessante Vorgeschichte. G. Galilei ging bei seine Untersuchungen über den freien Fall von der Annahme aus, dass die Geschwindigkeit einer Kugel mit der Fallhöhe h gleich der einer eine schiefe Ebene mit der Höhe h hinabrollenden Kugel ist, wobei Reibung, Luftwiderstand usw. vernachlässigt werden. Damit konnte Galilei auf der schiefen Ebene den Bewegungsvorgang „lupenhaft" betrachten, da seinerzeit kleine Zeitabstände nicht messbar waren. Es galt nach dem von Galilei gefundenen Fallgesetz für die Geschwindigkeit $v = \sqrt{(2gh)}$ (g Erdbeschleunigung) bzw. die Fallgeschwindigkeit v ist proportional der Fallhöhe h. Damit wurde noch zu Bernoullis Zeit bei (kinematischen) geometrischen Konstruktionen die Geschwindigkeit durch eine Strecke dargestellt und erfasst.

2.3 Die ersten Schritte in der Wissenschaft

zwei Blättern im Archiv der Russischen Akademie zu dem Thema, in der sein Lehrer Joh. Bernoulli einen Fehler verbesserte. Hören wir Euler selbst: „Im Januario wurde die Professio Physica ausgelobt, wofür ich mich habe einschreiben lassen, und den 18. Februar habe ich die die Disputation gehalten, da mir opponiert haben 1. H. Cand. Wentz, 2. H. Dr. Thelusson, 3. H. Dr. Stehelin, 4. H. Cand. Hess. Den 17. Mertzen hielt ich meine Lection De causa Gravitatis.".[50]

Die Bewerbung schlug trotz Johann I Bernoullis Empfehlungen infolge Eulers Jugend fehl; Euler kam gar nicht in das „Los" (von diesem Verfahren, das ab 1718 gesetzlich war, haben wir vorn berichtet; davor war das Ballot-Verfahren mit Kugeln verbindlich), d. h. unter die letzten drei Bewerber, aus denen an der Basler Universität per Losentscheid der Lehrstuhlinhaber bestimmt wurde.[51] Im Los war z. B. Jacob Hermann, der seinerzeitige Petersburger Professor, der aber gleichfalls nicht ausgewählt wurde und erst 1727 eine begehrte Basler Professur, allerdings für Moral und Naturrecht, erhielt, die er jedoch aufgrund vertraglicher Bindungen erst 1731 antreten konnte. Die Professio Physica wurde schließlich am 1. April 1727 durch den Mediziner Benedikt Stehelin (1695–1750)[52] bestellt, dessen Interesse vor allem Moosen und Pilzen galt, der jedoch trotzdem die Experimentalphysik in hervorzuhebender Weise förderte. Die im Motto beschworene Leidenschaft scheint sich hier nicht verwirklicht zu haben, aber Euler hatte noch ein zweites Eisen im Feuer, durch das sein Leben ganz anders verlaufen sollte.

In Eulers Arbeit über den Schall ist philosophisch bemerkenswert, dass er schon mit 20 Jahren der Leibniz'schen Lehre von den prästabilierten Harmonien eine klare Absage erteilte (erste These). Das war für einen Schüler Bernoullis eine erstaunliche Haltung, da der streitbare Johann Bernoulli Anhänger und vor allem Verteidiger Leibniz' war. Eulers Ablehnung war jedoch eine Folge seiner religiösen Einstellung; sie zeigt auch seine frühe Eigenständigkeit. Für Euler bestand das Wesen der Geister in ihrer Freiheit, die auch Gott ihnen nicht mehr nehmen kann, während bei Leibniz durch den Plan des Schöpfers alles vorherbestimmt – prästabiliert – ist, sodass, wie Euler es später im 84. Brief (2. Teil, 15 12. 1760) an eine deutsche Prinzessin ausdrückte, „die Freiheit der Menschen dadurch aufgehoben werde" (E 343, EO III/11). Diese philosophische Haltung änderte Euler während seines Lebens nicht mehr.

---

[50] „Über die Ursachen der Gravitation", Eintrag im „Diarium" (Tagebuch) des 2. Notizheftes von Euler, Archiv der Akademie der Wissenschaften, St. Petersburg, 136.1.183. – G.K. Mikhailov, „Unveröffentlichte Manuskripte Eulers", in *Euler* 1959, S. 256–280.

[51] Immerhin war der 18-jährige Euler als Kandidat angesehen worden, auch wenn er die Professorenstellung nicht erhalten hatte. Durch die Arbeit „De sono" wies sich Euler als professorabel aus – wir können sie modern gesehen als seine „Habilitationsschrift" betrachten, die ihm damit auch eine Promotion in Basel verschaffte. Ein eigentliches Promotionsverfahren für Euler hat es nämlich in Basel nicht gegeben. – Licentiatus (beider Rechte) Ludwig Wentz (1699–1772), Mag. artium Basel 1715, Stadtbeamter in Basel; Emanuel Hess (1699–1752), Mag. artium Basel 1718, Cand. Jur. 1723, Stadtbeamter in Basel.

[52] Dr. med. 1716 Basel, Professor der Physik 1727, Rektor Univ. Basel 1736/37.

Sehen wir uns die Arbeit über den Schall aus allgemeiner Sicht an, um einige sich kaum ändernde Einstellungen Eulers hervorzuheben. Diese Arbeit nebst den angefügten Thesen zeigt uns die Gedankenwelt eines aufstrebenden jungen Forschers. An der Arbeit ist physikalisch hervorzuheben, dass Wärme als Bewegung von Partikeln begriffen wird, also in einem ponderablen (dem Gewicht nach) und damit mechanischen Sinn erfassbar ist, d. h. Wärme wird nicht mit der seinerzeit üblichen Phlogiston-Theorie interpretiert.[53] Gegen diese Theorie, deren erste Ansätzen aus dem Jahre 1669 auf Johannes Joachim Becher (1635–1682) zurückgehen und deren Ausbildung vor allem durch von Georg Ernst Stahl (1660–1734) im Jahre 1702 erfolgte, hatten erstmals die Basler Jakob Hermann, Johann und Daniel Bernoulli Einwände erhoben, denen sich nun Euler anschloss. Seine Darlegung war nur referierend, aber nicht beweisend. Am Ende der Arbeit befinden sich wie üblich Thesen. In der Frage nach der Größe der lebendigen Kraft (kinetischen Energie) pflichtete Euler Leibniz und seinem Lehrer bei: Sie ist gleich Masse mal Quadrat der Geschwindigkeit ($= mv^2$).[54] Die lebendige Kraft war in jener Zeit heftig umstritten und rief selbst noch Immanuel Kant (1724–1804) mit einer zweifelhaften Abhandlung auf das bereits geräumte Schlachtfeld (die Kant im Jahre 1749 Euler zur Prüfung vorlegte, worauf er aber merkwürdigerweise – oder bezeichnenderweise? – vom schreibfreudigen Euler keine Antwort erhielt). Die zweite These befasst sich mit der Gravitation, d. h. sie fasst Eulers am 17. März 1727 gehaltene Lektion zusammen. Der letzte Punkt ist ein spaßhaftes Kuriosum. Euler erwähnte unter den erforderlichen Thesen am Ende der Bewerbungsschrift als das übliche Paradoxon die Frage, wie sich ein fallender Stein in einem durch den Erdmittelpunkt gebohrt gedachten Schacht verhalten würde. Taucht er auf der anderen Seite des Schachtes wieder auf, verharrt er im Mittelpunkt der Erde oder kehrt er dort um? Eulers ebenso verblüffende wie falsche, eben paradoxe Antwort lautet: Er kehrt im Mittelpunkt um und an seinen Ausgangspunkt zurück! Noch nach Jahrzehnten hielt Benjamin Robins (1707–1751) diese irrtümliche These Euler genüsslich vor, auf die Euler übrigens in seiner *Mechanik* von 1736 (E 15–16, EO II/1–2, Kap. 3) noch einmal zurückkam.[55] (Siehe dazu die [erste] *Mechanik* von 1736, hier in Kap. 7.) Aber da kam auch leise Kritik vom alten, aber weiterhin streitbaren Lehrer, der, indem er sich auf Eulers *Mechanik* (1736) bezog, im Brief vom 23. September 1745 monierte:

---

[53] Diese Theorie geht nach G. E. Stahl bei Verbrennungen von einem hypothetischen Brennstoff, dem sogenannten Phlogiston (griech. Φλογίστων, phlogistón = verbrannt), aus. Sauerstoff wurde unabhängig voneinander 1772 von C. W. Scheele und 1774 von J. Priestley entdeckt.

[54] Heute mit dem Faktor ½ geschrieben, da sich die kinetische Energie E durch Integration des Impulses mv ergibt ($dE = mv\, dv$).

[55] In diesem Fall ist die Kraft proportional zum Kraftzentrum ($n = 1$ im Attraktionsgesetz); für $n = 2$ (Gravitationsfall) erörterte Euler den Fall des mit unendlicher Geschwindigkeit eintreffenden Massepunktes und seine Reflexion im Kraftzentrum. Siehe H. Iro, „Eulers analytische Mechanik", in *Euler* 2008, S. 237–269.

„Ich wundere mich über Ihre Milde und Höflichkeit Robins gegenüber, der sich doch über Sie, über mich und alle Nichtengländer nur spöttisch äußert."[56]

Bereits bei einem flüchtigen Blick auf Eulers erstes Notizbuch (Basler Zeit) fällt auf, dass schon der junge Euler wissenschaftliche Themen auswählte, die er sein Leben lang beharrlich verfolgen und vertiefen würde, was wir im Einzelnen bald sehen werden. Eine entsprechende Feststellung lassen ebenfalls die Thesen zu, die Euler als Respondent (Antwortender) entwarf, um sie später in seinen Forschungsprogrammen zu betrachten und auszuloten. Überdies behielt Euler auch die religiösen Unterweisungen und Praktiken bei, die ihm sein Vater erteilt hatte. Leonhard Euler war in seinen Ansichten und in seinem Verhalten ein beständiger Mann.

Eine ähnliche Veranlagung lässt sich auch bei Carl Friedrich Gauß (1777–1855) vermuten, dem in seiner Jugendzeit Probleme und Ideen im Übermaß zuströmten, die er in Notizbüchern notierte, um sie später abzuarbeiten. Aber beide Giganten der Mathematik unterschieden sich auch: während Euler freimütig Einblicke in das Verfertigen seiner Gedanken gewährte und gelegentlich auch über die Mühe der Arbeit klagte, legte Gauß unpersönliche, aber kristallklare Ausarbeitungen ohne jede Handreichungen für den Leser vor, die diesem eine Motivation gewähren könnten. Bekannt ist die treffende bildliche Beschreibung der Arbeitsweise von Gauß, dass er nämlich nach getaner Arbeit vom hohen Ross steige, um die Spuren zu verwischen.

2.4 Abschied von Basel

In den Basler Jahren veröffentlichte Euler von 1725 bis 1727 bereits vier wissenschaftliche Arbeiten mit insgesamt etwa 75 Seiten Umfang. Diese Arbeiten waren an seinem Lehrer Johann Bernoulli orientiert, d. h. physikalisch ausgerichtet, vor allem mechanisch; Mathematik an sich interessierte Euler zunächst eher als Hilfsmittel für physikalische Probleme, die abstrakte Zahlentheorie lag ihm noch völlig fern. Obgleich Eulers Arbeiten für einen jungen Mann von 19 Jahren wissenschaftlich sehr beachtlich waren, gab es für ihn wenig Aussichten, in seinem Heimatland eine mathematische Karriere zu starten. Beispielsweise war es sowohl Daniel als auch Nikolaus Bernoulli trotz der Hilfe ihres einflussreichen Vaters nicht gelungen, in der Schweiz eine Stellung zu erhalten, sodass sie schließlich 1725 Basel verließen und Mitglieder der St. Petersburger Akademie wurden. Obwohl sich Eulers Lehrer Joh. Bernoulli auch für seinen Meisterschüler Euler verwandte, erkannte dieser vermutlich allmählich die Aussichtslosigkeit seiner Absicht, ein Fortkommen in der Schweiz zu finden. Die Lage war nicht besonders rosig für Euler, aber seine Gläubigkeit ließ ihn optimistisch in die Zukunft sehen.

---

[56] EO IVA/2, S. 452; „Miror Tuam lenitatem et urbanitatem erga Robinsium, qui tamen de Te, de me et de omnibus non-Anglis sceptice loquitur." – Verächtlich wurde Euler von B. Robins „machina mathematica", Rechenmaschine, genannt.

Abb. 2.12 Laurentius Blumentrost (1692–1755), Leibarzt des Zaren Peters des Großen und erster Präsident der St. Petersburger Akademie

Wie er durch die Wissenschaft motiviert war, zeigt das Motto der „Meditationes" (E 4, EO II/20), das ausdrückt, dass wir alle zum Lerneifer geleitet und zur Erkenntnis dessen geführt werden, was wir schätzen.[57]

Euler freundete sich allmählich mit dem Gedanken an, den Bernoullis nach St. Petersburg zu folgen, wenn er auch die Verwirklichung hinauszögerte, wozu ihn auch der bevorstehende Winter bewogen haben mochte (Abb. 2.12 und 2.13). Merkwürdigerweise schrieb er sich aber noch drei Tage vor seiner Abreise nach St. Petersburg am 2. April 1727 in die medizinische Fakultät der Universität Basel ein (vielleicht, um in St. Petersburg medizinische Aktivitäten vorweisen zu können, was ihm der Freund Daniel Bernoulli nahegelegt hatte)(Abb. 2.14),[58] um dann am 5. April der Schweiz den Rücken zu kehren.

Letztlich war dieser Entschluss, die Schweiz zu verlassen, eine zutiefst glückliche Entscheidung, denn sein Heimatland hätte ihm nicht jene wissenschaftlichen Entwicklungsmöglichkeiten bieten können, die er sowohl in Russland und als auch später in Preußen erhielt. Umso mehr stimmte Johann Bernoulli zu, der sich in Basel ohnehin schlecht behandelt fühlte und stets bereute, von Groningen wieder in seine Geburtsstadt gekommen zu sein.[59] Das verleumderische Geschwätz, wel-

---

[57] „Omnes enim trahimur, et ducimur ad cognitionis et scientiae cupiditatem, in qua excellere pulchrum putamus."

[58] In einem Brief vom November 1734 erkundigte sich Euler bei D. Bernoulli, der inzwischen wieder in Basel und dort Professor der Medizin war, ob es möglich sei, an der Basler Fakultät, der er ja angehöre, zu promovieren, wenn dies nicht zu viel koste. Die Sache zerschlug sich jedoch.

[59] Etwa im Brief an Euler 7.3.1739 oder 28.10.1741.

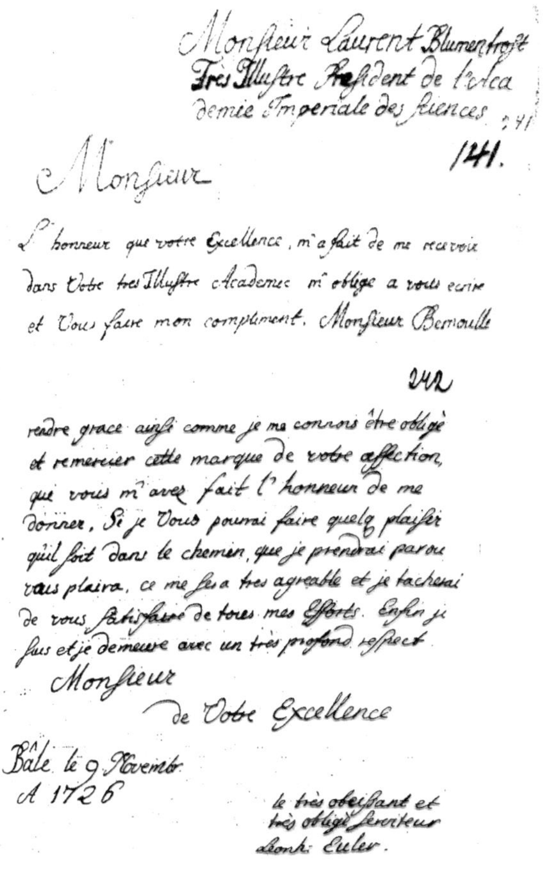
Monsieur Laurent Blumentrost
Très Illustre President de l'Aca
demie Imperiale des sciences
141.

Monsieur

L'honneur que votre Excellence, m'a fait de me recevoir dans Votre tres Illustre Academie m'oblige a vous ecrire et Vous faire mon compliment. Monsieur Bernoulli

242

rendre grace ainsi comme je me connois être obligé et remercier cette marque de votre affection, qui vous m'avez fait l'honneur de me donner. Si je Vous pourrai faire quelq plaisir qu'il soit dans le chemin, que je prendrai parou vous plaira, ce me sera tres agreable et je tacherai de vous satisfaire de tous mes Efforts. Enfin je suis et je demeure avec un très profond respect

Monsieur
de Votre Excellence

Bâle le 9 Novembr.
A 1726

le très obeissant et
très obligé serviteur
Leonh: Euler.

Abb. 2.13 Brief von Euler (Anfang und Ende) an den Präsidenten der Petersburger Akademie L. Blumentrost vom 9. November 1726

ches gemäß Johann Bernoulli den Geist der Basler Landsleute ausmache, widerte den enttäuschten Bernoulli an, der in den lateinischen Verszeilen des walisischen Dichters John Owen (1616–1683) sein Lebensgefühl prägnant erfasst sah:

> „Illa mihi Patria est ubi pascor, non ubi nascor;
> illa ubi sum notus, non ubi natus eram."

Otto Spiess hat die tiefe Heimatlosigkeit, die in diesen Zeilen steckt, so übersetzt:

> „Das ist mein Vaterland: Wo ich zu Geld kam,
> nicht wo ich zur Welt kam;
> wo ich zu Ehr komm',
> nicht wo ich herkomm."[60]

[60] Siehe z. B. R. Thiele, „Das Zerwürfnis", in: *Acta historica Leopoldina*, Halle 1997, S. 274; O. Spiess, *Die Mathematiker Bernoulli*. Basel 1948.

1727. d. 2ten aprilis Leonhard Euler Basiliensis:
d. 10ten maji Joh: Henricus Respingerus Bas:
d. 21. dito Claudius Passavant. Bas.
d. 26. dito Joh. Erhardus Wagner, Würtembergo - Suevus.

Abb. 2.14 Basler Universitätsmatrikel mit dem Eintrag Eulers vom 2. April 1727 für das Sommersemester beim Dekan der medizinischen Fakultät Rudolf Zwinger, obwohl er am 5. April nach Russland abreiste. Eulers Eintrag im April war der erste für das Jahr 1727, erst im Mai folgte Respinger. Daniel Bernoulli hatte bereits im September 1726 dem Freund nahegelegt, sich mit „mit etwas Physiologie und Anatomie" zu befassen, was sich für die Anstellung an der Akademie als günstig erweisen würde (erster Brief Bernoullis an Euler, undatiert). Offensichtlich ist diese Einschreibung „stud. med." als Nachweis der gewünschten Fähigkeiten gedacht

So kam es, dass sich am Morgen des 5. April 1727, gegen halb zehn Uhr, nur wenige Tage nach Newtons Tod, der in der mathematischen Welt noch unbekannte Leonhard Euler aufmachte, in Basel ein Schiff zu besteigen, um in das ferne St. Petersburg zu reisen (Abb. 2.15). Ein für einen 20-Jährigen abenteuerliches Unterfangen! Es war eine Reise ohne Wiederkehr: Weder sah er Basel wieder, weder seinen Vater, der 1745 in Riehen starb, noch seinen Lehrer Johann Bernoulli. Aber Euler war auf dem Weg zum Ruhm.

Anhang

Ausschnitt aus dem Stammbaum der Familie Bernoulli. Gezeigt werden die wichtigsten Mathematiker und Physiker im 18. Jahrhundert

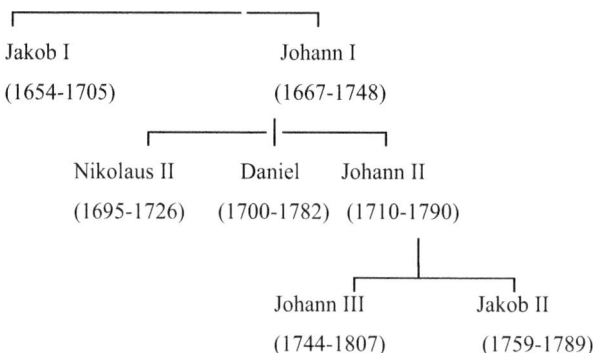

Abb. 2.15 Basel, heutiger Blick über den Rhein auf Eulers Taufkirche und den Beginn der Schifflände (rechts), von der aus der junge Euler seine Reise in das ferne St. Petersburg begann

Literatur

Amburger, E., I. Hecker und G. Michajlow: „Die Nachkommen Leonhard Eulers in den ersten sechs Generationen" Родословная росписиь потомков Эйлера, in: *Basler Zeitschrift für Geschichte und Altertumskunde 94* (1994), S. 163–239. Vorgänger: Амбургер, Геккер, Михайлов: „Родословная и потомк и Эйлера", в *Рвзвитие идей*. Москва 1988, с. 383–497.

Bruckner, D.: „Versuch einer Beschreibung historischer und natürlicher Merkwürdigkeiten der Landschaft Basel". VII. Stück Riehen. Basel 1752.

Burckhardt. P.: *Geschichte der Stadt Basel.* Basel ^{2}1957.

Euler, K.: *Das Geschlecht Euler=Schölpi*, Gießen 1955 (insbesondere Kapitel II, S. 38–46 sowie Tafel X).

N. Fuss (Fuß): Éloge de M. Leonard Euler. St. Petersburg 1783. Lobrede auf Herrn Leonhard Euler. St. Petersburg. 1783. Mit einen (un)vollständigem Werkverzeichnis (Übersetzung durch den Autor), Basel 1786 = EO I/1, S. XCV.

Ganz, P. L.: „Die Basler Professorengalerie in der Aula des Museums an der Augustinergasse", in: *Basler Zeitschrift für Geschichte und Altertumskunde 78* (1978), S. 31–162.

Habicht, M.: *Nachricht von dem Leben des Herrn Thomas Spleiss* [Studienkollege Eulers bei Johann I Bernoulli], Schaffhausen 1776.

Iselin, E.: *Geschichte des Dorfes Riehen*. Basel 1922.

Mikhailov, G. K.: „Unveröffentlichte Manuskripte Eulers", in *Euler* 1959, S. 256–280.

Raith, M.: „Der Vater Paulus Euler – Beiträge zum Verständnis der geistigen Herkunft von Leonhard Euler", in *Euler* 1983, S. 458–470. Basel 1983.
Raith, M.: „Entwicklung der Landgemeinde Riehen", in: *Das Markgräflerland 1* (2003), S. 1–47.
Raith, M.: *Gemeindekunde Riehen*. Riehen 1988.

Kapitel 3
St. Petersburg 1727–1741

3.1 Die Reise nach St. Petersburg

Sie wechseln den Himmel, aber nicht das Herz, die über das Meer fahren[1]

HORAZ (65 v. Chr. – 8 v. Chr.)

Euler reiste in ein riesiges Reich, das sich im Umbruch befand. Unter den russischen Herrschern war es Zar Peters des Großen (1672–1725, Петр I Великий, Петръ Алексеевич Романов; reg. mit Bruder Iwan V. [Иван II] ab 1682, allein 1689–1725) erklärte Absicht, Russland durch Reformen in eine politische Macht zu verwandeln, ohne die künftig in Europa keine wichtigen Probleme gelöst werden konnten (Abb. 3.1). Die gewaltige Aufgabe gelang, aber deren Größe und der Umfang der Änderungen erzeugten entsprechenden Widerstand. Peter I. hatte sich durch die Reformen nicht nur Freunde gemacht. Beispielsweise entsprach die Kleiderreform (1698), die sich u. a. gegen das Tragen von Kaftanen und Bärten wandte, nicht den Bedürfnissen der Russen in den strengen nordischen Wintern. Der Fortschritt erfolgte daher nicht geradlinig, und unter den Nachfolgern von Peter bzw. deren Hintermännern versuchte man, viele Änderungen wieder zurückzunehmen.

Diese Bemerkungen treffen auch auf Bildung und Wissenschaft zu. Für diese waren die Voraussetzungen in Russland denkbar schlecht, und es ist daher umso bemerkenswerter, dass der Zar[2] sie dennoch beharrlich verfolgte. Man will den Westen übertreffen, stellte hierzu Goldbach 1726 fest.

---

[1] "Caelum, non animum mutant qui trans mare currunt." Epistulae; *Briefe,* Greno 1986, Brief 11.
[2] Der Großfürst Ivan IV (1530–1584) hatte die Bezeichnung Zar (von lat. „caesar") für russische Herrscher 1547 eingeführt und wurde im selben Jahr zum ersten Zaren gekrönt. Peter I. hatte sich nach dem Sieg über die Schweden (Frieden am 10. September 1721) am 2.11.1721 zum Imperator (Kaiser) ausgerufen, sodass die russischen Herrscher seitdem offiziell als Russische oder Kaiserliche Majestät tituliert wurden, auch „Imperator i samoderzhets vserossiiskii" (Kaiser und

Abb. 3.1 Peter der Große
(1672–1725, reg. ab 1682)

Vom Tage des Eintreffens im Mai (24.5. neuer Stil bzw. 4.6. alter Stil) an bis zu seinem Tode sollte Eulers Leben und Wirken auf das engste mit der Kaiserlichen Akademie der Wissenschaften in St. Petersburg (Императорская Академия Наукъ в Ст. Петербургъе, Imperatorskaja Akademija Nauk w St. Peterburgje)[3] verbunden bleiben. Man habe ihn dort nie als einen Fremden behandelt, schrieb Jean Nicolas Caritat, Marquis de Condorcet (1743–1794) in seiner „Èloge" auf Euler (1783).

Aber warum war Euler nach Petersburg (Санкт-Петербург, СПб) gekommen?

Die Söhne von Johann Bernoulli (1667–1748), Daniel (1700–1782) und Nikolaus II (1695–1726) (Abb. 3.2), mit denen sich Euler trotz des Altersunterschiedes beim Studium angefreundet hatte, waren im Herbst 1725 Professoren in Petersburg geworden, während ihr Vater Johann Bernoulli eine Berufung dorthin abgelehnt hatte. Allerdings billigte Johann Bernoulli das Vorhaben seiner beiden Söhne, deren gemeinsame Anstellung übrigens die Folge einer Verwechslung der Vornamen der Bewerber gewesen war. Der Präsident Laurentius Blumentrost (1692–1755)(s. Abb. 2.12) hatte, um den Peinlichkeiten zu entgehen, wer tatsächlich ge-

---

Allrussländischer Selbstherrscher); im populären Sprachgebrauch blieb jedoch die Bezeichnung Zar („tsar") oder Zarin weiterhin in Gebrauch ebenso wie „tsaritsa" für die Gemahlin des Zaren und „tsarevich" für dessen thronfolgeberechtigten Sohn. Die russischen Zaren verfügten über eine unglaubliche Machtfülle, auch gegenüber dem Adel, und an dieser Autokratie änderte sich wenig

[3] Anders als im Deutschen oder Englischen, wo die Adjektive „deutsch" oder „American" sowohl die Nationalität als auch die Staatszugehörigkeit bezeichnen, unterscheidet das Russische sprachlich zwischen Staatsangehörigen des Russischen Reiches (unabhängig von ihrer Ethnie) und ethnischen Russen, also zwischen россиский („rossiskii") und русский („russkii"); Россия („Rossija") ist die aus dem Griechischen abgeleitete Form für (den Staat) Russland.

3.1 Die Reise nach St. Petersburg

Abb. 3.2 a Daniel Bernoulli (1700–1782), der Sohn Joh. Bernoullis und Freund Eulers, und **b** sein früh in Petersburg verstorbener Bruder Nikolaus II (1695–1726)

meint sei, anstelle eines Kandidaten gleich beide Brüder genommen. Daniel Bernoulli erhielt 800 Rubel Gehalt, was gegenüber Jakob Hermann mit dem höchsten Gehalt von 2000 Rubel zwar deutlich weniger war, aber für einen 25-Jährigen auch nicht als schlecht bezeichnet werden kann, da die Wohnung und die benötigten Kerzen frei waren; zusätzlich gab es 300 Thaler (bzw. 450 Florin) Reisegeld; ein Bauer brachte es jährlich auf 20 bis 30 Rubel. (Hinsichtlich der Kerzen kann z. B. an David Hilbert [1862–1943] erinnert werden, der bei seiner Übersiedlung nach Göttingen 1895 – also 170 Jahre später – noch in einem Brief bemerkte, dass er im Sommer die Arbeit im Garten vor seiner Wohnung so lange ausdehne, wie es das Licht erlaube, und der einige Jahre später mit Freuden hoffte, dass das Gas, das Göttingen erreicht hatte, nun bald auch bis zu seinem Haus gelegt würde.)

Euler war der Abschied von den beiden Freunden schwer gefallen. Er vermerkte in seinem Notizbuch, das er vermutlich im April 1727 zu führen begann (so vermutet G. K. Michajlov):[4]

„Als 1725 im Herbst die Herren Bernoulli von hier nach St. Petersburg verreisten, hatte ich schon Hoffnung mit ihnen zu gehen, ist aber verhindert worden."[5]

Die Schweiz brachte im Zeitalter der Aufklärung mehr Naturwissenschaftler hervor, als sie selbst versorgen konnte. Aber auch eine der wenigen Stellen hätte Euler keine so großzügige Entfaltung wie etwa die Akademie in Petersburg bieten

---

[4] G.K. Mikhailov in *Euler* 1959, S. 275.
[5] Alle sich in diesem Abschnitt auf die Notizhefte (Tagebuch) Eulers beziehenden Zitate sind dem Artikel von Mikhailov „Unveröffentlichte Manuskripte Eulers" im Gedenkband *Euler* 1959, S. 256–280, insbesondere S. 275–278, entnommen. Besagte Manuskripte befinden sich im Archiv der Russischen Akademie der Wissenschaften, Aktenzeichen 136.1.130.f. Die Abbildungen 17–20 in Mikhailovs Arbeit sind Faksimiles aus dem 2. und 6. Notizheft.

können. So war es also ein glücklicher Umstand, dass Euler nicht in der Schweiz bleiben konnte, sondern im Zentrum der russischen Aufklärung ein angemessenes Wirkungsfeld fand. Die Bernoullis hatten versprochen, ihn nach Petersburg zu holen. Als Euler in seinem Entschluss, nach Petersburg zu gehen, durch den frühen Tod von Nikolaus II Bernoulli im Juni 1726 wankend wurde, sagte ihm sein Vater, der das Vorhaben unterstützte, es sei besser, in unbekannte Weiten zu ziehen, um aus dem Vollen wirken zu können, als daheim in aussichtsloser Enge zu vegetieren. Er hatte damit Recht, denn auch Johann Bernoulli ließ nicht unerwähnt, als er im Jahre 1740 den Ruf nach Berlin aus Altersgründen ablehnte, dass ihn die Enge des Vaterlandes anekle.

In seinem 2. Notizbuch vermerkte Euler: „Im Dec erhielt ich brief von Petersburg, darinnen mir eine Pension von 300 Rublen Jährlich versprochen, nebst 100 Rublen zur Reise, welche zu Hamburg zu empfangen." Die Brüder Bernoulli hatten sich um Euler bemüht. Zunächst war es nur um eine Arbeitsmöglichkeit für Euler gegangen, aber im Nachhinein sollte sich herausstellen, dass die durch die beiden Bernoullis vermittelte Stelle Euler die besten wissenschaftlichen Entwicklungsmöglichkeiten bot, sodass er sich erst 1741 nach einer neuen Wirkungsmöglichkeit umsah. Natürlich gab es Anfangsschwierigkeiten in der gerade gegründeten Petersburger Akademie, und dem freiheitsliebenden Schweizer Euler wird das imperiale Gehabe der russischen Selbstherrscher wohl einige Anpassungen abgenötigt haben.

Bei der Berufung der Bernoullis hatte ein phantasievoller Außenseiter und Weltenbummler, Christian Goldbach (1690–1764), mitgewirkt, der uneingeladen zur Akademiegründung angereist war und dann den Posten des ständigen Sekretärs übernommen hatte.[6] In Verbindung mit diesem Goldbach setzten sich die Bernoullis für den stellungssuchenden Euler ein und besorgten ihm im Herbst 1726 eine Adjunktenstelle in der Physiologie, die Euler verpflichtet hätte, sich in diesem Fach weiterzubilden und Gymnasiasten zu unterrichten. Er solle nur noch rasch einige Bücher lesen und etwas Anatomie treiben,[7] resümierte Spiess eine briefliche Empfehlung Daniel Bernoullis, sein Grundgehalt sollte, wie für so eine Stelle üblich, 300 Rubel jährlich betragen, hierzu kamen monatlich weitere 130 Rubel sowie das Reisegeld. Letzteres wurde um 30 Rubel erhöht. Eulers Anfangsgehalt entsprach damit dem eines Druckers in der der Akademie angeschlossenen Druckerei, die übrigens mit fähigen deutschen Fachleuten besetzt war. Er bewarb sich formell am 9. November 1726,[8] schob aber die Abreise so lange hinaus, bis seine parallel laufende Bewerbung um eine Basler Physikprofessur, die offiziell im Januar 1727 ausgeschrieben worden war, durch die Besetzung der Stelle am

---

[6] Die Leipziger Neuen Zeitungen meldeten am 31. Januar 1726, dass Goldbach an der Petersburger Akademie weile, aber nicht als Professor, da er noch in preußischen Diensten stehe. Zur Biographie von Goldbach siehe A. P. Juschkewitsch und Ju. Kopelewitsch, *Goldbach,* Moskau 1983, (А. П. Юшкевич, Ю. Копелевич: *Голдъбах.* Москва 1983), dtsch. 1994 Basel.
[7] Spiess, *Leonhard Euler.* Frauenfeld 1929, S. 54.
[8] Akademiearchiv St. Petersburg, Teil-Faksimile in Thiele, *Euler,* S. 30.

3.1 Die Reise nach St. Petersburg   53

1. April 1727 (Losentscheid) mit Benedikt Stehelin (1695–1750) entschieden war. Damit war ein weiteres Wirken in seiner Heimat vorerst nicht möglich, und der 19-jährige Euler fasste, da auch der Hinderungsgrund Winter sich erledigt hatte, die Reise nach Russland endgültig ins Auge und machte sich auf den langen Weg. Er verließ Basel, nicht ohne sich am Tag nach der Vergabe der Professur, also am 2. April, noch für ein Medizinstudium in Basel zu immatrikulieren („schrieb mich bey H. Dr. Zwinger[9] in Facultate Medica ein"), am 5. April 1727 gegen halb neun Uhr früh Basel. Eine bemerkenswerte Folge von Daten! Reisen waren zu jener Zeit alles andere als ungefährlich, und so sprach während Eulers Reise nach St. Petersburg die zurückgebliebene Familie täglich ein besonderes, vom Vater verfasstes Gebet für Leonhard Euler. Euler sollte Basel nie wieder sehen, er versuchte jedoch, das Basler Bürgerrecht, das er besaß, auch für seine Söhne zu erhalten.

Übrigens kam Euler im Jahre 1734 in einem im November geschriebenen Brief an Daniel Bernoulli, der inzwischen Professor der Medizin in Basel war, noch einmal auf den Umstand zurück, dass er sich 1727 an der medizinischen Fakultät immatrikuliert hatte: „Da Ew. [Euer] Hochedelgeb. nunmehr Professor Medicinae [der Medizin in Basel] sind, so möchte ich gern mit der Zeit einmal, wenn es nicht allzuviel Kosten sollte, in dieser Facultät Doctor werden, indem ich schon immatriculiert bin, und mich ins künftige etwa mehr auf dieses Studium applicieren [medizinisch: dem Körper zuführen] werde." Im Antwortbrief sicherte Daniel Bernoulli dem Freund die gewünschte Hilfe zu, aber damit verlief sich die dubiose Sache.

Sehen wir uns genauer an, wie Euler nach St. Petersburg kam. Über die Reisestationen sind wir durch Eulers Eintragungen in dem zweiten Notizbuch recht gut informiert. Auf 16 Seiten, dem „Diarium", notierte er mit Bleistift u. a. die Länge der einzelnen Strecken (in Posten)[10] sowie deren Kosten; über das auf der Reise Gesehene erfahren wir allerdings wenig (etwa dass Minden eine schöne Stadt sei). Die Datierung im „Tagebuch" entspricht zunächst natürlich dem gregorianischen Kalender (n. St.); erst in Petersburg stellte sich Euler auf den dort benutzten julianischen Kalender um (a. St.).

Auf seiner Reise, der längsten, die Euler je unternehmen sollte (50 Tage), fuhr Euler zunächst den Rhein abwärts bis Mainz, das er nach fünf Tagen erreichte, und setzte dort nach Casstel (Mainz-Kastel) am rechten Rheinufer über, wo er übernachtete. Tags darauf fuhr er mit der Postkutsche weiter nach Frankfurt am Main. In dieser Stadt war Euler, der wenig reiste, noch einmal in seinem Leben, als er nämlich 1750 seine verwitwete Mutter nach Berlin holte und ihr dazu über Magdeburg und Kassel entgegenreiste, um dann mit ihr über Fulda, Erfurt, Merseburg und Wittenberg nach Berlin zurückzukehren. Er schrieb sich beim Frankfurter

---

[9] Johann Rudolf Zwinger (1692–1777), Anatom, praktische Arzt und mehrfacher Dekan der medizinischen Fakultät sowie Rektor.
[10] Die Länge eines Posten konnte nicht ermittelt werden. Die Länge, die Grundlage der Bezahlung war, war oft zeitabhängig, d. h. man berücksichtigte auch die benötigte Zeit wie heute bei einem Taxometer. Eine Vergleichszeit wäre die Reisezeit von Frankfurt/M. nach Kassel: 24 h.

Abb. 3.3 Gasthof „Güldener Schwan" in Friedberg (unweit von Frankfurt am Main), in dem Euler zu Mittag speiste

Postkutscher für Cassel ein, erhielt aber abends die Nachricht, dass ein Herr Rath aus Neufville nach Hamburg reise und sich erbötig gemacht habe, Euler in seiner Postkutsche mitzunehmen. Eulers Russlandreise ging mithin zu Lande, also mit der Postkutsche, weiter über Gießen, Marburg, Kassel, Einbeck und Celle nach Hamburg.

Seine Fahrt durch die Wetterau, eine Landschaft nördlich von Frankfurt, beschrieb Euler so (Abb. 3.3):

> „April 11. Reisten wir von Frankfort um 8 Uhr weg, auf Friedberg. Welche frühere Reichsstadt [Frankfurt] 1 ½ Posten [Streckenlänge] von Frankfort entfernt ist und also mich kostete 1 ½ fl. [Florin]. Zu Friedberg aß ich zu Mittag. Von dar [da] nahmen wir die Post auf Buzbach [Butzbach], ½ Post der Weg, und kostete ½ fl. Von dar weiter auf Wetzlar, da wir zur Nacht aßen und übernachteten."

Auf der Reise unterließ Euler es nicht, während einer Mittagsrast am 12. April den 1723 aus Halle nach Marburg vertriebenen Aufklärungsphilosophen Christian Wolff (1679–1754) zu besuchen, der gemeinsam mit Goldbach die Bernoullis für Petersburg gewonnen hatte (Abb. 3.4). Die zugehörige Eintragung am 12. April lautet:

> „Um 9 uhr verreisten wir [von Wetzlar kommend] nach Gießen, 1 Posten. ... Dann nach Marburg, 1 ½ Posten da ich bei H.[errn] Pr. Wolf meine Aufwartung machte."

Obgleich für den Besuch nur wenig Zeit zur Verfügung stand, muss Euler Wolff beeindruckt haben, denn er sandte dem noch nicht 20-jährigen Euler am 20. April 1727[11] einen langen und freundlichen Brief nach, aus dem wir zitieren:

> „Ich bedaure gar sehr, daß Sie so eilfertig waren, und ich weder das Glücke gehabt mit Ihnen von verschiedenen Materien zu sprechen, als auch in Sonderheit zur bezeugung meiner Hochachtung für die Kays. Academie der Wissenschaften und der Freundschaft des Herrn Bernoulli mit einiger Höfflichkeit an die Hand zu gehen. Sie reisen jetzt in das Paradieß der Gelehrten und ich wünsche dannhero [deshalb] nichts mehr, als daß Sie der Höchste auf Ihrer Reise gesund erhalte und Sie lange Jahre in Petersburg Ihr Vergnügen wolle finden laßen."[12]

---

[11] Das Datum des Briefes ist später fälschlich von einem Anonymus auf 1737 geändert worden, was die russische Wissenschaftshistorikerin Ju. Kopelewitsch bemerkte, siehe *Euler* 1959, S. 276.

[12] Archiv der Petersburger Akademie, Aktenzeichen 136.2.6; zitiert nach *Euler* 1959, S. 276.

3.1 Die Reise nach St. Petersburg

Abb. 3.4 Der Philosoph Christian von Wolff (1679–1754)

Der Brief endet mit Grüßen an den Präsidenten sowie die Professoren Hermann, Bernoulli, Martini und Leutmann. Was im Brief noch nicht klar wird, was aber beide Männer trennen sollte, nämlich Eulers entschiedene Ablehnung der Leibniz'schen Monadenlehre, die Wolff popularisierte, trat erst später in den erbitterten Kontroversen der Petersburger Konferenzen deutlich hervor. Das dürfte Wolff bei seinen guten Beziehungen zur Petersburger Akademie nicht entgangen sein, und dieser Gegensatz war letztlich unüberbrückbar.

An Eulers 20. Geburtstag verzögerte sich die Reise wegen eines Schadens an der Postkutsche, jedoch erreichte er an diesem Tag noch Hannover. Wir lesen für den 14. und 15. April Folgendes:

> „14. April. Von dar [Einbeck] wollten wir auf Bandel [Banteln], 3 1/2 Meilen vor Einbek, wurde aber von der Nacht überfallen, daß wir zu Alfeld, 2 ½ Meilen vor Einbek übernachteten.
>
> 15. April [Geburtstag Eulers] Fuhren wir fort nach Bandel, da etwas an der Chaise muste außgebessert werden, von dar nach Hanover, 1 ½ Posten davon, da wir übernachteten."

Die Elbe wurde am 17. April überquert, und tags darauf war man in Hamburg, wo es einige Tage Aufenthalt (18.–23. April) gab. Euler nutzte die Gelegenheit, zu Fuß nach Altona zu gehen und sich die Stadt anzusehen, die damals dänisch war (zweitgrößte Stadt Dänemarks). Er besuchte einen Gottesdienst und kaufte einen Atlas. Es sollte keine zwei Jahrzehnte dauern, bis Euler feststellte, dass die russische

Abb. 3.5 Wenceslas Holler, Fluetes. Häufiger Segelschifftyp

Geographie in einem besseren Zustand sei als die deutsche, was die Generalkarte des russischen Reiches zeige, an der er entscheidend mitgearbeitet hatte. An die Weiterfahrt nach Lübeck, wo er am 24. April eintraf und dann in Travemünde, dem Lübecker Hafen, an Bord eines Schiffes ging, erinnerte sich Euler in seinem Lebenslauf ausführlicher, als er es in dem Tagebucheintrag notierte (Abb. 3.5):

> „ … kam auch so früh [im Jahr] nach Lubec, dass noch kein Schif fertig lag um nach Petersburg zu segeln: ich war also gezwungen mich auf ein nach Reval[13] gehendes Schif zu setzen, und weil die Reise gegen vier Wochen dauerte, so fand ich in Reval bald ein Stettiner Schif, so mich nach Cronstadt [russisch Кронштадт][14] transportiert."[15]

Nachdem die Vorbeifahrt an Wismar und Rostock ruhig erfolgt war, notierte zwei Tage später der Schiffsreisende:

> „den 30. [April] Begunte der Sud-Wind zu wehen. … Alle wurden krank."

Man umfuhr Bornholm, der Wind wurde „gantz contrair und wir lavierten" (kreuzten gegen den Wind) mehrere Tage, bis sich am 7. Mai ein Sturm erhob. Das Schiff fuhr um Gotland herum, an Dagö vorbei und erreichte schließlich am Abend des 13. Mai Reval. Mit einem Schiff aus Stettin setzte Euler wenige Tage später seine Reise nach Petersburg fort. Die Schifffahrt endete in Kronstadt am 21. Mai. Der Schiffer setzte ihn noch zum russischen Festland über, und nach einer siebenwöchigen Reise kam Euler schließlich am 24. Mai in St. Petersburg an. Er war nun in einer Stadt, die etwa so alt war wie er und deren Akademie gerade im Entstehen begriffen war. Im Tagebuch lesen wir über den denkwürdigen 24. Mai (Abb. 3.6):

---

[13] Tallinn, das bis 1918 Reval hieß, ist die Hauptstadt von Estland, Durch den Nordischen Krieg fiel Tallinn an Russland. Reval hatte daher Stapelrecht für Waren, die nach Russland gingen, also auch gute Schiffsverbindungen.

[14] Stadt und frühere Festung 30 km westlich von St. Petersburg auf der Ostseeinsel Kotlin vor Sankt Petersburg in Russland; Cronstadt (Kronstadt) wurde 1704 gegründet und war militärisches Sperrgebiet.

[15] „Autobiographie", zitiert nach Fellmann, *Euler.* 1995, Hamburg S. 12.

Abb. 3.6 Georg Gerhardt Bilfinger (Bülfinger), ein Universalgelehrter: Theologe, Mathematiker, Baumeister (der – wie O. Spiess bemerkte – sowohl über das Böse als auch über den Festungsbau schrieb)

„Ich gienge allererst zu H.[errn] Mei[er][16], der mich zu H. Pr. Hermann[17] und Bulfinger führte, da ich zu mittag speisete, und auf den abend zu H. [Daniel] Bernoulli mit H. Meyer gienge in das Schafiroffsche haus."[18]

Euler füllte die nächsten Tage mit Antrittsbesuchen, etwa bei dem Maler Georg Gsell (1673–1740), seinem späteren Schwiegervater, dem Kanzleisekretär Johann Daniel Schumacher (1690–1761), dem Leibarzt und Akademiepräsidenten Laurentius Blumentrost (1692–1755) sowie dem Professor Gottlieb-Siegfried Bayer (1694–1738) aus. Erste Bekanntschaften ergaben sich dabei mit dem Astronomen Joseph-Nicolas Delisle (1688–1768), dem Justitienrath Christian Goldbach (1690–1764), der Protokollführer der Akademie war und einer der wichtigsten Freunde Eulers in Russland werden sollte. Unglücklicherweise war gerade vor Eulers Ankunft, nämlich am 17. Mai (n. St.) die Zarin Katharina I. (Екатерина I. Алексеевна, 1684–1727, ab 1725 Zarin) nach einer Regierungszeit von zwei Jahren, drei Monaten und acht Tagen gestorben, und der folgende Regierungswechsel wie auch die bald darauf folgenden weiteren Wechsel wirkten sich durch die Machtkämpfe der Adelsgruppen ungünstig auf die Entwicklung der Akademie aus;[19] der Hof wurde vom neuen, zwölfjährigen Zaren Peter II. (Петр II.,

---

[16] Vermutlich der mathematische Kollege Eulers, Prof. Friedrich Mayer (1697–1728), siehe später.

[17] Hermann war der Star der neuen Akademie und ein entfernter Verwandter Eulers, ein Vetter zweiten Grades von seiner Mutter her.

[18] Hier war zunächst die Akademie untergebracht und auch die Akademiker (insbesondere die Junggesellen, die Schumacher so besser unter seiner Kontrolle zu haben glaubte, um sie vor Wirtshäusern und anderem zu bewahren), bis man 1728 das neue, noch im Ausbau befindliche Akademiegebäude (Kunstkammer) bezog.

[19] Von 1725 bis 1761 erfolgten in Russland nicht weniger als sieben Thronwechsel, wobei bis auf zwei Knaben Frauen den Thron bestiegen, die wahren Herrscher waren freilich die Günstlinge; bei Katharina I. war es der Fürst Aleksander Danilowitsch Menschikow (1672–1729/1730), einer der reichsten Russen, der 1727 gestürzt und nach Sibirien verbannt wurde.

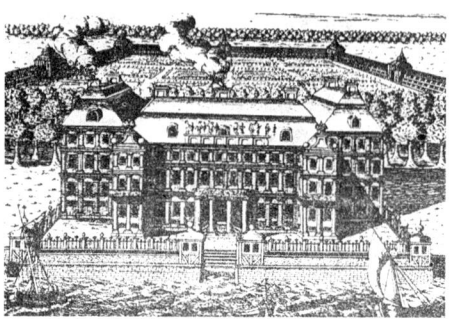

Abb. 3.7 Das Menschikow-Palais (Меншиковский дворец). Peter I. hatte seinem engen Vertrauten Menschikow die Wassili-Insel überlassen. Als erster Generalgouverneur errichtete Aleksander Danilowitsch Menschikow (1673–1729) auf der Insel einen beeindruckenden dreistöckigen Palast, der mit geraubtem Kunstgut ausgestattet wurde. Das Palais war der erste Steinbau in Petersburg. Nach dem Tod des Zaren Peter I. und seiner Gattin Katharina I. fiel der Günstling Menschikow, einer der reichsten Russen, in Ungnade, wurde verbannt und starb nach zwei Jahren in Sibirien. Sein Palais wurde konfisziert und gehörte später dem Kadettenkorps

1715–1730) 1728 von St. Petersburg wieder nach Moskau verlegt, wo auch Peters Krönung erfolgte. Am 27. Mai „war [vormittags] die Leichenbegegnuß [Leichenbegängnis?] der seligen Kaiserin, nachmittags kam H. Dr. Dyvernois [Duvernois] zu uns, da giengen wir in die festung und Kirche, beschauten die Kaiserin nochmal und küssten ihr die Hand".

Obwohl der Zeitpunkt von Eulers Ankunft in Petersburg nicht gut getroffen war, da der Tod der Zarin den Hof beschäftigte, „aber auch bei der Academie war alles in der größten Consternation",[20] ergab sich schon einige Tage später, am 25 Mai (5. Juni n. St.), eine Gelegenheit, den neuen Akademiker zu empfangen, nämlich bei der Verlobung des neuen Zaren mit der ältesten Tochter des Fürsten Aleksander Danilowitsch Menschikow (Меншиков, 1672–1729) (Abb. 3.7), da die gesamte Akademie „unterthänigste Glückwünsche abstattete": „Machten wir unser Compliment bey Ihrer Majestät [Peter II., Петр II., 1715–1730, ab 1727 Zar], des abends um 5 uhr, H. Goldbach that vor dem [zwölfjährigen] Kaiser die Rede [in Latein], H. Beckstein (1684–1742) vor der Großfürstin und der Kaiserlichen Braut [in deutscher Sprache]." Bei der Trauerzeremonie für die verstorbene Zarin war die Akademie nicht zugegen gewesen, da man nicht wusste, wo man ihr einen geziemenden Platz anweisen sollte, da die Mitglieder keinen gesellschaftlichen Rang[21] besaßen (*Euler* 1959, S. 278), erst 1805 erhielten Akademiker per se einen Rang. Euler selbst war stets ein Rang verweigert worden, seine Söhne erhielten jedoch gemäß der neuen Ordnung einen solchen.

---

[20] Eulers Lebenslauf, zitiert nach Fellmann, *Euler.* Hamburg 1995, S. 12.
[21] In Russland gab es keinen Adel im westlichen Sinn. Nach dänischem Vorbild wurde von Peter I. 1722 eine Rangordnung für den Adel, die Militärs und Staatsdiener erlassen. Siehe z. B. *Finges* 2003, S. 41, die Akademiker gingen bis 1805 leer aus.

3.2 Die Gründung der Akademie der Wissenschaften in St. Petersburg

Euler erhielt letztendlich eine Adjunktenstelle in der mathematischen Klasse und 300 Rubel Gehalt. Seiner „Autobiographie" entnehmen wir:

> „Meine Besoldung war 300 Rubel nebst freyer Wohnung, Holtz und Licht, und da meine Neigung einig und allein auf die mathematischen Studien gerichtet war, so wurde ich zum Adjuncto Matheseos sublimoris [zum Adjunkten der höheren Mathematik] bestellt, und der Vorschlag mich bei der Medicin zu employieren [beschäftigen] fiel gänzlich weg. Wobey mir die Freyheit erteilt wurde den academischen Versammlungen mit beyzuwohnen, und daselbst meine Ausarbeitungen vorzulesen, welche auch schon damals den academischen Commentarien einverleibt wurden."[22]

Einen interessanten Einblick in die damaligen Lebensverhältnisse in Petersburg gewährt Daniel Bernoullis Bitte an Euler, aus Basel kein Geld mitzubringen, sondern es in Lübeck in 15 Pfund Kaffee, 1 Pfund vom besten grünen Tee sowie „½ dutzend bouteilles [Flaschen] gutes dantziger brantweins, 12 dutzend feine tabacpfeifen" und „etliche dotzend cartenspiele" umzusetzen, was Bernoulli ihm an Ort und Stelle ersetzen wolle (Brief an Euler vom 18.2./1.3.1727).

Sehen wir uns nun an, wie es am nördlichen Rand von Europa zu der Akademiegründung gekommen war, die bald durch ihren Erfolg die westeuropäische wissenschaftliche Welt überraschte. „Seitdem [nach der Schlacht von Pultowa, 1709] fing Rußland an, in dem Norden Gesetze zu geben. Es wäre ein Irrtum, wenn man glauben wollte, es hätte dazu einer langen Entwicklung bedurft, es geschah vielmehr auf der Stelle. ... eine große Nation trat dort in eine neue, eine eigentlich europäische Entwicklung ein,"[23] bemerkte Leopold von Ranke (1795–1886).

3.2 Die Gründung der Akademie der Wissenschaften in St. Petersburg

3.2.1 Akademische Pläne

> Einzig das machtvoll entwickelte Denken des Westens ist imstande, die Samenkeime zu befruchten, die in der patriarchalischen slawischen Lebensform schlummern – es gibt keine andere Wahl.
>
> ALEXANDER HERZEN (1812–1870)

Im Jahre 1727 starb 84-jährig der führende Naturwissenschaftler jener Zeit, Isaac Newton (1643–1727); seine neue physikalische Methode wirkte nachhaltig auf die exakten Wissenschaften. In England jedoch hemmte die Autorität des vergötterten Präsidenten der Royal Society über ein Jahrhundert die mathematische

---

[22] „Autobiographie", zitiert nach Fellmann, *Euler.* Hamburg, 1995, S. 13.
[23] Leopold von Ranke, *Die großen Mächte.* Leipzig 1916, Nachdruck der Ausgabe von 1833, S. 31 f.

Entwicklung, da die Briten den in Hinblick auf den Leibniz'schen Kalkül schwerfälligeren Newton'schen Formalismus nicht preisgeben wollten. Erst am Anfang des 19. Jahrhunderts formierte sich in Cambridge, dem Ort von Newtons Wirken, eine Gesellschaft, die den Leibniz'schen Formalismus fördern und gegen das dominierende Newton'sche „dot-age" (= Zeitalter der Newton'schen „Punktschreibweise") angehen wollte.[24]

Gottfried Wilhelm Leibniz (1646–1716) war 1727 bereits elf Jahre tot, und Deutschland brachte bis zur Geburt des „princeps mathematicorum" (Fürst der Mathematiker) Carl Friedrich Gauß (1777–1855) keinen Mathematiker von europäischem Rang hervor. Für die Opposition des Ancien régime (alte Ordnung) im bourbonischen Frankreich besaß die Mathematik zwar eine hervorragende Bedeutung, aber beachtenswerte Aktivitäten entwickelten sich erst wieder in der zweiten Hälfte des 17. Jahrhunderts. So wäre beinahe der erstaunliche Fall eingetreten, dass für einige Jahrzehnte die Mathematikgeschichte Bernoulli'sche Familiengeschichte oder ein Teil der Stadtgeschichte Basels hätte sein können.

Aber es kam anders.

Und das lag auch an den Folgen, die die Leibniz'sche Tätigkeit inzwischen zu zeigen begonnen hatte. Leibniz selbst war zwar 1716 fast unbeachtet zu Grabe getragen worden, aber eine seiner Lieblingsideen, Europa mit einem Netz gelehrter Akademien zu überziehen, begann sich aufgrund der wirtschaftlichen Gegebenheiten in den aufstrebenden Ländern Europas wie Russland und Preußen allmählich zu verwirklichen. Der Gründer des russischen Staates, Peter I. (Петръ, 1672–1725, Zar ab 1682), der Große, hatte sich durch den Nordischen Krieg (1700–1721) Zugang zur Ostsee verschafft, zu dem „Fenster nach Europa".[25] Schon 1703 baute er im Delta der Newa die Peter-Pauls-Festung zum Schutze des Ostseezugangs.

Der Norden Europas, und das war durch die Gründung von St. Petersburg augenfällig geworden, war durch Peter den Großen unter eine andere Herrschaft geraten, die sich anschickte, nicht nur in die europäische Geschichte einzutreten, sondern sie auch zu gestalten. Dem Bericht Peters an die Seinen, den er nach dem entscheidenden Sieg von Poltawa verfasst hatte, setzte er die Worte nach: „Damit sei der Grundstein zu St. Petersburg gelegt", der aber darüber hinaus auch Grundstein von Peters Staat und seiner Politik war. Die Spannung seiner Politik lag in deren Doppelgesichtigkeit: Er war sowohl Staatenbauer als auch Kriegsherr, und er begriff, dass er das eine ohne das andere nicht haben konnte (M. Galeotti)[26].

---

[24] Die Lesart ohne Bindestrich zeigt britischen Humor, denn „dotage" bedeutet „Altersschwachsinn".

[25] Der italienische Aufklärer Francesco Algarotti dichtete in St. Petersburg: „Von der Natur ist es uns hier [in St. Petersburg] beschieden, / Das Fenster nach Europa aufzustoßen." (1733). Bis dahin hatte Russland nur Landgrenzen (oder baltische Exklaven).

[26] Mark Galeotti, *Die kürzeste Geschichte Russlands*. Berlin 2022, S. 126; Übers. a.d. Englischen *A short history of Russia*, 2021.

3.2 Die Gründung der Akademie der Wissenschaften in St. Petersburg

Abb. 3.8 Katharina I. (Екатерина I., 1684–1727), geboren als litauische Bauerntochter Marta Helena Skowrońska, Analphabetin, Frau Peters I. und danach Zarin ab 1725

Peter I. wollte sein Land umfassend und tiefgehend reformieren. Er regierte von 1682 bis zu seinem Tode 1725, zunächst noch mit seinem Bruder Ivan V. (Иван V, 1666–1696), ab 1689 allein. 1721 krönte er sich zum Kaiser (Императоръ, Imperator)[27] und erklärte seine Frau, die spätere Zarin Katharina I. (Екатерина I. Алексеевна) (Abb. 3.8) 1724 zur Mitregentin. Die erklärte Absicht war es, Russland durch Reformen in eine politische Macht zu verwandeln, ohne die künftig in Europa keine wichtigen Probleme mehr gelöst werden könnten. Peter I. wollte dazu sein Reich an westeuropäische Verhältnisse anpassen. Die gewaltige Aufgabe, von der sich der Zar durch umfassende Reisen nach Westeuropa ein klares Bild verschafft hatte, gelang, aber deren Größe und der Umfang der Änderungen erzeugten entsprechende Widerstände. Peter I. hatte sich durch die Reformen nicht nur Freunde gemacht. Beispielsweise entsprach die Kleiderreform (1698), die sich u. a. gegen das Tragen von Kaftanen und Bärten[28] wandte, nicht den Bedürfnissen der Russen in den strengen nordischen Wintern. Der Fortgang der Reformen erfolgte daher nicht geradlinig, und unter den Nachfolgern von Peter bzw. deren Hintermännern versuchte man, viele Änderungen wieder zurückzunehmen.

Nachdem Peter I. im Frühjahr 1703 bei einem Ritt über die neuen Ländereien am Newa-Delta eine passende Stelle im Marschland gefunden hatte, wurde bereits am 16. Mai 1703 mit den Grabungen für St. Petersburg begonnen, mitten im Nordischen Krieg und noch dazu auf einem Gebiet, das seit 1617 schwedisch gewesen war. Keine zehn Jahre später (1712) war St. Petersburg Hauptstadt Russlands; schon 1710 bewohnten Petersburg ungefähr 8000 Personen, 1712 waren es etwa 17.000 Einwohner geworden und 1725 zählte man doppelt so viele (35.000

---

[27] Der offizielle Titel des Herrschers war ab 1721 (всероссийский, allrussischer) Kaiser („imperator wsjerossijskij"), Imperator, und um sich vom Zarentitel ausführlich abzugrenzen, Imperator und Selbstherrscher („Samoderschez"), (Император и самодержец), aber die Bezeichnung Zar (царъ bzw. weiblich царица *zariza*) blieb umgänglich in Gebrauch.

[28] Es gab sogar eine Bartsteuer!

Abb. 3.9 Denkmal des Schweizer Architekten Domenico Trezzini (1670–1734), der die Stadt St. Petersburg wesentlich prägte. Zunächst sicherte er Hafenanlagen (Kronstadt) und das Newa-Ufer (Peter-Pauls-Festung) und gestaltete danach die Stadt

Einwohner), nach weiteren zehn Jahren hatte sich diese Zahl abermals verdoppelt, und am Ende des Jahrhunderts zählte man 220.000 Einwohner. Peter zwang den höheren Adel, nach Petersburg zu ziehen und dort Steinhäuser nach seinen Vorschriften zu bauen; rund 3000 Adelsgeschlechter waren davon betroffen. Einlaufende russische Schiffe waren verpflichtet, Steine für den Häuserbau geladen zu haben, die Einwohner hatten ebenfalls Steine beizubringen. Auch die Kaufleute waren per Erlass von 1714 verpflichtet,[29] Steinhäuser zu bauen. Dafür waren vom ersten Architekten Petersburgs, dem Schweizer Domenico Trezzini (1670–1734) (Abb. 3.9), Haustypen entworfen worden, die zum Erzielen eines einheitlichen Stadtbildes verbindlich waren. Zwar gaben die Adligen dem Druck des Zaren nach, aber in den klassisch entworfenen Palästen ließen ihre Besitzer, wie auch zuvor in Moskau, zum Entsetzen Peters Vieh herumlaufen, sodass der Zar einige Ukasse erlassen musste, um u. a. Schweinen und Kühen zu untersagen, die Boulevards zu bevölkern.[30] Das Leben des Viehs endete zwar wie üblich im Schlachthof, aber nicht in irgendeinem, sondern der Zar ließ das Petersburger Schlachthaus im Rokokostil bauen, damit die Stadt schöner werde.[31] Peter schrieb nicht nur den rund 3000 Adelsgeschlechtern, die in St. Petersburg einen Wohnsitz haben mussten, sondern allen Russen weitgehend ihre Lebensweise vor, die sehr westeuropäisch ausgerichtet war. Die Petrinische Zucht und Ordnung sollten das alte Russland, besonders hier in Peters Stadt, überdecken. Peter reglementierte z. B. die Art des Bauens ebenso wie die Zahl der Pferde vor den Kutschen, die Kleidermode und vieles andere mehr. Noch bis in das 19. Jahrhundert hatten Adlige jeden Ranges Briefe an den Zaren mit „Ihr ergebenster Sklave" (Ваш самый

---

[29] Obwohl in Russland der Bau von Steinhäusern unüblich war, hat Peter I. in Petersburg durch den Erlass von 1714 sie für den Adel und die Kaufleute für verbindlich erklärt; der Ukas war bis 1741 gültig.
[30] Figes, *Nataschas Tanz,* Berlin 2011, S. 39.
[31] С. Луппов (S. Luppov), *История строительства Петербурга* (Istoria stroiteltva Peterburga, Geschichte der St. Petersburger Bauwerke). Moskau/Leningrad 1957. S. 48.

Abb. 3.10 Peter II. (Петр II. Алексеевич, 1715–1730), Enkel Peter I., Zar von 1727 bis 1730, verlegte den Hof nach Moskau, wo er 1728 gekrönt wurde. Der Knabe Peter war Spielball einflussreicher russischer Adliger

послушный раб) abzuschließen. Untreue gegenüber dem Zaren konnte zu Verbannung und zu dem Verlust des Besitzes führen.

Ungeduldig baute Peter I. seit dem Frühjahr 1703 zum Schutze des Ostseezuganges im Newa-Delta in rasanter Eile mit 20.000 Zwangsverpflichteten in nur vier Monaten die Peter-Pauls-Festung[32]. In Verbindung mit der 1704 errichteten Admiralität war dies schließlich die Keimzelle, die eine überwiegend von italienischen Architekten großzügig angelegte Stadt St. Petersburg entstehen ließ. Man schüttete den Boden auf, legte Sümpfe trocken und baute Kanäle, ganz wie es Peter in dem von ihm bewunderten Amsterdam gesehen hatte. Der Ort an der Newa-Mündung (finn. Newa = Dreck) war zwar geographisch von Russland beinahe abgeschnitten, aber eben *das* „Fenster zur Ostsee" und damit der freie Zugang nach Westeuropa. Die alte Residenz Moskau (oder gar Kiew) wurde bewusst gegen die moderne Neugründung zurückgesetzt; die Auseinandersetzungen zwischen modernen und aufgeklärten, auch westlich orientierten Russen und den orthodoxen sowie klerikalen russischen Kreisen spiegeln sich exemplarisch in der Rückverlegung der Hauptstadt nach Moskau während Peters II. Herrschaft (1727–1730)(Abb. 3.10) und mit der abermaligen Rückverlegung bei Annas Thronbesteigung (1730) nach Petersburg wider – St. Petersburg sei nur der Kopf, Moskau sei aber das Herz, sagt ein russisches Sprichwort (übrigens eignete sich das europäisch ausgerichtete Leningrad selbst den Bolschewiki nicht als Kapitale). Bis auf die kurze Episode Peters II. in der Zarenherrschaft investierten alle russischen Herrscher in die europäische Stadt St. Petersburg, um deren Schönheit zu erhöhen und das konservative Moskau zu übertreffen.

Der Italiener Francesco Algarotti (1712–1764), der Mathematik studiert hatte und den wir am Hofe Friedrichs II. als einen gerade durch den König in den

---

[32] Der Name geht nicht auf den des Zaren Peter zurück, sondern auf Peter und Paul, die Heiligen des Gründungstages.

Abb. 3.11 Blick auf den „endlosen" Newski-Prospekt. Gemälde eines unbekannten Malers (spätes 18. Jahrhundert). Die Ansicht macht die Vorbehalte Algarottis verständlich, dass in Petersburg eine bombastische Architektur zu finden sei, zeigt aber auch, dass die Stadt unter den Zarinnen Anna und Katharina II. eine der großen europäischen Metropolen wurde

Grafenstand erhobenen Kammerherrn wieder treffen werden, bezeichnete die angeordnete, auf Gleichmaß zielende Bauweise als eine Art Bastardarchitektur,[33] die von der italienischen, französischen und holländischen Baukunst stehle; die angestrebte architektonische Einheit erschien Alexander Herzen (Александр Иванович Герцен, 1806–1870) als Militärlager.[34] Die Straßenzüge schienen ins Endlose ausgestreckt zu sein und waren von einer perspektivischen Geradlinigkeit (Abb. 3.11). Der kleinrussische[35] Dichter Nikolai Wassiljewitsch Gogol (Николай Васильевич Гоголь; ukrain. Микола Васильович Гоголь; 1809–1852) verglich St. Petersburg mit einem peniblen, pünktlichen Menschen, einem vollkommenen Deutschen, der alles mit Berechnung sieht. Moskau aber sei ein russischer Adeliger, der keine halben Sachen mag. Der bedeutende russische Historiker Wassili Ossipowitsch Kljutschewski (Василий Осипович Ключевский, Vasilij Osipovič Ključevskij, 1841–1911) verallgemeinerte in seinem fünfbändigen Hauptwerk

---

[33] Figes, S. 35, *Letters from Count Algarotti to Lord Harvey,* Glasgow 1770, S. 76. In der Zeit der Zarin Elisabeth wurde die Architektur interessanter und eigenständiger.

[34] Figes, S. 39, Н.П. Анциферов (N.P. Anziferov), *Душа Петербурга* (Duscha Petrburga, Die Seele St. Peterburgs), Petrograd 1922.

[35] Damit wird auf Gogols ukrainische Herkunft verwiesen; die Bezeichnung geht auf alte Unterscheidungen zwischen Russland und den Gebieten zurück, die heute etwa zur Ukraine gehören.

3.2 Die Gründung der Akademie der Wissenschaften in St. Petersburg

Abb. 3.12 Allegorie auf die Gründung der Petersburger Akademie der Wissenschaften

Kurs russischer Geschichte (Курс истории России) die Bilder zur Beschreibung Russlands, das „ein asiatisches Gebilde ist, wenn auch eines, das mit einer europäischen Fassade verziert ist".[36]

Wiewohl jede Akademiegründung absolutistischer Herrscher letztlich eine persönliche Entscheidungen darstellt, so unterscheiden sich doch deren Motive und die Weisen der Ausführung – Petersburg und Berlin werden für uns zwei recht gegensätzliche Beispiele sein (Abb. 3.12). Das geistige Russland, die Petrinische Aufklärung und damit die Petersburger Akademie standen im ersten Viertel des 18. Jahrhunderts unter dem Einfluss der deutschen Frühaufklärung, das Deutsche genoss in Petersburg einen hohen Stellenwert, nicht nur an der Akademie, deren Protokolle beispielsweise anfänglich (und später wieder) auf Deutsch geführt wurden, sondern auch im wirtschaftlichen Leben. Michail Wassiljewitsch Lomonossow (Михаил Васильевич Ломоносов, 1711–1765), der im Jahre 1758 eine Denkschrift über die erforderliche Akademiereformen vorgelegt hatte, sollte sich noch lange über die Bevorzugung ausländischer Männer von geringer Gelehrsamkeit und deren Missgunst gegenüber gelehrten Russen beschweren. Ihm ist zuzustimmen, aber auch zu fragen, mit welchen Russen Lomonossow die Lücke hätte füllen wollen? Peter I. war in Gesprächen mit G. W. Leibniz (1646–1716) in Torgau in dieser Frage bestärkt worden.[37] Der Historiker G. F. Müller (1705–1783), ein Freund Eulers, kritisierte beispielsweise die nationalistische Geschichtsschreibung Lomonossows, mit der das Universalgenie keine Lücke schloss.

---

[36] *Курс русской истории,* Москва 1904–1922, Bd. 4, S., 352, deutsch *Von Peter dem Großen bis Nikolaus I.,* Zürich 1945.

[37] „Wenig frembde, aber vortreffliche Leute könnten viel Russen in kurzer Zeit so weit bringen", und Ähnliches lesen wir in Konzepten von Leibniz aus den Jahren 1712 bis 1716; siehe E. Roussanova „Die Stadt an der Newa" in *Euler* 2008, S. 23–41, besonders S. 31, 41. – Lomonossow hatte von 1736–1741 in Deutschland studiert (u. a. bei Christian Wolff, wurde in Petersburg bei G. W. Krafft promoviert und heiratete eine Deutsche).

Das Akademievorhaben war seit 1723 zur Verwirklichung bereit, schon 1724 hatte der Zar der Akademie einen Etat von 24.912 Rubel zugedacht, den die kürzlich von ihm eroberten baltischen Städte aufbringen sollten. Peters Gründungserlass datiert schließlich vom 28. Januar 1724 a. St., die feierliche Eröffnung fand am 27.12.1725 statt. Der Zar traf seine Entscheidung in den Jahren 1723 bis 1725 in Absprache mit seinem Leibarzt Laurentius Blumentrost[38] (1692–1755), der per Dekret des Zaren mit der Gründung der Akademie ihr erster Präsident wurde. Für eine Auswahl von Fächern (insbesondere Naturwissenschaften, aber ausdrücklich auch Geschichte und Rhetorik) und deren vorgesehene Vertreter wurde auch der Philosoph Christian Wolff um Vorschläge gebeten. Dieser vermittelte Gelehrte mit „renommée" nach St. Petersburg, und er bot sich auch an, russische Wissenschaftler für die St. Petersburg Akademie auszubilden, was er in seiner Marburger Zeit (1723–1740) tatsächlich getan hat – Michail Lomonossow ist das bekannteste Beispiel.

In St. Petersburg, dieser aufblühenden, aber auch widerspruchsvollen Stadt des Nordens, wollte Zar Peter I. seine Akademie sehen.[39] Heinrich Christoph von Reimers (1768–1812), ein baltendeutscher Publizist, fasste am Ende des ersten Jahrhunderts der Stadt St. Petersburg die Einmaligkeit der russischen Residenz in einem zweibändigen Werk zusammen, das er so begann:

> „St. Petersburg, die jetzt hundert Jahre alte Residenz der russischen Beherrscher, ragt wie ein schönes, blühendes Kind unter Greisen durch Pracht und herrliche Anlagen über alle ihre, Jahrhunderte älteren Schwestern hervor."[40]

Infolge des Todes von Peter verwirklichte dessen Witwe, die neue Zarin Katharina I. (Екатерина, Jekaterina, 1684–1727, Zarin ab 1725), viele von Peters Vorstellungen; darunter war auch der durch die glanzvolle Pariser Akademie der Wissenschaften geprägte Wunsch, Gleiches in St. Petersburg zu haben. Peter hatte die Pariser Akademie auf seiner Europareise besucht und war sogar zu deren Mitglied erhoben worden. Die Petersburger Akademie erhielt – auch nach heutigen Gesichtspunkten – einen modernen Zuschnitt. An sie waren ein Gymnasium und eine Universität (Гимназия и университетъ, gimnasija i universitet) angeschlossen, in denen die Professoren der Akademie gleichfalls tätig waren, um den akademischen Nachwuchs heranzuziehen. Es gab einen Akademieverlag, ein Übersetzungsbüro sowie eine geographische Abteilung mit einem Landkartendienst, natürlich auch den üblichen botanischen Garten sowie das anatomische Theater, aber keine theologischen Institute.

---

[38] Leibarzt des Zaren ab 1718. Leibärzte spielten im Absolutismus eine wichtige Rolle; vergleichbare Personen sind der Baron Gerhard van Swieten (1700–1772) am Wiener Hof der Kaiserin Maria Theresia (1717–1780, reg. ab 1740) oder der aus Halle kommende Dr. med. Johann Friedrich Struensee (1737–1772) mit seinem tragischen Ende am dänischen Hof.

[39] St. Petersburg ist heute nach Moskau die zweitgrößte Stadt Russlands (5,4 Mio. Einwohner) und die nördlichste Millionenstadt überhaupt. Es gibt rund 2300 Paläste und Schlösser sowie Prunkbauten.

[40] Von Reimers, St. *Petersburg am Ende seines ersten Jahrhunderts*. St. Petersburg 1805, Einleitung, S. 3.

3.2 Die Gründung der Akademie der Wissenschaften in St. Petersburg

Nun hielt man nach Wissenschaftlern für die neue Akademie Ausschau. Der berühmte deutsche Gelehrte Christian Wolff war ebenso wenig wie der nicht minder berühmte Philosoph Gottfried Wilhelm Leibniz im Vorfeld der Gründung zu bewegen, als Präsident der Akademie nach Petersburg zu kommen. Wolff hatte mit seiner Lehre von der Unfreiheit des Willens den als Soldatenkönig bekannten Friedrich Wilhelm I. in Preußen (1688–1740, König ab 1713) verunsichert, denn wenn einige Soldaten, die nach Wolffs vielbeachteter, aber hier missverstandener Lehre nichts als Maschinen seien, desertierten, so – wie Euler später schrieb –

> „wäre dieses, nach Wolffens Gedanken eine notwendige Folge ihrer mechanischen Einrichtung, und man täte ebenso unrecht sie zu bestrafen, als wenn man eine Maschine strafen wollte. ... Der König erzürnte sich über diesen Bericht so sehr, daß er Befehl gab, Wolffen aus Halle zu jagen [1723], und ihn mit dem Strange bedrohte, wenn er sich dort nach 24 Stunden noch würde finden lassen." – Lettres, E 343, EO III/1, 84. Brief

Wolff wurde 1723 von Friedrich Wilhelm I. aus Halle vertrieben, aber dessen Sohn Friedrich II. holte ihn 1740 wieder nach Halle, vor Berlin schreckte Wolff zurück. Obwohl sich Wolff in Halle schlecht gestellt sah (viele Amtspflichten bei schlechter Bezahlung sowie zu wenig Möglichkeiten zu forschen; 1743 aber Kanzler der Universität), misslang auch das Vorhaben, ihn nach St. Petersburg zu ziehen, denn der zögerliche Wolff hoffte zur gleichen Zeit, auch nach Wien gehen zu können, um dort eine Akademie zu gründen. Aber Peter I. gewann Wolff wenigstens als Berater und Gutachter für sein Akademievorhaben, was sich im Weiteren zeigen wird. Wolff widmete in diesem Zusammenhang sein 1723 erschienenes naturphilosophisches Werk *Vernünftige Gedancken von den Würkungen* [Wirkungen] *der Natur* dem Zaren, der sich durch die in dem Buch betonte Rolle von Mathematik und Physik in seinen wissenschaftlichen Reformen bestätigt sah und daher die Widmung stolz vor den versammelten Größen seines russischen Reiches verlesen ließ. Sein Schreiben an den Wolff-Schüler Blumentrost enthielt das Versprechen:

> „Die Errichtung der Academie der Künste und Wissenschaften kann nicht eher bewerkstelligt werden, bis wir gute Leute haben, die etwas praestieren [leisten] können." – Brief vom 24.4.1723

Hierfür gab Wolff Ratschläge. Peter versuchte trotzdem, Wolff, den er – wie seinerzeit üblich – als bedeutenden Mathematiker und Physiker, nicht als wichtigen Philosophen,[41] schätzte, mit einem Gehaltsangebot[42] von 2000 Rubel bei freier Wohnung und Heizung an den russischen Hof zu ziehen. Zum Vergleich: Ein russischer General erhielt etwa 600 Rubel, ein Bauer konnte es auf 20–30 Rubel bringen. Auf das Konto von Wolff bei der Berufung nach St. Petersburg gehen

---

[41] Der praktisch ausgerichtete Zar hätte kaum Interesse an einem Philosophen gehabt; an der Akademie gab es übrigens keine philosophische Fakultät, ebenso wenig eine theologische.

[42] Zu allen Gehältern kamen freie Wohnung, Beheizung und Beleuchtung; nach dem Ausscheiden aus der Akademie wurde oft eine Pension zwischen 100 und 200 Rubel gezahlt. Allerdings war der Pensionsfond oft leer. Daniel Bernoulli erhielt beispielsweise von 1742 bis 1766 seine Pension nicht.

z. B. die Brüder Daniel und Nikolaus II Bernoulli (beide seit 7.11.1725 in St. Petersburg), der Philosoph Georg Bilfinger (auch Bülfinger), der Mathematiker Jakob Hermann (beide bereits seit 11.8.1725 in St. Petersburg) und der Anatom Johann Du Vernois, auch Duvernois (1691–1759).

„Man will den Westen übertreffen", zitierten am 12. Mai 1726 die Leipziger Neuen Zeitungen hierzu Christian Goldbachs treffende Einschätzung der ehrgeizigen russischen Ambitionen. Die Statuten der Akademie wurden zwar verfasst (vermutlich 1724 von Blumentrost), aber nie in Kraft gesetzt. Dieses Defizit war janusköpfig, zum einem war die Gestaltung der sich entwickelnden Akademie nicht bürokratisch festgelegt, zum anderen bot aber dieser Freiraum der Kanzlei der Akademie und insbesondere dem dort tätigen Kanzleirat Schumacher ein weites Feld, eigene Interessen zu verfolgen und überdies die Akademiker zu schurigeln.

Peters Vorhaben, eine Akademie zu gründen, war nicht einfach. Ein Schulsystem war in Russland praktisch nicht vorhanden. In dem gewaltigen Reich gab es unter den Angehörigen des Adels und selbst unter denen der Geistlichkeit (Popen) zahlreiche Personen, die gar nicht oder nur unzureichend lesen und schreiben konnten, prominentes Beispiel: Die Zarin Katharina I. war Analphabetin. Peter reformierte auch hier radikal: eine geänderte Schrift (гражданская, grashdanskaja, bürgerliche Schrift, 1710) wurde eingeführt, das Zahlensystem[43] wurde verändert sowie der Kalender reformiert.[44] Peter versuchte, die allgemeine Schulpflicht einzuführen, u. a. gründete er „Ziffernschulen", in denen das elementare Rechnen gelehrt wurde. Aber bald wurden die Kinder des Adels und danach die der Kaufleute (!) davon befreit. Auch die Geistlichkeit hatte wenig Interesse an der Durchsetzung der Schulidee. Peters Bildungspolitik war hier nicht sehr erfolgreich. Die unumgängliche Übersetzung westeuropäischer Bücher erforderte aber nicht nur eine Modernisierung der russischen Schrift, sondern der Sprache schlechthin, insbesondere des Kirchenslawischen. An der Akademie sollte es später eine eigene Abteilung für Übersetzungen aus modernen Sprachen

---

[43] Das Petrinische Zahlsystem basierte zwar auf dem Dezimalsystem, jedoch mit eigenen russischen Zahlzeichen. Gegenüber dem alten System gab es Veränderungen: Beispielsweise bedeutet das alte russische Zahlwort für eintausend „тьма" (tma), wörtlich Finsternis, und charakterisierte damit anschaulich die Zahlgerade weit „draußen", wo Dunkelheit und Unklarheit herrscht; das moderne Wort „тысяча" (tisjatscha) ist hingegen neutral.

[44] Der russische Kalender wurde der westeuropäischen Jahreszählung angepasst, d. h. er zählte nicht mehr vom Ursprung der Schöpfung, sondern seit dem Geburtsjahr Christi und begann am 1. Januar (a. St. = alter Stil). Er war jedoch auch nach der Petrinischen Reform im 18. Jahrhundert noch elf Tage hinter dem gregorianischen (n. St. = neuer Stil) zurück, d. h. man richtete sich letztlich nach dem überholten julianischen Kalender. Genauer bestand der Rückstand in dem Zeitraum vom 19.2./1.3.1700 bis zum 17./28.2.1800 in elf Tagen, ab dem 18.2./1.3.1800 erhöhte er sich um einen weiteren Tag. Die katholischen (west)europäischen Länder hatten am 15.10.1582 den neuen Stil eingeführt; die evangelischen Länder Deutschlands (auch die Schweiz) sowie Dänemark folgten am 1.3.1700; England erst 1752, Schweden im Jahr darauf und Russland (Sowjetunion) erst am 31.1.1918.

3.2 Die Gründung der Akademie der Wissenschaften in St. Petersburg

geben, aber auch die lateinischen Arbeiten der Petersburger Akademiker wurden den Russen in Übersetzungen zugänglich gemacht.

Die kaiserliche Akademie der Wissenschaften war 1725 – und hier ist die folgende Beschreibung wohl für keine andere Akademie zutreffender[45] – aus dem Nichts geschaffen worden, und sie zählte innerhalb weniger Jahre zu den führenden Orten der Gelehrsamkeit. Peter hatte letztlich weitsichtig gehandelt: Die ersten Ideen aus dem Jahre 1698 präzisierte er auf seinen Reisen in den Westen. Dazu gehörte auch die Einsicht, auf lange Sicht einen Weg von einem Gymnasium über die Universität bis schließlich an die Akademie zu schaffen. 1718 verfügte der Regent Peter I.: „Сделайте академию!" (Sdelaitje akademiju!, Errichtet eine Akademie!), und er ergänzte „А ныне приискать из русских, что учен и к тому склонность имеет." (Und jetzt suchen Sie nach Russen, die gelehrt sind und dazu neigen.) 1724 präzisierte er: „Unser[em] Leibarzt Laurentius Blumentrost obliegt es, die für diese Akademie erforderlichen Leute ausfindig zu machen und anzustellen" (Peter I., 1724). Für die Akademie, die Universität und das Gymnasium gab es bei ihrer Gründung weder Gebäude noch russisches Personal noch Lehrmaterial (weder in Russisch noch in einer europäischen Kultursprache). Der russische Historiker Iwan Nikitich Boltin (Болтинъ, 1735–1792) bemerkte kritisch zur Verpflanzung westlichen Wissens nach Russland:

> „Sie [Peter I. und Nachfolger] wollten da in einigen Jahren etwas machen, wozu Jahrhunderte nötig sind; sie begannen das Gebäude der Aufklärung auf Sand zu bauen, ohne vorher ein zuverlässiges Fundament gelegt zu haben."

Diese Meinung trifft jedoch nur bedingt auf die Akademie selbst zu, aber der Russlandkenner Christoph Hermann von Manstein (1711–1757), der von 1735 bis 1744 im russischen Militärdienst stand und später preußischer General war,[46] wies schon damals auf den hohen Preis hin, den man hierfür bezahlen musste (siehe hierzu unten). Aber der nachhaltige Willen des Zaren hatte seinen Nachfolgern den Weg geebnet, die Schwierigkeiten letztlich zu überwinden.

Laurentius Blumentrost (Блюментростъ) war Schüler von Wolff in Halle gewesen und war in Petersburg der Leibarzt des Zaren geworden, sodass sich der Kontakt von Wolff mit Peter I. problemlos ergeben hatte. Die praktische Durchführung der Akademiegründung hatte Peter 1724 ohnehin seinem Vertrauten und Leibarzt Blumentrost übertragen, der Präsident der Akademie wurde und auf diese Weise auch eine Art Bildungsminister verkörperte.

---

[45] Einige Akademiegründungen und Universitätsgründungen werden im Prolog aufgezählt.
[46] Manstein wurde übrigens von den Russen in Abwesenheit zum Tode verurteilt, jedoch hat dieser Sachverhalt die nachfolgende Einstellung kaum beeinflusst.

3.2.2 Der Personalbestand der Akademie

> Wenn die Anwendung der Wissenschaften nicht nur vom Staat weise geleitet, sondern auch, nach dem Beispiel Peters des Großen, weit verbreitet wird, dann müssen wir … davon überzeugt sein, daß jene Menschen, die durch eine unsäglich mühevolle Arbeit … sich bemühen, die Geheimnisse der Natur zu erforschen, nicht als vermessen, sondern als mutig und großzügig anzusehen sind.
>
> MICHAIL WASSILJEWITSCH LOMONOSSOW (1711–1765)

1724 arbeiteten bereits elf Personen für die künftige Akademie. Vom Sommer bis zum Jahresende 1725 fanden sich weitere 16 Gelehrte ein, darunter die bereits genannten drei Schweizer (Brüder Bernoulli, Hermann) und ein Franzose (Delisle, auch de l'Isle, 1688–1768), der Rest war deutsch. Der deutsche Anteil an den Petersburger Bürgern kam gleich nach den Russen. 1750 waren es 74.000 Russen (ohne Kinder), 1784 bereits 192.000 (mit Kindern) und 1789 schließlich 218.000 (wieder mit Kindern).[47] Die eingetroffenen Akademiemitglieder wurden im Schafirow'schen Haus[48] untergebracht und dort verpflegt. Kost und Logis waren gemäß Vertrag frei. Der Kanzleichef Schumacher wollte auf diese Weise die jungen Männer abhalten, sich in den Wirtshäusern der Umgebung mit Faulenzern und Trinkern anzufreunden. Wir lesen allerdings bei dem Euler-Biographen Otto Spiess: „Der Präsident und der Bibliothekar luden häufig zu Gastereien ein, bei denen es üppig zuging. Einem kürzlich zugereisten Mediziner geschah es allerdings, daß er nach einem solchen Festmahl aus dem Wagen fiel und tot liegen blieb. Ein anderes Mitglied wurde trotz der guten Polizei im Wirtshaus erstochen."[49]

1725 gab es neben den angereisten Wissenschaftlern, den ordentlichen Akademiemitgliedern (ординарные члены, ordinarnije tschleni), schon vier Ehrenmitglieder (почетные члены, potschetnije tschleni): die Mathematiker Ch. Wolff und Johann Bernoulli, den Astronomen Giovanni Poleni (1683–1761) sowie den Mediziner Pietro Michelotti (1763–1740). Am 15./26. August 1725 wurden die bereits eingetroffenen Akademiemitglieder der Witwe Peters I., der neuen Zarin Katharina I., im Sommerpalast vorgestellt. In Anwesenheit des Hofes hielten Hermann, der „professor primarius" (erste Professor), und Georg Bernhardt Bilfinger (1693–1750) Ansprachen, denen ein festliches Essen folgte. Hermanns französisch gehaltene Rede hob die vorteilhaften Arbeitsbedingungen in St. Petersburg hervor:

> „Die Pracht des der Akademie zugewiesenen Gebäudes, die reichhaltige Auswahl an allem, was zur Kultivierung der Wissenschaften erforderlich ist, die den Akademikern zur Verfügung gestellt wurden, die Weisheit der Vorschriften, die zu diesem Thema von Ihrer

---

[47] Übrigens wurde Georg Cantor (1845–1918) in dieser deutschsprachigen Gemeinschaft in St. Petersburg geboren.

[48] Peter Pawlowitsch Schafirow (Шафиров, 1669–1739), Vizekanzler Peters I., wurde 1721 in die Verbannung geschickt. Das von Schafirow 1713 errichtete Palais wurde konfisziert und der Akademie zur Verfügung gestellt.

[49] Spiess, *Leonhard Euler*. Frauenfeld 1929, S. 55.

3.2 Die Gründung der Akademie der Wissenschaften in St. Petersburg

kaiserlichen Autorität ausgehen, die Liberalität der Entlohnungen für die Professoren, die die Ehre haben der Akademie anzugehören, und so viele andere Freuden, die sie bereits erhalten haben und noch täglich erhalten, sind Beweise für diese Ausnahme."[50]

Bilfingers Rede, auf Deutsch gehalten, war wie ein Echo auf die eben zitierten Zeilen. An die erfreulichen Lebensbedingungen sollte sich ein Jahr später Goldbach in den Leipziger Neuen Zeitungen von den Gelehrten Sachen so erinnern:

> „Vor [Für] Stubenbeschläge [Zimmerinventar], Tische, Bettstätte, Stühle etc. habe ich nicht zu sorgen gehabt, weil die Akademie [für] einen jeden dieselben machen läßt. Man hat mich auf vier Wochen verproviantiert mit allem, was zu wünschen gewesen." – Neue Zeitungen, 12.5.1726

Die neuen unverheirateten Ankömmlinge wohnten in einem großem Steinhaus auf der rechten Seite der Newa auf der Stadtinsel, das dem ehemaligen Vizekanzler Peter Pawlowitsch Schafirow (Петр Павлович Шафиро, 1669–1739)[51] gehört hatte, wer Familie hatte, wurde ähnlich in der Nähe der Akademie untergebracht. Man war von der Petersburger Gastlichkeit sehr angetan.

Wenige Monate nach Peters Tod wurde die Akademie durch Katharina I. tatsächlich ins Leben gerufen (Unterzeichnung der Urkunde am 21. Dezember 1725 [a. St.]/1. Januar 1726), wobei eine feierliche Eröffnung aufgrund der öffentlichen Trauer noch zurückstehen musste. In dem Schafirowschen Palais fand jedoch am 15. August 1725 eine akademische Eröffnungsfeier statt. Zur Akademie gehörten seit 1728 die Bibliothek, die Kunstkammer, das Observatorium und der botanische Garten. Das neue Akademiegebäude auf der Wassili-Insel (Васильевский остров, Wassili Ostrow; auch Wassilewski'sche Insel) befand sich im Bau, das Observatorium war noch mit Instrumenten zu versehen, und man brauchte eine Druckerei. Seit 1728 wurde die Kunstkammer (obwohl ihr Bau noch nicht abgeschlossen war) für Konferenzen verwendet sowie der Palast der Zarin Praskowja Fjodorowna Saltykowa (Прасковья Фёдоровна Салтыкова, 1664–1723), der Gemahlin von Iwan V. und Mutter der Zarin Anna. Der Palast wurde 1720 erbaut, kurz danach starb die Zarin 1723. Die Akademie nutzte den Palast für große Konferenzen, das geographische Departement war hier untergebracht, ebenfalls befanden sich hier die akademische Druckerei sowie eine Werkstatt der Akademie. Damit kennen wir die wesentlichen Arbeitsstätten Eulers. Der Palast wurde 1826 abgetragen, heute befindet sich dort ein zoologisches Institut.

---

[50] « La magnificence du Bâtiment assigné à l'Académie, le riche assortiment de toutes les choses nécessaires pour cultiver les sciences, fourni aux Académiciens, la sagesse des règlements émanes sur ce sujet de Vôtre autorité Impériale, la libéralité des récompenses destinées aux Professeurs, qui ont l'honneur d'être de l'Académie, & tout autres douceurs qu'ils ont déjà reçûs & reçoivent encore journellement, en sont des preuves au dessus de toute exception." – *Neue Zeitungen*, 20. 9. 1725.

[51] Schafirowitsch wurde 1723 zum Tode verurteilt und nach einer Scheinhinrichtung verbannt, von Peter II. rehabilitiert, sein Rivale Ostermann sorgte aber dafür, dass er kein hohes Amt erhielt.

Der Name der Akademie wechselte mehrfach: Akademie der Wissenschaften, Akademie der Wissenschaften und Künste, mit oder ohne den Zusatz „Kaiserlich"; 1747 lautete der Name z. B. Kaiserliche Akademie der Wissenschaften und Künste in St. Petersburg, kurz auch St. Petersburger Akademie, 1917 änderte man in Akademie der Wissenschaften Russlands, 1925 schließlich in Akademie der Wissenschaften der UdSSR, und seit 1991 heißt es wieder Akademie der Wissenschaften Russlands (Российская Академия Наук, Rossiiskaja Akademija Nauk).

Die erste öffentliche Sitzung der Akademie wurde am 27. Dezember 1725/26. Januar 1726 durchgeführt, und die festliche Eröffnung der Akademie fand nach Ablauf der Trauerfrist für Peter schließlich am 1. August (12. August) 1726 in Anwesenheit des Hofes statt. Die Akademiemitglieder waren jedoch schon Wochen vor der Eröffnungssitzung zu Konferenzen zusammengekommen, die erste Sitzung fand vermutlich schon am 28.9.1725 a. St. statt, gesichert ist der 12.10.1725 a. St.; seit dem 2./13. November 1725 wurde von Goldbach protokolliert. Der Lehrkörper bestand 1728 aus 23 Personen, darunter waren sieben Adjunkte („adjunkti", Gehilfen, entspricht heute etwa einem Dozenten, доцент), die anfänglich noch „élèves" (Zöglinge, Schüler) hießen, so auch Euler. Auch namhafte Gelehrte wie J. N. Delisle, J. Hermann, die Brüder D. und N. Bernoulli waren bereits Mitglieder. 1735 beschäftigte die Akademie bereits 158 Personen, darunter 14 ordentliche Mitglieder. Nach Eulers Weggang im Jahre 1741 brachte es die Akademie auf 400 Beschäftigte; die Zahl der ordentlichen Akademiker betrug elf und steigerte sich bis 1787 auf 17, darunter waren 1787 fast die Hälfte (acht) Russen. Weiterhin gab es sechs Ehrenmitglieder und neun Adjunkte. Der Akademie gehörten von 1725 bis 1742 (1799) insgesamt 49 (110) ordentliche Akademiemitglieder an, davon waren 35 (55) Deutsche und drei Baltendeutsche, je fünf Franzosen und Schweizer (allein vier aus Basel), jedoch lediglich ein Russe (die Zahl der Russen stieg bis 1799 auf 35 an). Blumentrost wurde im Dezember 1725 Präsident der Akademie und blieb es bis 1733, Peter I. hatte ihn nominell bereits mit dem Gründungsdekret zum Akademiemitglied und ersten Präsidenten gemacht (был назначен президентом, wurde zum Präsidenten ernannt). Als Leibarzt am Zarenhof musste er bei Verlegung des Hofes nach Moskau von 1727 bis 1732 diesem folgen, während die Akademie in Petersburg blieb.

Da die ordentlichen Mitglieder der Akademie auch öffentlich Vorlesungen hielten oder an der Universität vortrugen, also gewissermaßen an einer „beigeordneten" Universität lehrten, besaßen sie auch den Titel Professor. Neben diesen ordentlichen Professoren gab es einige außerordentliche Professoren, die eine bessere Ausbildung als die Adjunkte hatten. Letztere waren einem ordentlichen Mitglied als Gehilfe zugeordnet, zum Mathematikprofessor Euler (seit 1733) gehörten ab November 1733 Wassili Adodurow (auch Adadurow, Василий Адодуров, 1709–1780) und ab 1736 der Schweizer Friedrich Moula (1703–1783). Beide schieden nach Eulers Weggang 1741 aus der Akademie aus. Adodurow war übrigens eine Zeit lang ein Tutor von Katharina (der späteren Zarin Katharina der Großen, Екатерина Великая, 1729–1796). Allgemein hatten die Adjunkte gymnasialen Unterricht zu halten, also auch hier eine der Akademie beigeordnete Institution zu unterstützen.

3.2 Die Gründung der Akademie der Wissenschaften in St. Petersburg

Die Akademie besas noch kein beschlossenes Statut. Dieser Zustand wurde mehr oder weniger bis 1747 geduldet, da man glaubte, dass die entsprechenden Ansichten, die vom Grundungspräsidenten Blumentrost vertretten wurden, noch auf Peter I. zuruckgehen wurden. Peters angebliche Vorstellungen, die u. a. den Unterschied von Universitat und Akademie klar legten, durften auf Blumentrost zuruckgehen. Die Petersburger Akademie wurde dabei in drei Klassen gegliedert:

- die mathematische Klasse (mit vier Lehrstühlen: theoretische Mathematik, Astronomie, Geographie und Naturwissenschaften, Mechanik zweifach); (Все науки математические и которые от оных зависят, alle mathematischen und von ihnen abhängige Wissenschaften),
- die physikalische Klasse (mit vier Lehrstühlen: theoretische und experimentelle Physik, Chemie, Botanik, Anatomie); (Все части физики, alle Teile der Physik) und
- die humanistische Klasse (Rhetorik, Geschichte, Sprachen, keine Theologie und Philosophie!); (Гуманиора, гистория и права, Humanismus, Historie und Recht) Eloquenz, Altertümer, Geschichte Naturrecht, öffentliches Recht, Politik und Ethik.

Die jeweiligen Monarchen waren auch Protektoren der Akademie, und ein Präsident, der – vom Gründungspräsidenten Blumentrost abgesehen – kein Wissenschaftler war, sicherte bis 1917 die Verbindung zum Hof.[52]

Die durch Lehre an die Akademie angeschlossene Universität war in eine philosophische Fakultät, die wie üblich Logik, Metaphysik, Mathematik und Physik, aber auch Altertumswissenschaften und Rhetorik umfasste, in eine medizinische sowie in eine juristische Fakultät gegliedert. Theologische Klassen oder Institute gab es an den akademischen Einrichtungen in St. Petersburg nicht. Der Entwurf war an der Pariser Akademie ausgerichtet worden, allerdings war der Betrieb in Petersburg nicht so förmlich wie in Paris.

Die Sitzungen (Konferenzen) der Akademie fanden, wie erwähnt, zunächst im Schafirow'schen Palais[53] statt, das ohnehin die Mitglieder beherbergte, anfänglich dienstags und freitags für zwei bis drei Stunden um 16 Uhr, später vormittags, gelegentlich auch sonntags. Es gab auch andere gemeinsame Veranstaltungen, wie etwa die Beobachtung und Auswertung von Schießübungen. Die Konferenzen fanden mit umfassend gebildeten Gelehrten statt, sodass man wirklich gemeinsam diskutieren konnte. Obwohl der noch von Peter I. in die Wege geleitete Bau der Kunstkammer erst 1734 abgeschlossen wurde, konnte die Akademie das prachtvolle Gebäude, in dem sich inzwischen auch die Bibliothek befand, seit

---

[52] Gründungsordnung der Akademie, Entwurf 1724. In Уставы Академии Наук (1724–1874), ред. К. Скрябин. Москва 1974, S. 31–39. Statuten der Akademie der Wissenschaften, hrsg. von K. Skrjabin.

[53] Baron Peter Pawlowitsch *Schafirow* (Петр Павлович Шафиров; 1669–1739), stieg nach dem Sieg in Pultawo zum Vizekanzler Peters I. auf. Wegen Veruntreuung wurde er zum Tode verurteilt und zu Verbannung begnadigt. Seine Widersacher verhinderten erfolgreich ein Karriere Schafirows nach Peters Tod.

Abb. 3.13 a Akademiegebäude, von der Seite der Großen Newa; **b** Kunstkammer, von der der Newa abgewandten Seite

1728 teilweise nutzen. Hinzu kam noch das Palais der Zarin Praskowja Fjodorowna Romanova geb. Saltykova (Прасковья Федоровна Романова, урожденная Салтыкова, 1664–1723), der Witwe von Peters Bruder Ivan V. (Иван V), in dem sich der Große Konferenzsaal der Akademie, eine Druckerei, eine Werkstatt sowie das geographische Departement befanden. Damit sind Eulers Arbeitsorte vorgestellt (Abb. 3.13). Über die akademischen Konferenzen wird berichtet:

> „Bei solchen Zusammenkünften pflegt allemal einer von den Professoribus, oder denen, die ihnen zugeordnet sind [Adjunkte], der Gesellschaft eine gelehrte Anmerkung [Arbeit] zu überreichen [d. h. vorzutragen] und sie dem Urteil derselben zu unterwerfen. Diese Schriften sollen künftig jährlich nach der Art der englischen Philosophical Transactions zusammen gedruckt werden." – Neue Zeitungen, 4.2.1726

Die Protokolle (Протоколы засьданiй конференцiй импер. Академiй наукъ, Protokolle der Kaiserlichen Konferenzen der Kaiserl. Akademie der Wissenschaften) der wissenschaftlichen Sitzungen, die zunächst Goldbach leitete, beginnen am Dienstag, dem 2./13. November 1725 (a./n. St.), in lateinischer Sprache.[54] Indessen fanden schon früher Konferenzen statt. Zum einen sind im ersten Band der *Commentarii* (1726; erschienen 1728) Arbeiten zu finden, die der Akademie bereits im Oktober vorgelegt wurden;[55] zum anderen wurde ein Notizheft von Goldbach mit der hübschen Aufschrift „Chaos observationum" (etwa: Das Chaos der Wahrnehmungen) gefunden, das für die erste Sitzung, in der es um Magnete und Goldstaub ging, den 28. September 1725 (n. St.) verzeichnet, den später üblichen Dienstag. Außerdem finden sich ähnliche Bemerkungen in einigen Briefen

---

[54] Lateinisch 1725–1734 und 1742–1766, deutsch 1734–1741 und 1767–1772, ab 1773 französisch; ab 1728 nach dem julianischen Kalender datiert.

[55] Beispielsweise wäre eine am 30.10. a.St. der Akademie vorgelegte Arbeit auf den 11.11. n. St. zu datieren.

3.2 Die Gründung der Akademie der Wissenschaften in St. Petersburg

Abb. 3.14 Der Präsident der Akademie und Taufpate von Eulers Sohn, Johann Albrecht von Korff (1697–1766)

der Akademiemitglieder aus dieser Zeit; Präsident Blumentrost schrieb schon am 14. August 1725 an den Grafen Aleksandr Golowkin (Александр Головкин, 1688–1760): „Wir begannen unsere erste Konferenz." Auf der ersten Sitzung (Konferenz) trug Hermann über die Erdgestalt (Sphäroid) vor, und Bilfinger brachte Einwände dagegen vor. Am 20.11. referierte Goldbach über Reihentransformationen, während am 23.11. der Philosoph Martini über sein „Perpetuum mobile" berichtete.

Die anfänglich sehr kurzen Einträge (vermutlich aus dem Gedächtnis aufgeschrieben)[56] wurden im Laufe der Jahre immer länger, wechselten unter dem Präsidenten Johann Albrecht von Korff (1697–1766) (Abb. 3.14) 1734 ins Deutsche und gingen schließlich über die Berichte der gehaltenen Vorträge hinaus und betrafen mehr und mehr auch die alltäglichen Geschäfte der Akademie, insbesondere in den späteren Jahren, in denen die Eintragungen täglich vorgenommen wurden. Johann Albrecht Baron von Korff, ein baltischer Adliger, der mit der designierten Zarin Anna (Анна Иоанновна, 1693–1740) aus dem Kurland nach Petersburg kam, brachte als Präsident (1734–1740) Ordnung in die Akademie. Er förderte die ausländischen Beziehungen der Akademiker und achtete auf die Erfüllung der Pflichten, weiterhin setzte er eine Reihe nützlicher Reformen durch. Allerdings konnte er die finanziellen Probleme der Akademie nicht beseitigen. 1732, als die Akademie zweimal wöchentlich tagte, waren für die Protokolle sieben Seiten in den *Protokoli,* nötig, im Jahr 1735, als Korff alle täglichen Geschäfte eintragen ließ, benötigte man bereits 102 Seiten. Unter Korff protokollierte man deutsch, nach seinem Weggang ab 1742 wieder lateinisch. Korff war gleichfalls in die Durchführung der großen Nordischen Expedition (1733–1743) einbezogen. In dem Gefolge, das die unverhofft zur Macht gelangte Anna nach Petersburg begleitete, befand sich auch ihr wichtigster Günstling, der Herzog von

---

[56] Die Eintragungen bis 1728 wurden noch gregorianisch datiert, erst danach wechselte man zur russischen Datierung (julianisch).

Kurland Ernst Johann Biron (auch Bühren, 1690–1772). Vermutlich betrachtete er Korff als politischen Nebenbuhler und schob ihn auf den Akademieposten ab, Korff war immerhin des Lateinischen sehr gut mächtig und verfügte bei seinem Wechsel in den diplomatischen Dienst über eine Bibliothek, die 36.000 Bände umfasste und die an den Hof verkauft wurde. Die Bibliothek der Akademie hatte 1726 einen Bestand von ca. 5000 Exemplaren, wovon etwa die Hälfte aus in Kurland und Litauen requirierten Büchern bestand, 1777 bzw. 1790 hatte man 30.000 bzw. 40.000 Bände.

Die neue Zarin Anna wuchs in Mitau (heute Jelgava) auf, Mitau befindet sich unweit von Riga und war Hauptstadt Kurlands; im Gegensatz zum hanseatisch ausgerichteten Riga war Mitau durch den Adel geprägt (Abb. 3.15). Während Peter I. sehr utilitaristisch eingestellt war, war Anna, die aus Mitau westliche Kultur und Wissenschaft kannte, offen für diese. Politik und Wirtschaft waren ihr ziemlich gleichgültig, wobei man nicht übersehen darf, dass sie einen sicheren Instinkt dafür besessen haben muss, ihre Machtposition zu behaupten und den geliebten Luxus zu entfalten (Abb. 3.16).

Die in der Akademie besprochenen Themen betrafen geographische und astronomische Expeditionen, also Vorhaben, die für ihre Vorbereitung bereits Zeit benötigt hatten, mithin arbeitete die Akademie vermutlich schon seit dem Sommer. Andererseits sind diese Themen auch typisch für die künftige Tätigkeit der Akademie: Von 1733 bis 1743 fand im Auftrag der Akademie eine der größten geographischen Erkundungen der ersten Hälfte des 18. Jahrhunderts (zeitweilig bis 570 beteiligte Personen) unter Leitung von Vitus Jonasson Bering (1680–1741) statt, die auch als große Nordische Expedition oder zweite Kamtschatka-Expedition bekannt ist.[57] 1768–1774 folgte eine weitere Forschungsreise, deren Ausbeute die der großen Nordischen Expedition noch übertraf, bei der aber das Augenmerk auf wirtschaftlichen Interessen lag und man vorrangig das Ziel verfolgte, das Land wirtschaftlich zu erschließen. Es ist naheliegend, dass solche Erkundungen bereits unter Elisabeth als Staatsgeheimnis betrachtet wurden.

Man wollte den riesigen Staat erkunden, kartographieren und dabei alles sammeln, was von Interesse war: Mineralien, Pflanzen, Tiere, weiterhin astronomische und meteorologische Messungen vornehmen und schließlich die verschiedenen Völker des Reiches erkunden (Gewohnheiten, Sprachen)(Abb. 3.17). Die Ergebnisse erschienen in Büchern und in der Akademiezeitschrift *Commentarii Academiae scientiarum Imperialis Commentarii, Petropoli,* kurz *Commentarii.*[58] Erkundungsergebnisse wie etwa Goldfunde waren teilweise auch Staatsgeheimnisse. In den in Rede stehenden Tagen des Sommers 1725 war man jedoch noch bescheiden und analysierte etwas Goldsand, den man gerade von der

---

[57] Ihr war bereits eine noch von Peter I. initiierte Expedition voraus gegangen (1720–1727); von 1768–74 folgte eine weitere gut vorbereitete Expedition.

[58] Commentarii = Nachrichten. Für die Jahre 1726 bis 1746 erschienen die Bände 1 bis 14. Da der Druck sehr schleppend erfolgte (der Band 14 für das Jahr 1746 wurde erst 1751 gedruckt), legte man eine neue Serie auf, die *Nova Commentarii,* die die Jahre 1750 bis 1776 erfassten und bis 1776 in 20 Bänden erschienen.

3.2 Die Gründung der Akademie der Wissenschaften in St. Petersburg 77

Abb. 3.15 Die Zarin Anna Iwanowna (Анна Ивановна, 1693–1740, reg. 1730–1740) im prunkvollen Krö-nungs-or-nat. Gemälde von Louis Caravaque (1684–1754). Ihre Regentschaft füllte fast ganz Eulers erste Petersburger Periode aus

chinesisch-russischen Grenze erhalten hatte, und prüfte einen Globus. Die Beziehungen zu China, die ebenso die Westeuropäer interessierten, sollten ein ständiges Thema sein. Man hielt Kontakt zu einem katholischen Mönchsorden in Peking, der Societas Jesu (Jesuiten).

Abb. 3.16 Rubel mit dem Bildnis der Zarin Anna (Goldmünze)

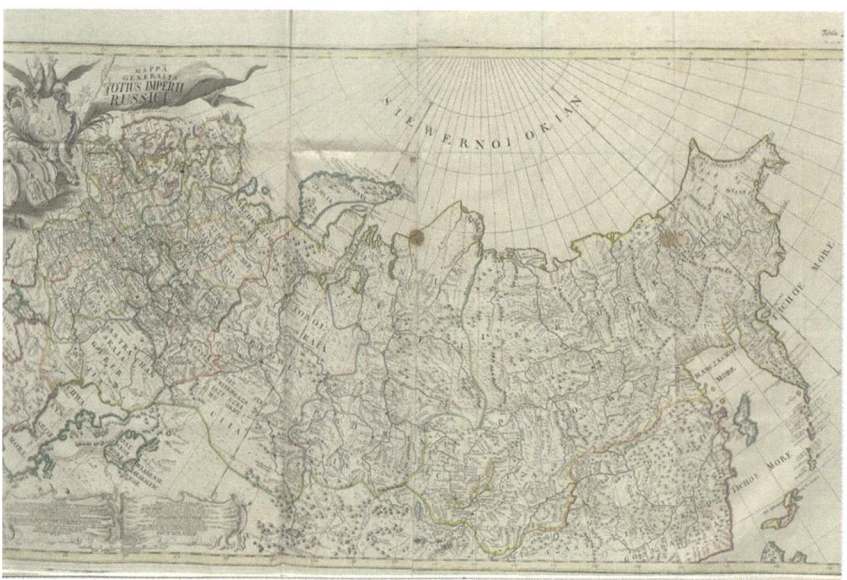

Abb. 3.17 Russländische Generalkarte von 1745. J.N. Delisle hatte bereits 1726 mit Arbeiten an einem russländischen Atlas begonnen, aber er kam nur schleppend voran, sodass die ungeduldig gewordene Akademie während einer Abwesenheit von Delisle 1740 eine einschlägige Kommission einsetzte, der auch Euler angehörte. 1741 waren die wesentliche Arbeiten abgeschlossen, und der Atlas wurde 1745 gedruckt. Er enthielt 19 Spezialkarten und die beigefügte Generalkarte

3.2 Die Gründung der Akademie der Wissenschaften in St. Petersburg

Wir werden uns die gelehrte Gesellschaft gleich genauer ansehen und so einen Einblick in das Petersburger akademische Leben gewinnen. Eduard Winter (1896–1982) bemerkte hierzu in seinem Buch *Frühaufklärung* (Berlin 1966):

„Die Petersburger Akademie war ... der Schauplatz scharfer geistiger Auseinandersetzungen, die 1729 einen derartigen Grad von Schärfe erreichten, daß die Protokolle aus diesem Jahr gelöscht werden sollten. Es wurde um Glaubensfragen, die Gegensätze der Newtonschen und Leibniz-Wolffschen Auffassung sowie Wolff-Franckes[59] gerungen. Das ganze gelehrte Europa nahm daran teil. Fast alle Petersburger Akademiker waren in alle drei Streitgespräche verwickelt."

Die Fronten gingen quer durch die Akademiemitglieder. Diese eigentümliche Petersburger Situation hat den Grundstein für verschiedene Konflikte gelegt und führte zur Bildung von westlichen und antiwestlichen Fraktionen, aber auch zu russischen oder deutschen Gruppierungen, selbst durch die Philosophie wurden die Akademiemitglieder in verschiedene Lager geteilt (Anhänger von Wolff, deutscher Rationalismus; Anhänger Newtons, englischer Empirismus). Die Frontlinien erscheinen zwar vordergründig national, aber letztlich waren sie nicht unerheblich durch soziale Umstände bedingt. Euler war hier wie auch später zurückhaltend, auf Ausnahmen bei philosophischen Streitereien in Berlin werden wir noch zu sprechen kommen (siehe Abschn. 4.9). Als er beispielsweise seine persönliche Ansichten, die selbstredend auch Euler hatte, im engeren und vertrauten Kreis bekannt machte (z. B. über Gotthelf Abraham Kästner, 1719–1800), kam dies Lomonossow zu Ohren und wurde sogar im Druck von ihm bekannt gemacht, was Euler verständlicherweise ziemlich verärgerte.

Die akademischen Konferenzen, die Goldbach protokollierte, wurden in jener Zeit von ungefähr 20 Professoren und Adjunkten besucht, wobei etwa die Hälfte dieser Personen Mathematiker waren oder eine solide mathematische Ausbildung hatten. Unter den 23 berufenen Akademiemitgliedern galt der Schweizer Mathematiker und Physiker Jakob Hermann als renommiertester Gelehrter, der übrigens ein entfernter Verwandter Eulers war. Er war Professor der Mathematik. Kurz nach seiner Ankunft am 11. August 1725 in St. Petersburg war Hermann überraschend geglückt, was ihm bisher stets misslungen war, nämlich eine ersehnte Professur in seiner Heimatstadt Basel zu erringen. Aufgrund seines Petersburger Vertrages musste er allerdings noch bis 1730 in St. Petersburg bleiben, das er dann gemeinsam mit Bilfinger am 2./13. Januar 1731 in Richtung Basel verließ.

So viel zu den akademischen Institutionen. Sehen wir uns nun die Mitglieder an, die in diese Institutionen Leben bringen sollen (Tab. 3.1).

Daniel Bernoulli (1700–1782) war am 27. Oktober/7. November 1725[60] mit seinem Bruder *Nikolaus II Bernoulli* (1695–1726), dem ältesten Sohn Johann Bernoullis, angekommen (Gehälter 800 bzw. 1000 Rubel, spätere Pension für Daniel

---

[59] August Hermann Francke (1663–1727), Theologe, ab 1692 Professor in Halle, Pietist und Gegner Wolffs, Gründer der Franckeschen Stiftungen in Halle (Waisenhaus, Buchdruckerei u. a., 1694).

[60] In diesem Jahr erhielt Daniel Bernoulli den Pariser Akademiepreis für seine Arbeit über die Verwendung von Sanduhren auf See.

Tab. 3.1 Der Personalbestand der Akademie

	1724	1725	1726	1727	1735	1742	1744	1787	1795
Personal	11	16			84	158	400		
Ordentliche Mitglieder			9	17	14	11	15	17	18
Ehrenmitglieder		4			2	6			
Russ. ord. Mitglieder								8	9

Bernoulli 200 Rubel). Eigentlich hatte nur Daniel Bernoulli berufen werden sollen, aber Unklarheiten bei seinem Namen und dem des Bruders Nikolaus hatten schließlich dazu geführt, dass man beide unter Vertrag nahm (Brief von Daniel Bernoulli an Goldbach vom 25.1.1725). Der hochbegabte Bruder Nikolaus starb bereits neun Monate nach seiner Ankunft am 28. Juli/7. August 1726 an Schwindsucht (Tuberkulose) und wurde mit einem Staatsbegräbnis beigesetzt. Daniel Bernoulli sowie der Vater waren ob dieses frühen Todes sehr betroffen. Das Verhältnis Johann Bernoullis zu seinen Söhnen war immer schwierig gewesen, aber hier drückte der Vater neben seiner eigenen Trauer erstaunlicherweise auch Bedauern für den Sohn Daniel aus, der dem verstorbenen Bruder sehr nahe gestanden habe (Brief vom 7.12.1726 an Johann Jakob Scheuchzer, 1672–1733). Daniel Bernoulli, zunächst Professor für Physiologie und ab 1731 für Mathematik (als Nachfolger von Hermann), blieb trotz heftiger wissenschaftlicher Auseinandersetzungen (insbesondere mit Hermann) und einer längeren Krankheit, von der er sich in dem rauen Klima nur schwer erholte, insgesamt acht Jahre in St. Petersburg, also drei Jahre länger, als es sein Vertrag erforderte (Abreise am 3.7.1733). Euler wohnte bis zu seiner Heirat (1734) sechs Jahre bei seinem Freund, der lebenslang ein Junggeselle blieb.

Neben diesen drei Basler Wissenschaftlern waren aus Tübingen, einer alten deutschen Universitätsstadt (Universität seit 1477), weitere sieben Gelehrte angereist. Der Philosoph und Theologe *Georg Bernhardt Bilfinger* (auch Bülfinger) (1693–1750), ein Lieblingsschüler von Ch. Wolff, hatte am 30. Mai 1725 seinen Abschied in Tübingen erhalten und in seiner Abschiedsrede Peters des Großen gedacht, der am 8. Februar des Jahres gestorben war. Diese Rede wurde bei seiner Ankunft in St. Petersburg (15./26.8.1725) sofort ins Russische übersetzt. Bilfinger erhielt 1725 an der Akademie eine Professor für Physik und Mechanik (Gehalt 1200 Rubel, spätere Pension 200 Rubel). Der Philosoph Bilfinger vertrat die Leibniz-Wolff'sche Aufklärung. Er war aber auch ein führender Theologe und beherrschte zudem den Festungsbau, er schrieb also durch seine Anstellung Abhandlungen sowohl über das Böse als auch über Verteidigungsanlagen – eine bemerkenswerte Erscheinung. Er gewann übrigens 1728 den Pariser Akademiepreis mit einer Arbeit über Gravitation. Als Bilfinger 1731 wieder nach Tübingen heimkehrte, folgte ihm in Petersburg Euler als Professor der Physik nach; als Euler schließlich 1733 der Nachfolger von Daniel Bernoulli, also Professor für

Abb. 3.18 a Georg Wolfgang Krafft (1701–1754), Professor für Physik als Nachfolger Eulers (1733); er ging 1744 wieder nach Tübingen. Der Schattenriss zeigt seinen Sohn Wolfgang Ludwig (1743–1814), der an der Akademie in Petersburg 1768 Adjunkt wurde und 1771 Professor der Experimentalphysik

Mathematik wurde, erhielt Georg Wolfgang Krafft (1701–1754) die Eulersche Professur für Physik (Abb. 3.18, siehe unten).

Bilfinger brachte zwei weitere Tübinger mit: *Christian Groß* (1698?–1742), der als Akademiemitglied Professor der Moral wurde, aber bald (1728) eine Vertrauensstelle bei dem einflussreichen russischen Staatsmann deutscher Herkunft Heinrich Johann Graf Ostermann (1686–1747)[61] annahm, sowie *Friedrich Christian Mayer* (1697–1729), einen tüchtigen, aber mediokren Mathematiker, der zunächst Adjunkt und dann Professor für Mathematik wurde (1726). Er starb nach wenigen Jahren an Schwindsucht. Eine wichtige Aufgabe Mayers war es, die jährlichen akademischen Kalender herauszugeben. Als er dabei die abgedruckten Prophezeiungen, die in russischen Kalendern üblich waren, weglassen wollte, erhob sich schärfster Protest, sodass man mit Rücksicht auf den Verkauf keine Änderung zuließ. Ganz hatte die Aufklärung diesen östlichen Teil Europas noch nicht erreicht (und wohl auch die heutig Yellow Press nicht).

Der Astronom *Joseph Nicolas Delisle* (de l'Isle) (1688–1768), ein Mitglied der Pariser Akademie, war noch von Peter I. eingeladen worden und erhielt 1800 Rubel Gehalt sowie später eine Pension von 200 Rubel (Abb. 3.19). Für ihn war bereits ein Observatorium gebaut worden. Er hatte aus Paris neben vielen astronomischen Instrumenten auch seinen älteren Bruder Louis Delisle de la Croyère (vor 1688–1741) mitgebracht. Sein Bruder hatte keinen guten Ruf, darum hatte er zu seinen Namen den seiner Mutter hinzugefügt, um dem Bruder Joseph Nicolas nicht zu schaden. Louis Delisle schloss sich 1733 der großen Nordischen Expedition an und erlag den Strapazen der Reise 1741. Das Observatorium führte auch

---

[61] Ostermann, der maßgeblich die Zarin Anna auf den Thron gebracht hatte, fiel bei dem Regierungswechsel 1741 in Ungnade und wurde verbannt.

Abb. 3.19 Joseph Nicolas Delisle (1688–1768), renommierter Astronom und Mitglied der Petersburger Akademie, Mitglied des geographischen Departements

geodätische Messungen aus, die für die Kartographie interessant waren, und war daher eng mit dem geographischen Departement verbunden, sodass Euler auch hier zeitweilig wirkte.

Nicolas Delisle begründete die St. Petersburger astronomische Schule. Unter Friedrich Georg Struve (1793–1854) wurde das Observatorium in Pulkowo bei St. Petersburg führend in der Positionsastronomie; auch Carl Friedrich Gauß bot man hier eine Stelle an, die dieser bekanntlich nicht annahm. Im Jahre 1747 kehrte Nicolas Delisle wieder nach Paris zurück. Eulers Interesse an der Astronomie wurde durch Delisle geweckt. Daher führte Euler im Observatorium ab März 1733 selbst täglich früh und abends astronomische Messungen aus. Da er ab August 1735 auch dem geographischen Departement angehörte, war er mit beiden Einrichtungen eng verbunden, die er regelmäßig aufsuchte. Euler beobachtete unter anderem Sonnenflecke, um die Rotation der Sonne zu berechnen. In der Himmelsmechanik unterstützte er Delisle, der noch geometrisch arbeitete, mit analytischen Berechnungen. Eulers erste astronomische Arbeit „Solutio problematis astronomici" (Lösung von astronomischen Problemen; E 14, EO II/30) wurde 1732 geschrieben und betraf die sphärische Astronomie, wofür sich Delisle sehr interessierte. In der Arbeit sind die Höhen und die Zeitdifferenzen für drei fixierte Sterne gegeben um die Elevation des Pols sowie die Deklination eines Sternes zu finden. Es folgten 1735 Tabellen zur Zeitbestimmung, die Euler nach seiner Methode aus der Meridiangleichung der Sonne aufstellte („Methodus computandi", Eine Methode zur Berechnung der Meridiangleichung; E 50, EO II/30).

Das Archiv der Sternwarte bewahrt überdies eine Arbeit Eulers „De refractione radiorum lucis" (Über die Brechung des Lichts, 1738) auf, die in der Akademie nicht vorgetragen wurde und bisher unpubliziert ist (und daher keine Eneström-Nummer besitzt; siehe Nina I. Newskaja in *Euler* 1983). Über die Brechung des Lichts publizierte Euler erst 1756, und zwar in der Arbeit „De la réfraction de la lumière" (Über die Brechung des Lichts während des atmosphärischen Durchgangs und deren verschiedenen Grade, die sowohl von der Temperatur als auch der Elastizität der Luft abhängen; E 219, EO III/5; 1752 vorgetragen).

Die erste Aufgabe Eulers im geographischen Departement bestand darin, eine Karte mit den europäischen Grenzen Russlands zu zeichnen. In Hinblick auf die Beschriftung der geographischen Karten machte sich Euler übrigens Gedanken, wie die russischen Buchstaben zu transkribieren seien, bei dieser Karte konsultierte er noch seinen Adjunkten *Wassili Adodurow* (1709–1780), bevor er die Karte im Oktober 1736 ablieferte. Übrigens musste während des Krieges mit dem Osmanischen Reich (1735–1739) das geographische Departement eiligst Karten des Krim-Gebietes liefern. Die Arbeit mit Delisle war nicht nur eng, sondern sie muss auch harmonisch gewesen sein. Als Euler 1741 an die Berliner Akademie abreiste, verschaffte ihm der Franzose Delisle vom Botschafter in St. Petersburg *Joachim Jacques Marquis de la Chétardie* (1705–1759) Empfehlungsschreiben für einige Berliner Bürger. Schließlich korrespondierte Euler von 1735 bis 1765 mit ihm (45 erhaltene Briefe), also bis vor kurz vor dem Tod Delisles. Dieser starb im Jahre 1768 arm und mittellos.

Johann Georg Leutmann (auch Leitmann) (1667–1736), der Senior der Akademiemitglieder (mit einem Gehalt von 800 Rubel), war eigentlich Pfarrer, aber daneben auch ein geschickter Techniker und daher von Hermann empfohlen worden, er wurde schließlich als Professor für Mechanik aufgenommen. *Michael Bürger* (1686–1726), Professor für Chemie und praktische Medizin, kam 1726 aus Königsberg und starb wie Nikolaus II Bernoulli noch im Jahr seiner Ankunft. Für Euler, noch in Basel, hatte der Tod Bernoullis zwei Seiten: zum einen war in St. Petersburg eine Stelle zu besetzen, zum anderen wurde der 19-jährige Euler durch das Geschehen abgeschreckt.

Johann Christian Buxbaum (1694–1730) reiste 1726 sogar aus Konstantinopel an, um in St. Petersburg von 1727 bis 1730 Professor der Botanik zu werden. Der hervorragende Anatom und Zoologe Johann *Georg Duvernois* (auch Du Vernois) hatte in Basel und Paris Medizin studiert und dann einen Lehrstuhl in Tübingen erhalten, den er jetzt (1725) mit einer Professur für Anatomie an der St. Petersburger Akademie (Gehalt 800 Rubel) vertauschte. Auch er hatte zwei Tübinger bei sich, den Mathematiker *Josias Weitbrecht* (1702–1747), der nach seiner Adjunktenzeit in die Medizin wechselte und dort 1731 als Nachfolger von Daniel Bernoulli Professor für Physiologie wurde (mit einem Gehalt von 460 Rubel, das sich 1739 auf 860 Rubel erhöhte), sowie *Georg Wolfgang Krafft,* der nach der Adjunktenzeit (1731) gleichfalls Professor wurde, aber seiner Disziplin, der Physik, treu blieb. Krafft war unter den Akademiemitgliedern wohl der mathematische Kollege Eulers, der nach Daniel Bernoullis Abreise neben Goldbach am engsten mit ihm zusammenarbeitete. 1744 kehrte Krafft nach Tübingen zurück, später jedoch wirkte sein Sohn *Ludwig Wolfgang Krafft* (1743–1814) wieder in St. Petersburg.

Gerhard Friedrich Müller (1705–1783) war zwei Jahre älter als Leonhard Euler. Auch er begann wie Euler als Adjunkt und erhielt 1731 eine Professur für Geschichte. Müller erwarb sich große Verdienste um die russische Geschichtsschreibung. Von 1728 bis 1730 und von 1754 bis 1765 wirkte er als Konferenzsekretär der St. Petersburger

Akademie. Zu Euler hatte er ein enges Verhältnis, das während Müllers Abwesenheit als Teilnehmer der Kamtschatka-Expedition und nach Eulers Weggang aus St. Petersburg zu einem lebhaften Briefwechsel führte, der 1734 mit einem Brief Müllers aus Tobolsk (Sibirien) begann, in dem er Euler noch zu dessen Hochzeit (Anfang 1734) gratulierte, und der nach über 200 Briefen 1767 endete, da sich Euler seit 1766 wieder in St. Petersburg befand. Merkwürdigerweise redete Euler in allen Briefen den gleichaltrigen Müller auf das Höflichste an, während Müller förmlicher blieb.

Johann Peter Kohl (1698–1778) war von 1725 bis 1727 Professor für Eloquenz (d. h. für lateinische Sprache). Seine baldige Abreise scheint die Folge eines Verhältnisses mit einer Hofdame gewesen zu sein, und die Tatsache, dass der Hof ihm bereits nach einer kurzen Dienstzeit eine jährliche Pension von 200 Rubel zahlte, spricht dafür. *Gottlieb Siegfried Bayer* (1694–1738) war ab seit 1725 Professor für griechische und römische Geschichte sowie Direktor des akademischen Gymnasiums. Er war ein eifriger Verfasser von Artikeln in lateinischer, deutscher und auch russischer Sprache und Herausgeber eines chinesischen Lexikons. *Johann Simon Beckstein* (1684–1742) war schließlich ab 1726 Professor der Rechtswissenschaft und später Ehrenmitglied der Akademie.

Einen Fehlgriff leistete sich die Akademie offenbar mit *Christian Martini* (1699–nach 1739). Wolff hatte ihn Blumentrost nur zögernd für eine Adjunktenstelle in der Mathematik oder Physik empfohlen. Martini, der 1725 als erster Wissenschaftler angereist war, wurde für ein Jahr als Professor für Physik mit einem Jahresgehalt von 600 Rubel eingestellt und dann noch bis zu seiner Entlassung im Januar 1729 als Professor für Logik und Metaphysik beschäftigt; im Mai 1729 reiste Martini wieder ab. Er glaubte zeitweilig, ein Perpetuum mobile erfunden zu haben. Schließlich wurde er Rektor eines Gymnasiums in Schlesien, von wo er gekommen war. 1730 veröffentlichte Martini ein Buch *Nachrichten aus Rußland* (Frankfurt/M.). Noch zwei Jahre nach Martinis Abreise monierte beispielsweise Müller bei Blumentrost, dass Martini schlechte Gerüchte über die St. Petersburger Akademie in Umlauf setze (*Pekarskii*, I, S. 314). Überraschend erhielt Euler zehn Jahre nach Martinis Abreise Post von diesem (19.1.1739): Martini schickte Eulersche Notizen zurück, die er versehentlich bei seinem Weggang mit sich genommen hatte. Gemeinsam mit Martini war auch *Adolf Kramer* (?–1734) aus Herford[62] angereist, um Adjunkt für Geschichte zu werden (Gehalt 200 Rubel). Er hat keine Spuren im Leben der St. Petersburger Akademie hinterlassen.

Am 28. Juli/8. August 1725 war *Christian Goldbach* (1690–1764) in St. Petersburg eingetroffen und im gleichen Jahr für fünf Jahre in die mathematische Klasse der St. Petersburger Akademie aufgenommen worden, aber nicht als Professor, da er zum einen nicht lehren wollte und zum anderen zu dieser Zeit formal noch in preußischen Diensten stand. Goldbach erhielt zunächst das niedrigste Professorengehalt von 600 Rubel sowie freie Wohnung, Beheizung und Licht. Seine

---

[62] Herford in Westfalen ist die Stadt, in der später Friederike Charlotte von Brandenburg-Schwedt (1745–1808), an die Eulers *Briefe an eine Prinzessin* (E343–344,417; EO III/11–12) gerichtet waren, Äbtissin (1764–1802) eines Kloster wurde.

Verpflichtungen bestanden darin, mathematische Forschungen zu treiben sowie die Konferenzen zu organisieren und zu protokollieren; G. F. Müller verglich den bemerkenswerten Goldbach sogar mit dem berühmten Sekretär der Pariser Akademie Bernhard de Fontenelle (1657–1757). Über Goldbach wird im Weiteren noch viel zu berichten sein, sodass wir uns hier mit diesen Bemerkungen begnügen.

Im Allgemeinen betrugen die üblichen Gehälter der Akademiemitglieder bei freier Wohnung, Heizung (Holz) und Beleuchtung (Kerzen) anfänglich 450 Rubel und wurden bald auf 600 Rubel erhöht, 1738 machten sie bereits 860 Rubel aus. Teilnehmer der großen Nordischen Expedition bekamen das doppelte Gehalt. Ältere und verdienstvolle Akademiemitglieder konnten auch höhere Gehälter erhalten; Adjunkte hatten ein Einkommen, das etwa bei der Hälfte des niedrigsten Professorengehalts lag. Die Akademie hatte anfänglich einen Etat von ca. 25.000 Rubel, der unzureichend war, sodass man 1732 bereits auf ein Defizit von 36.000 Rubel (fast eineinhalb Jahresetats) gekommen war. Der Haushalt Russlands lag bei ca. 8 Mio. Rubel, womit der Akademie etwa drei Promille zukamen.

Auf diese 17 Akademiemitglieder traf Euler nach seiner 50-tägigen Reise bei seiner Ankunft im Mai 1727. Eine Woche zuvor, am 17./28. Mai, war Katharina nach einer Regierungszeit von zwei Jahren, drei Monaten und acht Tagen gestorben.[63] Der eingetroffene Euler erhielt in all diesem Trubel jedoch eine Stelle als Adjunkt; er bekam 300 Rubel, als Professor zahlte man ihm ab 1733 ein Gehalt von 600 Rubel, zu dem weitere Zuschläge aufgrund zusätzlicher Arbeiten (z. B. im geographischen Departement) kamen. In einem Brief an den Vater aus dem Jahre 1734 gab Euler seine Einkünfte schließlich mit 1100 Rubel an. Zu der Zeit, als Euler sich bereits entschlossen hatte, nach Berlin zu gehen, im Frühjahr 1740, bemühte er sich – für alle Fälle – erfolgreich um einen neuen Vertrag (27.3./7.4.1740) mit einer weiteren Gehaltserhöhung, sodass er ab 1740 auf 1200 Rubel Grundgehalt kam (Brief von Goldbach an Euler vom 19.2./3.3.1740), hinzu kamen Zuschläge für Lehrveranstaltungen am Kadettenkorps ebenso wie für bestellte Buchmanuskripte (für die *Scientia navalis,* E 110–111, bekam Euler ein Autorenhonorar von 1200 Rubel).

Während im Gymnasium auf die Dienste der Professoren bereits von Anbeginn verzichtet wurde, da zum Beispiel Studenten der Universität häufig gleichzeitig auch als Lehrer im Gymnasium eingesetzt wurden, erlitt der Universitätsbetrieb Einbußen durch den Tod und durch Weggang von Professoren:

- durch den Tod von Bürger (1726), Nikolaus II Bernoulli (1726), Mayer (1729), Buxbaum (1730), Leutmann (1736), Bayer (1738)
- durch Weggang von Gross (1728), Bilfinger (1731) und Hermann (1731)
- durch Entlassung von Kohl (1727) und Martini (1729)

---

[63] In seiner Autobiographie gibt Euler den Todestag Katharinas irrtümlich als seinen Ankunftstag aus.

Notwendige Neubesetzungen an der Akademie führten von 1731 bis 1740 zu folgenden Adjunkten und (ordentlichen sowie außerordentlichen) Akademiemitgliedern nebst den damit verbundenen Professuren an der Universität:

- Christian Nicolaus von Winsheim (1694–1751), Astronom, Adjunkt 1731, Professor 1735, Sekretär der Akademie 1742–46, 1749–51
- Wassili Adodurow (1709–1780), Mathematiker und Assistent Eulers, Adjunkt 1733; 1741 ausgeschieden, dann Universität Moskau
- Johann Amman (1707–1741), Botaniker, Professor und Akademiemitglied 1733, richtete auf der Wassili-Insel einen botanischen Garten ein
- Pierre Louis Le Roy (auch Leroy) (1699–1774), Historiker, Professor und Akademiemitglied 1735–1748
- Jakob Staehlin (1709–1785), Rhetorik und Poesie (= Lateinlehrer), Adjunkt 1735, Professor und Akademiemitglied 1737, Sekretär der Akademie 1765 bis 1769
- Johann Christian Wilde (?–?), Anatom, Adjunkt 1736, Professor und Akademiemitglied 1738–1744
- Friedrich Moula (1703–1782), Mathematiker und Assistent Eulers, Adjunkt 1736, ausgeschieden 1744
- Gottfried Heinsius (1709–1769), Astronom, Professor und Akademiemitglied 1736–1744
- Christoph Crusius (1715–1767), Historiker, Professor und Akademiemitglied 1740–1749/50
- Georg Wilhelm Richmann (1711–1753), Physiker, Adjunkt 1740, Professor und Akademiemitglied 1741, kam durch Blitzschlag bei einem physikalischen Experiment ums Leben

Während sich 1727 der Herrschaftswechsel in Petersburg nicht wie befürchtet auswirkte, gab es doch kurz nach Eulers Ankunft eine Katastrophe anderer Art: Im August 1727 brach in St. Petersburg ein Brand aus, der 500 Tote forderte und einen Schaden verursachte, der auf 3 Mio. Rubel geschätzt wurde. Im August 1736 wiederholte sich eine Feuersbrunst, diesmal durch die Sorglosigkeit einer in St. Petersburg weilenden persischen Gesandtschaft verursacht. Noch bis zum Ende des 18. Jahrhunderts überwog in der Hauptstadt die Zahl der Häuser aus Holz bei Weitem diejenigen der Häuser aus Stein, was Bränden Vorschub leistete. Über die ständige Brandgefahr schrieb Euler offenbar nichts nach Basel (jedoch an seinen Freund Müller, Brief vom 8. Juli 1763). Zwei erhaltene Briefe an die Eltern stammen aus dem Jahre 1734 und betreffen die Hochzeit von 1731! Allerdings hat Euler gelegentlich in Briefen an Johann Bernoulli oder andere Basler Briefe an die Eltern eingeschlossen, über die wir nichts wissen.

3.3 Erste Petersburger Schritte

An der Akademie befand sich eine Reihe junger, insbesondere deutschsprachiger Gelehrter, u. a. sieben Tübinger und vier Basler Gelehrte. Es hatte nahe gelegen, zu versuchen, berühmte Schulen nach Petersburg zu verpflanzen. Die gemischte Gesellschaft hatte gerade das neue Akademiegebäude (Kunstkammer) bezogen, aber die heimischen Hörer fehlten sowohl in der Akademie als auch im angeschlossenen Gymnasium, denn der Adel war nicht gewillt, möglicherweise mit Bürgerlichen die Bänke zu teilen. Die eigenartige Forderung, dass jeder Professor zwei Studenten mitbringen sollte, war also nicht ganz grundlos gewesen. So setzten sich die Akademiker gezwungenermaßen zueinander ins Kolleg, und – was nicht ausbleiben konnte – die streitlustigen Gelehrten gerieten sich in die Haare. Diese eigentümliche Situation legte auch den Grundstein für verschiedene Konflikte und führte zur Bildung von westlichen und antiwestlichen Fraktionen, aber auch zu russischen oder deutschen Gruppierungen, selbst durch die Philosophie wurden die Akademiemitglieder in verschiedene Lager geteilt (Anhänger von Wolff, deutscher Rationalismus; Anhänger Newtons, englischer Empirismus). Die Frontlinien erscheinen zwar vordergründig national, aber letztlich waren sie nicht unerheblich auch durch soziale Umstände bedingt.

Der jugendliche Daniel Bernoulli erwies sich hier als besonders streitbar und hatte die Senioren Bilfinger und Hermann als ständige Kontrahenten (z. B. 7.12.1726). Am 1.2. und am 15.2.1726 trug Daniel Bernoulli einen Beweis über die Zusammensetzung von Kräften vor und erklärte ihn für besser als den von Hermann.[64] Einige Monate später, am 14.6.1726, opponierten wiederum Hermann und Bilfinger gegen Daniel Bernoulli, der keine Kritik annehmen wollte und daher einen Verweis durch den Präsidenten erhielt. Das Verhältnis zwischen Daniel Bernoulli und Georg Bilfinger spitzte sich so zu, dass beide Klageschriften an den Präsidenten schickten. Bernoulli äußerte in jenen Tagen: „Ich kann mein Unglück nur beweinen." Bei einem anderen Vortrag über Integralrechnung, am 18. und 21.6.1726, wurde Hermann von Nikolaus II Bernoulli attackiert, dass das Referierte vollständig von seinem Vater Johann Bernoulli genommen sei. Man versuchte, auch Euler in diesen Streit mit hineinzuziehen, aber obwohl Euler recht impulsiv war, hielt er sich heraus. Es gibt ein Protokoll vom 2. August 1729 mit Eulers Aussage:

> „Daß auch H. Prof. Bernoulli das geringste, was Er bisher in den Conferentzen vorgelesen, sollte von mir genommen haben, das sage ich nicht und werde es auch niemahlen sagen mit einigem Grund der Wahrheit." – Euler 1959, S. 263.

Der Hintergrund der Angelegenheit ist folgender: Bilfinger beschuldigte seinen Kontrahenten, sich Eulerscher Ergebnisse zu bedienen. Die Sache war nicht ganz unglaubwürdig, da Euler schon in seinem ersten Notizbuch in zwei Fragmenten

---

[64] Alle Angaben hier und im Folgenden aus den *Protokoli*. Bd. 1, die Datierung ist nach dem alten Stil.

weitgehende Pläne für die Hydrodynamik ausgearbeitet hatte (siehe EO III/1, Vorwort). Das erwähnte Notizbuch Eulers (wir kommen auf die Notizbücher noch ausführlicher zurück, siehe Kap. 7) aus der Basler Zeit enthält schwierigste Aufgaben aus der Punkt- und Hydrodynamik, die der angehende Meister noch nicht vollständig bewältigen konnte (einige Probleme, die beispielsweise das Ausfließen von Wasser aus Gefäßen betreffen, sind bis heute noch ungelöst); auch das Interesse Eulers an der Musiktheorie fand hier schon seinen ersten Niederschlag. Natürlich zögerte Euler nicht, der Akademie gleich 1727 ein Dutzend einschlägige Themen zur Bearbeitung vorzuschlagen, und Euler wäre nicht Euler gewesen, wenn er nicht selbst mit einigen Arbeiten vorangegangen wäre (Juli, September; *Protokoli*, Bd. 1). Er reichte diese Arbeiten nicht zur Veröffentlichung ein, aber Bernoulli, der mit Euler eine Wohnung teilte, kannte daher dieselben, und er sprach etwas vollmundig auch von „unserer Theorie".

Euler gebührt neben Johann I und Daniel Bernoulli (letztere werden noch in Prioritätsstreitereien geraten) durchaus das Verdienst, die Hydrodynamik mit begründet zu haben. Daniel Bernoulli hebt brieflich ausdrücklich den Anteil des Freundes hervor, wenn er von „unserer Theorie" spricht – während in seinen Veröffentlichungen Euler nicht mehr erwähnt wird! In einem Brief an den Marquis Giovanni Poleni (1683–1761), Professor für Astronomie in Padua und Ehrenmitglied der Petersburger Akademie, vom 13. August 1727 schrieb D. Bernoulli sogar:

> „Noch bemerkenswert ist, dass diese Theorie von Herrn Euler aus Basel, einem Schüler meines Vaters, auf eine andere Weise gefunden wurde, der ihm die Ehre erweisen wird. Hier ist das Problem, dessen Lösung durch eine Vielzahl von Experimenten bestätigt wurde."[65]

Zur Illustration der Thematik sei das behandelte Problem angeführt: „Die Geschwindigkeit des aus einer Öffnung eines [ständig gefüllten] Gefäßes beliebiger Form herausfliessenden Wassers ist in jedem Augenblick zu bestimmen." ("Aquae effluentis ex vase cuiuscunque figurae per foramen cuiuscunque magnitudinis velocitates determinare singulis momentis.")

Die dauernden Auseinandersetzungen, die sich erst durch das Abreisen der Beteiligten in den 1730er-Jahren erledigten, reichten von Verbalinjurien bis zum Abfassen von schriftlichen Stellungnahmen, was schließlich sogar eine Akte „Zänkereien zwischen den Herren Bulffinger und Bernoulli, 1729" hervorbrachte, die noch heute aufbewahrt wird (*Protokoli*, Bd. 1). Auch Euler kritisierte Hermann am 8./19.2.1734 (also kurz nach dessen Tod am 11. Juli 1733), aber die Konferenz verlangte, dass in der gedruckten Arbeit Eulers der Name Hermanns nicht genannt werden dürfe (11./22.2.1734). Eulers Einlassung mag dadurch motiviert worden sein, dass kurz gesagt Hermann in seiner Physik genau wie Newton geometrische

---

[65] « Mais ce qui est encore remarquable est que dans le même tems cette théorie a été trouvée par une méthode différente par Mr. Euler de Bâle, élève de mon père, qui lui fera bien l'honneur. Voici le problème, dont notre solution a été confirmée par un grand nombre d'expériences." *Euler* 1959, S. 261.

Abb. 3.20 *Phoronomia* in zwei Bänden von Jakob Hermann (1678–1733), Amsterdam 1716. Der genaue Titel lautet „*Phoronomia sive de viribus et mortibus solidorum et fluidorum*" (Phoronomie oder über Kräfte und Geschwindigkeiten von festen und flüssigen Körpern)

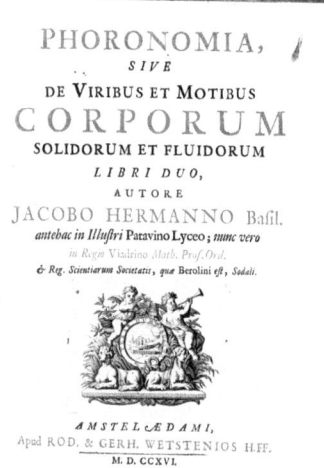

Konstruktionen algebraischen Beweisen vorzog, von analytischen Verfahren ganz zu schweigen (*Phoronomia,* Vorwort; 1716) (Abb. 3.20). Im Vorwort seiner *Mechanica sive motus scientia analytice exposita* (Mechanik oder die Bewegungslehre analytisch dargestellt, Band 1, 1736; E 15, EO II/1–2) kam Euler auch auf seine erste Bekanntschaft mit den einschlägigen Arbeiten Newtons und Hermanns zu sprechen, wobei er darauf hinwies, dass er seit jener Zeit deren spezielle synthetische geometrische Methoden durch vereinheitlichende analytische Verfahren zu ersetzen versuchte.

Eulers philosophische Auffassung aus der Basler Zeit, etwa die klare Trennung von Physik und Metaphysik, die er seinem Vater und dem herausragenden Schweizer Theologen Samuel Werenfels (1657–1740) (Abb. 3.21) verdankte, vertieften sich durch die Petersburger weltanschaulichen Auseinandersetzungen. Euler, der gemeinsam mit D. Bernoulli dem Empirismus Newtons zugetan war, wurde hier zum entschiedenen Gegner der durch Bilfinger vertretenen Wolff'schen Lehre, was Wolff nicht verborgen geblieben sein dürfte und was den Keim für die späteren großen Kämpfe in Berlin legte.

Die unentwegt geführten Scharmützel und gesponnenen Intrigen sowie gehässigen Eifersüchteleien wurden durch die unverständlichen Verwaltungsmaßnahmen des Kanzleichefs Johann Daniel Schumacher (1690–1761) nur noch weiter angeheizt. Briefe, die später Michail Wassiljewitsch Lomonossow (1711–1765) an Euler schrieb (Februar/April 1765; möglicherweise nicht abgeschickt), dokumentieren die Despotie des Bürokraten Schumacher auf erschütternde Weise. Unter anderem zahlte Schumacher zeitweilig kein Gehalt, weil er es für andere Dinge benötigte, und er las ständig die Auslandspost der Akademiker. Allerdings darf man bei aller berechtigter Kritik das Bemühen Schumachers um die Akademie in den politischen Wirren nicht übersehen, denn die leitenden Kreise der Akademie waren dem kostspieligen und „nutzlosen" Wissenschaftsbetrieb abhold.

Abb. 3.21 Samuel Werenfels (1657–1740), Professor der Theologie in Basel. Gemälde von Johann Jakob Meyer (1689–1728)

1737 behauptete der Legationsrath an der preußischen Gesandtschaft und spätere Geheime Kabinettsrath Friedrichs II. Johann Gotthilf Vockerodt (1693–1757):

> „Die ganze Academie ist auch an sich selbst nicht darnach eingerichtet, dass Russland sich in Ewigkeit davon den geringsten Nutzen versprechen könnte. Denn es sind nicht die Sprachen, die Morale, das Völkerrecht und Historie, oder die practischen Theile von der Mathesi [Mathematik], die einzigen Wissenschaften, die in Russland einen reellen Vortheil schaffen können, welche dabei zum vornehmsten Augenmerk genommen werden, sondern … die Algebra, die speculative Geometrie, und die anderen Stücke der sogenannten sublimen Matheseos [höhere Mathematik], kritische Erörterungen von den Wohnungen und Sprachen alter und ausgestorbener Völker, oder anatomische Observationes von Menschen und Thieren, welches alles von den Russen vor unnütze, und fruchtlose Grillenfängerei gehalten wird, weswegen sie auch ihre Kinder ungern in die Academie schicken."[66]

Zusammengefasst behauptete der Diplomat, dass die Akademie bislang keinen Nutzen erzielt habe und dass dies so bleiben werde. Zu Recht bemerkte Vockerodt, dass es noch keine professorable Russen gebe, denn in der Tat war Eulers Adjunkt Wassili Ewdokimowitsch Adodurow (Василий Евдокимович Ададуров,1709–1780) das erste russische Akademiemitglied, dem Michail Wassiljewitsch Lomonossow (Михаил Васильевич Ломоносов, 1711–1756) (Abb. 3.22) als Adjunkt 1742 folgte und der 1745 ordentliches Akademiemitglied wurde.

Der Boden für die Bildung war noch nicht bereitet. Die Universität existierte gleichfalls mehr auf dem Papier, beispielsweise wurde 1730 kein Student immatrikuliert. Das geographische Departement aber und dessen unmittelbarer Nutzen waren von Vockerodt übersehen worden. Von 1725 bis 1742 gab es 49 Akademiemitglieder, darunter fünf Schweizer, fünf Franzosen, drei Balten und ein Russe, der Rest war deutsch. 1790 waren bereits 20 Mitglieder der Akademie Russen, es gab 25 auswärtige Mitglieder, darunter die Könige von Preußen, Polen und Schweden.

---

[66] M. Keller, „Von Halle nach Petersburg und Moskau", in: *Russen und Rußland aus deutscher Sicht. 18. Jahrhundert.* (Hrsg. M. Keller) München 1987, S. 173–183. – Die Jungen wurden bereits ungern aufs Gymnasium oder eine Kadettenanstalt geschickt.

Abb. 3.22 Denkmal von Lomonossow am Petersburger Lomonossow-Platz, P. Sabello 1892. Für die Rückreise Lomonossows vom Studienort Marburg nach Russland stellte ihm der Vice-Rektor der Universität einen Pass aus, der u. a. um Folgendes bat: „Als werden alle und jede Obrigkeiten, sowohl Civil als Militair Bediente gebührend ersuchet obgedachten Studiosum Lomonosoff aller Orthen frey, sicher und ohn gehindert Pass- und repassiren zu laßen, ein solches ist man bey dergleichen Vorfallenheiten zu erwiedern alle Zeit erbietig."

Aber alles in allem verwundert es nicht, wenn der russische Historiker Wassili Ossipowitsch Kljutschewskii (Василий Осипович Ключевский, 1841–1911) in seiner fünfbändigen Geschichte Russlands[67] von den ausländischen Akademikern als „von diesem hergelaufenen Gesindel" (от этого сброда, который сюда бежал) spricht.

Diese Zänkereien und die reaktionäre Haltung der neuen Regierung, d. h. der Hintermänner des 12-jährigen Zaren Peter II. (Петр II., 1715–1730, Zar seit 1727), bewogen viele Akademiker, Petersburg zu verlassen. Der Weggang der Kollegen brachte für Euler eine Verbesserungen seiner Stellung. So konnte er im Jahre 1731 als Nachfolger Bilfingers Professor der Physik und damit Akademiemitglied und schließlich 1733 anstelle D. Bernoullis endlich Professor für Mathematik werden. 1730 starb Peter II. an den Blattern, und Anna Iwanowna (Анна Ионновна, 1693–1740, reg. 1730–1740)), die Tochter eines Bruders von Peter I., wurde mithilfe von Heinrich Johann Friedrich Ostermann (1687–1747) und Zugeständnissen an den Adel Zarin; der wirkliche Herrscher war ihr Günstling deutscher Herkunft Ernst Johann Biron (Bühren), Herzog von Kurland (1690–1672), mit seiner Clique, der Bironowtschina. 1732 verlegte Anna den Hof wieder nach St. Petersburg.

---

[67] *Курс истории России* (Kurs russische Geschichte), Erstdruck 1904–1922, deutsch *Russische Geschichte.*Zürich 1945.

Unter ihrer Herrschaft veränderte sich das Stadtbild, das Zentrum verschob sich auf die Große Seite, von der ein dreistrahliges Straßensystem durch die Altstadt führte, das heute noch besteht. In ihre Regierungszeit fallen zwei Kriege: der polnische Thronfolgekrieg (1733–1738) und der russisch-österreichische Türkenkrieg (1736–1739) mit geringen Erfolgen. 1731 wurde eine Geheimkanzlei für Untersuchungssachen (Staatspolizei) geschaffen, deren langer Schatten bis in die Gegenwart reicht.

Obwohl Euler im Verhältnis zu späteren Jahren noch wenig publizierte, so arbeitete er doch sehr intensiv. Sein Schaffen setzte mit einem Schlag ein und steigerte sich von Jahr zu Jahr in unvorstellbarer Weise. Der Oberste Geheime Rat der Akademie (Верховный Тайный Совет) erwähnte bereits wenige Monate nach Eulers Ankunft in seinem Forschungsprogramm eine Reihe von Hydraulikproblemen, die von Euler gestellt wurden. An den Präsidenten Blumentrost konnte Euler im Jahre 1730 (7./18. 9.), nachdem er sich berechtigterweise auf die ihm erteilten Lehraufträge berufen hatte, schreiben:

„... daß in der Mathematik und Physik sehr wenige seien, welche darinnen weiter [als er] gekommen sein sich rühmen können." – Juškevič/Winter, Briefwechsel, Bd. 2, S. 49

Der Anlass für diese selbstbewussten Zeilen lag in dem von Euler als Zurücksetzung empfunden Übergehen seiner Gehaltswünsche von 500 Rubel für ein Jahr, danach 700, die im Hinblick auf anstehende Dotierungen von Kollegen trotz Eulers Jugend durchaus berechtigt waren. Blumentrost verhielt sich zurückhaltend und stellte es Euler frei, den Vertrag anzunehmen oder nicht, aber Eulers Androhung, die Akademie zu verlassen (26.4./7.5.1731), führte schließlich zu einem neuen Kontrakt.

Das Professorengehalt von 600 Rubel (ab 1733) ermöglichte Euler am 7. Januar 1734 (bzw. am 27. Dezember 1733 alten Stils) die Heirat mit Katharina Gsell (1707–1773), einer in Amsterdam geborenen Tochter aus zweiter Ehe des seit 1717 in Petersburg lebenden Schweizer Malers Georg Gsell (1673–1740). Zar Peter I. hatte diesen von seinem Besuch in Amsterdam mitgebracht. Gsell war in dritter Ehe mit einer Tochter der bekannten Malerin Sybilla Merian (1647–1717) verheiratet und unterrichtete wie seine Frau an der Zeichenschule der Akademie. Er war Schöpfer dekorativer Barockwandgemälde. Allerdings ist es überraschend, dass bei dieser Verwandtschaft kein Bildnis von Eulers Frau erhalten ist.[68]

Eulers fleißiges Arbeiten dürfte allgemein bekannt gewesen sein, denn das klingt in den Versen eines Hochzeitsliedes an, aus dem zwei Strophen folgen (*Pekarski*, S. 71):

„Wer hätt es ewig ausgedacht,
Daß unser Euler lieben sollte?
Er sann ja Tag und Nacht,
Wie er die Ziffern mehren wollte.

---

[68] In einem Brief D. Bernoullis an Euler vom 29.3.1738 wird übrigens ein solches erwähnt. Möglicherweise stellt eine Skizze (um 1766 bis 1770) des Sohnes Johann Albrecht die Eltern dar; sie ist in Fellmann, *Euler,* Hamburg 1995, S. 106, wiedergegeben.

3.3 Erste Petersburger Schritte

Sein tief gelehrter Sinn war frey,
Itzt denckt er auf Bund und Küssen;
Daß zwey mahl zwey nicht viere sey,
Das hätt man eher glauben müssen.

Ist das der Zweck der Algebra,
das X und plus der schwehren Zahlen,
Auf die er so mit Eifer sah
Und die er so geschwind kann mahlen:
So schwör ich bei der Daphne Blat,[69]
Um das ich durch die Dicht=Kunst buhle
Ich werde bald des Singens sat,
Und gehe noch in die Rechen =Schule."

Das Gedicht stammte vermutlich von Gottlob Friedrich Junker (1703–1746), den Gerhard Friedrich Müller 1731 von einer Reise nach Deutschland mitgebracht hatte und der als Hofkammerrat in der Petersburger Akademie für Feste, deren Feuerwerke und Illuminationen sowie poetisches Beiwerk zuständig war. Das war, da auch seinerzeit „Events" im Leben des Adels sehr wichtig waren, eine recht einflussreiche Stellung.

Bis zu seiner Heirat wohnte Euler bei Daniel Bernoulli, der 1733 St. Petersburg verließ. Als Nachfolger Daniel Bernoullis 1731 hatte Euler eine Professur für höhere Mathematik erhalten und sein Gehalt (600 Rubel) erlaubte es ihm, eine Familie zu gründen (Heirat am 27. Dezember 1733 a. St. mit Katharina Gsell [1797–1773]) sowie sich ein Haus auf der Insel Wassili Ostrow zu kaufen. An seinen späteren Freund Gerhard Friedrich Müller (1705–1783), damals Angehöriger der Kamtschatka-Expedition, schrieb er artig in seinem ersten Brief, dass er sich „wohl conditioniert" auf Wassili Ostrow (Василий остров, Wassili-Insel)[70] ein Holzhaus[71] gekauft habe (Brief Ende 1734) – so in der zehenden Linie nicht weit von des Herrn Generalfeldmarschall[72] Palais gelegen.

---

[69] Eine Bergnymphe in der griechischen Mythologie, die in einen Lorbeerbusch verwandelt wurde.

[70] Der Bremer Stadtbibliothekar und Reiseschriftsteller Johann Georg Kohl (1808–1878) gibt in seinen Bericht *Petersburg in Bildern und Skizzen* (2. Auflage Dresden 1846) folgende Darstellung: „Die Gebildesten und Reichsten Deutschen, die Akademiker, Gelehrten und Kaufleute usw., wohnen auf Wassili Ostrow, das beinahe ganz, wenigstens vorherrschend deutsch ist." Die Wassili-Insel (Васильевский остров) war bereits zu Eulers Zeiten eine vornehme Gegend.

[71] Holzhäuser waren typisch russische Gebäude der Zeit. Vor dem 18. Jahrhundert gab es in Russland keine steinernen Adelspaläste, selbst Peter I. liebte es, privat in einer Holzhütte zu leben. Für Staatsempfänge benutzte er prachtvolle Petersburger Palais wie das von Menschikow. Noch weit bis in das 19. Jahrhundert dominierten Holzhäuser die russischen Städte, und sie waren die Grundlage für verheerende Brände. Die Verteilung der Wohnhäuser um 1900 im europäischen Russland sah so aus: von 1.634.000 Häusern waren 366.000 aus Stein und 1.014.000 aus Holz, der Rest war aus Holz und Stein oder aus anderen Baumaterialien.

[72] Burkhard Christoph Graf von Münnich (Христофор Антонович Миних, Christofor Antonowitsch Minich; 1683–1767), deutschstämmiger Ingenieur in russischen Diensten, unter der Zarin Anna gewann er erheblichen Einfluss und wurde u. a. Kriegsminister; bei der Thronbesteigung von Elisabeth wurde er zum Tode verurteilt, dann zu Verbannung in Sibirien begnadigt. Katharina II. rehabilitierte ihn.

Das Holzhaus, das auch nahe der Akademie lag, befand sich zudem am Newa-Ufer. In diesem Holzhaus hatte Euler die Kasernierung von bis zu acht Soldaten zu dulden,[73] die in einem Schuppen an der Rückseite des Gebäudes untergebracht waren und deren rohes, rowdyhaftes und betrügerisches Verhalten Eulers Familie belästigte ebenso wie deren starkes Rauchen russischen Bauerntabaks (Machorka) (wiewohl Euler selbst rauchte).

In seinem erwähnten Brief an Müller fuhr Euler mit einer wichtigen Neuigkeit fort:

> „endlich ist auch meine Liebste den 16. November [= 27. Nov. neuer Stil] mit einem jungen Sohn niedergekommen, welchen der Herr Kammerherr Korff aus der Taufe zu heben, und ihm den Namen Joh. Albert [sic!] [= Johann Albrecht] zu geben die Gnade gehabt." – Winter; Briefwechsel, Bd. 1, S. 37

Neben dem bei Hofe angesehenen kurländischen Johann Albrecht von Korff (1697–1766),[74] der von 1734 bis 1740 Präsident der Akademie war, bevor er 1740 als Diplomat ins Ausland ging, war Christian Goldbach Taufpate, was auf das hohe Ansehen hinweist, das Euler bereits genoss. Euler wiederum war 1736 Taufpate bei einem Kind seiner Schwester Maria Magdalena verh. Nörbel (1711–1799)), mit welcher übrigens die Familie Euler in Basel ausstarb. Obwohl Euler natürlich nicht zur Taufe erscheinen konnte, sondern sich vertreten ließ, hat sein Vater – vermutlich voller Stolz – „He M. [Herr Magister] Leonhard Ewler, Prof. Math. Sublimioris [Professor der höheren Mathematik] auf der Academie zu St. Petersbourg" ins Taufregister eingetragen.

Aus Eulers Ehe gingen insgesamt 13 Kinder hervor, von denen jedoch lediglich drei Söhne und zwei Töchter über das Kindesalter hinauskamen: drei Söhne überlebten den Vater. In St. Petersburg wurden Euler fünf Kinder geboren, die dort alle gestorben sind:

Johann Albrecht	16./27. November 1734–6./18. September 1800
Anna Margaretha	28. Mai/8. Juni 1736–21. Juni/2. Juli 1736
Maria Gertrud	28. April/9. Mai 1737–21. April/1. Mai 1739
Anna Elisabeth	25. Oktober/5. November 1739–8./19. November 1739
Karl Johann	4./15. Juli 1740–5./16. März 1790

In Berlin sollten noch acht weitere Kinder folgen, aber lediglich drei überlebten ihre Eltern, dazu gehören die in Petersburg geborenen Söhne Johann Albrecht und

---

[73] Kein Land konnte es sich zu dieser Zeit leisten, die im Kriegsfall benötigte Anzahl von Soldaten ständig kaserniert zur Verfügung zu haben, sodass man Soldaten in privaten Quartieren „kasernierte"; britische Truppen wurden beispielsweise in beständig wechselnden Gasthöfen untergebracht. Ausnahmen bildeten die Marine oder Kavallerie. Zur militärischen Soziologie mehr in Abschn. 7.6 (Schießkunst).

[74] Johann Albrecht von Korff (1696/97–1761), baltischer Baron, Präsident der Akademie von 1734–1740, danach in russischem diplomatischen Dienst; die Vornamen des Paten und des Täuflings sind gleich! Der zweite Pate war Christian Goldbach, was darauf hinweist, dass Euler (zumindest) in der evangelischen Gemeinschaft angekommen war.

3.3 Erste Petersburger Schritte

Karl Johann. Der Sohn Johann Albrecht starb übrigens auf den Tag genau 17 Jahre nach dem Vater in Petersburg.

Im Mai 1734 (Brief vom 14./25. Mai 1734) dankte Euler seinen Eltern für die Einwilligung in seine Heirat, die er freilich schon Monate vorher vollzogen hatte (27.12.1733/7.1.1734). Die Eltern hatten offenbar in Basel Geld für die Einbürgerung der Schwiegertochter ausgegeben, was der Sohn für falsch angewandt sah. Er schrieb daher: „Wer wollte noch Geld ausgeben, daß er in Basel frei darben dürfe." Ein weiterer undatierter Brief aus dem Jahre 1734 teilt die für die Einbürgerung benötigten Angaben (Verwandtschaftsverhältnisse) von Eulers Frau mit. Euler schloss diesen Brief mit der Angabe seiner gegenwärtigen Bezüge, die 1100 Rubel betrugen.

Man kann sicher in der Handlung der Eltern den Wunsch sehen, den Sohn wieder nach Basel zu ziehen. Diese Hoffnung sollte sich jedoch nicht erfüllen. Zum einen war eine Anstellung in der Schweiz schwierig zu erhalten, da sich in Basel die einzige Universität des Landes befand und auch die Bernoullis Schwierigkeiten mit ihrer Rückkehr hatten. Andererseits mag Euler vielleicht auch enttäuscht gewesen sein, dass ihm sein Heimatland keine Karrieremöglichkeiten geboten hatte, und das er deshalb nicht mehr betreten wollte. Als Euler nach dem Tod des Vaters seine Mutter nach Berlin holte, reiste er ihr nur bis nach Frankfurt am Main entgegen und vermied es offenbar, nach Basel zu kommen. (Hierfür hätte er noch etwa 360 km zurücklegen müssen, bis Frankfurt hatte er schon 560 km hinter sich gebracht – heute wären das mit dem Auto knapp vier bzw. gut sieben Stunden.)

In dem Maße, wie Eulers Fachkollegen infolge der ihnen unerträglich erscheinenden Verhältnisse aus Petersburg weggingen (auch das Klima bekam nicht allen), wurde Euler für eine Reihe zusätzlicher Tätigkeiten benötigt. Er übernahm 1735 die Aufsicht über das geographische Department, wurde 1738 Mitarbeiter in der Kommission für Maß und Gewicht, nahm Prüfungen am Gymnasium und der Kadettenanstalt ab und hielt an letzterer Unterricht. Die Vorlesungen am Kadettenkorps verschafften ihm übrigens jährlich 400 Rubel zusätzlich. Die Zeitung „Sankt Peterburgskije Wedomosti" (Санкт-Петербургские ведомости, St. Petersburger Neuigkeiten)[75] teilte ihren Lesern im Mai 1738 mit, dass „Professor Euler die Logik und höhere Mathematik öffentlich lehren wird."

Im April 1737 wurde Leonhard Euler 30 Jahre alt, von denen er seit dem Spätsommer 1727 zehn Jahre an der St. Petersburger Akademie verbracht hatte. Er war eine europäische Berühmtheit geworden. 46 Jahre, fast ein halbes Jahrhundert voller Arbeit bis zum letzten Tag, sollten noch vor ihm liegen. Bis etwa 1735 beschränkte sich Eulers Briefwechsel auf Baseler Korrespondenten, aber danach erscheinen mehr und neue europäische Adressen. Es ist dies der Moment, uns einmal Eulers Leistungen zu veranschaulichen, indem wir verstreut erwähnte Sachverhalte bündeln und ergänzen.

---

[75] Erste Zeitung in Russland, sie erschien unter verschiedenen Titeln. Ihre Gründung 1702 geht auf Peter I. zurück.

Auf dieser glücklichen familiären Grundlage ruhen Eulers Leistungen: Er lernte bei seiner Ankunft russisch, was für Akademiemitglieder ungewöhnlich war, selbst den philologischen Kollegen reichte als Verständigungssprache Latein oder Französisch. Euler sprach russisch mit starkem Schweizer Akzent, wie er auch seine „Muttersprache [Deutsch] so grob redete, daß man ihn kaum verstand"[76] (A. F. Büsching, 1724–1793). Euler war bei seinem Eintreffen in St. Petersburg nicht in dem vorgesehen Gymnasium der Akademie angestellt worden, er kam glücklicherweise in die mathematische Klasse der Akademie. Damit war freie Forschung seine Haupttätigkeit, deren Themen er also selbst bestimmte, und es war pro Woche eine vierstündige Lehrveranstaltung abzuhalten, sofern sich interessierte Studenten dafür meldeten, was nicht der Fall war.[77] Eulers Beförderung vom Adjunkten[78] zum Professor (zunächst der Physik) war auch durch den Umstand beschleunigt worden, dass eine Reihe von Wissenschaftlern ihren Kontrakt nicht verlängerten und Petersburg verließen. Damit gab es freie akademische Stellen, aber auch entsprechende Arbeiten, die zu übernehmen und zu erledigen waren, darunter auch eher praktische Arbeiten sowie Gutachten (wie die Riesenglocke in Moskau auf den Iwan-Turm zu heben sei), und es ist merkwürdig, wie der Physikprofessor sich in diesen Dingen auskannte und zurechtfand!

Euler gehörte beispielsweise einer nicht sehr erfolgreichen Kommission für die Vereinheitlichung von Maßen und Gewichten im Alltagsleben an (was ihn immerhin zu einer Abhandlung veranlasste), er übernahm Prüfungen am Gymnasium und der Kadettenanstalt, kümmerte sich um Lehrpläne des Gymnasiums und schrieb schließlich 1735 ein zweibändiges elementares Schulbuch (*Rechenkunst*, St. Petersburg 1738–1740 gedruckt; E 17 u. 35, EO III/2). Einer Aufforderung des Akademiepräsidenten Johann Albrecht von Korff (1697–1766) im Jahr 1737 gemäß überreichte Euler einer Kommission zur Reformierung des Gymnasiums folgende Ausarbeitung:„Unterthänigster Vorschlag wie das Gymnasium bei der Kaiserlichen Academie der Wissenschaften in Sankt Petersburg einzurichten [sei]". Euler betonte, das alle Jungen ohne Rücksicht auf ihren Stand zuzulassen wären, da jeder Mensch bildungsfähig sei und da eine Ausbildung Nutzen für den Staat bringe. Er sah die Vorbereitung der Schüler für die Universität als Hauptaufgabe des Gymnasiums an und schlug dafür einen 10-jährigen Kurs vor, den begabte Schüler auch in der halben Zeit durchlaufen könnten. Zu diesem Zweck forderte er eine breite Ausbildung mit Methoden, die den Stoff einfach darstellen und durch Übungen festigen. Philosophische Fächer lehnte der naturwissenschaftliche Euler ab, denn das würde sich für die anderen Fächer nachteilig auswirken. Über seine eigenen Pflichten äußerte er sich im gleich Jahr gegenüber Korff.

---

[76] P. Hoffmann, *Anton Friedrich Büsching*. Berlin 2000, S. 36.

[77] Dieser Sachverhalt war weniger Euler geschuldet als dem Mangel an geeigneten Studenten.

[78] Ein Adjunkt ist ein dem Professor nachgeordneter Rang, vergleichbar mit dem heutigen Assistenten (etwa Oberassistenten oder Dozenten). Adjunkte waren zu den akademischen Konferenzen zugelassen.

3.3 Erste Petersburger Schritte

Zurück zum Adjunkten Euler. Dieser war – wie erwähnt – gemeinsam mit vier weiteren Adjunkten, die zu verschiedenen Disziplinen gehörten, im Vorfeld des Geburtstages der Zarin Anna am 28.1.1730 a. St. zum außerordentlichen (a. o.) Professor der Physik ernannt worden; das Grundgehalt betrug 400 Rubel. 1731 wurden diese a. o. Professoren zu ordentlichen Professoren ernannt. Euler war unter diesen Adjunkten und Akademiemitgliedern derjenige, der am häufigsten in den Konferenzen (Sitzungen der Akademiemitglieder) vorgetragen hatte; die nachfolgenden Aufstellung seiner Vorträge bezieht sich auf das Jahr 1737.

Zahl der Vorträge (einige mehrteilig)[79]	67
Die sich hieraus ergebende Abhandlungen (davon 45 in den *Commentarii*)	63
Bücher (Mechanik; Rechenkunst; Tentamen, Abschluss des Manuskripts)	

Die Vorträge bezogen sich neben der Mathematik besonders auf die Astronomie, Geographie und Musik, insgesamt etwa ein Dutzend Disziplinen. Euler war von seiner Natur her nicht unbedingt auf praktische Probleme orientiert, aber als Professor der Physik hatte er sich zwangsläufig auch mit solchen Aufgaben zu befassen (bspw. das Heben der Moskauer Riesenglocke auf einen Turm).

Die ordentlichen Professoren erhielten wenigstens 600 Rubel Jahresgehalt (ihre Adjunkte 300 Rubel), dazu kamen freie Unterkunft sowie Kosten für Beheizung und Beleuchtung (Kerzen). Die Verträge sollten drei Jahre laufen. Euler und Johann Georg Gmelin (1709–1755)[80] akzeptierten ihre Gehälter nicht (Brief von Euler 2.2.1731), die 60 Rubel für Nebenkosten waren für beide unzureichend. Aus diesem Einspruch entwickelte sich eine mehrmonatige Korrespondenz mit dem Kanzleisekretär Johann Daniel Schumacher (1690–1761), den der trotzige Euler sogar auf den Akademiepräsidenten Laurentius Blumentrost (1692–1755) ausdehnte. Er war sich seiner europäischen Bedeutung voll bewusst und schrieb in diesem Sinn sehr akzentuiert an den Kanzleisekretär (25.1./5.2.1731); eine Kostprobe:

> „Was die Mathematik anbelangt, so glaube ich, daß die Zahl derer, welche es weiter oder nur so weit als ich gebracht haben, in ganz Europa sehr klein ist, und keiner derselben für 1000 Rubel kommen würde."[81]

Euler bekam neue Bedingungen, denen er zustimmen wollte, sofern sie rückdatiert auch für 1730 gelten sollten. Im Juni akzeptierte er die Verpflichtung (als Physikprofessor!), die Instrumente des Instituts in Ordnung zu bringen und zu warten, im September quittierte Euler den Erhalt von 100 Rubel für ein Werk *Systema physica*, über das nichts bekannt ist. Seinen Kontrakt unterzeichnete Euler schließlich am

---

[79] Über das Königsberger Brückenproblem z. B. in drei Teilen.
[80] Gmelin, Botaniker und Sibirienforscher (*Flora Sibirica*, 4 Bde. 1747–1744), ab 1733 zehnjährige Forschungsreise nach Sibirien, 1747 Rückkehr nach Deutschland.
[81] *Die Berliner und Petersburger Akademie der Wissenschaften im Briefwechsel* (Hrsg. Winter und Juschkewitsch). Bd. 2. Berlin 1961, S. 4.

20./21. Juli 1731). Für die Jahre 1735 und 1740 sollten neue Kontraktverhandlungen anstehen, aber da war Euler erfahrener in den Verhandlungen, und es stand nicht die Frage des Vertrages an sich, sondern lediglich dessen Ausgestaltung zur Debatte. Allerdings gab es zufällig in beiden Jahren außergewöhnliche Lebensereignisse, über die wir gleich berichten werden.

Schumacher und Euler verhakten sich in dieser Auseinandersetzung, und obwohl sie in den Schreiben höflich argumentierten, behielten sie ihre gegenseitige Abneigung zeitlebens. Persönlich ließen sie ihrer feindseligen Haltung freien Lauf; Schumacher, der offenbar Euler fürchtete, widersetzte sich dessen Gehaltsforderungen und galt Forderungen nach Möglichkeit durch Bücher ab. Beim Tode Schumachers 1767, Euler war wieder in Petersburg, kondolierte er weder persönlich noch brieflich, sondern ließ sein Beileid durch den Freund Müller bestellen, was verständlicherweise Missfallen der Familie Schumacher hervorrief. Euler war umgänglich und hilfsbereit, aber wie neuere Biographen, aber auch Herausgeber der älteren Bände der Eulerschen Werkausgabe, bei gewissen Haltungen Eulers hervorheben, habe er bei Gott und Geld keinen Spaß verstanden. Der Elsässer Schumacher urteilte über Euler und seine Schweizer Landsleute noch schärfer, indem er gegenüber seinem Assessor Grigorij Nikolajewitsch Teplow (Григорий Николаевич Теплов, 1717–1779) äußerte, „point d'argent, point d'suisse"[82], was man frei übersetzen kann „Ohne Geld keine Schweiz".[83]

Eulers erster Vortrag „De summatione innumerabilium progressionum" (Über die Summation unendlicher Reihen) als Professor der Mathematik erfolgte übrigens am 5. März 1731 und der Druck unter gleichem Titel (E 20) in den *Commentarii* 5 (1730/31), S. 91–105 = EO I/14, S. 25–41), der Druck erfolgte 1738 (Tab. 3.2).[84]

Euler war auch mit der Geographie des russischen Reiches befasst. Blicken wir zurück: Die Reformpläne des Zaren Peter I. erforderten zuverlässige Karten des Landes.[85] Der Geograph und Kartograph Iwan K. Kirilow (Иван Кириллович Кирилов; 1689–1737) leitete dazu erste Vermessungen und beteiligte sich an der zweiten Kamtschatka-Expedition, die vom Umfang und den Zielen her die spektakulären Expeditionen der Pariser Akademie (Boguer und Maupertuis)

---

[82] Pekarskij P.P.: *Istorija Imperatorskoj Akademii nauk v Peterburge.* T. 1 & 2, 1870 (Петр Петрович Пекарский, (1828–1872): *Исторія имиператорской академій наукъ,* Спб 1870. Zitat Bd. 1, S. 55.

[83] Probleme mit den Gehältern sowie den zu zahlenden Pensionen gab es ständig, da die finanzielle Lage der Akademie schlecht war und Schumacher oft nur mit Geschick die Lage meistern konnte, allerdings trug sein Verhalten nicht zum Verständnis der Akademiemitglieder bei. Daniel Bernoulli drohte sogar, seine Beziehungen zur Petersburger Akademie abzubrechen (Brief an Euler vom 20. Juni 1736 seine Pension betreffend).

[84] Eine genauere Analyse dieser wichtigen Artikel findet man bei C. Edward Sandifer, *The early mathematics of Leonhard Euler.* MAA Washington 2007, S. 52–64. Sandifer untersucht hier Eulers Arbeiten in der ersten Petersburger Periode ausführlich und sehr lesenswert.

[85] *Die Große Nordische Expedition,* Hrsg. W. Hintzsche und Th. Nikol. Gotha 1996. Der Band enthält zahlreiches zeitgenössisches Kartenmaterial.

3.3 Erste Petersburger Schritte

Tab. 3.2 Zahl der Artikel in den Petersburger Commentarii

Jahr	Artikel insgesamt	Euler
1730	10	3
1731	24	3
1732	14	5
1733	15	3
1734	15	5

Band V für die Jahre 1730 und 1731 wurde erst 1738 gedruckt; Band VI für die Jahre 1732 und 1733 erschien ebenfalls 1738, Band VII für die Jahre 1734 und 1735 kam 1740 heraus.

zur Bestimmung des Längengrades in den Schatten stellte, wobei einige Ergebnisse (Bodenschätze u. a.) als Staatsgeheimnisse behandelt wurden. Kirilow gab 1734 den ersten in Russland gestochenen und gedruckten *Atlas vserossijskoj imperii* (Атлас Всероссийской империи, Atlas des Allrussischen Reiches) heraus. Bei der Anfertigung seiner Generalkarte Russlands hatte sich Kirilow an herausragenden geographischen Gegebenheiten wie Flüssen, Bergen usw. orientiert.

Gleichfalls hatte an der Petersburger Akademie 1726 der bekannte französische Astronom Joseph Nicolas Delisle (1688–1768), Pariser Akademiemitglied, mit der Vorbereitung für einen Atlas des russischen Reiches begonnen. Als Astronom verfolgte Delisle eine andere kartographische Methodik, indem er für ausgezeichnete Orte astronomische Längen- und Breitengrade bestimmen wollte. Solche Messungen verzögerten die Fortschritte beim Erstellen der Kartenentwürfe, was den Senat der Akademie verstimmte. Euler, der sich auch im von Delisle ins Leben gerufenen geographischen Departement der Akademie nützlich machte, erhielt schließlich am 1. September 1735 a. St. die Leitung des Departements sowie einer Arbeitsgruppe aus den Wissenschaftlern Gottfried Heinsius (1709–1769) und Christian Nicolaus von Winsheim (1694–1751).

Der erste Protokolleintrag des geographischen Departments zu Euler am 25. August 1735 lautet: „Herr Professor Euler, dem die Rolle des Kammerherrn [durch J.A. Korff, Akademiepräsident] anvertraut wurde, um Herrn de L'Isle [Delisle] bei der Zusammenstellung der Generalkarte von Russland zu helfen, ist heute zu uns gekommen." ("Mr. le Professeur Euler, qui a été chargé de la part Mr. Chambellan pour aider Mr. de L'Isle à la Composition de la Carte Générale de la Russie, est venu aujourd'hui pour nous être adjoint.").[86] Der Senat wünschte zunächst die Karten Russlands mit europäischen Grenzen. Am 2. September 1735 berieten Delisle und Euler über ihr Vorgehen, was mit diesem Eintrag festgehalten wurde:

> „Nachdem Herr de L'Isle Herrn Euler die Projektion erklärte, die er bisher bei der Erstellung seiner Karten verwendete, und Herr Euler sie billigte, stimmten sie überein, diese bei der Erstellung der angeforderten Karte zu verwenden. Und da sich herausstellte, dass der Maßstab der besagten Karte ungefähr die gleiche Größe hat wie der der allgemeinen

---

[86] Nina I. Nevskaja, „Euler und die Astronomie", in: *Euler* 1983, S. 363–371, Zitat S. 368.

Karte von ganz Rußland und Nordasien, die Herr De L'Isle in vier großen Blättern begonnen hat, sind beide Herren übereingekommen, die Projektion zu kopieren, womit sie selbst begannen."[87]

Euler nutzte die Gelegenheit, von dem renommierten Astronomen Delisle zu lernen. Unter ihm führte Euler seit Mai 1733 bereits zweimal täglich (früh und abends) astronomische Sonnenbeobachtungen durch, zunächst Parallelmessungen als Vergleich zu Delisle, ab 1734 führte er eigene Messungen durch, da es keine signifikanten Unterschiede zu den Messungen von Delisle mehr gegeben hatte.[88]

Aufgrund von Spannungen zwischen dem Geographen und Astronomen Joseph Nicolas Delisle (de l'Isle) (1688–1768) und der Akademie, die sowohl Fragen der Kartographie des russischen Reiches als auch deren schleppende Verwirklichung betrafen, stand schließlich Euler einer 1740 gegründeten Kommission vor, um das Kartenwerk abzuschließen.[89] Ein Jahr später waren die wesentlichen Arbeiten abgeschlossen, und der *Russische Atlas* erschien 1746 in einer russischen und einer lateinisch-deutschen Ausgabe. Der deutsche Titel lautet: *Rußischer Atlas, welcher in einer General-Charte und neunzehen Special-Charten das gesamte Rußische Reich und dessen angräntzende Länder, nach den Regeln der Erd-Beschreibung und den neuesten Observationen vorstellig macht.* Er wird mit den Worten eingeleitet: „Der längst erwartete Rußische Atlas, welcher das grosse Rußische Kayserthum in einer allgemeinen [Kartenmaßstab 1: 8,4 Mio.] und 19 besondern Charten [Maßstab 1: 3,36 Mio.] vorstellig macht, tritt hiermit an das Licht." Er besteht aus 20 Karten, auf denen erstmals das gewaltige russische Reich in richtiger Form dargestellt wurde (siehe auch Abschn. 5.2.1).

Über die Ergebnisse seiner Tätigkeit im geographischen Departement, die er gemeinsam mit seinen Mitarbeitern Gottfried Heinsius und Christian Nicolaus von Winsheim verrichtet hatte, bemerkte Euler, dass durch die Generalkarte des russischen Reiches sich „die Geographie Rußlands nun in einen weit besseren Zustande befinde als die Geographie Deutschlands." Euler ließ später in den *Acta* der Petersburger Akademie für 1777 drei Arbeiten zur Kartographie einrücken, über

---

[87] « Mr de L'Isle ayant expliqué Mr. Euler la projection qu'il a employé jusqu'ici dans la composition de ses Cartes, et Mr. Euler l'ayant approuvée, ils sont convenues de l'employer dans la Construction de la Carte demandée. Et comme le Echelle de la ditte Carte, s'est trouvée à peu prés de la même grandeur que celle de la Carte Générale de tout la Russie, et Asie Septentrionale, que Mr. De L'Isle a commencé en quatre grandes feuilles, ces Mrs. sont convenus d'en copier la projection, ce qu'ils ont commencées de faire eux-même. » (Ebd. S. 368) – Das Gespräch verlief in gegenseitiger Wertschätzung, der erfahrene Astronom legte Wert auf die vorzügliche Kenntnis Eulers in der Infinitesimalsrechnung.

[88] In der Sternwarte der Akademie fand man 1977 die Beobachtungsjournale für die Sonnenbeobachtungen, bei denen es viele freiwillige Helfer gegeben hatte, unter denen Euler der aktivste war. Euler setzte seine Beobachtung mit Eifer fast bis zu seiner Abreise fort und publizierte auch dazu.

[89] Das Verhalten der Akademie war nicht ganz untadelig, da man eine Abwesenheit Delisles ausnützte, um die Kommission einzusetzen. Allerdings rechtfertigte Eulers Zielstrebigkeit das Vorgehen, denn als Deslisle 1741 von seiner Expedition zurückkam, war das seit 1726 von ihm schleppend bearbeitete Projekt im Wesentlichen durchgeführt.

3.3 Erste Petersburger Schritte

die er zuvor 1775 in der Akademie vorgetragen hatte und die sich mit der Abbildung einer Kugelfläche in die Ebene, der Darstellung einer Kugeloberfläche auf einer Karte sowie der Delisle'schen Kartenprojektion und ihrer Anwendung auf die russische Generalkarte befassten (E 490, 491, 492; EO I/28). Er hob dabei das bekannte Verzerrungsproblem hervor, das bereits Gerhard Mercator (1512–1594) in Betracht gezogen hatte:

> „Einmal sind auf den mittleren Meridianen die Breitengrade zu ungleich; sie sind in der Nähe des Äquators nur halb so groß wie an den Polen. Daraus entstand für unsere Karten der große Übelstand, dass für die Gegenden am Rande der Karten der Maßstab ein viel größerer war als für die in der Mitte gelegenen. So würde einem die Karte Betrachtenden z. B. die Provinz Kamtschatka fast viermal so groß erscheinen, als eine Provinz von derselben Größe in der Mitte der Karte. ... Dieser wichtigen Eigenschaft [Flächengleichheit] wegen verdient die erörterte Projektion für eine Generalkarte des russischen Reiches den Vorzug vor allen anderen, obwohl sie, streng genommen, nicht wenig von der Wirklichkeit abweicht." – E 492; EO III/5 auch in OK 93, dort S. 53 u. 64

Euler strebte Flächengleichheit der Projektion an, aber bekanntlich kann eine Kartenprojektion nicht die drei wichtigsten Forderungen – Längen-, Winkel- und Flächengleichheit – auf einmal erfüllen, und daher machte er bei der Erhaltung von Abständen Kompromisse; die Delisle'sche Projektion ist im Wesentlichen eine Mercator'sche. Auf den russischen Karten war übrigens bis 1920 der Nullmeridian durch den Turm der Petersburger Peter-Pauls-Festung bestimmt.

Eines der größten und wichtigsten Unternehmen der Akademie war die große Nordische Expedition (zweite Kamtschatka-Expedition), die im Jahre 1733 unter der Leitung von Vitus Bering (1680–1741) begann und ein volles Jahrzehnt währte. In die Vor- und Nachbereitung waren rund 3000 Personen einbezogen, darunter übrigens auch Leonhard Euler. Das Riesenunternehmen Sibirienforschung verschlang Unsummen, lieferte aber auch unschätzbare Erkenntnisse.

Euler widmete sich auch historischen Fragen Russlands und war seinem Freund Gerhard Friedrich Müller (1705–1783) bei dessen wegweisenden Studien zur Geschichte Sibiriens behilflich. In allem zeigt sich ein typischer Zug Eulers: Er ließ sich durch die anfänglich schwierigen Verhältnisse nicht entmutigen, sondern widmete sich ganz der wissenschaftlichen Arbeit, in der er breit aufgestellt war (Abb. 3.23).

In der *Éloge* (1783) auf Euler von Nikolaus Fuss (1755–1826), einem Schüler des alten Euler, gibt es einen sehr bekannten Bericht, der besagt, dass Euler im Jahre 1735 als Folge der Überanstrengung bei einer astronomischen Rechnung für die sogenannten Mittagstafeln, für die andere Akademiker drei Monate Zeit verlangt hätten und die Euler in drei Tagen erstellte, sein rechtes Augenlicht verloren habe:

> „Von seinem eisernen Fleiße gab er noch ein auffallenderes Beispiel, als im Jahre 1735 eine Berechnung gemacht werden sollte, die Eile hatte, zu der verschiedene Akademiker einige Monate Zeit haben wollten, und die er in drey Tagen vollendete. Aber wie theuer mußte er diese Anstrengung bezahlen! sie zog ihm ein hitziges Fieber zu, das ihn bis an den Rand des Grabes brachte. Seine Natur siegte zwar und er genas, aber mit dem Verlust des rechten Auges, welches ihm ein Absceß raubte, der sich während der Krankheit formirt hatte.

Abb. 3.23 Leonhard Euler. Ölgemälde von E. Handmann (1718–1781), um 1756

Der Verlust eines so kostbahren Organs würde für jeden anderen ein mächtiger Beweggrund gewesen sey, sich zu schonen, und das ihm übrige Auge zu erhalten; aber die Arbeit war ihm durch eine beständige Gewohnheit so zum Bedürfniß geworden, daß er selbst die ersten Bedürfnisse des Menschen, Nahrung und Schlaf, oft darüber vergaß."[90]

---

[90] EO I/1, S. LVI f., „vom Verfasser selbst aus dem Französischen übersetzt und vermehrt, nebst einem [un]vollständigen Verzeichnis der Eulerschen Schriften", 1786.

3.3 Erste Petersburger Schritte

Diese Passage in der *Éloge* auf Euler mag Eulers Sicht widerspiegeln, denn Fuss kam erst 1773 nach Petersburg und kannte daher die Sachverhalte nur vom Hörensagen. Der Verlust des Augenlichts durch einen Abszess ergab sich wahrscheinlich 1738 als Begleiterscheinung einer lebensgefährlichen Infektion und ist letztlich wohl eine Spätfolge der Skrofulose, an der Euler in seiner Jugend offensichtlich gelitten hatte. Hierüber gibt es eine erhellende Diagnose des Basler Augenarztes René Bernoulli.[91]

Die Verhandlungen Eulers mit der Akademie 1735 liefen offenbar gut. Eulers Bruder Johann Heinrich (1719–1750) kam als Kunstmaler nach Petersburg, um dort mit Eulers Familie zu leben. Allerdings ist das alles überschattende Ereignis eines, von dem wir wenig wissen, da Euler es von sich aus nicht bekannt gemacht hatte – weder ließ er es in Basel die Eltern noch die Bernoullis wissen: Eine lebensbedrohliche Erkrankung, ein „fièvre chaude" (hitziges Fieber), wie es später in der *Éloge* von Nikolaus Fuss (1755–1826) hieß. Das von Fuss erwähnte Fieber fand eine späte Bestätigung in dem Brief von Daniel Bernoulli an Euler (4. Mai 1735), wo er schrieb:

> „Allervorderst gratulier ich Ew. zu Dero wieder so glücklich erlangten Gesundheit und wünsche von Herzen eine lange Continuation derselben. Wie mir Herr Moula [Assistent Eulers] schreibt, so war nicht nur Jedermann bei Ihrer Krankheit um Sie bekümmert, sondern sogar auch ohne Hoffnung, sie wiederum von derselben restituiert [wieder hergestellt] zu sehn. Es ist gut, dass weder ich noch Dero Ältern [Eltern] etwas darum gewusst, als man dero völlige Genesung vernommen."

Dieses Leiden, von dem wir hier beiläufig erfahren, muss, wie Eulers Gehilfe Friedrich Moula (1703–1782) Bernoulli mitteilte, gefährlich gewesen sein. Eine Antwort ist leider nicht erhalten. Wir können aber Folgendes ermitteln: Am 24.1.1735 verlas Georg Krafft eine Arbeit von Euler in den Konferenzen, da Euler wegen Krankheit abwesend war, aber bereits am 27. Januar trug Euler wieder selbst über die Zeitberechnung aus dem Stand der Sonnenhöhe vor, also jene Aufgabe, die ihn angeblich das Augenlicht seines rechten Auges gekostet haben soll. Andererseits hatte Euler im November 1734 noch an Bernoulli geschrieben, und jenes Schreiben enthielt den merkwürdigen Wunsch, Doktor der Medizin zu werden sowie sich mit der Medizin intensiver beschäftigen zu wollen. Ist dieses Anliegen vielleicht ein Hinweis auf die ausbrechende Krankheit? Diese Krankheit müsste in den Zeitraum November 1734[92] bis 24. Januar 1735 gefallen sein; ab Februar 1735 war Euler wieder regelmäßiger Teilnehmer der Konferenzen; das hitzige Fieber scheint um die Jahreswende stattgefunden zu haben.

Euler verfügte über gute ophtalmologische Kenntnisse; hiervon kann man sich in den um den 40. Brief in den *Lettres* (E 343, EO III/11) gruppierten Briefen

---

[91] R. Bernoulli, „Leonhard Eulers Augenkrankheiten", in *Euler* 1983, S. 471–487. Diese Arbeit wirft ein neues Licht auf die Krankheit Eulers und ist auch für Laien gut lesbar. Ich folge den überzeugenden Argumenten verkürzt und verweise bei den Details auf Bernoulli. Es ist erstaunlich, was der Augenarzt aus den wenigen Quellen zu folgern wusste (siehe auch Abschn. 4.7.1 und 8.4 sowie Abb. 8.23).

[92] Am 16./27. November 1734 wurde übrigens der erste Sohn Johann Albrecht geboren.

überzeugen, die die Anatomie des Auges und die zugehörige Strahlenoptik behandeln. Er war ja 1733 als Professor für Naturlehre (Physik) berufen worden. Im 41. Brief erschienen physikoteleologische Argumente:

> „Ob wir gleich noch bei weytem es nicht vollkommen kennen, so ist doch das, was wir wissen, hinlänglich, uns von der Allmacht und der unendlichen Weisheit des Schöpfers zu überzeugen; und diese Wunder müssen uns zu der reinsten Anbetung des höchsten Wesen bewegen. Wir werden in dem Bau der Augen Vollkommenheiten gewahr, die der aufgeklärteste Verstand niemals ergründen kann; und der geschickteste Künstler kann keine Maschine von der Art verfertigen."

Bekanntlich war das Auge ein Paradebeispiel der Physikoteleologen, um Gottes Weisheit in der Schöpfung aufzuweisen.[93]

Wo Eulers Verstand nicht hinreichte, griff er zur Weisheit des Allmächtigen. Zuvor verteidigte er jedoch seinen Glauben mit allen Mitteln, auch mithilfe der Mathematik. Es gibt eine bekannte, wenn auch völlig unzutreffende Anekdote, nach der Euler mithilfe der Mathematik einen Gottesbeweis darlegte, der Denis Diderot (1713–1784) so in Verlegenheit gesetzt habe, dass er die Diskussion abbrach (siehe am Ende dieses Abschn.). Die Legende hat insofern einen berechtigten Kern, da sie eher den in religiösen Fragen vorbehaltlosen Gelehrten Euler durch seine Wahl der Mittel karikiert als den Charakter von Diderot erhellt.

1738 trafen Nachrichten über eine erneute Krankheit Eulers in Basel ein, offenbar wieder ein Fieber, in dessen Verlauf das rechte Augenlicht so in Mitleidenschaft gezogen wurde, dass Euler die Sehfähigkeit verlor. Auch hier ist aufgrund weniger schriftlicher Belege eine genaue Diagnose nicht möglich, allerdings ist unbezweifelbar, dass „die Funktion des rechten Auges mit Sicherheit hochgradig herabgesetzt [ist]. Sie bestand bestenfalls nur noch in der diffusen Wahrnehmung von Licht, sofern nicht totale Blindheit eingetreten war." (R. Bernoulli, a. a. O., S. 475). Wieder ist es ein Brief von Daniel Bernoulli, der einige Angaben liefert; ein entsprechender Brief an die Eltern mit Auskunft über das Augenleiden (vor dem Bernoulli'schen Brief abgefasst) sowie die Antwort auf Bernoullis Fragen sind verloren gegangen. Bernoulli, der auch Arzt ist, erkundigt sich:

> „Dero Hr. Vatter [Ihr Herr Vater] wird Ihnen vielleicht gemeldet haben, wie stark mir Dero betrübter zufall zu hertzen ging: Gott wolle sie vor fernerem unglück behüten; wir hätten gar gern eine genawere [genauere] beschreibung Ihrer Kranckheit gehabt: ob der bulbus oculi [Augapfel] gantz verderbt und die humores [Körpersäfte] ausgerunnen oder ob dem äußerlichen Ansehen nach der bulbus noch unversehrt sei." – Brief vom 9. Nov. 1738

Obwohl Euler diese Erkrankung von sich aus nach Basel mitteilte, fehlt auch hier eine Antwort auf Bernoullis Fragen.

René Bernoulli gesteht Euler selbstredend Beschwerden (etwa Kopfschmerzen) beim Arbeiten mit Karten zu, da die Fokussierungen der Augen laufend geändert werden mussten und Eulers Sehstärke noch dazu beeinträchtigt war. Aber dies

---

[93] Siehe z. B. R. Thiele, „Physikoteleologisches Denken in Mathematik und Physik zur Zeit der Aufklärung", in: *Wissenschaft und Musik unter dem Einfluß einer sich ändernden Geisteshaltung,* Hrsg. M. Büttner. Bochum 1991, S. 53–69.

3.3 Erste Petersburger Schritte

kann, ebenso wie die legendären Rechnungen, an sich keine Erblindung herbeiführen.[94] In einem Schreiben Eulers an Philippe Naudé (1684–1745) in Berlin vom September 1740 und in einem Brief an G. F. Müller vom Oktober 1766 klagte Euler über eine Sehschwäche des linken Auges, die ihm momentan das Lesen von Briefen unmöglich mache. Euler war mithin auch am linken Auge schwer geschädigt (Sehstärke maximal ein Zehntel der normalen Sehschärfe, was nicht mehr zum Lesen normal gedruckter Texte ausreichte), wenn auch nicht gänzlich erblindet. Die Beschwerden kamen offenbar in Schüben (rezidivierend).

Da die schriftlichen Quellen sehr dürftig sind, gewann der Augenarzt R. Bernoulli weitere Hinweise durch die Analyse von Porträts Eulers.[95] Bereits das Schabkunstblatt von 1737, das gewöhnlich als das einzige Bild Eulers mit zwei „gesunden" Augen angesehen wird, zeigt zwar, dass der schwere pathologischen Zustand des rechten Auges sich erst nach 1737 und nicht schon 1735 einstellte. Auch das linke Auge wies schon Beeinträchtigungen auf. Handmanns bekanntes Pastellporträt von 1753 (siehe Abb. 3.23) zeigt ein rechtes Auge, das nicht mehr gebraucht werden konnte. Das linke Auge weist Merkmale einer früheren Entzündung der Iris auf. Die Lider sind gereizt und verdickt, links klebt im nasalen Lidwinkel eingetrocknetes Sekret, die Nasenlöcher lassen auf chronischen Schnupfen und Entzündungen der Nebenhöhlen schließen. Bernoulli sieht hierin Zeichen langdauernder Entzündungen der vorderen Augenabschnitte.

Alles in allem sind dies die Symptome, die man bei Skrofulose zu sehen bekommt. Skrofulose ist eine historische Bezeichnung für eine Erkrankung der Hals- und Gesichtshaut. Sie tritt vorwiegend im Kindesalter auf und rezidiviert bei Erwachsenen. Die Krankheit wird infektiös ausgelöst, und die bescheidenen gesundheitlichen Verhältnisse in Riehen sprechen für eine solche Infektion, die dann bei dem Erwachsenen Euler auch zum Ausbruch kam. Skrofulose, die heute in Westeuropa verschwunden ist, war früher eine der Hauptursachen für Erblindung (R. Bernoulli a. a. O., S. 482 f.).

Abschließend äußerte R. Bernoulli noch einen bemerkenswerten Gedanken mit der Frage:

> „ob die Tatsache, dass Euler den größten Teil seines Lebens unter der Gefahr verbrachte, total zu erblinden, ihn nicht dazu geführt hatte, sich in das Reich der Ideen zurückzuziehen, zu dem die Mathematik gehört." – Euler 1983, S. 483.

---

[94] Der Mathematikhistoriker Gustav Eneström hat hierzu aus mathematikhistorischer Sicht die Arbeit „Eine Legende vom eisernen Fleisse Leonhard Eulers" verfasst, in Bibliotheca Mathematica (3) 10 (1909), S. 308–316.

[95] Hier Abb. 3.29 u. a. Vgl. auch G. Eneström, „Über Bildnisse von Leonhard Euler", in *Bibliotheca mathematica* (3) 7 (1906), S. 372–374 mit vier Bildnissen; H. Thiersch, „Leonhard Euler's ‚verschollenes' Bildnis und sein Maler", in *Nachrichten von der Ges. der Wiss. zu Göttingen,* phil.-hist. Klasse 3 (1930), S. 219–249; H. Thiersch, „Weitere Beiträge zur Ikonographie Leonhard Eulers", dies. *Nachrichten* 4 (1930), S. 219–249; M.E. Glinka, „Versuch einer Ikonographie" und G.A. Knjasew, „Die Silhouttenbildnisse Eulers", beide in *L. Euler* 1958, S. 569–588 und 590–596. R. Bernoulli wies darauf hin, dass seinerzeit von den Künstlern durchaus realistische Bilder angestrebt wurden.

Ebenso ist die oben erwähnte folgende viel erzählte Geschichte falsch, nach der man den am Petersburger Hof weilenden atheistischen Philosophen Denis Diderot (1713–1784), den Herausgeber der berühmten französischen *Encyclopedie*, auf einen algebraischen Gottesbeweis Eulers neugierig gemacht und Euler dann zu dessen Vorführung überredet haben soll. Euler dozierte angeblich: „Monsieur, es ist

$$\frac{a+b^n}{n} = x.$$

Also existiert Gott. Antworten Sie!" Diderot habe daraufhin ratlos in großer Eile den Raum und kurz darauf St. Petersburg verlassen. Nun war einerseits Euler zu religiös, um sich für derartige Scharlatanerien herzugeben, andererseits verstand Diderot genügend Mathematik, um so nicht verblüfft werden zu können. Dirk Struik (1894–2000) bemerkte daher hierzu, dass dies ein gutes Beispiel für eine schlechte Anekdote sei, da sowohl Diderots als auch Eulers Charakter verdunkelt werde, und er gibt den englischen Mathematiker des 19. Jahrhunderts Augustus de Morgan (1806–1871) als vermutlichen Urheber der Geschichte an. Aber bereits Voltaire (1694–1678) legte vielleicht in einem Schreiben vom Juni 1753 über Maupertuis' Gottesbeweis an Samuel Koenig (1712–1757) den Keim dazu: „Es erscheint mir indessen absurd, Gottes Existenz von a plus b geteilt durch z abhängig zu machen."

3.4 Akademischer Alltag

> Man muß mit vereinigten Kräften arbeiten.
> CHRISTIAN WOLFF (1679–1554) über die St. Petersburger Akademie 1743

Nach den russisch-orthodoxen Weihnachtsfeiertagen 1725 begannen am 24. Januar 1726 die öffentlichen Vorlesungen und Seminare. „Nach den Weynachts-Feyertagen werden die öffentlichen Lectionen der Academie und der Seminarii angehen, die Auditoria eröffnet, und die Privatzusammenkünfte [Konferenzen] so wie vorhin zweimal die Woche gehalten werden", meldeten die Leipziger Neuen Zeitungen am 11. Februar 1626. Es gab 14 Vorlesungen, darunter neun naturwissenschaftliche. Man las einstündig am Montag, Mittwoch, Donnerstag und Samstag. Die mathematisch-naturwissenschaftlichen Vorlesungen waren folgende:

Vormittags

- Daniel Bernoulli (Professor der Physiologie), von 7 bis 8 Uhr
  Principia matheseos ad Theoriam medicam (Mathematische Prinzipien in der Medizin)
- Nikolaus Bernoulli, von 8 bis 9 Uhr
  Mathesin applicatam (Angewandte Mathematik)
- Christian Martini, von 10–11 Uhr
  Wolff'sche Philosophie

3.4 Akademischer Alltag

- Jakob Hermann, von 11–12 Uhr
  Analyseos communis seu Algebrae praeceptis ... analysis infinitorum (allgemeine Analysis oder Regeln der Algebra ... Analysis des Unendlichen)
- Johann Buxbaum
  Botanik

Nachmittags

- Michael Bürger
  Chemie
- Friedrich Mayer
  Matheseos elementa (Elemente der Mathematik) (nach Wolff)
- Georg Bilfinger
  Physicae experimentalis & theoreticae (Experimentelle und theoretische Physik)
- Joseph Delisle
  Astronomie

Weiterhin gab es für diejenigen, die, wie Kaufleute oder Militärs, keine Wissenschaftler werden wollten, öffentlichen Unterricht in Arithmetik, Geometrie, Trigonometrie, Optik und Fortifikation (Lehre vom Festungsbau).

Seit Januar 1728 residierte die Akademie auf der Wassili-Insel in dem bereits erwähnten Schafirow'schen Palais aus dem Jahre 1720 sowie in der neu erbauten Kunstkammer (Кунсткамера, Bauzeit von 1718–1734)(Abb. 3.24).[96] Im Palais befanden sich die Diensträume, das Sitzungszimmer und das Archiv. Der museale Teil war öffentlich zugänglich, anfangs lockte Zar Peter I. die Besucher mit kostenlosem Wodka und Tee zum Besuch. Die Akademie hatte Georg Gsell (1673–1740), der 1717 Hofmaler des Zaren Peter I. wurde, nebst dessen dritter Frau, Dorothea Marie (einer Tochter der beruhmten Malerin Marie Sybille Merian), fur die Petersburger Kunstakademie angeworben; die Tochter Katharina (1707–1773) aus Gsells zweiter Ehe mit Marie Gertrud van Loen sollte Eulers erste Frau werden. Nach ihrem Tod heirate der Witwer deren Halbschwester Salome Abgail Gsell (1723–1794).

Die Sammlungen, die die Grundlage der Kunstkammer bilden, waren von Peter I. schon 1714 angelegt worden, sie wurden 1724 der Akademie unterstellt. Der markante Turm der Kunstkammer war zwar noch nicht fertig, aber das sich über drei Etagen erstreckende Observatorium, das erste in Russland, war bereits in Betrieb. Es besaß einen Dollond'schen Tubus, der 18 Fuß (ca. 7 m) lang war, und einen Mauerquadranten. Weiterhin befand sich im Keller des Turms ein anatomisches Theater.

Die Akademie umfasste weiterhin ein Archiv, ein geographisches Departement, eine Bibliothek, eine Buchdruckerei (ab 1727) mit eigener Herstellung von

---

[96] Die heutige Gestalt der Kunstkammer wurde 1947/48 und beim 300-jährigen Jubiläum der Stadt St. Petersburg geschaffen, insbesondere der obere Teil des Turmes (heute Lomonossow-Museum).

Abb. 3.24 a Die Kunstkammer, das erste russische Museum, das zunächst mit den Privatbeständen Peters I. gefüllt wurde. Der Bau wurde 1717 in Auftrag gegeben, abgeschlossen 1734. Im Turmzimmer fanden die Sitzungen der Akademie statt. **b** Die Bibliothek im Seitenflügel der Kunstkammer. Der im barocken Stil gestaltete Lesesaal der Bibliothek erstreckte sich über zwei Stockwerke

3.4 Akademischer Alltag

Abb. 3.25 Kunstkammer in St. Petersburg. Die Sammlung von Kuriositäten enthielt auch einen Elefanten

Lettern und Kupferstichen, eine Werkstatt für Instrumente (ab 1726), einen akademischen Buchladen, ein Übersetzungsbüro, einen Konferenzraum und natürlich die alles verwaltende Kanzlei. Schließlich gehörten zur Akademie auch eine mineralogische Sammlung und ein botanischer Garten. Die Kunstkammer war ein reichhaltiges Museum, zu dem das Publikum kostenlosen Zugang hatte (Abb. 3.25). Man konnte auch ein physikalisches Kabinett (ab 1725) besuchen, in dem zahlreiche wertvolle mathematisch-physikalische Instrumente zu sehen waren. Ebenfalls gab es in einem eigenen Saal einen großen Globus zu bewundern. Nach einem Sieg im Nordischen Krieg 1713 hatte sich Peter I. bei einer Besichtigung dieser Sehenswürdigkeit vom Gottorfer Hof den Globus[97] für seine Kunstkammer gleich „schenken" lassen.

Die Bibliothek hatte 1714 als kaiserliche Bibliothek mit 2500 Bänden begonnen und bereits 1726 ihren Bestand auf 5000 Bände verdoppelt (Abb. 3.24); bis 1730 hatte sich die Zahl der Bücher auf ca. 15.000 Bände verdreifacht, die sich nun in acht Schränken befanden; die mathematischen Bücher und die Atlanten benötigen je zwei Schränke, die restlichen Gebiete jeweils einen Schrank, weitere elf Schränke enthielten mathematischen Instrumente und Schiffsmodelle. Im Jahre 1777 besaß man ca. 30.000 Bücher, 1790 etwa 40.000, darunter 2250 russische Bücher (davon 171 mathematische, 121 naturgeschichtliche). Die Bibliothek war wöchentlich an zwei Tagen von 13 bis 16 Uhr geöffnet, heute nennt sie sich Bibliothek der Russischen Akademie (Библиотека Российской академии наук (БАН)). Seit Eulers Todesjahr 1783 sind die russischen Verleger verpflichtet, Belege ihrer Druckerzeugnisse abzuliefern. Von 1728 bis 1924 waren die Bestände, die vor dem katastrophalen Brand 1988 etwa 17 Mio. Bände umfassten, in der Kunstkammer untergebracht. Die Russische Nationalbibliothek (Российская национальная библиотека) ist mit einen Buchbestand von fast 40 Mio. die zweitgrößte russische Bibliothek sowie eine der größten weltweit.

---

[97] Der Riesenglobus wurde zwischen 1654 und 1664 angefertigt, hatte einen Durchmesser von ca. 3 m und bot im Innern etwa einem Dutzend Personen Platz, außen zeigte er die Erdteile und innen den Sternenhimmel. Nach vierjährigem Transport traf er schließlich 1717 in St. Petersburg ein und wurde ab 1727 in der Kunstkammer ausgestellt. Bei dem Brand am 5.12.1747 wurde er beschädigt, aber von 1754 bis 1758 wieder hergestellt.

Die Akademie sollte jährlich etwa drei große öffentliche Versammlungen durchführen, bei denen Festvorträge zu halten waren. Die erste öffentliche Versammlung fand am 7. Januar 1726 mit Angehörigen des Hofes, aber ohne die Zarin Katharina I. statt, angeblich, weil der entsprechende Saal nicht heizbar war.[98] Die nächste geplante öffentliche Sitzung musste wegen der Einsetzung des Obersten Staatsrates am 7.2.1726 verschoben werden und fand schließlich am 12.8.1726 in Anwesenheit der Zarin, des Hofs (дворъ, dwor) sowie des Heiligen Synods (Священный синод Русской православной церкви, Heilige Synode der russisch-orthodoxen Kirche)[99] statt, und sie wird daher gelegentlich als Inauguration der Akademie bezeichnet.[100] Bayer fiel die Aufgabe zu, die Zarin zu begrüßen. Er missbrauchte diese Gelegenheit und überzog seine Zeit, sodass der folgende Vortrag von Hermann über den Nutzen der Mathematik verkürzt werden musste, trotzdem kam Hermann bereits auf die Leistungen der St. Petersburger Mathematiker zu sprechen. Er schloss mit der Erklärung des Unterschieds zwischen einem Professor und einem Mitglied einer Akademie: Ein Professor müsse die bekannte Wissenschaft vermitteln, ein Akademiemitglied sollte neue Ergebnisse erzielen – wie es auch die Devise „invenire et perficere" (erfinden, ausführen und vollenden) der Pariser Akademie ausdrückt. Als Opponent trat Goldbach auf, und als er auf die Erfolge der Mathematik in der Optik zu sprechen kam, verneinte er zum Bedauern des Publikums die von Descartes geäußerte Hoffnung, dass man mit hinreichend starken Teleskopen Bewohner fremder Planeten werde sehen können (sofern es solche geben sollte).

Im März 1728 gab es eine weitere Sitzung, auf der Joseph-Nicolas Delisle über die Astronomie sowie ihre Reichweite vortrug und Daniel Bernoulli der Opponent war. Dieser „Discours lû dans l'assemblé" (Rede auf der Versammlung vorgetragen) wurde von der Akademie 1728 publiziert. Man bewegte sich auf dünnem Eis, da es um Fragen des kopernikanischen Systems ging, also auch um die

---

[98] In den *Letopis* (S. 44) wird allerdings die Anwesenheit der (künftigen) Zarin Anna angegeben. Peter, der Herzog von Holstein-Gottorf (1728–1752), kam als Peter III. für knapp ein halbes Jahr auf den russischen Thron und damit schließlich die Dynastie Holstein-Gottorf(-Romanow) bis 1917 an die Macht (die männliche Linie der Romanows war erloschen). Peter III. war der Gatte Katharinas der Großen, aber nicht der Vater ihrer Kinder.

[99] Weder die Akademie noch die Universität enthielten eine theologische Fakultät. Aber der Einfluss der orthodoxen Kirche war erheblich und ging bei entsprechenden Fragen bis zur „inoffiziellen" Zensur (etwa für das kopernikanische System). Insbesondere die Schulausbildung wurde später sehr beeinflusst. Die religiöse Kollegialbehörde, die Hl. oder Allerheiligste Synode (Святейший Правительствующий Синод, Hl. Regierungssynode) war von 1721 bis 1917 die oberste russisch-orthodoxe Kirchenverwaltung.

[100] Die Akademie selbst beging ihr 50-jähriges bzw. das 100-jährige Bestehen 1775 bzw. 1826 und bezog sich damit auf dieses Datum (*Recueil des actes de la sèance solennelle de l'Academie impérial des Sciences,* 1827).– Die Akademie der Wissenschaften Russlands ließ übrigens von der Malerin A. G. Nikolajewa ein Gemälde dieser historischen Sitzung anfertigen (von 1994–1996), das in der Akademie in St. Petersburg aufgehängt ist.

3.4 Akademischer Alltag

biblisch wichtige Stelle, ob die Sonne oder die Erde sich bewege.[101] Delisle, der es für unmöglich hielt, die Welt zu verstehen, erklärte kurzerhand solche Fragen zu einem mathematischen Problem, dessen Lösung und Interpretation die Theologie nicht berühre. Bernoulli stimmte zu und ergänzte, dass die kopernikanische Annahme über die Größe des Durchmessers der Erdbahn bzw. Sonnenbahn auch durch andere ersetzt werden könne, aber es wohl so sei, wie es die Kopernikaner sagten.

Übrigens betonte das Mitglied der Pariser Akademie Delisle, dass die St. Petersburger Mathematiker besser als die in Paris seien, was damals tatsächlich zutraf. Auf seiner Rückreise nach Basel, die Daniel Bernoulli auch über Paris führte, verglich er in einem Brief an Euler (22.9.1733) die Pariser Physiker mit denen aus St. Petersburg: „Aber in mechanicis [Mechanik] ist man hier bei weitem nicht so weit gekommen." Wir treffen hier auf die von Anfang an bestehende Rivalität, die die konkurrierende Petersburger Akademie gegenüber dem Pariser Vorbild empfand. Bernoulli sprach sich auch über das säumige Erscheinen der *Commentarii* aus: „Man kann sehen, wie präjudicirlich [nachteilig] es unseren Commentariis ist, so langsam gedruckt zu werden, indem wir ... alle Zeit [stets] nach den anderen [Akademien] kommen werden."

In einer weiteren Sitzung der Akademie drei Monate darauf sprach Duvernoi über die Anatomie des Menschen und der Elefanten, und Bilfinger war der Opponent. Der Elefant war Thema des Vortrags geworden, da man gerade in St. Petersburg ein solches Tier seziert hatte, was seinerzeit recht spektakulär war. Die Kunstkammer erhielt den präparierten Elefanten (Abb. 3.25). Euler wurde erstmals am 11./22. Februar 1732 die Ehre zuteil, bei der Festsitzung anlässlich des Geburtstages der Kaiserlichen Majestät auf eine Rede des 23-jährigen Johann Georg Gmelin (1709–1755) über den Ursprung und Fortgang der Chemie („De ortu et progressu Chymia") zu antworten. Die St. Petersburger Nachrichten (Ведомости, Wedomosti) hielten diese Ankündigung für erwähnenswert: Die letzte Zeile ihres Berichts lautete: „Herr Professor Euler wird darauf im Namen der Akademie antworten."[102] Gmelin, seit 1727 in St. Petersburg, war zwei Jahre zuvor, also 1730,

---

[101] An der Akademie und der Universität gab es zwar keine theologische Fakultät (siehe Fußnote 98), aber über alle theologische Fragen entschied die Hl. Synod (hier: духовнаие, dukhovnaije, Zensurbehörde), die das kopernikanische System strikt ablehnte. Quirinus Kuhlmann (1651–1689), ein Anhänger des mystischen Philosophen Jakob Böhme (1575–1642) mit einem starken Sendungsbewusstsein, das nicht immer mit der christlichen Theologie übereinstimmte, war im osmanischen Reich durch glückliche Umstände einer Füselierung entgangen, setzte aber seine Missionierung in Moskau fort. Dort wurde von einem lutherischen Pastor denunziert. Die orthodoxe Kirche sah in ihm einen gefährlichen Ketzer und verbrannte ihn 1689, also nicht einmal 40 Jahre vor der oben beschriebenen Sitzung! Übrigens interessierte sich auch I. Newton für Böhme.

[102] „Господинъ профессор Эйлеръ будетъ на сію рѣчь именемъ Академіи отаѣтетовать." (Januar 1738, Nr. 29. S. 36).

Professor (heute ein Juniorprofessor!) der Chemie und Naturgeschichte an der Akademie geworden, 1733 schloss er sich der Kamtschatka-Expedition an, aber nach seiner Rückkehr behandelte ihn die Akademie schlecht. Man verweigerte ihm, dem berühmten Botaniker und Verfasser einer vierbändigen *Flora Sibirica* (Sibirische Flora, 1747–1769), unter fadenscheinigen Gründen bis 1747 die Rückkehr nach Deutschland und zerstörte letztlich seinen Lebensplan (Maier 1979).

An die Akademie war neben der Universität noch ein Gymnasium (академическая гимназия, akademitscheskaja gimnazija) angegliedert. Dieses Gymnasium hatte sich aus der Zusammenlegung von lateinisch und deutsch geführten Schulen ergeben und wies fünf Klassen auf, in denen an vier Tagen von 9 bis 11 und von 14 bis 16 Uhr unterrichtet wurde. Die neun Lehrer dieser Schule waren fast durchgängig deutschsprachig, unter ihnen waren zeitweilig auch die uns bekannten Adjunkte Krafft und Müller. Das Gymnasium bildete von 1728 bis 1750 nach deutschem Vorbild etwa 500 Schüler aus.

Zur Überraschung der Westeuropäer war im fernen Russland, das als unwirtlich und mehr oder weniger als unzivilisiert betrachtet wurde, aus dem Nichts eine sehr erfolgreiche Akademie gegründet worden, auch wenn man sich noch lange auf die Erfahrung europäischer Gelehrter stützen musste (was bei einer wissenschaftlichen Einrichtung nicht ungewöhnlich ist).

Das deutsche Element, das Peter I. gezielt in seine Akademie (und allgemeiner in sein Land) geholt hatte, war in St. Petersburg sehr dominant und erregte daher bei russischen Angehörige der Akademie, die anfänglich nur untergeordnete Stellungen bekleideten, Missgunst und verletzte den Nationalstolz.[103] Russische Wissenschaftler konnte es aufgrund der mangelnden Ausbildung für eine längere Zeit noch nicht geben; beispielsweise beherrschten Russen kaum Latein oder moderne europäische Sprachen, die die Muttersprachen der eingeladenen Petersburger Professoren waren. Andererseits war der deutschsprachige Teil des Lehrkörpers im Allgemeinen sehr reserviert, die Landessprache zu lernen. Jedoch machten sich deutsche Gelehrte um die ersten russischen Grammatiken verdient. Der renommierte Sprachwissenschaftler Bayer, der sich mühelos in verschiedenen orientalischen Sprachen verständigen konnte, bemühte sich nicht im geringsten um die elementarsten Russischkenntnisse.[104] Der Mathematiker Euler hingegen beherrschte die russische Sprache ausreichend; er verkehrte mit Ämtern und Behörden in der Landessprache (Abb. 3.26). Beispielsweise korrespondierte Euler später von Berlin aus mit dem seinerzeitigen Petersburger Akademiesekretär

---

[103] Von 1725 bis zum Ende des Jahrhunderts waren von den 111 ordentlichen Akademiemitgliedern 59 deutsch, 31 russisch und neun schweizerisch; in der St. Petersburger Bevölkerung lag der Anteil der Deutschen bei bis zu 18 %. Der deutsche Mathematiker Georg Cantor (1845–1918) wurde beispielsweise in St. Petersburg geboren, wo sein Vater Kaufmann war und wo auch seine katholische Mutter, die österreichische Vorfahren besaß, zur Welt kam.

[104] Die etwa ein Dutzend russisch publizierten Arbeiten von ihm waren von der Akademie übersetzt worden.

3.4 Akademischer Alltag

Abb. 3.26 Eine Seite aus dem Notizbuch Eulers aus dem Jahr 1727 mit Bemerkungen über russische Grammatik

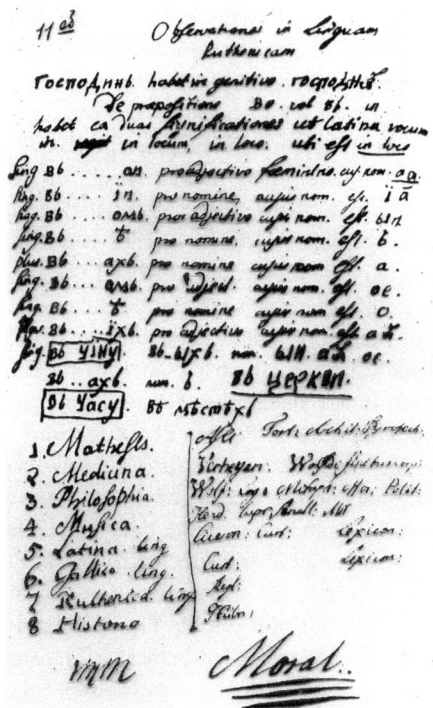

Staatsrat Andrei Konstantinowitsch Nartow (А. К. Нартов, 1693–1756)[105] auf Russisch. In seinen Aufzeichnungen (Notizbücher) finden sich bereits 1727 entsprechende Einträge über die russische Grammatik, und es gibt auch einige russisch geschriebene Arbeiten Eulers (siehe auch Kap. 8, Alterswerk).

In seiner Éloge auf Peter den Großen vor der Pariser Akademie, deren Ehrenmitglied Peter gewesen war und in der erstmals ein gekröntes Haupt zur Ehre eines Nachrufs kam, sagte deren ständiger Sekretär Bernard le Bovier de Fontenelle (1748–1797) über die Petersburger Akademiemitglieder, dass diese großartigen Geometer die erhabene Geometrie des Infinitesimalen in ein Land gebracht hätten, das vor 25 Jahren noch gar nicht die euklidische Geometrie kannte (d. h. es gab keine russische Euklid-Übersetzung). In der Tat war hier ein außerordentlicher Sprung erfolgt, wenn man dieses Niveau mit dem durch Leontii Filippowitch Magnitzkii (Магницкий, 1669–1739) popularisierten vergleicht (Reich 2007). Um die Bildungsreform zu verwirklichen, musste man die Wissenschaft aus dem

---

[105] Andrei Konstantinowitsch Nartow (Нартов, 1693–1756) war Mechaniker Peters I., dann Leiter der akademischen Werkstätten, schließlich Mitglied der Kommission zur Verwaltung der Akademie sowie Staatsrat, zeitweilig während der Entmachtung Schumachers sogar Kanzleisekretär. Er stellte mehrere mechanische Apparaturen der Akademie vor.

Westen holen, es gab keine andere Möglichkeit! Für die „Wassermühle ohne Wasser",[106] wie man spöttisch die St. Petersburger Akademie bezeichnet hatte, brauchte man Kanäle aus dem Westen, über die die Mühle mit dem benötigten (westlichen) Wasser versorgt werden sollte.

Es gab auch reichlich kritische Einwände, und diese sind auch heute noch üblich. Weshalb solche teuren Ausgaben für eine Wissenschaft, die offenbar keine unmittelbare Anwendung hatte und keinen Nutzen versprach? Weshalb wollte man westliches Denken hierher verpflanzen? Christoph Hermann von Manstein (1711–1757), der von 1735 bis 1744 im russischen Militärdienst stand und später preußischer General war,[107] äußerte sich aus der Sicht eines Militärs (ähnlich wie Vockerodt, siehe oben; in der Petersburger preußischen Gesandtschaft war diese Meinung offenbar einhellig) rückblickend so: Russland habe bisher keinen praktischen Nutzen aus der Akademie gezogen. Die einzigen Früchte, die diese Einrichtung in den ersten 28 Jahren ihres Bestehens mit großem Aufwand hervorgebracht habe, seien die, dass die Russen jetzt einen Kalender hätten, der auf dem St. Petersburger Meridian basierte, dass sie Zeitungen in ihrer eigenen Sprache lesen könnten und mehrere deutsche Gelehrte, die nach St. Petersburg eingeladen wurden, genug über Mathematik und Philosophie wüssten, um 600–800 Rubel pro Jahr zu verdienen. Unter den Russen gab es seinerzeit nicht mehr als eine oder zwei Personen, die eine Professur hätten besetzen können.

Zur Akademie selbst bemerkte Manstein aus pragmatischer Sicht kritisch, dass diese so organisiert sei, dass Russland nicht den geringsten Nutzen daraus ziehen könne, weil ihre Mitglieder sich nicht überwiegend mit Sprachen, Moralwissenschaften, Zivilrecht, Geschichte oder praktischer Geometrie beschäftigten, also denjenigen Wissenschaften, aus denen Russland Vorteile hätte ziehen können. Stattdessen arbeiteten die Mitarbeiter der Akademie hauptsächlich in der Algebra, der spekulativen Geometrie und anderen Bereichen der höheren Mathematik – Gebiete, die allerdings wichtig für militärische Überlegenheit in der Kriegstechnik werden sollten, und selbst Godfrey Harold Hardys (1877–1942) Glaube, dass die Zahlentheorie im mathematisch-militärischen Wettrüsten unschuldig bleiben könne, sollte sich als Irrglaube erweisen (Codierungen).

Manstein wies schließlich auch auf Konsequenzen hin, die sich aus einer solchen Einstellung für die Bildung ergaben, denn die Akademie führe auch kritische Studien über die Wohnstätten und Sprachen verschiedener Völker der Antike durch und mache anatomische Beobachtungen bei Menschen und an Tieren. Da die Russen diese Wissenschaften für leer und unbrauchbar hielten, sei es kein Wunder, dass sie kein Verlangen hätten, ihre Kinder in diesen Dinge unterrichten zu lassen, obwohl der erteilte der Unterricht frei von der sonst gängigen Gewalt

---

[106] Die überzeugende bildhafte Kritik, die durch diesen Vergleich ausgedrückt wird, erschließt sich heute noch besser, wenn man sich erinnert, dass Wasser- und Windmühlen damals die wesentlichen Energiequellen waren.

[107] Manstein wurde von den Russen in Abwesenheit zum Tode verurteilt, jedoch hat dieser Sachverhalt die nachfolgende Einstellung kaum beeinflusst.

3.4 Akademischer Alltag

sei, was offenbar nicht selbstverständlich war. Deshalb habe die Akademie oft mehr Professoren als Studenten, weshalb es zwingend gewesen sei, junge Männer aus Moskau als Studenten heranzubringen, denen dazu sogar ein Stipendium gewährt wurde. Diese „kommandierten" Studenten waren tatsächlich aus dem altsprachlichen Moskauer Seminar nach Petersburg gebracht worden, verschwanden aber meist als besser bezahlte Expeditionsmitglieder.

Manstein eröffnete seine *Nachrichten von Rußland*,[108] aus denen die einschlägigen Sachverhalte paraphrasiert wurden, mit dem Satz: „Da ich einen großen Theil meines Lebens in Rußland zugebracht habe … ", der seine Kenntnisse begründen sollte. Der angegebene Zeitraum umfasst ziemlich genau den ersten Petersburger Aufenthalt von Euler, aber das Buch traf darüber hinaus sehr genau die damaligen russischen Vorbehalte der 1730er- und 1740er-Jahre. Mit dem Abstand von mehr als einem Vierteljahrtausend beurteilen wir freilich die Sache wieder eher aus der Sicht Peters I. und schätzen dessen Verdienste um die Wissenschaft. Schließlich war Mansteins Urteil nicht ganz gerecht, denn einige theoretischen Arbeiten der Akademie führten schnell auf praktische Ergebnisse, wie das dank Euler etwa im Schiffsbau oder in der Kartographie der Fall war.

Während seines zweiten Petersburger Aufenthalts befasste sich Euler sogar mit Fragen der Landwirtschaft, und es ist kein Zufall, dass er diese Arbeiten auf Russisch publizierte (siehe Kap. 8, Alterswerk). Die Zwiespältigkeit der Umstände, denen die in- und ausländischen Akademiemitglieder ausgesetzt waren, mag folgendes Detail verdeutlichen. Peter hatte für die russische Gesellschaft bei seine Reformen am 24.1.1722 nach dänischem Vorbild auch eine Rangordnung (Табель о рангах, Rangtafel) für Zivilisten und Militärs mit je 14 Rängen geschaffen, oft mit deutschen Lehnwörtern, verbindlich war damit auch die offizielle Anrede geregelt (Abb. 3.27).

Diese Rangordnung, die einen Dienst- und nicht Erbadel konstituierte, erfasste jedoch anfänglich nicht die Akademiemitglieder und wies ihnen damit keine gesellschaftliche Stellung zu. Daher konnte die Akademie 1727 an der Beerdigung von Katharina I. nicht teilnehmen, weil man nicht wusste, wie man ihre Mitglieder in die Zeremonie einordnen sollte. Obwohl sich 13 Jahre später beim Tode der Zarin Anna (1740) formal am Status der Akademiemitglieder noch nichts geändert hatte, versorgte der Hof zwölf Akademiemitglieder am 22.12.1740/2.1.1741 mit Trauerkleidung, um die Akademie im Trauerzug am 23.12.1740/3.1.1741 um 7 Uhr morgens als einheitliche Gruppe erscheinen zu lassen. Die Rückgabe der Trauermäntel musste übrigens angemahnt werden, und erst am 10.1./21.1.1741 waren diese wieder in der Kanzlei. Erst 1785 wurden Akademiemitglieder Stadtbürger, und ab 1803 erhielten sie damit offiziell einen zivilen Rang, der niedrig war und dem militärischen Rang eines Kapitäns (Hauptmann) eines Regiments entsprach.

---

[108] *Historische, politische und militärische Nachrichten von Rußland, von den Jahren 1727 bis 1744.* Leipzig: 1771.

Abb. 3.27 Rangtafel (Табель о рангах), die von Peter I im Jahre 1727 erlassen wurde, wodurch Teile der Gesellschaft wie beim Militär durch Ränge geordnet wurden. Wissenschaftler erhielten in dieser Tafel noch keine Ränge. Sie wurden erst Ende des 18. Jahrhunderts erfasst, sodass Euler keinen Rang hatte

Daniel Bernoulli hatte im Juni 1732 verlangt, Dekan zu werden oder den Rang Staatsrat zu erhalten. Man gewährte ihm beides nicht, wohl aber eine Gehaltserhöhung auf 1200 Rubel, trotzdem reiste er im Jahr darauf ab (Juli 1733). Auch Euler wurde bei seinem zweiten St. Petersburger Aufenthalt der Wunsch nicht gewährt, einen zivilen Rang zu erhalten; erst Eulers Söhne Karl und Christoph[109] bekamen gemäß der Regelung von 1803 einen zivilen bzw. militärischen Rang, nämlich den Kollegienrat und Generalleutnant; der älteste Sohn Johann Albrecht war bereits 1800 ohne einen Rang gestorben. Goldbach erhielt bereits 1737 den Rang Kollegienrat und brachte es bis zum Geheimrat (1760), aber das verdankte er der Tatsache, dass er seit 1728 zur Verwaltung, aber nicht mehr zum wissenschaftlichen Personal[110] der Akademie gehörte (Abb. 3.28).

3.5 Euler im Spiegel der Protokolle der akademischen Konferenzen

> Um Glaubwürdigkeit herzustellen und deren Status als Wissen zu sichern, müssen individuelle Überzeugungen oder Erfahrungen effektiv an andere kommuniziert werden.
> STEVE SHAPIN (*1943)

Die St. Petersburger Akademie verfolgte mehrere Ziele. Neben der reinen Forschung spielte auch die Lehre an der beigeordneten Universität und dem akademischen Gymnasium eine wesentliche Rolle, die jedoch nur ungenügend erfüllt

---

[109] Karl war Arzt; Christoph erst preußischer, dann russischer Offizier, russischer Generalmajor der Artillerie und Direktor der Waffenfabrik in Sestrorezk (Сестрорецк, finnisch Siestarjok), etwa 35 km nördlich von Petersburg. Die Waffenfabrik wurde 1724 errichtet und war einer der wichtigsten russischen Rüstungsbetriebe.

[110] Im März 1742 wurde er Ehrenmitglied der St. Petersburger Akademie.

3.5 Euler im Spiegel der Protokolle der akademischen Konferenzen 117

Abb. 3.28 Ältestes bekanntes Bild Eulers aus dem Jahr 1737, das ihn mit „gesunden" Augen darstellt (andere Bilder zeigen ihn stets mit einem sichtbar erkrankten rechten Auge, für den Augenarzt jedoch ist auch hier sein rechte Auge auffällig; siehe Kap. 8). Das verschollene Bild war für die Eltern in Riehen bestimmt. Über seinen Verbleib ist zurzeit nichts bekannt. Das Schabeblatt wurde vor einiger Zeit in Leningrad (St. Petersburg) aufgefunden. Schabeblatt von B. Sokolow nach dem verlorenen Gemälde von J. Brucker

wurde. Schließlich waren Aufgaben wie die Kartographierung des Reiches oder die Erforschung der Bodenschätze zu erledigen, die in dringenderem Staatsinteresse lagen. In den Verträgen für die Angehörigen der mathematischen Klasse versprachen diese, „alles dasjenige zu tun, was der Akademie Gloire dienen mag, mit allem Fleiße zu thun, absonderlich [insbesondere] die Mathesin zu excoliren [verbessern]."

Ein wichtiger Bestandteil des akademischen Lebens waren die üblicherweise zweimal in der Woche abgehaltenen zwei- bis dreistündigen Sitzungen, als Konferenzen bezeichnet, die in den Protokollen (*Protokoli* 1897) erfasst wurden.[111] Im Konferenzsaal der Akademie in der Kunstkammer nahm ein elliptischer Tisch das Zentrum ein, an dem die Akademiemitglieder ihre Plätze hatten (Abb. 3.13). Für die Adjunkte standen an den Wänden Stühle; weiter waren zahlreiche physikalische Apparate wie Elektrisiermaschinen oder Tschirnhausen'sche Brennspiegel und -linsen (Durchmesser 4 Fuß, maximale Dicke über 1 Fuß) aufgestellt. In den Konferenzen trugen die Akademiemitglieder, aber auch Adjunkte über ihre Arbeiten vor, berichteten über eingegangene Briefe, besprachen deren Beantwortung und erledigten anfallende Aufgaben wie Vorbereitung und Ausführung von Expeditionen ebenso wie die Bestellung von Büchern, Zeitschriften oder Büromaterialien. Die Ergebnisse wurden in den Protokollbüchern (Протоколы, Protokoli) handschriftlich erfasst, später sogar gedruckt (siehe Abb. 8.8).

Euler war nicht nur ein regelmäßiger Besucher dieser Veranstaltungen, er gehörte nach einer Phase der Eingewöhnung auch zu den eifrigsten Vortragenden (Abb. 3.29). 1731 fanden 81 Konferenzen statt, wobei lediglich für die 77 Arbeitssitzungen die Anwesenheit der Mitglieder im Protokoll festgehalten wurde, aber nicht für die Festsitzungen anlässlich höfischer Ereignisse (Krönungstage, Geburtstage bei Hofe, usw.), bei denen die Teilnahme natürlich obligatorisch war. Die übliche Abfolge der Konferenzen wurde bei solchen Feiertagen oder Festen unterbrochen, wobei die Akademie für diese Feste gewisse Dienstleistungen zu erbringen hatte. Sie veranstaltete nämlich Feuerwerke, lieferte poetische Erzeugnisse und bildliche Darstellungen, die gedruckt wurden. Es gab zahlreiche höfische und religiöse Feste, die zwar gelegentlich zusammenfielen, aber insgesamt doch etwa 40 Tage ausmachten. Auf den Konferenzen, die während Eulers erster St. Petersburger Periode (1727–1741) abgehalten wurden, hielt Euler insgesamt etwa 70 meist mehrteilige Vorträge, behandelte also jährlich wenigstens fünf bis sechs Themenkreise. 1731 war Euler, inzwischen Professor der Physik,[112] bei

---

[111] Von 1725 bis 1727 ist die Datierung nach dem gregorianischen Stil (n. St.) vorgenommen, danach wieder julianisch. Wir geben daher ggf. beide Datierungen an. Vermutlich aufgrund der heftigen Auseinandersetzungen in den Konferenzen fehlen für den Zeitraum Herbst 1728 bis zum Herbst 1730 die Protokolle; einige Ereignisse können anhand anderer Quellen erschlossen werden (siehe *Letopis*). Die Protokolle wurden von Goldbach vermutlich erst auf losen Blättern notiert und danach in ein Protokollbuch übertragen.

[112] Er war im Vorfeld (22.1./2.2.1731) des Geburtstages der Zarin Anna (28.1./7.2.) zum Physikprofessor ernannt worden; am gleichen Tage wurde Krafft Professor für Mathematik und Müller für Geschichte. Solche Ernennungen waren üblich.

3.5 Euler im Spiegel der Protokolle der akademischen Konferenzen

56 Konferenzen anwesend. Im Vortrag benutzte Euler oft einfachere Zahlenbeispiele als in den Veröffentlichungen, und vor den Vorträgen verteilte er auch Zusammenfassungen seiner Rechnungen. Seine Vorträge wurden in der Regel in den *St. Petersburger Commentarii* veröffentlicht; Euler publizierte während seines ersten St. Petersburger Aufenthalts etwa 70 Arbeiten in den *Commentarii*. Erstmals wurde der Adjunkt Euler am 13. Januar 1728 (24.1.1728 n. St.) in den Protokollen erwähnt. Das Thema seines Vortrages ist uns schon bekannt (seine dritte, 1727 in den Leipziger *Acta eruditorum* abgedruckte Arbeit behandelte es); sein Petersburger Beitrag „Problematis trajectoriarum reciprocarum solutio" (E 5, EO I/27; Die Lösung des Problems der reziproken Trajektorien) war sofort für den ersten Band der *St. Petersburger Commentarii* für 1726 vorgesehen, aber aus Platzgründen verschob man die Arbeit des Neulings in Band 2.

Euler schrieb in Petersburg insgesamt über 100 Arbeiten und dazu weitere drei Bücher. Die für die *Commentarii* bis zur Abreise aus Russland 1741 eingereichten Arbeiten Eulers erschienen noch ein Jahrzehnt später bis zur Einstellung der *Commentarii* im Jahre 1751; die Weiterführung erfolgte bereits 1747 durch die *Novi Commentarii*.[113] Euler hielt im ersten Halbjahr wenigstens zwei mathematische Vorträge (Über (reziproke) Trajektorien = Bahnkurven, Tautochronen = gemeine Zykloiden sowie Differentialgleichungen zweiter Ordnung), die später publiziert wurden (siehe unten). Reziproke Trajektorien waren insgesamt Gegenstand von insgesamt einem Dutzend seiner Arbeiten. Hermann und Bilfinger dominierten den ersten Band, der 32 Arbeiten umfasste, mit je fünf Arbeiten, die Brüder Bernoulli steuerten drei Aufsätze bei, sodass die Arbeit des Neulings Euler schließlich in den nächsten Band für das Jahr 1727 verschoben wurde, der aber erst 1729 erschien. Von den 23 Artikeln dieses Bandes waren nun schon zwei von Euler, Hermann und Bilfinger lieferten je drei Beiträge (Tab. 3.3).

Die auf den Konferenzen gehaltenen Vorträge wurden kopiert sowie ins Archiv gegeben und konnten bei beabsichtigter Publikation wieder hervorgeholt und ggf. überarbeitet oder übersetzt werden. Gelegentlich wurden die Vorträge auch an Fachkollegen verteilt, um deren Bemerkungen zu berücksichtigen.

Eulers Vortrag „Solutio singularis circa tautochronismus" (Eine bemerkenswerte Lösung für die Tautochronie), der zu einer Publikation in den *Commentarii* führte (Bd. 6 für 1738; E 24, EO II/6), wurde beispielsweise in drei Teilen gehalten (3.9., 10.9., 14.9.1731 a. St.) und hatte einen Vorläufer am 12. April 1728 – da war Euler seit dem 22. Januar 1731[114] schon Professor für Physik. Unmittelbar fuhr er in der nächsten Konferenz mit einem physikalischen Vortrag über den Stoß fort (Über die Vermittlung des Stoßes bei Kollisionen; 28. 9.1731 a. St.; E 22, EO II/8). 1733 referierte Euler in Folge viermal über Differentialgleichungen (9.1. bis 23.2.1733 a. St.). Der Vortrag „De constructione aequationum ope motus tractorii" (E 51, EO I/22) über die geometrische Konstruktion von Lösungen für

---

[113] Die *Commentarii* für das Jahr 1747 erschienen erst 1751 und wurden dann eingestellt; insofern setzten die *Novi Commentarii* die alten *Commentarii* zeitnah fort.

[114] Am „Vorabend (= Festwoche)" des Geburtstages der Zarin Anna (7. Febr. 1693 n. St.).

Tab. 3.3 Eulers Beiträge für die St. Petersburger Commentarii, 1729–1741 (1745). Zeilen 1–8 beziehen sich auf die bis zu Eulers Abreise 1741 erfolgten Veröffentlichungen; Zeilen 9–14 geben die restlichen in St. Petersburg geschriebenen Arbeiten an, die in die spätere Ausgabe der Commentarii aufgenommen wurden. In den Zeilen 1–8 sind zusätzlich noch die Seitenzahlen einiger Bände notiert (Spalte 4). Euler publizierte bis zur Einstellung der Commentarii 1751 (bzw. bis zu seiner Abreise 1741) insgesamt 114 (bzw. 49) Arbeiten, davon 74 (bzw. 41) in den Commentarii. Zum Vergleich: David Bernoulli publizierte 49 Arbeiten in den St. Petersburger Commentarii. Die Commentarii erschienen von 1728 bis 1751 in 14 Bänden und wurden bis 1776 durch die Novi Commentarii ersetzt, um die aufgelaufenen eingereichten Arbeiten schneller zu publizieren. Anfänglich versuchte man, die Bände in Auszügen ins Russische zu übersetzen. Diese Übersetzungen, das Kratkoe opisanie (Краткое Описание, Kurze Beschreibung), fanden aber zu wenige Interessenten

Band-Nr.	Geplantes Jahr des Bandes	Druckjahr	Seitenzahl	Beiträge Eulers	Im Druckjahr insgesamt veröffentlichte Arbeiten Eulers
1	(1726)	1728	428	0	1
2	(1727)	1729		2	3
3	(1728)	1732		3	3
4	(1729)	1735	311	3	3
5	(1730/31)	1738	458	5	16
6	(1732/33)	1738	400	7	
7	(1734/35)	1740	425	10	11
8	(1736)	1741	450	11	12
9	(1737)	1744	6	11	
10	(1738)	1747	7	9	
11	(1739)	1750	9	25	
12	(1740)	1750	2		
13	(1741/43)	1751	5	20	
14	(1744/45)	1751	4		

Differentialgleichungen der Art $ds/dz + s^2 = f(z)$ wurde in vier Teilen vom 17. März bis zum 23. Juni 1735 gelesen, wobei Euler in die Unterbrechungen zwei andere Vorträge einschob. Die Arbeit erschien in den *Commentarii* für 1736, die 1741 gedruckt wurden. Am 26. August wurden zwei außerordentliche Konferenzen für Eulers Arbeiten angesetzt. In der Sitzung am 20. Oktober 1735 hatte Euler nichts zu verlesen. Aber um die Zeit zu nützen, referierte er „à la main" über unendliche Reihen. Und dieses Thema setzte er gleich bis zum 5. Dezember fort. („De summis serierum reciprocarum", Über die Summe reziproker Reihen, E 41, EO I/14). Die Arbeit wurde in die *Commentarii* für 1734/35 aufgenommen, die 1740 erschienen. Am 27.10./7.11.1732 sprach Euler im Auftrag des Präsidenten Blumentrost über das isoperimetrische Problem, und er setzte seine Ausführungen über Variationsrechnung am 3./14. November fort. Der Vortrag wurde als „Problematis isoperimetrici in latissimo sensu accepti solutio generalis" (Über isoperimetrische Probleme im weitesten Sinn, E 27, EO I/25) 1738 veröffentlicht. Er bildet neben Eulers erster Arbeit „Constructio isochronarum isochronum" (Die Konstruktion isochroner Kurven in einem widerstehenden Mittel, E 1, EO II/6; 1726), der am

Abb. 3.29 Frühe Schriftprobe (um 1730). Lösung eines Problems, in dem reziproke Trajektorien gesucht werden – ein Thema, das Euler seit seiner Basler Zeit beschäftigte (z. B. E 3 und 5)

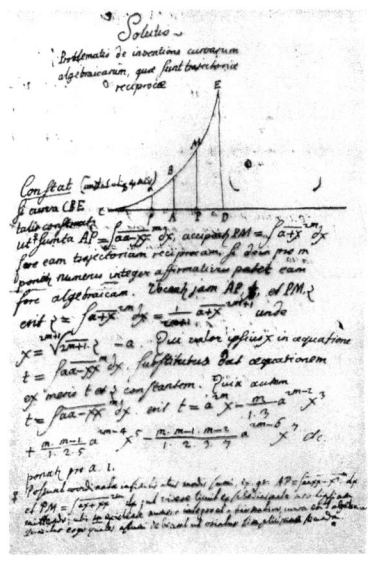

22.12.1730/2.1.1731 gelesenen Arbeit „De linea brevissima" (Über die kürzeste Linie auf einer Fläche, die zwei Punkte verbindet; E 9, EO I/25), der am 4./15. Februar 1734 vorgetragenen Dissertation „De linea celerrimi descensus" (Über die Kurve des schnellsten Abstieg in einem beliebigen widerstehenden Medium; E 42, EO I/25) sowie der wichtigen Arbeit „Curvarum maximi minimive" (Kurven, die eine größte oder kleinste Eigenschaft aufweisen) (E 56, EO I/25) vom 4./15. Oktober 1736 eine Vorstufe zu Eulers Variationsrechnung *Methodus inveniendum* (Methode, Kurven zu finden, denen eine Eigenschaft im höchsten oder geringsten Grade zukommt oder Lösung des isoperimetrischen Problems im weitesten Sinn; E 65, EO I/24) von 1744 (siehe Abschn. 6.6.1 f.). Eulers Themenvielfalt wird schon beim Durchsehen weniger Seiten der *Protokoli* deutlich, aber der Herbst 1732 kondensierte diesen Sachverhalt auf wenige Wochen: am 26. September trug Euler über den Fermat'schen Satz vor, am 27. Oktober und 3. November hielt er den erwähnten Vortrag über Variationsrechnung, und am 19. sowie 26. Dezember wurden Differentialgleichungen behandelt (die zu Beginn des Jahres 1733 noch vier Fortsetzungen fanden, etwa mit der Behandlung der Gleichung $ax^n = dy + y^2 dx$).

Euler ergänzte oft bereits zum Druck eingereichte Arbeiten, wobei er dies offenbar häufig aus dem Gedächtnis tat, sodass die revidierten Arbeiten nicht immer ganz stimmig waren. Beispielsweise übergab er die eben erwähnte Arbeit „Curvarum" (E 56) wie üblich nach dem Vortrag in der Konferenz der Akademie. Da Goldbach diese Arbeit bereits durchgelesen hatte, brachte Euler die Arbeit am 18./19. Oktober wieder an sich, um die Vorbereitung der Fortsetzung seines Vortrags in der Konferenz vorzunehmen. Da er inzwischen zahlreiche Ergänzungen vorgenommen hatte und „während des Lesens mancherlei Nebendemonstrationen [ergänzende Beweise]" gemacht hatte (*Protokoli* 1736), gelangte Euler vor dem

Mittag mit seinem Vortrag nur bis zu § 15 und nahm daher seine Schrift wieder mit sich. Am 18./29. November 1738 (einem Sonnabend) ließ sich Euler die inzwischen archivierte Schrift wieder aushändigen, da er sie vermutlich für den Druck überarbeiten wollte. Er brachte in den letzten Paragraphen Korrekturen an, die sich auf die vorderen Paragraphen bezogen, er ließ aber vorn alles unverändert (*Bradley, S.* 245). Man hielt ihm deshalb hier und anderswo vor, nicht sorgfältig genug zu publizieren. Aber andererseits bat Euler am 16./27. Januar 1741 um Rückgabe seiner von 1739 bis 1741 verfassten Arbeiten, die für die *Commentarii* eingereicht waren, denn er wollte sie während der bevorstehenden zwei Feiertage (dem Namensfest des Prinzen Anton Ulrich, Herzog von Braunschweig-Lüneburg, am 17./28.1. und dem folgenden Sonntag) überarbeiten. Die 30-seitige Abhandlung „Curvarum" erschien schließlich 1741 in Band 8 der *Commentarii* für das Jahr 1736.

Die gerade beschriebenen Vorgänge waren zwar akademische „Routine", erforderten aber auch einige Organisationsaufwendungen. Kopisten mussten beauftragt, Unterlagen beschafft bzw. wieder ins Archiv zurück gebracht werden. Bei Euler vermerken die Protokolle fast immer, dass er alles Geschriebene, das er in die Konferenzen gebracht hatte, wieder mit sich genommen habe. Euler kopierte seine Arbeiten gelegentlich selbst, da er das Abschreiben der Zahlen trotz des Angebots von Schumacher, einen geschickten Kopisten zu senden, doch nicht dem Abschreiber überlassen wollte, wie z. B. bei der „Dissertatio de methodo brevi et facili computandi tabulas" (Abhandlung über eine kurze und einfache Methode, Tafeln zu berechnen; 27.1./7.2.1735; später E 50, EO II/30). Diese Arbeit wurde noch an den Astronomen Delisle zur Durchsicht gegeben, um schließlich in den *Commentarii* für 1736 im Jahre 1741 gedruckt zu werden, also mit fünfjähriger Verspätung. Der gerade angereiste Astronom Gottfried Heinsius (1709–1769) war an dem Thema interessiert, erbat sich daher die Archivkopie am 9./30. November 1736 und lieferte diese am 29.11/10.12.1731 wieder ab – alles ist akribisch notiert!

Der neue Akademiepräsident Johannes Albrecht von Korff (1697–1766) machte seinen fälligen Antrittsbesuch in der Akademie am 11. November 1734 und kündigte dabei eine Reihe von Verordnungen an, die er auch durchsetzte, beispielsweise dass alle ein- und ausgehenden Akademiedokumente (Briefe, Arbeiten usw.) zu registrieren seien. Sowohl Euler als auch säumige Kollegen, die entliehene Dinge einfach nicht zurückgaben, wurden aufgrund der peniblen Buchführung vom Konferenzsekretär gemahnt. Korff nahm regelmäßig an den Konferenzen teil, trotzdem wurden die Akademiemitglieder angehalten, Berichte über ihre Leistungen zu geben (27. Januar 1735). Der Präsident forderte die Akademiker auch auf, bei den populärwissenschaftlichen Zeitungen mitzuarbeiten (22. November 1734). Seitens der Akademiker gab es auch Bitten: Man wünsche an einem Tisch und nicht am Katheter zu lesen, man möge die Türen wegen der Kälte mit Filz abdichten; Letzteres scheiterte vorerst am Mangel von Bindfäden und Scheren.

Der Sekretär Goldbach, dem die Organisation der Konferenzen oblag (1725–1728, wieder ab 1734), wollte aber nicht als Protokollant, sondern als gleichberechtigter Teilnehmer in der Konferenz erscheinen und fertigte daher die zunächst lateinisch und ab 1734 deutsch geschriebenen Protokolle aus dem

3.5 Euler im Spiegel der Protokolle der akademischen Konferenzen

Gedächtnis (bzw. seinen Notizen) an; daher lag in den ersten Jahren der Umfang aller Eintragungen eines Jahres unter zwölf Druckseiten, aber ab 1734 wurden die Einträge zunehmend umfangreicher, und für 1735 wurden schon über 100 Seiten benötigt. Der Wissenschaftler Blumentrost war bis 1733 Präsident, dann folgte für nur ein Jahr Karl von Keyserling (1697–1765); von 1734 bis 1740 war der deutschsprachige Johann Albrecht von Korff (1697–1766) Präsident der Akademie, und dieser ließ ab November 1735 alle Arbeitstage der Akademie in seiner Muttersprache protokollieren (die übrigens auch die Muttersprache seiner Vorgänger gewesen war). Da Korff den Konferenzen beiwohnte, stellte sich eine straffe Führung des akademischen Lebens ein, und die eingerissene Unordnung wurde beseitigt. Er belebte die auswärtigen Beziehungen, also insbesondere die Korrespondenz (was Goldbach eine wichtige Rolle zuwies). Weiterhin schlichtete Korff auch die ständigen akademischen Hahnenkämpfe; Injurienstreitereien und Sottisen wurden untersagt, und Korff schreckte selbst vor dem Verhängen von Geldstrafen nicht zurück (22.11./3.12.1734). Er versucht auch, mit Kadetten den akademischen Betrieb „aufzufüllen". Im November 1734 wurden solche zu Vorlesungen geschickt, im Dezember examinierte man diese Gasthörer; möglicherweise war Euler hieran beteiligt, aber er könnte auch schon aus Gesundheitsgründen befreit gewesen sein (siehe Abschn. 8.3/8.4). Der nachfolgende Präsident Karl von Brevern (1704–1744) besuchte hingegen gar keine Sitzung der Akademie (wie es in Preußen Friedrich II. tat). Auch er führte die Geschäfte der Akademie nur für ein Jahr, danach gab es bis 1746 gar keinen Präsidenten. Schließlich übernahm 1746 der 18-jährige Kirill Grigorewitsch Razumowski (Разумовский, 1728–1803) für 52 Jahre die Präsidentschaft, sodass er 1766 den nach Petersburg zurückkehrenden Euler als Präsident begrüßen sollte.

Die Eröffnung der Akademie 1725 und die Konferenzen fanden zunächst im Schafirow'schen Palais in der heutigen Petrowskaja-Uferstraße auf der Stadtinsel[115] statt, am rechten Ufer der kleinen Newa (Abb. 3.30). Seit 1728 tagte die Akademie im Palast der verstorbenen Zarin Praskowja Fjodorowna Saltykowa (Прасковья Федоровна, 1664–1723), der Frau von Peters Bruder Iwan V. (1666–1696), und sie war auch in der neu erbauten Kunstkammer (Кунсткамера, Kunstkammer) auf der Wassili-Insel (Василий остров, Wassili ostrow) untergebracht.[116] Peter I. war durch seine Besuche in Amsterdam (1698, 1716, 1717) von dem System der Kanäle in der holländischen Stadt als bequeme Handelswege zu Wasser so beeindruckt, dass er für die Wassili-Insel im Mündungsdelta der Newa

---

[115] Auf der Stadtinsel hatte Peter Pfingsten 1703 mit dem Bau einer Festung begonnen, die nach den Heiligen des Tages (Peter und Paul) benannt wurde. Diese Festung hieß zunächst auf Holländisch Pieter-Burch (Piter-Burkh) bzw. Sankt-Pieter-Burch oder kurz Piter-pol bzw. Peterpol oder wurde Petropawlowsk genannt. Der bald in Gebrauch gekommene deutsche Name St. Petersburg leitet sich also nicht direkt aus dem Namen des Gründers her, sondern bezieht sich auf den Apostel gleichen Namens.

[116] Die Wassili-Insel hatte ihren Namen von dem auf der Insel stationierten kommandierenden Offizier Wassili Dimitrowitsch Korkhmin (Корхьмин) erhalten, an den Peter seine Befehle als an „Василию на Острове" („Wassiliju na ostrowe" – Wassili auf der Insel) adressierte.

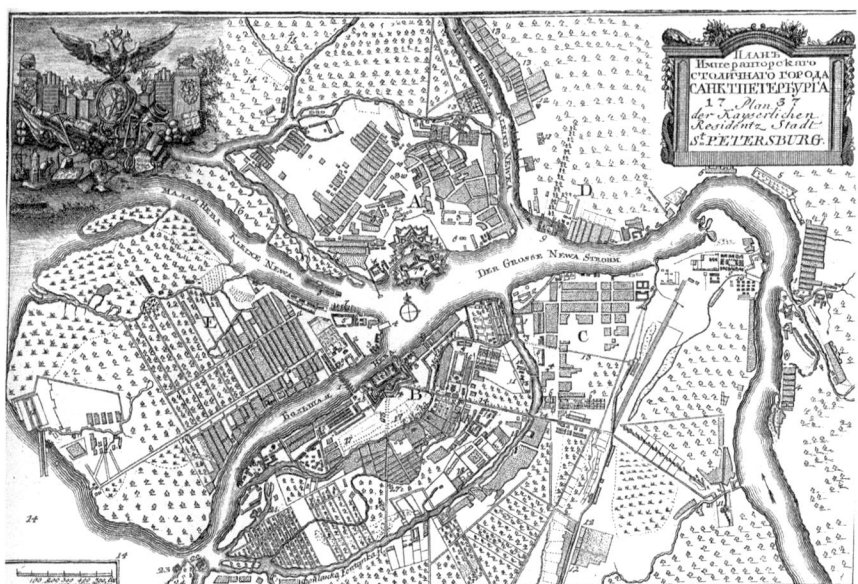

Abb. 3.30 Stadtplan der kayserlichen Residenz St. Petersburg aus dem Jahre 1737; das mit E bezeichnete Gebiet zwischen der Newa-Armen ist die Wassili-Insel, die als Linien bezeichneten Straßen sind deutlich zu sehen. Im mit B gekennzeichneten Bereich liegen unterhalb der Windrose (in die Newa gezeichnet) der Winterpalast und die Admiralität

Gleiches plante. Die Insel, auf der es ursprünglich nur ein finnisches Dorf gab, war von Peter I. seinem engen Vertrauten und ersten Gouverneur von St. Petersburg Aleksander Danilowitsch Menschikow (Меншиков, 1673–1729), einem der reichsten Russen, geschenkt worden (und wurde daher anfänglich Menschikow-Insel genannt). Diese Insel spielte eine wichtige Rolle in Peters Plänen. Später, beim Regierungswechsel 1727, unter der Herrschaft von Peters Frau Katharina I (1684–1727), fiel Menschikow in Ungnade und wurde verbannt. Auf der Insel kam es nie zu dem geplantem Netz der Wasserstraßen. Die Kanäle, soweit sie schon ausgehoben waren, wurden meist wieder zugeschüttet oder zu Kellern umgestaltet, und sie gingen schließlich im System der Straßen auf. Die heutigen Namen der Straßen weisen noch auf den alten Plan hin: die Linien (линий, linii, Singular линия, linija) entsprechen den geplanten Kanälen, die vom Ufer der Großen zum Ufer der Kleinen Newa führen sollten. Die 19 Linien und die drei Hauptstraßen, die senkrecht zu den Linien verliefen und Prospekte bzw. Prachtstraßen (проспект, prospekt, Plural проспекты prospekti), genannt wurden, bilden ein regelmäßiges Straßensystem wie etwa in Mannheim oder Manhattan (New York). Die Wassili-Insel war ein vornehmes Petersburger Viertel (Василйостровская oder Василская Часть, Wassiliiostrowski Gebiet), in dem sich viele Deutsche niedergelassen hatten, auch die Eltern Georg Cantors (1845–1918) sollten später hier siedeln.

Aber diese wichtige Insel war nicht immer erreichbar. Seit 1727, dem Jahr von Eulers Ankunft, gab es im Sommer eine gebührenpflichtige Schiffsbrücke (Pontonbrücke aus 21 Schiffen) vom heutigen Petersplatz zur Insel, aber diese Brücke wurde vor dem Winter abgebaut; ab 1779 errichtete man sie auf tragfähigem Eis im Winter wieder. Seit 1732 gab es Klappen in der Brücke, um den Schiffsverkehr nicht zu behindern. Steinbrücken über die Newa wurden – unter Mitwirkung von Euler – erst später errichtet, da die benötigten Spannweiten (600–1500 m) seinerzeit noch ein Problem waren. Hochwasser, ein aufgrund der geographischen Lage typisches und regelmäßiges Ereignis für St. Petersburg, dessen Zentrum nur wenige Meter über dem Meeresspiegel liegt, behinderte ebenfalls; beispielsweise 1729 am Geburtstag Peters II. (12./23.10.) mit sieben Fuß Wasser (etwa 2,10 m), 1736 am 19./30.3. sowie am 10./21.9. und 1739 am 11./22.10. Das Hochwasser im Oktober 1729 setzte alle Inseln unter Wasser und verursachte einen Millionenschaden, im September 1736 bedeckte das Wasser fast die ganze Stadt; die *Protokoli* notierten: „War die grosse Wasser-Fluth." Das schlimmste Hochwasser, das Euler erlebte, ereignete sich jedoch am 10./21.9.1777 mit einer Fluthöhe von zehn Fuß (etwa 3,5 m), üblich waren etwa zwei Fuß (etwas mehr als ein halber Meter).

Auch das Eis war problematisch. Zunächst musste man warten, bis es tragfähig war; so gab es z. B. am 24.3./4.4.1735, am 26.4./7.5. und am 7./16. 5.1739 keine Sitzungen, denn in solchen Fällen schickte man bestenfalls die Dienstboten über das Eis. Auch wenn das Eis die Überquerung der Newa erlaubte, gab es mitunter eine so grimmige Kälte, dass die Konferenzen wegen zu geringer Beteiligung ausfielen (z. B. 20./31.1.1741). In der Konferenz am 19./30.3.1739 wurde nichts vorgetragen, und da auch der Präsident nicht erschienen war, setzten sich die Professoren und Adjunkte nicht einmal, sondern entliehen lediglich Archivalien oder gaben solche zurück. Da man sich im Hinblick auf die kalten Winter im August 1739 schließlich an den Ausbau der Öfen im Konferenzraum machte, wurden die Sitzungen abermals behindert (z. B. am 17./28.8.1739). Überraschend ist diese Eintragung, die den Ausfall einer Konferenz am 19./30.8.1737 anzeigt:

„Da heute einige Menschen wegen verübten Strassen-Raubes vom Leben zum Tode gebracht werden sollen, und die mehresten [meisten] Glieder dieser Academie sothanes [ein solches] Spectacul mit ansehen wollen, ist keine Conferenz gehalten worden."

Aber strenge Kälte konnte die Akademiemitglieder nicht hindern, im Januar 1736 einen lediglich vermuteten Besuch der Zarin durch ein hektisches Großreinemachen vorzubereiten und dabei das Archiv gründlich aufzuräumen. Allerdings erschien die Zarin Anna nicht. Der Geburtstag der Monarchin am 28.1./7.2.1736 wurde u. a. mit einem Feuerwerk begangen, dessen Ausführung wie üblich in den bewährten Händen der Akademie lag, und es wurde zudem eine gedruckte Deutung der durch das Feuerwerk erzeugten „Bilder" ausgegeben. Ferner war wie üblich eine Glückwunschode verfasst worden.

Gelegentlich bestätigte Euler das Vorurteil, dass Mathematiker vergesslich, besser gesagt aufgrund der Beschäftigung mit Problemen geistig abwesend seien. Im Jahre 1735 lesen wir in den Protokollen am 2./13. September, dass der abwesende

Euler in die Konferenz geholt wurde, obwohl er nichts zum Vortragen hatte. Am Sitzungstag am 11./22. April fand man Euler zu Hause nicht vor, in einer Vormittagssitzung am 19./30. Dezember 1735 wartete man bis 11 Uhr auf Euler und löste sich dann auf; am 24.8./4.9.1739 hätte Euler vortragen sollen, er verspätete sich jedoch erheblich, sodass man seinen Vortrag verschob. Andererseits füllte der überaus produktive Euler durch Ad-hoc-Vorträge Konferenzen, die sonst zu früh beendet wurden (z. B. 20./31.10.1736), oder er verhinderte den Eintrag „nihil fuit electum" (nichts wurde ausgewählt, d. h. nichts war zum Vortragen da). Schließlich ließ Euler im Krankheitsfall seine Arbeiten durch den mathematischen Kollegen Krafft verlesen (z. B. 24.1./4.2.1735), aber er gab diese Arbeiten nicht für die Archivierung frei. Umgekehrt stellte sich Euler für solche Aufgaben auch zur Verfügung (für Krafft am 28./8. 9.1735); beispielsweise wurden die eingereichten Beiträge auswärtiger Mitglieder auf diese Weise bekannt gemacht (etwa eine Arbeit von D. Bernoulli am 15./26. Dezember 1735). Es traten auch Fälle ein, bei denen Akademiemitglieder die in Umlauf gegebenen Arbeiten aus welchen Gründen auch immer zurückhielten, sodass Euler das Manuskript fehlte und er nicht vortragen konnte (z. B. am 13./24.5.1737 durch Krafft verursacht).

Euler war in den Konferenzen mit einigen bemerkenswerten Aufgaben betraut worden: am 19. Mai 1732 das Emporheben der großen Glocke im Moskauer Kreml (gemeinsam mit D. Bernoulli und Leutmann), dazu erneut am 19. April 1736; Euler sollte eine Arbeit über die Quadratur des Kreises prüfen (17. Februar 1735) und auch künftig solche Arbeiten begutachten; am 23. Februar 1739 diskutierte man über das Perpetuum mobile, worüber Martini schon am 23. November 1725 vorgetragen hatte. Das Königsberger Brückenproblem war 1736 Thema von vier Konferenzen, auf denen Euler darüber vortrug (12. März bis zum 3. April, übrigens dem Vorabend von Eulers Geburtstag im a. St.; zum Brückenproblem siehe Abschn. 3.8). Am 8. Januar 1739 findet sich folgendes kurioses Thema in den Protokollen: Euler gab eine Beschreibung einer Maschine für den Verkauf von Branntwein eines Mechanikers Andrei Nartow, die dieser am 17. November des Vorjahres eingereicht hatte.[117] Die Sache wurde archiviert, aber Euler holte diese Unterlagen, wie auch andere, nochmals aus dem Archiv! Über einen Einsatz der Maschine im Zarenreich ist allerdings nichts bekannt.

Bereits 1727 begann die akademische Druckerei ihre Arbeit mit 20 Angehörigen, zunächst überwiegend deutschen Fachkräften, darunter vier Setzer und vier Drucker. Das Gehalt des Direktors der Druckerei betrug etwa die Hälfte des geringsten Professorengehalts, also ca. 300 Rubel, Drucker und Setzer erhielten etwa die Hälfte davon. Man folgte der Londoner und Pariser Tradition und bereitete den Druck von ausgewählten vorgetragenen Arbeiten der St. Petersburger Mitglieder nebst den eingereichten Arbeiten auswärtiger Mitglieder vor. Die Zeitschrift

---

[117] Bis in die zweite Hälfte des 18. Jahrhunderts trank ein Russe jährlich durchschnittlich zwei Liter Spirituosen, am Ende der Regierung Katharinas II. hatten es die männlichen Erwachsenen schon auf fünf Liter gebracht. R. E. Smith, D. Christiansen, *Bread and Salt in Russia*. Cambridge 1984, S. 218. („Braed and Salt = Hospitality" im Russischen).

3.5 Euler im Spiegel der Protokolle der akademischen Konferenzen

erhielt den Namen *Commentarii Academiae Scientiarum Imperialis Petropolitanae* (Berichte der kaiserlichen Akademie der Wissenschaften St. Petersburg), und sie wurde vorzüglich gedruckt, allerdings hinkte sie gleich mit dem zweiten Band ständig hinter der Zeit her (Abb. 3.31).

Die Verantwortung hierfür lag in den Händen des Sekretärs Goldbach. Dieser war auch für das Vorwort und die historischen Überblicke (die *Histoires* im Pariser Vorbild) für die Bände I–III sowie VIII und IX zuständig.[118] Goldbachs Entwurf für das Titelblatt zeigte einen Reichsadler, auf dessen Brust sich ein Oval befand, das Pallas Athene[119] mit einer Lanze in der einen Hand darstellte, die sich mit der anderen Hand auf einen Schild stützte. Der Schild enthielt die Aufschrift „Hic tuta quiescit" (sinngemäß: Hier ruht die Weisheit geschützt, d. h. sie hat an der Akademie ein sicheres Obdach). Dieser Entwurf wurde letztlich zwar nicht benutzt, sondern das Titelblatt zeigte einen Baum mit zahlreichen Früchten nebst der Inschrift „Paullatim" (Stück für Stück, also: Eine [Arbeit] nach der anderen). Jedoch fand sich Goldbachs ursprüngliche Inschrift schließlich am Akademiesiegel in der Form „Hic tuta perennat" (Hier ist die Weisheit dauernd geschützt), das Siegel wurde laut Protokoll am 20./31.1.1739 akzeptiert und gedruckt.[120] Im Jahre 1739 veröffentlichte die akademische Druckerei den „Catalogue des Livres", ein Verzeichnis ihrer Schriften, das bereits 94 Titel enthielt. Man versuchte auch, eine russische Version der *Commentarii* zu verlegen, aber die Zahl der Interessenten war zu gering. Dafür fanden die *Commentarii* im Ausland lebhaftes Interesse. Da sie nicht leicht zu erhalten waren, wurde ein Auszug der physikalischen Arbeiten in Wien 1762 unter dem Titel „Dissertationum Physico-Mechanicorum ex Commentariis Academiae Petropolitanae" (Physikalisch-mathematische Abhandlungen aus den St. Petersburger Berichten) nachgedruckt, auch ganze Bände der Zeitschriften erlebten Nachdrucke, etwa in Bologna die Jahrgänge 1741–1752.

Es konnte nicht ausbleiben, dass Euler bald die Redaktion des mathematischen Teils der *Commentarii* übernahm. Die Jahrgänge 1729–1731 (Bände IV–VI) waren am 13./24.7.1731 noch ohne Eulers Mitwirken durchgesehen. Der Präsident Korff ließ am 3., 5. und 7. /10., 12. und 14. Marz 1735 Euler und Johann Amman (1707–1741), seit 1733 Professor der Botanik, die Beiträge für die Jahre 1730–1734 (Bände V–VII) durchsehen; am 11./22. Juli und am 13./24. Juli 1735 bereiteten sie die Bände VII–X vor. Der Band V erschien Euler später etwas zu dünn, sodass er vorschlug, Arbeiten aus dem Band VI vorzuziehen oder noch ungelesene Vorträge von ihm aufzunehmen (6./17.8.1736); die gedruckten Bände V und VI hatten schließlich 458 bzw. 400 Seiten. Da die Autoren der Artikel immer wieder Änderungen an den eingereichten Arbeiten vornehmen wollten, verfügte der tatkräftige Präsident Korff, dass zurückgeforderte Arbeiten nach 14 Tagen wieder abzugeben seien, und durch diese kluge Maßnahme hatte der Setzer am

---

[118] Der Tod der Zarin Anna im Jahre 1740 erforderte für Band VII einen Nachruf auf die Zarin durch Goldbach.
[119] Pallas Athene (römisch Minerva, Jupiters Tochter) ist die Göttin der Weisheit.
[120] Es ist übrigens auch das Motto der Staatlichen St. Petersburger Universität.

Abb. 3.31 Titelseite der Petersburger Commentarii, Band 1 für 1726 (gedruckt 1728). Von 1728 bis 1751 erschienen insgesamt 14 Bände der Commentarii

21.8./1.9.1735 tatsächlich alle 64 Manuskripte für die Bände V und VI druckfertig in seinen Händen, darunter befanden sich auch ein Dutzend Eulersche Manuskripte. Im Juni 1739 sah Euler die mathematischen Arbeiten der Konferenzen von 1734 bis 1739 durch; der Band VI war druckfertig, die Bände VIII und IX sollten es bald sein. Im April 1741 nahm er letzte Überarbeitungen für die Bände IX und X vor. Der Band VIII für das Jahr 1736 war ab 20. Mai 1741 im akademischen Buchladen zu erhalten.

Euler reiste am 19./30. Juni 1741 nach Berlin ab und bot – hilfsbereit wie er war – am 2./13. Juni an, entsprechende Post dorthin mitzunehmen. Die letzte Konferenz, die Euler während seines ersten Petersburger Aufenthalts besuchte, wurde am 5./16. Juni 1741 abgehalten.

3.6 Weitere Aufgaben Eulers in St. Petersburg

> Was aber ist deine Pflicht? Die Forderung des Tages.
> JOHANN WOLFGANG GOETHE (1749–1832)

Obwohl die Akademie infolge des Todes von Peter I. bis 1747 kein beschlossenes Reglement hatte,[121] waren die Aufgaben der Akademiemitglieder eigentlich klar und wurden erfüllt: Man erwartete von ihnen, dass sie die neueste Forschung verfolgten und auf den Konferenzen vorstellten, dass sie auf den Konferenzen (insbesondere den drei Festsitzungen im Jahr) sowie an den Diskussionen teilnahmen und auch selbst vortrugen. Jeder Professor hatte zudem täglich eine einstündige öffentliche Vorlesung zu halten sowie lateinische Kurse für die Studenten zu geben. Obwohl die Aufgaben eines Lehrstuhles festgelegt waren, blieb den Lehrstuhlinhabern genügend Freiheit, über ihre Forschungsthemen selbst zu entscheiden. Ein exemplarisches Beispiel hierfür ist D. Bernoulli, der eigentlich Professor für Physiologie und Anatomie war, aber über seine hydrodynamischen Fragestellungen mühelos einen Zugang zur physikalischen Mathematik fand. Die Ausstattung der Lehrstühle war prinzipiell sehr gut, aber die Verwaltungsaufgaben eines Lehrstuhlinhabers wiesen auf eine andere, zeitaufwendige Seite des akademischen Lebens hin.

Über seine Pflichten rapportierte Euler 1737 bei Akademiepräsident Korff:

> „Krafft meines Engagements bey der Kaiserl. Academie der Wissenschaften bin ich zu folgenden Stücken verpflichtet:
>   1. Den ordentlichen Konferenzen beyzuwohnen; welches ich auch fleissig verrichte, und jederzeit Piecen [Arbeiten] parat halte um in denselben vorzulesen.
>   2. Den Studiosis lectiones zu halten, über den höheren Theil der Mathematic, welches ich auch, so oft sich dergleichen Studiosi anmelden, die in diesem Studio Unterricht verlangen, nach derselben Fähigkeiten verrichte.
>   3. Ist mir auch aufgetragen worden in der Geographie von Russland mit zu arbeiten; worauf ich mich auch, so viele meine anderen Studia zulassen nach aller Möglichkeit befleissige.
>
>   Was ferner meine jetzige und künftige Occupationes [Beschäftigungen] betrifft, so arbeite ich jetzt an der Arithmetic [E 17 und 35, EO III/2], welche für das hiesige Gymnasium gebraucht werden soll."

Das Verhältnis zwischen der akademischen Kanzlei mit ihrem Vorsteher Johann Daniel Schumacher auf der einen Seite und den Akademiemitgliedern auf der anderen Seite war problematisch. Schumacher sah seine Aufgabe nicht so sehr darin, die Forschung und die Arbeit der Akademiemitglieder zu unterstützen, sondern er war vielmehr bestrebt, die Rolle der Kanzlei und damit die seinige zu stärken. Lomonossow sollte ihn später als „Verfolger aller Professoren" (Последователь всех профессоров) bezeichnen. Die zeitweilige Verlagerung des Hofes nach Moskau (1727–1732) stärkte Schumachers Position, da er in St. Petersburg jetzt den

---

[121] Blumentrost (Präsident) und Schumacher (Kanzleichef) hatten solche Statuten verfasst, die letztlich zwar informell waren, aber nicht gedruckt wurden.

abwesenden Präsidenten, der mit dem Hof in Moskau weilte, vertrat und die Lage zu nutzen wusste, um seine Befugnisse zu stärken. Insbesondere sein despotischer Leitungsstil führte zu Spannungen in der Akademie selbst, was wesentlichen Anteil an der Abreise bedeutender Akademiemitglieder wie Hermann oder Bilfinger (beide im Januar 1731) hatte. Andererseits ist dem früheren Bibliothekar und administrativen Talent Schumacher auch vieles zu verdanken, etwa der zielstrebige Aufbau des akademischen Verlages und der zugehörigen Druckerei. Seine beharrlichen Bemühungen, trotz schwieriger wirtschaftlicher Verhältnisse fehlendes Geld für die Akademie zu erhalten, waren natürlich wichtig. Die Akademie hatte z. B. 1732 ein Defizit von 36.000 Rubel. Die Kriege, die das Zarenreich von 1733 bis 1735 (Polen), von 1735 bis 1739 (Osmanisches Reich) und 1740 bis 1741 (Schweden) führte,[122] verschlangen große Summen: 1734 betrugen die Ausgaben für das Militär 71 %, für den Hof 7 % des Haushaltes; die Steuerschulden von 1720 bis 1732 beliefen sich auf 13,5 Mio. Rubel.

Man versuchte in der Akademie, Schumacher zu entmachten, was unter der Herrschaft von Elisabeth (1741–1761) zeitweilig sogar gelang. Aber Schumacher setzte sich wieder durch bzw. das Unternehmen scheiterte gleich, wie in dem Fall, als Jakob Hermann auf Wunsch der Akademiemitglieder ein Gegengewicht zu Schumacher sein sollte – denn Hermann lehnte am 14./25.8.1729 ab. Unter der Präsidentschaft von Korff (1734–1740) war das Verhältnis zwischen der Kanzlei und den Akademiemitgliedern eher ausgewogen. Nach dem Tode der Zarin Anna verschärfte sich aber die Situation wieder, sodass Goldbach, der nicht mehr neben Schumacher zur Leitung der Kanzlei gehören wollte, am 29.2./11.3.1740 ansuchte, ihn von diesen Pflichten zu entbinden und zu erlauben, nur wissenschaftlich tätig zu sein.

Peter I. hatte für die Herausbildung des russischen wissenschaftlichen Nachwuchses der Akademie dieser weitsichtig eine Universität und ein Gymnasium zur Seite gestellt, man könnte auch sagen „in diese integriert". Aber die Universität war beständig in Schwierigkeiten, Studenten zu immatrikulieren. Man hatte anfänglich für die ersten sechs Jahre nur acht Studenten aus Wien gewinnen können, die mit slawischen Sprachen vertraut waren. Die Lehre, ab 1726, erfolgte in lateinischer Sprache, auch die öffentlichen Vorlesungen bedienten sich dieser Sprache. Man versuchte daher, geeignete und interessierte Studenten des Kadettenkorps für den Besuch von Vorlesungen an der Universität und für die Teilnahme an Konferenzen der Akademie zu gewinnen; im November 1734 beschloss man beispielsweise, Kadetten in die Vorlesungen zu kommandieren. Euler war an den Eignungsprüfungen beteiligt (17./28.12.1734), die man immerhin für notwendig hielt. Auch eine Auffrischung mit Studenten aus der Moskauer Slawisch-Griechisch-Lateinischen

---

[122] Acht Jahre, also mehr als die Hälfte der Zeit von Eulers erstem St. Petersburger Aufenthalt von 1727 bis 1741, waren damit Kriegsjahre; Eulers Abreise selbst fiel in den russisch-schwedischen Krieg 1741 bis 1742. In Eulers 25 Berliner Jahren hingegen gab es im Verhältnis weniger Kriegsjahre, nämlich elf (drei schlesische Kriege).

3.6 Weitere Aufgaben Eulers in St. Petersburg

Akademie[123] war wenig erfolgreich, denn obwohl die Sprachkenntnisse dieser Studenten besser waren, schlossen sich viele von ihnen aufgrund der guten Entlohnung der großen Nordischen Expedition (1733–1743) an, sodass sich die Zahl der Studenten nicht erhöhte. 1731 hatte die Universität gar keine Studenten! Auch die Zusicherung von Stipendien sowie eine freizügige Zulassung unabhängig vom sozialen Stand konnte dem Siechtum der Universität nicht abhelfen. In den ersten zwanzig Jahren ihrer Existenz hatte die Universität etwa einhundert Hörer gehabt, wozu noch weiter fünfzig Hörer kamen, nämlich Mitarbeiter der Akademie, die sich auf diese Weise qualifizierten. Für die Mathematik war übrigens lediglich ein Professor vorgesehen. Schließlich gab es 1783, im Todesjahr von Euler, nur ein Paar Studenten, 1796 eine „Troika", und bald darauf schloss man die Universität, deren Betrieb eigentlich bereits vor dreißig Jahren, nämlich 1766, hätte eingestellt werden können.

Als Russlands erste eigenständige Universität wird die 1755 in Moskau gegründete angesehen; in St. Petersburg stiftete man erneut eine Universität (Санкт-Петербургский государственный университет, St. Peterburgski gossudarstwenni universitet), die 1819 aus dem pädagogischen Institut (Главный педагогический институт, Glawni pedagogitscheski institut) hervorging und unabhängig von der Akademie war sowie bis heute Bestand hat. Eine weitere russische Universität kam 1802 hinzu, die frühere schwedische Universität in Dorpat (früher Dörpt, russisch Дерпт, heute Tartu, Estland) wurde wiedereröffnet, ein Jahr später folgten Vilnius (heute Litauen, deutsch Wilan und russisch Вильня) und 1804 Kasan (Казань, seit 1552 russisch), wo später Nikolai Lobatschewski (Лобачевский, 1793–1856) wirkte, sowie Charkow (russisch Харьков, heute Харків, Ukraine).

Wie sah es mit dem russischen Nachwuchs aus? Im bereits erwähnten zeitgenössischen Bild gefragt: Wie sah es mit den Quellen für die Kanäle und der Mühle selbst aus? Das zur Akademie gehörige Gymnasium (гимназия)[124] war 1726 gegründet worden und für alle Stände offen. Es begann mit 112 Schülern, die im Alter von fünf bis 22 Jahre waren. Zwei Jahre später war die Zahl der Schüler auf ein Dutzend gesunken, und in den kommenden Jahren, als der Hof nach Moskau verlegt wurde (1728–1730), verbesserte sich nichts, denn die Schule wurde vornehmlich von Kindern von Ausländern besucht, die in Russland Handel trieben oder dem Hofe nahe standen. Nach der Rückkehr des Hofes nach St. Petersburg stieg zwar die Zahl der Schüler wieder leicht an, 1733 gab es 22 Schüler, aber seit 1731 gab es eine starke Konkurrenz, nämlich das Kadettenkorps (Кадетский

---

[123] Russlands erste höhere Bildungseinrichtung, gegründet 1687 (etwa 600 Jahre nach den Universitäten Bologna und Oxford).
[124] Das erste russische Gymnasium (1703–1711) wurde in Moskau 1703 von dem deutschen Pastor und ehemaligen Kriegsgefangenen Ernst Glück (1654–1705) gegründet; in St. Petersburg entstand in der evangelischen St.-Petri-Gemeinde ein deutsches Gymnasium (Petri-Schule).

корпус, kadetskii korpus),[125] das nach preußischem Vorbild eingerichtet worden war. Es zog Schüler ab. 1733 brachte es das Kadettenkorps auf 245 Schüler, die im Alter von 17 bis 23 Jahren waren. Die Kadettenausbildung im Menschikow-Palais auf der Wassili-Insel war attraktiver, da man dort im Gegensatz zum Gymnasium und der Universität (und auch der Akademie) einen militärischen Dienstgrad erhielt, der automatisch mit einem Rang in der russischen Gesellschaft verbunden war, womit wiederum eine gesicherte Laufbahn verbunden war. Weiterhin war das Gymnasium für russische Schüler auch deshalb weniger interessant, da es zum einen nicht auf praktische Bedürfnisse ausgerichtet war und da zum anderen die Professoren der Akademie ohnehin zu einer akademischen Unterrichtsform neigten. Immerhin hat es zwischen 1728 und 1750 etwa 500 Russen ausgebildet. Neben diesen Einrichtungen gab es noch das Seekadettenkorps (Морская Академия, Morskaja akademija; 1715), die Ingenieursschule (Инженерская Школа, Inzhenerskaja schkola; 1719) sowie die Artillerieschule (Артиллерииская Школа, Artilleriiskaja schkola; 1721) und ein altsprachliches Seminar (Славиано-греко-латинской-Семинар, Slaviano-greko-latinskoi Seminar; 1726), dessen Wurzeln teilweise auf von Peter I. in Moskau geschaffene Einrichtungen zurückgingen. Der Unterricht im Gymnasium erfolgte durch Akademiemitglieder und eigene Lehrer. Er umfasste die alten Sprachen, Deutsch und Französisch, Mathematik und Geographie, aber es gab auch Tanzunterricht. Euler war ursprünglich als Adjunkt an dieses Gymnasium verpflichtet worden, aber er konnte bei seiner Ankunft zur Akademie wechseln. Jedoch prägte er auch das Lehrprogramm des Gymnasiums mit, denn er verfasste von 1735 bis 1740 ein Lehrbuch in zwei Teilen *Einleitung zur Rechenkunst zum Gebrauch des Gymnasii bey der Kayserlichen Akademie der Wissenschaften in St. Petersburg* (E 17 und 35, EO III/2; 1738 und 1740), dessen beide Teile in einer von Wassili Adodurow (auch Adadurow, Ададуров bzw. Адодуров, 1709–1780) bzw. von Wassili Kusnezow (Кузнецов, ?–1751) besorgten russischen Übersetzung 1740 und 1760 erschienen (Abb. 3.32). Adodurow war seit 1733 Adjunkt für höhere Mathematik und wurde das erste russische Akademiemitglied. Zu Euler hatte er als ihm zugeordneter Adjunkt enge mathematische Arbeitsbeziehungen, er war beispielsweise auch an Eulers Seite, wenn dieser Examina oder die Auswahl von Schülern im Gymnasium vornahm, und er unterstütze ihn dabei als Dolmetscher (z. B. 24.1./7.2., 11./22. 3. und 14./25.4.1735). Darüber hinaus übersetzte Adodurow auch für die Akademie. Er schied 1741 bei Eulers Weggang aus der Akademie aus und ging an die Universität Moskau. Adodurow wurde übrigens Tutor der späteren Zarin Katharina II., und er war Verfasser einer der ersten russischen Grammatiken.

Bayer war Direktor des Gymnasiums und Krafft ein Inspektor. Im Todesjahr von Euler waren 50 Schüler für das Gymnasium geplant, die reale Zahl war 27;

---

[125] Genauer handelt es sich um das adelige Landkadettenkorps (морской сухопутный шляхетский кад. Корпус, suchoputnyi schlijkchetskii kad. Korpus), ein adeliges Seekadettenkorps (морской шляхетский кад. Кор., morskoi schljachetskii kad. Korpus) war schon 1715 gegründet worden.

Abb. 3.32 Titelseite der *Einleitung zur Rechenkunst*, Band 1 (1738); beide Bände des Buches wurden ins Russische übersetzt. Die russische Übertragung der *Einleitung in die Rechenkunst* (Arithmetik) wurde später für Studierende als Lehrmaterial aufgelegt

aber 1786 gab es schon 89 Gymnasiasten. In der Zeit von Eulers zweitem St. Petersburger Aufenthalt kamen als neue Unterrichtsgegenstände die italienische und die englische Sprache hinzu.

Der Mangel an Lehrmaterial war in St. Petersburg von Anfang an ein Problem. Der unter Zarin Anna als Vizekanzler amtierende Graf Heinrich Johann Friedrich Ostermann (Остерман, 1686–1747) ordnete am 12./23.1.1728 an, dass die Mitglieder der Akademie Kompendien für ihre Fachgebiete zu verfassen hätten. Mathematisches Lehrmaterial für den 12-jährigen Zaren Peter II. wurde von Hermann und Delisle noch im gleichen Jahr erarbeitet, der „Abrégé des Mathématiques pour l'Usage de sa Majesté Impériale de toutes les Russies" (Abriss der Mathematik zum Gebrauch seiner Kaiserlichen Majestät) in drei Bänden. Er umfasst Arithmetik, Geometrie und Trigonometrie (Bd. 1, Hermann), Astronomie und Geographie (Bd. 2, Delisle) sowie Fortifikation (Bd. 3, Hermann). Die Darstellung erfolgte in Frage-Antwort-Form und benutzte anschauliche Beispiele. Hermann widmete seine Bände Ostermann und dem Generalfeldmarschall Wassili Wladimirowitsch Dolgoruki (Долгорукий, 1667–1746), Delisle eignete seinen Band dem Großkanzler Nikolai Fjodorowitsch Golowin (Головин, 1695–1745) zu. Die Zarin (Mutter Peters II.) erhielt ein Exemplar und gab den Druck für weitere 25 frei; eine russische Übersetzung wurde angefertigt. Die Bände vermitteln einen guten Überblick über den Lehrstoff des Gymnasiums. Im Gegensatz zu ähnlichen französischen Kompendien, in denen die klassischen Autoren dem Dauphin dargelegt wurden, steht hier der Nutzen im Vordergrund. Die renommierten Leipziger *Acta eruditorum* besprachen übrigens 1728 diese Bücher trotz ihren minimalen Auflage (woher hatten sie ein Rezensionsexemplar?).

Euler schuf nicht nur neue Lehrmaterialien für das Gymnasium, sondern er überreichte 1737 einer Kommission, die der Akademiepräsident Korff berufen hatte, um das Gymnasium zu reformieren, die bereits erwähnte Ausarbeitung „Unterthänigster Vorschlag wie das Gymnasium bei der Kayserlichen Academie der

Abb. 3.33 Die große Glocke des Kremls, die sogenannte Zarenglocke (Царь-колокол, Zar-kolokol). Sie gehört zu den größten und schwersten Glocken weltweit, hat aber nie geläutet (Höhe 6,14 m, Durchmesser am Fuß 6,60 m, Gewicht fast 220.000 kg, Wanddicke bis zu 61 cm). Das herausgebrochene Teil wiegt mit 11.500 kg einen Zentner mehr als die Erfurter Glocke Gloriosa. Die Akademie interessierte sich für die Glocke, und Euler, Daniel Bernoulli und Johann Georg Leutmann begutachteten ein Modell zum Emporheben der Glocke. (Protokoli, 19./30. Mai 1732)

Wissenschaften in St. Petersburg einzurichten [sei]". Über seine eigenen Pflichten äußerte sich Euler gegenüber Korff im gleich Jahr.

An der Akademie wurde Euler auch zu Gutachten herangezogen, zwischen 1735 und 1740 fertigte er etwa zwanzig Bewertungen an, zum Beispiel zur Begutachtung von Sägemühlen auf der Werft (17./28.11.1739) sowie – wie bereits erwähnt – zu einer Hebevorrichtung, mit der in Moskau die neue große Glocke auf den Kremlturm hinaufgezogen werden sollte (19./30.4.1736); letzteres Gutachten musste allerdings von Euler angemahnt werden (Abb. 3.33). Er hatte mehrfach Gutachten zu Schriften und mechanischen Apparaten von Isaak Bruckner (auch Brückner) (1686–1762) zu verfassen. Bruckner kam wie Euler aus Basel, und bereits in der Zeit, als Euler sich um eine Stelle in St. Petersburg bemühte, empfahl er Daniel Bernoulli diesen Mechaniker. Bruckner war schließlich von 1733 bis 1748 in St. Petersburg. Wohl ahnend, wie Euler seine Schrift „De quadratura circuli" (Über die Kreisquadratur) aufnehmen würde, ließ Bruckner diese zur Beurteilung an den Professor Heinsius geben (1./12. 9.1738), der gerade mit der letzten Sonnenfinsternis beschäftigt war, sodass man die Arbeit am 15./26.9.1738 archivierte. Am 23.2./6.3.1739 widersprach Euler höchstselbst einem Druck von Bruckners „Abrégé des élémens de géométrie" (Abriss der Elemente der Geometrie). Auch auf seinem eigentlichen Feld, der Konstruktion mechanischer Instrumente, erging es Bruckner nicht anders. Er führte der Konferenz am 6./17.3.1738 einen angeblich vorteilhaften Apparat zur Winkelmessung vor. Die Protokolle vermerken, dass Euler die Sache examinierte, zur gründlichen Untersuchung den Messmechanismus auch algebraisch erfasste und fand, dass die versprochenen Effekte ausblieben. Der Verteidigung Bruckners, dergleichen habe

3.6 Weitere Aufgaben Eulers in St. Petersburg

noch niemand geschaffen, hielt Euler sein eigenes Beispiel mit einer genaueren Bestimmung entgegen und bemerkte lakonisch, dass derartiges schon Archimedes (von Syrakus, 389–212 v. Chr.) besser gekonnt habe. Auch weitere Maschinen Bruckners, etwa zur Bestimmung der geographischen Länge (einem damals hoch wichtigen Problem), verdienten keine Aufmerksamkeit (Briefe an Wettstein, 21.11.1752, 6.7.1754). Wir kennen Eulers Gründe nicht, aber als Bruckner seine Wohnung in Petersburg wechselte, die nahe der Eulerschen gelegen war, vermittelte Euler für den Basler. Als Bruckner schließlich 1748 St. Petersburg ganz verließ, um anderswo sein Glück zu finden, nahm der sich inzwischen in Berlin befindliche Euler hilfsbereit seinen Landsmann vorübergehend auf und empfahl ihn kollegial dem Kurator der Berliner Akademie, Samuel Graf von Schmettau (1684–1751). Aber bereits im folgenden Jahr wandte sich Bruckner nach England.

Auch bei dieser Angelegenheit erwartete man eine Antwort Eulers (obwohl der zuständige Astronom Delisle anwesend war): Am 10.2./21.2.1735 begehrte Präsident Korff zu wissen, ob der Planet Jupiter am Vortage in seinem eigenen Haus gewesen sei? Euler verneinte und sagte, dass der Jupiter im Hause des Saturn zu finden gewesen sei, hingegen hätte sich die Sonne im Hause des Jupiter aufgehalten. Damit waren unmittelbar die astrologischen Bedürfnisse des Präsidenten befriedigt. Schwieriger war es allerdings für Euler, sich dem Erstellen von Horoskopen zu entziehen.

Für interdisziplinäre Probleme wurden in der Akademie auch Arbeitsgruppen zusammengestellt, so z. B. für die Herstellung der Generalkarte des Russländischen Reiches oder die praktische Untersuchungen von Geschossbahnen. Übrigens hatte Euler bereits wenige Wochen nach seiner Ankunft in St. Petersburg interessiert an den Schießversuchen des Militärs teilgenommen. Euler hatte auch die am 12. September 1731 eingereichte Arbeit eines russischen Seeoffiziers Stepan Malygin (auch Maligus; Малыгин, gest. 1764) über Navigation mittels Reduktionskarten zu begutachten, und sein positives Gutachten wurde am 19./30.10.1731 in der Konferenz vorgetragen. 1735 erhielt Euler ein ähnliches Thema zur Begutachtung, nämlich die Schrift „Mouvements des corps flottans" (Bewegungen schwimmender Körper; Paris 1735) von de la Croix, dem Generalkommissar der französischen Flotte, und in diesen Aufträgen liegen auch Wurzeln für Eulers *Scientia navalis* (Schiffswissenschaft; E 110–111, EO II/18–19; geschr. 1738, gedr. 1749). Hierzu ist auch Eulers Briefwechsel aus den Jahren 1734 bis 1740 mit dem dänischen Kapitän Friedrich Weggersløff (1702–1763) zu zählen, in dem es um das Verhalten schwimmender Körper, vornehmlich um deren Stabilität, ging.[126] Schließlich gehörte Euler von 1736 bis 1740 auch einer Kommission für die Vereinheitlichung von Maßen und Gewichten an, aber das Ergebnis dieser

---

[126] Die russische Marine verfügte im 18. Jahrhundert etwa über 725 Kriegsschiffe; in der Regierungszeit von Anna wurden in Russland etwa 180 Kriegsschiffe gebaut, darunter über 50 Schiffe mit einer Anzahl von 70 bis 100 Kanonen. Die Marine bestand zur Zeit der Herrschaft Katharinas I. aus 15.000 Matrosen und 2100 Kadetten, deren Etat (ohne Verpflegung) 1,15 Mio. Rubel betrug (1723), bei den Landstreitkräften waren es 1,8 Mio. Rubel.

Bemühungen war ziemlich gering. Die Vereinheitlichung der Maße gelang erst 1835, als man sich durch eigene Bedürfnisse der russischen Marine pragmatisch an das englische System anlehnte.

Die Akademie gab auch eine populäre wissenschaftliche Zeitschrift in russischer Sprache heraus. Hier ist in Hinblick auf Eulers Mitarbeit noch vieles offen. Euler wie Gmelin, Krafft oder Weitbrecht waren als Autoren an der von der Akademie betreuten deutschsprachigen St. Petersburger Zeitung beteiligt; diese wurde seit 1727 gedruckt und existierte bis 1914 kooperativ mit einer russischen Ausgabe der „Wedomosti" (Ведомости); neuerdings wird letztere wieder als Tageszeitung fortgeführt. Die Petersburger Zeitung war die älteste deutschsprachige Auslandszeitung und ebenfalls die älteste deutsche Zeitung in Petersburg sowie die zweitälteste Zeitung in Russland. Solche Zeitungen brachten Nachrichten aus der wissenschaftlichen Welt nach Petersburg, wo man die Leipziger Neue Zeitungen von gelehrten Sachen zum Vorbild nahm, die die Akademie abonniert hatte.[127] Sicher ist, dass Euler 1738 einen namentlich abgezeichneten Beitrag über die Gestalt der Erde („О внѣшнемъ видѣ земли", O vneschnem vide zemli, Über die Gestalt der Erde; E 32, EO III/2) publizierte, an einer Arbeit über Nordlichter (1730) beteiligt war, zudem liegt eine Arbeit über Ebbe und Flut von 1740 zeitlich so nahe bei Eulers Pariser Preisarbeit „Inquisitio physica in causam fluxus ac refluxus maris" (Eine physikalische Untersuchung über die Ursachen der Gezeiten; E 57, EO II/31), die er in Petersburg in der Konferenz am 15. Juni 1739 vorlegte, dass eine Autorenschaft Eulers sicher scheint. Der erste Redakteur der St. Petersburger Zeitung war Gerhard Friedrich Müller (1705–1783), der später an der Akademie Karriere machte (1731 Mitglied), schließlich ein bedeutender Historiker wurde und nicht zuletzt ein guter Freund Eulers war. Die Akademiepräsidenten wiesen immer wieder auf die Pflicht der Akademiemitglieder hin, für diese Zeitungen zu arbeiten (beispielsweise am 12.1.1728, *Protokoli*).

Eine Attraktion: Das Merseburger Perpetuum mobile (1719)
Eine kuriose Sache beschäftigte Euler. Peter I., der an allem Neuen interessiert war, was Russland nützen konnte, war auf eine Anzeige in den *Acta eruditorum* (1715, S. 46–47) eines gewissen Orffyre[128] (das ist Johann Ernst Bessler, um 1680–1745) im Jahre 1715 aufmerksam gemacht worden, in der ein funktionierendes Perpetuum mobile angepriesen wurde (Abb. 3.34, Abb. 3.35). Der Abenteurer Orffyre (auch Orffyré) hatte sich Gutachten von anerkannten Autoritäten verschafft bzw. solche unterstellt (selbst Leibniz wurde angeführt), und er sorgte so mit seiner Wundermaschine jahrelang für Aufsehen (Abb. 3.36). Folglich wollte der Zar diese Maschine in seinen Besitz bringen. Ein solches Exemplar des Perpetuum mobile stand zeitweilig in

---

[127] Die Akademie bezog u. a. die Amsterdamer französische Zeitung, den Hamburger Correspondent und die Niedersächsische Zeitung von gelehrten Sachen. Die Zeitungen wurden unter den Akademiemitgliedern in Umlauf gegeben und wesentliche Nachrichten in den Konferenzen besprochen.

[128] Der eigenartige Namen ist nach einer kabbalistischen Methode aus dem ursprünglichen Namen erzeugt, indem die zweite Hälfte des Alphabets unter die erste Hälfte geschrieben wird und die Buchstaben des Namens mittels übereinander stehender Buchstaben vertauscht wurden, z. B. B mit O, S mit F usw. (j = i; u = v).

3.6 Weitere Aufgaben Eulers in St. Petersburg

Abb. 3.34 Der Erfinder eines Perpetuum mobile, Johann Ernst Elias Bessler (1681–1745). Kupferstich um 1719

Merseburg, nicht weit von Halle, dem Wirkungsort von Wolff, sodass der Zar Wolff um Rat bat. Aber diese Angelegenheit zog sich über sieben Jahre hin und führte zu nichts.

Auch Goldbach hatte dieses Bessler-Rad, das sich scheinbar ohne äußeren Einfluss wochenlang bewegte, in Augenschein genommen und 1716 sogar lateinische Spottverse darüber verfasst, denn er hielt bereits aufgrund des Luftwiderstandes eine derartige Maschine für unmöglich. Nicht aber das Petersburger Akademiemitglied Martini. Der Sekretär der Akademie Goldbach mag daher in die Akademieprotokolle am 23.11.1725 Martinis Vortrag über das Perpetuum mobile wohl mit gemischten Gefühlen eingetragen haben, denn Martini glaubte tatsächlich, die Möglichkeit hierzu gefunden zu haben („Martinus viam ad perpetuum mobile a se inventam putavit"; Martini dachte, dass er einen Weg zum Perpetuum mobile gefunden hat). Martini hatte hier ein Thema aufgegriffen, das en vogue war und ihm daher die gewünschte Beachtung einbrachte. Die neuen Phänomene des Magnetismus und der Elektrizität ließen vieles als möglich erscheinen, und so meinte Martini in der Tat, dass ein Perpetuum mobile mittels dieser unbekannten Kräfte zu verwirklichen sei. Euler hingegen äußerte den – übrigens zutreffenden – Verdacht, dass das in Rede stehende Rad durch einen verborgenen elastischen Faden angetrieben werde (Brief vom 23.6.1747 an Goldbach).

Am 2. Juni 1747, also fast 22 Jahre später, erhielt Euler von Goldbach einen Brief, in dem merkwürdigerweise dieses Thema abermals aufgegriffen wurde. Da man lange nichts mehr von der Maschine „des Herrn Orffyrei" und ihrer Vervollkommnung gehört habe, schrieb Goldbach an Euler, sei die Erfindung wohl doch bedenklich gewesen. Euler antwortete einen Monat darauf (am 4. Juli) und wusste, dass Orffyre seine Maschine zerstört hatte, aber inzwischen ein unter Wasser fahrendes Schiff erfunden haben sollte. Orffyre hat in der Tat 1722 Vorschläge für ein solches Tauchboot gemacht, das Menschen retten sollte und versunkene Güter bergen könnte. Allerdings war der Abenteurer zur Zeit dieses Briefwechsels bereits zwei Jahre tot. Ein halbes Jahrhundert nach Martinis peinlichem Vortrag verkündete schließlich die Pariser Akademie 1775, man wolle nicht länger Vorschläge annehmen oder sich mit ihnen beschäftigen, wenn sie das Perpetuum mobile betreffen; Pierre Louis Moreau de Maupertuis (1698–1759), der erste Präsident der Preußischen Akademie der Wissenschaften in Berlin, hatte schon in seinen *Lettres sur le progrés des sciences* (Briefe über den Fortschritt der Wissenschaften; 1752) neben dem Stein der Weisen[129] und der Quadratur des Kreises das Perpetuum mobile zu den erledigten Problemen in der Wissenschaft gezählt, deren weitere Bearbeitung sich erübrige und von der Berliner Akademie nicht mehr erfolge.

---

[129] Alchemistische Vorstellung, mittels eines Steines unedle Metalle in edle zu verwandeln (Transmutation).

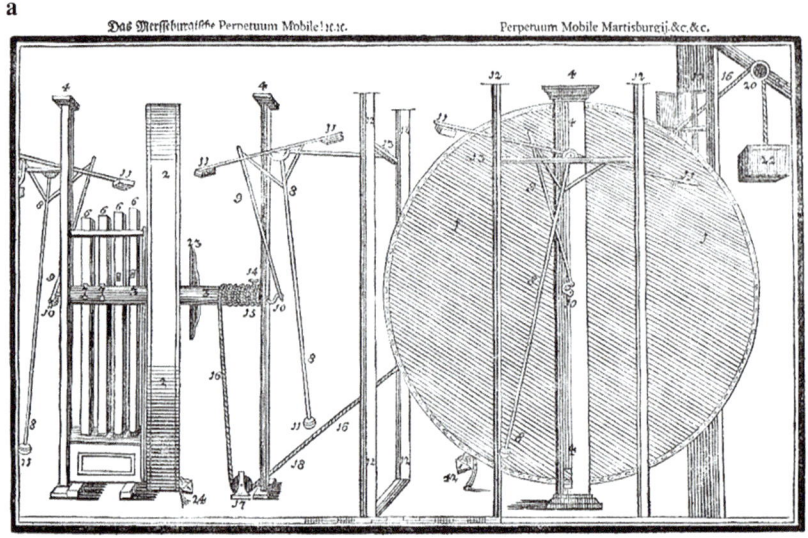

Abb. 3.35 a Die von Bessler konstruierte Maschine, die er als Perpetuum mobile ausgab und in Merseburg ausstellte; **b** eine mögliche Erklärung der Funktion

Abb. 3.36 Russische Straßenszene. Ein Verkäufer von Heißgetränken und ein Offizier als Kunde

3.7 Auf dem Weg zum Ruhm

3.7.1 Eulers Arbeitsgebiete zeichnen sich ab

> Die Mathematik kennt neben der konkurrenzlosen Epoche der Griechen keine glücklichere Konstellation als diejenige, unter der Leonhard Euler geboren wurde. Es ist ihm vorbehalten gewesen, der Mathematik eine völlig veränderte Gestalt zu geben und sie zu dem mächtigen Gebäude auszugestalten, welches sie heute ist.
>
> ANDREAS SPEISER (1885–1970)

Eulers Arbeiten bewegten sich zunächst im Gedankenkreis seines Lehrers, d. h. in der mathematischen Physik, aber bald erschienen neben der Mechanik auch Abhandlungen zu anderen Gebieten: Schiffsbau, Optik, Kartographie, Astronomie, Reihenlehre und selbst Zahlentheorie sowie Musik. Die Notizbücher und Briefe, die zu Eulers Lebzeiten nicht veröffentlicht wurden, sind vor allem für die frühen Petersburger Jahre Belege dafür, wie tief Euler bereits in die mathematischen und physikalischen Probleme eingedrungen war, und zeigen, dass er etwa seit der Zeit der Heirat (1734 n. St.) seine wissenschaftlichen Fähigkeiten voll entfaltet hatte. Seine Abhandlungen wurden von da ab in Europa beobachtet (Abb. 3.37).

Es ist hier der Platz, einige Bemerkungen über die bis heute noch nicht kritisch edierten Notizbücher zu machen.[130] Derartige Notizhefte bzw. Tagebücher sind öfter von Wissenschaftlern geführt worden, wir erwähnen C. F. Gauß (1777–1855) und D. Hilbert (1862–1943). Neben wissenschaftlichen Einträgen (teilweise

---

[130] Diese Ausführungen sowie die entsprechende Tabelle basieren auf einer Arbeit von G. Mikhailov in *Euler* 1959, S. 256–279 einschl. 20 Faksimiles. Wie Mikhailov (Michailow) selbst bemerkte, kann zurzeit eine Vollständigkeit des gewaltigen Werkes nicht angestrebt werden.

Abb. 3.37 a Die Petersburger Zeitung vom April 1729 mit der Geburtsanzeige der Prinzessin Sophia Augusta Friederike von Anhalt-Zerbst (6. Zeile von unten), der späteren Zarin Katharina II. und **b** die Neuen Zeitungen von Gelehrten Sachen, Leipzig 1749. Beide Zeitungen wurden von der Petersburger Akademie abonniert

datiert, teilweise nicht) sind manchmal auch philosophische Bemerkungen, geschäftliche Einträge u. ä. zu finden. Fehlende Datierungen sind durch Veröffentlichungen oder einschlägige Briefe oft zu ermitteln oder einzugrenzen. Alles in allem geben solche intimen Notizhefte einen wertvollen Einblick in die Entstehungsgeschichte von Ideen, Problemen und deren Lösungen. Bei Euler finden wir zwischen mathematischen Eintragungen auch Beschreibungen alltäglicher Sachverhalte, wie blonde Haare zu schwärzen sind, Remedium contra hydropiosin (Kur gegen die Wassersucht) oder wie man Eau de la Reine (das Wasser der Königin) herstellt (Tab. 3.4). Euler hat zwölf Notizhefte hinterlassen; Gauß neben dem bekannten „Mathematischen Tagebuch von 1796–1814" weitere mathematische Notizhefte in seinem Nachlass und Hilbert drei.

1730 schloss Euler mit zwei bedeutenden Arbeiten über geodätische Linien (E 8 und 9) an seine erste Veröffentlichung an. Wir wollen en passant noch auf die Arbeit „Problematis trajectoriarum reciprocarum solutio" (Lösung des Problems reziproker Trajektorien; E 5, 1727) verweisen, in der Euler gerade und ungerade Funktionen definierte sowie erstmals komplexe Zahlen benutzte.[131] Diese Arbeiten

---

[131] *Petersburger Commentarii* 2 (1727), S. 90–111; 3 (1728), S. 70–84 und S. 110–124.

Tab. 3.4 Überblick aus mathematisch-mechanischer Sicht über den Inhalt von Eulers Notizheften (nach Gleb Michailow [Г. Михайлов] nach Euler 1959, S. 257–279)

Nr	Zeitraum	Umfang	Inhalt
1	1725–1727	400 S	Berechnungen zu Isochronen, Brachistochronen, zum Schall, Musiktheorie
2	1727	150 S	17 S. Reisetagebuch (mit Bleistift, teilweise schwer lesbar); Rechnungen (unendliche Reihen, Geometrie, Algebra, Mechanik), Bemerkungen zur russischen Sprache, Geschichte
3	1736–1740	500 S	Rein mathematische Fragen, unendliche Reihen, Kettenbrüche, ab 1737 Differentialgleichungen
4	1740–1744	500 S	Eine direkte Fortsetzung des 3. Notizheftes; Differentialgleichungen, algebraische Gleichungen höheren Grades, etwa ein Viertel des Umfangs betrifft die Mechanik, ab 1742 elastische Kurven (in *Methodus inveniendi* [E 65] das Additamentum I „De curvis"), Jan. 1743 Prinzip der kleinsten Wirkung für geworfene Körper; Herbst 1741 einzelner Eintrag: „Si x est quantitas imaginaria erit" (Wenn x eine imaginäre Größe wird), $e^x = \cos A \cdot x\sqrt{-1} + \frac{\sin A \cdot x\sqrt{-1}}{\sqrt{-1}}$
5	1749–1753	350 S	Aufschrift „Diarium mathematicum" (mathematisches Tagebuch); ein Drittel des Umfangs betrifft Mechanik, Himmelsmechanik und Hydraulik, Theorie der Reibung. Segnersches Rad, Kontinuitätsgleichung für dreidimensionale Strömungen
6	1749–1757?	500 S	Rechnungen (Haushalt) ab 1749, mathematische Einträge etwa 1754–1757 als Fortsetzung des Notizheftes 5; Einträge Physik, Philosophie; magische Quadrate, geometrische Optik, Saitenschwingungen, Anwendungen der Analysis auf Geometrie, Variationsrechnung, Bemerkungen zur Wolff'schen Philosophie
7	1759–1763?	200 S	Gewöhnliche und partielle Differentialgleichungen, Kurvenscharen als Lösungen
8	1759–1763?	200 S	Entwurf „Principia calculi variationum" (Prinzipien der Variationsrechnung), später E 296; Ausführliche Integraltafeln, Optik, Schallausbreitung
9	ab 1760	750 S	Angebundene Manuskripte, darunter auch der Druck von Wallis *Arithmetica,* eigene Eintragungen auf nur ca. 90 Seiten
10, 1 u. 2	1770–1782	340 S 260 S 180 S	Eintragungen der Schüler und Gehilfen für den sehbehinderten Euler. Mit „Mathematica" (Nr. 10) sowie „Adversaria [Kladde] mathematica" (Nr. 11 & 12) betitelt

und eine weitere Abhandlung über das isoperimetrische Problem der Variationsrechnung (E 27) sind Marksteine auf dem Weg zu Eulers *Methodus inveniendi* (Variationsrechnung, E 65, EO I/24) aus dem Jahre 1744. Johann Bernoulli (1667–1748), Eulers Lehrer, mit dem er über diese Fragen korrespondierte, bestätigte ihm, dass seinem überaus scharfen Spürsinn nichts entgangen sein könne, und ein vorzüglicher neuerer Kenner der Variationsrechnung, Constantin Carathéodory (1873–1950), hob zudem Eulers „staunenswerte Geschicklichkeit" hervor.[132] 1735 verfasste Euler beispielsweise eine Abhandlung über ein Verfahren, aus drei Beobachtungen eines Planeten dessen Bahn zu bestimmen. In dem 1736 erschienenen Akademieband der *Commentarii Academiae Scientiarum Imperialis, Petropoli* (Aufzeichnungen der Kaiserlichen Akademie der Wissenschaft, Petersburg)[133] sind von den 13 mathematischen Arbeiten elf Abhandlungen von Euler, der Rest ist von Daniel Bernoulli – mithin alles von zwei Baslern.

Während die Dekade von 1727 bis 1736 Eulers wachsende mathematische Dominanz in den *Petersburger Commentarii* zeigte, machten die Arbeiten des folgenden Zeitraums von 1737 bis 1747 Eulers internationale Bedeutung deutlich. Im Jahre 1737 reichte Euler sein Schrift „De igne" (Über das Feuer, seine Natur und seine Eigenschaften; E 34, EO III/10) bei der Pariser Akademie ein und gewann damit gemeinsam mit Louis Antoine Lozeran du Fiesc, S. J. (1698–1755) den für das Jahr 1738 ausgeschriebenen Preis. Es war dies der erste der Pariser Preise, die Euler erhielt. Im genannten Zeitraum sollten noch sechs weitere an ihn fallen, obwohl ihn 1740 sein Augenleiden derart behinderte, dass er einige Zeit nicht arbeiten konnte, und auch der Umzug nach Berlin im Jahre 1741 sowie dessen Vorbereitungen dürften Euler einige Kraft abverlangt haben. Übrigens hatten für den Preis von 1738 auch Gabrielle-Émilie le Tonnelier, Marquise du Châtelet (1706–1749), sowie François Marie Aruoet gen. Voltaire (1694–1778) Schriften eingereicht; beide betrieben im Schloß Cirey (Château de Cirey im französischen Département Haute-Marne) gemeinsame Studien, insbesondere übertrug die Marquise dort die *Philosophiae Naturalis Principia Mathematica* (Mathematische Prinzipien der Naturphilosophie) von Isaac Newton (1643–1727) ins Französische. Obwohl beide bei der Preisvergabe keinen Erfolg hatten, wurden ihre Arbeiten jedoch neben Eulers Preisschrift in der entsprechenden *Recueil des pièces qui ont remporté les prix de l'Académie Royale des Sciences, Paris* (Sammlung der Arbeiten, die den Preis der Königlichen Akademie der Wissenschaften zu Paris gewonnen haben) abgedruckt (Abb. 3.38).

In den „Sankt Peterburgskije Wedomosti" (Санкт-Петербургские ведомости, St. Petersburger Neuigkeiten), der ältesten russischen Tageszeitung, wurde im Mai 1738 vermeldet: „Von der Königlichen Akademie der Wissenschaften [in Paris] sind denjenigen Persönlichkeiten Auszeichnungen verliehen worden, die die Natur des Feuers und dessen Vermehrung deutlicher dargelegt haben. Unter ihnen [Preisträger] befindet sich auch Herr Professor Euler von der Russländischen Akademie der Wissenschaften in Sankt-Petersburg";[134] die Preisschrift betraf die Natur des

---

[132] Siehe hierzu etwa R. Thiele, „Euler and the Calculus of Variations", in *Leonhard Euler: Life, Work and Legacy*. Ed. R. Bradley et al. Amsterdam 2007, S. 235–264.
[133] Im Folgenden oft mit Comment. ac. sc. Petr. oder mit *Petersburger Commentarii* abgekürzt.
[134] „Мешду которыми и Россiйской Академiи Наукъ а Санктпетербургѣ Профессор Г.[осподинъ] Эйлеръ находится." (Ebd. Mai 1738, Nr. 18, S. 317.)

Abb. 3.38 Titelseite der *Recueil des pièces* (Sammlung von Abhandlungen) für das Jahr 1738 (gedruckt 1739), in denen die Pariser Preisschriften veröffentlicht wurden. Eulers Abhandlung „De igne" (Über das Feuer) – sein erster Pariser Preis – ist abgedruckt, ebenso wie die entsprechende Gemeinschaftsarbeit von Voltaire und der Marquise de Châtelet, die allerdings keinen Preis erhielt

Feuers „Dissertatio de igne" (Abhandlung über das Feuer) bzw. die französische Übersetzung „Sur la nature et la propriété du feu" (Über die Natur und die Eigenschaften des Feuers, E 34, EO III/10). Bereits im folgenden Jahr bewarb sich Euler abermals in Paris mit einer weiteren Arbeit „Dissertation sur al meilleure construction du cabestan" (Über die beste Konstruktion von Ankerwinden; E 78, EO II/20) um einen Preis, wiederum erfolgreich. Allerdings musste sich Euler den Preis diesmal mit drei weiteren Gewinnern teilen, unter ihnen der berühmte schottische Mathematiker Colin Maclaurin (1698–1746). Eulers dritter Preis folgte unmittelbar: 1739 legte er die Schrift „Inquisitio physica in causam fluxus ac refluxus maris" (Physikalische Untersuchung über den Grund von Ebbe und Flut; E 57, EO II/31) vor. Diese Arbeit über die Gezeitentheorie behandelte u. a. das Zurückbleiben der Flutwelle gegenüber der Kulmination des Mondes – eine bei Newton offene Frage. Über die Aufnahme der Arbeit in Paris hatte Daniel Bernoulli aus Basel am 30. April 1740 an den Freund in Petersburg geschrieben (übrigens ein schönes Beispiel für das im 18. Jahrhundert übliche Gelehrtendeutsch):

> „Von Ihrer pièce [Schrift(chen)] hat man mir insonderheit gerühmt, wie sie die figuram terrae, quatenus ab actione lunae mutatur [die Figur der Erde, soweit sie durch die Wirkung des Mondes verändert wird], determinirt [bestimmt haben] und anbei inertiam aquarum [die Trägheit des Wassers] sehr geschicklich in Consideration [in die Betrachtung] gezogen. Ich für mein Theil habe, um mich nicht allzuweit in die pure geometrica [reine Mathematik] einzulassen, mich contenirt [zufrieden gegeben] die differentiam inter axem et diametrum perpendicularem ab actione lunae ortam [den Unterschied zwischen der Achse und dem senkrechten Durchmesser, der sich durch die Wirkung des Mondes ergibt] zu determiniren [bestimmen]; was aber die considerationes physicas [physikalischen Überlegungen] anbelangt, habe ich alle Umstände mit der möglichsten exactitude [Genauigkeit] betrachtet." – *Correspondance* II, 1843

Der vierte und fünfte Pariser Akademiepreis wurde Euler, der inzwischen in Berlin war, für zwei Arbeiten mit magnetischer Thematik zuteil: „De observatione inclinationis magneticae" (Abhandlung über die Beobachtung der magnetischen Inklination; E 108, EO III/10), geschrieben 1742, und „Dissertatio de magnete" (Abhandlung über Magnete; E 109, EO III/10), geschrieben 1743, beide 1752 publiziert. Diese Arbeiten, ebenso wie die über das Feuer, wurden aus der Sicht der Newton'schen Mechanik geschrieben, indem der behandelte physikalische Gegenstand als ponderabel (wägbar) angenommen und damit mechanisch erfassbar und behandelbar wird. Euler legte dabei hypothetisch zwei verschiedene Substanzen zugrunde: eine grobe und eine subtile, wobei für die magnetischen Wirkungen insbesondere eine flüssige dünne Materie, die Bestandteil des subtilen Äthers ist, in Betracht zu ziehen war (E 109, EO III/10, S. 148 f.). Der Feldbegriff, der den des Äthers überlebt hat, gründet sich letztlich auf Eulersche Vorstellungen und gelangte über die französische Schule schließlich zu Michael Faraday (1791–1867) und James Clerk Maxwell (1831–1879). Obzwar Euler seine bedeutenden Arbeiten zur Hydrodynamik erst nach 1755 verfasste, benutzte er hier seine frühen hydrodynamische Vorstellungen aus dem Basler Notizbuch (Nr. 1). Die in Rede stehenden Themen werden übrigens auch in populärwissenschaftlicher Weise in den *Lettres* (Briefe an eine deutsche Prinzessin; E 343–344, 412, EO 11–12, 1768–1772) erörtert.

Im Hinblick auf die Pariser Akademiepreise hatte Eulers Freund Christian Goldbach (1690–1764) im Juli 1742 in einem Brief an Euler, der nun in Berlin war, diesem prophezeit:

> „Ich gratuliere zur Ihrer bevorstehenden perpetuellen Pension aus Paris [dauerndes Preisgeld], denn es scheint je länger desto mehr, daß Euer Hochedelgeboren die dortige Académie des Sciences sich bei Austeilung der Preise gänzlich tributaire [tributpflichtig] machen werde."

Euler antwortete zwar, dass er diese Vorteile sich erhalten wolle, klagte aber über die Schwierigkeiten beim Postverkehr, d. h. die Post rechtzeitig bei der Akademie ankommen zu lassen. Die Arbeit „Inquisiti physica" (Physikalische Untersuchung; E 57, EO II/31) war zunächst verloren gegangen und wurde als Kopie über den russischen Botschafter in Paris verspätet an die Akademie geschickt, aber durch die Bemühungen des Botschafters doch noch zum Preiswettbewerb zugelassen; eine an die Akademie in Dijon geschickte Arbeit ist allerdings verschollen (und erscheint daher im Eneström-Verzeichnis nicht).

Die nächste Preisschrift wurde 1746 geschrieben und betrifft das Schiffswesen: „Meditationes in quaestionem" (Gedanken über eine Frage; E 150; EO III/20); um den für das Schiffswesen vergebenen Preis sollte sich Euler noch zweimal erfolgreich bewerben (1753 und 1759), und wenn wir schließlich die Arbeit seines Sohnes Johann Albrecht (1769) mit einbeziehen, insgesamt viermal. Schließlich wurden Eulers Beiträge zum Dreikörperproblem (Pertubationen) mit dem für 1748 ausgelobten Preis ausgezeichnet („Recherches sur la question des inégalités du mouvement de Saturne et de Jupiter", Untersuchungen über die Frage der Ungleichheiten bei der Saturn- und Jupiterbewegungen; E 120, EO II/24) sowie dem

Abb. 3.39 Andrew Wiles (*1953) beim Besuch von Fermats Geburtsort Beaumont-de-Lomagne am 28. Oktober 1995 vor dem Sockel des Denkmals für Pierre de Fermat (1601–1655)

Preis für 1747 („Meditationes in quaestionem"; E 150, EO II/20). Eulers Arbeiten zum Dreikörperproblem brachten ihm insgesamt fünf Preise ein. Die Preisschrift für 1760 trägt den Titel „Meditationes in quaestionem utrum motus medius planetarum" (Betrachtungen über die mittleren Geschwindigkeit der Planeten; E 416, EO II/27) und weist einen Charles (Karl) Euler als Autor aus. Vermutlich gab der Vater diese Arbeit als die seines Sohnes aus, obwohl eher der mathematisch gebildete Albrecht als der Mediziner Karl passender gewesen wäre.

Damit verlassen wir für das Erste die Eulersche Sammlung von Akademiepreisen und wenden uns einem völlig neuen und gänzlich anderen Gebiet zu: der Zahlentheorie. Hier führt eine direkte Linie von Pierre de Fermat (1601–1655) (Abb. 3.39),[135] der einer der bedeutendsten Mathematiker des 17. Jahrhunderts war, zu Euler. Vereinfacht gesagt lässt sich das Verhältnis beider etwa so beschreiben: Fermat hatte vermutet und formuliert, Euler bewies und widerlegte. Ein Beispiel hierfür: Fermat hatte den heute als „kleinen Fermat" bezeichneten Satz ohne Beweis hinterlassen, dass für eine beliebige Primzahl p und jede natürliche Zahl a, die zu p teilerfremd ist – $(a, p) = 1$ – die Zahl $a^p - a$ durch p teilbar sei, und Euler bewies das (E 134, E 262). Übrigens hat Fermat mehr fehlerhafte Vermutungen ausgesprochen, als allgemein bekannt ist.

---

[135] K. Barner, „How old did Fermat become?", in: NTM 9,4 (2001), S. 209–228. Diese Arbeit legt das Geburtsjahr 1607 nahe.

Angeregt zu seinen zahlentheoretischen Forschungen, die um 1730 einsetzten, wurde Euler aber durch Christian Goldbach. Dessen Begabung war zwar nicht mit der Eulers zu vergleichen, aber seine Fähigkeiten sollten auch nicht unterschätzt werden, denn ohne Goldbachs Einfluss auf Euler hätte die Zahlentheorie ihre heutige Perfektion sicher noch nicht erreicht. Goldbach besaß ungewöhnlich weite Interessen, kannte die Prominenz seiner Zeit und erwies sich in bewundernswerter Weise als gesuchter kongenialer Brief- und Gesprächspartner. Euler bescheinigte das Goldbach indirekt in einem Brief durch eine Bemerkung über zahlentheoretische Probleme, dass nämlich „der Goût [Neigung] für dergleichen Sachen bei den meisten erloschen ist". Der Briefwechsel Eulers mit Goldbach, der 1728 mit dem Hof nach Moskau gezogen war und dort in den 1730er-Jahren zeitweilig lebte, sonst aber in Petersburg wohnte, während Euler von 1741 bis 1766 in Berlin lebte,[136] gehört aus wissenschaftsgeschichtlicher Sicht zu den inhaltsreichsten und packendsten Korrespondenzen des 18. Jahrhunderts. Euler und Goldbach verband zudem eine über dreieinhalb Jahrzehnte währende Gelehrtenfreundschaft.

Bereits im Antwortschreiben Goldbachs vom Dezember 1729 auf den von Euler eröffneten Briefwechsel setzte Goldbach durch ein Postskriptum die Diskussion über den von Fermat um 1640 behaupteten Primzahlcharakter der Zahlen

$$F_n = 2^{2^n} + 1$$

für $n = 0, 1, 2, \ldots$

in Gang, die sofort allgemeiner auf die möglichen Teiler von Zahlen der Form $a^2 + 1$ ausgeweitet wurde. Das „zufällig" gefundene Ergebnis

$$F_5 = 4.294.967.297 = 641 \times 6.700.417$$

ist in einer Arbeit enthalten, die Euler 1732 der Akademie vorlegte (1738 veröffentlicht), und widerlegte erstmals Fermats entsprechende Behauptung. Das Ergebnis war für Euler eine Folgerung aus allgemeinen Betrachtungen über Teiler von Zahlen der Form $a^2 + 1$. Spätestens durch diese für Johann Bernoulli fremde Thematik ist klar, dass Euler sich von seinem Lehrer gelöst hatte.

Erst 1877 bewiesen Iwan M. Perwuschin (Первушин, 1827–1900) sowie Edouard Lucas (1842–1901) die Zerlegbarkeit einer weiteren Fermat'schen Zahl, nämlich F_{12}. Fortuné Landry (1799–1895) konnte 1880 im Alter von 81 Jahren zeigen, dass auch F_6 zusammengesetzt ist. Bis F_{16} liegen keine Primzahlen vor. John L. Selfridge (1927–2010) setzte hierfür 1953 erfolgreich einen Computer ein; F_{13} wurde 1960 von George Aaron Paxson (1932–1986) auf einem Computer (IBM 7090) nach sechsstündiger Rechnung zerlegt. Im Jahre 2005 fand Jun Tajima, dass 1207 die Fermat-Zahl $F_{410.105}$ teilt; die größte zurzeit bekannte zusammengesetzte Fermat-Zahl ist $F_{18.233.954}$. Da für eine Fermat-Zahl F_n die Wahrscheinlichkeit höchstens gleich $4/2^n$ ist, vermutet man inzwischen, dass schon Fermat alle primen

---

[136] Ihre Korrespondenz wurde von 1753 bis 1756 durch den Siebenjährigen Krieg behindert, den Preußen und Russland gegeneinander führten.

3.7 Auf dem Weg zum Ruhm

Fermat-Zahlen kannte (denn lediglich die ersten fünf Fermat'schen Zahlen scheinen prim zu sein). Psychologisch interessant ist übrigens die Tatsache, dass in unseren Tagen einem jugendlichen Rechenkünstler die Frage nach der Teilbarkeit von F_5 vorgelegt wurde. Er fand nach kurzer Zeit den Faktor 641, ohne allerdings sagen zu können, was ihn auf das Ergebnis geführt hatte.

Wenn auch Euler ein gewandter Kopfrechner war und deshalb aufmerksam die Meldungen über den Rechenkünstler Quin Mackenzie-Quin verfolgte, so war Eulers Entdeckung der Teilbarkeit von F_5 nicht durch sporadisches oder unsystematisches Probieren zustande gekommen. In einer 1747 geschriebenen Arbeit „Theoremata circa divisores numerorum" (Sätze über Teiler von Zahlen; E 134, *Novi comm. Petrop* 1, (1747), S. 3–19, gedr. 1750) bewies er, dass die ungeraden Primteiler von

$$a^2 + b^2 \quad \text{die Form} \quad 4k + 1$$
$$a^4 + b^4 \quad \text{die Form} \quad 8k + 1$$
$$a^8 + b^8 \quad \text{die Form} \quad 16k + 1 \quad (a,b) = 1$$
$$\ldots$$
$$a^{2^n} + b^{2^n} \quad \text{die Form} \quad 2^{n+1}k + 1$$

haben. Bereits 1743 hatte Euler an Goldbach geschrieben, dass er hierfür einen Beweis habe. Ob Euler zu der fraglichen Zeit, also um 1732, diesen Sachverhalt empirisch ermittelt hatte, ist nicht bekannt. Zumindest war ihm die Vermutung Fermats vertraut, dass die ungeraden Primteiler einer Summe teilerfremder Quadrate die Form $4k+1$ haben. Wir dürfen daher für unsere Rekonstruktion annehmen, dass Euler die Teilbarkeit der Fermat'schen Zahlen auf dieser Grundlage ermittelte, speziell für F_5 waren so wenigstens 5, aber höchstens 116 mögliche Teiler zu überprüfen. Die vorbereitenden Überlegungen tragen Keime der Gruppentheorie in sich, und modern gesprochen würde man sagen, dass für einen Primteiler p einer Fermat'schen Zahl F_k die Restklasse 2 in der primen Restklassengruppe modulo p die Ordnung 2^{n+1} hat, die ein Teiler der Gruppenordnung $p-1$ sein muss bzw. $p = 2^{n+1}k+1$. Der heute in Lehrbüchern der Zahlentheorie üblicherweise mitgeteilte Beweis mittels Kongruenzen nützt eine andere von Euler bewiesene Behauptung Fermats aus, dass nämlich jede Primzahl der Form $4n+1$ die Summe zweier teilerfremder Quadrate sei. In der Arbeit wird der Fermat'sche Satz $a^{p-1} \equiv 1 \pmod{p}$ angeben sowie Teiler von Zahlen der Form $ax^m \pm by^m$ untersucht.

Carl Friedrich Gauß hatte als 19-Jähriger die sensationelle Entdeckung gemacht, dass das regelmäßige Siebzehneck mit Zirkel und Lineal konstruierbar ist. Allgemeiner zeigte er: Die n-Teilung des Kreises (regelmäßiges n-Eck) mit Zirkel und Lineal gelingt für ungerades n nur, wenn n ein quadratfreies Produkt Fermat'scher Zahlen ist. Heute sind uns übrigens nicht mehr Primzahlen der Form F_n bekannt als seinerzeit Fermat, nämlich 3, 5, 17, 257 und 65.537. Die Konstruktion von regelmäßigen 3- und 5-Ecken ist schon in der Antike gefunden worden; die tatsächliche Ausführung der Konstruktion des regelmäßigen 17-Ecks ist erträglich und wurde 1819 von Georg Magnus Paucker (1787–1855) vorgenommen; über das regelmäßige 257-Eck hat Friedrich Julius Richelot (1808–1875) 1832 promoviert, und im mathematischen Institut der Universität Göttingen wird noch heute ein 1894 abgegebener beeindruckender Koffer aufbewahrt, der auf über 200 Seiten die Konstruktion des regelmäßigen 65.537-Ecks von Johann Gustav Hermes (1846–1912) enthält. Die Abgabe weiterer Koffer ist nicht zu befürchten, vielleicht hinterlegt man Sticks.

Der zaristischen Regierung, die grundsätzlich um die Ausbildung russischer Wissenschaftler und die Behebung des ökonomischen und technischen Rückstandes im Lande bemüht war, lag daran, dass bereits elementare Schulbücher nicht von Lehrern, sondern von hervorragenden Wissenschaftlern geschrieben wurden und dass wissenschaftliche Probleme gleichfalls von fachkundigen Gelehrten erläutert wurden. Wir stellen hier noch kurz Eulers wichtigste Arbeiten auf diesem Gebiet zusammen:

1738 und 1740 verfasste Euler in deutscher Sprache je einen Band eines elementaren Rechenbuches (E 17 und 35, EO III/2; russische Übersetzungen 1740 und 1760) von großer Klarheit. Auch Nikolai I. Lobatschewski (Николай Иванович Лобачевский, 1792–1856) war später Autor solcher Schulbücher. Ebenfalls standen technische und praktische Fragen auf der Tagesordnung der Akademie. Euler gehörte mehreren Kommissionen zur Lösung solcher technischer Fragen an. Er beschäftigte sich u. a. mit Feuerspritzen sowie Sägen und erstellte technische Gutachten. Außerdem lieferte und bearbeitete Euler auch Beiträge für eine populärwissenschaftliche Zeitschrift der Akademie, die „Akademitscheskije Iswestija" (Академические Известия, Akademische Nachrichten).

3.7.2 Die Anfänge von Eulers Analysis (Reihenlehre und Schwierigkeiten der Begründung)

> Some calculus tricks are quite easy. Some are enormous difficult. The fools who write the textbooks of advanced mathematics ... seldom take the trouble to show you how easy the easy calculations are.
>
> SILVANUS P. THOMPSON (1851–1916)

Die neue Infinitesimalrechnung veränderte die Mathematik. Die entstandene Disziplin Analysis kam aber nicht von ungefähr, sie wurzelt tief in der Geometrie. In nuce gesagt, François Viète (lat. Vieta, 1540–1603) führte neben der Zahlenrechnung systematisch das Buchstabenrechnen („logistica speciosa", griech./lat. „logica", Denklehre, lat. „species", Vorstellung, Begriff) ein und bereitete damit die Algebra vor; insbesondere René Descartes (1596–1650)(Abb. 3.40) und Pierre de Fermat (1601–1655) ordneten (zunächst algebraischen) Kurven C algebraische Gleichungen G zu, und es gibt zwei Interpretationen dieses Sachverhalts. Zum einen kann man diese Gleichungen als ein *einheitlich* algebraisches Objekt ansehen, d. h. als eine Zusammenfügung von Symbolen (etwa x) auffassen und sie zulässigen algebraischen Operationen unterwerfen (im Sinne irgendeiner universalen Arithmetik); zum anderen kann man eine solche (algebraische) Gleichung G als Beziehung von Zahlengrößen begreifen und $G=G(x)$ als eine Rechenvorschrift ansehen, die zwar algebraische Rechenregeln beachtet, aber sich an einigen Stellen doch von ihnen unterscheidet. Das algebraische Objekt $1/x$ ist ein

Abb. 3.40 René Descartes
(1596–1650)

unproblematisches mathematisches Element (nämlich das inverse Element zu x), während die rechnerische Sicht bei dem analytischen Ausdruck $1/x$ den Wert $x=0$ ausschließen muss. Unter gewissen – später zu präzisierenden – Einschränkungen kann ein solcher Rechenausdruck als eine Funktion gesehen werden, für die Schreibweisen wie $f(x)$ üblich sind. Diese an dem einfachen Beispiel veranschaulichte Unterscheidung von algebraischem und analytischem Denken wird sich für historische Untersuchungen im 18. Jahrhundert als bedeutend erweisen.

Der zentrale Begriff der Analysis ist der der Funktion, um die sich die neue Theorie rankt. Die Geschichte der entstehenden neuen Theorie stellt sich als ein Wechselspiel zwischen der Entwicklung des Funktionskonzepts und der Theorien dar, die sich um den Funktionsbegriff ranken. Diese Wechselseitigkeit, die sich zudem im Spannungsfeld von geometrischen Vorstellungen und algebraischen Konzepten abspielt, werden wir systematisch in Kap. 6 untersuchen, für das Erste wollen wir hier die Schwierigkeiten des analytischen Denkens für die Mathematiker des 18. Jahrhunderts thematisieren, wobei wir Verständnis für deren Umgang mit dem Unendlichen gewinnen wollen, der vor zwei Jahrhunderten ein anderer als der heute übliche war.

Zahlreiche Probleme sind unter dem funktionalen Gesichtspunkt einer erfolgreichen einheitlichen Behandlung zugänglich, mithin konnten viele Fragen nun mit einheitlichen Verfahren gelöst werden, ohne jedes Mal, wie es in der Geometrie nötig ist, für ähnliche Aufgaben neu angepasste Verfahren zu entwickeln. Der frühe Funktionsbegriff fußt auf dem Polynom, und von endlichen Polynomen, die viele geometrische Situationen rechnerisch erfassen können, führt ein Grenzübergang bald zu unendlichen (Potenz-)Reihen. Dieses wichtige Hilfsmittel, die unendlichen Reihen, erwies sich als eines der Zugpferde der Analysis, insbesondere die Potenzreihen, mit denen Lösungen von mathematischen Problemen nicht nur dargestellt, sondern sich auch gut numerisch berechnen ließen. Beispielsweise konnte man anstelle einer Funktion weitgehend mit deren Reihenentwicklung arbeiten, mithin gliedweise sowohl differenzieren als auch integrieren, was bei Potenzreihen formal bequem auszuführen war. Vom Erfolg berauscht legte man auf Rechtfertigungen des Getanen weniger Wert und Aufmerksamkeit. Schon 1667 wurde von Nicolaus Mercator (1619–1687) die gleichseitige Hyperbel $y(x) = 1/(1+x) = 1 - x + \times 2 - \times 3 + \ldots$ auf diese Weise integriert und Folgerungen daraus gezogen. Sowohl Nicolaus Mercator als auch James Gregory (1638–1675) haben z. B. 1668 auf diese Weise den Logarithmus berechnet.

Aber unendliche Reihen waren nicht nur ein neues transzendentes Hilfsmittel, sondern auch ein an sich interessanter mathematischer Gegenstand. Nehmen wir zu den unendlichen Reihen auch die unendlichen Produkte sowie die Kettenbrüche hinzu, so widmete Euler fast 100 Arbeiten, also nahezu ein Neuntel seiner Arbeiten, diesem Thema.[137] Bevor wir auf diese Einzelheiten eingehen, wollen wir jedoch zunächst vom heutigen Standpunkt einen Blick auf die mit unendlichen Reihen grundsätzlich verbundenen Fragen werfen.

Es sind im wesentlichen drei Fragen, die in diesem Zusammenhang (analytische Auffassung) auftreten. Zunächst ist die Reihe selbst anzugeben, d. h. für Funktionenreihen sind die einzelnen Reihenglieder bzw. die Koeffizienten zu bestimmen. Dann ist zu untersuchen, ob die in Rede stehende, vorerst formal aufgeschriebene Reihenentwicklung konvergiert, genauer, für welche Argumente der Reihe (Konvergenzfrage), und weiterhin ist zu ermitteln – sofern die Reihe eine Funktion darstellen soll –, ob dies tatsächlich der Fall ist und an welchen Stellen (Darstellungsfrage), und schließlich, ob die Darstellung eindeutig ist. Für Potenzreihen, die eine (beliebig oft differenzierbare) Funktion darstellen sollen, hat Brook Taylor (1685–1731) 1715 das Koeffizientenproblem gelöst.[138] Die Konvergenz bzw. die Divergenz[139] einer Reihe folgerten die damaligen Mathematiker eher aus ihrer umfangreichen Rechenerfahrung als aus einer systematischen Konvergenztheorie mit entsprechenden Kriterien. Euler war hier zunächst keine Ausnahme, aber spätestens in den *Institutiones calculi differentialis* (Differentialrechnung; E 212, EO I/10) erklärte er 1755 präzise die Konvergenz einer Reihe.[140] Für die algebraische Auffassung stellt sich eine solche Frage nicht.

Ursprünglich glaubte Euler fest, dass jede Funktion (für ihn damals jeder analytischer Ausdruck) ggf. bis auf einige Ausnahmestellen in einer Potenzreihe entwickelt werden kann (E 101, § 59; EO I/8). In seiner pragmatischen Rechtfertigung im 4. Kapitel über die Darstellung von Funktionen durch unendliche Reihen in der *Introductio* (E 101, EO I/8) lesen wir nicht ohne Erstaunen:

---

[137] Reihenlehre etwa 70, unendliche Produkte etwa 10 und Kettenbrüche etwa 20 Arbeiten.
[138] *Methodus incrementorum,* London 1715. Taylor-Reihen haben jedoch bereits James Gregory und Isaac Newton (um 1690) gekannt, ohne darüber publiziert zu haben. Auch Johann Bernoulli besaß eine Reihendarstellung für eine Funktion in einem Punkt.
[139] Der Begriff konvergente Reihe („series convergens") geht auf James Gregory zurück (1667); den Ausdruck divergente Reihe („series divergens") hat Nikolaus I Bernoulli (1687–1759) gefasst (1713).
[140] E 212, EO I/10, §§ 106 f.

3.7 Auf dem Weg zum Ruhm

„Wenn jedoch einer Zweifel hegen sollte, ob eine ... Funktion durch eine unendliche Reihe ... darstellbar sei, so wird der Zweifel durch die wirkliche Entwicklung einer jeden Funktion beseitigt werden."

Die Sentenz, die zunächst wie das Pfeifen im dunklen Wald klingt, mit dem man sich Mut macht,[141] lässt sich auch anders lesen, indem man sie vor dem Hintergrund der unendlich reichen Eulerschen Kenntnis von Funktionen deutet, mit anderen Worten, indem man diesen bekannten Eulerschen Vorrat an Funktionen als aus analytischen Funktionen bestehend ansieht, bei denen natürlich endliche viele Ausnahmestellen (Singularitäten) möglich sind. Euler würde fraglos die in seinem Sinn stetige Funktion $y(x) = 1/x$ hinzunehmen. Von dem dänischen Mathematikhistoriker Jesper Lützen (* 1951) stammt der schöne heuristische Begriff des „sicheren Gebietes", in dem bekannterweise die Analysis mehr oder weniger gültig sei.[142]

In dem Bemühen, die Entwickelbarkeit mathematisch abzusichern, verzichtete Euler letztlich auf seine Überzeugungen, also auf Konvergenzvorstellungen, zumindest in einigen Fällen, und gewährte Funktionen quasi deren Eintritt in das Reich der analytischen Funktionen. Euler bahnte hier dem sogenannten „Dirichlet'schen Funktionsbegriff" den Weg, und Clifford A. Truesdell (1919–2000), ein ausgezeichneter amerikanischer Kenner des 18. Jahrhunderts, nannte Eulers „Entmachtung" der analytischen Funktionen den „größten Fortschritt in der [mathematischen] Wissenschaftsgeschichte des ganzen Jahrhunderts".[143] In Verbindung mit der formalen Anschauung Eulers, Potenzreihen (allgemein Funktionenreihen) ohne Rücksicht auf das Konvergenzverhalten lediglich symbolisch als algebraische Rechenobjekte anzusehen, ergeben sich Überlegungen und entsprechende Ergebnisse (nicht nur bei Euler), die wir nicht immer nachvollziehen können. In Kap. 6, Analysis, werden wir hierauf genauer einzugehen haben. Der Sachverhalt, der sich in der Umbruchszeit vorerst einstellte, die unendlichen Reihen entweder als algebraische oder analytische Objekte anzusehen, ohne sich dieser erforderlichen Unterscheidung stets genau bewusst zu sein, also gelegentlich passende Argumente sowohl aus der einen als auch der anderen Anschauung sich zu eigen zu machen, wird uns noch ausführlich beschäftigen, denn für Reihen –als algebraische Objekte gesehen – stellen sich beispielsweise keine Konvergenzfragen, die für Reihen als analytische Objekte unabdingbar sind.

---

[141] H. Heuser (1927–2011), ein Autor von Standardwerken der modernen Analysis, bemerkt in einem historischen Beitrag „Eulers Analysis" für den Ausstellungsband *Euler* (Braunschweig 2008) amüsiert zu obigem Zitat: „(Eulers) Begründung ist entwaffnend, man wird dergleichen nie wieder sehen" (ebd. S. 158). Nachfolgend versäumt es Heuser nicht, auf die reichhaltigen Erfahrungen Eulers mit Funktionen hinzuweisen, die dieser Aussage Gewicht verleihen.
[142] *Geschichte der Analysis*. Hrsg. N. H. Jahnke. Heidelberg: Spektrum 1999, S. 212.
[143] EO II/11, Teil 2, S. 248.

Wir haben jedoch die Brisanz, die in der Definition einer unendlichen Reihe steckt, zugegebenermaßen (vorerst) unter den Teppich gekehrt.[144] Die Frage, was es bedeutet, die Summierung von reellen Zahlen in Gedanken unbegrenzt oft auszuführen (bzw. eine zugehörige unendliche Reihe solcher Zahlen als ein neues Symbol, Summe genannt, zu betrachten und schließlich auch hier ein mathematisches Objekt [Summe] zu erhalten, geht über jede unserer endlichen Erfahrungen hinaus und verlangt für das Transzendente eine Festlegung, die einmal dem mathematischen Umfeld und zum anderen unseren Absichten gerecht wird [etwa in der Permanenz gewisser Regeln oder Ähnlichem]). Der Begriff Summe bei einer transzendenten Operation kann nicht der althergebrachte Summenbegriff sein, sondern dieser bedarf einer Erweiterung. Eine solche Erweiterung setzt in unserem Verständnis vor allem Kenntnisse über den zugrunde liegenden Zahlkörper voraus, die so im 18. Jahrhundert nicht vorhanden waren, sondern durch „Intuition" ersetzt wurden. Den damaligen Mathematikern waren weder mengentheoretische Begriffsbildungen, topologische Eigenschaften noch algebraische Strukturen bekannt, allerdings besaßen sie umfassende praktische Rechenerfahrung und übersahen daher beispielsweise die zur Verfügung stehenden Menge von Funktionen mehr oder weniger gut.

Aber wie behandelten sie entsprechende Konvergenzfragen – um es modern zu sagen –, ohne auf den vollständigen Körper der reellen Zahlen oder den algebraisch abgeschlossenen Körper der komplexen Zahlen zurückgreifen zu können? Zunächst hatten Polynome die Vorlage für endliche Potenzreihen geliefert. Denn mit diesen Polynomen konnte man rechnerisch umgehen, und so scheute man schließlich in der Aufbruchszeit diesen Übergang zum Unendlichen nicht: Unendliche Potenzreihen wurden gewissermaßen als Polynome mit unendlichem Grad angesehen, und mit ihnen wurde zunächst wie mit endlichen Polynomen gerechnet. Die Argumente in den Potenzreihen waren reelle Zahlen, aber Euler mit seinem formalen analytischen Denken nahm auch an imaginären Zahlen (also letztlich auch komplexen) Zahlen keinen Anstoß, sobald es die Rechnung erforderte. Euler erweiterte mithin den Zahlbegriff, um seine Rechenregeln (des „reellen Zahlkörpers") weiterhin möglichst vollständig zur Verfügung zu haben (Permanenzprinzip).

Reelle Zahlen wurden inzwischen durch Dezimalbrüche dargestellt, woran Simon Stevin (1548–1620) und seine Schrift *De Thiende* (Vom Zehnten, 1585) maßgeblichen Anteil hatten. Zur Praxis der damaligen Mathematiker gehörte das Zahlenrechnen, und Euler zählte – wie auch Gauß – zu den „rechenfreudigen" Mathematikern. Aufgrund der Rechenpraxis gehörte es seinerzeit schlechthin zum

---

[144] Das trägt in gewisser Weise der historischen Situation zur Zeit der Aufklärung Rechnung, da der Erfolg leicht Bedenken beiseite rückte. Reihen mit ihren Vorzügen dienten anfänglich mehr der Gewinnung von Erkenntnissen, als dass sie Gegenstand einer eigenen Theorie waren, in der die Tragweite der Methoden, also die Schattenseiten der neuen Werkzeuge thematisiert wurden (Konvergenztheorie). Für eine theoretische Reihenlehre waren zunächst eine ganze Menge einzelner Reihen zu betrachten und die Vielfalt ihrer Eigenschaften zu sammeln, ehe man sie mehr und mehr unter einem vereinheitlichenden Gesichtspunkt betrachten konnte.

Erfahrungsschatz der Mathematiker, ein Gefühl für die Stabilität eines Rechenverfahrens zu besitzen (denn einen Taschenrechner oder Vergleichbares hatten sie nicht zur Verfügung). Jede Rechenvorschrift, deren wiederholte Anwendung hinreichend genaue Zahlenwerte für in Rede stehende Zahlgrößen liefern sollte, eignete sich dann für die Berechnung, wenn – sagen wir einmal – nach mehr als n Rechenschritten die Ziffern des Dezimalbruchs bis zu einer zufriedenstellenden N-ten Dezimalstelle unverändert blieben. Mithin würde für $m > n$ Rechenschritte die Genauigkeit bewahrt bleiben bzw. schärfer gesagt, es würde sogar ein genauerer Wert bei einer M-ten Stelle ($M > N$) vorliegen.[145] Diese Plausibilitätsbetrachtung lässt sich für die Rechenvorschrift, die jeder natürlichen Zahl eine reelle zuordnet, kurz x_n ($n = 1, 2, 3, \ldots$), modern formal so aufschreiben:

$$|x_n - x_m| < \varepsilon,$$

wobei ε eine beliebige kleine positive rationale Zahl ist. Das ist aber nichts anderes als das Cauchy'sche Konvergenzkriterium, zumindest lesen wir es durch die Weierstraß'sche Brille in diesem Sinn. Wir erinnern jedoch daran, dass solche Formulierungen üblicherweise erst im nächsten Jahrhundert erschienen und dass das 18. Jahrhundert intuitiv, aber erfolgreich mit den reellen Zahlen arbeitete. Allerdings bildete Euler eine Ausnahme!

In seiner Arbeit „De progressionibus harmonicis observationes" (Über Beobachtungen bei harmonische Reihen; E 43, vorgetragen 1743, gedruckt 1740)[146] beschäftigte sich Euler mit harmonischen Reihen sowie der Euler-Mascheroni-Konstanten. Nachdem er (§ 1) harmonische Reihen durch die Glieder d_k ($k = 0, 1, 2, \ldots$; a, b, c fest)

$$\frac{c}{a}, \frac{c}{a+b}, \frac{c}{a+2b}, \text{etc.} \qquad (3.1)$$

erklärt hatte, wendet sich Euler deren Konvergenzverhalten zu. Obwohl in den Reihen die Glieder (Gl. 3.1) beständig abnehmen, wusste er, dass die Summen solcher Reihen unendlich sind. Das kann man, führte Euler aus, ohne Summation anhand des folgenden Prinzips leicht erkennen:

> „Eine Reihe, die, bis ins Unendliche fortgesetzt, eine endliche Summe hat, wird, selbst wenn sie doppelt so weit fortgeführt würde, keine Vergrößerung erfahren, sofern das, was in Gedanken nach dem infinitesimalen Term [d_i, i infinit] hinzugefügt würde, unendlich klein sein wird. Denn sollte dies nicht die Summe der Reihe ergeben, wäre sie, selbst wenn sie bis ins Unendliche fortgesetzt würde, nicht bestimmt und daher nicht endlich. Daraus folgt, dass die Summe der Reihe notwendigerweise unendlich sein muss, wenn das, was sich aus der Fortsetzung über die Summationsgrenze hinaus ergibt, von endlicher Größe ist. Also wenn die über den infinitesimalen Term weitergeführte Reihe endlich ist,

---

[145] Auf die Besonderheiten bei semikonvergenten Reihen gehen wir weiter unten ein.
[146] Comm. Acad. Petrop. Bd. 7 (1734–35), S. 150–160). Vorläufer dieser Arbeit waren E 20 und E 25, die zwei Jahre zuvor erschienen; Fortsetzungen waren E 47 und E 583.

so ist die in Rede stehende Reihe notwendig unendlich. Daher erlaubt die Anwendung des Prinzips zu entscheiden, ob eine [beliebige] Reihe endlich oder unendlich ist."[147]

Modern geschrieben, d. h. die Eulerschen Vorstellungen werden in den Formalismus der Grenzwertauffassung übertragen, lesen wir für Gl. 3.1 eine uns vertrautere Fassung des Prinzips, nämlich ein allgemeines Konvergenzprinzip:

$$\lim_{m \to \infty} S\,{}^n_m = \lim_{m \to \infty} |S_m - S^n| = 0. \tag{3.2}$$

für alle n.[148]

Dabei bezeichnet $S\,{}^n_m$ die Summe der Reihe vom $(m+1)$ten bis zum $n$ten Glied.

In der Arbeit „Consideratio progressionis cujusdam ad circuli quadratorum inveniendam idoneae" (Betrachtung einiger Reihen, die geeignet sind, den Kreis zu quadrieren; E 125, 1739, 1750 veröffentlicht)[149] berechnete Euler offenbar tatsächlich eine Reihe von Gliedern, und er stieß dabei auf ein merkwürdiges Phänomen. Gewisse divergente Reihen, die später Adrien Marie Legendre (1752–1833) und Thomas Stieltjes (1856–1894) (1886) semikonvergent nannten und die heute nach Henri Poincaré (1854–1912) als asymptotische Reihen (1886) bekannt sind, lassen sich mit einer im Charakter der Reihen begründeten Genauigkeit (die häufig praktisch ausreichend ist) näherungsweise summieren. Genauer: Die Reihe verhält sich bis zu einem bestimmten Glied, als würde sie konvergieren, um danach divergentes Verhalten aufzuweisen. Der „konvergente" Teil der Reihe ermöglicht eine näherungsweise Berechnung der Reihensumme. Der Grund für diese überraschende Möglichkeit folgt letztlich aus dem Berücksichtigen des Restglieds der divergenten Reihe. Das konkrete Beispiel ist eine semikonvergente Reihe, die Euler aus der Formel für den $\arctan x = \int_0^x \frac{dt}{1+t^2}$ ableitete. Die als Euler-Maclaurin'sche Summenformel bekannte und bedeutende Formel gehört eher zu der Thematik semikonvergenter Reihen als zu Ausführungen über summierbare divergente Reihen, deshalb soll sie hier erwähnt werden. Sie drückt die endliche Summe auf der linken Seite durch das Integral und die Ableitungen von $f(x)$ an der oberen Integrationsgrenze aus:

$$\sum_{m=1}^n f(m) \sim \int_a^n f(x)\mathrm{d}x + C + \frac{1}{2}f(n) + \sum_{r=1}^\infty (-1)^{r-1} \frac{B_r}{(2r)!} f^{2r-1}(n).$$

---

[147] "Series quae in infinitum continuata summam habet finitam, etiamsi ea duplo longius continuet, nullum accipiet augmentum, sed id quod post infinitum adicitur cogitatione, re vera erit infinite parvum. Nisi enim hoc ita se haberet summa seriei, etsi in infinitum continuata, non esset determinata et propterea non finita. Ex quo consequitur si id quod ex continuatione ultra terminum infinitesimum oritur, sit finitae magnitudinis, summam seriei necessario infinitam esse debere." – E 43, § 2.

[148] „De progressionibus harmonicis observationes", in: Petersburger *Commentarii* 7 (1734), S. 150–161, ersch. 1740.

[149] *Comment. Acad. Sci. Imp. Petropol.* 11 (1739), S. 117–127, 1750 veröff. = OE I/ 14, 350–363.

3.7 Auf dem Weg zum Ruhm

Abb. 3.41 Richard Dedekind (1831–1916)

Die allgemeine Form geht auf Euler zurück (Comm. Acad, Petrop. 6 [1732–33]), der den Sachverhalt an Beispielen erläutert und schließlich in Bd. 8 (1736), („Inventio summae", Die Entdeckung einer Summe; E 47) beweist. Maclaurin, der von der Taylor'schen Formel ausging, verwandte sie unabhängig in seinem *Treatise of Fluxions* (Edinburgh 1742).

Selbst Richard Dedekind (1831–1916)(Abb. 3.41), der wesentlich an der Herausbildung der modernen Mathematik beteiligt war, berief sich noch in seiner Schrift *Stetigkeit und Irrationale Zahlen* (1872), in der mit den später als Dedekind'schen Schnitten[150] bezeichneten Verfahren eine befriedigende Begründung der reellen Zahlen (bzw. die erforderliche Konvergenztheorie) gegeben wurde, auf die oben erwähnte Problematik und die mit dem Begriff Stetigkeit verbundene intuitive Anschauung. Dedekind empfand 1858, als er am Eidgenössischen Polytechnikum in Zürich Vorlesungen über Differentialrechnung zu halten hatte, die Grundlagen der Arithmetik für völlig unzureichend, gewissermaßen auf Sand gebaut.[151] Er schrieb:

---

[150] Bei der Erklärung der Schnitte benutzt Dedekind Begriffe wie Systeme von Elementen, beispielsweise in der Schrift „Was sind und was sollen die Zahlen?", die wir heute mengentheoretisch nennen würden.

[151] Dieser biblische Vergleich (*Matthäus 7,24–27*; Lukas 6,46–49) wird in H. Weyls Buch *Das Kontinuum, Kritische Untersuchungen über die Grundlagen der Analysis* aus dem Gesichtspunkt des Intuitionismus auf die Analysis so angewandt: Es geht nicht darum, den Baugrund „auf dem das Haus der Analysis gegründet ist, im Sinne des Formalismus mit einem hölzernen Schirmgerüst zu umkleiden und nun dem Leser und am Ende sich selber weiszumachen, dies sei das eigentliche Fundament". Hier [Weyl] „wird vielmehr die Meinung vertreten, daß jenes Haus zu einem wesentlichen Teil auf Sand gebaut ist. Ich glaube, diesen schwankenden Grund durch Stützen von zuverlässiger Festigkeit ersetzen zu können; doch tragen sie nicht alles, was man heute allgemein für gesichert hält; den Rest gebe ich preis, weil ich keine andere Möglichkeit sehe." Noch radikaler drückt sich Kevin Mark Buzzard (*1968) aus, wenn er sagt, die Wahrscheinlichkeit für die Gültigkeit der Aussage „das große Schloss sei nicht auf Sand gebaut" gehe seiner Meinung nach gegen null („The Future of Mathematics?" In: *Microsoft Research* 2020).

„Bei dem Begriffe der Annäherung einer veränderlichen Größe an einen festen Grenzwert und namentlich bei dem Beweise des Satzes, daß jede Größe, welche beständig, aber nicht über alle Grenzen wächst, sich gewiß einem Grenzwert nähern muß, nahm ich meine Zuflucht zu geometrischen Evidenzen. ... Man sagt so häufig, die Differentialrechnung beschäftige sich mit den stetigen Größen, und doch wird nirgends eine Erklärung von dieser Stetigkeit gegeben,[152] und auch die strengsten Darstellungen der Differentialrechnung gründen ihre Beweise nicht auf die Stetigkeit, sondern sie appellieren entweder mit mehr oder weniger Bewußtsein an geometrische oder durch die Geometrie veranlaßte Vorstellungen." – *Stetigkeit* 1872, S. 3 f.

Diese Zeilen aus dem Jahre 1858 illustrieren die uns interessierenden Fragen noch immer sehr anschaulich und einleuchtend, und sie erklären die Probleme der Infinitesimalmathematik im 17. und 18. Jahrhundert deutlich, auch machen sie die Schwierigkeiten, die zu Fehlschlüssen oder scheinbaren Paradoxien führen, gut nachvollziehbar.

Der folgende Abschnitt, der sich dieser Thematik widmet, mag daher als eine Propädeutik angesehen werden, eine systematische Darlegung und kritische Auswertung der einschlägigen Beiträge Eulers finden sich in Kap. 6. Historisch entspricht das Geschehen durchaus der „schildbürgerhaften" Bauweise, dass man erst das Gebäude der Analysis errichtete (auf Sand, wie es bis heute noch kritisch zu hören ist) und dann daran ging, sich des verlässlichen Baugrundes zu versichern.

An dieser Stelle wollen wir naiv die Nützlichkeit der unendlichen Reihen für eine voranstürmende Entwicklung der Infinitesimalmathematik befürworten, ohne das zunächst genauer zu hinterfragen, denn nichts ist erfolgreicher als der Erfolg. Der Nutzen der unendlichen Potenzreihen (trigonometrische und andere Reihen wollen wir vorerst beiseitelassen) besteht in der Darstellung von Funktionen durch solche Reihen, für die sich Operationen wie Differentiation oder Integration an ihren Reihengliedern (Potenzen der Variablen) und nicht an den komplizierteren Funktionen selbst ausführen lassen. Zudem eignen sich Reihen auch zur Approximation von Funktionen. Schließlich lassen sich spezielle Fragen, etwa nach der Art von Singularitäten bei Funktionen, mithilfe von verallgemeinerten Potenzreihen untersuchen (Puiseux- und Laurent-Reihen mit allgemeineren Potenzen); formale Potenzreihen dienten Jean Dieudonné (1906–1992) wieder zur Betonung des algebraischen ringtheoretischen Gesichtspunktes gegenüber dem analytischen Grenzwert-Denken. Um die genannten und weitere Reihen rankte sich nun das infinitesimale Denken der Analysis – anfänglich noch problembezogen, teilweise auch noch geometrisch anschaulich argumentierend, ehe sich aus diesen speziellen Herangehensweisen mehr und mehr allgemeine, also formale Verfahren herausbildeten und die Analysis schließlich als ein eigenständiger mathematischer Bereich mit eigenen Problemen wahrgenommen und nicht nur als Hilfsmittel betrachtet wurde.

---

[152] Das ist historisch nicht ganz zutreffend, wie die Definitionen von B. Bolzano oder A. Cauchy belegen.

3.7 Auf dem Weg zum Ruhm

Also welche Ausdrücke lassen sich in einer (konvergente) Potenzreihe entwickeln?

Euler leitete unendliche Reihen aus analytischen Ausdrücken A her, und er verband damit die etwas vage Ansicht, dass die hergeleitete Reihe konvergiere, wenn nur der zugehörige endliche Ausdruck A einen vernünftigen Wert liefere. So wäre beispielsweise Euler durch formale Division auf die Potenzreihe

$$\frac{1}{1-x} = 1 + x + x^2 + x^3 + \ldots \qquad (3.3)$$

gekommen (was allerdings nur für $|x| < 1$ gültig ist). Genauer führt die (endliche) Division auf.

$$\frac{1}{1-x} = 1 + x + x^2 + x^3 + \ldots + x^{n-1} + R_n \qquad (3.4)$$

mit dem Rest

$$R_n = \frac{x^n}{1-x}.$$

Euler wies darauf hin, dass für $x > 1$ der Rest $R_n(x)$ unendlich groß wird, sodass der Fehler, der entsteht, wenn man anstelle von Gl. 3.4 die Reihe Gl. 3.3 betrachtet, mit wachsendem x unendlich groß wird. Ist andererseits $0 < x < 1$, so kann der Fehler im Rest beliebig klein gemacht werden, also letztlich vernachlässigt werden.[153]

Euler hätte aufgrund seiner Auffassung, dass in Gl. 3.3 Gleichheit bestehe bzw. dass die unendliche Reihe wertmäßig gleich dem Bruch sei, formal auch für $x=-1$ bzw. $x=-2$ die Gleichheiten

$$1 - 1 + 1 - 1 + \ldots = \frac{1}{2} \quad \text{(für } x = -1\text{)} \qquad (3.5)$$

$$1 - 2 + 2^2 - 2^3 \ldots = \frac{1}{3} \quad \text{(für } x = -2\text{)} \qquad (3.6)$$

für begründet betrachtet. Er bemerkte natürlich, dass in Gl. 3.6 die Reihe nicht gleich 1/3 sein kann, da sich die wahre Summe (Partialsumme) immer weiter vom Wert 1/3 entfernt. Trotzdem sei es sinnvoll, die Reihe ohne den Rest Rn zu betrachten.

Ein weiteres endliches Beispiel folgt für beliebige natürliche Zahlen n: Aus

$$\frac{1+x^n}{1-x} = 1 + x + x^2 + x^3 + \ldots + x^{n-1}$$

---

[153] In Eulers Argumentation erscheint noch die *geometrische* Vorstellung, das Größen (hier x) positiv sind, d. h. er betrachtete die Fälle $x > 1$ und $0 < x < 1$, während wir $|x| > 1$ bzw. $|x| < 1$ untersuchen würden.

folgt durch Integration

$$\int_o^1 \frac{1+x^n}{1-x}dx = \int_o^1 (1+x+x^2+x^3+\ldots+x^{n-1})dx = 1+\frac{1}{2}+\frac{1}{3}+\ldots+\frac{1}{n},$$

die *n*-te Partialsumme der harmonischen Reihe.[154]

In den *Institutiones calculi differentialis* (E 212, EO I/10, § 109) erklärte Euler 1755 dazu, dass man einiges einwenden könne, dass diese Summen, obwohl sie nicht wahr zu sein scheinen, niemals zu Fehlern führten (bei ihm!). Wenn diese Summen wirklich falsch wären, könnten sie nicht immer zu wahren Ergebnissen führen, denn sie wichen von der wahren Summe nicht nur durch einen kleinen Unterschied, sondern durch unendliche Unterschiede ab. Da dies nicht der Fall sei, blieb ein sehr schwieriger Knoten zu lösen. Euler sah die Schwierigkeit in dem Namen *Summe*. Der Sachverhalt ist folgender: Die Reihe wird aus einem endlichen Ausdruck abgeleitet, aber der Wert des Ausdrucks ist nicht gleich der Summe der abgeleiteten Reihe. Somit könnte die Bezeichnung Summe hier entfallen (ebd. § 111). Euler ahnte wohl die Kühnheit seiner Schlüsse, denn er begann, zwischen der Summe einer konvergenten Reihe und dem Wert einer divergenten Reihe zu unterscheiden. Mit letzterem Begriff verband er den Wert des Ausdrucks, der in eine Potenzreihe entwickelt wurde und der bei Divergenz der zugehörigen Reihe an die Stelle der Reihensumme zu treten hätte.

Wir kommen hierauf noch genauer zurück. Zunächst so viel: Aus heutiger Sicht ist man geneigt zu sagen, dass Euler hier ahnungsvoll versuchte, in „vernünftiger Weise" nach einem Verfahren (z. B. einem Limitierungsprozess[155]) zu greifen, um einer (Zahlen)Folge (s_n) (etwa aus Partialsummen) einen brauchbaren „Grenzwert s" zuzuordnen (Abschn. 3.7.4). Sofern die unendliche Reihe konvergiert, stimmt die neue Definition von Summen mit der üblichen Definition überein. Da divergente Reihen keine Summe (im alten Sinn) haben, treten keine Missverständnisse auf. Schließlich können wir mithilfe dieser Definition die Nützlichkeit divergenter Reihen beibehalten (ebd. § 111.)

Bereits zehn Jahre vor dem Erscheinen der Eulerschen *Differentialrechnung,* auf die wir uns gerade bezogen haben, schrieb Euler schon in einem Brief an Goldbach (vom 7. August 1745): „So habe ich diese neue Definition von der Summe einer jeglichen serie [Reihe] gegeben: Summa cujusque seriei est valor expressionis illius finitae, ex cujus evolutione illa series oritur. [Die Summe einer beliebigen Reihe ist der Wert desjenigen endlichen Ausdrucks, aus dessen Entwicklung diese Reihe hervorgeht]. … Und hieraus folgt dann unstreitig, daß eine jegliche series sowohl divergens als convergens einen definierten Wert oder

---

[154] „De summatione innumerabilium progressionum" (Über die Summation zahlreicher Entwicklungen; E 20, *Comm. Peterb.* Bd. 5 (1730–31), veröff. 1738 = EO I/14, S. 25–41. Integration führt zu summierbaren Reihen, deren allgemeines Glied eine gebrochene rationale Funktion ist.

[155] Siehe z. B. hierzu K. Knopp, *Theorie und Anwendung der unendlichen Reihen,* Berlin ⁵1965, Kapitel XIII.

3.7 Auf dem Weg zum Ruhm

summam haben müsse." Die anregende Rolle Goldbachs bei der Erforschung der Eigenschaften unendlicher Reihen wird beispielsweise in der Danksagung Eulers an Goldbach (Brief vom 26. Februar 1743) deutlich: „Für die Euer Wohlgeboren mir gütigst kommunizierten Methode sage ich tausendfältigen Dank, indem dieselbe weit leichter und natürlicher auf diese series leitet als diejenige, welche ich gebrauchet." G. H. Hardy (1877–1947) bemerkte: „The temptation [to use divergent series] became greater as analysis widened, and it was soon found that they were usefull, and the operations performed on them uncritically often led to important results which could be verified independently."[156]

Es ist klar, dass die Eulersche Darlegung für uns nicht streng begründet ist. Es ist jedoch merkwürdig, dass Euler sein oben angeführtes Prinzip (allgemeine Konvergenzbedingung) nicht eingesetzt hat, um die Gleichheit des Reihenwertes mit dem des in Rede stehenden Ausdrucks nachzuweisen, sondern sich der Übereinstimmung offenbar a priori gewiss war. Eulers Erfahrung mit der Summierung divergenter Reihen, die auf seiner großen Rechenerfahrung und seiner unglaublichen Geschicklichkeit beim Rechnen sowie seinem formalen Rechenvermögen gegründet war, ließ ihn nach Methoden suchen, zwischen Reihen zu unterscheiden, indem er auch divergenten Reihen einen Wert (eine „Summe") zusprechen wollte. Eulers Ansichten über die Summierung divergenter Reihen sind jedoch nicht nur von zeitgenössischen Mathematikern abgelehnt worden. Allerdings hat sich in der modernen Mathematik nach den Klärungen von Augustin Louis Cauchy (1789–1857), Niels Henrick Abel (1802–1829) und Karl Weierstraß (1815–1897) eine Lehre der divergenten Reihen entwickelt, die auf der heutigen Konvergenztheorie basiert und eine mit Eulers Vorstellungen vereinbare Darstellung liefert.

Niels Henrick Abel (1802–1829) hatte am 16. Januar 1826 aus Berlin an seinen Lehrer Bernt Michael Holmboe (1795–1850) geschrieben:

> „Divergente Reihen sind im Allgemeinen etwas sehr Fatales, und es ist eine Schande, dass jemand es wagt, irgendeinen Beweis auf sie zu stützen.
> Kann man sich etwas schrecklicheres Denken, als zu sagen, dass
> $$0 = 1 - 2^n + 3^n - 4^n + \text{etc.}$$
> ist, wo n eine ganze positive Zahl ist."[157]

Abel konnte sich hierbei auf die 1821 erschienene *Analyse algébrique* von Cauchy stützen, in der die Dichotomie verwirklicht wurde, alles, was nicht konvergiert, ist divergent. Cauchy erklärte im Vorwort:

---

[156] G. H. Hardy, *Divergent series*. Oxford 1949. Nachauflagen 1956, 1963. S. 1.
[157] „Divergente Rækker ere i det Hele noget Fandensskab, og det er en Skam at man vover at grunde nogen Demonstration derpaa. ... Kan der tænkes noget skrækkeligere end at sige at [Formel] hvor n er et helt positivt Tal." – *Festskrift ved Hundredeaarsjubilæet for N.H. Abel. Fødsel*. Kristiana 1902.

Abb. 3.42 Jean le Rond d'Alembert (1717–1783)

„Ich sah mich gezwungen, mehrere Aussagen zuzugeben, die vielleicht etwas hart erscheinen, zum Beispiel, dass eine divergente Reihe keine Summe hat."[158]

Von Ernesto Cesàro (1859–1906), Émile Félix Borel (1871–1956), Georgi Feodosjewitsch Woronoj (1868–1908, Вороной bzw. ukr. Вороний), Leopold Fejér (ung. Lipot Cornelis Fejér, 1880–1959) wurde der Sachverhalt vertieft und entwickelt. Standarddarstellungen haben Borel, *Leçons sur les séries divergentes* (Paris 1901), und G. H. Hardy, *Divergent series* (Oxford 1949), geschrieben.

Bei Jean le Rond d'Alembert (1717–1783)(Abb. 3.42), der Vorbehalte gegenüber dem Unendlichen hatte, lesen wir bereits 1768:

„Ich für meinen Teil gebe zu, dass alle Überlegungen und Berechnungen, die auf Reihen basieren, die nicht konvergent sind oder von denen wir annehmen können, dass sie nicht immer konvergent sind, mir immer als verdächtig erscheinen, selbst wenn die Ergebnisse dieser Überlegungen mit anderswo bekannten Wahrheiten übereinstimmen."[159]

Übrigens war d'Alembert nicht der erste und einzige Kritiker. Ähnlich kritisch äußerte sich auch Pierre de Varignon (1654–1722). Hardy hingegen schrieb: „It is a mistake to think of Euler as a ‚loose' mathematician, Ch. Huygens though his language may sometimes suggest seems loose to modern ears and even his language sometimes suggests a point of view far in advance of the general ideas of his time."[160] Und einige Zeilen später zitiert er die „Summendefinition" Eulers für

---

[158] Cauchy, *Analyse algébrique*. Preface. Paris 1821.

[159] « Pour moi, j'avoue que tout les raisonnements et les calculs fondés sur des séries qui ne sont pas convergentes ou qu'on peut supposer ne pas l'être, me paraîtront toujours mes suspectes, même quand les résultats de ces raisonnements s'accorderaient avec des vérités connues d'ailleurs. » – *Opusc. Math.*, t. 5 (1768), S. 183.

[160] Hardy, *Divergent series*, S. 15.

3.7 Auf dem Weg zum Ruhm

eine divergente Reihe, nicht ohne zu bemerken, dass dies fast von Ernesto Cesàro (1859–1906) oder Émile Borel (1871–1956) hätte geschrieben sein können.[161]

Die Summe divergenter Reihen war auch Thema eines kurzen Briefwechsels (Januar 1742 bis Juli 1745)[162] zwischen Euler und Nikolaus I Bernoulli (1687–1759), einem Neffen von Johann I Bernoulli, in dem Bernoulli unter anderem Eulers einschlägige Überlegungen bezweifelte. In Eulers Abhandlung „Methodus universalis serierum convergentium summas quam proxime inveniendi" (Eine universelle Methode, um die Summen konvergenter Reihen so genau wie möglich zu finden; E 55 EO I/14)[163], die er am 17 September der 1736 der Petersburger Akademie vorlegte, erschienen folgende Formeln:

$$1 - 3 + 5 - 7 + \ldots = 0,$$

$$1 - 3^2 + 5^2 - 7^2 + \ldots = 0.$$

Euler mag die erste Gleichung aus der Reihenentwicklung von $x/(1+x^2)$ durch Differentiation $d(x/(1+x^2))/dx = 1 - 3x^2 + 5x^4 - 7x^6 \ldots = (1-x)^2/(1+x^2)^2$ für $x=1$ erhalten haben, entsprechend die zweite. Diese Ergebnisse bezweifelte N. Bernoulli und schrieb am 6. April 1743 an Euler, wobei er ein vier Monaten altes Schreiben Eulers beantwortete:

> „Ich kann mir nicht einreden, daß Du behauptest, eine divergente Reihe ... stelle den Wert der Größen, welche entwickelt wurde, exakt dar. So ist beispielsweise
>
> $$\frac{1}{1-x} \text{ nicht } 1 + x + x^2 + \ldots + x^\infty,$$
>
> sondern
>
> $$\frac{1}{1-x} = 1 + x + x^2 + \ldots + x^\infty + \frac{x^{\infty+1}}{1-x}.$$

– *Correspondance* II, S. 701 ff.

Bernoulli fügte nach dem Grenzübergang $n \to \infty$ in der Reihe (wie wir sagen würden) weiterhin den Grenzwert des Restgliedes hinzu.

Im nächsten Brief N. Bernoullis vom 29. November 1743 (*Correspondance* II, S. 701 ff.) stimmte Bernoulli zu, dass man von der Summe einer Reihe nicht reden könne, sofern deren Glieder über alle Schranken wachsen, und er fügte hinzu, dass in seinem solchen Fall nicht alle Operationen oder Sätze sich auf unendliche Reihen übertragen lassen. Da Euler insistiert hatte, er sei niemals durch divergente

---

[161] „It is impossible to state Euler's principle accurately without clear ideas about functions of a complex variable and analytic contionation." (Hardy, S. 15)

[162] Der Briefwechsel ist unvollständig erhalten, jedoch klären Briefe an Goldbach und natürlich Eulers Arbeiten einiges.

[163] *Commentarii acad. Petr. VIII* für 1736, gedr. 1741.

Reihen auf falsche Resultate gekommen, gab Bernoulli gleiche Summenwerte an, die zu verschiedenen divergenten Reihenentwicklungen gehörten:

$$\frac{1}{1-1-1} = 1+1+2+3+5+8+\ldots = -1,$$

$$\frac{1}{1-2} = 1+2+4+8+\ldots = -1.$$

(wobei überdies jedes Glied der zweiten Reihe größer ist als das entsprechende Glied der ersten Reihe!). Aber Euler ließ sich nicht überzeugen, sondern wollte die Schwierigkeiten weiterhin durch eine Begriffserweiterung der Summe heben, sodass „eine jegliche series [Reihe], sowohl divergens als auch konvergens einen bestimmten Wert oder summam haben müsse" (siehe oben und seinen Brief an Goldbach vom 7. August 1745). Bei diesem abschließenden Beispiel wäre der Wert der unendlichen Reihe für alle x gleich dem des Bruches, aus dem die Reihe abgeleitet wurde:

$$\frac{1+x}{1+x+x^2} = 1 - x^2 + x^3 - x^5 + \ldots \tag{3.7}$$

Die Reihenentwicklung für $x=1$ ergibt zwar die gleiche Reihe (Gl. 3.5), aber der Wert des analytischen Ausdrucks beträgt jetzt 2/3. Feinfühligkeit und sicherer Instinkt bewahrten Euler im Allgemeinen, nicht aber alle seine Zeitgenossen vor Fehlern bei derartigen Schlüssen. Die heutigen Summationstheorien der Reihenlehre lassen uns verstehen, weshalb Euler (und auch andere) durchaus erfolgreich mit divergenten Reihen umgehen konnten (Beispiele folgen hierzu weiter unten). Trotzdem finden wir auch bei Euler „Reihen", die wir nicht akzeptieren können.

Euler berichtete im Brief vom 7. August 1745 Goldberg über seine Diskussion mit Nikolaus I Bernoulli. Um Missverständnisse zu vermeiden, schlug er vor, die wirklich hervorgebrachten Summen von denen, welche bei den divergenten Reihen nicht stattfinden, durch verschiedene Bezeichnungen zu unterscheiden:

> „Da nun eine jegliche series aus der Evolution einer expressionis finatae entstehet, so habe ich diese neue Definition von der summ einer jeglichen serie gegeben: Die Summe jeder Reihe ist der Wert des endlichen Ausdrucks, aus deren Entwicklung diese Reihe entsteht."[164]

Euler schloss an seine Untersuchung der Summe divergenter Reihen in „Consideratio progressionis" (E 125, 1739 vorgetragen, 1750 gedruckt) den Hinweis an, man möge bei der Summation divergenter Reihen vorsichtig sein. Aber sein instruierendes Beispiel ist verfehlt (bzw. Euler verstand die Divergenz etwas anders), denn er leitete die Reihensummen

$$\ldots \frac{1}{n^3} + \frac{1}{n^2} + \frac{1}{n} + 1 + n + n^2 + \ldots = 0$$

---

[164] "Summa cujusque seriei est valur expressionis illius finitae; ex cujus evolutione illa series oritur."

3.7 Auf dem Weg zum Ruhm

durch Addition der beiden Reihen

$$n + n^2 + n^3 + \ldots = \frac{n}{1-n},$$

$$1 + \frac{1}{n} + \frac{1}{n^2} + \frac{1}{n^2} + \ldots = \frac{n}{n-1}$$

her, wobei die endlichen Ausdrücke sich annulieren, aber die Konvergenzbereiche der Reihen sind verschieden (E 247, 1746 bzw, 1753).

Der letzte erhaltene Brief von Euler an N. Bernoulli ist vom 17.7.1745 datiert. Euler skizzierte in ihm die Bestimmung der Summen für die Beispiele auf zwei Arten: zum einen durch Integration, die auf den Integrallogarithmus führt, und zum anderen durch Kettenbrüche, d. h., die divergenten Reihen werden in andere Reihen oder in Kettenbrüche umgeformt; 1752 vorgelegt und 1760 in den *Novi Comm. Acad. Petr.* 5 (1754–55), S. 164–204 gedruckt. Ausgearbeitet hat er diese Methoden in der Arbeit „De seriebus divergentibus" (Über divergente Reihen); spätere Arbeiten erschienen im Druck 1771 (E 616) und posthum 1785 (E 593). Die hypergeometrische Reihe $s = 1 - 1 + 2 - 6 + 24 - 120 + 720 - \ldots$, die im Briefwechsel Eulers mit N. Bernoulli erschien und aus dem Polynom $P(x) = x - x^2 + 21x^3 - 31x^4 + \ldots$ gewonnen wurde, veranschaulicht Eulers Verfahren als konkretes Beispiel. Seine Integrationsmethode verfolgt Euler bis zur Näherung $s \approx 0{,}59$;[165] die Kettenbruchentwicklung brach er bei $s \approx 0{,}596347$ ab.

Um Euler gerecht zu werden, muss erwähnt werden, dass eigentlich alle Mathematiker dieser Zeit, vom neuen Erkenntnisstrom berauscht, prinzipielle Gesichtspunkte wie Existenz oder Konvergenz weniger beachteten oder sogar ganz außer Acht ließen. Man operierte in dieser „happy go lucky era", wie Hermann Weyl (1885–1955) diese Zeit des unbeschwerten Umgangs mit Grenzübergängen nannte, mit unendlichen Reihen zunächst noch so, wie man es mit endlichen Polynomen bequemerweise gewöhnt war, die den Ausgangspunkt gebildet hatten. Erst als die Schwierigkeiten zunahmen, etwa ab dem 19. Jahrhundert, als Niels Henrik Abel (1802–1829) divergente Reihen als „Erfindung des Teufels"[166] bezeichnete, widmeten sich die Mathematiker derartigen Grundlagenfragen intensiver und bemühten sich um präzise Begriffe im Umfeld der Konvergenz. Eulers verteufelt sichere Intuition, seine formale Gewandtheit im Umgang mit Rechnungen sowie seine immense Erfahrungen mit den Objekten der Analysis bewahrten ihn meist, aber – wie wir auch sehen werden – nicht immer vor Fehlern.

Diese angeführten Vorbehalte und Argumente veranschaulichen, weshalb die Klärungen des Konvergenzkonzepts noch fast das gesamte 19. Jahrhundert beanspruchten. Aber hören wir dazu aus Goethes „Lebensweisheit":

---

[165] Er ging dabei von der Differentialgleichung für die Summe $ds = s\, dx/x^2 - dx/x$ aus.
[166] In *Ostwalds Klassiker* „Untersuchungen über die Reihe" … (No. 71, Leipzig 1921).

„Ein großer Geist irrt sich so gut wie ein kleiner, jener weil er keine Schranken kennt, und dieser, weil er seinen Horizont für die Welt nimmt."[167]

3.7.3 Einschub: Euler und die Nichtstandardanalysis von Schmieden und Laugwitz

Euler erklärte die Konvergenz in einer anderen Weise als wir, denn selbstredend konnten ihm die Begriffe der Analysis von Augustin Cauchy und Karl Weierstraß und spätere Theorien nicht geläufig sein, auf denen wir ganz selbstverständlich aufbauen und daher aus dieser Sicht mathematische Urteile fällen, die historisch nicht gerechtfertigt sind. Die Nichtstandardanalysis, insbesondere der von Curt Schmieden (1905–1991)(Abb. 3.43) und Detlef Laugwitz (1932–2000) (Abb. 3.44) im Jahre 1958 entwickelte Ω-Kalkül, hilft zwar, die alten infinitesimalen Argumentationen zu verstehen, aber den Kalkül selbst rechtfertigt sie nicht und hat es auch nicht beabsichtigt.[168] Das Unendliche (unendlich Kleine bzw. unendlich Große) ist ein Grundpfeiler des Gebäudes, auf dem die Analysis errichtet wird. Euler arbeitete in der Sprache der Infinitesimalien, jedoch nicht mit dem Konzept des Grenzwertes (auch nicht in seiner Analysistrilogie); er sprach weniger von Konvergenz und Divergenz, sondern klassifizierte unendliche Summen (entsprechend Folgen) durch die Eigenschaft, endlich, unendlich oder unbestimmt zu sein. Hierzu benutzte er den Begriff einer infiniten Zahl (bei Laugwitz mit Ω, bei Euler mit ~ oder i (für *i*nfinit) bezeichnet). Für Euler war unendlich (∞) eine sehr große Zahl, mit der wie mit Zahlen gerechnet werden konnte.

Die Nichtstandardanalysis wird oft als eine moderne Rechtfertigung solcher alten Theorien missverstanden, die wir heute als Analysis bezeichnen. Aber die Nichtstandardanalysis liefert keine Begründungen der verschiedenen Auffassungen, die etwa Gottfried Wilhelm Leibniz (1646–1716) oder Leonhard Euler entwickelt hatten. Im Fall von Leibniz weist das neuerdings eine Studie von Richard Arthur und David Rabouin nach.[169] Unter den verschiedenen Fassungen der Nichtstandardanalysis skizzieren wir die von Laugwitz und Schmieden entwickelte Form, da sie einen angemessenen Zugang anbietet.

Schmieden und Laugwitz schlugen eine Brücke zu dieser infiniten Zahl Ω bzw. i: zunächst postulierten sie infinite Zahlen größer als jede endliche Zahl und benutzten dann ein Prinzip, das besagt, dass jede Eigenschaft, die einer hinreichend

---

[167] Gubitz (Hrsg.), *Goethe in Briefen und Gesprächen*. Leipzig 1942. S. 77, No. 13.
[168] Darauf wies Laugwitz beständig hin, und auf die Kritik, die ihm unhistorische Interpretationen unterstellte, erwiderte er, dass auch die Weierstraß'sche und die noch spätere Analysis Konzepte aufwiesen, die Euler unbekannt sein mussten, die sich damit ebenfalls für eine historische Deutung nicht eigneten.
[169] „On the Unviabilty of Interpreting Leibnizen's Infinitesimals through Non-standard analysis", in: *Historia mathematica* 66 (2024), S. 26–42.

Abb. 3.43 Curt Schmieden (1905–1991)

Abb. 3.44 Detlef Laugwitz (1932–2000), Schmieden und Laugwitz entwickelten eine Form der Nichtstandardanalysis

großen Zahl N zukommt, auch Ω zukommen soll. Mit der (zwiespältigen) Leibniz'schen Maxime „Was im Endlichen gilt, muss auch im Unendlichen gelten" findet dann im Ω-Kalkül die Übertragung auf infinite Zahlen statt, d. h. eine transzendente Ausdehnung des Endlichen ins Unendliche. Bereits die elementare Reihenlehre (etwa die Summe von $1-1+1-1+$ etc. oder eine Umordnung bedingt konvergenter Reihen) liefert gewichtige konkrete Gegenbeispiele gegen die Leibniz'sche Aussage, aber solches Argumentieren geht am Leibniz'schen Geist vorbei. Denn wie sollte Infinitesimalrechnung begründbar sein, wenn sie ihre Wurzeln nicht im Finiten hätte? Dann wäre sie eine mathematische Offenbarung transzendenter Beziehungen! Aus dem von Hermann Hankel (1839–1873) formulierten sogenannten Permanenzprinzip, das laut Hankel bei der Erweiterung von mathematischen Theorien befolgt werden sollte, ergibt sich nicht zwingend, was alles behaltenswert sei, noch kann eine Erweiterung alles bewahren, denn sonst läge keine Verallgemeinerung vor.

Im Jahre 1754 formulierte Jean le Rond d'Alembert (1717–1783) die in Rede stehende Problematik etwas eingängiger, dass nämlich der Ausdruck „unendlich kleine Größe" nichts weiter als eine Redeweise für die Grenze einer endlichen Größe sei.[170] Lesen wir auch Hilberts Ausführungen hierzu in seiner Rede „Naturerkennen und Logik" die er im Jahr 1930 in Königsberg hielt:

---

[170] Der „dräuende" Grenzwertbegriff erschien explizit erst gegen Ende des 18. Jahrhunderts, bezeichnenderweise fast gleichzeitig in zwei Arbeiten, die 1784 der von der Berliner Akademie unter Leitung von Joseph Louis Lagrange ausgelobten Preisfrage „Über eine klare und bestimmte Theorie dessen, was das Unendliche in der Mathematik genannt wird" gewidmet waren, nämlich in denjenigen von Simon Antoine l'Huilier (1750–1840) und Lazare Nicolas Carnot (1753–1823).

„Wir müssen uns klarmachen, daß ‚Unendlich' keine anschauliche Bedeutung und ohne nähere Untersuchung überhaupt keinen Sinn hat. Denn es gibt überall nur endliche Dinge. Es gibt keine unendliche Geschwindigkeit und keine sich unendlich rasch fortpflanzende Kraft oder Wirkung. Zudem ist Wirkung selbst diskreter Natur und existiert nur quantenhaft. Es gibt überhaupt nichts Kontinuierliches, was unendlich oft geteilt werden könnte. … Die Unendlichkeit, weil sie eben die Negation eines überall herrschenden Zustandes ist, ist eine ungeheuerliche Abstraktion."[171]

Zurück zum Ω-Kalkül. Mit der Zahlgröße Ω will man also in einem erweiterten reellen Zahlbereich $K = R(\Omega)$ wie mit endlichen Zahlen rechnen; es soll folglich Vielfache und Reziproke geben ($1/\Omega = \omega$ ist eine unendlich kleine Größe).[172] Die Regel $a+\omega = a$ oder $a+da = a$ für alle reellen Zahlen a eignet sich aber nicht für einen algebraischen Kalkül in K, da hier der Sinn des Gleichheitszeichens verloren geht. In den *Institutiones calculi differentialis* (Unterweisungen in der Differenzialrechnung, 1755; E 212, EO I/10) erweiterte Euler die reellen Zahlen durch unendlich große und unendlich kleine Größen (§§ 72, 83) und führte diese in der späteren Art von Schmieden und Laugwitz ein.

Nehmen wir einmal einen solchen Rechenkalkül in $K = R(\Omega)$ als gültig an. Für endliche N gilt

$$\sum_{k=1}^{N} \frac{1}{k(k+1)} = \sum_{k=1}^{N} \frac{1}{k} - \sum_{k=2}^{N+1} \frac{1}{k} \qquad (3.8)$$

(unter Berücksichtigung von $\frac{1}{k(k+1)} = \frac{k+1-k}{k(k+1)} = \frac{1}{k} - \frac{1}{k+1}$ und entsprechender Indexverschiebung bei der Summierung). Wenn in Gl. 3.8 die hinreichend große Zahl N durch Ω ersetzt wird, folgt im K-Kalkül formal dieses Ergebnis:

$$\sum_{k=1}^{\Omega} \frac{1}{k(k+1)} = \sum_{k=1}^{\Omega} \frac{1}{k} - \sum_{k=2}^{\Omega+1} \frac{1}{k} = 1 - \frac{1}{1+\Omega},$$

d. h., die Summe ist gleich 1.

Betrachtet man allgemein die Konvergenz von

$$S = \sum_{n=1}^{\infty} a_n, \quad (a_n > 0),$$

so folgt bei einem endlichen Zahlwert S, dass

$$\sum_{n=1}^{ki} a_n - \sum_{n=1}^{i} a_n = \sum_{n=i+1}^{ki} a_n = r > 0$$

infinitesimal bleiben muss, anderenfalls ist ein unendlicher Wert die Folge. Wir haben hier ein Äquivalent zum Cauchy'schen Konvergenzkriterium: Euler formulierte hier – in die Auffassung der klassischen Analysis übersetzt – klar eine hinreichende Bedingung für die Divergenz einer unendlichen Reihe, in heutiger Symbolik

---

[171] Abgedruckt in: *Die Naturwissenschaften* 18 (1930), S. 959–963, auch in Hilberts *Gesammelte Abhandlungen*. Berlin: 1935, Bd. 3, S. 378–387.
[172] Siehe hierzu auch Eulers *Differentialrechnung*, § 90 ff.

3.7 Auf dem Weg zum Ruhm

$$\lim_{n\to\infty} |S_{2n} - S_n| > 0,$$

wobei s_m eine Partialsumme der unendlichen Reihe bezeichnet; die nur notwendige Konvergenzbedingung (in klassischer Sicht)

$$\lim_{n\to\infty} |S_{k_n} - S_n| = 0 \quad (k_n \text{ natürliche Zahlen}).$$

verstand Euler aus seiner Sicht auch als hinreichend, was sie im klassischen Verständnis nicht ist. James Gregory (1638–1675) hatte solche Begriffe wie auch andere wegweisende schon in dem Buch *Vera circuli et hyperbolae quadratura* (Wahre Quadratur des Kreises und der Hyperbel) aus dem Jahre 1668 eingeführt, aber er publizierte wenig, und diese Überlegungen waren nicht beachtet worden. Eulers erste Arbeit über unendliche Reihen „De progressionibus transcendentibus" (Bemerkungen über transzendente Reihen; E 19, EO I/14) datiert aus dem Jahre 1729, wurde aber erst 1738 gedruckt.

In der ersten einschlägigen Arbeit knüpfte Euler allerdings nicht an Jakob Bernoullis (1654–1705) berühmte fünf Reihendissertationen von 1684 bis 1704 an, sondern an Petersburger Anregungen, die ihm – modern gesprochen – durch die Frage nach einer stetigen und „möglichst einfachen" Funktion $y=f(x)$, die für $x=1, 2, 3$, usw. die Werte 1!, 2!, 3! usw. lieferte (also die Folge der Fakultäten interpoliert), auf die – in heutiger Terminologie – Beta- und Gammafunktionen geführt haben. Diese Funktionen gehören zu den wichtigsten nicht elementaren Funktionen der mathematischen Physik. Für sie gab Euler Darstellungen sowohl als unendliches Produkt als auch als uneigentliches Integral, und in der Folgezeit fand er noch zahlreiche weitere Eigenschaften dieser Funktionen.

Euler legte solche Gedanken abermals am Beispiel in einer Arbeit „De progressionibus harmonicis observationes" (Bemerkungen über harmonische Reihen; E 43, EO I/14) von 1734 (1740 gedruckt) dar, wobei wieder Glieder mit unendlichen Indizes i erscheinen ($k=i$, $k=2i$ u. ä.). Es geht, wie der Titel besagt, vor allem um die harmonischen Reihen:

$$\sum_{k=1}^{\infty} \frac{1}{k^{\alpha}},$$

α reell.

Für $\alpha=1$ liegt die eigentliche harmonische Reihe vor. Euler betrachtete den Reihenabschnitt von $k=i+1$ bis $2i$ (i: infinite Zahl), sodass der Abschnitt durch das i-Fache des letzten Gliedes $1/2i$ nach unten abgeschätzt werden kann und auf die endliche Summe $1/2$ führt, was Divergenz ergibt. Ist nun $\alpha > 1$, so zerlegt man den auf das $(i+1)$-te Glied folgenden Rest in geeignete Perioden, die von $i+1$ bis $2i$, von $2i+1$ bis $4i$ usw. erstreckt werden, wobei in den jeweiligen Perioden jedes Glied kleiner als $i-a$, $i-2a$, … usw. ist. Die Abschätzung nach oben liefert damit eine geometrische Reihe, deren Summe infinitesimal klein ist. Die Reihen mit $\alpha > 1$ sind also konvergent (Abb. 3.45).

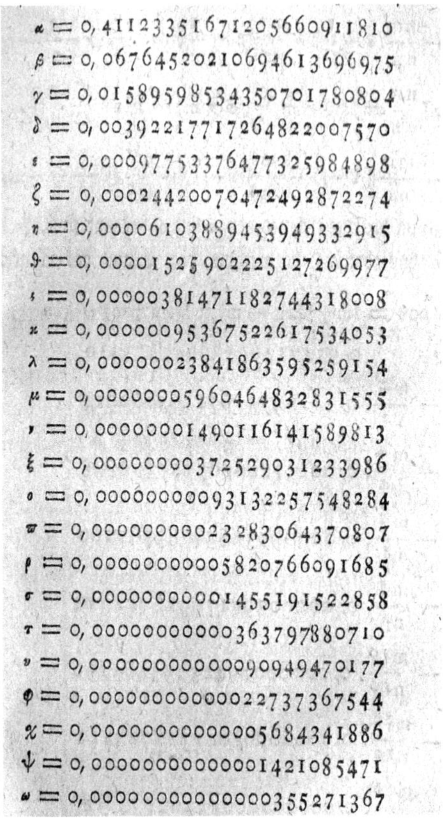

Abb. 3.45 Eine Reihe von Berechnungen von Summen für $\alpha = \frac{1}{2^2} + \frac{1}{4^2} + \frac{1}{6^2} + \ldots$, $\beta = \frac{1}{2^4} + \frac{1}{4^4} + \frac{1}{6^4} + \ldots$, usw. Exponenten in den Reihen für $\alpha, \beta, \gamma \ldots$ sind 2, 4, 6, usw. für die Bogen und die Sinus (siehe *Introductio*, § 193)

$\alpha = 0,41123351671205660911810$
$\beta = 0,06764520210694613696975$
$\gamma = 0,01589598534350701780804$
$\delta = 0,00392217717264822007570$
$\varepsilon = 0,00097753376477325984898$
$\zeta = 0,00024420070472492872274$
$\eta = 0,00006103889453949332915$
$\vartheta = 0,00001525902225127269977$
$\iota = 0,00000381471182744318008$
$\varkappa = 0,00000095367522617534053$
$\lambda = 0,00000023841863595259154$
$\mu = 0,00000005960464832831555$
$\nu = 0,00000001490116141589813$
$\xi = 0,00000000372529031233986$
$o = 0,00000000093132257548284$
$\varpi = 0,00000000023283064370807$
$\varrho = 0,00000000005820766091685$
$\sigma = 0,00000000001455191522858$
$\tau = 0,00000000000363797880710$
$\upsilon = 0,00000000000090949470177$
$\varphi = 0,00000000000022737367544$
$\chi = 0,00000000000005684341886$
$\psi = 0,00000000000001421085471$
$\omega = 0,00000000000000355271367$

Die Exponentialreihe schrieb Euler in dieser Weise:

$$e^x = \sum_i \left(1 + \frac{x}{i}\right)^i = 1 + x + \frac{x^2}{2} + \frac{x^3}{2 \cdot 3} + \frac{x^4}{2 \cdot 3 \cdot 4} + \ldots$$

Ein weiteres bemerkenswertes Ergebnis Eulers ist die geschlossene Summierbarkeit der allgemeinen Reihe $\zeta(s)$ für $s = 2k$:

$$\zeta(s) = \sum_{n=1}^{\infty} \frac{1}{n^s}, \text{ also } \zeta(2k) = \sum_{n=1}^{\infty} \frac{1}{n^{2k}} = \sum_{n=1}^{\infty} a_{2k} \cdot \pi^{2k}, \quad (3.9)$$

($k = 1, 2, 3, \ldots$), wobei sich die rationalen Koeffizienten a_{2k} (im Wesentlichen die Bernoulli'schen Zahlen[173]) aus einer Eulerschen Summenformel ergeben.

---

[173] Die Bernoulli'schen Zahlen B_{2k} wurden von Jakob Bernoulli in der *Ars conjectandi* (Kunst des Vermutens) 1713 eingeführt, um Potenzen natürlicher Zahlen zu summieren. Es gilt $a_{2k} = B_{2k} 2^{2k}/2(2k)!$

3.7 Auf dem Weg zum Ruhm

Ausgangspunkt dieser Untersuchung von 1736 war das von Pietro Mengoli (1626–1686) im Jahre 1650 gestellte Problem, die Summe der reziproken Quadratzahlen (also s_{2k} für $k=1$) zu finden, über das Jakob Bernoulli verzweifelt geschrieben hatte:

> „Wenn jemand herausbrächte und uns mitteilte, was unserer Anstrengung bisher gespottet hat, so wird er uns zu großem Dank verpflichten."[174]

Johann Bernoulli, der alte Fuchs, dem Euler freimütig $s_2 = 2\pi/6$ und $s_4 = 4\pi/90$ im Brief vom 10./21. Dezember 1731 mitgeteilt hatte, erriet rückschließend eine ähnliche Beweisvariante und nahm diese Lösung in seine gesammelten Werke auf, allerdings ohne den Stichwortgeber Euler irgendwie zu erwähnen. Johann Bernoullis Beweis, der auf Betrachtungen der Nullstellen der Funktion $\frac{\sin x}{x}$ beruhte, veranlasste wiederum Euler, unabhängig von Roger Cotes (1682–1716) die berühmte Beziehung

$$e^{ix} = \cos x + i \sin x$$

(i imaginäre Einheit) zu finden.[175] 1737 entdeckte Euler schließlich die berühmte Identität

$$\sum_{n=1}^{\infty} \frac{1}{n^s} = \prod_p \frac{1}{1 - 1/p^s},$$

wobei das Produkt über alle Primzahlen p zu erstrecken ist. Die linke Seite der Gleichung bezeichnete Bernhard Riemann (1826–1866), der auch komplexe Werte von s zuließ, als Zetafunktion $\zeta(s)$. Nach Gl. 3.9 ist $\zeta(2s)$ eine transzendente Zahl; welchen Charakter die Zahlen $\zeta(2s+1)$ haben, das ist noch heute ein offenes Problem. Euler vermutete eine Abhängigkeit von log 2 oder π. 1979 zeigte Roger Apéry (1916–1994): $\zeta(3)$ ist irrational.[176] Euler gab übrigens bereits 1744 eine Funktionalgleichung für $\zeta(s)$ an, die Riemann wiederentdeckte.

Zählt man alle einschlägigen Arbeiten Eulers über unendliche Reihen und fügt auch Folgen über unendliche Produkte und Kettenbrüche hinzu, so beträgt deren Anzahl ungefähr 90, fast ein Zehntel seiner Arbeiten.

---

[174] „Positiones Arithmeticae de Seriebus infintisis" (Themen unendlicher Reihen), in: Jakob Bernoulli, *Opera,* Bd. 1, S. 398.

[175] Die Gleichung steht in dieser Form in der *Introductio* (1748) bei Euler noch nicht, aber sie lässt sich aus den Ergebnissen der *Introductio,* Bd. 1, §§ 119, 134 (E 101–02, EO I/8–9) leicht folgern; in der *Introductio* schrieb Euler noch *a* für *e*. Im Herbst 1741 war diese Formel schon im 4. Notizbuch für imaginäre *x* eingetragen und 1743 stand sie allgemein in der 1742 gelesenen Arbeit „De summis serierum reciprocarum" (Über reziproke Reihensummen; E 61, EO I/14). Die Gleichung $\exp(i\pi)+1 = 0$ bzw. $\exp(i\pi) = 0$ wird, nicht nur durch Richard P. Feynman, als eine der schönsten in der Mathematik, „The most remarkable formula in math[ematics]", bezeichnet.

[176] „Irrationalité de $\zeta(2)$ et $\zeta(3)$", in *Astérisque* 61 (1979), 11–13.

3.7.4 Einschub: Summationsverfahren (Limitierungsmethoden)

Euler war ein Mann der Ordnung, und das zeigt sich auch bei unendlichen Reihen. Die Zweiteilung unendlicher Reihen in konvergente und divergente war für ihn nicht ausreichend, und dank seiner profunden Kenntnis, seiner staunenswerten Rechenfähigkeit und seinem formalen Geschick im Umgang mit unendlichen Reihen verfeinerte Euler die Unterscheidung divergenter Reihen – mit anderen Worten, durch neue Konvergenzbegriffe lassen sich divergente Reihen als konvergent begreifen.

Für eine solche Änderung des Konvergenzbegriffes führen wir als Beispiel eine einfache physikalische Motivation an. Bei einer Beobachtung werde eine Reihe von verschiedenen Messwerten erhalten: $a_1, a_2, \ldots, a_n$. Das einfachste Verfahren, hieraus einen akzeptablen Messwert zu ermitteln, benutzt die arithmetische Bildung des Mittelwertes als neues Konzept:

$$\frac{1}{n}\sum_{m=1}^{n} a_m$$

Idealisieren wir diese Vorstellungen, indem wir n gegen unendlich gehen lassen, so kann man zeigen, dass für eine konvergent Reihe $\sum a_m = a$ auch ihr arithmetisches Mittel $\lim_{n\to\infty} \frac{1}{n}\sum_{m=1}^{n} a_m$ konvergiert, und zwar ebenfalls gegen a. Also bietet sich an, eine neue Konvergenz so zu definieren, dass Reihen konvergieren, wenn ihr Mittelwert im alten Sinn konvergiert.[177] Jede im alten Sinn konvergente Reihe wäre es auch im neuen Sinn mit gleichem Grenzwert. Damit leistet die neue Festlegung mindestens ebenso viel wie die alte. Da aber die divergente Grandi'sche Reihe $1-1+1-1+1-\ldots$, der wir uns gleich zuwenden, offenbar im neuen Sinn konvergiert, erfasst die obige Festsetzung mehr Reihen als konvergent.

Ein bekanntes Beispiel für den seinerzeitigen Umgang mit dem Unendlichen: Der Camaldulensermönch Guido Grandi (1671–1742) hatte versucht, das mathematisch paradoxe Ergebnis

$$\begin{aligned}1 - 1 + 1 - 1 + 1 - \ldots &= (1-1) + (1-1) + (1-1) + \ldots = 0. \\ &= 1 + (1-1) + (1-1) + (1-1) + \ldots = 1,\end{aligned} \quad (3.10)$$

das formal aus

$$\frac{1}{1-x} = 1 + x + x^2 + x^3 + \ldots \quad (3.11)$$

für $x=-1$ „geschlossen" werden kann, wenigstens mit juristischen und philosophischen Argumenten zu rechtfertigen, wobei er letztlich in $0=1$ einen exakten Beweis für die Erschaffung der Welt ($=1$) aus dem Nichts ($=0$) zu sehen

---

[177] Cauchy, *Analyse algébrique*, Paris 1821, S. 59.

Abb. 3.46 Ein Jahr bevor Jakob Bernoulli (1654–1706) seine berühmten fünf großen Reihendissertation (1689–1704) vorlegte, verteidigte unter seinem Vorsitz der 18-jährige Paul Euler (1670–1745), Leonhards Vater, in Basel am 8. Oktober 1688 die Arbeit „*Positiones mathematicae de seriebus rationibus et proportionibus, quas Deo volente*" (Mathematische Aussagen über Verhältnissen und Proportionen, die von Gott gewollt sind)

POSITIONES MATHEMATICÆ
De
RATIONIBVS ET
PROPORTIONIBVS,
Quas
DEO VOLENTE
&
JVBENTE SAPIENTISSIMO PHILOSOPHORVM
ORDINE
SVB PRÆSIDIO
JACOBI BERNOULLI,
Mathematum Profeſſ: Publ:
in conſueto Auditorio
Philoſophico
Ad diem g. Octobris M DC LXXXVIII.
pro viribus tuebitur
PAULUS EULERUS, BASIL.

BASILEÆ, Typis JOH. RODOLPHI GENATHII.

glaubte.[178] Seine Gedanken gehen auf das Jahr 1703 zurück, aber sie wurden erst durch seine Arbeit „De infinitis infinitorum" (Von den Unendlichkeiten des Unendlichen) aus dem Jahre 1710 bekannt, die in barocker Demut dem „Deo veritatis, luminum patri, scientiarum domino, geometriae praesidi" (Dem Gott der Wahrheit, dem Vater des Lichts, dem Herrn des Wissens, dem Herrscher der Geometrie) gewidmet ist (Abb. 3.46).

Die Leipziger Neue Zeitungen von Gelehrten Sachen waren ein weit verbreitetes wissenschaftliches Journal, das seine Leser auf Seiten im handlichen Oktavformat zweimal wöchentlich sowohl über Neuheiten auf dem wissenschaftlichen Buchmarkt als auch über das akademische Leben an Universitäten und Akademien informierte. Es war ziemlich ungewöhnlich, dass das Journal selbst Probleme stellte, was im April 1733 jedoch der Fall war. Ein Leser fragte nach der Summe der Grandi'schen Reihe (Gl. 3.10), wodurch eine kleine Diskussion ausgelöst wurde. In dieser Debatte finden wir als typische Meinung: „Wird dieser Rest [= Reihenrest] beständig kleiner, so ist man auf dem Weg der Wahrheit, wird er aber immer größer, so ist man auf dem Weg zum Irrtum in infinitum." In den verschiedenen Zuschriften wurde neben Pierre Varignon (1654–1722) auch Gottfried Wilhelm Leibniz' (1646–1716) Umgang mit der Reihe von Grandi erwähnt.[179]

---

[178] Quadratura circuli et hyperbolae (Quadratur des Kreises und der Hyperbel, 1703; De infinitis infinitorum infin que parvorum ordinibus, 1710. Erst die letztere Schrift erregte allgemeines Aufsehen. Den Schöpfungsbeweis folgert er aus Reihensumme $= \frac{1}{2}$ sowie $0+0+0+\ldots = \frac{1}{2}$.

[179] Übrigens wurde im Laufe der Diskussion eine weitere Aufgabe gestellt, die modern formuliert nach einer zwei Flächenpunkte verbindenden geodätischen Kurve fragt und die auf Anregung Johann Bernoullis der frisch in St. Petersburg eingetroffene Euler etwa 1729 behandelt hatte (E 9, EO I/25; gedruckt 1732). Allerdings fand diese Aufgabe überhaupt keinen Anklang.

Bereits Jakob Bernoulli (1654–1705) hatte in der dritten seiner berühmten Reihendissertationen „Propositionum de Seriebus infinitis pars tertia" (Sätze über unendliche Reihen, Teil 3) (Basel 1696) auch die Grandi'sche Reihe (Gl. 3.10) $s = 1 - 1 + 1 - 1 + 1 - \ldots$ betrachtet und sie als „paradoxon non inelegans" (kein harmloses Paradoxon) bezeichnet. Er erkannte auch klar den Zusammenhang zur Entwicklung von $1/(1+x)$. Unterstellt man die Existenz einer Reihensumme s und rechnet unbefangen (also wie im Endlichen), dann ergibt sich:

$$1 - s = 1 - (1 - 1 + 1 - 1 + 1 - \ldots)$$
$$= 1 - 1 + (1 - 1 + 1 - 1 + 1 - \ldots) = 0 + s$$

also $1 - s = s$ bzw. $s = 1/2$. Der besorgte Philosoph Christian Wolff (1679–1754), der mathematisch auf der Höhe seiner Zeit war, fragte daraufhin Gottfried Wilhelm Leibniz, was dieser von den merkwürdigen Dingen halte, auf die Grandi gekommen sei. Leibniz äußerte zwar sein Unbehagen an der nicht mathematischen Argumentation Grandis, gab aber diesem prinzipiell recht, obwohl er sich selbst für das arithmetische Mittel der gleich häufigen, also gleichberechtigten, Partialsummen $(1+0)/2 = 1/2$ entschieden hatte. Er argumentierte, dass die Partialsummen der Grandi'schen Reihe entweder 0 als auch 1 ergeben, je nachdem, bei welchem Index man die Summierung abbricht. Beide Ergebnisse seien gleichberechtigt. Da das Unendliche (als Zahl) weder gerade noch ungerade sei, könne keine der Partialsummen bevorzugt werden. Somit gehe aus der Wahrscheinlichkeitsrechnung hervor, dass sowohl 0 als 1 gleich wahrscheinlich seien, sodass man das arithmetische Mittel zu wählen habe: $(0+1)/2 = ½$. Leibniz benutzte hier ein einfaches Limitierungsverfahren, das wir gleich erläutern, auf das auch Euler zurückgegriffen hat. In seinem Briefwechsel mit Leibniz lehnte Pierre Varignon allerdings solche Rechtfertigungen ab und bestand auf einer strengen Begründung, beispielsweise verlangte er als notwendige Bedingung der Konvergenz, dass die Glieder der Reihe eine Nullfolge bilden (*Histoire* der Pariser Akademie, 1717). Daniel Bernoulli (1700–1782), der in den in Rede stehenden Jahren mit Christian Goldbach (1690–1764) über divergente Reihen korrespondierte, zeigte sich damals an solchen Fragen wenig interessiert, aber in einer ein halbes Jahrhundert später (1772) publizierten Arbeit „De summationibus serierum" (Die Summation einer Reihe)[180] teilte er Eulers Auffassung, dass eine unendliche Reihe an sich betrachtet zwar divergieren kann, aber andererseits, als Entwicklung einer Funktion gesehen, diese Funktion tatsächlich „darstellen" kann. Solche Reihen nannte er „incongrue veras" (widersprüchliche Wahrheiten). Euler hatte in diesem Fall definiert: „Die Summe einer beliebigen Reihe ist der Wert desjenigen endlichen Ausdrucks, aus dessen Entwicklung diese Reihe hervorgeht" (siehe Brief an Goldbach 7. Aug. 1745).

Goldbach, der sich seit 1717 für Reihen interessierte, teilte nicht nur Eulers Auffassung, sondern er regte sie vermutlich maßgeblich mit an. Goldbach korrespondierte 1724 mit Daniel Bernoulli, um Pierre Varignon in dieser Frage zu

---

[180] *Novi Commentarii Petropolensis XVI* (1772).

3.7 Auf dem Weg zum Ruhm

widersprechen. Aber Daniel Bernoulli hielt ebenso wie Pierre Varignon die aus der Reihenentwicklung von $1/(1+x)$ für $x=2$ und $x=-2$ hervorgehenden divergenten Reihen

$$1 - 2 + 4 - 8 + \ldots \text{ und } 1 + 2 + 4 + 8 + \ldots$$

für absurd. Goldbach hingegen hielt am 20. November 1725 in der Akademie einen Vortrag „De transformatione serierum" (Über die Umordnung von [divergenten] Reihen), der im Band 2 der *Petersburger Commentarii* 1729 erschien. Um mögliche Bedenken zu zerstreuen, schrieb er:

> „Wenn auch diese Art, endliche Größen durch unendliche Reihen auszudrücken etwas Ungewohntes hat, so sehe ich doch nicht ein, warum sie überhaupt zu verwerfen ist."[181]

Obwohl solche Ideen, eine andere Art von Grenzwerten einzuführen, noch sehr vage ausgedrückt waren, drückten sie die Zuversicht aus, auch mit divergenten Reihen arbeiten zu können. Godfrey Harold Hardy (1877–1947) widmete diesem Thema fast 250 Jahre später einem mathematischen Klassiker gewidmet, *Divergent series* (1956), und fand dabei immer wieder die Wurzeln von Überlegungen bei Euler. Denn dieser griff solche Ideen Goldbachs auf; beispielsweise trägt das erste Kapitel in Band 2 der *Institutiones calculi differentialis* (E 212, EO I/10) die gleiche Überschrift wie Goldbachs Arbeit. Auch die Goldbach'schen Vorstellungen über die Interpolation von Reihen sind in dieses Buch eingegangen, das Euler in St. Petersburg nach 1730 begonnen hatte und das etwa 1750 in Berlin abgeschlossen wurde (gedruckt 1755).

Euler erhielt im Sinne der neuen Summendefinition für Reihen mit *positiven* Gliedern auch *negative* Reihensummen, z. B. aus

$$\frac{1}{1-x} = 1 + x + x^2 + \ldots$$

für $x=2$

$$1 + 2 + 4 + 8 + 16 + \ldots = \frac{1}{1-2} = -1.$$

Diese paradoxe Ergebnis veranschaulichte sich Euler geometrisch, indem er auf die inzwischen etwas obsoleten Vorstellungen von John Wallis (1616–1703) zurückgriff, der in den negativen Zahlen „über"unendliche Größen erblickt hatte (*Arithmetica infinitorum*, Arithmetik des Unendlichen, Oxford 1665; prop. 104, 107)(Abb. 3.47). Die Folge

$$\frac{1}{3}, \frac{1}{2}, \frac{1}{1}, \frac{1}{0}$$

ist monoton wachsend (allgemein $\frac{1}{m} < \frac{1}{m-1}$), und für $m=0$ ergibt sich $\frac{1}{0} < \frac{1}{-1}$ bzw. $\infty < -1$.

---

[181] *Commentarii Petropolensis* 1729

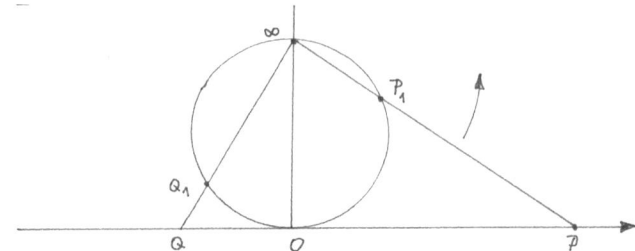

Abb. 3.47 Zur Wallis'schen Einführung überunendlicher Zahlen. Durch Drehen des Strahles ∞P gelangt P in den Punkt ∞ der Geraden OP (x-Achse) bzw. P1 in den Punkt ∞ des Kreises. Weiteres Drehen lässt P in dem Punkt −∞ auf der x-Achse wieder auftauchen, und weitere Drehungen führen auf Punkte Q der x-Achse bzw. Q1 mit negativen Koordinaten, die jenseits von ∞ liegen

Diese Idee von Wallis bekommt einen klaren geometrischen Sinn, wenn wir die gängige Vorstellung von der Zahlengeraden etwas verändern. Die üblich angeordneten reellen Zahlen von −∞ bis +∞ auf einer Geraden werden durch Identifikation der Enden (−∞ = +∞) auf einen Kreis transformiert, was man sich auch durch eine Zentralprojektion vorstellen kann, deren Zentrum N sei, auf einen Kreis abgebildet, der die Zahlengerade im Nullpunkt 0 berührt (siehe Abb. 3.47). Dazu wird ein Projektionsstrahl, der im Punkt N angebracht ist, vom Nullpunkt 0 in Richtung +∞ bewegt. Jeder positiven Zahl auf der Halbgeraden 0∞ entspricht genau ein Punkt auf dem rechten Halbkreis von 0 bis N und umgekehrt. Dem Ausgangspunkt N des Strahles selbst entspricht kein eigentlicher Punkt als Urbild, sondern der unendlich ferne Punkt ∞. Dreht man den Projektionsstrahl jetzt weiter, so trifft er die reelle Achse in −∞ auf der negativen Halbgeraden, und weiteres Drehen in Richtung 0 bildet nun die negativen Zahlen eindeutig auf den linken Halbkreis ab und umgekehrt. Kurz, auf dem Kreis folgen nach einem Durchgang durch das Unendliche (+∞ = −∞) die negativen Zahlen auf die positiven Zahlen. Das ist neben der Anordnung auf einer Geraden eine andere Anordnung des reellen Zahlbereichs auf einem Kreis.

Nikolaus Bernoulli teilte wie Grandi die Lehre der überunendlichen Zahlen, die Wallis eingeführt hatte. Da −1 in der Reihe von Grandi (Gl. 3.10) als Resultat der Division von −1 in +1 gesehen werden kann („−1 infinities infinita quam +1"),[182] ist auch die Summe der Reihe (3.8) („infinite major quam", unendlich größer) $1+1+1+1+\ldots$. Daniel Bernoulli führte in der Arbeit „De summationibus serierum" (Über die Summation von Reihen)[183] andererseits Leibniz-Eulersche Gedanken fort: Reihen, welche für sich betrachtet divergieren, können als Entwicklung eines gegebenen Ausdrucks (etwa einer Funktion) diesen Ausdruck darstellen und werden dann von Bernoulli „incongrue veras" (widersprüchliche

---

[182] −1 ist unendlich unendlicher als +1.
[183] *Novi Comm. Petrop.* XVI für 1771, gedr. 1772.

3.7 Auf dem Weg zum Ruhm

Wahrheiten) genannt. Weiter griff Bernoulli den Leibniz'schen Gedanken vom arithmetischen Mittel bei der Grandi'schen Reihe (Gl. 3.10) auf, wobei er ihn mit der Vorstellung einer Periode verband, die bei der Grandi'schen Reihe 1–1 sein kann, was auf den wahren Wert (1+0)/2 führt. Denn wenn beim ersten Glied der Reihe abgebrochen wird, so folgt der Wert 1, die nächsten zwei Glieder führen auf 0, usw. Gemäß dieser Methode behandelte Bernoulli Reihen wie

$$1 + 0 - 1 + 1 - 0 + 1 + \ldots,$$
$$1 - 1 + 0 + 1 - 1 + 0 + \ldots,$$
$$\cos x + \cos 2x + \cos 3x + \ldots,$$

die nacheinander die Perioden 1+0–1, 1–1+0 besitzen und für $x = \pi$ in –1+1 periodisch sind oder für $x = 2\pi/3, \pi/2, \ldots$ eine Periode aufweisen; entsprechend wäre zu mitteln, 0–1+0+1.

Erweiterungen haben ihre Konsequenzen. Das Hankel'sche Permanenzprinzip[184] legt bei einer Erweiterung nicht nahe, welche Regeln behalten oder aufgegeben werden sollen. Das ist eine Frage der Zweckmäßigkeit. Aus der Ungleichung $m > m - 1$ lässt sich für $m = 0$ die Beziehung $\frac{1}{m} < \frac{1}{m-1}$ nicht folgern (oder umgekehrt). Solche Alternativen sah Euler in seiner Argumentation offenbar nicht. Das mag daran gelegen haben, dass 1/0 für Euler kein undefiniertes Symbol war, sondern den Wert ∞ hatte (wie umgekehrt $1/\infty = 0$ war).

Wir haben gesehen, dass sich bei Euler der Begriff Summe einer Reihe nicht immer mit dem heute gebräuchlichen deckte. Reihen waren, wie schon erwähnt, im Sinn der Algebra eigenständige mathematische Objekte, mit denen man rechnen konnte, ohne dass dabei das Konvergenzverhalten beachtet werden musste. In diesem Sinne wird die Analysis, in der man algebraisch formal mit Reihen umging, auch als „algebraische Analysis" bezeichnet. Die moderne Mathematik definiert den Begriff der Summe einer Reihe, und erst bei einem Konvergenznachweis (gegebenenfalls auch im Sinne einer Limitierung) ist eine unendliche Reihe ein Objekt der Mathematik. In Eulers Verständnis hingegen waren bereits die symbolisch hingeschrieben Reihen mathematische Objekte. Die heutige Priorität von Konvergenzuntersuchungen gab es für ihn nicht, für Reihen als algebraisches Objekt war das ohnehin sinnlos. Für Euler, aber nicht für alle Zeitgenossen (etwa Pierre Varignon [1654–1722] oder Nikolaus I Bernoulli) waren divergente Reihen durchaus zulässige Objekte der Analysis.

Unendliche Reihen mit algebraischem Charakter zeigen sich beim Rechnen mit den sogenannten rekurrenten Reihen.[185] Das sind Zahlenreihen, deren allgemeines Glied eine Linearkombination einer festen Anzahl vorangehender Glieder ist.

---

[184] Von dem deutschen Mathematiker Hermann Hankel (1839–1873) bei Untersuchungen hyperkomplexer Systeme 1857 formuliert. Eine frühere Verwendung durch George Peacock (1791–1858) in seinem *Treatise on Algebra* (1830) fand nicht die gebührende Beachtung.

[185] Der Begriff ist von Abraham de Moivre (1667–1754) in einer Arbeit benutzt worden, die 1722 in den Royal Transactions erschien.

Damit lässt sich, wenn s die Summe der Reihe bezeichnet, durch algebraische Manipulationen unter Ausnützung der Linearkombinationen der Glieder eine algebraische Beziehung für die Summe s angeben. Das heißt, der Wert s der Reihe ist eine Lösung einer algebraischen Gleichung $G(s)=0$.[186] Solche Untersuchungen sind z. B. von Abraham de Moivre (1667–1754), Christian Goldbach und Daniel Bernoulli vorgenommen worden. Goldbach hatte 1723 selbstbewusst über die Reichweite solcher Umformungen an Daniel Bernoulli geschrieben: „Gebt mir eine allgemeine Formel für die Glieder, dann gebe ich Euch eine Formel für die Summe." Für Goldbach war die allgemeine Formel der Reihenglieder der legendäre archimedische Punkt.[187] Euler widmete solchen Reihen das Kapitel 13 in Band 1 seiner *Introductio in analysin infinitorum*" (E 101; EO I/8).

Die Eulersche Konstante C misst die „asymptotische Differenz" der N-ten Partialsumme der harmonischen Reihe und des Logarithmus von N; man bezeichnet sie nach Lorenzo Mascheroni (1750–1800) auch mit γ; sie erschien 1732 bei Untersuchungen über die harmonische Reihe

$$1 + \frac{1}{2} + \frac{1}{3} + \frac{1}{4} + \frac{1}{5} + \ldots$$

bzw.

$$\lim_{n \to \infty}(1 + \tfrac{1}{2} + \tfrac{1}{3} + \tfrac{1}{4} + \ldots + \tfrac{1}{n} - \ln n) = C$$
$$= \tfrac{1}{2n} - \tfrac{1}{12n^2} + \tfrac{1}{120n^4} - \ldots$$

und $n=10$ führt auf $C=0{,}577 \ldots$. C wurde von Euler auf 17 Stellen nach dem Komma berechnet (15 davon richtig):

$$C = 0{,}577\ 215\ 664\ 901\ 532\ 52\ldots \qquad (3.12)$$

Die zweite Zeile gibt die effektivere Euler-Maclaurin-Summation an. Im Jahre 1873 gab John Couch Adams (1819–1892) übrigens C auf 263 Stellen an.[188] Von der Eulerschen Konstante ist nicht bekannt, ob sie rational, irrational oder transzendent ist. Neben e und π ist sie eine der wichtigsten mathematischen Konstanten, die nicht nur in der Theorie der Reihen, sondern auch in der Statistik, der Zahlentheorie und anderen Teilen der Mathematik verwendet wird.

Euler untersuchte die merkwürdige divergente Reihe $1-1!\ x+2!\ x^2-3!\ x^3+\ldots$ und erhielt für $x=1$ die Gleichung[189]

---

[186] Umgekehrt bestimmten D. Bernoulli und Euler mithilfe rekurrenter Reihen die Lösungen algebraischer Gleichungen approximativ, z. B. Bernoulli in Band 3 der *St. Petersburger Commentarii* und Euler in der *Introductio in analysin infinitorum* Bd. 1 in Kap. 17 (E101; EO I/8), wo er sich auch auf Bernoulli bezog.
[187] Bekanntlich hatte Archimedes nach der Entdeckung des Hebelgesetzes einen (archimedischen) Punkt verlangt, um die Welt aus den Angeln zu heben.
[188] Finch, S. R.: *Mathematical constants*. Cambridge 2003, Chap. 1.5.
[189] Hardy, *Divergents series*. Oxford 1949, 1956. S. 15.

3.7 Auf dem Weg zum Ruhm

$$1 - 1! + 2! - 3! + \ldots = -e\left(C - 1 + \frac{1}{2 \times 3!} - \frac{1}{3 \times 3!} + \ldots\right).$$

Er verwandte und berechnete bestimmte Integrale in der Reihenlehre und baute in unvergleichlicher Weise die unendlichen Reihen in die Überlegungen der klassischen Analysis ein, er machte sie zum Skelett des neuen Zweiges. Dabei erhielt er interessante numerische Ergebnisse, darunter[190]

$$\ln 2 = 1 - \frac{1}{2} + \frac{1}{3} - \frac{1}{4} + \frac{1}{5} - \frac{1}{6} + \frac{1}{7} - \frac{1}{8} + \frac{1}{9} - \frac{1}{10} + \& \ c.,$$
$$\log 3 = 1 + \frac{1}{2} + \frac{2}{3} - \frac{1}{4} + \frac{1}{5} - \frac{2}{6} + \frac{1}{7} - \frac{1}{8} + \frac{1}{9} + \frac{1}{10} - \& \ c., \quad (3.13)$$
$$\log 4 = 1 + \frac{1}{2} + \frac{1}{3} - \frac{3}{4} + \frac{1}{5} + \frac{1}{6} + \frac{1}{7} - \frac{3}{8} + \frac{1}{9} + \frac{1}{10} + \& \ c.$$

("De progressionibus harmonicis observationes", Beobachtungen bei harmonischen Reihen; E 43; 1734 einger., 1740 gedr.). Diese Reihen werden mittels der Beziehung $\log m = \log (mi) - \log i$ aus divergenten Reihen gewonnen (§ 8), welche aus unserer Sicht die die Eulersche Konstante C definierende Gleichung Gl. 3.12 verwenden.

In der 1749 vorgelegten Abhandlung „De fractionibus continuis" (Über sich fortsetzende Brüche; Kettenbrüche, E 71, EO I/14) gab Euler eine erste zusammenhängende Theorie der Kettenbrüche (der Name ist wiederum von ihm), die auch für die Theorie der transzendenten Funktionen von bahnbrechender Bedeutung war. Entsprechende Abschnitte über Kettenbrüche sind auch in der *Introductio* (E 101, Kap. 18; EO I/8) enthalten. Kürzen wir als typisches Beispiel den aus $1 + 68/157$ entwickelten Kettenbruch

$$1 + \frac{68}{157} = 1 + \frac{1}{\frac{157}{68}} = 1 + \frac{1}{2 + \frac{21}{68}} = \cdots = 1 + \frac{1}{2 + \frac{1}{3 + \frac{1}{4 + \cdots}}}$$

durch [1, 2, 3, 4, ...] ab, so zeigte Euler u. a.

$$e = [2, 1, 2, 1, 1, 4, 1, 1, 6, 1, 1, 8, 1, 1, 10, \ldots]$$
$$\pi = [3, 7, 15, 1, 292, 1, 1, 1, 2, 1, 3, 1, 14, \ldots].$$

Hierauf gründete sich übrigens der Irrationalitätsbeweis von Johann Heinrich Lambert (1728–1777) aus dem Jahre 1768 für e und π.

Euler befasste sich ebenfalls mit gewöhnlichen Differentialgleichungen, wobei er durch kunstvolle Substitutionen den Grad von Differentialgleichungen reduzierte. Insbesondere studierte er die von Jacopo Riccati (1676–1754) im Jahre 1722 vorgelegte nichtlineare Differentialgleichung (*a* reell, *m* ganzzahlig).

---

[190] Es ist wegen der logarithmischen Eigenschaft $\log 4 = 2 \cdot \log 2$.

$$y'(x) + y^2(x) = ax^m,$$

Hierzu erschienen in der Petersburger Zeit zwei einschlägige Arbeiten (E 11 und 31, EO I/22, 1738). Insgesamt verfasste Euler etwa ein Dutzend Arbeiten über diesen Gegenstand. Nach Basel schrieb er an Daniel Bernoulli am 18. Februar 1734:

> „In den Actis lips. M. Aug. [Acta eruditorum, Leipzig, August-Heft 1733; E 11, EO I/22] wird man schon in Basel meine Construction der Riccatischen Aequation [Gleichung] gesehen haben, ich möchte darüber mit großem Verlangen Dero Hochgeehrtesten Herrn Vaters [Johann I Bernoulli] und Herrn Vetters [Nikolaus I Bernoulli, 1687–1759] Meinung vernehmen. Ew. [Euer] Hochedelgeb. wissen, wie indirecte ich auf dieselbe gekommen. Wenn man eine directe Methode sollte finden können, so bin ich versichert, daß dadurch die Analysis ungemein würde erweitert werden, und daraus gleichsam ein neuer Calculus entstehen."

Die Riccati'sche Differentialgleichung lässt sich in der Regel nicht allgemein lösen. Wenn jedoch eine spezielle Lösung bekannt ist, kann man die Riccati'sche Gleichung auf eine Bernoulli'sche Differentialgleichung reduzieren, die lösbar ist.[191]

3.8 Das Königsberger Brückenproblen

Sehr bekannt ist die Behandlung einer topologischen Aufgabe aus dem Jahre 1735, nämlich das Königsberger Brückenproblem und seine Verallgemeinerungen, wo u. a. gezeigt wird, dass es unmöglich ist, die sieben Brücken der Stadt nacheinander, aber jede genau einmal, zu passieren (Abb. 3.48). Eulers einschlägige Arbeit lautet „Solutio problematis geometriam situs pertinentis" (Lösung eines Problems für die Geometrie der Lage; E 53, Pbg. Commentarii 8 (1736), S. 128–141 = EO I/7), und er bemerkte 1741 im ersten Paragraphen hierzu:

> „Neben jenem Teil der Geometrie, der von gemessenen Größen handelt und zu allen Zeiten eifrig studiert wurde, gibt es noch einen anderen, bis jetzt beinahe unbekannten, den Leibniz studiert hat und Geometrie der Lage [geometria situs] genannt hat. Dieser Teil beschäftigt sich mit dem, was allein durch die Lage bestimmt werden kann, und mit der Ergründung der Eigenschaften der Lage." – EO I/7, S. 1

Zum Königsberger Brückenproblem, einer frühen Aufgabe der sich herausbildenden Topologie, schrieb Euler:

> „Zu Königsberg in Preußen ist eine Insel *A*, genannt ‚der Kneiphof', und der Fluss, der sie umfließt, teilt sich in zwei Arme, wie das aus Figur 1 [Abb. 3.49] ersichtlich ist. Über die Arme dieses Flusses führen sieben Brücken *a, b, c, d, e, f* und *g*. Nun wurde gefragt, ob jemand seinen Spaziergang so einrichten könne, daß er jede dieser Brücken einmal

---

[191] Siehe hierzu C. E. Sandifer, *The early mathematics of Euler*. MAA 2007. Seiten 91–93 und 234–249.

3.8 Das Königsberger Brückenproblem

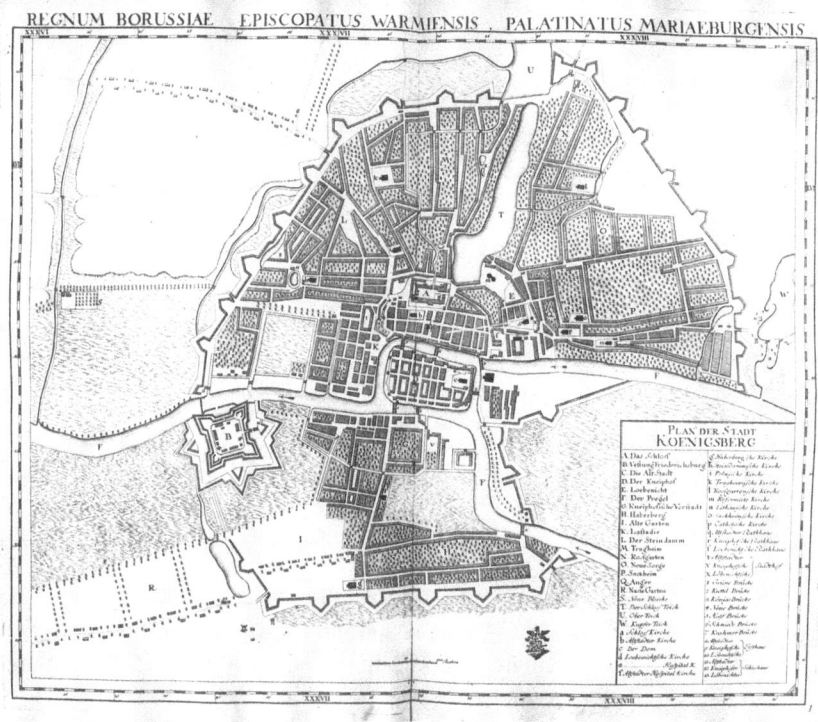

Abb. 3.48 Stadtplan von Königsberg (um 1763)

und nicht mehr als einmal überschreitet ... Hieraus bildete ich mir folgendes höchst allgemeines Problem: Wie auch die Gestalt des Flusses und seine Verteilung der Arme sowie die Anzahl der Brücken ist, zu finden, ob es möglich sei jede Brücke genau einmal zu überschreiten oder nicht."

Euler gab u. a. folgende Regel: „Wenn es mehr als zwei Gebiete gäbe, für welche die Zahl der Zugangsbrücken ungerade ist, so gibt es keinen Weg von der verlangten Art" (denn man käme von einer der Inseln nicht mehr herunter).

Der Name des Problems ist gerechtfertigt. Denn das Problem hatte in der Tat die Königsberger Bürger bei ihren Spaziergängen beschäftigt und war schließlich durch den Danziger Bürgermeister Carl Leonhard Gottlieb Ehler (1685–1753), der vormals Astronom in Berlin gewesen war und mit dem Euler einen kleinen mathematischen Briefwechsel hatte, am 9. März 1736 mit Bemerkungen des Danziger Gymnasiallehrers Heinrich Kühn (1690–1769) sowie einer beigefügten Lageskizze an Euler herangetragen worden. Euler teilte seine Lösung bereits am 13./24. März 1735 Giovanni Jacopo Marinoni (1678–1755), einem auswärtigen Mitglied der Petersburger Akademie, in Wien mit.

Abb. 3.49 Die Grundaufgabe und eine Verallgemeinerung (Graphen), Tafel 1 zur Eulerschen Arbeit in den Petersburger Commentarii

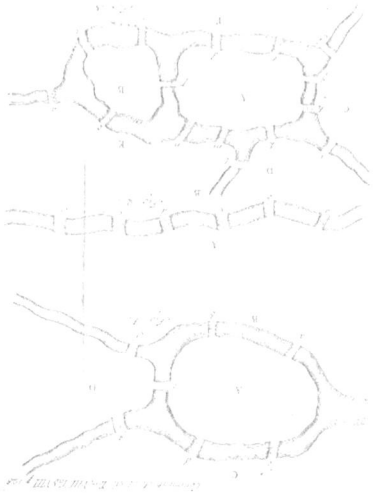

Auch der Polyedersatz von 1758 (1750 bereits Goldbach mitgeteilt), der den vergessenen Ansatz von René Descartes (1596–1650) unabhängig und tiefer wiederholt, gehört zur Topologie. Der bekannte Satz, den Euler (nicht ganz präzise) formulierte, besagt, dass für konvexe Polyeder (z. B. Quader) mit e Ecken, f Flächen und k Kanten gilt

$$e + f - k = 2$$

(E 230–231, EO I/26, beide 1758 erschienen). Eulers ursprüngliche Absicht war die Klassifizierung von Polyedern. Während Polygone mithilfe ihrer Seiten charakterisiert werden können, reichen bei Polyedern die Seitenflächen nicht aus, und Euler nahm Ecken und Kanten hinzu, wobei er auf obigen Zusammenhang stieß. Zunächst noch ohne Beweis, schloss er später das Polyeder in eine Kugel ein und projizierte das Kartennetz auf die Kugel, wo die Relation bewiesen wird (E 505, EO I/26, 1780 erschienen).[192]

Obwohl neben Carl Friedrich Gauß noch andere Mathematiker des 18. Jahrhunderts von der Bedeutung einer künftigen Topologie überzeugt waren („die Leibniz ahnte, und in die nur ein Paar Geometern (Euler und Vandermonde [1735–1796]) einen schwachen Blick zu thun vergönnt war, wissen und haben wir nach anderthalbhundert Jahren noch nicht viel mehr wie nichts")[193], wurde die algebraische Topologie im heutigen Sinn erst von Henri Poincaré (1854–1912) begründet; Johann Benedikt Listing (1808–1882) hatte 1836 die Bezeichnung Topologie an

---

[192] Siehe bspw. die Arbeiten von Löwe in *Euler* 2007, S. 207–225, 227–235.
[193] C.F. Gauß, *Werke*, Bd. V, S. 605.

Abb. 3.50 a Johann Benedikt Listing (1808–1882), **b** August Ferdinand Möbius (1790–1868), **c** Henri Poincaré (1854–1912) mit Unterschrift – drei Begründer der Topologie

die Stelle von Analysis situs gesetzt und das Wort im Titel seines Buches *Vorstudien zur Topologie* (1847) gebraucht. Im Jahre 1858 beschrieb er unabhängig von August Ferdinand Möbius (1790–1868) eine einseitige, nicht orientierbare Fläche, das sogenannte Möbius'sche Band (Abb. 3.50).

3.9 Erste Meisterwerke

> Es gibt keine Wissenschaft, die sich nicht aus der Kenntnis der Phänomene entwickelte, aber um Gewinn aus den Kenntnissen zu ziehen, ist es unerlässlich, Mathematiker zu sein.
> Daniel Bernoulli

Zweifelsfrei ist das zweibändiges Lehrbuch der Mechanik *Mechanica sive motus scientia analytice exposita* (Mechanik oder die Bewegungslehre analytisch dargestellt; E 15–16, EO II/1–2) von 1736, das auf Kosten der Petersburger Akademie gedruckt wurde, das Hauptwerk Eulers aus jener Zeit. Der Titel ist programmatisch und betont die Wende in der Mechanik, nämlich ihre analytische Behandlung. Eulers physikalische Durcharbeitung selbst war weniger revolutionär, sondern die Darstellung des Stoffes zeigt noch Unklarheiten, die dem damaligen Wissensstand geschuldet waren. Der scharfsinnige Georg Christoph Lichtenberg (1742–1799) schrieb etwas spöttisch, wie es seine Art war, aber nicht völlig unberechtigt an Georg Werner (1754–1798) in Gießen: „Ja! und wahrhaftig groß war

Abb. 3.51 Hermann Hankel
(1839–1873)

Euler; einer der größten Mathematiker, die je gelebt haben, und gewiß der größte Calculateur, der je gelebt hat; aber ein Physiker war er nicht."[194]

Charakteristisch für Euler ist die Fülle der Beispiele im Buch. Der Mathematikhistoriker Hermann Hankel (1839–1873) (Abb. 3.51) äußerte sich dazu so:

„Euler's Art zu arbeiten, war in der Hauptsache die, daß er zunächst seine Kräfte auf ein specielles Problem concentrirte, und so zu einer speciellen Auflösungsmethode gelangte. Daran schließt sich dann in einer folgenden Abhandlung häufig ein zweites, jenem verwandtes, ein drittes, viertes Problem an, das er wiederum mit einer speciellen, jener ersten verwandten, aber dem neuen Problem angepaßten Form behandelt. Hierin ist er unübertrefflich; kein zweiter Mathematiker kommt ihm gleich an Fülle analytischer Gedanken und an Geschick." – *Entwicklung der Mathematik,* 1884, S. 16

Auch David Hilbert (1862–1943)(Abb. 3.52) betrieb so Mathematik, denn er verlangte, stets mit den einfachsten Problemen zu beginnen. Auch die großartigsten Bauwerke werden aus einfachen Steinen errichtet! Wir können aber Hankel insofern ergänzen, denn Euler benutzte von Zeit zu Zeit die zahlreichen Arbeiten, um mehr und mehr eine Theorie um sie ranken zu lassen, die dann in Büchern ihren Niederschlag fand, wie es auch bei der *Mechanica* der Fall war. In der *Mechanica* folgen freilich kaum thematisiert Sätze und Beispiele aufeinander, was das Verständnis erschwert, zumal fiktive mechanische Fälle einbezogen werden (erst einige Seiten später folgen Beispiele, S. 103), „hauptsächlich um Gelegenheit zu erhalten, mehrer vorzügliche Rechnungsbeispiele anzuführen". Allerdings machen die fiktiv abgeänderten Probleme immerhin die Kraft der analytischen Methode deutlich, da „geringe" physikalische Änderungen sich nur wenig auf den Rechengang auswirken. Das Vorwort schließt mit dem optimistischen Satz:

„Wer in Analysis genügend Übung hat, wird mit wunderbarer Leichtigkeit alles einsehen und ohne Hilfe das ganze Werk durchlesen können."

---

[194] Georg Friedrich Werner (1754–1798), Artilleriemajor in Gießen. – Lichtenberg, *Schriften und Briefe,* Hrsg. W. Promies. Bd. 5. München 1971. Lichtenbergs negatives Resümee rechtfertigt sich aus zahlreichen Eintragungen in seine Sudelbücher, die interessant sind.

3.9 Erste Meisterwerke

Abb. 3.52 David Hilbert (1862–1943)

Die *Principia mathematica philosophiae naturalis* (Mathematische Prinzipien der Naturphilosophie [d. h. der Naturwissenschaft], 1687) von Isaac Newton (1643–1727), häufig als das bedeutendste Werk der Naturwissenschaft bezeichnet, sind zweifelsohne die Grundlage der heutigen Mechanik und letztlich auch der modernen Physik, aber Newtons originale Darstellung war geometrisch. Sie sind ein schwieriges Werk, das von Anfang an schwer verständlich war und deshalb von den Zeitgenossen nur unvollständig gelesen wurde. Die ganze Wirksamkeit der Newton'schen Gedanken zeigte sich erst in der analytischen Fassung, und sie wurden vor allem in dieser analytischen Form erfolgreich verbreitet.

Die analytische Formulierung der Mechanik, die mithilfe des Leibniz'schen Kalküls und nicht der Newton'schen Fluxionsrechnung ausgeführt wurde, erfolgte in ersten Ansätzen bereits durch Leibniz selbst, aber größtenteils durch die Basler Mathematiker Johann und Jakob Bernoulli und Jakob Hermann (1678–1733) sowie den Pariser Gelehrten Pierre de Varignon (1654–1722)(Abb. 3.53). Letzterer hatte in zwei Arbeiten 1698 und 1700 erstmals die Augenblicksgeschwindigkeit eines sich geradlinig bewegenden Körpers und dessen Beschleunigung durch die Infinitesimalrechnung ausgedrückt; die Beschleunigung ergab sich dabei als Ableitung der Geschwindigkeit nach der Zeit. Eine wenig beachtete *Phoronomia* (Mechanik) von J. Hermann, die 1716 erschien, enthielt in Teil 2 teilweise auch eine analytische Behandlung der Mechanik von Flüssigkeiten (betraf also das zweite Buch der *Principia*).

Was Euler im Vorwort beschrieb, dass er in seiner Mechanik die Thematik völlig analytisch behandeln werde, hatte er schon in seinem Basler Notizheft (Heft 1) niedergelegt und die entsprechende Konzeption erstellt (von der die ersten Seiten allerdings verloren gegangen sind). In Eulers Mechanik werden insbesondere die freie Bewegung eines Massenpunktes im Vakuum und im widerstehenden Mittel sowie die Bewegung von Massenpunkten unter dem Einfluss einer Zentralkraft (Planetensystem) und die erzwungenen Bewegungen (auf Flächen) behandelt. Im Vorwort der *Mechanica* umriss Euler auch, was auf mechanischem Gebiet noch zu leisten sei: neben der abgehandelten Punktmechanik die Systeme von

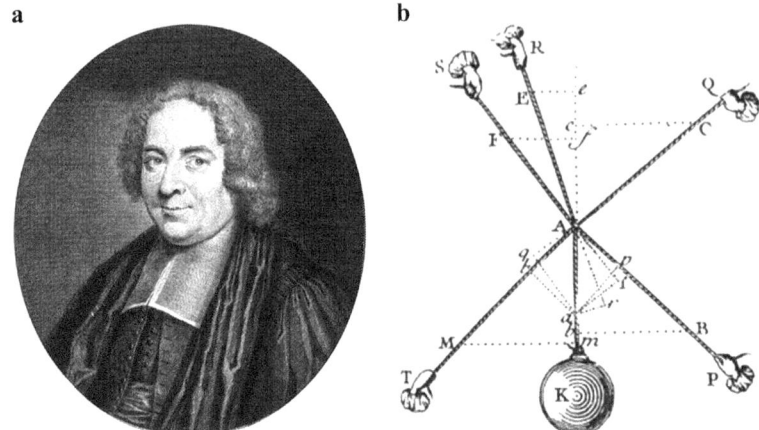

Abb. 3.53 a Pierre de Varignon (1654–1722), Porträt von E. Desrochers; **b** eine Demonstration des Prinzips der virtuellen Geschwindigkeiten in *Nouvelle Mécanique* (Neue Mechanik, Paris 1725)

Massenpunkten, den starren Körper sowie die Mechanik von Flüssigkeiten und deformierbaren Körpern.

Was wurde im Laufe der Zeit von dem Programm erfüllt? Euler hatte – wie gesagt – bereits in Basel ein Programm für die Darstellung der Mechanik entworfen (Notizheft 1). Mechanik wurde seinerzeit umfassender als heute angesehen, sowohl Hydraulik als auch Himmelsmechanik (von Euler noch physikalische Astronomie genannt) zählten beispielsweise dazu. Zunächst betrachtete Euler unendlich kleine Körper, mathematisch Punkte, um dann zu endlichen Körpern überzugehen. Von diesen starren Körpern mit fester Gestalt wechselte er zu biegsamen (elastischen Körpern) und dann zur Bewegung loser Körper, von denen einige die Bewegung der anderen einschränken. Schließlich blieb noch die Bewegung flüssiger Körper zur Behandlung. Die ersten beiden Themen arbeitete Euler in Buchform aus (erste und zweite Mechanik, Schiffswesen), teilweise auch das vorletzte in der Himmelsmechanik und der Mondbewegung. Zu den anderen Problemen gibt es zahlreiche kleinere Abhandlungen.

Die Mechanik war zu Eulers Zeiten die am besten entwickelte physikalische Wissenschaft, noch heute ist sie „das Rückgrat der mathematischen Physik" (Arnold Sommerfeld, 1868–1951). Eulers Punktmechanik von 1736 ist aber als Beginn einer neuen analytischen Mechanik anzusehen, die in der *Méchanique analitique* (1788, 2. Aufl. 1811) von Joseph-Louis Lagrange (1736–1813) ihren Höhepunkt fand. Wie ein Brief Eulers an Daniel Bernoulli zeigt, war das Manuskript für den Mechanikband bereits Ende 1734 fertig. Daniel Bernoulli hatte im März 1737 nach dem Erscheinen der *Mechanica* an den Autor geschrieben:

3.9 Erste Meisterwerke

„Ew. [Eure] Mechanic erwarten wir mit sonderlichem Verlangen und ich verspreche Ihnen, dass ich sie d'un bout à l'autre [vom Anfang bis zum Ende] mit aller Begierd und Aufmerksamkeit lesen werde. Viele Leute haben auch schon an mich wegen diesem opere [Werk] geschrieben."

Der letzte Satz zeigt, dass Euler bereits zehn Jahre nach seiner Ankunft in Petersburg in der mathematischen Welt beachtet wurde. Eine Rezension in den Leipziger *Nova Acta eruditorum,* vermutlich von Johann Bernoulli, bekräftigte 1738 diese Worte:

„Bis jetzt ist noch nie ein Buch erschienen, das mit einem solchen Reichtum hoher und verborgener Dinge, dem innersten Herzen der Mathematik entnommen, ausgestaltet war. ... Das ganze Buch ist analytisch, so daß kein synthetischer Ballast den Leser mehr anödet." – Spiess, *Euler,* S. 78

Die in der Geometrie seit Descartes übliche Gegenüberstellung von synthetischer und analytischer Methode eignet sich auch zum Vergleich mit anderen älteren Darstellungen der Mechanik. Neuartig ist in der Mechanik, wie auch später in der Optik, die systematische und erfolgreiche Behandlung des Gegenstandes anhand der neuen Analysis durch Euler. Die synthetische Methode bedient sich der klassischen traditionellen Mathematik, ihre Konstruktionen sind stets dem Einzelfall verhaftet, und deshalb erfordert jedes neue Problem grundsätzlich wieder neue Überlegungen, wobei sich Schwerfälligkeit oft nicht vermeiden lässt. Die analytische Methode streift andererseits das konkrete mathematische Gewand des Einzelfalls ab und hantiert letztendlich formal mit Symbolen, also mit den gleichen Regeln für jedes einzelne Problem. Euler bemerkte zur Eigenart der geometrischen Behandlung:

„Dies war gerade bei mir der Fall als ich anfing Newtons *Principia* und Hermanns *Phoronomie* zu studieren, wo ich zwar die Auflösung vieler Aufgaben genügend verstanden zu haben glaubte, allein solche Aufgaben, welche nur ein wenig verschieden waren, nicht auflösen konnte." – *Mechanik,* Übersetzung von Wolfers[195]

Bei Descartes hatte, 90 Jahre vor Eulers Mechanik, das Koordinatensystem (genauer die Koordinatenlinie mit der Applikatenschar) als Ausgangspunkt zur Übersetzung geometrischer Sachverhalten in algebraische geliefert. Rupert Hall (1920–2009) charakterisierte die Situation wie folgt:

"Descartes showed how the translation of the kinematical construction into an algebraic form gave an equation from which many of its properties could readily be deduced." – *Philosophers at war,* 1980; S. 422

Mit Leibniz' Differential- und Integralrechnung (zu Eulers Zeit 50 Jahre alt) wurde das Denken der Vorgänger auf diesem Gebiet jetzt auf die „mechanischen

---

[195] Schwierigkeiten beim Lösen ähnlicher Aufgaben eines Gebietes ohne allgemeine Theorie bestehen bis heute. Herr Lemmermeyer hat mich freundlicherweise auf folgende Stelle in H. Hankels *Geschichte der Mathematik* (Leipzig 1874, Reprint 1965) hingewiesen: „Es ist deshalb für einen neueren Gelehrten schwierig, selbst nach dem Studium von 100 Diophantischen Lösungen, die 101. Aufgabe zu lösen.", S. 165 (Vgl. auch Abschn. 5.3.5).

Regeln" des Kalküls konzentriert. Newtons Mechanik, die Dynamik des Massenpunktes, die zu Eulers Zeit ebenfalls 50 Jahre alt und synthetisch aufgebaut worden war, wurde von Euler mithilfe der neuen Analysis (den Differentialgleichungen) vereinfacht und durchsichtiger gemacht. Newtons Hauptwerk, die Principia, hätte (auch nach Newtons Ansicht) grundsätzlich in der den Griechen bekannten Mathematik dargestellt sein können, Eulers Mechanik nicht mehr. Hier stand eindeutig die Mathematik (Analysis) im Vordergrund.

Die Punktmechanik („erste Mechanik") bot Euler ein reiches Feld für seine mathematischen Ideen, viele Differentialgleichungen und Integrale füllen die Seiten, auch wenn einige Aufgaben nur „akademischer" Natur sind, wie etwa für den Luftwiderstand verschiedene Terme von der üblichen Annahme proportional zu v^2 anzusetzen (v Geschwindigkeit) (1. Teil, 4. Kap.), um hier lediglich die Rechenmethoden zu exemplifizieren (Abb. 3.54). Die physikalischen Grundlagen waren nach wie vor die von Newton, die Euler umfassend analytisch ausbaute.[196] Der österreichische Physiker Harald Iro hob hervor, dass es nicht die physikalischen Grundbegriffe seien, um die sich die Euler hier verdient machte, sondern er sie wie seine Zeitgenossen vage und gelegentlich unklar einsetzte. Der mathematische Punkt mit der Eigenschaft der Trägheit ist eine Erfindung Eulers. Den Massenpunkt als eine in der Realität vorhandene Größe und nicht nur als mathematische Vorstellung zu akzeptieren, geht auf den kroatischen Physiker und Jesuiten Roger Boscovich (kroatisch: Ruđer Josip Bošković 1711–1787) zurück, *Theoria philosophiae naturalis* (Theorie einer Naturphilosophie, 1757).

Die Behandlung der Bewegungen sah Euler als Grundlage der ganzen Mechanik an. Er war bereits in Berlin, als 1744 die *Theoria motuum planetarum et cometarum* (Theorie der Bewegung von Planeten und Kometen; E 66, EO II/28) erschien, die bis in das 19. Jahrhundert grundlegend für die Berechnung von Planeten und Kometen war. In ihr wird nach der *Mechanik* von 1736 eine neue Darstellung der Punktmechanik gegeben. Unter anderem wird die bereits 1737 gewonnene Einsicht hervorgehoben, dass sich jede Bewegung aus Verschiebungen (Translationen) und Drehungen (Rotationen) zusammensetzen lässt. Der Begriff der Hauptträgheitsachsen eines rotierenden Körpers wird erörtert.

Die Sicht der Punktmechanik wurde überraschend vertieft, da am 7. März 1739 (also drei Jahre nach Erscheinen der *Mechanik*) Euler von seinem Lehrer Johann Bernoulli dessen *Hydraulica* (1732) zugeschickt bekam. Clifford Truesdell (1919–2000) vermutete, dass es Bernoullis Strudeltheorie[197] war, die Euler zu seiner Theorie der starren und elastischen Körper anregte, zu der der Kontinuumsmechanik der Fluide ohnehin. J. Bernoulli (Abb. 3.55) erklärte in etwas verschwommener Art in der *Hydraulica* die Entstehung von Strudeln (lat. „gurges", Strudel, Wirbel), indem er das Gesetz „Kraft ist gleich Masse mal Beschleunigung" (also den Impulsänderungssatz) auf ein Flüssigkeitselement

---

[196] Man vergleiche hier und im weiteren die Arbeit von Harald Iro „Eulers analytische Mechanik" in *Euler* 2007, S. 237–268.

[197] Joh. Bernoulli, *Opera omnia,* Bd. IV, S. 387 ff.; C.A. Truesdell in EO II/11–13.

3.9 Erste Meisterwerke

Abb. 3.54 Titelseite von Eulers erster Mechanik („*Mechnica sive motus scientia anylytice*", Mechanik, oder die Wissenschaft von der Bewegung analytisch dargestellt) aus dem Jahre 1736

Abb. 3.55 Johann I Bernoulli

anwandte. Diese Bernoulli'schen Betrachtungen[198] inspirierten Euler zu einer bahnbrechenden Erkenntnis in der Mechanik, die seine triumphalen Erfolge auf dem Gebiet der starren und elastischen Körper sowie der Fluide maßgeblich begründete. Euler schrieb an seinen Lehrer am 5./16. Mai 1739 aus St. Petersburg

> „Ich glaube, daß Sie … das Problem in einer Weise gelöst haben, die ich nicht nur gewünscht habe, sondern in der auch selber ich mich vergeblich bemüht habe. Nun haben Sie mir auf diesem Gebiet die größte Erleuchtung gebracht, denn bisher erschien mir das alles sehr undurchsichtig. Und man konnte ja außer mit der indirekten Methode [der lebendigen Kräfte] nichts berechnen." – *Correspondance,* Bd. 2

---

[198] Es ist möglich, dass sich Joh. Bernoulli an die Devise von Leibniz hielt, gelegentlich dunkel zu schreiben, „damit sie uns nicht hinter die Schliche kommen". Bernoulli ließ 1740 Euler wissen, dass er sich über die Strudel nicht genauer ausgelassen habe, sonst könnten die Engländer sie mit Newtons Wasserfall verwechseln, von dem er sich wie Himmel und Erde unterscheide.

Euler erweiterte die Punktmechanik zu einer Kontinuumsmechanik, die den problematischen Massenpunkt vermied. Georg Hamel (1877–1954) hatte die Punktmechanik ohnehin als „eine intellektuelle Unsauberkeit" betrachtet und mit der Begründung darauf verzichtet, dass das „was man unter Punktmechanik versteht, … nichts anderes [ist] als der Schwerpunktsatz."[199] Geistvoll brachte das schon Georg Christoph Lichtenberg (1742–1799) in seinen „Sudelheften" zu Papier: „In einem Buch von der Tanz=Kunst könnte erstlich die Kreatur als ein Punkt betrachtet werden, die noch keinen Hintern, noch keine rechte und linke Hand hat, so wie Herr Euler die Mechanik abhandelt." (Sudelheft, B 28)[200].

Die Tragweite der analytischen Mechanik zeigte sich unmittelbar. Euler zerlegte in Gedanken mit seinem genialen Schnittprinzip, das uns heute so selbstverständlich ist, als wäre es stets schon gebraucht worden, den betrachteten Körper in kleine Teile. Für ein so herausgeschnittenes Massenelement dm, an dem die aus Oberflächen- und Massenkräften resultierende Kraft d$K = (P, Q, R)$ angreift, wird das neue Gesetz (Impulssatz)[201]:

$$dK = (P, Q, R) = dm\, b = dm\left(d^2x/dt^2, d^2y/dt^2, d^2z/dt^2 \right),$$

postuliert – die analytische Fassung von Newtons „lex secunda", die heute im Schulunterricht als $K = mb = m\,(dv/dt)$ geschrieben wird (v Geschwindigkeit, t Zeit). In der Abhandlung „Découverte d'un nouveau principe de mécanique" (Entdeckung eines neuen Prinzips der Mechanik; E 177, EO II/5) erschien daher das Bewegungsgesetz nicht mehr für einen (Massen-)Punkt, sondern für „un corps infiniment petit" (einen unendlich kleinen Körper) in dieser Weise[202]:

$$M\, d^2x = P\, dt^2, \quad M\, d^2y = Q\, dt^2, \quad M\, d^2z = R\, dt^2,$$

und Euler hob hervor: „Und es ist lediglich diese Formel, welche alle Prinzipien der Mechanik enthält." ("Et c'est cette formule seule, qui renferme tous les principes de la Mécanique"; *Mém. Berlin* 1750, gedr. 1752, S. 185–217, Zitat S. 195). Abgesehen davon, dass Euler hier letztlich noch mit „Punkthaufen" operierte und dabei formal die dafür bestehende Gültigkeit auf den starren Körper übertrug (was gewisse Voraussetzungen wie Zentralkräfte erfordern würde), lassen sich lediglich translatorische Bewegungen vollständig durch Energie und Impuls beschreiben. Euler benötigte für die Drehungen eines starren Körpers noch ein weiteres Prinzip, den sogenannten Drallsatz (Momentensatz, auch Drehimpulssatz), den er 1775 fand. Aber er versuchte bereits in der „Découverte", über die Translation hinauszugehen, indem er nicht ganz korrekt Punkthaufen als starre Körper ansah und Rotationen beschrieb, die selbst bei variablen Achsen analytisch erfasst wurden. Auch

---

[199] „Über die Grundlagen der Mechanik", in: Math. Annalen 66 (1909), S. 350.
[200] G. C. Lichtenberg, *Schriften und Briefe* in 6 Bänden, Hrsg. W. Promies. Bd. 2. München 1971.
[201] Siehe Szabó, 1987, S. 20.
[202] Euler schrieb dd$x$ für d^2x usw.; auf den linken Seiten erscheint noch ein Faktor 2, da Euler über das Gewicht M die Erdbeschleunigung mit $g = \frac{1}{2}$ erklärte.

3.9 Erste Meisterwerke

das inverse Problem, bei dem die Kräfte gegeben sind und die Rotationsachse zu bestimmen ist, wurde abgehandelt. Angeregt wurden solche Untersuchungen vermutlich durch die Nutation der Erdachse, der 1750 eine Arbeit „Recherches sur la précission des équinoxes, et sur la nutation de l'axe de la terre" (Untersuchungen über die Präzision der Äquinoktien und über die Nutation der Erdachse, E 171, EO II/29) gewidmet war.

Auf dem Weg zu den allgemeinen Bewegungsgleichungen veröffentlichte Euler die Arbeit über Kreiselbewegungen „Du mouvement de rotation des corps solides autour d'une axe variable" (Über die Drehung von festen Körpern um eine variable Achse, 1758; E 292, EO II/8). Indem er die momentane Rotationsachse des Körpers auf die für den Körper feststehenden Hauptträgheitsachsen bezog, erhielt er die nach ihm benannten berühmten Kreiselgleichungen. Die „Theoria motus corporum solidorum" (Theorie der Bewegung von Festkörpern, 1765; E 289, EO II/3–4) wandte die neuen Erkenntnisse schon umfassend an. Mit der Arbeit von 1775 „Nova methodus motum corporum rigidorum determinandi" (Neue Methode, um die Bewegung starrer Körper zu bestimmen; E 479, EO II/9) schloss Euler die Bemühungen um eine Fundierung der Festkörpermechanik ab. Hier findet sich das allgemeine Prinzip vom Drehimpuls (Drallsatz), einige Spezialfälle des Drehimpulses hatte er bereits früher erfasst. Wenn Euler auch vom starren Körper sprach, so meinte er doch beliebige Materialien, sofern für diese das Materialgesetz bekannt ist (etwa Hooke'sches Gesetz u. a.). Damit konnten die Aufgaben der klassischen Mechanik im Prinzip gelöst werden.

Unser Längsschnitt hat uns bereits über Eulers erste Petersburger Zeit hinausgeführt, aber wir wollten den inhaltlichen Zusammenhang durch Eulers Ortswechsel nicht unterbrechen. Auf die genauere Fassung des Drallsatzes kommen wir zurück, ebenso auf die damit verbundene Flüssigkeitsmechanik (siehe hierzu Eulers sogenannte zweite Mechanik in Abschn. 7.4).

Sehen wir uns noch die unterschiedlichen Darstellungen von Newton und Euler etwas näher an. Die Eulersche Fassung des Bewegungsgesetzes findet sich in Newtons *Principia* nicht, wenn auch die physikhistorische Folklore nicht müde wird, Gegenteiliges zu behaupten. Es war vor allem István Szabó (1906–1980), der beständig solchen Missdeutungen entgegentrat. Ich folge ihm hier. Bei Newton selbst steht in den *Principia*:

> „Die Änderung der Bewegungsgröße [mv] ist der Einwirkung der bewegenden Kraft proportional und erfolgt in der Richtung, in der diese Kraft wirkt."[203]

Man geht heute in der Regel von der Bewegungsgleichung $K = \mathrm{d}(mv)/\mathrm{d}t$ aus und differenziert, sodass sich $K = m\,\mathrm{d}v/\mathrm{d}t = m\,b$ ergibt. Aber bei Newton ist am angeführten Ort von keiner Beschleunigung die Rede, weder hier noch anderswo in der *Principia* findet sich eine Formulierung der Art „Kraft ist gleich Masse mal Beschleunigung", er wandte seinen Infinitesimalkalkül nicht an, sondern arbeitete

---

[203] „Mutationem motus proportionalem esse vi motrici impressae, et fieri secundum lineam rectam qua vis illa imprimitur." *Principia*, Lex II in Axiomata sive Leges motus. Bei der Übersetzung ergänzte Szabó „motus" (Bewegung) durch „quantitas motus" (Bewegungsgröße).

mit klassischen geometrischen Methoden, also mit endlichen Änderungen.[204] Insbesondere bei krummlinigen Bahnen oder Zwangsbewegungen zeigen sich die Vorteile der analytischen Methode. Bei krummlinigen Bewegungen zerlegte Euler die Kraft in zwei Komponenten: längs der Bahnrichtung (= dv/dt, tangential) und senkrecht dazu (= mv/r^2, r Krümmungsradius der Bahnkurve). Im Raum ergeben sich drei Bewegungsgleichungen durch Projektion der Kräfte auf die Achsen eines begleitenden Dreibeins. Kräfte an sich gibt es bei Euler nicht: sie sind entweder mit Bewegungen verbunden (Dynamik) oder halten sich das Gleichgewicht (Statik) *(Mechanica, § 29)*.

Obwohl e und π bereits in Manuskripten Eulers erschienen waren (die erst 1862 bzw. 1734 publiziert wurden), ging Euler in der *Mechanik* genauer auf diese fundamentalen Größen ein, wobei anfänglich p für π als Abkürzung für Perimeter geschrieben wurde, so noch in der Arbeit „De summis series reciprocarum" (Über die Summe reziproker Reihen; E 41, EO I/14, 1735 vorgelesen, aber nicht abgeliefert, 1740 gedr.), aber 1736 in der *Mechanica* (1736) wurde π bzw. 1/π benutzt (Bd. 1 auf S. 119, 123, Bd. 2 auf S. 70, 80) und 1737 in den *Commentarii* (gedruckt 1744), klar im Sinn von π = 3,1415 ... („positio π pro peripheria circuli diameter est 1", die Stellung von π bei einem Kreisumfang mit dem Durchmesser 1) benutzt und von da ab in den Berliner *Mémoires* (etwa Bd. VII für 1743 auf S. 10, 91, oder 136). Den Buchstaben e zur Bezeichnung der Basis natürlicher Logarithmen wandte Euler bereits 1727/28 in Manuskripten an, in der „Meditatio in experimenta" (Betrachtungen über Experimente mit neu angeschafften Pistolen; E 853, EO II/14, geschr. 1727, gedr. 1862!), ebenfalls in der *Mechanica,* Bd. 1 auf S. 68 und dann in Artikeln der Berliner *Mémoires* (für 1746, 1751 oder 1753). In der Arbeit „De summis" (E 41, 1735 geschr., 1740 gedr.) stehen diese Formeln $(1+z/i)i = e^z$ (i = unendlich), und Daniel Bernoulli schrieb an Euler 1729

$$(1 + 1/z) = \sum\nolimits_{n=0}^{\infty} 1/n!$$

Euler begann mit dem Mechanikbuch etwas völlig Neues in der Wissenschaft: das Schreiben von Lehrbüchern. Er arbeitete in ihnen die bruchstückweise vorhandenen und in vielen Arbeiten verstreuten Einzelergebnisse zu einer zusammenfassenden, einheitlichen Theorie auf, wobei er die Lücken durch eigene Forschung füllte. Die Darstellung war auf Verständlichkeit ausgerichtet. Das war eine gigantische Arbeit, die Euler großen Einfluss auf die mathematische Entwicklung sicherte. Dabei schuf er oft, wie in der Trigonometrie, der Lehre von Kegelschnitten, der Annuitätsrechnung, natürlich in der Analysis oder bei bestimmten Bezeichnungsweisen, Endgültiges. Rückblickend zeigen sich in Eulers erster Mechanik aber auch typische Zeichen des Übergangs, denn die der analytischen Behandlung unterzogenen physikalischen Konzepte waren teilweise noch vage oder

---

[204] Siehe *Szabó*, Kapitel I, A, S. 3–18; M. Schramm bemerkte allerdings in einem abgelegenen Lemma eine infinitesimale Argumentation Newtons.

3.9 Erste Meisterwerke

im Wandel begriffen. Beispielsweise definierten weder Galileo Galilei (1564–1642) noch Isaac Newton (1643–1727) den Begriff der Geschwindigkeit, da dieser ihnen offensichtlich war. Varignon setzte hier an und erklärte mithilfe der infinitesimalen Mathematik Zusammenhänge. Aber solche Unzulänglichkeiten aus heutiger Sicht sollten die wegweisende analytische Methodik nicht überschatten.

Von Benjamin Robins (1707–1751) gibt es übrigens eine Schrift „Remarks on Mr. Euler's Treatise of motion ... Dr. Jurin's Essay upon distinct and indistinct vision" (Bemerkungen über Herrn Eulers Abhandlung über die Bewegung ... Dr. Jurins Essay über unterschiedliche und undeutliche Sicht, 1739), die sich auf 30 Seiten mit Eulers Mechanik beschäftigt. Robins sollte sich später als scharfer Kritiker Eulers erweisen und Munition für Voltaire liefern. Nach fast einem Jahrhundert, im Jahre 1848, wurde übrigens Eulers Mechanik noch ins Deutsche übersetzt.

Natürlich gab es auch schon vor Euler Lehrbücher, aber zwei zeitgenössische Rezensionen sollen abschließend klar machen, was damals als Fortschritt angesehen wurde. Die Leipziger Neue Zeitungen für die gelehrten Sachen schrieben 1737 in Hinblick auf Eulers *Mechanik*:

„Man kann sagen, daß dieses nach der bekannten ‚Phoronomie' von Hermanni das einzige ist, darin die höhere Mechanik abgehandelt ist. ... Des berühmten Varignon ‚Nouvelle Mécanique', die nach seinem Tode herausgekommen ist, ist in ihrer Art zwar vollständig, aber doch handelt sie nur von dem Gleichgewicht der Kräfte und gar nicht von der wirklichen Bewegung. ... Gegenwärtiges Werk des Herrn Professor Euler begreifft [= enthält] alles, was von der Bewegung, theils mit theils ohne Bewegung oder analysi publiciret worden und über dieses noch eine große Anzahl neuer Aufgaben. ... Allein dieses Eulersche Werk zu verstehen, wird nichts erfordert, als daß man in der methodus infinitesimalibus gesetzt [= der infinitesimalen Methode erfahren sei.]"[205]

Die Voraussetzungslosigkeit, mit der Euler seine Arbeiten schrieb, ist uns, da wir nach beinahe 300 Jahren mit dem Gegenstand hinreichend vertraut sind, nicht so bewusst, wie sie es für die Zeitgenossen gewesen ist. Die Schwierigkeiten, die in manchen Büchern steckte, ist Thema der folgenden Rezension in der gleichen Zeitung, und sie soll in diesem Zusammenhang den Blick bereits auf die Eulersche Analysistrilogie (E101-102, 1744; E 212, 1755, E 342, 366, 385, 1768–1770) lenken:

„Die Mathematik hat sich heute ziemlich ausgebreitet, und zwar vermittels der vielen vortrefflichen Bücher, die seit Cartesius' Zeiten herausgekommen. ... Die zur höheren Geometrie[206] so wichtige Methode wird in der ‚Analyse' des Herrn de l'Hospital erklärt, und diejenigen, welche dieses vortreffliche Buch brauchen wollen, werden in den Anmerkungen des Herrn Varignon die Erklärung vieler Schwierigkeiten finden. Er hat sich

---

[205] *Zeitungen* vom 25.7.37, S. 513. Jakob Hermanns *Phoronomie* wurde 1716 geschrieben; von 1725 bis 1731 war er an der Akademie in St. Petersburg. Pierre Varignon veröffentlichte erstmals 1687 ein Buch über Mechanik, an dessen Verbesserung er bis zu seinem Tod arbeitete; er gibt erstmals Newtons „lex secunda" für spezielle Fälle in differentieller Form an.
[206] Geometrie war noch im 18. Jahrhundert ein Synonym für Mathematik.

beflissen die Stellen zu erklären, wo der Herr de l'Hospital Sachen voraussetzt, die der
Leser noch nicht verstehen kann."²⁰⁷

Ein weiterer Höhepunkt im mechanischen Schaffen war die zweibändige *Scientia navalis* (Wissenschaft vom Schiffswesen; E 110–111, EO II/18–19; um1740, 1749 gedruckt), die von der russischen Admiralität in Auftrag gegeben worden war und Euler ein Honorar von 1200 Rubel einbrachte. Hinter der Thematik stand ein immenses praktisches Interesse: die Seeherrschaft.²⁰⁸ Somit ist klar, mit welcher Spannung dieses Werk aufgenommen wurde, das deshalb mit am häufigsten im Briefwechsel Eulers erwähnt wird. Unter den rund ein Dutzend Artikeln zu Problemen des Schiffswesens (EO II/20–21), die von 1727 bis 1783 erschienen, wurden sechs mit Pariser Akademiepreisen gekrönt, einer davon (A 27, geschr. 1761, siehe unten) wurde vom Sohn Johann Albrecht (1734–1800) verfasst. Der erste Band der *Scientia navalis* behandelt erstmals allgemein die Gleichgewichtstheorie schwimmender Körper nebst Stabilitätsproblemen in unübertrefflicher Art. Euler prägte dabei den Begriff der idealen Flüssigkeit. Der zweite Band wendet die allgemeine Theorie auf Schiffe an, wobei jedoch viele Vorschriften infolge falscher Annahmen über den Wasserwiderstand korrekturbedürftig sind. Während der Niederschrift des Werkes führte Euler zahlreiche Experimente mit Schiffsmodellen aus, wie schon in Basel für seine Arbeit „Meditationes super problemate nautico" (E 2, 1727) und später wieder in St. Petersburg beim Brückenbau.

In Zusammenhang mit diesem Problemkreis studierte Euler auch Fragen des Schiffsantriebs ohne Windkraft ausführlich. Das Prinzip des Schaufelradantriebs oder der Schiffsschraube wurde von Euler mathematisch ausgearbeitet, selbst

---

²⁰⁷ *Zeitungen* vom 4.2.1726. Es geht um die *Eclaircissemens sur l'analyse des infiniment petits* von Varignon, die 1725 in Paris erschienen und nach fast drei Jahrzehnten Erklärungen zu de l'Hospitals *Analyse des infiniment petits* (Paris 1696, zweite Auflage 1716) lieferten. Die Entstehungsgeschichte von l'Hospitals Buch ist interessant. L'Hospital hatte Johann Bernoulli eingeladen, ihm die neue Infinitesimalrechnung zu erklären, und er hatte weiter mit ihm vereinbart, dass er die Unterrichtslektionen veröffentlichen durfte, wobei Johann Bernoulli auf alle Rechte verzichten und auch als Autor nicht genannt werden sollte. Bernoulli, dem die Gesellschaft des Marquis und das erhaltene Honorar schmeichelten, stimmte zunächst zu, bereute aber bald nach l'Hospitals Tod (1704) den Verzicht, da viele seiner Resultate, besonders in Frankreich, jetzt unter l'Hospitals Namen bekannt wurden, wie etwa die l'Hospital'schen Regeln, die von Bernoulli stammen. Da aber Bernoulli im Rufe stand, ruhmsüchtig und ehrgeizig zu sein, glaubte man seinen Beteuerungen nicht. Erst Paul Schafheitlin (1861–1924) konnte zu Beginn des vorigen Jahrhunderts durch den Fund der Bernoulli'schen Vorlesungen „Lectiones de calculo differentialium" in Basel Bernoullis Aussage bestätigen – allerdings stehen l'Hospital für seine Druckfassung auch erhebliche eigene Verdienste zu.

²⁰⁸ Dr. Peter Hofmann (Nassenheide) hat mich darauf hingewiesen, dass in Russland zu dieser Zeit die von Peter I. aufgebaute Flotte bereits in einen ziemlich desolaten Zustand gekommen war. – Die Zarin Katharina die Große berief von 1770 bis 1774 Charles Knowles, der bis 1770 Admiral in der Royal Navy gewesen war, zum General-Intendant der russischen Admiralität, um den Ausbau der russischen Flotte voranzutreiben, die dann erfolgreich im russisch-türkischen Krieg eingesetzt wurde. Bereits 1770 konnte in der Seeschlacht von Çeşme der osmanischen Flotte eine vernichtende Niederlage durch die russische Marine beschert werden.

Strahlenantriebe am Heck betrachtete er, sah aber ein, dass die dazu benötigten Leistungen zu seiner Zeit noch nicht verfügbar waren. Euler verfasste zehn Jahre vor seinem Tod noch eine zweite Schiffstheorie, die *Théorie complete de la construction et de la manoeuvre des vaisseaux* (Vollständige Theorie der Konstruktion und des Manövrierens von Schiffen; E 426, EO II/21), die nicht so theoretisch ausgerichtet war wie die *Scientia navalis* (E 110–111, 1749) und mehr den praktischen Bedürfnissen der Schiffsbauer und Seeleuten entsprach; die Verstauung von Schiffsladungen war ein solches Thema, das der Sohn Johann Albrecht behandelte (A 27, 1769). Deshalb suchte Euler hier die Erfahrung von Seeleuten (etwa die des dänischen Kapitäns Friedrich Weggersløff [1702–1763], mit dem er einige Briefe wechselte).

3.10 Interludium: Euler als Akustiker und Musiktheoretiker

3.10.1 Mathematik und Musik

> Musik ist die Arithmetik der Töne wie Optik die Geometrie des Lichtes ist.
> CLAUDE DEBUSSY (1862–1918)

Mathematik und Musik sind sehr alte Kulturgüter, und es ist eine landläufige Ansicht, dass es schon immer Beziehungen zwischen beiden gegeben habe. Das ist in der Tat so, denn bereits seit der Antike sind Beziehungen zwischen beiden Gebieten bekannt. Auf Pythagoras von Samos (um 570 bis um 500 v. Chr.) wird die bemerkenswerte Einsicht in den Zusammenhang des Musikalischen mit dem Mathematischen zurückgeführt, nämlich durch die Rationalität der musikalischen Harmonie, genauer die Erfassung der Harmonie von Tönen durch Proportionen in natürlichen Zahlen (wobei Pythagoras die Länge einer schwingenden Saite als proportional zur Tonhöhe erkannt hatte).[209] Damit war Musik ein Gegenstand der Mathematik geworden, und die so begriffene Musik hieß bei den alten Griechen Proportionenlehre und war neben der Geometrie, Arithmetik und Astronomie eines der vier Mathemata (μαϑηματα), die sich unter der lateinischen Bezeichnung „Quadrivium" bis an das Ende des Mittelalters gehalten haben.

Musik war also seit der Antike ein Thema mathematischen Denkens, aber in der Aufklärung wurde sie darüber hinaus auch zum bevorzugten Gegenstand, an dem die rationalistische Methode des Forschens sowohl angewandt als auch überprüft und bestätigt werden konnte (Abb. 3.56). Seit dem Beginn der wissenschaftlichen

---

[209] In der Überlieferung sollen Pythagoras die unterschiedlichen Tonhöhen von Ambossen dazu angeregt haben. Aber dieser Bericht ist unstimmig, da die Griechen aus praktischen Gründen einen Amboss aus Holz fertigten und ihn dann mit einer Arbeitsplatte aus Metall versahen, sodass sich der gehörte Effekt so nicht einstellen würde.

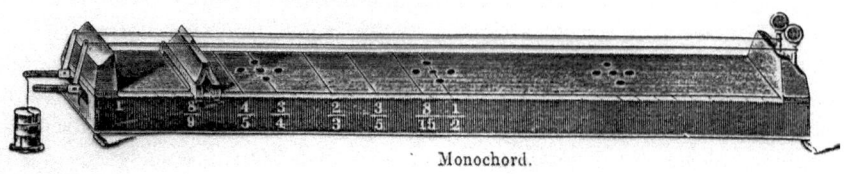

Abb. 3.56 Physikalische Apparatur (Monochord) um Frequenzen zu erzeugen oder Wellenlängen zu bestimmen

Revolution, also etwa seit dem Erscheinen des Buches *De revolutionibus* (Von den Umdrehungen, 1543) von Nikolaus Kopernikus (1473–1543), hatten hervorragende Naturwissenschaftler wie Vincenzio Galilei (1520–1594), der Vater von Galileo Galilei (1564–1642), Simon Stevin (1548–1620), Francis Bacon (1561–1626), Marin Mersenne (1588–1648), René Descartes (1596–1650), Christiaan Huygens (1629–1695), Robert Hooke (1635–1703), Isaac Newton (1643–1727) und andere über Konsonanzen und Harmonien geschrieben sowie akustische Fragen behandelt bis hin zum praktischen Stimmen eines Instruments. Simon Stevin verfasste beispielsweise eine Arbeit über eine gleichstufige Stimmung (12stufig), die aber nicht gedruckt wurde; Mersenne beschrieb in seiner *Harmonie universelle* (Universelle Harmonie, 1636) erstmals in der westlichen Musik eine gleichstufige Stimmung (z. B. Oktave in 19 gleiche Tonschritte), und er entdeckte zudem auch Obertöne,[210] die als solche erstaunlicherweise in der Antike und auch später nicht wahrgenommen worden waren oder nicht beachtet wurden; Huygens teilte die Oktave sogar in 31 Töne, und Descartes regte schließlich mit seinem Buch *Les passions de l'âme* (Die Leidenschaften der Seele, 1649) eine neue musiktheoretische Ästhetik an. Ferruccio Busoni (1866–1924), ein deutsch-italienischer Komponist, schlug in seiner *Ästhetik der Tonkunst* (1907) ein harmonisches System vor, das auf Dritteltönen basiert. In solchen Descartes'schen Gedanken erschien die Musik als eine „Sprache der Gefühle", oder, wie es Jean le Rond d'Alembert (1717–1783) im Vorwort („Discours préliminaire") in der französischen Enzyklopädie ausdrückte, dass „Musik eine Art von Gespräch, sogar Sprache ist, durch welche die verschiedenen Gefühle der Seele, oder vielmehr deren verschiedene Leidenschaften ausgedrückt werden".

Auch Gottfried Wilhelm Leibniz hatte bemerkenswerte musiktheoretische Vorstellungen. Im Jahr 1711 weilte Christian Goldbach in Leipzig, wo er auch Leibniz traf. Der sich aus dieser Begegnung ergebende Briefwechsel von 1711 bis 1713 mit je vier Briefen enthält auch interessante musikalische Überlegungen von Leibniz. Im sechsten Brief (17. April 1712) legte Leibniz dar, dass dem Menschen Harmo-

---

[210] Mersenne, *Harmonie universelle* (1636), Vgl. auch Wikipedia, Stichwort Oberton. Obertöne sind die neben dem Grundton mitklingenden Bestandteile eines musikalisch instrumental oder vokal erzeugten Tones.

3.10 Interludium: Euler als Akustiker und Musiktheoretiker

nien an sich sowie der Wechsel von Harmonien und Disharmonien gefalle und dass die Musik „eine verborgene arithmetische Übung der Seele ist, die nicht rechnen kann". Er wies ferner darauf hin, dass die gebräuchlichen Intervalle durch die Zahlen 2, 3 und 5 sowie deren Potenzen ausgedrückt werden. In einem späteren Brief (6. Oktober 1712) erklärte Leibniz, dass die Teilung der Oktave in zwölf Teile ausreichend sei, da nur sehr wenige Menschen kleinere Intervalle wahrnähmen. Euler griff in seinem *Tentamen* (E 33, EO III/1,S. 322) die Aussage von Leibniz auf, dass „in der Musik noch nicht weiter als 5 gezählt zu werden pflegt" und bezog auch die Zahl 7 in die Verhältnisse von Intervallen ein, dazu gleich mehr.

Die Aufklärung betrachtete die Mathematik als unumgänglich für die Erkenntnis der Welt. Die Untersuchungen von natürlichen Erscheinungen hatten dabei auf Zahlenverhältnisse geführt, die die biblische Weisheit bestätigten, „Aber Du hast alles geordnet nach Maß, Zahl und Gewicht" (Sapientia 11, 21). Aber darüber hinaus war insbesondere aufgefallen, dass man in der Musik, Akustik, Optik (Newton), Astronomie (Kepler) und selbst in der Baukunst immer wieder auf gleiche Verhältnisse stieß, und man versuchte, mithilfe der Mathematik diese verschiedenen Gebiete in einen Zusammenhang zu bringen.[211] Euler erklärte am Ende seiner Betrachtungen der Harmonien in den *Lettres*, dass „die heut zu Tage in Gebrauch ... und aus den Zahlen 2, 3 und 5 hergenommen sind. Wollte man noch die Zahl 7 einführen, so würde die Anzahl der Töne in einer Octave größer, und die ganze Musik dadurch zu einem höheren Grad von Vollkommenheit gebracht werden. Aber hier überläßt die Mathematik die Harmonie der Musik."[212]

Beispielsweise hatte Newton das Licht zerlegt.[213] Dabei hatte er die Farben des Spektrums durch eingezeichnete Linien voneinander getrennt. Obwohl das Festlegen dieser Linien natürlich nicht ohne eine gewisse Willkür erfolgte, führte die Messung (jeweils von der Farbe Rot aus) und der Vergleich der Abstände dieser Linien auf diese Verhältnisse:

$$1:1, \quad 8:9, \quad 5:6, \quad 3:4, \quad 2:3, \quad 3:5, \quad 9:16, \quad 1:2.$$

---

[211] Dem wissenschaftlichen Interesse an der Musik, das seit der Proportionenlehre des Pythagoras vorhanden war und in der deutschsprachigen Aufklärung insbesondere von Leonhard Euler und Lorenz Mizler vertreten wurde, stand auch eine künstlerisch orientierte Auffassung gegenüber, die weniger musiktheoretische, sondern eher musikpraktische Fragen verfolgte. Das führte u. a. dazu, dass an vielen deutschen Universitäten eine Jahrhunderte alte Tradition aufgegeben wurde und Musik (ein Teil der sieben freien Künste, „artes liberales") weder zu den Lehr- noch zu den Prüfungsfächern zählte. Die rein wissenschaftliche Ausrichtung führte auch zu kuriosen Auffassungen. Mizler etwa behauptete, dass es im Himmel keine Musik geben könne, da der Tonträger Luft fehle.

[212] *Briefe an eine deutsche Prinzessin,* Riga 1769. Brief 7 vom 3. Mai 1760. „Die Zahlen 2, 3 und 5 bestimmen die Oktave, Quinte und Quarte" (6. Brief). In den Erlangischen gelehrten Anzeigen von 1749 (Nr, XXI,S. 127) ließ ein gewisser D. Roßmann einrücken, dass in den Proportionen [aus] 1, 2, 5 und 1, 3, 5 der Grund der Musik usw. läge. „Was dem Gehör gefällt, auch dem Gesicht [Sehen, Anblick] gefallen muß."

[213] *Opticks,* Prop. III/1, London 1704.

Bereits Newton war aufgefallen, dass diese Verhältnisse die gleichen sind, wie sie bei den Intervallen einer dorischen Tonleiter in der Musik auftreten. Diese überraschende Entdeckung regte an, praktische Zusammenhänge zwischen Farben und Tönen zu suchen. Der Pater Louis-Bertrand Castel (1668–1757) baute 1725 eine Farborgel mit 60 farbigen Glasfenstern, die sich beim Anschlagen der entsprechenden Tasten zeigten. 1737 war Georg Philipp Telemann (1681–1767) in Paris und brachte einen Bericht über dieses Instrument mit nach Deutschland. In der St. Petersburger Akademie berichtete schließlich Georg Wilhelm Krafft über diese Erfindung, urteilte aber, dass die Übertragung der Zahlenverhältnisse in der Musik auf die Farben nicht möglich sei. Aber wenige Jahre später (1748) lieferte der Hallische Mathematiker und Physiker Johann Peter Eberhardt (1727–1779) eine Erklärung der Farben, die die Farborgel wieder ins Gespräch brachte. Schließlich stellte Leonhard Euler in seiner Zeit die Verwirklichung dieser Idee als unmöglich hin, da der gegenwärtige Zustand des Wissens um die Natur des Lichts keine Schwingungszahlen der Farben liefere.[214]

Die „Musikalischen Nachrichten und Anmerkungen auf das Jahr 1770", die Johann Adam Hiller (1728–1804) herausgab, enthielten auch Nachrichten aus Russland. In der Ausgabe zum 18. Juni 1770 stand auf Seite 191: „Um 1753 las man in Petersburger Zeitungen, daß in Berlin eine Maschine erfunden worden war, die während des Spielens am Klavier das gespielte Stück auf eine Papierrolle schrieb." Euler erzählte dies dem Sekretär der Petersburger der Akademie Jakob Staehlin (1709–1785), damit er die Sache prüfe. Johann Friedrich Unger (1714–1781), Mathematiker, Physiker und Bürgermeister von Einbeck, schickte Euler einen Plan und führte schließlich seine Maschine in der Berliner Akademie vor, was ein Misserfolg war; trotzdem fand die Idee Interesse und Unger wurde im November 1751 Akademiemitglied. Der geschickte Berliner Mechaniker Hohlfeld baute 1752 eine funktionsfähige Maschine, die jedoch niemand kaufen wollte. Euler veranlasste daher durch die Berliner Akademie die Zahlung von 25 Reichsthalern für den Kauf, aber das Gerät wurde vermutlich beim Brand von 1757 zerstört.

Die akustischen Probleme, die mechanistisch analysiert wurden, regten gleichermaßen die rationale Mechanik[215] als auch die Entwicklung entsprechender mathematischer Hilfsmittel an, wovon später bei der Behandlung der schwingenden Saite noch ausführlicher zu sprechen sein wird (Kap. 6). Die mathematische Behandlung solcher Fragen erweiterte schließlich (insbesondere durch die Lösungen der Wellengleichung) den zentralen Begriff der Analysis, den der Funktion. Hierzu trugen neben Euler vor allem Brook Taylor (1685–1731), Jean le Rond d'Alembert sowie Johann I Bernoulli (1667–1748) und sein Sohn Daniel (1700–1782) bei. Aber noch sind wir nicht so weit.

---

[214] Im vorigen Jahrhundert griff der russische Komponist Alexander Nikolajewitsch Skrjabin (1871–1915) diese Idee wieder auf („Prometheus", op. 60, 1913). Die „light shows" in Diskotheken beruhen vermutlich nicht auf diesen Prinzipien.

[215] Die Bezeichnung rationale Mechanik ist zu Eulers Zeiten noch nicht üblich.

Abb. 3.57 Orgeltisch der Orgel in der Andreaskirche in der Lutherstadt Eisleben

Am Ende des 17. Jahrhunderts war unter den westeuropäischen Musikern eine harmonische Tonalität etabliert: ein Grundton und eine Tonart bildeten den Bezugspunkt für die Töne einer Komposition. Es war vor allem Jean-Philippe Rameau (1683–1764) mit seiner musiktheoretischer Schrift *Traité de l'harmonie* (Abhandlung über die Harmonie, 1722), der die rationalen Regeln für die Tonalität konsolidierte und den Verfasser als den „Newton der Harmonie" bekannt machte. Rameau fand seinen Ausgangspunkt für die Grundlegung der Musik in der Harmonielehre und nicht in der bis dahin üblichen Melodienlehre; sein harmonisches System wird prinzipiell noch heute benutzt (Abb. 3.57).

Der menschliche Hörbereich liegt etwa zwischen den Frequenzen von 16 bis 20.000 Hertz (Abb. 3.58). Greift man aus diesem kontinuierlichen Spektrum eine Frequenz heraus, die einen Ton bestimmt, der als Grundton C bezeichnet werden möge, dann wird der Ton c, der die doppelte Frequenz aufweist (die sogenannte Oktave), dem Grundton C als sehr ähnlich empfunden und in der tonalen Musik wird die Tonart nach ihm bezeichnet, z. B. C-Dur.[216] Die Bezeichnung *Tonika* (frz. „tonique", Grundton) geht auf den Rameau'schen Begriff „l'accord tonique" (der Akkord des Grundtones oder der Akkord mit besonderer Betonung) zurück.[217] In der Beziehung von C und c liegt ein objektives harmonische Gesetz vor, das man als Oktavenphänomen bezeichnen könnte. Das musikalische Problem der Tonarten besteht darin, eine Folge von Tönen, eine Tonleiter, zwischen den Tönen C und c zu bestimmen. Während nun das Intervall der Töne C–c durch das „Oktavenphänomen" (Ähnlichkeit der Töne C und c) eine natürliche Rechtfertigung für den Aufbau einer Tonleiter findet, ist die Wahl der Zwischentöne zunächst willkürlich, und es gibt in der Tat verschiedene Lösungen (z. B. indische Musik, Kirchentonarten, Dur- und Molltonarten).

---

[216] In der Optik kann sich für Farben ein ähnliches Phänomen nicht einstellen, da doppelte Frequenzen bereits außerhalb des menschlichen Sehbereichs liegen.

[217] Im Fall des Dreiklangs c–e–g ist die Subdominante f–a–c und die Dominante g–h–d, alle drei bilden die Kadenz.

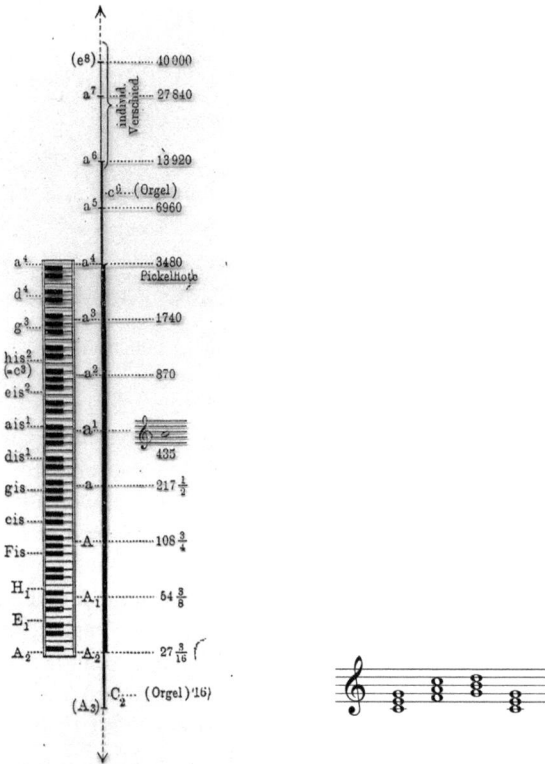

Abb. 3.58 a Der menschliche Hörbereich und der Tonumfang eines Klaviers; **b** die Akkordfolgen *c-e-g, f-a-c, g-h-d* (Tonika, Subdominante, Dominante, Tonika-Kadenz)

Die abendländische Musik bezieht in die Aufstellung von Tonleitern seit Jean-Philippe Rameau bewusst die Naturtonreihe ein, die zur Tonika gehört und die ebenfalls in der Natur verankert ist. Ein natürlich erzeugter Ton schwingt nicht nur in seiner Grundfrequenz, sondern es stellen sich gleichzeitig auch seine Obertöne ein, deren Frequenzen das n-Fache der Grundfrequenz sind ($n = 2, 3, 4, \ldots$). Joseph Sauveur (1653–1716) entwickelte in der Abhandlung *Système général des intervalles des sons* (Allgemeines System der Tonintervalle) eine Theorie des Klanges, die die von Mersenne bemerkten Obertöne systematisch behandelte und begründete, und er war es auch, der dem Gebiet den Namen Akustik gab. Obwohl Rameau unstrittig der einflussreichste Musiktheoretiker des 18. Jahrhunderts war, war er nicht der einzige Gelehrte, der damals eine wissenschaftliche Begründung der Musik anstrebte. Der uns heute eher als Geigenvirtuose in Erinnerung gebliebene Giuseppe Tartini (1692–1770) („Teufelstriller-Sonate") (Abb. 3.59) schrieb zahlreiche musiktheoretische Schriften, in denen er alternative Ansichten vertrat, und Physiker wie Daniel Bernoulli oder Ernst Chladni (1756–1827) kritisierten wiederum sowohl Rameau als auch Tartini.

Abb. 3.59 Büste des Geigers Guiseppe Tartini (1692–1770) im Dom zu Padua

3.10.2 Eulers Musiktheorie (Tentamen)

> Je einfacher ein Verhältniß, oder durch je kleinere Zahlen es ausgedrückt ist, desto deutlicher stellt es sich dem Verstande dar, und desto mehr Gefühl von Vergnügen erweckt es.
>
> LEONHARD EULER

Wie ordnet sich Leonhard Euler in diese skizzierten Auffassungen ein? Spezieller gefragt, in welcher Weise fügen sich bei ihm Töne und Klänge zu Musik? Clifford Ambrose Truesdell (1919–2000) schrieb in dem renommierten englischen zwanzigbändigen Musiklexikon *The Grove Dictionary of Music and Musicians* (Oxford 1995)[218] über Leonhard Euler: „Er trug mehr zur theoretischen Akustik bei, so wie wir diesen Gegenstand heute kennen, als es irgendwer sonst getan hat". Diese Aussage stützt sich insbesondere auf Eulers musikalisches Hauptwerk, das *Tentamen novae theoriae musicae* (Versuch einer neuen Musiktheorie, E 33, EO III/1)[219] (Abb. 3.60b), aber auch auf Teile der *Lettres* (E 343–344; EO III/11–12; Briefe 3–8, 134–135, 137) sowie ein weiteres Dutzend einschlägiger akustischer Arbeiten, die auch die menschliche Stimme als Thema einbeziehen („Meditatio de formatione vocum"; E 852, posthum 1862; EO III/1) und selbst Sprechmaschinen für Predigten erörtern (Lettres, 9. Brief; E 343, 1760). „Eulers Maschine Predigten zu spielen, wenn Worte könnte herausbringen [herausgebracht werden] wie Töne, ist ein vortrefflicher Einfall", vertraute J. G. Lichtenberg seinem „Sudelbuch" (F 1090) an. Unten dazu mehr.

Entsprechende Publikationsdaten Eulers reichen von 1726 bis 1773, also fast über seine ganze Schaffenszeit, und sie werden noch durch posthume Drucke ergänzt sowie schließlich durch noch zu erschließende Notizhefteintragungen zu erweitern sein. Wir erwähnen noch den Brief Eulers vom 12. Mai 1765 an den

---

[218] Das *Grove-Lexikon* wurde 1904 mit fünf Bänden begründet.

[219] Ein handschriftliches Manuskript mit dem Titel *Tractatus de musica* (Musikalische Abhandlung) war, wie ein Brief an Joh. Bernoulli vom 25. Mai 1731 zeigt, bereits im Mai 1731 abgeschlossen, da war Euler gerade 24 Jahre alt!

Abb. 3.60 a Titelseite der kleinen, aber bedeutenden Schrift *De sono* (E 2, Basel 1727) sowie b das Titelblatt des *Tentamen novae theoriae musicae ex certissimis harmoniae principiis dilucide expositae,* (Versuch einer neuen Musiktheorie, der aus den sichersten harmonischen Prinzipien klar dargestellt wird; E 33, St. Petersburg 1739). Das auf der Titelseite des *Tentamen* gezeigte Gebäude stellt übrigens die Petersburger Kunstkammer dar

Petersburger Konferenzsekretär Jacob von Staehlin (1709–1785), in dem Euler 22 Probleme aufführt, die sich als Preisfragen für die Akademie eignen könnten, darunter waren auch musiktheoretische (siehe Abschn. 3.10.3, Rezeption).

Euler hatte den Plan zum *Tentamen* bereits in Basel ins Auge gefasst, in St. Petersburg mag ihn dazu auch der Austausch mit Ch. Goldbach angeregt haben (Abb. 3.60). Dieser hatte sich in seiner Leipziger Zeit mit Musik befasst, hierüber 1712 mit Leibniz korrespondiert und schließlich in den *Acta eruditorum* 1717 eine kurze Arbeit „Temperamentum musicum universale" (Eine allgemeine musikalische Stimmung) über gleichtemperierte Stimmungen einrücken lassen. Darin stellte er auch die von Leibniz vorgeschlagene Tonleiter aus zwölf gleichen Halbtönen zusammen, die auf Intervallverhältnissen mit irrationalen Zahlen besteht. Zwölf gleiche Halbtöne x innerhalb einer Oktave mit dem Verhältnis 2:1 führen auf die Gleichung $x^{12} = 2$ bzw. $2^{1/12} \approx 1{,}05945 \ldots$.

Bereits in seiner Jugend machte Leonhard Euler weitreichende Entwürfe für mathematische und physikalische Werke, die er dann im Laufe seines Lebens ausführte. So war es auch in der Musik. In dem Notizbuch aus der Basler Zeit (Notizbuch, S. 70–71; EO III/1, S. X–XI) finden sich bereits umfassende Konzepte zur Musiktheorie (z. B. über Präludien, Fugen und Allemands), die allerdings im Gegensatz zu den mathematisch-physikalischen Themen nicht völlig verwirklicht wurden, insbesondere erschien ein geplantes Werk nicht, das auch musikalische

3.10 Interludium: Euler als Akustiker und Musiktheoretiker

Großformen, Melodienlehre, Gattungs- und Formenlehre enthalten sollte. Vorbereitende Notizen hierzu wurden jedoch auf über 50 Seiten in die Notizbücher eingetragen (siehe hierzu Mikhailovs [Michailow] Artikel in *Euler* 1959). Musik war offensichtlich eine Leidenschaft Eulers. „Der außerordentlich arbeitsame Mann erholte sich am Klavier", bemerkte denn auch sein Schüler Nikolaus Fuss (1755–1826) in seiner *Lobrede* (Basel, 1786) auf seinen Lehrer und ergänzte „Man kann eigentlich sagen, daß sein Versuch einer neuen Theorie der Tonkunst [E 33], der im Jahre 1739 erschien, eine Frucht seiner Erholungsstunden ist." (EO I/1, S. LIX).

Die erste musikalisch-akustische Arbeit, die *Dissertatio de sono* (Abhandlung über den Schall) (E 2; EO III/1, Teil 2), verfasste Euler mit 19 Jahren, also 1726, um sich damit für eine frei gewordene Physikprofessur in Basel zu bewerben, jedoch vergeblich. Das 16-seitige Büchlein wurde allerdings ein akustischer Klassiker und leitete die akustische Forschung für 75 Jahre (A.C. Truesdell). Die zwei Kapitel sind zum einen in mehr historischer Weise der Natur und Ausbreitung des Schalls gewidmet und betreffen zum anderen die Entstehung des Schalls, wobei Euler auf eigene Experimente zurückgreifen konnte. Er unterschied drei Arten der Tonerzeugung:

- Vibrationen fester Körper (wie z. B. bei Zungen-, Rohrblatt- oder Saiteninstrumenten),
- plötzliche Entspannung komprimierter Luft (wie z. B. beim Händeklatschen) und
- Luftschwingungen, sowohl freie als auch in Räumen eingeschlossene (wie z. B. bei Flöten, Orgelpfeifen). Mit den Luftschwingungen wird auch die Schallausbreitung behandelt, wobei Euler auf Newton'sche Überlegungen zurückgriff (und damit deren falsche Messwerte benutzte, die allerdings erst mehr als ein Jahrhundert später, nämlich 1868, korrigiert wurden).

Mit Marin Mersenne hatte 1636 die Untersuchung von Saitenschwingungen eingesetzt (*Harmonicorum libri,* Verzeichnis der Harmonien), aber erst Brook Taylor versuchte 1713 auf der Grundlage der Newton'schen Mechanik mit den Mitteln seiner Zeit eine mathematische Theorie zu geben, und seine mühsam gewonnenen Ergebnisse für Saitenschwingungen mit kleinen Auslenkungen finden sich in dem Buch *Methodus incrementorum directa et inversa* (Methode der Zuwächse; sinngemäß: Differential- und Integralrechnung, 1715) zusammengefasst, also in jenem Buch, in dem auch die nach Taylor benannte Reihenentwicklung enthalten ist. Taylors Zeitgenosse Johann Bernoulli nahm sich 1727 ebenfalls dieses Problems an, wobei er die schwerfälligen Taylor'schen geometrisch-mechanischen Überlegungen mithilfe des eleganten Leibniz'schen Kalküls vermied. Bernoulli ging zwar von Taylors Annahmen aus, arbeitete jedoch darüber hinaus mit dem Prinzip der mechanischen Energieerhaltung und behandelte so (kleine) Schwingungen für eine diskretisierte homogene Saite, d. h. für eine als masselos gedachte Saite, die in gleichen Abständen mit kleinen gleichen Gewichten belegt wurde („Perlenkette"). Im gleichen Jahr, in dem sein Lehrer Johann Bernoulli diese Arbeit erscheinen ließ, hatte Euler bereits seine zweite Arbeit *De sono* (E 2, EO III/1) veröffentlicht, die eine seiner vier in Basel verfassten Arbeiten ist.

Am 25. Mai/5. Juni 1731 schrieb Euler, inzwischen in St. Petersburg, kurz an seinen Lehrer in Basel, dass er eine Abhandlung fast fertig gestellt habe, in der es sein Endzweck sei, „die Musik als Teil der Mathematik auszuführen". Dieser, da Musik nicht zu seinen Vergnügungen zählte, antwortete lapidar: „ … im übrigen gefällt mir sein dessin [Entwurf] ganz wohl" und ließ sich auf keine weiteren Diskussionen ein. Sein Sohn Daniel schrieb schließlich in physikalischem Geist, dass er seinen neuen Flügel auf „Dero vorgeschrieben Manier stimmen" habe lassen, um die Spekulationen der musikalischen Wirklichkeit gegenüber zu stellen; leider wissen wir nichts über das Ergebnis des Bernoulli'schen Vergleichs. Die von Euler 1731 erwähnte Abhandlung sollte erst acht Jahre später als *Tentamen novae theoriae musicae ex certissimis harmoniae principiis* (Versuch einer neuen Musiktheorie aus den sichersten harmonischen Prinzipien, 1739; E 33, EO III/11) (1739) gedruckt werden. Die Absicht des Buches besteht also in der Klärung harmonischer Fragen, und neben dem mathematischen Erfassen von Zahl und Ton nehmen auch akustische Probleme einen großen Raum ein. Das Inhaltsverzeichnis mag einen Überblick über die 236 Seiten geben:

Praefatio [Vorwort]

1. De sono et auditu [Vom Ton und dem Gehör]
2. De suavitate et principiis harmoniae [Von der Annehmlichkeit und den ersten Gründen der Harmonie]
3. De musica in genere [Von der Musik überhaupt]
4. De consonantiis [Von Konsonanzen]
5. De consonantiarum successione [Von der Folge der Konsonanzen]
6. De seriebus consonantiarum [Von den Reihen der Konsonanzen]
7. De variorum intervallorum receptis appellationibus [Von den eingeführten Benennungen verschiedener Intervalle]
8. De generibus musicis [Von den musikalischen Geschlechtern]
9. De genere diatonico-chromatico [Von dem diatonisch-chromatischen Geschlecht]
10. De aliis magis compositis generibus musicis [Von andern mehr zusammengesetzten musikalischen Geschlechtern]
11. De consonantiis in genere diatonico-chromatico [Von den Konsonanzen in dem diatonisch-chromatischen Geschlecht]
12. De modis et systematibus in genere diatonico-chromatico [Von den Tonarten und Systemn in dem diatonisch-chromatischen Geschlecht]
13. De modorum et systematum permutatione [Von der Veränderung der Tonarten und Systeme]
14. De ratione compositionis in dato modo et systemate dato [Von der Komposition in einer gegebenen Tonart und einem System]

Das erste Kapitel bringt physikalische Sachverhalte aus der früheren Arbeit *De sono*, indem z. B. bei einer eingespannten Saite die Tonhöhe berechnet wird oder

Abb. 3.61 Der Tonraum von C bis e"

für ein Blasinstrument die Tonhöhe bei veränderlicher Temperatur oder anderem Luftdruck bestimmt wird.

Die Musik, so führte Leonhard Euler aus, beruht auf der Höhe und der Dauer der Töne; ein Choral hat nur Töne gleicher Länge, eine Trommel gibt nur den Rhythmus (Abb. 3.61). Diese Eigenschaften von Tönen – Frequenz und Dauer – lassen sich mathematisch erfassen. Aber eine alleinige Aufnahme von Takt und Harmonie ist nicht ausreichend, um das musikalische Vergnügen zu erklären. Der Komponist verfolgt einen Plan, den der Kenner errät, was ihm Genugtuung verschafft. Die Auffassung Eulers, dass jedes Kunstwerk ein lösbares Rätsel sei, gefiel z. B. Johann Wolfgang von Goethe (1749–1832) sehr gut. Merkwürdigerweise werden im *Tentamen* Klang und Tonstärke von Euler nicht einbezogen. Das Leitmotiv Eulers im *Tentamen* besteht in der neuen Beziehung von Konsonanzen und Dissonanzen, die bisher durch historische Hörerfahrung unterschieden wurden, bei Euler jedoch durch fließende Übergänge und zahlenmäßig, also nicht historisch, durch den „Gradus suavitatis" (Grad der Annehmlichkeit) erfasst.

Die musikalischen Leitvorstellungen Eulers gehen zunächst noch von den durch Gioseffo Zarlino (1517–1590) kanonisierten Auffassungen wohlklingender (konsonanter) Intervalle und Dreiklänge aus. Intervalle und mehrtönige Akkorde lassen sich durch das Schwingungsverhältnis der erklingenden Töne beschreiben.[220]

Die Proportionen konsonanter Intervalle lassen sich bereits durch die natürlichen Zahlen von 1 bis 6 ausdrücken. Alle anderen Verhältnisse führen auf keine wohlklingenden (dissonante) Intervalle; die einzige Ausnahme ist die kleine Sexte mit dem Verhältnis 8:5, die die große Terz (5:4) zur Oktave (2:1) ergänzt. Einer Ergänzung (die Addition zweier musikalischer Intervalle) entspricht die Multiplikation der entsprechenden Intervalle; in unserem Fall „kleine Sexte + große Terz ergänzen sich zur Oktave" bzw. die entsprechenden Verhältnisse multiplizieren sich (8:5)×(5:4)=(2:1). In den populär geschriebenen *Lettres* (Briefe an eine

---

[220] Experimentell lassen sich bei Saiteninstrumenten oder einem Monochord die Wellenlängen einfacher bestimmen. Bei gleicher Saitenspannung sind Wellenlänge und Frequenz jedoch umgekehrt proportional. Wir geben alle Intervalle, Akkorde usw. als Verhältnisse der Frequenzen an; Euler gab die Intervalle ebenfalls durch das Verhältnisse der Schwingungen an, aber er leitete die Verhältnisse mit der kleineren Schwingungszahl ein. Historische Orgeln enthalten noch die entsprechenden für „Wellenlängen"-Angaben in Fuß (worauf mich Herr KMD Th. Ennenbach, Eisleben, aufmerksam gemacht hat).

deutsche Prinzessin, E 343) rechtfertigte Euler in Brief 5 diese Festlegung durch die angestrebte Einfachheit:

„Je einfacher ein Verhältnis ist, durch je kleinere Zahlen es ausgedrückt wird, desto deutlicher kann es wahrgenommen werden, und desto angenehmer ist seine Wirkung."

Das Schwingungsverhältnis zweier Töne machte sich Euler auch geometrisch deutlich, z. B. für die Oktave mit der Proportion 2:1:

(De perceptione duorum sonorum [Über die Wahrnehmung zweier Töne], Brief 4). Die Verdopplung der Schwingungsverhältnisse wird vom Ohr leicht wahrgenommen und als angenehm, konsonant, empfunden; ist aber das Verhältnis der Schwingungen schwer oder gar nicht zu entdecken, so heißt der Akkord dissonant. Die 2 bringt also Verhältnisse wie 2: 1, 2^2: 1 usw. ins Spiel (vierter und fünfter Brief). Die Zahl 3 bringt das Verhältnis 3: 1 hervor und damit auch die Verhältnisse 3: 2 bzw. 4: 3, die die Musiker Quinte bzw. Quarte nennen (Brief 6). Entsprechend liefert die Zahl 5 Verhältnisse wie 6: 5, und das zugehörige Intervall nennt man eine kleine Terz. Tab. 3.6 führt die Töne einer diatonischen Tonleiter an, wobei angezeigt wird, wie die Zahlen 2, 3 und 5 dafür gebraucht werden.

Schließlich aber brachte Euler einen radikalen Gedanken ein, der typisch mathematische Wurzeln hat und der den traditionellen Gegensatz von Konsonanz und Dissonanz infrage stellte. Er selbst drückte im *Tentamen* den Bruch mit der Tradition so aus:

„Aber da es zum einen schwierig ist, die Grenzen der Konsonanzen und Dissonanzen zu bestimmen, zum anderen aber diese Unterscheidung mit unserer Behandlungsweise [im *Tentamen*] wenig übereinstimmt, [...] weisen wir allen Klängen, die aus mehreren gleichzeitig erklingenden Tönen bestehen, die Bezeichnung Konsonanz zu." – EO III/1, S. 246

Euler zog hier offenbar eine Konsequenz aus der historischen musikalischen Entwicklung, die im Mittelalter nur Quarte und Quinte als konsonant zuließ, aber in der Renaissance schon die große und kleine Terz sowie die kleine Sexte als wohlklingend hinzunahm. Aber Eulers Erweiterung war grundsätzlicher Art und zeigt den Mathematiker mit seiner Zahlenauffassung. (Stevin hatte ähnlich bei der Beschreibung des gegensätzlichen Paares „nass und trocken" für die Zwischenstufen dieser Eigenschaften die Benutzung [reeller] Zahlen für angemessen gehalten, so wie es heute theoretisch einem Hygrometer zugrunde liegt). Auch für Fragen des Geschmacks gäbe es einen zureichenden Grund, verkündete Euler:

„Wenn man dieses zugestanden, so fällt auch derjenigen Meynung über den Haufen, welche glauben, die Musik hange nur von der Willkühr des Menschen ab, und unsere Musik gefalle nur aus Gewohnheit." – *Tentamen*, Kap. 2, §1, in der Übersetzung von Mizler

Zwar räumte Euler ein, dass ungewohnte Harmonien „durch Übung und öfteres Anhören" (a. a. O.) schließlich doch gefielen, aber der Grund des Wohlgefallens sei allein die Vollkommenheit, die sich in der Ordnung zeige (und Ordnung ist bekanntlich ein Thema der Mathematik). Was man nicht begreift, gefällt nicht. Euler entwickelte aus diesen Anschauungen heraus einen Grad der Annehmlichkeit,

3.10 Interludium: Euler als Akustiker und Musiktheoretiker

den „gradus suavitatis G „(Konsonanzgrad)". Die Einfachheit wird dabei nicht nur mathematisch ausgedrückt, sondern spekulativ wird deren Empfindung auch durch Zahlen erfasst, sodass man eher vom „gradus perceptibilitatis" (Wahrnehmungsgrad) sprechen sollte.

Wir betrachten ein Intervall mit dem Schwingungsverhältnis 1: n. Dabei soll die natürlichen Zahl $n > 1$ die Primzahlzerlegung

$$n = p_1^{\alpha_1} \cdot p_2^{\alpha_2} \cdot \ldots \cdot p_m^{\alpha_m}$$

(p_i Primzahlen, α_i Exponenten, $i = 1, 2, \ldots, m$) besitzen. Mathematisch gesehen, wird diesem Intervall 1: n der Konsonanzgrad

$$G(n) = G\left(p_1^{\alpha_1} \cdot p_2^{\alpha_2} \cdot \ldots \cdot p_m^{\alpha_m}\right) = \alpha_1(p_1 - 1) + \ldots + \alpha_m(p_m - 1) + 1, \quad (n > 1)$$

$$G(1) := 1, \quad (n = 1).$$

zugeordnet, d. h. Euler bewertete die Einfachheit (Konsonanz) einer Zahl n, indem er linear sowohl die in die Primzahlzerlegung eingehenden Primzahlen (die p_i) selbst als auch deren Exponenten (α_i) berücksichtigte. Je größer diese Zahlen sind, desto größer ist die Gradusfunktion bzw. desto kleiner der Wohlklang. Es ist $G(n) \leq n$, wobei die Gleichheit nur für Primzahlen möglich ist; aber $G(n)$ ist keine monoton wachsend Funktion (siehe Tab. 3.5), womit $G(n) = G(m)$ für $n \neq m$ möglich sein kann und einige paradoxe musikalische Ergebnisse liefert (siehe unten). Für die große Terz 5: 4 mit dem kleinsten gemeinsamen Vielfachen (kgV) $4 \times 5 = 20$ folgt $G(20) = G(2^2 \times 5) = 2(2-1) + (5-1) + 1 = 7$, also der Grad 7, der Durdreiklang 6: 5: 4 mit dem kgV $= 3 \times 4 \times 5 = 60$ besitzt den Grad $G(60) = G(3 \times 2^2 \times 5) = (3-1) + 2(2-1) + (5-1) + 1 = 9$; siehe Tab. 3.5. Über den Konsonanzgrad korrespondierte Euler 1752 übrigens auch kurz mit Jean-Philippe Rameau (1683–1764). Dieser schickte Euler sein einschlägiges Werk *Démonstration du Principe de l'Harmonie, servant de base à tout l'art musical théorique et pratique* (Demonstration des Prinzips der Harmonie, das als Grundlage aller theoretischen und praktischen Musikkunst dient, Paris 1750), und Euler antwortete, dass er sich in seinem *Tentamen* (E 33) auf die gleichen Prinzipien stütze.

Wie war Euler auf seine Gradusfunktion gekommen? Die folgende Motivation orientiert sich weitgehend an Eulers einschlägigen Bemerkungen im *Tentamen* (EO III/1, S. 223–236) und denen in den *Briefen an eine deutsche Prinzessin* (Brief 6).[221] Es ist naheliegend, dem Einklang, der Prime, 1: 1 den

---

[221] Je nachdem, ob die einschlägige Proportion als Verhältnis der Frequenzen f_i oder der Wellenlängen v_i ausgedrückt wird ($i = 1, 2$), ergibt sich wegen $fv = \text{const.} = c$ (Mersenne) $f_1:f_2 = (c/v_1)$: $(c/v_2) = v_2$: v_1 eine umgekehrte Proportionalität von Frequenz und Wellenlänge; also für die Oktave ist das Verhältnis entweder 1: 2 (Frequenz) oder 2: 1 (Wellenlänge). Zwischen den Schwingungsverhältnissen (bzw. Verhältnissen der Wellenlängen) besteht eine logarithmische Beziehung: dem Aneinanderfügen bzw. der Wegnahme von Intervallen (Addition bzw. Subtraktion) entspricht die Multiplikation bzw. Division der zugehörigen Verhältnisse. Beispielsweise ergibt das Zusammenfügen (bzw. Wegnehmen) von Quinte (3: 2) und Quarte (4: 3) eine Oktave (2: 1) (bzw. einen Ganzton 9: 8), denn es ist (3: 2) $\times$ (4: 3) = 4: 2 = 2: 1 (bzw. (3: 2): (4: 3) = 9: 8). Diese Beziehung wird bei Tasteninstrumenten gut sichtbar.

Tab. 3.5 „Gradus suavitatis" (Konsonanzgrad) für einige Exponenten. Bestimmung einiger Konsonanzgrade aus den Verhältnissen von Intervallen. $G(n)$ bzw. $G(\text{kgV})$ ist keine monotone Funktion. Die große Dezime, die Undezime sowie die fünffache Oktave haben trotz unserer unterschiedlichen Wahrnehmung der Intervalle den gleichen Grad 6

$G(n)$ bzw $G(\text{kgV})$	Verhältnisse (der Frequenzen)	Einige Intervalle und Akkorde
1	1:1	Prime (Einklang)
2	2:1	Oktave
3	3:1	Duodezime (= Oktave+Quinte) 3:1
3	3:1	Doppelte Oktave 1:2² (wie Duodezime 3:1)
4	3:2	Quinte (wie dreifache Oktave)
4	6:1	Doppelte Oktave+Quinte
5	8:1	Dreifache Oktave
5	4:3	Quarte (wie vierfache Oktave)
5	9:2	Doppelte Oktave+große Sekunde
7	5:1	Doppelte Oktave+große Terz
7	5:3	Große Sexte
7	5:4	Große Terz
7	5:3	Oktave+(harmonische) Septe (wie große Sexte)
6	9:8	Große Sekunde
6	8:3	Große Dezime (= Oktave+große Terz), wie Undezime (= Oktave+Quarte)
5	2^4:1	Vierfache Oktave
7	15:8	Große Septe
7	5:4	Große Terz
9	7:4	Naturseptime
7	6:5	Kleine Terz
9	9:5	Kleine Septime
11	8:15	Große Septime (wie kleine Sekunde)
14	32:45	Tritonus
9	6:5:4	Dur-Dreiklang (wie Moll-Dreiklang 15:12:10)
8	9:8	Großer Ganzton (wie Akkord G-c-d 9:8:6)
10	10:9	Kleiner Ganzton
31	18:15:12:10	Mollseptakkord

kleinsten Konsonanzgrad $G(1)=1$ zuzuteilen, dann der Oktave 2:1 bzw. $G(2)$ konsequenterweise den Grad 2, der doppelten Oktave 4: $1=2^2$:1 den Grad $G(4)=3$, allgemein wäre $G(2^n)=n+1$. Beim Erweitern eines Intervall um eine Oktave sollte sich die Gradusfunktion um 1 erhöhen, wenn dadurch das Verhältnis komplizierter wird (ansonsten wird es um 1 vermindert). Das ist ein harmonisches Argument. Eine Oktaverweiterung eines Intervalls a:1 führt auf $2a$:1 bzw. $G(2a)=G(a)+G(2)=G(a)+1$ bzw. allgemein $G(2^n a)=G(2^n)+G(a)=n+1+G(a)$. Ein Analogieschluss von 2^n auf eine beliebige natürliche Zahl b erbringt $G(ab)=G(a)+G(b)+1$. Die Gradusfunktion erinnert an logarithmische Beziehungen: Für zwei natürliche Zahlen a und b folgt $G(ab)=G(a)+G(b)+1$, was unmittelbar aus obiger Definition folgt. Mit dieser Gleichung ist die Brücke zu Intervallen und Akkorden geschlagen. Sei M die Menge der in die Verhältnisse (Intervalle, Akkorde usw.) eingehenden natürlichen Zahlen, bei Brüchen werden sowohl Zähler als auch Nenner erfasst. Das kleinste gemeinsame Vielfache (kgV) der Zahlen, die in der Proportion vorkommen, heißt bei Euler der Konsonanzexponent („exponens consonantiae", Anzeiger der Konsonanz), und er ist das Argument x der Gradusfunktion $G(x)$.[222] Setzt man für Primzahlen p noch $G(p)=p$ fest, so folgt durch wiederholtes Anwenden dieser Beziehungen die obige Form der Gradusfunktion. Eine Rechtfertigung für $G(p)=p$ könnte diese Überlegung sein: das Verhältnis $1:8=1:2$ hat den Grad 4, wobei die Verhältnisse $1:3$ und $1:5$ jeweils einfacher und komplizierter sind, was $G(5)=5 > G(8)=4>3=G(3)$ nahelegt. Damit wäre die Festlegung $G(p)=p$ für die wichtigen Primzahlen 3, 5 sowie 2 einsichtig.

Es sind auch andere Konsonanzgradbestimmungen denkbar. Eine naheliegende einfache mathematische Formel wäre

$$G(n) = p_1 a_1 + p_2 a_2 + \ldots + p_n a_n,$$

aber hier würden einfache Oktaverweiterungen eines Intervalls den Konsonanzgrad um 2 und nicht wie bei Euler um 1 erhöhen. Kompliziertere Gradusfunktionen haben 1970 Hermann Busch (1943–2020), 1986 Clarence Barlow und 1988 Martin Vogel (1923–2007) vorgeschlagen (Muzzulini 1994). Letztlich liefern aber alle diese Konsonanzgradformeln an irgendeiner Stelle auch unbefriedigende Aussagen, d. h. die Schwierigkeiten bleiben wie üblich erhalten.

Euler sah Intervalle bzw. Akkorde mit kleineren Graduszahlen nicht nur als gefälliger, sondern in Kompositionen auch als leichter verwendbar an. Freilich sind Schönheit und Wohlgefallen nicht nur an das Tonmaterial selbst, sondern auch an dessen Empfindung gebunden, denn beispielsweise verändern Wiederholungen in der Regel die Wahrnehmung, worauf auch die Tonhöhe Einfluss hat, was Euler anfänglich ignorierte.

Die Anwendung des Eulerschen Konsonanzgrades beschert uns allerdings ein Problem, das Euler nicht entgangen ist und am Septakkord g–h–d–f von c-Dur (als angenommene Grundtonart) deutlich gemacht werden soll. Der für die Berechnung des Konsonanzgrades entscheidende Exponent (kgV) $5 \times 27 \times 64$ ergibt sich nicht nur für die zum Akkord gehörige Proportion $36:45:54:64$, sondern ebenso für die erweiterte Proportion $36:\mathit{40}:45:\mathit{48}:54:\mathit{60}:64$ (die drei eingefügten Glieder sind kursiv gesetzt), denn es ist $40=5 \times 8$, $48=2 \times 3 \times 8$ und $60=5 \times 2^2 \times 3$. Damit bleibt der Exponent (kgV) ungeändert. Das erweiterte Verhältnis fügt aber zum Akkord die Töne a, c und e (Moll-Dreiklang) hinzu, wodurch sich eine diatonische c-Dur Tonleiter mit gleichem Konsonanzgrad ergibt (siehe Tab. 3.6)! Die Erweiterung einer Proportion zu einer sogenannten

---

[222] Wie üblich wird anstelle von $G(1:n)$ bzw. $G(n:m)$ kürzer $G(n)$ bzw. $G(\text{kgV})$ geschrieben, letzteres bei teilerfremden m und n. Das Verhältnis $a:b$ kann natürlich auch als Bruch a/b geschrieben werden.

Tab. 3.6 Eine diatonische Tonleiter in Eulers Tongeschlechtern. Die vorletzte Spalte gibt die Schwingungszahl im Tongeschlecht an, letzte Spalte zeigt die Differenzen der Halbtöne voneinander

C	$= 2^7 \times 3$	$= 384$	
Cis	$= 2^4 \times 5^2$	$= 400$	16
D	$= 2^4 \times 3^3$	$= 432$	32
Dis	$= 2 \times 3^2 \times 5^2$	$= 450$	18
E	$= 2^5 \times 3 \times 5$	$= 480$	30
F	$= 2^9$	$= 512$	32
Fis	$= 2^3 \times 3^3 \times 5$	$= 540$	28
G	$= 2^6 \times 3^2$	$= 576$	36
Gis	$= 2^3 \times 3 \times 5^2$	$= 600$	24
A	$= 2^7 \times 5$	$= 640$	40
B	$= 3^3 \times 5^2$	$= 675$	35
H	$= 2^4 \times 3^2 \times 5$	$= 720$	45
c	$= 2^8 \times 3$	$= 768$	48

„vollkommenen Konsonanz" bei gleichbleibendem Konsonanzgrad ist eine merkwürdige Eigenschaft des „gradus suavitatis". Im vorgestellten Fall des Septakkordes hatte schon d'Alembert darauf verwiesen, dass dieser Akkord bereits die zugehörige diatonische Tonleiter bestimmt, also gleiche Konsonanzgrade nicht paradox wären. Aber Euler teilte diese Ansicht nicht und erfasste erst einmal in einer Tabelle die Anzahl der Argumente der Gradusfunktion, die den gleichen Konsonanzgrad haben; es sind z. B. für die Konsonanzgrade $G = 2$, 3, 5 und 10 genau 1, 3, 5 und 26 unterschiedliche Argumente (kgV) möglich.

Auch zeigt der folgende Sachverhalte, dass der Ganzton (9: 8), die kleine Terz (6: 5), die kleine Sexte (8: 5), die siebenfache Oktave (27: 1) und schließlich die als Dissonanz betrachte Naturseptime (mit Oktave 7: 2) trotz verschiedener Exponenten denselben Graduswert 8 haben, dass die Gradusfunktion mithin die harmonischen Verhältnisse verzerrt abbildet. Das bewog aber Euler zunächst nicht, seine harmonischen Spekulationen zu verändern. Weitere problematische Aussagen: Dur- und Molldreiklänge weisen wie die Naturseptime (7: 4) den Konsonanzgrad 9 auf; der Akkord c–d–g (12: 9: 8) hat übrigens mit 8 einen kleineren Konsonanzgrad als die genannten Dreiklänge. Die große Septe (15: 8) mit dem Konsonanzgrad 10 übertrifft die 8fache Oktave (2^8:1) mit dem Grad 9.

Bei der mathematischen Darstellung von Tönen einer Tonleiter kommt einem Ausdruck wie $Q = 2^r \times 3^s \times 5^t$ mit gewissen natürlichen Zahlen r, s und t entscheidende Bedeutung zu, da aus ihm alle Elemente der Menge M formal gebildet werden können. Der Faktor 2 weist dabei auf die Oktavverschiebungen eines Tones hin, 3 charakterisiert die Terzversetzungen, und 5 erfasst schließlich Quintbeziehungen. Für Q selbst (bzw. die Elemente von M) kann man den Konsonanzgrad des Intervalls G: 1 errechnen, er ist gleich $G(Q) = 1 + r + 2\,s + 4t$. Schränkt man in Q die Zahlen s und t auf bestimmte Werte ein, etwa auf $s = 0$, 1, 2 und $t = 0$, 1 und bringt die so charakterisierten Töne unter Ausnutzung einer geeigneten Oktavverschiebung (2^r mithilfe einer passenden ganzen Zahl r) in eine gemeinsame Oktave, dann erhält man eine von Euler als Tongeschlecht (Genus) bezeichnete Skala. In dem genannten Beispiel ergibt sich eine Reihe, die Euler

3.10 Interludium: Euler als Akustiker und Musiktheoretiker

„genus diatonicum" nennt. Wenn man zunächst den Faktor 2^r unterdrückt, ergeben sich folgende acht Töne (Schwingungsverhältnisse gegen den Grundton gezählt):

$$30,\ 31,\ 32,\ 33,\ 30\times 5,\ 31\times 5,\ 32\times 5,\ 33\times 5.$$
$$(1,\ \ \ 3,\ \ \ 9,\ \ \ 27,\ \ \ 5,\ \ \ \ \ \ 15,\ \ \ \ \ \ 45,\ \ \ \ \ \ 45)$$

Diese Töne bilden, wenn sie mithilfe eines geeigneten Faktors 2^r in die Oktave mit dem Schwingungsverhältnis 256 : 128 transponiert werden eine *d*-Dur-Tonleiter mit einer zusätzlichen kleinen Septime. Weitere von Euler betrachtete Geschlechter sind z. B.:

für $s = 0, 1$	und	$t = 0, 1, 2, 3$	„genus enharmonicum"
$s = 0, 1, 2$	und	$t = 0, 1, 2$	„genus chromaticum"

Gegenüber dem Rameau'schen System (harmonische Einstellung) werden bei Euler die Töne nicht auf den Grundton bezogen, sondern durch die Form von Q auf alle Töne eines Geschlechts bezogen (rechnerisches Vorgehen). Der Tonvorrat für $s = 0, 1, 2, 3$ und $t = 0, 1, 2$ ergibt – wieder mit einer geeigneten Oktavverschiebung und der Normierung von $F = 512$ – eine chromatische Tonleiter auf *C*, die in Tab. 3.6 dargestellt ist *(Briefe;* E 343, Brief 7).

Euler lenkte die Aufmerksamkeit in Tab. 3.6 auf die Differenzen der Töne, die unterschiedlich sind. Wir lesen hierzu ebenfalls in Brief 7, dass die wahre Harmonie solche Unterschiede erfordert.

„Aber da die Ungleichheit nicht beträchtlich ist, so sieht man gemeiniglich alle diese Unterschiede als gleich an, und nennt den Sprung eines jeden Tones auf den folgenden einen Halbton, denn man sagt, dass die Octave auf diese Art in 12 Halbthöne getheilt sey. Viele Tonkünstler machen sie auch in der That gleich, obgleich das den Grundsätzen der Harmonie entgegen ist. Denn auf diese Art ist keine Quinte und keine Terz vollkommen richtig [rein]."

Wenn man die Halbtöne alle gleich macht, was mathematisch auf die Berechnung von elf geometrischen Mitteln zwischen 1 und 2 hinausläuft, sodass sich zwischen benachbarten Tönen der Tonleiter das stets Verhältnis $q = 2^{1/12} : 1 = 1{,}059\,463\,\ldots$ einstellt,[223] so findet man eine gleichtemperierte Stimmung (das „wohltemperierte Klavier"). Diese geniale gleichmäßige Anordnung einer irrationalen Zahlen-Tonleiter geht auf Simon Stevin (1585) zurück. Die Multiplikation eines Intervalls mit $q = 2^{1/12} : 1$ führt auf den benachbarten Ton. Sei *c* der Grundton einer chromatische Tonleiter, dann erhalten wir Tab. 3.7.

Kehren wir noch einmal zur Darstellung der Töne durch den Ausdruck $Q = 2^r \times 3^s \times 5^t$ zurück. Es besteht mathematisch kein Anlass, bei der Primzahl 5 stehen zu bleiben:

„Wenn man noch die Zahl 7 einführen wollte, so würde die Anzahl der Töne einer Oktave größer, und die ganze Musik auf einen höheren Grad von Vollkommenheit gebracht werden."– *Briefe,* Brief 7

---

[223] Q ist eine irrationale Zahl und lässt sich nicht durch einen Bruch ausdrücken.

Tab. 3.7 Vergleich von temperierter und reiner Stimmung. Man sieht, dass es ein glücklicher Zufall ist, dass die wichtigen konsonanten Intervalle Quinte und Quarte temperiert auch für geübte Ohren unverstimmt klingen, die anderen Töne werden in erträglicher Weise „zurecht" gehört

	Temperierte Stimmung			Reine Stimmung	
Prime	$c: c = 1$		$= 1,000$	1:1	$= 1,000$
1. Halbton	$cis: c$	$= 2^{1/12}: 1$	$= 1,059463 \ldots$	16:15	$= 1.067$
2. Sekunde (Ganzton)	$d: c$	$= (2^{1/12})^2: 1 = 2^{1/6}: 1$	$= 1,122$	9:8	$= 1,125$
3. kleine Terz	$dis: c$	$= (2^{1/12})^3: 1 = 2^{1/4}: 1$	$= 1,189$	6:5	$= 1,200$
4. große Terz	$e: c$	$= 2^{1/3}: 1$	$= 1,260$	5:4	$= 1,250$
5. Quarte	$f: c$	$= 2^{5/12}: 1$	$= 1,333$	4:3	$= 1,333$
6. übermäßige Quarte	$fis: c$	$= 2^{1/2}: 1,$	$= 1,414$	45:32	$= 1,406$
7. Quinte	$g: c$	$= 2^{7/12}: 1$	$= 1,498$	3:2	$= 1,500$
8. verminderte Sexte	$gis: c$	$= 2^{2/3}: 1$	$= 1,598$	8:5	$= 1,600$
9. große Sexte	$a: c$	$= 2^{3/4}: 1$	$= 1,682$	5:3	$= 1,667$
10. kleine Septime	$b: c$	$= 2^{5/6}: 1$	$= 1,782$	7:4	$= 1,750$
11. große Septime	$h: c$	$= 2^{11/12}: 1$	$= 1,888$	9:5	$= 1,800$
12. Oktave	$c': c$	$= 2: 1$	$= 2$	2:1	$= 2,000$

In der letzten zu Eulers Lebenszeit gedruckten Arbeit zur Musiktheorie „De harmoniae veris principiis" (Über die wahren Ursprünge der Harmonie; E 457, EO III/1) bezeichnete er die Primzahlen 3, 5 und 7 als die „Säulen der Harmonie". Da 2 lediglich Verschiebungen im Oktavabstand bestimmt, kommt den Primzahlen > 2 die entscheidende Rolle in $Q = 2^r \times 3^s \times 5^t \times 7^u$ zu. In Hinblick auf die 7 variierte Euler auch eine Bemerkung Gottfried Wilhelm Leibniz' in einem Brief an Christian Goldbach (1690–1764) aus dem Jahre 1712, dass man nun in der Musik anstelle von 5 bis 7 zählen könne. Obwohl Rameau den 7. Oberton deutlich gehört hatte, war dieser Teilton von ihm aus dem Harmoniesystem ausgeschlossen worden. Jene Musik, die sich weitgehend auf die Rameau'sche Harmonielehre stützte (wie etwa die Klassik), praktizierte eine temperierte gleichstufige zwölftönige Stimmung mit den Hauptharmonien auf Tonika (Grundtonart), Subdominante, Dominante (ist also in C-Dur durch c, f und g bestimmt), wohingegen der musikalische Außenseiter Euler sich offen für die Erweiterung des Systems zeigte. Wie schon erwähnt, gab es 1752 zwischen Euler und Rameau einen kurzen Briefwechsel, in dem das Thema der Oktaverweiterungen bei Konsonanzen diskutiert wurde. Ein Musikschriftsteller betonte in den Neuen Zeitungen, dass die Zahl 7 alles vollkommen machen würde (31. Stück 1770. S. 249). Wir erinnern, Euler selbst hatte in Brief 7 seiner Briefe an eine deutsche Prinzessin dazu bemerkt: „Aber hier überläßt die Mathematik die Harmonie der Musik."

Die Kombinationen der Potenzen von 3 und 5 bei der Bestimmung der Töne einer Skala führt insgesamt auf 18 Genera (Kap. 8), die Zahl 2 bewirkt, wie schon

3.10 Interludium: Euler als Akustiker und Musiktheoretiker

häufig erwähnt, lediglich Oktavverschiebungen und ist deshalb für die Erzeugung der Genera weniger interessant. Die 18 Genera I bis XVIII weisen aber nur fünf interessante Tonleitern auf, die anderen Tonleiter sind entweder bereits bekannt, zu einfach oder zu kompliziert. Besonders interessierte Euler das Genus XVIII, dem er deshalb ein eigenes Kapitel im *Tentamen* widmete. Euler betrachtete auch das Tongeschlecht XII, das zu $Q = 2^3 3^5$ gehört. Streicht man in dieser Tonleiter den Ton *Fis*, so ist das ist genau die von Gioseffo Zarlino (1517–1590) 1558 in *Le institutioni harmoniche* vorgeschlagene diatonische Tonleiter, in der alle Quinten bis auf *D–A* rein sind.

Eine allerdings nur theoretische Aussage ist der mathematisch bemerkenswerte Sachverhalt, dass beliebige reelle Schwingungsverhältnisse $r:1$ (r reell) durch ausreichend komplexe Ausdrücke $Q = 2^r \times 3^s \times 5^t \times 7^u \times 11^v \times \ldots$ ($r, s, t, u, v,$ … ganze Zahlen) hinreichend gut angenähert werden können, aber die schnell nachlassende Intensität der Obertöne nimmt der Aussage die praktische Verwendbarkeit und gibt dem 7. Oberton gewissermaßen die Eigenschaft, im praktischen Sinn die Eulersche Erweiterung abzuschließen. Der Bach-Schüler Lorenz Christoph Mizler (1711–1748)[224] appellierte in seiner Zeitschrift Musikalische Bibliothek an Euler, dass dieser „zur Beförderung der musikalischen Wissenschaften darthun [möge], dass in unserer Musik noch mehr Verhältnisse von Primzahlen sind", wofür er Euler in einem damals gängigen barocken Bild als einen Apollo in der Musik preisen werde. Der Wunsch Mizlers, der in Leipzig nicht nur Musik, sondern auch Mathematik studiert hatte, ist zwar wohlwollend, aber praktisch verfehlt.

An die Naturseptime knüpfte Euler 1764 in der „Conjecture sur la raison de quelques dissonances généralement reçu dans la musique" (Mutmaßungen über den Grund, weshalb einige Dissonanzen in der Musik allgemein üblich sind; E 314, EO III/1, gedr. 1766) interessante hörpsychologische Betrachtungen an, die seinen bislang verfolgten strikten zahlentheoretischen Rigorismus lockerten. Er bezog jetzt auch Klangerlebnisse in seine Überlegungen ein und unterschied die gegebenen mathematischen Verhältnisse von deren Wahrnehmung. Vor dem Bewusstwerden gehörter Klänge seien diese bereits vom Verstand auf ihre Ordnung hin „abgehört" und bei Bedarf korrigiert (vereinfacht) worden.

In den gleichstufigen Stimmungen wird, wie gesagt, eine Oktave gleichmäßig in zwölf Halbtonschritte x aufgeteilt, anders gesagt machen zwölf (geometrisch) zusammengefügte Halbtonschritte eine Oktave aus, bzw. rechnerisch ist $x^{12} : 1 = 2 : 1$ oder $x = 2^{1/12} \approx 1{,}059463\ldots$ (keine rationale Zahl). Die in Tab. 3.8 dargestellte reine Stimmung einer solchen chromatischen Tonleiter zeigt aber, dass die in ihr

---

[224] Mizler, auch Mitzler. Vielseitiger Gelehrter, u. a. auch Musikschriftsteller. Studium in Leipzig, philosophische Promotion. Mizler gab zahlreiche kurzlebige Zeitschriften heraus und gründete die Societät der musicalischen Wissenschaften (deren Mitglied immerhin J. S. Bach war).Wirkte ab den 1740er-Jahren auch in Polen, wo er für die polnische Aufklärung wichtig war, und wurde 1768 in Polen geadelt: Mizler von Kolof.

Tab. 3.8 Vergleich von Intervallen in reiner und gleichstufig temperierter Stimmung

n-te Ton	Rein		Gleichstufig temperiert	Differenz
$n=4$	Große Terz	5: 4 (= 1,25)	$2^{4/12}:1 = 1,29992$	0,04992
$=5$	Quarte	4:3(=1,333...)	$2^{5/12}:1 = 1,33484$	0,00151
$=7$	Quinte	3:2(=1,5)	$2^{7/12}:1 = 1,49831$	0,00169

auftretenden Halbtonschritte unterschiedlich sind. Innerhalb der Oktave einer temperierten gleichstufigen Stimmung haben alle auf den Grundton bezogenen Intervalle ein Schwingungsverhältnis, das nicht rational ist, denn der n-te Ton in der Oktave ergibt sich als n-te Potenz der irrationalen 12ten Wurzel aus 2, also als $(2^{1/12})^n$ ($n=1, 2, ..., 12$). Gegenüber den Tönen der reinen Stimmung ergeben sich damit laufend Diskrepanzen, als charakteristische Beispiele für Intervalle seien zum bequemen Vergleich nochmals drei Angaben aus den obigen Beispielen herausgezogen (Tab. 3.8).

Das Ohr passt sich, natürlich in Abhängigkeit des jeweiligen Hörers, an solche Tonabweichungen an (wenngleich Geiger z. B. bei einem Solo versucht sein werden, die reine Quinte anstelle der temperierten zu greifen). Wie weit reicht diese Fähigkeit der Vereinfachung, die letztlich das Spiel mehr oder weniger verstimmter Instrumente toleriert? Es zeigt sich, dass im Allgemeinen Abweichungen bis zu einem syntonischen Komma (81: 80) = 1,0125 toleriert werden können. Gleicht man die kleinen Differenzen benachbarter Töne in einer Stimmung aus, so spricht man von der temperieren, während das Ausspielen der Unterschiede eine reine Stimmung charakterisiert.[225] Aus der Sicht der reinen Stimmung erfasst die temperierte Stimmung die Intervalle Quarte und Quinte gut.

Euler als unbedingter Anhänger der reinen Stimmung merkte aber an (Tab. 3.6), dass „verschiedene Musiker diese Töne wirklich alle gleich machen [also eine gleichstufige 12-tonige Tonleiter benutzen bzw. für den Halbton $2^{1/12} \approx 1,05946$ nehmen, d. h. das irrationale Verhältnis durch ein rationales ersetzen], wiewohl dies den Grundsätzen der Harmonie zuwider ist." (*Briefe*, 7. Brief). Daniel Bernoulli gehörte zu jenen, denn er ließ Euler wissen, dass „man doch mit dem Gehör ein comma nicht distiguieren [unterscheiden] kann" (Brief an Euler vom 7. März 1739). Der Hoforganist in Plauen merkte in den Neuen Zeitungen vom 27. August 1770 zum Intervallsystem des Herrn Prof. Euler an: „Das Eulerische Intervall-System giebt also keineswegs die Töne, die heute in Gebrauch sind, sondern man hat schon vor langer Zeit der natürlichen Reinigkeit entsagen und die temperierte Reinigkeit erwählen und brauchen müssen." Mit „Gottes Ohren" hören auch professionelle Musiker nicht; wir müssen uns mit einer musikalischen Projektion ins Irdische begnügen.

---

[225] Das gemeinsame Spielen von Musikern erfordert als Grundlage Tonarten. Nur Tasteninstrumente spielen temperiert, da sie schwierig zu stimmen sind. Bläser, Streicher oder Chöre, die nicht von Tasteninstrumenten begleitet werden, können rein spielen und tun dies auch.

3.10 Interludium: Euler als Akustiker und Musiktheoretiker   213

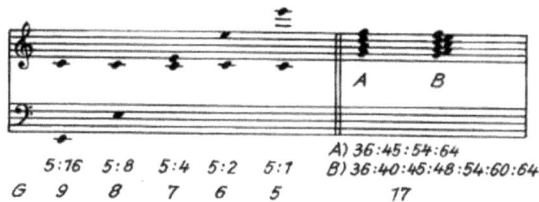

Abb. 3.62 Oktaverweiterungen der großen Terz; Dominantseptakkord mit zugehörigen „gradus suavitatis"

Dem Dominantseptakkord mit dem Verhältnis 64: 54: 45: 35 (also z. B. G–H–d–f) kommt ein hoher Konsonanzgrad $G = 17$ zu (Exponent $5 \times 9 \times 64$). Substituiert man aber in der Proportion die Zahl 64 ($= 2^6$) durch die naheliegende 63 ($= 9 \times 7$), so ergibt sich eine Proportion, die zum wesentlich einfacheren Verhältnis 7: 6: 5: 4 gleichwertig ist. Für diese vereinfachte Proportion (mit dem Exponenten $3 \times 7 \times 8 = 168$) errechnet sich ein Konsonanzgrad von nur 12. Nun übertrifft zwar die Abweichung 64: 63 ($\approx 1{,}0159$) das syntonische Komma 81: 80 ($\approx 1{,}0125$), aber dieses „Zurechthören" ist auch für geübtere Ohren noch möglich (Abb. 3.62).

Der Durdreiklang c–e–g mit der Proportion 6: 5: 4 bzw. 660: 550: 440 und dem Konsonanzgrad 9 zeigt eine weitere Seite der Substitutionstheorie: Wenn der Dreiklang leicht gestört wird, wie etwa bei der Veränderung 661: 550: 440, so reißt der Konsonanzgrad aus und ergibt sich zu 682 (vor allem, weil 661 Primzahl ist, was den Exponenten $8 \times 11 \times 25 \times 621 = 1.366.200$ liefert). Die geringfügige Änderung 661: 660 ($\approx 1{,}001515$), die das syntonische Komma nur wenig übertrifft, würde hier – genau wie beim Dominantseptakkord – bei den in der Praxis unvermeidbaren Verstimmungen zu keiner zuverlässigen Wahrnehmung des Gespielten führen, was die Vorbedingung für die Erkenntnis der Vollkommenheit und des Wohlklangs ist, wenn in solchen Fällen nicht das „Zurechthören" einen pragmatischen Weg wiese (Abb. 3.63).

In der „Conjecture" wird für die durch $Q = 2^r \times 3^s \times 5^t$ gegebenen Tongeschlechter auch dargelegt, wie die zugehörigen Töne und Intervalle aus der Oktave (2: 1), der Quinte (3: 2) und der großen Terz (4: 3) aufgebaut werden können. Hierzu entwickelte Euler ein zweidimensionales Schema des chromatischen Tonbestandes, das „speculum musicum" (musikalischer Spiegel), das für Tongeschlechter mit $Q = 2^r \times 3^s \times 5^t \times 7^u$ ins Dreidimensionale zu erweitern wäre.[226]

Euler, dessen Eigenschaft es war, alles möglichst praktisch einzurichten, hat dies auch in der Musik getan, was man gegenüber seinen theoretischen Spekulationen, die nicht immer überzeugen, nicht übersehen sollte. Euler war es, der die Tonhöhenunterschiede logarithmisch messen wollte (was in der Tat gehörgerechter und mathematisch sachgemäß ist). Eine Tonleiter lässt sich mathematisch einfach berechnen, aber eine andere Frage ist, wie man das jeweilige Instrument praktisch

---

[226] Mehr hierzu in dem Kapitel „Zahlen und Musik" in R. Taschner *Der Zahlen gigantischer Schatten*. Wiesbaden 2005, S. 27–43, Eulersches Tonnetz S. 39 ff.

Gr. II.	2:5.	Gr. IIX.	3:7.	3:64.	1:160.
1:2.	1:18.	1:14.	1:25.	1:256.	5:32.
Gr. III.	2:9.	2:7.	1:28.	Gr. X.	1:162.
1:3.	1:24.	1:30.	4:7.	1:42.	2:81.
1:4.	3:8.	2:15.	1:45.	3:14.	1:216.
Gr. IV.	1:32.	3:10.	5:9.	6:7.	8:27.
1:6.	Gr. VII.	5:6.	1:60.	1:50.	1:288.
2:3.	1:7.	1:40.	3:20.	2:25.	9:32.
1:8.	1:15.	5:8.	4:15.	1:56.	1:384.
Gr. V.	3:5.	1:54.	5:12.	7:8.	3:128.
1:5.	1:20.	2:27.	1:80.	1:90.	1:512.
1:9.	4:5.	1:72.	5:16.	2:45.	
1:12.	1:27.	8:9.	1:81.	5:18.	
3:4.	1:36.	1:96.	1:108.	9:10.	
1:16.	4:9.	3:32.	4:27.	1:120.	
Gr. VI.	1:48.	1:128.	1:144.	3:40.	
1:10.	3:16.	Gr. IX.	9:16.	5:24.	
	1:64.	1:21.	1:192.	8:15.	

Abb. 3.63 Über die Konsonanzen der Genera

stimmt.[227] Das von dem berühmten Orgelbauer Gottfried Silbermann (1683–1753) um 1720 erfundene, aber wieder aus dem Gebrauch gekommene Cembal d'amour, ein Clavichord, dessen ungewöhnliche Form seiner Saitenaufspannung zu verdanken war, wurde von Euler in Form und Klang verbessert. John Robison (1739–1805)[228] pries in der *Encyclopedia Britannica* von 1800 zwar das von Euler verbesserte Instrument, übersah dabei aber nicht die verbliebenen Schwächen, wie sein Kommentar zeigte, der dieses Cembal als eine Verbindung „aus einem sehr guten und sehr schlechten Instrument" ansah, dessen Musik jedoch hinkte („hobbling music").

---

[227] Heute kann man mithilfe von elektronischen Stimmungshilfsmitteln gut Instrumente mit gewünschten Stimmungen versehen.

[228] Robison war ein schottischer Mathematiker und Physiker, der von 1770 bis 1773 Admiral Knowles nach St. Petersburg begleitete und schließlich in Kronstadt vor den Toren von Petersburg an der Marineakademie lehrte; er war ein ausgezeichneter Kenner der Navigationsverfahren, als Physiker erkannte er vor Coulomb das Coulomb'sche Gesetz. Zwar war Robinson ein wichtiger Teil der schottischen Aufklärung, aber er publizierte 1797 in den unruhigen Zeiten am Ende seines Jahrhunderts auch das Buch *Proofs of a Conspiracy against all the Religions and Governments of Europe, carried on in the Secret Meetings of Free-Masons, Illuminati and Reading Societies* (Beweise einer Verschwörung gegen alle Religionen und Regierungen von Europa, durchgeführt in den geheimen Versammlungen der Freimaurer, Illuminaten und Lesegesellschaften), das ihn berühmt machte und dessen Verschwörungstheorien (Französische Revolution durch Illuminaten verursacht) begierig akzeptiert wurden. 1800 wurde er Ehrenmitglied der Petersburger Akademie.

3.10.3 Die Rezeption

> Es ist eine eben so wichtige als sonderbare Frage: warum eine schöne Musik in uns die Empfindung von Vergnügen erregt.
>
> LEONHARD EULER

Eulers Absicht in den musiktheoretischen Schriften kann vielleicht kurz so zusammengefasst werden: Es ging ihm darum, zu zeigen, wie sich Tonsysteme mittels mathematischer (oder rationaler) Grundsätze aus der unendlichen Vielfalt denkbarer Möglichkeiten von Tönen auswählen und begründen lassen (Abb. 3.64, Abb. 3.65).

Wie wurde Eulers mathematische Grundlegung der Musik aufgenommen?

Mit den mathematischen Spekulationen entsprach Euler zunächst offenbar dem Zeitgeist. Der Musikschriftsteller Mizler, der ebenfalls das Ziel verfolgte, musikalische Fragen mathematisch zu behandeln, rezensierte bereits 1741 wohlwollend Eulers *Tentamen* und brachte in seiner Zeitschrift „Musikalische Bibliothek" bis zu deren Einstellung eine kommentierte (Teil)Übersetzung heraus. Mizler übte aber auch scharfsinnig Kritik und befand den „gradus suavitatis" „schlechterdings unbrauchbar"; er besprach auch in den Zuverlässigen Nachrichten, einer Leipziger Rezensionszeitschrift, Eulers *Tentamen*. Die wichtige Leipziger *Nova Acta eruditorum* widmete im Jahr darauf dem Werk eine Besprechung von 15 Seiten (!), und weitere Zeitschriften folgten, etwa die *Nouvelle Bibliothéque Germanique* (1 (1746), Seiten 241–251). Der Berliner Komponist und Musiktheoretiker Johann Philipp Kirnberger (1721–1783), der möglicherweise von Euler zur Komposition von Menuetten und Polonaisen mit Würfeln angeregt wurde,[229] griff auch Eulers theoretische Ansichten auf, indem er entsprechende Stücke komponierte und schließlich die Natursepime in die Mixtur einer Berliner Kirchenorgel einfügte. Diese erweiterte Orgel stieß bei den Zeitgenossen aber auf heftigste Ablehnung, da man das entsprechende Register als unausstehlich empfand. Ende der 1740er-Jahre des vorigen Jahrhunderts ließ der holländische Physiker Adriaan Daniel Fokker (1887–1972) in Haarlem eine Orgel bauen, die eine 31-tönige gleichstufige Stimmung (Huygens) aufwies und die auch die Eulerschen Stimmungen gut darstellen konnte. 1957, zur 250-Jahresfeier von Eulers Geburtstag, wurden auf dieser Orgel entsprechende Kompositionen Fokkers und niederländischer Musiker aufgeführt. Für die Euler-Feier 1983 in Basel wurden mehrere Cembali in verschiedene Stimmungen gebracht, darunter auch Eulersche, um Vergleiche zu ermöglichen. Inzwischen hat die Stimmung von Tasteninstrumenten Fortschritte gemacht und benutzt anstelle von Stimmgabeln elektronische Stimmungshilfen, letztere erzeugen reine Töne. Ähnliche Demonstrationen begleiteten mit verschieden gestimmten Cembali die Braunschweiger Euler-Ausstellung 2007. Gleichfalls

---

[229] Zum Beispiel können aus 96 vorgegebenen geeigneten Takten 16taktige Menuette auf $6^{14} = 78.364.164.096$ verschiedene Weisen mit 16 Würfen „komponiert" werden. Siehe Thiele, *Gefesselte Zeit*. Leipzig 1984, S. 80 ff.

$$\text{Generis exponens } 2^m \cdot 3^7 \cdot 5^2.$$

Sig	Soni.	Log. Sonor.	Interualla.	Nomina Interuallorum.
F	2^{15}	15,00000	0,07682	Limma minus.
Fs	$2^8 \cdot 3^3 \cdot 5$	15,07682	0,01792	Comma.
Fs*	$2^4 \cdot 3^7$	15,09475	0,05888	Hemitonium minus
G*	$2 \cdot 3^6 \cdot 5^2$	15,15363	0,01628	Diaschisma.
G	$2^{12} \cdot 3^2$	15,16993	0,05888	Hemitonium minus.
Gs	$2^9 \cdot 3 \cdot 5^2$	15,22882	0,01792	Comma.
Gs*	$2^5 \cdot 3^5 \cdot 5$	15,24675	0,07517	Hemit. minus cum diaschif.
A	$2^{13} \cdot 5$	15,32193	0,01792	Comma.
A*	$2^9 \cdot 3^4$	15,33986	0,05888	Hemitonium minus.
B	$2^6 \cdot 3^3 \cdot 5^2$	15,39874	0,01792	Comma.
B*	$2^3 \cdot 3^7 \cdot 5$	15,41668	0,07517	Hemit. minus cum diaschif.
H	$2^{10} \cdot 3^2 \cdot 5$	15,49185	0,01792	Comma
H*	$2^6 \cdot 3^6$	15,50978	0,05888	Hemitonium minus.
c*	$2^3 \cdot 3^5 \cdot 5$	15,56867	0,01628	Diaschisma.
c	$2^{14} \cdot 3$	15,58496	0,05888	Hemitonium minus.
cs	$2^{11} \cdot 5^2$	15,64385	0,01792	Comma.
cs*	$2^7 \cdot 3^4 \cdot 5$	15,66178	0,07681	Limma minus.
d*	$3^7 \cdot 5^2$	15,73860	0,01628	Diaschisma.
d	$2^{11} \cdot 5^3$	15,75489	0,05888	Hemitonium minus.
ds	$2^8 \cdot 3^3 \cdot 5^2$	15,81377	0,01792	Comma
ds*	$2^4 \cdot 3^6 \cdot 5$	15,83171	0,07517	Hemit. minus cum diaschif.
e	$2^{12} \cdot 3 \cdot 5$	15,90689	0,01792	Comma.
e*	$2^8 \cdot 3^5$	15,92482	0,05888	Hemitonium minus.
f*	$2^5 \cdot 3^4 \cdot 5^2$	15,98371	0,01628	Diaschisma.
f	2^{16}	16,00000		

Abb. 3.64 In Kap. X, das mehr über andere Kompositionen bringt, wird auch das exponentielle Geschlecht $3^7, 5^2$ im Tonraum von F bis f (1. Spalte) behandelt. In der zweiten Spalte sind die durch Potenzen von 3 und 5 bestimmten Töne aufgeführt (die jeweiligen Potenzen sind auf 7 bzw. 2 beschränkt), die durch geeignete Zweierpotenzen (Oktavverschiebungen) in den angegebenen Tonraum gebracht werden. Euler rechnet mit dem Logarithmus zur Basis 2, entsprechend sind die Intervalldifferenzen logarithmisch notiert, deren Namen in der letzten Spalte angeben sind

wurde die Orgel in der Petrikirche der Lutherstadt Eisleben nach ihrer Rekonstruktion mit einer elektronischen Hilfe gestimmt.

Ein zentraler Gegenstand der heftigen Auseinandersetzung betraf die Naturseptime, wobei sich Euler gegen die Rameau'sche Auffassung („Ignorieren" der

3.10 Interludium: Euler als Akustiker und Musiktheoretiker

Abb. 3.65 Tafel mit Tongeschlechtern Eulers (Species I bis Species X)

Naturseptime) in der Musikpraxis nicht durchsetzen konnte. Am schärfsten zog der einflussreiche und enzyklopädisch gebildete Hamburger Musikschriftsteller Johann Mattheson (1681–1764) gegen Euler zu Felde,[230] indem er dessen ganzen Zahlenkram als ein ebenso schädliches wie mühsames und subtiles Hirngespinst abtat, seine Tiraden gegen altmathematische Musiktheoretiker sprudelten vor Sottisen, hier einige Kostproben: Zahlkrämer, Temperaturflicker, hölzerner Notenklecker, scheinheilige Brummbären, abgeschmackte mathematische Music, Generalbaßmaschine (= Mizler).

Georg Philipp Telemann (1681–1767), der die Musik zu Beginn des 18. Jahrhunderts maßgeblich bestimmte, besaß nachweislich ein Exemplar des *Tentamen*. An ihn schrieb der Berliner Komponist und Kapellmeister Carl Heinrich Graun (1704–1769) am 9. November 1751 folgende Zeilen:

> „Ich gestehe, ich habe in der Mathematique wenig oder nichts gethan, ... habe aber auch erfahren, daß die mathematischen Compositeurs der practischen Music wenig Nutzern und Ehre verschafft, wie ich denn gleichfalls gesehen, daß der große Mathematicus Euler

---

[230] Es ist ein glücklicher Umstand, dass sich Mattheson und Euler sowie Lessing (siehe unten) nie getroffen haben, denn Händel entging nach einer Auseinandersetzung nur dank eines Knopfes den Folgen einer von Mattheson auf ihn abgefeuerten Pistolenkugel.

falsche und wider die wahre practische Harmonie lauffenden Sätze angegeben hat. Ich habe selbigen gesprochen,[231] und er gestehet, daß er in der practischen Music nichts gethan hat, außer daß er in seiner Jugend ein wenig auff der Viola di Gambe[232] gespielet."[233]

Von den Mathematikern las kein Geringerer als Carl Friedrich Gauß bereits als Student Eulers *Tentamen* und kauftees später sogar. Johann Sebastian Bach wusste höchstwahrscheinlich von Eulers *Tentamen,* denn Lorenz Mizler war ein Schüler Johann Sebastian Bachs in den Jahren von 1731 bis 1733. Dessen wie auch Eulers Ziel war es, die Musik wissenschaftlich (also mathematisch) zu begründen. Dazu hielt er an der Universität Leipzig Vorlesungen und gründete sogar eine musikalische Gesellschaft; unter ihren 20 Mitgliedern befanden sich neben Johann Sebastian Bach auch Georg Friedrich Händel (1685–1759) und Leopold Mozart (1719–1787), der Vater von Wolfgang Amadeus Mozart (1756–1791). Schließlich gab Mizler seit 1746 auch eine Zeitschrift Musikalische Bibliothek heraus, in der er in deutscher Übersetzung Eulers *Tentamen* abdruckte. Die Übersetzung ist jedoch unvollständig, da die Zeitschrift 1754 eingestellt wurde.

Die gerade berichteten Sachverhalte rechtfertigen die Annahme, dass Bach von Eulers Werk wusste. Eine andere Frage ist jedoch, ob Bach Interesse an Eulers Buch hatte und ob er Mizlers Übersetzung gelesen hat. Bei Aufnahme in die Mizler'sche Gesellschaft, die „Correspondierende Societät der musikalischen Wissenschaften", lieferte Bach 1747 einen sechsstimmigen Rätselkanon und ein Porträt ab, auf dem er diesen Kanon dem Betrachter entgegenhält und ihn so zur Auflösung auffordert. Musikwissenschaftler sehen in der Lösung der Bach'schen Aufgabe eine enge Beziehung von Mathematik und Musik. Bach liebte nachweislich numerologische Spielereien. Kodifiziert man seinen Namen ($a=1, b=2$ usw.), dann ergibt sich als Summe der kodifizierten Buchstaben des Namens 14,[234] und Bach wartete offenbar, bis er als 14. Mitglied der Mizler'schen Gesellschaft beitreten konnte (passend zur Mitgliedsnummer beträgt die Zahl der Knöpfe auf dem oben erwähnten Porträt übrigens auch 14). Aber Bachs Sohn Philipp Emanuel (1714–1788) schrieb an Nicolaus Forkel (1749–1818), den Musikwissenschaftler und frühen Bachbiographen, über die Einstellung seines Vaters zu mathematischen Fragen in der Musik: „Der Selige [Johann Sebastian Bach] war wie ich und alle eigentlichen Musici kein Liebhaber von trockenem mathematischen Zeuge."

---

[231] C. H. Graun war seit dem Regierungsantritt Friedrichs II. königlicher Kapellmeister in Berlin. Seit 1741 lebte Euler gleichfalls in Berlin. Graun eröffnete übrigens die Berliner Lindenoper 1742.

[232] Viola da Gamba bezeichnet eine Familie historischer Streichinstrumente, auch als Knie- oder Beingeige bekannt (lat. „gamba"=Bein); die Zahl der Saiten ist unterschiedlich.

[233] Dieser (bescheidenen) Aussage Eulers über sein Spielen von Streichinstrumenten, für die sich in biographischen Dokumenten bisher keine Bestätigung findet, steht die oben erwähnte Feststellung seines Assistenten Fuss gegenüber, der in seiner *Éloge* hervorhob, dass der fleißige Mann sich am Cembalo erhole.

[234] Die Umkehrung von 14 ist 41, was der kodifizierten Buchstabensumme von J. S. Bach entspricht ($i=j$).

3.10 Interludium: Euler als Akustiker und Musiktheoretiker

Euler versuchte, wie wir wissen, auch die 7 in die Verhältnisse bei Intervallen einzubeziehen.[235] Christoph Scriba (1929–2013) bemerkte hierzu:

„Eulers Lehre stand das von Philippe Rameau 1737 begründete System entgegen, das die Natürlichkeit des Dreiklangs aus den drei Teiltönen 1, 3, 5 zur Grundlage hatte. Dank dieser Vereinfachung[236] gegenüber dem wirklichen Tatbestand konnte sich das Rameausche System fast 200 Jahre halten."

Eine allgemein akzeptierte Hörtheorie gab es noch nicht. Deshalb ist die von Hermann von Helmholtz (1821–1894) in seiner *Lehre der Tonempfindungen* (1863) geäußerte Ansicht bemerkenswert, mit der er Euler bescheinigte, dessen Konsonanzgrad habe sich „in der That gut bewährt" (S. 377). Der bekannte Musiktheoretiker Hugo Riemann (1849–1919) teilte Eulers Ansichten über das mathematische Erfassen der Harmonie nicht. In dem Euler-Festband von 1983 stellte Beatrice Bosshart (*1945) beim Vergleichen der üblichen Dur- und Molltonarten den Eulerschen Tongeschlechtern ein schlechtes Zeugnis aus; neuere Musikschriftsteller wie Ulrich Leisinger (*1964) oder Daniel Muzzolini (*1958) sehen das nicht mehr so negativ. Insgesamt wurden jedoch, wie gesagt, Eulers Auffassungen zurückgedrängt. Allerdings baute Friedrich Ladegast (1818–1905) in die Orgel der Leipziger Kirche St. Nicolai 1862 die Naturseptime ein, und ein Jahr später Aristide Cavaillé-Coll (1811–1899) in Nôtre Dame in Paris.[237] In der modernen Musik haben nach über 250 Jahren Eulers musikalische Spekulationen wieder an Bedeutung gewonnen.

Zu einem Artikel „Critischer Musicus an der Spree" von Johann Adolph Scheibe (1708–1776), einem Schüler von Mattheson, erschien am 6. März 1749 in der „Berlinisch Priviligirten Zeitung" diese Erwiderung:

„Unter den musikalischen Schriftstellern hätte er [Autor des „Critischen Musicus"] aber billig unseren berühmten Herrn Professor Euler nicht vergessen und selbigen oben an setzen sollen; als dessen 1739 in Petersburg herausgekommener „Tentamen novae theoriea musicae" ihm als einen würdigen Musikverständigen, nicht unbekannt sein kann. Doch vielleicht hat er nur diejenigen nennen wollen, welche eigentlich für den musikalischen Haufen geschrieben haben, weil woher wird er gewusst haben, dass ein Euler, wie in der Mathematik, auch in der Musik ein Lehrer der Lehrer ist."

Diese Zeilen sind von Gotthold Ephraim Lessing (1729–1781). Lessing hob in seinem *Laokoon* (1766) hervor, dass „die Nothwendigkeit alle schönen Künste einzuschränken, und ihnen nicht alle möglichen Erweiterungen und Verbeßerungen zu verstatten [bestehe]. Weil durch diese Erweiterung sie von ihrem Zwecke ab-

---

[235] Das mit der Zahl 7 in Beziehung stehende Intervall ist das harmonische Siebte (auch Septimoll-Septime), das Verhältnis beträgt 7: 4. Das letzte Wort in der modernen Ergänzung („und viele mehr") des Songs „Happy birthday to you" wird übrigens als harmonische Septime gesungen, die eine große Terz plus das harmonische siebente Intervall ist. Dieser Akkord ist auch im Blues weit verbreitet.
[236] D. h. nur drei Hauptharmonien Tonika, Subdominante, Dominante, aber keine Naturseptime.
[237] Das Hauptwerk hat den Brand von 2019 überstanden und ist nach einer Reinigung wieder spielbar.

gelenkt werden, und ihren Eindruck verlieren."[238] Das abgeschlossene System der Eulerschen Entdeckungen in der Musik mag Lessings Gedanken über Malerei und Poesie auch in der Tonkunst bestätigt und zur Wertschätzung des Mathematikers geführt haben.

Im 137. Brief vom 16. Juni 1761 der *Lettres* beendete Euler einen Exkurs über Musik, der sich durch Beziehungen zum Licht ergab. Euler kam auf eine der „wichtigsten Entdeckungen" zu sprechen, nämlich die menschliche Stimme maschinell zu erzeugen:

> „In vielen Orgeln findet man ein Register, das Vox humana (die Menschenstimme) genannt wird; gemeiniglich macht sie nur Töne die den Vocal *ai* oder *ae* nachahmen. Ich zweifle nicht, daß man mit einigen Veränderungen auch die übrigen Vocalen *a, e, i, o, u* würde herausbringen können; aber alles dieses würde noch nicht hinreichen, ein einziges Wort der menschlichen Stimme nachzumachen; denn wie wollte man die Consonanten mit ihnen verbinden, die so viele Modificationen der Vocalen sind? Unser Mund ist so bewunderungswürdig eingerichtet, daß es uns unmöglich ist, den Mechanismus, der zu diesem so gemeinen Gebrauche desselben gehört, zu ergründen."

Hier griff Euler ein legendäres Thema auf, das seit der Antike die Gelehrten beschäftigte, und die Klangvielfalt der Orgel macht diese schlechthin zum möglichen Vorbild einer „Sprechmaschine". Der gerade zitierte Briefe endet so:

> „Wenn man jemals mit einer solchen [Sprech]Maschine zu Stande käme, und sie durch gewisse Orgel= oder Clavier=Tasten alle Wörter könnte aussprechen lassen, so würde alle Welt erstaunt seyn, eine Maschine ganze Reden hersagen zu hören … Die Prediger und Redner, deren Stimmen nicht stark oder nicht angenehm genug wäre, könnten alsdann ihre Predigten und Reden auf einer solchen Maschine spielen, so wie jetzt die Organisten musikalische Stücke spielen. Die Sache scheint mir nicht unmöglich zu sein."[239]

Noch Györgi Ligeti (1923–2006), da war zumindest die Tonaufnahme bereits erfunden, bemerkte, dass seine musikalische Lieblingsidee ein Sprechwerk sei, gewissermaßen eine sprechende Orgel.[240] Vor Euler wies bereits Bernard Lamy (1641–1715), ein französischer Philosoph und Mathematiker, auf die Tatsache hin, dass zur Darstellung von fünf Vokalen im Französischen bereits 22 Pfeifen erforderlich seien,[241] folglich erfordere die Sprache selbst eine immense Anzahl von Pfeifen, was technisch nicht zu verwirklichen sei, also die humane Lösung göttlichen Ursprungs sei. In vielen Orgeln gibt es in der Tat den von Euler genannten Versuch, durch gewisse Register die menschliche Stimme durch die „vox humana" zu imitieren. Selbstverständlich äußerte sich auch der Universalgelehrte Athanasius Kircher, S.J. (1602–1680) zu diesen Vorstellungen in seiner *Musurgia universalis* (Universelle Musik, Bd. 1, Rom 1650).

---

[238] *Lessings sämtliche Schriften.* Hrsg. K. Lachmann. Stuttgart 1889, Reprint 1968. Bd. 14, VIII, S. 383.
[239] Es ist ein charmanter Zufall, dass Euler auf seine mechanisch-akustische Vision Briefe über die Elektrizität folgen ließ (Briefe 138 bis 150), die letztlich seinen Schlusssatz bestätigen sollten.
[240] In H. H. Eggebrecht, *Orgel und Orgelmusik heute.* Stuttgart 1968, S, 168–183, Zitat S. 177.
[241] Die internationale Lautschrift, die moderne französische Wörterbücher verwenden, weist 12 Vokale, 4 Nasalvokale und 3 Halbvokale auf.

Euler äußerte sich hierzu in der dreiseitigen Schrift „Meditatio de formatione vocum" (Meditation über die sprachliche Bildung von Wörtern, E 852, posthum 1862. EO III/1), indem er Gedanken zu den Kombinationen von Buchstaben aufzeigte. Am 12. Mai 1765 schickte Euler aus Berlin an den Konferenzsekretär der Petersburger Akademie, den Staatsrat und Professor der Eloquenz Jacob von Staehlin (1709–1785, Яков Штелин), eine Sammlung von 22 offenen Problemen mit der Bemerkung, dass diese Anzahl wohl groß genug sei, um daraus für die Petersburger Akademie Preisfragen zu erwählen. Die akademische Konferenz der Akademie befand am 30. Mai (a. St.) über das Angebot (*Protokoli,* Bd. 2, S. 541) und wählte drei Probleme als Preisaufgaben aus. Die Frage IV wurde in etwas veränderter Form als Preisaufgabe für 1777 gestellt: Gewünscht wurde eine vollständige Erklärung der Klänge, die von Pfeifen und Röhren erzeugt werden, wobei bestimmt werde, wie viel sowohl die Länge als auch die Form dieser Instrumente zum Charakter des Klangs beitragen? ("Desideratur explicatio perfecta sonorum, qui a tibiis ac tubis eduntur, ex qua alligatur, quantum tam longitudo quam figura horum instrumentorum ad soni indolem conferat?"). Es wurde kein Preis vergeben, und die Frage wurde nicht wiederholt. Jedoch kam jetzt die zweite Frage als Preis für 1780 in Betracht. Ihr Avis in den *Petersburger Commentarii* für 1788 war:

> „Was ist die Natur und der Charakter dieser Vokale, die sich so wesentlich voneinander unterscheiden? Und da die Orgelbauer längst versucht haben, die menschliche Stimme in die Orgelstimmen einzuführen, wenn auch mit sehr zweifelhaftem Erfolg, indem sie bestimmte Pfeifen verwendeten, die fast immer den zusammengesetzten Vokal ai aussprechen, fragten wir erneut: ..."[242]

Die Eulersche Fragestellung war:

> „Obwohl die Theorie der Töne bereits soweit ausgebildet ist, dass das Prinzip der tiefen und langen Töne, welche das Fundament der Harmonie umfasst, bereits ausreichend verstanden wurde, um die Unterschiede zwischen diesen Tönen erklären zu können, ist die Verschiedenheit der Töne, die von den Vokalen *a, e, i, o, u* hervorgebracht wird, bisher ganz unbekannt, weshalb vorgeschlagen wird, die natürliche Beschaffenheit der Vokale zu erklären. Zugleich ist zu fragen, ob Instrumente solcher Art hergestellt werden können, die diese Vokaltöne gänzlich nachahmen."[243]

---

[242] « Quel est la nature et le charactère de ces sons des voyelles, si essentiellement différences entr'eux? Et comme les facteurs d'Orgues ont tache's depuis longtemps d'inter dans les jeux de l'Orgue, qui qu'avec un succès fort douteux, la voix humaine, en employant certains tuyaux qui pronaucent presque généralement la voyelle composé ai, on demandé encore: ... » – *Comment. ac. sc. Petr.* 1780. S. 9.

[243] « Cum Theoria soni jam ita sit exculta, ut ratio sonorum gravium et acutorum, que fundamentum harmoniae continentur, satis perspicue intelligatur, aliaeque sonorum differentiae explicari possint; ea sonorum diversitas, qua vocales a, e, i, o, u efferentur, adhuc prorsus est incognita, unde indoles sonorum, quibus singulae vocales enunciantur, explicanda proponitur, simulque quaeritur, annon ejusmodi instrumenta confiri possint, quae sonos vocalium perfecte imitentur. » – Der lateinische Text der 22 Vorschläge ist in A. P. Juškevič/E. Winter, *Die Berliner und die Petersburger Akademie der Wissenschaften im Briefwechsel.* Bd. 3. Berlin 1976, S. 236–238, veröffentlicht; Eulers Sohn Johann Albrecht fügte vermutlich ein XXIII. Problem hinzu.

Euler hatte im Juni 1748 dem Rat der Kanzlei Schumacher gemeldet, dass „vorgestern H. Kratzenstein von hier [Berlin] nach Hamburg und Lübeck abgereist [sei], um von da zu Wasser nach St. Petersburg zu gehen", dass er, Euler, jedoch Gelegenheit hatte, die außergewöhnlichen mechanischen Talente von Herrn Kratzenstein kennen zu lernen. Er empfahl Christian Gottlieb Kratzenstein (1723–1795) wärmstens der Akademie und versuchte dabei auch praktische Fragen wie den Vertrag oder die Wohnungsbeschaffung zu regeln. Euler schätzte Kratzenstein richtig ein, denn dieser wurde als Professor der Mechanik auch ordentliches Mitglied der Akademie (1748–1753), um als Ehrenmitglied der Petersburger Akademie nach Kopenhagen zu wechseln. Von 1747 bis 1752 gab es einen kleinen Briefwechsel zwischen Kratzenstein und Euler, von dem acht Briefe erhalten sind. Die Korrespondenz begann mit der Bitte Kratzensteins, dass Euler (derzeit in Berlin) ihm eine Stelle an der Petersburger Akademie vermitteln möge, und endete mit Berichten Kratzensteins über einige Erfindungen wie Schiffsuhren und der Bitte, Eulers *scientia navalis* (Schiffswissenschaft, E 110–111) populär darstellen zu dürfen, was genehmigt wurde. Aber zu einer entsprechenden Schrift Kratzensteins kam es offenbar nicht. Dafür gewann Kratzenstein den für 1780 ausgeschriebenen Preis der Petersburger Akademie mit der Schrift *Tentamen resolvendi problema ab Academia scientarium Petropolitana ad annum 1780 propositum qualis sit natura litterarum vocalium a, e, i, o, u* (Ein Versuch, das in den Petersburger *Acta* für das Jahr 1780 gestellte Problem zu lösen; Akademieverlag St. Petersburg 1781)[244]. Kratzenstein brachte am Titelblatt zwei Thesen (in deutscher Übersetzung):

- Wie sind die Natur und der Charakter der Vokalbuchstaben a, e, i, o, u, die sich so deutlich voneinander unterscheiden?
- Ist es möglich, Instrumente nach der Art der Orgelpfeifen zu bauen, die als Vox humana bekannt sind und die den Klang der Vokalbuchstaben a, e, i, o, u hervorbringen?

Abgesehen davon, dass die von Euler mitgeteilte Vielfalt an sich interessant ist, da u. a. auch biologische Probleme enthalten sind, ist für uns das Schicksal der restlichen Vorschläge lediglich für zwei Probleme erwähnenswert. Die Frage XI wurde als Preisaufgabe für 1783 gestellt, und die Arbeit „Sur la théorie des machines à feu" (Zur Theorie der Feuerwehrfahrzeuge [insbesondere die Feuermühlmaschine von Johann d'Arnal]) des Wiener Professors für Fortifikation Sebastian von Maillard (1746–1822) gekrönt. Johann Albrecht Eulers Ergänzung (Frage XXIII) bezog sich auf eine alte Frage, nämlich auf die Erklärung des Vogelfluges.

Zurück zu den Eulerschen Vorstellungen von Sprechmaschinen. Die frühen musiktheoretischen Schriften Eulers, die man als Vorarbeiten zum *Tentamen* ansehen kann, gingen in das musikalische Hauptwerk Eulers ein. In den bereits erwähnten Notizbüchern finden sich weiterführende Gedanken. Schon das erste der Hefte aus der Basler Zeit enthält einen Entwurf für ein theoretisches Musiksystem, das sowohl Vokal- als auch Instrumentalmusik behandeln sowie Kompositionen

---

[244] Kommentierte deutsche Übersetzung von Christian Kopium, Verlag der TU Dresden (TUD Press) 2016.

bestimmter Gattungen wie Menuette oder Allemands bis zu Fugen darlegen sollte. Dazu es nicht gekommen, wenn auch die drei späteren Schriften einige Aspekte aufgreifen.

3.11 Die Goldbach-Briefe Teil 1: Die Jahre 1729–1741 (37 Briefe)

> Abwesende werden durch Briefe anwesend; Post ist der Trost des Lebens.
> VOLTAIRE

Der junge Euler (20 Jahre), der aus der Schule von Johannes Bernoulli kam, griff in St. Petersburg neben den Themen seines Lehrers zunächst auch die Forschungsthemen älterer Kollegen auf, etwa die von Daniel Bernoulli (27 Jahre) und Jakob Hermann (49 Jahre), beide wie Euler aus Basel, oder die von Christian Goldbach (37 Jahre). Aber Euler behandelte und löste sie bereits auf seine eigene Art. Obwohl Hermann als der führende Mathematiker der Akademie in St. Petersburg galt und überdies auch weitläufig mit Euler verwandt war, erhielt Euler überwiegend Anregungen von Goldbach.

Mathematische Gedanken an Abwesende wurden seinerzeit entweder in gedruckter Form (Artikel, Bücher) oder in Briefen ausgetauscht. Handschriftliche Briefe waren gegenüber den gesetzten Drucksachen schneller[245] und inhaltlich auf den Empfänger abgestimmt. Die Korrespondenz war in der Regel freimütig, d. h. man teilte sich Ideen, Konzepte und auch Irrtümer mit, während Gedrucktes sorgsam durchdacht war. Daraus folgt auch, dass in Artikeln und Bücher vieles nicht enthalten war, was Gegenstand eines Briefwechsels war. Wer mich nur aus meinen Werken kennt, kennt mich nicht, soll schon Gottfried Wilhelm Leibniz geäußert haben. Dieser Sachverhalt wird in den Werkausgaben großer Mathematiker durch die Briefwechselbände bestätigt; bei Euler sind es acht Bände in den EO, Serie IVA, von den weitgehend unerschlossenen Notizbüchern ganz zu schweigen.

Goldbach war 1725 in St. Petersburg eingetroffen und korrespondierte in den Jahren 1728 und 1729 mit Daniel Bernoulli über Reihenprobleme, wobei auch Interpolationsprobleme erörtert wurden. Euler, der seit Mai 1727 in St. Petersburg war und bei Daniel Bernoulli wohnte, kannte daher diese wissenschaftliche Korrespondenz (*Correspondance* II, insbes. S. 145, 273 f., 278, 297, 302 f.) und natürlich auch den Adressaten. Goldbach, der seit dem Mai 1727 Erzieher des Thronfolgers Peter II. (Петр II Алексеевич 1715–1730, Zar seit 1727) geworden war, musste dem Hof nach Moskau (1728) folgen. Auf Anraten Daniel Bernoullis eröffnete Euler mit dem abwesenden Goldbach einen Briefwechsel, ein wissenschaftshistorischer Glücksfall! Dieser Briefwechsel – 101 Briefe Eulers und 95 Briefe Goldbachs sind erhalten – sollte 35 Jahre währen und erst mit dem Tode Goldbachs 1764 enden. Die Briefe wurden anfänglich (insgesamt 32), wie unter

---

[245] Die Post war erstaunlich schnell und benötigte zur Zustellung in Westeuropa etwa eine Woche.

Gelehrten üblich, auf Lateinisch geschrieben und im August 1740, kurz vor Eulers Weggang aus St. Petersburg, beantwortete Euler einen französisch geschrieben Brief und klagte auf Deutsch über seine Beanspruchung des Auges im geographischen Departement, beide wechselten nun in die gemeinsame Muttersprache deutsch (*Correspondance* I, 21.8.1740).

Im ersten Brief an Goldbach vom 13. Oktober 1729 (vermutlich n. St.), der ein Paukenschlag des 22-jährigen Schreibers ist, konzentrierte sich Euler auf Interpolationsprobleme, insbesondere auf die Frage, wie die Fakultäten $n!$ zu interpolieren seien. Wenige Wochen später, am 9. Dezember 1729, trug Euler erstmals hierüber unter dem Titel „De progressionibus transcendentibus" (Über transzendente Reihen, deren allgemeiner Term nicht algebraisch angegeben werden kann) in den Konferenzen der Akademie vor,[246] was er Goldbach in diesem und einem späteren Brief (8. Januar 1730) mitteilte und für den Druck der *St. Petersburger Commentarii* für die Jahre 1730/31 einreichte, die aber erst 1738 erschienen (E19, EO I/14). Zunächst hatte sich Euler an John Wallis (1616–1703) orientiert, der den Ausdruck *interpolieren* geprägt hatte und in seiner *Arithmetica infinitorum* (Arithmetik des Unendlichen, 1656) für gewisse monotone Zahlenfolgen („progressio hypergeometrica"), zu denen auch die Fakultätenfolge zählte, das „allgemeine" Glied suchte, d. h. eine Formel, die für positive ganze Zahlen die gegebene Folge ergibt und die es erlaubt, für positive reelle Zahlen Zwischenglieder zu finden. Eine solche Formel kann für die Folge der Fakultäten nicht mehr in algebraischer Form angegeben werden. Euler scheute sich dabei nicht, erste Schritte ins Komplexe zu tun, und arbeitete mit imaginären Zahlen. An seinen Lehrer Johannes Bernoulli (1667–1748) hatte er am 10. Dezember 1728 die folgende Darstellung von π geschickt:

$$\frac{\ln(-1)}{\sqrt{-1}},$$

woraus sofort die Gleichung $e^{i\pi} + 1 = 0$ folgt, die in bemerkenswerter Einfachheit die fünf fundamentalen Größen 0, 1, i, e und π verbindet und die zu den schönsten Gleichungen der Mathematik gezählt wird.[247]

Eulers algorithmisches Geschick, das er im Folgenden dem Briefleser nicht einsichtig machte, führte ihn auf das Integral (Briefe 13.10. und 1.12.1729, 8.1.1730)

$$\int_0^1 x^e(1-x)^n dx = \frac{n!}{(e+1)(e+2)\ldots(e+n+1)},$$

das heute, Jacques Binet (1786–1856) folgend, als Beta-Funktion $B(e+1, n+1)$ bezeichnet wird, Adrien Marie Legendre (1752–1833) nannte es Eulersches Integral 1. Art. Hiervon ausgehend erhielt Euler durch geschickte Umformungen

---

[246] Die Protokolle der Konferenzen vom 29. Oktober 1728 bis zum 11. September 1730 fehlen und wurden vermutlich wegen ihres kontroversen Inhalts gelöscht. Eine andere Erklärung unterstellt, dass Goldbach zunächst auf losen Blättern protokollierte und dann ins Reine übertrug, sodass durchaus lose Blätter abhandenkommen konnten.
[247] D. Wells, "Which is the most beautiful equation?" and "Are these most beautiful?", in: *Mathematical Intelligencer* 10 (4) (1988), S. 30 f. und 12 (3) (1990). S. 37–41.

3.11 Die Goldbach-Briefe Teil 1: Die Jahre 1729–1741 (37 Briefe) 225

(Substitution $x = e^{-u}$) sowie gewagte Grenzübergänge die Gamma-Funktion in der Form des Eulerschen Integrals zweiter Art (Legendres Bezeichnung).[248]

$$\int_0^1 \left(\ln\frac{1}{x}\right)^n dx = \Gamma(n+1) = (n+1)!,$$

(E 19, § 14). Dieses Integral, auf das Euler in der Mechanik gestoßen war, ist hiermit für reelle n definiert. Damit ist eine Verallgemeinerung der Argumente von Γ auf reellen Werte n möglich.[249] Neben den elementaren Funktionen zählt die Γ-Funktion zu den wichtigsten Funktionen der Analysis. Der Ausgangspunkt war die Beziehung der Betafunktion

$$B(e+1, n+1) = n!/\{(e+1)(e+2)\ldots(e+n+1)\}.$$

Später folgten wichtige Eigenschaften, u. a.

$$\Gamma(n+1) = \int_0^\infty x^n e^{-x} dx$$

(„De curva hypergeometrica", Über die hypergeometrische Kurve), *Novi comment. Acad. Petrop.* 13 (1768), S. 3–66; gedr. 1769; E 368).

Euler interpolierte auf die skizzierte Weise nicht nur die Fakultäten, sondern als Beispiel behandelte er auch die Interpolation der Binomialkoeffizienten (*Correspondance* I; E 19). Den ersten Brief an Goldbach hatte er mit der Bemerkung beschlossen, dass auch die Ordnung n der Differentiale interpoliert werden könne, indem man die Ordnung n mithilfe von $\Gamma(n)$ verallgemeinere, und er kommentierte lakonisch, dass dies eher kurios als nützlich sei. Eine solche Erweiterungsmöglichkeit („fractional derivation") hatte schon Leibniz bemerkt, dessen algorithmischem Denken die Ähnlichkeit zwischen dem Potenzieren und der Produktregel beim Differenzieren aufgefallen war. Das hatte er am 30. September 1695 brieflich Guillaume François Antoine de l'Hospital (1661–1704) mitgeteilt und, anders als Euler es vermutlich getan hätte, antwortete er auf eine entsprechende Frage, dass daraus folge, dass $d^{1/2}x$ gleich $x\left(\frac{dx}{x}\right)^{1/2}$ sei, was ein scheinbares Paradoxon sei, aus dem aber eines Tages nützliche Konsequenzen gezogen werden könnten. Eine solche Art des Differenzierens führte man im 19. Jahrhundert tatsächlich ein.[250]

---

[248] Auch die Bezeichnung $\Gamma(x)$ hat Legendre eingeführt.

[249] Die Γ-Funktion lässt sich durch die Funktionalgleichung $\Gamma(n+1) = (n+1)\,\Gamma(n)$, $\Gamma(1) = 1$ sowie die logarithmische konvexe Eigenschaft (d. h. $\log \Gamma(x)$ ist konvex) eindeutig erklären (Satz von Bohr-Mollerup).

[250] Diese Erweiterung verlangt allerdings auch, dass die Eigenschaft der Ableitung, lokal erklärt zu sein, sich auf eine gewisse Umgebung bezieht. Jede Ableitung der e-Funktion ergibt in üblicher und fraktaler Weise wieder die e-Funktion. Legt man der fraktalen α-ten Ableitung jedoch die Reihendarstellung für e zugrunde, so folgt für $\alpha > 0$
$$\frac{d^\alpha}{dx^\alpha} e^x = \sum_0^\infty \frac{x^{n-\alpha}}{\Gamma(n-\alpha+1)} \neq \sum_o^\infty \frac{x^n}{\Gamma(n+1)} = e^x.$$
Dieses Phänomen meinte Leibniz wahrscheinlich mit dem Paradoxon. Der Widerspruch erklärt sich durch die verschiedenen Umgebungen, die den Berechnungen zugrunde gelegt werden. Eulers „kuriose" Idee einer Verallgemeinerung bedürfte mithin der Präzisierung.

Mit der Gamma- und Betafunktion legte Euler die Basis für fruchtbare Untersuchungen des 19. Jahrhunderts. Diese Untersuchungen bildeten auch den Anfang seiner Beschäftigung mit der harmonischen Reihe. Als wichtige einschlägige Arbeiten nennen wir lediglich „De summatione innumerabilium progressionum" (Summation von unendlichen Reihen; E20; 1731, gedruckt 1738), „De progressinibus harmonicis observationes" (Bemerkungen harmonische Reihen betreffend; E43; 1734, gedruckt 1740) und „Methodus unversalis" (Universale Methode bei Reihen; E46; 1735, gedruckt 1741) (alle in EO I/14). In den 1760er-Jahren, als Euler an seiner Integralrechnung (*Institutiones calculi integralis,* I; E342, EO I/11, Kap. IX; 1768) arbeitete, bereicherte er die Theorie der Gamma-Funktion abermals (E 312, 1766; E 368, 1769; E 421, 1772; EO I/17, EO I/28, EO I/17), später wären noch E 652 (1776, 1793 gedruckt) und E 661 (1776, 1794 gedruckt) zu erwähnen (beide in EO I/15).

Wir stellen noch einige bemerkenswerte Ergebnisse aus der Analysis zusammen.

Für die Reihenlehre enthält die wichtige Arbeit „Variae observationes circa series infinitas" (Verschiedene Bemerkungen über unendliche Reihen; E72, EO I/14) aus dem Jahre 1737 auch die bemerkenswerte Aussage, dass die harmonische Reihe noch divergiert, wenn man die Summanden auf die Primzahlen beschränkt:

$$\sum_{p \in P} \frac{1}{p},$$

(P Menge der Primzahlen), (Brief an Goldbach 23.11.1739 bzw. E72, Satz 19). Euler schätzte ebenfalls die Anzahl der Primzahlen p ab, für die $p < n$ ist (d. h. er betrachtete die heute mit $\pi(n)$ bezeichnete Funktion):

$$\sum_{p \leq x} \frac{1}{p} = \log\left(\sum_{p \leq n} \frac{1}{n}\right) + O(1) = \log(\log x) + O(1)$$

bzw.

$$\pi(n) \sim \log(\log n).$$

Carl Friedrich Gauß (1777–1855) und Adrien Marie Legendre (1752–1833) vermuteten, dass diese Beziehung zu

$$\pi(n) \frac{n}{\log n}$$

verschärft werden kann, die eine der berühmtesten (asymptotischen) Gleichungen der analytischen Zahlentheorie ist. Modernere Autoren, die hierüber gearbeitet haben, sind Pafnuti Lwowitch Tschebyshow (Пафнутий Львович Чебышёв, 1821–1894), Jacques Hadamard (1865–1963) und Charles Baron de la Vallée-Poussin (1866–1962). Die letzten beiden Autoren schätzten auch die Anzahl der Primzahlen in einer arithmetischen Progression ab (1896), wobei ihr Beweis 1948 durch Paul Erdős (1913–1996) vereinfacht wurde.

3.11 Die Goldbach-Briefe Teil 1: Die Jahre 1729–1741 (37 Briefe)

Differentialgleichungen waren zu Eulers Zeiten, genau wie es der Name sagt, Gleichungen zwischen Differentialen. Die allgemeine Riccati'sche Differentialgleichung

$$y' = f(x) + P(x)y + Q(x)y^2,$$

wie sie von d'Alembert genannt wurde (1764), erschien bei Euler für $f = ax^n$, $P = 0$ und $Q = 1$ in der Form

$$ax^n dx = dy + by^2 dx,$$

die heute als spezielle Riccati'sche Differentialgleichung bezeichnet wird (E 31, EO I/22; 1733). In dieser Form hatte sie Jacopo Riccati (1676–1754) für die Frage benutzt, für welche natürlichen Zahlen n die Lösung durch eine Trennung der Variablen möglich sei (*Acta eruditorum,* 1723).

Der zunächst lediglich bescheidene Vorrat für die Lösungen gewöhnlicher Differentialgleichungen war nämlich hauptsächlich durch Trennung der Veränderlichen oder durch geschickte Umformungen mit anschließender Integration gewonnen worden. Euler bemerkte, sofern Analytiker auf Differentialgleichungen zweiter oder höherer Ordnung[251] stießen, so griffen sie auf zwei Lösungswege zurück. „Beim ersten fragen sie sich, ob es einfach ist, sie zu integrieren. ... Wenn jedoch eine Integration entweder unmöglich oder zumindest schwieriger ist, bemühen sie sich, die Gleichung auf Differentiale ersten Grades zu reduzieren. ... Bisher können keine Differentialgleichungen, außer denen erster Ordnung, mit bekannten Methoden gelöst werden" (E 10, § 1, EO I/22). Eine allgemeine Theorie der Differentialgleichungen gibt es auch heute nicht, und man sagt daher gern, dass die Theorie der Differentialgleichungen eher eine Kunst als eine Theorie sei. Differentialgleichungen und geeignete Lösungsverfahren waren ein wesentliches Thema der Zeit, und dieses Thema wurde ständig in den *St. Petersburger Commentarii* der Akademie behandelt. Euler erweiterte systematisch die genannten Methoden

- etwa durch den Versuch, den Grad (bei Euler-Ordnung) einer Differentialgleichung zu reduzieren, um eine Trennung der Veränderlichen zu ermöglichen,
- durch einen Ansatz für die Lösung mit unbestimmten Koeffizienten (Potenzreihenansatz).

Für die Riccati'sche Differentialgleichung gab Euler Lösungen: einmal mithilfe von Kettenbrüchen und zum anderen durch die Traktrix-Kurve,[252] eine mechanische Konstruktion (Briefe an Goldbach vom 25.11.1731 und einen vor März 1735). Goldbach löste die spezielle Riccati'sche Aufgabe mittels Potenzreihen

---

[251] Euler verwandte die Bezeichnung „gradus", wo wir heute Ordnung (höchste enthaltene Ableitung) sagen.
[252] Auch als Hundekurve oder Schleppkurve bekannt. Sie ergibt sich, wenn sich, wenn der Hundehalter stur geradeaus geht und dabei den Hund hinter sich herzieht, womit die Leine tangential zu Schleppkurve liegt.

1721, also bereits bevor die allgemein diskutierte Aufgabe 1723 in den *Acta eruditorum* gestellt worden war.

Bereits Fatio de Duillier (1687), Johann Bernoulli (1691, 1700) und Nikolaus II Bernoulli (1720) hatten bemerkt, dass die Multiplikation einer Differentialgleichung mit einem gewissen Faktor zur Lösung führen kann. Euler entwickelte diese Methode des integrierenden Faktors weiter; wir erfahren mehr davon in der Arbeit „Nova methodus innumerabilis aequotionis differentiales" (Eine neue Methode der Reduktion von unzähligen Differentialgleichungen von der zweiten Ordnung zu Gleichungen erster Ordnung; E10, EO I/22) aus dem Jahre 1728. Wobei Euler bemerkte, dass diese Methode nicht in allen Fällen anwendbar ist. Allerdings habe er an anderer Stelle (§ 1) ausgeführt, dass sie für drei Typen von Differentialgleichungen zweiter Ordnung gültig seien.[253]

Mit anderen Worten, Euler versuchte, die Lösung für allgemeine Fälle zu geben. Ein Brief an Goldbach vom 25.11.1731 führte die Untersuchungen fort. Die Ergebnisse wurden schließlich in den Bänden über Integralrechnung (*Institutiones calculi integralis;* E 342, 366, 385, 1768–1770) niedergelegt, für Differentialgleichungen erster Ordnung beispielsweise in Band 1 (E 342, § 496, EO I/11). Bekannt geworden ist die Methode auch durch Alexis-Claude Clairaut (1713–1765), der 1740 darüber publizierte. In der erwähnten Arbeit (E 10) gibt Euler auch einen unbestimmten Potenzreihenansatz, um die Lösung zu erhalten.

Euler, der die Theorie der Differentialgleichungen vorantrieb, sollte es mehr als einmal verdient haben, dass in diesem Gebiet auch eine Differentialgleichung seinen Namen trägt. Es gibt in der Tat eine solche, nämlich die homogene lineare Differentialgleichung n-ter Ordnung mit konstanten Koeffizienten $a_k (k = 0, 1, \ldots, n)$, die Euler am 19.1.1740 seinem Lehrer Johann Bernoulli brieflich mitteilte:

$$\sum_{k=o}^{n} a_k \, x^k \, \frac{\mathrm{d}^k y(x)}{\mathrm{d} x^k} = 0.$$

In der Arbeit „De infinitis curvis" (Über eine Unendlichkeit von Kurven einer gegebener Art oder eine Methode des Findens von Gleichungen einer gegebenen Art; E 44, EO I/22; 1734, gedruckt 1740) formulierte Euler den Schwarz'schen Satz über die Gleichheit der gemischten partiellen Ableitungen einer Funktion $A(u,t): A_{ut} = A_{tu}$. Auch Clairaut publizierte dieses Ergebnis im gleichen Jahr. Die (lokale) Stetigkeit der gemischten Ableitungen (im modernen Sinn verstanden) war seinerzeit kein Gegenstand von Untersuchungen bei Funktionen, sondern wurde allgemein bis auf einige Ausnahmestellen als gültig angenommen. Daher sollte man die fehlenden Anforderungen an die Voraussetzungen nicht überbewerten. Die Formulierung des Satzes bei Euler ist:

---

[253] Die Differentialgleichungen sind (modern geschrieben) von der Form
$y'' = \sum_r a_r(x) b_r(y) (\mathrm{d}y/\mathrm{d}x)^{n_r}$.

3.11 Die Goldbach-Briefe Teil 1: Die Jahre 1729–1741 (37 Briefe)

„Wenn eine Größe A aus zwei Variablen t und u zusammengesetzt ist und nach u differenziert wird, wobei zunächst t konstant gehalten wird und danach das Differential nach u differenziert wird wobei t konstant gehalten wird, dann ergibt sich das gleiche Resultat, wenn die Reihenfolge vertauscht wird."[254]

Euler erläuterte den Fall zunächst an dem Beispiel $A(t, u) = \sqrt{(t^2 + nu^2)}$, um dann einen Beweis zu führen. Vier Dekaden zuvor hatte Jakob Bernoulli in der Arbeit „Analysis magni Problematis Isoperimetrici" (Analysis des großen isoperimetrischen Problems, 1701) fast das gleiche Beispiel benutzt, als es um das Änderungsverhalten von Funktion ging (*Thiele* 2000, S. 158), wobei er die Bestätigung im speziellen Fall bereits als einen ausreichenden Beweis ansah. Dies zeigt die Entwicklung des Begriffs von Strenge. Bei Euler gab es einen Wandel vom narrativen Stil[255] des Barock zu einer eher axiomatischen Fassung mit der strukturellen Abfolge Satz–Beweis nebst Beispiel, etwa ab der Arbeit „Variae observationes circa series infinitas" (Verschiedene Bemerkungen über unendliche Reihen; E72, EO I/14, 1738, gedruckt 1744).

Wie jeder bedeutende Astronom von Johannes Kepler (1571–1630) bis zu Carl Friedrich Gauß, so befasste sich auch der Mathematiker Euler mit der Kepler'schen Gleichung

$$E - \varepsilon \sin E = M$$

(Brief 9.10.1730). E bezeichnet die exzentrische Anomalie, aus der sich die gesuchte, von der Zeit abhängige Ortskoordinate eines Planeten ergibt, der auf einer Ellipse mit der Exzentrizität ε die Sonne umkreist; M ist die bekannte mittlere Anomalie (Kepler, *Astronomia nova*, Neue Astronomie 1609). Die Schwierigkeit der Lösung liegt im Charakter der Gleichung, die transzendent und nicht mehr algebraisch ist. Lösungen wurden von Kepler selbst, Newton, Lagrange und Friedrich Wilhelm Bessel (1784–1846) gegeben. Sie bestimmen die Lage eines Planeten auf elliptischer Bahn zu einem gegebenen Zeitpunkt. Beispielsweise hatte Jakob Hermann der Gleichung im ersten Band der *St. Petersburger Commentarii* (1726, gedruckt 1728) einen Beitrag gewidmet (Colwell 1993). Euler behandelte schließlich die Frage mithilfe der „regula falsi" in der *Introductio* (E 102, Band 2, Kapitel 22), wobei er die Untersuchung der Kepler'schen Gleichung auf allgemeinere transzendente Gleichungen ausdehnte.

Wir fassen jetzt noch einige bemerkenswerte Ergebnisse aus der Zahlentheorie zusammen. Eulers Interesse an diesem Gebiet wurde erst in St. Petersburg geweckt, und wie erwähnt hatte Goldbach in seiner Antwort auf Eulers ersten Brief die zahlentheoretischen Betrachtungen in Gang gesetzt. Zwar veröffentlichte Euler bis zu seiner Abreise aus St. Petersburg nur fünf zahlentheoretische Arbeiten (E 26, 36, 29, 54, 98, alle in EO I/2), aber der Briefwechsel mit Goldbach zeigt ein

---

[254] Es mangelte zunächst an einer passenden Bezeichnung. Euler schrieb z. B. für $\partial f(x, y)/\partial x$ den Ausdruck (df/dx).
[255] Solche Darstellungen sollten es jedem Leser ermöglichen, so unmittelbar wie möglich an das Problem herangeführt zu werden, ohne vorher eine lange Kette von vorbereitenden Schlüssen zu absolvieren.

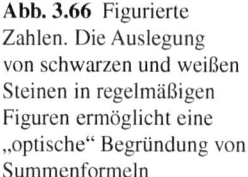

Abb. 3.66 Figurierte Zahlen. Die Auslegung von schwarzen und weißen Steinen in regelmäßigen Figuren ermöglicht eine „optische" Begründung von Summenformeln

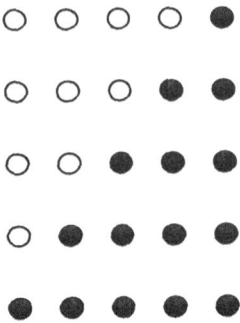

viel breiteres Bild, das vor allem durch die Weitergabe von Gedanken in einer noch unausgereiften Form besticht.

Die Aussage, dass sich jede natürliche Zahl als Summe von höchstens vier Quadraten aus natürlichen Zahlen darstellen lasse (Vier-Quadrate-Satz), findet sich erstmals in einem Kommentar des Claude-Gaspard Bachet de Méziriac (1581–1638) zur *Arithmetik* von Diophantes (3./4. Jh.).[256] Fermat glaubte, dass Diophant diesen Satz besessen habe, und behauptete, dass auch er einen Beweis hierfür habe (*Oeuvres* I, S. 306; II, S. 65, 403–04). Die Aussage wird daher auch als Fermat'scher Satz bezeichnet. Euler befasste sich über vier Jahrzehnte mit der Behauptung (Abb. 3.66). 1730 war die Aussage erstmals Gegenstand des Briefwechsels mit Goldbach (10.8.1730); 30 Jahre später legt Euler einen Beweis für eine abgeschwächte Form vor, in der die natürlichen Zahlen durch rationale Zahlen ersetzt wurden („Demonstratio theorematis Fermatiani", Beweis eines Fermat'schen Satzes, dass jede ganze oder rationale Zahl gleich der Summe von vier oder weniger Quadraten ist; E 242, EO I/2; 1751 vorgelesen, 1760 gedruckt). Lagrange lieferte 1770 in den Berliner *Mémoires* einen Beweis, den schließlich Euler 1773 vereinfachte (E 445, EO I/3).

Ohne Beweis formulierte Fermat den Zwei-Quadrate-Satz: Es seien a, b zwei teilerfremde ganze Zahlen.

1. Die möglichen Primteiler der Summe $a^2 + b^2$ sind nur die Zahl 2 und alle Primzahlen der Gestalt $4m + 1$.
2. Jeder Teiler von $a^2 + b^2$ ist wieder eine Summe von zwei teilerfremden Quadraten, insbesondere ist die Darstellung der Summe eindeutig.
3. Wenn die Darstellung der Summe $a^2 + b^2$ eindeutig ist, so ist diese Summe entweder eine Potenz einer Primzahl der Form $4m + 1$ oder das Zweifache einer solchen Potenz.

(von Euler in mehreren Anläufen 1747, 1758 und 1760; E 242, bewiesen).

---

[256] Es ist übrigens gerade dieses Arithmetikbuch, das auch Fermat studiert hatte und am Seitenrand eines Blattes seine berühmte Bemerkung („Fermat's last theorem") eingetragen hatte.

In Zusammenhang mit der Darstellung von natürlichen Zahlen interessierte sich Euler auch für die Zerlegung einer natürlichen Zahl in Quadrate, Kuben usw. sowie in Vieleckszahlen (Dreiecks-, Viereckszahlen, usw.; figurierte Zahlen).[257] Dreieckszahlen benutzte Euler beispielsweise, um quadratische diophantische Gleichungen zu lösen (E 29, EO I/2, 1738); die Frage, welche Dreieckszahl $N(n)$ zugleich auch Quadratzahl sei, diskutierten Euler und Goldbach im Jahre 1730 (Briefe 7 bis 9); die Eulersche Lösung „regula facilis" (Einfache Regel, E 739, EO I/4, 1813) wurde erst posthum gedruckt:

$$N(n) = \frac{1}{4\sqrt{2}}\left[\left(3+2\sqrt{2}\right)^{n-1} - \left(3-2\sqrt{2}\right)^{n-1}\right], \quad n = 1, 2, 3 \ldots$$

Die Quadrate $N(n)$ durchlaufen für $n =$, 1, 2, ... alle Dreieckszahlen, die zugleich Quadrate sind.

Eng mit den Fermat'schen Zahlen $F_n = 2^{2^n} + 1$ sind die Mersenne'schen Zahlen $M_n = 2^n - 1$ verbunden, unter denen sich die derzeit größten bekannten Primzahlen befinden. Hinsichtlich der Mersenne'schen Zahlen wurden viele übereilte Behauptungen geäußert, wie etwa die von Ch. Wolff, der in seinen *Elementa matheseos*, I (Elemente der Mathematik, Halle 1730) $2^9 - 1 = 511 = 7 \times 73$ und $2^{11} - 1 = 2\,047 = 23 \times 89$ als Primzahlen ansah. Euler korrigierte diesen Fehler 1732 und zeigte zudem, dass Fermat'sche Zahlen nicht immer Primzahlen sind (E 26, EO I/2; 1738 gedruckt). Allgemein behauptete er: Wenn $4m-1$ und $8m-1$ prim sind, so teilt $8m-1$ die Zahl $2^{4m-1} - 1$ (d. h. wenn p prim ist, so ist $2^p - 1$ nicht notwendig Primzahl).

Erstmals behandelte Euler die Pell'sche Gleichung,[258] die ein wichtiger Spezialfall für die Lösung der unbestimmten Gleichung $ax^2 + bx + c = y^2$ ist, im Briefwechsel mit Goldbach (10.8.1730):

$$x^2 - Dy^2 = 1, \quad (D \text{ kein Quadrat}),$$

(E 29, EO I/2; 1733, gedr. 1738); sie ist ebenfalls in den zweiten Teil der *Vollständigen Anleitung zur Algebra*"(E 388, EO I/1; 1770) aufgenommen.

Euler, einen fleißigen Rechner, interessierten natürlich mathematische Konstanten, unter denen π und e zu den bekanntesten zählen. Gleich in seinem ersten Brief an Goldbach (13.10.1729) kam Euler auf π zu sprechen, das er noch ganz im geometrischen Geist als Proportion von Kreisumfang p zu Kreisdurchmesser

---

[257] N-Eckszahlen ($N > 2$) sind durch die Folge $s_n = \sum_{k=0}^{n-1}(1 + k(N-2))$ gegeben; ihre Bezeichnung weist darauf hin, dass sich s_n Steinchen in Form eines N-Ecks auslegen lassen. Die Behauptung, dass jede natürliche Zahl als Summe einer festen Anzahl $g(n)$ von n-ten Potenzen ganzer Zahlen geschrieben werden kann, macht das Waring'sche Problem (1770) aus. Hilbert löste es 1909 durch einen seinerzeit spektakulären Existenzbeweis, numerisch wurde die Aufgabe für $n < 20.000$ behandelt (etwa $g(3) = 9$, $g(4) = 19$).

[258] Euler bezeichnete die Gleichung fälschlich nach John Pell (1610–1685), historisch ist sie aber bereits auf den indischen Mathematiker Brahmagupta (6./7. Jh. n. Chr.) zurückzuführen. Euler lernte sie bei Fermat kennen, seine gefundene Lösungsmethode geht auf das Jahr 1753 zurück (Briefe vom 4.8. und 23.8.1753).

d, d. h. p: d, schrieb. Die Bezeichnung dieses Verhältnisses durch einen einzelnen Buchstaben, ein Zahlzeichen, benutzte wohl zuerst Johann Christoph Sturm (1635–1703)[259] in seinem Buch *Mathesis enucleata* (Verständliche Mathematik, 1689). Obwohl die Bezeichnung π oder p in Hinblick auf den Umfang (Perimeter) naheliegt, benutzte Sturm den Buchstaben e, und erst William Jones (1675–1749) verwandte 1706 in der *Synopsis palmariorum matheseos* (Überblick über mathematische Meisterstücke) den griechischen Buchstaben π. Johann Bernoulli griff übrigens 1739 auf den Buchstaben c zurück, was an „circumferentia" (Umfang) erinnert.

Bei Euler erschien der Buchstabe π erstmals in seiner Mechanik von 1736, jedoch wurde die Kreiszahl durch 1: π angegeben.[260] In dem Artikel „Variae observationes circa series infinitas" (Verschiedene Bemerkungen über unendliche Reihen; E 72, EO I/14; gel. 1737,[261] gedr. 1744) benutzte Euler π wohl erstmals in der bis heute üblichen Bedeutung.[262] Im Briefwechsel mit James Stirling (1692–1770) verwandte Euler 1738 den Buchstaben p, in Briefen an Goldbach 1739 (z. B. 23.11.1739) jedoch π; endgültig entschied sich Euler 1748 in der *Introductio* (E101, EO I/8, § 126) für die Schreibweise π, die sich dank der weiten Verbreitung dieses Lehrbuches schließlich einbürgerte.

1730 diskutierten Euler und Goldbach über die Kreisquadratur des Gregorius a St. Vincentio (1584–1667) sowie über Zahlenwerte für π (Briefe vom 4.6., 15.6. und 25.6.1730). Euler wies darauf hin, dass die Kreisquadratur des Gregorius falsch sei (was schon Christiaan Huygens [1629–1695] aufgefallen war). Er gab dann einen komplizierten Bruch als Näherungswert an, den Goldbach als gute Näherung bezweifelte und selbst $3+\sqrt{2}/10$ vorschlug. In einem späteren Brief (9.4.1743) erörterte Euler verschiedene Verfahren, π zu berechnen, wobei er auf die kurz darauf publizierte Arbeit „De variis modis circuli quadratorum" (Über verschiedene Methoden die Quadratur des Kreises mit genäherten

---

[259] Sturm war Professor für Mathematik und Physik an der Universität Altdorf, die zu Nürnberg gehörte und von 1623 bis 1809 bestand. Der 20-jährige G.W. Leibniz wurde an ihr 1666 promoviert.

[260] E 15–16, EO II/1-2, Bd. I, S. 119 f., Bd. II, S. 70 und 80.

[261] Euler trug die Arbeit am 25.4./6.5.1737 in der Konferenz bis zu Theorem 5 vor und brach dann aus Zeitgründen ab. Die Protokolle vermerken am 29.4./10.5.1737, dass in den Konferenzen eigentlich nichts vorzutragen sei, lediglich Euler hätte seine angefangene Arbeit zu Ende bringen müssen. Euler war jedoch nicht im Konferenzzimmer aufgetaucht, sondern nur in der Buchhandlung gesehen worden. Sein Fernbleiben hatte sich vermutlich dadurch ergeben, dass Euler glaubte, die Akademie würde die Feiern zum Krönungstag der Zarin Anna vom Vortage, an dem es keine Konferenz gab, auf den nächsten Tag ausdehnen (eine in Russland bis heute oft praktizierte Art zu feiern).

[262] „Setzt man nun den Halbmesser eines Kreises oder den Sinus totus gleich 1, so ist bekannt, dass man den Umfang des Kreises in rationalen Zahlen nicht genau ausdrücken kann; dass man aber näherungsweise für den halben Umfang des Kreises die Zahl 3,1419 … gefunden hat. Für diese Zahl wollen wir der Kürze wegen π schreiben, sodass also π gleich dem halben Umfang des Kreises vom Halbmesser 1, oder gleich der Länge eines Bogens von 180 Graden ist." (Übers. H. Maser).

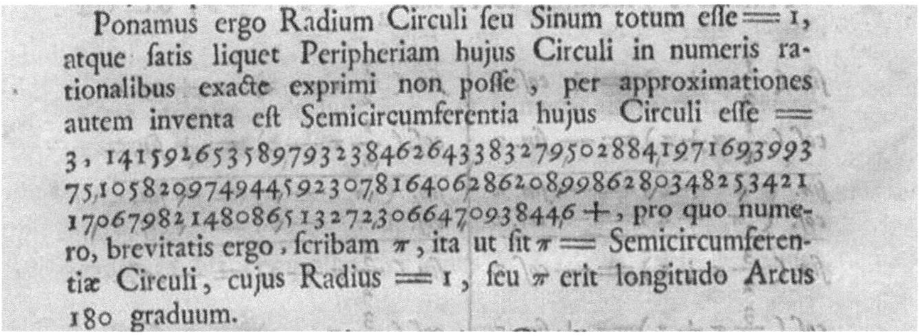

3.11 Die Goldbach-Briefe Teil 1: Die Jahre 1729–1741 (37 Briefe)

> Ponamus ergo Radium Circuli seu Sinum totum esse = 1, atque satis liquet Peripheriam hujus Circuli in numeris rationalibus exacte exprimi non posse, per approximationes autem inventa est Semicircumferentia hujus Circuli esse = 3, 14159265358979323846264338327950288419716939937510582097494459230781640628620899862803482534211706798214808651327230664709384460 +, pro quo numero, brevitatis ergo, scribam π, ita ut sit π = Semicircumferentiæ Circuli, cujus Radius = 1, seu π erit longitudo Arcus 180 graduum.

Abb. 3.67 Numerische Angabe der Zahl π in Eulers *Introcutio in analysin infinitorum*. Bd. 1, Kap. 8, § 126, auf *127* Stellen

Zahlen auszudrücken; E74, EO I/14; 1737, gedruckt 1744) einging. Bereits 1706 hatte John Machin (1680–1751) π auf 100 Stellen berechnet; Thomas de Lagny (1660–1734) hatte es 1717 auf 127 Stellen gebracht (113te falsch, 1721 gedruckt). In der *Introductio* gab Euler π auf 126 Stellen nach dem Komma an (I, § 126), (Abb. 3.67, siehe oben).

Euler hatte sicher auch maßgeblichen Einfluss auf die Haltung der St. Petersburger Akademie, gegenüber elementaren Lösungen der klassischen Probleme der Antike reserviert zu sein, insbesondere gegenüber der Kreisquadratur mit Zirkel und Lineal. Eine populärwissenschaftliche Zeitschrift der Akademie Исторические ... примечания ведомостях (Istoricheskie ... primetschanija wedomostjach, Historische ... Notizen in den Zeitschriften) brachte z. B. einen einschlägigen Artikel über fehlgeschlagene Beweise bzw. über misslungene Versuche, die Unmöglichkeit der gewünschten Konstruktionen zu zeigen. Solche bemerkenswerte Zeitschriftenbeiträge wurden von der Akademie verantwortet und waren daher vor der Veröffentlichung in den Akademiekonferenzen abgesprochen.

In den Akademieprotokollen (Протоколы) finden sich immer wieder Eulers Zweifel an derartigen Arbeiten. Am 22.10./2.11.1739 übergab man beispielsweise Euler in der Konferenz eine Schrift mit dem nicht gerade bescheidenen Titel „Die von Anbeginn der Welt für unmöglich gehaltene nun aber in Möglichkeit gebrachte Quadratur des Circuls" (Wien 1737) des Wiener Rittmeisters Joseph Ignaz von Leistner, die angeblich die Lösung der Kreisquadratur enthielt. Leistner hatte die Schrift schon zwei Jahre vorher eingeschickt, in der entsprechenden Akademiesitzung (2./13.12.1737), zu der trotz des gefährlichen Eisgangs auf der Newa auch der interessierte Präsident Korff erschienen war. Alle Teilnehmer sahen die Leistner'sche Schrift als schlecht an, und entsprechend negativ fiel die Antwort aus (5./16.12.1737). Sie war aber offenbar nicht ausreichend ablehnend formuliert gewesen, denn mit der Kreisquadrierern eigenen Beharrlichkeit hatte Leistner seine Arbeit der Akademie im Oktober 1739 abermals vorgelegt, und Euler nahm alle eingegangenen Schriften Leistners mit sich (22.10./2.11.1739). Er gab diese an Goldbach weiter (3./14.11.1739) und äußerte wiederum seine Bedenken.[263] Eine Antwort erhielt Leistner am 20./31.12 1739. Am 12. Juli 1740 dankte Euler seinem Wiener Briefpartner Giovanni Jacopo Marinoni (1678–1755) für dessen ausführliche Widerlegung „Anmerckung über den unlängst in Wienn … beförderten Beweis der Erfindung der Quadratur des Circuls" (Wien 1737) der Leistner'schen Kreisquadratur und hoffte, dass sich Leistner endlich beruhigen würde und seinen Fehler einsähe. Auch Goldbach hatte in dieser Sache Post von Marinoni erhalten.

Noch 1766 setzte sich Johann Heinrich Lambert (1728–1777) in seiner Arbeit „Vorläufige Kenntnisse für die, so eine Quadratur … des Circuls suchen" mit der rationalen Angabe Leistners von 3844/1225 für π auseinander. Unter Verwendung Eulerschen Kettenbrüche für π wies Johann Heinrich Lambert die Eigenschaft der Irrationalität 1766 nach (gedruckt 1768); der Beweis wurde 1794 durch Legendre verbessert. Lamberts Beweis widerlegt die Möglichkeit der Kreisquadratur nicht, und so sah es auch Euler (1771).[264] Nachdem Joseph Liouville (1809–1882) eine Erklärung für die Transzendenz von Zahlen und Kriterien dafür gegeben hatte (1844, 1851), nützte Ferdinand Lindemann (1852–1939) den 1873 von Charles Hermite (1822–1901) gegebenen Transzendenzbeweis für e aus, um analog die Transzendenz von π zu zeigen.

Goldbach hatte in seinem Briefwechsel mit Daniel Bernoulli mehrfach die Transzendenz von Zahlen ins Gespräch gebracht und unter anderem die Reihe

$$\frac{1}{10} + \frac{1}{100} + \cdots + \frac{1}{10^{2n-1}} + \cdots$$

ohne einen Beweis zu geben als ein Beispiel für transzendente Zahlen genannt (Goldbach-Zahl), (Brief an Daniel Bernoulli, 18.8.1729). Die Richtigkeit dieser Aussage bestätigte Rodion Kuzmin (Родион Осиевич Кузьмин, 1891–1949) erst zwei Jahrhunderte später, nämlich 1938.[265]

Als Kuriosum sei abschließend erwähnt, dass in den USA 1897 in Zusammenhang mit der Kraftfahrzeugsteuer, die vom zylindrischen Hubraum und damit von π abhängig ist, π gesetzlich fast festgelegt worden wäre, wobei es im Parlament von Indiana sogar zu zwei gesetzlichen Werten hätte kommen können. Die Prozedur ist amüsant. Ein Arzt und Amateurmathematiker ließ einen Abgeordneten aus seinem Wahlkreis seine Untersuchungen über die Zahlwerte von π als Gesetzesvorlage (Bill 246) im Parlament des Bundesstaates vorlegen; die Vorlage wurde an das Committee on Canals (auch: on Swamp Lands) überwiesen, das sich als nicht zuständig betrachtete und die Unterlagen an das Committee of Education weitergab, welches dem Senat die Annahme empfahl („with the recommendation that said bill do pass"). Die Generalversammlung schickte den Entwurf nun an das Committee on Temperance (Abstinenzausschuss), von wo er

---

[263] Euler gab am 8./19.11 1739 eine 15seitige Ausarbeitung „Bedencken über des Herrn Rittmeister Quadratura Circuli" ins Archiv.

[264] Der Art der Irrationalität von π und e war Eulers Arbeit „De relatione" (Über die Beziehung zwischen drei oder mehr Größen; E 591, EO I/4) gewidmet, die er 1775 in St. Petersburg vortrug, die aber erst 1785 gedruckt wurde.

[265] „О трансцендентных числах Голдбахе", в Труды Ленингр. Индустр. Института. 1938, с. 28–32.

umgehend retourniert wurde. Inzwischen hatte der Mathematiker Clarence A. Waldo (1852–1926), Mathematikprofessor an der Purdue University, zufällig den parlamentarischen Vorgang wahrgenommen und das Parlament vor einer Blamage bewahrt. Dieses vertagte den Entschluss auf unbestimmte Zeit, da erst geklärt werden müsse, ob der Sachverhalt Gegenstand eines Gesetzes sein könne.[266]

Die Bezeichnung für die Basis der natürlichen Logarithmen durch e ist Euler zu verdanken. Während die Verwendung dieses Buchstabens in dem Manuskript „Meditatio in experimenta" (Betrachtungen über Experimente die kürzlich über das Abschießen von Kanonen; E 853, EO II/14, 1727) aufgrund des Druckes erst im Jahre 1862 keinen Einfluss mehr auf die Wahl dieses Buchstabens hatte, wurde die Verwendung von e durch den § 122 der *Introductio* (E 101) allgemein gemacht. Erstmals wurde in diesem Sinn e in Eulers Mechanik von 1736 gedruckt. Von 1735 an, beginnend mit dem Artikel „De summis serierum reciprocarum" (Über die Reihensummen mit reziproken Gliedern; E 41, EO I/14; gel. 1735, gedr. 1740),[267] bediente sich Euler in seinen Arbeiten des Buchstabens e, aber diese Arbeiten wurden erst ab 1740 gedruckt. Im Briefwechsel mit Goldbach benutzte Euler e seit dem Brief vom 25.11.1731, um die Basis der hyperbolischen bzw. natürlichen Logarithmen zu bezeichnen. Im ersten Antwortbrief Goldbachs (1.12.1729) gestand Goldbach mangelnde Kenntnisse über die natürlichen Logarithmen und erhielt von Euler im folgenden Brief Erläuterungen dazu, wobei aber Euler den Buchstaben e nicht benutzte.

1740 war eine Verlängerung von Eulers Vertrag erforderlich geworden, und Goldbach gratulierte am 19. Februar seinem Kollegen Euler „Je vous en felicite de tout mon Cœur" (Ich gratuliere Ihnen von ganzem Herzen) zum ausgehandelten Vertrag, der etwas später im März unterzeichnet wurde. Am 21. August 1740 gab es den nächsten Brief in der Korrespondenz. Er ist von Euler und beginnt mit dem lapidaren Satz „Die Geographie ist mir fatal." Dazu muss man wissen, dass Euler und sein astronomischer Kollege Gottfried Heinsius (1709–1769) zusätzlich im geografischen Department eingesetzt waren, um den Abschluss der durch N. Delisle in Angriff genommenen russischen Generalkarte Атласъ Россійскій (Russländischer Atlas, 1745 gedruckt, 13 Karten des europäischen und sechs Karten des asiatischen russländischen Reiches; 1: 8,9 Mio. bzw., 1: 3,8 Mio.)(Abb. 3.68) zu beschleunigen.[268] Euler hatte 1738 sein rechtes Augenlicht weitgehend verloren und sah jetzt – 33 Jahre alt – das andere gefährdet, denn das Kartenlesen erfordere das Überblicken eines großen Raumes (Abb. 3.69)(siehe Kap. 8, Schicksalsschläge).

---

[266] U. Dudley: „Ein Gesetz über π", in: Mathematik zwischen Wahn und Witz. *Trugschlüsse, falsche Beweise und die Bedeutung der Zahl 57 für die amerikanische Geschichte.* Basel 1995. S. 158–166.

[267] *Commentarii* 6 (1735), S. 126.

[268] Eine Spätfolge dieser Tätigkeit ist die Arbeit „De projectione geographica De-Lisliana in mappa generali imperii Russici usiata" (Über die kartographische Projektion von De-Lisle bei der Generalkarte des Russischen Reiches; E 492, *Acta ac. sc. Petropol.* 1 (1777) S. 143–153, gedr. 1778); dtsch. Übersetzung "Über die De Lisle'sche Kartenprojektion", in: *Ostwald's Klassiker der exakten Wissenschaften* 93 (1898), Leipzig, S. 53–64.

Abb. 3.68 Russländischer Atlas (1745)

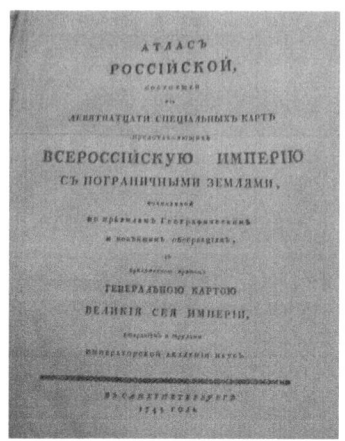

Abb. 3.69 Ausschnitt aus Testlins Gemälde, in dem Jean-Baptiste Colbert (1619–1683), der Gründer der Académie des Sciences (1666), dem Sonnenkönig Louis XIV. (1638–1715, König ab 1648) 1667 die Pariser Akademie vorstellt. Das Detail betrifft die Kartographie

Seine Bitte an den einflussreichen Freund war, sich beim Präsidenten um Entbindung von dieser Aufgabe zu verwenden.

Goldbach antwortete postwendend am selben Tag! Da er den Präsidenten in den nächsten Tagen vermutlich nicht sehen werde, bat Goldbach Euler, formal sowohl den Präsidenten als auch den Kanzleirat schriftlich zu informieren und um Aussetzung der gesundheitsgefährdenden Tätigkeit bis zur Genesung zu bitten. Beide Briefe sind einige Bemerkungen wert. Euler wandte sich in seiner Sorge an den Freund, was nicht ganz dem Dienstweg entsprach, deshalb ist sein Brief nicht in Latein gehalten, sondern in der gemeinsamen Muttersprache deutsch. Goldbach verstand unmittelbar, wie bedrohlich für Euler die Lage war, und benutzte ebenfalls die vertraute Muttersprache, in der beide fortan die Korrespondenz führten (wenn man vom Gelehrtendeutsch absieht, in dem sie fachsimpeln). Man findet diesen bemerkenswerten Tag im August 1740 beim Durchblättern eines Briefwechselbandes sehr leicht, wenn man auf die Sprache achtet.

Euler und die Kartographie
Werfen wir noch einen ausführlicheren Blick auf die Entstehung des Atlasses, über den wir eben gerade kurz informierten. Aufgrund von Spannungen zwischen dem Geographen und Astronomen Joseph Nicolas Delisle (de l'Isle) und der Akademie, die sowohl Fragen der Kartographie des russischen Reiches als auch die schleppende Verwirklichung betrafen, stand Euler einer 1740 gegründeten Kommission vor, um das Kartenwerk abzuschließen. Ein Jahr später waren die wesentlichen Arbeiten abgeschlossen, und der *Russische Atlas* erschien 1746 in einer lateinisch-deutschen und in einer russischen Ausgabe. Er bestand aus 19 Karten, auf denen erstmals das gewaltige russische Reich in richtiger Form dargestellt wurde. Über die Ergebnisse seiner Tätigkeit im geographischen Departement, die er gemeinsam mit seinen Mitarbeitern Gottfried Heinsius) und Christian Nicolaus von Winsheim (1694–1751) verrichtet hatte, bemerkte Euler, dass durch die Generalkarte des russischen Reiches sich „die Geographie Rußlands nun in einen weit besseren Zustande befinde als die Geographie Deutschlands." Euler ließ später in den *Petersburger Acta* für 1777 drei Arbeiten zur Kartographie einrücken, über die er in der Akademie 1775 vorgetragen hatte und die sich mit der Abbildung einer Kugelfläche in die Ebene, der Darstellung einer Kugeloberfläche auf einer Karte sowie die Delisle'sche Kartenprojektion und ihre Anwendung auf die russische Generalkarte befassten (E 490, 491, 492)[269]; EO I/28). Er hob dabei das bekannte Verzerrungsproblem hervor, das bereits der Kartograph Gerhard Mercator (1512–1594) in Betracht gezogen hatte:

> „Einmal sind auf den mittleren Meridiane die Breitengrade zu ungleich; sie sind in der Nähe des Äquators nur halb so groß wie an den Polen. Daraus entstand für unsere Karten der große Übelstand, daß für die Gegenden am Rande der Karten der Maßstab ein viel größerer war als für die in der Mitte gelegenen. So würde einem die Karte Betrachtenden z. B. die Provinz Kamtschatka fast viermal so groß erscheinen, als eine Provinz von derselben Größe in der Mitte der Karte. ... Dieser wichtigen Eigenschaft [Flächengleichheit] wegen verdient die erörterte Projektion für eine Generalkarte des russischen Reiches den Vorzug vor allen anderen, obwohl sie, streng genommen, nicht wenig von der Wirklichkeit abweicht."[270]

Großkreise auf der Erdkugel, die durch die Pole gehen, werden im geographischen Gradnetz als Längenkreise bezeichnet, und ein halber Längenkreis, der sich von Pol zu Pol erstreckt, heißt Meridian (in Abb. 3.70 ist der Längenkreis durch Greenwich mit 2 bezeichnet; die verschiedenen Breitenkreise sind durch den roten Breitenkreis mit der Ziffer 1 veranschaulicht).

Es ist nicht möglich, bei einer Kartenprojektion, die eine im Raum gekrümmte Fläche in der zweidimensionalen Kartenebene darstellen soll, zugleich sowohl längen- als auch flächen- sowie winkeltreu zu sein. Man muss Kompromisse eingehen. Mercatorprojektionen sind winkeltreu, aber verzerren die Flächen. Beispielsweise können Projektionen so eingerichtet werden, dass Breiten- und Längenkreise Geraden werden.

Geht man vom Pol aus, so wird der Abstand zwischen zwei Meridianen größer und erreicht sein Maximum am Äquator. Der Abstand, den zwei benachbarte Meridiane mit einem Unterschied von 1° aufweisen, wird Abweitung genannt, seine Größe hängt natürlich vom Modell ab, das für die Erdkugel zugrunde gelegt wird. Beim sogenannten Bessel-Ellipsoid (Friedrich Wilhelm Bessel 1841), das sich in Eurasien der Erdkugel besonders gut anpasst, haben alle Meridiane eine Länge von 21.000 km. Die Abweitung am Äquator beträgt 111,3 km und reduziert

---
[269] *Acta acad. sc. Petr.* I (1777), S. 107–132; S. 133–142; S. 143–153; alle gedr. 1778. Dtsch. Übersetzung in *Ostwald's Klassiker* 93. Leipzig 1898, S. 3–64.
[270] E 493; *Ostwald's Klassiker*, No. 93, S. 53 u. 64.

Abb. 3.70 Das Gradnetz der Erdkugel aus Längen- und Breitenkreisen

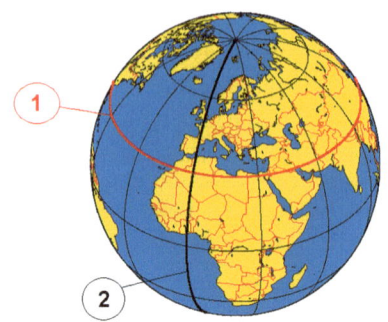

sich am 50. Breitengrad auf 71,68 km. Im geographischen Netz ist unter den Meridianen keiner als Bezugsgröße ausgezeichnet; als wichtige Referenzmeridiane galten einmal der vom Pariser Observatorium festgelegte Längenkreis (1714) und zum anderen der auf Seekarten bevorzugte Längengrad durch das Greenwicher Observatorium, letzterer wird seit 1884 als verbindlicher Nullmeridian mit der entsprechenden Zeit (GMT) betrachtet. Die Bezeichnung Meridian hebt i. A. die mittägliche Sonnenstellung („circulus meridianus", Mittagskreis) hervor, während der Name Längengrad in Verbindung mit einem definierenden Winkel gebraucht wird.

Euler strebte Flächengleichheit der Projektion an, aber bekanntlich kann eine Kartenprojektion nicht die drei wichtigsten Forderungen Längen-, Winkel- und Flächengleichheit auf einmal erfüllen, und Euler machte bei der Erhaltung von Abständen Kompromisse; die Delisle'sche Projektion ist im Wesentlichen eine Mercator'sche. Auf den russischen Karten war übrigens bis 1920 der Nullmeridian durch den Turm der Petersburger Peter-Pauls-Festung bestimmt.

Eines der größten und wichtigsten Unternehmen der Akademie war die große Nordische Expedition (zweite Kamtschatka-Expedition), die im Jahre 1733 unter der Leitung von Vitus Bering (1680–1741) begann und ein volles Jahrzehnt währte, in deren Vor- und Nachbereitung rund 3000 Personen einbezogen waren, darunter auch Leonhard Euler.[271] Das Riesenunternehmen Sibirienforschung verschlang Unsummen, lieferte aber auch unschätzbare Erkenntnisse; beispielsweise konnten wegen der Verzögerung bei der Herausgabe des *Russischen Atlas* diese noch in das Kartenwerk einfließen. Euler widmete sich auch historischen Fragen Russlands und war seinem Freund Gerhard Friedrich Müller bei dessen wegweisenden Studien zur Geschichte Sibiriens behilflich. In allem zeigt sich ein typischer Zug Eulers: Er ließ sich durch die anfänglich schwierigen Verhältnisse nicht entmutigen, sondern widmete sich ganz der wissenschaftlichen Arbeit.

Treten wir einige Schritte zurück, um auf Eulers in nur etwas mehr als einem Dutzend Jahre geschaffenes beeindruckendes Werk in Verbindung mit dem Goldbach'schen Briefwechsel (37 Briefe der ersten St. Petersburger Zeit) zurückzusehen. Euler selbst war sich der Bedeutung der Korrespondenz mit Goldbach (wie auch anderer Briefwechsel) sehr wohl bewusst, denn nachdem ihn sein Freund Gerhard Friedrich Müller (1705–1783) vom Tode Goldbachs unterrichtet hatte (3.11.1764), schrieb er von Berlin sofort am 8. Januar 1765 an Müller, um zu erfahren, ob dort die entsprechenden Briefe noch im Archiv gelagert wurden:

„Als ich von Petersburg abreiste, habe ich der Akademie meine gantze gelehrte Correspondenz ... hinterlassen. ... Im Fall solche der Akademie unnütze erscheinen möchte, so wollte ich mir dieselbe wieder ausbitten; oder wann [wenn] sich jemand die Mühe geben

---

[271] W. Hintzsche u. a., *Die Große Nordische Expedition*. Gotha 1996.

wollte, dieselbe zu erlesen, würde man viele wichtige Punkte darinnen finden, deren Publikation mehr nach dem Geschmack des Publici seyn würde als die tiefsinnigsten Ausarbeitungen."

Da Müller 1766 nach Moskau versetzt wurde, verlief die Angelegenheit zunächst erfolglos. Jedoch hakte Euler nach und schrieb im November 1765 an Jakob Staehlin (Яков Штелин, 1709–1785), den auf Müller folgenden Konferenzsekretär, und bat mit motivierenden Worten, im Archiv nachzusehen „weil heut zu Tage [heute] solche Korrespondenzen wohl aufgenommen werden". Zu einer Veröffentlichung des Briefwechsels kam es aber erst 1843 durch den Urenkel Eulers, Paul Heinrich Fuss (1798–1855), er bildet den Band 1 von zwei Bänden der *Correspondance mathématique et physique de quelques célèbres géomètres du XVIIIème siècle*.[272]

3.12 Abschied von Petersburg

Im Oktober 1740 starb nach zehnjähriger Regentschaft Anna I. Iwanowna (= Anna Johanna, Анна Иоаннвна, 1693–1740, Zarin seit 1730) womit die sogenannte dunkle Periode endete. Der Hof hatte der verwitweten Zarin Anna untersagt, erneut zu heiraten, um sich so die Thronfolge offen zu halten. Iwan VI (Johann = Иван, 1740–1764, Zar von 1740–1741) wurde durch die Zarin Anna, genauer durch ihre Günstlinge, zum Herrscher bestimmt, seine Mutter zur Regentin. Thronfolger Iwan VI. stand zunächst unter der Vormundschaft seiner Mutter Anna Leopoldowna (Анна, 1718–1746). Aber 1741 fand ein Umschwung statt, mit dem sich Elisabeth I. (Елизавета Петровна Романова, Elizabeta Petrowna Romanowa; 1709–1762 n. St.) auf den Thron (1741–1762) brachte (Abb. 3.71). Der Kinderzar Iwan wurde in die Verbannung geschickt, später inhaftiert, bis er schließlich 1764 bei einem Befreiungsversuch ums Leben kam. Ein beklagenswertes Schicksal! Elisabeth förderte zwar die Wissenschaft und Künste, sie schaffte faktisch die Todesstrafe ab, verharrte jedoch in der Günstlingswirtschaft. Mit ihr starb 1761 das Geschlecht der Romanow (Романов) aus.

Die Stellung der Akademie, der Euler zu Weltruf verholfen hatte, litt in den Wirren der einsetzenden politischen Machtkämpfe, und die notorische Zerstrittenheit der Akademiker tat ein Übriges. Die Petersburger Akademie war nicht nur die uns durch Eulers Wirken geläufige hervorragende Stätte der Wissenschaft, sondern zudem für den Hof (wie es seinerzeit auch anderenorts akademische Einrichtungen waren) auch eine Art „Dienstleistungsbetrieb", dem Wettervorhersagen, Abfassungen von Oden für Staatsfeiertage, Feuerwerke u. ä. oblagen, selbst Horoskope wurden von den

---

[272] Diese Ausgabe erfolgte im Stile der Zeit. Fuss kürzte willkürlich und machte Auslassungen nicht kenntlich. 1965 erschien eine moderne und vorzüglich kommentierte Edition *Leonhard Euler und Christian Goldbach. Briefwechsel 1729–1764* von A.P. Juškevič und E. Winter. Eine andere, neu kommentierte Ausgabe des Briefwechsels mit Goldbach ist in den Eulerschen Werken (*Opera omnia*, series IVA) kürzlich in zwei Bänden erschienen.

Abb. 3.71 a Die Zarin Elisabeth I. (1709–1762 a. St.), Zarin von 1741–1762. Carle Vanloo, Portrait de l'impératrice Elisabeth Petrovna (1760) und **b** deren Nachfolgerin Katharina II. (die Große), (1729–1796), Zarin von 1762–1796. (Brustbild von Giovanni Battista Lampi, 1780)

Akademikern erwartet. Es verstand sich, dass Tanzunterricht ebenso zum höfischen Bildungskanon wie auch Fechtstunden gehörten.

Euler erhielt beispielsweise den heiklen Auftrag, für Iwan VI. (der – wie schon gesagt – nach einem Jahr als Zar in Kerkern verschwand und dort 1764 endete) ein Horoskop zu erstellen, was er geschickt an seine astronomischen Kollegen weitergeben konnte.[273] Der russische Dichter Alexander Puschkin (Пушкин, 1799–1857), der von vielen Russen als ihr größter Poet und Begründer der modernen russischen Literatur angesehen wird, gibt einen etwas anderen Bericht über den Vorgang durch Euler, dem Neugeborenen das Horoskop zu stellen:

> „Zwar weigerte sich Euler anfangs, mußte jedoch schließlich willfahren. Gemeinsam mit einem anderen Akademiker stellte er das Horoskop, und zwar stellten die beiden es, als gewissenhafte Deutsche, nach allen Regeln der Astrologie, obwohl sie nicht daran glaubten. Die Schlüsse, die sie aus ihren Arbeiten zogen, entsetzten die beiden Mathematiker, und darum schickten sie der Kaiserin ein anderes Horoskop, in welchem dem Neugeborenen alles erdenkbare Glück vorausgesagt wurde. Trotzdem jedoch hob Euler das erste Horoskop auf und zeigte es dem Grafen Razumovskij, als sich das Los des unglücklichen Iwan VI. erfüllte."[274]

---

[273] Folgende Kollegen wären infrage gekommen: die Brüder J. N. und I. Delisle, W. G. Krafft, C. N. Winsheim und G. Heinsius. Jedoch dürfte Krafft das Horoskop erstellt haben, denn nach dem Tod Mayers gabs er die Kalender heraus, die mit entsprechenden Horoskopen zu versehen waren. Die Zarin schätzte zudem besonders die Horoskope Kraffts.

[274] Das Baby Iwan VI. kam eigentlich gar nicht an die Regierung. Trotzdem ging er in die Annalen der Akademie ein, da die *Commentarii* üblicherweise bei jeder „Thronbesteigung" eine entsprechende Seite auszuweisen hatten, was in diesem Fall durch die Gründlichkeit Goldbachs erfolgte. – Zitiert nach A. Puschkin, *Gesammelte Werke*, Hrsg. Johannes von Guenther. München 1966. S. 997, Nr. 6.

3.12 Abschied von Petersburg

Kirill Grigorewitsch Graf Razumowski (Кирилл Григорьевич Разумовский, 1728–1803) entstammte einer ukrainischen Kosakenfamilie und war seit 1746 Präsident der Akademie. Euler kann ihm frühesten in seiner zweiten Petersburger Periode 1766 besagtes Horoskop gezeigt haben, was Puschkin wiederum allenfalls vom Hörensagen wissen konnte. Andererseits war vermutlich in den 1770er-Jahren schon genügend Gras über die Sache gewachsen, auf Elisabeth war die Zarin Katharina die Große gefolgt, sodass derartige Interna durchaus Gesprächsstoff zwischen Euler und seinem Präsidenten hätten sein können.

Der Schwung der Petrinischen Aufklärung war ausgelaufen, und orthodoxes Denken erstarkte wieder. Im Zeichen des abnehmenden Lichtes, um eine passende russische Redewendung zu gebrauchen, war der Geist Peters I. den neuen Herrschern fremd. Euler war verunsichert, gewiss auch an die ähnlichen schweren Stunden des Anfangs in St. Petersburg erinnert, und verließ nach 14 Jahren am 19. Juni 1741 den Ort seines ersten erfolgreichen Wirkens mit dem Ziel Berlin. In seiner 1767 seinem Sohn Johann Albrecht (1734–1800) diktierten Selbstbiographie gab er die Begründung, dass es „bei der darauffolgenden Regentschaft ziemlich misslich auszusehen anfing". In Berlin wurde Euler von der preußischen Königinmutter angeblich gefragt, warum er bei Hofe so schweigsam sei. Er soll geantwortet haben, dass er aus einem Land käme, wo man gehängt würde, wenn man spräche. Wenn das auch nicht sicher verbürgt ist, sondern eher anekdotisch sein mag, so ist diese Äußerung doch ein Hinweis auf die schlechten politischen Bedingungen jener Jahre in Russland. Im Hinblick auf die Redefreiheit war Euler in der Tat in ein sehr freies Land gereist.

Aber auch die berechtigte ständige Angst vor verheerenden Bränden – stets war im Eulerschen Haushalt das Fluchtgepäck gepackt – bewog insbesondere Eulers Frau, auf einem Weggang zu beharren. Dies bekannte Euler später seinem Freund Müller gegenüber. Zu der in Rede stehenden Zeit bestand St. Petersburg noch immer überwiegend aus Holzhäusern. Erinnern wir uns: Es waren seinerzeit noch nicht einmal drei Monate nach Eulers Ankunft in Petersburg vergangen, da hatte es 1727 einen großen Brand gegeben, bei dem etwa 500 Menschen umgekommen waren und sich ein Schaden von 3.000.000 Rubel ergeben hatte. 1736 war es wiederum zu einen weiteren großen Brand gekommen, und 1771 fanden sogar gezielte Brandstiftungen statt.

Im Grunde genommen war Euler gar nicht darauf aus, Petersburg zu verlassen. Sein Bruder Heinrich (1719–1750) arbeitete in Petersburg als Maler, und 1740 war der zweite Sohn Karl (1740–1790) geboren worden. An seinen Freund Gerhard Friedrich Müller (1705–1783) schrieb er wenige Tage nach der Zusage Friedrichs II. (1712–1786, König seit 1740): „Ich hatte nichts weniger vermuthet, als dass ich mich noch anderwerts etablieren sollte." (Brief vom 23.2/6.3.1741). Da Euler aber einmal, im Februar 1740, diesen Entschluss gefasst hatte, betrieb er seine Entlassung, die ihm schwer gemacht wurde, mit der ihm eigenen Hartnäckigkeit über alle Wege, vom Kanzler bis zum Präsidenten, von Goldbach bis zum preußischen

Gesandten. Schließlich wurde dem vor Aufregung schon ganz kranken Euler im Juni 1741 mit großem Bedauern doch der Abschied erteilt. Die Akademie kaufte Eulers Haus, wobei ihn der Kanzler Schumacher um 100 Rubel prellte, aber die Akademie zahlte ihm eine Pension von 200 Rubel, die im ersten Jahr noch durch Bücher abgegolten wurde. Dem Amte waren natürlich Eulers Absichten bekannt, und da sich niemand sang- und klanglos aus dem Zarenreichen entfernen sollte, zeigten die *Sankt Petersburgskije Wedomosti* (Санкт-Петербургские ведомости, St. Petersburger Nachrichten) im Mai 1741 an:

> „Da der Herr Professor Euler demnächst von Sankt Petersburg in sein Vaterland [sic!] abreist, wird deshalb hier bekannt gegeben: Wenn jemand irgendeine Angelegenheit oder Forderung an Professor Euler hat, so möge er sich bei ihm rechtzeitig melden."[275]

Während der ersten Berliner Monate, in denen die dortige Akademieneugründung nicht voran kam, sich aber die russischen Verhältnisse wieder stabilisierten, zweifelte Euler gelegentlich an der Richtigkeit seines Entschlusses, nach Berlin zu wechseln. Er blieb aber ein Vierteljahrhundert dort, das zu seiner besten wissenschaftlichen Zeit wurde.

Eulers Zimmergenosse aus den ersten Petersburger Jahren, Daniel Bernoulli (1700–1782), hatte aus Basel bereits im November 1740 nach Petersburg geschrieben: „Ueber den letzten bewussten punctum [= Eulers Berufung nach Berlin] erfreue ich mich nicht weniger, als Dero Herr Vater und kann die Stunde nicht erwarten. Die nouvelle [Neuigkeit] hatte ich schon von einigen Orten her erfahren." Im Januar gratulierte Daniel Bernoulli nochmals „zu der herrlichen Vocation" und teilte mit, dass Friedrich II. auch ihn, seinen Vater und seinen Bruder Johann II (1710–1790) eingeladen habe (alles *Correspondance* II). Johann I Bernoulli hatte sogleich abgelehnt; Daniel zögerte, aber sowohl er als auch sein Bruder lehnten schließlich ab, da sie zu Recht befürchteten, der Krieg (erster Schlesischer Krieg) werde das Akademieprojekt aufhalten. Immerhin wurden die Basler 1746 auswärtige Mitglieder, und Johann II schickte 1763 seinen Sohn Johann III Bernoulli (1744–1807), den Friedrich als besoldetes Mitglied der mathematischen Klasse bestätigte, in der er schließlich 1792 als Nachfolger von Johann Castillion (1704–1791) sogar Direktor und damit einer der Nachfolger Eulers wurde, zudem stand er seit 1767 dem Berliner Observatorium als Direktor vor.

Als Euler St. Petersburg verließ, hatte er in den Konferenzen wenigstens über 67 Themen vorgetragen; in Paris erste Akademiepreise erhalten, nämlich für die Jahre 1738, 1740 und 1741, noch zehn weitere sollten folgen. Genau genommen erhielt er sein Accessit für die Preisschrift „Sur la mâture des vaisseaux" (Über die Bemastung von Schiffen, E 4, EO II/20) auch erst in Petersburg, da der Preis für

---

[275] „Въ сажбу его Величества Король Прусскаво призванной изъ Санктпетербурга Профессоръ математики Господинъ Эйлеръ сюда уже прибыль." (August 1741, Nr. 7, S. 501). Der Fauxpas mit Eulers Heimatland zeigt, wie dominant das Deutsche in St. Petersburg war. – Die Wedomosti sind Russlands älteste Zeitung; zu Eulers Zeit wurde sie von der Petersburger Akademie herausgegeben.

138

DE
MAXIMIS
IN
FIGVRIS RECTILINEIS.
AVCTORE
Frid. Moula.

Tabb. V. et VI.

Mirum non immerito videri poteſt, cum figuras rectilineas nemo Geometrarum inſalutatas praeterire poſſit, earum tamen areas ab analyſi infinitorum hucusque intactas remanſiſſe, neque circa eas quaeſtiones de *Maximis* habitas fuiſſe. Num minus intereſt, minusue ſaltem iuuat nouas illis proprietates aſſignare quam aliis bene multis curuis quarum infrequentior eſt vſus? Quapropter non iniucundum iis fore exiſtimaui quibus nihil niſi arduae ſit indaginis nodisque difficilibus refertum non ſapit, ſi Maximorum inueniendorum me-

Abb. 3.72 Beginn einer Arbeit von Friedrich Moula, Eulers Assistenten, „De maximis in figuris rectlineis" (Über Maxima in geradlinigen Figuren) in den Petersburger Commentarii von 1737

1728 ausgeschrieben worden war.[276] Ein weiteres Accessit der Pariser Akademie folgte für die 1747 ausgeschriebene Preisfrage. In Russland schrieb Euler etwa 90–100 Abhandlungen, deren Umfang ungefähr 4000 Seiten ausmacht; sechs Bücher waren in St. Petersburg und Paris erschienen (E 4, 15 17 33, 34, 35); weitere waren begonnen worden (z. B. die Differentialrechnung) (Abb. 3.72).

In dem auf seine Ankunft in Berlin folgenden Jahr schrieb Euler zwei Briefe an seinen ehemaligen Lehrer Johann Bernoulli, denen noch 15 folgen sollten. Der erste Brief Eulers an seinen alten Lehrer datiert vom 5./16. November 1727 und berührt wissenschaftliche Fragen wie ein hydraulisches Problem (Ausfließen einer Flüssigkeit aus einem Gefäß, siehe vorn); auch die Frage, welche graphische Darstellung die Funktion $y = (-1)^x$ hat, wird wieder erörtert. Im Januar 1728 antwortete Bernoulli, dass $y = (-1)^x$ stets gleich 1 sei, was Euler nicht befriedigte. Er kam auf das Thema mehrfach zurück, etwa im Brief vom 10./21. Dezember 1728 und im 2. Band der *Introductio* (E 102, EO I/9, Kap. 21, § 516). Ab 1729 erschien

---

[276] Fuss bemerkte in seiner *Lobrede auf Euler* (EO I/1, S. LIII), dass Euler für diese Abhandlung 1727 ein Accessit erhalten habe. Die Arbeit wurde in den Pariser Recueil 2 (1732) gedruckt, in denen die Preisarbeiten und Éloges gesammelt wurden. Da die Arbeit des Preisträgers Pierre Boguer schon 1727 gedruckt wurde, muss Euler seine Schrift spätestens 1727 eingereicht haben. Er erhielt in der Tat eine lobende Erwähnung, in Paris Éloge genannt, eine andere lobende Erwähnung erhielt Ch. E. Camus. Kurt-R. Biermann (1919–2002) klärte diese Sache, nachdem Emil Fellmann (1927–2012) in *Euler* 1983, S. 81 die Vergabe des Accessit als Legende bezeichnete (Brief von Biermann an den Autor vom 15. Aug. 1988). Weshalb hätte auch der Pariser Verleger 1728 die Schrift eines noch unbekannten Euler drucken sollen?

Goldbach aus Moskau (er war dem Hof gefolgt) als Korrespondent, auch in Berlin blieb er Eulers Briefpartner, nur behindert durch den Siebenjährigen Krieg (1756–1763), in dem Russland Gegner Preußens war, womit Goldbach als ein hochrangiges russisches Regierungsmitglied mit Euler nicht korrespondieren konnte. Bis zu seinem Tod im März 1764 erhielt er noch 101 weitere Briefe von Euler. Euler schrieb bis zum Ende des Jahrzehnts (bis 1730) in seiner wissenschaftlichen Korrespondenz 18 Briefe und erhielt 17, bis zum Weggang 1741 schickte er 126 Briefe ab und bekam selbst 104 Schreiben.

Euler reiste am 19./30. Juni 1741 nach Berlin ab. Er war 168 Monate in St. Petersburg gewesen. Die letzte Konferenz, die Euler während seines ersten Petersburger Aufenthalts besuchte, gewissermaßen sein Abschluss, wurde am 5./16. Juni 1741 abgehalten. In seiner Hilfsbereitschaft hatte er, seinen Ärger mit der Administration vergessend, der Akademie noch am 2./13. Juni angeboten, abgehende Post nach Berlin mitzunehmen. Den Staatsstreich von Elisabeth (Елизавета Петровна, 1709–1762, Zarin seit 1741) im Dezember 1741 erlebte Euler nicht mehr in St. Petersburg. Der Gelehrte war bereits dabei, einer neuen Akademie zum Leben zu verhelfen.

Literatur

Russland

Академическая наука в Санкт-Петербурге в XVIII-XX веках. Ж. И. Алфёров. Санкт-Петербург 2002. (Akademische Wissenschaft in St. Petersburg, Alforow, Petersburg 2002; darin Kopelewitsch (Копелевич): Die Gründung der Petersburger Akademie, S. 33–55, Leonhard Euler, S. 55–72.

Bolgoljubow, N. N.: *Razvitie idei Leonarda Ejler u sovrennaja nauka.* Moskva 1988. (Боголюбов, Н. Н.: *Развитие идей Эйлера и современная наука,* Die Entwicklung von Eulers Ideen und die moderner Wissenschaft, Moskau 1988).

Deborin, A. M. (Деборин А. М., Hrsg.): *Leonard Ejler. Sbornik statej i materialov k 150-letiju so dnja smerti.* (Sammlung von Artikeln und Materialien zum 150. Todestag. Eulers). (*Сборник статей и материалов к 150-летию со дня смерти.* Москва. 1935). Darin: S.N. Chernov „Leonard Eiler", S. 163–238. (Чернов С. Н.: „Леонард Эйлер").

Letopis Rossijskoj akademii nauk, Vol. 1 (1724–1802). (Chronik der Russischen Akademie der Wissenschaften). St. Peterburg 2000. Летопись Российской академии наук, ред. А. Л. Иванова, Ю. С. Осипов. Санкт-Петербург 2000.

Materiali dlja istorii Imperatorskoj Akademii Nauk (1716–1750). (Materialien zur Geschichte der Kais. Akademie der Wissenschaften, 1716–1750), 10 Bde. Sankt-Peterburg 1885–1900; Материалы для истории Императорской Академии Наук, Санкт-Петербургъ 1885–1900.

Osipov, J. S.: *Rossijskaja Akademija Nauk.* (Die Russische Akademie der Wissenschaften). Moskva 1999; Осипов Ю. С.: *Российская академия наук.* Москва 1999

Protokoli zasedanij konferentsij IAN. (Sitzungsprotokolle der Konferenzen der Kais. Akademie der Wissenschaften) Протоколи заседаний конференций ИАН съ1725 по 1803. Том I–III, 1725–1743. Академия наук 1897.

Pushkarev, S. G.: *Dictionary of Russian Historical Terms from the 11th c. to 1917,* New Haven 1970.

Рукописаные Материалы Эйлера, т .I. Москва АН СССР 1962.
Calinger, R.: „Leonhard Euler. The first St. Petersburg years (1727–1741)", Historia Mathematica 23 (1996), S. 121–126.
Donnert, E.: *Rußland im Zeitalter der Aufklärung.* Leipzig 1983, 2004.
Donnert, E.: *St. Petersburg.* Köln 2002.
Eichhorn, C.: *Die Geschichte der „St. Petersburger Zeitung", 1727–1902. Zum Tage der Feier des 175-jährigen Bestehens der Zeitung, dem 3. Januar 1902.* St. Petersburger Zeitung, Sankt Petersburg 1902.
Fleischhauer. I.: *Die Deutschen im Zarenreich.* Stuttgart 1986.
Hofmann, P.: *Sankt Petersburg.* Berlin 2003.
Mittler, E. und S. Glitsch (Hrsg.), *Rußland und die Göttingesche Seele.* Göttingen 2003.
Modzalewskij, B. L.: *Spisok tschlenow.* (Списокъ членов императорской Академiя наукъ, 1725–1907. Санктпетербург Академiя наукъ 1908. Verzeichnis der Mitglieder der kaiserlichen Akademie in Petersburg, 1725–1907. Petersburg 1907).
Pekarski, P. P.: *Ekatarina II i Eiler* (Katherina II. und Euler), Zapiski Impertatorski Akademii nauk 6 (1865) 59–92; Пекарский, П. П.: „Екатерина II. и Эйлер", Записки Императорской Академии наук 6 (1865), S. 59–92.
Pekarski, P. P.: *Geschichte der Kaiserlichen Akademie der Wissenschaften in St. Petersburg.* 2 Bde. Sanktpeterburg 1870–1873. Reprint Leipzig 1978; Пекарский П. П.: *История Императорской Академiи наук в Санкт-Петербурге.* (*Istorija Imperatorskoi Akademii Nauk v St. Peterburge.*) Санкт-Петербургъ 1870–1873.
Reiners, H. von: *St. Petersburg am Ende seines ersten Jahrhunderts.* 2 Bd. St. Petersburg 1805.
Satkevich, A L.: „Leonard Eiler", Russkaja starina 132 (1907), S. 467–506; (Саткевич, А. Л.:„Леонард Эйлер" Русская старина 132 (1907), S. 467–506.)
Stieda, W. „Die Anfänge der Kaiserlichen Akademie der Wissenschaften in St. Petersburg", in: Jahrbücher für Kultur und Geschichte der Slaven. N. F., Bd. II, Heft 2. Breslau 1925, S. 133–168.

Frühe Analysis

Euler, Leonhard: *Opera omnia,* ser. I, 1911 ff. Leipzig, später Basel.
Barbeau, E. J. and P. J. Lech: „Euler's 1760 paper on divergent series", in: Historia mathematica 3 (1976), S. 141–160.
Eneström, G.: „Über eine von Euler aufgestellte Konvergenzbedingung", in: Bibl. Mathem. 6 (1905), S. 186–189.
Euler-Kreis, Mainz. Gruppe von Übersetzern, die eine Reihe von lateinischen Eulerschen Arbeiten in Englisch oder Deutsch ins Internet gestellt haben.
Ferraro, G., M. Panza: „Developing into series and returning from series: a note on the foundations of eighteenth-century analysis", in Hisoeia mathematica 30 (2003), S. 17–46.
Finch, S. R.: *Mathematical constants.* Cambridge 2003.
Fraser, C.: „The calculus as analysis", in: Archive for History of Exact Sciences 39, 4 (1989), S. 317–335.
Glaisher, J. W. L.: „On the history of Euler's constant", Messenger of Mathematics 1 (1872), S. 25–30.
Pringsheim, A.: „Über ein Eulersches Konvergenzkriterium", in: Bibl. Mathem. 6 (1905), S. 252–256.
Hardy, G. H.: *Divergent series.* London 1949, korr. 2. Auflage 1956
Knopp, K.: *Theorie und Anwendung der unendlichen Reihen.* Berlin 1931, 1964.
Reiff, R. A.: *Geschichte der unendlichen Reihen.* 1889. Reprint.
Sandifer, C. E.: *The early mathematics of Leonhard Euler.* MAA Washington 2007.
Spalt, D.: „Welche Funktionsbegriffe gab Leonhard Euler?" in: Historia mathematica 38, 4 (2011), S. 455–590.

Mechanik

Truesdell, C. A.: „Eulers Leistungen in der Mechanik", in: L'enseignement mathématique 3 (4) (1957), S. 251–262.
Michailow, G. K. und L. I. Sedow: „Osnovy mechaniki i gidrodinamka v trudach Ejlera" (Mikhailov, G. K. und L. I. Sedov: „Grundlagen der Mechanik und Hydrodynamik in Eulers Werken"), in: *Euler* 1988, S. 166–179; Михайлов, Г. К. и Л. И. Седов: „Основы механики и гидродинамика в трудах Эйлера".
Mikhailov, G. K.: „Notizen über die unveröffentlichten Manuskripte von Leonhard Euler", in: *Euler* 1959, S. 256–280.
Voss, A.: „Rationale Mechanik", in *Encyklopädie der mathematischen Wissenschaften*. Bd. IV/1. Leipzig 1901–1908.

Königsberger Brückenproblem

Euler, L.: „Solutio problematis ad geometriam situs pertinentis" (E 53, EO I/7, S. 1–10), Comment. Petrop. 8 (1736), S. 128–140. Englische Übersetzung in J. R. Newman, *The world of mathematics*, Vol. 1. New York 1956, S. 573–580.
Löwe, H.: „Das Königsberger Brückenproblem: Der Beginn der modernen Graphentheorie", in: *Euler* 2008, S. 227–235.
Sachs, H., Stiebitz, M. und Wilson R. J.: „An Historical Note – Euler Königsberg Letters," in: Journal of Graph Theory, 12 (1), (1988), S. 133–139.
Schubarth, E.: „Der Gruppenbegriff in der Geometrie," in: Experientia 3 (10) (1947), S. 385–393.
Wilson, R. J.: „An Eulerian trail through Königsberg," in: Journal of Graph Theory, 10 (3) (1986), S. 265–275.

Musik

Bayreuther, R.: „Struktur des Wissens in der Musik-Wissenschaft Lorenz Mizlers", in: Die Musikforschung 56 (2003), S. 1–22.
Euler, L.: „Conjecture sur la raison de quelque disonnaces" (E 314, Mém. de l'ac. des Sc. de Berlin 20 (1766), S. 165–173) = EO III/1, S. 508–515, deutsche Übersetzung von Leisinger 1993.
Euler, L.: *Lettres à une princesse d'Allemagne sur divers sujets de physique & de philosophie.* 3 Teile. (E 343, 344, 412). St. Petersburg 1768–1772; dtsch. Übersetzung *Briefe an eine deutsche Prinzessin über verschiedene Gegenstände aus Physik und Philosophie.* 3 Teile. (E 343B, 344B, 412B). 1. Aufl. Leipzig 1769–1773, 2. Aufl. 1773–1780.
Euler, L.: *Musique mathématiques.* Paris 1865. Sammlung von musikalischen Arbeiten Eulers in französischer Sprache, ggf. Übersetzungen, darunter das *Tentamen* = Essai d'une nouvelle théorie sur la musique.
Euler, L.: *Tentamen novae theoriae musicae, ex certissimis harmoniae principiis dilucide expostae* (E 33). St. Petersburg 1739 = EO III/1, S. 129–427. Dtsch. Teilübersetzung in: Mizler, Musikalische Bibliothek, Bd. 3, S. 61–136, 305–346; Bd. 4 S. 69–103. Reprint 1966.
Fokker, A.: „Expériences musicales avec les genres musiceaux de Leonhard Euler contenant la septime harmonique", in: Recherches musicales Arch. du Musée Taylore, 10 (1951).
Huygens, C.: *Œuvres*, Vol. 9: *Correspondance.* The Hague, S. 169–174
James, J.: *The music of the Spheres.* Abacus 1995

Knobloch, E.: „Musiktheorie in Eulers Notizbüchern", in: Schriftenreihe für Geschichte der Naturwissenschaften, Technik und Medizin (NTM) 24 (1987), S. 63–76.

Leisinger, U.: „Leonhard Euler: Vermutung über den Grund für einige allgemeine gebräuchliche Dissonanzen in der Musik", in: Die Musiktheorie 8 (1993), S. 157–164; deutsche Übersetzung von „Conjecture sur la raison de quelque disonnaces" (E 314, Mém. de l'ac. des Sc. de Berlin 20 (1766), S. 165–173) = EO III/1, S. 508–515.

Lorenzen, P.: *Die Entstehung der exakten Naturwissenschaften*. Berlin 1960. Kap. III, § 9, „Musiktheorie", S. 62–69.

Mikhailov, G. K.: „Notizen über die unveröffentlichten Manuskripte von Leonhard Euler", in: *Euler 1959*, S. 256–279.

Mizler, L.: „Versuch einer neuen Theorie der Musik aus den richtigsten Gründen der Harmonie deutlich vorgetragen", Rezension des Eulerschen *Tentamen* in: Zuverlässige Nachrichten von dem gegenwärtigen Zustande der Wissenschaften 2 (1741), S. 722–751.

Mizler, L.: *Musikalische Bibliothek oder gründliche Nachricht nebst unpartheyschem Urtheil von alten und neuen musikalischen Büchern*. 4 Bde. Leipzig 1736–1752. Reprint 1966. Die Bände 3 und 4 enthalten eine Teilübersetzung (Vorwort und Kapitel 1–4) von Eulers *Tentamen*.

Mizler, L.: Rezension des Eulerschen *Tentamen* in: Zuverlässige Nachrichten von dem gegenwärtigen Zustande der Wissenschaften 2 (1741).

Mizler, L.: „Versuch einer neuen Theorie der Musik aus den richtigsten Gründen der Harmonie deutlich vorgetragen", Teilübersetzung von Eulers *Tentamen* in: Mizler, *Musikalische Bibliothek*, Bde. 3 und 4. Leipzig 1736, Reprint 1966.

Muzzulini, D.: „Leonhard Eulers Konsonanztheorie", in: Die Musiktheorie 9 (1994), S. 135–146.

Radebruch, K.: *Mathematik in den Geisteswissenschaften*. Göttingen 1989. Kap. V: „Musik und Mathematik", S. 89–107.

Vogel, M.: *Die Naturseptime. Ihre Geschichte und ihre Anwendung*. Orpheus-Schriftreihe Bd. 61. Bonn 1991.

Wegner, R and R. Netz: „Between music and geometry", in: British J. for the History of Mathematics 38, 2 (2023), S. 69–96.

Augenkrankheit

Bernoulli, R.: „Leonhard Eulers Augenkrankheit", in: *Leonhard Euler. Beiträge zu Leben und Werk*. Basel 1983, S.471–487 = Euler 1983, S. 471–487.

Bullock, J. D. et al.: „Why was Leonhard Euler blind?", in: British Journal for the History of Mathematics, 37, 3 (2022), S. 24–42.

Bullock. J. D. et al.: „Recurrent Fevers and Neuro-ophthalmic Disorders in a Mathematical Genius", in: Neuro-Ophthalmology 45, 2 (2021), S. 131–138.

Strebel J.: „Leonhard Eulers Erblindung", in Neue Züricher Zeitung (NZZ), 29. 3. 1938 (Morgenausgabe).

Wollensack, G. und F. Muchmedjarow: „Leonhard Euler und die Optik in seinen „Lettres á une princesse d'Allemagne", in: Klinisches Monatsblatt für Augenheilkunde 224 (2007), 945–949.

Zahlentheorie

Hofmann, J. E.: „Um Eulers erste Reihenstudien", in: *Euler 1959*, S. 139–204.

Koch, H.: „Die Rolle der Zetafunktionen in der Zahlentheorie von Euler bis zur Gegenwart", in: *Euler 1985*, S. 120–134.

Matvievskaja, G. P. und H. P. Ozigova: „Eulers Manuskripte zur Zahlentheorie", in: *Euler* 1983, S. 151–160.

Matvievskaja, G. P. und H. P. Ozigova: „Rukopisnie materiali Ejlera po teorii tschisel" in: *Rasvitije idej Ejlera.* Moskva 1988. (Матвиевская, Г. П. и Е. П. Ожигова: „О рукописные материалы Эйлера по теории чисел", *Развитие идей Эйлера.* Москва 1988).

Neumann, O.: „Leonhard Euler und die Zahlen", in: *Euler* 2007, S. 115–145.

Neumann, O.: „Algebra und Zahlentheorie bei Leonhard Euler", in: Mitteilungen der Math. Gesellschaft Hamburg 27 (2008), S. 49–66.

Rice, A.: „In the search of the ‚Birthday' of Elliptic Functions", in: Mathematical Intelligencer 39, 2 (2008), S. 48–56.

Scharlau, W.: „Eulers Beiträge zur partitio numerorum und zur Theorie der erzeugenden Funktionen", in *Euler* 1983, S. 135–151.

Weil, A.: „L'œuvre arithmetique d'Euler", in *Euler* 1983, S. 111–134.

Pasquier, l. G. du: *Les traveaux de Léonard Euler concernant l'assurance,* avec une Liste des écrits de Euler concernant le calcul des probabilités et ses applications. Berne 1909. (Dtsch. Übersetzung, Leonhard Eulers Verdienste um das Versicherungswesen, in: Vierteljahresschrift der Naturforschenden Gesellschaft in Zürich, 54 (1909), S. 1–27.)

Kapitel 4
Berlin 1741–1766

4.1 Osteuropäische Geschichte: Ein kurzer historischer Überblick

Old events have modern meanings; only that survives/
Of past history which finds kindred in all hearts and lives.

JAMES RUSSELL LOWELL (1868)

Am 8. Juli gregorianischer Kalenderrechnung des Jahres 1709,[1] Euler war gerade zwei Jahre alt geworden, besiegte der russische Zar Peter I. (Петръ I.) den Schwedenkönig Karl XII (1682–1718, reg. ab 1697) bei Poltawa (Полтава, heute in der Ukraine). Damit war der Nordische Krieg zwischen Schweden und Russland zwar noch nicht entschieden, aber der Niedergang der gefürchteten schwedischen Militärmacht, die Gustav II Adolf (1594–1632, reg. ab 1611) ein Jahrhundert zuvor als protestantische Gegenmacht zum deutschen Kaiser und dem Heiligen Römischen Reich gegründet hatte, ließ sich absehen. Ein Dutzend Jahre später, 1721, als Euler 14 Jahre alt war, gab es im Nordischen Krieg den Frieden von Nystad. Mit diesem Frieden endete schließlich die Großmachtstellung Schwedens, und das Zarenreich drängte sich als Kontinentalmacht auf die europäische Bühne. Landgewinne im Baltikum (Livland, Estland) und in Teilen Kareliens (Finnland) begleiteten die neue Macht, deren Expansionsdrang auch unter den Sowjets bis in das 20. Jahrhundert und weiterhin andauern sollte. Katharina II. (1729–1796) sagte immerhin, dass die Sicherheit ihres Landes in dessen Erweiterung bestehe.

Am Beginn des 18. Jahrhunderts überzogen zwei große kriegerische Auseinandersetzungen Europa, die sich teilweise überlappten und zahlreiche kleinere

---

[1] 28. Juni 1709 a. St. bzw. 27. Juni nach schwedischer Zeitrechnung.

Fortsetzungen fanden. Geographisch lagen ihre Ausgangsorte weit auseinander: England und Russland. Zeitlich war für beide das Jahr 1689 der Ausgangspunkt. England hatte seine „Glorious Revolution" beendet und war mit seiner Allianz (Holland) gegen die Vorherrschaft Frankreichs erfolgreich, und in Russland kam Peter I. an die Macht, der gemeinsam mit Dänemark, Polen und Sachsen die Schweden in den großen Nordischen Krieg verwickelte.

Mit dem Zugang zur Ostsee, „dem Fenster nach Europa", gelang Russland der Aufstieg zur europäischen Großmacht. Aber Russlands Aufstieg wurde in Westeuropa wegen der eigenen kriegerischen Konflikte wenig beachtet, zumal die südlichen Ausdehnungsbestrebungen Russlands gegenüber dem Osmanischen Reich vorerst keinen Erfolg hatten (1710–1711). Am Ende von Eulers Leben brachten die südlichen Expansionsabsichten Russlands die sogenannte orientalische Frage hervor; im Westen fanden polnische Gebiete das begehrliche Interesse Russlands. Direkt trafen englische und russische Interessen jedoch erst ein Jahrhundert später im Mittelmeer, auf der Krim und in Indien aufeinander.

Im Schatten dieser großen Konflikte stieg ein Land auf, das zwar vom Niedergang der schwedischen Großmacht profitierte, ja sogar kleine Landgewinne im Norden Deutschlands gemacht hatte, aber zu den armen Teilen des Heiligen Römischen Reiches Deutscher Nation gehörte: Preußen, dessen Wurzeln in Brandenburg liegen. Der Kurfürst von Brandenburg, Friedrich III. (1657–1713, reg. 1688–1701) hatte sich 1701 unter großem diplomatischem und immensem finanziellem Aufwand in Königsberg (in Ostpreußen) zum König Friedrich I. in (nicht: von!)[2] Preußen krönen lassen, oder genauer, er hatte sich die Zustimmung zu diesem merkwürdigen Titel vom deutschen Kaiser erkauft. Preußen war seit 1665 ein souveränes Herzogtum und gehörte zur Mark Brandenburg, lag aber damals außerhalb der Grenzen des deutschen Reiches und unterstand damit nicht dem deutschen Kaiser. Dieser lehnte eine Ausdehnung des Reiches auf Preußen ab. Deshalb musste sich Friedrich König in Preußen nennen und nicht, wie es üblich gewesen wäre,[3] König von Preußen. Die kostspielige Krönung Friedrichs I. zum König in Preußen brachte wenig Machtgewinn, einige internationale Reputation, aber sie befriedigte vor allem Friedrichs Eitelkeit, sich König nennen zu dürfen. Er war in Personalunion König in Preußen und Kurfürst der Mark Brandenburg. Die europäischen Staaten erkannten Friedrich I. als preußischen König an, lediglich der Vatikan protestierte.

---

[2] Streng genommen geht es um das später Ostpreußen genannte Gebiet; das sogenannte Westpreußen war bis 1772 Teil Polens und kam erst durch die (erste) Teilung Polens an Preußen. Ab 1772 nannten sich die Kurfürsten der Mark Brandenburg nicht mehr König in Preußen, sondern König von Preußen.

[3] Friedrich I. war nicht der einzige deutsche Fürst, der gleichzeitig auch ein ausländischer König war: 1654 wurde ein Graf von Kleeburg (Pfalz) schwedischer König Karl X., 1689 wurde Wilhelm III. von Oranien englischer König, 1697 wurde August der Starke, Kurfürst von Sachsen, polnischer König und 1727 wurde schließlich Georg Ludwig, Kurfürst von Hannover, englischer König George I.

4.1 Osteuropäische Geschichte: Ein kurzer historischer Überblick

Die Prachtentfaltung Friedrichs I. stand in krassem Widerspruch zur wirtschaftlichen Lage seines Landes, das durch zufällige Erbschaften entstanden war und einen großen, regional sehr unterschiedlich geprägten Flickenteppich von Köln bis Königsberg bildete, ohne dabei irgendwelche natürlichen oder vernünftig zu nennenden Grenzen aufzuweisen. Dieses Gebiet war durch die Pest und den Dreißigjährigen Krieg (1618–1648) entvölkert und in bittere Armut geführt worden. Trotzdem stieg Brandenburg-Preußen zu einer europäischen Großmacht auf, und es waren zwei Herrscher auf dem preußischen Thron, die sich gegen die Pracht- und Prunkliebe Friedrichs I. absetzten und die erstaunliche Karriere von der „Streusandbüchse des Heiligen Römischen Reiches"[4] zur bewunderten und gefürchteten europäischen Militärmacht bewirkten: Friedrich Wilhelm I. (1688–1740, reg. ab 1713) und sein Sohn Friedrich II. (1712–1786, reg. ab 1740).

Friedrich Wilhelm I., der Sohn des ersten preußischen Königs Friedrich I., begann mit seiner Thronbesteigung 1713, eine moderne Staatsorganisation zu schaffen, und begründete die preußische Militärmacht. Gegenüber dem üblichen französischen Vorbild Ludwigs XIV. (1638–1715, reg. ab 1643), zu dem wesentlich eine repräsentative Prachtentfaltung gehörte, schuf Friedrich Wilhelm ein Gegenmodell, das von seinen niederländischen Erfahrungen (Reisen 1700, 1704–1705) inspiriert war und auf Klarheit, Einfachheit und das Praktische ausgerichtet war.[5] Er setzte 1717 in Preußen die allgemeine Schulpflicht durch und verdreifachte dazu die Zahl der Schulen. Andererseits schloss Friedrich Wilhelm die Berliner Oper; allgemeiner gesehen verursachte er einen kulturellen Kahlschlag in Preußen. Beispielsweise war Christian Ludwig von Brandenburg-Schwedt (1677–1734),[6] dem Johann Sebastian Bach (1685–1750) 1721 die berühmten sechs Brandenburgischen Konzerte (BWV 1045–1051) gewidmet hatte, nicht in der Lage, in Berlin Musiker für deren Aufführung zu finden. Friedrich Wilhelm I. hielt seinen Sohn Friedrich, der starke musikalische und philosophische Neigungen hatte, schlechthin für unfähig, die Thronfolge anzutreten. Als der Sohn jedoch als Friedrich II. 1740 auf den preußischen Thron stieg, nutzte er das, was er vorfand, insbesondere die vom Vater praktisch nicht eingesetzte Armee. Die gesamte Wirtschaft und Politik Preußens war letztlich darauf ausgerichtet, dass man sich eine so gewaltige Armee leisten konnte, deren „Nutzen" in drei großen Kriegen sich bald zeigen sollte. Das war auch das Ziel des russischen Zaren Peter I. gewesen, der „eher Kriegsherr als Staatenbauer" (M. Galeotti, *1965) war und der während

---

[4] Die Bezeichnung spielt auf die sandige Beschaffenheit des Bodens in der Mark Brandenburg an, die eines der Hauptgebiete des Königreichs Preußens war.

[5] Sein Sohn Friedrich II. hielt beispielsweise der preußischen Finanzverwaltung den aus seiner Sicht immer noch übertriebenen Personalaufwand empört vor, indem er sarkastisch feststellte, dass Newton die gesamte Welt ganz allein berechnet habe. Die preußische Verwaltung war jedoch sehr effizient, da jeder Landkreis mit nur einem Landrat nebst einem zugehörigen Schreiber auskam.

[6] Sein Bruder Philipp Wilhelm war der Großvater der Prinzessin, an die Euler seine bekannten Briefe (E 343/44, 417) richtete.

seiner 28-jährigen Regentschaft bezeichnenderweise 23 Jahre Krieg führte. Allerdings hatten beide Herrscher sehr wohl begriffen, dass man das eine nicht ohne das andere erreichen konnte.

Russland und Preußen, die beiden neuen Aufsteiger, hatten einige gemeinsame Elemente. Sowohl Peter I. als auch Friedrich Wilhelm I. waren durch die niederländische Gesellschaft, die sehr bürgerlich bestimmt war, tief beeindruckt und versuchten, deren Wirtschaft und Kultur zu übernehmen. Aber beiden Ländern fehlte die bürgerliche Grundlage: Russland war ein rückständiges Agrarland, und der Dreißigjährige Krieg hatte Brandenburgs Bürgertum ruiniert. Beide Länder bedurften dringend neuer Bürger. Brandenburg-Preußen öffnete sich daher dem Zuzug ausländischer Gruppen (Holländer, Hugenotten, Böhmen), die sogenannte Peuplierung, und förderte durch eine geschickte und tolerante Politik diesen Zuzug. Den Hugenotten wurde nicht nur Glaubensfreiheit, sondern Bewahrung ihrer Lebensart und französischen Sprache bis hin zur eigenen Rechtsprechung garantiert (bis ironischerweise beim Sieg Napoleons über Preußen 1806 dieser Feldherr die Privilegien aufhob). Da viele gut ausgebildete Immigranten Preußen wirtschaftlich und kulturell förderten, fand es bald Anschluss an die wichtigen westlichen Nationen wie Frankreich, England und die Niederlande. Die tolerante Nationalitätenpolitik Preußens wurde durch die geographische Zerrissenheit des Landes erleichtert, denn gab es keinen Volksstamm Preußen, sondern lediglich preußische Untertanen mit gleichen Rechten. Bei aller religiösen Toleranz und rechtsstaatlichen Ordnung dominierte jedoch wegen des schwachen Bürgertums weiterhin der Adel.

Im Jahr nach Eulers Tod und wenige Jahre vor der Französischen Revolution (1789) beschrieb und pries der Philosoph der Aufklärung Immanuel Kant (1724–1804) aus dem fernen ostpreußischen Königsberg in seiner Schrift über die Aufklärung[7] die sogenannten preußischen Tugenden wie Fleiß, Sparsamkeit und Arbeitsbereitschaft. Pflichterfüllung wurde hier zur Hauptsache eines Preußen; die bürgerliche amerikanische Unabhängigkeitserklärung (1776) beispielsweise enthält als menschliches Grundrecht Glück („pursuit of happiness"). Kant hob hervor, dass die aufgeklärten Herrscher kein Interesse hätten, in wissenschaftlichen und künstlerischen Fragen die Untertanen zu bevormunden, und dass im Gegensatz zu einer Republik der aufgeklärte Monarch gelassen sagen könne: „Räsoniert, so viel ihr wollt und worüber ihr wollt – nur *gehorcht*!" Der Philosoph hatte natürlich das preußische Königreich im Auge. Als dann Preußen im deutschen Reich aufging (1871) und damit, aber auch durch die modernen Entwicklungen, seine Eigenart weitgehend aufgab, verkam die preußische Pflichterfüllung zum Untertanengeist, dessen verheerende Wirkung sich in den Katastrophen des 20. Jahrhunderts zeigte. Die Wurzeln des Untertanengeists lagen freilich schon im preußischen Absolutismus, denn letztlich war es nur der König, der die absolutistische Staatsmaschinerie in Bewegung setzen konnte und der ihr allein die Ziele vorgab.

---

[7] „Was ist Aufklärung?", 1784.

Abb. 4.1 Gottfried Wilhelm Leibniz (1646–1716) erläutert der ersten preußischen Königin Sophie Charlotte (1668–1705) die Pläne zur Gründung einer Berliner Akademie

Das friderizianische Preußen war freilich ein doppelgesichtiger Staat: in der Verwaltung beispielhaft modern, aber im gesellschaftlichen Aufbau noch tief in der feudalen Vormoderne. Man hätte andere Untertanen für eine modern ausgerichtete Gesellschaft benötigt, aber die gab es nicht bzw. das Bürgertum übernahm erst sehr spät die wirtschaftliche Führung, ohne sich politisch gegen den Adel durchsetzen zu können,[8] der natürlich seine Vorrechte bewahrt wissen wollte. Das berühmte „Preußische Allgemeine Landrecht" von 1794, also erst nach der französischen Revolution erlassen, zementierte diesen Sachverhalt: formal gewährte es zwar gleiches Recht für alle, bewahrte aber die Privilegien der Stände (Adel, Bürger und Bauern) und damit ihre Ungleichheit. Man vergleiche diese Entwicklung mit der im russischen Zarenreich.

Gottfried Wilhelm Leibniz (1646–1716), vertraut im Umgang mit Herrschenden, hatte zur Gründung des Königreiches Preußen ein wenig diplomatisch, aber auch weitsichtig an die gebildete und vielfältig interessierte Sophia Charlotte (1668–1705, ab 1701 Königin in Preußen), die Frau von Friedrich I. (1657–1715), geschrieben:

„Die Aufrichtung des Neuen preußischen Königreichs ist eine der größten Begebenheiten dieser Zeit, die nicht wie andere auf wenige Jahre ihre Wirkung sich erstrecket, sondern etwas nicht weniger beständiges als vortreffliches hervor gebracht. Sie ist eine Zierde des neuen Seculi [Jahrhunderts] so sich mit dieser Erhöhung des Hauses Brandenburg angefangen."

Sophia Charlotte, bei der der Leibniz'sche Gedanke einer Berliner Akademie der Wissenschaften auf fruchtbaren Boden gefallen war, antwortete lakonisch (Abb. 4.1):

---

[8] Noch 1865 gehörten von 8169 preußischen Offizieren 4172 dem Adel an.

„Glauben Sie bitte nicht, dass ich diesen Glanz und die Kronen von denen man hier soviel Aufhebens macht, dem Vergnügen philosophischer Unterhaltung vorziehe, das wir in Lietzenburg[9] miteinander hatten."

In diesem kurzem Dialog haben wir in nuce Umstände beschrieben, die für Euler wesentlich waren, nach Berlin zu kommen: ein moderner preußischer (absolutistischer) Staat und seine (reformierte) Berliner Akademie.

An Preußen scheiden sich nach wie vor die Geister, ebenso wie an seinem bedeutendsten König Friedrich II., der auch der Große genannt wird.

4.2 Eulers Abreise aus St. Petersburg

Der erste Schritt, den du unternimmst, ist der, von dem der Rest deiner Tage abhängt.[10]
VOLTAIRE

Es war Sommer 1741, ein grimmiger Winter lag hinter Europa.[11] Mitten in diesem kalten Winter, am 13./24. Januar 1741, schrieb Euler an Pierre Louis Moreau de Maupertuis (1698–1759) (Abb. 4.2), den designierten Präsidenten der preußischen Akademie, dass er die Einladung des preußischen Königs annehmen werde, an der Berliner Akademie zu arbeiten. Nach fast genau 14 Jahren Aufenthalt in St. Petersburg verließ Euler im Juni 1741 mit seiner Familie Russland. Er war mit Empfehlungsschreiben des französischen Botschafters in St. Petersburg ausgestattet, die ihm in der Berliner französischen Gemeinde eine freundliche Aufnahme verschafften. Euler wurde in Berlin sehnlichst erwartet; er sollte schließlich ein Vierteljahrhundert in Berlin bleiben und dort den Höhepunkt seines Schaffens erreichen.

Euler war beim Eintreffen in Berlin 34 Jahre alt, und er war inzwischen ein prominenter europäischer Mathematiker. Für die Reise hatte er den Seeweg über

---

[9] Das im Ort Lietzow bei Berlin befindliche Schloss Lietzenburg wurde nach dem Tod von Sophia Charlotte Schloss Charlottenburg genannte. Der sparsame König Friedrich Wilhelm I. benötigte es nicht, sein Sohn Friedrich II. benutzte es bis zur Fertigstellung von Sanssouci (1744) als Residenz. Der Mittelbau mit dem Turm des Schlosses wurde auf der Weltausstellung 1904 in St. Louis nachgebaut und diente als deutsches Ausstellungsgebäude. Ursprünglich war das legendäre Bernsteinzimmer, das der berühmte Architekt und Bildhauer Schlüter entworfen hatte und das auch als achtes Weltwunder bezeichnet wurde, für dieses Schloss bestimmt, aber 1716 machte es Friedrich Wilhelm I. dem Zaren Peter I. zum Geschenk, der ihm dafür „lange Kerls" für seine Armee „schenkte". Im zweiten Weltkrieg ging es verloren, inzwischen wurde es jedoch durch deutsche Hilfe in Zarskoe Selo bei St. Petersburg nachgebildet.

[10] L'indiscret (1725), I, 1. Comedie. „Le premier pas ... que l'on fait dans le monde, est celui dont depend le rest de nos jours."

[11] Einige extreme Temperaturen: Frankfurt (Main) −44,3 °C (30.12.1740), St. Petersburg −34,5 °C (25.01.1741), Leipzig −28,9 °C (14.02.1741). Auch in den USA, in Connecticut etwa, blieben die Flüsse bis Mitte April gefroren. Einen weiteren harten Winter gab es in St. Petersburg bzw. seinerzeit Leningrad während der deutschen Belagerung 1939.

Abb. 4.2 Pierre-Louis Moreau de Maupertuis (1698–1759), Stich von 1743 nach dem Porträt aus Maupertuis' berühmten Buch *La Figure de la Terre* (Die Gestalt der Erde 1737). Die glorifizierende Inschrift ist von Voltaire und wurde 1759 in Basel von ihm selbst wütend korrigiert (siehe Abschn. 4.13.7, Streit um das Prinzip der kleinsten Aktion, Postscriptum 1)."Le globe mal connu qu'il à scu mesurer/Devient un monument ou sa gloire se fonde/Son sort est de fixer la figure de monde/de lui plaire et de ecclair." (Der wenig bekannte Erdball, den er vermessen konnte/wird zu einem Denkmal, auf dem sein Ruhm sich gründet/sein Schicksal ist es, das Bild der Welt zu bestimmen/sie zu erfreuen und zu erleuchten)

die Ostsee gewählt. Euler und seine Familie, d. h. seine Frau und die Söhne Johann Albrecht (*1734) und Karl Johann (*1740),[12] und vermutlich auch sein Bruder Heinrich, schifften sich am 19./30. Juni 1741 in St. Petersburg ein, und das Schiff verließ am Nachmittag den Hafen, um drei Wochen später, am 10. Juli, die Odermündung bei Stettin und damit Preußen zu erreichen.

Im gleichen Monat, aber am anderen Ende des russischen Reiches, befand sich der Adjunkt der St. Petersburger Akademie Georg Wilhelm Steller (1709–1745) seit dem 04. Juni 1741 auf dem Flaggschiff „St. Peter" der großen Nordischen Expedition, das unter dem Befehl von Vitus Jonasson Bering (1680–1741) stand. Diese berühmte Nordische Expedition der Akademie gehört zu den spektakulären

---

[12] Zwei in St. Petersburg geborene Töchter (1736, 1739) hatten nur wenige Tage gelebt, eine weitere Tochter Maria Gertrud (1737–1739) war nach zwei Jahren gestorben.

Forschungsreisen des Jahrhunderts. Die „St. Peter" hatte mit über 70 Mann Petropawlowsk an der Ostküste Kamtschatkas verlassen, um südlich der Inselkette der Aleuten schließlich Alaska zu erreichen, genauer die 4 km vor Alaska gelegene Insel Kayak mit einer Länge von 32 km (100 km südöstlich der Stadt Cordova). Nach achtjähriger Vorbereitung hatte die Expedition erfolgreich ihr bedeutendstes Ziel erreicht, denn am 16. Juli – Euler war bereits in Preußen – zeigte sich eine schneebedeckte Bergkette an der Küste von Alaska – also Amerika. Steller konnte schließlich am 20. Juli für zehn Stunden an Land gehen, um botanische und zoologische Studien zu betreiben, ehe die Seeoffiziere zur Rückreise drängten, da Nebel und Stürme den Aufenthalt in unbekannten Gewässern gefährlich machten. Schließlich musste die Besatzung auf einer unbewohnten Insel vor Kamtschatka überwintern. Kapitän Bering starb auf dieser Insel, die nach ihm benannt wurde. Aus den Resten der alten „St. Peter" baute man ein kleineres Schiff, mit dem die um 31 Seeleute verminderte Mannschaft im August 1742 mühevoll wieder die sibirische Kuste erreichte.

Euler war also inzwischen in Berlin, er hatte wieder einen Pariser Preis gewonnen (für magnetische Probleme; E 108, 109, EO III/10) und stand kurz vor dem Kauf eines eigenen Hauses (1742). 1745 starb Steller in Tjumen in der Nähe von Tobolsk (Sibirien). 1745 war auch das Jahr, in dem die 16-jährige Katharina aus Zerbst den Zarewitsch Peter heiratete, dem sie 1762 als Zarin auf den russischen Thron folgen sollte. Erst Anfang 1747 berichtete die *Nouvelle Bibliotheque Germanique:*

> „Herr Georg Stoller [Steller] aus Windsheim ... ist tot. ... Er kehrte von Kamtschatka zurück, nachdem er eine der Inseln Nordamerikas entdeckt und demonstriert hatte, dass man von den Ländern des Russischen Reiches auf einer kurzen Route dorthin gelangen konnte."[13]

Auch nach Basel war die Nachricht vom Ende der Kamtschatka-Expedition gedrungen, denn Daniel Bernoulli (1700–1782) schrieb an Euler, dass die Herren aus Kamtschatka wieder zurück seien, ohne Kamtschatka erreicht zu haben (Brief vom Sommer 1744). Beide, Bernoulli und Euler, waren in die Vorbereitungen der Expedition einbezogen gewesen und hatten die Abreise der ersten Teilnehmer aus St. Petersburg im Jahre 1733 noch in Russland erlebt.

Über Eulers Schiffsreise sind wir durch seine eigene Schilderung in einem Brief aus Berlin an Goldbach (1. August 1741) gut informiert. Das Schiff, auf dem Euler sich befand, segelte zunächst bis Kronstadt (Кронштадт, deutsch Kronstadt, niederländisch Kronburg,) auf der Insel Kotlin, 20 Meilen westlich von St. Petersburg und nahe am Ausgang des Finnischen Golfes. 1703 hatte Peter I. auf Kotlin die strategisch wichtige Seefestung Kronslot gegründet. Hier, in dem für

---

[13] « Mr. George Stoller [Steller] de Windsheim ... est mort. ... Il revenoit de Kamtschatka après avoir Découvert une des Isles de l'Amérique Septentrionale & démontré qu'on pouvoit y aller des Terres de L'Empire de Russie par un petit Trajet."

4.2 Eulers Abreise aus St. Petersburg

Abb. 4.3 Schiffe

St. Petersburg ebenfalls wichtigen Handelshafen,[14] war Euler bei seiner Ankunft in Russland 1727 an Land gegangen. Jetzt war um den Marinestützpunkt Kronslot die russische Ostseeflotte versammelt, und Eulers Schiff kreuzte mühsam gegen sie und den Wind hindurch (Abb. 4.3). Euler berichtete:

> „Nachdem wir ... den 20. [Juni n. St.] in Kronstadt zwischen der ganzen russischen Flotte vor Anker gelegen [haben], sind wir den 21. mit völlig contrairen Wind durch die Kriegsschiffe laviert und ganz langsam fortgesegelt, bis wir um Mitternacht bei der Brandwacht [ein Ort oder ein Leuchtturm?] angekommen. Den 23. sahen wir an den finnischen Küsten die ganze schwedische Flotte und wurden auch von einer schwedischen Fregatte angehalten, deren Offizier sich bei unserem Schiffer wegen des Zustands der russischen Flotte ausführlich erkundigte; ich musste mich recht verwundern, wie unser Schiffer dem schwedischen Offizier vorlog, indem er die Anzahl der russischen Schiffe verdoppelte und dabei vorgab, dass sich darunter Schiffe von 130 Kanonen befänden."

Der schwedisch-russische Krieg hatte zwar im Frieden von Nystadt 1721 sein Ende gefunden, aber Schweden war weiterhin eine mächtige Nation. Die politische Lage in Europa war instabil geworden: in Russland war das Baby Iwan VI. (Иван VI. Антонович) Zar[15] und verursachte dort interne Kämpfe um die Macht; in Österreich war im Oktober 1740 der deutsche Kaiser Karl VI. (1685–1740, reg. ab 1711) gestorben und seine unerfahrene Tochter Maria Theresia (1707–1780, reg. ab 1740) übernahm die österreichische Regentschaft, wobei sie gleich in einen Erbfolgekrieg mit dem Nachbarn Bayern sowie Frankreich geriet; in Preußen hatte der gerade auf den Thron gestiegene König Friedrich II. die labile Situation genutzt, um Österreich den Krieg zu erklären (1. Schlesischer Krieg im Winter!, 1740–1741). So wollte auch Schweden versuchen, seine Lage wieder zu verbessern, und Euler war gerade noch vor dem Beginn der kriegerischen

---

[14] Der Golf von Finnland ist ziemlich flach, sodass der Hafen in Kronstadt wichtig für St. Petersburg war. 1885 wurde ein schiffbarer Kanal nach St. Petersburg angelegt, wodurch der Hafen in Kronstadt an Bedeutung verlor. Kronstadt ist auch durch den Aufstand von 1921 der Matrosen der russischen Kriegsmarine gegen die Sowjets bekannt.

[15] Die herrschende Zarin Anna ernannte gemäß den Thronfolgeregeln Peters I. ihren Großneffen Iwan kurz nach dessen Geburt zum russischen Thronfolger: Der Umsturz von Elisabeth Petrowna 1741 entthronte den Säugling, der weggesperrt und 1764 ermordet wurde.

Auseinandersetzungen, die von 1741 bis 1743 dauern sollten, durch die Linien gekommen. Nach der schwedischen Kontrolle setzte das Schiff die Fahrt fort.

> „Des Abends [23. 6.] passierten wir bei gutem Wetter Hochland, an der Insel Dagho[16] fuhren wir den 26. vorbei, als wir mehr als 24 Stunden ziemlich heftigen Sturmwind ausgestanden hatten; ein gleicher Wind stellte sich wiederum den 27. ein, welcher bis den folgenden Tag fortdauerte, da wir endlich bei der nördlichen Küste von Gotland ankamen. Die folgenden Tage hatten wir schönes Wetter, aber entweder gar keinen oder contrairen [gegensätzlichen] Wind, so daß wir bis den 5. Julii zubrachten, ehe wir an der südlichen Küste von Gotland vorbei segelten, welche Distanz doch nicht mehr als 18 Meilen beträgt. Hierauf war der Wind immer gut, aber sehr schwach, und bekamen wir den 8. Julii Bornholm[17], den 10. aber die Insel Rügen und die Mündung der Oder zu Gesicht. Von da fuhr ich allein auf einem Fahrzeug den Fluß hinauf 2 Meilen weit bis nach Wolgast, wo den 11. auch das Schiff glücklich ankam, nachdem wir drei Wochen auf der See zugebracht hatten und meine ganze Gesellschaft außer mir allein meistenteils elend krank gelegen war."

Euler war von Wolgast entlang der Küste von Usedom durch das Oderhaff nach Stettin vorausgereist (Abb. 4.4), um von dort die Reise nach Berlin auf dem Landweg vorzubereiten:

> „Den 12. [Juli] transportierten wir uns auf ein Stettiner Schiff, welches gleichfalls von Petersburg gekommen war, und fuhren bei dem schönsten Wetter durch die angenehmsten Gegenden den Fluß hinauf bis Stettin, dahin wir den 13. erwünscht angekommen."

Stettin, ein wichtiger Ostseehafen in der Odermündung, war im Nordischen Krieg 1713 von Preußen besetzt und durch den Frieden von Nystadt preußisch geworden. Friedrich Wilhelm I. hatte Stettin zu einer Garnisonsstadt gemacht, in der Euler zehn Tage blieb. Er traf in dieser Stadt einige Honoratioren und nahm sogar an einer Disputation im Gymnasium teil. Die Reise ging jetzt am 22. Juli auf dem Landweg nach Berlin weiter, wohin sich Euler „mit meiner ganzen Familie ... nach Berlin verfügte" (Lebenslauf):

> „Den 22. Julii hatte ich eine Kutsche und Frachtwagen bestellt, mit welchem wir von Stettin gegen Abend abfuhren, und endlich den 25. nachmittag allhier in Berlin glücklich ankamen. In Stettin hatte ich schon von hier Nachricht bekommen, daß für mich ein Quartier auf dem Königl. Adreß-Kontor bei dem Hofrat Wilken auf die Ordres des Herrn Stehelins gemietet worden, welches wir sorglich sogleich bezogen. Wir haben die ganze untere Etage, die aus acht Zimmern, einer Küche und allen Kommoditäten besteht."

Übrigens kam 1729 in Stettin die Prinzessin Sophie Auguste Friederike von Anhalt-Zerbst (1729–1796, Zarin seit 1762) auf die Welt, deren Geburt wir in der Petersburger Zeitung gelesen

---

[16] Dagho (russ. Khiuma, estnisch Hiiumaa) ist mit ca. 1000 km² die größte estnische Insel, nordwestlich vom Golf von Riga. Dagho war seit dem Frieden von Nystad russisch. Die Insel Gotland (ca. 3000 km²) ist seit 1645 unter schwedischer Herrschaft; die Insel spielte im Mittelalter eine wichtige Rolle im Handel mit Nowgorod (seinerzeit ein Rivale Moskaus).

[17] Bornholm (600 km²) ist eine dänische Insel, etwa 100 Meilen südöstlich von Kopenhagen. Rügen ist Deutschlands größte Insel (1000 km²), und war noch bis 1815 unter schwedischer Herrschaft. Stettin, heute polnisch Szczecin, ist eine Hafenstadt in der Odermündung, ca. 65 km von der Ostsee entfernt. Sie wurde bis 1720 von den Schweden kontrolliert und kam dann bis 1945 zu Preußen.

4.2 Eulers Abreise aus St. Petersburg

Abb. 4.4 a Der Hafen von Stettin mit Blick über die Oder sowie **b** der Marktplatz

haben (siehe Abb. 3.37). In Eutin lernte das Kind seinen künftigen Ehemann, den Großfürsten Peter (Петр III. Федорович, 1728–1762, Zar 1762) und russischen Thronfolger sowie späteren Zaren Peter III. kennen. Die Zarin Elisabeth (Елизавета Петровна Романова, 1709–1762, Zarin seit 1741) beschloss auf Anraten Friedrichs II. (1712–1786, König ab 1740), die Prinzessin mit dem Zarewitsch zu verheiraten. Damit machte sich die 14-jährige Prinzessin im Januar 1744 von Zerbst aus auf eine Reise nach Russland ohne Wiederkehr, und von dort sollte sie, inzwischen die mächtige Zarin Katharina II. (Екатерина Великая), Euler zu seinem zweiten Petersburger Aufenthalt einladen.

In Berlin lebte sich Euler offenbar rasch ein. Er traf für ihn zuständige preußische Beamte, die umgehend Eulers Ankunft dem König Friedrich II. mitteilten.

Der König selbst war seit Dezember 1740 im Krieg mit Österreich. Aber die Empfehlungsschreiben des französischen Botschafters öffneten Euler einige Türen, darunter auch die des Hugenotten Antoine Achard (1696–1772).[18]

> „Übrigens habe ich hier schon gute Bekanntschaften gemacht mit dem Hofrat und Leibmedico Eller,[19] dem Herrn Grafen Algarotti,[20] dem Herrn Hofrat Jariges,[21] welcher die Stelle eines Secretarii bei der Königl. Sozietät verwaltet, und den Herren Professoribus Naudé und Wagner,[22] so daß meine Ankunft allhier bis dato noch höchst vergnüglich gewesen, und ich mit Gottes Hilfe das angenehmste Leben zu hoffen Ursache habe."

In einem späteren Brief vom 9. September 1741 berichtete Euler an Goldbach:

> „Vor einigen Wochen haben Ihro Majestät die Köngl. Frau Mutter[23] mich zu sich holen lassen, und des Tags darauf hatte ich die Gnade bei Ihro Majestät zu speisen."

Die „leutselige Art" des Empfanges im Schloss Monbijou (Mein Schmuckstück)[24] (Abb. 4.5) beeindruckte Euler. Der Empfang durch die Mutter Friedrichs II. war nicht nur eine höfliche Geste, in der Abwesenheit des Königs diesen zu vertreten, denn die Königinmutter Sophia Dorothea von Hannover (1687–1757) war eine vielseitig interessierte Frau und selbst an einer Bekanntschaft mit Euler interessiert. In dem an der Spree gelegene Schloss Monbijou residierte Sophia Dorothea ab 1712. Sophia hatte mit Friedrich Wilhelm I. 14 Kinder, darunter der spätere König Friedrich II. Während der Vater-Sohn-Konflikt Schäden im Charakter des Sohnes Friedrich hinterlassen hatte, die auch in das Verhältnis zu Leonhard Euler hinein spielen sollten, hatte Friedrich ein inniges Verhältnis zu seiner Mutter, die den Künsten und der Literatur zugetan war.

---

[18] Achard war Hofprediger und Mitglied der Berliner Akademie seit 1744. Sein Bruder François (1699–1782) war Vater des Begründers der fabrikmäßigen Zuckerproduktion Franz Karl Achard (1753–1821).

[19] Johann Theodor Eller (1689–1760), Hofarzt, ab 1755 Direktor des Collegium medico-chirurgium in Berlin, 1725 Berliner Akademiemitglied und ab 1735 Direktor der physikalischen Klasse.

[20] Francesco Graf von Algarotti (1712–1764), Philosoph, durch Voltaire mit Friedrich II. bekannt gemacht, von Friedrich in den Grafenstand erhoben, Kammerherr Friedrichs II., seit 1747 Ehrenmitglied der Berliner Akademie.

[21] Philippe Joseph de Jariges (1706–1770), Direktor des französischen Obergerichts, 1731 Berliner Akademiemitglied, 1733–1748 ständiger Sekretär der Akademie, 1755 preußischer Kriegsminister.

[22] Philippe Naudé (der Jüngere) (1684–1745), Mathematiker und Astronom, Professor am Joachimstalschen Gymnasium, 1711 Berliner Akademiemitglied; Johann Wilhelm Wagner (1681–1745), Mathematiker, 1716 Mitglied der Berliner Akademie, 1730 Professor der Baukunst an der Malerakademie, 1736 Bibliothekar, 1740 Astronom der Akademie.

[23] Die Mutter Friedrichs II., Sophie Dorothea von Braunschweig-Lüneburg (1687–1757), war Tochter des englischen Königs George I. (1660–1727).

[24] Das Schloss wurde im 2. Weltkrieg beschädigt und 1959 abgerissen. Heute ist an seiner Stelle der Monbijou-Park, gegenüber dem bekannten Bode-Museum. 1717 war auch Zar Peter I. im Schloss einquartiert, und nach dem Abzug der Russen wurde das Schloss renoviert.

4.2 Eulers Abreise aus St. Petersburg

Abb. 4.5 Das Schlösschen Monbijou (Mein Schmuckstück), in dem die Mutter Friedrichs II. residierte, im Jahre 1737. Das Schlösschen lag an der Spree, etwa dem Bode-Museum gegenüber. Es wurde 1959 abgerissen, und an dieser Stelle befindet sich jetzt der Monbijou-Park. Euler wurde hier von der Mutter Friedrichs II. empfangen. Friedrich, der seine Mutter sehr liebte, war oft in diesem Schloss

Euler war stolz auf ein Schreiben, das der König aus dem Feld an ihn („mon professeur Euler") schickte und in dem er Eulers Pension von 1600 Écu bestätigte und sich höflich als „Votre bien affectionné Roy Federic [sic]" (Herzlich Ihr König Friedrich) verabschiedete. Euler sandte gleich Goldbach eine Abschrift hiervon und bat im gleichen Brief um die Pläne der akademischen Gebäude in St. Petersburg (siehe Abb. 3.13), da der preußische König für die Akademie ein neues Gebäude errichten lassen wollte und Euler ihn beraten sollte. Ebenfalls im September war Euler zum Kabinettsminister Caspar Wilhelm von Borcke (1704–1747) eingeladen, der Kabinetts- und Kriegsrat sowie von 1744–1747 Curator der Akademie war. Es gibt eine Anekdote, in der die Königin Sophie Euler fragt, weshalb er so schweigsam sei. Euler soll geantwortet haben, dass er aus einem Land komme, wo man gehängt werde, wenn man zu viel sage. Ob dieser viel erzählte Sachverhalt zutrifft, muss offen bleiben; richtig ist allerdings, dass man in Preußen unter Friedrich II. größere Redefreiheit hatte.

4.3 Ein kurzer Blick auf Preußen

> Le nom des Prussiens est si célébré qu'on ne sauroit avoir de l'indifférence pour tout ce qui peut servir à illustrer l'Origine de cette Nation.[25]
>
> DE FRANCHVILLE (1749)

Im Sommer 1709 war die Nachricht bis nach Basel und Riehen gekommen, wo der Pfarrer Paulus Euler (1670–1745) mit seiner Familie lebte, dass nämlich der schwedische König Karl XII. vom russischen Zaren in der Schlacht von Poltawa (8. Juli 1709) vernichtend geschlagen worden war. Wir wissen nicht, wie wichtig diese Nachricht für Paulus Euler gewesen ist und ob er darin das Ende der schwedischen Großmacht erkannte, denn vor seiner eigenen Haustür fand gerade der spanische Erbfolgekrieg (1701–1714) statt, der die Neutralität der Schweiz gefährdete. Auf alle Fälle wird bei Paulus Euler wie bei allen Europäern der auf den Sommer folgende außerordentlich strenge Winter, einer der kältesten des 18. Jahrhunderts, in schlimmer Erinnerung geblieben sein.[26]

Leonhard Euler war zu dieser Zeit etwas mehr als zwei Jahre alt, aber die militärischen Ereignisse sollten Folgen für sein weiteres Leben haben, wenn sie auch erst nach Jahren sichtbar wurden, als Euler 1727 eine Stelle an der neu gegründeten Akademie in St. Petersburg annahm und 1741 an die Berliner Akademie wechselte. In Verbindung mit dem Niedergang Schwedens stieg auch Preußen als neue Großmacht auf, und die 1701 gegründete Preußische Akademie (Sozietät) wurde 1740 von dem König Friedrich II. reformiert. Wir erinnern uns auch, dass der Knabe Leonhard in seiner Schulrede über Arithmetik und Geometrie deren Nutzen für die Kriegsführung zu nennen wusste.

Preußens politischer Aufstieg hatte Folgen für die Wissenschaften. Die barocke Prachtentfaltung des ersten preußischen Königs Friedrich I. hatte das Land in den Ruin gestürzt (siehe Abb. 4.8), ihm aber 1701 eine Akademie mit dem Präsidenten Gottfried Wilhelm Leibniz (1646–1716) beschert. Friedrich I. war vornehmlich an Medizin und wegen des praktischen Nutzens auch an elementarer Mathematik interessiert.

Der Sohn Friedrichs I., Friedrich Wilhelm I., war von völlig verschiedener Natur. Er ersetzte die prunkvolle Hofhaltung durch strenge Sparsamkeit und legte zwei Grundlagen für den Aufstieg Preußens: eine effektive Staatsverwaltung und eine schlagkräftige Armee. Friedrich Wilhelm erließ Vorschrift nach Vorschrift, um die Wirtschaft und den Staatsapparat zu lenken. Alle diese Bemühungen, selbst die Hebung des Wohlstandes und der Bildung, dienten letztlich nur einem Ziel: dem Aufbau der Militärmacht Preußen. Unter diesem Gesichtspunkt wurde letztlich alles entschieden.

---

[25] Der Name der Preußen ist so berühmt, dass einem nichts gleichgültig sein darf, was dazu dienen kann, den Ursprung dieser Nation zu veranschaulichen.– De Francheville, 1704–1781, frz. Schriftsteller, seit 1744 OM der Berliner Akademie.

[26] Dieser strenge Winter 1708/09 zu wählen (siehe Fußnote 11).

4.3 Ein kurzer Blick auf Preußen

Beim Tode Friedrich Wilhelms I. im Jahre 1740 zählte die preußische Armee 83.000 Mann, das sind etwa 4 % der Landesbevölkerung (1741: 2,4 Mio.). Friedrich Wilhelm hatte damit auf dem Kontinent die viertstärkste Armee,[27] wobei Preußen hinsichtlich seines Gebietes etwa an zehnter und hinsichtlich seiner Bevölkerung erst an dreizehnter Stelle in Europa stand. Diese Armee war nicht nur sehr groß, sondern auch ungewöhnlich schlagkräftig. Sie marschierte im Gleichschritt und war so gedrillt, dass sie sich schneller zum Kampf formieren und auch schneller schießen konnte als alle anderen europäischen Armeen. Das militärische Denken ergriff in Preußen alle Bereiche des Lebens, denn beispielsweise wurden ausgediente Soldaten als Beamte oder Schulmeister eingesetzt, und Pfarrämter wurden nur an Bewerber vergeben, die einen Militärdienst absolviert hatten. In die militärische Tradition wurde auch der Adel eingebunden: Nach ihrem Abschied bewirtschafteten frühere Offiziere das väterliche Gut, natürlich ganz im militärischen Geist. Man hat später gespottet, dass Preußen kein Land mit einer Armee sei, sondern eine Armee mit einem dazu gehörenden Land. Friedrich Wilhelm I., mit dem diese Entwicklung begann, erhielt daher den Beinamen „der Soldatenkönig", wiewohl er selbst gar keinen Krieg geführt hatte und Kriege hasste (da er seine „langen Kerls" nicht verlieren wollte.)

Die praktische Orientierung Friedrich Wilhelms hatte auch als Folge, dass er das Kind mit dem Bade ausschüttete, wenn es um Wissenschaft und Kunst ging. Unter ihm verkam die Berliner Akademie, da Friedrich Wilhelm deren Berechtigung nur in der Ausbildung von Ärzten sah; die (elementare) Mathematik wurde aufgrund ihrer militärischen Anwendbarkeit akzeptiert. Sein Sohn Friedrich II. verhalf der unbedeutend gewordenen Einrichtung wieder zu europäischer Bedeutung.

Fragen wir abschließend nach den Gründen des glanzvollen Aufstiegs von Preußen, so liegen die Ursachen letztlich im Wirken zweier Herrscher: des calvinistischen Königs Friedrich Wilhelm I. und seines aufgeklärten Sohnes Friedrichs II. Der Aufbau des gewaltigen preußischen Heeres wäre ohne die harten Forderungen an die Verwaltung und Wirtschaft des Staates nicht möglich gewesen, was Friedrich Wilhelm I. konsequent durchsetzte. Aber nicht der Vater, der außenpolitisch sehr zögerlich war, seine „geliebten" Truppen[28] zu gebrauchen, sondern

---

[27] Ihre Sollstärke erreichte die Armee in Friedenszeiten allerdings nur wenige Wochen im Jahr, da die Soldaten die meiste Zeit des Jahres – natürlich unbezahlt – beurlaubt waren, um persönliche Dinge wie das Einbringen der Ernte zu erledigen. In der Residenzstadt Potsdam mit 200 Wohnhäusern brachte der König etwa 500 seiner geliebten „langen Kerls" unter (1712), durch Stadterweiterungen wurde diese Zahl beständig erweitert. Siehe auch Abschn. 7.6, Schießkunst.

[28] Der streng calvinistische Friedrich Wilhelm hatte nur wenige Leidenschaften, neben der Jagd und den Tabakgesellschaften am Abend war er vor allem vom Militär fasziniert, das er nach eigenen Worten Frauen vorzog. Besonders angetan hatte es ihm seine Paradetruppe, die bei seinem Tode 3000 „lange Kerls" (der volkstümliche Name dieser Truppe) umfasste. Jeder Angehörige musste mindestens 1,90 m groß sein. Solche „langen Kerls" waren dem Soldatenkönig von Peter I. von Russland und selbst von dem osmanischen Herrscher „geschenkt" worden. Sein Sohn löste diese Potsdamer Riesen, eine kostspielige Einheit mit wenig Kampfkraft, sofort bei seinem Regierungsantritt auf.

Abb. 4.6 Die Erweiterungen Preußens im 18. Jahrhundert, grüne Gebiete durch Friedrich II

erst der Sohn zog verwegen auf das Schlachtfeld, um die Landkarte Europas zu ändern (Abb. 4.6). Aber anders als viele Herrscher beschränkte sich Friedrich II. nach dem Ende des Siebenjährigen Krieges 1763 auf das Erreichte und führte keine Kriege mehr. „The 12 Hercules-labours of this king [Friedrich II.] have ended here;[29] what was required of him in world history is accomplished", urteilte der einflussreiche schottische Historiker Thomas Carlyle (1795–1881), und er bemerkte weiter in seiner *History of Friedrich II. of Prussia* (1858), die übrigens die Zustimmung des Reichskanzlers Otto von Bismarck (1815–1898) fand, dass die verbleibenden 23 Jahre der Regentschaft von Friedrich II. wichtig für Preußen waren, „aber nicht wesentlich die europäische Geschichte betreffen" („but do not essentially concern European history").

In der Übergangsepoche, die in Europa durch die Religionskämpfe des 17. Jahrhunderts und die Französische Revolution von 1789 (sowie in Amerika durch die Gründung der Vereinigten Staaten [1776]) eingegrenzt ist, erwies sich das beschriebene preußische Modell, das von einem fähigen Regenten gelenkt wurde, als sehr erfolgreich. Gesellschaftliche Veränderungen kamen in der preußischen Innenpolitik, deren Ziel es war, vor allem die Beziehungen zwischen dem König und dem Adel zu regeln, wenig vor; die Außenpolitik diente der Ordnung der Machtbezüge zwischen den Staaten und beruhte auf der Schlagkraft der Armee. Diesen Grundsätzen, insbesondere der Stärkung der Armee, hatte sich alles unterzuordnen.

---

[29] Allerdings wurde Friedrich II. von 1778 bis 1779 in den bayerischen Erbfolgekrieg gezogen.

Wir beenden diesen Überblick mit den Worten des polnischen Professors für Rechtsgeschichte und polnisch-deutsche Beziehungen Stanisław Salmonowicz (1931–2022):

> „Die Leistungen des preußischen Staates, seine Rolle in der deutschen Geschichte, sind Gegenstand scharfen Meinungsstreits, wobei zweifelsohne (jedenfalls außerhalb Deutschlands) die kritischen Stimmen dominieren. Um jedoch nicht in Einseitigkeit und Vereinfachung zu verfallen, um zu erkennen, weshalb die preußische Gesellschaft in vielen Epochen eine ungeheure Opferwilligkeit für den Staat bewies, muss man den Nachdruck auch auf das Positive seiner zivilisatorischen Entwicklung legen: die Blüte der Wissenschaft, Bildung und Kultur wie auch die Vorzüge des preußischen Staatsgefüges." – 1987

4.4 Euler in Berlin

> Ich lebe inzwischen in der erwünschtesten Ruhe und habe das Vergnügen, meinen Studiis so zu obliegen [erledigen] zu können, dass ich nicht einmal aus dem Hause komme.
> LEONHARD EULER (1741)

Euler war jetzt in Berlin, der Hauptstadt Preußens. Anders als das neu gegründete St. Petersburg hat Berlin eine lange Geschichte hinter sich, deren Anfänge allerdings dunkel sind. Zu Eulers Zeit war die noch mittelalterlich geprägte Stadt etwa ein halbes Jahrtausend alt. Genau genommen handelt es sich bei der mit Berlin bezeichneten Stadt um eine Doppelstadt: Berlin und Cölln,[30] die 1244 bzw. 1237 erstmals erwähnt werden. Aber bereits lange vor der Gründung der Mark Brandenburg (1157), dem Stammgebiet des späteren Königreichs Preußen, gab es an dieser Stelle slawische Siedlungen.

Seit 1415 wurde die Mark Brandenburg durch das Haus Hohenzollern regiert, zunächst durch Markgrafen und Kurfürsten, später durch Könige (ab 1701) und schließlich, mit der Reichsgründung 1871, durch den deutschen Kaiser bis zum Ende des ersten Weltkriegs (1918). Der Aufstieg der beiden Handelsstädte (Alt) Berlin und Cölln begann im 15. Jahrhundert, als Berlin Residenzstadt der brandenburgischen Kurfürsten wurde. Einer dieser Kurfürsten, Cicero, machte sich im Jahre 1488 wenig beliebt durch die Einführung einer Biersteuer, die zu Aufständen führte. Cicero starb 1499 an Wassersucht, die eine Erbkrankheit der Hohenzollern war und die wir auch zwei Jahrhunderte später bei den Königen Friedrich Wilhelm I. und Friedrich II. finden.

Die beiden Handelsstädte lagen an der Spree: Berlin nordöstlich des Flusses und Cölln westlich auf einer Insel. Das Umland von Berlin ist durch eine Fluss- und Seenlandschaft geprägt, und der Name Berlin geht vermutlich auf das slawische Wort „berl" (= Sumpf) zurück. Die Doppelstadt erfuhr Erweiterungen durch die Orte Friedrichswerder (1662), Dorotheenstadt (1673) und Friedrichstadt

---

[30] Cölln ist nicht mit der gleichnamigen Stadt Köln am Rhein zu verwechseln, die 1815 preußisch wurde.

(1688). Damit erhielt Berlin mehr und mehr eine überregionale Bedeutung, und durch die Krönung Friedrichs I. im Jahre 1701 wurde es zur Hauptstadt Preußens. Die fünf Residenzstädte Berlin, Cölln, Friedrichswerder, Dorotheenstadt und Friedrichstadt mit jeweils eigener Verwaltung wurden deshalb am 1. Januar 1710 zur königlichen Haupt- und Residenzstadt Berlin vereinigt. Der Kurfürst Friedrich III. und spätere König Friedrich I. war ein barocker Herrscher, der Glanz und Gloria liebte, und letztlich war er es, der den Grundstein für Berlins Größe und Pracht legte. Andererseits hinterließ er seinem Sohn Friedrich Wilhelm I. einen bankrotten Staat, dem Friedrich Wilhelm erst einmal mit einem energischen Sparprogramm auf die Beine helfen musste, wobei er es schaffte, gleichzeitig noch ein gewaltiges Heer zu unterhalten.

Der Dreißigjährige Krieg (1618–1648) hatte in Berlin verheerende Folgen gehabt: Ein Drittel der Häuser war zerstört und die Bevölkerung auf die Hälfte reduziert worden, sodass sie in der Mitte des 17. Jahrhunderts aus etwa 6000 Einwohnern bestand. Mit dem Kurfürsten Friedrich Wilhelm (1620–1688, reg. ab 1640), dem sog. Großen Kurfürsten, setzte eine Politik der religiösen Toleranz ein (Edikt von Potsdam, 1685), die die Grundlage für den Zuzug neuer Einwanderer bildete, welche aus Frankreich, Flandern, Wallonien (heute in Belgien), den Niederlanden, der Schweiz, Salzburg und Polen kamen. Man warb um den Zuzug von Fachkräften aus dem Ausland, die sich meist aus Glaubensflüchtlingen rekrutierten. Und diese kamen in großer Zahl. Insbesondere öffnete sich Preußen für die Hugenotten, von denen etwa 30.000 ihre Heimat verließen, 20.000 von ihnen fassten in Preußen Fuß.

Eulers Akademiekollege Johann Peter Süßmilch (1707–1767), der Theologe in Berlin war und sich intensiv mit der Bevölkerungsstatistik befasste, ermittelte für 1747 folgende Bewohnerzahlen für Berlin:

männlich	39.278
weiblich	5.620
insgesamt	85.054
Garnison einschließlich Frauen und Kinder	21.905

Unter den Einwohnern waren 7193 aus der Colonie Françoise und 2007 waren jüdisch.

In Berlin (in Friedrichstadt) gab es 5513 (1454) Steinhäuser mit 85.054 (25.709) Bewohnern.[31]

Als Hugenotten bezeichnet man die geflohenen Anhänger Johann Calvins oder Jean Cauvins (1509–1564), dessen Religion strenge Pflichterfüllung verlangte. Anfänglich war das Wort ein Spottname. Die Hugenotten selbst bezeichneten sich als Réfugiés de France oder Réfugiés Françoises (französische Flüchtlinge), und sie nannten ihre Kirche « l'eglise reformée » (reformierte Kirche). Im Laufe der Zeit wurde der Name Hugenotte schließlich über die religiöse Bedeutung hinaus auf französisch sprechende Einwanderer ausgedehnt.

---

[31] J. P. Süßmilch, *Der kgl. Residentz schnelles Wachstum und Erbauung.* Berlin 1752. – Da die Zählungen unter verschiedenen Gesichtspunkten erfolgten, sind die Angaben mit Schwankungen behaftet.

4.4 Euler in Berlin

Die Zuwanderung der Hugenotten nach Preußen erfolgte in mehreren Schüben, hauptsächlich im Zeitraum von 1670 bis 1720. Von den 20.000 Hugenotten, die nach Brandenburg einwanderten, ließen sich schließlich etwa 6000 in Berlin nieder. Diese seinerzeit „Peuplierung" genannte Bevölkerungspolitik sollte leere oder bevölkerungsarme Gebiete besiedeln, sie sollte zum wirtschaftlichen Gedeihen des Landes beitragen und den allgemeinen Wohlstand erhöhen. Wir werden noch vom Einfluss der Hugenotten auf die Wissenschaft hören.

Bereits unter dem Großen Kurfürsten kam Berlin wieder auf 20.000 Einwohner.[32] Um 1700 waren von den inzwischen 30.000 Einwohnern Berlins 5500 Franzosen (fast 20 %), deren wirtschaftlicher und kultureller Einfluss die Hauptstand und das Land erheblich modernisierten, auch wenn sich nicht immer alle wirtschaftlichen Erwartungen erfüllten. Nicht alle Hugenotten wurden in Preußen sesshaft, da sich ihre Lebensbedingungen in Frankreich und Wallonien, das sie verlassen hatten, sehr von denen in Brandenburg-Preußen unterschieden. Jedoch ließ sich die Mehrheit in Preußen nieder und integrierte sich mehr und mehr. Die französische Sprache verlor unter den Hugenotten schon seit Mitte des 18. Jahrhunderts an Bedeutung. War in Berlin um 1700 Französisch noch die Muttersprache von 20 % der Bevölkerung, so sank dieser Anteil einerseits wegen der Integration und andererseits durch den Zuzug anderer Nationalitäten auf schließlich 4 %. Freilich stellt sich die Sache im Umkreis des Königs Friedrich II., der mit seinem Hof französisch parlierte, anders dar. Noch 1750 schrieb Voltaire aus Potsdam:

> „Ich bin hier in Frankreich. Man spricht nur Französisch. Deutsch ist für die Soldaten und die Pferde; man braucht es nur für unterwegs."[33]

Die Zuwanderer erhielten besondere Privilegien, die wirtschaftliche Vorteile und freie Religionsausübung betrafen. Die hugenottischen Gemeinden, die sogenannten französischen Kolonien, konnte neben ihrem Glauben auch ihre eigene Rechtsprechung praktizieren. Bis etwa 1740, also ungefähr bis zur Ankunft Eulers, war die französische Kolonie noch identisch mit der französischen Kirchengemeinde. Da aber der Glaube der Einwanderer für den aufgeklärten Monarchen Friedrich II., der selbst 1738 Freimaurer geworden war, keine Rolle spielte, wurde die calvinistische Glaubensgemeinschaft aufgeweicht. Friedrich machte zu dieser Frage am 22. Juni 1740 die berühmte handschriftliche Randbemerkung an eine Eingabe:

> „die Religionen Müßen/alle Tolleriret werden/und Mus der fiscal nuhr/das auge darauf haben/ das keine der anderen/ abruch Tuhe, den hier/ mus ein jeder nach/ Seiner Faßon Selich/werden. Fr."

Später ergänzte er diese Aussage durch die Bemerkung, dass er auch Moslems willkommen heißen und ihnen Moscheen bauen lassen würde. Religiöse Prüfungen für die Aufnahme in eine hugenottische Glaubensgemeinschaft, wie sie in

---

[32] Heute hat Berlin etwa 3,8 Mio. Einwohner und ist damit die größte deutsche Stadt.
[33] *Friedrich der Große als Kronprinz im Briefwechsel mit Voltaire,* Halle 1902, S. 236.

den ersten Jahrzehnten der Einwanderung üblich waren, entfielen jetzt. Insgesamt gab es in Berlin sechs französische Predigtstätten für die französische Kolonie. In der Friedrichstadt hatten die Hugenotten 1701–1705 eine eigene Kirche gebaut, die dem französisch-reformierten Glauben diente. Die Mitglieder der Berliner französischen Kolonie wurden in drei Gruppen aufgeteilt. Die erste Gruppe umfasste im Jahr von Eulers Abreise aus Berlin (1765) solche Angehörige, die dem französischem Recht der Kolonie unterstanden und Mitglied in der französischen Gemeinde waren; das waren rund 6000 Personen. Die zweite Gruppe bestand aus ca. 500 Personen, für die ebenfalls das französische Recht galt, die aber Mitglied einer deutschen Kirchengemeinde waren (in der Regel wie die meisten Berliner einer lutherischen Kirche). Die dritte Gruppe von rund 200 Personen bestand aus Deutschen im Dienst der französischen Kolonie. Leonhard Euler und sein Sohn Karl (Charles), der Arzt in der Kolonie war, gehörten zur ersten Gruppe, während der Sohn Johann Albrecht zur zweiten Gruppe zählte.

Die Berliner Bevölkerung war in Stände eingeteilt, was durch die entsprechende Bekleidung sichtbar ausgedrückt wurde. Über allem stand natürlich der Adel, darunter folgten drei Stände:

- Beamte und Geistliche,
- Mitglieder von Handwerkszünften und
- der Rest.

Das Militär prägte das Bild, denn die Hauptstadt war Standort mehrerer Regimenter. Die Einwohnerzahl von 1747 erreichte 110.000, darunter hatte die Garnison einen Anteil von 22.000 Personen (Frauen eingeschlossen). Der Wehrdienst gestaltete sich allerdings etwas anders als heute, denn in Friedenszeiten gab es jährlich Exerzierzeiten von etwa zwei bis drei Monaten, in denen alle Soldaten anwesend sein mussten, wobei sie in der Regel privat untergebracht wurden. Den Rest des Jahres waren sie gewissermaßen unbezahlt beurlaubt und hatten für ihren Unterhalt (etwa in der Landwirtschaft) selbst zu sorgen. Die Kavallerie bildete natürlich eine Ausnahme und war kaserniert untergebracht.

(Alt)Berlin und Cölln waren von Festungswällen umgeben, die 1683 fertig gestellt worden waren. Die neuen Stadtviertel Dorotheenstadt und Friedrichstadt lagen bereits außerhalb dieser Wälle. Friedrich Wilhelm I. ließ von 1734 bis 37 eine Akzisemauer errichten, die die Stadt mit einer Länge von 1,1 Meilen umschloss und im Laufe der Zeit den Stadterweiterungen angepasst wurde. Erst 1867 begann man mit ihrem Abriss. Die Akzisemauer hatte anfänglich 14 Tore, später 18. Ihr bekanntestes Tor ist das Brandenburger Tor an der westlichen Grenze der Dorotheenstadt. Es erhielt seine imposante heutige Form, die ein bekanntes Symbol für Berlin geworden ist, erst 1788–1791 durch den Baumeister Carl Gotthard Langhans (1732–1808).

4.4 Euler in Berlin

Die Akzisemauer[34] hatte keine militärische Bedeutung, sondern sie diente der Kontrolle des Warenverkehrs. In Preußen gab es städtische Binnenzölle auf Waren, die sogenannte Akzise, die letztlich den freien Handel behinderten. In den schlichten Torhäusern befanden sich auch Wachen, die beispielsweise die Desertion von Soldaten unterbinden sollten und die den Personenverkehr kontrollierten. Für Juden waren nur bestimmte Tore zugelassen, an denen sie beim Betreten oder Verlassen der Stadt registriert wurden. Nachts wurden die Tore geschlossen, und an Sonntagen und kirchlichen Feiertagen wurden sie rechtzeitig geöffnet, damit die Gläubigen von außerhalb Gottesdienste in der Stadt besuchen konnten. Vor den Wällen waren Gärten, selbst Weinberge, angelegt, und es gab Wälder mit reichem Tierbestand. An letztere erinnern noch der Tiergarten[35] vor dem Brandenburger Tor und die bei Potsdam liegende Parforce-Heide (Hetzjagdheide), die König Friedrich Wilhelms Jagdgebiet waren.

(Alt)Berlin lag östlich der Spree und wurde durch den sogenannten Spreebogen und den zugeschütteten Königsgraben[36] begrenzt. Cölln füllte die Insel aus, die an diesem Ort durch die Spree gebildet wird.[37] Westlich des linken Spreearms befand sich die Dorotheenstadt, anfänglich auch Neustadt genannt, die auf dem Grund und Boden der Kurfürstin Dorothea (1636–1689)[38] errichtet worden war. Dieser schmale Streifen wurde neben der Spree durch die Straße Unter den Linden und zwei nördliche Parallelstraßen begrenzt (Mittelstraße und heutige Zetkinstraße, die früher bezeichnenderweise Letzte Straße hieß). Seine südliche Grenze verlief vom heutigen U-Bahnhof Spittelmarkt an der Wallstraße bis zum nördlichen Ende der Gebäude der Humboldt-Universität bzw. bis hinter das Zeughaus. Der bekannte S-Bahnhof Friedrichstraße liegt am nordöstlichen Ende dieses Viertels. Südlich der Friedrichstraße, genauer von der Behrenstraße und östlich des Brandenburger

---

[34] Da die Akzisemauer häufig auf den noch heute gültigen Stadtgrenzen errichtet wurde und diese Stadtgrenzen nach dem zweiten Weltkrieg der Teilung Berlins zugrunde lagen, hatten die Akzisemauer und die Berliner Mauer (1961–1989) viele Abschnitte gemeinsam. Von beiden Mauern stehen zur Erinnerung heute nur noch Reste, wobei die Reste der Akzisemauer Nachbauten der steinernen Teile sind (es gab auch Teile aus Palisaden). Vergleichbar ist der in New York 1653 errichtete Wall als Schutz vor Indianern, der wie die heutige Wallstreet verlief.

[35] Auf dem Gelände des Tiergartens befindet sich jetzt der Reichstag, in dem die deutschen Parlamente untergebracht waren, seit 1999 der Deutsche Bundestag. Vor der Errichtung des Reichstagsgebäudes 1884–1894 durch den Architekten hugenottischer Herkunft Paul Wallot (1841–1912) dienten Teile des Geländes als Exerzierplatz.

[36] Die heutigen S-Bahnlinien S 3, S 5 und S 9 mit den Bahnhöfen Anspitzer Brücke, Alexanderplatz und Hackescher Markt verlaufen wie der frühere Königsgraben.

[37] Heute das Gebiet von der Fischerinsel bis zur Museumsinsel (Bode-Museum).

[38] 1668 in zweiter Ehe mit Kurfürst Friedrich Wilhelm, dem Großen Kurfürst verheiratet. Die Zukunft ihrer Kinder aus dieser Ehe, die in der Thronfolge, wenig Aussichten hatten, sicherte die Kurfürstin z. B. mit der Begründung einer neuen Adelslinie durch ihren ältesten Sohn Philipp Wilhelm (1694–1711), den ersten Markgrafen von Brandenburg-Schwedt. Sie war damit die Urgroßmutter der Prinzessin Friederike Charlotte (1745–1808), an die Euler seine bekannten Briefe *Lettres* (E 343–44, 417) richtete.

Tores (Wilhelmstraße[39]) bis zur Dorotheenstraße, erstreckte sich die neueste Berliner Vorstadt, die Friedrichstadt, die nach König Friedrich I. benannt ist. Während die von der Wallanlage umschlossenen Stadtteile ein unregelmäßiges, teilweise noch mittelalterliches Straßensystem hatten, waren die beiden zuletzt errichteten Stadtteile regelmäßig mit sich senkrecht schneidenden Straßen angelegt; die Dorotheenstadt bildete dabei architektonisch ein Mittelglied zwischen den alten und dem neuen Stadtteil Friedrichstadt (Abb. 4.7).

Während im letzten Drittel des 17. Jahrhunderts die Hauptstadt noch trist und schmutzig gewirkt haben dürfte, lobte sie nicht ohne einen Schuss von Lokalpatriotismus ein Jahrhundert später der Berliner Schriftsteller Friedrich Nicolai (1733–1811), indem er sie als Hort der Künstler pries: „Es wird außer Wien, Augsburg und Nürnberg nicht leicht eine Stadt in Deutschland sein, wo sich so sehr viele Künstler von aller Art aufhalten, als in Berlin." (Abb. 4.8)

Euler hatte zunächst eine Wohnung in der Dorotheenstadt gemietet, „bei der Potsdamschen Brücke im Barbonessischen Haus" (so der „Adreß-Calender" der Akademie aus dem Jahres 1743, Abb. 4.9). Die Dorotheenstadt wurde von der Friedrichstadt durch einen Graben und die Akzisemauer getrennt, die sich an der südlichen Seite der Straße Unter den Linden befand. Die Friedrichstraße, die sowohl durch die Dorotheenstadt als auch die Friedrichstadt verlief, überquerte diesen Graben mit besagter „Potsdamscher Brücke". Über den zweiten Wohnsitz lässt sich Genaueres sagen, denn die „Adreß-Calender" von 1743 bis zur Abreise 1766 vermelden „L. Euler wohnt in der Bärenstraße in seinem eigenen Haus." Euler erwarb auch das benachbarte Grundstück, und die hinter den beiden Häusern befindlichen Gärten reichten bis zur nächsten Parallelstraße (Französische Straße). Eulers Wohnhaus war das Haus in der heutigen Behrenstraße 21/22,[40] in dem sich jetzt die Bayerische Landesvertretung in Berlin befindet. Es liegt etwa gegenüber der Komischen Oper. Schräg gegenüber von Eulers Haus befand sich schon zu Eulers Zeit ein Komödienhaus, das der Schauspieldirektor Schuch[41] leitete. Seit 1908 befindet sich an dem Euler'schen Haus eine Gedenktafel, die die Berliner Mathematische Gesellschaft anlässlich Eulers 200. Geburtstags anbringen ließ.

---

[39] Die Wilhelmstraße beherbergte später zahlreiche Ministerien, darunter das Innen- und Außenministerium. In der Nähe des nördlichen Endes der Wilhelmstraße, wo sie in den Pariser Platz vor dem Brandenburger Tor mündet, sind die neue amerikanische Botschaft, die englische und französische Botschaft zu finden. Direkt neben dem Brandenburger Tor (stadtauswärts rechts) wohnten der Mathematiker Edmund Landau (1877–1938) und der Maler Max Liebermann (1847–1935) (das im Krieg zerstörte Haus wurde durch einen Neubau ersetzt). In der Wilhelmstraße befand sich auch die Reichskanzlei des Dritten Reiches, die heute nebst dem zugehörigen Bunker eingeebnet ist, der unzugänglich ist.

[40] Die heutige Schreibweise ist korrekt, denn die Straße ist nicht nach dem Tier Bär, sondern dem Stadtbaumeister Behr benannt. Diese Straße bildet die Grenze zur Dorotheenstadt.

[41] Es gab eine Schauspielergeneration Schuch, die regelmäßig in Berlin spielte; vermutlich ist Franz Schuch (1716–1764) der genannte Schauspieldirektor. Das bekannte Schauspielhaus am Gendarmenmarkt hat mit diesem Theater nichts zu tun.

4.4 Euler in Berlin 271

Abb. 4.7 Ausschnitt aus einem Plan von Berlin (um 1739), der das Zentrum der königlichen Residenz zeigt. Die zum unteren Bildrand etwa parallel laufende Straße, die zu dem mit D (Carrée) markierten Platz führt, auf dem später das bekannte Brandenburger Tor stehen wird, ist die Straße Unter den Linden. Die nächste parallele Straße ist die Bären(Behren)straße, in der Eulers Wohnhaus steht. Genauer, die vom unteren Bildrand durchgängig geradlinig nach oben verlaufende Straße bis zum runden Platz (E) ist die Friedrichstraße, die die Bärenstraße schneidet. Von dieser Kreuzung nach rechts gesehen befindet sich ein (undefinierbarer) etwa rechteckiger Fleck, der ungefähr die Lage des Eulerschen Hauses markiert. Heute liegt das Haus etwa schräg der Komischen Oper gegenüber

Dem Zeitgeist des Barock entsprach eine originelle Gestaltung der Plätze, die zu Stadttoren gehörten. Sie ist noch erhalten und zollt mathematischem Denken Tribut. Vor dem Brandenburger Tor liegt stadteinwärts der Pariser Platz, früher Carrée (D) genannt (Abb. 4.7). Der Name weist schon darauf hin, dass er quadratisch angelegt ist. Der Platz am Potsdamer Tor (E) hat eine achteckige Form, und sein jetziger Name Leipziger Platz erinnert an die Völkerschlacht 1813 bei Leipzig. Zum Halleschen Tor gehört ein Rondell, also ein runder Platz, der jetzt Mehring-Platz heißt. Die Form der Plätze entspricht einer geometrischen Ordnung: die Folge Quadrat – Achteck – Kreis erinnert an die polygonale Approximation des

Abb. 4.8 Die Krönung des Kurfürsten Friedrich I. von Brandenburg 1701 zum König in Preußen. Gemälde von Anton Werner. Der Kurfürst Friedrich III. von Brandenburg (1657–1713, Kurfürst seit 1688), Sohn des Großen Kurfürsten (1620–1688), stiftete an seinem Geburtstag im Jahr 1700 die Kurfürstlich Brandenburgische Sozietät der Wissenschaften in Berlin. Diese Sozietät wurde durch die Krönung Friedrichs in seinem Geburtsort Königsberg 1701 zum König in Preußen zu der Königlich Preußischen Sozietät, die jedoch nicht besonders aktiv war; erst 1710 gab sie sich Statuten und 1711 folgte eine Eröffnungsveranstaltung unter Teilnahme aller Mitglieder. Bereits zwei Jahre später geriet die Sozietät durch die Thronbesteigung Friedrich Wilhelms I. (1688–1740) in Schwierigkeiten, da der sparsame König, der sogenannte Soldatenkönig (1713–1740), wenig Interesse an den Wissenschaften hatte. Erst sein Sohn Friedrich II. hatte die Vision der Sozietät als „glänzende europäische Gelehrtenrepublik". Anders als ihre europäischen Vorbilder vereinigte die aufgeklärte Sozietät Natur- und Geisteswissenschaften

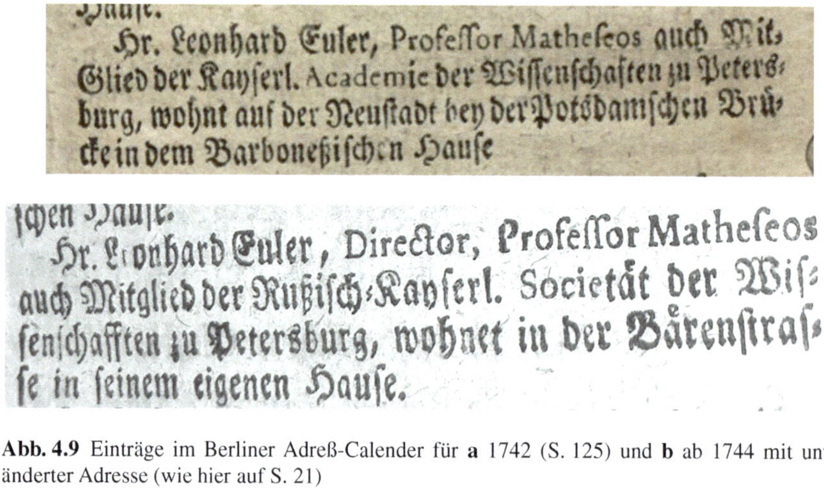

> Hr. Leonhard Euler, Professor Matheseos auch Mitglied der Kayserl. Academie der Wissenschaften zu Petersburg, wohnt auf der Neustadt bey der Potsdamschen Brücke in dem Barbonessischen Hause

> Hr. Leonhard Euler, Director, Professor Matheseos auch Mitglied der Rußisch-Kayserl. Societät der Wissenschafften zu Petersburg, wohnet in der Bärenstraße in seinem eigenen Hause.

Abb. 4.9 Einträge im Berliner Adreß-Calender für **a** 1742 (S. 125) und **b** ab 1744 mit unveränderter Adresse (wie hier auf S. 21)

Kreises. Nicht weit vom Pariser Platz (Carrée) befand sich das Zeughaus (1695), das das älteste und wohl auch schönste Gebäude in der Straße Unter den Linden ist. Im 18. Jahrhundert war es das größte Waffendepot Preußens. Den Eingang diese Zeughauses flankieren vier allegorische Frauenfiguren von Guillaume Hulot (1660–1720), darunter die Geometrie und Architektur.[42] Eulers Weg ins königliche Schloss, wo sich anfänglich die Akademie versammelte, führte ihn in der Regel an diesen Skulpturen vorbei, die heute durch Kopien ersetzt sind (Abb. 4.10 und 4.11).

Am Ende eines Briefes von Euler an Goldbach (27.10.1742) erwähnte Euler den Brigadier Charles de Baudon (?–1756), der bis 1741 in russischen Diensten gestanden hatte und bei seinem Wechsel nach Berlin eine Mlle. Mirabel geheiratet hatte, beide waren Vorbesitzer des Eulerschen Hauses. Da das Paar Geld benötigte, um in Polen eine neue Existenz zu gründen, konnte Euler das Haus der Mlle. Mirabel günstig für 2000 Thaler kaufen, und er erhielt auf Antrag zudem vom König das Privileg, dass dieses Haus frei von Einquartierungen durch Soldaten sei. Das Gebäude war geräumig und beherbergte oft Besucher. Euler nahm zunächst einen Verwandten des früheren Vizekanzlers der St. Petersburger Akademie auf, später wohnten viele russische Besucher aus St. Petersburg bei ihm (z. B. der Akademiepräsident Graf Kirill Grigorevitsch Razumowski (Разумовский, 1728–1803) und der Botaniker und Assessor der Kanzlei Grigorij Nikolajewitsch Teplow (Теплов, 1725–1779), später Sekretär der Zarin Katharina der Großen. Weiter schrieb Euler in dem Brief an Goldbach: „Dasselbe [= Haus] liegt zwischen der Friedrichstadt und der Dorotheenstadt, nahe bei dem Ort, wo der König das neue Schloss und die Akademie zu bauen beschlossen hat, dass also die Situation nicht erwünschter sein könnte." Euler bezieht sich hier auf Friedrichs Pläne für den später als Forum Fridericianum bezeichneten Platz am anderen Ende der Straße Unter den Linden. Das Schloss wurde allerdings nie gebaut, da zunächst der 1. Schlesische Krieg den König davon abhielt und er später seine Bautätigkeit nach Potsdam verlagerte (Schlösser Sanssouci und Neues Palais). Auch der Bau der Akademie verzögert sich. Man begann 1744, indem man die Teile des 1743 abgebrannten königlichen Stalls in der Straße Unter den Linden (heute das Gebäude der Staatsbibliothek neben der Humboldt-Universität) neu baute, aber erst 1752 zog die Akademie dort ein. Bis dahin tagte sie im königlichen Schloss auf der Spreeinsel. Beide Orte sind in etwa zehn Minuten zu Fuß von Eulers Wohnhaus zu erreichen.

Goldbach war im Sommer 1718 in Berlin und reiste von dort weiter nach Schweden. Das war in der Zeit des Niederganges der Großmacht Schweden, und man kann vermuten, dass er in diplomatischem Auftrag des preußischen Königs unterwegs war. Aus seiner Erinnerung heraus versuchte Goldbach, das Euler'sche Wohnhaus zu lokalisieren (Brief vom 30.03.1743):

„Ihr Haus wird vermutlich in der Gegend liegen, wo vormals Mr. Dangicour, Membre de la Societé des Sciences, gewohnt [hat], den ich A[nno] 1718 daselbst gesprochen habe."

---

[42] Berühmt sind die ergreifenden 22 Masken sterbender Krieger von Andreas Schlüter im Innenhof. Schlüter war von 1713 bis zu seinem Tod in St. Petersburg in russischen Diensten.

Abb. 4.10 Zeughaus und Opernplatz (I) **a** Das Zeughaus in der Straße Unter den Linden. Das Portal wird von allegorischen Frauengestalten flankiert, die links die Ingenieurwissenschaften und Geometrie (**b**) und rechts die Architektur (**c**) und Feuerwerkskunst versinnbildlichen, also auch der Mathematik Tribut zollen. **b**, **c** wurden aus der Ansicht heraus vergrößert

4.4 Euler in Berlin

Abb. 4.11 Berliner Opernplatz (II) **a** Das Fridericianum (Bebelplatz [Opernplatz]); rechts die Bibliothek, ganz links das Opernhaus (nur Fassade, 1741–1743 erbaut) und hinten links die katholische Hedwigskathedrale (1747–1778). **b** Das farbige Bild zeigt den heutigen Zustand der Oper unter den Linden, wobei der Blick etwa von der Bibliothek/Unter den Linden ausgeht. Im Hintergrund die Hedwigskathedrale. **c** Die vormalige Königliche Bibliothek (1775–1780) im gegenwärtigen Zustand, die sogenannte Kommode. Der Bücherbestand (150.000 Exemplare) der Königlichen Bibliothek befand sich in einem Schlossflügel und wurde 1785 in den Neubau verbracht. Die Kommode beherbergt jetzt die Juristische Fakultät der Universität

Euler replizierte, dass Pierre de Dangicourt oder d'Angicourt (1665–1727), ein Mathematiker und Mitglied der Berliner Akademie der Wissenschaften seit 1701, in der Dorotheenstadt neben der Neustädtischen Kirche gewohnt habe, er (Euler) aber nahe der Dorotheenstadt wohne, da wo der Stadtgraben zwischen beiden Vierteln gewesen sei, und man seine Straße [Behrenstraße] erst ab 1731 bebaut habe. Die Friedrichstadt war zu Eulers Zeit das neueste Stadtviertel und damit auch das modernste. Es sollte insbesondere Unterkünfte für die Hugenotten liefern; der Name einer Straße, die Französische Straße (die übrigens Eulers Garten begrenzte), weist noch darauf hin. 1688 hatte man mit der Bebauung begonnen, und 1695 bzw. 1747 wies das Viertel schon 300 bzw. 1454 Häuser auf. Nach zehn Jahren hatten sich in der Friedrichstadt bereits 13 % der Berliner Hugenotten niedergelassen, und der Stadtteil zählte zu Eulers Zeit fast 26.000 Einwohner. Dieses Viertel war in der Tat sehr französisch geprägt, damit war es auch eine vornehme Wohngegend. Auch Eulers Quartier auf Wassili Ostrow in St. Petersburg hat in einem vornehmen Stadtteil gelegen.

Der bereits erwähnte Nicolai führt in seinen *Beschreibungen der königlichen Residenzstädte Berlin und Potsdam* (1786) aus: „Die Friedrichstadt ist jetzt der ansehnlichste Teil von Berlin. Die Straßen gehen alle gerade und stoßen fast alle winkelrecht [senkrecht] auf einander, sie sind sämtlich ungefähr sechs rheinländische Ruthen [ca. 22,6 m] breit." Die Häuser hatten in der Regel zwei Etagen, und sie wurden nicht mit dem Giebel zur Straßenseite errichtet, sondern mit der Längsseite zur Straße gebaut, da sich die Förderung des Hausbaus durch den König nach der Länge des Hauses zur Straßenseite hin richtete. Diese Bebauung wirkte daher etwas monoton, aber zahlreiche öffentliche Gebäude und mehrere Paläste brachten einige architektonische Abwechslung.

Eulers Wohnhaus war, wie auch in Petersburg, günstig gelegen, und seinen Arbeitsort erreichte er bequem. Das alte Observatorium befand sich in der Dorotheenstraße. Die neue Societät sowie später die Akademie tagten in einem Saal des Schlosses bis 1752. Der königliche Stall in der Straße Unter den Linden, der 1742 abgebrannt war, wurde 1745 neu gebaut, und die Akademie erhielt dabei Räumlichkeiten.

Später, im Jahre 1753, kaufte sich Euler noch ein Gut, nicht in der Schweiz, wie er es als Wunsch einmal gegenüber Goldbach geäußert hatte, sondern für 6000 Thaler in Charlottenburg bei Berlin; ein Obstgarten kam noch hinzu. Charlottenburg lag damals etwa 7 km vor den Toren Berlins und gehört heute zu Berlin. F.

4.4 Euler in Berlin

Nicolai erwähnt „eine Stadt mit königlichem Lustschloß ... eine sehr kleine Meile von Berlin [etwa 6 km], die man von Thor zu Thor gemächlich [?] in einer Stunde gehen kann ... auf einem angenehmen Wege."[43] Man konnte aber auch auf der Spree mit einem Schiff dorthin gelangen. Im Sommer mieteten sich viele Berliner in Charlottenburg ein Haus bzw. besaßen dort sogar ein eigenes Haus, oder sie kamen wenigstens am Wochenende dorthin, da die Gegend als Sommerfrische (zur sommerlichen Erholung) diente. Charlottenburg liegt auf dem Weg von Berlin nach Potsdam, die alte Heerstraße von Köln am Rhein nach Königsberg in Ostpreußen führt durch Charlottenburg, und die Autobahn 115 (Avus) geht östlich an dem Schloss und Eulers Besitzung vorbei.

Sophia Charlotte hatte 1695 von ihrem Mann, damals noch brandenburgischen Kurfürst Friedrich III., den Ort Charlottenburg (damals noch Lietzow) im Austausch mit Gütern in Caputh[44] erhalten und sich ein Schloss, die Lietzenburg (von dem schon im Zusammenhang mit Leibniz die Rede war) errichtet, das 1699 fertig wurde. Als der Kurfürst preußischer König wurde, erweiterte er das Schloss zu einer repräsentativen Anlage; 1705 nannte er das Schloss und den zugehörigen Ort Lietzow Charlottenburg und verlieh der Gemeinde Stadtrecht. Die kleine Residenzstadt hatte gegen 2000 Einwohner. Hier hatte Euler sich ein Landgut gekauft (Abb. 4.12). Der Nachfolger Friedrichs I. benutzte das Schloss nicht, aber Friedrich II. veranstaltete wieder Feste in ihm und hielt sich bis zum Bau von Sanssouci in Potsdam gern hier auf. Während der Besetzung Berlins durch Napoleon 1806 wohnte übrigens der Feldherr im Schloss Charlottenburg.

Die Stadt Charlottenburg expandierte am Ende des 19. Jahrhunderts und war eine sehr moderne Stadt bei Berlin. Schließlich wurde Charlottenburg 1920 in die Stadt Berlin eingemeindet, und auch Lietzau war Teil von Charlottenburg. 1879 erhielt Charlottenburg eine Technische Hochschule, ab 1946 TU Charlottenburg. Diese Hochschule ist eine der vier Berliner Universitäten, deren Ursprünge bis ins 18. Jahrhundert zurück reichen, nämlich auf die Bergakademie (1770), die Bauakademie (1799) und das Gewerbeinstitut (1821). Berühmte Lehrer und Studenten waren die Chemiker und Nobelpreisträger Carl Bosch (1870–1940) und Fritz Haber (1858–1934), die Physiker und Nobelpreisträger Gustav Hertz (1887–1975), Denis Gábor (1900–1979) und Eugene Wigner (1902–1995), der Weltraumpionier Wernher von Braun (1912–1977), der Computerkonstrukteur Konrad Zuse (1910–1995) sowie der Mathematiker Karl Weierstraß (1815–1897).

---

[43] Die damaligen Meilenangaben waren verwirrend und wurden erst am Endes des Jahrhunderts standardisiert, über eine kleine Meile habe ich nichts gefunden. Eine Meile betrug in der Regel um die 7 km bzw. 1000 Schritte (= eine Meile). Man hätte mithin etwa zwei Stunden für den Weg von ca. 7 km benötigt, der von Eulers Wohnhaus zum Schlossplatz in Charlottenburg (Lietzow) führt und der unverändert weitgehend mit der Luftlinie zusammenfällt; mit dem Auto dauert es rund 20 min.

[44] Caputh, das etwas weiter im Südwesten von Berlin liegt, war der Ort, in dem der Magistrat von Berlin für Albert Einstein zum 50. Geburtstag ein Wochenendhaus bauen ließ.

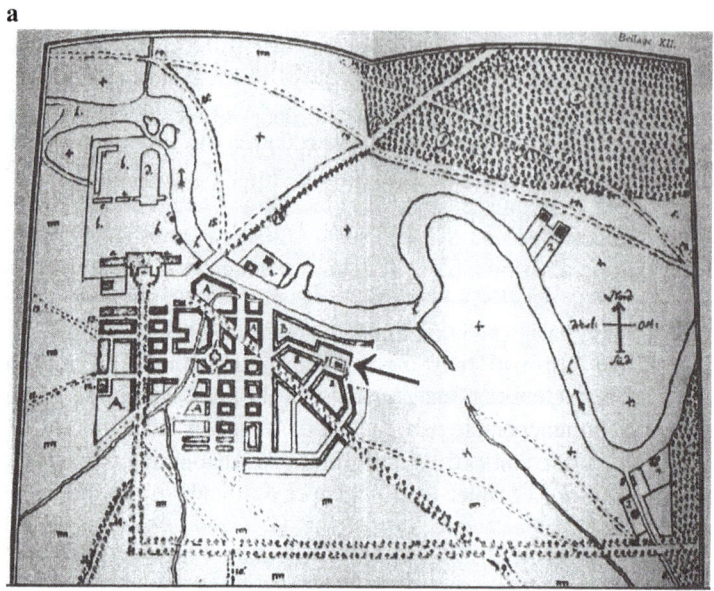

Abb. 4.12 a Umgebungsplan von Lietzow mit Lagebezeichung von Eulers Gut im Bereich B, (Pfeil) der im Winkelraum zwischen der Havel und der Hauptstraße (Berliner Str., heute Otto-Suhr-Straße) nach Berlin liegt. **b** Der ursprünglich alte Dorfkern ist kaum erhalten, am ehesten erinnert die Grünfläche bei der Kirche an ihn

4.5 Friedrich II. auf dem Thron

> Es ist vielleicht einer der großen Vorteile unseres aufgeklärten Jahrhunderts, die Wissenschaften allgemeiner und notwendiger gemacht zu haben.
>
> FRIEDRICH II. (1754)

Der preußische König Friedrich Wilhelm I. (1688–1740, ab 1713 König in Preußen) starb am Dienstag, dem 31. Mai 1740, in Potsdam, und sein ältester Sohn

4.5 Friedrich II. auf dem Thron 279

Abb. 4.13 Friedrich II, König in Preußen; die Unterschrift (Frch) stammt aus der Zeit vor dem Siebenjährigen Krieg; seit 1772 eigenmächtig in König von Preußen geändert

bestieg im Alter von 28 Jahren als Friedrich II. (1712–1786) in Preußen den Thron (Abb. 4.13). Die Stadttore blieben in der Hauptstadt Berlin bis zum folgenden Donnerstag geschlossen, und nachdem die Offiziere und Beamten in dieser Zeit ihren Eid auf den neuen Herrscher geleistet hatten und damit der Thronwechsel geregelt war, jagten Kuriere mit der Neuigkeit in alle Welt.

Friedrich II. war ein philosophisch gebildeter, künstlerisch interessierter und der französischen Kultur zugeneigter Geist, der in seiner Jugend vom militärischen Wesen seines Vaters, des „Soldatenkönigs", und dessen nüchterner und sparsamen Verwaltung des Landes so angewidert war, dass er am 5. August 1730 eine Flucht aus Preußen wagte, die misslang. Friedrichs Freund und Helfer Hans-Hermann von Katte (1704–1730) wurde zur Strafe vor Friedrichs Augen hingerichtet. Dem Drängen des Vaters, auch seinen Sohn als Landesverräter zu verurteilen, folgte jedoch das Kriegsgericht nicht, aber Friedrich musste sich dem Vater unterwerfen. Dieser Fluchtversuch und seine Bestrafung zerrütteten für lange Zeit das Verhältnis Friedrichs zu seinem autoritären Vater, das immer schwierig gewesen war und es letztlich auch blieb, und ein Widerschein dieses Konfliktes fand sich auch im Verhältnis zu Euler.

Als Friedrich II. am 31. Mai 1740 den preußischen Thron bestieg, ging er sofort daran, schon lange wohlüberlegte Pläne zu verwirklichen, die er als Kronprinz

Abb. 4.14 Schloss Rheinsberg, in dem Friedrich als Kronprinz lebte und sich seine wissenschaftlich-philosophische Bildung verschaffte. Hier waren u. a. Voltaire und Maupertuis zu Gast

auf seinem Schloss Rheinsberg gefasst hatte (Abb. 4.14).[45] Er hatte Großes vor. In schneller Folge veränderte er den Staat: Bis zum Juni hob er die Zensur auf (die freilich bald – durch die Kriege veranlasst – wieder stattfand), schaffte die Folter ab und schränkte die Todesstrafe ein, erklärte alle Religionen für gleichberechtigt und schuf ein überregionales Ministerium für Handel und Wirtschaft. Um die Folgen einer Missernte zu lindern, kaufte Friedrich Getreide in Russland und Polen auf und gab es zu niedrigen Preisen an seine Bevölkerung ab, die dadurch sehr beeindruckt war. Ebenfalls begann er sofort mit der Reorganisation der alten Sozietät der Wissenschaften, mit deren Niveau er unzufrieden war. Für alle diese Maßnahmen war das Staatsinteresse die Richtschnur, und die Berliner Zeitung druckte den Ausspruch Friedrichs ab, dass der Vorteil des Landes den Vorzug vor allen eigenen Interessen habe. (Natürlich war es letztlich der absolute Monarch, der über die Interessen seines Landes befand, aber die Aufklärung hatte das Verständnis des Monarchen durchaus verändert.)

Als Friedrich II. begann, die alte Königliche Sozietät[46] neu zu beleben, glaubte nicht nur Euler, sondern alle Anhänger der Aufklärung, einiges erhoffen zu können. Vorrangiges Ziel Friedrichs war es jedoch, Preußen zu einer politischen

---

[45] „C'est peut-être un des grands avantages de notre siècle éclairé que d'avoir rendue les sciences plus communes, en les rendant plus nécessaires." – Wie bei seinem Vater wurde auf eine feierliche Thronbesteigung verzichtet, denn beide sparsame Regenten betrachteten die pompöse Krönung von Friedrich I. als ausreichende Legitimation für ihr Königtum, jedoch ließen sich beide von den Untertanen huldigen. Das Hofzeremoniell wurde abgeschafft.

[46] Die Berliner Akademie war 1700 noch als Kurfürstliche Sozietät von Kurfürst Friedrich III. gegründet worden. 1701 wurde der Kurfürst Friedrich III. König in Preußen, und damit wurde die Sozietät königlich.

4.5 Friedrich II. auf dem Thron

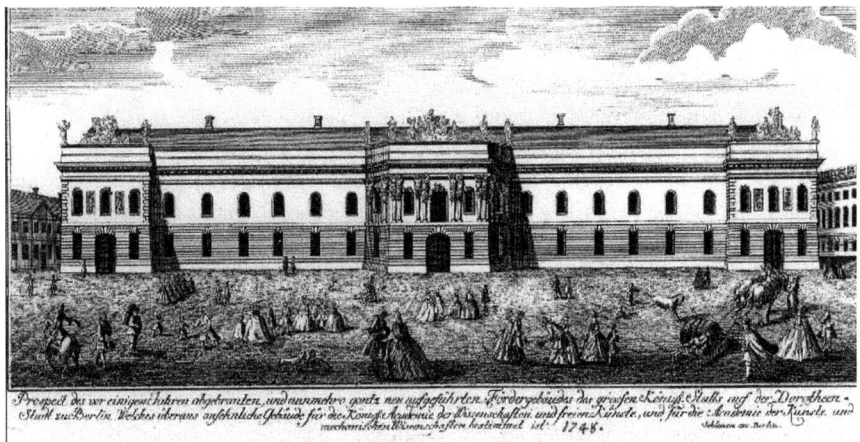

Abb. 4.15 Die Königliche Akademie im Marstall (unter den Linden). Die Bildunterschrift lautet: „Prospekt des vor einigen Jahren abgebrannten und nunmehr gantz neu aufgeführten Vordergebäudes des großem Königl. Stalls auf der Dorotheen-Stadt zu Berlin. Welches überaus ansehnliche Gebäude für die Königl. Academie der Wissenschaften und freien Künste, wie für die Academie der Künste und mechanischen Wissenschaften bestimmt ist." (1748)

Großmacht zu erheben, was er mit allen Mitteln der Innen- und Außenpolitik betrieb – die wissenschaftliche Bedeutung des Landes war nur ein Teil dieser Absicht. „J' aime la guerre pour la gloire; mais si je n'étais pas prince, je ne serais que philosophe" (Ich liebe den Krieg des Ruhmes und der Ehre wegen; aber wenn ich kein Prinz wäre, so wäre ich lediglich ein Philosoph) bekannte der zwiespältige König in einem Brief aus dem Feld seinem Vertrauten Charles Étienne Jordan (1700–1745) am 24. Februar 1741. 1700 war unter dem Einfluss von Gottfried Wilhelm Leibniz (1646–1716) eine Sozietät der Wissenschaften in Berlin ins Leben gerufen worden, deren Ziel es laut Stiftungsurkunde vom 11. Juli 1700 war, sich des verstreuten Schatzes der menschlichen Erkenntnisse anzunehmen und ihn anzuwenden und zu vermehren „zur Ehre und Zierde der Teutschen Nation". Bis 1711 hatte Leibniz selbst präsidiert, danach verlor die im Obergeschoss des königlichen Marstalles (Abb. 4.15) untergebrachte Akademie zunehmend ihre Bedeutung, da der König an Gelehrten nur insofern Interesse hatte, als sie einen praktischen Nutzen erbrachten. Das waren vor allem die Mediziner und Chirurgen, die er für die Armee benötigte, aber auch die Mathematiker, da im Militärwesen elementare Bereiche dieser Wissenschaft benötigt wurden.[47] Die anderen Gelehrten wurden von Friedrich Wilhelm I., selbst in offiziellen Schriftstücken, als seine königlichen Narren verspottet, und in der Tat amtierte einer seiner Hofnarren viele Jahre als Vizepräsident der Akademie. Seine Hofnarren erhielten daher

---

[47] Der Nutzen der höheren Mathematik war Friedrich Wilhelm I. jedoch nicht einsichtig, und so gab es (nach Leibniz!) keinen Mathematiker von Rang in Berlin.

konsequenterweise ihre Gehälter aus dem Etat der Akademie. Gleichfalls im Marstall war die schon früher gegründete Akademie der Künste (1696) untergebracht, die nur als Zeichenschule weiter geführt wurde.[48]

Friedrich Wilhelm hatte sich im Laufe seiner Regentschaft der Verwaltung des Staates und der Streitkräfte angenommen. Letztere hatte er von ursprünglich 40.000 auf 80.000 Soldaten erhöht und damit jene Basis geschaffen, von der aus die politischen Aktivitäten Friedrichs II. Europa in Atem halten sollten. Friedrich wusste genau, dass größere politische Macht stärkeren Bajonetten zu verdanken ist. So wurde von ihm zwar die kostspielige Leibgarde Friedrich Wilhelms I. (die „langen Kerls") aufgelöst, jedoch die Armee im Laufe der nächsten Monate um acht Regimenter (etwa 16.000 Mann) vergrößert.

Aber Friedrich wusste auch, dass einem Staat nichts mehr Glanz gibt als die Wissenschaften, die in ihm heimisch sind. Anders als in Russland gab es in Preußen Universitäten und Gymnasien mit Tradition. Das geographisch zersplitterte Preußen hatte vier Universitäten.[49] Im östlichen Landesteil lag die 1544 gegründete Universität Königsberg als ein geistiges Zentrum;[50] die protestantisch reformierte Universität Duisburg befand sich seit 1655 am westlichen Endes des Reiches; die pietistisch geprägte Universität in Halle (1694) war die größte und wichtigste Preußens; die Frankfurter Universität Viadrina bestand von 1506 bis 1811.[51] Nach der Eroberung Schlesiens im Jahre 1742 kam noch die katholischen Universität Breslau (heute Wrocław) (seit 1728) zu Preußen, in der schließlich 1811 die Universität Viadrina aufging. Die Universität Halle war ein Mittelpunkt des deutschen Pietismus und ein Zentrum für die Ausbildung preußischer Beamter und protestantischer Geistlicher. Die theologische Seite wurde insbesondere von August Hermann Francke (1663–1727) vertreten, wobei sich in dem von ihm gegründeten Waisenhaus (1698) religiöse, erzieherische und soziale Ziele des

---

[48] Das entsprach vermutlich Wilhelms Neigung, gern zu zeichnen. Es gibt z. B. zahlreiche gelungene Porträts seiner „langen Kerls".

[49] Bis zur Gründung einer Universität in Berlin im Jahre 1810 war die nahe an Berlin gelegene Universität in Halle eine bequeme Möglichkeit, zu promovieren und eine akademische Karriere zu machen. Diese Tradition erhielt sich auch nach der Gründung der Berliner Universität, wie die Beispiele von Hermann Amandus Schwarz (1843–1921), Paul Stäckel (1862–1919), Georg Cantor (1845–1918) und Edmund Husserl (1859–1938) zeigen. Die sächsische Universität Wittenberg, die Leucorea, an der Martin Luther gewirkt hatte und 1517 seinen berühmten Thesenanschlag vorgenommen hatte, bestand von 1502 bis 1813 (Schließung durch Napoleon) und ging erst nach dem Napoleonischen Krieg in preußische Hände über; 1817 wurde sie mit der benachbarten preußischen Universität Halle vereinigt, die heute Martin-Luther-Universität Halle-Wittenberg heißt.

[50] Bekannte Mathematiker und Physiker, die in Königsberg studiert oder gelehrt hatten waren beispielsweise Carl Gustav Jacobi (1804–1851), David Hilbert (1862–1943), Franz und Carl Neumann (1798–1895; 1832–1925), Hermann Minkowski (1864–1909) und Adolf Hurwitz (1859–1919).

[51] Frankfurt liegt an der Oder und ist nicht mit Frankfurt am Main (Hessen) zu verwechseln. Die alte und wohlhabende Stadt Frankfurt am Main kam übrigens erst 1914 zu einer Universität!

4.5 Friedrich II. auf dem Thron

Abb. 4.16 a Das Wohnhaus des Philosophen Christian Wolff (1679–1754) nach seiner Rückkehr nach Halle. Der Raum im Dachbereich mit drei Fenstern diente als Vorlesungssaal. Links vor dem Haus ein neu errichtetes Denkmal von Wolff. **b, c** Nur einen Steinwurf entfernt, aber seinerzeit noch vor den Toren der Stadt, befindet sich die 1698 gegründete Stiftung des Pietisten August Wilhelm Francke (1663–1727), deren Hauptgebäude und dessen zur Stadt weisenden Giebel unsere Bilder zeigen

Pietismus in vorbildlicher Weise vermischten, aber später zunehmend dogmatische Züge annahmen (Abb. 4.16b, c). In Halle lehrten weiterhin die Philosophen Christian Thomasius (1655–1728), der insbesondere durch seine auf Deutsch gehaltenen Vorlesungen wirkte, und der berühmte Christian Wolff (1679–1754) (Abb. 4.16a). Die Universität hatte auch Einfluss auf die russische Situation in Religion und Wissenschaft, nicht zuletzt durch die Absolventen der Hallischen Universität.

Neben der Königlichen Sozietät der Wissenschaften in Berlin gab es keine weitere wissenschaftliche Akademie in Preußen, und diese Akademie konnte sich bis zur Reorganisation nicht mit den glanzvollen Akademien in Paris und London messen. Ungeduldig hatte sich daher Friedrich II. über seine Diplomaten vor Ort um bedeutende europäische Gelehrte bemüht und sofort die bekannten Naturwissenschaftler Willem Jacob s'Gravesande (1688–1742) und Petrus von

Muschebrock (1692–1761) in Leiden, Jacques de Vaucasson (1709–1782) und Pierre-Louis Moreau de Maupertuis (1698–1759) in Paris, Francesco Algarotti (1712–1764), Johann und Daniel Bernoulli in Basel (1667–1748; 1700–1782), Christian Wolff (1679–1754) in Marburg und schließlich Leonhard Euler eingeladen, nach Berlin zu kommen. Wir lesen in Briefen des vielbeschäftigten Königs an Voltaire (1694–1778) vom 6. und 12. Juni 1740:

> „Bisher habe ich [kaum noch Zeit], mich selbst wiederzuerkennen. ... Ich arbeite mit beiden Händen, einerseits in der Armee, andererseits im Volk und in der bildenden Kunst"[52]

Zwei Wochen später nahm sein Wirken schon genauere Gestalt an:

> „Ich begann zunächst damit, [die Staatsstärke zu erhöhen] um 16 Bataillone, 5 Schwadronen [von Husaren und einem] Schwadron von Leibwächtern. Ich legte [den Grundstein für] unsere neue Akademie. Ich [erwarb] Wolff, Maupertuis, Vaucanson, Algarotti. Ich warte auf die Antwort von s'Gravesande [und Euler]."[53]

„Wolff, le plus célèbre philosophe de nos jours,"(Wolff, seinerzeit der berühmteste Philosoph) kam allerdings nicht nach Berlin, sondern kehrte an seinen früheren Wirkungsort Halle zurück, aus dem er 1723 auf Betreiben der Pietisten unter Androhung des Stranges durch Friedrich Wilhelm I. geflohen war. Zum einen zog es Wolff vor, an Universitäten Vorlesungen zu halten und dicke Bücher zu schreiben, Akademien reizten ihn weniger; zum anderen war ihm die (angestrebte) Newton'sche Ausrichtung der Berliner Akademie nicht entgangen und die damit zwangsläufig verbundenen Auseinandersetzungen. Aber Wolff gratulierte zur Akademiegründung, als Maupertuis schließlich deren Präsident wurde: „Je vous félicite vous à l'Académie royale des sciences d'en avoir reçu la Présidence du Roi notre très généreux maître" (Ich gratuliere Ihnen und der Königlichen Akademie der Wissenschaften dazu, dass Sie deren Präsidentschaft vom König, unserem sehr großzügigen Meister, erhalten haben, 15.11.1746). Maupertuis war schon 1740 von Friedrich als Präsident ins Auge gefasst worden, aber er kam erst 1745 und wurde am 1.2.1746 zum Präsidenten der Berliner Akademie ernannt. Eine dauernde Zusammenarbeit mit Francesco Algarotti kam nicht zustande. Alle anderen lehnten den Ruf ab, aber Euler war gekommen, und das war ein großer Gewinn für die künftige Akademie! Samuel Koenig (1712–1757), der Maupertuis aus seinen Studientagen in Basel kannte und den wir bald genauer erleben werden, schrieb an Maupertuis: „Vous avez tiré M. Euler des glaces de la Moscovie [St. Petersburg!]; la Suisse vous remercie" (Sie haben Herrn Euler

---

[52] Jusqu'à present il me [reste à pein le temps] de me reconnaître. ... Je travaille des deux mains, d'un côté à l'armée, de l'autre au people et aux beaux-arts.

[53] J'ai d'abord commencé par [augmenter les forces de l'État] de 16 bataillons, de 5 escadrons [de hussards, et d'un] escadron de gardes du corps. J'ai posé [les fondements de] notre nouvelle Académie. J'ai fait [acquisition de] Wolff, de Maupertuis, de Vaucanson, d'Algarotti. J'attends la réponse de s'Gravesande [et de Euler].

4.5 Friedrich II. auf dem Thron

aus dem Eis von Moskau [St. Petersburg!] gezogen; Die Schweiz dankt Ihnen, 11.02.1741).

Friedrich sprach ausgezeichnet Französisch, aber seine Muttersprache Deutsch nur unvollkommen. Er drückte sich auf Deutsch nur aus, um seinen Soldaten, Beamten und Personal Anweisungen zu geben.[54] Das Lernen klassischer Sprachen war ihm vom Vater verboten worden. Obwohl der preußische und englische Hof (Haus Hannover) verwandtschaftlich verbunden waren – Friedrich II. war ein Enkel des englischen Königs George I. (1660–1727), geboren als Herzog Georg Ludwig von Braunschweig-Lüneburg –, spielte Englisch offenbar keine Rolle in seinem Leben.[55] Andererseits war Französisch für Friedrich eine erlernte Fremdsprache, in der er letztlich nicht perfekt war und für die er daher Voltaire um sprachliche Verbesserungen (insbesondere bei den von ihm verfassten Gedichten) bat. Abschätzig pflegte Voltaire hierüber zu sagen, dass der König ihm wieder schmutzige Wäsche zum Waschen gegeben habe.

Aufgrund dieser Sprachkenntnisse war Friedrichs Bildung vor allem französisch ausgerichtet, und die Götter seines Olymps waren z. B. Jean-Baptiste Molière (1622–1673) und vor allem Voltaire. Deutsche Literatur mochte der König nicht, vermutlich weil ihm die deutsche Literatursprache fremd war. In seiner Rheinsberger Kronprinzenzeit, wo er dem unmittelbaren Zugriff des Vaters entzogen war, las Friedrich mit großem Eifer französische Bücher und versuchte, seine Bildung zu verbessern. Dabei war er von der rationalistischen Philosophie Wolffs beeindruckt, aber er musste sich dessen deutsch geschriebenes Buch *Vermischte Gedanken von Gott und der Welt und die Seele des Menschen* (1719, erweitert 1724) von Ulrich Friedrich von Suhm (1691–1695) ins Französische übersetzen lassen. Suhm, Sohn eines sächsischen Diplomaten, war Ende 1736 sächsischer Gesandter in St. Petersburg geworden. Er reiste am 28.12.1736 nach St. Petersburg, nicht ohne vorher am 07.12.1736 dem Kronprinzen Friedrich die französische Übersetzung von Wolffs Buch zu übergeben. Seit dieser Zeit waren Suhm und Friedrich II. in brieflicher Verbindung (117 Briefe). Übrigens hatte Suhm früher dem Kronprinzen auch mit geheimen Darlehen aus finanziellen Schwierigkeiten geholfen.

---

[54] Voltaire schrieb 1750 aus Potsdam: „Ich bin hier in Frankreich. Man spricht nur Französisch. Deutsch ist für die Soldaten und die Pferde; man braucht es nur für unterwegs", in: *Friedrich der Große als Kronprinz im Briefwechsel mit Voltaire*. Halle 1902, S. 236. Sinngemäß gibt es solche Bemerkungen auch über St. Petersburg, wo Deutsch die Sprache der Oberschicht war, bis es vom Französischen abgelöst wurde.

[55] Bielefeld, ein Freund aus der Kronprinzenzeit, berichtete allerdings, dass Friedrich in Rheinsberg morgens noch im Bett die bissigen englischen Zeitungen las (die sicher seinem Charakter zusagten). – George I., König von Großbritannien und Irland (gekrönt 1714), war der Sohn von Sophia of the Palatinate (1630–1740), einer Enkelin von James I. (1566–1625, reg. 1603–1625) aus dem Hause Stuart, und Kurfürsten Ernst August von Hannover (1629–1698). Friedrich Wilhelm I. war ein Neffe von George II. (1683–1706, reg. 1727–1760) aus dem Hause Hannover, den er früher mehrfach in Hannover besucht hatte und den er als älterer und derber Junge häufig verprügelt hatte. Gewiss keine gute Grundlage für freundliche Beziehungen zwischen England und Preußen.

Abb. 4.17 Porträts von **a** Pierre-Louis Moreau de Maupertuis (1698–1759), dem ersten Präsidenten der Akademie, **b** François Marie Voltaire (eigentlich Arouet, 1694–1778) und **c** Francesco Algarotti (1712–1764), von Friedrich II. zum Grafen erhoben

Neben Wolff las Friedrich insbesondere philosophische Schriften von John Locke (1632–1704). Voltaire, der von Friedrich die französische Übersetzung des Wolff'schen Buches erhalten hatte, versuchte geschickt, Friedrich von der Untauglichkeit beider philosophischer Systeme zu überzeugen, um ihm seine eigene Philosophie nahe zu bringen. Friedrich hatte starkes Interesse an der Newton'schen Physik, die er in seiner Akademie unterstützen wollte. Bereits die Namen dreier Mitglieder seiner Akademie zeigen dies deutlich: Maupertuis, Voltaire und Algarotti. Maupertuis' Ruhm gründete sich auf dem Nachweis der Erdabplattung gemäß der Newton'schen Theorie; Voltaire hatte mit seinen *Elémens de la philosophie de Neuton* (Grundlagen der Newton'schen Philosophie, 1738) ebenso wie Algarotti mit seinem Buch *Le Newtonianisme pour les dames, ou entretiens sur la lumiere, sur les couleurs et sur l'attraction* (Die Newton'sche Lehre für die Damenwelt oder Gespräche über die Farben und die Gravitation, Amsterdam 1738, 1741, London 1738) Newtons Theorie erfolgreich popularisiert.[56] Alle drei waren im Herbst 1740, also kurz nach der Thronbesteigung, Gäste in Rheinsberg, dem Schloss, das Friedrich als Kronprinzen bewohnt hatte (Abb. 4.17).

---

[56] Das Buch erschien zuerst in italienischer Sprache *Il Newtonianismo per le dame* (1737, 1739 erweitert), dann 1738 in französischen und 1739 englischen Übersetzungen; in Berlin 1750 sogar mit einem französischen Vorwort eigens für Friedrich II.

4.6 Der lange Weg zur Berliner Akademie

Obstacles are those frightful things we see when we take our eyes off our goals.

HENRY FORD (1863–1947)

Euler hatte Russland gerade vor dem Ausbruch der russisch-schwedischen Feindseligkeiten verlassen und war am 25. Juli in Berlin eingetroffen; die schwedische Kriegserklärung erfolgte am 27.07./07.08.1741. Aber er hatte ein Land erreicht, das sich seit Dezember 1740 im Krieg mit Österreich befand. Hatte Euler mit seinem Wechsel nach Berlin die richtige Entscheidung getroffen?

Für die aufklärerischen und philosophischen Kreise in Europa war der neue preußische König ein Hoffnungsträger. Man glaubte, viel von ihm erhoffen zu können. „Die Wissenschaften und die Künste sind auf den Thron gestiegen", hatte das geistige Haupt der Aufklärung Voltaire gejubelt. Diesem hatte der gerade gekrönte Friedrich am 18. Mai 1740 geschrieben:

> „Ich versichere Ihnen, dass mir die Philosophie reizvoller und anziehender erscheint als der Thron; sie hat den Vorteil eines plausiblen festen Grundes; sie siegt über die Illusionen und Irrtümer der Menschen."[57]

Kein Wunder, dass die Gemeinde der europäischen Philosophen Friedrich als einen der ihren betrachtete. Er machte auf die gelehrte Welt auch dadurch Eindruck, dass er die Philosophen Wolff und Maupertuis ins Land holte sowie Voltaire umwarb. Zunächst ging auch die Reorganisation der alten Sozietät zügig voran. Ungeduldig lud Friedrich bekannte Wissenschaftler an die neue Akademie ein. Bereits am 5. Juni, also noch in der ersten Woche der Thronbesteigung, verlangte Friedrich vom Protektor der Sozietät Adam Otto von Viereck (1684–1758) ein Gutachten über den Zustand der alten Akademie, und vier Tage später lag ihm dieses vor. Viereck, der den Bericht verfasst hatte, fürchtete, dass „das Anlocken geschickter Männer schwierig sei" und er bot sich dafür an, die „Einkünfte der Sozietät in guter Ordnung zu halten". Wiederum zwei Tage später traf Friedrich erste Maßnahmen zur Reorganisation der Akademie (11.06.1740), insbesondere strich er ersatzlos die von seinem Vater vorgesehene Versorgung „für die sämtlichen königlichen Narren" durch die Akademie.

Der absehbare Tod Friedrich Wilhelms I. hatte Voltaire veranlasst, den Kronprinzen im April 1740 in einem Brief auf die desolate Lage der Akademie hinzuweisen und ihn zu bedrängen, etwas für ihre Wiederherstellung zu tun. Friedrichs Antwort vom 3. Mai 1740, seinem vierten Regierungstag, legte hierzu einige Gedanken dar, was zeigt, dass der König sich offenbar bereits als Kronprinz Pläne für die Reorganisation der Akademie gemacht hatte (wie natürlich auch über seine politischen Ziele). An der Struktur der alten Sozietät wollte Friedrich wenig ändern. Die Verbindung zwischen dem König als Protektor der Akademie und der

---

[57] « Je vous assure que le Philosophie me parait plus charmante et plus attrayante que le trône; elle a l'avantage d'une plausible solide; elle l'emporte sur les illusions et les erreurs des hommes. »

Akademie selbst sollte über deren Präsidenten erfolgen, wobei für den Präsidenten von Friedrich eine adlige Person mit französischer Kultur und Lebensart ins Auge gefasst worden war. Von diesen Vorstellungen wich der König nicht ab, was erklärt, dass der tatkräftige, aber bürgerliche Leonhard Euler von Anfang an keine Aussichten auf die Präsidentschaft hatte. Euler, der sich für die Stelle zu Recht als geeignet hielt, fand sich anfänglich mit diesen Umständen ab und kam erst viel später mit dem König in solche Widersprüche, dass sie ihn letztlich veranlassten, Berlin nach einem Vierteljahrhundert mit dem Ziel St. Petersburg zu verlassen.

Voltaire spekulierte zwar auf die Präsidentschaft in Berlin, aber die Marquise du Châtelier (1706–1749) band ihn zu dieser Zeit an sich und ihr Schloss in Cirey. Auf einer Reise durch die westlichen Provinzen seines Reiches nutzte der König die geographische Nähe zu Voltaire, der sich gerade in Holland befand, und kam im Jahre 1740 in Wesel erstmals mit seinen verehrten Briefpartner Voltaire zusammen. Friedrich traf hier auch den aus Paris angereisten Maupertuis. Voltaire empfahl dem König Maupertuis für die Stelle des Präsidenten, aber letztlich war er unzufrieden über seine Bindung an Cirey und sagte, dass Friedrich bei der Besetzung des Präsidentenamtes wie Gott die Welt in Himmel und Hölle geteilt habe und er (Voltaire) komme in die Hölle (Holland), während Maupertuis in den Himmel (Berlin) gelange.

Die Begegnung in Wesel war nur kurz, und Friedrich, der unter einer Malariaattacke litt, war sehr unpässlich. Aber beide Männer, Voltaire und Maupertuis, kamen im Herbst 1740 nach Rheinsberg, wo Friedrich durch Feiern und Feste mit seinem Hofstaat seine glücklichen Tage als Kronprinzen beschloss. Maupertuis, obwohl in vielen Dingen charmant, aber auch exzentrisch, war offenbar nicht der Mann für diese rauschenden Feste der jüngeren Genration. Friedrich schrieb am 2. September 1740 an Jordan:

> „Maupertuis ist angekommen, ein hübscher Junge, freundschaftlich in der Gesellschaft, aber hundertfach Algarotti unterlegen."[58]

Und kurz darauf, am 21. November 1740, an Francesco Algarotti:

> „Maupertuis liebt Zahlen und Ziffern so sehr, dass er ein $A + B - X$ der gesamten Gesellschaft hier vorzieht. Ich weiß nicht, ob es daran liegt, dass er Algebra liebt, oder ob unsere Welt ihn langweilt."[59]

Mit Voltaire, mit dem Friedrich hier erstmals längere Zeit zusammen war, gab es erste Missklänge, denn der sparsame König fand Voltaires Forderung nach etwa 500 Thaler Aufenthaltskosten pro Tag bei freiem Logis sehr überzogen und sprach sich daher gegen das Mitbringen von Voltaires Nichte aus, da das die Kosten nochmals erhöht hätte. Voltaire wiederum empfand Friedrich als geizig. Zum Vergleich:

---

[58] „Maupertuis est arrivé, jolie garçon, amiable en compagnie, cependant de cent piques inférieur a Algarotti."
[59] « Maupertuis est si amoureux des nombres et des chiffres, qui il préféré a plus b minus x à toute la societé d`íci. Je ne sais si c'est quìl aime tout l'algèbre, ou si notre monde l'ennuie. »

4.6 Der lange Weg zur Berliner Akademie

Euler sollte als Jahresgehalt 1600 Thaler erhalten, was sein Lehrer Johann Bernoulli als hohe Besoldung ansah (Brief vom 28.11.1741).

Die politischen Ziele Friedrichs wurden vom Glanz der Rheinsberger Feste vorübergehend verdeckt, aber die feste Absicht des Königs war es nach wie vor, Preußen zu einer europäischen Großmacht zu erheben. Hierfür war eine starke Armee erforderlich, und für die Unterhaltung einer größeren Armee benötigte man wiederum ein vergrößertes preußischen Territoriums. Die Bedingungen für Friedrichs Pläne sollten sich jedoch schlagartig ändern, denn der deutsche Kaiser Karl VI. (1685–1740, reg. ab 1711) aus dem österreichischen Hause Habsburg starb am 20. Oktober 1740, und diese brisante Nachricht erreichte wenige Tage später, am 26. Oktober, Friedrich in Rheinsberg. Damit waren die Rheinsberger Feste ein Tanz auf dem Vulkan geworden, denn nun war im Geheimen der König bereits intensiv mit den Vorbereitungen zum 1. Schlesischen Krieg befasst, der mit dem preußischen Einmarsch am 16. Dezember 1740 begann. Im Winter in einen Krieg zu ziehen war unüblich.

Königin auf dem Thron von Böhmen und Ungarn wurde im Alter von 23 Jahren Karls Tochter Maria Theresia (1717–1780, reg. ab 1740), eine schwangere und noch unerfahrene Regentin. Diese Umstände waren eine Versuchung für Friedrich, seine politischen Ziele mit einem Paukenschlag rücksichtslos zu verwirklichen. Er stellte seine Ziele in den westlichen Teilen Preußens zurück und fasste jetzt Schlesien, ein Juwel in den habsburgischen Erblanden, ins Auge. Am 16. Dezember fiel er in die österreichische Provinz Schlesien ein und vergrößerte das preußische Territorium um ein Drittel. Bereits 1741 urteilte Voltaire prägnant, dass der Fürst den Philosophenmantel abwerfen und den Degen ergreifen würde, sobald er eine Provinz erblicke, die ihm gefiele. Hören wir, wie ein moderner britischer Historiker, Tim Blanning (*1942), den Entschluss Friedrichs beurteilt, die prosperierende österreichische Provinz Schlesien zu erobern:

> „Vereinfacht gesagt, überfiel er eine offensichtlich friedliebende Frau und verbrachte den Rest seines Lebens mit dem Versuch, an seiner Beute festzuhalten, eine herkulische Anstrengung, die auf alle seine außen- und innenpolitischen Bemühungen ausstrahlte. So viel ging von dieser grundlegenden ersten Handlung aus, dass sein Bewusstseinszustand … eine legitime, wenn nicht wesentliche Dimension ist, wenn man sein erstaunliches Leben verstehen will."[60]

Für viele Monate standen nun militärische Angelegenheiten im Vordergrund, denn die Eroberung Schlesiens wurde Friedrich endgültig erst 1763 zugestanden,[61] also in dem Jahr, als Indien englische Provinz wurde.

---

[60] Blanning, *Frederick the Great. King of Prussia*. London 2015. Dtsch. *Friedrich der Große. König von Preußen*. München 2018. S. xxiv bzw. 13. – „To put it simply, he began by robbing an apparently defenceless woman and spent the rest of his life trying to hang on to his booty, a herculean effort which coloured all his foreign and domestics politics and actions. So much flowed from that primal act that his state of mind … is a legitimate, not to say essential, dimension to an understanding of his amazing life."

[61] Friedrich hatte Schlesien für Preußen erobert, aber er hatte zugleich die katholische österreichische Provinz dem Einfluss des Vatikans entzogen.

Wie wir wissen, hatte sich Friedrich unmittelbar nach seinem Regierungsantritt um Euler bemüht, und er ließ auch in den Kriegsereignissen in diesen Bestrebungen, Euler nach Berlin zu ziehen, nicht nach. In St. Petersburg war ein alter Freund des Königs, Ulrich von Suhm, sächsischer Gesandter, dem Friedrich jetzt eine Stellung an seinem Hofe anbot und ihn bat, Euler gleich mitzubringen: „Faites ce que vous pouvrez pour engager M. Euler, grand algébriste, et si vous pouvez amenez le avec vous." (Tun Sie, was Sie können, um Herrn Euler einzustellen, einen großartigen Algebraiker, und wenn Sie können, bringen Sie ihn mit; Brief vom 14.06.1740). Wenig später (15. Juli 1740), die Antwort von Suhm konnte den König, der inzwischen nach Ostpreußen gereist war, noch gar nicht erreicht haben, wiederholte Friedrich II. ungeduldig seinen Wunsch und bot als Gehalt 1200 Écu an. Mit dem Einverständnis des sächsischen Hofes machte sich Suhm im Herbst 1740 auf den Weg nach Berlin. Euler hatte er nicht bei sich, und er selbst kam in Berlin nicht an, denn er starb noch nicht 50-jährig auf der Reise in Warschau. Wie weit seine Verhandlungen mit Euler gediehen waren, wissen wir nicht genau. Jedoch glückte es dem preußischen Gesandten Axel von Mardefeld (1691–1748), die Angelegenheit im Sinne des Königs zu erledigen und Euler für Berlin zu gewinnen.

Euler schrieb hierüber am 23. Februar 1741 an seinen Freund Gerhard Müller (1705–1783) (Abb. 4.18) nach Sibirien, dass er „nichts weniger vermute, als sich noch anderswo zu etablieren", aber der König von Preußen habe ihm ein attraktives Angebot gemacht, das er nach Besprechungen (vermutlich mit seiner Frau, die Petersburg wegen der Brandgefahr nicht mochte) und reiflicher Überlegung angenommen habe. In seiner *Éloge* (1783) auf Euler berichtet Nikolaus Fuss (1755–1826), dass Euler der Einladung gefolgt sei „pour donner de l'eclat à une académie qui alloit naître sous les auspices d'un Philosophe couronné" (um einer Akademie Glanz zu verleihen, die unter der Schirmherrschaft eines gekrönten Philosophen entstehen sollte). Den erfolgreichen Abschluss der Verhandlungen konnte Mardefeld am 17. Juni 1741 an Friedrich II. berichten:

> „Professor Euler reist morgen[62] auf dem Wasserweg nach Stettin ab. Der hiesige Hof entließ ihn widerwillig. Sein schlechtes Aussehen spricht nicht zu seinen Gunsten; er ist jedoch der größte Algebraist Europas."[63]

Es ist aufschlussreich zu sehen, wie hartnäckig Euler seine Entlassung aus russischen Diensten betrieb und dabei vor Aufregung sogar krank wurde.[64] Über das

---

[62] Euler selbst gibt in einem Brief an Goldbach vom 1. August 1741 den 19. Juni als Abreisetag an.

[63] Le professeur Euler part demain par eau pour Stettin. La cour d'ìci lui a donné son congé à grand règret. La mauvaise mine ne prévient pas en sa faveur; cependant il est le plus grand Algébriste de l'Europe.

[64] Die Darstellung folgt einem „Journal, betreffend die von Ihrer Königl. Majestät von Preußen an mich ergangene Allergnädigste Vocation", das Euler in Berlin dem König überreichte und das den Zeitraum vom 15.2. bis 10.3. 1741 betrifft (Datum vermutlich im neuen Stil EO IV/A, S. 299–301).

4.6 Der lange Weg zur Berliner Akademie

Abb. 4.18 Gerhard Friedrich Müller (1705–1783), ein enger Freund Eulers (das einzige bekannte Bild); ab 1725 Adjunkt, ab 1731 Professor für Geschichte und ordentliches Akademiemitglied, von 1728 bis 1730 und von 1754 bis 1765 Konferenzsekretär, alles an der Petersburger Akademie, danach in Moskau

Gehalt von 1600 Écu und die Reisekosten scheint Euler sich noch mit Suhm geeinigt zu haben. Die verbindliche eigenhändige Bestätigung Friedrichs erhielt Euler am 15. Februar 1741 durch Mardefeld. Schon am nächsten Tag war Euler bei dem Präsidenten Karl von Brevern (1704–1744, Präs. 1740–1741) und dem Kanzleichef Johann Daniel Schumacher (1690–1761). Zunächst nahm er an, seine Demission leicht zu erhalten, da sein letzter Vertrag mit der Akademie in St. Petersburg keine zeitlichen Befristungen enthielt (Brief an Müller vom 23.02.1741). Zwei Tage später war Euler schon wieder bei Schumacher, der ihm zu zögerlich war. Tags drauf erfuhr Euler, dass Goldbach die Sache vortragen solle, aber eine Entlassung nicht vor einem Jahr zu haben sein werde. Am 21. Februar war Euler abermals bei Schumacher, der nun entschieden gegen eine Entlassung Eulers war. Daher wandte sich Euler am nächsten Tag wieder an von Brevern und wurde vor Aufregung krank, sodass er jetzt schriftlich weiter intervenierte. Am 27. Februar schaltete er Mardefeld ein und bat diesen am 2. März um mehr Nachdruck, da noch nichts erreicht sei. Am 5. März war Euler bei von Brevern und ebenfalls am folgenden Tag. Am 7. März speiste Goldbach mit Mardefeld, und Eulers Bemühungen um die Demission zeigten jetzt Wirkungen. Euler bot von Brevern sogar an, auf eine Gehaltszulage zu verzichten, die er von der Akademie für das Abfassen der *Scientia navalis* (E 110/111) erhalten habe, denn er könne aus gesundheitlichen Gründe diese Arbeit nicht mehr erledigen und sei bereit, das erhaltene Geld zurückzuzahlen. Er bat, ihn der Gesundheit wegen nicht zu zwingen, in St. Petersburg zu verbleiben. Schließlich sagte von Brevern am 10. März zu, die Sache in der Kanzlei zu behandeln. Die Angelegenheit zog sich aber noch bis zum Juni hin. An Müller hatte Euler geschrieben, dass er unmittelbar nach der Entlassung abreisen würde. Am Freitag dem 5./26. Juni 1741 nahm Euler letztmalig an einer Konferenz teil.

Das erste Angebot Friedrichs hatte Euler noch vor dem 1. Schlesischen Krieg erhalten, aber das Journal, das Euler dem König schickte (siehe Fußnote 19), zeigt, dass die Verhandlungen erst dann in ein entscheidendes Stadium eintraten, als der König bereits im Kriege war. Der König schrieb eigenhändig eine Einladung an Euler aus dem Feld. Da Schumacher Euler nicht aus russischen Diensten entlassen wollte, hätte Euler zu dieser Zeit den Ruf leicht ablehnen können. Leonhard Euler war also wissentlich in das kriegsführende Preußen gezogen. Er hatte übrigens bereits in St. Petersburg gute Informationen über den Schlesischen Krieg, denn in einem Brief an Goldbach (7./18. April 1741) berichtete er über eine blutige Bataille am 10. April 1741 des Krieges, die zwar zugunsten Preußens ausgegangen sei, die aber zwei preußische Prinzen und einige Generale gekostet habe. Er fügte etwas süffisant an: „Auch soll Mr. Maupertuis, welcher in Schlesien von dem König Abschied nehmen wollte, bei dieser Aktion verloren gegangen sein." Diese Bemerkung zeigt, dass sich zu dieser Zeit Euler und Maupertuis noch nicht so nahe gestanden haben wie später in Berlin, als die Frage der Präsidentschaft kein Thema mehr für beide war. Euler irrte allerdings in den Motiven Maupertuis'. Dieser wollte sich nicht vom König verabschieden, sondern Friedrich hatte gefürchtet, dass sich der designierte Präsident in Berlin langweilen würde und schlimmstenfalls das Land verlassen. Er hatte deshalb am 3. Januar aus dem Felde an Maupertuis geschrieben: „J'ai ici une autre espéce d'algébra à calculer …. notre géométrie va grâce à vos bonnes influences parfaitment bien j'àurai achevé de régler la figure de la Silesie."[65] Diese Zeilen lassen einmal erkennen, dass Maupertuis dem König bereits einen Plan für die Akademie vorgelegt haben muss, zum anderen aber auch, dass der König den Akademiegedanken nicht beiseitegeschoben hatte.

Der König rief den alten Soldaten dann ins Feld (März 1741), damit dieser er sich in Berlin nicht langweile, und um die Akademiesachen zu besprechen. Unglücklicherweise geriet jedoch Maupertuis sofort in österreichische Gefangenschaft und wurde völlig ausgeraubt. Die Berichte hierüber sind unterschiedlich: Einmal wird von einem durchgehenden Pferd berichtet, ein anderes Mal wird gesagt, dass Maupertuis von Friederich kein Pferd erhalten habe, sodass er sich einen Esel kaufte, der bei der Verfolgung von Maupertuis durch die Österreicher zu langsam war. Die in Rede stehende Schlacht war die von Mollwitz am 10. April 1741. Der ausgeraubt Maupertuis wurde nach Wien gebracht, und am kaiserlichen Hof erkannte man, wen man vor sich hatte, ersetzte dem Franzosen seine Sachen und entließ ihn wieder nach Berlin. Von dort zog sich aber Maupertuis erst einmal ins sichere Frankreich zurück. Dort wurde er auf Vorschlag von Charles Baron de Montesquieu (1689–1755) 1743 unter die 40 Unsterblichen der Académie française gewählt. Seine am 27. Juni 1743 gehaltene Antrittsrede „Des rapports et de la différence entre le géomètre et l'académicien"[66] in der Pariser Akademie widmete sich dem Vergleich der Tätigkeiten des Mathematikers und Gelehrten. Maupertuis kam erst wieder nach Berlin, als der Sieg Friedrichs im 2. Schlesischen Krieg bei Hohenfriedberg am 4. Juni 1746 sichere Verhältnisse versprach.

---

[65] „Ich muss hier noch eine andere Art von Algebra beachten … unsere Geometrie läuft perfekt, dank Eurer guten Einflüsse werde ich die Figur Schlesiens fertig ausarbeiten."
[66] « Cultivant les sciences sans ambition, sans intrigue et seulement pour mon plaisir, le suffrage de la multitude m'est entièrement indifférent. »

4.6.1 Euler und die Reorganisation

> Die Wissenschaften ohne Ehrgeiz, ohne Intrigen und nur zu meinem Vergnügen zu pflegen, der Beifall der Menge ist mir völlig gleichgültig.
> PIERRE SIMON MARQUIS DE LAPLACE (1749–1827)

Der Krieg hatte Folgen für die Akademie, denn deren Reorganisation wurde während dieser Zeit zugunsten militärischer Aufgaben zurückgestellt. Im Juni 1742 schrieb Euler optimistisch an Goldbach:

> „Allhier lebt nun alles in größter Freude, da heute der schon längst gewünschte Frieden [von Breslau am 11.06.1742] publiziert worden. ... Man vermutet auch, dass gleich nach Ihrer Königlichen Majestät Zurückkunft mit der Errichtung der neuen Akademie der Anfang gemacht werden soll, und allem Ansehen nach dürfte solches bei den jetzigen Umständen ohne den Mr. Maupertuis geschehen."

Goldbach antwortete, dass die Friedensbedingungen für Preußen nicht „glorieuser" hätten sein können und dass sie ihm zu großer Freude gereicht hätten. Von Euler ist im August 1742 in einem Brief an Goldbach zu lesen:

> „Zum Aufbau der neuen Akademie der Wissenschaften hier sind von Ihrer Königlichen Majestät die notwendigen Ordres schon gegeben worden, aber wegen der Aufrichtung selbst ist noch nichts resolviert [gelöst] worden. Die alte Sozietät hatte letztens ein großes Unglück betroffen, in den bei Nacht auf dem Königlichen Stall [Marstall] Feuer ausgebrochen ist, wodurch die ganze vordere Face nach den Linden [Straße Unter den Linden] verbrannt und die ganze Malerakademie zugrunde gegangen ist."[67]

Eulers Freund Daniel Bernoulli hatte die Neuorganisation von Basel aus interessiert betrachtet und nach Briefen anfänglicher Begeisterung nachdenklichere Töne angeschlagen. Neben der Freude, Euler in Berlin zu wissen, fürchtete er jedoch, dass die Akademie unmöglich im Kriege zustande kommen könne (20.09.1741). Als der Frieden geschlossen wurde, hoffte Bernoulli, dass Euler jetzt sein Licht leuchten lassen könne (28.07.1742). Selbst nach der Vereinigung der beiden Sozietäten schrieb Bernoulli, dass er „nicht befremdet sei, daß es in Berlin so langsam hergeht" und schließlich „es scheint, daß der Krieg incompatible mit der Wissenschaft ist" (04.02.1744). Noch am 29. April 1744 zweifelte er: „Ich fürchte, in Berlin werden die Wissenschaften sich schwerlich emporschwingen."

Angesichts solcher Bedenken gegenüber der Berliner Akademie konnte man sich schon fragen, ob Eulers Entschluss, St. Petersburg zu verlassen, nicht voreilig gewesen war. Aber hören wir dazu denselben Bernoulli über St. Petersburg: „Die Petersburger Akademie betrachte ich als wie ganz niedergeschlagen" (04.12.1745), und am 9. Juli 1746 resümierte er, dass die St. Petersburger Akademie nicht floriere. Euler, aber auch Daniel Bernoulli, machten sich Gedanken, wie Euler in St. Petersburg zu ersetzen sei. Bereits vor Eulers Abreise überlegte Bernoulli, ob nicht Johann Samuel König (1712–1757) geeignet wäre, und später

---

[67] Die alte Sozietät war gemeinsam mit der Malerakademie im Obergeschoss des Marstalls untergebracht. Siehe Abb. 4.15.

schlug er sogar vor, Euler solle zeitweilig wieder nach St. Petersburg gehen, wobei er, Bernoulli, ihn in Berlin vertreten wolle.[68] Euler selbst hatte einen unbekannten Basler Mathematiker im Auge, aber diese Sache zerschlug sich schnell. Wir wissen, dass er nicht leichtfertig von St. Petersburg wegging, dass er aber auf der anderen Seite auch nicht gezögert hatte, seine Interessen zu verwirklichen. Die St. Petersburger Akademie andererseits wusste, wie hilfreich das auswärtige Akademiemitglied Euler in Berlin sein konnte und ernannte ihn deshalb 1742 flugs zu ihren Ehrenmitglied.

Was waren Eulers Interessen in dieser Angelegenheit? Weshalb hatte Euler gewechselt? Wie wir aus seiner Autobiographie (1767) wissen, waren es vor allem die schlechten politischen Bedingungen in Russland. Hier stimmte er mit Friedrich II. überein, der in einem Brief an Francisco Algarotti (1712–1764) bemerkte: „Voila donc l'impératrice de toutes les Russies morte, ce qui va faire un terrible changement dans les affaires de cet immense empire." (Bitteschön, nun ist die Kaiserin aller Russen tot, was eine schreckliche Veränderung in den Angelegenheiten dieses riesigen Reiches bewirken wird, 13.11.1740). Andere ernst zu nehmende Gründe gehen auf Eulers Frau zurück, der zum einen das russische Klima zu rau war und die zum anderen in der berechtigten Furcht lebte, dass sie in der überwiegend aus zahlreichen Holzhäusern bestehenden Stadt leicht von einem Feuer betroffen werden konnte. Brände hatte es in St. Petersburg in der Tat schon mehrfach gegeben (z. B. 1736); am 30.12.1741 (10.01.1742 n. St.) brannte das Konferenzzimmer der Akademie aus, und in der zweiten St. Petersburger Periode Eulers fiel das Eulersche Haus tatsächlich den Flammen zum Opfer und der greise und nahezu erblindete Euler wäre beinahe dabei umgekommen.

Gelegentlich wird angeführt, dass Euler in St. Petersburg zu viele Aufgaben zu erfüllen hatte und in Berlin Entlastung erhoffte. Es stimmt, dass Euler klagte, ihm sei die Geographie bei seinem Augenleiden fatal; aber er hatte in St. Petersburg nicht gezögert, sich an Goldbach zu wenden und ihn zu bitten, dass er dafür sorgen möchte, dass er von diesen geographischen Aufgaben befreit werden möge. Goldbach sicherte ihm das brieflich zu (21.08.1740). Der Gesundheitszustand Eulers, der hier zum Thema gemacht wird, sollte später einen formalen Grund für die Demission Eulers bilden. Wir werden aber bald sehen, dass Euler in Berlin in gleicher Weise umfassend tätig war – „never at rest". Zunächst hatte er während des Krieges an G. F. Müller nach St. Petersburg geschrieben (ähnlich auch an Goldbach): „Was meinen und der meinigen Zustand hier betrifft, so leben wir der Kriegsunruhen ungeachtet in vollkommener Ruhe." (Brief vom 10.04.1742). Dazu gehörte, dass er sein Gehalt regelmäßig erhielt, während sich jedoch die Erstattung der zugesagten Reisekosten hinzog.

---

[68] Hier schimmert Daniels Bernoullis Interesse an einer Berliner Stelle durch, die ihm nicht nur interessant erschien, sondern ihn auch wieder in Eulers Nähe gebracht hätte (Briefe an Euler vom 20.09.1741, 20.01.1742, 23.04.1743, 21.01.1747). Daniel Bernoulli und sein Vater hatten gleichfalls einen Ruf erhalten, den der Vater aus Altersgründen und der Sohn wegen der unsicheren Lage in Berlin ablehnten, ebenso wie Daniel Bernoulli einen erneuten Ruf nach St. Petersburg ablehnte (hier mit Rückenstärkung des Vaters, Brief an Euler 22.09.1747).

4.6 Der lange Weg zur Berliner Akademie

Euler hatte mit dem König, obwohl der im Kriege war, ein gutes Einvernehmen. Er hatte während des 1. Schlesischen Krieges offenbar persönliche Briefe Friedrichs nach St. Petersburg erhalten (siehe Brief vom 23.02.1741 an Müller), in Berlin war er höflich von der Mutter des Königs begrüßt worden, worauf er besonders stolz gewesen war (Brief an Goldbach (09.11.1741).[69] Friedrich hatte am 4. September 1741 aus den Feld eigenhändig an sein neues Akademiemitglied geschrieben: „Monsieur Euler, J'ai été bien aise d'apprendre que vous êtes content de votre sort et établissement présent. ... S'il y a encore quelque chose dont vous aurez besoin, vous n'avez qu'à attendre mon retour à Berlin. Je suis Votre bien affectionné Roy Federic."[70] Ja, der König wusste elegant zu charmieren, wenn er seine Ziele verfolgte.

Aber wir werden bald Beispiele sehen, bei den Euler die schroffe und grobe Art des Königs kennenlernte, die Friedrich nicht unterdrückte, wenn ihn eine Angelegenheit nicht oder wenig interessierte und man dem Monarchen – in dessen Verständnis – die Zeit stahl. Andererseits fragte Goldbach den Freund am 21.05./01.06.1744, ob er nun in Berlin seinen alten Traum verwirklichen und sich für 10.000 Reichsthaler ein Landgut in der Schweiz leisten könne, um darauf zu leben. Euler antwortete, dass „sich seine Umstände so geändert haben, dass er töricht sein müsste, wenn er sich eine andere Lebensart" als in Berlin wünsche, auch fehle ihm die Summe von 10.000 Thalern noch (4. Juli 1744). Auch wenn sich Euler eine zügigere Reorganisation der Akademie gewünscht hätte, insgesamt war der tatkräftige Euler offenbar zufrieden – schließlich blieb er 25 Jahre in Berlin.

Womit beschäftigte sich Euler in Berlin in den ersten Jahren?

Werfen wir zunächst einen Blick auf das, was Euler vorfand. Die alte Berliner Akademie, die kurfürstlich-brandenburgische Sozietät der Wissenschaften, die auf Initiative von Leibniz unter dem Kurfürsten Friedrich III. (später König Friedrich I. in Preußen) 1700 gegründet wurde, verlor bald ihren Glanz, denn Preußens Kräfte reichten zum einen nicht aus, eine bedeutende Akademie zu unterhalten, und zum anderen war der nachfolgende König Friedrich Wilhelm I. nicht an Wissenschaft interessiert. Die alte Sozietät war folgendermaßen aufgebaut: der Kurfürst Friedrich III. und spätere König Friedrich I. war bis zu seinem Tod 1713 Protector der Akademie; nach ihm hatten Staatsminister das Amt inne, zuletzt von 1733 bis 1744 Adam Otto von Viereck. Leibniz war der glanzvolle erste Präsident der Akademie, seit 1733 präsidierte Daniel Ernst Jablonski (1660–1741), ein Hofprediger. Das Präsidium der Akademie setzte sich aus einem Vizepräsidenten und den Direktoren der vier Klassen zusammen, wobei es noch einen Sekretär gab

---

[69] Übrigens hat Friedrich nicht seine Gattin, sondern seine Mutter als Königin bezeichnet.

[70] „Herr Euler, es hat mich sehr gefreut zu erfahren, dass Sie mit Ihrem Schicksal und Ihrer jetzigen Einrichtung zufrieden sind. ... Wenn Sie noch etwas brauchen, warten Sie einfach auf meine Rückkehr nach Berlin. Ich bin Ihr Ihnen gewogener König Federic." – Friedrich schrieb seinen Namen Federic anstatt des französischen Frédéric (Frederick).

(ab 1733 Philippe Joseph von Jariges,[71] 1706–1770). Die vier Klassen waren die physikalische, mathematische, deutsche und kirchlich-orientalische, wobei die Zuordnung der Wissenschaften nicht ganz heutigen Vorstellungen entsprach. Die Medizin, die Friedrich Wilhelm I. wegen ihrer Anwendung in der Armee schätzte, gehörte zur physikalischen Klasse. Der Direktor der mathematischen Klasse war seit 1728 Alphonse des Vignoles (1649–1744), der bei Eulers Ankunft 92 Jahre alt und damit ein Nestor der europäischen Gelehrten war.

Die Akademie hatte in Berlin wohnhafte Akademiemitglieder (ordentliche Mitglieder), aber auch auswärtige Mitglieder sowie Ehrenmitglieder. Seit Gründung der Sozietät im Jahre 1700 war der Universalgelehrte Gottfried Wilhelm Leibniz das berühmteste Mitglied. Zu Zeiten Friedrichs I. waren unter den in Berlin wohnhaften 39 Mitgliedern der Akademie einige, die über die Grenzen Berlins hinaus bekannt waren:

- seit 1700 der Astronom Gottfried Kirch (1639–1710),
- seit 1701 der Mathematiker Pierre d'Angicour (Dangicour) (1665–1727),
- seit 1701 der Naturforscher und Biologe Johann Leonhard Frisch (1666–1743),
- seit 1701 der Mathematiker Philipp Naudé sen. (1654–1728),
- seit 1711 der Mathematiker Philipp Naudé jun. (1684–1745).

Nach Friedrich I. waren bis 1742 noch 19 ordentliche Mitglieder hinzugekommen, darunter

- seit 1716 der Astronom Christfried Kirch (1694–1740),
- seit 1722 der Chemiker Johann Heinrich Pott (1692–1777),
- seit 1725 der Astronom Augustin Grischow (1683–1749),
- seit 1725 der Mediziner Johann Theodor Eller (1689–1760),
- seit 1734 der Herausgeber der *Acta eruditorum* Friedrich Otto Mencke (1708–1754) als auswärtiges Mitglied,
- seit 1742 der Astronom Johann Kies (1713–1781).

Mencke war als Leipziger auswärtiges Mitglied. Kies war der Nachfolger von Christfried Kirch (1694–1740) und das letzte Mitglied, das die alte Sozietät aufnahm, übrigens auf Vorschlag von Euler, der Direktor der Sternwarte war. Insgesamt hatte die Sozietät (von 1700 bis 1746) etwa 70 ordentliche Mitglieder, neben denen es zahlreiche auswärtige Mitglieder gab, 1739 etwa 116. Herausragende auswärtige Mitglieder waren unter Friedrichs I. Protectorat:

- Jaques Basnage de Beauval (1656–1710),
- Johann und Jakob Bernoulli,
- Johann Albert Fabricius (1668–1736),
- August Hermann Francke (1663–1727),
- Johann Christoph Gottsched (1700–1766),

---

[71] Direktor des französischen Obergerichts (der Hugenotten), Kriegsminister, bis 1748 Sekretär der Sozietät bzw. Akademie.

4.6 Der lange Weg zur Berliner Akademie

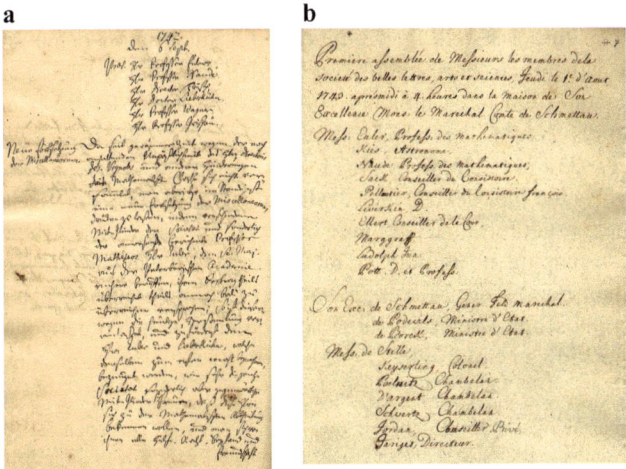

Abb. 4.19 a Protokoll der mathematischen Klasse der Sitzung der Société littéraire mit Eulers erstmaliger Teilnahme und seinen geplanten Beiträgen für die Akademieabhandlungen, 06.09.1742. Neben der Begrüßung Eulers wurde die Herausgabe des fälligen Bandes 7 der Miscellanea der Akademie besprochen. Euler bot dafür sieben Abhandlungen an, von denen fünf (E 58–62) in diesen Band kamen, der damit gefüllt war, sodass die beiden letzten Arbeiten in den nächsten Band verschoben werden mussten. **b** Konstituierung und erste Sitzung der Nouvelle Société Littéraire unter Teilnahme Eulers am 1. August 1743

- Olaf Christensen Römer (1614–1710),
- Christian Wolff (1679–1754).

Nach Friedrich I. kamen noch folgende bekannte auswärtige Mitglieder hinzu:

- Anders Celsius (1701–1744),
- Alexis Claude Clairaut (1713–1765),
- Pierre-Louis Moreau de Maupertuis (1698–1759),
- René-Antoine Ferchault de Réaumur (1683–1757).

Bei Eulers Ankunft war wenig von der alten Sozietät zu spüren, und der Tod einiger bedeutender Mitglieder, wie der des Theologen Daniel Ernst Jablonski (1660–1741) und des Ornithologen Johann Leonhard Frisch (1666–1743), lähmte die Gesellschaft zusätzlich. Es gab wenige Sitzungen der Sozietät, kaum gemeinsame Sitzungen aller Klassen, sondern bestenfalls trafen sich die jeweiligen Klassen einzeln. Es war aber nach langer Zeit am 6. September 1742 wieder zu einer Sitzung der mathematischen Klasse gekommen, von der das Protokoll („Protocolla concilii") vermerkt, dass man sich um die Herausgabe des siebenten Bandes der *Miscellanea Berolinensis,* des Akademiejournals, bemühte (Abb. 4.19). Man begrüßte Euler, wünschte eine gute Zusammenarbeit und äußerte, dass man sich Eulers „Hilfe, Rat, Beistand und Freundschaft verspreche". Euler sprach auf dieser Sitzung über seine Arbeiten (E 58–62), die er seit seiner Ankunft in Berlin verfasst hatte.[72] Bei der Publikation seiner Arbeiten wurden zwei von den vorgelegten sieben zurückgestellt, „weil die ersten 5 Stück schon einen großen Raum füllen werden [nämlich 292 Seiten!], so werden die beiden letzten zu einer anderen Fortsetzung finden" (nämlich 1746 im ersten Band der Berliner *Mémoires* bzw. 1764 in den *Novi Commentarii Academiae scientiarum Imperialis Petropolitanae*, wobei E 83 für die *Mémoires* ins Französische übersetzt wurde). Alle Arbeiten hatte Ph. Naudé jun. begutachtet, während Euler Naudés geometrische Arbeit „Trigonoscopiae" geprüft hatte, die eine Fortsetzung von dessen Arbeit „Problema geometrica de maximi in figuram" (Geometrische Probleme von Maxima in Figuren) aus dem Band 5 der Miscellen war und sich mit einer eigenen Theorie der Dreiecke (Trignoscopia) befasste. Euler schrieb über seine eingereichten Arbeiten schon im Juni 1742 an Goldbach:

> „Einige handeln von einer neuen Art, die summas serierum potestatum reciprocarum [Summen von Reihen mit Gliedern aus reziproken Potenzen] zu finden [E 60, 61]. Ich habe eine Methode [Arten von Partialbruchzerlegungen] gegeben, um alle formulas differentiales rationales [rationale Differentialformeln] zu integrieren, wobei das Integral, wenn es nicht algebraisch ist, entweder von einem Logarithmus oder von einer Quadratur des Kreises [Arkustangens] oder von beiden abhängt."

Dabei wertete Euler Integrale

$$I = \int \frac{z^a - z^b}{(1 - z^n)^m} dx$$

aus (*Misc. Berolin.* 7, 1743, S. 91–129, E 59), worüber er am 6. September 1742 vorgetragen hatte, und erhielt so z. B. eine Reihe in $m/n = x$, in der er den Fall $x = \frac{1}{4}$ betrachtete, um hieraus eine Reihe für $\pi/4$ zu gewinnen. Möglicherweise benutzte er hier erstmals den Buchstaben π im heutigen Sinn. Über solche Themen korrespondierte Euler auch mit Nicolaus I Bernoulli (1687–1759).[73] Das Protokoll berichtet auch, dass die bisher erschienen Bände der *Miscellanea Berolinensis* sowohl Euler als auch Maupertuis als Zeichen der Wertschätzung der Sozietät überreicht werden sollten.[74]

Ein Blick auf Eulers Publikationsliste der ersten Berliner Jahre bis zur Akademie unter Maupertuis zeigt, dass der Wechsel des Arbeitsortes und die durch den Umzug erzeugten Veränderungen offenbar keine Beeinträchtigungen hervorbrachte:

---

[72] Übrigens wie bisher in St. Petersburg in Lateinisch; später benutzte Euler in Berlin – wie von ihm erwartet – die französische Sprache.

[73] Brief vom 16.01.1742 mit Antwort vom 13.07.1742; letzter Brief 01.05.1745; E 820, EO IVA/V. – Wir erwähnten diesen Briefwechsel bei der Erörterung der Summen divergenter Reihen im vorigen Kapitel.

[74] In den etwa vier Jahrzehnten der Sozietät erschienen nur sieben Bände, und zwar 1710, 1723, 1727, 1734, 1740 und eben 1743.

4.6 Der lange Weg zur Berliner Akademie

Jahr	1740	1741	1742	1743	1744	1745	1746
Geschriebene Arbeiten	6	4	10	3	10	6[75]	13
Gedruckte Arbeiten	11	12	–	7	11	4	12

Unter den geschrieben Arbeiten des Jahres 1744 befanden sich die „Neuen Grundsätze der Artillerie … aus dem Englischen des Hrn Benjamin Robins übersetzt und mit den nöthigen Erläuterungen und vielen Anmerkungen versehen" (E 77)[76] (Abb. 4.20) und die „Introductio in analysis infinitorum" (Einführung, E 101, 102), im Jahr 1745 wurden die „Theoria motuum planetarum et cometarum" (Himmelsmechanik, E 66) und die Schrift „Beantwortung verschiedener Fragen über die Beschaffenheit, Bewegung und Würkungen der Cometen" (E 67, 68) verfasst. 1742 fehlten neue gedruckte Arbeiten, aber in einem italienischen Nachdruck vergriffener Bände der St. Petersburger *Commentarii* gibt es auch vier Arbeiten Eulers.[77]

Für die Publikation seiner Arbeiten standen Euler nun neben den St. Petersburger *Commentarii* auch Berliner *Mémoires* (ab 1745) zur Verfügung, aber auch beide Akademiejournale sollten nicht reichen, um Eulers Produktivität gerecht zu werden (Abb. 4.21). Das Anwachsen seines Schaffens, das in Berlin zweifelsohne seinen Höhepunkt erreichte, wird auch in der Zunahme seiner Korrespondenz deutlich:

Eulers Post	Euler		Insgesamt	Dienstliche Korrespondenz (Berlin)
	An	Von		
1740	21	24	45	
1741	39	22	61	
1742	78	30	108	4
1743	81	23	104	20
1744	84	23	107	14

Euler arbeitete in der mathematischen Klasse der alten Sozietät aktiv mit, wie es Band 7 der *Miscellanea Berolinensis* zeigt. Dieser Band, übrigens der letzte der alten Sozietät, erschien im Jahr 1743 und konnte daher Friedrich II., der nach Beendigung des 1. Schlesischen Krieges wieder in Berlin war, überreicht werden, gewissermaßen als Lebenszeichen seiner Sozietät. Die Arbeiten waren durchgängig

---

[75] Im Herbst 1745 war Euler ernsthaft krank, was die Pause in den abgeschickten Briefen belegt. Zwischen dem 7. August und dem 30. November schrieb Euler lediglich einen Brief (an Goldbach), aber pflichtbewusst sandte er an den König einen Vorschlag zur Neugestaltung der Akademie.

[76] Das Original erschien 1742 in London unter dem Titel *Principles of Gunnery*, die deutsche Übersetzung in Berlin 1745; 1777 erfolgte eine Rückübersetzung der Euler'schen Verdeutschung: *The true principles of gunnery*. In Eulers Todesjahr brachte man in Frankreich eine Übersetzung heraus *Nouveau princips d'artillerie de M. Robins, commentées par M. Euler*, Paris 1783.

[77] Die St. Petersburger Akademie war über den illegalen Nachdruck nicht erfreut.

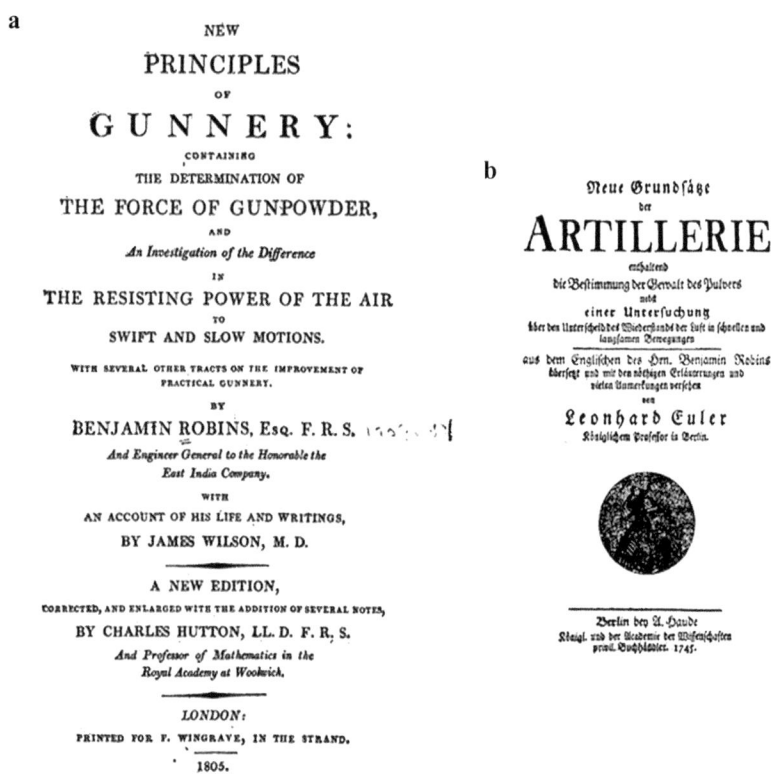

Abb. 4.20 a Titelseiten von Benjamin Robins (1707–1751) "New Principles of Gunnery" und **b** Eulers erweiterter Verdeutschung „Neue Grundsätze der Artillerie … aus dem Englischen übersetzt" (1744)

in Lateinisch geschrieben, das Friedrich nicht verstand (daher schrieb er für die Zeitschrift seiner reorganisierten Akademie französisch vor). Da Euler an die neu zu schaffende Akademie berufen worden war, vermied er es, in der alten Sozietät an leitenden Stellen tätig zu werden. Die Stelle des Direktors der mathematischen Klasse strebte er sicherlich schon mit Rücksicht auf das biblische Alter des Stelleninhabers (fast 95 Jahre) nicht an. Als Direktor der Sternwarte der Sozietät (seit 1741) kümmerte er sich allerdings um diese astronomische Einrichtung, da ihn deren Zustand nicht befriedigte. 1740 war der Astronom Kirch gestorben, und Euler schlug erfolgreich als Nachfolger Kies vor, über den er kostenbewusst bemerkte, dass man ihn für wenig Geld einstellen könne.

Drei Aktivitäten Eulers in der Übergangszeit bis zur Reorganisation der Akademie sind hervorhebenswert:

4.6 Der lange Weg zur Berliner Akademie

Abb. 4.21 Die hauptsächlichen Publikationsorgane Eulers waren die Petersburger Commentarii (1726–1746) und deren Fortsetzungen, die Novi Commentarii (1747–1775) sowie die Acta Petropolitanae (1783–1802, postume Arbeiten) sowie der Berliner Mémoires (Histoire de la Académie Berlin, 1745–1769) und deren Weiterführung, die Noveaux Histoires Berlin, (1770–1786), von denen drei Titelseiten abgebildet sind: **a** für die Commentarii Band I (1726), **b** für die Novi Commentarii Band XVII (1773) und **c** für die Berliner Histoires der Jahrgang 1747

- Am 1. März 1742 erteilte Friedrich II. aus dem Feld Euler die Erlaubnis, den Sohn Karl Eugen (1728–1793)[78] der Prinzessin Maria Augusta von Württemberg (1706–1756) in Mathematik zu unterrichten. Die verwitwete Prinzessin war nach Berlin gekommen, um ihren unter Vormundschaft regierenden 14-jährigen Sohn von 1741 bis 1744 am Hofe Friedrichs II. erziehen zu lassen. Euler schrieb hierzu an Goldbach: „Mein Leben ist jetzt etwas gestört, indem ich täglich eine Stunde bei dem Prinzen von Württemberg bin und ihm Lectiones [in Geometrie und Trigonometrie] geben muß." (06.03.1742). Eulers täglicher Unterricht von 10 bis 11 Uhr vor der Messe muss erfolgreich gewesen sein, da der Prinz um eine Fortsetzung bat, die die Algebra beinhalten sollte. Sein Lehrer

---

[78] Karl Eugen war später in Stuttgart ein prachtliebender und gewalttätiger Herrscher (1737–1793). Er gründete in Stuttgart 1770 die streng militärisch geleitete Karlsschule, auf der z. B. von 1773 bis 1780 der Dichter Friedrich (von) Schiller (1759–1805) in Rechtswissenschaft und Medizin für den Militärdienst ausgebildet wurde. 1782 floh Schiller aus Württemberg.

Abb. 4.22 Jean-Baptiste de Boyer, Marquis d'Argens (1704–1771). Ordentliches Mitglied der Berliner Akademie und Direktor der historisch-philologischen Klasse (1738)

lobte bei dieser Gelegenheit den durchdringenden Verstand seines Schülers. Übrigens gab Eulers alter St. Petersburger Kollege Bilfinger aus Stuttgart (Württemberg) in einem Brief Ratschläge zum Unterricht (09.10.1742). Auch Daniel Bernoulli hatte über Eulers Vater gehört, dass der Prinz „stupende Progressen" machte. Er schloss im Hinblick auf das Ansehen der Mathematik beim Adel an: „Es ist nur zu wünschen, daß der Prinz nicht von allzuvielen abstracten idées abgeschrekt werde."

Die Prinzessin Maria Augusta hatte übrigens den Marquis Jean-Baptiste de Boyer d'Argens (1703–1771) (Abb. 4.22) mitgebracht, der von 1741 bis 1768 in Potsdam lebte und sich um die Reorganisation der Akademie verdient machte, schließlich einer ihrer Direktoren wurde und während des Siebenjährigen Krieges zu Friedrichs engsten Vertrauten gehörte.

- Wie üblich hatte sich Euler um den von der Pariser Akademie ausgesetzten Preis beworben, in diesem Fall um den 1741 ausgesetzten Preis. Im Jahre 1743 reichte er die „Dissertation de magnete" (Über Magnete; E 109, EO III/10) ein, holte jedoch sich jedoch für diese „Nebentätigkeit" vorsichtshalber die königliche Erlaubnis ein: „Je ne voudrois pas y envoyer ma théorie sans la permission de Votre Majesté."[79] Der König, dem ja eine Akademie in Berlin nach Pariser Vorbild vorschwebte, schrieb an den Rand von Eulers Brief „Compliment, soll es nur hinschicken!" und erwiderte gnädig: „Je vous felicite d'ailleurs d'àvoir decouvert la cause physique des effets de l'àimant et il vous sera libre d'envoyer votre solution à l'Académie des sciences de Paris."[80] (29.01.1743). Die Pariser Akademie war jedoch mit den eingereichten Arbeiten nicht völlig zufrieden und stellte das Problem daher im folgenden Jahr abermals, für 1746. Daniel Bernoulli ermunterte Euler, noch einige kleinere Bemerkungen anzufügen, was ihm

---

[79] „Ohne die Erlaubnis Eurer Majestät würde ich meine Theorie nicht dorthin schicken."

[80] „Ich beglückwünsche Sie außerdem dazu, dass Sie die physikalische Ursache der Wirkung des Magneten entdeckt haben, und es steht Ihnen frei, Ihre Lösung an die Akademie der Wissenschaften in Paris zu senden."

4.6 Der lange Weg zur Berliner Akademie   303

den Preis eintragen würde. Euler erhielt schließlich für seine Arbeit von dem
gestiegenen Preisgeld ein Drittel.
- Das Akademieprotokoll der Sozietät von 1741 vermerkt auch, dass für das gerade eroberte Schlesien Kalender herausgegeben werden sollten. Hiervon erhoffte sich die Sozietät höhere Einnahmen, da sie das sogenannte Kalenderprivileg[81] besaß. Eulers Bestreben, die Reorganisation der Akademie voranzutreiben, führte dazu, dass er es ein halbes Jahr nach dem Friedensschluss des Schlesischen Krieges (19.01.1743) für angebracht hielt, den König auf diesen Punkt hinzuweisen. Friedrich allerdings, der sich aus verschiedenen Gründen von Euler nicht drängen lassen wollte, machte die Randbemerkung „Ist schlecht kalkuliert" und antwortete auf Eulers Schreiben am 21. Januar 1743 ziemlich unhöflich, wie er es immer tat, wenn er eine Sache als zeitraubend, also belästigend, empfand:

  « Votre lettre du 19 de ces mois M'a fait connoitre vos idées sur le fond pretendu d'une academie des sciences. Mais Je crois, qu'étant accoutumé aux abstractions des grandeurs de l'àlgebre, vous avez peché contre les règles ordinaires du calcul. Sans cela vous n`auriez pas pu vous imaginer un si grand revenu du debit des almanacs en Silesie. »[82]

- Euler schrieb am 24. Januar höflich zurück, dass er von dem Wunsch („désir infini") durchdrungen gewesen sei, seine von ihm in Berlin erwartete Aufgabe zu erfüllen. Der sparsame Friedrich hatte aber nicht ganz unrecht. Man erwartete etwa 3200 Thaler zusätzliche Einkünfte aus Schlesien. Euler hatte die erforderlichen Kosten mit dem Etat der St. Petersburger Akademie verglichen, der etwa 12.000 Thaler betrug, und gemeint, man könne durch den erweiterten Kalendervertrieb etwa 20.000 Thaler einnehmen, also eine Akademie unterhalten. Es erwies sich schließlich, dass die Einkünfte 13.000 Thaler ausmachten. In Eulers Überlegungen gab es einige Annahmen, die nicht zutrafen, die aber auch auf der Geheimniskrämerei der akademischen Verwaltung beruhten, die sich nicht in die Karten sehen lassen wollte. Hier mehr Durchsichtigkeit zu schaffen war ein wichtiges Anliegen der Reorganisation. Dabei geriet der Mann in die Kritik, Kriegsrat David Köhler, der die Finanzen der Akademie verwaltete. Euler schlug sich merkwürdigerweise von Anfang an auf die Seite von Köhler, während ein großer Teil der Kommission vermutete, dass Köhler in seine eigene Tasche wirtschaftete. Dieser Konflikt flammte beim Weggang Eulers von Berlin erneut auf.

---

[81] Dieses Privileg sicherte der Akademie zu, als alleinige Einrichtung in Preußen Kalender zu vertreiben. Kalender waren nicht nur Druckerzeugnisse im heutigen Sinn, sondern auch Verzeichnisse von Adressen, auch genealogische Aufstellungen wurden so genannt. Ein Buchdrucker in Frankfurt/Oder fertigte insgesamt etwa 500 Kalender von verschiedener Arten an.

[82] „Ihr Schreiben vom 19. dieses Monats hat mir Ihre Vorstellungen für die angenommenen Grundlage einer Akademie der Wissenschaften bekannt gemacht. Aber ich glaube, dass Sie, da Sie an abstrakte Größen der Algebra gewöhnt sind, sich gegen die gewöhnlichen Rechenregeln versündigt haben. Sonst hätte man sich nicht solche große Einnahmen aus der Verbreitung von Almanachen in Schlesien vorstellen können."

Übrigens hatte sich in der Frage der Reorganisation der Akademie im Sommer 1743 auch der Marquis d'Argens, der Begleiter der württembergischen Prinzessin, an den König gewandt. Er wurde gleichfalls abgewiesen, aber nicht so schroff wie Euler. Der König bat in seinem Schreiben vom Juni 1743 aus Magdeburg um Geduld, da er mit „affaires serieuses qui demandent tout mon attention" (wichtigen Angelegenheiten [befasst sei], die seine ganze Aufmerksamkeit erfordern). „Je serais bien aise si vous voulez prendre patience sur la susdite jusqu'á ce que je serai de retour à Berlin, et que j'aurai assez de loisir pour y penser."[83] Zu Recht sah der König den Kampf um Schlesien noch nicht als erledigt an, sodass die Akademie nicht die erste Stelle unter seinen Angelegenheiten einnahm.

Wir sind hier Randbemerkungen Friedrichs begegnet, die er auf an ihn gerichtete Briefe machte. Das war charakteristisch für seinen Regierungsstil. Der König pflegte keine Sitzungen abzuhalten, sondern ließ sich von seinem Kabinett schriftliche Vorlagen geben und eingegangene Briefe und Eingaben vorlegen. Er bearbeitete solche Schriftstücke, indem er Randbemerkungen anfügte, die Anweisungen für sein Kabinett darstellten oder Stichpunkte für seine Antworten bildeten. Das Kabinett reiste mit dem König, sodass er überall regieren konnte. Friedrich stand morgens um vier (im Winter um fünf) auf und verbrachte mit solcher Beschäftigung den Vormittag. Die Randbemerkungen wurden häufig ganz spontan gemacht und sind oft witzig. Zwei Beispiele hierfür: Eine Gemeinde hatte sich darüber beschwert, dass ihr Pfarrer nicht an die Auferstehung glaube. Der Freidenker Friedrich schrieb bündig an den Rand: Soll liegen bleiben! Ein Offizier zierte sich, einen Orden anzunehmen, da er noch keine Kriegstaten vorweisen könne. Friedrich notierte: Seinetwegen fange ich keinen Krieg an.

Charakteristisch zeigt sich hier die Art des Königs, Kontakt zum Kabinett zu halten. Und diese Art der „Zusammenarbeit" strebte er auch bei der Leitung der künftigen Akademie an. Mit anderen Worten, es musste ein geeigneter Verbindungsmann bzw. Präsident hierfür gefunden werden. Diese Person sollte adelig und ein „homme d'esprit", möglichst auch Franzose sein, also die von Friedrich geschätzte höfische Lebensart aufweisen. Voltaire war durch die Marquise du Châtelet an das Schloß Cirey gebunden (Abb. 4.23), Wolff wollte nicht an die Akademie,[84] so blieb Maupertuis als Kandidat. Euler, der zu Recht der Meinung war, eine Akademie auf die Beine zu stellen und leiten zu können sowie den Kopf hierfür voller Ideen hatte, entsprach Friedrichs Vorstellungen in keiner Weise. Unter seinen Vorfahren waren Kammmacher gewesen! Eulers Unterhaltung war lebhaft und sachlich, aber nicht höfisch elegant. Hier stießen die Interessen des Königs und Eulers aufeinander, und dieser unlösbare Gegensatz verschärfte sich im Laufe der Zeit und führte schließlich zum Weggang Eulers.

---

[83] „Ich würde mich freuen, wenn Sie sich bis zu meiner Rückkehr in Berlin mit dem oben Gesagten gedulden und mir genügend Bedenkzeit geben."
[84] Im Fall von Wolff hätte Friedrich Abstriche an seinen Forderungen gemacht, da er den Philosophen Wolff verehrte.

4.6 Der lange Weg zur Berliner Akademie

Abb. 4.23 Château de Cirey der Mme. Emelie du Châtelet, in dem Voltaire und sie zwischen 1734 und 1749 wohnten; der linke Seitenflügel geht auf seine Anregungen zurück. Johann II Bernoulli, Samuel König und andere prominente Gelehrte weilten hier

Der König wollte sich die Erneuerung der Akademie nicht aus der Hand nehmen lassen, insbesondere die Besetzung der Stelle des Präsidenten. Er schätzte Eulers wissenschaftliche Kenntnisse und bediente sich seiner, aber er interessierte sich nicht für die Person Euler. Bereits der Gesandte Mardefeld hatte den König, der gutes Aussehen schätzte, darauf hingewiesen, dass Euler durch sein rechtes Auge entstellt sei. August Wilhelm (1722–1755), den Maupertuis mit Euler 1746 bekannt gemacht hatte, schrieb an seinen Bruder Friedrich II. über diese Begegnung, dass Euler die Unvollkommenheit aller Dinge bestätige: Euler habe sich zwar durch Fleiß und logisches Denken einen Namen erworben, aber seine Erscheinung und sein unbeholfener Ausdruck würden alles wieder verdunkeln (28.10.1745). Friedrich antwortete unmittelbar darauf, dass er durch die Bemerkungen seines Bruders ganz und gar nicht überrascht sei. Die weiteren Zeilen zeigen freimütig, wie Friedrich Euler einschätzte: „Eulers Epigramme bestehen in Berechnungen neuer Kurven, irgendwelcher Kegelschnitte oder astronomischer Berechnungen. Unter den Gelehrten gibt es solche gewaltigen Rechner, Kommentatoren, Übersetzer[85] und Kompilatoren, die in der Republik der Wissenschaften nützlich sind, aber sonst alles andere als glänzend sind. Man verwendet sie wie die dorischen Säulen in der Baukunst. Sie gehören in den Unterstock, als Träger des ganzen Bauwerkes und als Träger der korinthischen Säulen, die seine Zierde bilden" (31.10.1746).

---

[85] Diese Bemerkung bezieht sich auf Eulers Übersetzung und Bearbeitung aus dem Jahre 1745 von Robins Buch *New principles of gunnery*" (1742), das eigentlich Friedrichs II. Interesse auf sich hätte ziehen müssen. Napoleon las Eulers Bearbeitung mit mehr Gewinn und urteilte, dass Friedrich II. die Rolle der Artillerie falsch eingeschätzt habe.

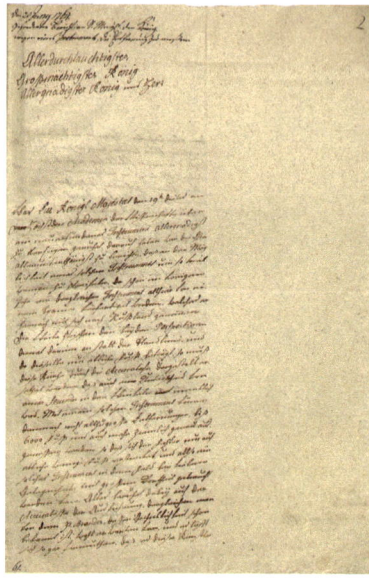

Abb. 4.24 Gutachten (erste Seite von zwei) Eulers über ein vom Augsburger Mathematiker und Mechaniker Georg Friedrich Brander (1713–1783) erfundenes optisches Instrument („Pantometer") zur Entfernungsmessung. Friedrich II. war ein Liebhaber von Ferngläsern, und Euler schickte ihm mehrfach solche ins Feld. Der König hatte Euler am 17. Januar 1765 beauftragt, die Sache zu prüfen und bedankte sich am 24. Januar für die Durchführung.

Der König holte zu zahlreichen Fragen wie etwa die Besetzung akademischer Ämter Eulers Rat ein. Im Berliner Akademiearchiv werden rund ein Dutzend Gutachten Eulers aufbewahrt, die der König für technische Vorhaben in Auftrag gegeben hat, bis 1750 waren es etwa zehn (Abb. 4.24). Euler begutachtete z. B. die Salzbergwerke in Schönebeck, die Deichanlagen im gerade erworbenen Friesland, einen Vorschlag, bei Mühlen und Fuhrwerken die Reibung zu vermindern oder einen Kanal und seine Schleusen im Oderbruch zu nivellieren. Er hatte ein Lotterieprojekt zu prüfen, eine hydraulische Maschine zu entwerfen und die Fontäne in Sanssouci (ein Prestigeobjekt des Königs)[86] zu begutachten, usw. Im Staatsarchiv befinden sich weitere sogenannte Immediatsberichte Eulers, in denen es um Berufungen von Wissenschaftlern wie Daniel Bernoulli, Johann Andreas von Segner (1704–1777), Albrecht von Haller (1708–1777) und andere dienstliche Fragen geht (Abb. 4.25 und 4.26).

---

[86] In einer für den König daher sehr wichtigen Angelegenheit, nämlich dem Versagen der Fontainiers in Sanssouci, das Euler nicht verschuldet hatte, aber beheben sollte, schob der verärgerte König Euler die Schuld zu. Siehe hierzu später Abschn. 7.3.1.

4.6 Der lange Weg zur Berliner Akademie

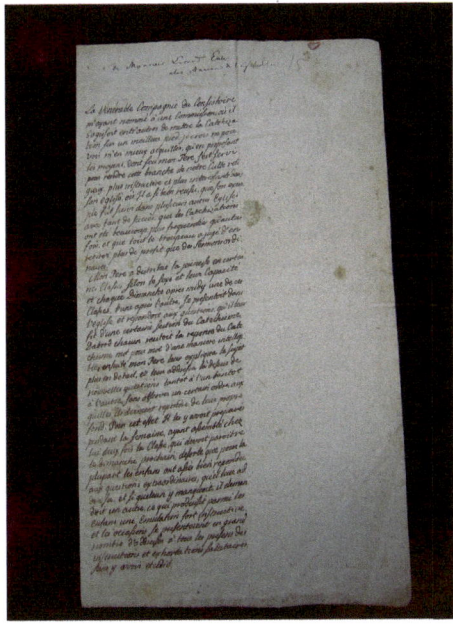

Abb. 4.25 Handschriftliche Note über die Katechisierung, die Euler dem Consistoire der Französischen Kirche in Berlin vorlegte. Er berief sich dabei wesentlich auf Vorstellungen seines Vaters

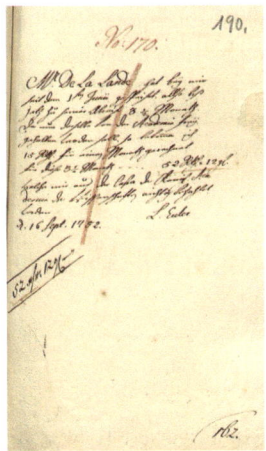

Abb. 4.26 Quittung über die Aufenthaltskosten für Joseph Jérôme Lefrançais de Lalande (1732–1807), französischer Mathematiker und Astronom, die Euler auslegte und wofür er für 3 ½ Monate 52 Reichsthaler und 12 Groschen berechnete

Eulers Verbindung zum König war, wenn man den Regierungsstil Friedrichs beachtet und die geführten Kriege in Rechnung stellt, gar nicht schlecht. Friedrich traf Euler vermutlich erst im Herbst 1749, aber Euler trug von Anfang an persönliche Bitten an den König heran, natürlich nur auf dem ihm möglichen dienstlichen, postalischen Weg. Abgesehen davon, dass er um die ihm zustehende Auszahlung des vereinbarten Gehalts und der Reisekosten bat (September 1741, 19. Oktober 1743), bat Euler auch um Arbeit und Friedrichs Schutz für seinen Bruder, den Maler Johann Heinrich (24. Januar 1743), und er wollte seinen Neffen Christoph Ludwig Vermeulen (1724–1789) vom Militärdienst befreit haben (verlorener Brief vom 12.12.1743). Die letzten Bitten schlugen fehl, aber Friedrich war über den Neffen informiert, der für einen Soldaten eine gute Statur, aber ein „temperament flegmatique" (phlegmatische Gemütsanlage) habe, sich also nicht für einen „habile marchand"(geschickten Kaufmann) eigne. Eulers Neffe wurde übrigens wie seine drei Brüder ein erfolgreicher preußischer Offizier. Friedrich teilte Euler am Weihnachtstag 1747 mit, dass sein Neffe zum Fähnrich im Regiment Nassau ernannt worden sei. Der Neffe machte schließlich später in Russland als Oberst Karriere.

Trotzdem war Euler nicht enttäuscht vom König. Daniel Bernoulli sah aus Basel die Sache etwas kritischer. Es war eben auch ein Blick aus einer Republik auf eine absolute Monarchie. Nach anfänglicher Freude über die „herrliche Vocation", die er mit seinem Vater teilte, kühlte seine Begeisterung mehr und mehr ab. Aber das hinderte Johann Bernoulli oder besser seinen geschäftstüchtigen Schweizer Verleger Marc-Michel Bousquet (1696–1762) nicht, Johann Bernoullis vierbändige *Opera omnia* (1742) dem preußischen König zu widmen und zur Übergabe der Bücher selbst nach Berlin zu kommen. Dieser Besuch des Verlegers Bousquet aus Lausanne bot Euler eine gute Gelegenheit, über wichtige eigene Vorhaben wie die *Introductio* (E 101–102) oder die *Scientia navalis* (E 110–111) zu sprechen. Daniel Bernoulli hatte hierfür aus Basel erfolgreich das Feld bereitet. Er hätte den Verleger gern begleitet, um Euler zu treffen (und wohl auch, um sich über eine mögliche Stelle in Berlin zu informieren), aber sein „Geldsäckel" erlaube ihm die Reise nicht (Brief vom 12.12.1742). Die *Introductio* erschien bei Bosquet, aber die *Scientia navalis*, die Euler der Petersburger Akademie versprochen hatte, wurde nach einigem Zögern im 1749 im Petersburger Akademie-Verlag veröffentlicht.

4.6.2 *Die Société littéraire*

Große Männer sind alle entweder von Akademien oder unabhängig von ihnen gebildet worden.

VOLTAIRE (1694–1778)

Mit Friedrich II. war in Preußen neben dem streng militärisch geprägten Alltag auch die geistige Seite des Lebens wieder zum Tragen gekommen. Der König, schon etwas extravagant, reiste mit Bibliothek und Vorleser in den Krieg, und unter den Offizieren und Beamten begannen jene wieder in den Vordergrund zu treten, die gebildet waren und literarischen Interessen nachgingen. Solche Personen hatten sich schon während des Schlesischen Krieges und erst recht danach zwanglos versammelt. Diese Offiziere wollten nicht nur Truppen in die Schlacht führen, sondern auch die geistige Entwicklung Europas verfolgen, sich über die Wissenschaft unterrichten und in der Politik informiert sein. Solchen Männern, die

4.6 Der lange Weg zur Berliner Akademie

nicht in die alte Sozietät aufgenommen worden waren, diente für ihre Zusammenkünfte der französische Salon als Vorbild. Schließlich hoffte man auch, auf diese Weise das eigene Ansehen am Hofe verbessern zu können.

Der König förderte zwar solche Zusammenschlüsse nicht, aber da deren führende Köpfe seine Vertrauten waren, war man sich der Gunst des Königs sicher. An der Spitze einer Bewegung, die eine wissenschaftlich-literarische Gesellschaft gründen sollte, standen der Staatsminister Caspar Wilhelm von Borcke (1704–1747), der Botschafter in London gewesen war und erstmals William Shakespeare (1564–1616) ins Deutsche übersetzt hatte, und der preußische General Samuel Graf von Schmettau (1684–1751), der zunächst im österreichischen Heer Karriere gemacht hatte, 1741 wieder in preußische Dienste getreten war und das Vertrauen Friedrichs genoss (bis Ende 1744). Beide Männer gründeten im Juli 1743 eine Nouvelle Société littéraire,[87] die die erwähnten zwanglosen Zusammenkünfte geregelt fortsetzen sollte. Man fand sofort 20 Mitglieder, von denen zehn der alten Sozietät angehörten. Weiterhin ergänzten die Gründer die Société durch weitere 16 Ehrenmitglieder, die der neuen Gesellschaft Glanz und Bedeutung verleihen sollten – übrigens eine kluge Entscheidung, denn nur das Einbeziehen hochgestellter Persönlichkeiten verlieh einer solchen Akademie gesellschaftliche Bedeutung. Leibniz hatte übrigens Friedrich I. vergeblich gedrängt, die brandenburgische Sozietät in dieser Weise aufzuwerten.

Von der alten Sozietät waren folgende Mitglieder der Société littéraire beigetreten:

- die Mathematiker Leonhard Euler und Philippe Naudé jun.,
- die Chemiker Johann Heinrich Pott (1692–1777) und Andreas Sigismund Marggraf (1709–1782),
- die Astronomen Johann Kies (1713–1781) und Johann Nathanael Lieberkühn (1711–1756),
- der Mediziner Johann Theodor Eller (1689–1760),
- der Sekretär (Jurist) Philippe Joseph de Jariges (1706–1770),
- der Botaniker Johann Gottlieb Gleditsch (1714–1786).

Unter den zehn restlichen Mitgliedern befanden sich u. a.:

- der Historiker Jean-Baptiste de Boyer d'Argens (1704–1771),
- der Hofprediger Antoine Achard (1696–1772),
- der Philosoph Franz Achard (?–1782),
- der Historiker und spätere Sekretär (ab 1748) Jean Henry Samuel Formey (1711–1797),
- der Ingenieur Abraham von Humbert (1689–1761).

---

[87] Das Wort „littéraire" wird hier nicht in dem heutigen belletristischen Sinn gebraucht, sondern schließt auch naturwissenschaftliche Bereiche ein. Noch im 19. Jahrhundert wurde der Mathematiker Carl Friedrich Gauß in ein Schriftsteller-Lexikon aufgenommen.

Am 1. August 1743 wurde die erste Sitzung im Hause von Schmettau abgehalten, da die ins Auge gefassten Räume im Schloss noch nicht benutzbar waren. Man erteilte d'Argens und anderen den Auftrag, Statuten zu entwerfen; Euler gehörte dieser Gruppe nicht an. Die Statuten wurden schon in der zweiten Sitzung am 8. August 1743 vorgelegt und bestätigt. Die Präambel der Statuten sagt aus:

> „Einige Einwohner Berlins, die der Wissenschaft und der Literatur zugetan sind, sind in dem Wunsch, ihre Kenntnisse zu erweitern, und sich in der Öffentlichkeit nützlich zu machen, zu der Auffassung gelangt, daß das beste Mittel hierfür die Gründung einer wissenschaftlichen Gesellschaft ist."

Die Statuten (18 kurze Paragraphen) orientierten sich sowohl an der Verfassung der alten Sozietät als auch an der Pariser Akademie. Es gab vier Klassen (Philosophie, Mathematik, Naturgeschichte, Geschichte und Literatur). Der Direktor sollte aus den Ehrenmitgliedern und der Vizedirektor aus den ordentlichen Mitgliedern halbjährlich gewählt werden; der erste Direktor war von Schmettau. Ordentliche Mitglieder hatten zu allen Sitzungen zu erscheinen und wenigstens einmal im Jahr selbst vorzutragen. Hören wir Euler: „In der letzten [Versammlung] habe ich eine Piece vorgelesen [E 827, EO II/7].[88] Die Mitglieder sind entweder honoraires oder ordinaires, jene Zahl erstreckt sich auf 24, diese aber auf 20. ... Ihro Königliche Majestät haben allergnädigst dekläriert, diese Sozietät mit Dero allerhöchsten Gegenwart zu beehren."[89] (Brief an Goldbach vom 24.08.1743). Berichte über die Sitzungen sollten publiziert werde, allerdings war zuvor über die Aufnahme von Vorträgen abzustimmen. Als Sprache der Société sah man Französisch an; die Statuten waren bereits in Französisch abgefasst.

D'Argens hielt in der zweiten Sitzung einen Vortrag über den Nutzen der Société, und ein gewisser Joseph du Fresne de Francheville (1704–1781), ein späteres Akademiemitglied, das als Chemiker ebenso über die Formen des Salzes wie auch über den Ursprung der Preußen schrieb, verlas eine schwülstige Ode auf die Errichtung der Société littéraire. Ab der vierten Sitzung benutzte man einen vom König in seinem Berliner Schloss bereitgestellten Raum, in dem sich die Société donnerstags von 16 bis 18 Uhr traf. In der Sitzung am 8. Oktober 1743 zeigte Johann Theodor Eller (1689–1760) physikalische Experimente, und Voltaire, der im Herbst nach Berlin gekommen war, erteilte durch seine Anwesenheit der Société littéraire die philosophischen Weihen. Wir lesen bei Euler: „Die Assemblées [Versammlung] der neuen Sozietät werden noch beständig fortgesetzt, und jederzeit wie in Petersburg eine Piece vorgelesen. Die Herren Staatsminister [Heinrich] von Podewils [1695–1760] und Borck [Capar Wilhelm von Borcke], der Herr Generalfeldmarschall von Schmettau und andere Standespersonen wohnen den-

---

[88] „De motu corporum circa punktum fixum mobilium" (Über die Bewegung eines Körpers um einen festen, aber beweglichen Punkt), etwa 1742 verfasst. In: *Opera posthuma,* Bd. 2 (1862), S. 74–84).

[89] Der König besuchte keine Sitzung der Sozietät wie auch später keine seiner Akademie, allerdings ließ er eigene Beiträge verlesen.

4.6 Der lange Weg zur Berliner Akademie

selben fleissig bei, letztens besuchte uns auch M. de Voltaire" (Brief an Goldbach 15.10.1743). Vom 1. August 1743 bis zum 16. Januar 1744 (also etwa 5½ Monate) tagte die Société dort 21 mal, ehe sie am 24. Januar 1744 mit der alten Sozietät vereinigt wurde. Ihr Protokollbuch enthält noch bis zum 4. März 1745 Aufzeichnungen von den Sitzungen; die *Registres de l'Académie* setzten erst unter der Präsidentschaft von Maupertuis am 2. Juni 1746 ein.

Obwohl Euler die société nicht besonders schätzte, trat er in zehn Sitzungen als Vortragender auf bzw. legte etwas vor oder berichtete über wissenschaftliche Vorhaben. Bereits am 22. August las Euler die Arbeit „Le mouvement des corps …" (später E 827, EO II/7), aber schon am 15. August hatte er begonnen, Berichte über den Kometen von 1742 und seine Beobachtung zu verlesen, die von den Jesuiten in Peking und Astronomen der Akademien in Paris und Petersburg gemacht worden waren, er informierte am 3. Oktober 1743 über die Saturnringe (Brief von Heinsius aus St. Petersburg), oder er gab einen Report über die Passage des Merkur durch die Sonne (Martin Knutzen, 1713–1751, aus Königsberg). Am 6. Februar 1744 verlas Euler eine Arbeit von Alexis Claude Clairaut (1713–1765), der Mitglied der Société werden wollte und auf Empfehlung Eulers in der nächsten Sitzung als auswärtiges Mitglied gewählt wurde. Euler las am 4. bzw. 18. Juni 1744 weitere Arbeiten wie „De la force de percussion" (Über die Schlagkraft, E 82, EO II/8) und „Recherches physiques sur la nature des moindres parties de la materie" (Physikalische Untersuchungen über die Natur der kleinsten Teile der Materie, E 91, EO III/1).[90] In der Tat entfaltete Euler eine rege wissenschaftliche Tätigkeit in der Société, aber auch andere Mitglieder taten viel, um das Niveau der Société zu heben.

4.6.3 Die philosophischen Themen der Société littéraire

Mit wenig Philosophie neigt der Geist des Menschen zum Atheismus, aber Tiefe in der Philosophie führt den Geist des Menschen zur Religion.[91]

FRANCIS BACON (1625)

Die philosophischen Diskussionen der Société zeigen deutliche Gegensätze, und sie lassen schon die großen späteren weltanschaulichen Auseinandersetzungen an der Berliner Akademie ahnen. Der erst im Januar 1744 zum ordentlichen Mitglied gewählte Hofprediger und Pfarrer der französischen Gemeinde Antoine (Anton)

---

[90] *Opuscula varii argumenti,* 1 (1740), S. 287–300; das Résumé erschien in den *Histoire de l'academie sc. de Berlin* 1 (1746) gedr. 1746, S. 28–32; in der *Opuscula* steht ein leicht geänderter Titel (für „parties particules", (Teilchen).

[91] "A little philosophy inclineth man's mind to atheism, but depth in philosophy bringeth men's mind about to religion."

Achard (1696–1722) hielt seinen Antrittsvortrag über die Freiheit des Menschen, und die Diskussion nach diesem Vortrag stellte die Beziehungen von Spinozas Lehre[92] mit Descartes'scher Philosophie her. Baruch (de) Spinoza (1632–1677) galt in der Kirche als Atheist. Man hatte schon 1723 Wolff vorgeworfen, Gott in die Natur einzubeziehen und ihn damit in die Nähe Spinozas gerückt. Die Pietisten hatten dem Soldatenkönig Friedrich Wilhelm I. erläutert, dass solche Auffassungen nicht mit dem freien Willen des Menschen vereinbar seien. Da somit die Desertation keine eigene Entscheidung der Soldaten war, konnten Deserteure auch nicht bestraft werden. An dieser Stelle reagierte Friedrich Wilhelm I. sehr empfindlich, und der Einfluss der Pietisten führte schließlich zu Wolffs Ausweisung aus Preußen. Nun versuchte man in Berlin zwei Jahrzehnte danach, Wolff wieder diese Vorwürfe zu machen. Die Protokolle vermerken sogar, dass die Ansichten von Wolff als lächerlich bezeichnet wurden. Der Freidenker Friedrich II. hätte vermutlich sehr verwundert den Kopf über die Ansichten der Société geschüttelt. Ähnliche Vorträge wie Achard hatte auch Philippe Joseph de Jariges (1706–1771) gehalten, etwa „Examen du Spinozisme et des Objections de Mr. Bayle contre ce Système" (Prüfung des Spinozismus und Einwende von Herrn Bayle gegen dieses System, 1745).

In solche Auseinandersetzungen griff natürlich auch Euler ein, der schließlich mit dem Studium der Theologie seine Laufbahn begonnen hatte und der für seine protestantische Theologie persönliche Freiheit und Verantwortlichkeit benötigte, was er auch mit mathematischen Gründen zu rechtfertigen bereit war. Wir erinnern uns, dass Eulers Magisterrede in Basel 1724 den philosophischen Auffassungen von Descartes und Newton gewidmet war. Auch in St. Petersburg waren philosophische Fragen heftig diskutiert worden, wobei sich verschiedene Fronten gebildet hatten. Euler attackierte die Wolff'sche Monadenlehre, die durch Bilfinger vertreten wurde. Es ist naheliegend, dass Wolff hiervon erfuhr, was einen weiteren Grund für seine Ablehnung bilden dürfte, nach Berlin an Friedrichs neue Akademie zu gehen. Zwar hatte Euler nach seiner Ankunft am 16. Oktober 1741 einen freundlichen Brief an Wolff geschrieben, in dem er den Gerüchten entgegentrat, Wolffs Arbeiten nicht zu schätzen und sie zu schmälern, aber in dem Brief gab er seine alten Einwände gegen die Eigenschaften der Monaden nicht auf. Das waren ziemlich kontroverse Anschauungen zu Wolffs kosmologischer Lehre („nonnulla in Cosmologia dogmatum", manche Dogmen in der Cosmologie).

Schon 1738 hatte Euler an den aus St. Petersburg abgereisten Bilfinger zweimal geschrieben und Wolffs *Cosmologia* (1731) heftig kritisiert sowie sogar eine Beilage „Animadversiones in celeberrimi Wolfii Cosmologiam" (Tadel der

---

[92] Baruch Spinoza (1632–1677), lebte in den Niederlanden. Spinozas Philosophie (Pantheismus) ging von jüdischen Vorgängern und scholastischen Gedanken aus und wurde formal mit mathematischen Schlussweisen dargestellt. Die Zeitgenossen betrachteten Spinozas Pantheismus (Alles ist göttlich, Gott und die Welt sind eins) als atheistische Lehre; auch Leibniz und später Kant bekämpften seine Ansichten.

4.6 Der lange Weg zur Berliner Akademie

Kosmologie des berühmtesten Wolff) beigefügt.[93] Grundsätzlich widersprach Euler der Leibniz'schen Monadenlehre, von der Wolff ausging. Er störte sich auf das heftigste an den mit Kräften versehenen Monaden, denn damit konnten die Monaden aus sich selbst heraus wirken. Nach Eulers Überzeugung gab es solche Kräfte nicht, sondern nur Trägheit in der Natur, also keine Aktivität der kleinsten Materieteilchen, sondern nur ihr Beharrungsvermögen. Die Leibniz-Wolff'schen Gedanken führten für Euler notwendig in den Atheismus, während Eulers eigene Auffassung auf einen Beweger der Welt führte, auf den alle Bewegungen in der Natur zurückgingen. Der Beweger selbst war außerhalb der Welt zu denken. Er war letztlich der erste Beweger („primus mobile") in der ersten Sphäre der hierarchischen mittelalterlichen Kosmologie. Euler wandte sich gegen die metaphysischen Spekulationen von Leibniz und Wolff, aber wie wir sehen werden, spekulierte auch er metaphysisch, um physikalische Forschungen in theologische Lehren münden zu lassen.

Am 4. und 18. Juni 1744 sprach Euler über zwei verwandte Themen, die die Monadendiskussion begleiten sollten, nämlich über die lebendigen und toten Kräfte (kinetische und potentielle Energie), über die Natur der kleinsten Teile der Körper und die Frage, ob die „vis cogitandi" (Denkvermögen) der Materie zugesprochen werden kann. Hier deuteten sich die Umrisse für die intensive Diskussion der Monadenlehre in der Société an, die sich in der Akademie fortsetzen sollten und zu entsprechenden Preisfragen der Akademie führten (von 1744 bis 1786 gab es von den insgesamt 45 Preisfragen 25 aus der philosophisch-historischen Klasse). Diese Auseinandersetzungen fanden in ganz Europa größte Aufmerksamkeit ebenso wie die zugehörigen Preisaufgaben. Solange Euler in Berlin wirkte, verschwanden diese philosophischen Fragen nach der Natur der kleinsten Teile nicht von der Tagungsordnung. Ohne die Kenntnis dieser Wurzeln sind die nachfolgenden hartnäckigen akademischen Auseinandersetzungen der Berliner Akademie schwerlich zu verstehen, vor allem, warum Euler so beständig und zäh die Lehren von Leibniz und Wolff von den kleinsten Teilen der Materie angriff.

Eine Rationalisierung des Offenbarungsglaubens und seine Harmonisierung mit dem Glauben durch Leibniz und Wolff, insbesondere in ihrer popularisierten Form, führte nach Euler ebenfalls auf gefährliche Schlussfolgerungen. Offenbarungsglaube und Naturforschung bedürften keiner Harmonisierung, sie stünden unabhängig nebeneinander und störten sich dabei nicht. Dieser Gedanke ist später für Immanuel Kant (1724–1804) ausschlaggebend gewesen, der das Wissen beiseiteschaffen wollte, um Platz für den Glauben zu haben (Vorrede der *Kritik der reinen Vernunft,* 2. Auflage 1787). Gemeint ist damit, dass das Reich Gottes (Reich des Glaubens) dort beginnt, wo der mathematische Verstand nicht hin-

---

[93] Auch wenn Euler Bilfinger bat, Wolff von den im Briefwechsel behandelten Themen nicht zu informieren, so kannte Wolff diese Auseinandersetzungen mehr oder weniger, zumal Euler die Beilage aus sechs Bogen am 16./27.05.1738 in der Konferenz der St. Petersburger Akademie öffentlich vorgelegt hatte, die für das Archiv abgeschrieben werden sollte, dort aber nicht mehr auffindbar ist.

reicht. Der Gebrauch der Vernunft entwickelte aber neben den religiösen Traditionen ein weltliches Kulturleben. Zu Eulers Vortrag am 6. Februar 1744 über Licht und Farben, in der späteren Arbeit „Nova theoria lucis et colorum" (Neue Theorie des Lichtes und der Farben; E88, EO III/5), finden sich die Bemerkungen über die Harmonie der Natur von Licht und Farbe im Protokoll „il en montre une admirable harmonie" (es zeigt sich dabei eine bewunderungswürdige Harmonie), und in der Diskussion wurde auf die hiermit erzielte wunderbare Harmonie im Weltall verwiesen, die es nahe lege, auf den Urheber dieser Harmonie zu schließen, der natürlich göttlich sei. Das sind Aspekte einer Physikotheologie, die aus der Naturerkenntnis auf Göttliches schließt, der aber die Christologie fremd ist.

4.6.4 Die Königliche Akademie der Wissenschaften (vereinigte mit der Sozietäten)

Die Ordnung der menschlichen Dinge schritt so vorwärts: Zunächst gab es die Wälder, dann die Hütten, darauf die Dörfer, später die Städte und schließlich die Akademien.
GIAMBATTISTA VICO (1725)

Euler sah die Société littéraire nur als eine Übergangslösung auf dem Weg zur reformierten Akademie an, denn eine – wenn auch noch so gute – Gesellschaft gebildeter Laien konnte seine Vorstellungen von einer wissenschaftlichen Akademie nicht erfüllen. Das wissen wir aus Briefen Eulers an Freunde in Russland. Daher strebte Euler es wohl nicht an, sowohl in der alten Sozietät als auch in der Société littéraire wie auch in späteren zugehörigen Kommissionen Funktionen zu übernehmen. Auf das verständliche Drängen des 94-jährigen Direktors der mathematischen Klasse, Alphonse des Vignoles (1649–1744), in der alten Sozietät einen Helfer zu haben, nahm Euler in selbiger eine Adjunktstelle an. Direktor der mathematischen Klasse der Société littéraire war der Ingenieur-Major Abraham von Humbert hugenottischer Herkunft, der nichts publizierte, in unserem Zusammenhang durch seinen Vortrag über Robins Artilleriebuch *Principles of Gunnery* am 8. Dezember 1746 auffiel und mathematisch natürlich Euler das Wasser nicht reichen konnte.

Aber die Société littéraire hatte inzwischen eine lebhafte Tätigkeit entwickelt, die einem akademischen Betrieb sehr ähnelte. Es schien, und zahlreiche Mitglieder der Société sahen das so, dass die alte Sozietät erloschen sei und sie im Prinzip bereits durch die neue Société ersetzt wurde. Auch Euler war dieser Auffassung und hatte es daher für berechtigt gehalten, den König zu bitten, ihm seine Reisekosten zu ersetzen. Denn jetzt sei er in der Lage, in der Société seine Kräfte einsetzen zu können und so die dem König versprochenen Dienste zu leisten (Brief an Friedrich II. vom 19. Oktober 1743).

Aber die alte Leibniz'sche Einrichtung konnte nicht einfach klanglos einschlafen, denn sie war mit dem wichtigen Kalenderprivileg ausgestattet, das zur Finanzierung der Akademie benötigt wurde. Im Gegensatz zu den Akademien in Paris, London und St. Petersburg musste sich die Berliner Akademie selbst finanzieren. Um die brandenburgische Sozietät am Leben zu erhalten, hatte Leibniz

4.6 Der lange Weg zur Berliner Akademie

übrigens in den ersten Jahren sogar 3000 Thaler aus eigener Tasche gezahlt. Neben dem Kalenderverkauf hatte die Akademie auch Einkünfte durch den Druck von Landkarten und Gesetzessammlungen, aber die Kalendereinnahmen waren der größte Posten. Die genealogischen Kalender wurden übrigens europaweit vertrieben, sie wurden auch bis nach London verkauft.

Seit Sommer 1742 war Friedrich wieder in Berlin, aber das Akademievorhaben kam nicht recht in Gang. Friedrich fehlte noch der geeignete Präsident, denn Maupertuis befand sich weiterhin in Paris und machte dort von sich reden. Seine Erfolge führten 1743 in Paris zur Wahl in die Académie Française, womit er einer der 40 Unsterblichen wurde (*Fauteuil* 8, 8. Juni 1743). Wie sollte man Maupertuis nach Berlin ziehen? Euler vermutete zu Recht, dass die Vereinigung der Sozietäten zunächst wohl ohne Maupertuis vor sich gehen werde.

Am 29. Oktober 1743 hatte der Minister von Viereck den Zustand der Sozietät untersuchen lassen und erstattete hierüber dem König am 2. November Bericht. Friedrich unterrichtete die Société littéraire über deren Direktor von Schmettau vom Ergebnis. Von Schmettau schlug dem König daraufhin die Vereinigung beider Sozietäten vor, was Friedrich als „nicht ungegründet" ansah, sodass der Staatsminister von Viereck am 13. November die Aufgabe als königliche Ordre erhielt, dass er „einen soliden Plan von dieser Verbindung beyder Societäten zu einem Corpore entwerfen möge". Übrigens hatte sich von Schmettau dabei auch auf Vorstellungen bzw. Forderungen von Euler bezogen, was geschickt war. Euler hatte nämlich von Schmettau erklärt, dass er eine Direktorenstelle nur in einer vereinigten Sozietät annehmen würde.

Wie sollte die Zusammenführung vor sich gehen?

Man setzte zur Durchführung der Vereinigung eine Kommission ein, die durch Friedrich bestätigt wurde und erstmals am 22. November 1743 tagte. In der Kommission gab es zwei gegensätzliche Standpunkte, nämlich einen, der die Schonung der alten Sozietät anstrebte (Jariges, von Viereck), und einen anderen, der eine Aufhebung der alten Sozietät für wünschenswert hielt, um freie Hand bei der Übernahme alter Mitglieder zu haben (von Schmettau, Euler). Inzwischen hatte der Jurist Philippe Joseph de Jariges (1706–1770), Sekretär der alten Sozietät und Mitglied der Société littéraire, einen Plan für die Vereinigung vorgelegt, der den Vorstellungen von Schmettaus nahe kam und der auf der zweiten Kommissionssitzung am 29. November 1743 verlesen wurde.

Bis in den Januar 1744 verhandelte eine Kommission über die verschiedenen Entwürfe, die mehr oder weniger die oben genannten Standpunkte vertraten oder zwischen beiden Standpunkten angesiedelt waren. Es gab Vorschläge, nur zwei Klassen (Mathematik und Physik) einzurichten, aber auch Vorschläge, die fünf Klassen wünschten. Diese Vorschläge zirkulierten und wurden begutachtet. Die philosophische und philologische Klasse genossen wie die Medizin in der Akademie keine große Wertschätzung, was sich schließlich in der 1744 festgelegten Vortragsfolge zeigte. Man las physikalische und mathematische Themen, dann nochmals physikalische und mathematische Themen, bevor man zu philosophischen und philologischen Vorträgen wechselte. Beide Klassen waren dadurch noch weiter benachteiligt, da ihren Mitgliedern Gehälter erst gezahlt wurden, wenn die

Akademie genügend Einkünfte hatte. Das ist insofern etwas verwunderlich, als das Interesse des Königs, des Philosophen von Sanssouci, vor allem der philosophischen Klasse galt. Aber es kennzeichnete auch die Einstellung des Königs, der sich selbst eine ausgezeichnete Bildung in den Künsten und der Philosophie angeeignete hatte, aber seine Anschauungen dann nur noch wenig änderte. Die philosophische Klasse repräsentierte am Ende des Lebens von Friedrich II. nicht die seinerzeitige Philosophie, auch wenn Immanuel Kant und Johann Gottfried Herder (1744–1803) auswärtige Mitglieder waren; Moses Mendelssohn (1729–1786) hatte als Jude keine Chance, in die Akademie gewählt zu werden. Allerdings entstand in Berlin als Gegenpol zur akademischen Philosophie eine literarisch-kritische Aufklärung, die nach 1750 stattfand, wie z. B. in einem Montagsklub mit den Mitgliedern Friedrich Nicolai (1733–1811) und Gotthold Ephraim Lessing (1729–1781).

Im Dezember 1743 gab Philippe Joseph von Jariges, ein preußischer Staatsmann und derzeitiger Direktor des französischen Obergerichts, ein großes Abendessen, bei dem vermutlich die Unterschiede geglättet wurden, sodass man noch rechtzeitig bis zum Geburtstag des Königs am 24. Januar 1744 die Gesellschaften vereinigen konnte. 21 Statuten regelten jetzt die Ordnung der Akademie, die wieder in vier Klassen gegliedert war, denen jeweils ein Direktor vorstand. Man beschränkte die Mitgliederzahl einer Klasse (zumindest bei zukünftigen Zuwahlen). Es wurden Curatoren für die finanziellen Angelegenheiten einer jeden Klasse bestimmt und ein Sekretär eingesetzt. Die Konferenzen und die Publikationen wurden geregelt, usw. Von einem Präsidenten war keine Rede. Aber diese „Lücke" trug vermutlich der Ansicht des Königs Rechnung, dass zurzeit kein geeigneter Präsident zur Verfügung stand. Während Euler sich aus der Organisation der Sozietäten weitgehend herausgehalten hatte, wurde er bei der Zusammenführung aktiv. Das ist verständlich, denn es ging ja um die Gestalt seines künftigen Arbeitsplatzes. Auch Euler verfasste einen „Vorschlag zur Vereinigung der Neuen Société littéraire mit der Societät der Wissenschaften" (aus 16 Paragraphen), der auf Deutsch geschrieben war und den er im November 1743 dem König unterbreitete (Abb. 4.27). Obwohl Euler bei der Übernahme der Mitglieder der alten Sozietät nur auf der Übernahme der habilsten Mitglieder bestand (was freilich letztlich durch die Curatoren und den König selbst beurteilt werden sollte), versuchte er, Dinge aus beiden Gesellschaften in seinen Vorschlag zu übernehmen (wie etwa die Beibehaltung von vier Klassen mit je 20 bis 24 Mitgliedern, 1743).

Euler sprach sich hier für eine Klasse unter dem Titel Philosophie aus (§ 1), was ganz neu war. Dieser Vorschlag entsprach Eulers tiefen philosophischen Interessen, die sich bald im akademischen Leben zeigen sollten; eine solche Klasse kam aber auch den Neigungen des Königs entgegen. Die Berliner Akademie vertrat in der Tat in der philosophischen Klasse die spekulative Philosophie. Auch Euler berührte die Frage des Präsidenten nicht, sicher in dem berechtigten Glauben, dass hier dem König eine Einmischung unerwünscht wäre. Er brachte allerdings einen Rat des Freundes Daniel Bernoullis (1700–1782) ein, der nicht befolgt wurde. Dieser hatte an Euler geschrieben (25.12.1743), dass man die Zahl der auswärtigen Mitglieder wie bei der Pariser Akademie beschränken solle, damit diese Mitgliedschaft mehr

4.6 Der lange Weg zur Berliner Akademie

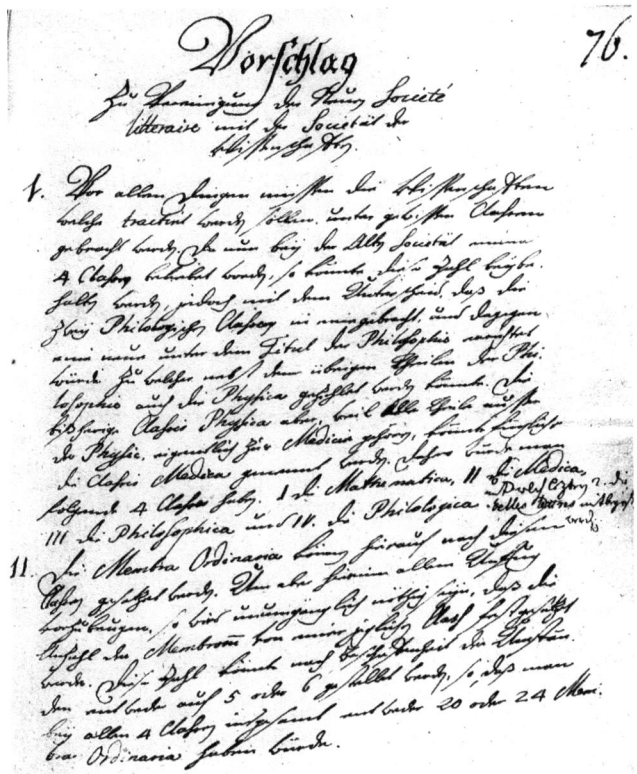

Abb. 4.27 Die erste Seite von Eulers Vorschlag (insgesamt fünfeinhalb Seiten) zur Reorganisation der Akademie, der Vereinigung der Société littéraire mit der Sozietät der Wissenschaften (Nov. 1743)

Wert habe. Er empfehle diese Maßnahme, auch wenn er sich selbst damit vielleicht die Tür verschließe, auswärtiges Mitglied in Berlin zu werden. Das war aber nicht der Fall, da Daniel Bernoulli bereits 1746 auswärtiges Mitglied wurde. Einige Regelungen, die Euler aufschrieb, spiegelten die Organisation der St. Petersburger Akademie wider: etwa das Vorbereiten und Verlesen der Arbeiten, das Kopieren der Arbeiten und deren Archivierung oder die Portofreiheit. Bei letzterer nannte Euler die St. Petersburger Akademie schließlich als Vorbild beim Namen.

Die Vereinigung führte auch zu gewissen Kompromissen, die sich im Laufe der Zeit von selbst erledigen würden. So hatte man 34 Kandidaten für die neue Akademie, aber nur 24 Stellen geplant. Der König stimmte der Übernahme von 14 Ehrenmitgliedern der Société littéraire sowie von 84 auswärtigen Mitgliedern der alten Sozietät zu. Die Fragen der Bezahlung waren nicht konsequent geklärt, da einige Mitglieder wie Euler schon verbindliche Zusagen erhalten hatten, aber andererseits Friedrich jetzt folgenden Etat bestätigte: Die Direktoren erhielten zusätzlich je 100 Thaler, für ihre je vier arbeitenden ordentlichen Mitglieder gab es insgesamt 1600 Thaler (also je 400 Thaler pro Mitglied), Maupertuis erhielt als Präsident später 3000 Thaler. Für Formey hatte man noch 1745 zusätzlich die Stelle eines Historiographen mit 200 Thalern geschaffen, da man die Berliner *Mémoires* nach Pariser Vorbild als *Histoire et Mémoires de l'Académie Royale des Sciences* herausgeben wollte. Auf diese Weise sollten die gehaltenen Vorträge und die durchgeführten Experimente dokumentiert werden. Die *Mémoires* erschienen auch wirklich jedes Jahr, bis zu Eulers Abreise waren es 21 Bände. Die Personalvorschläge, die man am 27.12.1743 dem König gemacht hatte und die von ihm am 30.12.1743 genehmigt wurden, waren:

I. Département de Physique, umfasste Physicam generalem et experimentalem, Historiam naturalem, Chemie, Botanik und Anatomie.
Eller („directeur"), Lieberkühn („savoir notoire"), Marggraf et Pott („physicien et chemist") Gleditsch („botanist et l'histoire naturell"), Francheville („physique et l'histoire naturell").
Bei dieser Klasse, in der sich u. a. die Mediziner Augustin Buddeus (1695–1753), Christian Friedrich und Michael Matthias Ludolff (1707–1763; 1696–1756) und Otto Theodor Sprögel, (1696–1760) befanden, hatte man lange über deren Stellung diskutiert. Es gab Meinungen, sie ganz aus der Akademie auszuschließen, was nicht getan wurde, aber man versetzte fünf Mitglieder der alten Sozietät an das Collége d'Anatomie et de Chrirurgie.

II. Département Mathématiques, enthielt Geometrie, Astronomie, Mechanik, Hydraulik, Meteorologie, Architecturam civil et militar (mit einem Wort, alle Teile der theoretischen und praktischen Mathematik).
Des Vignoles („emeritus"). Euler („directeur")[94], Grischau („métérologe"), Humbert („architecture civil et militaire, pratique des mathématiques"), Kies („astronomer"), Naudé („mathématiques et algèbre"), Wagner („observateur et bibliothecaire"), Faber (Sekretär).

III. Département de Philosophie, beinhaltete alle Teile der Philosophie, nämlich Metaphysik, Moral, Jus naturae, Historie und Kritik der Philosophie.
Heinius („histoire et langues orientales"), Jariges („histoire et philosophe"), Formey („philosophe")[95], Sack („philosophe et histoire"), Achard jun. et sen.

IV. Département de Philologie, schloss ein Literatur, Historiam univers et particul, Historiam patriae, Sprachen, insbesondere die deutsche, Antiquitäten und Medaillen.
z. B. Marquis d'Argens („belles lettres"), Süßmilch; die anderen Mitglieder waren lokale Größen.

---

[94] Euler hatte sich nur dann bereit erklärt, eine Direktorenstelle anzunehmen, wenn man beide Gesellschaften vereinigen würde. Des Vignoles starb bereits am 24.06.1744 im Alter von 94 Jahren, 9 Monaten und 5 Tagen.

[95] Nach den Statuten lagen die fachlichen Publikationen und die Darstellung der Geschichte der Akademie in den Händen der Curatoren und Direktoren, praktisch sollten diese Dinge aber durch einen Sekretär betreut werden. Das war bis 1748 Jariges, dem seit 1745 Formey zugeteilt war, der 1748 sein Nachfolger wurde und bis 1797 amtierte. Bereits 1745 erhielt Formey den Posten eines Historiographen der Akademie, der im Statut eigentlich gar nicht vorgesehen war.

4.6 Der lange Weg zur Berliner Akademie

Die Anzahl der ordentlichen Mitglieder in den Klassen betrug (1744):

I   11 ord. Mitgl.
II   7 ord. Mitgl.
III   6 ord. Mitgl.
IV   6 ord. Mitgl.

Die Statuten der vereinigten Akademie waren auf Deutsch abgefasst, und die Akademie wurde deutsch „Königliche Akademie der Wissenschaften" oder lateinisch „Academia Regia Scientiarum Berolinensis" genannt. Das Siegel der Akademie, das Leibniz 1700 für die Kurfürstlich Brandenburgische Sozietät entworfen hatte, wurde übernommen, die Bildseite zeigt einen aufsteigenden Adler, der zum Sternbild Adler strebt. Leibniz hatte für dieses Bild die durch den antiken Dichter Ovid (43 v. Chr. – 17 n. Chr.) angeregte Devise „Cognata ad sidera tendit" (Der Adler strebt zu den verwandten Gestirnen) gewählt. Der Bär ist das Wappentier Berlins, vermutlich ersetzte man deshalb später die fünf Sterne des Sternbildes Adler durch sieben Sterne, sodass sich das Sternbild des großen Bären ergab. Die Wiedergabe des Adlers entsprach der üblichen Darstellung auf brandenburgischen Wappen, Medaillen, usw.

Am 23. Januar 1744, einen Tag vor Friedrichs Geburtstag, eröffnete man die „Königliche Akademie der Wissenschaften" mit einer im Berliner Schloss abgehaltenen Eröffnungssitzung (Abb. 4.28). Die vier Klassen hatten jeweils einen eigenen Tisch, zwischen diese Tische waren zwei weitere Tische für das Präsidium und die Ehrengäste gestellt. Die Direktoren der Klassen saßen jeweils an der schmalen Tischseite, ihnen gegenüber ihre Sekretäre, die Mitglieder an den Längsseiten. Euler wird hier als Direktor der mathematischen Klasse geführt, ausnahmsweise saß neben ihm als zweite Person der greise des Vignoles mit der Bezeichnung „directeur ancien". Preußische Prinzen und Ehrenmitglieder waren zur Eröffnungssitzung erschienen, aber der König selbst fehlte. Friedrich reichte zwar regelmäßig Élogen und Beiträge für die philosophische Klasse ein, darunter auch Betrachtungen über die Mathematik in der Dichtkunst oder über den Nutzen der Künste und Wissenschaften, besuchte aber nie eine Sitzung seiner Akademie. Die folgenden Sitzungen der vereinigten Sozietäten fanden im Schloss statt, bis die Akademie am 1. Juni 1752 in ein eigenes Gebäude in der Straße „Unter den Linden" zog. Der Marstall, der Sitz der alten Sozietät, war 1742 abgebrannt. Er wurde von 1747 bis 1749 neu aufgebaut, und die westliche Hälfte des Marstalls wurde von der Akademie 1752 bezogen. Die andere Hälfte des Marstalls hatte die Akademie der Künste erhalten, die dort seit 1695 mit sechs Zimmern untergebracht war. Die Akademie der Wissenschaften hatte dort ihre Bibliothek, ihre Sternwarte (Breite 52°31′ 30″, Länge 31°2′ 30″ nach den Angaben von Tempelhof), ihre mathematischen Instrumente und mechanischen Modelle waren im Marstall untergebracht, und sie betrieb auch ein chemisches Laboratorium in dem Gebäude. Der Marstall wurde 1903 abgerissen, der an seiner Stelle ab 1904 errichtete Neubau beherbergte ab 1914 die Berliner Akademie, die Universitäts- und die Staatsbibliothek. Dieses Akademiegebäude wurde im zweiten Weltkrieg erheblich zerstört, sodass man schließlich 1949 in ein Gebäude am Gendarmenmarkt auswich, das

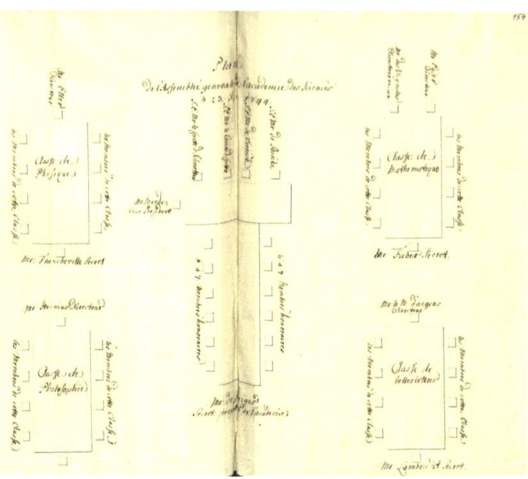

Abb. 4.28 Die Sitzordnung der Akademie bei ihre Eröffnungssitzung am 23. Januar 1744. Erklärung zu Sitzordnung der Generalversammlung (23. Januar 1744): In den vier Ecken des Sitzungssaales befanden sich Tische für die vier Klassen Physik, Mathematik, Belle Lettres und Philosophie (im Uhrzeigersinn). An der Frontseite der Tische waren jeweils die Plätze für die Direktoren Eller, des Vignoles und Euler, d'Argens und Heinsius (wieder im Uhrzeigersinn); des Vignoles wurde aus Altersgründen als „ancien directeur" neben dem aktuellen Direktor Euler platziert. Zwischen den oberen Tischen (Physik und Mathematik) hatten die vier Curatoren Schmettau, Gotter, Viereck und Borcke ihre Plätze, seitlich saß der Vize-Präsident Jordan. Zwischen den unteren Tischen (Philosophie und Belles Lettres) hatten die Ehrenmitglieder ihre Plätze, an der schmalen Tischseite der „Secrétaire pérpetuel "(ständige Schriftführer) de Jariges. Einen Platz für den König gab es nicht, da dieser weder zur Eröffnung noch zu festlichen Anlässen seine Akademie beehrte, sondern sich bestenfalls vertreten ließ. Menzels bekannte Zeichnung einer Akademiesitzung, die dem König seinem Rang gemäß einen zentralen Platz erteilt, ist mithin nicht realistisch

zuvor einer Bank gedient hatte. Dieses reizvoll gelegene Gebäude ist heute der Hauptsitz der Berlin-Brandenburgischen Akademie der Wissenschaften, wie die frühere Berliner Sozietät heute heißt. In dem historischen Akademiegebäude in der Straße Unter den Linden ist gegenwärtig nur noch die Bibliothek der Akademie untergebracht, die sich das Gebäude mit der Staatsbibliothek teilt.

Der König, der bei der Thronbesteigung ungeduldig berühmte Köpfe für seine Akademie gewinnen wollte, hatte es versäumt, sich über den Modus der neuen Akademie genauer zu äußern bzw. er hatte sich darüber vermutlich keine Gedanken gemacht. Man darf annehmen, dass der König seinen Regierungsstil auch bei der Verwaltung der Akademie verwirklichen wollte. Hierzu fehlte Friedrich II. nach wie vor als Verbindungsmann ein Präsident, dem der König gemäß seinen Vorstellungen umfassende Befugnisse übertragen hätte, um sich zu entlasten. Einen Präsidenten gab es nicht, sondern der erste Direktor der Société littéraire von Schmettau amtete weiter und hielt in den nächsten drei Monaten den Kontakt zum König; er war de facto der Akademiepräsident und hoffte vergeblich,

4.6 Der lange Weg zur Berliner Akademie

die Stelle zu erhalten. Im späten Frühjahr war der König schon wieder damit beschäftigt, wie er die eroberte Provinz Schlesien gegen eine übermächtige Allianz halten konnte.

Die Statuten der Sozietäten entsprachen nicht völlig den Absichten des Königs. Der König zeigte seine Distanz zur Akademie, indem er sich nicht zum Protector ernannte, das tat er erst, als Maupertuis präsidierte. Jetzt schrieb er lediglich: „Si cette nouvelle Académie s'efforce de répondre dignement à mon attente et au louable but de son institution, elle peut toujours compter sur ma protection Royale" (30. Dezember 1742).[96] Es spricht aber für den König, dass er – da er sich nun einmal durch die Ankündigung einer Reorganistion der Akademie unter Zugzwang gesetzt hatte – auf die Zusammenführung beider Gesellschaften setzte und Kontinuität (auf höherem Niveau) zu wahren versuchte, anstatt durch die Bevorzugung einer Gesellschaft zu polarisieren. Damit änderte Friedrich allerdings auch die etwas schwerfällig angelegten Verwaltungen der Akademien und die Undurchsichtigkeit der Finanzangelegenheit wenig: Im Hinblick auf die vier Klassen gab es vier Curatoren und Direktoren, fünf Sekretäre, einen Vizedirektor und einen Schatzmeister. Das entsprach nicht der üblichen schlanken preußischen Verwaltung.

Das Statut der vereinigten Sozietät blieb nur etwa zwei Jahre in Kraft, sodass wir dessen Einzelheiten nicht ausführlich zu erörtern haben. Schließlich zog am 17. August 1744 Friedrich mit seinen Heer wieder in einen Krieg; er rückte in Sachsen und Böhmen ein und begann den 2. Schlesischen Krieg, der erst am 25. Dezember 1745 mit dem Frieden von Dresden sein Ende finden sollte. Damit war in den nächsten Monaten die Akademie wieder weitgehend sich selbst überlassen. Lediglich einmal, 1745, beim Tode Naudés jun., wandte sich die Akademie an den König, da sie die nun verfügbaren 200 Thaler dem Sekretär der physikalischen Klasse Johann Nathanael Lieberkühn (1711–1756) geben wollte. Der König schrieb jedoch am 30. Januar 1745 eigenhändig an den Rand dieser Eingabe: „Nein, der Ellers [=Euler] wird einen aus Russland verschreiben, der Habil ist und Professor in [an] Naudé seiner Stelle werden kann." Eulers Meinung galt offenbar dem König dann etwas, wenn sich Euler auf seinem Fachgebiet bewegte, von dem der König als Laie eine recht gute Vorstellung hatte, da er sich beispielsweise u. a. mit Werken von Christian Wolff (1679–1754) auseinander gesetzt hatte.

Die philosophische Tafelrunde in Sanssouci und die philosophische Klasse der Akademie waren zwei Paar Schuhe. In der Tafelrunde von Sanssouci regierte die französische Aufklärung, die durch Friedrichs Verbindungsleute (Maupertuis, d'Argens) zwar in die Akademie ausstrahlte, aber nicht deren Themen bestimmte. Weder lehrte la Mettrie in der Akademie, noch konnte Voltaire in ihr spotten. Merkwürdig war, wie bereits gesagt, dass am Ende von Friedrichs Leben diese Klasse der Akademie verödete. Obwohl seine philosophische Tafelrunde an

---

[96] „Wenn diese neue Akademie bestrebt ist, meinen Erwartungen und dem lobenswerten Ziel ihrer Einrichtung mit Würde zu entsprechen, kann sie immer auf meinen königlichen Schutz zählen."

Glanz verloren hatte, da Freunde gestorben waren oder Potsdam verlassen hatten, schienen die in der Akademie behandelten philosophischen Themen den alternden Friedrich nicht sonderlich zu interessieren, und sie konnten ihren momentanen Glanz nicht über die Zeiten bewahren.

4.6.5 Akademie unter Maupertuis

> Friedrich nutzte die momentane und zufällige Berühmtheit von Maupertuis, um ihn mit dem Angebot der Präsidentschaft mit seiner Akademie zu verbinden, die er reformieren wollte. Maupertuis nahm trotz einiger Verzögerungen diese hohe Stellung mit Eifer an.[97]
>
> A. LE SUEUR (1896)

Im 2. Schlesischen Krieg gewann Friedrich am 4. Juni 1745 eindrucksvoll die Schlacht bei Hohenfriedberg. Dieser Sieg schien nun sichere Verhältnisse in Preußen zu garantieren und insbesondere eine gute Entwicklung der Akademie zu verheißen. Jedenfalls schrieb Maupertuis an den König, dass er die Erlaubnis des französischen Königs habe, Frankreich zu verlassen und dass er nach Berlin kommen werde. Im Spätsommer des Jahres reiste er – offenbar nicht in Eile – nach Preußen. Eulers Freund Daniel Bernoulli hatte zuverlässig aus Basel mitgeteilt, dass Maupertuis in drei bis vier Wochen in Berlin zu erwarten sei (Brief vom 07.07.1745).

Friedrich war von Maupertuis' Entschluss begeistert und schrieb aus dem Felde bis zur Beendigung des Krieges (Frieden am 25. Dezember 1745) 16 Briefe an Maupertuis, um ihn bei der Stange zu halten. „Alors, mon cher Maupertuis, alors nous pourrions philosopher á notre aise" (Also, mein lieber Maupertuis, dann könnten wir in aller Ruhe philosophieren), lesen wir in einem Brief vom 10. Juli 1745. Aber Maupertuis eilte in Berlin nicht nur dem Amt eines Präsidenten entgegen, denn er fand in Berlin auch die Frau seines Lebens. Voller Freude erhielt Friedrich Maupertuis' Schreiben, in dem dieser ankündigte, dass die Heirat mit einem Fräulein Eleanor von Borcke bevorstehe (nämlich am 28. Oktober 1745).[98] Der König wünschte Maupertuis aus dem Felde, dass dieser in seiner Liebe so glücklich sein möge wie bei seinen physikalischen Entdeckungen in Lappland, die immerhin Maupertuis' großen Ruhm begründet hatten.

---

[97] « Fréderic profita de la célébrité momentanée et accidentelle de Maupertuis pour se l'attacher par l'offre de la Présidence de son Académie, qu'il voulait réformer. Maupertuis, malgré quelques tergiversations d'ordre particulier accepta avec empressement cette situation supérieur. »

[98] Siehe Eulers Brief an Goldbach vom 23.10.1745. Maupertuis hatte seine Frau bereits bei seinem ersten Aufenthalt in Berlin kennengelernt. Sie war eine Hofdame von Friedrichs II. Schwester Anna Amelie (1723–1787) (siehe auch die übernächste Fußnote). Die Familie Borcke (auch Borck) ist ein sehr altes preußisches Adelsgeschlecht. Der Name kommt aus dem slawischen und bedeutet so viel wie Wolf. – Das bei Formey in der Éloge angegebene Hochzeitsdatum ist falsch erinnert.

4.6 Der lange Weg zur Berliner Akademie

Der König stellte Maupertuis an die Spitze der Akademie und gab Ordre, ihm ein Gehalt von 3000 Thalern auszuzahlen (Bestallungsdiplom vom 1. Februar 1746). Die weitere Einrichtung der Akademie gewann jetzt wieder an Fahrt: Friedrich verfügte, dass alle Publikationen in den *Mémoires* französisch zu sein hätten, er wünschte, dass die *Mémoires* (wie die Pariser *Histoires*) jährlich die Lebensgeschichten der verstorbenen Mitglieder zu geben hätten, und schließlich wurde aus diesem Grunde Formey zum Historiographen ernannt. Formey übersetzte bei Bedarf die eingereichten Arbeiten ins Französische, und seine Aufgabe war es auch, eine Geschichte der Akademie seit dem Jahre 1700 zu schreiben.

Allerdings wehrte der kriegsführende König im Oktober 1745 Maupertuis' Bestrebungen noch ab, über Details bei der Einrichtung der Akademie zu verhandeln:

> „An eine Akademie habe ich [noch] nicht gedacht, diese Betreuung wird meine Freizeitaufgabe sein. Sie sind der Direktor und werden vom Augenblick meiner Rückkehr nach Berlin (der in 12 Tagen sein wird [es dauerte aber noch 2 Monate]) die Leitung übernehmen."[99] – 22. Oktober 1745

Friedrich beauftragte Maupertuis, die schwerfälligen Statuten von 1744 zu straffen, und Maupertuis legte den neuen Plan am 10. Mai 1746 vor. Der König billigte die Überarbeitung, die aus 20 kurzen Paragraphen bestand, und fügte noch zwei Paragraphen hinzu, die ganz auf Maupertuis zugeschnitten waren. Durch diese Zusätze erhielt der Präsident große Vollmachten. Der präsidierende Curator Caspar Wilhelm von Borcke[100] wurde dem Präsidenten unterstellt, und diese Zurückstellung des adeligen Kuratoriums gegenüber der wissenschaftlichen Leitung ist beachtenswert und zeugt von Friedrich Durchsetzungskraft. Die Zusätze erlaubten Maupertuis, Entscheidungen ohne Ehrenmitglieder und Curatoren zu treffen, also etwa Mitglieder aufzunehmen und deren Gehälter festzulegen (12. Mai 1746).

Maupertuis wurde am 3. März 1745 als Präsident feierlich eingeführt, zuvor war auch Euler als Direktor der mathematischen Klasse am 3. Februar offiziell bestätigt worden. Am 2. Juni 1746 wurde schließlich das neue Statut in der Akademie verlesen. Es war lange Zeit gültig, obwohl es nach Maupertuis' Tod an Bedeutung verlor, da der König keinen neuen Präsidenten einsetzte. Von Bedeutung gegenüber der Satzung von 1744 waren solche Festlegungen, die längeren Bestand in der Akademie hatten. In Hinblick auf die vier Klassen, durch die die Wissenschaften eingeteilt wurden (wobei sich die Klassifizierung im Laufe der Zeit änderte), ist wesentlicher, dass man von vornherein Theologie und Rechtswissenschaft ausschloss und auch die traditionelle Beredsamkeit (Eloquenz) nicht aufnahm. Der Status der Medizin war sehr umstritten. Die Sitzungen der einzelnen Klassen wurden abgeschafft und durch Plenarsitzungen ersetzt. Die ordentlichen Mitglieder, solche, die in Berlin wohnten, wurden in drei Gruppen eingeteilt: die

---

[99] « Je n'ai pas pensé à académie, ce soin sera l'ouvrage de mon loisir. Vous en êtes le directeur et du moment de mon retour à Berlin (qui sera dans 12 jours) vous voudrez bien vous en charger. »

[100] Der Curator starb bereits im folgenden Jahr, und Maupertuis hielt eine Eloge auf ihn. C. von Borcke stammte aus der Familie des preußischen Generals Wilhelm von Borcke (1685–1743), des Vaters von Maupertuis' Gemahlin Eleanor von Borcke.

Veteranen, die Pensionäre und die Associés. Veteranen waren nicht mehr in der Akademie aktiv tätig. Die beiden ersten Gruppen erhielten Gehälter, die letzte war zu Vorträgen verpflichtet. Die Zahl der auswärtigen Mitglieder war unbeschränkt. Beispielsweise wählte man in der Sitzung am 2. Juni 1745 Jean le Rond d'Alembert (1717–1783) als auswärtiges Mitglied, in der Sitzung am 9. Juni wurden Voltaire (1694–1778) und Charles Marie de la Condamine (1701–1774) zugewählt, und am 20. Juni 1746 vergrößerte man die Zahl der auswärtigen Mitglieder um 18, darunter war auch Carl von Linné (1707–1778).

Nach dem Vorbild der Pariser Akademie legte man fest, dass jährlich eine Preisaufgabe mit einem Preisgeld von 50 Dukaten gestellt werden sollte.[101] Daniel Bernoulli hatte in einem Brief an Euler gezweifelt, ob es zu Berliner Preisaufgaben überhaupt nennenswerte Beiträge geben würde. Der Preis wurde 1744 erstmals ausgeschrieben, und es gingen tatsächlich mehrere Arbeiten ein. 1745 wurde daher eine Sammlung von vier Arbeiten im Druck veröffentlicht, darunter die gekrönte Arbeit „Sur l'electricité" von Joseph Sigismund Waitz, Freiherr von Eschen (1698–1777), aus Kassel. Der Preisträger behandelte das Thema in neun Kapiteln, zunächst in vier grundsätzlich angelegten Kapiteln die Elektrizität überhaupt, ihre Ursachen und ihre Erzeugung, um dann zu spezielleren Fragen überzugehen (etwa: Wie wird elektrische Materie bewegt?). Der Autor einer anderen Arbeit behauptete, dass die elektrische Materie die flüssigste und zugleich subtilste Materie sei und alle Zwischenräume in Körpern fülle. Eine dritte Arbeit stellte sechzehn verschiedene Haupterscheinungen der Elektrizität vor und beschrieb Experimente, mit denen diese erzeugt werden können.

Elektromagnetismus ist ein Gebiet, das viele verschiedene Fächer vereint (z. B. Chemie, Thermodynamik, Optik u. a.), sodass im 18. Jahrhundert deren Aufklärung naturgemäß noch am Anfang stand, obwohl die Beschäftigung mit dem Elektromagnetismus schon mit dem Beginn der Neuzeit durch William Gilbert (1544–1603) eingesetzt hatte. Viele faszinierende Ergebnisse und Ereignisse sowie Erwartungen säumten den geschichtlichen Weg des Elektromagnetismus. Benjamin Franklin (1706–1790) stellte 1746 eine Theorie der Elektrizität auf und erkundete 1752 mithilfe eines Drachens während eines Gewitters die atmosphärische Elektrizität (Abb. 4.29).

Bei ähnlichen Experimenten kam im Jahr darauf der St. Petersburger Physiker Georg Wilhelm Richmann (1711–1753) ums Leben (Abb. 4.30). Franz Anton Mesmer (1734–1815), ein Vorläufer der modernen Praxis der Hypnose (Mesmerismus), hatte seine Anschauungen wesentlich auf Lehren von Richard Mead (1673–1754), dem „medical attendance" von George I. und George II. (behandelnder Arzt), gestützt, aber dessen Konzept von der „animal gravitation" (tierische Anziehung) durch den „animal magnetism" (tierischer Magnetismus) ersetzt. Der Gegenstand wurde also vielfältig und mit viel Phantasie abgehandelt. Noch in sei-

---

[101] Diese Tradition wurde von den Pariser Akademien 1671 begründet, und die von der Académie des Sciences gestellten Aufgaben fanden seit 1719 große Aufmerksamkeit in Europa (modern interpretiert wären die Pariser Preise mit denen von Nobel vergleichbar).

4.6 Der lange Weg zur Berliner Akademie

Abb. 4.29 a Benjamin Franklin (1706–1790), allegorische Darstellung seiner elektrischen Versuche durch Benjamin West (1738–1820), ca. 1816

Abb. 4.30 Der tödliche Unfall des deutschen Physikers Georg Wilhelm Richmann (1711–1753), der während eines elektrischen Versuches in St. Petersburg vom Blitz getroffen wurde

nen *Briefen an eine deutsche Prinzessin* gestand Euler, dass die „matière (= electricité) … me fait presque peur" (Stoff = Elektrizität) … macht mir fast Angst", 138. Brief; E 1761).[102]

Euler berichtete auf der Sitzung am 31. Mai 1745 über die Vergabe des Akademiepreises an Joseph Sigismund Waitz. Der nächste Preis ging 1746 an d'Alembert für seine Schrift „Sur la cause des vents" (Über die Ursache der Winde), der zur gleichen Zeit Mitglied der Berliner Akademie wurde. Über diese Schrift hatte Daniel Bernoulli, ein Rivale von d'Alembert, boshaft bemerkt, man

---

[102] E 343, EO III/11, Teil 1, 138. Brief „Kurze Erzählung der vornehmsten Erscheinungen der Elektricität."

wisse nach ihrem Studium nicht mehr als vorher.[103] Aufsehen erregte die für 1747 gestellte Frage über die Monadenlehre, auf die wir noch eingehen werden. Von 1744 bis 1786 wurden insgesamt 45 Preisaufgaben gestellt, von denen nicht alle beantwortet wurden, bei manchen Aufgaben musste jedoch der Preis auch geteilt werden. Es wurden schließlich 38 Arbeiten gekrönt, wobei 26 Preise an deutsche Autoren gingen, achtmal errangen Franzosen den Preis. Man kann also feststellen, dass die Berliner Akademie mit ihren Fragen zwar französische Gelehrte anzog, dass aber die Akademie letztlich im deutschen Geistesleben verwurzelt war, was die Zahl der Preisträger aus Deutschland zeigt (etwa zwei Drittel).

Die neue Akademie trug seit dem 2. Juni 1746 den Namen „Académie Royale des sciences et belles-lettres", der Zusatz „Belles-lettres" fand sich noch nicht im Statut von 1744, aber er war bereits im Gebrauch, etwa auf der Titelseite des ersten Bandes der *Mémoires* (1745) der Akademie. Maupertuis war Präsident der Akademie, Euler Direktor der mathematischen Klasse und Leiter der Sternwarte. Der König selbst trat nun als Protector seiner Akademie auf. Das Protokoll vom 23. Juni 1746 verzeichnet: „Mr. le President [Maupertuis] a dit de la part du Roi, que Sa Majesté se déclaroit Protectoeur de l'Académie."(Der Herr Präsident [Maupertuis] sagte im Namen des Königs, dass Seine Majestät sich selbst zum Beschützer der Akademie erklärt habe. Hervorzuheben ist, dass die preußische Akademie in moderner Weise Natur- und Geisteswissenschaften vereinte, während die Pariser und Londoner Akademien auf spezielle Aufgaben ausgerichtet waren.

Die Akademie war nun eingerichtet. Wenn man von den Statuten des Jahres 1744 ausgeht, aber noch mehr, wenn man die Statuten der Jahre 1745/46 zugrunde legt, so erscheint der eingeschlagene Weg zur Reform von Anfang an konsequent und geradlinig, aber das war nicht ganz der Fall. Waren der König und die Mitglieder mit dem Ergebnis zufrieden?

Der König jubelte, dass Maupertuis die schönste Eroberung sei, die er in seinem Leben gemacht habe. Friedrich dankte dem berühmten Gelehrten für das Opfer, dass er sein Vaterland, seine Freunde und die Eltern verlassen habe und nach Berlin gekommen sei. Am 10. April 1746 reichte Friedrich seine erste Abhandlung für die Berliner *Mémoires* an den Präsidenten Maupertuis ein, und am 25. Januar 1748 ließ Friedrich in der 72. Sitzung, einer Assemblée publique (öffentliche Versammlung), sogar eine Ode „Sur le Renouvellement de l'Académie" (Über die Erneuerung der Akademie) durch seinen Privatsekretär Claude Étienne Darget (1712–1778) verlesen, die er auf Französisch anlässlich des zweiten Jahrestages der Neugründung der Akademie geschrieben hatte (*Mém.* 1749). Die Ode hatte eine Länge von rund 100 Verszeilen, erwähnte aber die Mathematik nicht. Ebenfalls wurde Friedrichs Abhandlung über das Leben seines Vaters, „Vie de Frideric Guillaume le Grand" (Das Leben Friedrich Wilhelms des Großen), verlesen. Unter den Oden Friedrichs finden sich eine über das Lob der Wissenschaft

---

[103] Genaueres über die Rivalität von d'Alembert und Euler (sowie D. Bernoulli) ergibt sich im Weiteren. Der gründlichen Arbeit von Varadaraja V. Raman, „The D'Alemert-Euler Rivalery", in: *The Mathematical Intelligencer* 7(1) (1985), S. 35–41, vermag ich nicht in allem zu folgen.

4.6 Der lange Weg zur Berliner Akademie

(über 200 Zeilen) und eine über Maupertuis (über 250 Zeilen). Auch sieben Elogen über verstorbene Akademiemitglieder steuerte der König den Berliner *Mémoires* bei; weitere siebzehn Beiträge umfassen beispielsweise „De la Superstition et de la religion" (Über den Aberglauben und die Religion, 1748) und „Discours sur l'Utilité des Sciences et des Arts dans un État" (Unterredung über die Nützlichkeit der Wissenschaften und der Künste in einem Staat, 1772). Keine Frage, der König war nun stolz auf seine Akademie, die bald mit den Vorbildern Paris und London Schritt halten konnte. Über die Sozietät seines Großvaters Friedrich I. bemerkte der König mit der ihm eigenen Schärfe: „On persuada à Frédéric Ier qu'il convenait à sa royaté d'avoir une académie, comme on fait accroire à un nouveau noble qu'il est séant d'antretenir une meute. On se propose de parler en son lieu de cette académie avec plus d'étendue."[104]

Euler war mit der neuen Akademie zufrieden, die ihm ein breites Arbeitsfeld eröffnete. Zwar war er nicht Präsident geworden, aber er sollte sich bald mit Maupertuis ausgezeichnet verstehen, was ihm letztlich großen indirekten Einfluss auf die Akademie verschaffte. Ein Zeichen, dass Euler sich in Berlin einrichtete, zeigt das Erlernen der französischen Sprache, die im Berlin des frankophilen Friederich II. „obligatorisch" und in der Akademie die „Amtssprache" war. Euler hatte in den ersten Jahren Naudé jun., seinen vormaligen Briefpartner, als Helfer. Wie weit Eulers Vorstellungen einer Akademie mit der in Berlin geschaffenen übereinstimmen, sieht man aus einem Brief des Freundes Daniel Bernoulli. Dieser hatte am 23. April 1743 Folgendes an Euler geschrieben, und wir können davon ausgehen, dass das mehr oder weniger auch Eulers Meinung war:

> „Es ist auch meiner Meinung nach besser, bei einer Académie des sciences nur etliche wenige génies supérieurs [überragende Geister] zu haben, die den wahren nexum [Zusammenhang] der Wissenschaften einsehen und das von dem cliquant [Flitterputz, Rauschgold] zu unterscheiden wissen, auch daneben unterrichtet sind, was in jeder Wissenschaft bereits Nützliches erfunden worden und was noch ferner darin gesucht werde. ... In einer Akademie muss einigermassen eine Subordination seyn, als wie im Militärstande: Ein erleuchteter Geist siehet ein alles, was da zu nützlichen Erfindungen führen könnte; hierzu braucht er Leute, die unter seiner Direktion arbeiten, und von denen mehr habilité [Geschicklichkeit] als Wissenschaft erfordert wird."

Auch sein Gastland gefiel Euler. Über die 1745 von Österreich, Sachsen,[105] England und Holland geschlossene Allianz gegen Preußen, die Friedrich zum Präventivkrieg (2. Schlesischer Krieg) veranlasste, bemerkte Euler gegenüber Goldbach: „Der Anschlag, welchen die Königin von Ungarn [Maria Theresia] und die Sachsen gegen uns geschmiedet haben, war allzu grausam, als dass er von jemand gebilligt werden könnte. Allein, unser glorwürdigster Monarch hat diesen Anschlag dergestalt vernichtet, dass wir hier vor der Bosheit der grausamen

---

[104] „Friedrich I. war davon überzeugt, dass es seinem Königtum angemessen sei, eine Akademie zu haben, so wie einem neuen Adligen weisgemacht wird, dass es angebracht ist, eine Meute (Koppel von Jagdhunden) zu unterhalten. Wir schlagen vor, an ihrer Stelle von dieser Akademie mit einer größerer Weite zu sprechen."

[105] Die Sachsen waren wie so oft wieder einmal auf der falschen Seite.

Feinde durch Gottes Gnade jetzt ruhig sein können." (Brief vom 30. November 1745). Und zu Beginn des Siebenjährigen Krieges schrieb er im November 1757 an den Basler Stadtschreiber Franz Passevant (?–1783), dass er von der Wende bei den Auseinandersetzungen zugunsten Preußens und des Protestantismus begeistert sei.

Der König war französisch geprägt, aber von seiner Akademie kann man das nicht so klar sagen, denn bei den in Berlin lebenden Mitglieder spielten neben den Franzosen (Maupertuis, Lagrange, la Mettrie u. a.) auch die Schweizer (z. B. Merian, Sulzer, Lambert) eine wichtige Rolle. Schließlich zeigte sich französischer Geist auch bei den eingewanderten Hugenotten, die in beachtlicher Zahl in die Akademie aufgenommen worden waren (Formey, Achard, Naudé usw.). Im ersten Jahrhundert ihres Bestehens hatte die Berliner Akademie unter ihren Mitgliedern 127 Franzosen – das ist ein herausragender Anteil von Ausländern unter den europäischen Akademien. Die französische Sprache ermöglichte einen problemlosen Austausch mit den ausländischen Gelehrten, aber in der Akademie wurden anfänglich noch viele Abhandlungen auf Deutsch oder Lateinisch gelesen und erst nachträglich ins Französische übersetzt. Sprachlich war man noch etwas provinziell, aber umso mehr fällt Eulers Bemühung auf, französisch zu publizieren. Obwohl die französische Kultur und Sprache in Preußen großen Einfluss hatte und half, Geschmack und Geist zu bilden, so kam doch die französische Sprache in der Fremde herunter. Schon 1761 verfasste der Akademiker André Pierre le Guay de Prémontval (1716–1764), Mathematiker und Pädagoge in Berlin, die satirische Abhandlung „Préservatif contre la corruption de la langue française en Allemagne" (Mittel gegen die Verfälschung der französischen Sprache in Deutschland).

Von 1744 bis 1760 zählte die Akademie 38 ordentliche Mitglieder; im gleichen Zeitraum gehörten etwa 150 auswärtigen Mitglieder zur Akademie. Letztere kamen aus neun europäischen Ländern gemäß der Rolle, die diese Länder in der Wissenschaft spielten. Unter den auswärtigen Mitgliedern befanden sich viele Vertreter der Aufklärung, die im engeren Sinn keine wissenschaftliche Disziplin vertraten. Während der tatsächlichen Präsidentschaft von Maupertuis (1745–1759) erhielt die Akademie 65 neue Mitglieder, darunter waren zwölf Deutsche. Nach Eulers Weggang (1766) berief die Akademie gemäß den Wünschen des Königs nur 27 neue Mitglieder, unter ihnen war nur ein Deutscher. Einige berühmte auswärtige Mitglieder waren:

1744 Voltaire
 Charles de Secondant Baron de Montesquieu (1689–1755)
1746 George-Louis Leclerc Comte de Buffon (1707–1788)
 Carl von Linné (1707–1778)
 Jacques Cassini (1677–1756)
 César François Cassini de Thury (1714–1784)
1749 Bernard le Bouvier de Fontenelle (1657–1757)
 Albrecht von Haller (1708–1777)
 Joseph Jérôme Lefrançois de Lalande (1732–1808)
 James Bradley (1693–1762)

4.6 Der lange Weg zur Berliner Akademie

Folgende Mathematiker und Physiker waren auswärtige Mitglieder:

1744   Alexis Claude Clairaut (1713–1765),
1746   Charles Marie de la Condamine (1701–1774),
       Daniel Bernoulli
       Johann II Bernoulli (1710–1790)
       Johann Andreas von Segner (1704–1777) (Abb. 4.31)
1756   Lagrange (seit 1766 ordentliches Mitglied und Direktor der mathematischen Klasse, 1736–1813)

Clairaut hatte übrigens an Maupertuis' Lapplandexpedition zur Bestimmung des Längengrades teilgenommen, während Condamine die andere Expedition nach Peru begleitet hatte. Gegenüber der alten brandenburgischen Sozietät hatte Friedrichs Akademie deutlich an Glanz und Bedeutung gewonnen.

Der Akademiehistoriker Adolf von Harnack (1851–1930) (Abb. 4.32) schrieb über den Spielraum der Berliner Gelehrten gegenüber den Kollegen in Paris:

Abb. 4.31 Johann Andreas von Segner, (Segner János András, 1704–1777), ungarischer Mathematik- und Physikprofessor in Göttingen und Halle

Abb. 4.32 Adolf von Harnack (1851–1930), Theologe und Kirchenhistoriker, Berliner Akademiemitglied und Autor einer dreibändigen Berliner Akademiegeschichte

„Die Berliner Akademiker wiederholten mit Stolz, daß sie weder vom Hof noch von der Sorbonne, weder von Sans-Souci [von Friedrich II.] noch von einem Consistorium abhängig seien, daß sie für ihre Mémoires nicht die Approbation von zwei Doktoren der Theologie nötig hätten, daß sie ihre Sitzungen nicht mit einem Stoßgebet an Jesus Christus zu schließen brauchten oder mit einem Gebet für den König, wie das in der französischen Akademie üblich war."

Aber die Akademie war auch nicht das Paradies der Gelehrten. Beispielsweise wurde Augustin Nathanael Grischow (1726–1760) 1744 an die Sternwarte berufen, er wurde 1749 ordentliches Mitglied der Akademie. Aber bereits 1750 verließ er Berlin und ging an die Akademie nach St. Petersburg. Der Physiker Franz Ulrich Aepinus (1724–1802) wurde 1755 ordentliches Mitglied der Akademie, um sie schon zwei Jahre später mit dem Ziel St. Petersburg zu verlassen. Das ordentliche Akademiemitglied Johann Gottlieb Lehmann (1719–1767), der Chemiker und Geologe war und seine Kenntnisse im Bergbau anwandte, war von 1754 bis 1761 in Berlin, um dann in St. Petersburg zu wirken. Das sind nur drei Beispiele für die Fluktuation in Berlin, deren Gründe vor allem darin beruhten, dass Friedrich sparsam war und insbesondere an wissenschaftliche Größen zweiter Ordnung keine hohen Gehälter zahlen wollte. Das bedeutende Akademiemitglied (ab 1745) Johann Peter Süßmilch (1707–1767), der grundlegende Beiträge zur praktischen Bevölkerungsstatistik und ihrer Begründung geschrieben hatte, bekam gar kein Gehalt, sondern er lebte von seinen Einkünften als Pfarrer. Man kann natürlich den Wechsel der Wissenschaftler innerhalb der Akademien als eine großzügige Freizügigkeit innerhalb der europäischen Gelehrtenrepublik deuten, aber dabei sollte man die möglichen Eingriffe der jeweiligen Monarchen nicht übersehen; Euler selbst war und wird wieder ein Beispiel sein, wie schwierig Entlassungen sein konnten. Bei den obigen drei Beispielen, wie bei einigen weiteren Fällen, waren auch Eulers Bemühungen und Empfehlungen ausschlaggebend. Ganz allgemein wurde Euler von beiden Seiten, der Berliner und St. Petersburger Akademie, als ein wissenschaftliches Bindeglied zwischen ihnen angesehen, da er sich beständig um gute Beziehungen der beiden Akademien kümmerte. Das ging vom Austausch von Akademieschriften, von Buchbeschaffungen bis hin zur Betreuung von Studenten und Kollegen und schloss schließlich Stellenvermittlungen nicht aus. Ein Beispiel für die Stellenpolitik Eulers wäre Friedrich Moula (173–1782), Eulers Adjunkt in St. Petersburg. 1745, nach dem Tode von Philippe Naudé, dem Mitglied der Berliner Akademie, verschaffte Euler die frei gewordene Stelle am Joachimsthaler Gymnasium in Berlin seinem Petersburger Adjunkten Friedrich Moula (1703–1782, Adj. 1736–1744).

Der brandenburgisch-preußische Adler, den das Siegel der Akademie zeigt, schwang sich nun unter Maupertuis' Leitung unbeschwert zu den Sternen empor. Doch das sollte sich bald ändern.

4.7 Eulers Alltag

> Daher ist alles menschliche Tun für sich betrachtet weder gut noch schlecht; aber zuletzt wird eine Tat gut genannt werden, wenn das Ergebnis mit dem göttlichen Willen übereinstimmt; eine schlechte Tat ist eine solche, aus der etwas dem göttlichen Willen Widersprechendes entsteht.
>
> LEONHARD EULER in den „Theses Philosophicae" des Tagebuchs

In der Berliner Zeit bereitete Euler etwa 370 Arbeiten zum Druck vor, wovon 275 erschienen (jeweils etwa 100 in Berlin sowie in St. Petersburg, die restlichen 75 mit unterschiedlichen Druckorten); Euler schrieb und empfing in dieser Zeit etwa 1000 Briefe. Unmittelbar mit dieser mathematischen Arbeit verbunden war auch Eulers redaktionelle Arbeit bei den Berliner *Mémoires*. Aber Eulers Aktivitäten reichten viel weiter, denn in Berlin war er auf dem Höhepunkt seines Schaffens. Seine Energie war unerschöpflich. Er beaufsichtigte die Bibliothek, die Sternwarte, den botanischen Garten, die Veröffentlichung wissenschaftlicher Arbeiten, wählte das Personal aus, leitete unterschiedliche finanzielle Angelegenheiten, darunter die Veröffentlichung verschiedener Kalender und geographischer Karten (deren Verkauf eine Einnahmequelle für die Akademie war), und diente dem König als Berater zum Beispiel in staatlichen Lotterien, Versicherungen, Renten, Salzbergwerken, Artillerie, Pumpen für Brunnen in der königlichen Sommerresidenz und der Korrektur des Wasserstands eines Kanals. Darüber hinaus wirkte Euler de facto durch ständiges Einreichen von Arbeiten an beiden Akademien – sowohl an der Preußischen als auch der Russischen Akademie. Allerdings überforderte sein endloser Manuskriptstrom auch die Publikationsmöglichkeiten beider Akademien. Mit den *Varia opuscula* (Verschiedene kleine Werke) in drei Bänden veröffentlichte Euler daher von 1746 bis 1751 eine Reihe von Einzeluntersuchungen, die er in Zeitschriften nicht mehr unterbringen konnte. Seine fleißige Feder hinterließ nach seinem Tod viele Manuskripte, die die St. Petersburger Akademie im folgenden halben Jahrhundert veröffentlichte.

Euler war praktisch der Präsident der Berliner Akademie, erst recht nach dem Tode von Maupertuis im Jahre 1759. Beispielsweise empfing er als Vertreter der Berliner Akademie die 73-köpfige türkische Gesandtschaft, die vom 9. November 1763 bis zum 2. Mai 1764 einen Staatsbesuch in Preußen machte, und stellte den osmanischen Besuchern um Effendi Ahmed Ibrahim Resmî (1694?–1783) die Einrichtungen der Akademie vor, wobei Eulers Sohn Johann Albrecht (1734–1800) effektvolle physikalische Experimente vorführte, deren elektrische Teile die Gäste besonders interessierten. Zu Beginn des Jahres hatte der amtierende Euler in mehreren Akademiesitzungen (5. und 12. Januar, 9. Februar 1764) sich mit der finanziellen Seite des Besuchs auseinanderzusetzen; die Kosten für verbrauchte Chemikalien, aber auch Reparaturkosten für physikalische Geräte, die bei den Vorführungen offenbar Schaden genommen hatten. Das waren aber Kleinigkeiten im Verhältnis zu den Beträgen, die Friedrich erfolglos für gute (und damit antirussische) Beziehungen in die Türkei gesteckt hatte (Abb. 4.33). Über eine schlecht angelegte Million Thaler und die Besuchskosten stöhnte der sparsame König: „Er [Resmî] frisst mit die Haare vom Kopf."

Abb. 4.33 Aquarell von D. Chodowiecki (1726–1801) anlässlich des Besuchs der türkischen Gesandtschaft, das eine Gruppe von Janitscharen zeigt

Konnte ein derart beschäftigter Mann noch Zeit für seine Familie haben, konnte er überhaupt über Freizeit verfügen?

Eine hervorragende Eigenschaft Eulers war, dass er sehr schnell die in Rede stehenden Dinge begriff und dass er sehr schnell darüber wissenschaftliche Arbeiten schreiben konnte. Im Gegensatz zu Carl Friedrich Gauß (1777–1855), der nur ausgefeilte und endgültige Arbeiten zum Druck gab, gewährte Euler Eindrücke in seine Gedanken, er zeigte auch seine Irrwege und Motive auf und ließ so den Leser an der Entwicklung teilhaben. Er scheute sich bei seiner Kreativität nicht, Ideen anderer Mathematiker aufzugreifen und sie zu verallgemeinern oder zu vervollständigen, wobei die Urheber genannt wurden. Über einige Arbeiten Eulers bemerkte André Weil (1906–1988), dass man beim Lesen noch die Erregung spüre, mit der Euler sie schnell zu Papier bringen wollte.[106] Euler hat zwar, wie wir erwähnten, in St. Petersburg nach den Akademiesitzungen sich seine vorgelesenen Arbeiten gelegentlich zurückgeben lassen, um Ergänzungen und Verbesserungen vorzunehmen, aber er strebte doch lieber eine Fertigstellung in einem Durchgang ohne mehrfache Über- und Bearbeitungen an, denn seine eifrige Feder war immer dabei, bereits die nächste Arbeit zu Papier zu bringen. Im Gegensatz zu vielen Mathematikern schränkte sich Euler thematisch kaum ein: zahlentheoretische Arbeiten standen neben astronomischen Artikeln, mechanische Untersuchungen folgten auf

---

[106] *Number theory*. Boston 1984, Chap. 3.

4.7 Eulers Alltag   333

Überlegungen zu Witwenkassen, usw. Seinem photographischen Gedächtnis stand offenbar nicht nur die gesamte *Aeneis* von Vergil (70–19 v. Chr.) mit ihren 9896 Versen vor Augen, sondern auch vieles aus der zeitgenössischen Mathematik. Die Schnelligkeit des wissenschaftlichen Arbeitens, verbunden mit dem phänomenalen Gedächtnis sowie der staunenswerten Fähigkeit, die Arbeit bei Bedarf (etwa bei einem unangekündigtem Besuch) zu unterbrechen, um sie problemlos danach wieder aufnehmen zu können, bescherte dem überaus beschäftigten Mann „freie Zeit" (die er vermutlich für neue Anregungen zu nutzen wusste). „Wenn man nicht pressiert ist, so kann man immer was Besseres zum Vorschein bringen", schrieb Euler an seinen Freund Gerhard Friedrich Müller (1705–1783) am 27. April 1754 und nahm entsprechende Feststellungen von G. H. Hardy (1877–1947) und Jacques Hadamard (1865–1963) vorweg.[107] Daran schloss sich noch folgende zutreffende mathematisch-psychologische Bemerkung an: „Ehe man in den Stand kommt, mit Nachdruck in einer Wissenschaft zu arbeiten, so muss man vorher eine Zeitlang nur für sich darin arbeiten und sich einen Vorrath von Ideen und Erfindungen sammeln, damit man danach [es] nur nöthig hat, eine nach der anderen weiter auszuführen und zur Vollkommenheit zu bringen."

Zu Eulers Familie gehörten in der Berliner Zeit schließlich fünf Kinder; von den insgesamt 13 Kinder starben acht unmittelbar nach der Geburt bzw. lebten nur wenige Monate. In Petersburg waren die Kinder

- Johann Albrecht, 27.11.1734–18.09.1800
- Anna Margaretha, 08.06.1736–02.07.1736
- Maria Gertrud, 09.05.1737–01.05.1739
- Anna Elisabeth, 05.11.1739–19.11.1739
- Karl Johann, 15.07.1740–16.03.1790

geboren worden, die alle in Petersburg starben. Johann Albrecht, der Erstgeborene war, Eulers ausgesprochener Liebling. In Berlin kamen weitere sieben Kinder zur Welt:

- Katharina Helene, verh. von Bell, 15.11.1741–04.05.1781 Wiborg
- Christoph, 01.05.1743–03.03.1808 Wiborg
- Charlotte, verh. van Delen, 12.07.1744–13.02.1780 Hückelhoven
- Hermann Friedrich, 07.05.1747–12.12.1750 Berlin
- Ertmuth Louise, 13.04.1749–09.08.1749 Berlin
- Helene Eleonora, 13.04.1749–11.08.1749 Berlin
- August Friedrich, 27.3.1750–10.8.1750 Berlin

(Zu den Taufen und Todesanzeigen der Kinder siehe auch Abb. 4.37 und 4.38) Insgesamt zählte um 1760 die Großfamilie Euler bis zu einem Dutzend Köpfe; auch nach seiner Heirat wohnte Johann Albrecht mit Frau und zwei Kindern im Hause der Eltern, da seine finanziellen Möglichkeiten bescheiden waren. Euler war ein

---

[107] G. H. Hardy, *A mathematician's apology*, Cambridge 1940; J. Hadamard, *The psychology of invention in the mathematical field*, Princeton 1945.

a  b

Abb. 4.34 Der alte Finow-Kanal, der von 1743–1746 gebaut wurde, ist eine wichtige Ost-West Wasserstraße in Preußen, wo die Flüsse in nördliche Richtung fließen. Der Kanal wurde 1767 verlängert, wodurch die Zahl der Schleusen von 12 auf 17 anstieg, um die 36 Höhenmeter zu überwinden Der Kanal geht durch eine idyllische Landschaft und wird heute nur noch für touristische oder sportliche Zwecke benutzt, an die Stelle der Schleusen sind zwei immer leistungsfähigere Schiffshebewerke (1934, 1922) getreten. Der moderne Kanal ist heute Teil der internationalen Verbindung Rotterdam-Klaipeda. Die gezeigten Lieper (**a**) und Ragöser Schleusen (**b**) lassen aber noch die ursprünglichen Gegebenheiten ahnen

fürsorglicher Vater. Zunächst unterrichtete er, wie auch sein Vater ihn unterwiesen hatte, den ältesten Sohn Johann Albrecht in mathematisch-naturwissenschaftlichen Fächern. Über Johann Albrechts Leben sind wir besser als über das der anderen Kinder informiert, da Euler dem Taufpaten Christian Goldbach, der immer wieder nachfragte, gelegentlich über das Befinden und die Fortschritte des Patenkindes berichtete. Johann Albrecht litt schon in St. Petersburg an Schwindsucht, die sich in Berlin wieder einstellte und zu der auch noch die Pocken kamen. Berichte, dass ihn der Vater bei der Nivellierung des Finow-Kanals (Abb. 4.34) einsetzte, sind nicht glaubwürdig. Natürlich gehörte zum Haushalt Eulers Dienstpersonal, auch ein Hauslehrer; Leonhard Euler war in Basel ebenfalls privat durch den Pfarrer Johann Burckhardt (1691–1743) unterrichtet worden war, um das Defizit der öffentlichen Schule auszugleichen.

Über den 15-jährigen Johann Albrecht schrieb Euler dem Freund Goldbach in St. Petersburg in einem Brief vom 15. August 1750:

> „Seit einigen Jahren habe ich denselben [Johann Albrecht] eine hiesige wohl eingerichtete Schule frequentieren lassen, um darin das Latein und andere nötige Studia zu treiben, in welcher Zeit er dann in mathematicis nicht sonderlich weit gekommen, auf Michaeli [= 29. September] gedenke ich, ihn aber wieder zu Hause zu behalten, und hoffe, alsdann in kurzer Zeit das in diesem Stück versäumte wieder einzuholen."

In der Tat berichtete Euler an Goldbach am 3. Juli 1751, dass der kränkliche Johann Albrecht seit dem Winter 1750/51 im Euler'schen Wohnhaus Mathematik lerne, wobei der Vater mit dem Sohn die endliche und unendliche Analysis durchgenommen habe und dass man momentan mit der Anwendung auf die Mechanik beschäftigt sei. Daneben vervollkommnete der Sohn mithilfe des Vaters seine lateinischen Kenntnisse, für die er in der Schule den Grund gelegt habe.

4.7 Eulers Alltag

Es liegt nahe, dass Euler auch die anderen seiner Kinder, zumindest die Söhne, unterrichtete. Über die von Johann Albrecht besuchte Schule hatte Euler zuvor begeistert berichtet, dass diese neu eingerichtete Anstalt bei den Schülern einen staunenswerten Fortschritt der sprachlichen und naturwissenschaftlichen Kenntnisse erreicht habe, wie er es bei anderen Gymnasien nicht erlebt habe. Da Johann Albrecht den ganzen Tag in der Schule sei, müsse er auf seinen eigenen Unterricht verzichten. Während Johann Albrecht teilweise Schulunterricht erteilt wurde, hatte er keine universitäre Ausbildung, sondern wurde hier (teilweise mit Studenten privatissime) vom Vater unterwiesen.

Euler unterrichtete auch außerhalb der Familie, beispielsweise den Prinzen Karl Eugen von Württemberg (1728–1793), wozu der preußische König aus dem Felde selbst die Erlaubnis gab. Die bekanntesten Schüler sind natürlich die beiden Töchter des Markgrafen von Brandenburg-Schwedt, da aufgrund des Krieges der Unterricht mit der Prinzessin Friederike Charlotte (1745–1808) brieflich fortgesetzt wurde und letztlich zu den bekannten *Lettres à une princesse d'Allemagne* (E 342–344, 417, EO III/11–12) führte.

Es ergab sich, dass Semjon Kirillowitsch Kotelnikow (Семен Кириллович Котельников, 1723–1806), der später ein Mathematikprofessor in St. Petersburg war, 1752 in Berlin eintraf und vier Jahre bei Euler wohnte; 1754 gesellte sich Stepan Jakowlewitsch Rumowski (Степан Яковлевич Румовский, 1734–1812) dazu, der später Professor der Astronomie in St. Petersburg wurde. Der Astronom Franz Xaver von Zach (1754–1832) berichtete hierüber in seiner *Monatlichen Korrespondenz*:

> „Rumovski wurde auf das liebreichste in Euler's Haus aufgenommen, in welchem auch der junge La Lande [Joseph-Jérôme Lalande, 1732–1807] die freundlichste und lehrreichste Aufnahme gefunden hatte; sie wurden wie seine eigenen Söhne behandelt."[108]

Berlin war eine Station, die von Russland kommende oder dorthin gehende Wissenschaftler für so wichtig ansahen, dass sie auf einen Besuch bei Euler nicht verzichten wollten. Eine Zeit lang lebte auch der Schweizer Louis Bertrand (1731–1812) bei Euler, der später Professor der Mathematik in Genf wurde. Zunächst erhielten alle von Euler gemeinsam mit dem Sohn Johann Albrecht Unterricht, täglich bis zu zwei Stunden in Mathematik, Mechanik, Hydromechanik und Astronomie.

Rumowski und Kotelnikow studierten mit großem Fleiß, sodass Euler sie seinen Kindern immer wieder als Vorbild hinstellte. „Aus Herrn Rumovskii wird etwas Rechtes werden", ließ Euler in einem Brief vom 27. August 1754 Gottfried Wilhelm Müller in St. Petersburg wissen, und er hatte damit Recht.

Euler kümmerte sich nicht nur um die Ausbildung seiner russischen Schüler, sondern gab über deren Fortschritte regelmäßig Berichte nach St. Petersburg, und er sorgte sich auch um die Lebensverhältnisse der jungen Männer. Weniger Glück hatte Euler mit dem Besuch von Michael Sofronow (1729–1760), der 1753

---

[108] „Stephan von Rumovski", in: *Monatliche Korrespondenz* 1 (1800), S. 281–291.

Adjunkt der Mathematik der St. Petersburger Akademie geworden war. Er kam 1754 für neun Monate zum Studium bei Euler nach Berlin. Im erwähnten Bericht sah Euler keine Perspektive für ihn, „solange er nicht von dem viehischen Saufen abgebracht werden kann". Auf Eulers strenge Vorhaltungen versicherte Sofronow, dass er zukünftig „nichts weiter als Wasser trinken werde, und er hat sich am selben Tag von neuem vollgesoffen." In einem Schreiben vom 21. September 1754 freute sich Euler, dass er Mittel gefunden habe, Sofronow gänzlich vom Trinken abzubringen, wofür Sofronow des Dankes voll sei. Der begabte Sofronow setze jetzt mit erstaunlichem Fleiß seine Studien fort, und der großmütige Euler bat daher, alles Vergangene zu vergessen. Freilich bemerkte Euler auch, dass es nötig sein werde, auf guter Hut zu sein. Er verwaltete vorsorglich das Geld von Sofronow (Brief an Müller vom 26. Oktober 1754). Jedoch im März 1755 überließ Euler ihm vertrauensselig das Geld wieder, sodass Sofronow sofort „wieder ins Saufen geriet", bis er selbst im Erbrochenen liegen blieb. Das Erbrochene fand sich auf Sofronows Weg bis ins Eulersche Haus, wo es nicht nur den Besitzer, sondern auch Sofronows Landsleute anwiderte. Euler gab seine Bemühungen auf, Sofronow auf den rechten Weg zu bringen, und sorgte dafür, dass der in der Stadt unter dem Namen „der besoffene Russe" in Gesellschaft von Eulers Hauslehrer, der gerade nach Russland reiste, zurück nach St. Petersburg gebracht wurde, wo er am 12. April 1755 eintraf und dort im Jahre 1760 der Trunksucht erlag. Kotelnikow und Rumowski blieben bis zum Sommer 1756 bei Euler, am 29. August 1756 begann der Siebenjährige Krieg, in dem Russland zu den Gegnern Preußens gehörte.

Durch die Hände Eulers liefen viele erfolgreiche Berufungen an die Russische Akademie, wie die der Astronomen Franz Ulrich Aepinus (1724–1802) und Georg Lowitz (1722–1774) oder des Physiologen Caspar Wolf (1733–1794); einige Bemühungen Eulers waren vergeblich, wie etwa im Fall von Lambert u. a. Es gab aber auch Versager wie Dr. Ulrich Salchow, der von der St. Petersburger Akademie 1754 einen Preis erhalten hatte und den man deshalb als Professor der Chemie zu haben wünschte. Euler hat sich darum um Salchow bemüht, der sich später als Plagiator erwies. In der Phase der Empfehlung zeigte sich Euler wie immer sehr fürsorglich. Er riet Salchow, der 1755 nach St. Petersburg berufen wurde, seinen Hausrat per Schiff nachkommen zu lassen und bat gleichzeitig Müller, sich um ein Bett für Salchow in St. Petersburg zu kümmern und ihm durch einen entsprechenden Abschlag einen guten Start in St. Petersburg zu ermöglichen. 1760 kündigte die Russische Akademie den Vertrag mit Salchow, was im Sinne Eulers war, der seine Hoffnungen aufgegeben hatte (siehe seinen Brief an Müller vom 15. Juli 1760).

In Preußen galten zwar die Regeln des Augsburger Religionsfriedens von 1530, nach denen der Monarch die Konfession seiner Untertanen bestimmte, Friedrich II. war es jedoch gleichgültig, nach welcher Façon die Bürger selig werden wollten. Im Kreise der Familie konnte also Leonhard Euler abends eine Andacht abhalten, so wie er es aus dem Riehener Pfarrhaus gewohnt war. Auch in der Berliner Gemeinde der Französischen Kirche war Euler aktiv und wirkte ganz im Geiste seines Vaters, indem er beispielsweise den Kindergottesdienst und die Konfirmation förderte, liberale theologische Ansichten vertrat und schließlich einen ungezwungenen Umgang zwischen den Geistlichen und der Gemeinde an-

Abb. 4.35 a Die Französische reformierte Kirche, erbaut 1706 in der Friedrichstadt, und der gegenwärtige Zustand (**b**). Die hinter der Kirche erscheinende Kuppel (frz. „dôme") gehört zwar zur Französischen Kirchengemeinde, ist aber ein der Kirche später durch Wunsch Friedrichs II. angefügter Turm (1780–86), der ihr auch den Namen Französischer Dom einbrachte

strebte. Aus einem Brief an Goldbach wissen wir auch, dass Euler dem Gottesdienst am Sonntag, dem 11. März 1742, beiwohnte, da er anschließend mit dem Vizepräsidenten der Akademie Charles Etienne Jordan (1700–1745) Fragen der Medaillengestaltung für den preußischen König besprach (Abb. 4.35). Außerdem war Euler aktives Mitglied des Kirchenvorstandes und reformierte gerade im Sinne seines Vaters einige Angelegenheiten der Kirchengemeinde (Abb. 4.36 und 4.37). So überarbeitete er zum Beispiel die Anweisungen, die den Konfirmanden gegeben wurden, und förderte das Drucken und Wiederholen von Predigten.

Während in St. Petersburg Euler erst die Professur für Physik finanziell in den Stand gesetzt hatte, Katharina Gsell zu heiraten und einen Hausstand zu begründen, erreichte er Berlin als ein wohlhabender Mann. Euler konnte es sich leisten, in einem neuen und vornehmen (d. h. französischen bzw. hugenottischen) Stadtviertel ein geräumiges Haus nebst Garten zu erwerben, zu dem er 1752 noch ein Landgut vor den Toren Berlins in Charlottenburg hinzukaufte (für 2000 bzw. 6000 Reichsthaler). Vor dem Kauf des Landgutes in Lietzow hatte Euler immer wieder mit den Freunden Daniel Bernoulli und Christian Goldbach brieflich diskutiert, ob er sein Geld (die Rede war von 10.000 Thalern) nicht im Kauf eines Gutes in der Schweiz, seinem Vaterland, anlegen sollte. Man kam zu keinem Ergebnis. Das erworbene Gut bei Berlin half Euler, seine Haushaltskosten um die Hälfte zu reduzieren. (Einen Plan von Lietzow zeigt Abb. 4.12.; auf Eulers Landgut wird mit einem Pfeil verwiesen. Ein Foto aus unseren Tagen mit Blick auf den alten Dorfkern lässt noch ein wenig den damaligen Zustand erahnen.)

Von dem Landgut berichtete Euler, dass dazu viel Acker und Wiesen gehöre sowie sechs Pferde und zehn Kühe, 1760 waren es noch zwei Pferde, aber 13 Kühe; jedoch nahmen im Herbst russische Truppen die Tiere und einiges andere

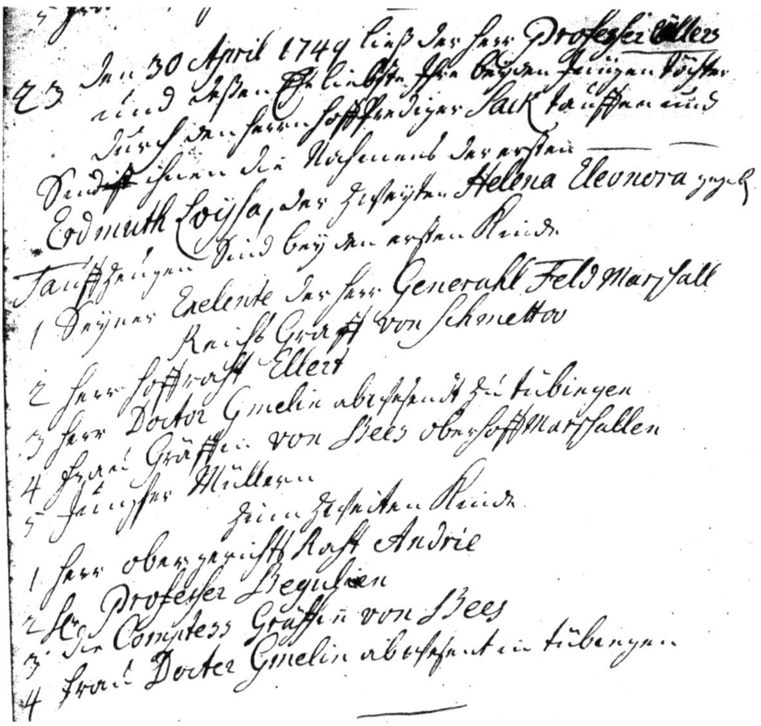

Abb. 4.36 a, b Taufeinträge für Eulers Sohn Hermann Friedrich (18.05.1747) und die Zwillinge Ertmuth Louise und Helene Eleonora (30.04.1749); für die Zwillinge sind auch ihre Sterbeurkunden vom 9.8. bzw. 11.8. des gleichen Jahres 1749 beigefügt (Abb. 4.37), die deren kurzes Leben bezeugen. Unter den Taufpaten befanden sich angesehene Personen wie das Ehepaar Maupertuis oder der Hofprediger Sack

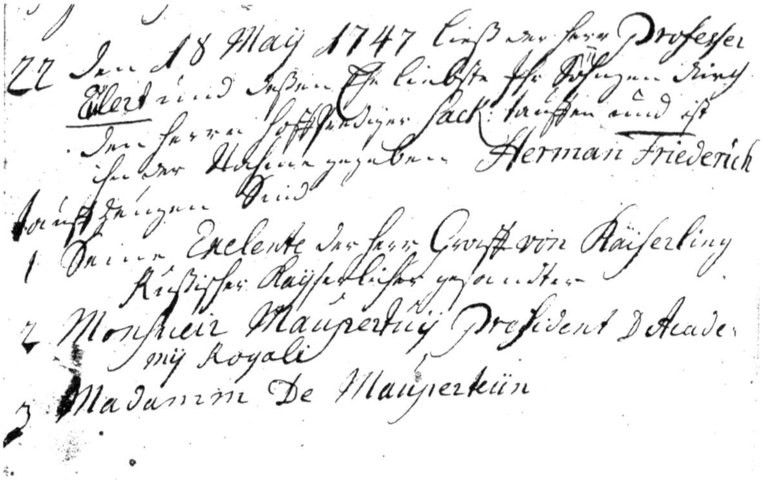

4.7 Eulers Alltag

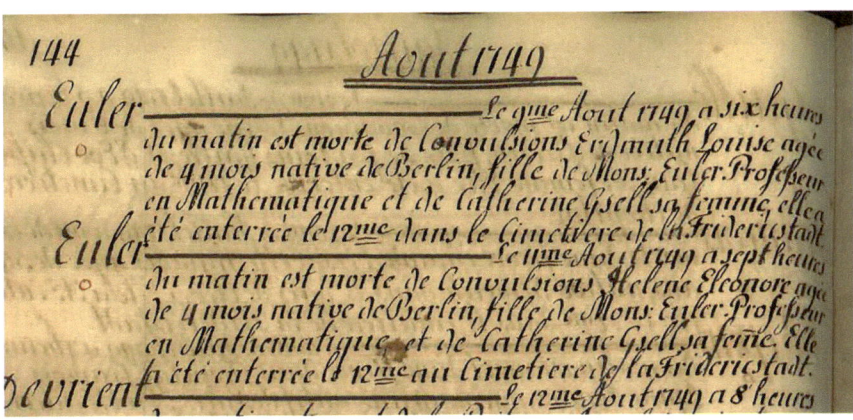

Abb. 4.37 Einträge im Sterberegister (August 1749, S. 144) der Französischen Kirche zu Berlin betreffend die Zwillinge Ertmuth und Helene Eleonora Euler im August 1749

mit sich. Euler reklamierte bereits wenige Tage später seine Verluste bei Müller in St. Petersburg. Er erklärte, dass ihm von allen fremden Truppen in Berlin die Russen am liebsten seien (die in diesem Fall jedoch aus sächsischen Soldaten unter russischem Kommando bestanden), aber dieser Besuch habe ihm doch Schaden verursacht, den man ihm, dem Mitglied der Kaiserlichen St. Petersburger Akademie, ersetzen möge. Bei den Besetzungen Berlins habe er zum einen zu den geforderten Kriegskontributionen beitragen müssen, zum anderen hätten marodierende Kosaken ihm neben Getreide und Heu auch vier Pferde, zwölf Kühe und eine Menge Kleinvieh entwendet sowie alle Möbel ruiniert, wofür Euler 700 Rubel veranschlagte (Brief an Müller 18. Oktober 1760). Der kommandierende General erstattete Euler, nachdem man bemerkt hatte, wen man ausgeplündert hatte, den Schaden. Nach dem Friedensschluss im Februar 1763 besuchte der russische Diplomat von Korff, einer der Taufpaten des Sohnes Johann Albrecht, Euler und bekam das Landgut gezeigt, wo er auf den erlittenen Schaden hingewiesen wurde mit der Bitte um „Schadloshaltung" (Brief an Müller 12. Februar 1763). Euler hatte wieder Erfolg und erhielt von Katharina II. großzügig 1200 Rubel (mehrere Briefe von und an Müller bis zum 28. Mai 1763). Auch der Bürgermeister von Charlottenburg (Preußen) erfasste in preußischer Ordnung die Verluste in Lietzow, jetzt zu dem Zweck, dass auch der preußische König den Schaden ersetzen konnte (was er tat). Durch diese Liste kennen wir nicht nur Eulers Verluste, sondern auch die Lage des Gutes. Für diese preußische Schadensliste hatte Euler allerdings nur den Verlust von zwei Pferden gemeldet. Die marodieren Soldaten hatten übrigens auch das Denkmal des Großen Kurfürsten in Charlottenburg zur Beute gemacht, allein sie kamen mit ihrer Last nur bis Spandau.

Euler hat sich sehr für die Idee des Königs begeistert, in Berlin Seide mithilfe einer Seidenraupenzucht herzustellen. Dazu waren Maulbeerbaumplantagen zu schaffen, damit die Raupen eine Lebensgrundlage hatten, und wir haben

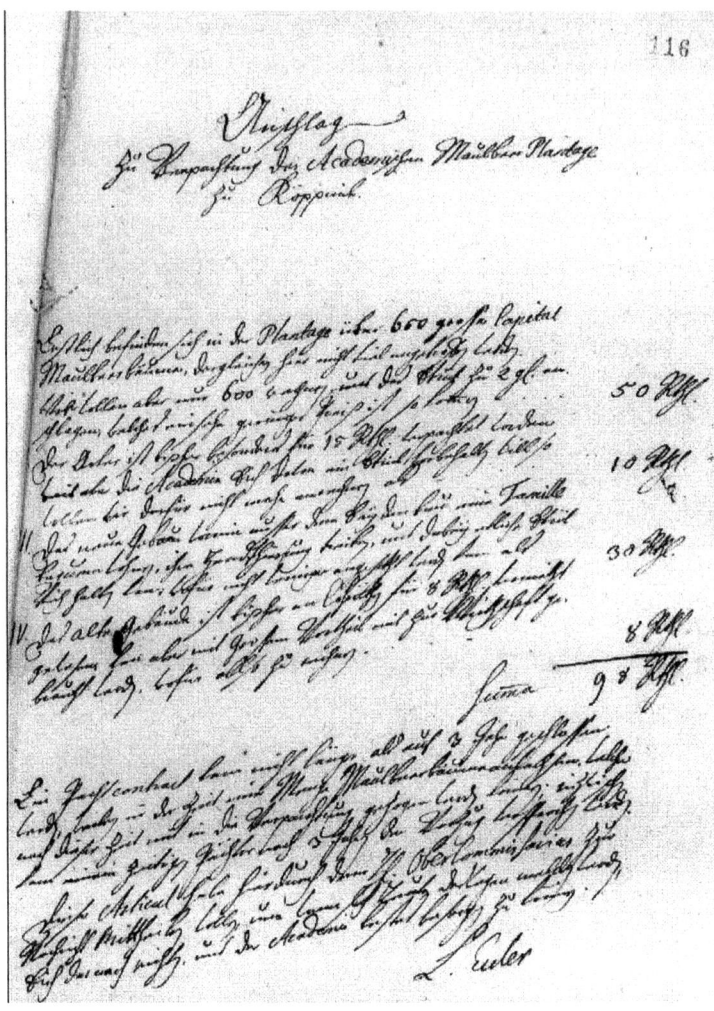

Abb. 4.38 Handschriftlicher Vorschlag von Euler im August 1754 zur Verpachtung der Maulbeerplantage in Köpenick durch die Akademie auf drei Jahre. Euler bot günstige Bedingungen an, z. B. Berechnung einer geringeren Anzahl von Maulbeerbäumen als vorhanden

Belege, dass Euler sich aktiv an der Anlage solcher Anpflanzungen beteiligte (z. B. in Köpenick, damals noch bei Berlin) (Abb. 4.38). Noch heute finden sich alte Maulbeerbäume aus solchen Pflanzungen, beispielsweise im Kirchhof in Zehlendorf (Abb. 4.39). Die kostspielige Idee scheiterte trotz der immer wieder gewährten Unterstützung durch den König. Die von Emanuel Handmann (1718–1781) 1753 angefertigten Pastellporträts Eulers und seines Sohns zeigen beide Männer in etwas fremdartig wirkenden Seidenanzügen (siehe die Gemälde von E. Handmann, Abb. 3.23, 6.38 und 4.82). Die Seide war seinerzeit in Berlin sehr

Abb. 4.39 Friedrich II. hatte 1752 ein Edikt erlassen, das die Produktion von Seide in Preußen fördern sollte. Zur Seidenraupenzucht benötigte man die Blätter des Maulbeerbaumes, das Edikt regte zu deren Pflanzung an. Das Bild zeigt den alten Zehlendorfer Friedhof, auf dem 28 solcher Bäume gepflanzt wurden; von den drei heute noch erhaltenen Bäumen mit Umfängen von mehr als 3,50 m sind zwei zu sehen (einer im Hintergrund). Die Blätter der angepflanzten Art (Morus alba L.) wurden von den Raupen besonders gut verwertet. Seide war einige Zeit en vogue, und auf den Porträts von Jakob Emanuel Handmann (1718–1781), die Euler und seinen Sohn zeigen, tragen beide etwas exotisch wirkende Seidenanzüge (Abb. 3.23 und 4.80). Der Plan der Seidenherstellung in Preußen war jedoch nicht erfolgreich. Plantagen von Maulbeerbäumen gibt es nicht mehr, gelegentlich erinnern Straßennamen u. ä. noch an die damaligen Bemühungen

modisch, aber auch entsprechend teuer. Euler repräsentierte damit durchaus den Akademiker in leitender Funktion. Auch in seiner Geburtsstadt Basel war Seidenkleidung en vogue, aber das Tragen war strenger geregelt als in Berlin.

Euler spielte Schach und kannte auch einige Kartenspiele, darunter das heute ungebräuchliche „Pharao" (Vgl. seine Arbeit „Sur l'avantage du banquier au jeu de Pharaon", Über den Vorteil des Halters der Bank im Pharaospiel; E 313, EO I/7; 1764, siehe Kap. 5, Spiele). Bis zu seinem letzten Tag war er Pfeifenraucher. Euler, so versichert uns Nikolaus Fuss (1755–1826) in seiner *Éloge* (1783), erholte sich gern am Klavier (Cembalo). Das aktive Musizieren trug ihm in Berlin einige Bekanntschaften ein, darunter war auch Heinrich Friedrich Markgraf von Brandenburg-Schwedt (1709–1788). Der Markgraf weilte wegen seiner nahen Verwandtschaft zum König häufig am Berliner Hof, auch, um sich dort an der Musik der Hauptstadt zu erfreuen. Das konnte er umso mehr, da damals sein Bruder, der regierende Markgraf in Schwedt, die entsprechenden Pflichten wahrnahm. Die freundschaftliche Beziehung zu Euler führte schließlich zum Unterricht der beiden Töchter des Markgrafen durch Euler. Im Siebenjährigen Krieg zog der Hof und damit auch die Prinzessinnen aus Gründen der Sicherheit für einige Zeit nach Magdeburg (Abb. 4.40), der stärksten Festung Preußens, denn Berlin lief Gefahr, von feindlichen Truppen besetzt zu werden, was 1757 und 1760 auch tatsächlich geschah, sodass der Hof, seine Beamten und der Staatsschatz 1760 in die Festung Magdeburg gebracht wurden. Euler, der in Berlin blieb, fand eine Lösung für das Unterrichten, indem er es schriftlich fortsetzte. Das Ergebnis sind die berühmten *Lettres à une princesse d'Allemagne sur divers sujets de physique et de philosophie* (Briefe an eine deutsche Prinzessin über verschiedene Gegenstände der Physik und Philosophie, E 343–344, 417, EO III/11–12; 1760–1762). Im April 1761 reiste Euler sogar in das gut 100 km entfernte Magdeburg, um mit dem Vater der Prinzessinnen vor Ort die inhaltliche Weiterführung der Briefe zu besprechen. Euler benutzte die Gelegenheit, seinen Sohn Karl zur Fortsetzung seines Medizinstudium in das zu Magdeburg benachbarte Halle (Saale) zu bringen. Hierzu gleich mehr in diesem Abschnitt.

Während die Musik Euler mit dem Markgrafen verband, war das bei Musikfreund Friedrich II. nicht der Fall. Die Oper in Berlin, ein Lieblingsprojekt des Monarchen, zu dem jedermann freien Zutritt hatte, der angemeldet war, besuchte Euler offenbar nur gelegentlich. Es ist überliefert, dass er einmal die Oper sogar vorzeitig verlassen habe, wir unterstellen mit einer wichtigen Entdeckung im Kopf. Vermutlich hinterbrachten Höflinge diesen Sachverhalt dem König, der verärgert sogar ein Gedicht über die Angelegenheit machte, in dem er sarkastisch feststellte, dass Euler, nachdem er die Wirkung der Stimme auf den Saal, das Theater, die Optik und den Großkreis des Ovals berechnet hatte, nichts mehr zu tun wusste und deshalb mitten im Akt das Theater verließ. Weiter störte den König, dass Euler in die blödsinnigsten Puppenspiele laufe. Friedrich II. war aus zwei Gründen verärgert: Zum einen schien der Mathematiker wenig Interesse für Kunst zu zeigen. Der König pflegte bei seinen regelmäßigen Opernbesuchen oft das Dirigat selbst zu übernehmen, d. h., er stellte sich hinter den Kapellmeister und dirigierte – keine einfache Angelegenheit für die Musiker. Euler brüskierte zum anderen durch sein Verschwinden ggf. also auch den König. Wenn der König unangemeldet mitten in einer Aufführung erschien, erhoben sich Bläser zu einem Salut, entsprechend beim Verlassen des Hauses durch den Herrscher.

4.7 Eulers Alltag

Abb. 4.40 Bericht der Magdeburger priviligirten Zeitung vom 22. März 1760 über die Ankunft des Königshofes am 19. Mai, angeführt von der Landesmutter, in der Festung während des Siebenjährigen Krieges

Euler reiste wenig. Die beschwerlichen Anreisen an die Akademien in St. Petersburg und Berlin waren allerdings unvermeidlich. Seine erste Reise von Basel nach St. Petersburg war auch seine längste. Von der Seereise 1727 nach St. Petersburg meldete er stolz, dass alle (Passagiere) bis auf ihn seekrank geworden seien. Als 1750 seine Mutter nach dem Tode von Eulers Vater (1745) nach Berlin zog, kam er ihr in einer Reise von 20 Tagen bis nach Frankfurt/M. entgegen, jene Stadt also, in der er 23 Jahre zuvor auf seiner Reise nach Russland gewesen war. Bei anderer Gelegenheit schrieb er an Müller: „Ich habe mich wieder [= wider] meine Neigung entschließen müssen, mit einigen vornehmen Herren auf das Land zu verreisen." (11. September 1756). Ansonsten hören wir nur von dienstlich bedingten Reisen.

Seinen 23-jährigen Sohn Karl, der 1759 in Berlin bei Johann Friedrich Meckel (1724–1774)[109] ein Medizinstudium begonnen hatte, brachte Euler zur Fortsetzung 1761 nach Halle.[110] Euler logierte bei seinem Kollegen Andreas Segner (1704–1777), der die Fortschritte des Sohnes beobachtete und sich lobend äußerte. Karl „ist gegenwärtig in Halle, wohin ich ihn vor einem Jahr gebracht habe, und [er] gedenkt auf künftigen Herbst zu promovieren", ließ der Vater Goldbach wissen (Brief vom 29.06.1762). Aus einem Brief von Segner (13. Februar 1762) wissen wir, dass Karl das Studium mit Erfolg abschloss, er wurde 1762 zum Dr. med. an der Universität Halle promoviert, und in einem weiteren Schreiben (9. August 1763) sprach sich Segner dafür aus, dass Karl zum weiteren Studium nach Holland reisen möge, „denn Medizin ist fast alle zwei Meilen anders." Zu der Reise wird es kaum gekommen sein, da Karl bereits von 1763 bis 1766 Arzt der französischen Kolonie in Berlin war. Nur wenig vor der Abreise der Eulers heiratete Karl am 1. Juni 1766 noch in Berlin Anna Emilie von Bell (1741–1830); Karl Joseph von Bell (1744–1830) wiederum, ein Oberquartiermeister der russischen Armee, wurde durch Heirat mit Eulers Tochter Katharina 1777 ein Schwiegersohn von Euler.

Bei der Nivellierung des Finow-Kanals (Mai 1749) und anderen Aufgaben war natürlich Eulers zeitweilige Anwesenheit vor Ort erforderlich; bei der Vermessung des Kanals im Auftrage des Königs (vom 30. April 1749) war er mit dem preußischen Ingenieur Johann Friedrich von Balbi (1700–1779) und dem holländischen Architekten Johan Bouman (1706–1776) unterwegs, und man verfasste bereits am 14. Mai einen gemeinsamen Rapport.[111] Wie früher in Riehen, wo Euler gern zu seiner Großmutter nach Basel gegangen war, so machte er sich jetzt gern zu Fuß auf den Weg zu seiner Mutter, die auf dem Landgut in Charlottenburg wohnte, wobei die Länge des Weges nach Charlottenburg etwa der des Weges zur Großmutter in Basel entsprach. „Ungeachtet es mir in der Stadt an distractiones [Ablenkungen] nicht fehlt, so gehe ich doch öfters auf mein Gut, um meine Mutter zu besuchen", schrieb Euler am 17. April 1756 Goldbach.

In Berlin fühlte sich Euler offenbar lange sehr wohl, und das gilt mindestens gleichermaßen für seinen kränklichen Sohn Johann Albrecht, der sich in Petersburg nach dem Ort seiner glücklichen Jugendzeit, also insbesondere auf das

---

[109] Der Anatom wurde bekannt durch seine medizinische Sammlung, die durch seinen Sohn nach Halle kam.

[110] Juschkewitsch hielt auf einer Tagung einen Vortrag „Euler und die Universität Halle", in: *Nova Acta Leopoldina*, N. F. 27 (1963).

[111] Es gibt Berichte, dass der noch nicht 15-jährige Johann Albrecht die Nivellierung unterstützt habe. Das ist aus den Akten bzw. dem Briefwechseln nicht zu belegen und bereits wegen des Gesundheitszustandes von Johann Albrecht (siehe vorn) sehr fraglich; der Vater hätte sicher zumindest dem Paten Goldbach stolz von Johann Albrechts Mitwirken berichtet. Erstmals erschien diese nicht glaubwürdige Aussage offenbar bei J. W. Herzog, *Adumbratio eruditorum Basiliensium meritis* (Ein Überblick über die gelehrten Verdienste Basler), Basel 1780, S. 32–69, insbes. S. 37). Bauman fiel übrigens bei Friedrich II. in Ungnade, als die Fontäne in Sanssouci nicht funktionierte, siehe hierzu den Abschn. 4.15, Zerwürfnis.

4.7 Eulers Alltag

Landgut, zurücksehnte. Russische Angebote, wieder nach Petersburg zu kommen, die ihm Rumowski 1746 gemacht hatte, lehnte Euler ebenso ab wie eine Offerte aus Basel, Nachfolger seines Lehrers Johann Bernoulli zu werden (1748). Die 1741 an Goldbach gerichteten Zeilen:

> „Ich habe die feste Zuversicht, daß durch die göttliche Vorsehung wie bisher also auch weiterhin [hier in Berlin] alles zu unseren Besten dirigiert werden werde." – 7. August 1745

spiegeln exemplarisch Eulers Haltung für die beiden folgende Jahrzehnte wider.

1758 übersetzte Euler abgefangene russische Depeschen für den König. Das sei der Grund für seine verspätete Antwort gewesen, teilte er dem Akademiepräsidenten Moreau de Maupertuis (1698–1759) am 14. Oktober 1758 mit. „Wir haben gerade die Mail abgefangen, die Fermor[112] an seinen Hof geschickt hatte, und ich wurde gebeten, alle russischen Briefe zu prüfen, deren Zahl in die Hunderte geht, und diejenigen zu übersetzen, die etwas Licht in die aktuelle Situation bringen könnten. Fermors Berichte an die Kaiserin [Elisabeth] sind außerordentlich interessant, da sie ihr weiterhin von anhaltenden Siegen berichten." Euler sah die Sache anders, denn er lebte, wie er schrieb, ohne Sorge in Berlin und gratulierte zum Sieg der Preußen bei Roßbach am 5. November 1757 dem 13-jährigen Kronprinzen Friedrich Wilhelm von Preußen (1744–1797), dem Sohn eines Bruders von Friedrich. Dieser schickte daraufhin Euler am 11. November 1757 ein Dankschreiben. Euler berichtete über die berühmte Schlacht auch dem Basler Stadtschreiber Franz Passevant (?–1783) und legte stolz eine Kopie des Schreiben des Kronprinzen bei (Brief vom 3. Dezember 1757).[113]

Allerdings sollte der Krieg noch fünf Jahre währen, und Euler bekam die „Hand des Krieges" (J. W. Goethe, 1749–1832) auch zu spüren. Die weiterhin bestehende Begeisterung für Preußen zeigte sich darin, dass Euler 1759 seinen jüngsten Sohn Christoph (1743–1808) als Kadetten zu den Ziethen-Husaren („hussard de Ziethen") schicken wollte. Hierüber schrieb er später an Goldbach (29. Juni 1762): „Mein jüngster Sohn hat sich dem Kriegswesen gewidmet und ist nun Lieutenant bei der Artillerie geworden, wo man ungemein wohl mit ihm zufrieden ist." Aber diese Entscheidung führte später zu Problemen, als Euler im Juni 1766 Berlin verließ. Der verärgerte preußische König erlaubte Christoph Euler erst am 17. Januar 1767, seinem Vater zu folgen, nachdem sich die russische Zarin selbst dafür eingesetzt hatte. In Russland brachte es Christoph bis zum Generalleutnant (1797), er war Befehlshaber der Artillerie und schließlich Direktor einer bedeutenden Waffenfabrik in Sestorezk (1767). In seiner genealogischen Linie finden sich ca. 20 hohe Offiziere des Zarenreichs.

---

[112] Wilhelm Graf von Fermor (1702?–1771), russischer Feldherr, ab 1758 Oberbefehlshaber des gegen Preußen eingesetzten Heeres.

[113] Der Vater von Franz Passavant, Daniel Passavant (1722–1799), war 1748–1750 Mitglied der Berliner Akademie, wurde aber von Maupertuis wegen fehlender Beiträge wieder ausgeschlossen. Dieser Vorgang veranlasste den spöttischen König, seinen Akademiepräsidenten Maupertuis zu fragen, wann er selbst aus gleichen Gründen entlassen werden würde.

Aus seiner optimalen Arbeitsatmosphäre heraus versicherte Euler Goldbach schon Ende 1741, dass er der St. Petersburger Akademie künftig ebenso viele Arbeiten schicken wolle, als ob er in St. Petersburg anwesend sei, was er auch tat (Brief vom 9. Dezember 1741). Nach St. Petersburg schickte er in der Regel Arbeiten aus der reinen Mathematik wie Zahlentheorie, denn der Berliner Akademiepräsident Maupertuis schätzte ebenso wie der Landesherr Friedrich II. in den Wissenschaften das Nützliche und hielt nicht viel von „schwierigen Bagatellen". Gemäß den Statuten veröffentlichte Euler an der Berliner Akademie auf Französisch, während die Akademie in St. Petersburg die Gelehrtensprache Latein als verbindlich ansah. Darüber hinaus empfahl Euler auch Themen für die Preisaufgaben und fertigte Gutachten an, u. a. auch über Arbeiten des jungen Michail Wassilewitsch Lomonossow (Михаил Василевич Ломоносов, 1711–1765). Zu der 1748 gestellten chemischen Preisfrage der Berliner Akademie bemerkte Euler in einem Brief nach St. Petersburg:

> „Ich zweifle, ob jemand wird drüber etwas besseres aufsetzen können als der Herr Lomanossov[114], welchen ich zur Unternehmung dieser Arbeit zu persuadieren [überreden] bitte." – Brief an Schumacher vom 31. Januar 1748

Im März des folgenden Jahres kam er allerdings auf eine „Störung" dieser Arbeitsbedingungen zu sprechen, da er den Sohn des württembergischen Herzogs täglich eine Stunde unterrichten müsse, was wir schon erwähnten. Aber er berichtete Goldbach auch, dass er nun für seine Kinder einen Hauslehrer angestellt habe (Brief vom 6. März 1742).

Ein Dauerthema der Eulerschen Briefe, besonders derjenigen an den Freund Gerhard Friedrich Müller und den schwierigen Kanzleisekretär Johann Daniel Schumacher (1690–1761) in St. Petersburg, waren finanzielle Angelegenheiten. Die Russische Akademie hatte oft die Herstellungskosten von Eulerschen Werken übernommen,[115] zahlte aber dann beispielsweise Papier- oder Druckkosten nur zögerlich; auch die Euler zustehenden Pensionen kamen häufig mit erheblicher Verspätungen. Solche Unregelmäßigkeiten störten Euler, der in Geldangelegenheiten sehr genau war. Allerdings war die finanzielle Situation der Petersburger Akademie selbst nicht immer rosig.

In Berlin, wo Euler auch schon vor dem Tod von Maupertuis (1759) de facto die Geschäfte der Akademie leitete, gehörte er vielen ökonomischen Kommissionen an. Er hatte in den Kommissionen die Kosten von Maulbeerbäumen für die Seidenraupen ebenso wie den Kauf von Instrumenten für die Sternwarte oder in einer medizinischen Vertretung die Zahlung für die bei der Ausbildung im Medizinstudium benötigten Leichen oder für die Botaniker den Bau einer Mauer um ihren Garten, für den Finanzausschuss die Bestellung, den Druck und den Ver-

---

[114] Da im Russischen ein unbetontes o wie a gesprochen wird, hat Euler den Namen prinzipiell richtig transliteriert.

[115] Zu den auf Kosten der Russischen Akademie bislang gedruckten Werken gehörten: *Mechanica* (E 15), *Rechenkunst* (E 17) *Scientia navalis* (E 110–111), *Theoria motum* (E 66), *Differentialrechnung* (E 212) und die *Integralrechnung* (E 342, 366, 385).

4.7 Eulers Alltag

kauf von Kalendern[116] und geographischen Karten zu organisieren oder zu prüfen. Euler brachte die Akademie, die vom König nicht finanziert wurde, unbeschadet durch den Siebenjährigen Krieg, was erstaunlicherweise der sparsame und bis zum Geiz neigende König nicht zu würdigen wusste. In der Tat wirtschaftete Euler sparsam. Differenzen auf diesem Gebiet mit der Akademie waren schließlich Punkte, die Euler bestärkten, Berlin zu verlassen.

Privat handelte Euler in seinen Geldangelegenheiten ebenso, aber diese Berichte, Bitten und Rechnungen im dienstlichen wie auch privaten Briefwechsel wirken natürlich auf Dauer ermüdend.[117] Allerdings muss man hier berücksichtigen, dass Euler – wie er Müller schrieb (19. Juli 1763) – „für eine starke Familie zu sorgen habe" (und daher z. B. wünschte, bei seinen Geldanlagen Zinsgewinne zu machen, was in Russland angeblich legal nicht möglich gewesen wäre).[118] Eulers Familie war in der Tat umfangreich, denn mit zeitweilig aufgenommenen Verwandten, den eigenen Kindern („da Johann Albrechts Einkommen wegen der Kriegsunruhen noch sehr gering ist, so lebt er mit seiner Frau bei uns und wir haben die Freude, ein artiges Großtöchterlein erlebt zu haben", an Goldbach 26.06.1662) und mit dem Dienstpersonal kamen bis zu 20 Köpfe zusammen. Euler war mithin zu Recht bedacht, für seine Leistungen angemessenen entlohnt zu werden. Neben der Großfamilie kam hinzu, dass Euler auch auf „großem Fuß" lebte, also in einer seiner Stellung angemessen Weise. Er bezog aus Russland eine Pension von 200 Rubel (etwa 270 Reichsthaler), welche ihm beim ersten Mal in Büchern ausgehändigt wurde, die man in St. Petersburg nicht benötigte. Mit seinem Berliner Einkommen beliefen sich Eulers Einnahmen auf etwa 1900 Reichsthaler. Hinzu kamen Entschädigungen für weitere Leistungen wie Gutachten, Unterricht usw. sowie ziemlich regelmäßig die Pariser Preisgelder. Es gibt auch einen Lotteriegewinn, den Euler in einem Brief an Goldbach aus dem Jahre 1749 Goldbach anzeigte:

> „… als daß ich dieser Tage in einer Lotterie 600 Rthlr. gewonnen [habe], welches ebenso gut ist, als wenn ich dieses Jahr einen Pariser Preis gewonnen hätte."

Zum Vergleich: der Akademiepräsident Maupertuis erhielt 3000 Reichsthaler, die Universität Halle hatte bis 1785 einen Etat von 7000 Reichsthaler, d'Alembert bot der König 12.000 Reichsthaler und Voltaire sogar 20.000 Reichsthaler Der König

---

[116] Die Akademie gab fast ein Dutzend verschiedener Kalender heraus, die neben den astronomischen Daten auch andere Informationen enthielten (z. B. historische, geographische, praktische Angaben wie Postgebühren und Adressen). Die Kalender gab es deutsch und französisch, die astronomischen Kalender sogar in Latein, sie wurden sowohl für das Büro als auch elegant für die Damenwelt ediert.

[117] Der Leser kann das exemplarisch an Eulers Einlassungen verfolgen, die sich aus der Plünderung seines Gutes ergaben. Wir haben die Adressaten seiner vielfachen Reklamationen im Laufe unserer Darstellung angeführt.

[118] Auch Voltaire war sehr auf sein Salär bedacht, dessen Höhe dem sparsamen Friedrich gar nicht recht war; es kam auch zu einem Skandal zwischen Voltaire und einem Geldverleiher, der Friedrich ebenfalls sehr missfiel.

Abb. 4.41 a Graf Rasumowski, der im Alter von 20 Jahren Präsident der Petersburger Akademie wurde, Gemälde etwa 1858; **b** Teplow, der Rasumowski bei seinen Studien in Königsberg beaufsichtigend begleitete, wurde später Sekretär von Katharina II

selbst betonte, dass er nie mehr als 220.000 Reichsthaler im Jahr verbraucht habe. Euler führte auch seine Portokosten an, die in Berlin etwa 200 Thaler betrugen (und in St. Petersburg von der Akademie getragen worden waren).

Wir lesen in Briefen an den vertrauten Goldbach immer wieder, dass Euler mit vornehmen Personen der Berliner Gesellschaft gespeist habe, beispielsweise schrieb er schon 1742, dass er fast täglich mit dem Geheimen Rath Heinrich Johann Ostermann (1686–1747), einem verbannten russischen Staatsmann, den Euler aus Petersburg kannte, diniere. Vor seiner Abreise nach St. Petersburg traf sich Euler 1764 mit dem russischen Großkanzler Michail Illarionowitsch Woronzow (Михаил Илларионович Воронцов, 1714–1767) in Berlin zu einem Essen; zuvor hatte es schon öfter Unterredungen mit dem Fürst Wladimir Sergejewitsch Dolgoruki (Владимир Сергеевич князь Долгорукий, 1717–1803), russischer Gesandter in Berlin von 1762–1789, gegeben, sodass Eulers Haltungen in Russland avisiert wurden.

Beziehungen zum russischen Reich gab es immer, weshalb man Euler – wie gesagt – als eine „goldene Brücke" (Eduard Winter, 1896–1982) betrachtete. Diese respektvolle Bezeichnung verdankte er seinem stetigem Bemühen, sowohl in Personalfragen als auch in der Beschaffung von Büchern, wissenschaftlichen Instrumenten u. a. für die St. Petersburger Akademie in deren Sinne tätig zu sein. Abhandlungen der Berliner Akademie wurden in St. Petersburg vorgelegt und umgekehrt.

Neben anderen Gästen beherbergte Euler daher öfter russische Besucher. Unerwartet traf im Sommer 1743 Kirill Grigorewitsch Graf Rasumowski (Кирилл Григорьевич Граф Разумовский, 1728–1803) (Abb. 4.41a) ein, der drei Jahre später Präsident der St. Petersburger Akademie wurde, und in seinem Gefolge befand sich Grigori Nikolajewitsch Teplow (Григорий Николаевич Теплов, 1725–1779) (Abb. 4.41b), der damals noch Adjunkt für Botanik war, aber mit der Präsidentschaft von Rasumowski in die Akademische Kanzlei wechselte. Beide waren Gäste Eulers und wohnten längere Zeit in seinem Haus. Diese und ähnliche Unterhaltskosten stellte Euler übrigens der Berliner Akademie in Rechnung. Um-

4.7 Eulers Alltag

gekehrt unterhielt Euler in seiner zweiten St. Petersburger Periode auch intensive wissenschaftliche Beziehungen zur Berliner Akademie – eine gelehrte Einrichtung vermochte ihn offenbar nicht auszulasten.

Eine Tätigkeit Eulers, die sich schlechthin auf alle Institutionen und viele Briefpartner bezog, war die Information über und die Beschaffung von Büchern. Die Bibliothek der Akademie, die Leibniz in seinem Plan einer Berliner Akademie vorsah, war von 1710 bis 1752 im Observatorium untergebracht; sie wechselte 1784 in die (alte) Bibliothek am Forum Friedericianum, gegenüber der Oper. Von 1745 bis 1757 war Simon Pelloutier (1694–1757) ihr Bibliothekar, ihm folgte bis 1807 Johann Bernhard Merian (1723–1807) aus Basel. Die Öffnungszeiten waren vormittags von 9 bis 12 und nachmittags von 2 bis 5 Uhr. Jahrelang gab es beim Ausleihen der Bücher mangelhafte Disziplin, bis der Präsident Maupertuis 1749 mit den Unterschriften seiner Direktoren Maßnahmen dagegen ergriff, wobei amüsant ist, dass Euler als Leser zu den Sündern gehörte, die er als Direktor zur Ordnung rief.

Zur Verbesserung ihrer Einkünfte veräußerte die Bibliothek 1748 ihre Doubletten und bot 615 Titel für insgesamt etwa 120 Thaler an. Euler erstand davon 98 Bücher für 17 Thaler. Im Juli 1745 hatte er an Goldbach geschrieben: „Meine [aus St. Petersburg mitgebrachten] Bücher liegen, außer sehr wenigen, die ich auch fast gar nicht lese, schon seit mehr als 3 Jahren in 7 großen Kisten vernagelt und sind mir so mehr zur Last als nützlich." Der Bücherankauf im Jahre 1748 könnte ein Motiv gewesen sein, eine Liste der vorhandenen Bücher anzufertigen. In Eulers Tagebuch, das etwa den Zeitraum 1749 bis 1757 erfasst, gibt es einen „Catalogus Librorum meorum" (Katalog meiner Bücher), der 509 nummerierte Einträge enthält. Die Aufzählung ist unsystematisch und wurde offenbar in mehreren Vorgängen vorgenommen. 16 Folianten sind an die Spitze gestellt, dann folgen im Wesentlichen Bücher in Quarto (ca. 25–35 cm Buchhöhe). Gelegentlich sind einige Bücher in kleineren Gruppen thematisch zusammengefasst; die bibliographischen Angaben sind großzügig, und oft wurden die Erscheinungsjahre weggelassen, keines der Bücher ist offenbar nach 1747 gedruckt worden. Eulers *Methodus inveniendi* (E 65) wird beispielsweise als *Solutio problematis isoperimetrici* (Lösung des isoperimetrischen Problems) angeführt (Nr. 46). Mathematische Autoren sind u. a. Johann Bernoulli (Nr. 34–37), Isaac Newton (Nr. 38–39), Christian Wolff (Nr. 70–71), Johannes Kepler (Nr. 257), René Descartes (303), Euklid (357), auch Benjamin Robins *Remarks upon Eulers [sic] Treatise of Motion ...* (*Remarks on Euler's treatise of motion, Smith's system of optics, and Jurin's essay upon distinct and indistinct vision,* Bemerkungen zu Eulers Abhandlung über die Bewegung, Smiths optischem System und Jurins Aufsatz über klares und undeutliches Sehen; London 1739) sind vorhanden. Es gibt Sammlungen von Wörterbüchern (auf Lateinisch, Französisch, Russisch, Englisch), Logarithmentafeln, geographische Karten, Reiseberichte und auch Belletristik (z. B. Ovid, Nr. 317).

4.7.1 Eulers Augenkrankheit

Euler wird häufig eine robuste Gesundheit bestätigt, wobei man unterstellt, dass das gewaltige Werk nur mit einer stabilen Gesundheit zu schaffen möglich gewesen sei. Allerdings zeigt eine genauere Inspektion von Eulers Lebensumständen, dass diese Behauptung nicht ganz zutreffend ist. Eulers Alltag sah gesundheitlich etwas anders aus, wobei für den lesenden Wissenschaftler der Zustand der Augen von besonderer Bedeutung war. Es spricht einiges dafür, dass Euler schon im Riehener Pfarrhaus an Tuberkulose erkrankt war. Eine Folge der Tuberkulose im Kindesalter kann Skrofulose sein, eine Schleimhaut- und Lymphknotenerkrankung. Skrofulose gehörte früher zu den Hauptursachen von Erblindung. Bei Euler waren offenbar die Augen betroffen, sodass seine vorderen Augenabschnitte frühzeitig geschädigt waren, was ihre besondere Anfälligkeit bei Infekten erklärt und zu zahlreichen Sehstörungen von unterschiedlicher Zeitdauer führten. René Bernoulli (*1943), ein Schweizer Augenarzt, hat einen überzeugenden Versuch gemacht, mithilfe der Porträts von Leonhard Euler diese Diagnose zu rechtfertigen.[119] Die Krankheitszeichen waren dauernder Schnupfen, Verdickung der Nase und Oberlippe sowie Bindehautentzündungen. Diese Beschwerden verstärkten sich im Alter. Die Skrofulose („king's evil") ist heute im westlichen Europa nicht mehr verbreitet, da die hygienischen Zustände sich verbessert haben.

Über seine Gesundheit und Unpässlichkeiten hat Euler selbst wenig berichtet, auch nicht an seine Eltern und engeren Freunde. Man hält eine Augenoperation bereits in Berlin für möglich, jedoch gibt es dafür keine Belege. Entsprechende spätere Nachrichten von Nikolaus Fuss (1755–1826) sind nicht ganz zuverlässig, da Fuss die beschriebenen Sachverhalte nicht selbst miterlebte, sondern nur aus zweiter Hand erfuhr, und auch der „Patient" Euler urteilte über sich nicht ganz objektiv. Allerdings lassen sich doch einige gut belegte Quellen für Krankheiten von Euler finden. Gleich zu Beginn des Briefwechsel mit Gottfried Wilhelm Müller kam dieser auf Eulers Gesundheitszustand zu sprechen, der ihm „auf das allergefährlichste" beschrieben wurde (undatierter Brief 1735). Euler besuchte die Sitzungen der Akademie sehr regelmäßig, aber in den Protokollen der Akademie wird seine Anwesenheit vom 27. Dezember 1734 bis zum 17. Januar 1735 (alter Stil) nicht angezeigt,[120] und bei der Erwähnung, dass eine Eulersche Arbeit durch Krafft vorgelesen wurde, wurde bemerkt, dass Euler aus Krankheitsgründen abwesend sei. Briefe scheint er in dieser Zeit nicht geschrieben zu haben; ein Schreiben an den Vater, das in diesen Zeitraum fallen könnte, ist undatiert. Ein Bericht über die ernsthafte Krankheit Eulers und deren Überwindung gelangte im Frühjahr

---

[119] „Eulers Augenkrankheit", in: *Euler* 1983, S. 471–487.
[120] Wegen der (orthodoxen) Weihnachtsfeiertage fanden vom 28. Dezember 1734 bis zum 9. Januar 1735 keine Konferenzen statt.

4.7 Eulers Alltag

1735 nach Basel zu Daniel Bernoulli, der im Brief vom 4. Mai 1735 an Euler erleichtert zur Restitution gratulierte:

> „Wie mir Herr [Friedrich] Moula [aus St. Petersburg] schreibt, so war nicht nur Jedermann bei Ihrer Krankheit um Sie besorgt, sondern sogar auch ohne Hoffnung, Sie von derselben restituiert zu sehen. Es ist gut, dass weder ich noch Dero [=Ihre] Eltern eher etwas darum gewußt, als man Dero völlige Genesung vernommen. Es hat sich sonderlich auch der orbis mathematicus [die mathematische Welt] über Dero wunderbare Genesung zu erfreuen."

Die fatale Augenerkrankung ist vermutlich auf den Sommer 1738 zu datieren, was aus einer Anfrage Daniel Bernoullis hervorgeht (Brief vom 9. November 1738). Euler wohnte von Ende August bis Ende September abermals keinen Konferenzen bei, für den Juli/August können keinen Aussagen gemacht werden, da vom 12. Juli bis 28. August die Akademie in den Ferien war. Über die Krankheit wissen wir nichts Genaues, einem hitzigen Fieber („fièvre chaude") folgte ein Augenabszess. Für das „hitzige Fieber" könnte man auch Typhus in Betracht ziehen, der zu dieser Zeit in St. Petersburg grassierte. Eine solch Krankheit wirkt sich auch auf die Augen aus. Bei Euler bildete sich am rechten Auge ein Abszess, der schließlich zur Erblindung auf diesem Auge führte. Obzwar Eulers Krankheit die Sehleistung erheblich reduzierte, muss es doch in Hinblick auf die Leistungsfähigkeit des rechten Auges unterschiedliche Phasen gegeben haben. Euler scheint in dieser Zeit mehrfach erkrankt gewesen sein. Die Protokolle zeigen, dass er auch vom 5. August bis 6. Oktober 1740 (a. St.) nicht an den Konferenzen teilnahm; lediglich zweimal reichte er im September Briefe ein, am 12. September an Philipper Naudé jun. (1684–1745), am 15. September an D. Bernoulli, und in beiden Briefen entschuldigte Euler die verspäteten Antworten mit einer Augenkrankheit (siehe unten).

Die Beanspruchung Eulers durch die Kartographie kann keine Ursache für den Verlust des rechten Augenlichtes sein, sondern eher ist das Gegenteil richtig: Die verminderte Sehkraft auf diesem Auge führte zu Schwierigkeiten, da größere Flächen mit nur einem Augen zu erfassen waren. Diese Überanstrengung bot vermutlich eine gute Angriffsfläche für eine Erkrankung. Eulers Mitteilung an Goldbach (21. August 1740) „Die Geographie ist mir fatal", denn er habe dadurch ein Auge eingebüßt, war von der Bitte begleitet, von diesen Arbeiten befreit zu werden. Der Sekretär Goldbach nahm diese Bitte sehr ernst und beantwortete sie am gleichen Tage in dem Sinne, sich so schnell wie möglich bei Präsident Karl von Brevern (1704–1733) dafür einzusetzen. Goldbachs Reaktion kann ein indirekter Hinweis auf die ernsthafte Erkrankung Eulers in diesen Wochen sein, die dem Wunsch besonderes Gewicht verlieh. (Übrigens wechselte mit diesem Brief Euler die Sprache und benutzte Deutsch anstelle von Latein, und Goldbach antwortete ebenfalls in seiner Muttersprache Deutsch.)

Die Erinnerung des Patienten Euler ist hier irrig, denn er verlor sein rechtes Auge erst 1738; Berichte mit der Jahreszahl 1735 sind unzutreffend, obwohl Eulers Sehkraft durch den Einfluss der Krankheit bereits 1735 eingeschränkt gewesen sein dürfte. Erst recht sind die Legenden mit einer Rechnung, die Euler auf Kosten des Augenlichts angeblich in drei Tagen bewältigte, während andere Mathematiker Monate veranschlagten, falsch. Trotzdem wurden sie seit dieser Zeit kritiklos verbreitet, auch durch Friedrich II: „un certain géomètre, qui a perdu son oeil en calculant" (ein gewisser Landvermesser, der beim Rechnen sein Auge verlor);[121] Gustaf Eneström (1852–1923) zeigte die Haltlosigkeit der Sache.[122] Es ist denkbar, dass sich Euler bereits in Berlin einer ersten Augenoperation unterzog. Aber dafür fehlen Belege.

Beim linken Auge wissen wir etwas mehr. Auf den Brief von Philipp Naudé (29. August 1740) aus Berlin antwortete Euler aus St. Petersburg zwar in angemessener Zeit (12./23. September), aber mit einer Entschuldigung, dass er aufgrund einer Sehschwäche nicht früher in der Lage gewesen sei, den Brief zu lesen und zu beantworten. (Die Post benötigte von Berlin nach St. Petersburg etwa zwei Wochen.) Eulers Zustand besserte sich aber wieder. Im Oktober 1766 erfuhr Gottfried Wilhelm Müller in Moskau von Eulers wiederhergestellter Gesundheit und dass sein Auge außer Gefahr sei. Euler antwortete (15. Oktober a. St.), dass seine Unpässlichkeit nur einige Tage gedauert habe, aber sein Lesen sei so sehr beeinträchtigt gewesen, dass er die Schrift auf dem Kaufvertrag seines Hauses in Petersburg nicht mehr lesen konnte, und diese Schwäche halte noch an, sodass er sich für diesen Brief einer fremden Hand bediene. Die Sehschwäche behindere ihn nicht bei seinen Verrichtungen, indem er sich vorlesen lasse und diktiere. Die akademischen Sitzungen besuche er weiter (dafür reiche sein Sehvermögen, bemerkt er lakonisch), und er „kann auch ziemlich weitläufige Rechnungen im Kopf machen, welche danach mein Sohn zu Papier bringt".

R. Bernoulli fragte sich am Ende seiner Abhandlung, und die obigen Tatsachen legen die Frage in der Tat nahe, ob die Gefahr, blind zu werden, die Euler stets gegenwärtig war, nicht seinen Rückzug in das Reich der unsichtbaren Ideen förderte, ob diese Sehbehinderung nicht mithalf, sein (vorhandenes) mathematisches Genie zu entwickeln.

4.8 Die Goldbach-Briefe Teil 2: 1741–1764 (158 Briefe)

> Mes lettres seront le Journal de mes pensées.[123]
>
> MOREAU DE MAUPERTUIS (1698–1759)

Der größte Teil des Briefwechsels zwischen Euler und Goldbach fiel in Eulers Berliner Jahre; fast 160 Briefe sind erhalten. Goldbach war eine interessante Persönlichkeit: Er war gebildet, weltmännisch, sprachgewandt und schließlich

---

[121] Zitiert nach Spiess, *Euler,* S. 175; die Fortsetzung der an d'Alembert gerichteten Zeilen drücken Friedrichs Abneigung gegen den komponierenden Mathematiker aus „s'avisa de composer un menuet par *a* plus *b*" ([Euler] hat sich in den Kopf gesetzt, ein Menuett mit *a* plus *b* zu komponieren).

[122] „Eine Legende von dem eisernen Fleisse Leonhard Eulers", in: *Bibliotheca mathematica* 10 (1909), S. 308–316.

[123] Meine Briefe werden das Tagebuch meiner Gedanken sein.

4.8 Die Goldbach-Briefe Teil 2: 1741–1764 (158 Briefe)

ein wichtiges Mitglied der St. Petersburger Akademie, seit 1742 ein geschätzter Staatsrat im Amt für auswärtige Angelegenheiten in Moskau. Für den jungen Euler war Goldbach, der 17 Jahre älter war, ein väterlicher Freund, dem gegenüber er zeitlebens eine „rührende Mischung von Respekt, Wertschätzung und Zuneigung" (André Weil, 1906–1988) zeigte. Auch nach der Übersiedlung Eulers nach Berlin wurde der Briefwechsel fortgesetzt; Goldbach lebte weiterhin in St. Petersburg und hatte oft dienstlich in Moskau zu tun, sodass in der Zeit des Siebenjährigen Krieges die Korrespondenz behindert war.

Seit Euler am 21. August 1740 (a. St.) den Konferenzsekretär Goldbach gebeten hatte, ihn von der anstrengenden Arbeit an geographischen Karten zu befreien, um sein verbliebenes funktionstüchtiges linkes Auge zu schonen, wechselte die Korrespondenz unmittelbar vom Lateinischen ins Deutsche, die Muttersprache der Briefschreiber. Auch als Staatsrat (1742) war Goldbach bis zu seinem Tod 1764 der St. Petersburger Akademie verbunden; als ihr Ehrenmitglied zeigte er für die Einrichtung viel Interesse und setzte sich auch für die Akademie ein.

Unter den Gelehrten, mit denen Euler Beziehungen pflegte, war Goldbach derjenige, der ihm am nächsten stand; auch die etwa gleichaltrigen Daniel Bernoulli (1700–1782) und Gerhard Müller (1705–1783) waren enge Freunde, und vermutlich war es nach anfänglichen Vorbehalten auch Moreau de Maupertuis (1698–1759) sowie am Ende seines Lebens der junge Nikolaus Fuss (1755–1826). Den engen Beziehungen zu Goldbach verdanken wir viele persönliche Bemerkungen in der wissenschaftlichen Korrespondenz; auch der Briefwechsel mit Müller, der keine mathematischen Themen berührt, gibt solche persönlichen Eindrucke. Wir erfahren in Briefen an Goldbach beispielsweise, dass Euler für seine Korrespondenz jährlich gegen 200 Thaler ausgab, was dem Einkommen seines Sohnes Johann Albrecht an der Akademie entsprach; hören von der Geburt von Kindern oder dass die französische Kolonie Euler zum Ancien (Kirchenältesten) ihrer reformierten Kirche und des Consistoriums wählte (15. November 1763).

Der Briefwechsel wurde in den Jahren des Siebenjährigen Krieges, 1756–1763, unterbrochen, denn Euler konnte nicht mit einem hochrangigem Mitglied des Auswärtigen Amtes des Kriegsgegners Russland Beziehungen pflegen. Goldbach war 1760 Geheimrat geworden, und dieser zivile Rang entsprach militärisch einem Generalleutnant. Bei seinem Freund Müller, dem Sekretär der St. Petersburger Akademie, musste Euler solche Rücksichten nicht nehmen, sodass es während des Krieges einen Briefwechsel mit Müller gab, auch wenn dieser eingeschränkt war. So fragte über den Sekretär Müller die Akademie in St. Petersburg Euler beispielsweise um seine Meinung für den für 1762 ausgeschriebenen Preis, der die Verbesserung von Mikroskopen und Teleskopen zum Thema hatte. Euler war übrigens über die Preisvergabe verärgert, und er fand Michail Lomonossows (Михаил В. Ломоносов, 1711–1765) Zustimmung. Man hatte erst John Dollond (1706–1761) für den Preis in Betracht gezogen, aber das empörte Euler, weil Dollond jegliche theoretischen Kenntnisse fehlen würden. Schließlich erhielt der Schwede Samuel Klingenstierna (1698–1765) noch wenige Jahre vor seinem Tod den Preis für die Arbeit „Tentamen de definiendis et corregendis aberrationibus" (Versuch der Bestimmung und Korrektur der Abbildungsfehler)" (Haag 1758) – das Thema war

Abb. 4.42 Johann Heinrich Lambert

die Korrektur der chromatischen und sphärischen Aberration (St. Petersburg 1762) –, während Eulers „Constructio lentinum" („Konstruktion von Linsen"; E 266, EO III/6) nur eine Anerkennung zuteil wurde. Der Rezensent der Leipziger Neue Zeitungen bezeichnete Eulers Arbeit zu Recht als eine von Eulers nützlichsten, und er wies z. B. nachdrücklich darauf hin, dass man so das Weltall besser beobachten und begreifen könne (Nr. 16 vom 23. Februar 1764). Euler war in der Sache äußerst verärgert[124] und ließ Müller bzw. die Petersburger Akademie wissen, dass Klingenstiernas Resultate fast vollständig in seiner einschlägigen Arbeit zu finden seien,[125] an der er 20 Jahre (!) gearbeitet habe (Briefe vom 15. Januar bis 12. Februar 1763; siehe auch *Protokoli,* Bd. II, 1./22. November 1763 mit der Stellungnahme von Michail Lomonossov für Euler). Übrigens schrieb auch Johann Heinrich Lambert (1728–1777) (Abb. 4.42) eine entsprechende Arbeit „Les propriétés remarquables de la route de la lumière" (Die bemerkenswerten Eigenschaften des Lichtweges), die wichtig und deshalb en vogue war.

Bei Ausgang des Siebenjährigen Krieges wusste Euler nichts Genaues vom Schicksal des 72-jährigen Goldbach und fragte nach dem „schweren Ungewitter" (= Siebenjährigen Krieg) vorsichtshalber bei Müller an, ehe er am 29. Juni 1762 an Goldbach selbst schrieb. In diesem Schreiben fasste Euler seine Familiengeschichte kurz zusammen. Zwei Punkte des Briefes, in dem es nicht um mathematischen Fragen geht, sind bemerkenswert: Euler drückte die „inbrünstige Freude über die höchst wunderbare und göttliche Errettung unseres allerteuersten Königs [Friedrich II.] aus" und bemerkte weiter, dass die herrlichsten Lobpreisungen auf die regierende russische Majestät Peter III. (Петр III Федорович,

---

[124] Das könnte auch daran liegen, dass Euler die Farbfehlerfreiheit des menschlichen Auges als eine nicht zu kopierende Leistung der Schöpfung betrachtete, während die in Rede stehenden Arbeiten dem Dollond'schen Achromat den Weg bereiteten; das erste achromatische Fernrohr geht allerdings auf Chester Moore Hall (1703–1771) um 1733 zurück.

[125] „Règles générales pour la construction des télescopes et des microscopes" (Allgemeine Regeln für die Konstruktion von Fernrohren und Mikroskopen), in: *Mém. Berlin* 13 (1759), S. 283–322 (E 239, EO II/29).

4.8 Die Goldbach-Briefe Teil 2: 1741–1764 (158 Briefe)

Abb. 4.43 Zar Peter III., Ehemann von Katharina II. (1728–1762)

1728–1762) (Abb. 4.43) in preußischen Kirchen zu hören seien;[126] Euler kam auch hier auf die Plünderung seines Gutes durch die russischen Truppen zu sprechen, die eine traumatische Erfahrung gewesen sein muss. Der alte und kranke Goldbach schickte vor seinem Tod noch vier Briefe an Euler, die jedoch mathematisch uninteressant sind, sodass der wissenschaftliche Briefwechsel beider schon mit Eulers Brief vom 26. April 1757 endete. Allerdings gehörte Goldbach zu den ersten Personen in Russland, die von Euler 1763 unterrichtet wurden, dass ihm Berlin nicht mehr gefiele und er wieder nach St. Petersburg wolle (Briefe vom 1. Oktober und 15. November 1763).

Ein ständiges Thema in den Briefen waren Informationen über Bücher und deren Beschaffung. Im Brief vom 24. August 1743 an Goldbach erfahren wir beiläufig, dass Euler die „vortrefflichen Bücher *A complete system of Fluxions* (Edinburgh 1742)[127] von Colin Maclaurin (1698–1746) und Newtons *Principia* (Genf 1739) in der Kommentierung von François Jacquiers (1711–1742)[128] gelesen habe. Diese Ausgabe des französischen Theologen erklärt nicht nur Newtons Sätze, sondern führt auch die aktuellen Ergebnisse aus den Pariser und St. Petersburger *Mémoires* sowie den Mechanik-Büchern von Jakob Hermann (1678–1733) und Leonhard Euler (E 15–16, 1736) an. Die Leipziger Neue Zeitungen von 1741 (S. 506)

---

[126] Peter III., der 1762 für ein halbes Jahr auf den russischen Thron kam, war ein großer Bewunderer des preußischen Königs, und vor allem seine Haltung rettete Preußen im Siebenjährigen Krieg vor dem Untergang. Er war von 1745 bis zu seinem Tod mit der späteren Zarin Katharina II. verheiratet.

[127] Gegenüber einer Anfrage seines Rostocker Kollegen Karsten äußerte sich Euler zurückhaltender.

[128] Euler unterschlug hier Thomas Le Seuer (1703–1770), einen Franziskaner und Professor der Mathematik in Rom, später Akademiemitglied in Paris und Berlin (1745 und 1749).

merkten in einer Rezension an: „Insbesondere ist Herrn Eulers Mechanik stark von ihnen gebraucht worden."

Die Beschaffung von Büchern taucht immer wieder auf, aber die gewünschten Titel waren vermutlich auf beigelegten Listen vermerkt, die Buchhändlern gegeben wurden, sodass wir sie nicht kennen. Die politischen Gegebenheiten in Europa erschwerten das Versenden von Büchern, aber Euler nutzte alle Möglichkeiten und half den Kollegen. Beispielsweise schickte er an den wenig geliebten Schumacher in St. Petersburg zwei Exemplare der Sammlung der Streitschriften *Maupertuisiana* (1753), die Friedrich II. in Berlin verboten hatte. Offenbar konnte Euler, der darin auch karikiert wurde, über sich selbst lachen. 1764 berichtete Euler, dass er die Integralrechnung, an der er viele Jahre geschrieben hatte, abgeschlossen habe und dass in diesem Jahr ein „lernbegieriger Mensch aus der Schweiz" (Christoph Je(t)zler, 1734–1791) nach Berlin gekommen sei, um das Werk abschreiben zu dürfen. Das geschah mit großer Akribie, und Jezler fügte sogar ein Porträt bei (siehe Abb. 4.44) Der Schweizer Euler erhielt von Jezler als Dankeschön auch einen Schweizer Käse. „Das Wunderbarste dabei ist, dass dieser Mensch von seiner Profession ein Kürschner gewesen ist." Wie muss sich Euler später über den Beruf seines Gehilfen Nikolaus Fuss gefreut haben, der Tischler war und sich der Mathematik zugewandt hatte. Jezler studierte später Mathematik und wurde schließlich Professor der Mathematik und Physik in Schaffhausen (Schweiz).

Die Briefe geben auch einige Einblicke in das Verhältnis zu Maupertuis. Während Euler anfänglich Vorbehalte gegen den designierten Präsidenten hatte, da er dessen Stelle gerne eingenommen hätte (Brief vom 23. Oktober 1745), lehnte er schon ein Jahr später eine Einladung des Präsidenten der Petersburger Akademie Andrei K. Rasumowski (Андрей Кириллович Разумоовский, 1728–1803) entschieden ab, wieder nach Russland zu kommen (Brief vom 20. September 1746). Goldbach äußerte seine Hoffnung, dass vielleicht später Johann Albrecht kommen würde, wie es auch geschah, aber Goldbach erlebte es nicht mehr. Stolz schrieb

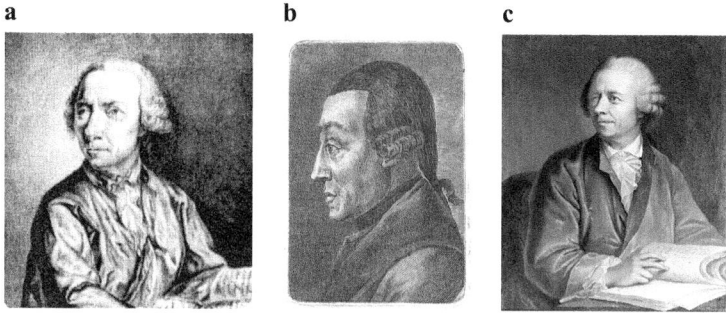

Abb. 4.44 a Jezlers Porträt von L. Euler. Da Euler nicht Modell gestanden hatte, fällt die Ähnlichkeit mit Handmanns Porträt (**c**) auf. **b** Porträt von Christoph Je(t)zler (1734–1791) von etwa 1755, Jezlers Porträt stammt aus Lavaters verkürzter Winterthurer Ausgabe der *Physiognomie* von 1783

4.8 Die Goldbach-Briefe Teil 2: 1741–1764 (158 Briefe)

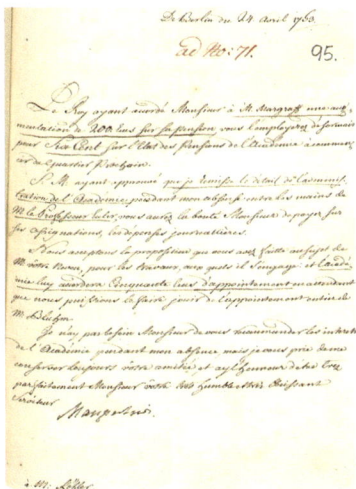

Abb. 4.45 Anweisung des Akademiepräsidenten Maupertuis vom 24. April 1753 an D. Köhler, dass während seiner Abwesenheit Euler die Geschäfte führen werde (eigenhändige Unterschrift Maupertuis'). Der zweite Absatz lautet: „S(a) M(ajesté) ayant approuvé que je remisse le détail de l´administration de l'Académie pendant mon absense entre les mains de M(onsieur) le Professeur Euler, vous aurez la bonté Monsieur de payer sur ses Assignations, les dépenses journallières." (Nachdem Seine Majestät zugestimmt hat, dass ich die Einzelheiten der Verwaltung der Akademie während meiner Abwesenheit in die Hände von Herrn Professor Euler übergebe, werden Sie die Freundlichkeit haben, die täglichen Kosten seiner Aufgaben zu bezahlen.)

Euler 1757, dass er – dem der König das Präsidentenamt nicht gegeben hatte! –, nun den Präsidenten Maupertuis vertreten müsse (Brief vom 4. August 1757) (Abb. 4.45). Aber 1763, nach dem Ende des Siebenjährigen Kriegs und der Feindschaft mit Frankreich, als Euler den Eindruck hatte, der Freigeist Friedrich II. wolle der Berliner Akademie ein französisches Gepräge geben und ihr in atheistischen und materialistischen Ansichten eine noch größere Dominanz gewähren, schickte er Signale nach Russland; um jetzt sein Interesse für eine Stellung in Russland zu zeigen. Er schrieb nicht nur an Müller, sondern auch an Goldbach.

Wie in der gerade skizzierten Angelegenheit legen viele Briefe Eulers Motive offen. Die Ereignisse beispielsweise, die zur Verleihung des Berliner Akademiepreises an den Juristen Johann Justi (1717–1771) für seine Arbeit über die Monaden führten, zeigen deutlich, wie parteiisch Euler eingriff, und im Brief vom 4. Juli 1747 bestätigte er intern seine Einstellung, die aus Eulers Sicht berechtigt war, da Justi „das ganze Lehrgebäude der Monaden völlig zerstört [habe.]" Ein Rezensent des renommierten *Hamburgischen Magazins* schrieb 1747 allerdings über Justis Preisschrift ironisch:

„Justi meint der Begriff des Zusammengesetzten sei metaphysisch und der vom Einfachen geometrisch. Das ist noch keinem Menschen vor Herrn Justi eingefallen." – S. 175

Abb. 4.46 Titelseite von Eulers *Rettung der Göttlichen Offenbahrung* (1747)

Während sich einerseits Euler in diese Auseinandersetzungen 1747 anonym mit der Schrift *Rettung der göttlichen Offenbarung* (E 92, EO III/12) (Abb. 4.46) einmischte, brachte andererseits der Sekretär der Berliner Akademie Jean Henri Samuel Formey (1711–1797) (Abb. 4.47) seine *Prüfung der Gedanken eines Ungenannten von den Elementen der Körper* (Leipzig 1747)[129] gleichfalls anonym zum Druck. In dieser Schrift wandte sich der Sekretär entschieden gegen die Materietheorie seines Akademiemitgliedes Euler, wobei er der Meinung war, den Gegenstand tiefgründig und erschöpfend, also schlechthin endgültig, behandelt zu haben. (Eingeständnis der Autorenschaft von Formey im Brief an Gabriel Cramer (1704–1752) vom 9. Dezember 1746).[130] Mit herabgelassenen Visier zu kämpfen, war offenbar üblich.

Als die St. Petersburger Akademie mit dem Verhalten ihres Mitgliedes Delisle nicht einverstanden war, da dieser unerlaubt Ergebnisse seiner Expedition bekannt gemacht hatte, verhielt sich Euler vorsichtig. Müller verfasste ein Pamphlet gegen den Astronomen Joseph-Nicolas Delisle (de l'Isle, 1688–1758), das Rasumowski

---

[129] Französische Übersetzung „Recherches sur les Élémens de la Matière" (Untersuchungen über die Elemente der Materie), in: *Mélanges philosophiques,* Bd. 1. Leiden 1754, S. 241–417.

[130] „Lettres de Genève à Formey". Ed. A. Bandelier et F. Eigeldinge. Paris: Champion 2010.

Abb. 4.47 Jean Henri Formey (im Alter von 59 Jahren)

ins Französische übersetzte, und man bat Euler, bei der Publikation des „Lettre d'un officier de la marine russienne à un seigneur de la Cour concernant la carte des nouvelles découvertes ... publié par M. de l'Isle" (Brief eines russischen Marineoffiziers an einen Hofherrn bezüglich der Karte neuer Entdeckungen ... herausgegeben von M. de l'Isle) behilflich zu sein. Euler ließ durch seien Schweizer Schüler Louis Bertrand (1731–1812) die französische Übersetzung stilistisch überarbeiten und sorgte für die Veröffentlichung in der *Nouvelle Bibliotheque Germanique*. Der St. Petersburger Akademie sicherte Euler zu, dass er über diese russischen Aktivitäten und über seine Mithilfe schweigen würde (Brief an Goldbach vom 4. August 1753). Er brach, obwohl er selbst keinen Grund dazu hatte, den Briefwechsel mit Delisle ab (Brief an Schumacher vom 30. Juli 1748). Aber wie immer, wenn es um wissenschaftliche Fragen ging, wusste Euler sich zu helfen, um notwendige Kontakte zu schaffen. Im Fall der Korrespondenz mit Delisle bat er einfach den Curator der Berliner Akademie Samuel Graf von Schmettau (1684–1751), an Delisle die Beobachtungsergebnisse der Sonnenfinsternis von 1748 nach Paris zu schicken, da ihm das verboten(!) sei (Brief an von Schmettau vom 13. Dezember 1748). Sieben Jahre später gab es einen weiteren und letzten Brief an Delisle, in dem Euler den Kollegen bat, ihm bei den Besetzungsvorschlägen für die St. Petersburger Akademie behilflich zu sein. Dort waren neun neue Stellen zu besetzen.

Eine Briefstelle kennt jeder Mathematiker: Sie steht im Brief an Euler vom 27. Mai/7. Juni 1742. Goldbach bezog sich auf Eulers Nachweis, dass die Fermat-Zahlen $F_n = 2^{(2^n)} + 1$ keine Folge von Primzahlen bilden, und er wollte eine Vermutungen hazardieren, dass man die Fermat-Zahlen vielleicht als Summe zweier Quadrate darstellen könnte („numeros unico modo in duo quadrata divisibles"). Euler wies im nächsten Brief (19./30. Juni) darauf hin, dass dann solche Zahlen die Form $4m+1$ haben müssten. Nur wenn $4m+1$ prim ist, gibt es eine derartige Zerlegung, sonst nicht. Aber folgenreicher als diese naheliegenden Überlegungen war Goldbachs Randbemerkung im erwähnten Brief:

„Es scheint wenigstens, dass eine jede Zahl, die größer ist als 2, ein aggregatum trium numerorum primorum [eine Summe dreier Primzahlen] sei."[131]

Die Vermutung Goldbachs wird heute etwas anders formuliert, da die Zahl 1 nicht mehr zu den Primzahlen gerechnet wird: „Jede natürliche Zahl, kann in drei Summanden zerlegt werden, die alle Primzahlen oder gleich 1 sind." Es gibt auch eine verschärfte Goldbach'sche Vermutung: „Jede gerade Zahl, die größer als 2 ist, ist eine Summe zweier Primzahlen." Hieraus folgt: „Jede ungerade Zahl größer als 5 ist die Summe dreier Primzahlen."

Lösungen dieser Probleme wurden bis heute noch nicht gefunden, sodass man die Annahme für möglich hält, dass die Goldbach'sche Vermutung als eine der Aussagen betrachtet werden kann, die man nach Kurt Gödel (1906–1978) in einem Axiomensystem zwar aufstellen, aber weder beweisen noch widerlegen kann. Zunächst untersuchte man die Richtigkeit empirisch; auch Georg Cantor (1845–1918) führte beispielsweise numerisch sehr umfangreiche Überprüfungen durch. Dann wurde versucht, die Vermutung mit anderen Aussagen in Verbindung zu bringen, vor allem von G. H. Hardy und John Littlewood (1885–1977). Lew Gebrichovitsch Schnirelman (Лев Генрихович Шнирельман, 1905–1938) konnte zeigen, dass es eine feste Zahl Z gibt, sodass jede natürliche Zahl die Summe von Z Primzahlen ist (einschließlich 1). 1937 bewies Iwan Matwejewitsch Winogradow (Иван Матвеевич Виноградов, 1891–1983), dass jede hinreichend große natürliche Zahl eine Summe von drei Primzahlen ist. Neuerdings publizierte Terence Tao (*1975) eine Arbeit, nach der jede ungerade natürliche Zahl sich als Summe von höchstens fünf Primzahlen darstellen lässt.

In der Korrespondenz erwähnte Euler im Brief vom 13. Februar 1748 erstmals eine andere bekannte Randbemerkung, nämlich die berühmte von Fermat (zu Fermats letzter Satz). In Briefen vom 17. Mai und 23. August 1755 ging Euler auf Beweise für den Fall $n=3$ und 4 ein. Die Überlegungen für $n=4$ waren in der Arbeit „Theorematum quorumdam [sic] arithmeticorum demonstrationes" (E 98, gedr. 1747) enthalten und wurden nochmals in der *Vollständigen Anleitung zur Algebra*, Bd. 2. (E 388, §§ 202–208, 1770) dargelegt; den Fall $n=3$ findet man in „Supplementum" (E 272, gedr. 1763). Euler wollte Pierre de Fermats (1601–1655) zahlentheoretische Fackel aufgreifen und damit den zu beschreitenden Weg beleuchten. Im April 1742 schrieb Euler einen langen Brief an Alexis Claude Clairaut (1713–1765), in dem er unter anderem mitteilte, dass er seit 14 Jahren an schwierigen zahlentheoretischen Problemen arbeite, die Fermat hinterlassen habe, und bat um Hilfe bei der Suche nach entsprechenden Fermat'schen Manuskripten. Clairaut, der sich von Eulers breitem Arbeitsfeld beeindruckt zeigte, hatte jedoch nur eine entmutigende Antwort:

---

[131] Ein Herausgeber des Briefwechsels Euler–Goldbach, Andrei Aleksejevitsch Kiselev (1916–?), bemerkte, dass in dem von N. Fuss herausgegebenen Briefen (*Correspondance*, Bd. 1, S. 127) an der entsprechenden Stelle „größer als 1" steht, was keinen Sinn ergibt ist. Im Originalbrief ist jedoch die in Rede stehende Ziffer nicht einwandfrei lesbar: 1 oder 2.

"Ich habe noch nie von Fermats Theoremen gehört oder was aus seinen Papieren geworden sein könnte. Diese Angelegenheit muss sehr dornig sein."[132]

In der sich lange hinziehenden Diskussion über die Frage, ob $4mn - m - 1$ ein Quadrat sein könne, kam Euler am 24. August 1743 auch auf die von Pierre Fermat in einem Brief an Pierre de Carcavi (1600–1684) aus dem Jahre 1659 erwähnte Beweismethode des „descente infinie ou indéfinie" (unendlicher oder unbestimmter Abstieg) zu sprechen. Euler kannte nur einige Hinweise, denn der Brief wurde erst 1879 in Fermats *Oeuvres* abgedruckt.[133] Es geht um die Lösungen diophantischer Gleichungen, im Eulerschen Brief um eine verneinende Antwort auf die Frage, ob $a^4 \pm b^4$ ein Quadrat m^2 sein könne. Aus der Annahme, aus $a^4 \pm b^4 = m^2$ lasse sich eine Gleichung $c^4 + d^4 = n^2$ ableiten, sodass $n < m$ sei, und ebenso wird aus dieser Gleichung wieder eine entsprechende Relation gefolgert, usw. Man nahm an, dass sich für diese kleineren Zahlen keine Lösung findet, was schließlich durch einen geeigneten Fall gezeigt werden konnte. Siehe hierzu Abschn. 5.3.2.

Fraglos war Euler Goldbach mathematisch überlegen, aber Goldbach inspirierte wiederum Euler, da er oft Analogien und metaphysischen Gedankenkonstruktionen folgte und so interessante Vermutungen aufstellte. Es ist daher reizvoll zu lesen, wie Euler im Brief vom 17. April 1756 Goldbach darlegte, was er für einen strengen Beweis hielt. Euler bemerkte, dass im betrachteten Fall das von Goldbach „angeführte Argument … würde sich in der Metaphysik für eine herrliche Demonstration eignen, wo man sich mit Beweisen begnügt, welche bei weitem nicht so bündig sind. Allein in der Mathematik kommen mir dergleichen Schlüsse immer verdächtig vor." Euler schloss noch einige Folgerungen an, die er zur Heuristik rechnete, und er führte auch noch einen falschen Schluss vor, aus dem Wahres folgt („ex falso quodlibet" – aus Falschem folgt alles). Für die Psychologie des mathematischen Erfindens machte die Koryphäe Euler eine höchst interessante Bemerkung: „So groß das Vergnügen auch ist, welches ich in den Betrachtungen der Eigenschaften der Zahlen finde, so wird mir doch diese Materie, wann ich einige Zeit mit ganz anderen Untersuchungen umgegangen, so fremd, dass ich mich so bald nicht mehr darin finden kann." (Brief vom 4. September 1751.)

Einige bemerkenswerte Ergebnisse aus der Vielzahl des Erörterten: Am 4. Mai 1748 teilte Euler eine wichtige Identität mit. Sei

$$m = a^2 + b^2 + c^2 + d^2, \quad n = p^2 + q^2 + r^2 + s^2.$$

Dann ist

$$mn = A^2 + B^2 + C^2 + D^2$$

---

[132] « Je n'ai jamais entendu parler des Théorèmes de Fermat ni ce que peuvent être devenus ses papiers. Cette matière doit être fort épineuse. » (EO IVA/5, S. 129).

[133] Fermat hatte geschrieben: „Wenn eine Primzahl $4n+1$ nicht die Summe zweier Quadrate ist, dann lässt sich eine kleinere Primzahl mit dieser Eigenschaft finden, und dann wieder eine kleinere usw., bis man schließlich 5 erhält." (Bd. 2, S. 431 ff.).

mit

$$A = ap + bq + cr + ds, \quad B = aq - bp - cs + dr,$$
$$C = ar + bs - cp - dq, \quad D = as - br + cq - dp.$$

Diese Eulersche Identität ist nützlich, so Euler, wenn man die Zusammensetzung einer Zahl in Quadrate untersucht. Sie spielt aber darüber hinaus in der späteren Hamilton'schen Theorie der Quaternionen eine Rolle; der Sachverhalt wurde von Euler publiziert in „Demonstratio theorematis Fermatiani" (E 242, 1760; Beweis des Fermat'schen Satzes); Euler rechnete letztlich bereits mit Quaternionen. 150 Jahre später (1898) vervollständigte Adolf Hurwitz (1859–1919) diese Aussage durch die Feststellung, dass es zu dieser Eulerschen Identität nur für Summen aus 1, 2, 4 und 8 Quadraten analoge Beziehungen gibt.

Euler untersuchte auch die Summe σ(n) der Teiler einer natürlichen Zahl n, z. B. σ(4) = 1 + 2 + 4 = 7. Er kam für σ(n) empirisch auf die Folge 1, 2, 5, 7, 12, 15, 22, ... und bemerkte, dass die notwendige Induktion „ziemlich mühsam sei". Er war überzeugt, dass

$S = R$.

gilt, wobei

$$S = (1-x)(1-x^2)(1-x^3)\ldots$$

und

$$R = 1 - x - x^2 + x^5 + x^7 - x^{12} - x^{15} + \ldots$$

sind. In der zweiten Reihe wechseln sich jeweils zwei Vorzeichen ab, und die Exponenten sind aus der Folge für σ(n) für n = 1, 2, 3, ... (Brief vom 1. April 1747; Details in Abschn. 5.3, Zahlentheorie).

Wissenschaftlich war der Briefwechsel vor allem von zahlentheoretischen Fragen und Problemen durchsetzt, aber es gibt auch andere Themen. Einige Briefe enthalten elementargeometrische Aufgaben, darunter auch Überlegungen zum Eulerschen Polyedersatz (Brief vom 14. November 1750) oder die Frage, in wie viele Dreiecke sich ein Vieleck zerlegen lasse (Brief vom 4. September 1751). Für n-Ecke ermittelte Euler die Anzahlen.

$$A(n) = 1, 2, 5, 14, 42, 132, 429, 1430, \ldots$$

Es gibt auch Erörterungen über Konvergenzfragen und entsprechende Probleme. Im Brief vom 20. September/1. Oktober 1742 betrachtete Goldbach die Zweckmäßigkeit und den Gebrauch der Rechenzeichen ± und ∓, um eine tiefsinnige Bemerkung anzuschließen: Wenn man in einer Reihe, deren Glieder aus der harmonischen Reihe bestehen, die Vorzeichen geeignet wählt, so kann man mit der Summe jede gegebene Zahl erhalten. Dieser verblüffende Sachverhalt wurde von Bernhard Riemann (1826–1866) 1853 auf nicht absolut konvergente Reihen verallgemeinert, in denen man durch Umordnung der Summanden jede reelle Zahl als Summenwert erhalten kann (Umordnungssatz, 1867 publiziert).

4.8 Die Goldbach-Briefe Teil 2: 1741–1764 (158 Briefe)

Goldbach betrachtete auch die Aufgabe, Reihen der folgenden Art (die mit $\zeta(n)$ zusammenhängen)

$$1 + \frac{1}{2^n}\left(1 + \frac{1}{2^m}\right) + \frac{1}{3^n}\left(1 + \frac{1}{2^m} + \frac{1}{3^m}\right)\ldots [= S(m,n)]$$

zu summieren, was ihm allerdings allgemein nicht gelang, aber er gab interessante Resultate wie $S(1,3) = \pi^4/72$ an (Briefe vom 24. Dezember 1742 bis 5. Februar 1742, a. St., später bei Euler E 477 und 819).

Beim Lösen analytischer Probleme wird man immer wieder auf Integrale geführt; hier sind zwei Integrale, die beide diskutierten. Euler wies dabei darauf hin (Briefe vom 17.10 und 09.11.1730), dass der Integralbegriff zu erweitern sei, um über das Gebiet der elementaren Funktionen hinaus auch transzendente Funktionen integrieren zu können, die bislang (wie Kreisfunktionen oder Logarithmen) Flächen festlegten (später in E 59 und E 462 sowie in *Inst. Calc. Int.*, Bd. I, § 212; E 212).

Am 4. Mai 1743 fragte Goldbach nach dem Wert des Ausdrucks

$$\frac{\pi^2}{6n(n-1)} + \frac{1}{n(n-1)^2} - \frac{2n-1}{n^2(n-1)^2}(1 + \frac{1}{2} + \ldots + \frac{1}{n})$$

für $n=1$. Euler, der systematisch dachte, ordnete diesen Term unter die von ihm als nicht darstellbar („inexplicabilis") vermuteten Funktionen ein, und er bezeichnete Aufgaben für solche Ausdrücke als sehr schwer, da sie weder einen bestimmten Ausdruck bildeten noch als Wurzeln von Gleichungen darstellbar seien. Sie sind also nicht algebraisch, aber man weiß auch nicht, zu welcher Art transzendenter Funktionen sie gehören. Euler widmete in seiner *Differentialrechnung* solchen Funktionen einen eigenen Paragraphen (E 212; 2, Kap. 16, § 385).

Es gab auch Themen aus mathematischen Randgebieten. In einem längeren Schreiben vom 4. Juli 1744 berichtete Euler, dass er begonnen habe, eine Differentialrechnung zu schreiben, und fügte fünf Probleme bei, darunter ist auch die erstmalige Entwicklung einer Funktion $(\pi - a)/2$ durch Euler in eine trigonometrische Reihe („Fourier-Reihe") (in E 212, Bd. 2, Chap. 4, § 92). Die Variationsrechnung (E 65), die Himmelsmechanik (E 66) und die Arbeiten über die Kometen (E 67–68) waren im Druck oder kurz davor. Euler schrieb, dass er Schach spiele, und er verschlüsselte einen Text, den er Cäsars „De bello gallico" (Vom gallischen Krieg) entnommen hatte.[134] Schließlich resümierte er, dass er „töricht sein müsste", sich ein anders Leben als in Berlin zu wünschen.

Eulers letzter Brief erreichte den sterbenden Goldbach nicht mehr. Müller, der die Abnahme der Kräfte des Kranken sah, kümmerte sich verstärkt um den hinfälligen Greis. Er war auch in Goldbachs letzter Stunde am 20. November/1.

---

[134] Die Dechiffrierung gab P. Speciali: „Le logographe d'Euler", in: *Bulletin de la Societé suisse des bibliophiles* 10, 1–2 (1953), S. 6–9.

Dezember 1764 abends um 10 Uhr zugegen und schrieb ergriffen hierüber Euler: „Man wird nicht leicht einen Kranken so ruhig und ohne alle Schmerzen sterben sehen" (Brief vom 7./18. Dezember 1764). Es gab ein Testament Goldbachs, das gemäß russischer Vorschrift die Zarin betätigte, dessen Einzelheiten uns nicht interessieren, aber ein Detail wird von Müller im genannten Brief erwähnt, dass er der Erbe der wissenschaftlichen Korrespondenz Goldbachs sei. Müller fragte Euler, ob man diese Briefe nicht der Welt mitteilen sollte. Euler antwortete, dass sicher eine Menge Briefe von ihm in der Korrespondenz zu finden seien und dass er bei seiner Abreise 1741 die gesamte wissenschaftliche Korrespondenz, die aus „einem ziemlichen Pack bestand", der St. Petersburger Akademie übergeben habe. Euler war also grundsätzlich an einer Veröffentlichung interessiert, aber er kam nicht mehr auf das Vorhaben zurück. Der Briefwechsel wurde erst von Eulers Urenkel Paul Heinrich Fuss (1798–1855), dem Sohn des Euler'schen Sekretärs und Ehemanns von Eulers Enkelin Albertine Euler (1766–1822) Nikolaus Fuss, zum Druck gebracht worden, nämlich als Band 1 (von 2) der *Correspondance mathématique et physique de quelques célèbres géomètres du XVIIIième siecle* (Mathematische und physikalische Korrespondenz einiger berühmter Geometer des XVIII. Jahrhunderts), St. Pétersbourg 1843; von der Berliner Akademie wurde unter der Redaktion von Adolf P. Juškevič (Адольф Павлович Юшкевич, 1906–1993) und Eduard Winter (1896–1982) die Korrespondenz 1965 sorgfältig ediert (Berlin: Akademie-Verlag), in der Euler'schen Werkausgabe enthält die Serie 4 A zwei Bände 4.1–2 des Briefwechsels, die von M. Mattmüller und F. Lemmermeyer 2015 herausgegeben und kommentiert wurden (auch in englischer Übersetzung).

4.9 Leonhard Euler und die Philosophie

> Der allgemeine Grund dafür, dass mathematisches und philosophisches Talent sich oft vereinigt finden, liegt darin, dass es nur die eine Befähigung und Neigung für das rein abstrakte Denken ist, welcher die beiden verschiedenen Wege der mathematischen sowie der philosophischen Speculation gleichmäßig offen stehen.
>
> EDUARD KUMMER (1810–1854)

4.9.1 Kritische Philosophie und Offenbarungsglaube

In der *Ersten Einleitung in die Wissenschaftslehre* (1794) bemerkte der Philosoph Johann Gottlieb Fichte (1762–1814): „Was für eine Philosophie man wählt, hängt davon ab, was für ein Mensch man ist." Sagt demnach Eulers Philosophie etwas über den Menschen Euler aus? Euler sah sich selbst nicht als Philosophen, sondern ganz im Gegenteil – was im Zeitalter der Aufklärung überraschend erscheint – hielt er die Philosophen „für eine anmaßende und gefährliche Gesellschaft" (Otto

4.9 Leonhard Euler und die Philosophie

Spiess, 1878–1966). Carl Friedrich Gauß (1777–1855) schrieb 1844, also etwa ein Jahrhundert nach Eulers philosophischer Tätigkeit, an seinen Freund Heinrich Christian Schumacher (1780–1850):

> „Verworrenheit in Begriffen und Definitionen sind nirgends mehr zu Hause als bei den Philosophen, die keine Mathematiker sind. ... Sehen Sie sich doch nur bei den heutigen Philosophen um, bei Schelling, Hegel, Nees von Esenbeck und Consorten [Genossen], stehen Ihnen nicht die Haare bei Ihren Definitionen zu Berge? ... Aber selbst mit Kant steht es oft nicht viel besser; seine Distinction [Unterscheidung] zwischen analytischen und synthetischen Sätzen ist m. E. eine solche, die entweder nur auf eine Trivialität hinausläuft oder falsch ist."[135]

Die Philosophie der Aufklärung zerrte alles, also auch Glaubensangelegenheiten, vor den Richtstuhl der Vernunft, wofür bereits der Philosoph der französischen Frühaufklärung Pierre Bayle (1647–1706) mit seinem großen Einfluss auf die weitere Aufklärung in Frankreich genannt werden kann. Jean-Baptiste de Boyer, Marquis d'Argens (1704–1771), Direktor der historisch-philologischen Klasse der Berliner Akademie, schrieb 1740, „Bayle, Locke et Gassendi sont mes Souverains dans la République des Lettres" (Pierre Bayle [1647–1706], John Locke [1632–1704] und Pierre Gassendi [1502–1655] sind meine Herrscher in der Republik der Gelehrten).[136] Diese skeptische und kritische Richtung schloss alte Fehl- und Vorurteile aus ihren Lehren aus, aber auch die Offenbarungsreligion wurde verworfen. Bei Euler, zeitlebens ein gläubiger Christ, standen die Worte der Bibel über jeden Zweifel, und er wandte sich daher mit aller Entschiedenheit gegen solche philosophischen Anmaßungen. Religiöse Zweifel gab es bei Euler zu keiner Zeit, sondern er setzte alle Kraft ein, um die Offenbarung zu verteidigen sowie die Offenbarungslehre berührende naturwissenschaftliche Irrlehren oder Vorurteile zu widerlegen, wenn es passte, auch mit den Mitteln der Mathematik und Logik. Die philosophische These „Wissen und Glauben sind unvereinbar" war für Euler wie ein rotes Tuch, und hier wurde er gelegentlich zum Eiferer, der insbesondere gegen die Leibniz'sche Monadenlehre zu Felde zog. Der Popularphilosoph und Mitglied der Berliner Akademie Johann Georg Sulzer (1720–1779) (Abb. 4.48b) bemerkte in seiner *Lebensbeschreibung*: „Es ist ganz unglaublich von was für kindischen Besorgnissen und Vorurtheilen, dieser in seinem Fache so große Mann, eingenommen war."

Obwohl sich Euler selbst für keinen Philosophen hielt, so sahen ihn die Philosophen andererseits schon gar nicht als einen solchen an, sondern erregten sich über seine philosophischen Einlassungen. Jean le Rond d'Alembert (1717–1783) schrieb 1769 an Joseph-Louis Lagrange (1736–1813), dass Euler ein ziemlich schlechter Philosoph sei, und Lagrange stimmte zu. Der Aufklärungsphilosoph Christian Wolff (1679–1754) ließ beispielsweise 1748 in einem Brief an den Akademiesekretär Johann Daniel Schumacher (1690–1761) nach St. Petersburg seinem Ärger freien Lauf:

---

[135] *Briefwechsel* Gauß-Schumacher, Band 4. 1862 (Reprints), S. 337.
[136] „Epître dédicatoire à mon valet Mathieu", in *Lettres chinoises*, Bd. 5.

Abb. 4.48 a Nicolas Malebranche (1638–1715), französischer Philosoph, Theologe und Professor der Mathematik. Er lehnte kausale Beziehungen zwischen Leib und Seele ab und erklärte den dieser Haltung entsprechenden Dualismus von Descartes als ein von Gott geleitetes Nebeneinander (Okkasionalismus). **b** Johann Georg Sulzer (1720–1779), Schweizer Philosoph der Aufklärung (Ästhetik und Psychologie) und Theologe. Zunächst als Professor der Mathematik am Joachimsthaler Gymnasium in Berlin (1747), wurde er 1750 in die Akademie aufgenommen und dort 1775 Direktor der philosophischen Klasse (Gemälde A. Graff 1774)

„Herr Euler, der seinen wohlverdienten Ruhm in der höheren Mathematik genießen könnte, will nun mit Macht in allen Wissenschaften dominieren, ... wodurch er seinem eigen Ruf schadet, als auch die Akademie zu Berlin in viel Schaden bringt."[137]

Die Philosophen hielten Euler nicht ganz grundlos vor, dass man nicht glauben dürfe, Philosophie verstehen zu können, ohne sie studiert zu haben; aber sie ignorierten andererseits die Tatsache, dass ein führender Naturwissenschaftler und insbesondere ein hervorragender Vertreter eines Grundlagenfaches wie der Mathematik, das per se philosophischen Begründungen nahe steht, eigene und beachtenswerte Ansichten äußern wird. Wir bemerken hier die aufkeimende Trennung von Naturwissenschaften, Naturphilosophie und Philosophie schlechthin, die Charles Percy Snow (1905–1980) im Jahre 1959 in seiner viel beachteten Rede unter die bekannte Spaltung in zwei Kulturen („two cultures") subsumieren sollte, nämlich die der Naturwissenschaft einerseits und die der Geisteswissenschaften andererseits.

Nicht nur durch seine wissenschaftliche Reputation war Euler, gewollt oder nicht, eine Art graue Eminenz der Philosophie in Deutschland, sondern auch seine Stellung an der Berliner Akademie (und bis zu einem gewissen Grad auch an der Russischen Akademie) sicherte ihm großen Einfluss auf Preisfragen, Besetzungen von Lehrstühlen usw. (siehe Abschn. 4.10, Akademische Kämpfe).

---

[137] *Briefe Ch. Wolffs*, Hrsg. Kunik. St. Petersburg 1860, S. 143.

4.9 Leonhard Euler und die Philosophie

Wie war in der Philosophie das Verhältnis Eulers zum König, der sich gern als „Philosophe de Sanssouci" oder „Roi philosophe" sah, den der Philosoph Christian Wolff in einer Widmung sogar als „philosophus philosophorum" (den Philosophen der Philosophen) bezeichnete? Wir müssen davon ausgehen, dass es im Potsdam-Berliner Raum drei philosophische Kreise gab, die kaum etwas miteinander zu tun hatten. Da war zunächst der König mit seiner philosophischen „Tafelrunde" im Potsdamer Schloss Sanssouci, zu der nur geladene Gäste Zugang hatten. Gäste waren insbesondere Leute von Stand, aber keine Naturwissenschaftler (bis auf einige Ärzte wie Julien Offrey de Lamettrie, 1709–1751). Hier ging es vor allem um geistreiche Gespräche; es wurden keine philosophischen Systeme entworfen oder verteidigt, und es ging auch nicht um Wahrheitssuche, sondern die Gespräche tolerierten auch Irrtümer, wenn sie nur amüsant und geistreich waren.

Die Akademie in Berlin besaß auf Bestreben des Königs eine Klasse für spekulative Philosophie, was neu unter allen Akademien der Zeit war. Aber die Mitglieder der philosophischen Klasse repräsentierten nur eine mittelmäßige akademische Philosophie, der z. B. die Bedeutung Immanuel Kants (1724–1804) völlig entging. Dieser philosophische Zirkel hatte praktisch keine Verbindungen zur Tafelrunde: Die akademischen Philosophen wurden dort nicht eingeladen; der König wohnte sowieso keiner Sitzung seiner Akademie bei, auch keiner philosophischen!

Eine dritte Gruppe bildeten schließlich die Naturphilosophen wie Euler, Pierre-Louis Moreau de Maupertuis (1688–1759) und Johann Heinrich Lambert (1728–1777), deren mathematisch-naturwissenschaftliche Arbeitsgebiete oft in die Nähe der Philosophie führten und die daher häufig philosophische Ansichten äußerten.

Maupertuis hatte eine Sonderstellung in den drei Gruppierungen, denn als Akademiepräsident verkehrte er in allen Kreisen, wobei er in Sanssouci einen schweren Stand hatte (insbesondere während der Anwesenheit des spöttischen Voltaire (1694–1778), dem es leicht fiel, Maupertuis' physikalische Leistungen in der Tafelrunde ins Lächerliche zu ziehen, da diese wenig naturwissenschaftlich ausgerichtet war.

4.9.2 Eine Skizze der Naturphilosophie zur Zeit Eulers

Euler, der führende Mathematiker des 18. Jahrhunderts, hatte kein eigenes philosophisches System, sondern setzte sich mit der Philosophie nur insoweit auseinander, um deren Aussagen über die Naturlehre zu korrigieren und gegebenenfalls deren die Naturlehre betreffende Irrlehren zu widerlegen und die Offenbarungsreligion gegen wissenschaftliche Angriffe zu verteidigen. Jedoch führten ihn die Auseinandersetzungen mit der Monadologie und der Streit um das Prinzip der kleinsten Aktion tiefer in die Philosophie. Zählt man die Arbeiten zum Prinzip der kleinsten Aktion nicht mit, so veröffentlichte Euler insbesondere in der

Dekade 1745 bis 1755 rund ein Dutzend philosophische Arbeiten (was weniger als 2 % seiner Arbeiten insgesamt ausmachte).

Um die Auseinandersetzung Eulers mit der Philosophie besser zu verstehen, ist es hilfreich, zunächst das philosophische Umfeld zu skizzieren, das Euler vorfand. Die zentralen Probleme der Naturphilosophie waren:

- das Problem der Dualität von Geist und Körper mit der bekannten Descartes'-schen Lösung (mechanischer Materialismus, Okkasionalismus) sowie dem Spiritualismus (objektiver Idealismus, Solipsismus);
- die Erkenntnistheorie, vertreten durch den Rationalismus (Leibniz-Wolff) und den Sensualismus (George Berkeley, 1685–1753) sowie den Empirismus (John Locke, 1632–1704; David Hume, 1711–1776);
- kontroverse Ansichten beim Körperbegriff (Descartes, Newton, Leibniz).

Die mit diesen Problemen verbundenen philosophischen Anschauungen waren Ausgangspunkte einer neuen Philosophie, die den „sicheren Gang einer Wissenschaft" (Kant) einschlagen sollte und die um die Mitte des 18. Jahrhunderts vor allem von Immanuel Kant begründet wurde. Kant selbst verglich dieses Ereignis mit der kopernikanischen Wende in der Astronomie. Diese Weltanschauung, die über die Aufklärung hinausging, wird in der Philosophiegeschichte als die klassische deutsche Naturphilosophie bezeichnet, und sie verdankt letztlich auch Euler einiges, da Kant einschlägige Arbeiten Eulers zustimmend zitiert, insbesondere um seine grundlegende Auffassung zu stützen, dass Mathematik und Physik Prüfsteine der Metaphysik seien. Und in der Tat betonte Euler immer wieder, dass die Naturphilosophie von der Naturlehre auszugehen habe. Andererseits begann für Euler das Reich des Glaubens dort, wo der mathematische Verstand nicht mehr hinreichte. Kant sagte später, dass er das Wissen beiseite räumen musste, um Platz für den Glauben zu erhalten, oder, wie es Rudolf Fueter (1880–1950), ein vormaliger Leiter der Euler-Kommission, später im Hinblick auf Euler erläuterte: „Denn wo die mathematische Vernunft nicht hinreichte, begann das Reich Gottes." (*Geschichte der exakten Wissenschaften in der Schweiz Aufklärung*, 1941).

Bereits diese „empirische" Grundlegung der Philosophie war eine bemerkenswerte Leistung Eulers, wenn auch, wie beispielsweise beim Bau der Materie sowie des Äthers, spekulative Elemente – selbst bei Euler – zu finden sind.[138] Dieser kehrte die Perspektive um: Während zuvor aufgrund eines weisen Schöpfers in der Natur Ordnung vorgefunden wurde, wies nun die aufgefundene Ordnung auf einen intelligenten Schöpfer hin; insbesondere führte so die Mathematik auf die Gedanken Gottes. Freilich erkannte Euler auch die Schwächen dieser sogenannten natürlichen Theologie, denn die Offenbarung in der Heiligen Schrift war nun nicht mehr die alleinige Quelle, da neben die Bibel das Buch der Natur trat (Galilei Galileo, 1564–1642). Zwar findet sich bei Euler über Jesus Christus wenig, am deutlichsten spricht er sich in der *Rettung der göttlichen Offenbarung gegen die*

---

[138] Georg Cantor hielt es schlechthin für unmöglich, die exakten Wissenschaften ohne „ein Quentchen Metaphysik" zu begründen.

4.9 Leonhard Euler und die Philosophie

Einwürfe der Freygeister (E 92; § 36) über die „ausgemachte Wahrheit" aus, dass Christus von den Toten auferstanden und seine Lehre sowie die seiner Apostel göttlich sei, was für die Gültigkeit der Offenbarungsreligion notwendig war. Einer natürlichen Religion mangelte aber schlechterdings eine Christologie, d. h. die Lehre von der Person Jesus Christus. Nicht nur der Atheismus („die Rotte der Ungläubigen", Euler), sondern auch gewisse orthodoxe Religionen („diese elenden Menschen", Euler) stellten die geoffenbarten religiösen Wahrheiten („sacra doctrina", heilige Lehre) infrage und wurden daher von Euler nachhaltig bekämpft.

Ein zielgerichtetes Wirken des Schöpfers in seiner Welt eröffnete die Möglichkeit, die Natur von einem bestimmten Zweck her zu erklären (physikoteleologische Sicht). Euler lieferte hierfür in der von ihm maßgeblich entwickelten Disziplin der Variationsrechnung die benötigten mathematischen Hilfsmittel, nämlich die entsprechende Behandlung von Variationsproblemen, denn er glaubte, dass es so leichter sei, „die innersten Gesetze und die Zweckmäßigkeit der Natur zu erforschen", als durch die kausale Beschreibung des Geschehens mittels Differentialgleichungen. Da er ein Anhänger der Nahwirkungstheorie war, überrascht der erste Teil seiner deutlichen Aussage. Euler wollte diese Aufgabe, die innersten Gesetze zu erforschen, der Metaphysik und nicht der Physik zuweisen. *Methodus inveniendi lineas curvas maximi minimive proprietate gaudentes,* (Methode, Kurven zu finden, denen eine Eigenschaft im höchsten oder geringsten Maße zukommt; mit zwei Additamenta; E 65, EO I/24) lautet der Titel der Variationsrechnung in Gänze (siehe Abschn. 6.6, Variationsrechnung). In der Variationsrechnung spielt der technisch schwierige Übergang zu mehreren gesuchten Funktion eine entscheidende Rolle. Aber Euler wusste natürlich auch um die Möglichkeit der mathematischen Physik, die Welt kausal mithilfe von Differentialgleichungen zu erfassen, und er sah die Verbindung von finaler und kausaler Erklärung klar. Jede Differentialgleichung beschreibt eine Beziehung zwischen den Differentialen und verbindet damit die Änderungen von finiten Größen. Eine Differentialgleichung wird somit ein unmittelbarer Ausdruck des Kausalitätsprinzips. Hinzu kommt, dass Differentialgleichungen in der Regel einfacher als Variationsaufgaben zu finden sind.

In dem ersten Anhang „De curvis elasticis" (Über elastische Kurven) zum *Methodus inveniendi* (E 65, 1744) schrieb Euler:

> „Da nämlich die ganze Weltordnung die vollkommenste und vom weisen Schöpfer hergestellt ist, geschieht nichts in der Welt, worin nicht ein Verhältnis des Größten und Kleinsten hervorleuchtet. Deshalb ist kein Zweifel daran möglich, dass alle Naturwirkungen aus Zweckursachen nach der Methode des Größten und Kleinsten ebenso gut bestimmt werden können wie aus den wirkenden Ursachen selbst. ... Da also ein doppelter Weg offen steht, so benutzt der Mathematiker beide mit gleichem Erfolg."[139]

---

[139] „Quoniam omnes naturae effectus sequuntur quandam maximi minimive legem, dubius est nullum, quin in lineis curvis, quas corpora proiecta, si a viribus quibuscunque sollicitentur, describunt, quaepiam maximi minimive proprietas locum habeat. Quaenam autem sit ista proprietas, ex principiis metaphysicis a priori definire non tam facile videtur; cum autem has ipsas curvas ope Methodi directae determinare liceat; hinc debita adhibita attentione id ipsum, quod in istis curvis est maximum vel minimum, concludi poterit." – EO I/24, S. 298.

Die Interpretation der Welt durch Pierre-Louis Moreau de Maupertuis (1698–1759) als eine zweckmäßig und sparsam eingerichtete führte zu der großen Kontroverse über das Prinzip der kleinsten Aktion, in die das gesamte gelehrte Europa einbezogen war (siehe die jeweiligen philosophischen Abschnitte in Abschn. 4.13, Streit um das Prinzip, und die Variationsrechnung selbst, Abschn. 6.6).

Allerdings saß Euler auch einem Paradepferd der sogenannten Physikoteleologie, dem angeblich farbfehlerfreien Auge, auf, das der Verherrlichung Gottes dienen sollte und das er für ein unnachahmliches Werk Gottes hielt. In diesem Sinn argumentierte Euler mitten im Akademiestreit 1755 im „Examen d'une controverse" (Untersuchung einer Kontroverse, E 216, EO III/5), und diese Überzeugung ist auch noch 1774 in der „Instruction détailée" (Genaue Anleitung, E 446, EO III/7) für den Bau von Ferngläsern zu finden; auch Ch. Wolff gab sich in seinen „Vernünftigen Gedancken von dem Gebrauch der Theile in den Menschen, Tieren und Pflanzen" (1724) solchen finalen Überlegungen als einer alle unsere Verstandeskräfte übersteigenden göttlichen Erfindung hin. Beiden blieb aber das für ihre Ansichten katastrophale Resultat von Joseph Fraunhofer (1787–1820) erspart, der 1817 die Farbfehlerhaftigkeit des Auges gemessen hatte. Die optischen Sachverhalte (John Dollond, 1706–1761 und Samuel Klingenstjerna, 1698–1765) sowie Eulers entsprechende Einstellung, insbesondere seine Empörung bei einer einschlägigen, im Sinne Eulers falschen Preisvergabe der Petersburger Akademie, sind in Abschn. 4.8 Goldbach-Briefe genauer erläutert.[140] Übrigens wurde Ch. Wolff, kein philosophischer Weggenosse Eulers, aufgrund der Wertschätzung der natürlichen Theologie (seine Bücher führen meist Titel wie „Vernünftige Gedanken von … "), in pietistischen kirchlichen Kreisen angefeindet und lehrte doch in der Hochburg des Pietismus Halle bis zu seiner schäbigen Vertreibung durch den Soldatenkönig (Friedrich Wilhelm I) und wieder nach seiner glanzvollen Rehabilitation durch dessen Sohn, den königlichen Philosophen (Friedrich II).

Euler hatte 1750 in den *Réflexions sur l'espace et le tems* (Betrachtungen über den Raum und die Zeit, E 149, EO III/2) die Erfolge der Mechanik mithilfe kausaler Beschreibungen hervorgehoben und auch den Erhaltungssätzen die gebührende Rolle zugewiesen:

> „Die Grundsätze der Mechanik sind schon so gründlich befestiget, dass man unrecht handeln würde, wenn man an ihrer Wahrheit zweifeln wollte. Und wenn man schon nicht im Stande wäre, sie durch die allgemeinen Gründe der Metaphysik zu erweisen: So würde doch die wunderbare Übereinstimmung aller Schlüsse, die man durch das Rechnen

---

[140] In dem 83. Brief der *Briefe an eine deutsche Prinzessin* schrammte Euler hart an der Lächerlichkeit vorbei, als er quasi die Falten des Rhinozeros als Ausdruck der göttlichen Vorsehung sah, da sonst das Nashorn bewegungsunfähig sei. Siehe hierzu die *Lettres,* insbesondere den Teil über das Nashorn Clara, das Euler in Berlin gesehen hatte, siehe dazu Abb. 4.75 und die Briefe Nr. 82 f. aus den *Briefen an eine deutsche Prinzessin*. Es ist interessant, dass auch Maupertuis sich bei seinen teleologischen Betrachtungen auf ein Nashorn bezog. Im Gegensatz zu Euler hielt er die Themen der Physikoteleologie für kleinlich, also nebensächlich, da sie sich auf zufällige Details bezogen, während das Prinzip der kleinsten Aktion die mathematische Gewissheit einer allgemeinen Aussaget besaß.

4.9 Leonhard Euler und die Philosophie

herausbringt, mit allen Bewegungen der festen Körper so wohl, als auch der flüssigen auf Erden, ja so gar mit den himmlischen Körpern hinlänglich seyn ihre Wahrheit ausser allen Zweifel zu setzen."[141]

Die Mechanik des 18. Jahrhunderts war durch unterschiedliche Auffassungen geprägt, die Vorstellung *einer* klassischen Mechanik war ein Trugbild. Die Grundbegriffe Raum und Zeit sind für Physiker real, während einige Metaphysiker sie lediglich für eingebildet halten; der Körperbegriff (Materie) geht über die geometrische Anschauung hinaus, indem er Undurchdringlichkeit und Trägheit einbezieht. Hieraus entwickelten sich zwei Arten von Programmen, die die Physik phänomenologisch oder konzeptionell aufbauten, d. h. die entweder mit dem Kraftbegriff oder mit Erhaltungssätzen arbeiteten. Bevor wir auf die Rolle von Raum, Zeit und Materie sowie deren Bewertung in den einzelnen Programmen eingehen, sei erwähnt, dass Eulers klare Sicht auf Raum und Zeit als grundlegende physikalische Begriffe bemerkenswert war. C. A. Truesdell hob in seiner Festrede zur 250. Wiederkehr der Geburt Eulers hervor, dass unter den Physikern der Zeit Euler „nie mit einem verwickelten oder dunklen Grundprinzip zufrieden blieb.[142] Ihm vor allem verdanken wir den himmlisch klaren Aufbau der ganzen Mechanik und den göttlich einfachen Ausdruck ihrer fundamentalen Gesetze."[143]

Eine grobe Skizze der Programme sieht etwa so aus. In dem Descartes'schen Materialismus ist Materie hart – aber teilbar – durch Druck und Stoß in Bewegung (in Wirbeln). Dabei sind Kräfte keine Bewegungsursachen, sondern die Bewegung wird durch die Undurchdringlichkeit der Körper bewirkt; jedoch kann man mit einer Bewegungsgröße (Impuls *mv*) das Naturgeschehen beschreiben. Dieser kinetische Beschreibung steht Newtons dynamische gegenüber, in der die Materie durch äußere Kräfte („vis impressa") bewegt wird. Erhaltungssätze spielen keine Rolle; die Energieerhaltung ergibt sich lediglich als eine Eigenschaft gewisser spezieller Kräfte (der konservativen Kräfte). Beispielsweise formulierte Simèon Denis Poisson (1781–1840) später, dass das Prinzip der kleinsten Aktion nur einen Schein metaphysischer Wahrheit vermittle („Traité de mécanique", Abhandlung über Mechanik, 1811). Beide Auffassungen lassen Gott als „ultima ratio" zu: in

---

[141] „Les principes de la mécanique sont déjà si solidement établis, qu'on aurait grand tort, si l'on vouloit encore douter de leur verité. Quand même on ne seroit pas en étant de les démontrer par les principes généreaude la Metaphysique, le merveilleux accord de toutes les conclusions, qu'on entier par le moyen du calcul, avec tous les mouvemens des corps tout solides que fluides sur la terre, & même avec ses mouvemens des corps celestes, seroit suffisant pour mettre leur verité hors de doute. » – „Réflexions", in: ≪*Mém. Bln.* 4 (1745), 1750, S. 324.≫, Zitat S. 324 EO III/2.

[142] Euler dazu selbst: „La généralité que j'embrasse, au lieu d'ebloüir nos lumières, découvrira plutôt les véritables lois de la nature dans tout leur éclat, et on y trouvera des raisons encore plus fortes, d'en admirer la beauté et la simplicité" (Die Allgemeinheit, die ich annehme, wird, anstatt unsere Erkenntnis zu blenden, vielmehr die wahren Naturgesetze in all ihrer Brillanz entdecken, und wir werden noch stärkere Gründe finden, ihre Schönheit und Einfachheit zu bewundern.) Das lässt seine methodische Zielstellung erkennen.

[143] „Eulers Leistungen in der Mechanik", in: *L'Enseignement mathem.*, t. III, fasc. 4, S. 251–262, Zitat S. 253.

Abb. 4.49 Hermann von Helmholtz (1821–1894), Physiker und Physiologe

Newtons Planetentheorie wurde Gott sogar zur Erhaltung der Stabilität benötigt,[144] während im Okkasionalismus von Nicole Malebranche (1638–1715) (Abb. 4.48a) bereits Änderungen bei Bewegungen ein göttliches Eingreifen erforderten. In der Monadologie schließlich wurden die mit Kräften versehenen Körper erst durch die Kraft definiert („energetische" Beschreibung). Die Materie bestand hier aus elastischen Körpern, die physikalisch teilbar sind, die aber philosophisch gesehen schließlich auf unteilbare Monaden führen; Bewegungsänderungen erfolgten aufgrund von Körperkontakten, für deren Beschreibung Kräfte zwar zweckmäßig, aber nicht erforderlich waren. Hier sind Erhaltungssätze zentral (Erhaltung der „vis viva" bzw. lebendigen Kraft mv^2). Hermann Ludwig Ferdinand von Helmholtz (1821–1894) (Abb. 4.49) sah in diesem Sinn das Weltgeschehen als ein ewiges Hin- und Herfluten eines unveränderlichen Energievorrates.

Zwischen diesen Forschungsprogrammen gab es zahlreiche kontroverse Auffassungen und damit verbundene Debatten, etwa

- zwischen den Cartesianern und den Newtonianern über die Zulässigkeit von Kräften;
- zwischen Newtonianern einerseits und Cartesianern sowie Leibnizianern andererseits über den Ursprung der Gravitation;
- zwischen Leibnizianern einerseits und Cartesianern sowie Newtonianern andererseits über das wahre Kraftmaß (Impulserhaltung der „vis viva").

Es gab weitere Sachverhalte, die kontrovers gesehen wurden, wie es etwa bei der virtuellen Arbeit oder der Trägheit der Fall war. Die Frontlinien liefen, wie man sieht, quer durch alle Lager.

---

[144] A. Clairaut, der zunächst von einer erforderlichen Korrektur des Newton'schen Gravitationsgesetzes ausging (1743), erklärte schließlich in einer St. Petersburger Preisschrift (1752) die beobachteten Diskrepanzen im Planetensystem (grob gesagt, hatte man die Approximationen nicht genau genug gewählt). Siehe unten.

Im 18. Jahrhundert wurde durchaus die Tragweite des Newton'schen Gravitationsgesetzes infrage gestellt. Ein interessanter Spezialfall war die Mondbahn mit ihren zahlreichen Irregularitäten, für die das Gravitationsgesetz nicht zu gelten schien. Die Bahn des Mondes wird insbesondere durch die Anziehung der Erde und der Sonne bestimmt. Für dieses System haben Johann und Jakob Bernoulli ein System von vier Differentialgleichungen aufgestellt, das die zahlreichen Irregularitäten der Mondbahn erfassen sollte. Alexis Claude Clairaut (1713–1765) versuchte, in die Gravitationsgleichungen einen Term einzubringen, der für die Attraktion auch r^3 berücksichtigte. Ohne mathematische Erläuterungen sandte Clairaut seine Vorstellungen an Euler, der bereits aus philosophischen Gründen über die Gültigkeit des Gravitationsgesetzes nachzudenken begonnen hatte. Euler konnte daher Clairaut zu bedenken geben, dass eine Korrektur, die für den Mond gelten würde, mit Sicherheit beim Planeten Merkur schlechtere Resultate bei der Bahnberechnung liefern würde. Im April 1748 verlieh die Pariser Euler den Preis für seien Saturn-Arbeit.[145]

Clairaut hatte inzwischen vier Arbeiten nach Berlin geschickt für die dortigen *Mémoires,* darunter eine die Mond-Theorie betreffende. Euler erkannte, dass Clairauts Idee, bei der Bahnberechnung im Ausdruck für die Störungen auch Glieder höherer Ordnung einzusetzen, vielversprechend war, und er vermutete zu Recht (1751), dass diese Methode in Paris einen Preis gewinnen würde. Da er seine Arbeit möglichst zur gleichen Zeit veröffentlichen wollte, versicherte er sich, dass ein schneller Druck durch die Petersburger Akademie möglich sei. Diese sagte zwar zu, bekannte aber, dass sie das durch die Berliner Akademie bewerkstelligen lassen würde. Diese merkwürdige Möglichkeit zerschlug sich, und Euler war wieder bei der Petersburger Akademiedruckerei, die sein Werk 1753 herausbrachte.

4.9.3 *Eulers Stellung in der Philosophie*

Wie verhielt sich Euler in diesen Auseinandersetzungen? Zunächst wäre zu bemerken, dass es für Euler drei gleichberechtigte Erkenntnisquellen gab: die Erfahrung, die Vernunft und die Geschichte (einschließlich der Glaubenswahrheiten), siehe *Lettres,* E 344, Brief 116. Bezeichnenderweise bezog Euler schon als 17-jähriger (1724) zu einer aktuellen kontroversen Debatte Stellung, nämlich in einer leider nicht erhaltenen Arbeit über den Unterschied zwischen der Descartes'schen und Newton'schen Philosophie. Hier zeigte sich die frühzeitige Beschäftigung Eulers mit der Philosophie, die auf seine Erziehung durch den Vater Paul Euler (1670–1745) und dessen Umfeld aus gebildeten Männern zurückging. Die Wurzeln der Ablehnung der Monadenlehre reichten also bis die Jugendzeit zurück, in

---

[145] Diese sah Clairaut als mittelmäßig an und bemerkte sarkastisch, dass wohl keine bessere eingereicht worden sei.

der Euler geistig maßgeblich geprägt wurde; ebenso stand es mit Eulers religiösen Auffassungen. Wie wir sehen werden, vertrat Leonhard Euler in der Berliner Gemeinde noch nach Jahrzehnten bis in Details die Auffassungen seines Vaters, des Gemeindepfarrers Paul Euler.

Obwohl sich Euler in der Studienzeit öffentlich offenbar nur wenig zu philosophisch-theologischen Fragen äußerte und sich während der ersten Petersburger Zeit aus den heftigen philosophischen Debatten weitgehend heraushielt, so dürfte doch seine Gegnerschaft zu Wolff nicht verborgen geblieben sein, die sich an der Petersburger Akademie in Streitgesprächen mit dem Wolffianer Georg Bernhardt Bilfinger (1693–1750) offenbarte, dem Euler übrigens im Jahre 1731 im Amt als Physikprofessor nachfolgte. Die Berliner Zeit hingegen war von Eulers philosophisch-theologischen Einlassungen durchsetzt. Die Auseinandersetzung mit der Monadologie wurde schon deshalb virulent, da Wolff 1740 aus seinem Marburger Exil nach Halle zurückgekehrt war und damit auf preußischem Gebiet seine Lehren mit Billigung des Monarchen wieder verbreiten konnte. Als Kronprinz hatte Friedrich II. Wolff studiert und sich dazu auch die lateinischen Werke ins Französische übersetzen lassen. Der aufziehende spektakuläre Streit um das Prinzip der kleinsten Aktion bezog sich auf den Berliner Präsidenten und damit auf die Berliner Akademie selbst, sodass Euler als Direktor der mathematischen Klasse schon dadurch betroffen war.

Neben den Monadisten (Wolff) wurden auch die mechanischen Materialisten sowie die Idealisten (Spiritualisten) abgelehnt, gegen den Solipsismus (extreme Spielart des subjektiven Idealismus, in der nur das Ich Realität besitzt) wusste Euler keine „hinlänglichen Waffen" zur Widerlegung, wiewohl er ihn für absurd hielt. Mit Ironie schrieb er daher:

> „Ein Hund, wenn er mich sieht und anbellt, ist gewiss, dass ich existiere, denn meine Gegenwart erregt in ihm die Idee meiner Person. Dieser Hund ist also kein Idealist."[146]

Der Ursprung unserer Erkenntnis liegt in der Außenwelt, denn

> „Unsere Sinne stellen nur Gegenstände vor, die in der Tat außer uns existieren."[147]

Dies war Euler ein unbezweifelbarer Sachverhalt, aber auch die Tatsache, dass der Verstand daran seinen Anteil hat. Allerdings ist die Auffassung der mechanischen Idealisten, für die nur Materie außerhalb von uns existiert, ebenso abgeschmackt wie die der Idealisten schlechthin. Auch gegenüber dem dogmatischen Offenbarungsglauben bewahrte sich Euler seine kritische Haltung, wenn er es lächerlich fand, biblische Stellen anzuführen, um naturwissenschaftliche Erkenntnisse zu diskreditieren, etwa durch ein Zitat zu beweisen, dass die Erde stillstehe und die Sonne sich bewege. Gott machte uns aus guten Gründen keine Offenbarung über die Schöpfung im Sinne der Naturlehre. Voller tiefer Dankbarkeit endete Jakob Bernoulli (1654–1705) eine wichtige Abhandlung der Variationsrechnung mit den

---

[146] *Lettres* (E 343), Brief 97.
[147] *Lettres* (E 343), Brief 96.

4.9 Leonhard Euler und die Philosophie

Worten, die die Nähe zur Theologie der damaligen Naturwissenschaft ganz deutlich werden lassen: „Dem unsterblichen Gott aber, der den Sterblichen vergönnt hat, in den unerforschlichen Abgrund seiner unerforschlichen Weisheit mit allzu oberflächlichen Blicken Einsicht zu gewinnen und ihn bis zu einem gewissen Punkt zu erforschen, sei für die uns erwiesene Gnade, Lob Ehre und Ruhm in die immerwährenden Zeitalter."[148]

Die Ziele von Euler und Bischof George Berkeley (1685–1753) trafen sich bei der Verteidigung der Religion; Berkeley verfasste 1734 zur Verteidigung der Religion eine Schrift *The Analyst* (der barocke Titel lautete ausführlich: „The Analyst or, a Discourse Addressed to an Infidel Mathematician wherein it is Examined whether the Object, Principles and Inferences of the modern Analysis are more distinctly conceived or more evidently deduced, than Religious Mysteries and Points of Faith / By the author of The Minute Philosopher [i.e. Berkeley]")[149], in der er nachwies, dass nicht nur in der Religion Widersprüche enthalten sind, sondern im gleichen Maße auch in der Wissenschaft und selbst in der Mathematik.

Ernst Mach (1838–1916) gab an, dass die führenden Naturforscher jener Zeit Ansichten äußerten, die „ganz ihrem innerstes Privatleben" angehörten, und erstaunt zählte er auf, welche Fragen ein Naturforscher seinerzeit behandeln konnte:

> „... dass Euler in seinen physikalischen „Briefen" [Teile 2 und 3] über die Natur der Geister, über die Verbindung von Leib und Seele, über die Freiheit des Willens, über den Einfluss der Freiheit auf die Ereignisse der Welt, über das Gebet, über das physische und moralische Übel, über die Bekehrung der Sünder und ähnliche Stoffe Untersuchungen anstellt. Dies geschieht alles in derselben Schrift, welche so viele klare physikalische Gedanken und die schöne Darstellung der Logik mithilfe der Kreise enthält."[150]

Als Masse („vis inertiae") eines Körpers bezeichnete Euler die passive Kraft, d. h. die Trägheit eines Körpers bzw. das Bestreben eines Körpers, in seinem Zustand zu verharren und sich dabei jeder Änderung zu widersetzen. Diejenige Kraft, die den Zustand eines Körpers verändert, kommt jedoch von außen („vis impressa"), also von einem anderen Körper. Der Kernsatz der Monadologie („die Monaden sind mit Kräften versehen") ist also nicht zutreffend, mithin sind es die gezogenen Folgerungen auch nicht.[151] Auch die angenommene unendliche physikalische Teilbarkeit der Körper, die auf die Monaden führen sollte, betrachtete Euler als eine

---

[148] „Deo autem immortali, qui imperscrutabilem inexhaustae suae sapientiae abyssum leviusculis radiis introspicere, & aliquousque rimari concessit mortalibus, pro praestia nobis gratia sit laus, honos & gloria in sempiterna secula". – „Analysin magni problematis" (Analysis eines großen Problems, 1701); vorangestellt ist dem Titel das Kürzel Q. D. O. M. B. V = Quod Deus bene vertat, was Gott zum besten kehre, in: *Streitschriften*, S. 504.

[149] Der Analytiker oder eine Ansprache an einen ungläubigen Mathematiker, in der untersucht wird, ob das Objekt, die Prinzipien und Schlussfolgerungen der modernen Analysis zielgerichteter konzipiert oder offensichtlicher als religiöse Mysterien und Punkte des Glaubens abgeleitet sind / Vom Autor von *The Minute Philosopher*.

[150] *Die Mechanik in ihrer Entwicklung*. Leipzig 1901, S. 481.

[151] Diese Argumentation Eulers ist nicht logisch, denn aus etwas Falschen kann alles folgen („ex falso quodlibet").

unklare Annahme. In einem Schreiben vom 16. Februar 1760 an den Herausgeber der deutschen Übersetzung der *Réflexions sur l'espace et le tems* Georg Venzky (1704–1754) führte Euler aus:

> „Solche unbestimmten und unschicklichen Definitionen sollten aus der Metaphysik verbannt werden, dergleichen auch diejenigen, welche auf dem Begriff des Worts Theile beruhen. Man weiß wohl, was ein halber Theil, ein drittel oder ein viertel etc. ist. Von Theilen aber überhaupt zu sprechen ist unbestimmt. Wenn also gesagt wird, ein Körper bestehe aus Theilen, und man will dadurch was anders verstanden wissen, als dass derselbe aus 2 Hälften, 10 Zehnteln, oder 100 Hundertsteln etc. bestehe, so habe ich davon keinen Begriff. ... Sie [Vertreter der Monaden] geben also dem Wort Theil, welches an sich unbestimmt ist, unvermerkt eine bestimmte Bedeutung, ohne davon den geringsten Grund anzuzeigen, und auf dieses Wortspiel gründen sie die ganze Lehre von den einfachen Dingen."[152]

Man glaubt hier einen Text von Immanuel Kant (1724–1804) vor sich haben! Und Kant hat sich in der Tat in seinen Arbeiten mehrfach auf Euler bezogen. Merkwürdig ist jedoch, dass Euler auf einen Brief von Kant 1749 nicht antwortete, ein Verhalten, das bei ihm nicht alltäglich war.

Im 122. Brief der *Lettres* (E 343, EO III/11) erklärte Euler der Prinzessin, dass alle Eigenschaften, die man aus der Ausdehnung herleiten kann, auch für ausgedehnte Körper gelten müssen. Im nächsten Brief, in dem er mithilfe des Strahlensatzes die Teilbarkeit einer beliebige kleinen Linie begründete, entging ihm aber die Konsequenz, dass eine beliebig kleine Linie vervielfacht werden kann, mithin auch ein materieller Körper. Die verblüffendste Fassung dieses Paradoxons, das sich ergibt, wenn man die Zerlegung von geometrischen Punktmengen und von physikalischer Materie gleichsetzt, haben Stefan Banach (1892–1945) und Alfred Tarski (1901–1983) 1924 entdeckt: Man kann eine Kugel in endlich viele Stücke zerlegen und aus diesen Stücken zwei neue Kugeln zusammensetzen, ohne die Stücke zu deformieren und ohne Hohlräume zu bilden, wobei jede der Kugeln wieder so groß ist wie die ursprüngliche![153]

4.9.4 *Einige einschlägige Arbeiten Eulers*

Gedancken von den Elementen der Cörper (E 81, EO III/2) Diese Arbeit, die 1746 im Vorfeld einer Preisfrage der Berliner Akademie „L'examen de l'hypothèse des monades" (Prüfung der Monadenhyopthese, 1745) anonym gedruckt wurde,

---

[152] „Vernünftige Gedanken von dem Raum, dem Orth ..." (E 149 A), Quedlinburg: Schwanns Wittwe 1763, S. 1 f. Siehe den 76. Brief der *Lettres* (E 343), in dem Euler seine Kritik an der Monadenlehre zusammenfasst, dort insbesondere „Aussage 3"; Vgl. auch Kap. 4.
[153] Stefan Banach und Alfred Tarski „Sur la décomposition des ensembles de points en parties respectivement congruentes", in: Fundamenta Mathematica 6 (1924), S. 244–277. Der Satz setzt die Gültigkeit des Auswahlaxioms voraus. Auch F. Hausdorff stellte derartige Betrachtungen an.

4.9 Leonhard Euler und die Philosophie

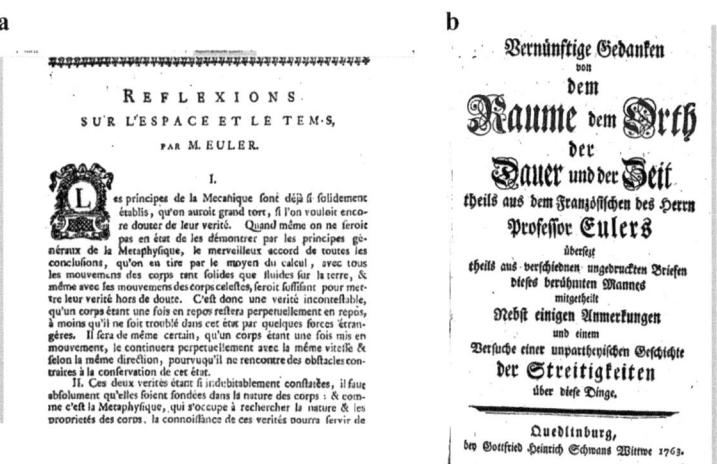

Abb. 4.50 a Titelseite und **b** erste Seite der „Réflexions" (1760) in der deutschen Übersetzung (1763)

ist eine deutliche Antithese zur Monadenlehre. Es war aber ein offenes Geheimnis, dass der Verfasser Leonhard Euler war, der sich auf diese Weise parteiisch in den Preiswettbewerb einmischte.

In der Untersuchung wird von der Trägheit der Körper ausgegangen, die als Ursache für das Weltgeschehen angesehen wird. Körper haben in sich keine eigene Fähigkeit, ihren Ort zu wechseln. Körper sind ferner zusammengesetzt, und zwar nicht aus einfachen Dingen (Monaden), und daher sind sie unbegrenzt teilbar. In diesen Sachverhalten sah Euler Widersprüche zur Monadenlehre (*Gedancken*, Teil II, 4 ff., S. 36). Hier setzte er zwei Jahre später in den *Réflexions sur l'espace et le tems* (E 149, EO II/2 publiziert 1750) (Abb. 4.50) an und vertiefte seine gegensätzlichen Anschauungen. Übrigens wies Euler an dieser Stelle noch darauf hin, dass die Lehren von Leibniz und Wolff nicht in allen Stücken übereinstimmen, insbesondere auch bei der Teilbarkeit (*Gedancken*. II, § 3).

Enodatio questionis (E 90) In den eben beschriebenen Problemkreis gehört auch Eulers im gleichen Jahr 1746 wie die „Gedancken" erschienene Arbeit „Enodatio questionis" (E 90, EO III/2), in der er die Frage untersuchte, ob man der Materie die Fähigkeit zu denken zuschreiben könne oder nicht („Enodatio questionis: utrum materiae facultas cogitandi tribui possit nec ne?" Auflösung des Zweifels, ob der Materie das Vermögen zu denken zugeteilt werden kann oder nicht?). Das Leib-Seele-Problem wurde von Euler in drei philosophischen Systemen besprochen: prästabilierte Harmonien (Leibniz, Wolff), Occasionalismus (Descartes, Malebranche) und „influxus physicus" (Knutzen). Das letztere System von Martin Knutzen (1713–1751), in dem die Wirkungen von Seele und Körper physischer Natur sind und durch das Nervensystem bewerkstelligt werden, wurde von Euler bevorzugt. Der hier behandelte psychophysische Sachverhalt war später auch Thema des Briefes vom 6. Dezember 1760 in den *Lettres* (E 343, Brief 82). Euler sprach der Materie die Fähigkeit ab, denken zu können. Das widerspräche sowohl ihrer Ausgedehntheit als auch ihrer Trägheit; Geistigem komme im Gegensatz zu Körperlichem im Raum kein Ort zu (so auch in den *Lettres;* Briefe 92, 93).

Über das Denken antwortete Euler 1747 an Goldbach, der Fragen zu Eulers Arbeit „Enodatio questionis" gestellt hatte, u. a. wie folgt: „Es deucht mich [scheint mir] aber, sobald man zugibt, daß in der Materie außer der vis inertiae [Trägheitskraft] keine andere Kraft befindlich [ist], [dass] das Vermögen zu Gedenken [Denken] notwendig ausgeschlossen werden müsse." (Brief vom 4. Juli 1747).

Rettung der göttlichen Offenbarung (E 92) In der anonym veröffentlichten Schrift *Rettung der göttlichen Offenbarung* (E 92, EO III/12; 1747) behandelte Euler das Problem Schöpfungsglaube und naturwissenschaftliche Weltbilder. Der apologetische Aufsatz kann als direkter Widerschein der in seiner frühen Jugend empfangenen Anschauungen angesehen werde. Diese Arbeit beschäftigt sich nicht unmittelbar mit der Monadenlehre, sondern mit deren bedrohlichen Auswirkungen auf die Offenbarung.

Der Inhalt der *Rettung der göttlichen Offenbarung gegen die Einwürfe der Freygeister* wird bereits durch Eulers einleitende Sätze umrissen:

> „Die Kräfte der Seele äußern sich in einem gedoppelten Vermögen, davon man eines den Verstand, das andere den Willen nennt. Da nun alle Glückseligkeit in der Vollkommenheit besteht, so kann die Glückseligkeit einer Seele nicht anders als durch die Vollkommenheit des Verstandes und die Vollkommenheit des Willens befördert werden. ... Die größte Vollkommenheit des Verstandes besteht also in einer vollkommenen Erkenntnis Gottes, und seiner Werke: da nun eine solche Erkenntnis unendlich ist, so ist auch kein endlicher Verstand derselben fähig. ... Die Menschen vermögen nur einen sehr geringen Grad dieser Erkenntnis zu erreichen. ... Je weiter es ein Mensch in diesen Stücken zu bringen vermag, um so viel glücklicher ist derselbe in Absicht auf seinen Verstand zu schätzen."

Glückseligkeit, das Ziel menschlichen Lebens, kann nicht anders als durch die Vollkommenheit des Verstandes und des Willens befördert werden. Erstere besteht in der Erkenntnis der Wahrheit, letztere in der vollkommenen Unterwerfung unter den Willen Gottes. Die Erkenntnis dieses Willens kann freilich nicht absolut sein, denn sonst wären unsere Pflichten gegenüber Gott unermesslich, was auf deren Unerfüllbarkeit hinausliefe. Dieser Sachverhalt betrifft auch die Metaphysik, in der wir – obzwar unsere Erkenntnis beständig wächst – niemals eine vollkommene Einsicht gewinnen werden. Ebenso wie das Schlechte in der Welt in Hinblick auf Gottes Allmacht letztlich ein unbegreifliches Geheimnis für uns ist (so auch in den *Lettres;* Brief 89), so bleibt uns auch die Natur der Kräfte und die Beziehung von Seele und Körper (psychophysisches Problem) unerklärlich.

Euler kaschierte hier keine Probleme, sondern nahm sie als ein Wunder hin, das Grund zur Bewunderung der Schöpfung biete (als „grand mystère", großes Geheimnis; *Lettres,* E 344, Briefe 80, 97), und diese deutliche Trennung weist zumindest deutlich auf Scheinfragen hin, wie sie sich durch unerlaubte Grenzüberschreitungen ergeben. Aufgrund der göttlichen Allmacht war ihm die mysteriöse Verbindung von Leib und Seele von vornherein gewiss, da es ansonsten keine Wirkung des Geistes auf den Körper geben könne, die er zu seinen Erfahrungen zählte. Der Descartes'sche Dualismus mit seiner scharfer Trennung zwischen Körper und Geist fand hier eine Erweiterung.[154] An anderer Stelle bemerkte Euler ironisch über die Vollkommenheit der Schöpfung und die Freiheit, in der das Wesen der Geister besteht:

> „In Ansehung der Körper wird der Wille Gottes immer vollkommen erfüllt; aber in Absicht der geistigen Wesen, wie es die Menschen sind, geschieht oft das Gegenteil." – *Lettres,* Brief 88

Gott wirke allerdings nur durch Motive auf uns ein. Der freie menschliche Geist könne daher eine Folge von Ereignissen beginnen. Da aber diese Folge eine Wirkung der göttlichen Schöpfung sei, bleibe Gott Herr seiner Werke. Allerdings „kann sich nichts ereignen, wenn Gott es nicht will. Gott kann aber nur das Gute wollen." (Notizbuch K, „Theses philosophicae", Nr. 64). Euler versöhnte auf diese Weise die Freiheit des Menschen mit der Allmacht Gottes; das Theodizee-Problem von Leibniz (d. h. die Rechtfertigung Gottes gegenüber den Übeln in seiner Schöpfung) stellte sich ihm nicht. Obwohl der Verstand es bei der Erkenntnis der Welt weit bringen könne, werde dadurch nicht notwendig der Wille gebessert: scharfsinnige Menschen seien nicht zwangsläufig auch tugendhaft (und die Freigeister waren Euler hierfür ein schlagendes Beispiel).

Réflexions sur l'espace et le tems (E 149) Die Prinzipien der Mechanik, jener seinerzeit am weitesten entwickelten Naturwissenschaft, waren Euler unbezweifelbar, und jede Naturphilosophie habe folglich von diesen Prinzipien auszugehen. Euler kehrte damit das traditionelle Verhältnis von Philosophie und Naturwissenschaft um. In dieser Abhandlung (E 149, EO III/2; 1748, publ. 1750) ging Euler wiederum von der Trägheit der Körper aus, die ihm gewiss war; er verließ also den Descartes'schen Körperbegriff, der im Wesentlichen auf räumlicher Ausdehnung beruhte. Der Raum selbst überbrückt nach Eulers Auffassung den Abgrund zwischen Subjekt und Objekt: er existiert einerseits als Behälter der Körper, aber andererseits auch als abstrakter mathematischer Gegenstand.

Die Begriffe Raum und Zeit beschäftigten Euler von seiner *Mechanica* (E 15, 1736) bis zur *Theoria motuum* (Theorie der Bewegung, E 418, 1772). Zunächst sah er die Begriffe als Arbeitshypothesen an, deren Realität er nicht diskutierte. Wie es der Titel nahelegt, äußerte er sich in den *Réflexions* (1748) genauer: „Le tems est quelque chose de réel, aussi bien que l'espace" (Die Zeit ist etwas Reales, genauso wie der Raum, S. 322). Schließlich endete er in der *Theoria motuum*

---

[154] Descartes stellte den Körper wie eine Maschine dar, sodass die Seele wie ein Gespenst in ihr haust. Der Philosoph Gilbert Ryle (1900–1976) hat diese Situation kritisiert, was man in seinem spöttischen Schlagwort „ghost in the machine" zusammenfassen könnte. Den Ort der Wirkung der Seele auf den Körper verlegte Descartes in die Zirbeldrüse im Gehirn, da dieses Organ dort als einziges unpaarig sei.

mit der Ansicht, dass diese ersten Ideen der in Rede stehenden Sachen uns eingeborene Ideen seien („primas harum rerum ideas nobis inde esse natas", Def. 13. correl. 3, expl. 2), womit er sich der philosophischen Sicht von Leibniz und der des späteren Kant näherte.

Wenn wir von einem konkreten Körper alle Eigenschaften wegdenken, so bleibt doch dessen Raum. Diese Realität des Raumes ist eine Bedingung für mögliche Erfahrung. Da der Raum aber nicht aus sinnlicher Erfahrung allein abgeleitet werden kann, sondern auch durch das Denken erfasst wird, nimmt er eine Sonderstellung ein (aber noch nicht im transzendentalen Sinne Kants); der Raum ist weder ein abstrakter mathematischer Begriff an sich noch das alleinige Bestimmungsstück physikalischer Körper, sondern er ist beides zugleich und wird, wie auch die Zeit, als eine eigene Realität aufgefasst, und er ist der naturwissenschaftlichen Untersuchung zugänglich.

Wie bei Descartes gelten die Eigenschaften des Raumes für Körper, sonst könnte die Mathematik keine Anwendungen haben. Die Körper sind im Raum beweglich, der Raum selbst ist es nicht. Der (physikalische) Raum besteht aus lauter gleichen ununterscheidbaren Teilen (mathematisch als Punkte erfasst).[155] Obzwar Raum und Körper unbestimmt ins Unendliche teilbar sind, gibt es keine vollständige Teilung derselben, als dessen Enden etwa ausdehnungslose Atome, Punkte oder Monaden erscheinen. Euler lehnte die Existenz von Ausdehnungslosem ab und verneinte folglich die Aussage, dass hieraus ein Körper bzw. ein Raum entstehen könne.[156] In der Lehre von den Monaden, wie sie Euler verstand, folgerte er die Trägheit der Monaden aus der des Körpers, was offenbar dem Wesen der Monaden widerspricht. Allerdings ist dieser Schluss Eulers logisch problematisch, da das, was dem Ganzen (Körper) zukommt, nicht notwendig dessen Teilen (Monaden) zukommen muss; das Ganze ist mehr als seine Teile. Zur Monadologie sei nochmals bemerkt, dass Eulers sie eher wie Ch. Wolff verstand und nicht wie ihr Urheber Leibniz.

An seinen Freund Goldbach schrieb Euler bereits 1747:

> „Die ganze Sache beruht auf der Auswirkung dieses Raisonnements [Vernunfturteil]: die Körper sind divisibel [teilbar]; diese Divisibilität gehet entweder immer ohne Ende weiter fort oder nur bis zu einem gewissen Ziel, da man auf solche Dinge kommt, welche nicht weiter teilbar sind. Im letzteren Fall hat man die Monaden; im ersteren die divisibilitas in infinitum [Teilbarkeit ins Unbestimmte, Unendliche], welche zwei Sätze einander so e diametro [völlig gegensätzlich)] entgegengesetzt sind, daß davon notwendig der eine wahr, der andere falsch sein muss. Alle argumenta pro monadibus [Gründe für die Monaden] gründen sich hauptsächlich auf scheinbare Absurditäten, womit die divisibilitas in infinitum verknüpft sein soll. Da man sich aber meistenteils von diesem infinito [Unendlichen] verkehrte Ideen gemacht, so fallen auch dieselben Absurditäten weg. Die Meinung der Monaden zerteilt sich wieder in zwei Parteien, wovon die eine den Monaden alle Ausdehnung gänzlich abspricht, die andere aber dieselben für ausgedehnt hält, jedoch ohne

---

[155] Das ist nur eine mathematische Möglichkeit, man könnte auch an Geraden oder Ebenen denken.
[156] So auch in den *Lettres,* E 344, EO III/11; Nr. 123 ff.

4.9 Leonhard Euler und die Philosophie

daß sie partes [Teile] hätten und folglich divisibel wären, welche letztere Meinung meines Erachtens am leichtesten zu refutieren [widerlegen] ist. Diejenigen, welche monades magnitudinis expertes statuiren [den Monaden keine Größe zugestehen], müssen endlich zugeben, daß auch aus der Zusammensetzung derselben kein extensum [Ausgedehntes] entstehen könnte, und sind daher genötigt, sowohl die Extension [Ausdehnung] als die Körper selbst für bloße Phaenomena und Phantasmata [Erscheinungen und Trugbilder] zu halten, ungeachtet sie bei dem Anfang ihres ratiocinii [Rechenschaft] die Körper als reell [zuverlässig] angesehen; dergestalt, daß, wann der Schluß wahr wäre, die praemissae [das Vorausgesetzte] notwendig falsch sein müßten." – Brief vom 4. Juli 1747

Das Mitglied der Genfer Gelehrtenrepublik Jean Peschier schrieb am 24. September 1747 an den damaligen Prediger und Philosophielehrer Jean Henri Samuel Formey (1711–1797), der im folgenden Jahr Sekretär der Berliner Akademie wurde: „Je ne suis pas surprise que l'affaire des Monades ait fait grand bruit dans vos quartiers." (Es überrascht mich nicht, dass die Monaden-Affäre in ihren Vierteln für Aufregung gesorgt hat).

Anleitung zur Naturlehre (E 842) Die posthum veröffentlichte „Anleitung zur Natur-Lehre, worin die Gründe zu Erklärung aller in der Natur sich ereignenden Begebenheiten und Veränderungen festgesetzt werden." (E 842, EO III/1, Kommentare EO III/10) besteht aus 22 Kapiteln mit 161 durchnummerierten Paragraphen, wobei in Kap. 6 die Paragraphen 41–48 im Manuskript fehlen. Vermutlich geht dieser Verlust auf den Brand im Euler'schen Haus 1771 zurück.

Wir referieren ihren physikalischen Inhalt. Die Kap. 1–5 behandeln allgemeine Fragen der Naturlehre sowie die grundlegenden Eigenschaften der Körper: die Ausdehnung (§§ 9–16), die Beweglichkeit (§§ 17–26), die Standhaftigkeit [Trägheit] (§§ 27–34) und die Undurchdringlichkeit (§§ 35–40 mit der Lücke §§ 41–48). In den Kapiteln 6–11 sind die Kräfte dargestellt, die Kap. 12–19 enthalten Eulers Gravitationstheorie. Die zwei letzten Kap. (20–21) sind der Hydrodynamik gewidmet.

Während Euler bislang die messbare Trägheit (Standfestigkeit) als jene grundlegende Eigenschaft der Körper betrachtete, die die Ursache aller Veränderungen sein sollte (also einen „kraftartigen" Status hatte), legte er hier wie in den „Réflexions sur quelques loix générales de la nature" (Untersuchungen über einige allgemeine Naturgesetze, E 146, EO II/5; 1750) und „Recherches sur l'origine des forces" (Untersuchungen über den Ursprung der Kräfte, 181, EO II/5; 1752) die nicht messbare (also nicht physikalische!) Undurchdringlichkeit der Körper zugrunde (§ 39). So argumentierte Euler auch später in den populärwissenschaftlichen *Lettres* (E 343, Brief 70; 1760). Es ist die metaphysische Eigenschaft der Undurchdringlichkeit der Körper, die jene Kräfte bewirkt (§ 87), die die Trägheit überwinden und die damit die Ursache von Veränderungen sind (§§ 34, 84–85). Schließlich wird die Wirkung von Kräften auf Körper systematisch behandelt: Geschwindigkeit (§§ 51–61), Richtung (§§ 62–68), Bahnbestimmung (§§ 69–76). Euler gab hier den Impulssatz (Newtons „lex secunda") in differentieller Form (§ 70) an, also in der Form, wie er sie erstmals 1750 in der Arbeit „Découverte d'une nouveau principe de mécanique" (Entdeckung eines neuen Prinzips in der

Mechanik, E 177), EO II/5) aufschrieb.[157] Die Kräfte und die Geschwindigkeiten wurden in Bezug auf drei zueinander orthogonale Ebenen in drei Bestandteile zerlegt (d. h., sie wurden durch Komponenten eines rechtwinkligen räumlichen Koordinatensystems dargestellt). Die Bahnbestimmung eines Körpers bezog auch sich gegeneinander bewegende Bezugssysteme (Galilei'sche Bezugssysteme) ein und selbst solche, in denen sich der Beobachter ungleichförmig bewegte (die daraus resultierenden Scheinkräfte und Scheinbewegungen werden in §§ 77–83 diskutiert).

Erwähnenswert ist das Maupertuis-Eulersche Prinzip der kleinsten Aktion (§ 75), in dem Euler das Arbeitsintegral als Wirksamkeit (Aktion) definierte und dann folgerte, dass Gleichgewicht nur dann stattfinden könne, wenn die Summe der Wirksamkeiten minimal oder maximal [!] ist. (Diese Stelle spricht für eine frühe Datierung der „Anleitung", da Euler im Streit um das Prinzip der kleinsten Aktion später die Aussage auf Minimalität einschränkte. Euler selbst nannte 1746 als das Jahr, in dem er von Maupertuis' Einschränkung auf die Minimalität erfuhr. Clifford Ambrose Truesdell (1919–2000) verlegte allerdings die Abfassung in Hinblick auf die hydrodynamischen Abschnitte auf nach 1755. Der folgende Paragraph (§ 76) vergleicht den Impuls mit der lebendigen Kraft (kinetischen Energie). Einige allgemeine Paragraphen (§§ 84–90) untersuchen das Verhältnis von Trägheit und Krafteinwirkung genauer.

Einen wichtigen Teil nimmt schließlich die Gravitationstheorie ein (§§ 91–146). Hier griff Euler auf seine 1744 vor der Akademie verlesene Abhandlung „Recherches physiques sur la nature des moindres parties de la matière" (Physikalische Untersuchungen der kleinsten Materieteile) E 91, E III/1) zurück, die 1746 – also mitten in der Auseinandersetzung um die Monaden-Preisaufgabe – erschienen war, und es ist ebenfalls die anonyme Schrift „De causa gravitatis" (Über die Ursache der Gravitation) von 1743 in Betracht zu ziehen, die erst kürzlich Euler zugeordnet wurde (und daher ohne Eneström-Nummer ist).[158] Jeder Körper wird nach Euler durch eine gewisse Menge an Materie charakterisiert, die dessen Trägheit bestimmt. Neben dieser „körpereigenen" Materie gibt es eine weitere, die unter hohem Druck steht und das gesamte Universum erfüllt und dabei die Poren der Körper (den Raum zwischen den Molekülen) durchdringt sowie sich in diesen reibungslos bewegt (Äther oder subtile Himmelsluft). Keine Fernkraft, sondern der Äther ist die Ursache der Schwere, die sich als Druckkraft des Äthers auf die Moleküle der Körper ergibt. Moleküle gleichen Volumens weisen gleiche Druckkräfte auf, sie sind also gleich schwer. Die Masse eines Körpers ist demnach proportional dem Volumen.

---

[157] Newton selbst hatte in den *Principia* keine differentielle Form der „lex secunda" angegeben, wenn man von einer versteckten Fassung in einem Scholion absieht (M. Schtamm).
[158] *Misc. Berolinensia* 7 (1747), S. 360–370 = EO II/31.

4.9 Leonhard Euler und die Philosophie

Arthur Schopenhauer (1788–1860) urteilte in seinem Buch *Welt als Wille und Vorstellung* (1818):

„[Euler] ist geneigt, eine Modifikation ... der früheren Kartesianischen Theorie zu versuchen, also die Gravitation aus dem Stoße eines Äthers auf die Körper abzuleiten. ... Die Attraktion [Anziehung als Fernkraft gemäß Newton] will er als qualitas occultas [verborgene Eigenschaft] aus der Physik verbannt sehen."[159]

In einem Notizbuch ergänzte Euler um 1750:

„Wenn der Grund gefunden würde, welcher nahe der Erde, der Sonne oder anderer Weltkörper die elastische Kraft des Äthers zu schwächen in der Lage ist, dann könnte die Ursache der Schwere vollendet erklärt werden." – Notizbuch K, „Theses philosophicae", Nr. 54

In der „Anleitung" ging Euler davon aus, dass Ausdehnung und Trägheit bei Körpern messbare Größen sind (§§ 91–97), dass sich jedoch die Undurchdringlichkeit dieser Forderung entzieht (und damit keine physikalische, sondern eine metaphysische Größe ist!). Die Dichte ist das Verhältnis von Materie zu dem von ihr eingenommenen Volumen (§ 92); die wahre Größe betrifft nur den Teil, den die Materie tatsächlich einnimmt, und schließt die Poren aus (§ 93). Die subtilere Materie hat eine wesentliche kleinere Dichte, als es bei der Materie von Körpern der Fall ist (§ 96). Die Eigenschaften beider Materiearten werden erörtert (§§ 98–104), wobei die subtile Materie gesondert nochmals in den Paragraphen 105–111 betrachtet wird. Die grobe Materie lässt sich nicht komprimieren, man kann lediglich die Poren zusammendrücken (§ 98); anders ist es mit der subtilen Materie (§ 100), die zwar eine natürliche Dichte besitzt (§ 101), deren Volumen aber durch Kräfte verändert werden kann. In diesem Fall übt die komprimierte subtile Materie Druckkräfte aus (§ 102), und sofern die subtile Materie nicht im Gleichgewicht ist, entstehen Bewegungen (§ 109). Euler unterschied ferner flüssige und feste Körper, wobei letztere nochmals in harte und elastische unterteilt wurden (§§ 112–118 und §§ 126–132). Die Unterscheidung der festen Körper geschah in Hinblick auf deren unterschiedlichen Grad an Federkraft (§§ 133–139). Vor diesem Hintergrund erklärte Euler die Gravitation: Der Druck des Äthers nehme in der Umgebung der Himmelskörper ab, was eine Gravitationswirkung der Himmelskörper zur Folge habe. Man benötige folglich keine Fernkräfte zur Veranschaulichung der Gravitation. Euler gelangte nicht zu einem atomistischen Modell mit „okkulten Zentralkräften" (Fernkräften), sondern fand seine Erklärung in der Elastizität des Äthers (Nahwirkung). Auf die Frage, wie die Unendlichkeit des Raumes sich zur Komprimierbarkeit verhält, ging Euler übrigens nicht ein (§§ 106, 146), da solche Fragen in die Schöpfungs- und nicht in eine Naturlehre gehören.

---

[159] Bd. 1, Buch 2, § 24, – Der Bezug zu okkulten Qualitäten ist nicht ganz zufällig, denn es war vermutlich die Alchemie mit ihren Fernwirkungen, die Newton zu Fernwirkungen anregte, während Euler ein Vertreter der Nahwirkungstheorie war. Schopenhauer betrachtete die Gravitation als unter den Naturkräften dadurch herausgehoben, dass sie ohne zeitliche Verzögerung wirke.

Georg Christoph Lichtenberg (1742–1799), ein Bewunderer des großen Mathematikers Euler, aber ein kritischer Leser von dessen Physik, wie seine zahlreichen Einträge in die Sudelbücher belegen, schrieb am 15. Juni 1786 an den Göttinger Medizinprofessor Johann Friedrich Blumenbach (1752–1840):

> „Der Aether ist ein bloßes Wort, womit berühmte Physiker die Ursache von Würkungen bezeichnet haben, die sie auf keine andere Weise erklären könnten. Herr Euler erklärt noch Elektrizität und Magnetismus durch den Aether, sowie auch seine ganze Licht-Historie sich auf den Aether gründet. Seine magnetische Materie ist sogar noch feiner als der Aether, also würklich Aether in Aether. Das Dasein einer solchen durch alles ausgebreiteten Materie ist aber gar nicht erwiesen. Daher bleibt man lieber bei den [verschiedenen] Erscheinungen."[160]

Die beiden letzten Kapitel (§§ 147–161) betreffen die Hydrodynamik. Euler legte das Gleichgewicht von Flüssigkeiten dar (§§ 147–154) und leitete die Bewegungsgesetze ab (§ 155–161), wobei die sog. Euler'sche Kontinuitätsgleichung auftritt (§ 156). Mehr zur Hydrodynamik in Abschn. 7.3.

4.9.5 Die Rezeption der philosophischen Vorstellungen Eulers

Der Einfluss der Eulerschen Auffassungen von Raum und Zeit auf Immanuel Kant wurde erstmals von Alois Riehl (1844–1924) sowie von Heinrich Emil Timmerding (1873–1945) nachgewiesen. Kant bezog sich beispielsweise in der Vorrede zu seinem *Versuch den Begriff der negativen Größe in die Weltweisheit einzuführen* (1767) auf Eulers Raum- und Zeitvorstellungen, in der Arbeit *Von den ersten Unterschieden der Gegenden im Raum* (1768) auf die Relativität des Raumes und schließlich in der kurz auf das Erscheinen von Eulers *Lettres* folgenden Dissertation „De mundi sensibilis" (Über die wahrnehmbare Welt, 1770) auf Euler. Schließlich hatten die Äthervorstellungen Eulers auf die Naturphilosophie des bedeutenden Mathematikers Bernhard Riemann (1826–1866) (Abb. 4.51) Einfluss. In einem philosophischen Fragment Riemanns führt dieser Euler an, dessen Werke ihn bei seinen Überlegungen „vorzüglich beschäftigt hätten".[161]

Wenn auch Eulers Einfluss auf die klassische deutsche Philosophie als der eines Gelehrten, der das naturwissenschaftliche Bewusstsein seiner Zeit am besten verkörperte (was in geisteswissenschaftlichen Arbeiten oft schlechterdings ignoriert wird), nicht zu unterschätzen ist, so gibt es weder eine Eulersche Frage in der Philosophie noch eine Eulersche philosophische Schule (wie Euler auch in der Mathematik keine eigentliche Schule geschaffen hat, sondern vor allem durch die Schriften gewirkt hat). Wir finden zu diesem Sachverhalt verschieden Ansichten, auch hier gilt das eingangs zitierte Wort von Fichte: Die Zeitgenossen empfanden

---

[160] *Schriften und Briefe* (Hrsg. W. Promies), Band IV. München 1967, S. 675 f.
[161] *Gesammelte Werke*, Leipzig 1990, S. 539.

4.9 Leonhard Euler und die Philosophie

Abb. 4.51 Bernhard Riemann (1826–1866), einer der bedeutendsten Mathematiker. Riemann nahm an der Naturphilosophie regen Anteil und interessierte sich beispielsweise sehr für Eulers Äthertheorie. Aufnahme als Student um 1850

es unangemessen, dass Euler in allen Wissenschaften [einschließlich der Philosophie] dominieren wollte, und klagten durchgängig, dass Euler ein schlechter Philosoph sei (so Wolff, Voltaire, d'Alembert, Sulzer).

Neuere Beurteilungen differieren erheblich, indem sie wie Ludwig Otto Spiess (1878–1966) Eulers Wirken als nationale Leistung begreifen oder wie Arthur Schopenhauer den Gelehrten als einen konservativen Denker ansehen (*Welt als Wille,* Bd. I/Buch 2, § 24) bzw. ihn wie der Euler-Herausgeber Andreas Speiser (1885–1970) (*Opera Euleri* III/11–12, Vorwort zu den Briefen) oder Heinrich Emil Timmerding als Vorbereiter Kants zu verstehen glauben oder ihn wie Spiess als bloßen Apologeten des Christentums ansehen. In die Newton'sche Tradition stellen ihn beispielsweise Alexandre Koyré (1892–1964) und Ronald Calinger (*1941), aber Eulers und Newtons Verständnis der Gravitation sind philosophisch nicht vereinbar. Eine Nähe zur Leibniz'schen Philosophie ist nicht gegeben, hierauf wies Kant schon 1786 in seinen *Metaphysischen Anfangsgründen der Naturwissenschaft* (2. Hauptstück, Lehrsatz 4, Anm. 1) hin. Er betonte, dass „ein grosser Mann" (Euler) den Raum zur Erscheinung der äußerer Dinge zählte, womit er Einwendungen der Monadisten über die Teilbarkeit abwies. Eulers Philosophie besitzt jedoch viele Gemeinsamkeiten mit dem Descartes'schen Dualismus von Körper und Geist. Gegen den Empirismus steht allerdings Eulers Ablehnung von apriorischen Ideen (eingeborenen Wahrheiten im Sinne David Humes (1711–1776)).

4.10 Akademische Kämpfe und philosophische Auseinandersetzungen

> Die Natur soll mehr sein als das, was uns schlechthin fremd gegenübertritt, mehr auch als ein neutrales wissenschaftliches Objekt. Es verlangt uns nach einem Rückhalt, und wie suchen nach einem Sinn in ihr.
>
> MATTHIAS SCHRAMM (1928–2005)

Eine methodische Einführung Bekanntlich währt ein Streit nicht lange, wenn das Unrecht nur auf einer Seite ist. Vor uns liegt ein Streit zwischen Euler, Maupertuis und Koenig, dessen Wurzeln ein fachliches Problem betraffen, der sich jedoch in kurzer Zeit zu der größten mathematisch-naturwissenschaftlichen Auseinandersetzung des 18. Jahrhunderts entwickelte und in einem Skandal ein schmähliches Ende nahm. Die gerade genannte Redeweise lehrt, dass alle beteiligten Seiten den Zwist beförderten. Es ist daher angebracht, allgemein einige Worte über die Grenzen einer wissenschaftshistorischen Darstellung zu sagen. In einer solchen geht es um eine Beschreibung auf drei Ebenen:

- das fachliche Problem (hier das Prinzip der kleinsten Aktion),
- die beteiligten Personen,
- der kulturelle Hintergrund (Stand der Naturwissenschaften, philosophisches Verständnis der Zeit, gesellschaftliche Einordnung).

Das fachliche Problem ist in seiner Entwicklung und Tragweite verhältnismäßig einfach in einer vollständigen Form zu beschreiben, während das Erfassen der auftretenden Personen innerhalb der Entwicklung der Auseinandersetzungen verschiedene unterschiedliche Positionen und subjektive Ansichten hervorbringen wird, deren Bewertung naturgemäß kontrovers und letztlich nicht endgültig sein kann. Wir werden eher auf giftigen Klatsch treffen (hier von Voltaire), oft wird die Wahrheit wenig interessieren; man stritt mehr um die Schalen und Hülsen denn um die Kerne und Früchte. Dasselbe zeigt sich bei einer Einbettung in den gesellschaftlichen und kulturellen Hintergrund, der unter verschiedenen Blickwinkeln unterschiedlich gesehen und gedeutet werden kann. Es ist hier wie bei einer dreidimensionalen Statue, die sich nicht auf einen Blick, sondern erst durch einen Rundgang (teilweise) erschließt.

Wir sind daher nicht so vermessen, mit unserer Darstellung Endgültiges zu sagen, einen Schlussstrich anzustreben, aber wir hoffen, lebendige Details und eine eindrückliche Beschreibung der Zeit zu geben, in der sich alles ereignete. Richtschnur ist dabei der Schlusssatz des Romanes *Die Jahre* („Les années") von Annie Ernaux (*1940): „Etwas von der Zeit retten, in der man nie … sein wird."[162]

---

[162] Ernaux, *Les années*, Paris 2008, deutsch „Die Jahre", Berlin 2008. In unserem Zusammenhang haben wir das Wort „wieder" weglassen, da es sich nicht um Abermaliges, sondern für uns um endgültig Vergangenes geht.

4.10 Akademische Kämpfe und philosophische Auseinandersetzungen 387

Kausalität vs. Finalität Die Entwicklung der Mathematik, insbesondere die Möglichkeiten infinitesimaler Methoden, führten zu einer erfolgreichen Mathematisierbarkeit von Naturgesetzen.[163] Gesetze der Physik lassen sich oft durch infinitesimale Größen, „die Zugpferde der Analysis", einfacher in Differentialgleichungen erfassen, aber der Preis dieses Vorgehens ist, solche Beziehungen in infinitesimalen Größen (Differentialen) als Gleichungen in finiten Größen auszudrücken, oder, wie der Mathematiker sagt, die Differentialgleichungen zu integrieren. Die Integration führt auf einen mathematischen Ausdruck, der dem physikalische Kausalbegriff entspricht; sie beschreibt den Zustand eines physikalischen Systems, und die zeitlichen Differentialquotienten bestimmen dabei die zeitliche Veränderung des Systems von Augenblick zu Augenblick („causa efficiens"); solche Vorgänge sind durch den lokalen Kontakt zeitlich beschrieben bzw. determiniert. Einen Markstein dieser Methode bildet der *Traité des dynamique* (Abhandlung über Dynamik, 1743) von Jean le Rond d'Alembert (1717–1743), in dem es das Prinzip der verlorenen Kräfte erlaubt, für ein mechanisches System mit Nebenbedingungen die entsprechenden Differentialgleichung zu finden; genauer für ein bekannten Bedingungen unterworfenes System von Massenpunkten die Bewegungsgleichungen herzuleiten.[164]

Der Aufstieg des Mechanismus erfolgte in Verbindung mit der Entwicklung der Infinitesimalmathematik, aber neben diesem kausal-deterministischen Erfassen („causa efficiens") fand sich weiterhin die Lehre von der Zweckmäßigkeit der Dinge („causa finalis"), denn unsere eigenen Tätigkeiten sind durch Zwecke und Ziele veranlasst, und ein solches instrumentales Denken (zielgerichtetes und zweckhaftes Vorgehen) besteht seit der Antike. Dieses zweckhafte (teleologische) Denken scheint dem kausalen Verständnis zu widersprechen, da es dem Geschehen einen Plan unterstellt. Es ist oft gewagt worden, aus solchen planvoll interpretierten Naturvorgängen auf die Zecke eines Weltschöpfers zu schließen, und dabei streiften derartige (häufig naive) metaphysische Deutungen aus heutiger Sicht die Lächerlichkeit (Physikotheologie).[165]

---

[163] Methoden erfordern gewisse Voraussetzungen. Wir werden jedoch solche Einschränkungen nicht bis Detail verfolgen, um das Prinzipielle deutlicher hervortreten zu lassen.

[164] Die Mechanik der Punktsysteme mit endlichem Freiheitsgrad lässt sich auf starre Körper und deren Systeme übertragen, bei deformierbaren Körpern wird zusätzlich eine Kontinuumshypothese benötigt. – Siehe Kap. 7.

[165] Ein solches typisches Problem der Physikotheologie, einer theologischen Spielart der Teleologie, gibt der Zeitgenosse Newtons, der bekannte englische Physikotheologe John Ray (1628–1705), indem er in seinem Werk *Gloria Dei* (Die Herrlichkeit Gottes) die Zweckfrage, warum Menschen keine Höcker haben, so beantwortete: „Das Camel war zum tragen erschaffen, drum stund ihm auch ein natürlicher Sattel wohl an. Du aber bist ein Mensch und nicht zu einem lastbaren Esel oder Camel erschaffen, daß Du den Camel tragen sollst, sondern der Camel soll Dich tragen. Drum hast nicht Du, sondern er einen Sattel nötig." Aus der deutschen Übersetzung *Gloria Dei oder Spiegel der Weisheit und Allmacht Gottes*, Goslar 1718. Georg Lichtenberg brachte diese Denkweise ein einem seiner bekannten Aphorismen auf den Punkt: „Am meisten erstaunte ihn, daß im Pelz der Katzen stets dort zwei Löcher seien, wo die Augen sind."

Systematisch wurden solche Überlegungen mit der Infinitesimalmathematik seit dem 17. Jahrhundert gebündelt. René Descartes (1596–1650) und andere sprachen sich deutlich gegen derartige Untersuchungen aus, mit denen die Absichten des Schöpfers erkundet wurden, denn das sollten wir uns nicht anmaßen. Claude Clerselier (1614–1686) argumentierte später, dass man hier auf zwei unterschiedlichen Ebenen argumentiere: Ein Wirkungsprinzip sei lediglich ein moralisches Prinzip, aber kein physikalisches; es könne nicht die Ursache für irgendeine Wirkung der Natur sein („Le principe n'est qu'un principe moral et non point physique, qui n'est point et qui ne peut être la cause d'aucune effet de la nature"). In der Optik ging Marin Creau de la Chambre (1594–1669) vom geometrisch minimalen Lichtweg aus, Pierre Fermat (1601–1655) hingegen vom geringsten Widerstand, „la nature fait ses mouvemens par les voies[166] les plus simples" (Die Natur macht ihre Bewegungen auf einfachste Weise). Für die geometrische Optik, aus heutiger Sicht der Grenzfall der Wellenoptik für verschwindende Wellenlänge, stellte Pierre Fermat ein sehr allgemeines Prinzip auf, aus dem sich das Reflexions- und Brechungsgesetz, also mithin die gesamte geometrische Optik, ableiten lässt. In heutiger Formulierung lautet es etwa so: Die optische Länge eines Lichtstrahles (d. h. der wirkliche Lichtweg) zwischen zwei Punkten A und B in einem Medium mit dem Brechungsindex n ist extremal, also minimal oder maximal. Anders gesagt „sucht" sich das Licht in der Regel den Weg der kürzesten Ankunft,

$$\int_A^B n\,ds \to \text{Min!}$$

(schnellste Ankunft). Als Newtonianer betrachtete Maupertuis Licht als mit hoher Geschwindigkeit bewegte Partikel, Massenpunkte, und er verlangte in diesem Verständnis, das Zeitintegral der lebendigen Kraft zu minimieren ($ds = v\,dt$),

$$\int_A^B mv^2\,dt \to \text{Min!}$$

wobei er die optische Forderung auch für entsprechende mechanische Vorgänge als zutreffend ansah. Maupertuis verallgemeinerte jedoch etwas vorschnell spezielle Vorgänge zu einem allgemeinen Sparsamkeitsprinzip (Weltgesetz):

„Bei jeder Veränderung in der Natur ist die Größe der dazu verbrauchten Aktion so klein wie möglich."[167]

---

[166] Voie = Weg, auch Mittel.

[167] « Principe général: Lors qu'il arrive quelque changement dans la Nature, la Quantité d'Action, nécessaire pour ce changement, est la plus petit qu'il soit possible. » – „Les Loix du Mouvement et du Repos déduites d'un Principe Metaphysique", in: *Histoire de L'Academie des Sciences et Belles Lettres Berlin*, 2 (1746), S. 267–294, Zitat S. 290.

4.10 Akademische Kämpfe und philosophische Auseinandersetzungen

Die Größe der Aktion ergibt sich als Produkt aus der Masse m des Körpers multipliziert mit seiner Geschwindigkeit v sowie den Weg s, den er zurücklegt: mvs. Ohne großes Aufheben hatte Leonhard Euler zur gleichen Zeit in seiner Variationsrechnung (*Methodus inveniendi*, E 65, 1744) solche Probleme untersucht und auch Voraussetzungen für die Gültigkeit seiner Methode bei einem ziemlich allgemeinen Fall genannt; Vorgänge mit Luftwiderstand oder Reibung waren mit dem Prinzip (noch) nicht behandelbar. Bei Maupertuis erscheint der Aktionsbegriff irgendwie hereingeschneit, und er gab – selbst im Geist der damaligen Zeit – keinen stichhaltigen Beweis, dass eine extremale Größe, die bei ihm minimal ist, dieser Aktion auf die tatsächliche Bewegung führt.

Der bedeutende Philosoph der Aufklärung Christian Wolff (1679–1754) prägte 1728 in seinem Buch *Philosophia rationalis sive logica* (Rationale Philosophie oder Logik) den Namen für eine Wissenschaft der Zwecke, nämlich Teleologie:

> „Es können nämlich für die natürlichen Dinge zweifache Gründe angegeben werden, von denen die einen von der Wirkursache her, die anderen von den Zwecken her. ... Es ist somit außer ihnen [Wirkursachen] noch ein andere Teil der Philosophie gegeben, der die Zwecke auseinanderlegt, bisher noch eines Namens bar. ... Man kann ihn Teleologie nennen."[168]

Die Teleologie unterschied klar zwischen der formalen und inhaltlichen Seite: die mathematisch-formale Behandlung ist bestimmt, die inhaltliche Seite stützt sich auf empirische Wahrnehmungen (z. B. die Gravitation ist direkt oder indirekt proportional dem Abstand). Am Ende des 18. Jahrhunderts äußerte sich der Philosoph Immanuel Kant (1724–1804) in seiner *Kritik der Urteilskraft* (1790) ausführlich zur Teleologie:

> „Daher spricht man in der Teleologie, sofern sie zur Physik gezogen wird, ganz recht von der Weisheit, der Sparsamkeit, der Vorsorge, der Wohlthätigkeit der Natur, ohne dadurch aus ihr ein verständiges Wesen zu machen, (weil das ungereimt wäre) aber auch ohne sich zu erkühnen, ein anderes verständiges Wesen über sie als Werkmeister setzen zu wollen, weil dies vermessen ... sein würde: sondern es soll dadurch nur eine Causalität der Natur, nach einer Analogie mit der unsrigen im technischen Gebrauch der Vernunft bezeichnet werden, um die Regel vor Augen zu haben."[169]

Hören wir uns zu den Wirkungsprinzipien moderne Meinungen an. Der bedeutende Mathematiker David Hilbert (1862–1943) äußerte sich in einer Vorlesung 1926 folgendermaßen: „Nun stellt uns die Physik ihre Aufgaben in der Regel nicht in der Form eines Variationsproblems, sondern in der Form von Differentialgleichungen. Man verschafft sich in der Physik erst künstlich ein Variationsproblem, dessen Lösung die vorgelegte Differentialgleichung ist. ... In der theoretischen Physik wird die gesamte mathematische Analyse herangezogen, aber im Mittelpunkt steht die Theorie der Differentialgleichungen. Es sind nicht beliebige Differentialgleichungen, sondern meist eine gewisse Klasse von Differentialgleichungen, nämlich die aus Variationsproblemen ent-

---

[168] „Enimvero rerum naturalium duplices dari possunt rationes quarum aliae petuntur a causa efficiente aliae a fine. ... Datur itaque praeter eas alia adhuc philosophiae pars, quae fines rerum explicat, nomine adhuc destituta ... Dici potest Teleologia." – *Philosophia rationalis* 1740, S. 38. – Griech. τέλος (télos) = Ende.
[169] *Kritik der Urteilskraft*, Teil 2: Kritik der teleologischen Urtheilskraft, § 686. Riga 1790, S. 305.

springende."[170] Ein anderer ausgezeichneter Kenner der Variationsrechnung, Constantin Carathéodory (1873–1950), erklärte „ … daß eine immer wiederholte Erfahrung gezeigt hat, daß der mathematische Kern fast sämtlicher Theorien der Physik schließlich auf die Form von Variationsproblemen zurückgeführt werden kann." Felix Klein erklärte dann 1926 bündig, dass „es nicht … Aufgabe der Naturwissenschaft ist, übernatürliche „Zwecke" in der Natur aufzufinden oder gar solche zur Erklärung des Naturgeschehens heranzuziehen."

4.11 Die historische Seite

> Depuis qu'il y an des gens de lettres, qu'il y a eu des disputes, parce qu'il est libre d'avoir des sentimens différens, & que chacun croit avoir de bonnes raisons pour soutenir les siens; mais ce qu'il y a humiliant pour l'esprit humain, ce sont ces animosités excitées par l'envie, ces libelles, ces injures, calomnies atroces, dont les petits génies tâchent d'accabler la mémoire des grand-hommes.[171]
>
> FRIEDRICH II. (anonym im „Schreiben eines Mitglieds der Berliner Akademie an ein Pariser Akademiemitglied" in den *Maupertuisiana*)

Friedrich II. hob mit der Neubegründung der Berliner Akademie eine wissenschaftliche Institution aus der Taufe, an der nach Prinzipien gelehrte und geforscht wurde, die noch heute modern erscheinen. Insbesondere in den Naturwissenschaften und ihren Anwendungsgebieten (einschließlich der Mathematik) erreichte die Akademie bald europäisches Niveau und damit insbesondere Friedrichs Ziel, von der Pariser Akademie (Abb. 4.52) beachtet zu werden. Die Zusammensetzung der Akademie war vielseitig: Es gab eine Schweizer, französische und deutsche Gruppe von Akademiemitgliedern, die untereinander rivalisierten. Dieudonné Thiebault (1733–1805), der als Französischlehrer 1765 nach Berlin kam, klassifizierte die Nationen an der Akademie in seinem Buch *Mes souvenirs de vingt ans de séjour à Berlin* (Meine Erinnerungen an zwanzig Jahre Berlin, Paris 1804) so: Die Deutschen seien phlegmatisch und gewöhnt, beherrscht zu werden; die Franzosen wären auch so, ließen sich aber nicht beherrschen, und die Schweizer ordneten sich zunächst unter, brächten sich jedoch dann an die Spitze. Religiös und philosophisch wurden quer durch die Gruppen sehr unterschiedliche Positionen vertreten. Der Präsident Maupertuis war ein streng gläubiger Katholik, der Direktor der mathematischen Klasse, Euler, war Protestant, das Mitglied Johann Peter Süssmilch (1707–1767) aktiver Pfarrer und Prediger, der Landesherr selbst schließlich Deist, der in seiner philosophischen Tafelrunde Geister aller Couleur

---

[170] Vorlesungsausarbeitung „Mathematische Methoden der Quantentheorie" (WS 1926), S. 2 und 15. Staatsbibliothek Berlin.

[171] „Seit es Literaten gibt, hat man Streitigkeiten, da es ihnen frei steht, unterschiedliche Gefühle zu haben und da jeder glaubt, gute Gründe zu haben, seine eigenen Vorstellungen zu unterstützen. Aber was dabei für den menschlichen Geist demütigend ist, sind die durch Neid erzeugten Feindseligkeiten. Diese grausamen Verleumdungen, mit denen die kleinen Genies große Männer zu verdrängen zu versuchen."

4.11 Die historische Seite

Abb. 4.52 Die Pariser Académie des Sciences wurde 1666 gegründet und wie alle königlichen Akademien während der Französischen Revolution aufgelöst, aber 1795 als staatliches Institut neu gegründet und zunächst im Louvre untergebracht, der dem gezeigten Gebäude (früheres Collège de Mazarin) gegenüberliegt. Hier wird sie neben anderen Akademien seit 1805 beherbergt

versammelte, den Atheisten und Materialisten Julien La Mettrie (1709–1751) ebenso wie den brillanten Spötter Voltaire (1694–1778).

Schaffenspausen gab es in der Berliner Akademie nicht, und in den Jahren der Kriegswirren fanden mit und um Euler heftige weltanschauliche Auseinandersetzungen statt, in die teilweise die geistigen Spitzen Europas verwickelt waren und die die Gegensätze der Aufklärung deutlich werden ließen, namentlich in Fragen der Religion. Euler bekämpfte und verabscheute die Lehren von Gottfried Wilhelm Leibniz (1646–1716) und Christian Wolff (1697), die die Offenbarung vernünftig erklären wollten. Das hätte aus Eulers Sicht zu höchst gefährlichen Folgerungen führen können, nämlich zu den prästabilierten Harmonien anstelle der Theologie des freien Willens. Ihm war der Offenbarungsglaube heilig. „Wenn es um den lieben Gott ging, verstand Euler keinen Spaß", urteilte Joseph Otto Fleckenstein (1914–1980), und schon Eulers Mitarbeiter Nikolaus Fuss (1755–1826) hatte in seiner *Lobrede auf Herrn Euler* (Basel 1786) geschrieben: „Die Religion war ihm heilig und ehrwürdig" (S. 116).

4.12 Der Monadenstreit

> Wenn gefragt wird, ob es einfache Substanzen, oder wie sie genannt werden, Monaden gebe: so bedienen sich beide Parteien solcher Beweise, die im Grunde einerlei sind.
> JOHANN GEORG HEINRICH FEDER (1740–1821) in seiner *Logik und Metaphysik*, 1783

Wir wollen uns zwei Beispiele ansehen, in denen es um die Leibniz'sche Philosophie ging. Ein Beispiel hierfür wird die Berliner Preisaufgabe zur Monadenlehre sein, ein anderes der spektakuläre Streit um das Prinzip der kleinsten Aktion. Während Euler aufgrund seiner Stellung an der Berliner Akademie die erste Affäre selbst in die Wege leitete, wurde er in den Skandal um das Prinzip der kleinsten Aktion durch den Präsidenten Maupertuis gezogen, dem Samuel Koenig 1751 die Priorität bei dem Prinzip absprach und sie Leibniz zuerkannte. Man muss allerdings beachten, dass Euler nicht zögerte, wenn es darum ging, gegen die Leibniz'sche Philosophie zu Felde zu ziehen. Fuss schrieb in seiner „Éloge" (1783) über den Skandal nur kurz:

> « Mais comme elle [controverse] ne rouloit pas sur une découverte fait par M. Euler lui-même, il suffit de remarquer à son honneur, qu'il y a prise, avec la chaleur d'un véritable ami, le parti de M. de Maupertuis, & que quelques excellens mémoires, sortis de la main de celui qui n'en jamais fait d'autres, ont du leur origine à cette dispute. »[172] – S. 44

Er selbst übersetzte diese Passage in der *Lobrede* (1786) mit: „Herr Euler hatte übrigens keinen anderen Antheil an diesem Streite, als den ihm seine Freundschaft für Maupertuis und die Ehre der Akademie nehmen hieß, und ich führe ihn bloß an, weil er Herrn Euler zu verschiedenen vortrefflichen Abhandlungen Anlaß gegeben hat, und weil mir die Gelegenheit erwünscht ist, bemerken zu können, daß er mit einer seltenen Bescheidenheit Maupertuis Ansprüche auf eine Entdeckung in Schutz nahm, die er zum Theil selbst hätte zueignen können." (S. 73 = EO I/1, S. LXXVI).

Wir können hier nicht die Leibniz'sche Philosophie im Detail erörtern, aber doch darauf hinweisen, dass Euler die Leibniz'sche Lehre (die er vermutlich meistens aus der Hand von Wolff kannte) nicht im Sinn von Leibniz verstand, um nicht zu sagen, dass er sie missverstand. Leibniz, der Urheber der viel beachteten Monadenlehre, sah in den Monaden in sich abgeschlossene letzte und beseelte oder zumindest seelenähnliche Einheiten, deren Gesamtheit die geordnete Welt ausmachte. Materie war für Leibniz (Abb. 4.53a) durch mehr als nur ihre Räumlichkeit erklärt: Sie hatte einen Widerstand (Trägheit) und eine bewegende Kraft, sodass Veränderungen möglich waren.

---

[172] „Da es sich bei der Kontroverse jedoch nicht um eine von Herrn Euler selbst gemachte Entdeckung handelte, genügt es, zu seiner Ehre zu bemerken, dass die Partei von Herrn de Maupertuis mit der Herzlichkeit eines wahren Freundes angenommen wird, und dass wir weiter einige ausgezeichnete Arbeiten aus der Hand dessen, der nie andere gemacht hat, ihren Ursprung diesem Streit verdanken."

4.12 Der Monadenstreit

Abb. 4.53 a Gottfried Wilhelm Leibniz (1646–1716) und **b** Christian Wolff (1679–1754), um 1735

Der Philosoph Ch. Wolff (Abb. 4.53b), dessen Philosophie Friedrich II. nach dem Zusammenbruch seines Glaubens eine Stütze gewesen war, wurde von Friedrich II. rehabilitiert, und er popularisierte in vereinfachter Form von der Universität Halle aus die Monadenlehre mit ungeheurem Erfolg. Euler widersprach diesen Auffassungen entschieden, die das philosophische Klima jener Zeit bestimmten, und er hatte schon in der Société littéraire heftig dagegen polemisiert. Euler kannte die Monaden vermutlich nur aus zweiter (Wolff'scher) Hand. Neben den erwähnten theologischen Komplikationen widersprachen der Monadenlehre (aus Eulers Sicht) die unendliche Teilbarkeit der Materie, die passive Trägheit der Materie sowie die mit der Beseeltheit verbundene Spontaneität, und letztlich ließen sich für Euler die Bewegungsgesetze der Materie nicht daraus herleiten. Nach Eulers Auffassung führte die Bewegungskraft der Monaden direkt in den Atheismus. Noch radikalere Auffassungen hatten einige französische Aufklärer, für die Geister entweder nicht existierten oder Körper waren, wie sich für Julian Offrey de Lamettrie (1709–1751) der Mensch als eine Maschine darstellte.

Im Jahre 1745 stellte nun die Akademie, nicht ohne Eulers Einfluss, die Preisaufgabe „L'examen de l'hypothèse des monades" (Untersuchung der Monadenhypothese). Die Berliner Akademie besaß, neuartig für alle Akademien jener Zeit, eine Klasse für Spekulative Philosophie, in der sich die Trennung von aufklärerischer Philosophie und Glauben ausdrückte. Durch die bedeutende Stellung der Akademie in philosophischen Fragen kam Euler in gewisser Weise dazu (insbesondere über die alle vier Jahre gestellten philosophischen Preisfragen, die in der gesamten wissenschaftlichen Welt stärkste Beachtung fanden), eine Art „offizieller Führer" der Philosophie in Deutschland zu sein. Sein Einfluss auf die sich bildende klassische deutsche Philosophie, die in der Mitte des 18. Jahrhunderts aus dem Berkeley-Hume'schen Sensualismus (die Werke beider Philosophen

Abb. 4.54 a Eine Darstellung der Tafelrunde in Sanssouci von Adolph Menzel (1850), die 1945 zerstört wurde. Einige Teilnehmer der illustren Runde: Der König Friedrich II. sitzt hinten zentral, ihm vorn gegenüber zur Seite gebeugt (damit Friedrich sichtbar ist) d'Argens, der sich Lamettrie (ganz rechts) zuwendet. Voltaire ist der dritte von rechts bzw. vom König aus der zweite nach links gezählt. Voltaire wendet sich Algarotti (ihm gegenüber) zu, beide sind vorgebeugt. **b** Ein Blick von außen auf den Teil von Sanssouci, hinter dem sich die Tischgesellschaft traf

wurden um 1750 ins Deutsche übersetzt), der Leibniz-Wolff'schen Monadenlehre und der Naturphilosophie erwuchs, ist nicht zu unterschätzen (Abb. 4.54).

Die Preisaufgaben stellten „einen Hebel dar, mit dem Jahr für Jahr die Wissenschaft um eine Stufe angehoben wurde" (Johann Friedrich Dannemann, 1859–1936). Spätere Preisaufgaben fragten: „Welche ist die beste aller Welten?", „Ist Metaphysik so evident wie Physik?", „Sind Naturgesetze notwendig oder psychologische Phänomene?" oder forderten die Wolffianer auf, aus ihrer Philosophie die Prinzipien der Mechanik abzuleiten.

Es ist hieraus deutlich zu ersehen, wie Euler auf die Philosophie einwirkte und das Arbeitsfeld Erkenntnistheorie scharf abgrenzte, zu dem er selbst bedeutende Beiträge und Anregungen lieferte. Insbesondere der hier kritische Immanuel Kant (1724–1804) (Abb. 4.55) bezog sich immer wieder auf Euler und widmete sich schließlich in der *Kritik der reinen Vernunft* (1781) der Frage, ob Philosophie wie Mathematik oder Physik als Wissenschaft möglich sei. Obwohl Euler die Existenz der theoretischen Physik nicht bezweifelte, so wusste er doch, dass unmittelbare Naturbetrachtung nicht zugrunde gelegt werden könne, da Kritik auf Schritt und Tritt möglich wäre. Da aber die Sätze der Physik wohl gegründete seien und durch die Erfahrung bestätigt würden, müsse sich das die Philosophie zunutze machen und imstande sein, die Lehre von Körpern zu begründen. Der Einfluss auf Kant, der später auch fragte, wie reine Physik möglich sei, wird offenbar, und Kant hob

4.12 Der Monadenstreit

Abb. 4.55 Immanuel Kant (1724–1804) und seine Tischrunde

seinerseits hervor, dass sich andere Philosophen außer Euler mit verworrenen und abstrakten Dingen abgäben.

Voltaire hatte durch seinen satirischen Roman *Candide* (1758) indirekt eine negative Antwort auf die Frage nach der besten aller möglichen Welten gegeben, wobei er Leibniz' Auffassung heftig attackierte; als Beispiel ein Zitat über Kriegsereignisse: „Das folgende Gewehrfeuer befreite die beste der Welten von neun- oder zehntausend Schurken, die ihre Oberfläche befallen hatten. Das Bajonett lieferte einen ‚ausreichenden Grund' für den Tod von mehreren Tausend mehr." Das Buch war ein Bestseller, in 20 Jahren erschienen 24 Auflagen. Später allerdings sollte Voltaire in einer mathematisch Frage, die durch Pierre Louis Moreau de Maupertuis (1698–1759) in diesem philosophischen Umfeld angesiedelt wurde, Leibniz bzw. Samuel Koenig entschieden beistehen.

Euler bestimmte wesentlich die Preisfrage der Berliner Akademie für das Jahr 1745 mit, in der bereits drei Jahrzehnte nach dem Tode des Begründers dieser Akademie, Gottfried Wilhelm Leibniz, dessen Monadologie einer philosophischen Kritik unterzogen werden sollte: „L'examen de l'hypothése des monades". Leibniz war durch den 1740 nach Halle zurückgekehrte Christian Wolff ein neuer Prophet erwachsen, der durch keinen Geringeren als König Friedrich II. selbst zurückgerufen worden war und über dessen Einzug in einer vierspännigen Kutsche in Halle Charles Etienne Jordan (1700–1745) dem König am 24. Dezember 1740 berichtete. Beim schottischen Historiker Thomas Carlyle (1795–1881) lesen wir in dessen Biographie über Friedrich II: „Wolff has entered Halle almost like the triumphant Entry to Jerusalem. A course of pedants escorted him to his house."[173]

An den Freund Christian Goldbach hatte Euler am 4. Juli 1747 über die eingereichten Arbeiten geschrieben:

> „Die Piece de Monadibus [Schrift über die Monadenlehre], welche bei uns das Praemium [Preis] erhalten, hat meine völlige Approbation [Bewilligung], als welcher ich auch mein Votum [Stimme] gegeben. In derselben ist das ganze Lehrgebäude der Monaden völlig zerstöret. Wir haben über diese Materie 30 Piecen bekommen, von welchen noch 6 der besten, sowohl pro als contra monades, gedruckt werden. In denselben ist beiderseits zum

---

[173] Carlyle, *Fredrick*. Werke, VI, Leipzig 1865. S. 212.

wenigsten die Sache so deutlich ausgeführt, daß die bisherigen Klagen, als wann man einander nicht recht verstanden, ins künftige gänzlich aufhören."

Der Preis wurde 1747 der mittelmäßigen Arbeit eines 25-jährigen Sangerhauser Advokaten Johann Heinrich Gottlob Justi (1720–1771) zuerkannt, die der Autor selbst für so wirksam hielt, dass er wie Euler glaubte, dadurch sei ein für alle Mal der „ganze Streit und der Glauben an die Monaden beseitigt" worden. Justi war ein sehr produktiver Schriftsteller, der nach seinem philosophischen Versuch in die Ökonomie wechselte und unter seinen Fachkollegen als der kenntnisreichste Kameralist seiner Zeit betrachtet wurde, den übrigens auch die Zarin Katharina II. las. Die philosophische Arbeit am Beginn seiner Laufbahn war übrigens seine einzige Abhandlung mit philosophischem Inhalt. In der Berliner Akademie trat Justi im Sommer 1762 noch einmal in Erscheinung, als er sich bei Euler über das schlechte Benehmen des Gärtners des botanischen Gartens beschwerte. Das hatte im Direktorium der Akademie eine Untersuchung zur Folge, die den Justitiar der Akademie sowie das Akademiemitglied Johann Gottlieb Gleditsch (1714–1786), Professor für Botanik, beschäftigte und in preußischer Ordnung dokumentiert wurde, allerdings ist Eulers Antwort nicht bekannt. Gleditsch werden wir noch einmal begegnen, als er seinen verblichenen Akademiepräsidenten in den Räumen der Akademie begegnete. Friedrichs Betroffenheit über Geisterseher in seiner aufgeklärten Akademie mag sich jeder selbst vorstellen.

Justis Argumentation beruhte auf der Teilbarkeit der Körper: Entweder sind die Körper ohne Ende teilbar, oder man kommt nach endlich vielen Teilungen auf unteilbare Dinge wie die Monaden. Justi und Euler missverstanden Leibniz, denn für Leibniz waren Monaden keine letzten Teile der Körper, und sie waren auch keine real existierenden physikalischen Objekte.[174] Für Leibniz war die Materie gedanklich ins Unendliche teilbar, während Wolf sich auf die praktisch ausführbare, also endliche Teilbarkeit beschränkte. Die Attacke wurde damit eigentlich gegen Wolff geritten.

Die 25 Beurteilungen Eulers zu eingegangenen Arbeiten sind nicht nur erhalten, sondern auch gedruckt (E 854; EO. III/2). Ferner zeigen einige Briefe aus der Korrespondenz beider Männer, wie Euler Justi protegierte. Allerdings belegt die obige Mitteilung, dass Euler sein Ziel, die Monadologie in Acht und Bann zu tun, nicht erreichte, da auch Arbeiten im Sinn der Monadologie abgedruckt wurden. Eine der eingereichten Arbeiten mit dem Titel „Systema mundi ... deductum ex principiis monadicis" (Das System der Welt aus den Grundsätzen der Mona-

---

[174] Justi wie auch Euler erweisen sich hier als naive Realisten, die mit dem folgenden ironischen Einwand von Leibniz Schwierigkeiten gehabt haben dürften (sollte sie ihn gekannt haben): In einer Tasse Kaffee wären eine Menge von Monaden, die mit der Zeit menschliche Seelen sein würden („Princ. Phil. More Geom. Demost". Theor. LXXXVI, schol. 3). Bei den Beispielen, die Leibniz benutzte, muss man stets beachten, an wen er sich wandte (Philosophen, Theologen, Mathematiker, gebildete Laien, usw.), und hier hat man den Eindruck, dass der geborene Sachse sich an seine Landsleute wandte, deren Liebe zum Kaffee sprichwörtlich ist. Maupertuis widmete sich im siebenten Brief seiner *Lettres* diesem Problem genauer.

4.12 Der Monadenstreit

den abgeleitet) stammte übrigens von Samuel Koenig (1712–1757), der später im Streit um das Prinzip der kleinsten Aktion eine zentrale Rolle spielte; 1752 fällte die Akademie gegen ihn ein Urteil (siehe Abschn. 4.13). Bei Koenig wurde die Attraktion durch das Bestreben der Monaden nach Deutlichkeit verursacht, denn dadurch näherten sich Monaden einander in den ihnen entsprechenden Raumschemata.

Zudem griff Euler 1746 etwas unfair in den Monadenstreit ein, als er zwar anonym, doch von allen an den Auseinandersetzungen Beteiligten erkannt, eine Schrift *Gedancken von den Elementen der Cörper, in welchen das Lehrgebäude von den einfachen Dingen und Monaden geprüft, und das wahre Wesen der Cörper entdeckt wird* (E 81, EO III/2) veröffentlichen ließ. Als offizieller Akademievertreter nahm er so vorwegreifend Partei, was ihm die Monadisten mit Recht verübelten. „Was haben sie für Schriften gekrönt!", schrieb rückblickend der Dichter Johann Gottfried Herder (1744–1803) in sein Reisejournal im Jahre 1769, und Christian Wolff (1679–1754) ließ 1748 seinem Ärger in einem Brief nach Petersburg freien Lauf:

> „Herr Euler, der seinen wohlverdienten Ruhm in der höheren Mathematik genießen könnte, will nun mit Macht in allen Wissenschaften dominieren, ... wodurch er seinem Ruf sehr schadet, ... als auch die Akademie zu Berlin in viel Schaden bringt."[175]

Die Wogen schlugen hoch, und der Streit wurde so populär, dass man, wie das Akademiemitglied Johann Georg Sulzer (1720–1779) bemerkte, ein Jahr lang am Hofe von nichts anderem mehr sprach. Eulers Philosophie wurde dabei häufig sehr gering eingeschätzt, womit man ihm damals – wie auch später noch – nicht gerecht wurde. Bemerkenswert bleibt aber der Wandel des geistigen Klimas der Akademie, da man wenige Jahre nach dem Tod des Begründers dessen philosophische Ansichten schärfster Kritik unterwarf. Jedoch erschien bereits 1748 anonym eine Kritik *Prüfung der Gedanken eines Ungenannten* der Euler'schen Schrift, die eine Verteidigung der Monadenlehre war sowie eine scharfe Verurteilung („mechante refutation") der Euler'schen Betrachtungen. Euler informierte den Präsidenten Maupertuis und schickte ihm schließlich eine französische Übersetzung der Schrift *Untersuchung der Lehre von den Monaden und einfachen Dingen, worin der Ungrund [= Grundlosigkeit] derselben gezeigt wird* von Justi, die der Hofprediger und Akademiemitglied August Friedrich Wilhelm Sack (1703–1786)[176] vorgenommen hatte (Briefe vom 30. September und 9. Oktober 1747). Euler vermutete zu Recht, dass der Sekretär der Berliner Akademie Henri Formey (1711–1797) der Autor sei,[177] was dieser später zugab.

---

[175] *Euler* 1907, S. 10.

[176] Sack war übrigens Taufpate bei einem Kind Eulers.

[177] Euler erkannte Formeys philosophische Idee in dessen Gleichsetzung von „infinie" (unendlich) und „indefinie" (unbestimmt) wieder. Außerdem war Justis Schrift mit 5:2 Stimmen gewählt worden, wobei eine Gegenstimme mit Sicherheit vom Sekretär Formey gekommen war.

Seine eigene Kritik an der Monadenlehre fasste Euler in seiner populärwissenschaftlichen Schrift *Briefe an eine deutsche Prinzessin (Lettres,* E 343, 1760) bündig so zusammen::

> „Das waren die Schlüsse des großen Wolff: 1. Die Erfahrung zeigt uns, daß alle Körper ständig ihren Zustand ändern. 2. Alles, was fähig ist, den Zustand eines Körpers zu ändern, heisst Kraft. 3. Also besitzen alle Körper eine Kraft, ihren Zustand zu ändern. 4. Also macht jeder Körper ständig Anstrengungen, seinen Zustand zu ändern. 5. Also kommt diese Kraft dem Körper nur zu, insofern er Materie enthält. 6. Also ist es eine Eigenschaft der Materie, ständig ihren eigenen Zustand zu ändern.7. Also ist die Materie etwas aus einer Vielheit von Teilen Zusammengesetztes, die man die Elemente der Materie nennt.[178] 8. Da das Zusammengesetzte nichts besitzt, was nicht in der Natur seiner Elemente begründet ist, muss jedes Element eine Kraft besitzen, seinen eigenen Zustand zu ändern." – 76. Brief

Die ersten beiden Aussagen akzeptierte Euler noch. Ganz in diesem Sinne bemerkte er in den 1748 geschriebenen „Réflexions sur l'espace et le tems" (Betrachtungen über den Raum und die Zeit; E 149, EO III/2; 1750 gedruckt):

> „Es ist demnach eine unleugbare Wahrheit, daß ein Körper, wenn er einmal in Ruhe ist, beständig in Ruhe bleiben werde, wenn ihn nicht fremde Kräfte in diesem Zustand stören. Es wird auch ebenso gewiß seyn, dass ein Körper, wenn er einmahl in Bewegung gesetzt worden, es mit eben der Geschwindigkeit und nach eben der Richtung beständig bleiben werde, wenn ihm keine Hindernisse aufstossen, welche der Erhaltung diese Zustandes zuwider."

Wir nennen kurz einige Arbeiten, die Eulers Ansicht zur Monadenlehre deutlich machen (ausführlicher in Abschn. 4.9.5 Philosophie behandelt):

- Gedancken von den Elementen der Cörper (E 81, EO III/2)
- Enodatio questionis (E 90, EO III/2)
- Rettung der göttlichen Offenbarung (E 92, EO III/12)
- Réflexions sur l'espace et le tems (E 149; EO III/2)

4.13 Der Streit um das Prinzip der kleinsten Aktion

> Il n'en faut que trois pour illustrer un Siècle.[179]
> Motto eines Artikel in den *Maupertuisiana*

Noch berühmter als der Monadenstreit ist die spektakuläre Auseinandersetzung um das Prinzip der kleinsten Aktion, die in einem Skandal endete. Der Akademiepräsident Pierre-Louis Moreau de Maupertuis nahm in diesem Streit eine zentrale Stelle ein, sein Gegenspieler war der Mathematiker Samuel Koenig (1712–1757). Der Streit erinnerte Hermann Diels (1848–1922), einen klassischen Philologen, an eine griechische Trilogie des Aschylos (522–456 v. Chr.). Dabei traten in jedem

---

[178] Wie vorn erwähnt, irrte Euler hier.
[179] „Drei genügen, um ein Jahrhundert zu veranschaulichen."

4.13 Der Streit um das Prinzip der kleinsten Aktion

Teil zwei Schauspieler auf, die folgsamen Berliner Akademiemitglieder bildeten den in griechischen Dramen üblichen Chor, der von dem Koryphäus Euler, dem Sprecher des Chores, geführt wurde. Der erste Teil spielte sich zwischen Maupertuis und Koenig ab, ihm folgte das Duell zweier anonymer Akademiker, unter deren Masken alsbald Voltaire und Friedrich II. selbst zum Vorschein kamen, und der Schlussteil brachte die Entscheidung zwischen Maupertuis und Voltaire.[180] Das vielfache Umschlagen von Freundschaften in Feindschaften, von Förderung in Intrige und Gunst in Missgunst hatte in der Tat die Qualitäten eines antiken Dramas. Alle wissenschaftshistorischen Darstellungen des bekannten Streits sind in dieser Weise angelegt, aber man kann die Geschichte auch etwas anders erzählen, indem man – um es vorab zu sagen – Euler nicht als willfährigen Handlanger von Maupertuis sieht, sondern auch als einen der Betroffenen begreift. Das wollen wir im Folgenden tun und dafür plausible Gründe nennen. Zunächst müssen wir jedoch die Betroffenen vorstellen.

4.13.1 Der Berliner Akademiepräsident Moreau de Maupertuis und Samuel Koenig

Nach einer Englandreise (1728) hatte sich auch Moreau de Maupertuis Ende September 1729 im Alter von 31 Jahren nach Basel gewandt, um bei dem herausragenden Mathematiker Johann I Bernoulli (1667–1748) die neue Infinitesimalrechnung zu studieren. Maupertuis hatte Newtons Theorie im Gepäck, und er propagierte sie. Kurz darauf, 1730, begann auch der 18-jährige Samuel Koenig (Abb. 4.56a) bei Johann Bernoulli und Jakob Hermann (1678–1733) (ab 1731 in Basel) zu studieren. Letzterer war Leibnizianer. Auch Koenig begeisterte sich für die philosophischen Lehren von Leibniz und verbrachte deshalb anschließend an die Basler Jahre einige Zeit in Marburg bei Christian Wolff (1735 bis 1738) (Abb. 4.56b), die Newton'sche Welt blieb ihm fremd. Daniel Bernoulli, der ein ausgezeichnetes Urteilsvermögen hatte,[181] schätzte beide Personen ganz unterschiedlich ein. Anfang 1745 schrieb er an Euler über Basler Diskussionen mit Maupertuis:

> „Mit mir hat er etliche Mal von seiner Methode de Minimums crepusculis [von der kürzesten Dämmerung] disputiert und vermeinte eine radialem reales [wirkliche Lösung] gefunden zu haben, ... doch habe ich ihn niemals recht verstehen können."

Koenig wurde von Bernoulli günstiger beurteilt, indem er bemerkte, dass dieser beim Vater studiert hatte und „sehr weit gekommen sei" (Brief an Euler vom

---

[180] „Festrede", in: Sitzungsberichte der Königlich Preußischen Akademie der Wissenschaften 1898, S. 51–76, Zitat S. 64.

[181] Bei Urteilen über d'Alembert und dessen Arbeiten war Daniel Bernoulli allerdings voreingenommen (wobei Euler hier jedoch dem Freund Bernoulli folgte).

Abb. 4.56 a Der Wolffianer Johann Samuel Koenig (1712–1757), **b** Gedenktafel für den Philosophen Christian Wolff in seiner Geburtsstadt Breslau (Wrocław), von der Universität Wrocław gestiftet

4. Juni 1735); nach D. Bernoullis Eintreffen in Basel 1733 war auch er Lehrer von Koenig gewesen. Eine von Koenig an ihn geschickte und dann in den *Acta eruditorum* veröffentlichte Sammlung von Problemen sah er als profund an. Während man Maupertuis 1731 zum „pensionaire géometrè" der Pariser Akademie (Empfänger eines Jahresgehaltes) wählte und dieser später sogar Präsident der Berliner Akademie (1746) wurde, überging man Koenig bei Bewerbungen trotz sehr guter Beurteilungen zweimal. Er fand schließlich in den Niederlanden (1744) ein Auskommen. In diesen unterschiedlichen Lebensläufen lagen erste Wurzeln für den späteren Zwiespalt. Maupertuis wusste von der schwierigen Karriere Koenigs, und er förderte ihn deshalb, aber er sprach gönnerhaft Koenig beständig als „Mon pauvre ami" (Mein armer Freund) an. Zu Euler scheint Koenig von Anfang an ein gespaltenes Verhältnis gehabt zu haben. Gründe hierfür sind nicht bekannt. Eulers Ablehnung von Leibniz reichte dafür kaum aus, und Eulers anfängliches Bemühen um Koenigs Fortkommen ließ andere Beziehungen erwarten.

Maupertuis (Abb. 4.57) war eine der bemerkenswerten wissenschaftlichen Größen seines Jahrhunderts, nicht nur durch seine wissenschaftlichen Leistungen als vielmehr durch seinen Sinn für die wissenschaftlichen Erfordernisse seiner Zeit und durch die Kraft seiner Darstellungs- (auch Selbstdarstellungs-) und Organisationsgabe, und das nicht zuletzt durch sein einflussreiches Amt als Präsident der Berliner Akademie. In der spekulativen, aber kritischen Philosophie des René Descartes (1596–1650) (Abb. 4.58b) aufgewachsen, war Maupertuis nach England gegangen und kehrte von dort als begeisterter Anhänger der rationalen Newton'schen) (Abb. 4.58a) Physik zurück, die auf Beobachtung und Experiment beruhte. Das, was die Engländer erst Jahrzehnte später taten, vollzog er bereits 1729 bei Johann I Bernoulli: Er studierte die Leibniz'sche Analysis. Denn ohne diese neue Analysis

Abb. 4.57 Pierre Louis Moreau de Maupertuis, der Erdabplatter („le grand aplatiseur"), im Polarkostüm, das an seine Lapplandreise erinnern soll; die unten angefügte Szene zeigt ihn im Schlitten in Lappland. Einer der verbreiteten Kupferstiche, der das Frontispiz seines berühmten Buches *La Figure de la Terre* (Die Figur der Erde, Paris 1738) zur Vorlage hatte. Die hier unleserliche Inschrift hinter dem Rentierschlitten ist von Voltaire, siehe dazu Abb. 4.2 und Abschn. 4.13.6

Abb. 4.58 a Isaac Newton (1643–1727) und **b** René Descartes (1596–1650)

konnte man die Tragweite des Newton'schen Systems nicht ermessen, was in erster Linie Eulers Arbeiten belegten. Maupertuis – und das ist sehr bemerkenswert – verband die neuesten physikalischen Theorien, die er in England gelernt hatte, mit dem Studium der fortgeschrittensten kontinentalen Mathematik bei Johann I Bernoulli. Maupertuis' geistige Beweglichkeit und Aufnahmefähigkeit wiesen ihn als ein typisches Kind es 18. Jahrhunderts aus. Aber ebenso wenig wie das Jahrhundert der Aufklärung, so war auch Maupertuis nicht auf eine einfache Formel zu reduzieren. Spannungen, die zwischen Newton'scher Mechanik, Fermat'schen optischen Auffassungen sowie Leibniz'scher Analysis bestanden, versuchte Maupertuis auszugleichen. Das Prinzip der kleinsten Aktion, von Maupertuis in seiner Tragweite überschätzt, ist ein bemerkenswertes Ergebnis dieser Bemühungen, aber zunächst ist es bedeutend, dass Maupertuis überhaupt eine solche Größe suchte.

Maupertuis' Anspruch war keineswegs bescheiden, denn er wies damit alle bisherigen Gottesbeweise zurück, da diese aus Wundern begründet werden, die gegenüber den allgemeinen Gesetzen, die Gottes Pläne veranschaulichen, kleine Einzelheiten seien.[182] Die allgemeinen Gesetze hätten zudem auch die Gewissheit der Mathematik für sich, da sie in deren Sprache formuliert seien. Die Allgemeinheit des Prinzips belegt er durch Beispiele, nämlich durch das Gleichgewicht beim Hebel und den elastischen sowie unelastischen Stoß. Letztere sind fundamental in der klassischen Mechanik. Aber der unelastische Stoß war fehlerhaft behandelt, das Gleichgewicht am Hebel bestimmte den Drehpunkt des Hebels und nicht die Gleichgewichtsbedingung. Die Aktion, die minimal sein sollte, war nicht einheitlicher Natur, sondern im Einzelnen a posteriori so konstruiert, dass Minimalität erschien. Schließlich wies Matthias Schramm (1928–2005) in seinem vorzüglichen Buch *Natur ohne Sinn* (Graz 1985) auf die unterschiedlichen Auffassungen hin, die bei Euler und Maupertuis in dem Prinzip stecken.[183] Die angeführten Mängel wurden bereits 1749 in einer Abhandlung des Chevalier Patrick d'Arcy (1725–1779) kritisch erörtert, die er der Pariser Akademie vorlegte, aber diese Einwände blieben weitgehend unbeachtet, erst Samuel Koenig brachte die Sache ins Laufen.

Zunächst hatte aber Maupertuis mit seinen Landsleuten Schwierigkeiten, als er die Franzosen zur Newton'schen Physik bekehren wollte. Gegenüber allen glänzenden Erfolgen des Newtonschen Systems hatten die Anhänger der Descartes'schen Philosophie einen schwerwiegenden Einwand: Wieso sollten sich die passiven und trägen Teile der Materie untereinander anziehen? In der Fernwirkung der Gravitation durch den leeren Raum, die die Nachfolger Newtons seit Roger Cotes (1682–1716) als Eigenschaft der Körper betrachteten, sah man überwundene mystische Gedanken der Alchemie wieder aufleben. In der Descartes'schen Physik war der Raum zwischen den Körpern mit einer feinen Substanz, dem Äther, ausgefüllt, und die mechanischen Kräfte ergaben sich aus Druck und Stoß

---

[182] „Examen philosophique de la preuve de 'existence de dieu", in: *Mémoires Berlin* 12 (1756), S. 389–421; der erste Teil ist mit „Sur l'Evidence & la Certitude Mathématique" (Über Beweise und mathematische Gewissheit) überschrieben.

[183] *Natur ohne Sinn*, S. 92.

4.13 Der Streit um das Prinzip der kleinsten Aktion

der kleinsten undurchdringlichen Materieteilchen, also aus unmittelbar Kontakten bzw. Nahwirkungen. Dieses Bild, eine Konsequenz der Descartes'schen Auffassung, was ein Körper sei, schien dem mechanischen Denken „anschaulicher" und einleuchtender zu sein, und die mit der Undurchdringlichkeit (Impenetrabilität) herbeigezauberten Kräfte waren nicht scholastisch.

Euler teilte in vielen Punkten diese Ansichten, ohne sie sich jedoch völlig zu eigen zu machen.[184] Es ist bei der ausgezeichneten Rolle von Druck und Stoß nahe liegend, dass Euler neben der Descartes'schen Auffassung eine eigene, mathematisch fundierte Stoßtheorie entwickelte.[185] Er veröffentlichte hierzu in den Jahren 1738–1746 wesentliche Arbeiten, denen 1770–1772 weitere folgten. Euler war stetes ein Anhänger der Nahwirkung. In den „Recherches sur les plus grand et les plus petits qui se trouvent dans les actions des forces" (Untersuchungen über das Größte und das Kleinste, das sich in den Aktionen der Kräfte findet; E 145, EO II/5) sagte er, es sei unverständlich, dass sich zwei getrennte Körper durch eine unbekannte Kraft anziehen sollten. Eulers Welt war mit Materie (und Äther) völlig ausgefüllt, sodass sich kein Körper bewegen könne, ohne auf einen anderen zu stoßen, der undurchdringlich sei. Man müsse sich für die Nahwirkungstheorie entscheiden. Euler akzeptierte zwar die formale Gültigkeit des sich glänzend bewährenden Gravitationsgesetzes von Newton, aber keinesfalls eine mit Hilfe der Fernwirkung gegebene Begründung.

Die Entwicklung war hier anders verlaufen, als man es sich erhofft hatte: Die erste exakt beschreibbare Naturkraft (Gravitation) war nicht durch Druck und Stoß erklärbar, und Newton war sich dieser Tatsache wohl bewusst und machte sich Gedanken über die „wahre" Natur der Gravitation, die er allerdings nicht veröffentlichte.[186] Vermutlich war auch er durch die Alchemie und deren „Fernwirkungen" angeregt worden. Newton griff dabei offenbar auch auf den mechanisch „anschaulichen" Äther zurück und versuchte damit selbst physiologische Vorgänge zu begründen. Seine Bemühungen fasste er schließlich in dem bekannten Satz („Scholium generale") zusammen:

> „Ich habe noch nicht dahin gelangen können, aus den Erscheinungen den Grund dieser Eigenschaften der Schwere abzuleiten, und Hypothesen erdenke ich nicht [hypotheses non fingo] ... Es genügt, daß diese Schwere existiere, daß sie nach den von uns dargestellten Gesetzen wirke und daß sie alle Bewegungen der Himmelskörper und des Meeres zu erklären imstande sei."[187] – *Principia*, 1726

---

[184] Man vergleiche z. B. den 77. Brief in den *Lettres* (E 343) vom 18. November 1760.
[185] Eine völlig befriedigende physikalische Stoßtheorie gibt es bis heute nicht.
[186] In der Teilchenphysik stellen sich heute ähnliche transzendente Probleme, wenn man sich z. B. der Teleportation zuwendet.
[187] „Rationem vero harum Gravitatis proprietatum ex Phænomenis nondum potui deducere, &. Quicquid enim ex Phænomenis non deducitur, *Hypothesis* vocanda est; & Hypotheses seu Meta *Hypotheses non fingo* physicæ, seu Physicæ, seu Qualitatum occultarum, seu Mechanicæ, in *Philosophia Experimentali* locum non habent. In hac Philosophia Propositiones deducuntur ex Phænomenis, & redduntur generales per Inductionem. Sic impenetrabilitas, mobilitas, & impetus corporum & leges motuum & gravitatis innotuerunt. Et satis est quod Gravitas revera existat, & agat secundum leges a nobis expositas, & ad corporum cælestium & maris nostri motus omnes sufficiat." – Übersetzung von J. P. Wolfers, Berlin 1872.

Newtons Gegner in Frankreich glaubten, ein unwiderlegbares Argument gegen dessen Theorie zu besitzen. An seiner Stichhaltigkeit konnte kein Zweifel bestehen, da Newton mit eigenen Waffen geschlagen werden sollte, denn er hatte aus seiner Theorie gefolgert, dass die Erde an den Polen abgeplattet sei. Bereits im 17. Jahrhundert war entdeckt worden, dass die Erde keine exakte Kugelgestalt haben könne, und französische Messungen ließen auf eine Zuspitzung an den Polen schließen, also auf eine zitronenförmige Erdgestalt. Allein, Newtons Anhänger wiederum konnten die Gültigkeit dieser Behauptung mit Recht infrage stellen, da die gemessenen Entfernungen für genaue Aussagen zu gering gewesen waren. Von der Antwort auf die Frage der Erdgestalt hing viel für die Gültigkeit der neuen Mechanik Newtons ab. Diese damals außerordentlich brennende Frage, die nicht nur die Gestalt unseres Wohnplatzes ermitteln sollte, sondern die zwangsläufig auch die wichtige Navigationstechnik betraf, war ein Hauptinteressengebiet von Maupertuis, und er machte sich zum Sprecher einer Gruppe von „jeunes loups" (junge Wölfe), die gegen die konservative Mehrheit der Pariser Akademie, die „vieux lions" (alte Löwen) agierte und die tatsächlich erreichte, dass 1735 eine Expedition zum Äquator nach Peru zur Klärung der Frage geschickt wurde. Allerdings sollte nicht Maupertuis, sondern sein Freund Charles Marie de la Condamine (1701–1774) sie leiten, der dem Angebot auch nachkam (Abb. 4.59).

Im Jahre 1736 setzte jedoch der tatkräftige Maupertuis durch, dass auch er – der noch nie ein astronomisches Instrument benutzt hatte (wie später der ungarische Astronom Franz von Zach, 1754–1832, spöttisch urteilte) – eine Expedition zur Meridianmessung nach Lappland, also in Polnähe, ausgerüstet erhielt. Dieser Expedition gehörten u. a. der Mathematiker Alexis Claude Clairaut (1713–1765) und der Physiker Anders Celsius (1701–1744) an. Die Lapplandreise zeigt Mau-

Abb. 4.59 Denkmal für die Erdvermesser (Äquatormonument) in San Antonio in Pichincha (Ecuador)

4.13 Der Streit um das Prinzip der kleinsten Aktion   405

pertuis' praktische Fähigkeit, sofort mit der Planung eines solchen Unternehmens zu beginnen, sowie sein Geschick, eine Expedition auf die Beine zu stellen und sie trotz aller Widrigkeiten schnell auszuführen. Diese lappländische Expedition, teilweise eine Odyssee, wurde jedoch ein voller Erfolg.[188] In Verbindung mit der großen peruanischen Gradmessung von 1736 bis 1742, von der Pierre Bouguer (1698–1758) als Erster mit Newtons Theorie bestätigenden Ergebnissen 1739 zurückkehrte, führte sie dazu, dass Frankreich einhellig die Lehrmeinung wechselte, und Newtons Physik drang nun bis in die Salons. Der (spätere) Graf Algarotti (1712–1764) schrieb sogar ein Buch *Newtonianismo per le dame* (Newtons Lehre für die Damenwelt erklärt, 1739), das in der französischen Bearbeitung folgende galante Veranschaulichung des Gravitationsgesetzes enthielt, die an Monsieur gerichtet war:

> „Ich bin versucht zu glauben, dass wir in der Liebe diesem Gesetz der Quadrate in Bezug auf Orte oder eher in Bezug auf Zeiten folgen; So ist nach acht Tagen Abwesenheit die Zärtlichkeit vierundsechzigmal geringer als am ersten Tag, und im Verhältnis dazu sind wir davon fast vollständig beraubt.»[189]

Es gab auch eine Auflage, in der das Gravitationsgesetz etwas anders veranschaulicht wurde.[190]

Newton war bestätigt worden, und Maupertuis wurde in Frankreich sein Prophet (genauer: Maupertuis hielt sich dafür). Ebenso geschickt, wie er die Reise organisiert und durchgeführt hatte (von der er angeblich zwei hübsche Lappinnen als Souvenier mitbrachte), propagierte Maupertuis nun deren Ergebnisse. So brach er die anfängliche Gleichgültigkeit gegenüber seinem Unternehmen, wurde 1742 korrespondierendes Mitglied der Académie des Sciences in Paris und schließlich 1743 sogar unter die 40 Unsterblichen der Académie française aufgenommen.

4.13.2 Koenigs Eingreifen

Nach seiner Lapplandreise war Maupertuis auch Gast der Marquise Gabrielle Émelie du Châtelet (1706–1749), die Newtons *Principia* ins Französische übertrug. In ihrem Landsitz in Cirey in der Champagne versammelte sich ein intellektueller Kreis, zu dem neben Naturwissenschaftlern wie Johann II Bernoulli (1710–1790) und Alexis Clairaut auch Voltaire gehörte und schließlich Samuel Ko-

---

[188] Heute überzeugen die Maupertuis'schen Messergebnisse zwar nicht völlig, jedoch ist ihre Bedeutung beim Wandel der physikalischen Anschauungen unbestritten.

[189] « J'ai quelque tentation de croire que dans l'amour on suit cette Loi des carrés à l'egard des lieux, ou plutôt à l'egard des tems; ainsi après huit jours d'absence la tendresse de vient soixante quatre fois moindre qu'elle ne l'ecrit le premier jour, & la proportion veut qu'on s'en soit presqu'enteriement dépouillé. » – *Le Newtonianismus pour les dames*, übers. de Castera. Paris 1738, S. 213.

[190] „Die Liebe eines Liebhabers nimmt ab wie der Kubus der Entfernung von seiner Mätresse und wie das Quadrat der Länge seiner Abwesenheit."

enig. Der schottische Historiker Thomas Carlyle (1795–1881) gab in seiner Geschichte Friedrichs II. folgenden Bericht über die bewegte Gesellschaft in Cirey,[191] der auf Voltaires Werken beruhte:

> „Maupertuis is well known at Cirey; such a lion could not fail there. … Madame, who indeed has had her own private Professor of Mathematics; one Koenig from Switzerland (recommended by those Bernoullis [no: by Maupertuis]), diligently teaching her the Pure Sciences this good while back, not without effect. ‚A bon garçon‘, Voltaire says; though otherwise, I think, a little noisy on occasion. There has been no end of Madame's kindness to him, nay to his Brother and him, and I grieve to report that this heedless Koenig has produced an explosion in Madame's feelings, such as little beseemed him.[192]
>
> On the road to Paris, namely, as we drove hitherward to the Honsbruck Lawsuit by way of Paris, in Autumn last [1739], there had fallen out some dispute, about the monads, the vis viva [kinetic energy], the infinitely little, between Madame and Koenig; dispute which rose crescendo in disharmonious duet, and ‚ended‘, testifies M. de Voltaire, ‚in a scene tres des agreeable.‘ Madame, with an effort, forgave the thoughtless fellow, who is still rather young, and is without malice. But thoughtless Koenig, strong in his opinion about the infinitely little, appealed to Maupertuis: ‚Am not I right, Monsieur?‘ ‚He is right beyond question!‘ wrote Maupertuis to Madame; ‚somewhat dryly,‘ thinks Voltaire: and the result is, there is considerable rage in one celestial mind ever since against another male one in red wig and yellow bottom; and they are not on speaking terms, for a good many months past. Voltaire has his heart sore about it, needs to double-dose Maupertuis with flattery; and in fact has used the utmost diplomacy to effect some varnish of a reconcilement as Maupertuis passed on this occasion." ‚Maupertuis had come to us to Cirey, with Jean [II] Bernoulli,‘ says Voltaire; ‚and thenceforth Maupertuis, who was born the most jealous of men, took me for the object of this passion, which has always been very dear to him."[193]

Die Wege der kleinen Reisegesellschaft trennten sich. Über den Konkurrenten Voltaire hatte sich Koenig abfällig geäußert,[194] im Jahr darauf (1741) überwarf sich Koenig auch mit der Marquise; man weiß nicht, ob es Honorarfragen waren oder ob es aus wissenschaftlichen Differenzen geschah. Die verheiratete Marquise war eine unabhängige und intellektuell selbständige Frau. Sie wechselte ihre Liebhaber, darunter auch Voltaire, und schreckte nicht zurück, Leonhard Euler zu kritisieren (Brief vom 30. Mai 1744).[195] Insofern dürfen wir annehmen, dass sie sich auch dem jungen und unverheirateten Koenig gegenüber souverän verhielt. Koenig ging schließlich wieder nach Bern, wo er sich politisch betätigte, sodass er 1744

---

[191] *History of Friedrich II of Prussia, Called Frederick the Great*. Leipzig 1865; auch online im Projekt Gutenberg.

[192] Bei D. Speiser, „Maupertuis", in: *Maupertuis. Eine Bilanz nach 300 Jahren*, ed. H. Hecht. Berlin: 1999, S. 341–362, finden sich auf S. 351 weitere Sachverhalte, die eine Seite von Koenigs Charakter zeigen, insbesondere in einem Brief Voltaires an Joh. Bernoulli vom 30. 01. 1740.

[193] Aus *Œuvres de Voltaire,* Vols. ii. S. 126, lxxii., S. 20, 216, 230; lxiii., S. 229–239 (nach Carlyle zitiert).

[194] Siehe die Wiedergabe in Delambre, *Histoire de l'Astronomie moderne*, Vol. 1, S. 390.

[195] Voltaire beschrieb „l'immortelle Émilie" auch so: „Son esprit est très-philosophe/Mais son cœur aime les pompons" (Ihr Verstand ist sehr philosophisch/Aber ihr Herz liebt Pompons [Flitter].)

4.13 Der Streit um das Prinzip der kleinsten Aktion

für zehn Jahre aus der Stadt verbannt wurde. Auf Fürsprache des einflussreichen Albrecht von Haller (1708–1777) erhielt er eine Professur im friesländischen Franeker in den Niederlanden (4. September 1744); später schloss er sich dem Prinzen von Oranien an und wurde dessen Bibliothekar (21. November 1748) und nahm schließlich eine Professur im Haag wahr (12. Mai 1749).

Koenigs 1744 in Franeker gehaltene Antrittsrede „De optimis Wolfiane et Newtonianae philosophiae methodis earumque consensus" (Über die Methoden der Wolf'schen und Newton'schen Philosophie und deren Übereinstimmung), die für uns interessant werden wird, wurde 1749 gedruckt. Koenig gab zunächst einen Überblick über die Geschichte der Philosophie und bemerkte, dass man hier Kritik benötige, die er dann reichlich selbst übte. Er führte entsprechende Ideen bei Leibniz auf Anregungen durch die Optik zurück. Koenig verwies darauf, dass Leibniz seine eigenen Erfindungen stets zu gering schätzte und erst Wolff die Leibniz'schen Ausführungen zusammengefasst habe. Dann wandte er sich Maupertuis zu.

Maupertuis suchte jedoch, wie Platon (429?–348 v. Chr.) im *Phaidon* oder Leibniz mit seiner „characteristica generalis" (allgemeine Charakteristik; d. h. eine wissenschaftliche Begriffsschrift) vor ihm und Albert Einstein (1870–1955) sowie Werner Heisenberg (1901–1976) nach ihm, eine „Weltformel", ein allgemeines metaphysisches Prinzip, das die (physikalischen) Gesetze der Welt in sich vereinen sollte. Zu den ersten Arbeiten Maupertuis' gehört auch eine über Extrema „Sur une question de maximis et minimis" (Über eine Frage der Maxima und Minima, 1726), der lediglich eine Abhandlung über die Form von Musikinstrumenten vorangegangen war (1724). Extremales Denken gab es also von Anfang an bei Maupertuis. Das Prinzip, das Maupertuis formulierte und bei Antritt seiner Präsidentschaft in Berlin in der Arbeit „Les Lois du Mouvement et du Repos déduites d'un Principe Metaphysique" (Die Gesetze der Bewegung und Ruhe aus einem metaphysischen Gesetz [Grundsatz] abgeleitet, 1746)[196] niederlegte, verlangte schließlich das Minimum einer bestimmten Größe (der Aktion) für *alle* (mechanischen) Naturvorgänge.

Im Jahr 1748 hatte nun Koenig eine Arbeit bei den *Acta eruditorum* in Leipzig eingereicht, die den Titel „De universali principio aequilibrii et motus, in vi viva reperto, deque nexu inter vim vivam et actionem, utriusque minimo, dissertatio" (Das universelle Prinzip des Gleichgewichts und der Bewegung, das in der kinetischen Energie gefunden wird, und vom Verhältnis dieser [kin. Energie] und der Aktion) trug (Abb. 4.60). Koenig betonte als Leibnizianer die Rolle der kinetischen Energie („vis viva") beim Gleichgewicht, was ihn in Gegensatz zu Maupertuis brachte. Koenig lernte nach eigenen Worten im Juni 1749 [sic!] das Maupertuis'sche Prinzip kennen.[197]

---

[196] *Mémoires Berlin* 2 (1746) 267–294, „principe general" S. 290 = EO II/5, S. 282–302, „principe" S. 298.

[197] Die Aktion hatte Maupertuis schon in seiner Arbeit „Accord de différentes lois" (1744) definiert (S. 423 = EO II/5, S. 279).

a

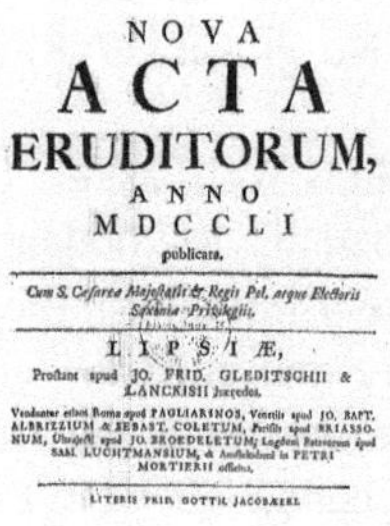
NOVA
ACTA
ERUDITORUM,
ANNO
MDCCLI
publicata.
LIPSIÆ,

b

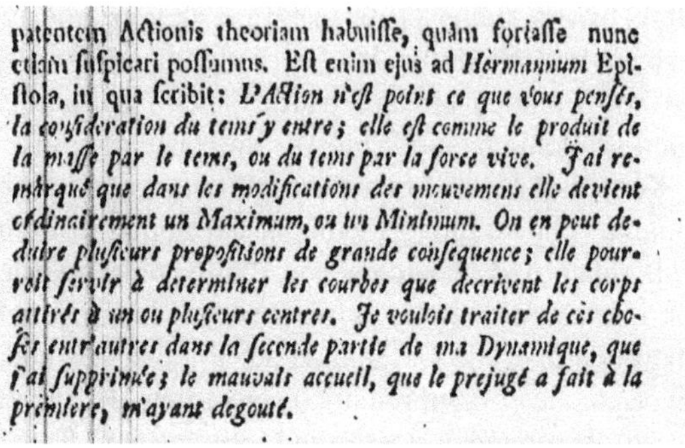
patentem Actionis theoriam habuisse, quam forsasse nunc
etiam suspicari possumus. Est enim ejus ad Hermannum Epi-
stola, in qua scribit: L'Action n'est point ce que vous pensés,
la consideration du temps y entre; elle est comme le produit de
la masse par le tems, ou du tems par la force vive. J'ai remarqué que dans les modifications des mouvemens elle devient
ordinairement un Maximum, ou un Minimum. On en peut de-
duire plusieurs propositions de grande consequence; elle pour-
roit servir à determiner les courbes que decrivent les corps
attirés à un ou plusieurs centres. Je voulois traiter de ces choses entr'autres dans la seconde partie de ma Dynamique, que
j'ai supprimée; le mauvais accueil, que le prejugé a fait à la
premiere, m'ayant degouté.

Abb. 4.60 **a** Titelblatt der Nova Acta eruditorum für 1751 und **b** die letzten Zeilen der Arbeit von Koenig im Märzheft der Nova Acta eruditorum für das Jahr 1751, die den Leibniz-Brief betreffen

Koenig, der bisher Maupertuis gepriesen und sogar dessen Buch über die Erdgestalt mit einer Widmung an Friedrich II. ins Deutsche übertragen hatte, wurde daraufhin von dem alten Studienkollegen Maupertuis im September 1749 in die Berliner Akademie aufgenommen. Koenig zog die kritische Arbeit von 1748 daraufhin wieder zurück, um sie (bereinigt?) bei seinem Vorstellungsbesuch als neues Akademiemitglied in Berlin im September 1750 dem Präsidenten vorzulegen. Aber Maupertuis fühlte sich bereits dadurch belästigt, dass der ehemalige Hauslehrer der Marquise mit ihm nicht nur häufig, sondern auch auf Augenhöhe sprechen wollte. Genervt befürwortete Maupertuis den Druck der Abhandlung, die er nicht gelesen hatte, da er sie für belanglos hielt. Bei diesen Gesprächen war übrigens Francesco Graf Algarotti (1712–1764), seit 1747 Ehrenmitglied der Akademie, zugegen; Carlyle bezog sich auf Algarotti und berichtete über den exaltierten Präsidenten: „ … worauf Maupertuis von seinem Stuhl sprang, heftig stampfend, und Pirouetten im Zimmer drehte. Maupertuis weigerte sich absolut, sich [Koenigs Abhandlung] anzusehen: Veröffentliche dann, dort, hier, überall, im Namen des Teufels und seiner Großmutter, und dann ist Schluss.“[198] Was für ein folgenreicher Irrtum des Präsidenten!

Später, als es in einem anderem Gespräch um den Prioritätsstreit zwischen Leibniz und Newton ging, erklärte Maupertuis, dass Leibniz ein Plagiator sei, dem

[198] „… upon which Maupertuis sprang from his chair, violently stamping, and pirouetted round the room. Maupertuis absolutely refused to look at [Koenig's paper]: Publish then, there, here, everywhere, in the Devil's and his Grandmother's name, and then there is an end.“ – Carlyle, *History of Friedrich II of Prussia*. Leipzig 1865, Vol. 9, S. 21. Koenig gibt den Hergang auf den ersten Seiten seines *Appel au public* (1752) etwas anders an, indem er noch einen Briefwechsel mit Maupertuis einschiebt, in dem ihn Maupertuis zur Publikation ermutigte und erst dann unfreundlich wurde, als Koenig kein Original des Leibniz-Briefes beibringen konnte. Übrigens brachten die Berliner *Mémoires* im Band für 1749 noch eine algebraische Arbeit von Koenig, die dieser 1750 einreichte (Brief an Formey vom 4. Oktober 1750); die Daten sind nicht ungewöhnlich, auch E 171 wurde erst 1750 der Akademie vorgelegt.

4.13 Der Streit um das Prinzip der kleinsten Aktion

man auch Fälschungen zutrauen könne. Das war ein weiterer furchtbarer Fehler, denn jetzt standen bei dem Leibniz-Verehrer Koenig die Zeichen auf Sturm, sodass er aufgebracht den Präsidenten mit „Mon pauvre ami" anredete! In Ungnade entlassen, reiste Koenig tief gekränkt ab.

1751 erschien Koenigs Arbeit im Märzheft der viel beachteten *Nova Acta eruditorum*. Neben Einwänden, nämlich dass Maupertuis' Prinzip falsch sei, die Beispiele unpassend und die Beweise nicht überzeugend, sowie einem eigenen Prinzip von Koenig enthielt die Arbeit am Schluss die brisante Mitteilung, dass bereits Leibniz in einem Brief ein solches Prinzip ausgesprochen habe – und zwar in richtiger Form![199] In welche Stimmung diese Arbeit den ebenso cholerischen wie ehrgeizigen Maupertuis versetzte, das kann man sich unschwer vorstellen. Maupertuis explodierte, als er Koenigs Einwände hörte. Das Drama konnte beginnen. „Nun war Feuer im Dach bei Maupertuis. Wie! Der Plagiator Leibniz will aus dem Grab heraus auch ihn, den zweiten Newton, um die größte Entdeckung des Jahrhunderts bestehlen?" vermerkte der Euler-Biograph Otto Spiess (1878–1966), und er hob die wesentliche Seite der Maupertuis'schen Betroffenheit heraus.[200] Es war nicht so sehr die Kritik am Prinzip, sondern der Gegensatz zu Leibniz. Für Maupertuis war überraschend, dass sein philosophischer Gegner mit der gänzlich anders gearteten Weltansicht das gleiche Prinzip besessen haben sollte. Euler, obwohl als Bernoulli-Schüler im mathematischen Geist von Leibniz aufgewachsen, stand hier philosophisch am anderen Ufer, denn ihm widerstrebte der Leibniz'sche Freiheitsbegriff.

Voltaire, der ebenfalls Newton'sche Ideen in Frankreich verbreitete, besang zunächst Maupertuis und verglich ihn mit Archimedes (287?–212 v. Chr.) und Christoph Kolumbus (1446?–1506). Friedrich II. wurde auf den geistreichen Maupertuis 1738 durch Voltaire aufmerksam gemacht und sah in ihm, der auch der alten Berliner Societät angehörte, den geeigneten Präsidenten für seine Akademie. Das war in der Tat eine glückliche Entscheidung, denn Maupertuis verstand es, bedeutende Gelehrte für die Akademie zu gewinnen. Außerdem repräsentierte der weltmännische Franzose das wissenschaftliche Unternehmen im friderizianischen Sinn. Allerdings währte das öffentliche Interesse an Maupertuis' Verdiensten nicht ewig, denn auch die andere Expedition kehrte aus Peru mit Ergebnissen zurück. Der stets um Aufmerksamkeit heischende Maupertuis, der „ständig vom Pol zurückkehrte", sollte zwei Übeln erliegen, die er seiner Expedition verdankte: der Schwind- und der Ruhmsucht.

Maupertuis war übrigens anfänglich ein Gegner philosophischer Systeme, die er nicht nur als Hindernis, sondern mehr noch als schädlich für den Fortschritt der Wissenschaft ansah. Er hatte als reiner Empirist begonnen, mit anderen Worten, für ihn machten nur Wahrnehmungen das Wissen aus. Mithin konnte es kein

---

[199] David Speiser verwies darauf, dass auch Koenigs Argumente letztlich nicht stichhaltig sind. Wir gehen darauf gleich ein.
[200] *Leonhard Euler*. Frauenfeld 1929, S. 128.

absolut sicheres Wissen geben, und das traf selbst auf die Mathematik zu. Aber Betrachtungen über die festen Körper führten Maupertuis schließlich zu einer Hierarchie derer Eigenschaften. Dieses System wurde von Ausdehnung und Undurchdringlichkeit dominiert, aus der die restlichen Qualitäten wie Beweglichkeit und schließlich auch Form und Farbe folgten (was auch John Locke [1632–1704] als sekundäre Qualitäten angesehen hatte). Für Maupertuis stellte sich aber damit die Frage, wie Gravitation in dieses System einzuordnen wäre: die Newton'sche Fernwirkung der Gravitation als „monstre métaphysique" (1732) oder die Nahwirkungshypothese, die dann anstelle der Cartesischen Wirbel gelten sollte. Die Beantwortung dieser Frage brachte ein philosophisches System hervor, das Maupertuis gegenüber dem Newton'schen System als überlegen betrachtete – der Prophet Newtons wurde zu dessen Opponenten!

Nachdem der Lärm des Streites sich um 1753 gelegt hatte, versuchte Maupertuis, sich sachlich mit der geübten Kritik, die nicht nur von Koenig gekommen war, auseinanderzusetzen.[201] Blicken wir etwas genauer auf den Streit.

4.13.3 Maupertuis' Arbeiten zum Prinzip

Die Vierziger- und Fünfzigerjahre des 18. Jahrhunderts standen im Zeichen intensiver Grundlagenforschung auf mechanischem Gebiet, geführte von Leonhard Euler, Daniel Bernoulli und Jean le Rond d'Alembert, zu denen sich später Joseph-Louis Lagrange (1736–1813) gesellte. Man bemühte sich, die reichhaltigen Ergebnisse zu systematisieren, aber man stritt dabei auch über die Grundlagen. Trotz der großen praktischen Erfolge war kein einzelnes Prinzip bekannt, aus dem man die Grundsätze der Mechanik hätte sicher ableiten können. Maupertuis' Absichten waren höher angesetzt, denn er suchte übergreifende Prinzipien für das gesamte Naturgeschehen. Die Rechtfertigung solcher Grundsätzen war eine Sache der Metaphysik.[202]

Maupertuis hatte 1740 in den *Mémoires* der Pariser Akademie eine Arbeit „Loi du repos des corps" veröffentlicht, in der er zeigte, dass ein gewisses System von Massenpunkten im Gleichgewicht ist, wenn die Summe bestimmter Produkte minimal (stabile Lage) oder maximal (labile Lage) ist: Auf das System von Massen M wirken Kräfte von einem Zentrum C, wobei die jeweiligen Kräfte proportional der n-ten Potenz des Abstandes z der Körper vom Zentrum sein mögen (Gravitationsfall für $n=-2$). Wenn sich die Massen $M, M', M'' \ldots$ in Punkten $F, F', F'', \ldots$ mit den Abständen $z, z', z'', \ldots$ vom Zentrum C befinden, so ergeben

---

[201] D'Arcy, „Réflexions sur le principe de M. de Maupertuis", *Mémoires Paris* 1749; Réplique à un mémoire de M. de Maupertuis", *Mémoires Paris* 1752.

[202] In der Evolutionstheorie, in der es um komplexe biologische Zusammenhänge geht, ist es noch heute üblich, mit zielgerichteten Vorgängen (Zwecken) zu argumentieren.

4.13 Der Streit um das Prinzip der kleinsten Aktion

sich die Kräfte fMz^n, $f'M'z'^n$, $f''M''z''^n$ ..., und Maupertuis verlangte, dass nach dem Prinzip der virtuellen Verrückung[203]

$$[\mathrm{d}E_{\mathrm{pot}}=]\sum fMz^n\mathrm{d}z = fMz^n\mathrm{d}z + f'M'z'^n\mathrm{d}z + f''M''z''^n\mathrm{d}z + ... = 0$$

bzw

$$=\frac{1}{n+1}\frac{\mathrm{d}}{\mathrm{d}z}\sum fMz^{n+1}=0$$

gilt. „D'où l'on voit que

$$[E_{\mathrm{pot}}=]\sum fMz^{n+1}\mathrm{d}z = fMz^{n+1}\mathrm{d}z + f'M'z'^{n+1}\mathrm{d}z + f''M''z''^{n+1}\mathrm{d}z + ... = 0$$

étoit un Maximum ou un Minimum." (Hieraus [aus den angegebenen Formeln] sieht man, dass E_{pot} ein Maximum oder ein Minimum ist.) Maupertuis schloss auf das Vorhandensein eines Minimums, obwohl das Gesetz der Ruhe bzw. das Verschwinden von $\mathrm{d}E_{\mathrm{pot}}=0$ mathematisch nur eine notwendige Bedingung für ein Extremum von E_{pot} liefert. Als Beispiel gab Maupertuis das Gleichgewicht eines (Winkel) Hebels an; Euler leitete später hieraus auch den Satz vom Kräfteparallelogramm und die Gesetze der schiefen Ebene her („Harmonie entre les princips", Übereinstimmung zwischen den Prinzipien; E 197; 1753). Zunächst beschäftigte sich jedoch Euler mit dieser Thematik in zwei Arbeiten,[204] die den Potenzialbegriff entwickelten (einen „herrlichen Grundsatz" sagte er in der „Anleitung zur Naturlehre", E 842).

Durch dieses Extremalkriterium der Statik angeregt, versuchte Maupertuis eine Übertragung der teleologischen Sicht auf dynamische Probleme. Er ging 1744 von dem bekannten Fermat'schen Prinzip des kürzesten Lichtweges bzw. der schnellsten Ankunft (1629) aus, fasste im Newton'schen Sinne Licht als Korpuskeln auf und errechnete für die Lichtausbreitung bei Brechung oder Spiegelung, dass die Größe mvs (m Masse, v Geschwindigkeit, s Weg), die Leibniz die „Aktion" genannt hatte, minimal sei. Er kam für die Berechnung von den falschen physikalischen Vorstellungen der Newton'schen Schule (über die Lichtgeschwindigkeit bezügliche der Dichte des Mediums) kraft des berühmten klügeren Bleistiftes sogar zum richtigen Resultat![205] Maupertuis fand, dass Licht in allen Fällen (d. h. bei der behandelten Spiegelung und Brechung) einen Weg zurücklegt, auf dem die Aktion ein Minimum ist. Damit wird die metaphysische Forderung erfüllt, dass die Natur immer die einfachsten Mittel verwendet. Maupertuis erwartete nun die ausgedehnte Gültigkeit ähnlicher Prinzipien, und er suchte derartige Aussagen.

---

[203] Von Johann I Bernoulli 1717 brieflich Pierre Varignon mitgeteilt. Varignon zeigte in seiner *Nouvelle mécanique* (posthum 1725), dass aus seinen Beispielen das Prinzip folgt.

[204] „Recherches sur les plus grands", E 145, 1748; „Réflexions sur quelque loix", E 146, 1749; beide in den Berliner *Mémoires* für 1748, 1750 gedruckt = EO II/5, S. 1–37, 38–63.

[205] Wir gehen auf die Beziehungen von Newton'scher und Fermat'scher Auffassung und ihre Auswirkungen auf Maupertuis weiter unten ein. Es sei noch bemerkt, dass Maupertuis seine Überlegungen stets in finiter Form darlegte; die infinitesimalen Fassungen sind von Euler.

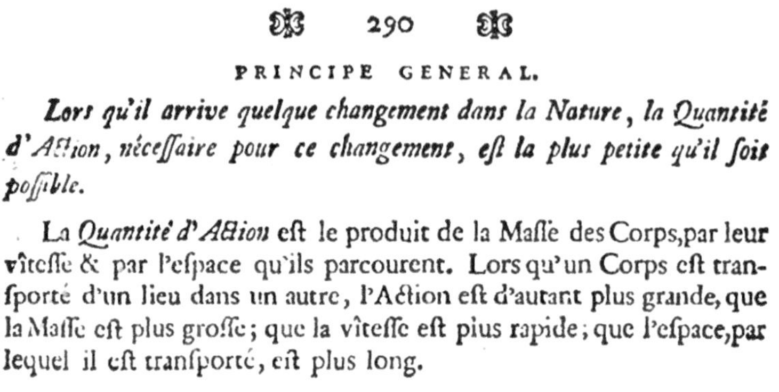

> ❧ 290 ❧
>
> PRINCIPE GENERAL.
>
> *Lors qu'il arrive quelque changement dans la Nature, la Quantité d'Action, néceſſaire pour ce changement, eſt la plus petite qu'il ſoit poſſible.*
>
> La *Quantité d'Action* eſt le produit de la Maſſe des Corps, par leur vîteſſe & par l'eſpace qu'ils parcourent. Lors qu'un Corps eſt tranſporté d'un lieu dans un autre, l'Action eſt d'autant plus grande, que la Maſſe eſt plus groſſe; que la vîteſſe eſt plus rapide; que l'eſpace, par lequel il eſt tranſporté, eſt plus long.

Abb. 4.61 Das Maupertuis'sche Prinzip, Berliner Mémoires 1746

Maupertuis' Phantasie, die reichlich mit übersteigertem Selbstbewusstsein und maßlosem Ehrgeiz gepaart war, verleitete ihn schließlich, nach diesen wenigen und unglücklichen Beispielen 1746 ein weiteres universales Prinzip („principe générale") der kleinsten Aktion in seiner Arbeit „Les Loix du Mouvement et du Repos deduites d'un Principe metaphysique" zu formulieren (Abb. 4.61):

> « Principe général: Lorsqu'il arrive quelque changement dans la Nature, la Quantité d'Action, nécessaire pour ce changement, est la plus petite qu'il soit possible. »[206]

Dieses Prinzip umgab Maupertuis weit über den mathematischen Inhalt hinaus mit philosophischem Glanz („la sagesse de l'Etre suprême", die Weisheit des Höchsten Wesens),[207] er wollte sowohl die Planetenbewegungen als auch das Wachsen der Pflanzen und Tiere damit erklären (wie schlecht eine Pfauenfeder zu den Sparsamkeitsargumenten passte, wandten Kritiker ein und übersahen, dass es Maupertuis um allgemeine Gesetze und nicht um zufällige Details ging, die möglich waren), und er sah in der gerade zitierten Arbeit von 1746 und im *Essai de Cosmologie* (Essay über Kosmologie, 1750) sogar den Beweis für das Dasein Gottes in dem Prinzip, ja alle anderen Gottesbeweise wären nun kraftlos und hinfällig!

Bevor wir uns einer Wertung des Prinzips der kleinsten Aktion („Principe de la moindre action") zuwenden, das mathematisch eine sehr schöne, aber allgemein falsche Aussage darstellte,[208] geben wir als typische Leseprobe aus Maupertuis' Arbeit von 1746 für die Behandlung des geraden, zentralen Stoßes zweier unelastischer Körper (Problème I: Loix du Mouvement des Corps Durs) das erste Textdrittel der Lösung:

---

[206] *Mémoires Berlin*, 1746, S. 290 = EO II/5, S. 298. Allgemeiner Grundsatz: Wenn in der Natur eine Veränderung auftritt, ist die für diese Veränderung erforderliche Aktionsmenge so gering wie möglich.

[207] *Mémoires Berlin*, 1746, S. 286 = EO II/5, S. 296.

[208] Der Geltungsbereich des Prinzips wurde durch Modifizierung der Aktion laufend erweitert; zu Eulers Zeit waren etwa Probleme, die Reibung oder Viskosität berücksichtigen, nicht mit dem Aktionsprinzip behandelbar.

4.13 Der Streit um das Prinzip der kleinsten Aktion

„Zwei unelastische Körper der Massen A und B mögen sich mit den Geschwindigkeiten a und b nach der selben Seite bewegen, aber A schneller als B, sodass B von A eingeholt und angestoßen wird. Die gemeinsame Geschwindigkeit beider Körper nach dem Stoß sei x, mit $x < a$ und $x > b$. Die im Universum eingetretene Änderung ist nun die, dass der Körper A, der sich mit der Geschwindigkeit a bewegte und in einer bestimmten Zeit einen Weg, der gleich a ist, durchlief, sich nur noch mit der Geschwindigkeit b bewegt und nur eine Strecke b durchläuft, bewegt sich nun mit der Geschwindigkeit x und durchläuft eine Strecke x."[209]

Mit gleicher Ausführlichkeit werden im nächsten Drittel des Textes die Geschwindigkeitsänderungen $a - x$ und $x - b$ einsichtig gemacht, im letzten Drittel der Lösung erscheint unvermittelt der Ausdruck $A(a - x)^2 + B(x - b)^2$, der als Aktion bezeichnet wird, woraus schließlich die Geschwindigkeit

$$x = \frac{Aa + Bb}{A + B}$$

ermittelt wird. In der Mechanik ist der Stoßvorgang von Körpern (elastische oder harte) fundamental. Maupertuis deutete deshalb an, dass er den Lösungen zu den entscheidenden und stets offen gelassenen Fragen beim Erkennen der Welt auf der Spur sei. Sein bemerkenswerter Leitfaden war die Ähnlichkeit von optischen und mechanischen Vorgängen. Dieses Grundanliegen ist gar nicht so falsch, wie es später oft hingestellt wurde, denn mit der *Aktion* (Wirkung ist eine schlechte Übersetzung, da in ihr eine Ursache mitgedacht wird) erfasste Maupertuis intuitiv einen der fruchtbarsten Begriffe der Physik, der es in Verbindung mit der Variationsrechnung gestattet, eine universale Methode für die mathematische Physik zu schaffen, also verschiedene physikalische Gebiete (wie Mechanik und Optik) mathematisch einheitlich zu behandeln. Schon deshalb war Euler außerordentlich interessiert. Im Additamentum II der Variationsrechnung (E 65, EO I/22) setzte Euler den Aktionsbegriff 1743 erstmals ein und behandelte damit die ebene Bewegung eines Massenpunktes: zuerst für das gewöhnliche Schwerfeld, dann für beliebige Zentralkräfte und abschließend den Fall, dass die wirkenden Kräfte ein Potential besitzen. Er endet mit der Bemerkung, dass mithilfe einer gesunden Metaphysik die Sache noch deutlicher dargestellt werden könne. „Diese Geschäft überlasse ich anderen, welche die Metaphysik unterrichten."[210] Maupertuis' metaphysische Sicht, wie sie sich bereits im Titel der Arbeit „Les Loix du Mouvement et du Repos deduites d'un Principe metaphysique" ausdrückt, war genau das, wonach Euler Ausschau hielt.

Bemerkungen zur Physikoteleologie
Maupertuis monierte sich darüber, dass die neueren Autoren, welche die Physik oder die Naturgeschichte behandelten, fast ausschließlich den Standpunkt der Physikoteleologie vertraten, wobei sie in biologische Trivialitäten und Lächerlichkeiten abglitten, um ihre Anschauungen zu stützen. Georg Christoph Lichtenberg (1742–1799) brachte die Verherrlichung solcher göttlichen Vorhersehung auf den Punkt, indem er bemerkte, und wir wiederholen es, dass es ihn sehr erstaune, dass

---

[209] *Mémoires Berlin*, 1746, S. 290 f. = EO II/5, S. 298 f.
[210] *Methodus inveniendi* (E 65), Lausanne 1744, § 16 = EO I/24, S. 308.

im Fell der Katze gerade immer dort Löcher seien, wo sie ihre Augen habe. Auch Maupertuis nahm diese Verwendung der Physikoteleologie kritisch wahr. „Um hier nicht allzu abgeschmackte Beispiele anzuführen, die nur zu allgemein verbreitet wären, werde ich nur von demjenigen sprechen, der Gott in den Falten der Haut des Rhinozeros findet: Weil dieses Lebewesen, da es ja mit einer sehr harten Haut bedeckt ist, sich ohne diese Falten nicht würde rühren können.[211] Heißt das nicht der größten der Wahrheiten Schmach antun, sie durch solche Gründe beweisen zu wollen? Was wollte man von demjenigen sagen, der die Vorsehung leugnen wollte, weil der Panzer der Schildkröte weder Falten noch Gelenke besitzt?" Maupertuis, der einiges von Biologie verstand, ist mit seinen Beanstandungen im Recht! Und wir müssen erkennen, dass Maupertuis durchaus nicht glaubte, dass die Welt so vorzüglich eingerichtet sei, wie man es von einem allmächtigen Wesen erwarte, zumindest wenn man lediglich die Details physikoteleologischer „Erkenntnisse" zu Tode ritte anstatt sich mit allgemeinen Naturgesetzen zu befassen, wie beispielsweise dem, dass das höchste Wesen uns darin erkennen ließe, es sei die Größe der Wirkung (Aktion) stets minimal. Die Aspekte der Sparsamkeit des Schöpfers ließ Maupertuis allerdings unbeachtet.

4.13.4 Die Auseinandersetzungen um das Prinzip der kleinsten Aktion

Auch Euler dachte an eine metaphysische Fundierung der Mechanik, aber er schrieb als Mathematiker mit Blick auf die philosophischen Spekulationen vorsichtig:

„Aus diesen Fällen [Schwerefeld, Zentralkräfte, Potenzialkräfte] leuchtete die völlige Übereinstimmung des Prinzips ... mit der Wirklichkeit ein: aber es kann noch zweifelhaft sein, ob diese Übereinstimmung auch in komplizierteren Fällen weiter stattfindet. Deshalb muß man sorgfältig die Reichweite dieses Prinzips untersuchen, um ihm nicht mehr zuzuschreiben, als in der Natur liegt."[212]

Zum einen war Euler letztlich klar, dass das Maupertuis'sche Sparsamkeitsprinzip in der Natur nicht immer zutreffend ist (also auch Maxima der Aktion erscheinen), dass es aber – und das ist wichtig – zum anderen einen doppelten Weg gibt, physikalisches Geschehen zu beschreiben, nämlich einmal in direkter Weise kausal (a posteriori durch Differentialgleichungen) oder ein andermal a priori in finaler Weise mit teleologischen Prinzipien. Eulers Haltung zu den Prinzipien war dabei kritisch. Beides können wir diesen Zeilen aus dem immer wieder zitierten Additamentum entnehmen:

„Da ja alle Verrichtungen in der Natur irgendein Gesetz des Maximums oder Minimums befolgen, so besteht kein Zweifel, daß auch in den Bahnen geworfener Körper ... irgendeine Eigenschaft des Maximums oder Minimums vorhanden sein muß . Welches aber diese Eigenschaft sei, ist aus metaphysischen Prinzipien a priori nicht so leicht zu ersehen, weil aber diese Kurven selbst auch nach der direkten Methode ermittelt werden können,

---

[211] Man lese hierzu den Brief Nr. 83 an die Prinzessin und betrachte Abb. 4.71, Euler und das Rhinozeros Clara.
[212] *Methodus inveniendi* (E 65), Lausanne 1744, Add. II = EO I/24, Add. II.

4.13 Der Streit um das Prinzip der kleinsten Aktion

wird man bei gebührender Aufmerksamkeit das erschließen können, was in ihnen Maximum oder Minimum ist."[213]

Und in den „Recherches sur les plus grands et les plus petits" (Untersuchungen über das Größte und Kleinste; E 145, EO II/5) von 1748 lesen wir:

Es ist jedoch oft sehr schwierig, die Formel zu finden, die ein Maximum oder Minimum darstellen muss und mit der die Wirkungsmenge dargestellt wird. Dies ist eine Forschung, die nicht zur Mathematik, sondern zur Metaphysik gehort.

« Mais il est souvent très difficile de decouvrir la formule, qui doit être un maximum ou minimum. Et par laquelle la quantité d'action est representée. C'est une recherche qui n'appartient pas tant à la Mathématique, qu'à la Métaphysique. » – EO II/5, S. 3

Für den Gesichtspunkt, das Problem mittels extremer Überlegungen zu lösen, waren wesentliche konkrete Anregungen von Daniel Bernoulli aus Basel gekommen, etwa im Jahre 1741:

„Von Ew.[Euer] Wohledelgeboten [=Euler] möchte vernehmen, ob Sie meinen, daß man die Orbitas circa centra virium [Bahnen um Zentralkräfte] könne methodo isoperimetrica [als Variationsprobleme] herausbringen." – Brief vom 1. Februar 1741

Oder 1742 der Vorschlag, elastostatische Probleme (Balkentheorie) mit der Variationsrechnung zu behandeln, in der Euler damals brillierte. Euler blieb dann bekanntlich auch die Antworten auf beide Fragen nicht schuldig, die den Inhalt der Additamenta der Variationsrechnung (E 65) von 1744 ausmachen, aber von ihm bereits am Anfang des Jahres 1743 an Daniel Bernoulli geschickt werden konnten. Euler fand, dass die Gesamtbewegung mv längs eines Linienelements ds (von ihm „motus corporis collectivus per spatiolum", gemeinsame Bewegung des Körpers durch den Raum, genannt) gleich $mv\,ds$ sei, sodass man

$$\int_a^b mv\,ds = \text{Min!}$$

habe (Eulers Prinzip der kleinsten Aktion für den Fall, dass die Kräfte ein Potenzial besitzen). Unter Eulers Annahme gilt der Energiesatz, sodass er hieraus die Geschwindigkeit v als Ortsfunktion errechnen konnte, $v = v(x, y, z)$. Das Datum für die Niederschrift der Additamenta ist hinsichtlich der Publikationen von Maupertuis bemerkenswert, es spielt aber auch eine Rolle im Streit um den vermutlich gefälschten Leibniz-Brief, dessen Kopie Samuel Koenig 1751 publizierte.

Es ist wichtig, sich über Maupertuis' Absichten klar zu werden. Zwar gab er keine mathematisch stichhaltige Anwendung, sondern metaphysische Begründungen. Anders gesagt richtete er sein vage formuliertes mathematisches Prinzip in Hinblick auf verschiedene Anwendungen (Hebelgesetz, Stoßgesetze u. a.) im Nachhinein so ein, dass das erwartete (und bereits bekannte) Ergebnis erschien. Es sollte aber darauf hingewiesen werden, dass Maupertuis nicht in der mathemati-

---

[213] *Methodus inveniendi* (E 65), Lausanne 1744, Add. II = EO I/24, Add. II.

schen, sondern in der philosophischen Abteilung der Berliner *Mémoires* publizierte. Maupertuis führte seine Überlegungen nicht im Infinitesimalkalkül aus, den er als Schüler Johann Bernoullis natürlich beherrschte. Er hatte zwar, wie Hermann von Helmholtz (1821–1894) sich ausdrückte, „einen Teil der Wahrheit erraten", aber für Mathematiker und Physiker waren seine Begründungen hingeworfen und unzulänglich. Die mathematische Ausgestaltung des Problemkreises leistete Euler. Jedoch ist die metaphysische Seite eine bedeutende Leistung Maupertuis', die seine Zeitgenossen beeindruckte. Auch Euler wies in einem Brief an Goldbach darauf hin, dass es Maupertuis war, der erstmals die Größe angab, die für das Naturgeschehen minimal sei und dass Eulers im Additamentum I der Variationsrechnung benutzte Größe nur ein Spezialfall der Maupertuis'schen Aktion sei (Brief vom 5. August 1752).[214] Wenn auch die mathematische Ausgestaltung zu wünschen übrig ließ, mit Maupertuis' Vorstellungen lag erstmals ein mathematisches Prinzip vor, aus dem Gesetze für mehrere unterschiedliche Bereiche der Physik (Optik, Mechanik) hergeleitet werden konnten. In der mechanistischen Physik des 18. Jahrhunderts spielten elastische und feste Stöße eine ganz grundlegende Rolle, und genau diese Phänomene waren nach Maupertuis' Ansicht durch sein Prinzip erfasst worden.

Max Planck (1858–1947) urteilte so über das Prinzip:

„Solange es eine physikalische Wissenschaft gibt, hat ihr als höchstes erstrebenswertes Ziel die Lösung der Aufgabe vorgeschwebt, alle beobachtbaren Naturerscheinungen in ein einziges Prinzip zusammenzufassen ... Unter den mehr oder weniger allgemeinen Gesetzen, welche die Errungenschaften der physikalischen Wissenschaften in der Entwicklung der letzten Jahrhunderte bezeichnen, ist gegenwärtig das Prinzip der kleinsten Wirkung (Aktion) wohl dasjenige, welches nach Form und Inhalt den Anspruch erheben darf, jenem idealen Endziel der Forschung am nächsten zu kommen."[215]

Während Maupertuis' einschlägige Arbeiten in der Aufklärung infolge der metaphysischen Ausdeutungen naturgemäß größeres Aufsehen erregen mussten, näherte sich Euler der Problematik mit der Nüchternheit eines Mathematikers und entwickelte sie in eingeschränkter Form, aber mathematisch korrekt; zuerst im Additamentum II [Zusatz II] der „Variationsrechnung" einige Monate nach Maupertuis' Veröffentlichung von 1744. Es wird immer wieder mit Verwunderung hervorgehoben und als moralischer Mangel angesehen, dass Euler keinerlei Ansprüche auf die Entdeckung des Prinzips stellte, sondern sie bedenkenlos an seinen Dienstherren Maupertuis abtrat, ja später ausdrücklich dessen Priorität betonte, anstatt doch wenigstens zu schweigen. Man findet es erstaunlich, dass Euler die Anmaßung in Maupertuis' Arbeit von 1746 schweigend hingenommen hat, seine Additamenta in der Variationsrechnung seien eine „schöne Anwendung" des Mauper-

---

[214] In der Tat gab Maupertuis eine allgemeine Formulierung für die Aktion, aber in seinen gegebenen Beispiele ist der Aktionsbegriff problematisch und entspricht nicht immer der allgemeinen Fassung; Kritik in E. Machs *Die Mechanik in ihrer Entwicklung*. Kap. 3, § 8. 1883, weitere Auflagen.

[215] „Das Prinzip der kleinsten Aktion", in: *Kultur der Gegenwart* (Hrsg. P. Hinneberg), Band 3. Leipzig 1906, Bd. 3, S. 692. – Planck schreibt a. a. O.: Das eigentliche Verdienst von Maupertuis bestand vielmehr darin, daß er überhaupt nach einem Minimalprinzip suchte, S. 697.

tuis'schen Prinzips. Das schärfste Urteil, von Adolf Kneser (1862–1930), einem in der Variationsrechnung erfahrenden Mathematiker, rügt die Subalternität Eulers (die auch Daniel Bernoulli – hier einmal der Sohn seines Vater – gelegentlich zu sehen glaubte): „So geht es, wenn ein großer Gelehrter zugleich ein kleinlicher und ängstlicher Haus- und Familienvater ist."[216] Die Aufnahme des Sohnes Johann Albrecht im Alter von 20 Jahren in die Berliner Akademie und das einige Jahre später (ab 1764) gezahlte Gehalt von 400 Thalern passt auf den ersten Blick gut in das gezeichnete Bild, aber die Karriere von Eulers Sohn verlief in Berlin sehr langsam. Beispielsweise lebte Johann Albrecht aufgrund seines bescheidenen Einkommens bis Weihnachten 1763 bei den Eltern (was er übrigens in St. Petersburg als gut bezahlter Professor ebenfalls tat).

Gegen die eben genannten Auffassungen spricht jedoch eine ganze Reihe von Gründen. Zunächst mag die pointierte Gegenfrage erlaubt sein, weshalb Euler andererseits beispielsweise die nahezu ausgebildete Variationsrechnung generös an Lagrange „verschenken" durfte, ohne moralische Vorbehalte auszulösen, um bereits die hintergründige Tendenz der Frage herauszustellen. Selbst wenn Euler sich Maupertuis gegenüber, mit dem er sich zu dieser Zeit bestens verstand, verpflichtet gefühlt haben sollte, so wäre die Überlassung der Priorität in Eulers Augen wohl keine geeignete Erkenntlichkeit gewesen, da er solchen Fragen stets völlig gleichgültig gegenüber stand und, wie Constantin Carathéodory (1873–1950) hervorhob, dabei noch die Verdienste anderer bis zum Überfluss betonte (ein Beispiel: Giulio Carlo Fagnano dei Toschis [1682 1766] Arbeiten über elliptische Funktionen). Euler bewunderte sowohl den weltmännischen Präsidenten – das belegen die Briefe an den todkranken Maupertuis – als auch den physikalisch einfallsreichen Kollegen, und es kommt hinzu, dass es unzweifelhaft ein Verdienst Maupertuis` war, wie verworren dessen Vorstellungen auch immer gewesen sein mögen, Euler angeregt zu haben, sich mit dieser wichtigen Thematik *generell* zu befassen. Bei diesem Problem wartete Euler auf einen Metaphysiker, betont David Speiser (1926–2016).[217] Letztlich hat diese mathematisch-metaphysische Beziehung bereits die Neue Zeitung von gelehrten Sachen, die in Leipzig erschien, im Januar 1753 drastisch formulierte, „dass [Euler] nur schreiben und rechnen [konnte], der Herr von Maupertuis aber für ihn dachte." (S. 19). C. F. Gauß wird in gewissem Rahmen dem zustimmen, worauf wir noch eingehen.

Euler bescheinigte Maupertuis, eine „ausgezeichnete Arbeit über das große Prinzip der Aktion" geschrieben zu haben, die er mehr schätzte als die meisten Ergebnisse spezieller Probleme (mithin sprach er sich für Maupertuis' philosophische Sicht aus!). Später wurde Euler hinsichtlich seiner Motive noch deutlicher, als er mitten in den Prioritätsstreitigkeiten das Prinzip aus zeitlichen Gründen Maupertuis zuerkannte und amüsiert feststellte, dass man erst Leibniz und nun ihn selbst (!) als Urheber sehen wollte, aber nie Maupertuis. Euler vermerkt dann aber 1751:

---

[216] A. Kneser, *Das Prinzip der kleinsten Wirkung von Leibniz bis zur Gegenwart*, Leipzig 1928, S. 29.

[217] D. Speiser, „Maupertuis", in: *Maupertuis*, Hrsg. H. Hecht. Berlin 1999.

„Außerdem habe ich diesen interessanten Zusammenhang nicht *a priori* entdeckt, sondern *a posteriori*, indem ich nach mehreren Versuchen endlich den Ausdruck für die Größe fand, die bei dieser Bewegung ein Minimum wird."[218]

Er fuhr fort, dass er aus einem speziellen Fall (und dies natürlich zu Recht) nicht auf ein allgemeines Prinzip zu schließen wage, aber beeindruckt war Euler doch vor allem von der metaphysischen Begründung *a priori*. Daniel Bernoulli äußerte stärkste Zweifel an solchen Möglichkeiten in einem Brief aus dem Jahre 1743. Solche und viele andere Warnungen aus Basel vor metaphysischem Engagement haben Euler in seinem philosophischen Eifer nicht halten können. Auf diese Seite der Persönlichkeit Eulers werden wir gleich zurück kommen.

Das alles belegt, dass Euler die Schwächen von Maupertuis' mathematischer Beweisführung durchschaute, aber nicht problematisierte. Diese Inkonsequenz sollte sich rächen, denn die Kritik geschah von andere Seite, verhärtete die Fronten in der Akademie und führte schließlich zu ungeahnten Folgen. Maupertuis war ein Bonze geworden, dem man sich mit Weihrauch, aber nicht mit Kritik nahen durfte.

Sehen wir uns nun Koenigs Arbeit an! Das Ziel der Arbeit „De universali principio aequilibri et motus" (Über ein universelle Prinzip des Gleichgewichts und der Bewegung) von 30 Seiten war es, zu zeigen, dass das Maupertuis'sche Prinzip falsch sei. Weshalb änderte Koenig seine Haltung gegenüber Maupertuis völlig? Er war ein kranker Mann, der wissenschaftlich ins Abseits geraten war und sich außerdem seinen alten Studienkollegen gegenüber zurückgesetzt sah. David Speiser sah Koenig sogar als einen „Menschen, der seit Jahren mit der Forschung den Kontakt verloren hat und nur noch in seiner eigenen [Leibniz'schen] Gedankenwelt lebte, die in diesem Fall bloß um die vis viva kreist".[219] In diese vollkommene Leibniz'sche Welt brach Maupertuis ein, und nicht nur dies, er wollte die Leibniz'schen Vorstellungen der Maupertuis'schen Aktion unterordnen.

Simplifiziert gesehen, kann sich in Leibniz' vorherbestimmter Weltharmonie die Aktion lediglich als Bedingung darstellen, unter der die unverbrauchbare Energie sich als Bewegung realisiert, während Maupertuis` Schöpfer nur durch sparsames Verwenden der sich verbrauchenden Aktion Veränderungen im Universum vornehmen kann, und das bestimmt den göttlichen Bauplan des Alls. Die Maupertuis'schen Gegenentwürfe wollte Koenig mit aller Kraft verhindern, auch seine alte Streitlust[220] ließ ihn tätig werden. An den Schweizer Naturforscher Johannes Geßner (1706–1790) schrieb er noch am 20. November 1752, dass Maupertuis ihn durch den Streit wieder aufgeweckt und munter gemacht habe, sodass er sich wieder wie in seiner Jugend in Basel gefühlt habe.

---

[218] Zitiert nach Szabó, *Geschichte der mechanischen Prinzipien*. Basel 1987 (3. Aufl.), S. 106.

[219] D. Speiser, „Maupertuis", in: *Maupertuis*, Hrsg. H. Hecht. Berlin 1999, S. 352.

[220] Die offenbar in der Familie lag, denn auch sein Vater, ein Pfarrer, wurde des Landes verwiesen, und eine Rückkehr wurde ihm wegen Widerspenstigkeit verwehrt. R. Wolf, „Biographien zur Kulturgeschichte der Schweiz", II. Zyklus. „Samuel König von Bern", S. 146–182. Zürich 1859, S. 147.

4.13 Der Streit um das Prinzip der kleinsten Aktion

Wir müssen einige zeitliche Bezüge hervorheben. Koenigs Arbeit „De universali principio" (Über ein universales Prinzip) erschien 1751 in den *Acta eruditorum*; die erste und wieder zurückgezogene Fassung wurde bei der Zeitschrift abermals 1748 eingereicht. Es liegt nahe, dass sie sich lediglich auf Maupertuis' die Statik betreffende Arbeit „Lois du repos" (Gesetze der Ruhe) aus dem Jahre 1740 bezog, denn Koenig gab an, Maupertuis' Prinzip erst bei seinem Berlin-Besuch 1749 kennengelernt zu haben (und damit wohl auch bis dahin die Arbeit „Accord de différentes lois" von 1746 nicht gelesen zu haben). Dafür spricht, dass in der Druckfassung von den sieben Beispielen allein fünf statische Probleme behandeln (z. B. Hebelgesetz, Gleichgewicht für Flüssigkeiten in kommunizierenden Gefäßen). Der zentrale theoretische Begriff ist die „vis viva" (kinetische Energie), die bei statischen Problemen nicht sehr zweckmäßig ist. Trotzdem führte Koenig ein „principe de la nullité de force vive" (Prinzip des Verschwindens der lebendigen Kraft [= kinetische Energie]) ein, mit dem er Maupertuis' „Lois du repos" überflüssig machen wollte. Maupertuis andererseits war durch die Ergebnisse des Grundsatzes von der Erhaltung der „vis viva" in der Dynamik angeregt worden, ähnliche Ergebnisse in der Statik zu gewinnen (ohne Verwendung der „vis viva"). Vermutlich überarbeitete Koenig nach der beleidigenden Behandlung durch Maupertuis den ersten Entwurf und dehnte die Kritik auf die Dynamik aus. Hierzu fügte er zwei weitere Beispiele (elastischer Stoß von zwei Körpern) ein. Speiser bemerkte in seiner erwähnten Arbeit (S. 352 f.), dass Koenigs Arbeit konfus, also vermutlich in Eile aufgeschrieben wurde. Ähnlich, so Speiser, urteilte auch Pierre Costabel.[221] Die Argumente sind ungeordnet; ferner wird beim Aktionsbegriff zwischen dem Maupertuis'schen und Newton'schen Sinn nicht unterschieden (S. 353).

Fachlich übersah Koenig allerdings, dass er auf verlorenem Posten stand, und diese Tatsache war auch Euler klar. Zum einen bewährte sich in der Statik das Maupertuis'sche Gesetz sehr gut, also war Koenigs Kritik problematisch. Andererseits wurde die Erhaltung der Kraft in *einer* skalaren Gleichung ausgedrückt, die für die Bestimmung des Gleichgewichts nur *eine* der benötigten Größen liefern kann. Koenigs Beispiele weisen deshalb alle nur einen Freiheitsgrad auf; bei Problemen mit n Körpern werden jedoch $3n$ Gleichungen benötigt, die die Newton'sche Methode bzw. das Verschwinden der Variation des Aktionsintegrals (als notwendige Bedingungen) liefern. Koenig setzte aber die neue Variationsrechnung nicht ein (kannte er sie?), sondern kam mit der Extremwertbetrachtung der Differentialrechnung aus. Euler kritisierte, dass Koenig die „vis viva" mv^2 mit der Aktion mvs identifizierte (was auch dann nicht statthaft ist, wenn der Weg s proportional zur Geschwindigkeit v ist, jedoch ist das Zeitintegral über die „vis viva" mv^2 gleich dem Wegintegral über den Impuls mv). Übrigens stellte 1749 der Marquis Gaspard de Courtivron (1715–1785) ein Prinzip auf, über das der österreichische Physiker und Philosoph Ernst Mach (1838–1916) schrieb

---

[221] P. Costabel, „L'affaire Maupertuis-Koenig et les 'question de fait'", in: K. Figala und E. Berninger *Arithmos, Arrhytmos*. München 1979, S. 29–48.

"Kennt man die Beziehung zwischen der geleisteten Arbeit und der sogenannten lebendigen Kraft eines Systems, welche in der Dynamik constatirt wird, so kommt man leicht zu dem von Courtivron 1749 der pariser Akademie mitgetheilten Satze:
> Für die Conformation des stabilen/labilen Gleichgewichts, für welche die geleistete Arbeit ein Maximum/Minimum ist, ist auch die lebendige Kraft des bewegten Systems ein Maximum/Minimum beim Durchgang durch diese Conformation."[222]

Koenig verrückte den Körper aus der Gleichgewichtslage, um den Ruhezustand durch das Verschwinden der kinetischen Energie zu beschreiben, Maupertuis minimierte hierfür die Aktion. Koenigs Beispiele sind für seine Absichten wenig überzeugend, aber nachdem Koenig den größten Teil seiner Arbeit der Widerlegung des Maupertuis'schen Aktionsprinzips widmete, vollzog er am Ende mit wenigen Zeilen eine Kehrtwende, denn er zitierte aus einer Kopie eines angeblichen Briefes von Leibniz an J. Hermann aus dem Jahre 1707, um zu belegen, dass bereits Leibniz dieses Prinzip besessen habe. Es sind diese Zeilen, die den Skandal ins Leben riefen (siehe Abb. 4.61):

« L'Action n'est point ce que vous pensés, la consideration du tems y entre; elle est comme le produit de la masse par le tems [= mt], ou du tems par la force vivre [mv^2t]. J'ai remarqué que dans les modifications des mouvemens elle devient ordinairement un Maximum, ou un Minimum. On en peut déduire plusieurs propositions de grande conséquence; elle purroit servir à déterminer les courbes que décrivent les corps attirés à un ou plusieurs centres. Je voulois traiter de ces choses entre autres dans la seconde partie de ma Dynamique, que j'ai supprimée. »[223]

In der Wissenschaftsgeschichte wurde überwiegend dieses Zitat von Koenigs Arbeit rezipiert, erst David Speiser widmete sich offenbar als Erster ausführlicher der gesamten Arbeit.[224] Die Frage, ob vielleicht ein echter Leibniz-Brief lediglich in einigen Aussagen zweckentsprechend gefälscht wurde, ist nicht besonders verfolgt worden. Fleckenstein zog in Betracht, dass nach den falschen Zitaten Koenigs der „gefälschte Originalbrief" vernichtet wurde (EO II/5, S. XXXIV f.). Herbert Breger (*1946) hat neuerdings neun Gründe angeführt, die das immer

---

[222] *Die Mechanik in ihrer Entwicklung*. 1883, 4. Aufl. Leipzig 1901, S. 74.

[223] „Die Aktion ist nicht das, was Sie denken, die Berücksichtigung der Zeit spielt eine Rolle; es ist wie das Produkt von Masse und Zeit [= mt] oder von Zeit und lebendiger Kraft [mv^2t]. Mir ist aufgefallen, dass es bei Veränderungen der Bewegungen meist zu einem Maximum oder einem Minimum kommt. Wir können mehrere Aussagen von großer Tragweite ableiten: Es könnte verwendet werden, um die Kurven zu bestimmen, die von Körpern beschrieben werden, die von einem oder mehreren Zentren angezogen werden. Diese Dinge wollte ich unter anderem im zweiten Teil meiner Dynamik behandeln, den ich unterdrückt habe." „De universali principio aequilibri et motus", in: *Nova Acta Eruditorum* (1751), S. 125–135, 162–176; Zitat S. 176 = EO II/5, S. 303–324, Zitat S. 323.

[224] „Pierre Louis Maupertuis", in: *Maupertuis. Eine Bilanz nach 300 Jahren*. Berlin 1999, S. 341–362.

4.13 Der Streit um das Prinzip der kleinsten Aktion

wieder bezweifelte Urteil der Berliner Akademie stützen.[225] Mit diesen neueren Arbeiten ist eine neue Sicht auf das Urteil der Akademie möglich. Eine „Authentische Nachricht von den Streitigkeiten des Herrn Präsidenten von Maupertuis mit dem seligen Herrn Rath Koenig und dem Hrn. von Voltaire" in den *Neuen Gelehrten Europa* (Zwölfter Theil) behauptet (auf S. 260), dass die eben zitierten Zeilen noch nicht in dem Entwurf gestanden hätten, der Maupertuis vorgelegt wurde, was unsere Annahme von zwei Varianten der Koenig'schen Arbeit stützt.

Maupertuis war über die von Koenig in seiner Publikation vorgebrachten Zweifel an seiner Priorität beim Prinzip der kleinsten Aktion äußerst verärgert, und er übertrug es der Berliner Akademie, ihn in dieser persönlichen Angelegenheit zu verteidigen. Diesen Schritt, eine Institution für persönliche Zwecke zu verwenden, sehen wir heute als problematisch an. Aber wenn wir uns an den Prioritätsstreit zwischen Leibniz und Newton erinnern, so sehen wir, dass Maupertuis' Vorgehen nicht unüblich war. Die Luzin-Affäre von 1936 in der Sowjetunion ist ein neueres Beispiel für autoritäres Umgehen mit Kritik oder abweichender Meinung. Das Verlangen von Maupertuis, nicht die Kopie, sondern den Brief von Leibniz selbst zu sehen, war berechtigt und ist es auch heute noch. Die Suche nach dem Brief, in die auch Friedrich II. und ein französischer Botschafter in Bern eingeschaltet waren, erbrachte kein Ergebnis. Die Vorgänge, die zu dem Urteil der Akademie führten, dass der in Rede stehende Brief von Leibniz gefälscht sei, stellte Euler in seiner Arbeit „Exposé concernant l'examen de la lettre de Mr. de Leibnitz, alleguée par M. le Professeur Koenig, dans le mois mars, 1751, des Actes de Leipzig, à l'occasion du principe de la moindre action" (Stellungnahme zur die Prüfung der von Herrn Professor Koenig behaupteten Echtheit[226] des Briefes des Herrn von Leibnitz im Monat März 1751 in den Leipziger Akten [*Acta eruditorum*] anlässlich des Prinzips der kleinsten Aktion) im Band 6 der *Histoire* der Berliner Akademie für 1750, gedr. 1752 (E 176, EO II/5, 64–73) dar. Das lateinische Original des „Exposé" trug Euler in der Akademie am 13. April 1752 vor, in der Sammlung der Streitschriften *Maupertuisiana*, Hamburg (fiktiv) 1753 gibt es eine lateinische Version des „Exposé".[227] Sie wurde auch in das Akademieurteil, *Jugement de l'Académie royale des sciences sur une lettre prétendue de Mr. de Leibnitz* (Berlin 1752, S. I–XX) (Abb. 4.62) aufgenommen.

---

[225] „Über den von Samuel König veröffentlichten Brief zum Prinzip der kleinsten Wirkung", in: *Maupertuis. Eine Bilanz nach 300 Jahren.*" Berlin 1999, S. 363–381. Ich danke Herrn Prof. Breger, dessen Argumentation ich folge, für seine Bereitschaft, mit mir über das Thema zu diskutieren und für seine kritischen Hinweise. Während der Korrekturen an diesem Buch erreichte mich die Arbeit von H. Breger „Eine Flaschenpost von Lessing" (2023), in der der Autor die Frage klärt, wer den fraglichen Leibniz-Brief fälschte. Es war in der Tat Ch. Mylius (1722–1754), den wir in Betracht gezogen hatten und von dem Breger gezeigt hat, dass dieser 1750 die Fälschung Koenig gab. Herbert Breger, „Eine Flaschenpost von Lessing", Studia Leibnitiana 55 (2023), S. 189.

[226] Der Verständlichkeit wegen ist „Echtheit" in die Übersetzung eingefügt. Das „Exposé" ist in Harnacks *Geschichte der preussischen Akademie,* Bd. 2 (Berlin 1900, S. 296–302) abgedruckt, E 176a.

[227] Die Berliner Akademie korrigierte 150 Jahre später schließlich ihr Urteil! Vgl. *Sitzungsberichte der Königlich Preußischen Akademie der Wissenschaften zu Berlin* 32 (1898), S. 422.

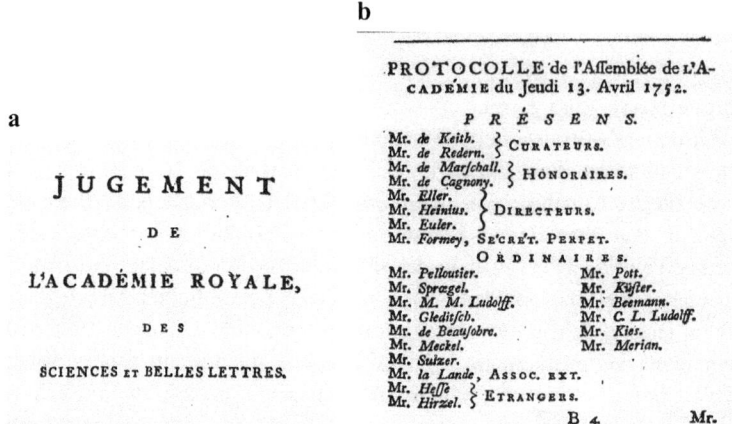

Abb. 4.62 Das Akademieurteil. **a** Titelseite des *Jugement* und **b** die protokollierte Anwesenheitsliste

Im angeblichen Brief von Leibniz wird die Mathematik in einer Weise definiert, wie es sonst nirgends bei Leibniz zu finden ist (etwa die Verwendung des Begriffs „limite" im modernen, technischen Sinn); selbst wenn bei Leibniz der Begriff der Aktion (= mvs) zu finden ist, so gibt es keine heute bekannte Stelle, an der Leibniz deren Minimalität untersuchte, auch die Hinweise auf die am Ende des Zitats genannten Schriften sind unzutreffend. Dieses Ergebnis ist schon deshalb verwunderlich, weil Leibniz es nicht einmal Johann I Bernoulli (1667–1748)

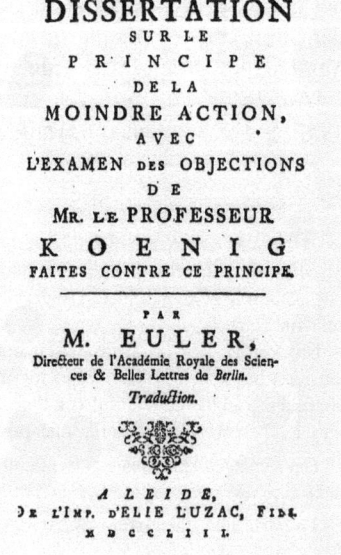

Abb. 4.63 Die Dissertation von Euler „*Sur le Principe de la moindre Action avec l'examen des objections de le prof. Koenig faites contre ce principe*" (Über das Prinzip der kleinsten Aktion mit einer Prüfung der Einwendungen, die Herr Professor Koenig gegen das Prinzip gemacht hat, 1753)

mitteilte. Sowohl damals als auch heute wäre dies die einzige bekannt gewordene Stelle, an der Leibniz das Prinzip formulierte. Verwunderlich bleibt aber, weshalb Leibniz nicht darauf zurückkam. War es ihm noch nicht durchsichtig genug (wie Hermann von Helmholtz vermutete), oder fand der Vielbeschäftigte einfach keine Zeit zum Ausarbeiten? Eulers Einwand im Akademiegutachten (Abb. 4.63), dass Leibniz diese seine größte Entdeckung wohl kaum den wissenschaftlichen Freunden vorenthalten hätte, überzeugt auch nicht völlig, da Leibniz nicht mit Euler'schem Freimut Einblicke in seine Gedanken gewährte, was damals durchaus üblich war.

Vermutlich wäre Leibniz in der Lage gewesen, ein solches Prinzip zu formulieren und anzuwenden, denn bereits seine Auffassung von der Welt als beste aller möglichen dokumentiert mathematisierbares Denken, auch seine Kenntnisse der Variationsrechnung wären gewiss ausreichend gewesen. Er verfügte ja auch über ein Prinzip, das dem Fermats nachgebildet war und den Lichtweg durch Minimierung des Integrals $\int w ds$ bestimmte, wobei w der erlittene Widerstand längs des Weges s ist. Setzt man hier den Widerstand proportional der Geschwindigkeit und fügt die unveränderliche Masse ein, so steht Maupertuis` Prinzip für die Lichtausbreitung da! Aber es ist fraglich, auch wenn man alle Teile vor sich hat, ob man diese Teile passend zusammenfügen kann; es liegt nicht auf der Hand, dass Leibniz hier in seiner Descartes'schen Sicht die Planetenbewegung unter das Prinzip subsumiert hätte. Deshalb ist es müßig, sich in solchen Deutungen und Spekulationen zu verlieren. Entscheidend ist, dass Leibniz offensichtlich darüber nichts veröffentlichte.

4.13.5 *Eine genauere Prüfung*

Breger engte den Zeitraum ein, in dem die Fälschung erfolgt sein muss, nämlich zwischen Sommer 1743 und 1749. Die untere Schranke ergibt sich aus dem Stand der Variationsrechnung, denn der Brief benutzte Ergebnisse aus Eulers Additamentum II in der *Methodus inveniendi* (E 65, EO I/24), das erst im Sommer 1743 an den Verleger geschickt wurde (siehe Abschn. 6.5, Variationsrechnung). Die andere Grenze (1749) kann auf 1744 verschärft werden, da Koenig erklärte, die Briefkopie in seiner Antrittsrede in Franeker verwendet zu haben. Thematisch würde das gut zu der Rede „De optimis Wolfianae et Newtonianae philosophiae methodis earumque consesus" (Über die Vorzüge der Wolf'schen und Newton'schen Philosophie und ihre Gemeinsamkeiten) passen; da aber diese Rede erst 1749 gedruckt wurde, müssen wir bei dieser Angabe Koenig vertrauen. Tun wir das, so ergeben sich erstaunliche Konsequenzen. Wir werden, was wissenschaftshistorisch nicht die gängige Sicht ist, Eulers Haltung unter den Annahme, dass der Brief gefälscht wurde, diskutieren. Das entspricht Eulers Auffassung.

Da Koenig 1744 durch seine Verbannung und mit der zugehörigen Stellensuche beschäftigt war, können wir annehmen – da Maupertuis' Arbeit „Accord de différentes loix" (Übereinstimmung verschiedener Gesetze) in den Pariser

Mémoires für 1744 erschien (wobei der Band erst 1748 gedruckt wurde)[228] –, dass Koenig 1744 gar keine substanzielle Kritik an Maupertuis im Sinn hatte, sondern im Gegenteil vorhatte, eine überzeugendere Ableitung von Maupertuis' Ergebnissen mithilfe Leibniz'scher Ideen zu liefern und den Präsidenten damit zu beeindrucken. Es wäre dann wahrscheinlich, dass ein Fälscher nicht Maupertuis angreifen wollte, sondern dass die Zweifel der Priorität (beim Additamentum) Leonhard Euler galten! Euler war hierfür kein geeignetes Angriffsziel, da er sich in der Regel wenig aus Prioritäten machte. Seine Arbeiten, die er zum Maupertuis'schen Prinzip schrieb (E 145, 1750; E 146, 1750; E 197, 1753; E 200, 1753; alle in EO II/5), sind mathematisch korrekt. Daher wurde vielleicht auch ein direkter Angriff an ihn fallen gelassen, und die entsprechende Attacke wurde verspätet und verändert gegen den empfindlichen Maupertuis erfolgreich geritten, der sich als dankbares Ziel anbot – „one of life's little ironies". Da sich die Vorwürfe nicht nur gegen Maupertuis, sondern aus Eulers Sicht auch gegen ihn richteten, verteidigte Euler nicht nur seinen Präsidenten, sondern auch seine eigenen Anschauungen (wobei die – in unserem Sprachgebrauch – wissenschaftstheoretischen Differenzen zwischen Euler und Maupertuis bei der Formulierung des Prinzips Euler nicht beeinträchtigten, Maupertuis zu verteidigen). Euler war hier nicht in erster Linie subaltern, oder er versagte in der Affäre, was man ihm immer wieder vorhielt, denn verteidigte er sich letztlich selbst. Das mag seinen sarkastischen Ton erklären. Angeblich sagte er, als man ihm Koenigs „Appel au public" (Aufruf an die Öffentlichkeit) zeigte: „Was ist das für ein Publikum? Das wird wohl der Fischmarkt sein. Man trage also seinen 'Appel' auf den Fischmarkt, um zu sehen, was die Fischweiber dazu sagen werden." Das hätte auch Voltaire formulieren können, wenn er nicht auf der anderen Seite gestanden hätte. Koenig verhielt sich von Anfang an Euler gegenüber nicht besonders freundlich. Dieses Verhalten zeigte sich schon vor dem Streit, wenn z. B. Koenig in den Briefen an den Berliner Sekretär der Akademie, Samuel Formey (1711–1797), stets Grüße an verschiedene Akademiemitglieder nebst Frauen bestellte, aber Euler – als Direktor der mathematischen Klasse für König ein wichtiger Mann – überging. Im Streit selbst machte er sich z. B. lächerlich, indem er behauptete, Euler habe den kleinen Fermat'schen Satz bei Leibniz abgeschrieben, was öffentlich nicht nachzuprüfen war (siehe Abschn. 5.3, Zahlentheorie). Euler konnte sich durch den Leibnizianer Koenig angefeindet und attackiert fühlen, obwohl er diesen 1741 als seinen Nachfolger in Petersburg empfohlen hatte![229]

---

[228] Siehe M. Schramm, „Zur Entstehung des Prinzips der kleinsten Aktion", in: „Maupertuis. Eine Bilanz nach 300 Jahren", Hrsg. H. Hecht. Berlin 1999, S. 321–340, insbes. S. 338, wo auch erwähnt wird, dass selbst Euler den Text von Maupertuis erst 1746 erhielt.

[229] Koenig wiederum hatte früher an Maupertuis geschrieben: "Vous avez tirez M. Euler des glaces de la Moscovie [sic!]; la Suisse vous en remercie." (Brief vom 11. Februar 1741), was nicht nur geografisch unzutreffend war, denn Friedrich II. hatte sich selbst sehr intensiv um Euler bemüht; Maupertuis hatte damals noch keinen Einfluss in Berlin.

4.13 Der Streit um das Prinzip der kleinsten Aktion

Koenig irrte sich sachlich, als er in seiner Kopie des in Rede stehenden Leibniz-Briefes das fragliche Leibniz-Zitat falsch mitteilte: Er gab die Aktion mit *mt* an, wo *mvs* richtig gewesen wäre. Das ist merkwürdig, da Koenig beabsichtigte, als Herold einer neuen, weitläufigeren Leibniz'schen Dynamik auftreten zu wollen, aber offenbar nicht genügend mit deren Aktionsbegriff vertraut war. Ein Flüchtigkeitsfehler an dieser exponierten Stelle, wie Koenig es entschuldigend hinstellte, ist schwer nachvollziehbar, sondern lässt eher darauf schließen, dass die Arbeit – wie oben von Speiser erwähnt – „konfus" und „in Eile, unordentlich niedergeschrieben"[230] wurde.

Euler bemerkte und kritisierte sofort den Widerspruch in den von Koenig angegebenen Fassungen für die Aktion. Er unterwarf jetzt Koenigs Arbeit einer zutreffenden, aber scharfen mathematischen Kritik. Das von Maupertuis angeordnete Vorgehen der Akademie zielte jedoch auf die Echtheit des Leibniz-Briefes. Koenig verteidigte sich, indem er von der Echtheitsfrage ablenkte und sich auf den Inhalt konzentrieren wollte. Seine ersten Briefe waren noch aussöhnend, jedoch war Maupertuis nicht mehr zu versöhnen. Aber auch Koenig war stur und rechthaberisch; ein Begleitschreiben des angeblichen Besitzers Samuel Henzy (1701–1749) des fraglichen Briefes, das Henzy mit der Kopie an ihn geschickt haben müsste und zur Aufklärung hätte beitragen können (so es ein solches Schreiben gab!), zeigte Koenig nicht. Obwohl es letztlich eine persönliche Kontroverse war, verlangte Maupertuis, dass die Akademie sich der Sache annehme und Koenigs Erklärungen als unbefriedigend ansähe. Durch den Druck des Präsidenten erfolgte das Urteil: Am 13. April 1752 erklärte die Akademie unter Eulers Führung den Brief als Fälschung, Koenigs Name erschien nicht: „Il est assurément manifeste que sa cause est de plus mauvaises et que ce fragment a été forgé, ou pour faire tort à M. de Maupertuis."[231] Euler betonte stets, es gehe um die Authentizität des Briefes und nicht um Personen, schon gar nicht um Koenig, und wir können hinzufügen, dass es auch nicht mehr um den Inhalt ging. Die Fronten verliefen unübersichtlich. Bezeichnenderweise war von den etwa 30 ordentlichen Mitgliedern ein Drittel nicht erschienen, obwohl Maupertuis viel daran gelegen hatte, Vollzähligkeit zu haben.[232]

Koenig war zwar nicht direkt moralisch verurteilt worden, aber der durch Maupertuis' Machtfülle Gedemütigte schickte der Akademie die Ernennungsurkunde zurück und veröffentlichte den Hergang in einem „Appel au public" (1752), dem

---

[230] Speiser, a. a. O. S. 352 f.; ähnlich auch der Euler-Herausgeber P. Costabel, „L'affaire Maupertuis-Koenig et les ‚question de fait'", in: K. Figala und E. Berninger *Arithmos, Arrhytmos*. München 1979, S. 29–48.

[231] Euler, „Exposé concernant l'examen de la lettre de M. de Leibnitz", in: *Histoire der Berliner Akademie* Band 6 für 1750, 1752 erschienen, S. 52–62, Zitat S. 62 = EO II/5 S. 64–73, Zitat S. 72. Es ist offensichtlich, dass der Grund der Falschung boser Natur ist und dass dieses Fragment gefalscht wurde, um Maupertuis zu schaden.

[232] Das Protokoll der Akademiesitzung wurde auch in EO II/5, S. 72 f. aufgenommen. Es ist amüsant, dass der Sekretär Formey, der das Protokoll schrieb, auf Koenigs Seite stand und das Urteil in Zweifel zog (siehe den Brief von Formey an C. Bonnet vom 12. Juli 1765).

„Défense de l'Appel au public" (Verteidigung des öffentlichen Aufrufs, 1752) und schließlich noch „Recueil d'ecrits sur la question de la moindre action" (Sammlung von Schriften zur Frage der kleinsten Aktion, 1753) folgten, was die außerordentlich hartnäckigen Bemühungen Koenigs zeigt, vor allem Maupertuis` autoritäre Haltung bloßzustellen. Ein weiterer Band war geplant, in dem er drohte, „die Werke von Maupertuis und Euler durch ein Werk von erstaunlicher Tiefsinnigkeit zu Boden zu werfen" (so in „Defense de l'Appel", 1753). „Allein er droht seit vier Jahren", konstatierte man in der „Authentischen Nachricht" (1757).[233] Maupertuis hingegen verschickte verzweifelt das Urteil in alle Welt, ohne die gewünschte Glaubhaftigkeit zu erzielen. Nicht Koenigs, sondern Maupertuis' wissenschaftlicher Ruf hatte schweren Schaden genommen, und eine Flut von Empörung, die sich beispielsweise in vielen Schmähschriften niederschlug, brach über den bestürzten Präsidenten herein, der die gesamte Gelehrtenrepublik unter der Führung von Voltaire gegen sich sah. Die gesammelten Schmähschriften wurden unter dem Titel *Maupertuisiana* 1753 herausgegeben,[234] der Leipziger Gottsched-Kreis veranstaltete bereits im gleichen Jahr eine deutsche Übersetzung durch die Gottschedin Luise Adelgunde Victorie geb. Kulmus, verh. Gottsched (1713–1762) unter Beteiligung von Koenig. Letzterer nutzte geschickt die deutsche Bezeichnungen „Urteil" und „verurteilen", wo bei Euler im französischen und lateinischen Text von „examen" und „examiner" (Prüfung, prüfen) die Rede ist, denn die Akademie konnte kein juristisches Urteil abgeben, sondern nur ihre Meinung äußern (aber sie tat das unter der Bezeichnung „jugement" [Urteil]!).

Bei aller Aufregung in der Welt der Gelehrten wäre der Streit wohl bald vergessen worden, wenn sich nicht Voltaire eingemischt hätte. Das könnte Eulers merkwürdige Haltung erklären, die er nach dem Streit einnahm. Vor und während des Streits war Euler auch mit seiner analytischen Trilogie (E 101–102, 212) beschäftigt. Euler hatte sich deshalb nach Jakob Hermanns Tod im Jahre 1733 für die von Hermann hinterlassenen Schriften interessiert, insbesondere für dessen Manuskript über Integralrechnung („De calculi integralis"). Viermal schrieb Euler deshalb nach Basel an den Bruder von Jakob Hermann, gleich im Kondolenzschreiben vom 18./29 August 1733 kam er darauf zu sprechen. Am 29. November/10. Dezember 1754 bekam Euler von seinem Freund Gerhard Friedrich Müller (1705–1783) einen Brief aus St. Petersburg, wo auf das Interesse Eulers am Nachlass von Hermann wieder eingegangen wurde, denn Hermanns Bruder hatte eine Liste der ungedruckten Dinge des Nachlasses geschickt, darunter einige 20 Briefe von Leibniz, worunter sich auch jene befanden, die im Streit als Kopien nach Berlin geschickt wurden. Jetzt zeigte Euler in seiner Antwort wenig Interesse

---

[233] „Authentische Nachricht von den Streitigkeiten des Herrn Präsidenten von Maupertuis mit dem seligen Herrn Rath König und dem Hrn. Von Voltaire" in den *Neuen Gelehrten Europa* (Zwölfter Theil), 1757, S. 265.

[234] Im Verlag von Luzac in Leiden wurden die jeweils vorhandenen Bestände der einschlägigen Streitschriften (bis zu 16 Titel) mit dem Gesamttitel *Maupertuisiana* zu einem Konvolut gebunden; die zweite Auflage brachte es bis auf 21 Beiträge; der Inhalt der *Maupertuisiana* ist also unterschiedlich, als fingierter Druckort wurde jedoch stets Hambourg angegeben.

4.13 Der Streit um das Prinzip der kleinsten Aktion

an den Archivalien[235] und schlug nur vor, dass die Akademie an Hermanns Bruder die halbe Pension für Jakob Hermann zahlen möge, da J. Hermann etwa Mitte des Jahres [11. Juli] gestorben sei. Als Gegenleistung sollte dann der Nachlass an die Akademie gehen (da er im Auftrag der Akademie entstanden war), und Euler würde gern prüfen, was davon es wert sei, veröffentlicht zu werden. Der Bruder hatte den mathematischen Nachlass jedoch an Johann Burckhardt, den vormaligen Lehrer Eulers und damaligen Pfarrer von Olten, gegeben. Burckhardt starb 1743, und damit verliert sich die Spur des Nachlasses. Im April 1757 wurden wieder Briefe gewechselt, und Euler erhielt sogar Hermann'sche Manuskripte aus Basel, aber es ging offenbar nur um eine Geheimschrift, die J. Hermann sich ausgedacht hatte, von der Euler nicht viel hielt.

Während der Zeitraum für eine Fälschung (so es sie gab) gut eingegrenzt werden konnte, ist das für eine Personenauswahl nicht möglich. Bis kürzlich war völlig ungeklärt, wer fachlich in der Lage gewesen wäre, einen solchen Text zu fälschen und welche Motive den Fälscher dazu bewogen haben könnten. Der Fälscher war gewiss ein Leibnizianer, also höchstwahrscheinlich deutschsprachig. Kam er aus der Berliner Akademie? Bei der entscheidenden Akademiesitzung hatte immerhin ein Drittel der Berliner Mitglieder es vorgezogen, der Abstimmung über den Brief fernzubleiben.[236] Das waren keine Freunde von Maupertuis und von Euler. Aber es ist unwahrscheinlich, dass sich in dieser elitärem Gruppe jemand dazu hergegeben hätte: denn man müsste berufliche Nachteile befürchten. Schließlich verteilte Maupertuis die Pensionen und bestimmte deren Höhe. Siehe Fußnote 225.

Aus dem Leipziger Gottsched-Kreis war vermutlich die erste Kritik am Prinzip erfolgt und stand in Band 7 des Neuen Büchersaals von 1748:

> „Wir haben nichts dawider einzuwenden, als dieses, daß schon Leibniz in seiner Theodicee gesagt hat: die Bewegung, die Materie und der Raum wären die göttlichen Ausgaben und Unkosten des Weltbaues gewesen, und damit wäre Gott so rathsam, als nur möglich umgegangen."[237]

Es gab z. B. einen strebsamen, aber mediokren Journalisten Christlob Mylius (1722–1754), der sich gern in den Streit eingemischt hätte, um zu den Großen der philosophischen Welt zu gehören. Er hatte in Leipzig studiert und war danach zeitweilig Redakteur naturwissenschaftlicher Zeitschriften. Der Dichter Gotthold Ephraim Lessing (1729–1781), ein Vetter von Mylius, bescheinigte einer dieser Zeitschriften „eine gemeine Moral". Mylius hatte sowohl zu den Berliner als auch Leipziger Gegnern von Maupertuis gute Kontakte. Den Berliner Kontakt hatte kein anderer als Euler durch eine zeitweilige Anstellung von Mylius im Observatorium hergestellt. Mylius „revanchierte" sich mit Spottgedichten auf Euler,

---

[235] Allerdings sichtete auch Johann Bernoulli nach dem Tode Hermanns den Briefbestand, ohne besondere Funde gemacht zu haben.
[236] Siehe Fußnote 49.
[237] Bd. 6 (1748), S. 99–117, Zitat S. 117.

ein Beispiel „Gedanken bey Anschauung der Leibnitzschen Rechenmaschine zu Hannover":[238]

> „Dies Kunststück [Rechenmaschine von Leibniz] so verderbt zu sehen,
> Muß einem billig nahe gehen.
> Das Glück ersetzt den Mangel doch:
> Denn Euler lebt und rechnet noch."

An Formey in Berlin, zu dem Koenig erstaunlicherweise gute Beziehungen hatte, schrieb Mylius klagend am 8. Oktober 1749: „Dieu sait comment je me tirerai d' affaire" (Gott weiß, wie ich zurechtkomme), was deutlich auf die missliche Lage von Mylius hinweist.[239] Mylius könnte exemplarisch für einen Fälscher stehen, der Einblicke in die Berliner und Leipziger Gelehrtenkreise hatte und ein junger ehrgeiziger Mann war, der sich zurückgesetzt und schlecht behandelt fühlte. Jedoch wir müssen es beim Konjunktiv belassen.

Aber selbst in diesem enger umrissenen Kreis hatten wir keine ausreichende Hinweise, um eine der Personen in eine engere Wahl zu ziehen. Es darf jedoch als sicher gelten, dass keiner der an der Fälschung wissentlich oder unwissentlich Beteiligten (also auch Koenig) ahnen konnte, welche Lawine durch diese Handlung ausgelöst werden sollte. Aber Bregers Forschungen präzisieren jetzt diese Vermutung, und ermitteln als Fälscher Mylius, siehe Fußnote 225.

An Eulers Darlegungen ist allerdings schwer zu verstehen, weshalb er seine ursprüngliche Aussage, die beim Prinzip Maximum und Minimum zuließ, schließlich auf Minimum einschränkte. Im Additamentum I der Variationsrechnung hatte Euler immerhin konstatiert: „Da aber alle Verrichtungen der Natur irgendein Gesetz des Maximums oder Minimus befolgen, so besteht kein Zweifel, dass auch in den Bahnen geworfener Körper irgendeine Eigenschaft des Maximums oder Minimus vorhanden sein muß."[240] Constantin Carathéodory äußerte sich in der Vorrede zu Eulers Variationsrechnung zu Irrtümern von Mathematikern früherer Zeiten sinngemäß so: Man solle den Stab nicht aus heutiger Sicht brechen, dass aber bestimmte Versehen wie logische Fehler schon als Fehler angesehen werden müssten (in EO I/24, § 11). So ist es mit Eulers Einschränkung des Prinzips auf Minima. Aus heutiger logischer Sicht führt das Verschwinden der Variation $\delta A = 0$ des Aktionsintegrals A lediglich auf notwendige Bedingungen für ein Extremum. Die Zuhilfenahme von physikalischen oder metaphysischen Argumenten kann dann das Extremum rechtfertigen. Mathematisch sind derartige außermathematischen Argumente natürlich unzulässig, aber das gehörte zum Zeitgeist dieser „happy go lucky-era" (Hermann Weyl, 1885–1955). Euler ließ sich letztlich philosophisch durch Sparsamkeitsvorstellungen (wie z. B. im Brief 78 vom 22. November 1760 in den „Lettres" [E 343, EO III/11] dargelegt) leiten und sah nur das Minimum als

---

[238] Zitiert nach C. Kaulfuß-Diesch, „Maupertuisiana", in: Zentralblatt für das Bibliothekswesen 239 (1922), S. 525–546.

[239] Archiv der Jagellionischen Universität, Krakau (Polen).

[240] „De motu proiectorum" in *Methodus inveniendi* (E 65), in: OE I/24, S. 298.

sachgemäß an;[241] mathematisch gibt es jedoch dafür keinen Anlass. Noch zu Beginn des letzten Jahrhunderts sah sich David Hilbert (1862–1943) genötigt, darauf zu verweisen, dass sich ein aufgestelltes mathematisches Modell aus sich selbst rechtfertigen lasse müsse.

Aber während in der Variationsrechnung mathematisch die Problematik der Hinlänglichkeit für ein Extremum lange vage blieb, diskutierte man sehr intensiv die Frage, ob der Newton'schen kausalen Naturbeschreibung eine finale Naturerklärung zur Seite gestellt werden könne. Euler war hier sehr sorgfältig, da er stets seine mit Hilfe des Extremalprinzips erhaltenen Resultate mit früheren in der üblichen Weise erhaltenen Ergebnissen verglich. Euler war sich auch klar, dass das Prinzip nur mit Einschränkungen gilt (Additamentum II, § 13).[242] Maupertuis hingegen rechtfertigte sein Prinzip metaphysisch, was den Mathematiker Euler beeindruckte. Ebenfalls in metaphysischer Sicht argumentierte Koenig, ähnlich wie Maupertuis, aber natürlich im Leibniz'schen Sinne, für sein Prinzip.

Wie kam Maupertuis auf seinen (finiten) Begriff der Aktion $A = mvs$, den er in der Arbeit „Accord de différentes lois" (1746) benutzte? (Die infinitesimale und integrale Fassung findet sich erst bei Euler.) Das Fermat'sche Prinzip in der Optik, dass Lichtstrahlen den kürzesten Weg (bei Fermat: den Weg mit kürzester Zeit) wählen, basiert auf der Annahme, dass dichtere optische Medien dem Licht einen größeren Widerstand entgegensetzen. Newton ging bei optischen Vorgängen von der gegenteiligen, aber falschen Aussage aus, die auch für den Newtonianer Maupertuis zutreffend war. Maupertuis wollte aber zwischen beiden Theorien ausgleichen.[243] Beide führen auf richtige Ergebnisse! Wenn man aber in den Fermat'schen Extremalbetrachtungen nicht mit der Fermat'schen Beziehung $sv \sim s/n$ (n Brechungsindex), sondern mit dem Newton'schen Ausdruck $sv \sim sn$ rechnet, dann folgt das gewünschte Resultat. Während sich bei Fermat ds/v als dt interpretieren lässt, ist vds bei Newton unerklärt und führt auf einen Ausdruck A mit $dA = mvds$, der Aktion genannt wurde.

4.13.6 Voltaires Einmischung

Euler stellte sich im Prioritätsstreit vor Maupertuis. Da er die fachliche Seite bestens übersehen konnte und als einziger wohl Maupertuis hätte bremsen können, nahm man ihm dieses Verhalten übel. Carl Gustav Jacob Jacobi (1804–1851) sprach von den „Spiegelfechtereien" Eulers und rügte, dass dieser Sachen auch dann noch weiter betrieb, als längst klar war, dass nichts mehr zu retten sei. Allerdings hatte sich für Euler die hoffnungslose Angelegenheit zu einem Kampf gegen die Freigeister ausgeweitet, für ihn war es nicht mehr der „Fall Koenig", sondern

---

[241] Im Additamentum II lesen wir: „Es wird wohl vernünftig sein ... die Zusammenfassung aller Bewegungsvorgänge ... zum Minimum zu machen."

[242] In heutiger Sprechweise würde man Eulers Ergebnisse in konservativen Systemen als gültig ansehen, d. h. im System gibt es ein ortsabhängiges Potenzial, sodass der Satz von der Energieerhaltung gilt.

[243] Siehe M. Schramm, „Zur Entstehung des Prinzips der kleinsten Aktion", in: *Maupertuis. Eine Bilanz nach 300 Jahren*, Hrsg. H. Hecht. Berlin 1999, S. 321–340, insbes. S. 334 ff.

der „Fall Voltaire"! Der Streit hatte sich nämlich vom wissenschaftlichen Boden auf höfisches Parkett begeben, um dort seinem Höhepunkt und Ende zuzueilen.

Voltaire, der nach dem Tod der Marquise du Châtelet im Jahre 1749 nach Sanssouci gekommen war, avancierte durch seine geistreiche Unterhaltung an der Tafelrunde Friedrichs II., sodass der krankhaft ehrgeizige Maupertuis sich bald mit dem bissigen Voltaire auf das bitterste verfeindete.

> „Er [Maupertuis] misst mich hart mit seinen Quadranten. Man sagt, dass sich in seine Untersuchungen etwas Neid mischt",

ließ im Februar 1750 Voltaire seine Nichte und Geliebte Denis Marie Louise (1712–1790) wissen. So nimmt es nicht wunder, wenn der unbetroffene, aber allezeit streitbare Voltaire erfreut in die Auseinandersetzungen eingriff und geschickt die Maschinerie des Skandals ölte. Schließlich hatte er genügend Ressentiments: Voltaire war nur Gast in Potsdam (wie lange?), aber Maupertuis Präsident der Akademie (was Voltaire vor dem Tod der Marquise von Châtelet ausgeschlagen hatte), Voltaire war trotz aller Bemühungen kein Mitglied der Pariser Akademie geworden, wohl aber Maupertuis. Voltaire war gern ein bestens verwöhnter und sehr gut alimentierter Gast Friedrichs II. gewesen, solange dieser den verehrten Franzosen umwarb; aber dann war er für 7000 Taler in dessen Dienste getreten, wurde zwar Kammerherr und gehörte weiterhin der Tafelrunde von Sanssouci an, aber Voltaire fand sich jetzt als dienstbarer Geist am Hofe wieder; er sah sich lediglich als Sprachlehrer Friedrichs. Hinzu kam, dass der unwirtliche Winter in Potsdam sich bemerkbar machte. Julien Offroy Lamettrie (1709–1751), dem königlichen Hofatheisten, gestand der König, dass er Voltaire wegen der französischen Sprache noch höchstens ein Jahr benötige; ich will sein Französisch haben, was geht mich seine Moral an (Friedrich an Algarotti, 12. September 1749), man presst die Orange aus und wirft sie dann weg. Dieses Bild, das Voltaire durch Lamettrie zugetragen wurde, traf und beunruhigte den Philosophen. und er revanchierte sich mit der bildlichen Klage, dass er es leid sei, die schmutzige Wäsche des Königs zu waschen, womit er das Korrigieren der schlechten Gedichte Friedrichs veranschaulichte. Friedrich wusste in der Tat zwischen dem geistigen Vermögen, das ihn anzog, und dem Charakter Voltaires, der ihn abstieß, zu unterscheiden.

Für die neuere französische Aufklärung, die das Volk aufklären wollte und die deshalb vom elitär denkenden Friedrich enttäuscht sein musste[244] und mit ihm zu hadern begann, war auch Maupertuis kein geeigneter Präsident mehr. Ein anonymer Brief Voltaires verteidigte Koenig und erteilte dem preußischen Monarchen einige Seitenhiebe. Friedrich ließ das Schreiben diplomatisch in der Anonymität, beantwortete es aber ungeschickt. Dann aber lieferte Maupertuis dem Kontrahenten mit einer populärwissenschaftlichen Schrift „Essai de Cosmologie" (Essai über die Kosmologie, 1750) ein gefundenes Fressen für den großen Angriff.

In einer satirischen Schrift *Diatribe du Docteur Akakia, Médecin du Pape* (Schmähschrift über Dr. Akakia, Leibarzt des Papstes) (Abb. 4.64) ließ Voltaire

---

[244] Aussagen von Friedrich II. gegenüber einem Pfarrer, dass Moses seine Juden lenkte, wie er wollte, und dass er seine Preußen regiere, wie es ihm passe, zeigen die despotische Seite des Herrschers.

4.13 Der Streit um das Prinzip der kleinsten Aktion

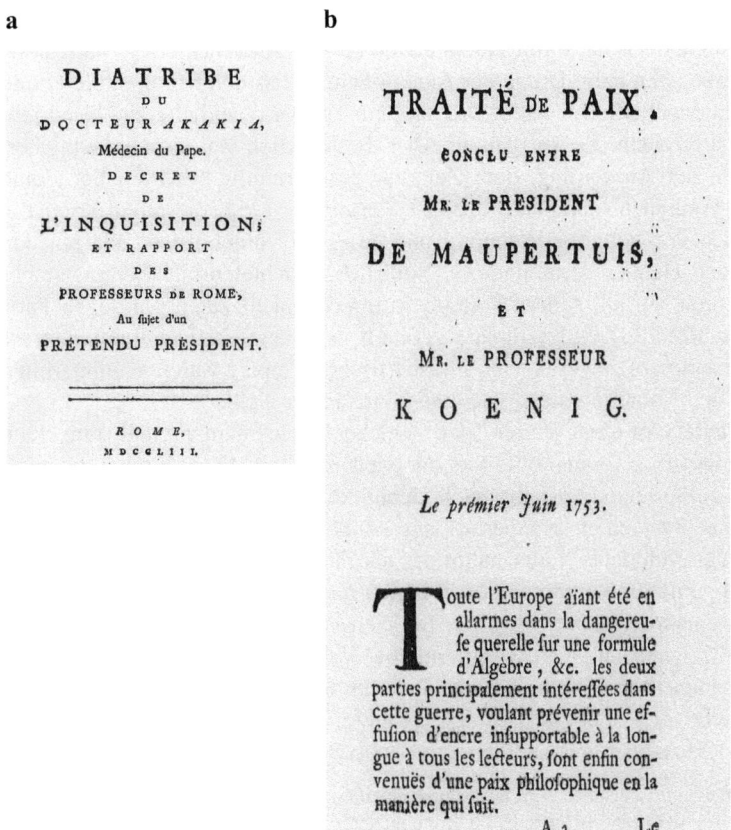

Abb. 4.64 a Die Schmähschrift über Dr. Akakia (= Maupertuis) von Voltaire, 1753, und **b** der von Voltaire entworfene Friedensvertrag zwischen den Professoren Maupertuis und Koenig, 1753

den Kranken von St. Malo, Maupertuis' Geburtsort, vom Hochmut kurieren. Aber nicht genug dieser Anspielung: Dr. Akakia (= Dr. Sorglos) war der in Berlin geläufige Spitzname von Maupertuis. Friedrich II., dem Voltaire diese brillante Satire vorlas, ein unter Höflingen übliches Verfahren, Nebenbuhler zu diskreditieren, ließ – angeblich unter Lachen – den Druck verbieten und stellte sich wie bisher loyal hinter seinen Präsidenten, denn er wollte und konnte keine öffentlichen Diffamierung seiner Akademie oder des ihr vorstehenden Präsidenten hinnehmen. An dieses Verbot hielt sich Voltaire nicht und ließ mit einer untergeschobenen Druckgenehmigung das Buch am 25. November in Potsdam herstellen, und diese Frechheit war es, welche schließlich zum Bruch mit Friedrich führte. Friedrich II. verschaffte sich die illegale Druckauflage und verbrannte sie ohne Aufsehen in seinen Gemächern. Aber der schlitzohrige Voltaire ließ die *Diatribe du Dr. Akakia* in Holland drucken und in Berlin verkaufen. Jetzt war Feuer unter dem Dach des Königs! Dessen Gefühle gegenüber Voltaire kühlten ab, auch da dieser durch windige Geldgeschäfte mit einem Juden zu viel Aufsehen erregt hatte sowie dieses Hintergehen beim Druck der Akakia-Schrift, das den König düpierte und seine Akademie lächerlich machte. Das sind nur zwei Sachverhalte, die Friedrichs Zorn und Wut erregten. Es war genug! Aber die Reaktion war ein unglaublicher Tabubruch in der Aufklärung, dem Zeitalter der Vernunft: Friedrich ließ demonstrativ am Weihnachtsvorabend, dem 23. Dezember 1752, die requirierten Bestände öffentlich vor Voltaires Wohnung und auf „den vornehmsten" Plätzen der Stadt durch den Henker verbrennen.[245] Natürlich berichteten alle Zeitungen über den ungeheuren Vorfall, sodass Voltaire Aufmerksamkeit zuteil wurde. In Paris wurden daraufhin 30.000 Exemplare verkauft, an einem einzigen Tag sollen es sogar 5000 Exemplare gewesen sein, im sächsischen Leipzig waren es immerhin 500 an einem Tag! Voltaire wusste, wie man Öl ins Feuer gießt.

Begleitet von den Worten „Ich schicke Ihnen, mein Freund, ein kleines Erfrischungspulver … und bitte Sie, die Niederträchtigkeiten, durch die man Sie vergebens zu verleumden sucht, nach Gebühr zu verachten" sandte Friedrich seinem Akademiepräsidenten Maupertuis am 24. Dezember 1752 ein Säckchen von der Asche des Autodafés. Euler nahm das als Zurückstecken der Freigeister mit tiefer Befriedigung zur Kenntnis, jedoch hatten diese nur eine Bataille, aber noch nicht die Auseinandersetzung verloren. Im sächsischen Leipzig, und damit dem preußischen Zugriff entzogen, veröffentlichte Voltaire ein weiteres Pamphlet, in dem von Koenigs Angelegenheiten nur noch am Rande die Rede war, sodass Voltaires eigentliche Ziele deutlich wurden. Joachim Otto Fleckenstein (1914–1980), ein Euler-Herausgeber, machte die interessante Bemerkung:

> „Man kommt aber bei der Darstellung des dahintersteckenden Akademieskandals nicht ganz von dem Eindruck los, daß hier ein biederer Schweizer [Euler] als Sündenbock dafür hinhalten muß, dass die Giftsuppe aus der Hexenküche der in allen höfischen Intrigen versierten akademischen Grandseigneurs durch die Ungeschicklichkeit eines anderen Eidgenossen – nämlich Koenig – zu früh verschüttet worden ist." – EO II/5, S. XXVI

Der Verdacht ist begründet, dass Voltaire nur auf eine Gelegenheit wartete, um eine Kabale gegen den Präsidenten anzuzetteln, und Euler hierbei, des Ränkespiels unkundig, zum Sündenbock wurde, zum einen durch die Pflicht, seinen Präsidenten und die Akademie zu verteidigen, und dies nicht erst, seit er zum einen durch die „Überlassung" des Prioritätsprinzips an Maupertuis[246] in die Händel gezerrt

---

[245] Voltaires Schmähschrift war das einzige Buch, das Friedrich öffentlich verbrennen ließ. 1734 wurden Voltaires *Lettres philosophiques,* in denen die Anschauungen des schottischen Philosophen Locke dargelegt wurden, in Paris verbrannt. Mit diesem Buch und seinen *Eléments,* die Newtons Ideen vermitteln, trug Voltaire entscheidend zur Entwicklung der französischen Aufklärung bei.– Bücher von mehr als 300 Autoren wurden 1933 von den Nationalsozialisten in Berlin und weiteren Städten barbarisch durch Feuer vernichtet.

[246] Wenn man davon absieht, dass die Prinzipien von Euler und Maupertuis nicht gleich sind, und beachtet, dass Euler seine Fassung im Sommer 1743 an den Verleger schickte und seine „Variationsrechnung" (E 65) 1744 erschien und dass Maupertuis zu dieser Zeit in Paris schon über Eulers Prinzip vorgetragen hatte, dann konnte Euler hier nichts überlassen.

4.13 Der Streit um das Prinzip der kleinsten Aktion

worden war, zum anderen aber erst recht durch seine tiefe Gegnerschaft zur Leibniz-Wolff'schen Philosophie und zur radikalen französischen Aufklärung.

Die „Giftsuppe" (Fleckenstein) war vermutlich für Euler bereitet worden, aber an falscher Stelle verschüttet worden. Es liegt auf der Hand, dass Voltaire in keiner Weise die Angelegenheit aufklären wollte. Eine solche Haltung wird ihm aber letztlich immer wieder unterstellt, wenn man seine Verteidigung von Koenig lobt. Voltaires Begabung kam Koenig, aber nicht unbedingt der Sache selbst zugute. Breger schrieb hierzu:

> „Samuel Koenig ging aus dem Streit als moralischer Sieger hervor – nicht zuletzt deshalb, weil er die Debatte vorwiegend auf dem Feld der beiderseitigen Vorgehensweise führte und die gebildete Öffentlichkeit zum Richter über das Vorgehen der Institution Akademie aufrief."[247]

Es kam so, wie es Friedrich II. allgemein über Voltaire sagte, dass man Voltaires Satiren schätze, aber nicht in seine Krallen geraten möchte. Das unbeteiligte gelehrte Europa ergötzte sich in der Tat an Voltaires geistreichen Pamphleten; mathematisch verstehen konnte den strittigen Sachverhalt vermutlich ohnehin nur eine Handvoll Gelehrter in Europa.

Voltaire brachte 1753 noch eine „Histoire du docteur Akakia et du natif de Saint Malo" (Geschichte von Doktor Akakia und dem Eingeborenen von Saint-Malo) zum Druck, in der die Professoren eines Kollegiums der Weisheit („Professeurs du Collège de la sapiens") mit der Untersuchung der Angelegenheit beauftragt werden. Auf seiner Rückreise nach Paris, um nicht von Voltaires Flucht aus Berlin zu sprechen (Beginn 25. März 1753), versäumte es Voltaire nicht, den Weg über das „sichere" sächsische Leipzig zu nehmen, wo er sich im April aufhielt. Er suchte auf seiner Reise, die ihn zunächst nach Dresden zu seinem Verleger führte, auch Ch. Wolff im preußischen Halle, das zum sächsischen Leipzig benachbart ist, auf.

In Leipzig war er im April 1753 und verteilte die erneut gedruckte *Histoire du docteur Akakia,* die ein „Décret de l'Inquisition de Rome" (Dekret der Inquisition von Rom) enthielt, das die Einleitung zu der „Jugement Des Professeurs du Collége da la Sapience" (Urteil der Professoren des College der Weisheit) bildete und verlautbarte, dass man die Schrift *Diatribe* des Monsignore Akakia zur Kenntnis genommen habe und darin nichts dem Glauben oder dem Dekret Widersprechendes gefunden habe („n'y avons rien trouvé de contraire à la foi ni aux décrétales).[248]

Bereits der erste Artikel des Urteils der *Histoire* zeigt Voltaires beißenden Spott:

---

[247] „Über den von Samuel König veröffentlichten Brief", in: *Maupertuis.* Eine Bilanz nach 300 Jahren, Hrsg. H. Hecht. Berlin 1999, S. 363–381, Zitat S. 363.

[248] Im Bestand der Universitäts- und Landesbibliothek Halle befindet sich ein Exemplar der *Histoire du docteur Akakia* mit folgender Inschrift eines Unbekannten: „j'ai reçu cette histoire des propres mains de M. de Voltaire à Leipzig de 16 d' Avril 1753" (Ich erhielt diese *Histoire* in Leipzig am 16. April 1753 eigenhändig von Herrn de Voltaire).

„1°. Wir erklären, dass die Gesetze über den Aufprall vollkommen harter Körper kindisch & eingebildet sind, da es keinen bekannten vollkommenen harten Körper gibt, aber viele harte Geister, an denen wir vergeblich versucht haben, sie zu operieren."[249]

Das zweite, sachlich treffende Urteil verdankte Voltaire vermutlich einem Ratgeber:[250]

„2°. Die Behauptung, dass das Produkt von Entfernung und Geschwindigkeit immer ein Minimum sei, scheint uns falsch zu sein, denn dieses Produkt ist manchmal ein Maximum, wie es Leibniz glaubte und wie er es auch gezeigt hat. Es scheint, dass der junge Autor nur zur Hälfte den Leibnizschen Gedanken erfasst hat."[251]

Nun einige Passagen aus der Fortsetzung des *Dr. Akakia*, dem *Traité de Paix, conclu entre Mr. le Président de Maupertuis et Mr. le Professeur Koenig* (1. Juni 1753), die den zwischen Maupertuis und Koenig abgeschlossenen Friedensvertrag betreffen, worin sich Maupertuis in 18 und Euler sich in 8 Artikeln als im Unrecht bekennen und Besserung versprechen. Zu Euler liest man z. B. in Artikel 15:

„15°. Wir geloben künftig, die Deutschen nicht mehr herabzusetzen und geben zu, dass Kopernikus, Kepler, Leibniz, Wolff, Haller und Gottsched auch etwas sind, und dass Wir ferner bei den Bernoullis studiert haben und noch studieren, und dass schließlich Professor Euler, Unser Leutnant,[252] ein sehr großer Geometer ist, der Unser Prinzip durch Formeln gestützt hat, die Wir zwar nicht verstehen, die aber nach dem Urteil derjenigen, die sie verstehen, uns versichert haben, dass sie voll von Genialität sind, wie alle Werke des besagten Professors, unseres Leutnants."[253]

Da Voltaire unvorsichtig über Frankfurt/Main gereist war, das zwar eine freie Reichstadt war, jedoch Friedrich ein mächtiger König,[254] ließ ihn Friedrich II. dort einige Tage arretieren, um Voltaire zur Herausgabe einiger mitgenommener Dinge zu bewegen und ihn zu demütigen.

---

[249] « Nous déclarons que les lois sur le choc des corps parfaitement durs, sont puériles & imaginaires, attendu qu'il n'y aucun corps connu parfaitement dur, mais bien des esprits durs, sur lesquelles nous avons en vain tâché d'opérer. »

[250] Das könnte auch auf seinen Aufenthalt in Cirey zurückzuführen sein.

[251] « L'assertion, que le produit de l'espace par la vitesse ets toujours un minimum, nous assemblé fausse; car ce produit est quelquefois un minimum, comme Leibnitz le pensoit, & comme il est prouvé. Il paroit que le jeune Auteur n'a pris que le moité de l'idée de Leibnitz. »

[252] Lieutenant: im wörtlichen Sinn Kommandoempfänger (= Stellvertreter, Platzhalter), so auch Maupertuis unterstellt, aber sicher keine boshafte Anspielung auf Eulers angebliche Absicht, in der russischen Kriegsmarine Dienst zu tun, denn diese privaten Erwägung Eulers dürfte kaum bekannt gewesen sein.

[253] « Nous ne rabaisserons plus tant les Allemands, et nous avouerons que les Copernic, les Kepler, les Leibniz, les Wolf, les Haller, les Gottsched, sont quelque chose, et que nous avons étudié sous les Bernoulli, et nous étudieront encore, et que enfin M. Le professeur Euler, qui a bien voulu nous servir de lieutenant, est un très-grand géomètre qui a soutenu notre principe par des formules auxquelles nous n'avons rien pu comprendre, mais que ceux qui les entendent nous ont assuré être pleines de génie, comme tous les entres ouvrage dudit professeur, notre lieutenant. »

[254] In Frankfurt wird noch der Streit von 1740 erinnerlich gewesen sein, der zwischen dem Erzbischof und Kurfürsten im benachbarten Mainz und dem Landgrafen von Hessen-Kassel um Schloss und Dorf Rumpenheim bei Offenbach am Main bestand, und an das Eingreifen Friedrichs, der sich gegen den Erzbischof durchsetzte.

4.13 Der Streit um das Prinzip der kleinsten Aktion

Abb. 4.65 **a** St. Malo, der Geburtsort von Maupertuis in der Bretagne, **b** Mausoleum für Maupertuis in der Kirche St-Roch in Paris, 1767

Maupertuis war eine vernichtende Spottschrift zuteil geworden, von der Art, wie er sie 1737 selbst gegen die Anhänger Descartes' gerichtet hatte, wo er aus Verärgerung über seine zunächst zu gering beachteten Leistungen in Lappland höhnisch vorschlug, wissenschaftliche Fragen künftig nicht durch kostspielige und langwierige Expeditionen zweifelhaften Wertes zu entscheiden, sondern einfach durch Würfeln, wobei er noch boshaft den Gegnern Kombinationen anbot, die deren Auffassungen mit großer Wahrscheinlichkeit bestätigt hätten. In einer einsichtigen Stunde klagte der gebrochene Mann, dass er nun wisse, was Kritik bedeute. Anfänglich reiste er noch zwischen Berlin und Paris hin und her, aber einsichtig beurlaubte Friederich 1756 seinen erkrankten Präsidenten. Auf einer geplanten Rückreise nach Berlin kam Maupertuis nur bis Basel, wo er am 27. Juli 1759 im Engelshof in Basel, dem Wohnsitz von Johann II Bernoulli, starb (Abb. 4.65).[255]

Jacques Tuffet (*1926) brachte eine kritische Ausgabe des *Dr. Akakia* heraus und machte sich die Mühe, Voltaire im Original nachzuprüfen, wobei klar hervorgeht, dass Voltaire unbekümmert die Tatsachen ignorierte, wenn es für seinen Spott günstig war. Aus den *Lettres de Maupertuis*, ein unterhaltsames Buch mit französischem Esprit (anders als die deutsche Schulphilosophie) über alle möglichen interessante Gegenstände (über die Kunst, das Leben zu verlängern; durch tiefe Schächte das Erdinnere erforschen u. ä.) (Abb. 4.66). Die Forderung zum Duell veröffentlichte Voltaire etwas verändert, nicht ohne ein „Tremblez" (Zittern Sie!) am Ende einzufügen (obwohl von Voltaire im Impressum betont wurde,

---

[255] Zur Unzeit, wie sich d'Argens aus Berlin gegenüber dem im Feld befindlichen König äußerte, denn österreichische Truppen standen vor Berlin und dominierten das Geschehen.

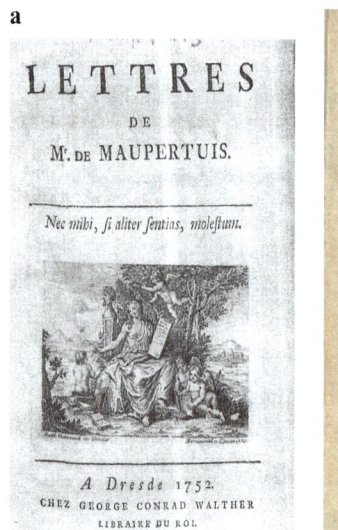
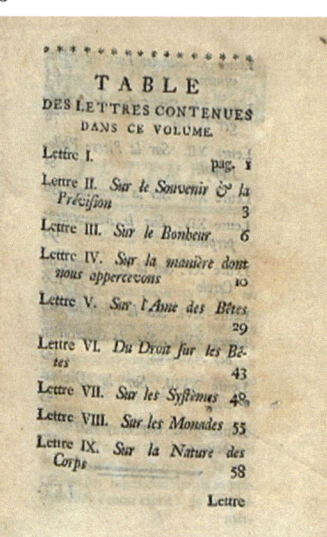

Abb. 4.66 a Die Titelseite der *Lettres de Maupertuis* (1752) und **b** die erste Seite der Inhaltsangabe

dass hier die Originale zum Druck gebracht wurden und vorgezeigt werden könnten!).[256]

Auch Euler erhielt in dieser Schrift *Traité de paix* von Voltaire einige Seitenhiebe. Zur Befestigung des Friedens bekenne er, unser Generallieutenant durch unseren Mund (= Akakia = Maupertuis) in acht Artikeln öffentlich:

> I. Er gesteht, dass er Philosophie nie gelernt hat und aufrichtig bereut, sich von uns einreden lassen zu haben, man könne sie verstehen, ohne sie studiert zu haben, und dass er sich künftig mit dem Ruhm begnügen wird, unter allen Mathematikern Europas derjenige zu sein, der in einer gegebenen Zeit ein Maximum an Rechnungen auf das Papier bringen kann.[257]
>
> III. Dass er, obwohl er der Phönix der Algebraisten ist, errötet und immer erröten wird, weil er gegen den gesunden Menschenverstand und die gewöhnlichsten Vorstellungen verstoßen hat, indem er aus seinen Formeln schlussfolgerte, dass ein Körper, der von einem Zentrum aus durch Kräfte, die ihn beständig beschleunigen, angezogen wird, aber dass er ohne jeden Grund bei seinem maximalen Schwung anhält und sofort umkehrt, & was noch

---

[256] „Histoire du docteur Akakia et du natif de Saint-Malo [par] Voltaire. Édition critique avec une introduction et un commentaire par Jacques Tuffet." Paris 1967. Der obige Brief mit einer Morddrohung am Briefende ist im genannten Sinn von Voltaire frisiert worden.

[257] « Qu'il confesse ingénument de n'avoir jamais appris la Philosophie, & qu'il se repent sincèrement de s'être laissé persuader par nous qu'on pouvoit la savoir sans l'avoir étudiée. Que déformais il se contentera de la gloire d'être de tous les Mathématiciens de l'Europe, celui qui dans un tems donné peut jetter suer la papier le plus long calcul. »

4.13 Der Streit um das Prinzip der kleinsten Aktion

wunderbarer als das alles ist, dass dieser Körper in einem bestimmten Fall plötzlich verschwindet, ohne dass wir sagen können, was aus ihm geworden ist."[258]

Die aufgeführte Sünde Eulers in der *Mechanica* findet sich in der Kritik von Benjamin Robins (1705–1751) an Eulers Mechanik von 1736 (siehe Mechanik, Abschn. 7.2), wo Euler insbesondere seinen paradoxen Schluss aus der Dissertation über den Schall von 1727 begründen wollte, der sich durch unerlaubtes Vertauschen von Grenzübergängen eingeschlichen hatte. Weiter:

„IV. Dass er, um die deutschen Philosophen etwas zu besänftigen, sein Bestes tun wird, um künftig seine Vernunft nicht mehr an eine falsche Formel auszuliefern. Auf den Knien bittet er alle Logiker um Verzeihung, dass er anlässlich eines widersprüchlichen Ergebnisses seiner Rechnung geschrieben habe:

‚Anscheinend stimmt dies in der Tat wenig mit der Wahrheit überein. ... – Auch wenn dies der Wahrheit zu widersprechen scheint, so müssen wir doch der Rechnung mehr vertrauen als unserem Urteilsvermögen.'[259]

Es schien nicht so, als könnte es wahr sein. Aber wie es auch immer sein mag, wir müssen eher der Berechnung als unserem eigenen Urteil glauben.[260]

V. Um bei den Geometern [Mathematikern] wieder zur Geltung zu kommen, sollte er versuchen, in Zukunft ein wenig Eleganz in die Analysis zu bringen, die er ihnen anbieten will; dass er nicht mehr sechzig Seiten lang rechnen wird, um zu einer Schlussfolgerung zu gelangen, die durch zehn Zeilen begründet werden kann; Item, und wenn er wieder seine Ärmel hochkrempelt, um drei Tage und drei Nächte hintereinander zu rechnen, sich eine Viertelstunde Zeit im Voraus, nehmen sollte, um darüber nachzudenken, welche Prinzipien am besten verwendet werden können."[261]

Euler konnte bei aller Weißglut, in die ihn der Streit versetzte, sich immerhin wohl noch selbst zum Besten halten, denn er schickte bedenkenlos die in Preußen verbotenen Schmähschrift über einen Buchhändler in Leipzig an den Bürokraten

---

[258] "Que quoiqu'il soit le Phénix des Algébristes, il rougit & rougira toujours d'avoir revoté le sens commun & les notions les plus vulgaires, en concluant de ses formules, qu'un corps attiré vers un autre par des forces qui accélèrent continuellement son mouvement, s'arrêtera au plus fort de sa volée, que quelquefois il retournera immédiatement en arrière, sans aucune cause, & ce qui seroit encore plus miraculeux que tout cela, que dans un certain cas ce corps s'évanouira subitement sans qu'on puisse dire qu'il est devenu. »

[259] Hier zitiert Voltaire aus Eulers *Mechanica,* Bd. 1, Art. S. 208, E 15 1736. Siehe Kap. 7, Abschn. *Mechanica,* 7.2.

[260] « Il qu'afin de radoucir un peu les Philosophes Allemands, il fera son possible pour ne plus captiver sa raison sous la foi d'une formule erronée. Il demande pardon à genoux à tous les Logiciens d'avoir écrit à l'occasion d'un resultat contradictoire de son calcul: Hoc quidem veritati videtur minus consentaneum. – Quidquid vero sit hic calculo potius quam nostro judicio est fidendum. – Cela ne paroit pas pouvoir être vrai. Mais quoiqu'il en puisse être, il faut plutôt en croire le calcul que notre propre jugement. »

[261] « Que pour rentrer en grace auprès des Géomètres, il tâchera de mettre à l'avenir un peu d'élégance dans l'Analyse qu'il leur offrira; qu'il n'employera plus soixante pages de calcul pour arriver à une conclusion qu'on peut établir par un raisonnement de dix lignes; Item, que toutes les fois qu'il retroussera ses bras pour calculer trois jours & trois nuits de suite, il se donnera la patience de raisonner auparavant un quart d'heure sur le choix des principes qu'il conviendra d'employer. »

Johann Daniel Schumacher in Petersburg, der darum gebeten hatte. Anders der todkranke und verzweifelte Maupertuis, der sich im Frühjahr 1753 leidlich erholt hatte und den es, als einen ehemaligen Dragonerkapitän, gemäß seinem Ehrenkodex drängte, Voltaire herauszufordern:

> „Ich erkläre Ihnen, dass ich gesund genug bin, um zu Ihnen zu kommen, wo immer Sie sind, um die vollste Rache an Ihnen zu nehmen. Danken Sie der Rücksicht und dem Gehorsam, die meinen Arm bisher zurückgehalten haben. (Zittern Sie!)" Maupertuis[262]

Die Antwort auf die brisanten vier Zeilen ließ nicht auf sich warten. Voltaire schickte einige Tage später aus Leipzig einen längeren Brief in der bekannten Bissigkeit, aus dem wir die entscheidende Stelle zitieren:

> „Mein lieber Präsident,
> Ich habe den Brief erhalten, mit dem Sie mich ehren. Sie schreiben mir, dass es Ihnen gut geht, dass Ihre Kräfte vollständig zurückgekehrt sind, und Sie drohen mir, mich aufzusuchen und mich zu ermorden. ... Außerdem bin ich zur Zeit krank. Sie werden mich im Bett finden, und ich kann Ihnen nur meine Klistierspritze und meinen Nachttopf an den Kopf werfen. Aber sobald ich ein bisschen Kraft habe, werde ich meine Pistolen cum pulvere pyrio [mit Schießpulver] laden und die Masse mit dem Quadrat der Geschwindigkeit multiplizieren, bis die Aktion und Sie selbst auf Null reduziert sind, ich werde in Ihr Gehirn Blei hineintun; Sie scheinen es zu brauchen. Leben Sie wohl mein lieber Präsident [Voltaire]"[263]

Maupertuis, ein kranker und unglücklicher Mann, floh schließlich am 29. April 1753 vor dem von Voltaire inszenierten Gelächter in sein Heimatland, nach Frankreich. Es war nun Euler, der in Abstimmung mit Maupertuis (bis 1759) die Geschicke der Akademie in die Hände nahm (Abb. 4.67). Zwar ging Euler im Sinne Friedrichs II. bei der Verwaltung der Akademie mit seinen Mitteln sparsam um, er brachte die Akademie, die sich selbst finanzieren musste, gut durch den Siebenjährigen Krieg (1756–1763), aber der König setzte andere Prioritäten und erkannte

---

[262] «Je vous déclare que ma santé est assez bonne pour vous venir trouver partout où serez, pour tirer de vous la vengeance la plus complette. Rendez grace au respect & à l'obéissance qui ont jusques ici retenu mon bras. [Tremblez.] Maupertuis » – Brief von Maupertuis an Voltaire vom 3. Mai 1753. Das eingeklammerte Tremblez (Zittern Sie!) fügte Voltaire absichtsvoll in die Veröffentlichung des Briefes ein, obwohl er versicherte, er veröffentliche nur Originale („Le public peut compter sur l'autenticité de ces Lettre: on est en état d'en produire les Originaux." Die Öffentlichkeit kann sich auf die Echtheit dieser Briefe verlassen: Wir sind in der Lage, die Originale vorzulegen.) – Anonyme Streitschrift [= Voltaire] „L'art de bien argumenter en philosophie", auch in der Sammlung der Streitschriften *Maupertuisiana*. Hambourg 1753, S. 3.

[263] "Mon cher Président, J'ai reçu la Lettre dont vous m'honorez. Vous m'apprenez que vous portez bien, que vos forces sont entièrement revenues, & vous ménacez de venir m'assassiner ... Au reste je suis encore bien loisible. Vous me trouverez au Lit, & je ne pourrai que vous jetter à la tête ma seringue & mon pot de chambre. Mais dés que j'aurai un peut de force, je serai charger mes pistolets cum pulvere pyrio, & en multipliant la masse par le quarré de la Vitesse, jusque à ce que l'action & vous soient réduits à Zero, je vous mettrai du plomb dans Cervelle; elle paroit en avoir besoin. Adieu mon cher Président [Voltaire] » – Hier steht für den eingeklammerten Namen Voltaire im Originalbrief Akakia. – Ebd. Seite 3 f.

4.13 Der Streit um das Prinzip der kleinsten Aktion

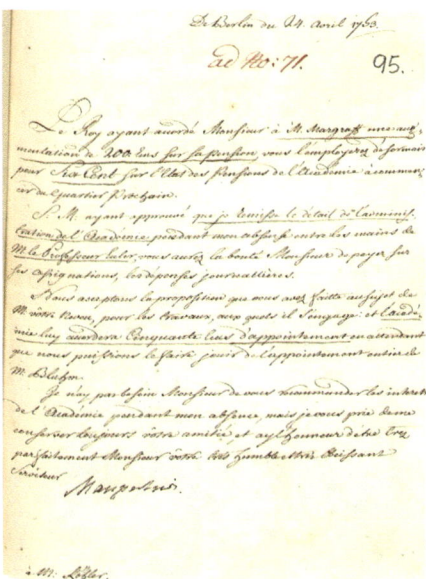

Abb. 4.67 Mitteilung des Akademiepräsidenten Maupertuis vom 24. April 1753 an den Akademierendanten David Köhler, dass während der Abwesenheit von Maupertuis L. Euler mit Billigung des Königs die Akademiegeschäfte leiten wird. Eigenhändige Unterschrift von Maupertuis. Der zweite Absatz betrifft Euler: « S(a) M(ajesté) ayant approuvé que je remisse le détail de l'administration de l'Académie pendant mon absence entre les mains de M(onsieur) le Professeur Euler, vous aurez la bonté Monsieur de payer sur ses Assignations, les dépenses journallières.» Maupertuis Abreise war am 29.04.1753

Euler diese Verdienste nicht an – auch hier liegt eine der Wurzeln für Eulers Weggang von Berlin.

Voltaire, bereits auf der Rückreise nach Paris, fingierte in Leipzig noch ein „Avertissement qui a paru dans les Gazettes de Leipzig" (Warnung [vor Akakia = Maupertuis], die in den Leipziger Zeitungen erschien), in der er den Leipziger Einwohner die Augen öffnen wollte (Abb. 4.68 und 4.69):

> «Ein Bursche schrieb einen Brief an einen Leipziger, in dem er diesem mit Mord drohte; & da Attentate den Messeprivilegien offensichtlich widersprechen, wird jedermann gebeten, das oben genannten Individuum zu melden, wenn es sich vor den Toren Leipzigs einfindet. Es ist ein Philosoph, der aus Vernunft wandelt, zusammengesetzt aus einer zerstreuten und hastigen Miene, runden und kleinen Augen, der gleichen Perücke, der gebrochenen Nase, dem gleichen schlechten Gesichtsausdruck, das ein volles Gesicht und einen vollen Geist hat, er selbst, immer ein Skalpell in seiner Tasche tragend, um riesige Leute zu sezieren. Diejenigen, die davon Kenntnis geben, erhalten tausend Dukaten als Belohnung aus den Mitteln der lateinischen Stadt, die der besagte Bursche bauen lässt,

Abb. 4.68 Titelseite einer Ausgabe der *Maupertuisiana* (1753). Die Vignette persifliert Maupertuis mit dem legendären Kampf des Don Quixote mit den Windmühlen. Der Ritter reitet entschlossen seine Attacke, obwohl die Lanze zerbrochen ist, der Helm fällt ihm vom Kopfe, er wendet sich nicht. Seine Sprechblase ist mit dem Imperativ „Tremblés!" (Zittern Sie!) gefüllt, jene Phrase, die Voltaire wirkungsvoll in die Veröffentlichung der an Voltaire gerichteten Herausforderung von Maupertuis zum Duell eingefügt hatte. Die Person am Esel stellt natürlich Sancho Pansa (Euler) mit zum Himmel erhobenen Händen dar. Ist er entsetzt über den Vorgang, oder weist er die Sache von sich? Während der Müller (linke Ecke) ohnmächtig seine Faust ballt, betrachte amüsiert aus der anderen Ecke ein Satyr das irre Geschehen, und seine Sprechblase verkündet „Sic itur ad astra", was meint dass man so zu den Sternen gelange, aber wohl treffender mit „So blamiert man sich unsterblich" zu übersetzen wäre. Der sich schlecht behandelte Samuel König war an der Herausgabe der Sammlung von Schmähschriften beteiligt, die den Streit dokumentieren sollten. Die Gottschedin, Luise Adelgunde Victoria Gottsched, verdeutsche mit ihm das Werk „unpartheyisch [?], das schon 1753 in Leipzig erschien. Das Motto am Titelblatt ist aus Vergils *Aeneis* (VI, 620) „Discite Justitiam, moniti" (Seid gewarnt und lernt Gerechtigkeit)

4.13 Der Streit um das Prinzip der kleinsten Aktion

Abb. 4.69 Vignette einer Ausgabe des *Dr. Akakia* von Voltaire, 1753. Maupertuis wird in der bekannten Pose des Erdabplatters karikiert, aber die Erdkugel fehlt! Dafür zeigt er auf den nördlichsten Ort seiner Expedition „in Polnähe" (Berg Kittisvaara). Ist die diensteifrige Person direkt vor Maupertuis Euler oder die wohlwollend-freundlich blickende Person am linken Rand?

oder von dem ersten Kometen aus Gold und Diamanten, der laut der Vorhersagen des besagten Individuums, Philosoph & Mörder, unverzüglich auf die Erde stürzen wird.»[264]

Allerdings irrte Voltaire verhängnisvoll in der Angriffsrichtung, wenn er meinte, dass hier Maupertuis Euler zur Philosophie verführt habe, denn es war eher umgekehrt. Euler war existenziell in der Angelegenheit betroffen: die physikalischen Gesetze, die nicht aus der reinen Vernunft hergeleitet werden können, seien aus metaphysischen (göttlichen) Eigenschaften ableitbar. Eulers zeitweise polemischer und gehässiger Ton offenbare bestens seine irrationalen Motive, die weit entfernt von den vorn zitierten abwägenden Gedanken waren. Er geißelte z. B. Voltaires Angriffe gegen Maupertuis, da Maupertuis Voltaire doch niemals den geringsten Anlass dazu gegeben habe, außer Voltaire zuliebe nicht an seiner letzten Krankheit zu sterben, um so den Präsidentenstuhl frei zu machen, oder er charakterisierte den letzten Inhaber des gesuchten Leibniz-Briefes als „fameux Henzi, décapité à Berne" (was man sowohl als berühmter wie als berüchtigter Henzi, zu Bern enthauptet, übersetzen kann) und dass man einem Geköpften nicht vertrauen könne.

---

[264] « Un quidam aient écrit un Lettre à un habitant de Leipzig, par laquelle il menace le dit habitant de l'assassiner; & les assassinats étant visiblement contraires aux privilèges de la foir, on prie tous & un chacun de donner connaissance dudit quidam, quand il se présentera aux portes de Leipzig. C'est un Philosophe qui marche en raison composée de l'air distrait & de l'air précipité, l'œil rond & petit, la perruque de même, le nez écrasé, la physionomie mauvaise, aiant le visage plein & l'esprit plein de lui-même, portant toujours scalpel en poche pour disséquer les gans de haute taille. Ceux qui en donneront connoissance, autant mille Ducats de recompense assignés sur les fonds de la ville latine que le dit quidam fait bâtir, on sur la première Comète d'or & de diamant, qui doit tomber incessamment sur la Terre selon les prédictions du dut quidam Philosophe & Assassin. » – Ebd. S. 4. In diesem Avertissiment sind etliche Anspielungen auf Themen, die Maupertuis in seinen *Lettres* ausführte (z. B. Skalpell, lateinische Stadt).

Lassen wir abschließend beide Kontrahenten durch einen gemeinsamen Freund beurteilen, der in ihnen die größten Geister seiner Zeit sah. Kein Geringerer als König Friedrich II. schrieb:

> „Von Voltaires Liebenswürdigkeit eine Million Meilen entfernt. Aber was das Herz anbelangt, so ist der Lappländer Maupertuis ein Jahrhundert von dem Affen Voltaire entfernt.
> Dieser Maupertuis, den Sie [Voltaire] immer noch hassen, hatte gute Eigenschaften: seine Seele war ehrlich; Er hatte Talente und großes Wissen. … Ich weiß nicht, was für ein Verhängnis es ist, dass zwei Franzosen in fremden Ländern nie Freunde sind. Millionen vertragen sich untereinander in ihrer Heimat." – Brief an Voltaire vom 21. Januar 1775[265]

Johann Wolfgang von Goethe bemerkte 1784 in einem Brief an Charlotte von Stein (1742–1827), dass Voltaire keinen Funken von Mitgefühl hatte, aber einen Geist besaß, dessen Leichtigkeit entzückte. Der Reichsgraf von Lehndorff (1727–1811) war Kammerherr am Hofe Friedrichs. Er kam als junger Mann an den Hof und begann ab 1750, ein Tagebuch zu führen. Im Dezember 1752 gab es zwei Eintragungen, die für uns interessant sind:

> „Es ist recht schade, daß so berühmte Geister wie diese [Maupertuis und Voltaire], sich so schlecht aufführen. Was ist Geist ohne Charakter? Nichts! Die seltensten und erhabensten Geister machen mehr Dummheiten als die gewöhnlichen. … Diese beiden Gelehrten machen sich vor der Welt lächerlich."

Insgesamt zehn Arbeiten legte Euler von 1744 bis 1753 zum Prinzip der kleinsten Aktion vor. Aber mit dem Verlesen einer bedeutenden Arbeit von Lagrange über das „Principe de la moindre action" in der Berliner Akademie am 6. Mai 1756 sicherte sich Euler noch einen guten Abgang in dieser Affäre, wobei er dafür sorgte, dass die Arbeit in St. Petersburg 1760 gedruckt wurde. Lagrange entwickelte Eulers Gedanken für Systeme von Körpern mit der neuen Variationsrechnung weiter und verhalf diesem Prinzip in der Mechanik zu grundlegender Bedeutung. Lagranges Aufbau der Mechanik basierte anfänglich auf dem Maupertuis'schen Prinzip.[266] Erst in der *Mechanique analytique* (1788), die schon in Berlin geschrieben wurde, aber aus technischen Gründen erst in Paris gesetzt und gedruckt werden konnte, begründete Lagrange die Mechanik anders. Carl Gustav Jacob Jacobis (1804–1851) bekannte Ansicht über die neue Begründung erhellt den Sachverhalt ausgezeichnet:

> „Indem er Eulers Methode [aus dem Anhang der Variationsrechnung] verallgemeinerte, kam er auf seine merkwürdigen Formeln, wo in einer einzigen Zeile die Auflösung aller Probleme der analytischen Mechanik enthalten ist."

Die gelegentlich geäußerte Ansicht, dass der zum „Metaphysiker" gewordene Euler vom „Physiker" Lagrange überflügelt wurde, wird sich kaum beweisen lassen. Aber der Einwand ist nicht von der Hand zu weisen, dass Lagrange eine Reihe von Idea-

---

[265] „Ce Maupertuis, que vous [Voltaire] haïssez encore, avait de bonnes qualités: son âme était honnête; il avait des talents et de belles connaissances. … Je ne sais pas quelle fatalité il arrive que jamais deux Français ne sont amis dans les pays étrangers. Des millions se souffrent les uns les autres dans leur patrie." – *Œuvre de Frédéric le Grand*. Bd. 23, *Correspondance avec Voltaire*, 1846, S. 347.

[266] Maupertuis war über den neuen Bundesgenossen erfreut, er sicherte Lagrange eine Stelle in Berlin zu, die Lagrange ablehnte; am 2. September 1756 wurde Lagrange auswärtiges Berliner Akademiemitglied, später sogar Direktor der mathematischen Klasse.

4.13 Der Streit um das Prinzip der kleinsten Aktion

lisierungen vornahm, insonderheit auf Reibung u. ä. verzichtete (d. h. konservative Systeme bevorzugte), worauf der praktisch orientierte Euler großen Wert legte, was aber Lagrange einen großen Wurf in der Mechanik und die erreichte Eleganz „ermöglichte". Euler begutachtete z. B. 1751 Kugellager, die die Reibung herabsetzen, und gab bei der Haftreibung theoretisch den Reibungskoeffizienten mit „1/3" an, womit er dem empirischen Wert von 0,3 sehr gut entspricht.[267] Jedoch versagte das klassische Maupertuis'sche Prinzip bereits bei Bewegungswiderständen, und Euler war auch nicht entgangen, dass „die Bahnkurven aus den gewöhnlichen mechanischen Prinzipien sich mit weniger Kalkül gewinnen lassen".

Nicht ohne Berechtigung lässt sich sagen, dass bis zu William Rowan Hamiltons (1805–1865) Formulierung von Extremprinzipien mit den Variationsprinzipien eigentlich nur elegante Einkleidungen der optischen Reflexions- bzw. Brechungsgesetze einerseits oder andererseits Differentialgleichungen für Bahnen in konservativen mechanischen Systemen vorlagen, die bereits bekannt waren. Schließlich liegt die Bedeutung der Variationsrechnung auch darin, dass sie den mathematischen Apparat für unterschiedliche physikalische Bereiche zur Verfügung stellt. Es kommt hinzu, dass sich die Wege von Physik und Metaphysik deutlich zu trennen begannen. Die Physik war nicht mehr eine Konsequenz metaphysischer Annahmen, sie hatte sich nicht vor der Philosophie zu rechtfertigen, sondern formulierte eigenständig; im Gegenteil, von nun an hatte die Philosophie die naturwissenschaftlichen Ergebnisse zu beachten. Zu Zeiten von Gauß war die Trennung beider Disziplinen vollzogen. Gauß kritisierte den angeblichen Vorteil des Prinzips, den Lagrange wie auch Euler (in E 176) in ihm erkennen wollten, nämlich sowohl Ruhezustände als auch Bewegungen gleichzeitig zu umfassen. In beiden Fällen, so Gauß, „findet das Minimum in ganz verschiedener Beziehung statt" *(Werke,* Bd. V, S. 26). Jacobi zeigte schließlich, dass das Prinzip nur anwendbar ist, wenn Anfangs- und Endpunkt hinreichend benachbart sind (Jacobi'sches Kriterium der Variationsrechnung), was über diese benachbarten Lagen hinausgeht, muss zusätzlich bewiesen werden.[268]

Ganz im Gegensatz zu Maupertuis litt Eulers wissenschaftlicher Ruf im Streit um das Prinzip der kleinsten Aktion wenig, wenn er auch zeitweilig im Mittelpunkt von Schmähschriften, Polemiken u. ä. Stand („ … daß Denken nicht sey Rechnern eigen, und daß ein Mathematicus noch mehr als Euler wissen muß", C. Mylius [1722–1754]). Der Grund lag gewiss in Eulers Verhalten, das untadlig war, wenn ihn nicht sein metaphysischer Dämon ritt. Allerdings schickte Wolff schon am 6. Mai 1748 folgende prophetische Zeilen nach St. Petersburg:

> „Es ist aber ein Unglück, daß der Hr. [Herr] Präsident Maupertuis ein Franzose ist, der weder Deutsch kann, noch den Zustand der Gelehrten in Deutschland kennt, aber in anderen als mathematischen Dingen nicht mehr Einsicht als Hr. Euler besitzt, obwohl er von mehr Klugheit und Politesse als Hr. Euler ist und diesen besser im Zaume hielte, wenn er nur die deutschen Schriften lesen könne."

---

[267] K.-R. Biermann, „Einige Euleriana aus dem Archiv der Deutschen Akademie der Wissenschaften zu Berlin", in *Euler* 1959, S. 21–34.

[268] Vgl. z. B. S. Hildebrandt und M. Giaquinta *Calculus of Variations*, I. Berlin 1996, Chap. 5, S. 265–309.

4.13.7 Drei Postscripta

1. Friedrich II. und Voltaire sahen sich nach der Abreise des Philosophen aus Potsdam nicht mehr, versöhnten sich aber später und wechselten wieder Briefe. Anders war es beim Verhältnis von Maupertuis und Voltaire. Dem bereits todkranken und 1756 in Südfrankreich weilenden Maupertuis empfahl der König, sich in Italien auszukurieren. Aber Maupertuis, der nach Beginn des Siebenjährigen Krieges (1756) wieder nach Berlin reisen wollte, erreichte nur Basel und seinen Freund Johann II Bernoulli, von dem er im Herbst 1758 in dessen Haus aufgenommen wurde. Zufällig stieg in dieser Zeit auch Voltaire auf der Durchreise in Basel ab, und Maupertuis, der davon erfahren hatte, ließ ihn durch seinen Gastgeber zu einem Besuch bitten. Der Philosoph lehnte ab. Maupertuis hatte ihm weniger angetan als Voltaire diesem. Aber Voltaire nahm die ausgestreckte Hand nicht. Mehr noch, zu seinem Ärger fand Voltaire in seinem Gasthof eine Kopie jenes bekannten Bildes, auf dem sich Maupertuis als Erdabplatter (linke Hand) zeigte und mit der rechten Hand bedeutungsschwer in die Zukunft wies (Abb. 4.69). Darunter ein hymnischer Vers von Voltaire aus besseren Tagen:

> „Le globe mal connu qu'il a reçu mesurer,
> devient un monument où sa gloire se fonde,
> son sort est de fixer la figure du monde
> de lui plaire et de l'éclairer. »
> (Der kaum bekannte Globus,
> den er zu messen verstand,
> wird zu einem Denkmal, auf dem sich sein Ruhm gründet,
> sein Schicksal ist es, die Form der Welt zu bestimmen, ihr zu gefallen und sie zu erleuchten.)

Ergrimmt nahm Voltaire den Stich von der Wand und schrieb jetzt auf die Rückseite:

> „Pierre Moreau vent toujours qu'on le loue,
> Pierre Moreau ne s'est point démenti.
> Par moi, dit-il, le monde est aplati.
> Rien est plus plat, tout le Monde l'avoue. »
> (Pierre Moreau soll man immer ehren,
> Pierre Moreau kann man nicht widerlegen.
> Durch mich, sagt er, wird die Welt eben,
> Nichts ist flacher, was alle lehren.)

Voltaire konnte austeilen, sodass wir ihn am Ende auch einmal einstecken lassen wollen, denn dieser „Trittbrettfahrer" der wissenschaftlichen Affäre verdient hier wahrlich keinen Triumphzug durch die Welt der Gelehrten als ein entkommenes Opfer. Wir zitieren aus dem englischen *The Gentleman's Magazine*, Juni 1766, über Voltaire: „Seine Eitelkeit ist unsäglich groß, aber sein Geiz ist noch größer als seine Eitelkeit, daher schreibt er nicht so sehr um Ruhm, als um Geld, nach dem er – so zu reden – hungert und dürstet. So ist der Mensch und Autor beschaffen."[269]

---

[269] Übersetzung „Abschilderung des Herrn von Voltaire" aus *The Gentleman's Magazine* (Junius 1756) im Hamburgischen Magazin, Band 18, 1. Stück (1757), S. 108–11, Zitat S. 109.

Gewiss hätte der alte Spötter sich geistreich verteidigt, aber uns möge die bekannte banale Feststellung zur Abwehr genügen, dass derjenige, welcher eine Tragödie überlebt hat, nicht deren Held gewesen sein kann.

2. Das Akademiemitglied Johann Gottlieb Gleditsch (1714–1786), dessen Profession die Botanik war, hatte eine Begegnung anderer Art. Als er eines Tages nachmittags auf dem Weg zu seinen Arbeitsplatz war und den Sitzungssaal der Akademie durchquerte, sah er neben der Uhr den Präsidenten Maupertuis stehen, der ihn beobachtete, was der Botaniker ebenfalls einige Minuten tat, bis die Erscheinung verschwand. Der König war außer sich: Geisterseher in seiner aufgeklärten Akademie! Die fatale Angelegenheit veranlasste ihn, eines seiner vielen Gedichte mit Spott auf Gleditsch zu verfertigen. Wie Euler reagierte, ist nicht bekannt, aber er hielt wenig von der Botanik, „die getrocknetes Heu klassifiziere" (M. J. Schleiden, 1804–1881), noch weniger von ihrem Vertreter Gleditsch, der jünger als Euler war und der seit 1746 dem botanischen Garten in Berlin vorstand. Deutlich zeigte sich das, als man beabsichtigte, das Glanzstück dieser unwichtigen Wissenschaft, den botanischen Garten, zu ummauern; es sei die Mathematik, die als Wissenschaft Unterstützung verdiene, ereiferte sich der Direktor der mathematischen Klasse und übersah die Verdienste von Gleditsch leichtfertig. In Fragen der erforderlichen Maulbeerbäume für die vorgesehene Seidenraupenzucht (etwa in Köpenick) wurden beide allerdings gemeinsam tätig. Zur Ehre des erregten Eulers sei erwähnt, dass der Kostenvoranschlag für die Mauer nicht weniger als 6000 Taler anführte, was damals eine recht beträchtliche Summe war, auch sollten noch einige Tiere zur Unterstützung des Gärtners angeschafft werden. Bei einer anderen Gelegenheit riet Euler, hölzerne Zäune durch dicht wachsende Hecken zu ersetzen, um das teure und kostbare Holz zu sparen.

3. In dem geschilderten Zwist ist das letzte Wort noch nicht gesprochen, er ist zu vielfältig; um ihm mit einigen Erklärungen gerecht zu werden. Es verhält sich wie bei einer Statue, die man auch nicht mit einem Blick erfassen kann, sondern von verschiedenen Gesichtspunkten aus wahrnehmen muss. Dabei ergeben sich zwar unterschiedliche Ansichten, die sich rechtfertigen lassen, aber für sich genommen keine Gesamtschau vermitteln können.

4.14 *Lettres à une princesse d'Allemagne sur divers sujets de physique & de philosophie (Briefe an eine deutsche Prinzessin)*

> Euler's philosophical exposition of the most important problems of natural science in his Letters to a German Princess remained a model of popularization.
> DIRK STRUIK (1894–2000)

Euler war mit dem Markgrafen Heinrich Friedrich von Brandenburg-Schwedt (1709–1788) befreundet. Diese Freundschaft hielt über Eulers Berliner Zeit hinaus. Zu Eulers Abreise aus Berlin schrieb Nicolaus Fuss (1755–1826) in seiner *Éloge*:

„Die Fürsten des Königshauses und insbesondere der regierende Markgraf [Heinrich Friedrich] von Brandenburg-Schwedt sahen ihn mit Bedauern gehen und legten ihm schmeichelhaft Zeugnis ab."[270]

Fuss ergänzte, dass der Markgraf 1783 teilnahmsvoll zu Eulers Tod kondolierte, wie Fuss sagte, nahm er lebhaften Anteil an dem Verlust.[271] Beide Männer liebten die Musik, und der Markgraf unterhielt sogar eine eigene Kapelle. So kam es, dass Euler die beiden Töchter des Markgrafen, die Prinzessinnen Friederike Charlotte (1745–1808) und Luise Henriette Wilhelmine (1750–1811) unterrichtete, vermutlich ab 1759. Schwedt ist eine kleine Stadt etwa 100 km nordöstlich von Berlin an der Oder gelegen, heute an der deutsch-polnischen Grenze.

Der Große Kurfürst Friedrich Wilhelm (1669–1688) von Brandenburg führte zwei Ehen, und seine zweite Ehefrau bemühte sich für die Kinder aus dieser Ehe um Privilegien, da diese Kinder in der Erbfolge wenig Rechte hatten. So wurde 1689 eine Linie der Markgrafen von Brandenburg-Schwedt durch den Kaiser bestätigt, und der Vater der erwähnten Prinzessinnen war der dritte und letzte Markgraf, 1788 starb die Linie aus. Ein etwas problematisches Privileg dieser Linie hatte sich eingebürgert, dass man nämlich die Markgrafen auch Prinzen von Deutschland nannte, obwohl ein solcher offizieller Titel nicht existierte. Die Prinzessinnen der Linie wurden jedoch nicht so tituliert, die auffällige Bezeichnung „Princesse d'Allemagne" im Buchtitel spielte vermutlich auf den üblichen Titelgebrauch bei den Markgrafen an. „Princesse Allemande" wäre richtig – denn einen offiziellen Titel „Princesse d'Allemagne" gab es nie, noch wurde er jemals benutzt. Die Linie Brandenburg-Schwedt war eng mit dem Königshaus verwandt, da der Große Kurfürst der Urgroßvater des Königs Friedrich II. war.

Der mündliche Unterricht der Prinzessinnen fiel in die Zeit des Siebenjährigen Krieges (1756–1763). In seiner *Éloge* kam Nicolaus Fuss kurz auf den Sachverhalt zu sprechen. Wir wissen wenig über den Unterricht, aber vermutlich gestaltete er sich anfänglich problemlos. Als 1760 feindliche Truppen Berlin bedrohten und es später auch einige Tage besetzten (3.–12. Oktober), war die Königsfamilie samt Hofstaat nach der verlorenen Schlacht von Kunnersdorf rechtzeitig von Berlin in das sichere Magdeburg, Preußens stärkster Festung,[272] übergesiedelt. „The Royal Family and effects returned from Spandau but & removed to Magdeburg till the

---

[270] « Les Princes de la maison Royale, & particulièrement le Margrave régnant de Brandebourg-Schwedt, le virent partir à regret, & ils le lui témoignèrent d'une manière flatteuse. » *Éloge*, S. 48, = EO I/1, S. LXXIX. Fuss irrt, wenn er den Vater der Prinzessin Heinrich Friedrich als regierenden Markgrafen bezeichnet. Das wurde er erst nach dem Tod seiner Bruders Friedrich Wilhelm (1700–1771).

[271] *Lobrede*, dtsch. Übersetzung der *Éloge*, EO I/1, S. XCIII.

[272] Nach dem Ausbau Magdeburgs zur stärksten Festung des Landes (1676–1702) wurde der Fürsten Leopold I. von Anhalt Dessau (1676–1747) Stadtkommandant. Die Mutter Leopoldine Marie (1716–1782) der Prinzessinnen von Brandenburg-Schwedt war seine Tochter. Übrigens hatte Leopold, der auch der Alte Dessauer genannt wird, in der preußischen Armee den Gleichschritt eingeführt. Die Festung Magdeburg hat sich nie bewährt, Friedrich II. ließ 1740 den Ausbau einstellen; 1806 wurde Magdeburg Napoleon sogar kampflos übergeben. Der in Amerika bekannte Generalinspektor der US-Armee Friedrich Wilhelm von Steuben (1730–1794) wurde in Magdeburg geboren.

4.14 Lettres à une princesse d'Allemagne ...

Capitol were safe from such affronts,"[273] lesen wir bei Thomas Carlyle (1795–1881) in seiner Geschichte Friedrichs II.

Seinen Ministern befahl Friedrich II., mit ihren Departements nebst Akten sowie dem Staatsschatz gleichfalls in die Stadt an der Elbe zu ziehen. Auf diese Weise kam auch die Prinzessin Friederike nach Magdeburg, wo sie im königlichen Palais am Domplatz drei Jahre wohnte.[274] Die *Magdeburgische privilegierte Zeitung* vom 22. März 1760 meldete, dass am 19. März der königliche Treck eingetroffen war (Abb. 4.36). Der Kammerherr der Königin Ernst Heinrich von Lehndorff (1727–1811) notierte in seinen Tagebüchern, dass nach dem Chaos und Durcheinander, das bei der ersten Besetzung Berlins 1757, die zwölf Stunden gedauert hatte, sich der Hof 1760 in Magdeburg sicher eingerichtet hatte und auf dem Domplatz vergnügte, z. B. versuchte man auf dem Domplatz, die Kirche mit verbundenen Augen zu erreichen, es gab Konzerte sowie Bälle (Abb. 4.70).[275]

Carlyle berichtete anschaulich über die Besetzung noch Folgendes, das für uns von Interesse ist, da es auch Eulers Gut in Charlottenburg betraf:

„Sächsische und österreichische Truppen waren in den Schlössern in Charlottenburg, Schönhausen (der Königin), und einige von ihnen benahmen sich gut, einige sehr schrecklich. In Charlottenburg haben gewisse sächsische Brühlsche Drachen [Soldaten], die ihrem Verhalten nach Drachen von Attila gewesen sein könnten, die Möbel, die Türen zertrümmert, die Bilder zerschnitten, die armen Leute sehr misshandelt & Nasen und Arme abgeschlagen."[276]

Die Truppen, die Stadt Berlin besetzt hatten, erhielten 300.000 Thaler Kontribution, die anderen Truppenteile außerhalb Berlins hielten sich schadlos. Euler erlitt auch Verluste an Getreide und Vieh, die er allerdings kurioserweise mehrfach ersetzt bekam (vom kommandieren General bis zur Zarin ebenso von Friedrich II.)[277].

Der mündliche Unterricht der Prinzessinnen, vermutlich wurde nur die ältere unterrichtet, war mit dem Umzug abgebrochen, aber Euler ließ sich nicht entmutigen und setzte die Unterweisungen bereits am 19. April brieflich fort; es sollten noch 233 weitere Briefe folgen (Abb. 4.71 und 4.72). Die Originalbriefe bzw. ein Buchmanuskript lassen sich nicht mehr auffinden. Der erste Satz des ersten

---

[273] Die königliche Familie kehrte mit ihren Effekten aus der Festung Spandau zurück, wurde aber nach Magdeburg verlegt, bis die Hauptstadt vor solchen Beleidigungen sicher war. – Friedrich II., Leipzig 1865, Bd. X, S. 195.

[274] Der Domplatz bietet heute etwa das Bild von 1745. Damals wurde er als Exerzierplatz genutzt. Die Prinzessin wohnte am Domplatz im Königspalais. Der Dom St. Mauritius (1209–1520 erbaut) ist einer der größten und schönsten in Deutschland.

[275] E. H. von Lehndorff, *30 Jahre am Hofe Friedrichs des Großen*. Aus den Tagebüchern des Reichsgrafen von Lehndorff, Hrsg. K.-E. Schmidt-Lötzen. Gotha 1907.

[276] „Saxon and Austrian Parties were in the Palaces about, at Charlottenburg, Schönhausen (the Queen's) & some of whom behaved well, some horribly ill. In Charlottenburg, certain Saxon Brühl-Dragons, who by their conduct might have been Dragons of Attila, smashed the furniture, the doors, cutting the pictures, much maltreating the poor people & knocking off noses and arms." – a. a. O., Bd. XII, S. 96 f.

[277] 2 Pferde, 13 Rinder, 7 Schweine und 12 Schafe sowie Gerste und Roggen.

Abb. 4.70 Der Magdeburger Dom

Abb. 4.71 Die Empfängerin der Briefe, die Prinzessin Friederike Charlotte (1745–1808)

4.14 Lettres à une princesse d'Allemagne ...

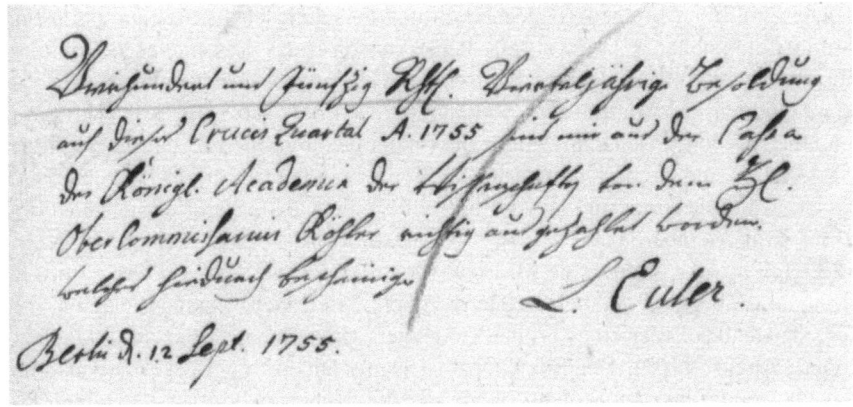

Abb. 4.72 Bestätigung Eulers für seine ausgezahlte Besoldung (350 Rth.) im laufenden Quartal gegenüber David Köhler, 12. September 1755

Briefes rechtfertigte zunächst den Unterricht durch Briefe, bevor Euler sich seinem ersten Thema, der Ausdehnung, zuwandte:

> „Da die Hoffnung, bei Ew.H. [Euer Hoheit] meinen Unterricht in Geometrie fortsetzen zu können, anscheinend wieder verschoben wurde, was mir sehr empfindlichen Kummer bereitet, möchte ich ihn schriftlich ergänzen können, so sehr es der Natur entspricht die die Objekte erlauben."[278]

Die Prinzessin sollte Äbtissin des Damenstifts Herford werden, wo bereits ihre Großmutter dieses Amt als Witwe ausgeübt hatte. Das Schloss in Schwedt aus dem 17. Jahrhundert wurde im zweiten Weltkrieg zerstört, die Abtei Herford brannte am Ende des 19. Jahrhunderts nieder.

Die von Euler geschriebenen Briefe übersteigen das Verständnis der jungen Leserin, was als Hinweis gewertet werden kann, dass Euler sich von Anfang an mit Gedanken an eine Veröffentlichung trug. 1768 erfolgte dann die erste Ausgabe der französisch geschriebenen Briefe (Teil 1), es folgten noch zwei weitere Teile. Die Sprache der Gelehrten, insbesondere der deutschen, war Latein. Wenn man populär sein wollte, so schrieb man Französisch. Übersetzungen in alle Kultursprachen schlossen sich im 18. Jahrhundert an: Russisch 1768, Deutsch 1769, Holländisch 1785, Schwedisch 1786, Italienisch 1787, Dänisch 1792, Englisch 1795, Spanisch 1798. Die russische Übersetzung „Письма о разныхъ физическихъ и филозофическихъ матеріяхъ" (1768–1772) aus dem Französischen fertigte übrigens Stepan Rumowski (Степан Яковлевич Румовский, 1734–1812) an, der von 1754 bis 1756 bei Euler in Berlin studiert hatte.

---

[278] « Comme l'espérance de pouvoir continuer à V.A. [Votre Altesse] mes instructions dans la Géométrie semble de nouveau être reculée, ce qui me cause un très sensible chagrin, je souhaiterois y pouvoir suppléer par écrit, autant que la nature des objets le permet. »

Die Zahl der Auflagen zeigt deutlich den beispiellosen Erfolg, der Philosoph Arthur Schopenhauer (1788–1860) bemerkte, dass das Lesen dieser Briefe so sei, als ob man ein schlechtes Fernrohr durch ein gutes vertausche. Neben Zustimmung u. a. des Marquis de Condorcet (1743–1794) gab es in Paris auch Leser mit atheistischen Anschauungen, für die Eulers theologische Erörterungen fehl am Platze waren und die deshalb wie Joseph-Louis Lagrange (1736–1813) bemerkten, dass Euler die *Lettres* um seiner Ehre willen nicht hätte veröffentlichen dürfen (Brief an d'Alembert vom 2. Juni 1769), zwei Monate später schrieb der Nachfolger Eulers: „Les Lettres de M. Euler n'ont d'autre mérite que d'être sorties de la plume d'un grand géomètre" (Herrn Eulers Briefe haben keinen anderen Vorzug, als aus der Feder eines großen Geometers zu stammen; Brief an d'Alembert vom 2. August 1769). Der Enzyklopädist Denis Diderot (1713–1784) wiederum war überzeugt, dass nur vollendete Meister die Sachen richtig verstehen und darstellen können *(Le Neveu de Rameau)*. Anhänger der Monadenlehre werden den *Lettres* nicht zugestimmt haben, da Euler die Monaden durchgängig kritisierte, und sie werden es mit dem Enzyklopädisten Jean le Rond d'Alembert (1717–1783) halten, dass „Notre ami Euler est un grand analyste, mais un assez mauvais philosophe (Unser Freund Euler ist ein großartiger Analytiker, aber ein ziemlich schlechter Philosoph, Brief an Lagrange vom 16. Juni 1769).

Trotzdem: Das Buch liest sich bis heute sehr gut und ist ein ungewöhnlicher Erfolg der populärwissenschaftlichen Literatur. Bis 1810 brachte es das Buch in allen drei Teilen auf 40 Ausgaben, und es gab immer wieder Nachauflagen, darunter auch solche, bei denen man die naturwissenschaftlichen Ausführungen durch Kommentare und Ergänzungen aktualisieren wollte; wie es beispielsweise 1787 der gerade erwähnte Marie Jean Nicolas Caritat, Marquis de Condorcet für eine französische Ausgabe tat. Die erste englische Ausgabe *Letters of Euler* erfolgte 1795, als Henry Hunter (1741–1802) die französische Edition übersetzte und sie mit einem Vorwort versah, aus dem wir zitieren:

> „The time, I trust, is at hand, when the Letters of Euler or some such book will be daily on the breakfasting table, in the parlour of every female academy in the kingdom; and when a young woman, while learning the useful arts of pastry and plain-work, may likewise be acquainting herself with the phases of the moon, and the flux and reflux of the tides. ... I have put the means of this in her power; it will be at once her fault ... , if she neglect it."

Bemerkenswert ist auch, dass in der vierten deutschen Ausgabe 1792, einer neuen Übersetzung von Friedrich Kristian Kries (1768–1849), selbst der Titel geändert wurde: *Leonhard Eulers Briefe über verschiedene Gegenstände aus der Naturlehre;* in dieser Ausgabe wurden alle philosophische Themen getilgt! Schließlich erschienen die Briefe in Deutschland auch unter dem Titel *Physikalische Briefe für Gebildete aller Stände von Leonhard Euler und Johann Müller.* Bereits die Wahl des Titels zeigt eine Tendenz, Eulers Briefe auch als Lehr- oder Schulbuch für die Naturwissenschaften zu benutzen.[279]

---

[279] In EO III/11 befindet sich eine ausgezeichnete Einführung in die *Lettres* von A. Speiser (S. VII–XXXIII); diese ist ebenfalls in der kommentierten Faksimileausgabe von Speiser enthalten, Braunschweig 1986, S. XXI–XLII.

Die Briefe enthalten Eulers philosophische Auffassungen, die sich bereits in seiner Rede zur Erlangung der Magisterwürde bemerkbar machten, sich in Petersburg durch die weltanschaulichen Auseinandersetzungen weiter entwickelten und schließlich durch den Monadenstreit an der Berliner Akademie vertieft wurden. Philosophie und Naturwissenschaft waren zur Zeit der Aufklärung eng verbunden, wobei der Mathematik eine wichtige Rolle zukam. Die entwickelteste Naturwissenschaft der Zeit war die Mechanik, und ihre Erfolge sowohl im theoretischen Denken als auch in der Praxis führten zu der bekannten mechanischen Auffassung der Welt, die nicht zuletzt infolge der Popularisierung Newton'scher Ideen durch Voltaire als Grundhaltung im 18. Jahrhundert dominierte.

Folgende philosophischen Gruppen lassen sich in den Briefen ausmachen:

- Quellen der Erkenntnis (Briefe 115–120)
- Leib-Seele-Problem (Brief 81, 96–117)
- Raumproblem (Briefe 92–93)
- Widerlegung der Monadologie (Briefe 76–79, 92, 122–133)
- Menschliche Freiheit (Briefe 83 f., 89, 91)
- Logik (Briefe 102–108)
- Grundlagenfragen (Brief 125)

Die Welt wurde von Euler als materiell und erkennbar angesehen. Als wichtige Probleme standen die Struktur der Materie, die Existenz des leeren Raumes und die Natur der mechanischen Kräfte auf der Tagesordnung, für die zwei verschiedene Konzepte von René Descartes (1596–1650) und Isaac Newton (1643–1727) vorgeschlagen worden waren. Euler, der in vielem zu Descartes neigte, entwickelte allerdings eigenständige Auffassungen: Die ganze Welt ist mit Materie gefüllt. Die Körper sind aber nicht, wie bei Descartes, allein durch ihre Ausdehnung charakterisiert (Gegenbeispiel: Gespenster), sondern auch durch ihre Materialität, deren Kennzeichen Undurchdringlichkeit, Trägheit und Beweglichkeit sind. Hieraus leitete Euler mit einzigartiger Klarheit die Prinzipien der Mechanik ab, wobei er keine außerphysikalischen Begriffe (also auch keine theologischen Argumentationen) verwendete.

Zwischen den gröberen Körpern befindet sich der Äther, den man sich als eine der Luft ähnliche flüssige Materie vorstellen muss. „Weil also alles voll ist, so kann sich kein Körper auch nur einen Augenblick bewegen, ohne auf andere Körper zu stoßen, durch die er durchdringen müsste, wenn er sich weiter fortbewegen und sie doch in Ruhe bleiben sollten." (78. Brief); „In der Undurchdringlichkeit liegt der wahre Ursprung der Kräfte." (77. Brief). Und hieraus folgerte Euler auch im 78. Brief das Maupertuis'sche Prinzip der kleinsten Aktion. Zustandsänderungen können nur durch äußere Kräfte bewirkt werden, sie sind keinesfalls das Ergebnis der den Körpern innewohnenden Kräfte, wie sie die Monadenlehre oder Newtons Gravitationslehre annimmt. Nur Geister können innewohnende Kräfte aufweisen, denn ihr Wesen besteht in der Freiheit, auch Gott gegenüber. Gott ist es nur möglich, durch Motive auf den freien Willen einzuwirken. Daraus folgte die moralische Verantwortlichkeit des Menschen und die große Bedeutung des freien Willens. Georg Wilhelm Friedrich Hegel (1770–1831) und Johann Gottlieb Fichte (1762–1814) verarbeiteten solche Auffassungen in ihrer Philosophie. Das Verwenden klarer Prinzipien anstelle der Allmacht Gottes hatte auch auf die kritische Philosophie Immanuel Kants (1724–1804) Einfluss. Eulers Bestreben, Physik und Metaphysik klar gegeneinander abzugrenzen, findet sich in seiner Vollendung bei Kant, der das Wissen aufheben wollte, um zum Glauben Platz zu bekommen. Die Philosophie der Aufklärung geht dabei in die klassische deutsche idealistische Philosophie über.

Euler sah dort Probleme, wo seinen Zeitgenossen schon alles klar war. Der Raum überbrückt nach Eulers Auffassung im Erkenntnisprozess den Abgrund zwischen Subjekt und Objekt. In einer Abhandlung über Raum und Zeit („Réflexion sur l'espace et le tems »; 1748, E 149)[280] konstatierte er, dass der Raum als Behälter der Körper existiert, aber auch als abstrakter mathematischer Gegenstand. Zunächst scheint es sich so zu verhalten wie mit dem Baum in der Biologie. Der Begriff Baum entsteht durch Abstraktion, er ist ein allgemeiner Begriff und in der Natur nicht wirklich vorhanden, denn die Gegenstände des Denkens sind Begriffe, nicht die Dinge selbst. Ein wirklicher Baum ist für das Denken eine unendliche Aufgabe, indem Merkmal für Merkmal hervorgehoben werden muss, um ihn gegen andere Gegenstände abzugrenzen. Anders ist es mit dem Raum. Denn wenn wir von aller Materie abstrahieren, die sich in ihm befindet, so bleibt doch der Raum im Sinn der Mathematik, wie er in der Geometrie zugrunde gelegt wird. Obzwar er nicht aus der Erfahrung abgleitet werden kann, muss ihm doch eine gewisse Realität zugesprochen werden. Hierüber schrieb Euler in der *Theoria motus corporum solidorum seu rigidorum* (Theorie der Bewegung fester oder starrer Körper, E 289, 1760; gedruckt 1765):

> „Der Ort hängt nicht von den Körpern ab und ist auch nicht bloß ein Begriff unseres Geistes. Welche Realität er aber außerhalb unseres Geistes hat, wage ich nicht zu definieren, wenn wir auch eine gewisse Realität in ihm annehmen müssen ... Mit der Zeit verhält es sich gleich."

Die Eigenschaften des Raumes gelten ebenfalls für die Körper, sonst könnte die Mathematik keine Anwendungen haben. Weil der mathematische Raum unendlich teilbar ist, müssen es auch die Körper sein. Das ist eine schwache Stelle der Eulerschen Philosophie. Wir erwähnen aber, dass die Differentialgleichungen, die physikalische Vorgänge beschreiben, einen kontinuierlichen Raumbegriff unterstellen und nicht auf diskrete Gebilde (Atome) gegründet werden können. Euler vertrat beim Verhältnis von Körper und Geist, zeitgemäß gesprochen Materie und Bewusstsein, moderne Ideen. Die Gewissheit der Außenwelt (objektive Realität) ist nicht nur das Ergebnis von Reflexionen über gehabte Erfahrungen, sondern bereits wesenhaft mit dem Wahrnehmungsvorgang selbst verknüpft. Die Außenwelt wirkt auf die Sinne ein. Selbst die geringsten Insekten sind überzeugt, dass es Körper gibt, die außer ihnen da sind. (97. Brief). Die Wahrheit der Sinne ent-

---

[280] Diese Abhandlung erschien in deutscher Übersetzung unter dem Titel *Vernünftige Gedanken von dem Raum und dem Orth, der Dauer und der Zeit* in einer erweiterten Übersetzung von D. Vensky. Das Büchlein ist noch heute als Nachdruck lieferbar.

spricht der der Mathematik. Die Wahrnehmung, verlangte Euler, soll ebenso auf Regeln wie die Logik gegründet werden. Durch die Wahrnehmung erhält die Seele Kenntnis von den Dingen außer ihr, schöpft Ideen und verbindet Urteile sowie Schlüsse, was zur Erkenntnis führt. Bei unseren Sinneswahrnehmungen sind wir einfach nicht in der Lage, eine andere Wirklichkeit zu konstatieren.

Interessant sind auch Eulers Vorstellungen über die Seele. Das Unendliche charakterisiert nicht Geister, sondern Körper. Geistige Wesen können nicht körperlich sein, da sie eine unteilbare Einheit bilden. Die körperlose Seele ist also ohne einen gewissen Ort, hat aber über eine wunderbare Verbindung Gewalt über den Körper. (Moreau de Maupertuis hatte in seiner Schrift *Lettres* [1752, deutsche Übersetzung 1753], die Voltaire [1694–1778] als Grundlage für seinen bissigen *Akakia* gedient hatte, angeregt, durch Sektionen mehr über diese Verbindung zu ermitteln.) Der Tod ist in der Eulerschen Auffassung nichts weiter als die Auflösung dieser geheimnisvollen Verbindung. Der Ort des Einflusses der Seele auf den Körper ist an das Gehirn gebunden. Euler lokalisierte ihn mit ähnlicher Entschlossenheit wie René Descartes (1596–1650) in der Zirbeldrüse, im Corpore calloso (Gehirnbalken), da dieses Organ im Gehirn unpaarig ist.

Die Verbindung von Geist und Körper ist auch Thema von Brief 83, wo Euler die prästabilierten (vorherbestimmten) Harmonien verspottet, nach welchen eine ewige Übereinstimmung zwischen den Bewegungen und den Absichten der Seele besteht:

> „Wenn Gott bei einer Zerrüttung meines Körpers den Körper eines Nashorns so einrichtete, dass seine Bewegungen so im Einklang mit den Befehlen meiner Seele wären, dass er seine Pfote in dem Moment erhöbe, wenn ich meine Hand heben wollte, und so bei den anderen Befehlen meiner Seele, so wäre es alsdann mein Körper. Ich würde mich plötzlich in der Gestalt in Form eines Nashorns mitten in Afrika wiederfinden, aber trotzdem würde meine Seele die nämlichen Wirkungen fortsetzen. Ich hätte ebenso als jetzt auch die Ehre, Ew. H. [Eure Hoheit] zu schreiben, aber ich weiß nicht, wie Sie dann meine Briefe aufnehmen würden."[281]

Der Physiker und Philosoph Ernst Mach (1838–1916) meinte hierzu, dass es scheint, als ob Euler Lust gehabt hätte, einmal wie Voltaire zu schreiben. Wir wissen aber, wie Euler auf den Vergleich mit dem Rhinozeros kam: Er hatte nämlich das indische (nicht afrikanische!) Rhinozeros Clara (1738–1758) gesehen (Abb. 4.73). Clara war von der Dutch East India Company 1741 nach Europa gebracht worden und tourte seit 1741 durch europäische Städte, darunter Paris, Rom Wien und Berlin. Ein spezieller Wagen wurde hierfür von 20 Pferden gezogen, um den Vierbeiner von zwei Tonnen zu bewegen. In Berlin besichtigte am 26. April 1746 Friedrich II. das am Spittelmarkt ausgestellte exotische Tier, und es ist unwahrscheinlich, dass sich Euler

---

[281] « Si dans le cas d'un déréglement de mon corps Dieu ajustoit celui d'un Rhinocéros, en sorte, que ses mouvements fussent tellement d'accord avec les ordres de mon âme, qui il levât la patte au moment que je voudrois lever la main, et ainsi des autres opérations, ce seroit alors mon corps. Je me trouverois subitement dans la forme d'un Rhinocéros au milieu de l'Afrique, mais non-obstant cela mon âme continueroit les mêmes opérations. J'aurois également l'honneur d'écrire à V.A., mais je ne sais pas comment Elle recevoit alors mes lettres. »

Abb. 4.73 Euler bezieht sich in Brief 83 nicht zufällig auf ein Nashorn. **a** Das hier von Jean-Baptiste Oudry (1686–1755) 1749 gemalte Rhinozeros war im April 1746 in Berlin, und es ist unwahrscheinlich, dass sich Euler diese Attraktion entgehen ließ. (Auch Friedrich II. besah sich Clara (1738–1758). **b** Das Gemälde von P. Longhi zeigt das Nashorn 1751 in Venedig in seiner Zurschaustellung. Links im Hintergrund der Wagen zum Transport

diese Attraktion, die nur wenige Schritte von seinem Arbeitsplatz entfernt war, entgehen ließ. Das Rhinozeros hielt nun in realistischer Weise Einzug sowohl in Denis Diderots (1713–1784) *Enzyklopädie* als auch die *Histoire naturelle, générale et particulière* von Georges-Louis Leclerc Comte de Buffon (1707–1788); ältere Darstellungen solcher Tiere wie die von Albrecht Dürer (1471–1521) waren nicht nach dem Original angefertigt, was bei Dürer schon der mit zwei Hörnern versehene Kopf zeigt.

Erkenntnisse beruhen auf drei unterschiedlichen Klassen von Wahrheiten, denen jedoch gleiche Sicherheit zukommt: auf physikalischen Wahrnehmungen, auf logischen Beweisen und auf historischen Überlieferungen. Man kann nicht sagen, dass die Wahrheiten einer Klasse gegründeter als die Wahrheiten der anderen wären (116. Brief). Kant war hier insbesondere von Eulers Darlegung über die grundsätzliche Zuverlässigkeit der Sinne beeindruckt, die die philosophischen Hauptströmungen, den Berkeley-Hume'schen Sensualismus (Sein ist Wahrnehmung, allgemeine Ideen sind Täuschung) und die Descartes-Leibniz'sche Philosophie (Geist und Materie sind verschieden, Gott vermittelt), überwindet. Euler forderte auf dieser Basis, dass die Philosophie imstande sein müsse, die Lehre von den Körpern (Physik) zu begründen. Die materielle Welt der Körper findet eine Widerspiegelung in der geistigen Welt der Ideen. Das war Euler z. B. in der theoretischen Physik über jeden Zweifel erhaben. Die allgemeinen Begriffe des Denkens beschreiben dabei das Wesen der Dinge (wie etwas eines Körpers) genau, sonst wäre kein Wissen möglich.

Die briefliche Mitteilung des Markgrafen von Brandenburg-Schwedt über das Schicksal seines Bruders Friedrich Wilhelm (1700–1771) vom 25. Februar 1760 an Euler: „Rien n'est plus vrai que ce que les Cosaques ont été à Schwedt, le Margrave de Schwedt, le Prince de Wurtemberg font prisonniers de guerre" (Nichts ist wahrer als das, dass die Kosaken bei Schwedt waren, der Markgraf von Schwedt, der Prinz von Württemberg wurden Kriegsgefangene) ist zweifelsohne eine glaubwürdige historische Überlieferung. Auch der Bericht, dass die Besetzer in Berlin das Standbild des Großen Kurfürsten raubten, aber mit dem ziemlich schweren Denkmal nur bis zur Festung Spandau kamen, ist zutreffend.

Individuelle Dinge sind begrifflich nicht unterscheidbar, denn das Denken hebt nur gemeinsame Merkmale hervor, subsumiert also die individuellen Gegenstände unter gebildete Begriffe wie Art, Gattung oder Klasse. Allgemeine Begriffe sind das Ergebnis der Fähigkeit zu abstrahieren, wobei die Abstraktion auf Begriffe führen kann, die keine wirklich existierenden Gegenstände mehr vorstellen. Die Idee eines Dreiecks bzw. Vierecks usw. kann beispielsweise von einem dreieckigen bzw. viereckigen Tisch abgesondert sein und, wie Euler 1761 schreibt, bis zum 1761-Eck führen. Entsprechend verhält es sich mit den Zahlen oder in der Physik mit dem Begriff der Wärme.

Der Ursprung der Erkenntnis liegt in der Außenwelt. Unsere Sinne stellen nur Gegenstände vor, die in der Tat außer uns existieren. Wenn Euler im 96. Brief schrieb, dass die Meinung der Materialisten abgeschmackter sei als die der Idealisten, so bezog er sich eindeutig auf den mechanischen Materialismus, für den nur die Materie existiert, denn bereits im 97. Brief versuchte er, Waffen zur Bekämpfung des Idealismus zu geben, gestand aber sogleich, so lächerlich dessen Solipsismus auch sei, logisch könne er nicht zu Fall gebracht werden. Er verwies bei der Widerlegung nachdrücklich auf die gesellschaftlichen Erfordernisse. Auch gegenüber dem dogmatischen Offenbarungsglauben bewahrte sich Euler eine kritische Haltung, wenn er es lächerlich findet, biblische Stellen anzuführen, um zu beweisen, dass die Erde stillsteht und die Sonne sich bewege.

Eulers philosophische Haltung intendierte aber letztendlich ein Koalitionssystem von Materialismus und Idealismus: Die von metaphysischen Begriffen gereinigte Wissenschaft führt nicht zum Aufheben dieser Begriffe, sondern weist ihnen einen gesicherten Platz jenseits von Vernunft und Wissen an, in einem geoffenbarten Reich des Glaubens (Wahrheit unserer Religion), in das keine Vernunft mehr gelangen kann.

An Eulers Philosophie bleibt die Erkenntnis der sozialen Rolle der Philosophie höchst bemerkenswert. Es ist ihm eine ausgemachte Erfahrung (so gewiss wie geometrische Wahrheiten), dass die Seele von Empfindungen beständig auf das Dasein wirklicher Gegenstände außer uns schließt, und zu den Ungereimtheiten und Schrullen, die das in Zweifel stellen, können nur Philosophen fähig sein, die mit diesen seltsamen Meinungen auch noch Bewunderung erregen wollen, während Folgendes ausgemacht ist:

> „Ohne diese Überzeugung könnte keine menschliche Gesellschaft bestehen, und wir alle, so viel unserer sind, würden uns ohne sie in die größten Widersprüche und die größten Ungereimtheiten stürzen." – 117. Brief

Die Briefe behandeln auch die Physik (Licht und Farben, Äther, Elektrizität und Magnetismus, Optik), Musiktheorie, Logik, Ethik und Theologie. In der Logik wurden beispielsweise die von Euler erdachten und heute sehr beliebten Kreisdiagramme zur Veranschaulichung logischer Sachverhalte benutzt (Abb. 4.74.[282] Er hatte sogar die Vision einer Sprechmaschine, also eines Grammophons oder moderner eines CD-Players (Brief 137). Der Philosoph Immanuel Kant (1724–1804) notierte auf einem Blatt, das man in seinem Nachlass fand:

> „Hielt es doch Euler nicht für unmöglich, dass man eine Art Orgel erfände, worauf Wörter gespielt werden könnten und eine Predigt gehalten werden könnte."[283]

In einem Brief an Schumacher vom 3. März 1750 beschrieb Euler die Funktion eines Projektors, mit dem er eine merkliche Verbesserung der Laterna magica, die Vergrößerungen und Verkleinerungen von Bildern erlaubt, erreichte. Das ist eine Vision moderner Präsentationstechnik![284]

---

[282] Siehe hierzu M. Soreth, „Die Eulerkreise in Eulers Briefen an eine deutsche Prinzessin", in: *Mathesis*. Festschrift zum 70. Geburtstag von M. Schramm. Berlin 200, S. 55–81.

[283] Universität Krakau, Handschriftenabteilung, Sammlung Varnhagen, V 57.

[284] Die zugehörige Arbeit „Emendatio laterna magica" (Verbesserung der magischen Lampe, E 196, EO III/6); die Arbeit wurde 1750 in der Berliner Akademie vorgelesen und in den *Novi Commentarii* in St. Petersburg für 1750/51 gedruckt (1753 erschienen).

4.14 Lettres à une princesse d'Allemagne …

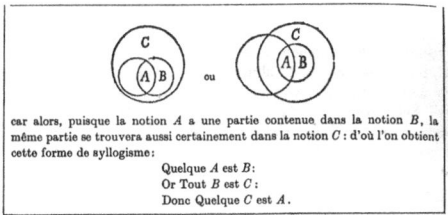

Abb. 4.74 Die Euler-Venn'schen Kreisdiagramme zur Veranschaulichung logischer Schlüsse (Syllogistik), aus einer französischen Ausgabe der Briefe. Das Bild veranschaulicht den Schluss: « Quelque A est B, Or Tout B est C, Donc Quelque C est A" (Einige A sind B, nun sind alle B C, also sind einige C A)

Vom 133. Brief an behandelte Euler ausschließlich physikalische Gegenstände, und im Mai 1762 brach der Unterricht ab. Ein Jahr zuvor hatte Euler in einem Brief (vom 30. Mai 1761) an Gerhard Friedrich Müller (1705–1783), den damaligen Petersburger Konferenzsekretär, beiläufig erwähnt, dass er in Magdeburg gewesen war: „Nach meiner Abwesenheit von drei Wochen, welche ich theils zu Halle,[285] theils zu Magdeburg bey Hofe zugebracht" (Abb. 4.75). Ein Ziel des Besuches in Magdeburg, der der Prinzessin und ihrem Vater galt, wird unter anderem gewesen sein, wie der brieflichen Unterricht fortzusetzen sei, der sich nun auf physikalische Gegenstände beschränkte.

Im 67. Brief unterlief Euler, dem Herausgeber von geographischen Karten Preußens, ein liebenswürdiger Fehler. Er erläuterte das Nivellieren und ließ als Anwendung die Prinzessin eine gerade Linie von ihren Gemächern in Berlin zu den derzeitigen in Magdeburg ziehen (Abb. 4.76). Mittels des Nivellierinstruments werde man feststellen können, ob die Linie horizontal oder geneigt sei. Euler glaubte, dass das letztere der Fall sei, denn Berlin liegt an der Spree und Magdeburg an der Elbe, und bekanntlich fließt die Spree in die Havel und diese in die Elbe, folglich müsse Berlin höher liegen als Magdeburg (auf das Flussniveau bezogen, für die Turmspitzen des Magdeburger Domes [104 m] als Endpunkt räumte Euler die Möglichkeit einer waagerechten Lage ein). Ein Blick auf den von ihm selbst edierten *Geographischen Atlas* hätte Euler von der Fragwürdigkeit seines Kettenschlusses überzeugt: Magdeburg liegt ja hinreichend weit von der Mündung der Havel in die Elbe entfernt, und in der Tat liegt Magdeburgs Elbspiegel auch etwa 10 m über dem der Spree in Berlin. Eulers Sorglosigkeit gründete sich sicher sowohl auf den eingeschliffenen Kettenschluss als auch auf die Belanglosigkeit der Behauptung, und auf beiden Gründern fußt vermutlich bis heute bei allen Ausgaben der *Briefe an die Prinzessin* (die *Opera omnia* eingeschlossen) das Fehlen einer korrigierenden Anmerkung.

---

[285] Nach Halle brachte Euler seinen Sohn Karl, der dort Medizin studieren sollte. Er traf dabei auch Johann Andreas Segner, bei dem er wohnte. – In den *Briefen an die Prinzessin* findet sich keine dreiwöchige Lücke. Euler schickte also von unterwegs regelmäßig seine Briefe an die Prinzessin ab.

a   b

Abb. 4.75 a, **b** Die königliche Unterkunft in Magdeburg am Domplatz nebst einem architektonischen Detail (**c**)

4.15 Das Zerwürfnis mit Friedrich II

> In unseren Tagen ist es soweit gekommen, dass eine Regierung in Europa, die die Ermunterung der Wissenschaft im geringsten verabsäumte, binnen kurzem um ein Jahrhundert hinter ihren Nachbarn zurückstehen würde. Gute Sitten haben für die Gesellschaft mehr Wert als alle Berechnungen Newtons.
>
> FRIEDRICH II

In Friedrich II. und Euler standen sich zwei in Charakter, Neigung und Ansichten sehr ungleiche Männer gegenüber. Obwohl Friedrich II. privat zwar begabter Schöngeist und überzeugter Freigeist war, gehörte er als König der Tradition des Adels an und verfolgte als begabter Feldherr Preußens großmachtpolitische Pläne.

4.15 Das Zerwürfnis mit Friedrich II

Abb. 4.76 Die Prinzessin Friederike Charlotte, Pastell von Susan Petry (2010)

Jean-Jacques Rousseau (1712–1778) brachte es auf die Formel: „Il pense en philosophe et se conduit en roi." (Er denkt wie ein Philosoph und verhält sich wie ein König.). Friedrich verfolgte (wie übrigens alle Monarchen der Zeit) rücksichtslos seine Interessen, insbesondere sein Ziel, unter den europäischen Herrschern neben England, Frankreich, Österreich und dem aufstrebenden Russland eine gleichwertige Großmacht zu sein. Seine Untertanen, nicht minder auch der Schweizer Euler, waren ihm letztendlich nur Diener, von denen er absoluten Gehorsam verlangte. Von einer ererbten, qualvollen Stoffwechselkrankheit gepeinigt, versuchte der König sein zwiespältiges, sensibles Wesen hinter einem kalten und beherrschten Äußeren zu verbergen. Aber beißender Spott bis hin zur Menschenverachtung brach, selbst im Umgang mit Freunden, ständig hervor. Man empfand den kleingewachsenen Mann (1,63 m) als charmant, geistreich und scharf im Denken, aber auch als zynisch, verletzend, beleidigend und herablassend. Auf der anderen Seite stand der bürgerliche Wissenschaftler Euler mit dem Schweizer Freiheitsbewusstsein, menschenfreundlich, impulsiv, gesellig und gütig, fest im christlichen Glauben verwurzelt.

Die Gegensätzlichkeit dieses für das 18. Jahrhundert markanten Paares offenbarte sich bereits in Friedrichs schwankender Haltung zur Mathematik, die aus seiner Unsicherheit gegenüber der ihm unverständlichen neuen Analysis resultierte. Von Jugend an bis zu seinen letzten Tagen war Friedrich mit kindlichem Eifer bemüht, alle ihm kompetent erscheinenden Wissenschaftler über den Wert der Mathematik zu befragen. Auch Euler musste darüber dem König eine Abhandlung liefern, tat es allerdings in Latein „Commentatio de matheseos sublimioris utilitate" (Abhandlung über den Nutzen der höheren Mathematik; E 790, EO III/2; 1741), das Friedrich nicht beherrschte. Euler wurde von Friedrich in höchsten Tönen als Zierde seiner Akademie gepriesen, um dann vom König mit gehässiger Befriedigung beim kleinsten Versehen die Nichtigkeit der Mathematik („Vanité des vanités!", Eitelkeit der Eitelkeiten!) entgegengedonnert zu erhalten.

Friedrich befasste sich in der Kronprinzenzeit sehr intensiv mit Wolff'scher Philosophie, er war daher mit mathematisch orientiertem Denken durchaus vertraut. Zur Entwicklung und Verwaltung Preußens bedurfte der König auch der Mathematik, und deshalb betrieb er intensiv Eulers Einladung an seine Akademie, und solche Bemühungen wiederholten sich bei Eulers Weggang, als der König Joseph-Louis Lagrange (1736–1830) als Nachfolger haben wollte, da er Jean le Rond d'Alembert (1717–1782) nicht gewinnen konnte. Während des Aufenthalts von Pierre-Louis Moreau de Maupertuis (1698–1759) und Voltaire (1694–1778)(Abb. 4.77) in Rheinsberg wurde Friedrich II. genauer mit der Newton'schen Physik und Philosophie vertraut gemacht, wobei die physikalischen Anschauungen der Marquise du Châtelet (1706–1749) – eine Freundin von Voltaire und Maupertuis – Friedrichs Interesse fanden. Noch in den späten Gesprächen mit seinem letzten Vorleser und Vertrauten, dem Marchese Girolamo Lucchesini (1750?–1825), beschwerte sich Friedrich beständig über die Mathematik.

Auch wenn Friedrich II. den praktischen Wert der Mathematik schätzte, so war es ihm stets ein Triumph, wenn er von Irrtümern und Versehen in der Theorie erfuhr, und er zögerte dann nicht, über die Mathematik zu spotten, aber das hielt er auch bei anderen Dingen so. Diese Spottlust war es auch, die schließlich viele aus der Potsdamer Tafelrunde vertrieb. Der König bezeichnete nicht nur seine Akademiemitglieder Johann Heinrich Lambert (1728–1777) bzw. Leonhard Euler als „Caribean" bzw. einäugigen Zyklopen und „Cyclop Algebraist"; die in Sanssouci erfolglosen Fontainiers[286] waren alle „Esels" [sic]. Geschmacklos charakterisierte Friedrich den Wechsel in seiner Akademie von Euler zu Lagrange dadurch, dass er nun einen einäugigen Zyklopen durch einen zweiäugigen ersetzt habe. 1762 bedachte der König in einem Brief nicht nur Euler, sondern auch den von ihm geschätzten d'Alembert mit den Worten, dass die Barbaren [= Mathematiker] alles mit der gleichen Elle messen und dass man ihnen durch das Opium der Dif-

---

[286] Als Fontainiers bezeichnete man die mit dem Bau der großen Fontäne in Sanssouci Beschäftigten, siehe Abschn. 7.3.1, Affaire der Fontäne. – Es gibt eine Anekdote, nach der Friedrich dem in Preußen (!) beständig unpünktlichen Voltaire ein Billet auf seinen Stuhl bei der Tafelrunde gelegt hatte, auf das er geschrieben hatte: „Voltaire est un âne. Federic II." [Voltaire ist ein Esel]. Der König forderte Voltaire beim Eintreffen auf, den Zettel zu verlesen. Voltaire las: "Voltaire est un âne, Federic [est] le second." Diese Art von geistesgegenwärtigem Spott liebte der König und akzeptierte ihn.

Abb. 4.77 a Das Frontispiz zu Voltaires *Elements de la Philosophie de Newton* (Grundlagen der Philosophie von Newton, London [= Paris] 1738) bietet eine popularisierte Version der Newton'schen Lehre an. Es zeigt den Autor beim Abfassen seines Werkes. Er erhält göttliche Erleuchtung, die offenbar von Newton kommt und durch seine Muse (= Gabrielle Émilie Le Tonnelier de Breteuil, Marquise du Châtelet [1706–1749]), die das erleuchtende Licht auf Voltaire lenkt. Die Marquise förderte in der Tat Voltaires Werk sachkundig; eine kommentierte französische Übersetzung von Newtons *Principia* stammt von ihr, wobei sie die Leibniz'sche Analysis einarbeitete. **b** Porträt des Autors Voltairre [sic]

ferential- und Integralrechnung betäubten Sinnen misstrauen sollte. Zur Eröffnung seiner Akademie am 24. Januar 1744 hatte der König, wie es seine Art war, ein langes Gedicht gemacht, aber in den 100 Zeilen war von der Mathematik nicht die Rede.[287]

Zu Euler gewann der König kein persönliches Verhältnis, da ihm dieser im Gegensatz zu Maupertuis oder d'Alembert kein „homme d'esprit" war. Das Verhalten des Königs war hier subjektiv und spiegelte keine Vorbehalte des Adels gegen Euler wieder, denn wie kaum ein Gelehrter seiner Zeit verkehrte Euler in Berlin, Warschau und St. Petersburg mit fürstlichen Personen. Wenn man ein Anliegen hatte, das Friedrich interessierte, so konnte man zu ihm schnell einen

---

[287] „Réflexions sur les réflexions des Géomètres sur la poésie" (1762), in: *Œuvres de Frédéric la Grand*, tome IX, Berlin 1858; Friedrichs Brief an den Bruder vom 31.10.46 gibt eine Einschätzung in Prosa, abgedruckt in Juschkewitsch/Winter *Briefwechsel*, Berlin 1959. Bd. 1, S. 3.

Zugang finden und ihn von Angesicht zu Angesicht sprechen, selbst oder insbesondere in den Feldlagern. Die Kehrseite dieser Offenheit war, dass sich der König in Preußen um alles kümmern wollte, wobei er versuchte, so viel wie möglich schriftlich zu erledigen, also Distanz zu halten.[288] Von Euler erwartete der König den schriftlichen Dienstweg, und hierfür mögen zwei Gründe entscheidend gewesen sein. Dem mangelnden mathematischen Verständnis des Königs kam es sicher entgegen, bei Briefen nicht unmittelbar antworten zu müssen. Vermutlich reizte auch der Eifer, mit dem Euler Idee um Idee vorschlug, den König, und er sah das als Einmischung in seine Entscheidungen (z. B. bei der Verpachtung der Kalender der Akademie), sodass er sich mit Euler lieber schriftlich auseinandersetzte.

Vermutlich kam es acht Jahre nach Eulers Ankunft in Berlin, am 6. September, 1749 zu einem Treffen zwischen Euler und Friedrich II.[289] Der Briefwechsel in diesen Tagen bestätigt das Treffen, allerdings nur indirekt, indem es vom 15. und 17. September zwei Briefe des Königs an Euler gibt, in denen es auch um die Frage geht, eine hydraulische Maschinen für die große Fontäne im Park Sanssouci zu entwickeln. Euler kündigte in einem Schreiben an Maupertuis vom 18. September an, dass dieser das gewünschte Gutachten bald erhalten werde, damit er es an den König weiterleite, der offenbar darauf wartete. Friedrich II. bedankte sich bereits im Brief an Euler vom 27.9.1749 hierfür.

Solche hydraulischen Fragen haben Euler zu mehreren entsprechenden Abhandlungen angeregt: „Application de la machine hydraulique de M. Segner" (Anwendung der hydraulischen Maschine von Herrn Segner; E 202) und „Recherche sur une nouvelle manière d'élever de l'eau proposée par M. de Mour" (Untersuchung über eine neue Art, das Wasser anzuheben, die von Herrn de Mour vorgeschlagen wurde; E 203) sowie schließlich den Akademievortrag vom 23. November „Sur le mouvement de l'eau par des tuyeux de conduite" (Über die Bewegung von Wasser durch Leitungsrohre; später E 206).

Friedrich II., den es nach der täglichen Arbeit (der er sich nicht entzog) nach geistreichen Gesprächen mit weltmännischen Philosophen (Tafelrunde in Sanssouci, siehe Abb. 4.55) und musikalischen Abenden verlangte, sah in Euler keinen Partner, denn dieser zeigte ja bereits für des Königs Lieblingskind, die Poesie, wenig Interesse. Auch in der Musik fanden beide keinen gemeinsamen Nenner. Trotz beachtlicher kompositorischer und solistischer Begabung (eine Sinfonie, vier Blockflötenkonzerte und 120 Flötensonaten) war Friedrich nicht frei von Einseitigkeiten des Geschmacks; Christoph Willibald Ritter von Gluck (1714–1786) beispielsweise blieb ihm zeitlebens fremd. Eulers Wettstreit mit dem Hofkapell-

---

[288] In gewisser Weise war das im 18. Jahrhundert für ein Königreich von der Größe Preußens noch möglich, später brauchte es zum Regieren ein Kabinett. Friedrich „regierte" von morgens zwischen 4 und 5 Uhr bis mittags. Der englische Musikschriftsteller Charles Burney berichtete beeindruckt in seinem Reisebericht „The present state of music" (1770/72), dass der König, sobald er morgens nach dem Aufstehen die Perücke aufgesetzt hatte, zu regieren begann.

[289] Diese Vermutung geht auf Prof. E. Knobloch zurück (Vortrag in der Leopoldina, Jan. 2015).

4.15 Das Zerwürfnis mit Friedrich II

meister Karl Heinrich Graun (1703/04?–1759), bei dem Euler nach mathematischen Prinzipien ein Menuett komponieren sollte, fand die verächtliche Bemerkung Friedrichs:

«Si on l'avait joué devant le tribunal d'Apollon, le pauvre géomètre courait risqué d'être écorché vif comme Marsyes.»[290]

Friedrich griff hier auf den Flötenspieler Marsyas aus der griechischen Sage zurück, der Apollo im Übermut zum Wettstreit herausgefordert hatte, besiegt und getötet wurde, indem ihm bei lebendigem Leib die Haut abgezogen wurde. Spätere verfasste Berichte, in denen die Eulersche Musik als unsagbar steif, ohne die mindeste Anmut, man war froh, als er die letzte Note anschlug, beschrieben wird, dürften Friedrichs Meinung zur Vorlage haben, denn das erscheint bei Eulers Musikverständnis doch etwas fragwürdig.

Es stand somit für Friedrich II. vornherein fest und ist aus seiner Sicht konsequent, dass Euler, der in seiner Verwandtschaft sogar zwei Kamm-Macher (aber keine Kammer-Herren) hatte, nicht der geeignete Mann sei, die Akademie als Präsident zu repräsentieren; selbst wenn die Tatsache, einen Wissenschaftler, wenn auch von Adel, an die Spitze der Akademie zu stellen, die Berliner Akademie von entsprechenden anderen Einrichtungen unterschied. Der biedere Euler war in der Tat den eleganten Franzosen und dem glatten höfischen Parkett nicht gewachsen. Gegenüber seinem Bruder August Wilhelm (1722–1758) äußerte der König einmal, dass solche Gelehrte wie Euler in der Republik der Wissenschaften nützlich seien, aber sie würden, wie in der Architektur die dorischen Säulen, nur als Träger des Bauwerks benutzt. Eulers berühmter Landsmann Albrecht von Haller (1708–1777) folgte, ähnliche Erfahrungen befürchtend, einem Ruf in die preußische Residenz nicht.

In den Berliner *Mémoires* erschienen die beiden ersten Abhandlungen über Turbinen in 7 (1751) gedr. 1753, die letzte in 8 (1752) gedr. 1754. Johann Andreas Segner (1704–1777), Professor in Halle, ist u. a. durch das Segner'sche Wasserrad bekannt, das noch heute als Rasensprenger in Gärten dient. Das Segner'sche Wasserrad veranlasste Euler zu einem Turbinenentwurf und 1944 Schweizer Ingenieure zu einem Nachbau, der einen Wirkungsgrad von 0, 71 und eine Leistung von 0,15 PS aufwies (Abb. 4.78). Ein Wasserstrahl verlässt tangential ein drehbares Teil und erteilt diesem einen Rückstoß (Segner). Dieser Rückstoß kann auch genutzt werden, um eine Maschine anzutreiben. Damit aber der Wirkungsgrad optimal ist, d. h., das Wasser nach Verlassen der Maschine keine Tangentialgeschwindigkeit mehr hat, sondern dies Kraft vollständig für den Antrieb benutzt wird, lenkte Euler die Fließrichtung des Wassers geschickt um.

Als kompetenter Mathematiker wurde Euler in vielen mathematischen und technischen Fragen jedoch gern vom König konsultiert, etwa wenn es sich um Dammbauten in gerade eingegliederte ostfriesische Gebiete, die Gradierung der

---

[290] Wenn es vor dem Tribunal von Apollo gespielt worden wäre, liefe der arme Geometer Gefahr, wie Marsyas bei lebendigem Leib gehäutet zu werden.

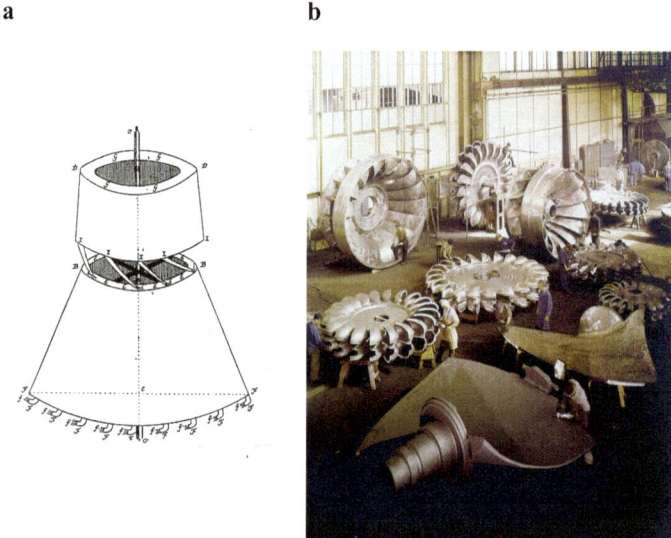

Abb. 4.78 a Euler'sche Turbine. Der obere Teil ist feststehend, der untere wird angetrieben und rotiert. **b** Werkhalle mit den Wasserturbinen Peltonrad, Francisrad und Kaplanschaufel

Sole im Salzbergwerk von Schönebeck, die Trockenlegung des Oderbruchs und den Baus des Finow-Kanals, die Springbrunnen im Park von Sanssouci, Personalfragen der Universität Halle und der Berliner Akademie, Witwenkassen oder Lotterien handelte (Abb. 4.79). Euler kam den Wünschen des Königs umgehend nach. Ein Beispiel: Am 19. Juli 1753, einem Donnerstag, bat der König Euler um Begutachtung einer Berufungsfrage, und bereits am Montag, dem 23. Juli 1753, dankte der König und stimmte Euler zu. Auch der König reagierte in der Regel auf Eulers Schreiben postwendend, allerdings war sein Ton dabei unterschiedlich. Immer dann, wenn Euler dem König zu Diensten gewesen war, ließ Friedrich es an Höflichkeit nicht mangeln. Äußerte Euler jedoch eifrig und unaufgefordert eigene Vorstellungen über Angelegenheiten, die dem König am Herzen lagen, so betrachtete der König das als unzulässige Einmengung in seine Geschäfte und nahm deshalb Eulers Bemühungen kühl oder ablehnend auf. Noch mehr Ablehnung erfuhr Euler, wenn er eine persönliche Bitte vortrug, denn dann war ihm der Unwillen seines Monarchen gewiss.

Trotzdem war Euler anfänglich (und nicht nur er!) ganz Feuer und Flamme für Friedrich. Obwohl der König den zugereisten Euler vor eine praktisch nicht vorhandene Akademie stellte, war dieser stolz, dass Friedrich II. während des 1. Schlesischen Krieges Zeit aufgebracht hatte, ihn wenigstens brieflich zu begrüßen. Von der Anrede „mon professeur" war Euler geradezu entzückt und nahm es in Kauf, dass die Schwierigkeiten in Berlin vorläufig im Vergleich zu den sich inzwischen bessernden Petersburger Verhältnissen keinesfalls geringer waren, als sie es dort gewesen wären. Eulers Kopf war voller Ideen, und er war ja nach Ber-

Abb. 4.79 a Das moderne Schiffshebewerk macht die Höhenunterschiede deutlich, die durch die Schleusen überwunden werden mussten. **b** Die Ragöser Schleuse des alten Kanals mit ihrem Hub in Mannesgröße

lin gekommen, um zu arbeiten und eine Akademie wieder aufzubauen. Aber der König steckte mitten im Kriege, den er als noch nicht entschieden erkannte, und er wies Eulers wohlgemeinte Vorschläge schroff ab bzw. ließ sie unbeachtet. So kamen Euler nach ersten Differenzen in den Jahren 1742/1743 doch Zweifel, ob sein Weggang von St. Petersburg nicht übereilt gewesen war. Trotzdem verbesserte er seine französischen Sprachkenntnisse, um den Gepflogenheiten der preußischen(!) Akademie entsprechen zu können (in Berlin veröffentlichte er auf Französisch und in Petersburg weiterhin auf Lateinisch). Er kümmerte sich um die Neugestaltung der von der Akademie herausgegebenen Kalender, die eine wichtige finanzielle Grundlage der Akademie bildeten, er bemühte sich 1746 um Siegesmedaillen für den 1. Schlesischen Krieg, später dechiffrierte er sogar diplomatische russische Depeschen und zeigte eine große Anteilnahme am Geschehen der Schlesischen Kriege.

Die Akademiegründung ging nur langsam voran, denn der König war durch den Krieg beansprucht und sah vor allem noch keinen möglichen Präsidenten für die Akademie, obwohl sich Euler sehr deutlich dafür anbot. So beschwerte sich dieser beispielsweise brieflich 1744 bei Goldbach über den starken Einfluss der Franzosen. Daniel Bernoulli, dem Euler auch seine Bedenken vorgebracht hatte, schrieb, als Maupertuis nach dem entscheidenden Sieg Friedrichs 1745 von Hohenfriedberg sich entschloss, in Berlin zu präsidieren:

> „Dieses macht mich hoffen, dass es noch gut mit der Akademie gehen werde, weil der Herr Maupertuis gar wohl an dem ganzen Hof gelitten ist und sich gewiß eine Ehre machen wird, die Akademie emporzuschwingen." – Brief vom 7. Juli 1745

Eulers Einfluss auf Maupertuis, mit dem er schon im Jahr 1738 Briefe wechselte und seit 1740 regelmäßig korrespondierte, war groß. Maupertuis wusste um die Rolle Eulers und schätzte dessen Fähigkeiten. Euler suchte diesen Einfluss für die Entwicklung der Akademie geltend zu machen, insonderheit ihre weltanschauliche

Position zu bestimmen, sodass der Direktor der mathematischen Klasse gewissermaßen der heimliche Präsident wurde.

Euler war immer noch bemüht, Friedrich zu dienen. Beispielsweise überreichte er ihm, der Obst besonders liebte, 1753 Pfirsiche aus dem Akademiegarten, er schickte 1755 dem Sammler von Fernrohren ein neu konstruiertes ins Feldlager, oder als Höhepunkt seiner patriotischen Gesinnung bewog Euler schließlich 1759 den jüngsten Sohn Christoph, in Friedrichs Armee einzutreten, was der Landesherr gnädigst quittierte, aber ihm nicht, wie es Euler erbat, von vornherein einen Dienstgrad verlieh (Briefe vom 14. März 1759); der deutsch geschrieben Brief ist ein typisches Beispiel für ein Wechselbad in der Art des Königs: Er beginnt mit „Besonders Lieber und Getreuer" und endet nach wenigen Zeilen mit der Ablehnung, dass bei Eulers Sohn keine Ausnahme gemacht werden könne. Als sich 1745 eine Allianz gegen Preußen etablierte, schrieb Euler an Goldbach:

> „Allein, unser glorwürdigster Monarch hat diesen Anschlag [die Bildung der Allianz] dergestalt vernichtet, dass wir hier vor der Bosheit der grausamen Feinde durch Gottes Gnade jetzt ruhig sein können." – Brief vom 30. November 1745

Noch zu Beginn des Siebenjährigen Krieges schrieb Euler nach Petersburg: „Allein wir leben hier in guter Ruhe und lachen über alle uns angedrohten Gefahren." (Brief an Müller vom 10. Mai 1757). Die Eroberung von Prag durch Friedrich II. prophezeite Euler:

> „In etlichen Tagen werden wir allso mit diesen Feinden völlig fertig seyn ... , wodurch auch das gute Verhältnis zu Rußland bald wird völlig hergestellt sein wird." – Brief an Müller vom 27. Mai 1757

Die Wende in Eulers Einstellung begann nach Maupertuis' Abreise aus Berlin einzusetzen (1753), verstärkte sich mit Maupertuis' Tod 1759 und den drückenden Kriegslasten um 1760. Euler war, nicht ohne Stolz, seit 1753 amtierender Präsident, indem er, ohne im geringsten in seiner wissenschaftlichen Produktivität zu erlahmen, die Amtsgeschäfte des abwesenden Präsidenten in den schwierigsten Kriegsjahren führte, sodass dank seiner Leitung die Arbeit der Akademie nie zum Erliegen kam. Aber Eulers Einfluss auf die Gestaltung der Akademie schwand, denn die Rückendeckung durch den beim König einflussreichen Maupertuis fehlte. Der durch die Leitung der Akademie in den schweren Kriegsjahren verdiente Euler konnte sich wohl mit Recht Hoffnung auf die Präsidentschaft machen, er war aber, wie bereits bemerkt, nicht der Mann, sie im Geiste Friedrichs zu repräsentieren.

Der König lud 1763, unmittelbar nach dem Ende des Krieges mit Frankreich, d'Alembert ein, also einen ehemaligen Kriegsgegner, und er bot ihm sogar die Präsidentschaft der Akademie an, die d'Alembert allerdings ablehnte. Man kann sich leicht vorstellen, wie die Zeit um d'Alemberts Besuch den auf die Sechzig zugehenden Euler belastet haben muss, denn er war ja zweifelsohne der bedeutendere Mathematiker, ganz zu schweigen von seinen Verdiensten um die Berliner Akademie. Friedrich II. traf d'Alembert am 11. Juni 1763 in Geldern bei Düsseldorf, um mit ihm gemeinsam nach Potsdam zu reisen. Dort trafen beide am 22. Juni 1763 ein, und d'Alembert war bis Mitte August Gast des Königs.

4.15 Das Zerwürfnis mit Friedrich II

Der Kontakt, d. h. der Briefwechsel Eulers und d'Alemberts, war von 1751 bis 1763 unterbrochen. Das lag nicht nur am Krieg, sondern auch an der Rivalität zwischen d'Alembert und Euler.[291] Euler und d'Alembert waren beim Problem der schwingenden Saite unterschiedlicher Meinung (siehe Abschn. 6.4, Schwingende Saite). Ungerechtigkeiten bei der Beurteilung einer Berliner Preisaufgabe über den Widerstand bei Flüssigkeiten, die d'Alembert in der Berliner Akademie eingereicht hatte, verärgerten den französischen Mathematiker, sodass er die Arbeit schließlich zurückzog. Als es um Diskrepanzen bei der Beurteilung des Preises für 1757 ging, bezeichnete Euler gegenüber dem Berliner Akademiesekretär Jean Henri Samuel Formey (1711–1797) d'Alemberts Meinung als singulär und argumentierte, dass auch die Pariser Akademie nicht alles publizieren würde (Brief an Formey vom 20. Januar 1757). Zudem hatte sich Euler in hydrodynamischen Fragen auf die Seite seines Freundes D. Bernoulli gestellt, der d'Alemberts einschlägige Arbeiten für „viel zu kindisch" hielt, was d'Alembert nicht verborgen blieb. An Formey schrieb Euler:

„Die Aussagen von Herrn [Daniel] Bernoulli werden durch Experimente bestätigt, und die von Herrn d'Alembert stehen im direkten Gegensatz dazu." 20. Januar 1757[292] ,

und an Müller:

„Seine [d'Alemberts] Philosophie besteht, um einen Ausdruck von Herrn [Daniel] Bernoulli zu gebrauchen, in einer unverschämten Selbstgefälligkeit." – 7. Juni 1763[293]

In Vorworten und Einleitungen seiner Arbeiten äußerte sich d'Alembert mehr und mehr prinzipiell und kritisierte – was nicht überrascht – dabei zunehmend auch Euler. Euler konnte also nicht sicher sein, mit welcher Absicht d'Alembert in Potsdam erscheinen würde.

Die Briefe an den Freund Müller aus dieser Zeit sind daher voll von Befürchtungen Eulers, dass d'Alembert Präsident werden würde oder irgendein anderer Franzose. In beiden Fälle wolle Euler Berlin verlassen.[294] Der Besuch von d'Alembert erschien erstmals im Brief vom 19. März 1763 als bedrohlich, in dem die Überzeugung des Prinzen Wladimir Sergejewitsch Dolgoruki (Владимир Сергеевич Долгорукий, 1717–1803), des russischen Botschafters in Berlin von 1762 bis 1789, mitgeteilt wurde, dass d'Alembert der künftige Präsident der

---

[291] Details in V.V. Raman, „The D'Alembert-Euler Rivalery", in: *The Mathematical Intelligencer*, 7,1 (1985), S. 35–41, allerdings sind einige Argumente nicht überzeugend. Was ist dagegen einzuwenden, wenn Euler sich auch der wichtigen Schwingungsgleichung widmet, die d'Alembert gerade gefunden hatte? Mehr hierzu und der Rivalität in Abschn. 6.5, Schwingende Saite. Brief von Daniel Bernoulli an Euler vom 26. Januar 1750; dort auch Kritik an d'Alembert (u. a. der Theorie der Winde und der schwingenden Saite.)

[292] « Les énoncés de Mr. [Daniel] Bernoulli sont conformis par l'experiment, et que de Mr. d'Alembert y sont directement contraires. »

[293] «Sa philosophie [de d'Alembert] consiste, pour me servir d'une expression de Mr. [Daniel] Bernoulli, dans une impertinente suffisance.»

[294] So z. B. in den Briefen an Müller vom 19.3., 8.4., 30.4., 17.5., 7.6.1763.

Akademie sein werde. Euler hielt nicht mit der Meinung zurück, dass er dann sogleich um seine Demission anhalten würde. Ab dem 17. Mai 1763 begann er in der Tat, ernsthaft mit der St. Petersburger Akademie zu verhandeln. Euler teilte Müller mit, dass er sein Gut in Charlottenburg verkaufen wolle und dass es – selbst wenn d'Alembert in Paris bliebe – ihm gleich sei, wer die Präsidentenstelle erhalten werde, denn er interessiere sich für eine Stelle in St. Petersburg. Euler diskutierte mit Müller bereits Fragen des Geldumtausches, da er sich zum besten Preis feilbieten wolle.

Schließlich sprachen sich Euler und d'Alembert aus, und Euler wurde wankelmütig, denn d'Alembert wollte partout in Paris bleiben und hatte deshalb dem König Euler als Präsidenten vorgeschlagen und mit großem Lob von ihm gesprochen. So steht es auch im Brief von d'Alembert an Euler vom 29. Juli 1763 aus Potsdam. Euler wurde durch d'Alemberts Eintreten für ihn in Verlegenheit gebracht und zögerte nun mit seinem Weggang nach Russland. Es gab auch noch die Möglichkeit, die ihm sein künftiger Schwiegersohn Johann Jakob Freiherr van Delen (1743–1786) eröffnete, seine Verbindungen zu holländischen Universitäten zu nutzen, um ihm dort eine gut bezahlte Professur (5000 Gulden) zu besorgen. Hiervon schrieb Euler nichts nach St. Petersburg, wo man eine Rückkehr erwartete und nun etwas verstimmt über den Rückzug Eulers war. Euler versorgte sich mit Gründen für die Ablehnung. Die Furcht seiner Frau vor Bränden in St. Petersburg griff er ebenso auf wie die Sorge, seine Ersparnisse ungünstig in Rubel zu tauschen. Euler glaubte, dass es in Russland verboten sei, Geld auf Zins auszuleihen, was nicht zutraf. Der gesetzliche Zins lag bei 6 %, genommen, wurden ca. 10 %. Sicher war nicht alles ganz ernst gemeint, aber Euler war auch nicht völlig glücklich, denn sein altes Misstrauen scheint aus den Zeilen hervor, die er an den Freund Goldbach schrieb. Er stellte zunächst fest, dass die Freundschaft mit d'Alembert wieder hergestellt sei, aber ein misstrauischer Zug Eulers, den schon das Akademiemitglied Johann Georg Sulzer (1720–1779) als unangemessen empfand, zeigt sich in diesem Satz:

> „Unter der Hand wird versichert, dass er doch künftigen May wiederkommen und die Präsidentenstelle unserer Academie antreten werde." – Brief vom 11. Oktober 1763

Eulers Besorgnis und Misstrauen verstellten ihm hier die Sicht darauf, dass d'Alembert gar nicht daran dachte, nach Berlin zu kommen, in dieses barbarische Land (d'Alembert). In seiner *Lebensbeschreibung, von ihm selbst aufgesetzt* (Berlin 1809) wies Sulzer auf die kindischen Besorgnisse und Vorurteile des so klugen Mannes hin. Euler hatte z. B. seinem Kollegen Wenceslaus Johann Gustav Karsten (1732–1787) abgeraten, in Berlin eine Stellung anzustreben, da man dort perfekt in Französisch sein müsse und er selbst sich mit seinen Sprachkenntnissen sorge, damit im frankophilen Berlin in Schwierigkeiten zu geraten. Ein Grund entschuldigt vielleicht Eulers Argumentation: Zu dieser Zeit versuchte er schon, Berlin zu verlassen, sodass er für Karsten schlecht etwas tun konnte, und zum anderen suchte er Anlässe für den Weggang (auch wenn diese kindisch waren). Euler schwankte und zweifelte, ob d'Alemberts Versicherungen zutreffend waren – teils

4.15 Das Zerwürfnis mit Friedrich II
469

glaubte er sie, um sie gleich wieder infrage zu stellen. Wie es der Prediger treffend sagt: Ein Zweifler ist unbeständig in allen Wegen (Korintherbrief, Jakobus I,8).

Von Eulers Sohn Johann Albrecht (Abb. 4.80) haben wir auch Nachrichten über diese Zeit. Am 20. August 1763 schrieb der Sohn an Karsten, dass sich d'Alembert beim König auch für ihn (Johann Albrecht Euler) und andere deutsche Gelehrte eingesetzt habe, sodass er eine lange zugesagte Erhöhung seiner Besoldung um 400 Thaler erhalten habe. Zuvor, am 26. Juli 1763, hatte er an Karsten berichtet,

Abb. 4.80 Johann Albrecht Euler (1734–1800), der älteste Sohn Leonhard Eulers, auf einem Bildnis von E. Handmann. Johann Albrecht war kränklich, was sich im Petersburger Klima bemerkbar gemacht haben dürfte. Er wird beim Lesen eines die Gesundheit betreffenden Buches gezeigt, vermutlich die *Discorsi delle vita sobria* (1568, Traktat über das mäßige Leben) des viel gelesen italienischen Lebensphilosophen Luigi Conaro (1467/1484?–1566), der aufgrund einer abgestuften Reduktion der Tafelfreuden es angeblich auf eine Lebenszeit von 100 Jahren brachte. Johann Albrecht trägt auf diesem Gemälde von E. Handmann wie sein Vater auf Handmanns Bild von 1753 ein modisches und kostspieliges Gewand aus Seide

dass er den berühmten d'Alembert für einen Tag in Berlin gesehen habe und ihn auch in der Akademiesitzung erlebte. In der Tat war d'Alembert am 14. Juli in der Berliner Akademie, wo er eine Arbeit „Sur la Poesie Rhytmique" (Über die rhythmische Poesie) des Pariser Wissenschaftlers und Mitarbeiters an der Encyclopédie Mathieu-Antoine Bouchaud (1719–1804) präsentierte, der auswärtiges Akademiemitglied werden wollte. Johann Albrecht, der finanziell vom Vater abhing, erwähnte im Brief auch ein vorteilhaftes Angebot aus St. Petersburg, aber dieser Ort sei ihm nun wiederum viel zu weit, zu kalt und zu unruhig. Aus Göttingen, wo er gern hingewollt hätte, bekomme er keine Nachricht. Trotz der späteren guten Stellung in St. Petersburg sehnte sich Johann Albrecht Euler von dort stets nach Berlin zurück.

Nach dem Weggang von Müller aus Petersburg nach Moskau wurde Jacob von Staehlin (1709–1785) im März 1765 Konferenzsekretär der St. Petersburger Akademie. Daher begann zwischen Staehlin und Euler eine kurze dienstliche Korrespondenz (zwölf Briefe), in der Euler wie üblich Gelehrte empfahl und beispielsweise 22 Vorschläge für Preisaufgaben übermittelte, er kam in den Briefen aber auch deutlich auf seinen Wunsch zu sprechen, eine Stelle an der St. Petersburger Akademie annehmen zu wollen, um dieser Akademie wieder zu ihrem vorigen Glanz zu verhelfen. In Berlin hatte Euler demonstrativ die Direktorenstelle niedergelegt, aber er wollte gern in St. Petersburg Vizepräsident (= Direktor) werden, welcher „allzeit ein solcher Gelehrter [sein sollte], der sich schon in der Welt einen besonderen Ruhm erworben [hat]" (Brief vom 21. Dezember 1765). Euler wäre auch bereit, mit seiner Familie in der Ukraine oder in einer anderen russischen Provinz zu leben.[295] (Brief vom 1. Februar 1766). Am 18. Februar 1766 folgte schließlich die Versicherung, dass sich Euler von seinem Entschluss, Berlin zu verlassen, nicht mehr abbringen lassen wolle, es möge kosten, was es wolle, um die von der russischen kaiserlichen Majestät bezeugten Gnade genießen zu können. Kurios ist für uns in einigen Briefen eine beiläufige Erörterung, wie man mit Magneten Zahnschmerzen beseitigen könne (Briefe vom 12. Oktober und 18./29. Oktober 1765). Staehlin sollte 1769 Eulers Sohn Johann Albrecht als Nachfolger haben, und damit war für fast ein Jahrhundert das St. Petersburger Sekretariat in den Händen der Familien Euler und Fuss.[296]

Der König war Euler bei seinen persönlichen Wünschen wenig entgegengekommen: Als er den zugesagten Übersiedlungsbeitrag (von St. Petersburg nach Berlin) erbat, einen Neffen seiner Frau vom Militärdienst befreien lassen wollte, seinen aus Petersburg mitgekommenen Bruder Heinrich am Hofe unterzubringen wünschte, für seinen Sohn Johann Albrecht an der Ritterakademie um eine An-

---

[295] Das war nicht so abwegig, da die Zarin dort große Landgüter an neue Untertanen vergab, Simon Pallas (1741–1811) ist ein Beispiel.
[296] Die Akademie in St. Petersburg hatte bis 1904 insgesamt 15 Konferenzsekretäre, davon waren zwölf deutscher Abstammung; dabei hatten Müller, Goldbach und Winsheim das Amt zweimal inne. Russen als Konferenzsekretäre gab es erst ab 1890, nämlich drei.

4.15 Das Zerwürfnis mit Friedrich II

stellung bat, die dieser angeblich wegen seiner Jugend (29 Jahre) nicht erhielt und die dann an einen 18-Jährigen vergeben wurde, oder für seine Tochter eine Heiratserlaubnis mit einem Kornett nachsuchte usw. Welche Gunstbezeigungen hatte nicht Maupertuis erhalten! Dabei hatte Euler in Berlin überdurchschnittliche Energien für den Aufbau der Akademie aufgebracht: Er war Direktor der mathematischen Klasse, häufig Mitglied von Kommissionen, eifrig um die Finanzierung der Akademie bemüht sowie mitverantwortlich für die Veröffentlichungen der Akademie, zuständig für die Herausgabe von Kalendern und Karten, er leitete schließlich die Sternwarte und verwaltete auch den botanischen Garten, und man zögert anzumerken, dass er auch Mathematiker war. Euler war folglich zutiefst verletzt von dem Unverständnis des Königs. Über d'Alemberts natürlich unbeachteten Vorschlag, Euler zum Präsidenten zu berufen, schrieb der Sohn Johann Albrecht mit Verbitterung an Wenzeslaus Johann Gustav Karsten: „ … da mein Vater aber das Unglück hat, ein redlicher Teutscher (Deutscher) zu sein, so hat der König nichts davon hören wollen." (Brief an Karsten vom 26. Juli 1763).

Obwohl der König keinen geeigneten Nachfolger für Maupertuis fand, erhielt Euler den Posten nicht. Euler leitete de facto, aber unter der Oberaufsicht des Königs, die Akademie. Dieser hatte sich nämlich selbst zum Präsidenten gemacht, und d'Alembert beriet den König auch nach seiner Abreise als graue Eminenz aus Paris. Der alternde Euler, der zahlreiche Kommissionen, Beratergruppen usw. geleitet hatte, sah sich als erfahrener und verdienter Verwaltungsmann den häufig interessengeleiteten Vorsitzenden und Lobbyisten untergeordnet – eine demütigende Situation. Der begründete Anspruch Eulers auf die Präsidentschaft wurde vom König abgewiesen, und das trotz der zusätzlichen Mehrarbeit Eulers, der schrieb, er habe die ganze Administration der Akademie auf dem Hals. Eulers Bezüge änderten sich nicht (und dieser war in Gehaltsfragen empfindlich). Als Akademiepräsident hätte er etwa 50 % mehr Gehalt gehabt.

Die geistigen Auseinandersetzungen an der Akademie hatten sich inzwischen zugunsten des Wolff'schen Lagers verschoben, der König, selbst von seinen prominenten Gästen verlassen, liebäugelte mit radikalen französischen Aufklärern, sodass für den frommen Euler die Situation insgesamt unerträglich wurde. Euler war gläubiger Christ, der allabendlich eine Hausandacht abhielt und aktiv in hohen Kirchenämtern wirkte (Ältester der Friedrichstadtgemeinde, Consistoriumsmitglied der Französischen reformierten Gemeinde in Berlin, Leitungsmitglied der Maison de Charité), der selbst Vorschläge zur Reform des Gottesdienstes machte, um die rückläufigen Besucherzahlen zu ändern, oder der die Katechisierung dem Vorbild seines Vaters anpassen wollte. Für seine kirchliche Offenbarungsgläubigkeit und Gesinnung stand Euler beständig ein: Seine Schriften gegen die Freidenker, seine Angriffe gegen sie, in denen die Rotte der Freigeister („diese Elenden", schrieb er) etwas zu hören bekam, wie beispielsweise in der Schrift von 1747 *Rettung der Göttlichen Offenbarung gegen die Freigeister* (92, EO II/12). Euler zeigte zwar persönlichen Mut, das in der unmittelbaren Nachbarschaft des regierenden Freigeistes zu tun, wirkte aber auf die Dauer zänkisch.

Euler wurde mehr und mehr klar, dass er die repräsentative Stellung eines Akademiepräsidenten in Berlin nicht erhalten würde. Mit Leuten der Provenienz von Julien Offrey de Lamettries (1709–1751), des königlichen Hofatheisten (so Gotthold Ephraim Lessing, 1729–1781), oder Vertretern der deutschen Popularphilosophie Wolff'scher Prägung an einem Tisch zu sitzen, ja sich ihnen unterordnen zu sollen, ging verständlicherweise über Eulers Kräfte, aber auch über seinen Willen. Meinungsverschiedenheiten in finanziellen Fragen mit Kommissionsmitgliedern, die Eulers Verwaltung der Akademie infrage stellten, ohne in Eulers Augen dazu berechtigt zu sein, kamen hinzu. Was sollte er also noch in Berlin? Müller hatte ihm doch deutlich geschrieben, dass man sich in Ost und West um ihn streiten würde (Brief vom 28.03./08.04.1763). So begann Euler nachweislich bereits 1762, an seinen Weggang zu denken, da er seine Liegenschaften zu verkaufen suchte (was beim Gut mit 8400 Thaler sogar gewinnbringend glückte).

Nach dem Siebenjährigen Krieg nahm der König, der nun Zeit für Reformen hatte, die finanzielle Neuordnung der Akademie selbst in die Hand, wobei Friedrich die Grundlagen der Akademie sichern wollte. Da er seiner Akademie keine Geldmittel gab, sondern nur Privilegien verlieh, aus denen sich die Akademie finanzieren musste, ging es zunächst vor allem um den einträglichen Verkauf der Kalender. Diese wurden seit 1738 erfolgreich und mit steigendem Absatz von dem Rendant (= Rechnungsführer) David Köhler privilegiert vertrieben, der sich dabei selbst (d. h. seinen Anteil) nicht vergaß. Während die Protektoren, Curatoren und Präsidenten an Details nicht interessiert waren (und sie wohl auch nicht verstanden), gab es einige Akademiemitglieder wie Johann Heinrich Lambert und Johann Georg Sulzer, die den geschickten Köhler gern losgeworden wären. Euler, der Köhler schon im Amte vorgefunden hatte, dürfte die eigennützige Tätigkeit Köhlers durchschaut haben, aber der clevere Köhler sorgte z. B. dafür, dass Euler seine Pensionen und Bezüge stets rechtzeitig erhielt und nahm ihm zuverlässig Aufgaben bzw. die eigentlich angebrachte Kontrolle ab. Euler revanchierte sich offensichtlich mit Loyalität, mehr noch: Er stellte sich schützend vor Köhler. Euler fürchtete bei einer erforderlichen Reform einen Rückgang der Kalendereinnahmen und damit eine Verminderung seiner eigenen Bezüge.

Der argwöhnische König hielt Euler, der in dieser Angelegenheit durchaus sachverständig war, allein nicht mehr für zuverlässig und suchte Rat bei einer Kommission, die er am 21. Februar 1765 einsetzte. Euler gehörte dieser Kommission auch an, die die Finanzierung der Akademie prüfen, ordnen und kontrollieren sollte. Man wollte grundsätzlich den Kalenderverkauf verpachten, aber in der Kommission prallten die Gegensätze aufeinander: Euler wollte Köhler behalten, Lambert wollte die Aufgabe der Kommission zusprechen. Euler verhielt sich falsch, denn er versuchte, die Kommission, die er natürlich als bevormundend und entwürdigend ansah (die aber der König eingesetzt hatte!), durch direkten Kontakt zum König zu umgehen. Das Verfahren hätte vermutlich bei Maupertuis funktioniert, aber der König verwies Euler auf den Dienstweg (wir sind in Preußen!) und erteilte ihm noch eine höhnische Abfuhr:

4.15 Das Zerwürfnis mit Friedrich II

„Ich, der ich keine Kurven berechnen kann, weiß aber, dass sechzehntausend Kronen Einnahmen besser sind als dreizehntausend."[297] – Brief vom 16. Juni 1765

Friedrich II. hatte nun von dem Hin und Her genug und ordnete an, dass eine Verpachtung zu erfolgen habe.

Euler geriet jetzt in die Verlegenheit, gegen seine Überzeugung die Anweisung des Königs zu verlesen, und wiederholte seinen Fehler. Denn er schrieb nochmals an den König, wieder an der Kommission vorbei. Die Antwort des Königs zeigte Euler niemandem. Sein Gegenspieler Sulzer interpretierte Eulers Verhalten falsch, denn er meinte, der König habe noch schärfer geantwortet. Heute kennen wir den Brief, den Euler niemandem zeigte. Das Gegenteil war der Fall, denn der König lenkte jetzt ein und schrieb sogar Deutsch an Euler. Er begann, wie nur einmal zuvor, mit „Besonders Lieber und Getreuer" und bat Euler, sich zu beruhigen und diese Lösung zu akzeptieren. Der König hatte übrigens recht, denn die Einnahmen durch den Kalenderverkauf stiegen an. Dass Euler den Brief zurückhielt, weist darauf hin, dass sein Entschluss, Berlin zu verlassen, fest stand. Der freundliche Brief des listigen Königs passte nicht in diese Absicht. Eulers Sohn Johann Albrecht beschrieb die Situation so: „Jetzt tut mein Vater alles, um abgesetzt, um fortgejagt oder wie man hier spricht cassirt zu werden." (Brief an Karsten vom 5. April 1766).

Die eben geschilderte Sache, die eigentlich als marginal angesehen werden kann, brachte jedoch das Fass zum Überlaufen. Euler hatte die Verbindung nach St. Petersburg sogar während der kriegerischen Auseinandersetzungen mit Russland nicht abgebrochen (selbst wenn er es Maupertuis gegenüber erklärte). Von 1727 bis 1741 gibt es rund 330 wesentliche Eintragungen in die Akademieprotokolle in St. Petersburg, die Euler betreffen.[298] In seiner Berliner Zeit von 1742 bis 1766 kam Euler auf ca. 120 Einträge in den St. Petersburger Protokollen, wobei man beachten muss, dass es ja keine Eintragungen geben kann, die seine vor der St. Petersburger Akademie gehaltenen Vorträge betreffen. Während des Siebenjährigen Krieges (1756–1763) führen ihn die Protokolle immerhin rund 90 mal auf.

Euler sollte es also wenig Mühe kosten, seine Absicht, anderswo Fuß zu fassen, zu verwirklichen, wenn er es auch in seinem Alter mit Zögern tat. Zeitweilig hatte er auch Göttingen erwogen, möglicherweise nur, um schneller eine Zusage aus St. Petersburg zu erhalten. Diese bekam er, wie wir sahen. So reichte er am 2. Februar 1766 sein erstes Abschiedsgesuch ein, dem noch zwei weitere folgen mussten, um Friedrich, der nun merkte, was er an Euler verlieren würde, zur Zustimmung bewegen. Friedrich II. versuchte anfangs, die Sache herabzuspielen. Der Oberst Karl Gottlieb Guichard (mit dem Pseudonym Quintus Icilius, 1724–1775) im Vorzimmer Friedrichs beschwor Euler, von seiner Demission abzusehen, denn

---

[297] « Moi qui ne sait point calculer des courbes, Je sais pourtant que seize mille écus de recette en valent mieux que treize mille. »

[298] Wesentlich meint hier, dass solche Erwähnungen nicht gezählt wurden, die Fortsetzungen eines Vortrages oder technische Angelegenheiten wie Korrekturen von Arbeiten usw. betrafen."

er wolle Eulers zweites Gesuch nicht dem König übergeben und nicht zu Eulers Abreise beitragen. Er wisse, dass einige Personen in der Akademie Euler Unannehmlichkeiten bereitet hätten, aber er wisse auch, dass alle ehrlichen Leute auf Eulers Seite seien. Der König wolle Euler nicht aufhalten, aber er verstehe nicht, weshalb Euler unzufrieden sei. Der Hinweis auf die Personen, die Euler Unannehmlichkeiten bereiteten, bezieht sich auf Eulers (vermutlich übersteigerte) Vorstellungen, dass es bei Hofe und in der Nähe des Königs Leute gäbe, die gegen ihn intrigierten; einige nichtswürdige Mitglieder [der Akademie] hätten ihn angeschwärzt und beleidigt, schrieb Johann Albrecht Euler an Karsten, als sein Vater die Direktorenstelle in der Akademie niedergelegt hatte (Brief vom 28.12.1765). Vater und Sohn verdächtigten insbesondere den einflussreichen Sekretär und Vorleser des Königs Henri de Catt (1725–1795). In den Wochen vor dem Weggang musste Euler mit ihm korrespondieren, wobei ein entschuldigender Brief de Catts vom 29. März 1766 vermutlich ein gutes Beispiel für die französische Redewendung „Qui s'excuse, s'accuse » (Wer sich entschuldigt, klagt sich an) bildet.[299] Der Sohn Johann Albrecht schrieb im April 1765 an Karsten: „Catt ist der Vorleser des Königs, Catt tut alles, aber Catt ist ein schlechter Kerl." Andererseits lobte Johann Albrecht Euler in einem Brief an Karsten von Anfang 1765 Johann Heinrich Lambert als neues Akademiemitglied: „Der König hätte uns in der Tat keine größere Gnade erweisen können." Mathematisch war Lambert für die Akademie zweifelsohne ein Gewinn, aber mit seiner naiv-rechthaberischen Haltung in administrativen Fragen stellte sich Lambert klar gegen Euler und warf ihm Knüppel zwischen die Beine.[300]

Ohnehin hatte der König (Abb. 4.81) beim verbitterten Euler keinen Erfolg mehr (auch vormals in St. Petersburg hatte Euler sich nicht mehr aufhalten lassen). Jetzt kam im aufgeklärten, aber verärgerten König der Despot zum Vorschein, der den Schweizer Euler über ein Vierteljahr im Ungewissen ließ. Mit dem lakonischen Satz:

« Je vous permets, sur votre lettre du 30 d'avril dernier, de quitter pour aller en Russie. »

vom 2. Mai 1766, ohne jeden Dank für das unvergleichliche Wirken des berühmtesten Gelehrten seiner Zeit an der Berliner Akademie, entließ schließlich Friedrich II. Euler – ein beschämender Vorgang![301] Ein beschwörender Brief d'Alemberts (vom 28. April 1766), denn die Angelegenheit war bis nach Paris ge-

---

[299] F. Bischoff (Hrsg.): *Gespräche Friedrichs des Großen mit H. de Catt und dem Marchese Lucchesini*. Leipzig: 1885.

[300] Hierzu K.-R. Biermann, „Wurde Euler durch Lambert aus Berlin vertrieben?", in: *Euler* 1983, S. 91–99.

[301] Voltaire, der gesundheitliche Gründe und damit die Notwendigkeit einer Kur vorgab, um seinem Dienstverhältnis zu entkommen, erhielt seinen Abschied mit den dürren Worten „Es war nicht notwendig, die Wasserkur ... vorzuschützen, um Ihren Abschied von mir zu erbitten. Sie können meinen Dienst verlassen, wann Sie wollen" (16. März 1753), aber Voltaire soupierte auf eigenen Wunsch noch mit dem König. – Voltaire, *Mémoires pour servir à la vie de M. d Voltaire;* Dtsch. von A. Botond *Über den König von Preußen. Memoiren*. Frankfurt/M. 1989, S. 115.

4.15 Das Zerwürfnis mit Friedrich II

Abb. 4.81 Friedrich II., König von Preußen (1712–1786, König ab 1740)

drungen, kam zu spät in Berlin an, aber der Brief hätte den entschlossenen Euler auch bei rechtzeitigem Eintreffen wohl kaum umgestimmt:

> „Es scheint mir also, mein Herr, das Klügste, was Sie für Ihr Glück und Ihre Ruhe tun können, ist, in Berlin zu bleiben. Was mich betrifft, ich würde niemals den Mut aufbringen, den König in Ihrem Namen um Erlaubnis zu bitten, Sie gehen zu lassen; er würde es sehr schlecht finden und mit Recht."[302]

---

[302] « Il me paroit donc, Monsieur, que le parti le plus sage que vous ayez à prendre pour votre bonheur et votre repos, est de rester à Berlin. Pour ce qui est de moi, je n'aurais jamais le courage de demander pour vous au Roi la permission de vous laisser partir, il le trouveroit très mauvais et avec raison. »

Damit brach der Briefwechsel mit d'Alembert ab; lediglich 1773 schickte d'Alembert Euler einen Band seiner Werke.

Welche Gründe bewogen Euler, an die Stelle seines früheren Wirkens zurückkehren zu wollen? Kurt-R. Biermann (1919–2002) hat die wesentlichen Motive Eulers, die von dem Wunsch, Präsident zu werden, angeführt werden, prägnant gebündelt:

> „Da ist einmal die Vorherrschaft der Freigeister und Religionskritiker an der Berliner Akademie zu nennen; es kam die Bevorzugung französischer Kandidaten bei der Ernennung neuer Mitglieder durch den König ohne Mitwirkung der Akademie hinzu. Ferner kränkte ihn, dass ihm Friedrich II. die Präsidentschaft der Akademie, auf die er begründeten Anspruch erhob, und damit eine Gehaltserhöhung um fast 50% vorenthielt, sowie der Einfluß des vom König konsultierten d'Alemberts in Paris, des ‚heimlichen Präsidenten' der Akademie, wie er genannt wurde. Schließlich fühlte er sich in seinem Schweizer Freiheitsempfinden durch die despotische Verfahrensweise des Königs verletzt. Die Kalenderangelegenheit und die Auseinandersetzungen in der Ökonomischen Kommission haben also die Rolle des Tropfens gespielt, der einen vollen Becher zum Überlaufen brachte, nicht mehr, aber auch nicht weniger."[303]

Das Zerwürfnis mit Friedrich II. wirkte sich auf Eulers wissenschaftliche Tätigkeiten in der Akademie nicht aus, wenn man vom demonstrativen Niederlegen administrativer Ämter (Direktorstelle u. a.) absieht. Sein früherer Diensteifer gegenüber dem König war jedoch gänzlich erloschen. Ein für Euler ungewöhnliches Beispiel: Als Euler 1765 einen geeigneten Oberarchivar für die Königliche Bibliothek vorschlagen sollte, nannte er zwar sofort einen Kandidaten, übersah jedoch, dass er durch oberflächliche Recherchen einer Verwechslung aufgesessen war. Später bemerkte Euler seinen Irrtum, es ist aber erstaunlich, dass er ihn nicht zugab, sondern es nach Morgenstern'scher Art tatsächlich fertigbrachte, einem fiktiven Double des Berliner Professors Jacob Daniel Wegelin (1721–1791), dem Archivar der Akademie, ins Dasein zu verhelfen, und als die Berufung konkretere Formen anzunehmen drohte, ihn flugs in seiner Heimat avancieren zu lassen. Der Schwindel kam allerdings heraus, erledigte sich aber durch Eulers Fortgang.

Wie sehr das Ansehen der Berliner Akademie in Europa durch Eulers Wirken gestiegen war, zeigt allein die Tatsache, dass es mit d'Alemberts Hilfe Friedrich II. gelang, unmittelbar nach Eulers Weggang den einzigen gleichwertigen mathematischen Ersatz, Joseph-Louis Lagrange aus Turin, als Nachfolger Eulers zu gewinnen. Die Berufung Lagranges war von den nicht unbescheidenen Worten Friedrichs begleitet, dass der größte König den größten Mathematiker an seiner Seite benötige. (Umgekehrt soll andererseits der naiv-selbstbewusste J. H. Lambert vor seiner Aufnahme in die Berliner Akademie erklärt haben, wenn Friedrich diese nicht bestätige, so wäre das ein ewiger Makel in seiner Geschichte.) Lagrange blieb in seinen administrativen Fähigkeiten hinter dem praktischen Euler zurück. Die Blütezeit der Mathematik an der Berliner Akademie hielt jedoch weiter an, und die ersten Jahrzehnte gehören zu den besten der Akademie. Übrigens

---

[303] Biermann, „Wurde Euler durch Lambert aus Berlin vertrieben?" in: *Euler* 1983, S. 91–99, Zitat S. 98.

legte man in der ersten Sitzung, der Euler und sein Sohn nicht mehr beiwohnten, aber Berlin noch nicht verlassen hatten, am 5. Juni 1766 als Preisfrage für 1768 eine „Éloge de Leibniz" fest. Euler war aus der Berliner Akademie ausgezogen, aber die Leibniz'sche Philosophie war wieder eingezogen. Seine Abreise erscheint unter diesem Gesichtspunkt geradezu als unabweislich.

Abschließend wollen wir an Gotthold Ephraim Lessings Erfahrung mit Friedrich II. erinnern, nach der der König keinen bezahle, der unabhängig sein wolle. Carlyle schrieb:

> „Friedrich ist keineswegs einer der perfekten Halbgötter; und es gibt verschiedene Dinge, die mit gutem Grund gegen ihn gesagt werden können."[304]

4.16 Ein Nachwort

„The 12 Hercule-labours of this king have ended here [1763]; what was required of him in World-History is accomplished",[305] bescheinigte Thomas Carlyle (1795–1881) in seiner *History of Friedrich II. of Prussia* dem preußischen König für die Zeit nach dem Siebenjährigen Krieg. Vor Friedrich lagen noch 23 Jahre, und dieser Lebensabend zog sich lange hin, er war kalt und trübe. Seine geliebte philosophische Tafelrunde verringerte sich: Die Teilnehmer verließen Preußen oder starben, Friedrich wurde menschenfeindlich und verhöhnte schließlich auch die Philosophie; am Ende setzte der vereinsamte König seine langweilige Tafelrunde vor die Tür. Thomas Mann (1875–1955) beschrieb prägnant den Niedergang des Königs und den Aufstieg seines Mythos:

> „Die Zähne fielen ihm aus, sein Kopf ergraute, sein Rücken krümmte sich, sein Körper wurde gichtisch. Aber sein Ruhm wuchs unterdessen, seine Vergehen, seine Völkerrechtsbrüche gerieten in Vergessenheit, aber sein Ruhm wuchs auf wie ein Baum. Er wurde legendär bei lebendigem Leibe. Von nun an hieß er ‚Der alte Fritz'."[306]

Neben den geliebten Windhunden war es Girolamo Marchese Lucchesini (1751–1825), der dem König in den letzten Jahren Gesellschaft leistete. In seinen Gesprächen mit dem Marchese zeigte sich immer wieder das Unverständnis des Königs, weshalb Euler in der wissenschaftlichen Welt einen so großen Ruhm errungen hatte. Ruhm, das war ein Thema, das den Monarchen faszinierte, da er selbst sehr ruhmsüchtig war: „Als ich den Thron bestieg, war ich ein Raub der

---

[304] „Frederick is by no means one of the perfect demigods; and there are various things to be said against him with good ground." – *Friedrich*, Vol. 1, Leipzig, S. 20.

[305] „Die 12 Herkulesarbeiten dieses Königs sind hier beendet [1763]; was von ihm in der Weltgeschichte verlangt wurde, ist erfüllt".– Carlyle, *History of Friedrich II. of Prussia*. Leipzig, 13 Bände, 1862–1865). Vgl. auch die Ansicht von Tim Blanning (*1942) aus unseren Tagen, *Frederick the Great,* Penguin Books, 2016, Kap. 4, S. 457.

[306] „Friedrich und die große Koalition", in: *Altes und Neues. Kleine Prosa aus fünf Jahrzehnten.* S. Fischer Verlag, 1961.

Ehrsucht", schrieb Friedrich geläutert 1776 an d'Alembert. Das Verhältnis zur Mathematik machte dem König Zeit seines Lebens zu schaffen. Die Mathematiker, die sich zu den Herren des Menschengeschlechts aufspielten (so sah es der König), seien zwar nützlich, aber sie bildeten nach Meinung des Königs lediglich die Träger der Bauwerke. In sein Tagebuch notierte Girolamo Lucchesini, der nach de Catts Entlassung der Vorleser des Königs war, beispielsweise: „Es machte ihm wenig Kummer, Euler abgehen zu sehen, und das Verdienst von Lagrange schlägt er nicht eben hoch an" (19. Juni 1782); wenige Tage später ließ sich Friedrich in einem Gespräch schon wieder über die Nutzlosigkeit der Geometrie [Mathematik] aus. Kurz darauf brachte der König die Sache auf den Punkt:

„Bei diesem Streit über die Geometrie, sagte er, habe Euler zwei Irrtümer begangen, erstens, dass er Berlin für eine Stadt hielt, in der sich etwas machen ließe, und zweitens, dass er die Arbeiten für den Kanal zur Herstellung der Wasserkünste [Fontäne] in dem Garten von Sans souci schlecht leitete."

Ersichtlich war Friedrich II. nach vielen Jahren immer noch verletzt, aber er reagierte nach außen höflich. Euler hingegen hatte offenbar seinen Groll schnell vergessen und gab in seiner unbefangenen Art sogar wieder ungefragt Ratschläge nach Berlin (z. B. bei der Berechnung von Witwenkassen), und er sorgte dafür, dass Friedrich II. Ehrenmitglied der St. Petersburger Akademie wurde. Euler kam wieder seiner Funktion als Brücke zwischen beiden Akademien nach.

4.17 Die Abreise

„Wir gedenken binnen vier Wochen nach Petersburg zu reisen", teilte Johann Albrecht Euler dem Kollegen Karsten mit, als Friedrich II. der Abreise zugestimmt hatte (Brief vom 20. Mai 1766). In der Tat reisten die Eulers etwa einen Monat nach dem Entlassungsschreiben, nämlich am 9. Juni 1766, zu Lande in Richtung St. Petersburg ab. Eulers Gesellschaft bestand aus 18 Personen, darunter vier Dienstboten. Für die 14 Personen, die im weiteren Sinn zur Familie gehörten, beantragte Euler in St. Petersburg die Erstattung der Reisekosten.

Wie setzte sich die Reisegesellschaft genauer zusammen? Mit Leonhard Euler und seiner Frau reisten seine Kinder. Der jüngste Sohn Christoph (1743–1808), der beim Militär diente, wurde vom König zurückgehalten, und man hatte Euler geraten, in Berlin nichts für den Sohn zu tun, da das dessen Lage nur verschlimmern würde. Auf ein Entlassungsgesuch des Sohnes ließ der König seinen Offizier in die Festung Küstrin[307] bringen. Diese Reaktion zeigte deutlich, wie sehr Eulers Weggang den König getroffen hatte. Friedrich II. rechtfertigte seine

---

[307] Küstrin war übrigens die Festung, in die Friedrich als Kronprinz nach seiner gescheiterten Flucht aus Preußen gebracht worden war und wo er der Hinrichtung seines engen Freundes und Fluchthelfers Hans Hermann von Katte (1704–1730) beiwohnen musste. Dieses Trauma der Hinrichtung erklärt viele Verhaltensweisen von Friedrich.

4.17 Die Abreise

Schikane durch den Geburtsort von Christoph, nämlich Berlin, sodass er ihn als seinen Untertan ansah, während er die Tatsache ignorierte, dass Christoph 1754 das Basler Bürgerrecht erhalten hatte. Der Oberleutnant der Artillerie Ch. Euler war, wie d'Alembert vom König selbst erfahren hatte (Brief an Euler vom 28. April 1766), „un de ses meilleurs officiers" (einer seiner besten Offiziere). Nach Eulers Ankunft in St. Petersburg setzte sich die Zarin Katharina II. (Екатерина Великая) nachhaltig für den jungen Offizier ein, sodass ihn der preußische König am 17. Januar 1767 notgedrungen aus seinen Diensten entließ.

Die Söhne Johann Albrecht (1734–1800) und Karl Johann (1740–1790) begleiteten mit ihren Frauen den Vater. Johann Albrecht war seit 1760 mit Sophia Charlotte Hagemeister (1734–1805) verheiratet, zur Familie gehörten zwei Kinder: Johann Leonhard (1. November 1762–15./26. November 1827) und Albertine Benediktine (4. Februar 1766–4. Juni/ 5. Juli 1829), letztere heiratete 1784 Leonhard Eulers Gehilfen Nikolaus Fuss. Der Mediziner Karl, Eulers fünftes Kind, verehelichte sich noch zehn Tage vor der Abreise mit Anna Emilie Bell (1741–1830), und die Familie der Braut folgte den Eulers nach St. Petersburg.

Der Verlobte Johann Jakob van Delen (1743–1786) von Eulers Tochter Charlotte (12. Juli 1744–13. Februar 1780), dem achten Kind, erhielt als preußischer Kornett keine Heiratserlaubnis vom König, obwohl Leonhard Euler in einem Brief vom 2. Dezember 1763 den König darum gebeten hatte. Bereits am Tag drauf schrieb der König schroff, dass im preußischen Militär Kornetts keine Heiratserlaubnis erhielten, sondern auf Beförderung warten müssten. Offenbar hatte van Delen rechtzeitig seinen Dienst quittiert, denn er reiste ebenfalls nach St. Petersburg und heiratete dort noch 1766. Die Familie van Delen kehrte Russland 1770 jedoch den Rücken und ging wieder nach Deutschland. Katharina Helene (15. November 1741–4./15. Mai 1781), das sechste Kind der Eulers, verheiratet sich 1777 mit Karl Joseph von Bell (1744–1830), der in russischen Diensten stand.

Über die restlichen Mitreisenden haben wir keine Kenntnis, wenigstens zwei von ihnen gehörten vermutlich zur Familie Bell.[308] Für das Leben in St. Petersburg benötigte man männliche und weibliche Dienstboten, denn die häuslichen Angelegenheiten wurden dort von Frauen erledigt, während die schweren Arbeiten und Besorgungen außerhalb des Hause Männer zu tun hatten. Unter den Dienstboten war auch der legendäre Schneider, dem Euler angeblich seine *Vollständige Anleitung zur Algebra* (E 387–388) diktiert haben soll. Der deutschstämmige Vizepräsident der St. Petersburger Akademie Heinrich Friedrich von Storch (1766–1835) erklärte einmal, dass man in St. Petersburg – selbst wenn man hohe Ämter bekleide – ein Leben wie in Deutschland führen könne, ohne eine andere Sprache als seine Muttersprache zu benützen. Angeblich sollen bis zu 15 % der Einwohner von St. Petersburg Ausländer gewesen sein, wobei – im Gegensatz zu anderen westeuropäischen Metropolen – die Ausländer sich nicht nur in den unteren

---

[308] Ob der Gatte Karl von Bell der Katharina Helene ein geadelter Verwandter der Frau von Karl Euler war, ist nicht bekannt; er und vermutlich auch Anna Bell wurden in Berlin geboren.

Schichten verteilten, sondern insbesondere in hohen gesellschaftlichen Stellungen zu finden waren.[309]

Eine Reise mit der Postkutsche von Berlin nach St. Petersburg dauerte etwa zwei Wochen. Durch Zwischenaufenthalte reisten die Eulers länger, wobei wir Genaueres über die Reise den Briefen des Sohnes Johann Albrecht an Karsten verdanken.

> „Unser Weg ist abgeändert worden, und wir werden nicht mehr durch Preussen, sondern durch Polen [via Warschau] gehen. Es hat nämlich der König von Polen meinem Vater durch den Fürsten Czartorinsky [vermutlich der polnische Gesandte in St. Petersburg] einladen lassen, zu sich zu kommen, mit dem Versprechen, ihn alsdann schon sicher nach Mitau führen zu lassen [heute Jelgava, Lettland], das Sitz des Herzogs von Biron [bzw. Bühren] war, der uns empfing. Diese grosse Gnade rührt uns nicht wenig." – Brief vom 7. Juni 1766

Bereits am 8. Juli meldete Formey seinem Genfer Korrespondenten Ch. Bonnet: „Le roi de Pologne lui [Euler] a rendu le séjour de Varsovie delicieux" (Der König von Polen machte seinen Aufenthalt in Warschau zu einem wunderbaren Erlebnis).[310] Der Aufenthalt in Warschau bei König Stanislaw II. Poniatowski (1732–1798, König 1764–1795) war ehrenvoll, aber

> „sobald wir auf das russische Territorium kamen, so wurde uns allenthalben die größten Ehren-Bezeigungen angetan. In Riga [etwa 40 km von Mitau] besonders hatten wir freie Wohnung, Equipage, Aufwartungen und zwei Grenadiere Wache, also dass wir billig zweifelten, ob man uns nicht zum besten halten wollte." – (Abb. 4.82) Brief vom 17. Oktober 1766

Am 17./28. Juli 1766 traf Eulers Reisegesellschaft in St. Petersburg ein. Seine Ankunft hatte Euler Johann Kaspar Taubert (1711–1771), einem Adjunkt für Geschichte seit 1738 und späteren Kanzleirat, von unterwegs mitgeteilt, und er traf nur einen Tag später ein. Vom Eintreffen der Eulers berichtete die Zarin Katharina II. etwas ironisch d'Alembert. Der ironische Ton ist Folge der Ablehnung von d'Alembert, nach St. Petersburg zu kommen. D'Alembert hatte unter anderem die Kälte abgeschreckt, ebenso wie Voltaire. Letzterer schrieb in der gewohnten Art, dass er, wenn er noch jünger wäre, gern zu Füßen der Zarin läge, was aber nun Sache des jüngeren d'Alembert wäre. Aber d'Alembert war ja nicht einmal bereit gewesen, nach Berlin zu gehen. Das ist der Hintergrund dieser Zeilen im Brief der Zarin:

> „Es ist allerdings richtig, dass Herr Euler und seine Söhne durch so ein raues Klima sich nicht erschreckt fühlen; sie sind eben angekommen. Ich hoffe, dass sie nicht erfrieren werden. Ihr Genie und Eifer wird meine Akademie erwärmen." – Juli 1766

Die „bonnes nouvelles" ließ Formey aus Berlin den Physiker George-Louis Le Sage (1724–1832) Genf wissen: „D'ailleurs toute la famille jouit en Russie des

---

[309] Siehe H. von Storch, *Historisch-statistische Gemälde des russischen Reichs*. Riga 1797–1803, S. 481.

[310] *Lettres de Genève à Formey* (ed. A. Bandelier et al.). Paris 2010.

4.17 Die Abreise

Abb. 4.82 **a** Markt in Riga und **b** Schloss mit zwei Plätzen für eine Schildwache

honneurs et avantages qu'elle pouvoit s'y promettre" (Darüber hinaus genießt die ganze Familie in Russland die Ehre und Vorteile, die sie sich dort versprechen kann).[311] Der russische Winter schreckte und schreckt die Westeuropäer ab, aber die Vorurteile sind nicht völlig zutreffend. Abel Burja (1752–1816), der aus Berlin kommend in St. Petersburg einige Zeit lebte und dabei den alten Euler hin und wieder besuchte (so auch einen Tag vor Eulers Tod), schrieb in seinen *Observations d'un voyageur sur la Russie* (Beobachtungen eines Reisenden in Russland),[312] dass man der Kälte in St. Petersburg besser widerstehen könne als dem feuchten, regnerischen und schneeigen Winter in Berlin. Die russische Kälte habe nichts Schreckliches, denn man sei durch gute Öfen, Doppelfenster, Doppeltüren, geschlossene Droschken und gute Pelzkleidung, die übrigens billiger als in Berlin sei, gut geschützt. Die Verkehrsmöglichkeiten verbesserten sich im Allgemeinen sogar, da Schlittenfahrten möglich seien. In den anderen Jahreszeiten sei allerdings Berlin vorzuziehen.

Sechzehn Winter sollten noch vor Leonhard Euler liegen.

Literatur[313]

Maupertuis, P.-L. M. de: *Œuvres de Maupertuis*. 4 vols. Lyon 1756, Reprint Hildesheim 1974.
Euler, L.: *Opera omnia Euleri*, II/5 (Ed. J. Fleckenstein:). Zürich 1957 (EO II/5). Dieser Band enthält die wichtigsten Streitschriften von Euler, Maupertuis und Koenig.
Euler, L.: *Correspondance avec Clairaut, d'Alembert et Lagrange*. Basel 1980. EO IVA/5.
Euler, L.: *Correspondance avec Maupertuis und Friedrich II*. Basel 1986 EO IVA/6.
Friederich II.: *Œuvres de Frédérich le Grand*. (Hrsg. J. D. E. Preuss). Berlin 1846–1857.
Friedrich II.: *Briefwechsel mit Voltaire*. (Hrsg. R. Koser et al.) Publikationen aus dem kgl. preuss. Staatsarchiv. Bd. 81 (1919), Bd. 82 (1909), Bd. 86 (1911).
Voltaire: *Œuvres complètes de Voltaire*. (Ed. Beaumarche et al.). Kehl 1785–1789.
Voltaire: *Memoires pour servir à la vie de M. de Voltaire, écrits par lui-même*. 1759. Mercure de France 1965.
Voltaire: *Über den König von Preußen*. Übers. der *Mémoires*. Frankfurt/M. 1989. Sehr ausführlich kommentierte Ausgabe von A. Botond.
Voltaire: *Denkwürdigkeiten aus dem Leben des Herrn de Voltaire, aufgezeichnet von ihm selbst*. Übers. der ;Mémoires. Berlin 1983. Über. v. H. Balzer (schließt auch die Gedichte ein).
Maupertuis, P.-L. M. de: „Discours sur les différentes Figures des Astre avec une Exposition des Systèmes de MM. Descartes et Newton", in: Mémoires de l'Académie Royale des Sciences de Paris I (1732), S. 79–170.

---

[311] *Lettres de Genève à Formey* (ed. A. Bandelier et al.). Paris 2010.

[312] Berlin 1785, S. 40–51.

[313] Bemerkung zur Literatur: Die Jahresangaben bei Zeitschriftenbänden für die nachstehend angeführte Akademiepublikationen unterscheiden sich oft von den tatsächlichen Erscheinungsjahren. Da dies bei Prioritätsfragen von Interesse sein kann, wird nach dem geplanten Erscheinungsjahr des Zeitschriftenbandes (in runden Klammern genannt) auch das tatsächliche Ausgabejahr angegeben.

Maupertuis, P.-L. M. de: „Acord de différentes Loix de la Nature", in: Mémoires de l'Académie Royale des Sciences de Paris (1744) 1748, S. 417–426 = Œuvres de Maupertuis. Vol. 4, S. 3–28 = EO II/5.

Maupertuis, P.-L. M. de: „Les Loix du mouvement et du repos", in: Mémoires de l'Académie Royale des Sciences de Berlin: 2 (1746), S. 267–294 = Œuvres de Maupertuis. Vol. 4, S. 31–42 = EO II/5.

Maupertuis, P.-L. M. de: „Résponse à une Mémoire de M. d'Arcy", Mémoires de l'Académie Royale des Sciences de Paris 8 (1749) 1752, S. 293–298.

Maupertuis, P.-L. M. de: *Essay de Cosmologie*. Berlin: 1750 = Œuvres de Maupertuis. Vol. 1. Rezension über Voltaire im Hamburgischen Magazin 6 (1759), S. 321–336.

Maupertuis, P.-L. M. de: *Lettres*. Dresden 1752.

Maupertuis, P.-L. M. de: *Briefe des Herrn von Maupertuis* wegen ihrer Fürtrefflichkeit aus dem Französischen übersetzt. Hamburg 1753.

Koenig, S.: „De universali principio et motus. im vi viva rerto, deque nexu inter vim vivam et actionem, uteique minimo, dissertatio", in: Nova acta eruditorum, Märzheft (1751), S. 125–135, 162–176 = EO II/5. S. 303–325.

Koenig, S.: *Appell au public du jugement de l'Académie Royale de Berlin sur un fragment de lettre de Mr. de Leibniz, cité par Mr. Koenig*. Leiden 1752.

Koenig, S.: „Berufung auf das gemeine Wesen. Vom Urtheilsspruche der Königlichen Akademie der Wissenschaften zu Berlin: wider das Fragment eines Briefes des Herrn von Leibniz, welches Herr Koenig angeführt". Deutsche Übersetzung des vorangehenden *Appells au public,* in: der deutschen Übersetzung der *Maupertuisiana, Vollständige Sammlung*, Leipzig 1753, S. 29–59.

Koenig, S.: *Défense de l'Appell au public, addressée à M. de Maupertuis*. Leiden 1753 = *Maupertuisiana*.

Euler, L.: *Methodus in:veniendi currvas maximi min:imive proprietate gaudentes sive solutio problematis isoperimetrici latissima sens accepti*. Lausanne 1744. = EO I/24. Hierin: die additamenta: I. De curvas elasticis, II De motus projectorum. – Teilweise deutsche Übersetzung in: Ostwald's Klassiker Nr. 46, Hrsg. P. Stäckel 1894, 1914. Übersetzung des Additamentums II in: Ostwald's Klassiker 175. Leipzig 1910.

Euler, L.: „De la force de percussion et de sa véritable mesure", in: Histoire de l'Académie Royale des Science et Belles-lettres Berlin: 1 (1745) 1746, S. 21–35 = EO II/8, S. 27–53.

Anonymus [= L. Euler]: *Gedancken von den Elementen der Cörper, in welchen das Lehr=Gebäude von den einfachen Dingen und Monaden geprüft und das wahre Wesender Körper entdeckt wird*. Berlin 1746.

Euler, L.: „Recherches sur les plus grands et plus petits qui se trouvent dans les action des forces", in: Histoire de l'Académie Royale des Science et Belles-lettres Berlin: 4 (1750), S. 149–188 = EO II/5, S. 1–37.

Euler, L.: „Réflexions sur quelques loix générales de la nature qui s'observent dans les effets des forces quelconques", in: Histoire de l'Académie Royale des Science et Belles-lettres Berlin: 4 (1748) 1750, S. 189–216 = EO III/5, S. 38–63.

Euler, L.: „Exposé concernant l'examen de la lettre de M. de Leibnitz, alléguée par M. le Professeur Koenig, dans le mois de mars 1751 des Actes de Leipzig, à l'occasion du principe de la moindre action", in: Histoire de l'Académie Royale des Science et Belles-lettres Berlin: 6 (1750) 1753, S. 52–62 = EO II/5, S. 152–176.

Euler, L.: „Sur le principe de la moindre action", in: Histoire de l'Académie Royale des Science et Belles-lettres Berlin: 7 (1751) 1753, S. 169–198 = EO II/5, S. 179–193.

Euler, L.: „Harmonie entre les principes générales de repos et de mouvement de M. de Maupertuis", in: Histoire de l'Académie Royale des Science et Belles-lettres Berlin: 7 (1751) 1753, S. 199–218 = EO II/5, S. 152–176.

Euler, L.: „Examen de la dissertation de M. Le Professeur Koenig inséré dans les actes de Leipzig pour le moins mars 1751", in: Histoire de l'Académie Royale des Science et Belles-lettres Berlin: 7 (1751) 1753, S. 219–125 = EO II/5. S. 250–256.

Euler, L.: „Essay d'une démonstration métaphysique du principe général de l'equilibre", in: Histoire de l'Académie Royale des Science et Belles-lettres Berlin: 7 (1751) 1753, S. 246–254 = EO II/5, S. 250–256.
Euler, L.: *Correspondance de Leonhard Euler avec P.-L. Moreau de Maupertuis et Frédéric II.* Basel 1986. = EO II/5.
D'Arcy, Chevalier P.: „Réflexions sur le Principe de la moindre action de Mr. de Maupertuis", in: Mémoires de l'Académie Royale des Sciences de Paris (1749) 1753, S. 531–538.
D'Arcy, Chevalier P.: „Réplique à un Mémoire de Mr. Maupertuis sur le principe de la moindre action", Mémoires de l'Académie Royale des Sciences de Paris (1752) 1756, S. 417–426.
Fuss, P. H.: *Correspondance mathématique et physique de quelques célèbres géomètres du XVIIème siècle.* 2 Bd. St. Peterbourg 1843, Reprint 1968.
Maupertuisiana. [Sammlung von Streitschriften, die Auflagen enthalten unterschiedliche Anzahlen der Streitschriften, zwischen 17 und 21]. Hambourg (fiktiv) 1753. Reprints.
Vollständige Sammlung aller Streitschriften, die neulich über das vorgebliche Gesetz der Natur von der kleinsten Kraft aller Wirkungen der Körper. Zwischen dem Herrn Präsidenten Maupertuis zu Berlin, Herrn Professor Koenig in Holland und anderen mehr gewechselt. Unparteiisch ins Deutsche übersetzt. [von A. Gottsched, S. Koenig] Leipzig 1753. (Teilweise Übersetzung der *Maupertuisiana*)
Beeson, D.: *Maupertuis. An intellectual biography.* Oxford 1992.
Bialas, V.: *Der Streit um die Figur der Erde. Zur Begründung der Geodäsie im 17. und 18. Jahrhundert.* München 1972.
Born, M.: „Zweck und Ökonomie in: den Naturgesetzen", in: ders. *Physik im Wandel meiner Zeit.* Braunschweig ^{4}1966.
Breger, H.: „Schwierigkeiten mit der Optimalität", in: *Leibniz: le meilleur des mondes* (Ed. A. Heinekamp et A. Robinet). Stuttgart 1992.
Breger, H.; „Über den von Samuel König veröffentlichten Brief zum Prinzip der kleinsten Wirkung", in: *Maupertuis* (Hrsg. Hecht). Berlin 1999, S. 363–381.
Breger. H.: „Eine Flaschenpost von Lessing. Wer hat den von Samuel Koenig veroffentlichten Brief zum Prinzip der kleinsten Wirkung gefalscht?", in: *Studia Leibnitiana* 550(2033), Heft 1–2, S. 1–2, 123.
Brunet. P.: I. *Maupertuis.* II. *L'oeuvre et sa place dans le pensée scientifique et philosophique du XVIIIe siècle.* 2 vols. Paris 1929.
Brunet, P.: *Etude historique sur le principe de la moindre Action.* Paris 1938.
Budó, A.: *Theoretische Mechanik.* Übers. a.d. Ungarischen, 3. erweiterte Aufl. Berlin: 1963.
Carathéodory, C.: „The beginning of research in: the Calculus of Variations", in: Osiris 3 (1937), S. 224–240 = *Gesammelte mathematische Schriften*, Bd. 2. München 1955.
Carathéodory, C.: *Geometrische Optik.* Ergebnisse der Mathematik und ihrer Grenzgebiete, Bd. 4. Berlin: 1937.
Costabel, P.: „L'affaire Maupertuis-Koenig et les „question de fait", in: *Arithmos-Arrythmos.* München 1979, S. 29–48.
Costabel, P.: *Correspondance d'Euler avec Maupertuis.* Mitherausgeber und Introduction. EO/IV A6, S. 4–28.
Dienger, J.: „Princip der kleinsten Wirkung", in: Archiv der Mathematik und Physik 41 (1864, S. 194–198.
Glass, B. „Maupertuis. Pioneer of Genetics and Evolution", in: ders. *Forrunners of Darwin.* Baltimore 1959.
Graf, J. H.: *Der Mathematiker Johann Samuel Koenig und das Princip der kleinsten Aktion.* Bern 1889.
Harnack, A.: *Geschichte der königlich preußischen Akademie der Wissenschaften.* 3 Bde. Berlin: 1900.
Helmholtz, H. v.: „Über die physikalische Bedeutung des Princips der kleinsten Wirkung", Journal für reine und angewandte Mathematik 100 (1886), S. 137–166, 213–222.

Literatur

Helmholtz, H. v.: „Rede über die Entdeckungsgeschichte des Princips der kleinsten Wirkung" 27. 1. 1887 Berliner Akademie), in: A. Harnack: Geschichte der königlich-preußischen Akademie der Wissenschaften zu Berlin, Bd. 2. Berlin: 1900, S. 282–296.

Hilbert, C.: „Über das Princip der kleinsten Wirkung", in: Sitzungsberichte der königlichen Bayerischen Akademie der Wissenschaften zu München 34 (1904), S. 125–139.

Hildebrandt, S. und A. Tromba: *Panoptimum. Mathematische Grundmuster des Vollkommenen.* Heidelberg 1987.

Jourdain:, P. E. B.: *The principle of least action.* Chicago 1913.

Klein:, H.: *Die Principien der Mechanik historisch und kritisch dargestellt.* Leipzig 1872.

Knobloch, E.: „Das große Spargesetz der Natur: Zur Tragikomödie zwischen Euler, Voltaire und Maupertuis", in: Mitteilungen der DMV 3(1995), S. 14–20.

Knobloch, E.: *Le détermination mathematique du meilleur des monde*s (Ed. A. Heinekampt et A. Robinet). Stuttgart 1992, S.47–64.

Kneser, H.: *Das Prinzip der kleinsten Wirkung von Leibniz bis zur Gegenwart.* Leipzig 1928.

Lagrange, J. L.: *Méchanique analytique.* Paris 1788, nouvelle ed. 1812.

Lanczos, C.: *The variational principles of mechanics.* Toronto 1966.

Réthy, M.: „Über das Prinzip der kleinsten Aktion und über die Klasse mechanischer Prinzipien, der es angehört", in: Math. Annalen 58 (1904), S. 169–176.

Le Sueur, A. A. A.: *Maupertuis et ses Correspondants.* Montreuil-sur-Mer 1896. Reprint 1971.

Mach, E.: *Die Mechanik in ihrer Entwicklung historisch-kritisch dargestellt.* Leipzig 1883, zitiert nach der 4. Auflage.

Mayer, A.: *Geschichte des Princips der kleinsten Action.* Leipzig 1877.

Neumann, H.-P.: „‚Den Monaden das Garaus machen'. Leonhard Euler und die ‚Monadisten'", in: *Mathesin & Graphé.* (Hrsg. H. Bredekamp u. W. Velminski). Berlin 2010, S. 121–155.

Ostwald, W.: „Über das Prinzip des ausgezeichneten Falles", in: Berichte über die Verhandlungen der königlichen Sächsischen Gesellschaft der Wissenschaften 45 (1893).

Pulte, H.: *Das Prinzip der kleinsten Wirkung und die Kraftkonzeptionen der rationalen Mechanik* (Sonderheft 19 der Studia Leibnitiana). Stuttgart 1999.

Schramm, M.: *Natur ohne Sinn.* Das Ende des teleologischen Weltbildes. Graz 1985.

Schramm, M.: „The creation of the Principle of Least Action", in: *Formale Teleologie und Kausalität in der Physik.* (Hrsg. M. Stöltzner und P. Weingartner). Paderborn 2005, S. 99–114.

Szabó, I.: „Prioritätsstreit um das Prinzip der kleinsten Wirkung an der Berliner Akademie im 18. Jahrhundert", in: Humanismus und Technik 11 (1968), S. 115–134.

Szabó, I.: *Geschichte der mechanischen Prinzipien.* Basel 1977.

Thiele, R.: „Physikotheologisches Denken in Mathematik und Physik zur Zeit der Aufklärung", in: *Wissenschaft und Musik unter dem Einfluß einer sich ändernden Geisteshaltung.* (Hrsg. M. Büttner). Bochum 1992, S. 53–68.

Thiele, R.: „Euler und Maupertuis vor dem Horizont des teleologischen Denkens. Über die Begründung des Prinzips der kleinsten Aktion", in: *Schweizer im Berlin des 18. Jahrhunderts* (Hrsg. M. Fontius und H. Holzhey). Berlin 1996, S. 373–390.

Thiele, R.: „Ist die Natur sparsam? Betrachtungen zum Prinzip der kleinsten Aktion von Maupertuis aus mathematikhistorischer Sicht", in: *Maupertuis* (Hrsg. H. Hecht). Berlin: 1999, S. 437–503.

Thiele, R.: „Wirkungsprinzip, Prinzip der kleinsten Aktion", in: *Historisches Wörterbuch der Philosophie* (Hrsg. J. Ritter et al.). Bd. 12. Basel 2004.

Thiele, R.: „Maupertuis", in: *Encyclopedia of the Enlightenment* (Ed. A.C. Kors), Vol. 3. Oxford 2003, S. 40.

Thiele, R.: „Die Tragweite der Teleologie. Betrachtungen zur Geschichte des Prinzips der kleinsten Aktion", in: *Mathematik im Wandel* (Hrsg. M. Toepell). Hildesheim 2006, S. 159–176.

Treder, H.-J.: „Zur Geschichte der Physik an der Berliner Akademie von 1870 bis 1930", Vorwort in: *Physiker über Physiker. Wahlvorschläge zu Aufnahme von Physikern* (Hrsg. H.-G. Körber). Berlin 1975, S. 11–18

Tuffet, J. (Hrsg.): *Voltaire, Histoire du Docteur et du natif de St. Malo* (Ed.). Paris 1967.

Voss, A.: „Die Prinzipien der rationalen Mechanik", in: *Encyklopädie der Mathematischen Wissenschaften*, Bd. IV/1. Leipzig 1901. (Siehe den kritischen Beitrag von M. Réthy 1904)
Weinrich, K.: *Die Lichtbrechung in den Theorien von Descartes und Fermat*. Stuttgart 1998.
Wolf, R.: „Samuel König", in: ders. *Biographien zur Kulturgeschichte der Schweiz*, I. Zyklus. Zürich 1859, S. 147–182.
Blanning, T.: *Frederick the Great. King of Prussia*. London 2015. Dtsch. von A. Nohl *Friedrich der Große. König von Preußen*. München 2018.
Friederisiko. Friedrich der Große. Ausstellungskatalog. München 2011.
Kathe, H.: *Preußen zwischen Mars und Musen*. München 1995.
Kunisch, J.: *Friedrich der Große. Der König und seine Zeit*. München 2004.
Meiners, A.: *Berlin und Potsdam zur Zeit Friedrichs des Großen*. Berlin 2011.
Ritter, G.: *Friedrich der Große. Ein historisches Profil*. Leipzig 1954.
Grau, C.: „Leonard Euler in Berlin", in: Spectrum (1983), S. 30–32.
Grau, C.: „Leonhard Eulers Bücherkäufe 1748", in: Zeitschrift für Geschichtswissenschaft 31,8 (1983), S. 709–719.
Biermann, K.-R.: „J. H. Lambert und die Berliner Akademie der Wissenschaften", in: Colloque international Jean-Henri Lambert. Paris 1979, S. 115–126.
Feingold, M.: „The Age of Academies", in: Archives Internationale d'Histoire des Sciences, 72, 182 (2022), S. 24–35.
Meiners, A.: *Berlin und Potsdam zur Zeit Friedrichs des Großen*. Nicolai 2011.
Das weltliche Ereignisbild in Berlin und Brandenburg-Preußen im 18. Jahrhundert. Ausstellungskatalog. Berlin 1987.
Euler, L.: *Opera omnia. Briefwechsel*. Series quarta A. Basel. EO 4A/1 Commercii epistolici. EO 4A/3 Correspondance avec Daniel Bernoulli. EO 4A/5 Correspondance avec Clairaut, d'Alembert et Lagrange EO 4A/6 Correspondance avec Maupertuis et Frédéric I.
Briefwechsel Friedrichs mit Voltaire. (Ed. R. Koser und H. Droysen). Kgl. Preuß. Staatsarchiv, Bd. 81, 82, 86, 90.
„Briefwechsel L. Euler und J.A. Euler mit W. Karsten", in: Allgemeine Monatsschrift für wissenschaftliche Literatur, 1854, S. 324 ff.
Juškevič, A. P. und E. Winter: *Die Berliner und die Petersburger Akademie der Wissenschaften im Briefwechsel Leonhard Eulers*. 3 Bd. Berlin 1969.
Knobloch, W.: *Leonhard Eulers Wirken an der Berliner Akademie der Wissenschaften, 1741–1766. Spezialinventar*. Berlin 1984.
Leonhard Euler und Christian Goldbach. Briefwechsel 1729–1764. (Hrsg. A. P. Juškevič und E. Winter). Berlin 1965. Andere Ausgabe in EO IVA/4 (Doppelband). Basel 2015.
Œuvres complètes de Voltaire. (Ed. P. A. Caron et. al.). Kehl 1785–1789.
Œuvres de Frédéric le Grand. (Ed. J. D. E. Preuss). Berlin 1846–1857.
The letters of two notable swiss scientists Leonhard Euler and Samuel König to Maupertuis. Zürich 1871.
Winter, E.: Die Registres der Berlin Akademie der Wissenschaften. Berlin. 1957.
Barthelmess, C. *Histoire philosophique de l'Académie de Prusse*. Paris 1851.
Breidert, W.: „Leonhard Euler und die Philosophie", in: *Euler* 1983, S447–457.
Breidert, W.: „Leonhard Euler and Philosophy", in: *Life, Work and Legacy* (Ed. R. Bradley. E. Sandifer). Amsterdam 2007, S. 97–108.
Calinger, R.: „Euler's Letters to a Princess As an Expression of his mature Scientific Outlook", in; Archive for History of Exact Sciences 15 (1976), S. 211–233.
Euler, L.: *Briefe an eine deutsche Prinzessin über verschieden Gegenstände aus der Physik und Philosophie*. 2 Bde. Leipzig 1769, Bd. 3 St. Petersburg 1773. Deutsche Übersetzung der *Lettres à une princess*. Nachdrucke mit Ergänzungen. Kommentierte Faksimile-Ausgabe von A. Speiser. Braunschweig 1986. Philosophische Auswahl. Reclam 1965.
Euler, L.: *Lettres à une princesse d'Allemagne sur divers sujets de physique et de philosophie*. St. Petersburg 1768, 3 Bde. 1772 = EO III/11–12.
Fontius, M. und H. Holzhey: *Schweizer im Berlin des 18. Jahrhunderts*. Berlin 1996.
Mythos Preußen, 1618–1918. Geo Epoche Panorama, Nr. 8, 2016.

Grau, C.: „Maupertuis in Berlin", in: (Ed. Hecht) *Maupertuis*. Berlin 1999, S. 35–56.

Grigorian, A.T. – А.Т. Григорьян и В.С. Курсанов: „Письма к немецкой принцессе и физика Эйлера", *Развитие идей Эйлера и современная наука*. Москва 1998, S. 277–293.

Grötschel, I.: *Das mathematische Berlin*. Berlin 2008.

Hagenbach, K. R.: *Leonhard Euler als Apologet des Christentums*. Basel 1851.

Harnack, A. v.: *Die Geschichte der Königlich-Preußischen Akademie der Wissenschaften zu Berlin*. 3 Bde. Berlin 1900.

Hecht, H. (Hrsg.): *Pierre Louis Maupertuis*. Eine Bilanz nach 300 Jahren. Berlin 1999.

Hult, J.: „Eulers Briefe an eine deutsche Prinzessin – Populärwissenschaft höchster Vollendung", in: *Euler* 1985, S. 83–90.

Speiser, A.: „Naturphilosophische Untersuchungen von Euler und Riemann", in: Crelle Journal 157 (1927), S. 105–114.

Thiele, R.: „ … *unsere Mathematiker können es mit denen aller Akademien aufnehmen*". Euler , 2007, S. 63–67.

Thiele, R.: „Daniel Bernoulli" und „Leonhard Euler", in: *Grundriss der Geschichte der Philosophie* von Ueberweg, *Die Philosophie des 19. Jahrhundert*s (Hrsg. H. Holzhey und V: Mudroch), Band 5/1. Basel 2014, S. 828–834, 834–856.

Thiele, R.: „Leonhard Euler, the Decade 1750–1760", in: *Euler at 300. The MAA Tercentenary Celebration*. Washington (DC) 2007, S. 1–24.

Thiele, R.: „Leonhard Euler", in: *Mathematics and the Divine* (Ed. T. Koetsier and L. Bergmans). Amsterdam 2005, S. 509–522.

Thiele, R.: „Über das Wirken Leonhard Eulers als Wissensvermittler", in: *Berichte und Abhandlungen der Berlin-Brandenburgischen Akademie der Wissenschaften*, Band 13. Berlin 2007, S. 261–292.

Thiersch, H.: „Zur Ikonographie Leonhard und Johann Albrechts Euler's", in: Nachrichten von der Gesellschaft der Wissenschaften zu Göttingen 3, 3 (1929), 3, S. 264–290.

Thiersch, H.: „Leonhard Euler's „verschollenes" Bildnis und sein Maler", in: Nachrichten von der Gesellschaft der Wissenschaften zu Göttingen, 3 u. 4 (1930), S. 193–219, 219–240.

Valentin, G.: „Euler in Berlin", in: *Euler* 1907, S. 3–20.

Steinhaus, H.: *Kaleidoskop der Mathematik*. Berlin 1959. Übersetzung aus dem Englischen.

Scriba, C.: „Welche Kreismonde sind elementar quadrierbar?", in: Mitteilungen der Math. Gesellschaft in Hamburg. XI,5 (1988). S. 517–539.

Scriba, C.: „The So-called ‚Classical Problems' in the History of Mathemathics," in: History in Mathematics (Ed. I. Grattan-Guiness), Cahiers d'Histoire. Paris 1987, S. 73–99.

Euler, L.: *Die Geburt der Graphentehorie*. Ausgewählte Schriften. Berlin 2009.

Schriften zur Astronomie. Bd. 2. Der Briefwechsel L. Eulers mit J. N. Delisle (Hrsg. R. Athes). Hildesheim 2004.

Lequeux, J.H „The Paris Observatory", in: Académie Internationale d'Histoire des Sciences, 72, 189 (2022), S.38–55.

Kapitel 5
Algebra, Geometrie und Zahlentheorie

> Hieraus folgt also ganz deutlich, dass der Nutzen der Mathematik keineswegs in den gemeinen Teilen derselben bestehe, als [da] deren Gebrauch sich nicht sonderlich weit erstrecket.
>
> LEONHARD EULER (1745)

5.1 Algebra

> L'algèbre n'est qu'une géométrie écrite, la géométrie n'est qu'une algèbre figurée.[1]
>
> SOPHIE GERMAINE (1776–1831)

Die Algebra ist eine der ältesten mathematischen Disziplinen. Bis in das frühe 19. Jahrhundert beschäftigte sich die Algebra vornehmlich mit dem Lösen polynomialer Gleichungen, und daher rührt auch ihr Name als eine Verballhornung des arabischen Ausdruck für das Umstellen innerhalb von Gleichungen. Die numerische Lösbarkeit von Gleichungen trat gegenüber strukturellen Untersuchungen allmählich in den Hintergrund, bis schließlich eine moderne abstrakte Algebra entstand, die auf der Gruppen-, Körper- und Idealtheorie beruhte. Zu Eulers Zeit sah man in ihr aber auch eine Art universeller Logik (oder einen Weg des korrekten Überzeugens), die auf Zahlen, Gleichungen, Ungleichungen, jede Art von Größen beim Lösen von Gleichungen, beim Beweisen von Sätzen usw. angewendet wird, um deren mathematische Gültigkeit zu sichern.[2] Daher rührt die seinerzeitige Stellung der Algebra und ihre Wertschätzung als universellste mathematische

---

[1] Algebra ist nur geschriebene Geometrie, Geometrie ist nur figürliche Algebra.

[2] Ein *New Mathematical Dictionary* von Edmund Stone (1702–1768) erklärt in der zweiten Auflage von 1743 die Disziplin so: "Algebra, an universal Arithmetick, or certain kind of Logick or way of reasoning in the solution, Invention, and Proof of Propositions, regarding the Equality or Inequality of Numbers, or any kinds of Quantity in pure or mixed Mathematicks."

 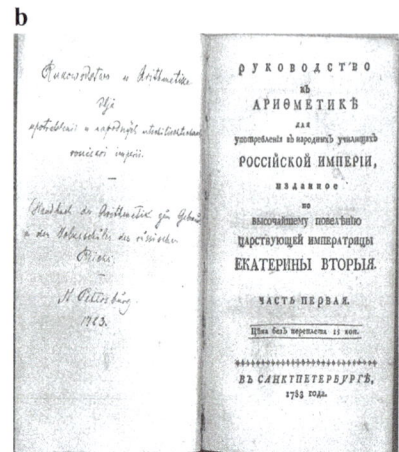

Abb. 5.1 a Die Titelseite der „*Einleitung zur Rechen-Kunst zum Gebrauch des Gymnasii bey der Kayserlichen Academie der Wissenschaften in St. Petersburg*" (Teil 2, 1740). **b** Eine spätere russische Fassung „Руководсто къ арифметикѣ" (Anleitung zur Arithmetik, 1752)

Disziplin. Auch die Analysis, die gleichfalls in der Arithmetik fußt, wurzelt somit auf algebraischem Denken. Das werden wir bei der Herausbildung des Funktionsbegriffs in Kap. 6, insbesondere im Abschnitt Differentialrechnung, sehen.

Eulers unvergänglich Beiträge zur algebraischen Gleichungstheorie lassen sich in diese Gruppen gliedern:

1. Der Beweis für das Fundamentaltheorem der Gleichungslehre
2. Die Lösung algebraische Gleichungen bis zum vierten Grade
3. Algebraische Gleichungen beliebigen Grades zu lösen (auch approximativ)
4. Die Theorie der Elimination

Wir erwähnen zunächst Eulers[3] *Einleitung zur Rechen-Kunst zum Gebrauch des Gymnasii bey der Kayserlichen Academie der Wissenschaften in St. Petersburg* (2 Theile 1738 und 1740, E 17 und 35, EO III/2) (Abb. 5.1). Der erste Teil (277 Seiten) umfasst neun Kapitel und handelt von der Arithmetik der ganzen und gebrochenen Zahlen; in den fünf Kapiteln des zweiten Teils (228 Seiten) geht es um Lösungen und Reduktionen. Eulers Adjunkt Wassili Adodurow (Василь Ададуров, 1709–1780) und Wassili Kusnezow (Василь Кузнецов, Physiker, 18. Jahrhundert) übersetzten das Werk 1740 und 1760 ins Russische (Руководство къ арифметикѣ).

Gegen Ende seiner Laufbahn widmete sich Euler wiederum der elementaren Mathematik und schrieb die musterhafte *Vollständige Anleitung zur Algebra*

---

[3] Das Titelblatt weist keinen Autor aus, aber N. Fuss gibt in seiner *Éloge* (1783) auf S. 74 Euler als Verfasser an. Gemäß den Akten der Petersburger Akademie lag das Manuskript am 21. März 1735 vor.

5.1 Algebra

Abb. 5.2 a Titelseite der *Vollständigen Anleitung zur Algebra* von Euler, St. Petersburg 1771; **b** Die Paragraphen 143 und 144 des ersten Teils aus der *Vollständigen Algebra* über imaginäre Zahlen

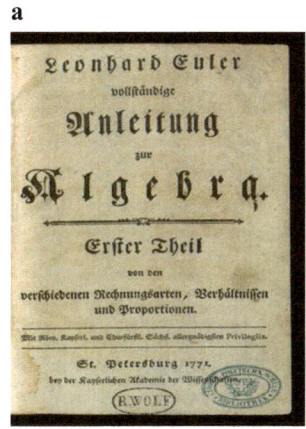

b

143.

Weil nun alle mögliche Zahlen, die man sich nur immer vorstellen mag, entweder größer oder kleiner sind als 0, oder etwa 0 selbst; so ist klar, daß die Quadratwurzel von Negativzahlen nicht einmal unter die möglichen Zahlen können gerechnet werden: Folglich müssen wir sagen, daß dieselben unmögliche Zahlen sind. Und dieser Umstand leitet uns auf den Begriff von solchen Zahlen, welche ihrer Natur nach unmöglich sind, und gemeiniglich imaginäre Zahlen, oder eingebildete Zahlen genennet werden, weil sie bloß allein in der Einbildung statt finden.

144.

Daher bedeuten alle diese Ausdrücke $\sqrt{-1}, \sqrt{-2}, \sqrt{-3}, \sqrt{-4}$, ꝛc. solche unmögliche oder Imaginärezahlen, weil dadurch Quadratwurzeln von Negativzahlen angezeiget werden.

Von diesen behauptet man also mit allem Rechte, daß sie weder größer noch kleiner sind als nichts; und auch nicht

(E 387–388, EO III/9) in zwei Teilen (beide 1770 gedruckt) (Abb. 5.2). Euler war im Juli 1766 in St. Petersburg angekommen, und bereits 1769 wurde der erste Teil der russischen Übersetzung der Algebra gedruckt (Универсальная арифметика, 1768–1769). Wahrscheinlich begann Euler mit dem Schreiben des Buches schon in Berlin, zumindest fertigte er dort einen Entwurf für das Buch an, der spätestens 1768 fertiggestellt gewesen sein muss. Vier Hinweise stützen diese Vermutung: In zwei Beispiele bettete er die Zahlen 1765 und 1766 (§§ 243, 421) ein, auch seine *Briefe* (Teil II, E 344) enthalten solche „Jahreszahlen". Euler spielte gerne mit Daten, indem er z. B. in einem der Briefe, geschrieben am 7. Februar 1761, von einem 1761-Eck redet, und er stellte auch in den Beispielen seiner *Rechenkunst* (E 17, 1738–40) solche Bezüge her.

Die Bibliographie der *Vollständigen Anleitung zur Algebra* (E 387–388) ist etwas verwirrend, denn das Buch erfuhr zahlreiche Auflagen und Bearbeitungen. Es wurde noch im 18. Jahrhundert in zahlreiche Sprachen übersetzt: Russisch (dem Manuskript nach schon 1768), Holländisch (1772), Französisch (durch Johann III Bernoulli 1774, Ausgabe mit den Zusätzen von Lagrange), Englisch (1797), auch Latein (1774). Es ist eines der wenigen mathematischen Reclam-Bändchen (1883). Die auf Deutsch verfasste *Anleitung* erschien erstmals 1768/69, herausgegeben von der St. Petersburger Akademie, allerdings in einer russischen Übersetzung (*Универсальная Арифметика*, Universelle Arithmetik; E 387–388 A) von Peter Inochodtsow (Петр Иноходцов) und Iwan Judin (Иван Юдин, ?–1768), dann veröffentlichte dieselbe Akademie 1770 eine deutsche Ausgabe. Eulers deutscher Text wurde von Johann III. Bernoulli, der in Berlin lebte, ins Französische übersetzt. Diese französische Ausgabe war der Ausgangspunkt für die englische Ausgabe, die von Francis Horner (1778–1817) begonnen wurde. Er starb, bevor er das Werk vollendete, und überließ es John Hewlett (1762–1844), der schließlich 1797 eine englische Übersetzung herausgab. Es gab weitere Übersetzungen in andere europäische Sprachen, beispielsweise 1772 ins Niederländische und in einer zweiten Übersetzung wiederum ins Russische von Wassili Iwanowitsch Wiskowatow (Василий Иванович Висковатов, 1779–1812) im Jahr 1812 und sogar Latein im Jahr 1790; auch ein Auszug der *Algebra* erschien (in Deutsch von Johann Jacob Ebert [1737–1805] im Jahr 1789, in Englisch von John Farrar [1779–1853] im Jahr 1818). Darüber hinaus gab die Russische Akademie 1771 und 1802 eine zweite und dritte deutsche Ausgabe heraus; schließlich wurden 1911 die *Opera omnia Euleri* mit Eulers *Vollständiger Anleitung zur Algebra* (EO I/1) eröffnet, herausgegeben von Heinrich Weber (1842–1913). 1774 initiierte Eulers Nachfolger in Berlin, Joseph-Louis Lagrange, eine französische Ausgabe der *Anleitung zur Algebra* mit eigenen Ergänzungen (ca. 100 Seiten). Johann Philipp Grüson (1767–1857) wiederholte in seiner Ausgabe der *Vollständigen Anleitung zur niederen und höheren Algebra*, 2 Bde. Berlin 1796, die Geschichte,[4] dass der erblindete Euler für das Abfassen des Textes für seine *Vollständige Anleitung zur Algebra* (E 387–388) einen ungewöhnlichen Helfer fand. In dem Vorbericht, den Grüson seiner Ausgabe von 1796 voranstellte, heißt es:

> „[Euler]war nemlich gerade zu der Zeit, als er die Algebra ausarbeitete, seines Gesichts völlig beraubt, und daher genöthigt, sie seinem Bedienten in die Feder zu dictiren. Dieser junge Mensch, von Profession ein Schneider, war von sehr mittelmäßigen Talenten, und verstand, als Euler sich seiner zu diesem Zweck bediente, von der Mathematik nichts weiter, als er mechanisch fertig rechnen konnte, und doch faßte er nicht nur, ohne weitere Erklärung alles dasjenige, was ihm dictirt wurde, sondern wurde auch gar bald in den Stand gesetzt, die in der Folge vorkommenden schweren Buchstabenrechnungen ganz allein auszuführen, und alle ihm vorgelegten algebraischen Aufgaben mit vieler Fertigkeit aufzulösen."[5]

---

[4] Siehe die Ausgabe von 1770 oder die *Éloge* von Fuss (1783).
[5] *Vollständige Anleitung zur niederen und höheren Algebra*, Bd. 1. Berlin 1796, S. V = Cambridge, Reprint 2009.

5.1 Algebra

Bereits 1796 sah sich Grüson bemüßigt, in seinem Vorbericht zu erklären: „Ich habe mich bemüht, den oft nur zu wortreichen und durch weitläufigen Periodenbau schleppend gewordenen Vortrag Eulers, in ein gefälligeres, den Geschmack weniger beleidigendes Gewand umzukleiden. Die Deutlichkeit hat, wie ich mir schmeichle, hierdurch nicht wenig gewonnen. ... Man wird es mir hoffentlich zutrauen, daß mich nicht Tadelsucht oder ein andrer unedler Bewegungsgrund verleiten, hin und wieder auf Uebereilung eines Eulers aufmerksam zu machen." Solche Eingriffe erfolgten auch bei anderen Werken, beispielsweise bei der Infinitesimalmathematik, die dem Übersetzer Johann Andreas Christian Michelsen (1749–1797) nicht immer verständlich war und durch Zusätze dem Leser erläutert wurden, die aber „kaum von hohem Werthe genannt werden können."[6]

Wir kommen wieder auf die Ausgabe von Grüson zurück. Eulers *Anleitung zur Algebra* sollte Studierende in das Fachgebiet einführen. Was war Algebra für Euler und wie verstanden seine Nachfolger das? Wir lesen (Teil I, §§ 5–7):

„ ... alle Größen lassen sich durch Zahlen ausdrücken, und also der Grund aller mathematischen Wissenschaften darin gesetzt werden kann, daß man die Lehre von den Zahlen und alle Rechnungsarten, die dabey vorkommen können, genau in Erwägung ziehe, und vollständig abhandle. Dieser Grundtheil der Mathematik wird Analytik [Analysis] oder Algebra genannt. In der Analytic werden also bloß Zahlen betrachtet, wodurch die Größen angezeigt werden, ohne sich um die besondere Art der Größen zu bekümmern, welches in den übrigen Theilen der Mathematik geschieht. ... Hingegen begreift die Analytic auf eine allgemeine Art alles dasjenige in sich, was bey den Zahlen und deren Berechnung auch immer vorfallen mag."

Euler teilte sein Thema (*Vollständige Anleitung zur Algebra*) folgendermaßen ein, was sich in der Grüson'schen kommentierten Ausgabe wiederfindet (bis hin zu der Aufteilung in Paragraphen):

- Band 1. Teil I. Analysis bestimmter Größen, „Von den verschiedenen Rechnungs-Arten, Verhältnissen und Proportionen"
  1. Verschiedene Methoden zur Berechnung einfacher Größen
  2. Methoden zur Berechnung zusammengesetzter Größen
  3. Verhältnisse und Proportionen
- Band 2. Teil II. Analysis unbestimmter Größen, „Von Auflösung algebraischer Gleichungen und der unbestimmten Analytic"
  1. Algebraische Gleichungen, Auflösung dieser Gleichungen
  2. Analyse unbestimmter Größen
- Band 3. Ergänzungen von de la Grange (80 Seiten)

Sehen wir uns die Thematik genauer an. Eulers Abhandlung fängt mit der Erklärung von Größen an, die Gegenstand der Algebra sind und die sich stets durch Zahlen erfassen lassen (§ 5), daran schließt die Behandlung der vier Grundrechenarten an und schreitet dann zu Verhältnissen und Proportionen fort (§§ 378–562).

---

[6] Der Mathematikhistoriker Moritz Cantor in seinem Eintrag über Michelsen in der *Allgemeinen deutschen Biographie* (1895, Bd. 21, S. 698). Die Übersetzung der Eulerschen *Differentialrechnung* (E 212) hat Michelsen vermutlich die Berliner Akademiemitgliedschaft eingebracht.

Irrationale Zahlen und negative Potenzen werden durch unendliche Reihen dargestellt (§ 361). Im zweiten Teil sind 16 Kapitel den algebraischen Gleichungen gewidmet. Es folgen 15 Kapitel über die Analysis unbestimmter Größen (unbestimmte Analytik). Im dritten Band der Ausgabe finden wir die deutsche Übersetzung von Lagranges Zusätzen (durch den Hofrath Kaußler), etwa Kettenbrüche oder eine allgemeine Methode, Gleichungen mit zwei unbekannten Größen in ganzen Zahlen aufzulösen. Ein Anhang bringt einen Beweis des Binomialsatzes, eine neue Methode, die Teiler von Zahlen zu finden sowie weitere Probleme aus der unbestimmten Analytik und schließlich einen Beweis für die Aussage, dass die Summe zweier Kubikzahlen keine dritte Potenz sein kann.

Euler beginnt mit der Einführung und Diskussion positiver und negativer Größen (z. B. Begründung der Regel $(-a)(-b) = ab$; §§ 33 f., 54) und erläutert die verschiedenen Arten von Zahlen, auch imaginäre Zahlen. Schauen wir uns seine Einführung zu imaginären genauer Zahlen an (I, §§ 140–145): „Wenn es erforderlich ist ... die Wurzel einer negativen Zahl zu ziehen, entsteht eine große Schwierigkeit [Motivation in § 151 anhand eines Problems, das von Gerolamo Cardano (1501–1576) im Jahr 1545 für die Lösung des Gleichungssystems: $ab = 40$, $a + b = 40$ gestellt wurde]. Wir müssen ... schlußfolgern, daß die Quadratwurzel einer negativen Zahl weder eine positive noch eine negative Zahl sein kann; ... folglich muß die betreffende Wurzel zu einer völlig unterschiedlichen Zahlenart gehören."

Auf diese Weise gelangen wir zu der Vorstellung von Zahlen, die ihrer Natur nach unmöglich sind und die üblicherweise als imaginäre Größen bezeichnet werden, weil sie lediglich in der Vorstellung existieren. „... Aber ungeachtet dessen präsentieren sich diese Zahlen dem Geist; sie existieren in unserer Vorstellung, und wir haben immer noch eine ausreichende Vorstellung von ihnen; da wir wissen, dass mit $\sqrt{-4}$ eine Zahl gemeint ist, die, mit sich selbst multipliziert, -4 ergibt. Auch aus diesem Grund hindert uns nichts daran, von diesen imaginären Zahlen Gebrauch zu machen und sie in der Berechnung zu verwenden." Bemerkenswerterweise wagt Euler es bereits nach 40 Seiten, die imaginären Zahlen einzuführen! Das zeigt eine Eigenschaft des Analytikers: Man muss vor allem mit den Zahlen rechnen können! Die Tatsache, dass z. B. das Wurzelziehen für reelle und komplexe Zahlen verschieden erklärt ist, übersah Euler (über die Folgen siehe unten), obwohl er eine Arbeit über das Wurzelziehen irrationaler Größen geschrieben hatte (E 157, EO I/6). Diese Arbeit „De extractione radicum ex quantitatibus irrationalibus" (Über das Wurzelziehen aus irrationalen Zahlen) hatte Euler im Dezember 1740 der St. Petersburger Akademie vorgelegt, und sie wurde 1741 in die Petersburger Commentarii aufgenommen und schlieslich im Erscheinungsjahr 1755 in den Leipziger Nova Acta eruditorum rezensiert.

Auf die genannte Weise werden die verschiedenen Arten von Zahlen eingeführt, motiviert und erklärt. Die Konstruktion der verschiedenen algebraischen Bereiche (Modul, Ring, Körper) war eine Aufgabe des nächsten Jahrhunderts.[7]

---

[7] Siehe beispielsweise Thiele „Der Weg zur modernen Algebra", Sekt. 7.3, in: K. Reich und A. Kreuzer. *Emil Artin*, Augsburg 2007.

5.1 Algebra

Abel Burja (auch Bürja, 1752–1816) verwies in seinem Buch *Erleichteter Unterricht in der Messkunst*[8] darauf, dass Euler das Kommutativgesetz für die Multiplikation lediglich durch ein Zahlenbeispiel erklärte: $ab = ba$ weil $3 \times 4 = 4 \times 3$ ist (I, § 27). Allerdings wäre zu ergänzen, dass Euler den Begriff Produkt erst in I, § 30 definierte! Jedoch übersah Euler mit diesem Vorgehen Probleme von Erweiterungen. In I, § 146 erklärte er $\sqrt{-3} \times \sqrt{-3} = -3$, rechnete aber etwas später:

$$\sqrt{-2} \times \sqrt{-3} = \sqrt{(-2)(-3)} = \sqrt{6} \quad (I, \S 148),$$

aber

$$\sqrt{-2} \times \sqrt{-3} = i\sqrt{2}\, i\sqrt{3} = i^2 \sqrt{(2 \times 3)} = -1\sqrt{6}; \text{ ähnlich in § 149.}$$

Grüson verbesserte hier Euler. Das Symbol $i = \sqrt{-1}$ wurde erst später, im Jahr 1777, von Euler eingeführt (E 671, veröffentlicht 1794). Teil I wurde übrigens teilweise bereits in Eulers Elementarlehrbuch *Rechenkunst* (1738–1740, E 17, 35) behandelt, in dem jedoch imaginäre Zahlen ausgeschlossen waren. Euler führte noch Logarithmen, unendliche Reihen und den Binomialsatz ein. Unter Logarithmen versteht man eine Umkehroperation der Potenzierung von a mit c: $a^c = b$ mit den beiden Umkehrungen $a = \sqrt[c]{b}$ und $c = b \log a$.

Darüber hinaus finden wir arithmetische und geometrische Reihen sowie vieleckige (figürliche) Zahlen. Die unendliche geometrische Reihe wird durch beständige Division eingeführt (I, § 289), ohne dass die Konvergenz diskutiert wird. Aber Euler war überzeugt, dass der Wert der Reihe $1 + a + a^2 + a^3 + \ldots$ gleich dem Wert des Bruchs $1/(1-a)$ ist, der die Summe darstellt (auch für $a = 1$, also $1/0 = \infty$ (I, §§ 292 f., 299; II, § 246). Darüber hinaus enthält die *Vollständige Anleitung* Eulers Beweise des letzten Satzes von Fermat für die Sonderfälle $n = 3$ und 4 (II, §§ 155, 205), siehe auch E 98.

Der zweite Teil ist der Lösung algebraischer Gleichungen und der Analysis unbestimmter Größen gewidmet. Natürlich behandelte Euler algebraische Gleichungen nur bis zum vierten Grad, für höhere Grade gab er aber Näherungen an. Der letzte Teil behandelt diophantische Gleichungen und ist derjenige Teil, der von Joseph-Louis Lagrange (1736–1813) durch den Band 3 erweitert wurde. Im Vorwort wird uns mitgeteilt: „Wer sich für diophantische Probleme interessiert, wird erfreut sein, … alle diese Probleme auf ein System reduziert und alle Rechenprozesse, die zu ihrer Lösung notwendig sind, vollständig erklärt zu finden." Euler beschrieb tatsächlich Methoden zum Finden von Lösungen in rationalen oder ganzzahligen Zahlen, insbesondere wird die Pell'sche Gleichung behandelt (deren Lösung Euler fälschlicherweise John Pell [1611–1685] zuschrieb). In die Ergänzungen fügte Lagrange seine vollständige Lösung ein, die er 1766 gefunden hatte.

Es gibt etwa 120 Beispiele in der *Anleitung zur Algebra*. Euler war mit den typischen und attraktiven Beispielen der Algebra vertraut, die ihm bereits sein Vater beigebracht hatte, der die *Coss* (1553) von Michael Stifel (1487–1567) zur Unterweisung „mit schönen Beispielen" verwendete, und später wählte Euler solche

---

[8] Berlin 1788, S. XV.

Beispiele für seine *Anleitung zur Algebra*. In Teil I finden sich etwa 40 Beispiele, die sich direkt auf das Buch von Stifel (A. Heefer) beziehen. Beispielsweise ist das Problem der Nägel für ein Hufeisen (I, § 419) auf die *Coss* (1525) von Christoff Rudolff (1500?–1545?) zurückzuführen, die Euler in Stifels Version kannte. Schließlich sind Eulers Beispiele ein wesentlicher Teil des sehr klaren und angenehmen Stils der Komposition und trugen sicherlich ihren Teil zum Erfolg bei.[9]

1742 hatte Euler in einem Brief vom 1. September 1742 an Nikolaus I Bernoulli (1687–1759) die Vermutung ausgesprochen, dass jedes Polynom vom Grade n mit reellen Koeffizienten in Faktoren ersten und zweiten Grades mit reellen Koeffizienten zerlegt werden könne. Bernoulli hatte ihm zugestimmt und mitgeteilt, dass sich jede imaginäre Größe in der Art $a+bi$ darstellen ließe und dass imaginäre Wurzeln einer jeden algebraischen Gleichung mit reellen Koeffizienten paarweise konjugiert auftreten (Brief vom 6. April 1743). Auch Goldbach erhielt eine solche Mitteilung (Brief vom 15. Dezember 1742). Eulers Ausgangspunkt waren Zerlegungen eines Bruches in Partialbrüche. Er fand, dass jeder algebraische Ausdruck $a+bx+cx^2+\ldots$ sich so in ein Produkt zerlegen lässt, dass seine Faktoren entweder linear $p+qx$ oder quadratisch $p+qx+rx^2$ sein werden.

Zurück zum Brief an N. I Bernoulli. Aus der mitgeteilten Zerlegung und aus der Auflösungsformel für quadratische Gleichungen folgt sofort, dass zum einen eine algebraische Gleichung so viele Wurzeln hat, als ihr Grad angibt, und dass zum anderen diese Wurzeln komplexe Zahlen sind (d. h. die Form $a+b\sqrt{(-1)}$ haben):

$$x^n + a_1 x^{n-1} + \ldots + a_{n-1}x + a_n \equiv (x-x_1)(x-x_2)\cdot\ldots\cdot(x-x_n).$$

Dieser fundamentale Zerlegungssatz für die algebraische Gleichungstheorie erschien zuerst 1629 bei Albert Girard (1595–1632) und 1637 bei René Descartes (1596–1650) als Aussage über die Zahl der Wurzeln einer Gleichung. John Wallis (1616–1703), Mathematiker in Oxford, gab 1685 an, dass imaginäre Wurzeln das Resultat beim Ziehen von Quadratwurzeln aus negativen Zahlen sind sowie dass sie stets paarweise auftreten. Roger Cotes (1682–1716) zerlegte (1722 postum veröffentlicht) die „Kreisteilungsgleichung" $x^n \pm a^n = 0$ in lineare und quadratische Formen. Während man es aber bis zur Mitte des 18. Jahrhunderts durchaus für möglich hielt, dass die Lösung algebraischer Gleichungen sich nicht nur auf komplexe Zahlen beschränke, sondern weitere Zahlenarten möglich seien, glaubte Euler seit spätestens 1743, dass alle Wurzeln einer algebraischen Gleichung mit reellen Koeffizienten die genannte Form haben.[10]

---

[9] Euler hatte bereits in seiner *Rechenkunst* (E 17, EO III/2) verkündet, dass andere Bücher nur Regeln und Beispiele enthalten, während er den Grund und die Ursachen nenne.

[10] „De integratione aequationum differentialium altiorum graduum" (Zur ….Differentialgleichungen, E 62) *Misc. Berolin.* 7 (1743), S. 193–242; am 6. Sept. 1742 der Akademie vorgelegt. Euler behandelte hier die Integration unvollständiger linearer Differentialgleichungen und sprach dabei über die Zerlegung eines Polynoms mit reellen Koeffizienten. Eulers Beweis zum Fundamentalsatz „Recherches sur les racines imaginaires des équations" (Untersuchungen über die imaginären Wurzeln von Gleichungen, E 170) steht in den Petersburger *Commentarii* 5 (1749), S. 222–288, gedr. 1751. In Berlin hatte Euler schon am 10. November 1746 darüber vorgetragen.

5.1 Algebra

Im Jahre 1746 trug Euler in der Berliner Akademie einen (aus heutiger Sicht) lückenhaften, vornehmlich algebraisch ausgerichteten Beweis für den Fundamentalsatz der Algebra vor, der 1751 veröffentlicht wurde. Eine beweistechnisch verschiedene Herleitung des Sachverhaltes, die aber ebenfalls mangelhaft ist, hatte 1746 auch Jean le Rond d'Alembert (1717–1783) gefunden.[11] Diese Beweise wurden später von vielen Mathematikern vervollkommnet, insbesondere von Carl Friedrich Gauß (1777–1855), der 1799 einen strengeren Beweis lieferte, den Felix Klein (1849–1925) als „im Prinzip richtig, aber unvollständig" bezeichnete. Gauß kam später mit drei weiteren Beweisen auf dieses wichtige Thema zurück, aber erst Bernard Bolzano (1781–1848) schloss wiederum eine Lücke bei Gauß. Wir können deshalb Georg Frobenius (1849–1917) zustimmen, der ausführte:

> „Für die Existenz der Wurzeln einer Gleichung führte Euler jenen am meisten algebraischen Beweis ... Ich halte es für unrecht, diesen Beweis ausschließlich Gauß zuzuschreiben, der doch nur die letzte Feile daran gelegt hat." (EO I/6, S. XVI).

1759 versuchte Euler, die Wurzeln einer algebraischen Gleichung n-ten Grades aus Radikalen n-ten Grades zusammenzusetzen, was ihm bis $n = 4$ gelang. Aber bereits für $n = 5$ musste er sich, was infolge der späteren Erkenntnisse über die Unauflösbarkeit algebraischer Gleichungen für $n \geq 5$ mittels Radikalen von Niels Henrik Abel (1802–1829) (1824) und Evariste Galois (1811–1832) (1832) unumgänglich ist, auf spezielle Fälle beschränken, beispielsweise hat

$$x^5 - 40x^3 - 72x^2 + 50x + 98 = 0$$

die Wurzel

$$x = \sqrt[5]{-31 + 3\sqrt{-7}} + \sqrt[5]{-31 - 3\sqrt{-7}} + \sqrt[5]{-18 + 10\sqrt{-7}} + \sqrt[5]{-18 - 10\sqrt{-7}}.$$

Euler war, wie seine Zeitgenossen, des irrigen Glaubens, jede algebraische Gleichung beliebigen Grades sei durch Radikale lösbar, und er schrieb das Scheitern beim Aufstellen der Lösung der vermeintlich mangelhaften Entwicklung der Algebra zu. Es ist aber charakteristisch für Eulers praktischen Standpunkt, dass er numerische Näherungslösungen für Gleichungen, die auch transzendente Gleichungen wie z. B. $\sin x = x$ enthielten (*Introductio*, Bd. 2, Kap. 22; E 102), entwickelte (1748). Obwohl er selbst eine geometrische Veranschaulichung komplexer Zahlen am Kreis gegeben hatte, sprach er ihnen keine reale Bedeutung zu, sondern sah in ihnen lediglich zweckmäßige Vereinbarungen beim Rechnen (er war Analytiker). Sein Beiwort „eingebildete Zahlen" umreißt treffend den Standpunkt. Die von William Rowan Hamilton (1805–1865) im Jahre 1843 eingeführten Quaternionen, eine Erweiterung der komplexen Zahlen, finden sich substantiell bereits bei Euler (siehe Abschn. 5.3, Zahlentheorie).

---

[11] Im Gegensatz zu d'Alembert, der das Unendliche in seine Beweisführung, die damit analytisch war, einbezogen hatte, arbeitete Euler mit algebraischen Konzepten. Hier scheint die unterschiedliche Sicht von algebraischen und analytischen Haltungen auf, die wir bei der Entwicklung des Funktionsbegriffs beobachten werden (Kap. 6).

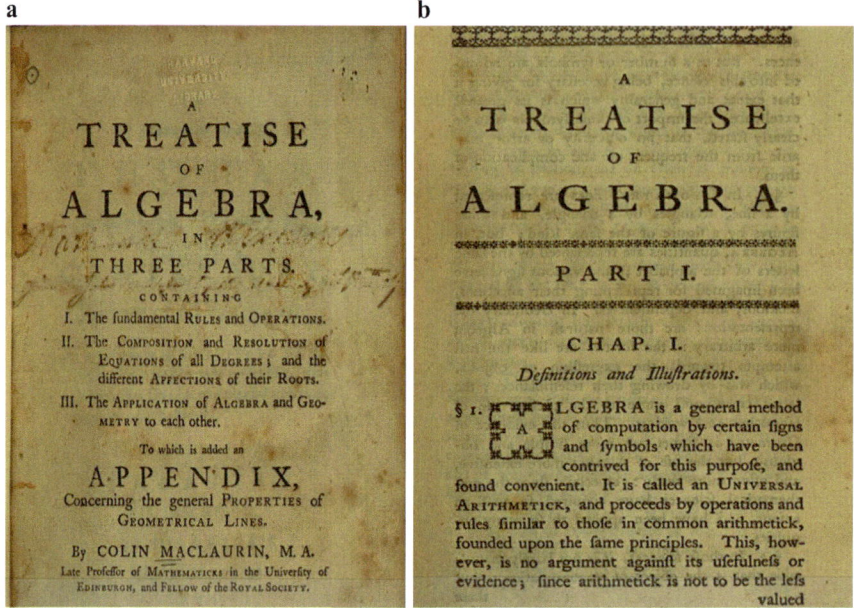

Abb. 5.3 a, b *Treatise of Algebra* (1748) von Colin Maclaurin (1698–1746), die zwei Jahre nach seinem Tod erschien, **a** zeigt Seite 1 mit der Erklärung, was Algebra ist

Für die Fälle von Gleichungen 2. bis 4. Grades bzw. die reduzierten Formen („aequatio resolvens", Lösung der Gleichung) bei der Lösung algebraischer Gleichungen ist die Anwendungen der Resolvente einer Gleichung beliebigen Grades nützlich, was Euler in der Abhandlung „De formis radicum aequationum cujusque ordinis conjectatio" (Über die Vermutung der Formen von Wurzeln der Gleichungen jeder Ordnung; E 30, 1738)[12] darstellte. In einer Fortsetzung dieser Abhandlung unternahm er den vergeblichen Versuch, Gleichungen höheren Grades durch die Substitution

$$x = \sum_{\mu=1,\ldots,n-1} \sqrt[n]{v_\mu}$$

zu lösen. Die Auflösung eines Gleichungssystems aus zwei Gleichungen mit zwei Unbekannten behandelte Euler erstmals systematisch im zweiten Band der *Introductio* (E 102, § 482; 1748). 1764 kam er mit der Arbeit „Nouvelle méthode d'éliminer les quantités inconnues des équations" (Eine neue Methode, unbekannte Größen aus Gleichungen zu eliminieren. E 310, Mém. Berl. 20 (1764), S. 91-104,

---

[12] Comment. Acad. Sc. Petro. 6 (1732/33), S. 216–231, gedr. 1738. Am 2. November 1733 der Petersburger Akademie vorgelegt. Michelsen nahm diese Arbeit in seine Übersetzung von Eulers *Introductio* (E 101) auf.

Abb. 5.4 Colin Maclaurin (1698–1746)

gedr. 1766) nochmals auf die Eliminationstheorie zurück. Auch die Schrift *Treatise of Algebra* (1748) (Abb. 5.3) von Colin Maclaurin (1698–1746), die posthum erschien, widmet sich der Lösung von Gleichungssystemen.

Erich Kähler (1906–2000) beurteilte die Mathematik zur Zeit Eulers von den Fragen aus und teilte sie so auf:

> „Die Aufgaben jener Mathematik lassen sich ganz einfach aussprechen: es waren drei Gattungen von Gleichungen allgemein zu lösen
> die algebraischen Gleichungen,
> die Differentialgleichungen,
> die diophantischen Gleichungen."[13]

Diese Aufteilung zeigt die Dominanz von Gleichungen in der seinerzeitigen Mathematik. Euler trug zu allen drei Gattungen bei.

Euler war zweifelsohne der führende Mathematiker des 18. Jahrhunderts. Wir wollen hier noch kurz auf eine englische Auffassung der *Algebra* hinweisen. Vor Eulers *Anleitung zur Algebra* erschien 1748 ein Algebra-Lehrbuch von Colin Maclaurin (1698–1746) (Abb. 5.4), *A Treatise of Algebra* (Abhandlung über Algebra), das sechs Auflagen erlebte. Maclaurin erklärte: Algebra ist „eine allgemeine Berechnungsmethode anhand bestimmter Zeichen und Symbole ... [und] sie wird als universelle Arithmetik bezeichnet und basiert auf Operationen und Regeln, die denen der allgemeinen Arithmetik ähneln."[14] Für Maclaurin war Algebra mehr oder weniger verallgemeinerte Arithmetik. So steht es auch im *New mathematical Dictionary* (London 1743) von Edmund Stone (1702–1768), der u. a. die *Analyse*

---

[13] „Über Beziehungen der Mathematik zur Astronomie und Physik", in: Jahresbericht DMV 51 (1941), S. 52–63.

[14] "Algebra is a general method of computation by certain signs and symbols ... [and] it is called an Universal Arithmetic and proceeds by operations and rules similar to those in common arithmetic."

Abb. 5.5 Zwei Mathematiker mit ausgeprägtem geometrischem Vorstellungsvermögen: **a** Felix Klein (1844–1925) und **b** Sir Roger Penrose (*1931)

des Marquis Guillaume François Antoine de l'Hospital (1661–1704) übersetzte. „Algebra, an universal Arithmetick, or way of Reasoning in the Solution, Invention, and Proof of Propositions, regarding the Equalitity or Inequality of Numbers, or any kinds of Quantity."

James Clerk Maxwell (1831–1879) äußerte sich zum Verhältnis von Mathematik und exakten Wissenschaften, das er als Beziehungen zwischen Zahlen und Naturgesetzen sah:

> „Somit basieren alle mathematischen Wissenschaften auf Beziehungen zwischen physikalischen Gesetzen und Zahlengesetzen, sodass das Ziel der exakten Wissenschaften darin besteht, das Problem der Natur auf die Bestimmung von Größen durch Operationen mit Zahlen zu reduzieren."[15]

Bündig drückte auch der französische Philosoph Auguste Comte (1798–1857) aus, dass es keine Untersuchung, gibt, die sich nicht letztlich auf eine Zahlenfrage reduzieren lässt.[16]

Diese Skizze erschöpft Eulers Beiträge zur Gleichungstheorie keinesfalls, sie zeigt aber die begrenzte Behandlung von Gleichungen bei Verwendung der Euler seinerzeit zur Verfügung stehenden Mittel. Erst mithilfe der abstrakten Algebra, die die Strukturen der betrachteten Objekte zum Gegenstand machte und deren

---

[15] "Thus all the mathematical sciences are founded on relations between physical laws and laws of numbers, so that the aim of exact sciences is to reduce the problem of nature to the determination of quantities by operations with numbers." – „On Faraday's lines of Force", in: *Scientific Papers*, Vol. 1. 1890, S. 156.

[16] Diese Aussage charakterisiert die klassische Sicht. Natürlich wäre genauer zu fragen, was eine (imaginäre, komplexe, hyperkomplexe usw.) Zahl ist. Euler wäre es natürlich wichtig gewesen, dass man mit den Zahlen rechnen kann. Auch schon zu Eulers Zeiten passten kombinatorische oder topologische Fragen nicht mehr in das klassische Konzept.

5.1 Algebra

Entwicklung dem 19. Jahrhundert vorbehalten war, konnten Fragen nach der Lösbarkeit allgemeiner Gleichungen und in welchen Termen beantwortet werden. Hierzu Bartel Leendert van der Waerden (1903–1996):

„Das Ziel der Abstraktion in der modernen Algebra ist nämlich nicht nur die größtmögliche Allgemeinheit. Sondern dadurch, dass man sich von allen Rechnungen und allen Besonderheiten des gerade untersuchten Problems frei macht, trennt man das Wesentliche vom Unwesentlichen und macht die ganzen Zusammenhänge durchsichtig."[17]

Die Untersuchung von Strukturen als neuer Gegenstand veränderte die Algebra erheblich. Zwar blieb die Gleichungstheorie weiterhin ein wichtiger Gegenstand der Algebra, und das war selbst im 20. Jahrhundert noch so. Allerdings findet sich in den Algebra-Lehrbüchern von Oskar Perron (1880–1975) und Bartel van der Waerden (1903–1996) die Thematik „Auflösung polynomialer Gleichungen" auf 39 bzw. sechs Seiten.[18]

Die Schnittpunkte zweier Kurven führten Euler auf den Begriff der Resultante, mit der die Menge der gemeinsamen Nullstellen zweier algebraischer Kurven mittels einer Determinante bestimmt wird, die aus den Koeffizienten der beiden Polynome gebildet wird. Zwei Arbeiten Eulers aus dem Jahre 1748 in den Berliner *Mémoires* (E 147 und 148, erschienen 1750) sind wichtig für die Aufklärung des sogenannten Cramer'schen Paradoxons.[19] Zehn Jahre zuvor hatte es Colin Maclaurin erstmals formuliert; auch Euler und Gabriel Cramer (1704–1752) erörterten den Sachverhalt, der schließlich nach Cramer benannt wurde. Die Anzahl der Schnittpunkte ebener Kurven höherer Ordnung kann größer sein als die Anzahl der beliebigen Punkte, die zur Festlegung einer solche Kurve benötigt werden. Das Paradoxon wurde 1828 von Julius Plücker (1801–1868) vollständig aufgeklärt und in seinem Buch *Theorie der algebraischen Kurven* (Bonn 1839) dargestellt.[20]

In der Analysis betrachtete Euler mehrdeutige Funktionen. Er wies 1744 als Erster auf die unendliche Vieldeutigkeit der Logarithmusfunktion im Komplexen hin und führte die für die Berechnung von π nützliche Formel $i \log i = -\pi/2$ (*Institutiones calculi differentialis*) ein. Euler gab 1760 für elliptische Integrale Normalformen sowie Additionstheoreme an und verhalf dadurch den elliptischen Funktionen zu ähnlicher Bedeutung wie den zyklometrischen oder logarithmischen Funktionen. Die (Riemann'sche) Zetafunktion,

$$\zeta(z) = \sum_{n=1}^{\infty} \frac{1}{n^z}$$

---

[17] Vortragsmanuskript eines Vortrages von van der Waerden in Graz, Seite 8. Ms im Besitz von Helga Habicht.

[18] O. Perron, *Algebra*, I–II. Berlin 1927; B. van der Waerden, *Moderne Algebra*, 2 Bde. Berlin 1930, 1931, spätere Auflagen nur mit dem Titel *Algebra*.

[19] G. Cramer, *Introduction à l'analyse des courbes algébriques* (Einführung in die Analysis der algebraischen Kurven). Genevae 1750. Cramers Buch entspricht thematisch etwa Eulers *Introductio*, Bd. 2, aber Cramer benutzt die Infinitesimalrechnung (noch) nicht.

[20] Eine gute Darstellung ist in E. Sandifers monatlicher Kolumne „How Euler did it?" zu finden, „Cramer's Paradox", August 2004 in MAA online.

(z komplex, konvergent für Realteil von $z > 1$), eine der merkwürdigsten Funktionen der Mathematik, die Euler in Zusammenhang mit dem Basler Problem betrachtet hatte, führte ihn zu einem überraschenden Zusammenhang mit der Primzahltheorie. Die Verbindung wurde von Euler im Jahre 1737 gefunden:

$$\zeta(z) = \prod_p \left(1 - \frac{1}{p^s}\right)$$

für alle reellen Zahlen $s > 1$;

$\zeta(z)$ ist mithin für die Primzahlverteilung von größtem Interesse. Euler hatte im Jahre 1734 die Funktionswerte von $2k$ ($k = 1, 2, 3, \ldots$) mithilfe der Bernoulli'schen Zahlen und der Zahl π als unendliche Reihe ausgedrückt und diesen einen endlichen Wert gegeben; darüber hinaus vermutete er eine Funktionalgleichung (für die Zeta-Funktion).

5.2 Euler als Geometer

> On regarde la Géométrie et l'Analyse comme les moyens les plus propres à cultiver l'esprit et à mettre en exercice la faculté de raisonner.[21]
>
> LEONHARD EULER

Das Wort Geometrie war bis in das 18. Jahrhundert ein Synonym für Mathematik schlechthin, und dieser Sprachgebrauch weist deutlich auf die dominante Rolle der Geometrie in den mathematischen Wissenschaften hin. Euler als der größte Mathematiker des 18. Jahrhunderts wird zu Recht als die personifizierte Analysis betrachtet, denn er war es vor allem, der diese neue mathematische Disziplin nicht nur geschaffen und geprägt, sondern sie in seinem Jahrhundert zu ihrer Vormachtstellung gebracht hat. Mit Euler verloren die geometrischen Methoden mehr und mehr an Bedeutung, die Geometrie war verständlicherweise anfänglich noch anschaulicher Hintergrund für die Rechnungen, jedoch trat rechnerisches, algorithmisches und formales Denken mehr und mehr hervor. Aber im 19. Jahrhundert schlug das Pendel nach der anderen Seite und brachte die Geometrie wieder zum Aufblühen (Parallelenpostulat).

Es war ein Gewaltstreich, sich vom geometrischen Denken zu lösen und dabei für die Mathematik ein neues Reich zu gewinnen, den Euler hier vollbrachte. Jedoch hat Euler, dem zwar formales Denken eher lag als anschauliches, nie die alte Geometrie aus dem Paradies der neuen Mathematik vertrieben. Er klassifizierte

---

[21] „Wir betrachten die Geometrie und Analysis als die am besten geeigneten Mittel, um den Geist zu kultivieren und die Fähigkeit des logischen Denkens zu üben." („Réflexions sur un problème de géométrie traité par quelques géomètres, et qui est néanmoins impossible" (Überlegungen zu einem von einigen Geometern behandelten geometrischen Problem, das dennoch unmöglich ist), E 220, 1756 in den Berliner *Mémoires* gedruckt).

5.2 Euler als Geometer

und teilte gern ein, und diese Tätigkeit setzt eine Einheit voraus. Für Euler waren Geometrie und Analysis zwei Teilgebiete der Mathematik, und sie waren ineinander verwoben. Die Differentialgeometrie ist ein Vorbild für die Beziehung beider Gebiete; die analytische Zahlentheorie ist ein anderes Beispiel für die Beziehungen von Zahlentheorie und Analysis. Geometrie und Zahlentheorie finden schließlich eine Verbindung in der nicht-kommutativen Geometrie (im Sinn von Alain Connes, *1947). Der Funktionsbegriff, der das Herz der Analysis bildet, ist in allen mathematischen Gebieten in unterschiedlichen Ausprägungen vorhanden, und so griff der Analytiker Euler beim Erfassen von funktionalen Relationen ohne Skrupel auch auf geometrische Methoden zurück, wenn die Geometrie eine gute Veranschaulichung bot. Die Einheit der mathematischen Wissenschaften, die für Euler unbezweifelbar war, begründete ein solches Vorgehen.

Felix Klein (1849–1925) war mathematisch eine gegenteilige Erscheinung, denn er bedauerte jeden Mathematiker lebhaft, dem eine gute Raumanschauung fehlte. Diese war ihm in besonderem Maße zu eigen: Jede Formel erzeugt eine geometrische Figur, die geraden Linien des Raumes wurden Klein beispielsweise zu Punkten in einem fünfdimensionalen Raum (zwei Variable und drei Koeffizienten). Ein heutiger Vertreter des geometrischen Mathematikertyps wäre Sir Roger Penrose (*1931). Aber die Einheitlichkeit der Mathematik war auch für Klein selbstverständlich, denn man kann sich z. B. formal (analytisch) zwar den millionsten Teil eines Winkels denken, sich aber das nicht mehr (geometrisch) vorstellen.

Bevor wir auf Eulers geometrische Leistungen im Einzelnen eingehen, die zahlenmäßig hinter denen der Analysis zurückstehen, wollen wir eine gemeinsame Einstellung Eulers in der Geometrie und Analysis aufzeigen. Euler war ein begnadeter Rechner, brillanter Algorithmiker, und er ging stets praktisch vor, sodass er auf Grundlagenfragen weniger Wert legte, sie aber nicht ignorierte. Wie seine Zeitgenossen sah er in der rasanten und erfolgreichen Entwicklung und in den vielfältigen neuen Anwendungsmöglichkeiten ein vielversprechendes und berauschendes Betätigungsfeld.[22] Folglich traten die begrifflichen Analysen und Begründungen, die er auch vornahm, letztlich zurück. Jean le Rond d'Alembert (1717–1783) fasste die Situation in die Worte „Allez en avant, et la fois vous viendra" (Gehen Sie weiter, der Glaube wird folgen).

Euler schrieb etwa 75 Arbeiten zur Geometrie, wobei viele dieser Untersuchungen auf algebraischen und analytischen Methoden beruhen. Aber Euler beschäftigte sich auch mit elementaren geometrischen Aufgaben im Sinne Euklids (Εὐκλείδης, 3. Jh. v. Chr.). Die Ausdehnung der analytischen Geometrie der Ebene auf den Raum verdanken wir Euler. Er ist auch der Erste, der grundlegende Fragen der räumlichen Differentialgeometrie betrachtete (abwickelbare Flächen, doppelte Krümmung, konforme Abbildung). Viele von Carl Friedrich Gauß (177–1855) behandelte Probleme hatten ihre Wurzel bereits bei Euler. Beispielsweise repräsen-

---

[22] Selbst Friedrich II. sprach von den mit dem Opium der Infinitesimalrechnung berauschten Mathematikern.

tierte er bereits schon eine Fläche durch zwei Parameter (*Opera posthuma*, Vol. 1, S. 494). In Hinblick auf die weiteren Entwicklungen waren folgende Richtungen schon bei Euler angelegt: innere Geometrie der Flächen, konforme Abbildungen und Topologie. Neben der analytischen Geometrie der Ebene und des Raumes beschäftigte sich Euler auch mit der eben und räumlichen Elementargeometrie, Trigonometrie und Differentialgeometrie. Er untersuchte spezielle ebene und räumliche Kurven (Kegelschnitte, Tautochrone, Isochronen, elastische Kurven, Zykloiden), betrachtete Kurvenscharen und ihre reziproken Trajektorien (bereits seit 1727!); auch seine kartographischen Untersuchungen gehören schließlich hierher.

Das Lehrgebäude der ebenen und der sphärischen Geometrie gestaltete Euler aus, und wir benutzen noch heute seine Bezeichnungen. Er fasste die Argumente bei trigonometrischer Funktionen als Bogen z eines Kreises auf, dessen Durchmesser gleich 1 ist (Standardisierung), geschrieben arc z; er bezeichnet aber kürzer sin arc z mit sin z, usw. Die Argumente sind damit Zahlen und keine Winkelgrößen. Das geschah erstmals in einer astronomischen Arbeit „Solutio problematis astronomici ex datis tribus stellae fixae altitudinibus …" (Die Lösung eines astronomischen Problems mittels der Höhe von drei Fixsternen … E 14, EO II/30) aus dem Jahre 1729, gedruckt 1735. Euler schrieb auch arc sin x bzw. kürzer A sin x. Die Trigonometrie wird in der *Introductio,* Bd. 1, §§ 126–141 in Kap. 8 dargestellt (Von den transzendenten Zahlgrößen, welche aus dem Kreis entspringen). Euler stellte alles in einer sehr übersichtlichen Schreibweise dar, und die von ihm eingeführten geschmeidigen Bezeichnungen für Eckpunkte, Seiten und Winkel sind noch heute üblich. Als nützliche Ergänzung für die ebene Trigonometrie und ihre Formeln lieferte Euler eine schöne Arbeit „Subsiduum calculi sinuum" (Hilfsmittel zur Berechnung des Sinus; E 246; EO I/ 10, 1754), gedr. 1760, die auch heute nicht anders geschrieben würde (einschließlich der benutzten Bezeichnungen). Die sphärische Trigonometrie stellte Euler zweifach dar: 1753 und 1754 erschienenen zwei Arbeiten, die die geodätischen Linien auf Kugeln und sphärischen Oberflächen (Umdrehungsellipsoid) als Seiten von sphärischen Dreiecken begründeten; „Principes de la trigonométrie sphérique tirés de la méthodes des plus grands et des plus petits („Prinzipien der sphärischen Trigonometrie nach den Methoden des Größten und Kleinsten; E 214, EO I/27) und „Élémens de la trigonométrie sphéroïdique tirés de la méthode des plus grands et des plus petits" (Elemente der sphärischen Trigonometrie nach den Methoden des Größten und Kleinsten; E 215, EO I/27), beides in den Berliner *Mémoires* 9 (1753). 1781 folgte die „Trigonometria sphaerica universa, ex primis principiis breviter et delucide derivat" (Eine allgemeine sphärische Geometrie aus den ersten Grundsätzen kurz und übersichtlich abgeleitet; E 524, EO I/26, gedruckt 1782). Die Thematik erscheint natürlich in der Geodäsie ebenso wie in den magnetischen Untersuchungen, sodass Euler stets Aufmerksamkeit auf Rotationsellipsoide legte, deren Form wenig von der Erdkugel (Geoid) abwich. In der Arbeit „Trigonometria sphaerica universa" (Allgemeine sphärische Trigonometrie; E 524, EO I/26) leitete Euler alle Formeln der sphärischen Trigonometrie aus drei Fundamentalsätzen her. Er begründete in seinen einschlägigen Abhandlungen drei Arten von Trigonometrien:

Abb. 5.6 Eulers Aufgabe für den Sohn Johann Albrecht Euler

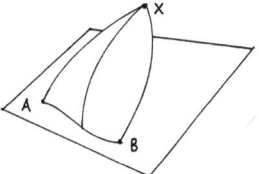

- auf der Kugel mit den Dreiecksseiten aus Großkreisen,
- die ebene Trigonometrie für unendlich große Kugelradien sowie
- die sphärische Trigonometrie auf einem Rotationsellipsoid.

Die Theorie der trigonometrischen Funktionen erscheint auch in der *Introductio* in Band 2, Kap. 22. Zur Lösung von Gleichungen der Art $x = \cos x$ setzte Euler die Regula falsi ein.

Im Archiv der St. Petersburger Akademie befinden sich 31 Manuskripte, die je zur Hälfte der Geometrie und deren Anwendungen gewidmet sind. Darunter ist auch der Entwurf eines „Lehrbuchs der Elementargeometrie. Planimetrie" von 24 Seiten mit 65 Abbildungen aus den 1730er-Jahren.[23] Hieraus zitieren wir folgende Definition ganz im Stile Euklids: „Eine Linie, lat. Linea, ist eine Länge sonder [= ohne] eine Breite und Tiefe." Auch die elementare Aufgabe „Problematis ex theoria maximorum et minimorum solutio" (Lösung eines Problems aus der Theorie der Maxima und Minima), die er seinem 28-jährigen Sohn Johann Albrecht stellte, ist hier aufbewahrt (Abb. 5.6): Auf einer Fläche befinde sich ein Kurvenstück *AB*, außerhalb der Fläche liege der Punkt *X*. Man suche den Punkt *O* auf dem Kurvenstück *AB*, sodass die Summe der Dreiecksflächen *OAX* und *OBX* minimal wird. Johann Albrecht klagte in einem Brief 17. August 1762 an Wenceslaus Karsten (1732–1787) über die Schwierigkeiten des Problems, für das sein Vater bereits eine geometrische Konstruktion gefunden habe.

Ein Grundlagenproblem in der Geometrie, das die Mathematiker des 18. Jahrhundert beschäftigte, war die Frage nach der Stellung des Parallelenpostulats, das in der Form von John Playfair (1748–1819) so lautet: In einer Ebene *E* lässt sich durch jeden Punkt *P* außerhalb einer Geraden *g* genau eine Gerade *h* ziehen, die zu der gegebenen Gerade *g* parallel ist (Abb. 5.7). Bereits Euklid war das Parallelenpostulat, dessen Sachverhalt er als Postulat (Forderung!) in seinen *Elementen* (Buch I, Postulat V) angab, offenbar suspekt, da es (in Euklids Fassung) eine viel kompliziertere Form als die restlichen Axiome und Postulate besaß. Aber alle Versuche, dieses Postulat aus anderen herzuleiten, erwiesen sich als vergeblich. Abraham Gotthelf Kästner (1719–1800), ein Göttinger Mathematiker, der durch viel gelesene mathematische Lehrbücher in Deutschland bekannt

---

[23] Vgl. J. A. Belyi, „Ю. А. Белый „Об учебнике Л. Эйлера по элементарной геометриям" (Ob utschebnikje L. Eilera po elementarnoi geometrijam (russ.), Über Eulers Lehrbuch der Elementargeometrie), in: IMI, Bd. XIV (1961), S. 237–284.

Abb. 5.7 Zum Parallelenproblem

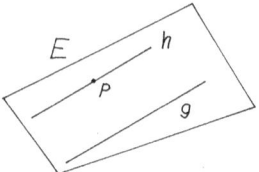

war, darunter auch eine vierbändige Analysis (in der er sogar den modernen Stetigkeitsbegriff einführte), beschäftigte sich gründlich mit der Gültigkeit des Parallelenpostulats und den zirkulären Beweisen und ließ schließlich 1763 seinen Schüler Georg Simon Klügel (1739–182) eine bis heute lesenswerte Dissertation[24] über diese Frage schreiben, die alle historischen „Beweisversuche" nebst ihren Fehlern anführt, d. h. den jeweilig unterstellten „circulus vitiosus" aufzeigt.[25]

Auch Euler äußerte sich zum Parallelenpostulat, publizierte aber nichts darüber. Es gibt zwei Fragmente, vermutlich in der Handschrift seines Assistenten Nikolaus Fuss (1755–1826): „Euleri Doctrina Parallelismi" (Eulers Lehre von den Parallellinien) und „Elementa Geometriae ex principio similitudinis deducta" (Elemente der Geometrie, hergeleitet aus den Prinzipien der Ähnlichkeit).[26] Im ersten Manuskript wollte Euler zeigen, dass in der Ebene eine Äquidistante einer Geraden wiederum eine Gerade ist. Die Voraussetzungen, mit denen Euler argumentierte, enthalten keine dem Parallelenpostulat gleichwertige Formulierung, sodass er zunächst keinen „circulus vitiosus" beging, aber mit dem stillschweigend akzeptierten Sachverhalt, dass zwei in Rede stehende Dreieckspitzen zusammenfallen, drehte auch er sich im Teufelskreis („circulus vitiosus").

Im zweiten Fragment arbeitete Euler mit dem Ähnlichkeitsprinzip, und er folgte hier dem Vorgehen von 1663 von John Wallis (1616–1703), der zeigte, dass das Postulat gleichwertig zu der Aussage ist, es gebe zueinander ähnliche Dreiecke. Auch David Hilbert (1862–1943) ging auf solche Fragen in seinen *Grundlagen der Geometrie* (1899) ein. Euler ist zwar in diese Reihe einzuordnen, aber er verstand die Problematik nicht besser als seine Zeitgenossen. Die Anmerkungen des Schreibers von Eulers Manuskript verdeutlichen dessen Distanz zum Geschriebenen.

Von Eulers Berliner Kollegen Johann Heinrich Lambert (1728–1777) gibt es eine „Theorie der Parallellinie" (1765, 1786 posthum publiziert). Adrien-Marie Legendre (1752–1833),, etwas überspitzt gesagt, änderte beispielsweise in seinen *Éléments de Géométrie"* (ab 1794)[27] von Auflage zu Auflage seine Einstellung. Im 19. Jahrhundert stellten Gauß, János (Johann) Bolyai (1802–1860) und Nikolai I.

---

[24] Conatuum praecipuorum theoriam parallelarum demonstrandi recensio (Musterung der vornehmlichen Versuche [30 Beispiele], die Theorie der Parallelen zu beweisen).

[25] Klügel, *Conatuum praecipuorum theoriam parallelarum demonstrandi recensio*. (Ein Überblick über die wichtigsten Versuche, die Parallelitätstheorie zu beweisen). Göttingen 1763.

[26] J. A. Belyi, „Euler und die Theorie der Parallelen", in: NTM 5 (1968) 116–124.

[27] 1858 von L. Crelle ins Deutsche übersetzt.

5.2 Euler als Geometer

Lobatschewski (Николай Иванович Лобачевский, 1792–1856) die Bemühungen vom Kopf auf die Füße und fragten, ob es nicht vielleicht mehrere oder möglicherweise gar keine anderen parallelen Geraden in einer Geometrie („nichteuklidischen" Geometrien) geben könne.[28]

Euler schrieb insgesamt etwa 15 Arbeiten mit rein geometrischen Themen. Aber die meisten seiner Arbeiten befassen sich mit den Anwendungen der Analysis auf Geometrie, wie es etwa im zweiten Band seiner *Introductio* (Einführung; E 102, EO I/9, 1745) deutlich wird. Es gibt auch einen Entwurf in Manuskriptform „Institutionum calculi differentialis, Sectio III" (Unterricht in der Differentialrechnung; E 814, EO I/28) für Themen eines Nachfolgebandes der *Institutiones calculi differentialis cum ejus usi in analysi finitorum ac doctrina serierum* (Die Grundlagen der Differentialrechnung mit deren Anwendungen in der endlichen Analysis und der Lehren von Reihen; E 212, 1755), der vermutlich 1748 geschrieben, aber erst 1864 in den *Opera postuma*, Bd. 1., veröffentlicht wurde und in dem die Anwendungen der Analysis auf Geometrie behandelt werden.

Euler begann seine differentialgeometrischen Studien mit geodätischen Linien auf Flächen. Vor ihm sah man Flächen noch als durch Rotation ebener Kurven entstanden an oder als Begrenzung von Körpern. Erst Euler lieferte wichtige Beiträge für eine allgemeinen Flächentheorie, etwa eine analytische: $z=z(x,y)$ oder eine parametrische Darstellung einer Fläche. Seine Bezeichnungen $p, q, \ldots$ für die partiellen Ableitungen

$$\frac{\partial z}{\partial x} = p, \quad \frac{\partial z}{\partial y} = q, \quad \frac{\partial p}{\partial x} = r, \quad \frac{\partial q}{\partial y} = s$$

von $z=z(x, y)$ wurden Standard; das Zeichen ∂ kam erst später. In seiner *Differentialrechnung* behalf sich Euler mit runden Klammern, er schrieb also ein totales Differential von $f(x, y)$ so: $df = (\frac{df}{dx})dx + (\frac{df}{dy})dy$. Mit den „Recherches sur la courbure des surfaces (Untersuchungen über die Krümmung von Flächen; E 333, EO I/28; 1767 gedruckt) von 1760 begann die Flächentheorie:

> „Ich beginne damit, den Krümmungsradius eines beliebigen ebenen Abschnitts einer Oberfläche zu bestimmen, dann wende ich diese Lösung auf Abschnitte an, die an einem beliebigen Punkt senkrecht zur Oberfläche stehen; und schließlich vergleiche ich die Krümmungsradien dieser Schnitte in Bezug auf ihre gegenseitige Neigung, was uns in die Lage versetzt, uns eine richtige Vorstellung von der Krümmung von Flächen zu machen.
>
> Die Frage nach der Krümmung von Flächen lässt sich also nicht einfach beantworten, erfordert aber gleichzeitig eine Unendlichkeit von Bestimmungen, denn da man durch jeden Punkt einer Fläche eine Unendlichkeit von Richtungen verfolgen kann, ist es

---

[28] Negiert man das Parallelenpostulat in der Form von Playfair, d. h. den Ausdruck „durch einen Punkt *P* geht genau eine Gerade" bzw. die äquivalente Form „mindestens eine und höchstens eine Gerade", so gelangt man auf die Aussage „keine Gerade oder mehr als eine Gerade" (= hyperbolische und elliptische Geometrie), die die zwei Arten nichteuklidischer Geometrien beschreibt (logisch gilt: nicht(A *und* B) = (nicht A) *oder* (nicht B)).

notwendig, diese Krümmungen zu kennen, bevor man sich eine richtige Vorstellung von der Krümmung der Oberfläche machen kann."[29]

Euler fand, dass sich jede Normalkrümmung κ eines Flächenpunktes, der kein Nabelpunkt ist, durch die Relation (Eulers Theorem, 1767)

$$\frac{1}{\kappa} = \frac{\cos^2\alpha}{\kappa_1} + \frac{\sin^2\alpha}{\kappa_2}$$

aus den Hauptkrümmungen κ_1 und κ_2 ausdrücken lässt, wobei α der Winkel zwischen einer bestimmten Hauptkrümmungsrichtung und der Normalenkrümmungsrichtung ist. Diese Arbeit „Recherches sur la courbure des surfaces" ist grundlegend. Euler untersuchte weiterhin abwickelbare Flächen, wobei er schon die später von Gauß eingeführte Form der Koordinaten benutzte. Raumkurven kamen beim Abwickeln der Flächen in Eulers Blickfeld; auch das technische Problem, eine optimale Form für ein Zahnrad (E 330, EO II/17) zu finden oder Entwürfe von Kartenprojektionen benötigten Raumkurven. Euler setzte hier das Werk von Alexis Claude Clairaut (1713–1765) fort, während in der Flächentheorie Gaspar Monge (1746–1818) wiederum Eulers Ergebnisse aufgreifen sollte.

Wir kommen in diesem Zusammenhang nochmals auf den zwischen Gabriel Cramer (1704–1754) und Euler erörterten Sachverhalt zurück (in Briefen vom 30. September 1744 bis zum 6. Juli 1745), das später nach Cramer genannte Paradoxon. Das führte zu einer Veröffentlichung „Sur une contradiction apparente dans la doctrine des lignes courbes" (Über einen scheinbaren Widerspruch in der Lehre von den gekrümmten Linien; E 147, EO I/26; 1748 in Berlin vorgelegt, dort 1750 gedruckt); Cramer ging ebenfalls in seinem Lehrbuch *Introduction à l'Analyse des Lignes Courbes Algébrique* (Einführung in die Analysis der algebraischen Kurven, Genève 1750) in Kap. 3 darauf ein und vermutete, dass schon Michel Rolle (1652–1719) darauf aufmerksam machte. Das Paradoxon besteht darin, dass eine ebene algebraische Kurve n-ter Ordnung nicht immer durch $n(n+3)/2$ Parameter (Punkte) eindeutig festgelegt ist, sodass zum Beispiel neun Punkte nicht immer ausreichen, um eine Kubik zu bestimmen, aber zehn Punkte bereits zu viel sein können. Zwei solche Kurven schneiden sich in n^2 Punkten.

Am Anfang der Topologie, im 18. Jahrhundert „Geometrie situs" genannt, stehen auch Arbeiten von Euler, einmal die berühmte Eulersche Polyederformel (E 230 und 231, EO I/26; 1750 und 1751). Gegenüber dem Mathematiker Wenceslaus Johann Gustav Karsten (1732–1782) äußerte sich Euler lobend am 25. Juli 1758 über dessen geometrische Arbeiten und erwähnte dabei auch einige offene geometrische Fragen, etwa dass in der Stereometrie alle Polyeder vollständig definiert

---

[29] « Donc la question sur la courbure des surfaces n'est pas susceptible d'une réponse simple, mais elle exige à la fois une infinité de déterminations car, puisqu'on peut tracer par chaque point d'une surface une infinité de directions, il faut connoitre la courbure selon chacun, avant qu'on puisse se former une juste idée de la courbure de la surface. »

5.2 Euler als Geometer

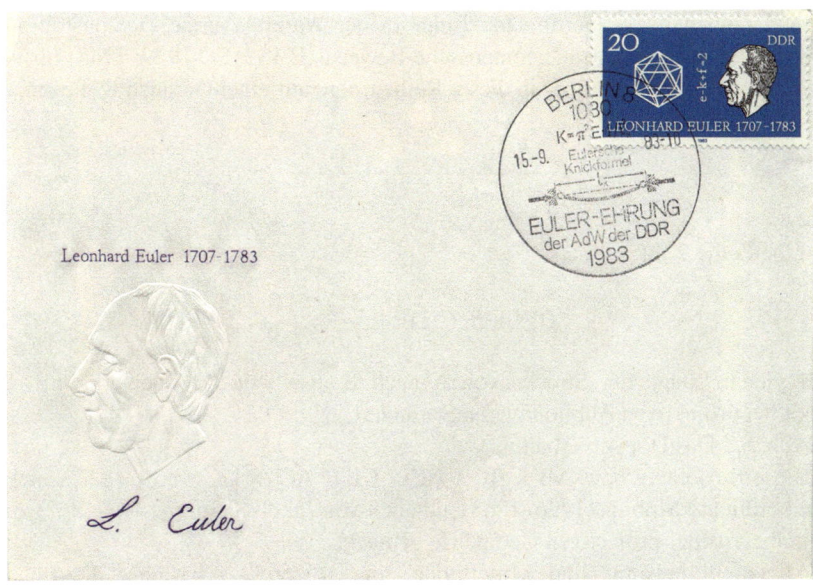

Abb. 5.8 Ein Ersttagsbrief zu Ehren Eulers aus dem Jahre 1983. Die Briefmarke illustriert den Polyedersatz, der Sonderstempel zeigt die Eulersche Knicklast-Formel aus dem Additamentum II der Variationsrechnung

zu sein schienen, wenn man die einzelnen Oberflächen kennen würde, was aber bisher noch nicht bewiesen wurde. Ebenfalls erörterte Euler den Polyedersatz an Beispielen, indem er für Pyramiden mit dreieckiger, viereckiger, fünfeckiger usw. Grundfläche induktiv die Polyederformel

$$\text{Ecken} - \text{Kanten} + \text{Flächen} = 2.$$

fand („Elementa doctrinae· solidorum"; Elemente der Lehren von Festkörpern; E 230, EO I/26), die in einer nachfolgenden Arbeit „Demonstratio nonnullarum insignium proprietatum" (Demonstration einiger bemerkenswerter Eigenschaften; E 231, EO I/261) streng bewiesen wurde (Abb. 5.8).[30] Die rechte Seite der obigen Gleichung kann topologisch allgemeiner durch $e(S)$, wobei $e(S)$ eine Invariante für Oberflächen eines gewissen topologischen Typs ist, geschrieben werden; für die Ebene ist $e = 2$, für den Torus $= 0$.

Ebenfalls trug Euler zur Grundlegung der Graphentheorie durch seine Überlegungen zum Königsberger Brückenproblem (E 53, EO I/7, 1735) bei, siehe hierzu Abschn. 3.8.

---

[30] Siehe hierzu die schöne Darstellung von H. Löwe „Eulers Polyederformel", in: *Euler* 2008, S. 207–225. Die Göttinger Mathematiker in den 20er-Jahren des letzten Jahrhunderts wussten, dass die platonischen Körper der Eulerschen Formel genügen, aber sie waren sich angeblich nicht ganz sicher, ob das auch für die Dachwohnung von Emmy Noether zuträfe.

In der ebenen Geometrie fand Euler in der Arbeit „Variae Demonstrationes Geometriea" (Verschiedene geometrische Beweise, E 135, EO II/29; 1748) für verschiedene Punkte *A, B, C, D* in dieser Reihenfolge auf einer Geraden *g* liegen,

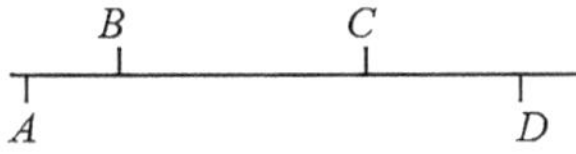

dann heißt die Zahl:

$$DV(A,B,C,D) = \frac{AC}{CB} : \frac{AD}{DB}$$

(AB gleich Länge der Strecke von A nach B, usw.) das Doppelverhältnis. ES bleibt bei projektiven Abbildungen unverändert.

Abb. 5.8 Das Doppelverhältnis

Diese Beziehung bzw. AB × BC + AB × CB = AC × DC wurde 1827 von August Ferdinand Möbius (1796–1863)und auch von Jakob Steiner (1796–1863) zum Grundbegriff der projectiven Geometrie gemacht.

Allgemein bekannt sind Mittellinien eines Vierecks oder über die Euler'sche Gerade in einem Dreieck. Für jedes Viereck mit den Seiten *a, b, c* und *d*, den Diagonalen *e* und *f* sowie dem Abstand *m* der Mitte der Diagonalen gilt (Abb. 5.9a):

$$a^2 + b^2 + c^2 + d^2 = e^2 + f^2 + 4m^2$$

(ebenfalls in E 135, EO II/29; 1748). Den Satz über die Mittellinien stellte Euler auch Christian Goldbach (1690–1764) und Georg Wolfgang Krafft (1701–1754) als Aufgabe. Im Brief vom 25. Juni 1748 an Goldbach verglich Euler seine Lösung mit der von Goldbach und schrieb: „Wenn man aber, wie üblich in der Geometrie, eine Demonstrationen more geometrico [Beweis in der Art der Alten, d. h. des Euklid] verlangt, so verdient diese einen großen Vorzug gegenüber derjenigen, die Sie mir zu schicken die Güte hatten; will man aber nur von der Wahrheit überzeugt sein,

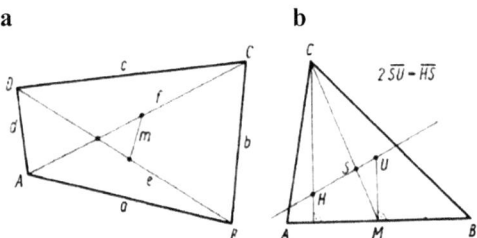

Abb. 5.9 Zwei elementargeometrische Sätze. **a** Für jedes Viereck mit den Seiten *a, b, c* und *d*, den Diagonalen *e* und *f* sowie dem Abstand der Mitten *m* der Diagonalen gilt $a^2 + b^2 + c^2 + d^2 = e^2 + f^2 + 4m^2$. **b** In jedem Dreieck liegen der Schnittpunkt der Höhen *H*, der Schwerpunkt *S* des Dreiecks sowie der Mittelpunkt *U* des Umkreises auf einer Geraden (Euler'sche Gerade)

5.2 Euler als Geometer

worauf es ankommt, so würde mein Beweis allen Vorzug verlieren, weil ich darin die angeführte Eigenschaft der Parallelogramme voraussetze, die Sie [in ihrem Beweis] nicht nur nicht nötig haben, sondern dieselbe auch zugleich mit beweisen." Auch Krafft fand einen Beweis (Brief an Euler vom 18. März 1748), den er im gleichen Jahr in den St. Petersburger *Memoiren* publizierte. Weiter fand Euler: In jedem Dreieck liegen der Schnittpunkt der Höhen H, der Schwerpunkt S des Dreiecks sowie der Mittelpunkt U des Umkreises auf einer Geraden (Eulersche Gerade), „Solutio facilis problematum quorundam geometricorum difficillimorum", Eine einfache Lösung für einige der schwierigsten geometrischen Probleme; E 325, EO I/26; 1767) (Abb. 5.9b). Den sogenannte Feuerbach'schen Neunpunktekreis, den Karl Feuerbach (1800–1834) 1822 entdeckte (allerdings nur für 6 Punkte), kannte Euler schon seit 1765.

Euler führte den Begriff des Ähnlichkeitspunktes für ebene Figuren ein: Haben zwei ebene ähnliche Figuren die homologen Seiten AB und ab, so gibt es einen Punkt Γ in derselben Ebene, sodass ΓAB und Γab ähnlich sind. Auch der Begriff „affin" ist von Euler (E 693, EO I/26; 1777), bereits in der *Introductio* (Band 2, Kap. 16) ging es um ebene Ähnlichkeiten. Auf Euler geht auch die übersichtliche Gestaltung vieler Formeln der Geometrie, wie z. B. die bereits erwähnte konsequente Bezeichnung der Dreiecksseiten mit a, b, c und der Winkel mit A, B, C zurück.[31] Kreisähnliche Kurven konstanter Breite, die heute Reuleaux-Kurven[32] heißen, interessierten ihn ebenfalls. Auch die uns vertraute Inhaltsformel eines Tetraeders, ausgedrückt durch eine algebraische Summe der zwölf Koordinaten seiner Eckpunkte, gab Euler an. Gleichfalls trug er zum Problem der Kreiszweiecke (Möndchen bzw. Lunulae) bei, d. h. zu der Frage, wann sich solche Lunulae quadrieren lassen (E 73, EO I/26 und E 423 EO I/28). Diese Arbeiten liegen zeitlich weit auseinander, da Euler nach Anregungen von Goldbach (Brief Eulers vom 10.8.1730) und Daniel Bernoulli 1737 die Sache bis 1771 liegen ließ, aber dann die Bedingungen für eine mögliche Konstruktion darlegte, zwei weitere quadrierbare Möndchen fand und schließlich vermutete, dass es nur fünf quadrierbare Lunulae gäbe.[33]

Euler stellte Goldbach 1751 die Aufgabe, auf wie viele Arten sich ein konvexes n-Eck durch Diagonalen in Dreiecke zerlegen lässt (Brief vom 4. September 1751). Zunächst sieht das Problem recht einfach aus, aber mit der Eckenzahl steigt die

---

[31] Heute werden die Eckpunkte A, B, C hinzugenommen, sodass für die (gegenüberliegenden) Seiten die Bezeichnungen a, b, c benutzt werden, die jeweiligen Winkel bei A, B, C erhalten die Buchstaben α, β, γ.

[32] Nach dem deutschen Ingenieur Franz Reuleaux (1829–1905).

[33] Ein Lunulus besteht aus zwei Kreisbogen bzw. der Differenz von zwei Kreissektoren. Hippokrates von Chios (um 440 v. Chr.) fand drei Möndchen, die mit Zirkel und Lineal quadrierbar sind. Damit hofften Mathematiker in der Antike, so letztlich auch den Kreis quadrieren zu können. Eulers desillusionierende Vermutung, dass es nur fünf quadrierbare Möndchen gibt, konnte endgültig erst 1947 von Anatoli Dorodnow (Анатолий Васильевич Дороднов, 1908–?) bestätigt werden.

Schwierigkeit zunehmend, sodass Euler bemerkte: „Die [vollständige] Induktion aber, so [= die] ich gebraucht, war ziemlich mühsam." Das ist die gesuchte Anzahl:

$$\frac{2 \times 6 \times 10 \times ... \times (4n - 10)}{(n - 1)!}$$

also ergibt sich z. B. für $n = 9$ bereits 429.

In seiner Antwort zeigte sich Goldbach entzückt!

Zu solchen Untersuchungen wie der obigen setzte Euler häufig erzeugende Funktionen ein, wie er es insbesondere in der Zahlentheorie tat. Hierdurch nutzte er die Instrumente der drei Disziplinen Geometrie, Algebra und Analysis und stellte damit wirkungsvolle interdisziplinäre Zusammenhänge her, natürlich griff er dabei gern auf analytische Methoden zurück (siehe W. Scharlau in; Euler 1983, S. 135-159). Euler erweist sich auch hier als fleischgewordene Analysis.

Für eine geometrische Aufgabe, bei der die Beziehungen zwischen den Seiten eines Dreiecks zu finden waren, wenn für zwei Winkel ein festes Verhältnis vorgeschrieben war, fand Euler eine Lösung, die letztlich auf die (Gauß'schen) Kreisteilungsgleichungen führt. („Proprietates triangulorum", Eigenschaften von Dreiecken; E 324, EO I/26; 1763).

5.2.1 Geographie und Kartographie

> Der Erden rundes Haus, das Vieh und Menschen trägt,
> Ist noch nicht ganz beschaut, doch ist es ganz gemessen.
> Was nie der Leib bezwang, hat doch der Geist besessen.
>
> ANDREAS GRYPHIUS (1616–1664)

Im Griechischen besagt Geometrie so viel wie Landvermessung, und damit rechtfertigt es sich, einen Abschnitt Kartographie hier einzufügen, der auf die einschlägigen Tätigkeiten Eulers kurz eingeht.

Erdkunde fand in der Aufklärung großes Interesse in breiten Kreisen. Akademien kam dabei eine wichtige Rolle zu, da diese Einrichtungen große geographische Expeditionen wissenschaftlich planten und ausführten, wie beispielsweise je zwei Expeditionen der Pariser Akademie, mit denen die Gestalt der Erde festgestellt werden sollte (de la Condamine sowie Moreau de Maupertuis). Es waren deshalb nicht die bahnbrechenden mathematisch-physikalischen Forschungen von Wissenschaftlern wie Euler und Daniel Bernoulli in Petersburg, die in der ersten Hälfte des 18. Jahrhunderts jenseits der Fachleute auf Interesse stießen, sondern die Geographie war dasjenige Wissensgebiet, mit dem die neu gegründete Petersburger Akademie durchgängig europäisches Interesse auf sich zog.[34] Insbesondere die beiden

---

[34] Gottfried Wilhelm Leibniz hatte bei seinem Treffen mit dem russischen Zaren Peter I. versucht, diesen für sein Netz gelehrter Einrichtungen in Europa zu gewinnen und dabei darauf verwiesen, dass es Russland zustände, bei der Erkundung Sibiriens die führende Rolle zu über-

5.2 Euler als Geometer

Kamtschatka-Expeditionen (1728–1730, 1733–1743) unter der Leitung des dänischen Marineoffiziers Vitus Jonassen Bering (1681–1741) waren spektakulär. Ein bemerkenswertes Ergebnis war die Erkenntnis, dass es zwischen Asien und Amerika keine Landbrücke, sondern eine Seestraße gibt, die später nach Bering benannt wurde.[35]

Russland erstreckte sich in ostwestlicher Richtung von der Beringstraße bis nach Königsberg über etwa 9000 km über elf Zeitzonen, nordsüdlich war die maximale Breite 4000 km; bis auf die Tropen waren alle Klimate vertreten. Der größte Flächenstaat der Welt besaß östlich des Urals ungeheure Landmassen, die im 18. Jahrhundert unbekannte Völker beherbergten sowie eine weitgehend fremde Flora und abweichende Fauna aufwiesen (auch solche, die mit einem monatelangen Dauerfrost zurechtkamen) und die schließlich geologisch interessante Formationen besaßen, sodass Ergebnisse der Erkundungen teilweise zu Staatsgeheimnissen erklärt und entsprechend gesichert wurden.

Diese Erkundungen der „terra incognita" jenseits des Urals wurden bis zu einem reichlichen Dutzend Mitgliedern der Petersburger Akademie geleitet, darunter auch namhafte deutsche Gelehrte: der Historiker und Geograph Gerhard Friedrich Müller (1705–1783), Mitglied der Royal Society London und der Pariser Akademie, Johann Georg Gmelin (1709–1755), Verfasser der *Flora Sibirica,* und später Peter Pallas (1741–1811).[36]

Aufgrund von Spannungen zwischen dem Geographen und Astronomen Joseph Nicolas Delisle (de l'Isle) (1688–1768) und der Akademie, die sowohl Fragen der Kartographie des russischen Reiches als auch die schleppende Verwirklichung betrafen, stand Euler einer 1740 gegründeten Kommission vor, um das Kartenwerk abzuschließen. Ein Jahr später waren die wesentlichen Arbeiten abgeschlossen, und der *Russische Atlas* erschien 1746 in einer lateinisch-deutschen und in einer russischen Ausgabe. Er bestand aus 19 Karten, auf denen erstmals das gewaltige russische Reich in richtiger Form dargestellt wurde. Über die Ergebnisse seiner Tätigkeit im geographischen Department, die er gemeinsam mit seinen Mitarbeitern Gottfried Heinsius (1709–1769) und Christian Nicolaus von Winsheim (1694–1751) verrichtet hatte, bemerkte Euler, dass durch die Generalkarte des russischen Reiches sich „die Geographie Rußlands nun in einen weit besseren Zustande

---

nehmen. Während bei Leibniz wissenschaftliche Interessen im Vordergrund standen, mag Peter durchaus an wirtschaftliche Zwecke gedacht haben. – Übrigens argumentierte C. F. Gauß ähnlich, als es um erdmagnetische Forschungen ging, da Russland ein riesiger Flächenstaat sei.

[35] Der Historiker G. F. Müller fand allerdings Dokumente, die belegen, dass russische Kaufleute (Семенн Иванович Дежнов, Semjon Iwanowitsch Deschnow, um 1605–1673) und andere vor Bering (1728) die Beringstraße durchquert hatten. Ihr 1726 mitgeteilter Bericht war nicht zur Kenntnis genommen worden.

[36] Müller, *Sammlung rußischer Geschichte*, 9 Bde. Sankt Petersburg, 1732–1764, Описание Сибирских Народв (Beschreibung sibirischer Völker) 1750, neu Hrsg. von A. Elert und W. Hintzsche, Moskau 2009; J. G. Gmelin, *Flora sibirica* (Sibirische Pflanzenwelt) 4 Bde. St. Petersburg 1747.

befinde als die Geographie Deutschlands." Euler ließ später in den *Petersburger Acta* für 1777 drei Arbeiten zur Kartographie einrücken, über die er in der Akademie 1775 vorgetragen hatte und die sich mit der Abbildung einer Kugelfläche in die Ebene, der Darstellung einer Kugeloberfläche auf einer Karte sowie der Delisle'schen Kartenprojektion und ihrer Anwendung auf die russische Generalkarte befassten (E 490, 491, 492; EO I/28).[37] Er hob das bekannte Verzerrungsproblem hervor, das bereits Gerhard Mercator (1512–1594) in Betracht gezogen hatte. Wegen der angestrebten Flächengleichheit verdiene eine Kartenprojektion des Flächenstaates Russlands eine Delisle'sche Projektion. Euler strebte also Flächengleichheit der Projektion auf einer russischen Generalkarte an,[38] aber bekanntlich kann eine Kartenprojektion nicht die drei wichtigsten Forderungen – Längen-, Winkel- und Flächengleichheit – auf einmal erfüllen, und Euler machte bei der Erhaltung von Abständen Kompromisse; die Delisle'sche Projektion ist im Wesentlichen eine Mercator'sche. Auf den russischen Karten war übrigens bis 1920 der Nullmeridian durch den markanten Turm der Petersburger Peter-Pauls-Festung bestimmt.

Die große Nordische Expedition (zweite Kamtschatka-Expedition) war eines der größten und wichtigsten Unternehmen der Akademie, die im Jahre 1733 unter der Leitung von Vitus Bering (1680–1741) begann und ein volles Jahrzehnt währte. In die Vor- und Nachbereitung waren rund 3000 Personen einbezogen, darunter übrigens Leonhard Euler. Das Riesenunternehmen Sibirienforschung verschlang Unsummen, lieferte aber auch unschätzbare Erkenntnisse; wegen der Verzögerung bei der Herausgabe des *Russischen Atlas* konnten diese noch in das Kartenwerk einfließen. Euler widmete sich auch historischen Fragen Russlands und war seinem Freund Gerhard Friedrich Müller (1705–1783) bei dessen wegweisenden Studien zur Geschichte Sibiriens behilflich. Müller ist als Vater der Geschichtsschreibung Russlands und Sibiriens bekannt.

In Berlin gab Euler im Auftrag der Akademie einen Atlas für die Schulen heraus, der in der 2. Auflage 44 Karten enthielt (Abb. 5.10). Euler verfasste für den Atlas eine Vorrede, der die Karten erklärte; aber er wurde auch für die Popularisierung des Atlas aktiv, indem er z. B. eine Zeitungsanzeige aufsetzte. Die vier Karten, die Nordamerika darstellen, wurden z. B. nach englischen Quellen angefertigt, da man zu Recht von dort präzisere Angaben erwartete.

Euler befasste sich auch mit thematischen Karten, indem er beispielsweise die örtliche Deklination (Ablenkung) der Magnetnadel des Kompass auf Landkarten erfasste. Jeder Kompass unterliegt einer lokalen Missweisung, d. h. er zeigt nicht genau die Nordrichtung an, und diese Abweichung ist wichtig für Schiffsrouten oder die Bestimmung von Himmelsrichtungen. Edmond Halley (1656–1743) veröffentlichte 1701/1702 Karten mit solchen Deklinationslinien, die er als Kapitän

---

[37] Alle in deutscher Übersetzung in *Ostwald's Klassiker* No. 93. Leipzig 1898.

[38] „De projectione", in: *Acta acad. sc. Petrop.*; E 492; deutsche Übersetzung in *Ostwald's Klassiker* No. 93. Leipzig 1898, S. 53–64.

Abb. 5.10 a Titelseite des von Euler in Berlin herausgegebenen *Atlas* (1760); **b** Eulers handschriftlicher Text für eine Anzeige des Atlas; **c** die Weltkarte („Mappa mundi generalis") des *Atlas*. Zu **b**: Transkription der Anzeige: „Bey der König[lichen] Academie der Wissenschaften ist ein Geographischer Atlas insonderheit zum Gebrauch der Schulen in ordinaire folio format [im üblichen Folioformat, 40–46 cm] verfertiget worden. Derselbe bestehet in 41 Charten nebst einem Titul und Vorrede, welche zusammen illuminirt bey den Factoren der König[lichen] Academie für 3 R[eichstaler] 12 g[roschen] verkaufet werden. Liebhaber können auch diese Charten einzeln das Stück à 2 g[roschen] bekommen. Wegen der Publication in den Haude und Spenerischen Zeitungen beliebe der H[err] Ober Commissarius nur einige complette Exemplaria dahin zu schicken, damit H[err] Krause aus der Vorrede einen Auszug machen kan. L. Euler 8. Aug. 1753"

Abb. 5.11 Abbildung 7 aus der Abhandlung „Recherches sur la déclinaison de l'aiguille aimantée" (Untersuchungen zur Variation der Magnetnadel; E 237, *Mém. de Berlin* 13 (1757), S. 175–251, gedr. 1759) = EO III/10 S. 261–343)

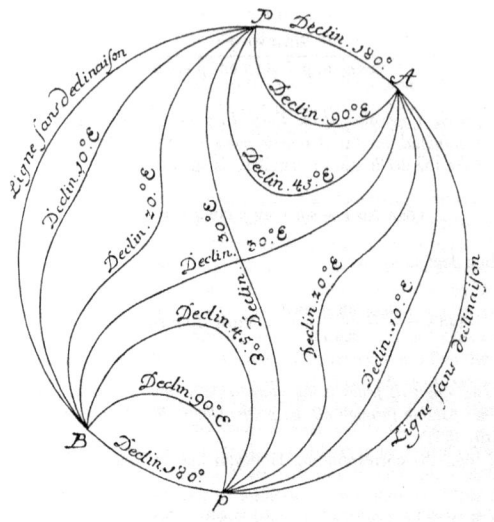

im Atlantik experimentell bestimmt hatte, und Gottfried Wilhelm Leibniz schlug umgehend die Herstellung entsprechender Globen vor. Leibniz war insbesondere an Deklinationslinien in Russland interessiert, da darüber nichts bekannt war, und auch der Zar zeigte sich bei einem Treffen mit Leibniz 1711 in Torgau an einem magnetischen Globus interessiert, den er auch erhielt.[39]

Die von Halley gefundenen Linien sind wichtig, aber ihre theoretische Erfassung ist sehr schwierig, da sie keinem geometrischen Gesetz genügen. Wir sind am Beginn des 18. Jahrhunderts, einer Zeit, in der physikalische Gesetze noch weitgehend geometrisch ausgedrückt wurden. Halley selbst erklärte die Linien durch das Vorhandensein von vier Polen, wobei zwei davon beweglich seien. Letztere Pole könnten die Unterschiede in Zeit und Ort erklären, und die Superposition der Pole liefere Ergebnisse. Euler erörterte in seiner ausführlichen Untersuchung „Recherches sur la déclinaison de l'Aiguille aimantée" (Forschung über die Abweichungen der Magnetnadel; E 237, Berliner *Mémoires* 13 (1757), S. 175–251, gedr. 1759) spezielle Anordnungen der Pole (diametral, auf einem Meridian, auf zwei Meridianen usw., nebst 15 Abbildungen) (Abb. 5.11). Die Arbeit beschließen zwei ganzseitige Karten des Globus mit den magnetischen Deklinationslinien. Die Abhandlung basiert auf einem Akademievortrag Eulers am 29. Sept. 1757.

---

[39] Für Globen zeigte der Zar stets lebhaftes Interesse. Es sei an den Gottorfer Globus erinnert, den er 1713 erbat (besser mitnahm) und ab 1726 in seiner Kunstkammer präsentierte.

5.3 Bahnbrechende Resultate – Euler und die Zahlentheorie

> Il me semble qu'il n'y a encore que Fermat et vous qui se soient occupés avec succès de ces sortes de recherches.[40]
>
> JOSEPH-LOUIS LAGRANGE (1736–1813) an Leonhard Euler
>
> If Euler had never done anything except number theory, he would still be remembered as one of the great mathematicians.
>
> PAUL ERDŐS (1913–1996) und UNDERWOOD DUDLEY (*1937)

5.3.1 Bemerkungen zur Zahlentheorie vor Euler

Gezählt und gerechnet wird in allen mathematischen Disziplinen. Zahlen beherrschen mehr und mehr unseren Alltag. Der pythagoreische Glaubenssatz lautet: Alles ist Zahl. Bereits der Bischof Isidor von Sevilla (ca. 560–638) bemerkte, ohne die heutige Digitalisierung zu ahnen, „Nimm allem die Zahl, und es zerfällt". Der ehemalige Wohnsitz des schwedischen Mathematiker Magnus Gösta Mittag–Leffler (1846–1927) in Djursholm bei Stockholm, der heute das Institut Mittag–Leffler der schwedischen Akademie beherbergt, weist in der Eingangshalle einen Kamin auf. Sein Sims trägt folgenden Sinnspruch des früheren Besitzers, der auch das Motto seiner Abhandlung „Talet. Inledni till teorien för analytiska funktioner" ist:[41] „Die Zahl ist Anfang und Ende des Denkens. Mit dem Gedanken wird die Zahl geboren. Über die Zahl hinaus reicht der Gedanke nicht." (Abb. 5.12).

Abb. 5.12 Der Sinnspruch von Mittag-Leffler im Kaminsims

---

[40] „Mir scheint es, dass es nur noch Fermat und Sie gibt, die sich erfolgreich um diese Forschungen gekümmert haben."

[41] „Die Zahl. Einleitung zur Theorie der analytischen Funktionen", in: *Det Kgl. Danske Videnskabernes Selskab. Math-fys. Medelelser Kobenhaven* 1920, deutsch in: *The Tôhoku Math. Journal* Vol. 17, Sendal 1920.

Das könnte auch als Motto für die Arithmetisierung dienen. Leopold Kronecker (1823–1891) drückte die alte pythagoräische Ansicht „Alles ist Zahl" in seinem Vortrag „Über den Zahlbegriff" so aus: „Und ich glaube auch, daß es dereinst gelingen wird, den gesamten Inhalt all dieser mathematischen Disziplinen zu ‚arithmetisieren', d. h. einzig und allein auf den im engsten Sinn genommenen Zahlbegriff [natürliche Zahlen] zu gründen."[42]

Aber natürliche Zahlen sind darüber hinaus in der Mathematik auch als eigenständige Gegenstände von Interesse. Von ihnen geht ein Zweig der Mathematik aus, in dem zwar viele einfach zu formulierende Fragen begeistern, die aber zu ihrer Lösung oft tiefgehende Überlegungen erfordern und die auf Theorien von bezaubernder Schönheit führen. Viele alte Fragen der Zahlentheorie, wie z. B. die einfache Frage nach ungeraden vollkommenen Zahlen, widerstehen aber noch immer den Bestrebungen der Mathematiker. Das Fermatsche Problem, der letzte Satz von Pierre de Fermat (1607–1665),[43] kann ohne Schwierigkeiten jedem Schüler erklärt werden, aber die Lösung des Problems von Andrew Wiles (*1953) verstehen nur wenige Mathematiker. Paul Erdős (1913–1996) berief sich gern auf Godfrey Harold Hardy (1877–1947), der gesagt haben soll, dass jeder Dummkopf Fragen über Primzahlen stellen könne, auf die auch die klügsten Köpfe keine Antwort wüssten. André Weil (1906–1998), „der beste moderne Zahlentheoretiker" (Pierre Cartan, *1932), erklärte im Vorwort seiner *Number Theory* (1984), dass deren Inhalt in nicht mehr als einem detaillierten Studium und einer Erklärung der Errungenschaften von vier Mathematikern bestehe: Fermat, Euler, Lagrange und Legendre (1752–1833), den Begründern der modernen Zahlentheorie. Die Größe von Gauß (1777–1855) läge darin, dass er das, was seine Vorgänger begonnen hatten, zum Abschluss brachte und eine neue Ära in der Geschichte dieser Disziplin einleitete.

Euler war mit der Basler Mathematik im Gepäck nach St. Petersburg gekommen, und diese Mathematik bestand aus üblicher Geometrie und aus Algebra, aber besonders aus Infinitesimalmathematik, die in den Händen der Brüder Bernoulli erblüht war und sich als wirkungsvoll in der Mechanik oder Optik erwies, Zahlentheorie kam dabei bis auf elementare Themen nicht vor. Es ist nicht erstaunlich, dass Euler – der im 18. Jahrhundert ohne Zweifel derjenige Mathematiker war, der mit erstaunlicher Meisterschaft in (fast) allen Gebieten der reinen und angewandten Mathematik brillierte – dem Reiz dieses mathematischen Zweiges erlag, der umgehend ein Lieblingsgebiet Eulers werden sollte und der als Zahlentheorie bezeichnet wird und früher auch höhere Arithmetik hieß. Die Zahlentheorie genoss allerdings nicht uneingeschränktes Wohlwollen in der mathematischen Gemeinschaft. Pierre de Fermat (Abb. 5.13), der zunächst unbesorgt und unsystematisch seine zahlentheoretischen Forschungen betrieben hatte, schilderte

---

[42] *Werke*, Bd. 3. Leipzig 1895, S. 253.
[43] K. Barner hat in seiner Arbeit „How old did Fermat become", in: *NTM* 9, 4 (2001), S. 209–228, glaubhaft gemacht, dass das Geburtsjahr 1607 ist.

5.3 Bahnbrechende Resultate – Euler und die Zahlentheorie

Abb. 5.13 Pierre de Fermat (1607–1665), Denkmal von A. Falguière (1881) in Beaumont-de-Lomagne Tarn-et-Garonne

in seinem letzten Brief an Christiaan Huygens (1629–1695) im August 1659 seine Furcht, dass seine Forschungen verloren gehen könnten. Huygens hatte jedoch schon im Jahr zuvor an John Wallis (1616–1703) geschrieben: „Es mangelt uns nicht an besseren Beschäftigungen", was deutlich macht, dass er nicht derjenige war, der das zahlentheoretische Werk „de ce grand homme"[44] weiterführen würde. Auch Eulers alter Freund aus gemeinsamen Basler Tagen, Daniel Bernoulli, äußerte sich beispielsweise eher kritisch zu den Untersuchungen von Primzahlen.

Euler war erst in St. Petersburg zur Beschäftigung mit zahlentheoretischen Problemen gekommen, und diese folgenreiche Hinwendung erfolgte unter dem

---

[44] „Éloge" auf Fermat im *Journal des Sçavans*, 1665. Der Minister Colbert gründete 1666 die Pariser Académie des Sciences, indem er hauptsächlich auf Fermats Korrespondenz zurückgriff.

Einfluss von Christian Goldbach (1690–1764), mit dem sich Euler über Jahrzehnte brieflich über Probleme der Zahlentheorie austauschte. Der Briefwechsel mit Goldbach, der von 1729 bis 1764 geführt wurde und dem wir zwei Abschnitte gewidmet haben (siehe Abschn. 3.11 und 4.8),[45] ist eine Fundgrube für Eulers Entwicklung in der Zahlentheorie, insbesondere für die Jahre 1730 bis 1756; aber die Briefe zeigen auch viele andere Ideen und Vorstellungen Eulers und berichten über persönliche Dinge. Wie bei vielen großen Mathematikern war die Zahlentheorie auch ein Lieblingsgebiet Eulers, und seine Liebe zur Zahlentheorie, der Königin der Mathematik (C. F. Gauß), nahm mit dem Alter zu. Bemerkenswert ist, dass Euler, sofern ihn ein Problem erfasste, er sich ihm ganz zuwenden konnte, auch wenn er gerade in einer – sagen wir – geometrischen Arbeitsphase oder Ähnlichem war. Auf solche Probleme kam er gern wieder zurück und suchte nach Verallgemeinerungen der Aussage.[46]

Euler verfasste ca. 100 Arbeiten zum Thema, die in vier Bänden seiner *Opera omnia* untergebracht sind (EO I/2–5); die Zahlentheorie in Eulers gedrucktem Œuvre bringt es auf ca. 6 %, aber diese haben es in sich.

Wenn Eulers spätere Wirkung in der Zahlentheorie mitunter als nicht so groß eingeschätzt wird, wie es nach diesen Bemerkungen zu erwarten wäre, so mag das daran liegen, dass sein um 1750 ins Auge gefasstes Lehrbuch über diesen Gegenstand nur ein etwa hundertseitiger Entwurf geblieben ist („Tractatus de numerorum doctrina capita sedecim, quae supersunt", Abhandlung über die Lehre von den Zahlen in 17 Kapiteln, die ausreichen; E 792, EO I/5; gedruckt posthum 1849), und auch, dass seine vorauseilenden Ideen ihre Wirksamkeit oft erst in der Bearbeitung durch andere Mathematiker zu späteren Zeitpunkten entfalteten. So dominierte in der Zahlentheorie bis zur Hälfte des 19. Jahrhunderts der hauptsächlich auf Euler und Lagrange fußende *Essai sur la théorie des nombres* (Essai über Zahlentheorie, 1798) von Adrien Legendre (1752–1833), wiewohl er 1801 durch die *Disquisitiones arithmeticae* (Arithmetische [modern: zahlentheoretische] Untersuchungen) von Carl Friedrich Gauß (1777–1855) inhaltlich überholt war. Aber die Charakterisierung dieses Buchs als eines mit sieben Siegeln, die Peter Gustav Lejeune Dirichlet (1805–1859) den *Disquisitiones* gab, die er ständig wie ein Pfarrer seine Bibel mit sich trug, erklärt die Schwierigkeiten und damit die schleppende Rezeption der Gauß'schen Gedanken.

---

[45] Hinsichtlich Eulers Zahlentheorie findet man die interessantesten Ergebnisse, Vermutungen und Anregungen in den Briefen mit Goldbach in den Jahren 1730–1756. Der Briefwechsel wurde mehrfach ediert: im Band von P. H. Fuss *Correspondance* (1848), im Briefwechselband von Juškevič u. a. (1965) und erneut im dem Band EO IVA/4. Die außergewöhnliche Korrespondenz wird auch in diesem Buch zu erörtern sein, wobei sie neben den beiden speziellen Abschnitten auch in diesem Abschnitt Zahlentheorie erscheinen wird. Da wir Entwicklungslinien nicht grob unterbrechen wollen, wird es gelegentlich zu einigen Überschneidungen kommen.

[46] Siehe hierzu Weils *Number Theory* (Boston 1984) bzw. die deutsche Übersetzung *Zahlentheorie* (Basel 1992), Kapitel Euler, Schlußfolgerungen (dtsch. Übersetzung S. 293 f.).

5.3 Bahnbrechende Resultate – Euler und die Zahlentheorie

Adrien-Marie Legendre (1752–1833) und Joseph-Louis Lagrange (1736–1813) wurden beide von Gauß mit dem Beiwort „clarissimus" (sehr berühmt) bedacht, aber Euler wurde allein mit dem Adjektiv „summus" (der Höchste)[47] bezeichnet. Mit diesem Trio haben wir die drei großen Zahlentheoretiker des 18. Jahrhunderts vor uns, wobei Eulers Leistungen allein auf diesem Gebiet ausgereicht hätten, seinen Namen unsterblich zu machen. Man kann sehr vereinfacht sagen, dass Fermat Sätze aufstellte und Euler sie dann bewies. André Weil hat etwas differenzierter geurteilt, dass nämlich die Zahlentheorie, wie vieles andere, zweimal erfunden wurde: einmal durch Fermat und abermals durch Euler. Weil sieht also Fermat und Euler als die Begründer dieser Disziplin an, auf die Lagrange und Legendre folgten, bis Gauß schließlich im 19. Jahrhundert die Resultate bündelt und vervollständigte.

In Hinblick auf den Analytiker Euler muss auch das Teilgebiet analytische Zahlentheorie der Disziplin erwähnt werden, in dem man mit Methoden der Analysis und Funktionentheorie arbeitet, vornehmlich um Fragen von Primzahlen zu beantworten und Verteilungen von Zahlen zu ermitteln. In der Zahlentheorie werden zahlreiche arithmetische Funktionen benutzt, die auf der Menge der natürlichen Zahlen definiert sind und als Wertebereich reelle (komplexe) Zahlen haben. Die Eulersche ϕ-Funktion wäre ein Beispiel. Diese diskreten arithmetischen Funktionen können auch als Folgen aufgefasst werden.

Bei Erdős und Dudley (*1937) liest man:

> „Of course, not even Euler was perfect. His proofs of Fermat's Last Theorem for exponent 3, as well as his proof that every prime has a primitive root, are considered incomplete by our present standards. ... In at least one instance, Euler's intuition completely misled him and he produced a false ‚proof' which could not be corrected by methods at his disposal. Euler wanted to prove $\sum \mu(n)/n = 0$ [$\mu(n)$ Möbius-Funktion]."[48]

Unter den nicht veröffentlichten Eulerschen Fragmenten, die über 3000 Seiten umfassen, befinden sich um die 1000 Seiten mit zahlentheoretischen Notizen. G. P. Matwijewskaja (Г. П. Матвиевская (1930–2025)) und E. P. Ozigova (Е. П. Ожигова, *1923) haben dieses Paket durchgesehen und bemerkt, dass dieses handschriftliche Material – was zu erwarten war – unseren Blick auf den Zahlentheoretiker (wie auch den Mathematiker) Euler weitet. Die Manuskripte ermöglichen es insbesondere, die Quellen seiner Entdeckungen zu ermitteln. Zwei Beispiele: In Notizbuch N 131 gibt es den ersten Eintrag zur Zeta-Funktion, das Notizbuch N 134 enthält die Aussage, dass sich zwischen n und $2n$ wenigstens eine Primzahl p befindet.

---

[47] Den Titel „summus" vergab Gauß sonst nur noch an Isaac Newton (den allerdings Zahlentheorie nicht interessierte).

[48] Erdős, P. and U. Dudley: „Some remarks and problems in number theory related to the work of Euler", in: *Mathematics Magazine* 56, 5 (1983), S. 292–298, Zitat S. 297.

5.3.2 Am Anfang war Fermat

> Die Arithmetik [Zahlentheorie], die bei Diophant und Fermat den Character einer unterhaltenden Denkübung eines geistreichen Spiels trug, war nach Vorarbeiten von Euler, Lagrange und Legendre durch Gauß zu dem Rang einer Wissenschaft erhoben worden.
> FERDINAND GEORG FROBENIUS (1840–1017), Gedenkrede auf Leopold Kronecker, 1893

Daniel Bernoulli, mit dem Euler anfänglich in Petersburg wohnte, riet seinem Freund, sich dem Konferenzsekretär Goldbach mit einigen eigenen Ergebnissen vorzustellen. Am 1. Dezember 1729 beantwortete Christian Goldbach höflich den Eulerschen Brief vom 13. Oktober des gleichen Jahres, in welchem einige Ergebnisse über das mitgeteilt wurden, was seit Adrien Marie Legendre Gamma-Funktion genannt wird:[49]

$$\Gamma(z) = \int_0^\infty e^{-t} t^{z-1} \mathrm{d}t, \mathrm{Re}\, z < 0,$$
$$\Gamma(z) = \tfrac{1}{z} \prod_{n=1}^\infty \left(1 + \tfrac{1}{n}\right)^z \left(1 + \tfrac{z}{n}\right)^{-1}, z \neq 0, -1, -2\ldots$$

Damit begann der lebenslange Briefwechsel zwischen beiden. Goldbachs entscheidende Frage stand am Ende des Briefes als Postskriptum und lautete:

> „Ist Ihnen Fermats Bemerkung bekannt, dass alle Zahlen der Form $2^{2^{x-1}} + 1$ wie 3, 5, 17, usw. Primzahlen seien? Er sagte, er könne es nicht beweisen; und auch sonst niemand, so viel ich weiß, hat es bewiesen."[50]

Ebenfalls am Ende seines längeren Antwortbriefs (8. Jan. 1730) äußerte sich Euler hierzu. Er war skeptisch und ziemlich uninteressiert, aber Goldbach blieb hartnäckig und kam im nächsten Brief wieder auf Fermats Beobachtung zu sprechen, sodass die Sache bis zum Juni 1730 auf der Tagesordnung blieb. Das weckte Eulers Interesse, und er begann Fermat zu lesen und später auch die *Algebra* (1685) von John Wallis (1616–1703). Dabei stieß er auf Fermats Behauptung, dass jede Zahl als Summe von vier Quadraten darstellbar sei,[51] und jetzt fing er endgültig Feuer!

Alexis-Claude Clairaut (1713–1765), ein sechs Jahre jüngerer französischer Mathematiker, wandte sich in Zusammenhang der Maupertuis'schen Expedition, die die Form der Erde ermitteln sollte, an Euler mit einschlägigen Fragen. 1743 veröffentlichte Clairaut sein viel beachtetes Buch *Théorie de la figure de la Terre* (Theorie der Erdgestalt), und diese Thematik beherrschte natürlich anfänglich die

---

[49] Die Bezeichnungen bzw. Definitionen sind heute nicht einheitlich.

[50] „Notane Tibi est Fermatii observatio omnes numerus hujus formulae $2^{2^{x-1}} + 1$, nempe 3, 5, 17, etc., esse primos, quam tamen ipse fatebatur se demonstrare non posse essse et post eum nemo, quod sciam, demonstravit." – A. Weil bemerkte in seiner *Zahlentheorie* (1984, dtsch. 1992), dass Goldbach Fermat nicht gelesen hatte, was dieser Euler später selbst mitteilte, und folgerte, dass damals offenbar unter Liebhabern der Zahlentheorie Fermats Behauptungen mündlich zirkulierten.

[51] Der von Euler schließlich (1747, 1758 und 1760) vollständig bewiesene Satz ist in Abschn. 5.3.4 angeführt.

5.3 Bahnbrechende Resultate – Euler und die Zahlentheorie

Korrespondenz beider. Aber Euler bekannte auch, dass er sich seit seinem 20. Lebensjahr ebenfalls mit Fermat'schen Behauptungen befasst habe, und es wäre doch vorteilhaft, wenn er sich bei seinen Untersuchungen neben den gedruckten Arbeiten auch auf Fermats nachgelassene Papiere stützen könnte, da Fermats Vermutungen nicht immer zuträfen, wofür er Beispiele nennt (sein Gegenbeispiel für die Fermat-Zahlen). Euler erkannte jedoch, dass Clairaut kein Interesse an zahlentheoretischen Fragen hatte und stellte sich in der weiteren Korrespondenz wieder auf Clairauts Themen ein (z. B. Mondtheorie, Hydromechanik).

Mit Jean le Rond d'Alembert (1717–1783) wechselte Euler über 20 Jahre Briefe, aber auch bei d'Alembert, der eher Physiker als Mathematiker war, fand Euler kein Interesse für Zahlentheorie. Der 18-jährige Joseph-Louis Lagrange (1736–1813) hatte mit neuen revolutionierenden Ideen in der Variationsrechnung einen Briefwechsel mit Euler begonnen, der zu knapp 40 Briefen führte, aber erst in den letzten zwölf Briefen (1770–1775) zahlentheoretische Diskussionen enthielt. Dabei darf nicht übersehen werden, dass Euler zunehmend erblindete (ein Insult 1766) und dass er sich erfolglos 1771 einer Staroperation unterzog, sodass er auf Hilfe bei seiner Arbeit angewiesen war. Der Berliner Akademiesekretär Jean Henri Samuel Formey (1711–1797) schrieb nach Genf an den Naturforscher Charles Bonnet 1720–1793) bereits: „Suivant les lettres que je reçois de Petersbourg la santé de M. Euler souffre de violentes & fréquentes secousses: je crains qu'il n'y succombe." (Nach den Briefen, die ich aus Petersburg erhalte, leidet Herr Euler an häufigen heftigen gesundheitlichen Erschütterungen: ich fürchte, dass er ihnen erliegen wird; Brief vom 2.7.1767).

Mit Lagrange hatte Euler in der Zahlentheorie den ihm ebenbürtigen Partner zwar gefunden, aber, wie Karl Weierstraß (1815–1817) bemerken würde, komme im Leben eben alles zu spät. Das trifft hier in gewisser Weise zu, denn der Briefwechsel förderte Eulers Untersuchungen nicht mehr wesentlich. Man stellte sich einig Fragen, meist um das Verständnis herzustellen, aber eine Zusammenarbeit wie mit Goldbach, wo die Fragen und Vermutungen ein „work in progress" waren, offen geführt und ohne Vorbehalte, Missglücktes wurde korrigiert, war es nicht. Lagrange sprach stets respektvoll von Euler, aber er war zur Kritik bereit und betonte gern Eigenes. Die menschliche Bindung zwischen Euler und Goldbach, dem Basler und dem Königsberger Sohn jeweils eines Pfarrers, muss offenbar sehr gut gewesen sein, auch über die mathematischen Beziehungen hinaus, denn Goldbach war Pate des ältesten Eulerschen Sohnes Johann Albrecht (1734–1800).

So blieb der vielseitig gebildete Goldbach nicht nur ein wertvoller Briefpartner, sondern wurde auch sein älterer Freund. Die Frage nach Fermat-Zahlen wurde bald auf Zahlen der Form a^2+1 und schließlich auf $a^m \pm b^n$ erweitert. Ein Dutzend Jahre später, kurz nach der Übersiedlung nach Berlin (Ankunft 26. Juli 1741), berichtete Euler am 9. September 1741 über seine neuesten Gedanken hierzu an Goldbach:

> „Von den divisoribus quantitatis [Divisoren der Größe] $aa \pm mbb$, si a et b sint numeri inter se primi [wenn a und b teilerfremd sind], habe ich auch curieuse proprietatis [merkwürdige Eigenschaften] entdeckt, welche etwas in recessu [im Versteck] haben, als da sind:"

[Es folgen drei Sätze über lineare Teiler bei quadratfreiem m (d. h. m hat keine Quadrate als Teiler). Ausführlicheres schreibt Euler dann aus Berlin im Brief vom 28. August 1742).]

Euler hatte einen neuen mathematischen Gegenstand gefunden, der ihn sein weiteres Leben lang begleiten sollte: die Zahlentheorie. Die wichtigsten Themen der Zahlentheorie, die Euler behandelte, waren:

- der kleine Fermat (in erweiterter Eulerscher Form),
- Quadratsummen und ihre Primteiler,
- das quadratische Reziprozitätsgesetz,
- die „partitio numerorum" (Zerlegung von natürlichen Zahlen) mit der Methode der erzeugenden Funktion,
- diophantische Gleichungen 2. Grads,
- Kettenbrüche und Pell'sche Gleichung,
- elliptische Integrale und die Zeta-Funktion ζ,

$$\zeta(s) = \sum_{n=1}^{\infty} \frac{1}{n^s} = \prod_p \left(1 - \frac{1}{p^s}\right)^{-1}, \text{Re}(s) > 1$$

- die Gamma-Funktion $\Gamma(z) = \int_0^{\infty} e^{-t} t^{z-1} dt$, $\text{Re}(z) > 0$,
- große Primzahlen und Abschätzung ihrer Anzahl unterhalb einer Schranke.

Einige dieser Themen können sowohl der Analysis als auch der Zahlentheorie zugerechnet werden. Hierüber schrieb Euler in einer Tafel von Divisorensummen 1752 (E 243, EO I/2, S. 376):

> „Hier sieht man, wie eng und wunderbar infinitesimale Analysis mit der gewöhnlichen [algebraischen] Analysis und sogar der Zahlentheorie verbunden ist, die doch mit der höheren Art des Calculus unvereinbar zu sein scheint."

Diese Aussage belegt, dass Euler sowohl kontinuierliches Denken als auch diskrete Überlegungen einzusetzen wusste. Als Beispiel kann uns die funktionale Beziehung der (Riemann'schen) Zeta-Funktion dienen, die Euler in Zusammenhang mit dem sogenannten Basler Problem[52] zu untersuchen begann, einzelne Funktionswerte berechnete und mit einfallsreichen Kunstgriffen auf die Funktionalgleichung

$$\zeta(1-s) = \pi^{-s} 2^{1-s} \Gamma(s) \zeta(s) \cos(\pi s/2)$$

---

[52] Gefragt ist nach dem Wert der Summe der reziproken Quadratzahlen. Euler beschäftigte sich seit 1726 mit dem Problem und gab 1735 eine viel beachtete Lösung $\pi^2/6 = 1{,}6449\ldots$ Das ist auch der Wert von $\zeta(2)$.

5.3 Bahnbrechende Resultate – Euler und die Zahlentheorie

kam und sicher war, dass sie für alle reellen s gelte.[53] Das zeigte 1859 Bernhard Riemann (1826–1866), nach dem diese Zeta-Funktion in der Regel genannt wird, für komplexe s. Bei einem Beweis, der die Primzahlverteilung betraf, unterlief Euler ein Fehler, der seinen Grund in der Reihenlehre hatte.

Modern geschrieben kam dabei die Gleichung

$$\sum_{n=1}^{\infty} \frac{\mu(n)}{n} = \prod_p \left(1 - \frac{1}{p}\right) = 0 \quad (p \text{ prim}),$$

die gleichwertig zur Formel für die asymptotische Verteilung der Primzahlen ist, ins Spiel. Die Mobiusfunktion $\mu(n)$ nimmt nur die Werte ± 1 und 0 an; $\pm$ sofern n eine quadratfreie Zahl ist und 0 falls nicht (die Verteilung der Vorzeichen + und – ist dabei interessant). Euler folgerte, wofür er die absolute Konvergenz der Reihe auf der linken Seite benötigt hätte (damals noch nicht verfügbar), dass die linke Seite verschwindet. Einen korrekten Beweis lieferte erst Hans von Mangoldt (1854–1925) am Ende des 19. Jahrhunderts.

Fermat'sche und Mersenne'sche Zahlen
Natürliche Zahlen der Form $F_n = 2^{2^n} + 1$ bzw. $M_n = 2^n - 1$ heißen Fermat'sche bzw. Mersennesche Zahlen. Pierre Fermat vermutete seit 1640, dass alle F_n ($n = 0, 1, 2, \ldots$) Primzahlen seien, aber wie er an Blaise Pascal (1623–1662) 1654 und Pierre de Carcavi (1600–1684) 1659 schrieb, habe er keinen Beweis, glaube aber, dass man es mit der Methode des „descente infinie" (unendlichen Abstiegs) zeigen könne. Bis F_4 liefert die Formel in der Tat Primzahlen, aber Euler zeigte 1732 in seiner ersten zahlentheoretischen Arbeit „Observationes de theoremate quodam Fermatiano, aliisque ad numeros primos spectantibus" (Beobachtungen zu einem bestimmten Satz von Fermat und anderen, die sich auf Primzahlen beziehen; E 26, im September 1732 vorgelegt, erst 1738 in den *Commentarii* 6 [1732/33] erschienen), dass 641 die fünfte Fermat'sche Zahl teilt: $F_5 = 641 \times 6.700.417$. Erst im Jahr 1854 fand Thomas Clausen (1801–1885) zwei Faktoren von F_6, ein Faktor war übrigens die seinerzeit größte bekannte Primzahl 67.280.421.310.721 (Hinweis von F. Lemmermeyer). Im Jahr 1877 konnten Iwan M. Perwuschin (Иван М. Первушин, 1827–1900) und Edouard Lucas (1842–1901) eine weitere Fermat'sche Zahl, nämlich F_{12}, zerlegen, d. h. sie haben einen Faktor gefunden. 1880 vermochte F. Landry in seinem 82. Lebensjahr zu zeigen, dass auch F_6 teilbar ist. 1960 zeigte G. A, Paxson mit Hilfe eines Computers nach sechsstündiger Rechnung, dass F13 nicht prim ist. Die US-Post in Urbana (Ill.) benutzte übrigens 1963 einen Briefstempel, der die Zerlegbarkeit von F_{23} bekannt machte (Abb. 5.14).

C. F. Gauß machte als 19-Jähriger die sensationelle Entdeckung, dass das regelmäßige Siebzehneck mit Zirkel und Lineal konstruierbar ist (1796).[54] Allgemeiner zeigte er: Die n-Teilung des Kreises (regelmäßige n-Ecke) gelingt für ungerades n nur, wenn n ein quadratfreies Produkt Fermat'scher Zahlen ist.[55] Euler erwähnte dazu in einer Arbeit aus dem Jahr 1750, dass alle Primteiler von F_m die Form $2^{m+1}n + 1$ haben müssen und dass er dies schon 1732 wusste. Damit

---
[53] Siehe R. Ayoub, „Euler and the Zeta Function", in: *Amer. Math. Monthly* 81 (1874), S. 1067–1086; oder A. Weyl, *Number Theory*. Basel 1982, S. 261–276.

[54] Gauß hatte sich gewünscht, dass das 17-Eck auf seinen Grabstein eingemeißelt werde, aber das ist nicht der Fall, jedoch zeigt das Gauß-Denkmal in Braunschweig ein regelmäßiges 17-Eck.

[55] Der 19-jährige Gauß brachte die arithmetischen Fermat-Zahlen F_n damit in Zusammenhang mit der geometrischen Konstruktion von regelmäßigen n-Ecken; er verband folglich diskretes und kontinuierliches Denken.

Abb. 5.14 Poststempel mit der 23. Mersenne-Primzahl, den die Universität in Urbana (Illinois), an der diese Primzahl 1963 von Donald B. Gillies (1928–1975) gefunden wurde, von 1964 bis 1976 benutzte. Danach wurde er durch einen Stempel mit der Inschrift „Four colors suffice" ersetzt, als an derselben Universität das Vier-Farben-Problem gelöst worden war

ist für F_5 die Rechenarbeit auf das Durchprobieren der Primzahlen $64n+1$ eingeschränkt. Psychologisch interessant ist die Tatsache, dass im vorletzten Jahrhundert ein jugendlicher Rechenkünstler Zerah Colburn (1804–1839) die Frage nach der Teilbarkeit von F_5 nach kurzer Zeit erledigte, aber nicht sagen konnte, was ihn auf den Teiler 641 geführt hatte.[56] Euler war zur fraglichen Zeit wahrscheinlich Fermats Vermutung bekannt, dass die ungeraden Primteiler einer Summe teilerfremder Quadrate die Form $4k+1$ aufweisen. In der 1747 geschriebenen, aber erst 1750 erschienenen Arbeit („Theoremata circa divisores numerorum", Sätze über Zahlenteiler; E 134) gab Euler an, dass die ungeraden Primteiler von

a^2+b^2	die Form	$4k+1$,	
a^4+b^4	die Form	$8k+1$,[57]	
a^8+b^8	die Form	$16k+1$	$(a,b)=1$,
	……		
$a^{2n}+b^{2n}$	die Form	$2^{n+1}k+1$.	

die Form

haben (Eulersches Kriterium). Goldbach hatte er 1743 wissen lassen, dass er hierfür einen Beweis habe. Die vorbereitenden Überlegungen tragen Keime der Gruppentheorie in sich, und modern gesprochen würde man sagen, dass für einen Primteiler p einer Fermat'schen Zahl F_n die Restklasse 2 in der primitiven Restklassengruppe modulo p die Ordnung 2^{n+1} hat, welche ein Teiler der Gruppenordnung $p-1$ sein muss bzw. $p=2^{n+1}k+1$. Der heute übliche Beweis nützt eine andere von Euler bewiesene Eigenschaft aus, dass nämlich jede Primzahl der Form $4n+1$ die Summe zweier teilerfremder Quadrate ist.

Mersenne'sche Zahlen $M_n=2^n-1$, ($n=1,2,\ldots$), gehen gehen auf Marin Mersenne (1588–1648)(Abb. 5.15a) zurück, der sie in Vorwort seines Buches *Cogitata Physico. Mathematica* (Physikalisches und mathematische Denken, 1644) mit der Vermutung erwähnt, dass alle M_n prim sind.[58] Aber seine Liste war sowohl fehlerhaft als auch unvollständig. Mersenne'sche Zahlen sind nach wie vor von großem Interesse, da sie sich für das Aufsuchen großer Primzahlen bestens eignen. Bis 2019 sind 51 Mersenne'sche Primzahlen gefunden worden, und unter den

---

[56] Euler war ein gewandter Kopfrechner und verfolgte übrigens mit Interesse die Meldungen über den damaligen achtjährigen Rechenkünstler Quin Mackenzie Quin, der seine Rechentricks auch der Petersburger Akademie angeboten hatte (*Protokoli* vom 2. April 1759).

[57] Die Formen $8n+3$, $8n+5$, $8n+7$ können nicht auftreten.

[58] Die Suche nach großen Primzahlen mithilfe von Computern lieferte ausschließlich Mersenne'schen Primzahlen. Der Primzahlsatz, der die Anzahl von Primzahlen unterhalb einer Schranke abschätzt, macht es nicht unwahrscheinlich, dass keine weiteren Fermat'schen Primzahlen außer den bekannten existieren.

5.3 Bahnbrechende Resultate – Euler und die Zahlentheorie

Abb. 5.15 **a** Marin Mersenne (1588–1648) und **b** Pierre de Fermat (1607–1665) mit seiner Muse (im Salle des Illustres in Toulouse)

jeweiligen größten bekannten Primzahlen dominieren die Mersenne'schen Zahlen. Euler zeigte beispielsweise, dass M_{29} nicht prim, aber M_{31} prim ist.

Die griechischen Mathematiker betrachteten vollkommene oder perfekte natürliche Zahlen z, das sind solche, für die die Summe ihrer Teile (natürlich ist die Zahl z selbst ausgenommen) wieder z ergibt. Bereits Euklid (3. Jh. v. Chr.) bemerkte, dass die ersten vier vollkommenen Zahlen die Gestalt $2^k(2^k - 1)$ aufweisen (6, 26, 496, 8128), und vermutete, dass diese Form für alle geraden vollkommenen Zahlen gelte. Der zweite Faktor in dieser Form ist eine Mersenne'sche Zahl M_k, und Euler zeigte, wenn M_k prim ist, so ist die Zahl mit der euklidischen Form $2^k M^k$ vollkommen; mehr noch, auf diese Weise ergeben sich alle geraden vollkommenen Zahlen. Man weiß zur Zeit aber nicht, ob es unendlich viele gerade vollkommene Zahlen gibt; über die ungeraden vollkommenen Zahlen wissen wir nicht mehr als die Griechen.

Eulers erste zahlentheoretische Arbeit lautet „Observationes de theoremate quodam Fermatiano, aliisque ad numeros primos spectantibus" (Beobachtungen zu einem gewissen Satz von Fermat und anderen, die sich auf Primzahlen beziehen; E 26),[59] erschien erst 1738 und widerlegte, wie oben erwähnt, Fermats Behauptung über die Primzahlen F_n ($n = 0, 1, 2, 3, \ldots$), indem er zeigte, dass 641 die fünfte Fermat-Zahl $F_5 = 4.294.967.297 = 641 \times 6.700.417$ teilt.[60] Die Euler'sche Arbeit enthält noch einige Sätze über Teiler einer Quadratsumme $a^2 \pm b^2$, insbesondere

---

[59] *Comment. Acad. sc. Petropolis* 6 (1732/33), S. 103–107; E 26, EO I/2; 1732 vorgelegt und 1738 gedruckt.

[60] Es erscheint auf den ersten Blick merkwürdig, dass Euler in seinen Briefen an Goldbach nichts über den Primteiler 641 erwähnt. Das dürfte sich dadurch erklären, dass Goldbach zu dieser Zeit wieder in Petersburg lebte.

von den Mersenne'schen Zahlen $M_n = 2^n - 1$. Er vermutete, wenn n prim ist, so sei auch die n-te Mersenne'sche Zahl prim. Gleichfalls wusste er, dass $a^n - b^n$ immer durch $n+1$ teilbar ist, wenn $n+1$ eine Primzahl p ist sowie a als auch b nicht durch p teilbar sind.

In Berlin knüpfte Euler an in St. Petersburg begonnene zahlentheoretische Untersuchungen an. In einer weiteren zahlentheoretischen Arbeit „Theoremata circa divisores numerorum in hac forma $paa \pm qbb$" (Sätze über die Teiler von Zahlen der Form $paa \pm qbb$; E 134, EO I/2; 1747 gelesen, 1750 gedruckt), die übrigens den Beweis des kleinen Fermat'schen Satzes enthielt, kam Euler auch auf Teiler der Formen $ax^m \pm by^m$ zu sprechen. Über die Teiler von a^2+1 schrieb Euler mehrfach an Goldbach (9. Juli 1743, 19. September und 17. November 1744). Er arbeitete auch experimentell: 1752 stellt er eine Tabelle mit a^2+1 = prim bis $a=1500$ auf. Die hierzu entwickelten Gedanken wurden in „De numeris primis valde magnis" (Über sehr große Primzahlen, E 283, EO I/3; 1764) zur Bestimmung von Primzahlen > 1.000.000 benutzt; für a^4+1 gab Euler z. B. acht Werte von 1 bis 34 an, die auf Primzahlen führen. Goldbach schrieb dazu:

> „Ich halte es nicht für undienlich, daß man auch diejenigen propositiones [Behauptungen] anmerke, welche sehr probabiles [glaubhaft] sind, ohngeachtet es an einer würklichen Demonstration [Beweis] fehlt, denn wann sie auch nachmals falsch befunden werden, so können sie doch zur Entdeckung einer neuen Wahrheit Gelegenheit geben." – Brief vom 7. Juni 1742

Nachdem Euler bereits 1731 den Sonderfall erledigt hatte, dass jede ungerade Primzahl p der Form $n+1$ die Zahl $2^n - 1$ teilt (was übrigens schon 500 v. Chr. den Chinesen bekannt war), bewies er 1746 die von Pierre de Fermat (1607–1665) im Jahre 1640 formulierte, aber unbewiesene Behauptung (den sog. kleinen Fermat):

„Es sei p prim und a eine nicht durch p teilbare ganze Zahl. Dann gilt $p \mid a^{p-1} - 1$" bzw.

$a^{p-1} - 1 \equiv 0$	mod p,	$(a, p) = 1$, p prim.

1763 publizierte er schließlich den Beweis für den allgemeineren Satz:

$$a^{\varphi(n)} - 1 \equiv 0 \bmod p$$

wobei $\phi(n) = n \left(1 - \frac{1}{p_1}\right)\left(1 - \frac{1}{p_2}\right) \cdots \left(1 - \frac{1}{p_r}\right)$ die Gauß'sche Bezeichnung für die Anzahl m der teilerfremden natürlichen Zahlen m $\leq n = p_1^{\alpha_1} p_2^{\alpha_2} \ldots p_r^{\alpha_r}$ ist.[61]

Euler teilte 1735 Carl Leonhard Gottlieb Ehler (1685–1753), ab 1740 Bürgermeister in Danzig, einen Beweis für den kleinen Fermat'schen Satz mit, der auf der Verwendung der binomischen Formel basierte: Euler nutzte aus, dass der Ausdruck $(a+b)^p - a^p - b^p$ stets durch p (p prim) teilbar ist. Für $b=1$ leitete er dann den kleinen Fermat'schen Satz „p teilt $a^{p-1}-1$" durch Induktion her. In

---

[61] „Theorematum quorundam ad numeros primos spectatium demonstratio" (Beweis bestimmter Sätze über Primzahlen; E 54, EO I/2; 1736 vorgelegt, 1741 gedruckt). In: *Comment acad. Sc. Petropolis* 8 (1736), S. 141–146.

Abb. 5.16 Samuel Koenig (1712–1757)

seiner Berliner Zeit wurden Eulers Betrachtungen und Beweise moderner, indem er mehr und mehr systematisch die – aus heutiger Sicht – Gruppeneigenschaften für die zu einer ganzen Zahl n primen Restklassen modulo n begründete. Der Beweis für den kleinen Fermat'schen Satz und seine Verallgemeinerungen wurde in diesem gruppentheoretischen Sinn um 1750 gefunden. Bemerkenswert an der neuen Methode ist, dass Euler zunehmend bemerkte, dass er es nicht mehr mit Zahlen selbst zu tun hatte, sondern mit dem, was wir heute Restklassen nennen (bzw. den Elementen des Primkörpers Z/pZ). Entscheidend für Euler war, dass man mit diesen Objekten rechnen konnte. Er führte nicht nur die Wörter „ordo" und „species" für die Restklassen ein, sondern sogar ein Zeichen a/b für die durch $bc = a$ definierte Restklasse c. Dabei wies er klar darauf hin, dass mit a/b kein Bruch im üblichen Sinn gemeint ist, sondern die Restklasse $(a+np)/b$, wenn a und b die jeweiligen Restklassen repräsentieren und zudem n so gewählt wird, dass $(a+np)/b$ eine ganze Zahl ist (b und p teilerfremd). Das Kreisteilungspolynom $\Phi_n(x) = x^n - 1$ (Name von Gauß) vom Grad $\phi(n)$ stellte Euler als das Produkt von Polynomen dar, das alle Teiler von n (1 und n eingeschlossen) durchläuft. Eulers Beweis erfolgte induktiv über die Anzahl der Primfaktoren von n, brach aber nach drei Faktoren ab. Die Wurzeln von Φ_n sind die primitiven n-ten Einheitswurzeln.

In Hinblick auf die Kontroverse Maupertuis–Koenig (siehe Abschn. 4.13) ist Eulers souveräne Reaktion auf Samuel Koenigs (1712–1757)(Abb. 5.16) öffentliche Mitteilung bemerkenswert, dass schon Leibniz (1646–1716) wie Euler den Fermat'schen Satz $a^{p-1} - 1 = 0$ mod p bewiesen hätte, womit Euler hier, wie Maupertuis (1698–1759) beim Prinzip der kleinsten Aktion, durch Leibniz um die Priorität gebracht würde. Der verärgerte Koenig konnte es nicht unterlassen, in seinem länglichen *Appel au public* (Öffentlicher Aufruf, 1752) Euler in die Nähe eines Plagiators zu rücken, indem er behauptete, Beweise für die Urheberschaft von Leibniz zu haben (die offenbar ungedruckt waren!), „dont Mr. Euler s'attribuë toute la gloire" (von woher Herr Euler den ganzen Ruhm nimmt)[62]! Obwohl beide Beweise verschieden waren, ein Plagiat mithin nicht unterstellt werden konnte, ging Euler darauf gar nicht ein, sondern erklärte 1752 gelassen, dass er folglich nach Fermat und Leibniz den dritten Beweis geliefert habe.

5.3.3 *Das quadratische Reziprozitätsgesetz*

Immer ist der Mensch Arithmetiker.[63]

RICHARD DEDEKIND (1831–1916)

Es lohnt sich, an dieser Stelle zurückzublicken.[64] Der zahlentheoretische Höhenflug Eulers nahm seinen Ausgang bei den Studien über Primteiler von Zahlen der Form a^2+1, insbesondere bei den Fermat'schen Zahlen $F_n = 2^{2^n} + 1$. Das führte ihn zu Aussagen über die möglichen Primteiler und die Gestalt der Teiler von Zahlen der Form a^2+b^2 (*a, b* teilerfremd), womit erste Keime einer Theorie der binären quadratischen Formen entstanden, die vornehmlich der junge C. F. Gauß (1777–1855) zur Entfaltung brachte. Die Untersuchungen wurden auf Zahlen der Form $a^2 \pm b^2$ ausgedehnt und noch etwas allgemeiner schließlich auf die Form $ma^2 \pm nb^2$.[65] Eine erschöpfende Antwort auf die Frage nach den Primteilern der quadratischen Form bei $(a, b) = 1$ liefert das quadratische Reziprozitätsgesetz, welches häufig Adrien Marie Legendre (1752–1833) zugeschrieben wird, der einen unvollständigen Beweis dafür angab.[66] Pafnuti L. Tschebytschow (Пафнутий Л. Чебычев, 1821–1894) hob jedoch schon 1849 hervor, dass Euler die Priorität an dieser kapitalen Entdeckung gebühre, und Henry John Smith (1826–1883) führte 1859 aus, dass der am Ende der „Observationes" (E 552) befindliche „concluding paragraph [§ 39] contains a general and very elegant theorem, from which the Law of Reciprocity is immediately deducible, and which is, vice versa, deducible from that law."[67]

Leopold Kronecker (1823–1891) bestätigte das in seiner Abhandlung über die Geschichte des Reziprozitätsgesetzes nochmals:

---

[62] S. Koenig, *Appel au public*, 1752, S. 106; auch in der Sammlung *Maupertuisiana* enthalten.

[63] Das Motto beruht auf Plutarchs „Immer ist Gott Geometer", Buch 8 seiner Tischreden.

[64] Ausführlicher in F. Lemmermeyers Buch *Reciprocity Laws*, Berlin 2000. Eine Zusammenstellung aller Beweise des Gesetzes hat Lemmermeyer ins Netz gestellt: https://schule-mathematik.blogspot.com/2025/proofs-of-quadratic-reciprocitylaw.html.

[65] „Theoremata circa divisores numerorum in hac forma $paa \pm qbb$ contentorum" (Theoreme über die Divisoren von Zahlen, die in der Form $paa \pm qbb$ enthalten sind; E 164, EO I/2; 1748 vorgelegt, 1751 gedruckt), in: *Comment. ac. sc. Petropolis* 14 (1744/46), S. 151–181.

[66] *Mém. Ac. Paris* (1785), 1788; "Essai sur la théorie des nombres" (1797–1798).

[67] „Report on the theory of numbers, I", in: *The collected papers of H. J. S Smith*. Oxford 1894, S. 57.

5.3 Bahnbrechende Resultate – Euler und die Zahlentheorie

„Schon in einer Abhandlung aus den Jahren 1744–1746 ... , gibt Euler eine Reihe von Lehrsätzen und Bemerkungen, welche das Reciprozitätsgesetz im Wesentlichen enthalten; denn es ist darin als Resultat von Beobachtungen angegeben, dass die Primteiler von $a^2 + Nb^2$ oder $a^2 - Nb^2$ und diejenigen Primzahlen, welche Nichtteiler eines solchen Ausdruckes sind, sich nach gewissen Linearformen $4Nm \pm \alpha$ sondern ... Euler selbst hat das Reciprozitätsgesetz in ganz entwickelter und vollendeter Form erst viel später ... [E 552, EO I/3; 1783] publiziert."[68]

In seiner Akademierede in Berlin 1875, aus der wir zitiert haben, befasste sich Kronecker mit der verwickelten Geschichte des quadratischen Reziprozitätsgesetzes, erkannte dabei in der genannten Eulerschen Arbeit (E 164) spezielle Fälle des Reziprozitätsgesetzes und resümierte schließlich über die Arbeit „Observationes circa divisionem quadratorum per numeros primos" (Untersuchungen über die Teilung von Quadraten durch Primzahlen; E 552, EO I/III)[69] von 1772, die in Eulers Todesjahr 1783 erschien, dass hier das Reziprozitätsgesetz in der Conclusio (§ 39) am Ende der Arbeit „ganz entwickelt und in voller Form" enthalten sei. „In Wahrheit aber ist dieselbe [Entdeckung] weder Legendre noch Gauß zuzuschreiben, sondern Euler." Er wies damit den Anspruch von Legendre auf das Prinzip zurück, der es 1785 unvollständig formuliert hatte. Gauß gab 1801 einen vollständigen Beweis. Das Artin'sche Reziprozitätsgesetz bzw. der Hauptsatz der Klassenkörpertheorie (Emil Artin, 1898–1962) umfasst alle schon vorher bekannten Reziprozitätsgesetze. Es besagt, dass ein Quotient einer verallgemeinerten Idealklassengruppe einer Abel'schen Körpererweiterung isomorph zur Galois-Gruppe dieser Erweiterung ist. Genauer kann man es wie folgt formulieren:

$I(m)/Pm\, N(m) \simeq G(K/k).$[70]

Das Artin'sche Reziprozitätsgesetz (1927), ein Meisterstück, ging aus einer Untersuchung über Artin'sche L-Reihen hervor und ist ein wesentlicher Schritt auf dem Weg zur Lösung des 9. Hilbert'schen Problems.[71]

Der Beweis des famosen Sachverhaltes sowie das Aufstellen dieser Vermutung und die Bemühungen um den Beweis bieten ein schönes Beispiel dafür, dass mathematische Einsichten auch genialer Gelehrter keine unvermuteten und vom Himmel fallenden Erleuchtungen sind, sondern durch Fleiß und Ausdauer erzielt

---

[68] L. Kronecker, „Zur Geschichte des Reciprozitätsgesetzes", in: *Monatsber. d. Akad. d. Wissensch. zu Berlin* 1875, S. 267–274 = *Werke* Bd. 2. Leipzig 1897, S. 1–10. – Das 1772 gefundene Theorem wurde 1783 in den *Opuscula analytica*, Bd. 1, ohne Beweis veröffentlicht

[69] *Opuscula analytica* 1, (1783), S. 85–120; am 18. Mai 1772 der Petersburger Akademie vorgelegt.

[70] Dabei ist $I(m)$ die Menge der zu dem Erklärungsmodul m teilerfremden Ideale von k, $N(m)$ die Gruppe der Normen von gebrochenen Idealen in K teilerfremd zu m und Pm die Untergruppe von P (Gruppe der gebrochenen Hauptideale), die aus den gebrochenen Hauptidealen (α) besteht, mit $\alpha \in k_m$, wobei k_m eine Untergruppe der Einheitengruppe $k\times$ ist.

[71] „Beweis des allgemeinen Reziprozitätsgesetzes", in: *Abh. Math. Seminar Hamburg* 1927. *Collected Papers*. New York 1986. – Im gleichen Jahr löste Artin übrigens ebenfalls das 19. Hilbert'sche Problem.

werden. Wir habe bereits darauf hingewiesen, dass Euler in der Zahlentheorie auch mit „experimentellen" Methoden arbeitete, indem er, leicht und gewandt rechnend, sich nicht scheute, auch riesige Zahlenmengen zu untersuchen und dabei mit unfassbarer Intuition Gesetzmäßigkeiten aufspürte.[72] An Goldbach hatte Euler über den Satz $a^2+b^2=P^2+eQ^2$ am 3. Januar 1756 geschrieben: „Weil ich den Grund desselben nicht einsehen konnte, so habe ich die Richtigkeit desselben durch Exempel erforschen wollen. ... Da ich nun nicht einmal ein Exempel finden kann, welches einträfe, so schließe ich daraus, daß eine gewisse Bedingung in den Zahlen a, b, P und Q müsse weggelassen sein, welche ich aber nicht ausfündig machen kann."[73]

Wir skizzieren das Reziprozitätsgesetz. Von großer zahlentheoretischer Bedeutung sind ganzzahlige Lösungen x und y der Gleichung.

$$x^2 + my = a \quad (a, m \text{ ganze Zahlen}),$$

was gleichbedeutend mit der Teilbarkeit von $x^2 - a$ durch m ist bzw. in Kongruenzschreibweise.

$$x^2 - a \equiv 0 \quad \text{modulo } m.$$

Nun erklärte Euler Folgendes: Wenn für zwei teilerfremde ganze Zahlen p und q gilt:

1. p ist kongruent einer beliebigen Quadratzahl modulo q, dann heißt p quadratischer Rest von q (wie beispielsweise 12 quadratischer Rest von 13 wegen $12 \equiv 8^2$ ist),
2. p ist keiner Quadratzahl modulo q kongruent, dann heißt p Nichtrest von q (wie z. B. −1 von 3, weil niemals $x^2 \equiv -1$ modulo 3 möglich ist).

Nach Euler ist für $p > 2$ eine Zahl a quadratischer Rest bzw. Nichtrest, je nachdem, ob $a^{\frac{p-1}{2}} - 1$ durch p teilbar ist oder nicht bzw. kongruent 1 oder −1 ist. Mit der Abkürzung (Legendre-Symbol):

$$\left(\frac{a}{b}\right) = +1 \text{ wenn } a \text{ quadratischer Rest von } p \text{ ist;}$$
$$= -1 \text{ wenn } a \text{ kein quadratischer Rest von } p \text{ ist.}$$

lautet der Eulersche Satz

$$\left(\frac{a}{p}\right) \equiv a^{\frac{(p-1)}{2}} \text{ modulo } p.$$

---

[72] Mathematiker haben sich bei zahlentheoretischen Untersuchungen durch Rechnungen anregen lassen. Beispielsweise hat Georg Cantor Untersuchungen bis $n = 2000$ bei der Goldbach'schen Vermutung vorgenommen.

[73] Euler erinnerte sich an ein mitgeteiltes Problem von Goldbach unvollständig „weil mein Kopf mit so viel anderen Sachen angefüllt ist", und die „Partes Matheseos applicatae" (Teile der angewandten Mathematik) immer sehr zeitraubend seien; deshalb fehlten ihm vermutlich Angaben (die allerdings in vorangegangen Briefen leicht zu finden gewesen wären).

5.3 Bahnbrechende Resultate – Euler und die Zahlentheorie

Zwei Beispiele: 2 ist quadratischer Rest mod 7, 5 ist quadratischer Nichtrest mod 7:

$$\left(\frac{2}{7}\right) = 2^{(7-1)/2} = 2^3 \equiv 1 \bmod 7, \quad \left(\frac{5}{7}\right) \equiv 5^{(7-1)/2} = 5^3 = 125 \equiv 6 \equiv -1 \bmod 7.$$

Das von Euler vermutete quadratische Reziprozitätsgesetz für die ungeraden Primzahlen p und q, hat in der Legendre'schen Form die beeindruckende symmetrische Gestalt:

$$\left(\frac{p}{q}\right) \cdot \left(\frac{q}{p}\right) = (-1)^{\frac{(p-1)}{2} \cdot \frac{(q-1)}{2}}.$$

Betrachten wir aus dieser Sicht rückblickend den gewaltigen Bogen, welchen Euler von Goldbachs kleiner Anregung bis hin zum quadratischen Reziprozitätsgesetz zu spannen wusste, so ist das einfach phänomenal! Der fruchtbare Boden, auf den Goldbachs Postskriptum fiel, ist außerdem eine überwältigende Bestätigung für die Tragweite von David Hilberts (1862–1943) simpler Devise für ein Genie, man möge immer mit den ganz einfachen Beispielen beginnen. Die Zwangsläufigkeit einer mathematischen Entwicklung lässt sich hier ebenfalls auf eindrucksvolle Weise belegen. Euler beschäftigte sich seit etwa 1741 mit Themen, die wir im Nachhinein als Wurzeln des Reziprozitätsgesetzes deuten können und die ihm so am Herzen lagen, dass er sich damit bis zu seinem Lebensende auseinandersetzte.

Rund 50 Jahre nach Euler und unabhängig von diesem durchlief bis in die Einzelheiten der junge Gauß (Abb. 5.17) faktisch denselben Weg, aber schneller und erfolgreicher als Euler. Gauß gelang als Erstem im Jahre 1796 ein vollständiger Beweis des quadratischen Reziprozitätsgesetzes, dem er noch sieben weitere folgen ließ, zwei sind bereits in seinen *Disquisitiones arithmeticae* (Sectio IV; 1801) enthalten. Die Zahl der Gauß'schen Beweise spricht für seine Wertschätzung des Reziprozitätsgesetzes, das er auch als „theorema aureum" (goldener Satz) bezeichnete. Insgesamt sind heute sehr viele Beweise dieses tiefliegenden Satzes der elementaren Zahlentheorie bekannt, der in ihrer Geschichte einen zentralen Platz einnimmt.

5.3.4 Quadratsummen

> Das Hauptinteresse der Mathematiker richtete sich auf die multplicative Zusammensetzung der Zahlen. Und doch hätte unsere Wissenschaft [Zahlentheorie] bei systematischem Vorgehen zuerst die Zerlegung der Zahlen in ihre Summanden erledigen müssen.[74]
> LEOPOLD KRONECKER

Die bemerkenswerte Vermutung, dass eine natürliche Zahl durch eine Summe von (höchstens) vier Quadraten dargestellt werden kann, geht auf die kommentierte Ausgabe von Claude-Gaspar Bachet de Méziriac (1581–1638) der *Arithmetica*

---
[74] *Vorlesungen* II, Hrsg. Hensel. Zahlentheorie, Teil I, S. 56. 1901.

Abb. 5.17 Carl Friedrich Gauß (1777–1855). Gemälde von C. A. Jensen für die russische Sternwarte in Pulkowo (1840)

des Diophant von Alexandria (Διόφαντος ὁ Ἀλεξανδρεύ, um 250)[75] zurück, in der Bachet gestand, dass er die Behauptung bis zur Zahl 325 überprüft habe, aber diese Vermutung nicht allgemein beweisen könne. René Descartes (1596–1650) fand Gefallen an der Aufgabe, legte sie aber wegen der Schwierigkeit wieder beiseite. Es war dann Fermat, der diesem Problem in seiner Diophant-Ausgabe eine Randbemerkung widmete, die behauptet, dass er einen Satz besitze, aus dem die Vermutung folge. Aber, wie beim letzten Satz von Fermat (der „große Fermat"), hat Fermat niemals einen Beweis veröffentlicht. Die fehlenden Beweise regten sowohl Euler als auch Lagrange zu ihren Untersuchungen an.

---

[75] Diophant gilt als der bedeutendste Algebraiker der hellenistischen Mathematik.

5.3 Bahnbrechende Resultate – Euler und die Zahlentheorie

Euler gelang es zunächst nicht, den Vier-Quadrate-Satz zu beweisen, und er näherte sich seinem Ziel über Sätze aus dem Umfeld dieses Theorems. Das waren zum einen Sätze über Primteiler von Quadratsummen und über die Quadratsummen selbst. Die Zahlen der Form $4m+3$ und $n^2(4m+3)$ lassen sich nicht als Summe zweier Quadrate darstellen; Zahlen der Form $n^2(8m+7)$ sind keine Summe von drei Quadratzahlen (Brief an Goldbach vom 17. Oktober 1730). Im Herbst 1741 begann eine lange briefliche Diskussion zwischen Euler und Goldbach, in der es darum ging, ob der Ausdruck $4mn+m+1$, der im Laufe des Briefwechsels komplizierter wurde, ein Quadrat sein könne. Bis zum Februar 1745 war der Sachverhalt ein Thema von insgesamt 36 Briefen! Die Untersuchungen über quadratische Formen weitete Euler, wie oben erwähnt, bald auf zahlreiche andere Formen dieser Art aus, wobei er im August 1742 dem quadratischen Reziprozitätsgesetz sehr nahe kam (Brief an Goldbach vom 28. August 1742). Euler schrieb enthusiastisch:

„Ich glaube aber fest, dass ich diese Materie bei weitem noch nicht erschöpft habe, sondern dass sich darin noch unzählig viele herrliche proprietatis numerorum [Eigenschaften der Zahlen] entdecken lassen."

Ab 1747 finden sich dann immer häufiger Hinweise auf Fermats Behauptung über die Summe von vier Quadraten, die zunächst zurückgestellt worden war. Aber einen Beweis konnte Euler noch nicht liefern. Ein berühmtes Teilergebnis ist Fermats Zwei-Quadrate-Satz, zu dem Fermat selbst keinen Beweis gab (siehe 230).

„Die ganzen Zahlen a und b seien teilerfremd, $(a, b) = 1$. Dann kann die Summe $a^2 + b^2$ als Primteiler nur die Zahl 2 und Primzahlen der Form $4n + 1$ haben. Jeder positive Teiler von $a^2 + b^2$ hat wiederum die Form $x^2 + y^2$ mit teilerfremden x und y. Jede Primzahl der Form $4n + 1$ ist eine Summe von zwei eindeutig bestimmten zueinander teilerfremden Quadraten."

Euler gelang es, diesen wunderbaren Satz zu beweisen. (E 98, EO I/2; 1747; E 228, EO I/2, 1758). Als Beispiel wählen wir die beiden Quadratsummen $1^2 + 13^2 = 7^2 + 11^2 = 170$ mit den Primteilern 2, 5, 17.[76] Das Beispiel veranschaulicht, dass verschieden Quadratsummen in Erscheinung treten können.

Euler fand bei seiner Suche nach dem Beweis Identitäten für Produkte von Summen von vier Quadraten: Wenn jeweils A und B eine Darstellung durch vier Quadrate haben, dann hat sie auch ihr Produkt AB, wobei sich die vier Quadrate des Produkts aus den Quadraten der Faktoren angeben lassen; natürlich gilt eine entsprechende Aussage auch für den Quotienten A/B (E 407, EO I/6, 1770). 1772 erhielt er von seinem Nachfolger Lagrange den Beweis des Satzes, der auf Eulers Arbeiten über Summen von zwei Quadraten basierte. Euler, der sich immer an mathematischen Ergebnissen begeistern konnte, gleichgültig von wem sie kamen, gratulierte Lagrange zu dem Erfolg, der seine eigenen langjährigen Bemühungen offenbar zu einem Ende brachte. Aber er griff das Thema wieder auf und lieferte

---

[76] Der Berliner Mathematiker Issai Schur (1875–1941) erklärte unumwunden: Wer diesen Zwei-Quadrate-Satz nicht schön findet, ist in meinen Augen ein mathematischer Idiot. *Euler* 2008, S. 133.

einen neuen eleganten Beweis, der seinen Satz über die Summen von zwei Quadraten auf vier verallgemeinerte. Er vermutete nun, dass wenigstens eine n-gliedrige Summe aus n-ten Potenzen benötigt wird, um eine n-te Potenz darzustellen. 1966 gaben Leon J. Lander und Thomas R. Parkin (1920–1990) für $n=5$ ein Gegenbeispiel an; Noam Elkies (*1966) fand 1988 für $n=4$ ein weiteres:

$$27^5 + 84^5 + 110^5 + 133^5 = 144^5 \text{ (Lander \& Parkin, 1966)},$$
$$2682440^4 + 15365639^4 + 18796760^4 = 20615673^4 \text{ (Elkies 1988)}.^{77}$$

5.3.5 Primzahlsuche

> Mathematik ist auch ein Sport, und die Primzahlsuche ist die Königsdisziplin.
> GÜNTER M. ZIEGLER

Euler fand mit den Quadratsummen einen neuen Zugang zum Problem der Primzahlen: Es soll entschieden werden, ob eine gegebene Zahl n Primzahl ist. Mit dem Sieb des Eratosthenes (Ἐρατοσθένης, 276/273?–194 v. u. Z.) kann diese Frage prinzipiell beantwortet werden, jedoch wachsen bei großen Zahlen selbst für Computer die Schwierigkeiten enorm an. Im 18. Jahrhundert waren Primzahltafeln bis etwa 100.000 bekannt, die um 1770 bis 144.000 gediehen waren. Euler selbst benutzte solche Tafeln bis 100.999, die in dem Buch von Johann Gottlob Krüger (1715–1759) *Gedanken von der Algebra* enthalten waren. Dieses Buch, das 1746 in Halle erschienen war, besaß Euler, wie ein Eintrag im Heft 6 der Eulerschen Notizbücher („Catalogus librorum meum" [Katalog meiner Bücher]) verzeichnet ist. Er diskutierte in einer Abhandlung die Aufstellung von Primzahltafeln bis zu einer Million und gab selbst Primzahlen größer als 10.000.000 an.

Euler verband die Frage nach dem Primzahlcharakter einer Zahl auch mit der Zerlegung dieser Zahl in die Summe zweier Quadratzahlen. Es geht also zunächst darum, zu ermitteln, ob sich beim Subtrahieren aller Quadratzahlen kleiner als $n/2$ von der gegebenen Zahl n Quadrate ergeben, um dann die obigen Erkenntnisse anwenden zu können. Euler gab auch praktische Methoden an, um das Probieren beim Zerlegen zu reduzieren. Er fand weiterhin, dass neben der Quadratsumme $a^2 + b^2$ auch passende natürliche Zahlen m existieren, mit denen die Summe $a^2 + mb^2$ die gleichen Eigenschaften aufweist. Mit andern Worten, Euler dehnte jetzt die Theorie der Zerlegung in zwei Quadrate auch auf solche Zerlegungen.

$$a^2 + 2b^2, \quad a^2 + 3b^2, \quad a^2 + 4b^2, \quad (a, b) = 1.$$

---

[77] „Counterexample to Euler's conjecture on sums of like powers", in: *Bulletin of AMS* 72 (1966), 1079.; Mathematics of computation 51 (1988), S. 825–835. Bei dem Elkiesschen Quadrupel war noch nicht klar, ob es sich um die kleinste Lösung handelt, die der Eulerschen Vermutung widerspricht. Mit einer Rechenzeit von 110 h ermittelte 1988 Roger Frye als kleinste Lösung 96.800, 217.619, 414.560 und 422.560.

5.3 Bahnbrechende Resultate – Euler und die Zahlentheorie

aus, wobei sinngemäß alle Sätze erhalten bleiben. Mit der Zerlegung $a^2 + 1848b^2$ konnte Euler z. B. 18.518.809 als Primzahl erkennen. Der erste nicht passende Wert für m stellt sich mit 11 ein, da beispielsweise.

$$15 = 2^2 + 1^2 \times 11, \ (1, 2) = 1,$$

nur auf diese Art zerlegt werden kann, jedoch keine Primzahl ist. Welche Zahlen m sind nun passende Zahlen („numeri idonei")? Euler fand eine Methode, die es ihm erlaubte, für jedes m die unendlich vielen Zahlen $a^2 + mb^2$ zu überprüfen, und er führte diese Rechnung bis über $m = 10.000$ hinaus aus. Dabei stellte sich nach dem 65. „numerus idoneus" 1848 kein weiterer mehr ein. Euler zog den für die Zahlentheorie merkwürdigen Sachverhalt der Endlichkeit der Menge dieser Zahlen in Betracht. Erst Hans Heilbronn (1908–1974) und Sarvadaman Chowla (1907–1995) bewiesen 1934 die Richtigkeit dieser Vermutung, und 1954 zeigten Sarvadaman Chowla und William E. Briggs (1925–1999), dass es höchstens 66 „numeri idonei" geben kann. An einigen Stellen dieses Problems (wie auch bei anderen) stehen wir heute genau dort, wo Euler es vor fast 300 Jahren verlassen hat. Seine Arbeit „Découverte d'une loi tout extraordinaire des nombres par rapport à la somme de leurs diviseurs" (Entdeckung eines völlig außergewöhnlichen Zahlengesetzes in Bezug auf die Summe ihrer Teiler; E 175) leitete er mit der Feststellung ein: „Bisher haben Mathematiker vergeblich versucht, eine Ordnung im Verlauf der Primzahlen zu entdecken, und es gibt Grund zu der Annahme, dass es sich dabei um ein Geheimnis handelt, das der menschliche Verstand niemals ergründen kann."[78]

5.3.6 Diophantische Gleichungen

> Man soll ein Verfahren angeben, nach welchem sich mittels einer endlichen Anzahl von Operationen entscheiden lässt, ob die [diophantische] Gleichung in ganzen rationalen Zahlen lösbar ist.[79]
>
> DAVID HILBERT (1862–1943), 10. Problem des Pariser Vortrags, 1900

Ein weites Feld sind die diophantischen Gleichungen, die neben die algebraischen Gleichungen und die Differentialgleichungen treten und die Erich Kähler (1906–

---

[78] « Les mathématiciens ont taché jusqu'ici en vain découvrir un ordre quelque dans la progression des nombres premiers, et on lieu de croire, que c'est un mystère auquel l'esprit humain ne saurait jamais pénétrer », in: Découverte d'une loi tout extraordinaire des nombres par rapport à la somme de leurs diviseurs, *Bibliothèque impartiale* 3 (1751), S. 10–31 = EO I/2, S. 241–253, Zitat S. 10 bzw. 241.

[79] Im Alter von 22 Jahren zeigte der russische Mathematiker Juri Matijasewitsch (Матиясевич) in seiner Dissertation, dass es kein allgemeines Verfahren gibt, diophantische Gleichungen zu lösen.

2000) als Schöpfungen des mathematischen Übermuts bezeichnete.[80] Man sucht beispielsweise in einem unterbestimmten Gleichungssystemen, das mehr Variable als Gleichungen enthält, ganzzahlige Lösungen (wobei in der Regel die algebraischen Gleichungssysteme ganzzahlige Koeffizienten aufweisen). Zwei typische Beispiele für diophantische Gleichungen wären.

$$ax + by = c, \quad ax^2 + bxy + cy^2 = zn,$$

wobei a, b und c ganze Zahlen sind und die Lösungen x, y bzw. x, y, z als ganze Zahlen gesucht werden. Eulers Arbeiten enthalten über 100 Beispiele für diophantische Gleichungen, und er galt als der unumstrittene Spezialist für dieses sehr unübersichtliche Gebiet. Die Pell'sche Gleichung bildet einen der ältesten Gegenstände der Zahlentheorie. Diese bekannte diophantische Gleichung.

$$x^2 - D \times y^2 = 1, \quad (D \text{ ist eine natürliche Nichtquadratzahl}),$$

ist (fälschlich) nach John Pell (1611–1685) benannt, denn es war Fermat, der die diophantische Fragestellung aus der indischen Mathematik wieder aufgenommen hatte und hier wohl erstmals eine Beweismethode einsetzte, die er „descente infinie" (unendlicher Abstieg) nannte, aber nur andeutungsweise mitteilte. Euler interessierte sich für die zwei Fermat'schen Methoden, die eine Art inverse Induktion darstellen und im Prinzip darauf hinauslaufen, dass sie eine beliebig große Zahl von Lösungen liefern, was unmöglich ist. Grundsätzlich nimmt man an, dass die diophantische Gleichung $f(x_1, x_2, \ldots, x_n)=0$ die Lösung $a_1, a_2, \ldots, a_n$ habe mit $x_1^2 + x_2^2 + \ldots + x_n^2 = A > 0$. Lässt sich hieraus die Existenz einer weiteren Lösung $b_1, b_2, \ldots, b_n$ mit $0 < b_1^2 + b_2^2 \ldots + b_n^2 < A$ herleiten, so besitzt diese Gleichung höchstens die Lösung $0, 0, \ldots, 0$. Seit 1730 beschäftigte sich Euler über vier Jahrzehnte mit solchen Problemen, wobei er schließlich diophantische Gleichungen schlechthin als Pell'sche Gleichungen bezeichnete. Diese Gleichungen sind wichtig für die Lösungstheorie diophantischer Gleichungen. Euler hat auch D in Beziehung zu dem Kettenbruch von D gebracht (E 279 und 323, EO I/2 und 3; 1755 und 1759). Seine *Vollständige Anleitung zur Algebra* (E 388) enthält einen Abschnitt über unbestimmte Analytik, den Lagrange in einem Brief an d'Alembert von 1770 als „un traité sur les questions de Diophante, qui est à la vérité excellent" (eine Abhandlung über die Fragen von Diophant, die in der Tat ausgezeichnet ist) bezeichnete. Langrange sorgte auch dafür, dass dieses Buch ins Französische übersetzt wurde, wobei er selbst einen ergänzenden Band über diophantische Gleichungen anfügte. Euler dankte höflich, schien aber über die Ergänzungen Langranges nicht sonderlich begeistert (Brief vom 5./24.9.1773). Übrigens sind diophantische Gleichungen Gegenstand eines der 23 von David Hilbert (1862–1943) auf dem Pariser Mathematikerkongress im Jahre 1900 gestellten Probleme, Problem 10. 1970 gab Juri Wladimirowitsch Matijassewitsch

---

[80] „Die diophantischen Gleichungen ... sind Schöpfungen des mathematischen Übermuts, sie gehören in die Zahlentheorie", aus „Über die Beziehungen der Mathematik zu Astronomie und Physik", in: *Jber. der DMV* (1941), S. 52–63 (kursive Paginierung, Zitat S. 53).

5.3 Bahnbrechende Resultate – Euler und die Zahlentheorie

(Юрий Владимирович Матиясевич, *1947) im Alter von 22 Jahren eine negative Antwort, d. h., es gibt keinen allgemeinen Lösungsalgorithmus für diophantische Gleichungen.

Fermat hatte eine Äußerung Albert Girards (1595–1632) von 1625 aufgegriffen und behauptet, dass die ungeraden Primteiler von Zahlen der Form a^2+b^2 mit $(a, b) = 1$ in einer Progression $4n+1$ liegen. Euler gelang der Beweis 1749. Goldbach teilte er am 12. April 1749 mit, „Nunmehro habe ich endlich einen bündigen Beweis gefunden, daß ein jeglicher numerus primus [Primzahl] von dieser Form $4n+1$ eine summa duorum quadratum [Summe zweier Quadrate] ist." Der umgekehrte Sachverhalt, dass jede Primzahl der Form $4n+1$ eine gewisse Summe aus teilerfremden Quadratzahlen teilt, erwies sich als schwierig.[81] Euler zeigte aus diesem Umfeld eine weitreichende Gruppe von Sätzen wie z. B. diesen:

„Wenn eine [quadratfreie] Zahl der Form $4n + 1$ nur auf eine Weise als Summe zweier zueinander teilerfremder Quadratzahlen dargestellt werden kann, so ist sie Primzahl." – EO I/2, S. 314

Weitere Sätze besagen, dass bei fehlender oder mehrfacher Zerlegung sowie nicht teilerfremden Quadratzahlen keine Primzahl vorliegt. Euler gibt a. a. O. hierfür die Beispiele:

1. $262.657 = 129^2 + 496^2$, ist wegen eindeutiger Darstellung mit $(129, 496) = 1$ Primzahl;
2. $100.009 = 10.00^2 3^2 = 235^2 + 975^2$, wegen zweifacher Darstellung als Summe von Quadratzahlen keine Primzahl;
3. $32.129 = 95^2 + 152^2$, es liegt zwar eine eindeutige Zerlegung in Quadratzahlen vor, diese sind jedoch nicht teilerfremd: $(95, 152) = 19$, also keine Primzahl;
4. 233.033 gestattet keine Zerlegung in eine Summe zweier Quadratzahlen, also keine Primzahl.

Die bekannte fünfte Fermat-Zahl lässt sich übrigens auf zwei Weisen als Summe von zwei Quadratzahlen schreiben, denn es gilt:

$F_5 = 1^2 + 65\,536^2 = 62\,264^2 + 20\,449^2$ (Brief an Goldbach vom 30. Juni 1742), mithin ein weiterer Nachweis, dass sie keine Primzahl ist.

Ilja Grigorevich Melnikov (Илья Григорьевич Мельников, 1916–1979) wies darauf hin, dass obiger Satz durch Euler nicht ganz korrekt formuliert wurde, da er strenger für quadratfreie Zahlen der Form $4n+1$ auszusprechen ist. Für Euler war stets $(0, n) = 1$, sodass bereits $9 = 2 \times 4 + 1 = 3^2 + 0^2$ ein Gegenbeispiel wäre. Beim Beweis dieser Aussagen bediente sich Euler erstmals der sogenannten Methode der Differenzen, eines wirksamen Beweisverfahrens der Zahlentheorie.

---

[81] „De numeris, qui sunt aggregata duorum quadratorum" (Von Zahlen, die aus zwei Quadraten bestehen; E 228) *Novi comment. ac. sc. Petropolis* (1752/53); „Demonstratio theorematis Fermatiani omnen numerum primum formae $4n+1$ esse summam duorum quadratorum" (Beweis des Satzes von Fermat, dass jede Primzahl der Form $4n+1$ die Summe zweier Quadrate ist, E 241), ebd.; 1758 bzw. 1760 erschienen. Beide in EO I/2.

Abb. 5.18 Paul Erdős
1913–1996

Diese Ausführungen erklären die Aufmerksamkeit, welche die Werte von Quadratsummen oder allgemeiner von Polynomen in Hinblick auf Primzahluntersuchungen fanden. Als hübsches Nebenprodukt seiner Untersuchungen fand Euler das Polynom.

$$P(x) = x^2 - x + 41,$$

das für 0, 1, 2, ..., 39, 40 nacheinander 41 Primzahlen erzeugt; aber offensichtlich teilt dann 41 die Zahl $P(41)$.[82] Dieses Polynom $P(x)$ bzw. $P(x+1)=x^2+x+41$ wird gern als instruktives Beispiel für den Unterschied von mathematischer und empirischer Induktion benutzt. Unter den Werten von $P(n)$ ist für die ersten 2398 natürlichen Zahlen n übrigens genau die Hälfte prim. Eulers Virtuosität im Umgang mit Zahlen ist damit noch nicht erfasst, denn er fand unter den Werten des Polynoms.

$$Q(x) = x^2 + x + 72.491$$

4923 Primzahlen. Schließlich zeigte Euler, dass es kein Polynom geben könne, das nur Primzahlen liefert. Wenn nämlich $P(x)$ ein solches Polynom n-ten Grades mit $P(a)=A$ wäre, dann teilt A die Zahl $P(nA+a)$. Er verglich übrigens in den 1760er-Jahren gern die Verteilung der Primzahlen mit der Quadratur des Kreises: Beides gehe über unsere Fassungskraft. Da der transzendente Charakter der Zahl π damals noch unbekannt war, konnte Euler die Möglichkeit einer Quadratur des Kreises (d. h. seine Verwandlung in ein flächengleiches Quadrat mit Zirkel und Lineal) nicht ausschließen.

Wir fügen hier eine interessante Bemerkung von Paul Erdős (Erdős Pál) (Abb. 5.18) und Underwood Dudley (*1937) über den Existenzbegriff im 18. Jahrhundert an:

---

[82] Diese merkwürdige Erscheinung wird erst befriedigend im Rahmen der Gauß'schen Theorie der quadratischen Formen gedeutet, und zwar als eine spezielle Eigenschaft der Zahl $-163 = 1^2 - 4 \times 41$ (Diskriminante des Polynoms $x^2 - x + 41$). – O. Neumann, „Leonhard Euler und die Zahlen", in: *Euler* 2008, S. 131.

"As far as we know, Euler was the first to define transcendental numbers as numbers which are not the roots of algebraic equations. It is perhaps curious that he never proved their existence. The proof of Liouville[83] was well within his reach. Maybe Euler considered the existence of transcendental numbers as self-evident, which by our standards, is certainly not the case."[84]

5.3.7 Additive Zahlentheorie

Die Darstellung einer ganzen Zahl n als Summe von ganzen, positiven Zahlen wird eine Partition (Zerlegung, Aufteilung) von n genannt. Die Bestimmung der möglichen Partitionen $p(n)$ einer ganzen Zahl n war ein Problem, das Euler anzog. Im August 1740 hatte Philipp Naudé (1684–1745) aus Berlin an Euler geschrieben und ihm neben anderen Fragen auch die „partitio numerorum" (Zerlegung von Zahlen) vorgelegt, wobei Naudé eine Zerlegung in verschiedene natürliche Zahlen vornehmen wollte, aber als Variation der Aufgabe dabei auch gleiche Summanden zuließ. Zwei Beispiele:

8 = 8	6 = 6
8 = 7 + 1	6 = 5 + 1
8 = 6 + 2	6 = 4 + 2
8 = 5 + 3	6 = 4 + 1 + 1
8 = 5 + 2 + 1	6 = 3 + 3
8 = 4 + 3 + 1	6 = 3 + 2 + 1
	6 = 3 + 1 + 1 + 1
	6 = 2 + 2 + 2
	6 = 2 + 2 + 1 + 1
	6 = 2 + 1 + 1 + 1 + 1
	6 = 1 + 1 + 1 + 1 + 1 + 1[85]

Euler antwortete sofort und erkannte den Gebrauch formaler Potenzreihen als den Schlüssel für die additive Zerlegung einer natürlichen Zahl (additive Zahlentheorie). Noch vor seiner Abreise nach Berlin, am 6. April 1741, legte er der St. Petersburger Akademie eine entsprechende Abhandlung vor („Observationes analyticae variae de combinationibus", Verschiedene analytische Beobachtungen über Kombinationen; E 158, EO I/2; April 1741), in der übrigens erstmals erzeugende

---

[83] Joseph Liouville (1809–1882) war der Erste, der einen Beweis für die Existenz transzendenter Zahlen führte, indem er eine unendliche Klasse solcher Zahlen als Kettenbrüche konstruierte.

[84] P. Erdős, U. Dudley: „Some remarks in Number Theory related to the work of Euler", in: *Mathematics Magazine* 56 (1983), S. 292–298, Zitat S. 297.

[85] *Introductio*, 1748. §§ 301, 305. Die erste Definition einer transzendenten Zahl gab J.H. Lambert an. (Hinweis von F. Lemmermeyer).

Funktionen erschienen. Die ersten zehn Seiten beziehen sich allgemein auf Kombinatorik, während im Rest der Arbeit die Zerlegung von Zahlen in Summen ganzer Zahlen behandelt wird. An deren Ende (Seite 93) befindet sich die bemerkenswerte Formel:[86]

$$(1-n)(1-n^2)(1-n^3)(1-n^4)... = 1 - n - n^2 + n^5 + n^7 - n^{12} - ..$$

Die Koeffizienten der Potenzreihe sind ± 1, und die Exponenten ergeben sich aus den sogenannten Pentagonalzahlen $n(3n \pm 1)/2$: $\prod_{i=1}^{\infty}(1-x^i) = \sum_{n=-\infty}^{\infty}(-1)^n x^{n(3n+1)/2}$.

Zur Bestätigung der Gleichheit rechnete Euler 51 Terme des Produkts aus! Über die Richtigkeit der Rekursionsformel für die Divisorensumme ganzer Zahlen hatte er nun keine Zweifel mehr: „Sie gehört zu jener Art von Resultaten, deren Wahrheit gewiss ist, selbst wenn wir keinen vollständige Beweis geben können."[87] Im Hinterkopf mag er dabei den später in der Abhandlung „De insigni promotione scientiae numerorum" (E 599, 1775 der Akademie vorgelegt) geäußerten optimistischen Leitgedanken gehabt haben, „was [man] bald erwarten muss".[88]

Zehn Jahre später hatte Eulers Suche nach einem vollständigem Beweis Erfolg: „Demonstratio theorematis circa ordinem in summis divisorum observatum" (Beweis eines Satzes über die Ordnung, die in der Summe von Divisoren angetroffen wird; E 244, EO I/2, 1760)[89]. Dieser elementare Beweis benötigt nur wenige Zeilen und beruht auf der Konstruktion formaler Potenzreihen. Seine Geschicklichkeit im Umgang mit analytischen Ausdrücken ließ Euler zudem zahlreiche Beziehungen, Rekursionsformeln und Identitäten für $p(n)$ finden. Die Resultate dieser Untersuchungen gingen detailliert in die *Introductio* (E 101, Kapitel 16; 1748) ein und wurden in zwei späteren Abhandlungen erweitert (E 191, EO I/2; 1750; E 394, EO I/3; 1768).

5.3.8 *Fermats Vermutung*

> Ich gestehe, dass das Fermat'sche Theorem als isolirter Satz für mich wenig Interesse hat, denn es lassen sich eine Menge solcher Sätze leicht aufstellen, die man weder beweisen noch widerlegen kann.
> CARL FRIEDRICH GAUSS (1777–1855) an Wilhelm Olbers am 21. März 1816

---

[86] *Comment. Acad. sc. Petropolis* 13 (1741), S. 64–93, erschienen 1751 = EO I/2, S. 390–398.

[87] « Elle appartient à ce genre dont nous pouvons nous assurer de la vérité, sans en donner une démonstration parfaite. » – E 175, EO I/2, S. 242.

[88] "Quam mox expextare licebit"; E 598, posthum in: *Opuscula analytica* 2 (175), S. 275–314 EO I/4. Zitat S. 191.

[89] *Novi comment. Acad. sc. Petropolis* 5 (1754/55), S. 76–83, 1760 erschienen = EO I/2, S. 390–398.

5.3 Bahnbrechende Resultate – Euler und die Zahlentheorie

Die berühmte Fermat'sche Vermutung $a^n + b^n \neq c^n$ für alle positiven ganzen Zahlen mit $n > 2$ konnte Euler für $n = 3$ und 4 bestätigen, der allgemeine Fall blieb jedoch bis zum Jahre 1994 unerledigt (dann durch Andrew Wiles gelöst). Wiles (*1953). Wiles hielt 1993 in Cambridge einen Vortrag, der das Fermat'sche Problem löste. Rezensenten fanden allerdings eine Beweislücke, die im folgenden Jahr geschlossen werden konnte. Der „Kern" der Beweisidee der hundertseitigen Abhandlung ist folgender Sachverhalt: Wenn a, b, c und n Zahlen für ein Gegenbeispiel sind, so ist die elliptische Kurve $y^2 = x(x - a^n)(x + b^n)$ nicht modular, was Gerhard Frey (*1944) vermutete und was 1990 gezeigt wurde. Nun sind aber alle semistabilen elliptischen Kurven modular (Wiles 1994).[90] Die Lösung des 300 Jahre alten Problems ist einer der Höhepunkte der gegenwärtigen Mathematik.

Gauß, dem wir bei seinem Ideenreichtum glauben dürfen, lehnte die Bearbeitung der Fermat'schen Vermutung in einer Preisaufgabe der Pariser Akademie mit dem Hinweis ab, er könne eine Reihe ähnlicher Probleme geben, von denen die Lösung unbekannt sei, die aber für die mathematische Erkenntnis nur wenig liefern würden. Ähnlich scheint sich Euler bei einem später berühmt gewordenen Problem verhalten zu haben, das heute jeder Mathematikstudent als beliebtes Standardbeispiel der mathematischen Grundlagenforschung kennt. Nachdem Goldbach in einem Brief aus dem Jahre 1742 an Euler Vermutungen über Fermat'sche Zahlen angestellt hatte, notierte er dazu am Briefrand:

> „Es scheint wenigstens, dass eine jede [natürliche] Zahl, die größer ist als zwei ein aggregatum trium numerorum primorum sei [d. h. aus drei Primzahlen zusammengesetzt]."

Damals zählte man die 1 zu den Primzahlen, sodass z. B. $3 = 1 + 1 + 1$ oder $6 = 1 + 2 + 3$ die Vermutung belegen. Euler antwortete umgehend (die Laufzeit für Briefe von Petersburg betrug etwa zwei Wochen) und bewies die erwähnten Behauptungen über die Fermat'schen Zahlen. Er schrieb aber über die am Briefrand geäußerte Vermutung lediglich:

> „dass aber ein jeder numerus par [gerade Zahl] eine Summa duorum primorum [Summe zweier Primzahlen] sei, halte ich für ein gantz gewisses Theorem, ungeachtet ich dasselbe nicht demonstrieren kann." – 30. Juni 1742

Umfassende Beweisversuche Eulers hierfür sind nicht bekannt geworden. Bei der Fermat'schen Vermutung wiederholte er mehr oder weniger für $n = 4$ dessen Beweis, lieferte aber für $n = 3$ neue originelle Überlegungen, in denen allerdings eine Lücke zu schließen war.[91] Allerdings zeigte Euler, vermutlich angeregt durch Goldbach, Interesse für dessen Behauptung bei Zahlen der Form $4n + 2$.

---

[90] „Modular elliptic Curves and Fermat's last theorem", in: Annals of Mathematics 1414 (1995), S. 443–551.

[91] *Vollständige Anleitung zur Algebra*, Bd. 1. E 387, EO I/1 = Revidierte Ausgabe mit Einleitung u. Nachwort von J. E. Hofmann. Stuttgart (Reclam) 1959. In der Reclam-Ausgabe für $n = 3$: S. 541–547, für $n = 4$: S. 487–497. – G. Bergmann, „Über Eulers Beweis des großen Fermat'schen Satzes für den Exponenten 3", in: *Math. Annalen* 164 (1966), S. 159–175.

Die Goldbach'sche Vermutung erschien erstmals im Druck in den *Meditationes algebraice* (Algebraische Meditationen) von Edward Waring (1734–1793) im Jahre 1770 und wurde von Waring durch die Behauptung ergänzt, dass jede ungerade Zahl entweder Primzahl oder die Summe von drei Primzahlen sei. Bekannt ist aus diesem Buch Warings Problem: Jede natürliche Zahl ist die Summe von nicht mehr als neun Kubikzahlen oder die Summe von 19 vierten Potenzen. David Hilbert zeigte 1909, dass jede natürliche Zahl durch eine Summe von nicht mehr als N positiven n-ten Potenzen dargestellt werden kann. Hilberts Existenzbeweis, der nicht konstruktiv war, erregte seinerzeit Aufsehen und wurde sogar als nicht mathematisch abgelehnt.[92] Die Goldbach'sche Vermutung wird heute auch als ein möglicher Kandidat für solche Gödel'sche Aussagen betrachtet, die sich innerhalb eines axiomatischen Systems zwar formulieren, aber nicht beweisen lassen. Neuerdings gab es jedoch einen Fortschritt durch den Träger der Fields Medaille von 2009 Terence Tao (*1975), der zeigte, dass sich jede natürliche Zahl durch eine Summe von maximal fünf Primzahlen darstellen lässt.

Heute ist die schärfere Behauptung, dass jede gerade Zahl, die größer als 2 ist, sich als Summer zweier Primzahlen darstellen lasse, als Goldbach'sche Vermutung bekannt (z. B. $12 = 5 + 7$) (Abb. 5.19). 1912 erklärte Edmund Landau (1877–1938) in Rom auf dem 5. Internationalen Mathematiker-Kongress (1908) das Problem beim gegenwärtigen Stand des Wissens als unangreifbar. Ein wesentlicher Teilerfolg gelang jedoch dem sowjetischen Mathematiker Iwan M. Winogradow (Иван Матвеевич Виноградов, 1891–1983) im Jahre 1937, als er zeigen konnte, dass jede hinreichend große ungerade natürliche Zahl als Summe dreier Primzahlen darstellbar ist. 2012 wurde mithilfe von Computern gezeigt, dass die Vermutung bis 4×10^{17} zutrifft (Tomás Olivera e Silva). Diese und andere Einzelergebnisse der additiven Zahlentheorie fügten sich nach 1920 allmählich zu einem eigenen Zweig der Zahlentheorie. Ein britischer Verlag lobte 2000 für den Beweis der Goldbach'schen Vermutung eine Million Dollar aus, aber bis zum Einsendeschluss 2002 ging keine Lösung ein. Der peruanische Mathematiker Harald Helfgott (*1977) kündigte 2013 einen Beweis für die schwache Goldbach'sche Vermutung[93] an, den bis jetzt noch nicht gedruckt ist, aber korrekt zu sein scheint.

Um 1750, als die *Introductio* (E 101–102) erschienen war und die *Institutiones calculi differentialis* (E 212) als Manuskript vorlagen, stellte Euler die erwähnte Abhandlung „Tractatus de numerorum doctrina" (Abhandlung über Zahlentheorie; E 792, EO I/5) zusammen, die vielleicht als Ausgangspunkt einer Einführung in die Zahlentheorie geplant war. André Weil (1906–1998) schrieb ein Buch über Zahlentheorie, *Number Theory for Beginners*, von dem er selbst sagt, dass er dafür den Inhalt fast völlig Euler entnommen habe. Das geplante Gegenstück zu den Analysis-Bänden war bereits auf 16 Kapitel angewachsen, ehe Euler den Versuch aufgab. Die ca. einhundertseitige Arbeit legte er beiseite, ohne sie zu veröffent-

---

[92] Bekannt ist Paul Gordans Ausspruch hinsichtlich der Hilbert'schen Existenzbeweise in der Invariantentheorie: „Das ist keine Mathematik, das ist Theologie".

[93] Jede ungerade Zahl, die größer als 5 ist, ist Summe *dreier* Primzahlen.

5.3 Bahnbrechende Resultate – Euler und die Zahlentheorie

Abb. 5.19 Seite des Briefes von Goldbach (27.5./7.6. 1742) an Euler. Die an den Rand geschriebenen Zeilen formulieren die berühmte Goldbach'sche Vermutung. Für die Zahlen 4, 5 und 6 lieferte Goldbach illustrierende Beispiele. Wenn die 1 nicht zu den Primzahlen zählt, was heute üblich ist, lautet die formulierte Vermutung so: Jede natürliche Zahl $n > 2$ kann in drei Summanden zerlegt werden, die alle Primzahlen oder 1 sind. Heute wird die schärfere Fassung, dass jede gerade Zahl sich als Summe zweier Primzahlen darstellen lässt, als Goldbach'sche Vermutung bezeichnet. Goldbach und Euler zählten die Zahl 1 zu den Primzahlen

lichen; erst 1849 erschien sie posthum. Allerdings übernahm Euler aus ihr wichtige Dinge in seine späteren Arbeiten. Durch Ergebnisse von Carl Friedrich Gauß, Carl Gustav Jacobi (1804–1851) und Ferdinand Gotthold Eisenstein (1823–1852) war der „Tractatus" bei seinem Erscheinen 1849 allerdings überholt.

André Weil fiel auf, dass Eulers Arbeit wie ein Entwurf für die ersten drei Abschnitte der *Disquisitiones arithmeticae* (1801) von Gauß aussehe.[94] Die ersten Kapitel widmen sich elementaren zahlentheoretischen Fakten, etwa der Eulerschen ϕ-Funktion oder den Kongruenzen nach einem Modul (bei Euler Teiler). Für einen gegebenen Teiler d gehören die Zahlen $r+dx$ zur gleichen Klasse. Die Elemente einer Klasse sind untereinander äquivalent und können durch eine ganze Zahl repräsentiert werden; jeder Repräsentant der Klasse einer ganzen Zahl a wird ein Rest von a genannt. Euler sah auch den Ringhomomorphismus, der bei der Abbildung der ganzen Zahlen auf ihre Reste entsteht. Er gab eine Darstellung der Reste, die sich für einen gegebenen Teiler d bei den Zahlen einer arithmetischen Folge a, $a+b$, $a+2b$, etc. ergeben (also den Nebenklassen der durch b erzeugten Untergruppe in der additiven Gruppe modulo d). Dann folgte die analoge Betrachtung für geometrische Reihen 1, b, b^2, etc. Diese Reste

---

[94] *Number Theory.* Boston 1984, Kapitel III, § VI

bilden bezüglich der Multiplikation und Division modulo d eine abgeschlossenen Menge und für $(b, d) = 1$ eine Gruppe. Die Ordnung der multiplikativen Gruppe der zu d primen Zahlen modulo d teilt die Gruppenordnung $\phi(d)$. Euler sah klar, dass die m-ten Potenzreste bezüglich der Multiplikation und Division einen abgeschlossenen Rechenbereich bilden, und diese Tatsache hielt er für „eine bemerkenswerte Eigenschaft" („insignem proprietatem"). Modern würden wir sagen, dass diese Potenzreste eine Untergruppe G_m der multiplikativen Gruppe G modulo p bilden. In diesem Zusammenhang fiel Euler die Faktorgruppe G/G_m auf, als er die Nebenklassen von G_m in G erörterte. Allerdings erkannte er deren Ordnung nicht, ausgenommen ist der Fall $m = 2$ bzw. wenn G_m den Index 2 in G hat.

Diese moderne Lesart der Eulerschen Überlegungen stammt von André Weil. Er vermutete weiter, dass ein Ziel des „Tractatus" war, in „gruppentheoretischen Begriffen" über quadratische Reste (1747), dann über m-te Potenzreste modulo einer Primzahl p (1747) die Anzahl der Lösungen einer Kongruenz modulo p, p Primzahl (1749), zu berichten und einen Beweis des Fermat'schen Satzes in Eulers Form zu liefern (1751). Solche Argumentationen, die wir gruppentheoretisch lesen, erschienen Euler natürlicher und der Sache angemessener. A. Weil bedauerte, dass Euler hier übersah, die Existenz einer primitiven Wurzel modulo p nachzuweisen, d. h., das Element aufzuzeigen, das die multiplikative Gruppe modulo p erzeugt. Dadurch bleiben einige Teile dunkel, wenn nicht sogar falsch. Euler brachte 1772 den übersehenen Sachverhalt zu Papier, „Demonstrationes circa residua ex divisione potestatum per numeros primos resultatem" (Beschreibung der Reste, die sich bei dem Teilen von Potenzen durch Primzahlen ergeben; E 449, 1774 erschienen), nachdem Lagrange 1770 gezeigt hatte, dass eine Kongruenz vom Grade n modulo einer Primzahl p höchstens n Lösungen modulo p hat.

Damit sind Eulers Beiträge zur Theorie der Zahlen längst nicht erschöpft.[95] Wir wollen unsere Unvollständigkeit durch eine mehr zufällig der Vergessenheit entrissene Arbeit Eulers andeuten. Die Details sind bemerkenswert. Nikolaus Fuss' *Éloge* auf Leonhard Euler, gelesen 1783 in St. Petersburg, enthielt im Druck ein zunächst für vollständig gehaltenes Verzeichnis der Eulerschen Abhandlungen („avec une liste complette des Œuvres de M. Euler").[96] Es enthält auch Eulers Arbeit mit dem vielversprechenden Titel „Découverte d'une loi extraordinaire des nombres" (Entdeckung eines außergewöhnlichen Gesetzes für natürliche Zahlern, E 175) und führte später im Eneström-Verzeichnis die Nummer 175, aber die Quellenangabe *Journal litteraire de l'Allemagne*, Frühjahr 1751, war in Petersburg durch den Sohn Paul Heinrich Fuss (1798–1855) von N. Fuss nicht auswertbar,

---

[95] Zum Beispiel Kettenbrüche, rekurrente Folge, Kreisteilungsproblem, elliptisch Integrale, etc., etc.

[96] *Nova acta Petrop.* 1 (1783), *Histoire* S. 159–212 = *Éloge,* St. Petersburg 1783 = Basel 1786 (dtsch. Übersetzung von Fuss).

5.3 Bahnbrechende Resultate – Euler und die Zahlentheorie

der das Werk seines Urgroßvaters Euler[97] in die geplanten *Opera minora* (Kleinere Arbeiten) aufnehmen wollte, wozu es durch seinen Tod nicht kam. Trotz ungünstiger Umstände, die erwähnte Zeitschrift war in Petersburg nicht verfügbar, versuchte N. Fuss über C. F. Gauß, der Arbeit habhaft zu werden, da diesem die reichhaltige Göttinger Bibliothek zur Verfügung stand.[98] Gauß arbeitete sehr sorgfältig und sah die weniger bekannte holländische Zeitschrift, die etwa vier Jahrzehnte unter verschiedenen Titeln herausgegeben wurde, durch, ohne die gewünschte Arbeit zu finden.[99] Das Thema der Arbeit betraf Rekursionsformeln für die Divisorensummen ganzer Zahlen.

Allerdings hatte sich die Mühe des Suchens gelohnt, denn Gauß fand dabei eine Arbeit eines ungenannten Autors „Démonstration de la somme de cette suite 1+1/4+1/9+1/16 etc." (Beweis für die Summe dieser Reihe …). Der ungenannte Autor bezog sich dabei auf eine Methode, die in einer Arbeit in den Petersburger *Commentarii* bei der Summation von $1+\sum_{r=0}^{\infty} r^{-n}(=S_r)$ benutzt wurde, wodurch ihn Gauß als Leonhard Euler erkannte. Diese Arbeit ist unter dem Titel „De summis serierum reciprocarum" (Die Summation reziproker Zahlen; E 41, EO I/14, S. 73–85) in den *Comment. Acad. sc. Petropolis* 7 (1734/35), S. 123–134 im Jahre 1740 erschienen; sie wurde nach den *Protokoli* am 5. Dezember 1735 in der Petersburger Akademie vorgelesen, aber nicht abgeliefert. Da der mathematische Text der aufgefundenen Arbeit die Setzerei offenbar überfordert hatte [es] („wimmelt von barbarischen Druckfehlern, die allerdings ein Sachverständiger gleich erkennt"), schrieb Gauß eigenhändig eine korrigierte Version für Fuss ab (Abb. 5.20). In dem Begleitschreiben findet sich das bekannte Gauß'sche Diktum, dass „das Studium aller Eulerschen Arbeiten die beste und durch nichts anderes zu ersetzende Schule für die verschiedenen mathematischen Gebiete bleiben wird."

---

[97] Durch Heirat mit einer Tochter von Leonhard Eulers Sohn Johann Albrecht war Nikolaus Fuss Enkel von Euler geworden und damit der Sohn aus dieser Ehe Paul Heinrich Urenkel Eulers. P. H. Fuss korrespondierte intensiv mit C. G. J. Jacobi über die Herausgabe des Eulerschen Werkes. C. G. J. Jacobi machte zum Beispiel viele zeitliche Angaben über das Verlesen von Eulerschen Arbeiten in der Berliner Akademie, bevor diese zum Druck eingereicht wurden. Diese Daten sind im Eneström-Verzeichnis angegeben. E. Winter machte in seinem Vorwort zu den *Registres der Berliner Akademie der Wissenschaften*, 1746–1766 (Berlin 1957) auf S. VIII Bedenken geltend, die die Zuverlässigkeit der Angaben betreffen (Beispiele S. 42 f.), die auf Jacobi fußen und von G. Eneström „ohne sie mit dem Original zu vergleichen" ungeprüft in seine Euler-Bibliographie (Eneström-Verzeichnis) übernommen wurden. Freilich fiel dieser Sachverhalt schon den Herausgebern des Briefwechsels zwischen Fuss und Jacobi auf, die 1908 bemerkten: „Gewiß würde Jacobi, wenn er sich länger [als sechs Wochen, Jacobis eigene Angabe] mit Eulers Werken hätte beschäftigen können, noch manche Veränderungen und Verbesserungen an seinen Mitteilungen und Vorschläge vorgenommen haben." *Briefwechsel Jacobi-Fuß*, Hrsg. P. Stäckel und W. Ahrens, Leipzig 1908, S. VI.

[98] P. Stäckel, „Vier neue Briefe von Gauß", in: *Gött. Nachrichten* 1907, S. 372.

[99] Heute als E 175 in EO I/2 mit der Quellenangabe *Bibliothèque impartiale* 3 (1751), S. 10–31 = *Opera postuma* 1 (1862). Nach Jacobi wurde sie am 22. Juni 1747 an der Berliner Akademie vorgelesen. Die „Unparteiische Zeitschrift" wurde in Göttingen und Leiden von J. H. S. Formey (Berliner Akademiesekretär) herausgegeben.

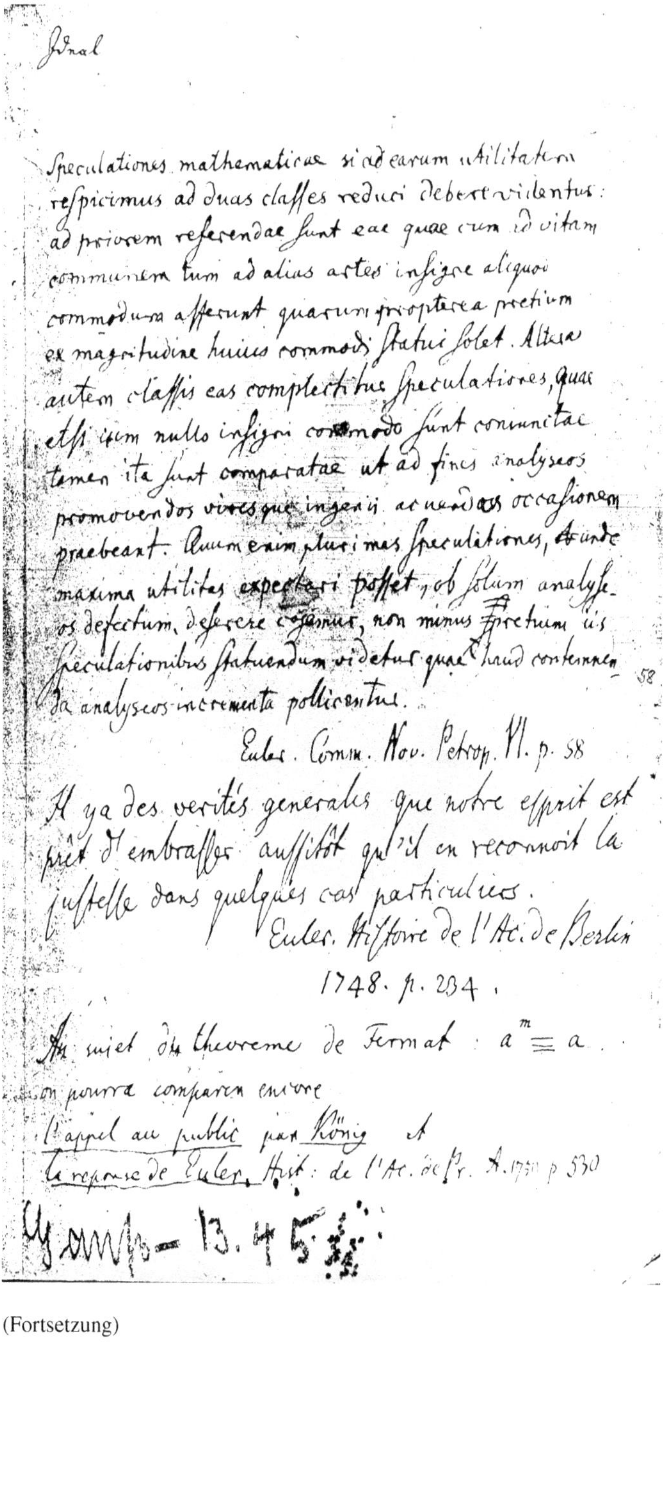

Final

Speculationes mathematicae si ad earum utilitatem respicimus ad duas classes reduci debere videntur: ad priorem referendae sunt eae quae cum ad vitam communem tum ad alias artes insigne aliquod commodum afferunt quarum propterea pretium ex magnitudine huius commodi statui solet. Alteram autem classis eas complectitur speculationes, quae etsi cum nullo insigni commodo sunt coniunctae tamen ita sunt comparatae ut ad fines analyseos promovendos vires que ingenii, ac novas occasionem praebeant. Cum enim plurimas speculationes, unde maxima utilitas expectari posset, ob solum analyseos defectum, deserere cogamur, non minus pretium iis speculationibus statuendum videtur quae haud contemnenda analyseos incrementa pollicentur.

Euler. Comm. Nov. Petrop. VI. p. 58

Il y a des verités generales que notre esprit est prêt d'embrasser aussitôt qu'il en reconnoit la justesse dans quelques cas particuliers.

Euler. Histoire de l'Ac. de Berlin 1748. p. 284.

Au sujet du theoreme de Fermat : $a^m \equiv a$..
on pourra comparer encore
l'appel au public par König et
la reponse de Euler. Hist. de l'Ac. de Pr. A.1750 p 530

Abb. 5.20 (Fortsetzung)

5.3 Bahnbrechende Resultate – Euler und die Zahlentheorie

DEMONSTRATION
SUR LE NOMBRE DES POINTS, OU
DEUX LIGNES DES ORDRES QUELCONQUES
PEUVENT SE COUPER,

PAR M. EULER.

I.

Dans la Piece precedente j'ai rapporté sans démonstration cette propofition, *que deux lignes courbes algebriques, dont l'une eft de l'ordre* m *& l'autre de l'ordre* n *fe peuvent couper en* m n *points*. La verité de cette propofition eft reconnuë de tous les Geometres, quoiqu'on doive avoüer, qu'on n'en trouve nulle part une démonftration affés rigoureufe. Il y a des verités générales, que notre esprit eft prêt d'embraffer auffitot qu'il en reconnoit la juftefle dans quelques cas particuliers : & c'eft parmi cette efpece de verités, qu'on peut ranger à bon droit la propofition, dont je viens de faire mention, puifqu'on la trouve vraie non feulement dans quelques, ou plufieurs cas, mais auffi dans une infinité de cas différens. Cependant on conviendra aifément, que

Abb. 5.20 a Seite aus dem Nachlass von C.F. Gauß mit Exzerpten von Euler. Gauß nahm hier auch die Auseinandersetzung zwischen Samuel König und Leopold Euler zur Kenntnis (unten links). **b** Das zweite Exzerpt (von oben) ist aus der Eulerschen Arbeit „Démonstration sur le nombre des points, où deux lignes des ordres quelconques peuvent se coupe" (Untersuchung über die Anzahl der Punkte, in denen zwei Linien beliebiger Ordnung sich schneiden können; E 148, 1748), Berliner Mémoires 1748, S. 204. Euler bemerkte eingangs, dass zwei algebraische Kurven der Ordnungen *n* und *m* sich in $n \times m$ Punkten schneiden können. Das ist zwar in der Geometrie bekannt, aber nicht bewiesen. Gauß notierte sich die Ansicht Eulers: „Es gibt allgemeine Wahrheiten, die unser Geist bereit ist, anzunehmen, sobald er deren Richtigkeit in einigen Einzelfällen erkennt."

Paul Stäckel (1862–1919) grenzte die Abfassungszeit der gefundenen Arbeit überzeugend auf die Jahre 1740/41 ein.

Das Thema der aufgefundenen Arbeit (E 175) weist Basler Wurzeln auf. Jakob Bernoulli (1654–1705) (Abb. 5.21), der ältere Bruder von Johann I Bernoulli (1667–1748), betrachtete in seinen Positiones arithmetica de seriebus infinitis earum summa finita (Arithmetische Aufgaben bei unendlichen Reihen mit endlicher Summe, Basel 1689), der ersten seiner fünf berühmten Reihendissertationen (einem seinerzeitigen Compendium der unendlichen Reihen), auch Reihen aus Brüchen der Gestalt, dass der Zähler gleich eins und der Nenner eine figurierte Zahl ist. Die Divergenz der harmonischen Reihe wurde festgestellt, und die Konvergenz von $\Sigma 1/n^2$ wurde als schwierig zu zeigen empfunden. Das reizte Johann Bernoulli, der in der 1. Reihendissertation gelegentlich erwähnt wurde, 1691 voreilig eine Lösung anzukündigen, die er erst Jahre später dem Beweis seines Schülers Leonhard Euler nachempfinden sollte. Im Briefwechsel mit Daniel Bernoulli (1700–1782), dem Sohn von Johann Bernoulli, beschäftigten sich beide 1728/29 damit, die Summe S_2 der reziproken Quadratzahlen abzuschätzen

Goldbach gab an	$1{,}644 < S_2 < 1{,}645$
Stirling approximierte	$1{,}644934066$
exakt	$1{,}6449340648 \ldots$

Abb. 5.21 a Jakob Bernoulli (1654–1705) und **b** sein Neffe Nikolaus I Bernoulli (1687–1759)

Da Euler und Daniel Bernoulli in Petersburg von 1727 bis 1733 gemeinsam wohnten, ist es naheliegend, dass Euler seine Summation mit dem Wohngenossen besprach. Wir kennen Bernoullis briefliche Antwort vom 12. September 1736 (a. St.), in der es heißt: „Das theorema summationis seriei $1 + \frac{1}{4} + \frac{1}{9}$ etc. $= \frac{pp}{6}$ und $1 + \frac{1}{2^4} + \frac{1}{3^4} + \frac{1}{4^4}$ etc. $= \frac{p^4}{90}$ ist sehr merkwürdig. Sie werden ohne Zweifel a posteriori darauf gekommen sein. Ich möchte die Solution gern von Ihnen sehen." Bernoulli hatte insofern recht, als Euler erst nach guter Übereinstimmung der Näherungssumme der Reihe und der Summe der Reihe 1736 das Ergebnis bekannt machte (1740 erschienen), was wir einem Brief von Euler an Nikolaus I Bernoulli (Abb. 5.21b) vom 1. September 1742 entnehmen. Daniel Bernoulli teilte das Ergebnis seinem Vater Johann mit, und der alte Fuchs erriet Eulers Idee, die er stolz in den vierten Band seiner *Werke* (1742) aufnahm. Eulers Arbeit von 1741 wurde heftig kritisiert, sodass sich Euler veranlasst sah, seine überarbeitete Methode von 1736 an Nikolaus Bernoulli zu schicken, und hier ist auch seine berühmte Formel zu finden:

$$\sin x = x \prod_{n=1}^{\infty} (1 - \tfrac{x^2}{n^2 \pi^2}).$$

Euler führte sich bei seinem Eintritt in die (alte) Berliner Akademie am 6. September 1742 mit sieben Abhandlungen ein, von denen fünf sofort in dem Band 7 der *Miscellanea Berolinensia* für 1743 aufgenommenen wurden, darunter die Arbeit „De summis serierum reciprocarum ex potestatibus numerorum naturalium ortarum dissertatio altera: in quae eadem summationes ex fonte maxime diverso derivantur" (Eine weitere Dissertation über die Summationen von Reihen aus reziproken Potenzen natürlicher Zahlen, in denen dieselben Summationen aus einer ganz anderen Quelle stammen; E 61. EO I/14). Paul Stäckel (1862–1919) bemerkte hierzu:

5.3 Bahnbrechende Resultate – Euler und die Zahlentheorie

„Wohl nicht ohne Absicht hatte sich Euler mit dieser Abhandlung in Berlin eingeführt, die einen Höhepunkt in seinen mathematischen Leistungen bedeutet. Wie fruchtbar der Gedanke war, die Kreisfunktionen als Produkte darzustellen, bei denen die Nullstellen in Evidenz gesetzt werden, hat sich später bei den elliptischen Funktionen gezeigt, und die Frage nach einer solchen Produktdarstellung der ganzen transzendenten Funktionen hat die Mathematiker bis zum Ende des 19. Jahrhunderts beschäftigt."[100]

Die späteren Untersuchungen der Kreisfunktionen in der *Introductio,* Band I, (1748, Kap. 15, §§ 268 ff.) wurden nicht mehr durch neue Ergebnisse erweitert, jedoch führte Euler durch die Produktdarstellung des Sinus seine Methode zur Berechnung der Summe S_{2r} ein (10. Kapitel, §§ 165, 175). Damit setzte er seine Berechnung der Koeffizienten von π (bei der Taylor-Reihe für die reziproken Potenzen) bis π^{26} fort. Indem er diese Koeffizienten in Beziehung zu den Bernoulli'schen Zahlen setzte, deren erste 15 Zahlen Euler gleichfalls berechnete, konnte er die Summation der reziproken Potenzen bis $2r = 30$ ausführen.

Wir geben abschließend als Leseprobe einen Satz nebst dessen Kommentar über Restklassen aus Eulers Arbeit „Theoremata circa residua ex divisione potestatum relicta" (Sätze über die Potenzreste, die sich bei Division ergeben, E 262, EO I/2).[101] Neben einigen elementaren Ergebnissen von Potenzresten modulo p (p prim) bewies Euler den kleinen Satz von Fermat, wobei er bemerkte, dass dieser Beweis natürlicher als die Benutzung multiplikativer Eigenschaften von Fermat-Zahlen anstelle von binomialen Entwicklungen ist. Modern: die Ordnung einer Untergruppe, die durch ein Element a in den Fermat-Zahlen erzeugt wird, muss die Ordnung $p - 1$ der Fermat-Zahl teilen (spezieller Fall des Lagrange'schen Satzes für zyklische Gruppen).

„Satz I: Wenn p Primzahl und a eine nicht durch p teilbare Zahl ist, dann ist kein Term dieser geometrischen Progression

$$1, a, a^2, a^3, a^4, a^5, a^6 \text{ usw.}$$

durch p teilbar."

Scholion: „Ich habe mir vorgenommen, die Reste welche bei der Division dieser geometrischen Reihe [die oben hingeschriebene] durch p entstehen, aufmerksam zu beobachten. Zunächst sind diese einzelnen Reste, wie sich aus der Natur des Divisionsverfahrens ergibt, kleiner als p; kein Rest wird aber gleich Null sein, weil kein Term durch p teilbar ist. Wenn im Verlaufe der Untersuchungen Reste vorkommen, die größer als p sind, so weiß man aus der Arithmetik, wie man sie zu reduzieren hat. So ist der Rest $p+r$ gleichbedeutend mit dem Rest r, und allgemein führt der Rest $np+r$ zurück auf den Rest r, wenn r größer ist als p, so führt man diesen Rest zurück auf $-p$ oder $r - 2p$ oder $r - 3r - p$ usw., bis man zu einer Zahl kommt, die kleiner ist als p. Daher sollen alle Reste $r \pm np$

---

[100] „Eine vergessenen Abhandlung Eulers", in: *Bibliotheca mathem.* 8 (1907/08), S. 37–54 = EO I/ 14, S. 156–172, Zitat S. 51 bzw. 169.

[101] *Novi comment. Acad. sc. Petropolitane* 7 (1758/59), S. 49–82, nach Jacobi 1755 der Berliner Akademie vorgelegt, 1761 erschienen. Übersetzung A. Speiser.

als ein und derselbe Rest r angesehen werden. Genau zu reden, sind alle Reste positive Zahlen kleiner als p; trotzdem ist es aber oft bequem, negative Reste zu betrachten; wenn r ein Rest kleiner als p ist, so wird auch $r - p$, was eine negative Zahl ist, Rest sein, sodass der positive Rest r gleichbedeutend mit dem negativen $r - p$ ist."

5.4   Beispiel: Mathematische Spiele

> One cannot deny that chess is mathematics, after a fashion.[102]
> CHARLES SAUNDERS PIERCE (1839–1914)
> Leben ist gänzlich Bühne und Spiel;so lerne denn spielen und entsage dem Ernst oder erdulde das Leid.
> PALLADAS VON ALEXANDRIA (Παλλαδᾶς, vor 400)

Spielen ist eine vielfältige menschliche Aktivität, die von sportlich ausgerichteten Spielen bis zu solchen reicht, bei denen das Denken eine entscheidende Rolle spielt. Gottfried Wilhelm Leibniz (1646–1716) sagte von den letzteren Spielen, dass der menschliche Geist nirgendwo sonst so viel Scharfsinn gezeigt habe wie bei diesen mathematischen Spielen.[103] Naturgemäß haben solche Denkspiele immer Mathematiker interessiert, und Euler war keine Ausnahme. Bereits Alcuin von York (732?–804), ein englischer Mönch, der sich um das Schulwesen von Charlemagne (Karl der Große, 747/48?–814) große Verdienste erwarb, streute in das Unterrichten gern scharfsinnige Fragen und auflockernde Aufgaben ein. Alcuins Buch *Propositiones ad acuendos iuvens* (Aufgaben für scharfsinnige Jünglinge) ist eine der berühmtesten Sammlungen der Unterhaltungsmathematik. Die bekannte deutsche Trilogie *Deliciae Physico-Mathematicae, oder Mathematische und Philosophische Erquickstunden* (1651–1653) geht auf den Nürnberger Georg Philipp Harsdörffer (1607–1658) zurück, der sich auch der Spielende nannte und durch den Poetischen (Nürnberger) Trichter sowie Gesprächsspiele bekannt ist.[104]

Ein Beispiel zur Auflockerung der Leser aus Eulers *Vollständige Anleitung zur Algebra* (E 388, EO I/1) aus dem Jahre 1768:

> „Drei Personen spielen miteinander. Im ersten Spiel verliert der erste Spieler an jeden der beiden anderen so viel, als jeder von den zwei anderen Geld bei sich hatte. Im zweiten Spiel verliert der zweite Spieler an den ersten und dritten Spieler so viel, als jeder von ihnen hat. Im dritten Spiel verliert der dritte Spieler an den ersten und zweiten so viel als jeder hatte, und da findet es sich, dass alle nach beendetem Spiel gleich viel haben, nämlich 24 Florin. Nun ist die Frage, wie viel jeder anfänglich gehabt hat?" Teil II, erster Abschnitt, Nr. 54

---

[102] Man kann nicht leugnen, dass Schach der Art nach Mathematik ist.

[103] *Misc. Ber.* 1710, S. 22–26, auch in den *Opera omnia Leibnitii*, Vol. 5, Ed. Dutens, Geneva 1768. In diesem Artikel befindet sich auch die oben zitierte Bemerkung über den Scharfsinn.

[104] R. Thiele, „Harsdörffer, der Spielende, als Mathematiker", in: *Acta Historica Leopoldina* 39 (2004), S. 267–323.

5.4 Beispiel: Mathematische Spiele

Nachdem Euler die Aufgabe vorgerechnet hatte, bemerkte er, dass dieses Problem schwer zu sein scheine. Aber es lässt sich auch ohne Algebra lösen. Dazu ging Euler in den Betrachtungen rückwärts, d. h. er beginnt mit dem letzten Spiel, in dem der erste und zweite Spieler ihr Geld verdoppelt haben, mithin war die Geldverteilung vor dem Spiel:

1. Spieler   12 Fl.
2. Spieler   12 Fl.
3. Spieler   48 Fl.

Entsprechend werden das zweite und erste Spiel betrachtet, sodass die ursprüngliche Verteilung

1. Spieler   39 Fl.
2. Spieler   21 Fl.
3. Spieler   12 Fl.

war.

Jacques Ozanam (1640–1717) stellte eine bekannte Sammlung *Récréations mathematiques et physiques* (Mathematische und physikalische Unterhaltungen, Paris 1694) zusammen, die in zahlreichen Auflagen erschien und von Pierre Varignon (1654–1722) sogar in den *Mémoires* der Pariser Akademie referiert wurde. Leibniz ließ in den *Miscellanea Berolinensia*, der Zeitschrift der alten Berliner Akademie, eine „Annotatio de quibusdam ludis" (Erläuterung einiger Spiele) erscheinen. Eine neuere Publikation wäre z. B. *Theory of Games and Economic* (Princeton 1941) von John von Neumann (1903–1957) und Oscar Morgenstern (1902–1877), um zu zeigen, dass herausragende Mathematiker sich immer wieder mit Spielen beschäftigt haben. Angeblich hatte auch Albert Einstein (1879–1955) unter seinen Büchern stets einige Exemplare, die die Unterhaltungsmathematik betrafen. Eine originelle Sammlung mathematischer Unterhaltungen gaben die Autoren E. R. Berlekamp (1940–2019), J. H. Conway (1937–2020) und R. Guy (1916–2020) in vier Bänden heraus: *Winning ways for your mathmerical plays* (Gewinnstrategien für Ihre mathematischen Spiele, London 1982).

Euler war ein guter Schachspieler. In Berlin, das Euler als sehr schachfreudig bezeichnete, erlernte er bei einem Juden das Spiel, und er sagte: „Ich habe … es so weit gebracht, dass ich ihm [dem Lehrer; dieser ist nicht weiter bekannt] die meisten Partien abgewinne." Christian Goldbach (1690–1764) hatte in St. Petersburg in der Zeitung gelesen, „daß der Herr Philidor [1726–1795] sich in Berlin bei den geübtesten Schachspielern fürchterlich gemacht [hat], woraus ich vermute, dass er Euer Hochedelgeb. auch nicht unbekannt sein wird" (Brief vom 4./15. Juni 1751). Wie wir der Antwort vom 3. Juli entnehmen können, bedauerte Euler die wegen einer Affaire von Philidors Maîtresse notwendige plötzliche Abreise des Schachmeisters François André Danican Philidor aus Potsdam, „sonst würde ich wohl Gelegenheit gefunden haben, mit ihm zu sprechen". Euler besaß jedoch bereits

 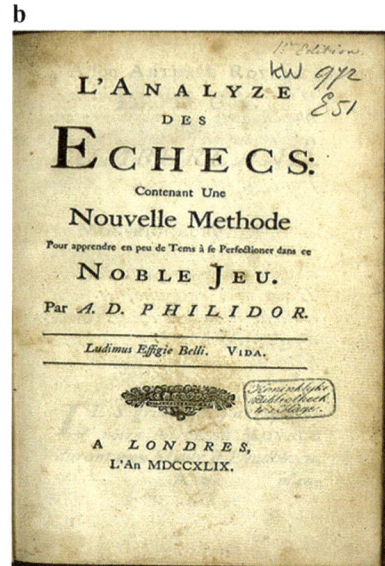

Abb. 5.22 a François-André Philidor (1726–179), französischer Musiker, der seinerzeit als der beste Schachspieler galt. **b** Titelseite seines Buches über die Analyse des Schachspiels, 1749; andere bedeutende Bücher Philidors sind seine Libretti für zeitgenössische Komponisten

1751 Philidors 1749 in London erschienenes Buch *Analyse du jeu des échecs* (Analyse des Schachspiels) (Abb. 5.22b), und er schätzte die sehr schönen Arten zu spielen, die im Buch enthalten waren. Philidors Bauernführung (Der Bauer ist die Seele des Schachs; die Philidor-Verteidigung beim Königsspringerspiel beginnt so: 1. e2–e4 e7–e5 2. Sg1–f3 d7–d6, …) beeinflusste die Spielweise stark.

In den *Mémoires* der Berliner Akademie von 1759 (gedruckt 1766) findet sich eine 29seitige Abhandlung von Eulers „Solution d'une question curieuse" (Lösung einer sonderbaren Frage) (E 309, EO I/7) über den Rösselsprung. Er bemerkte hierin (S. 310) zur Vorgeschichte dieser Arbeit:

> „Eines Tages befand ich mich in einer Gesellschaft, als bei Gelegenheit des Schachspiels jemand die Frage aufwarf, mit einem Springer bei gegebenem Anfangsfeld alle Felder des Schachbretts der Reihe nach, jedes nur einmal zu passieren … Diejenigen, die die Aufgabe für ziemlich leicht hielten, machten mehrere nutzlose Versuche, ohne zum Ziel zu gelangen. Hierauf gab derjenige, der die Frage aufgeworfen hatte, eine Route so an, dass eine vollständige Lösung entstand. Die Menge der Felder ließ indessen nicht zu, sich die gewählte Route dem Gedächtnis einzuprägen, und erst nach mehreren Versuchen gelang es mir, eine der Aufgabe genügende Route zu finden, sie galt auch nur für ein bestimmtes Anfangsfeld."[105]

---

[105] W. Ahrens, *Mathematische Unterhaltungen und Spiele*. 2 Bde. Leipzig 1910, Bd.1, S. 319.

5.4 Beispiel: Mathematische Spiele

Vermutlich ist die Rösselsprungaufgabe so alt wie das Schachspiel selbst, aber erst Euler gab ihr, wenn auch nicht eine Theorie, so doch praktikable Lösungsverfahren.[106] Er ging dabei zunächst aufs Geratewohl voran, bis sich der Rösselsprung nicht weiter ausführen lässt. Dann wird der Rösselsprung in zwei Teile zerlegt sowie auf neue Art miteinander wieder verbunden, sodass alle früheren Felder abermals besetzt sind, aber ein neuer Endpunkt zustande kommt, von dem möglicherweise eines der freien Felder erreichbar ist. Die geschickten Zerlegungen Eulers in den Beispielen machen es glaubhaft, dass man stets zum Ziel kommen könne, bewiesen wird es allerdings nicht. Euler stellte sich nun die Aufgabe, den Rösselsprung von einem beliebigen Feld ausgehen zu lassen. Zunächst hielt er die Frage (ein erstes Problem der kombinatorischen Topologie) für schwierig, aber nachdem er einen geschlossenen Rösselsprung über alle Felder gefunden hatte, war die Schwierigkeit natürlich beseitigt (Brief an Goldbach vom 26. April 1762) (Abb. 5.23).

Der Dichter Jean Paul (eigentlich Johann Paul Richter, 1763–1825) schrieb im seinerzeit vielgelesenen Roman *Hesperus* (1795): „Gegen den Eulerschen Rösselsprung der Ratten [das heißt, gegen die überraschenden Bewegungen der Ratten] zog er nur mit einem Schlägel (= Keule) zu Felde." Hieraus geht zumindest hervor, dass in Deutschland auch Euler den Rösselsprung populär gemacht hat. Abb. 5.23 zeigt einen in sich geschlossenen Rösselsprung Eulers, der zweiteilig genannt wird, da er zuerst auf der einen und dann auf der anderen Hälfte des Bretts ausgeführt wird. Von dieser Art gibt es übrigens 31.054.144 Lösungen, wie die Mathematiker katalogisierend ermittelt haben. Euler untersuchte auch rechteckige und andersartige Bretter in Bezug auf den Rösselsprung. Er zeigte z. B., dass es auf Brettern vom Format 3×5 keine Rösselsprünge gibt, auf dem Format 3×7 sind keine geschlossenen Rösselsprünge möglich. In der in Rede stehenden Arbeit „Solution" findet sich folgende interessante allgemeine Bemerkung „Wir können die Grenzen der Analysis nicht erweitern, ohne uns zu Recht sehr große Vorteile zu versprechen."[107]

Es gibt Arbeiten Eulers zu speziellen mathematischen Unterhaltungsaufgaben, die sich in seinen Händen zu substanziellen mathematischen Theorien entwickelten. Das bekannteste Beispiel dürfte die Königsberger Brückenaufgabe sein (E 53, EO I/7), siehe Abschn. 3.8. Euler befasste sich auch mit sogenannten magischen Quadraten (E 795, EO I/7; 1776 vorgelesen), von denen gegen Ende des 18. Jahrhunderts eine neue Art große Beachtung fand, die sogenannten lateinischen Quadrate. Es handelt sich dabei um ein quadratisches Schema aus n Zeilen und n Spalten, in dem n verschiedene Symbole so auf die n^2 Felder verteilt werden, dass jedes Symbol genau einmal in jeder Zeile und jeder Spalte erscheint, Die Bezeichnung lateinisches Quadrat folgte Eulers Angewohnheit, für die n Symbole la-

---

[106] „Solution d'une question curieuse qui ne paroit soumise à aucune analyse" (Lösung einer merkwürdigen Frage, die offenbar keiner Analyse unterliegt; E 309), in: *Berliner Mém.* 15 (1759), 1766 gedr., S. 310–337.

[107] „On ne sauroit étendre les bornes de l'analyse, sans qu'on ait raison de s'en promettre de trés grands avantages" – E 309.

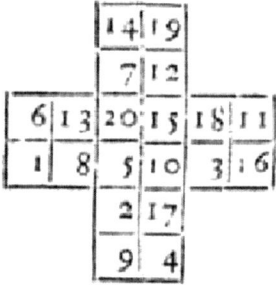

Abb. 5.23 a, b Zwei Eulersche Rösselsprünge am Standardbrett sowie **c** auf einem Brett mit einer anderen Form. Die Zahlen geben die Nummer des Zuges an. Rösselsprung **b** ist geschlossen, da nach dem 64. Zug wieder das Ausgangsfeld erreicht wird. – Berliner Mémoires 15 (1759), S. 311, 328, 337

teinische Buchstaben zu verwenden. Wir denken uns jetzt zweites lateinisches Quadrat mit griechischen Buchstaben gefüllt, sodass die Überlagerung beider Quadrate zu einem neuen jede Buchstabenkombination genau einmal enthält, wie z. B. in

$$
\begin{array}{cccc}
a, \alpha & b, \beta & c, \gamma & d, \delta \\
b, \gamma & a, \delta & d, \alpha & c, \beta \\
c, \delta & d, \gamma & a, \beta & b, \alpha \\
d, \beta & c, \alpha & b, \delta & a, \gamma
\end{array}
$$

Diese Quadrate werden als griechisch-lateinische Quadrate bezeichnet (aufgrund der Verwendung von griechischen und lateinischen Buchstaben).[108] Unser

---

[108] „De quadratis magicis" (Über magische Quadrate, E 795), in: *Opus post.*1865. Bd. 1, S. 140–151.

5.4 Beispiel: Mathematische Spiele

Beispiel gibt übrigens eine Lösung für das im 18. Jahrhundert sehr populäre Problem, sämtliche Asse, Könige, Damen und Buben eines Kartenspiels mit vier Farben in einem quadratischen Schema so anzuordnen, dass jeder Wert und jede Farbe in jeder Zeile und in jeder Spalte genau einmal auftreten. Euler vermutete in der Arbeit „Recherches sur une nouvelle espèce de quarrés magiques" (Untersuchungen einer neuen Art magischer Quadrate; E 530, EO I/7; 1779 gelesen), dass ein analoges Problem für 36 Offiziere mit je sechs verschiedenen Dienstgraden aus sechs verschiedenen Regimentern unlösbar sei, also ein entsprechendes griechisch-lateinisches Quadrat der Ordnung 6 nicht existiere. Bis auf die Ordnungen $n = 4k+2$, $k = 1, 2, 3, \ldots$ führte Euler den Nachweis für das Vorhandensein griechisch-lateinischer Quadrate, und so vermutete er die Unmöglichkeit griechischer-lateinisch Quadrate für diese Fälle. Am Ende der Arbeit findet sich die für Euler charakteristische Bemerkung:

> „Ich hinterlasse es den Mathematikern zu sehen, ob es hier Mittel gibt, die Aufzählung aller möglichen Fälle zu vollenden, was anscheinend ein ausgedehntes Feld für neue und interessante Untersuchungen liefert."[109]

Im Jahre 1901 betrat der französische Mathematiker Gaston Tarry (1843–1916) das von Euler gesehene Forschungsgebiet. Er konnte für $n=6$ durch mühevolles Ausprobieren aller Fälle Eulers Vermutung als richtig nachweisen, aber 1958 gelang es den amerikanischen und indischen Mathematikern Ernest Tilden Parker (1926–1991), Raj Chandra Bose (1901–1987) und Sharad-Chandra S. Shrikhande (1917–2020), die Eulersche Vermutung für die restlichen Fälle $n > 6$ mit durchaus klassischen Mitteln zu widerlegen. Euler hatte sich auch in der Einschätzung seiner Resultate geirrt, denn er erklärte, dass diese Ergebnisse für sich betrachtet kaum von Bedeutung seien, während heute in der angewandten Mathematik griechisch-lateinische Quadrate beim Aufstellen kostensparender und optimaler Versuchspläne äußerst nützlich sind.

Die Arbeit „Observationes circa novum et singulare progressionum genus" (Beobachtungen, die eine neue und besondere Art der Anordnungen betreffen; E 476, EO I/7; 1771 vorgelesen) behandelte das sogenannte Joseph-Spiel, in dem es darauf ankommt, bei Dingen, die in einer bestimmten Reihenfolge aufgestellt sind, durch Auszählen jedes n-te Ding zu entfernen, sodass am Ende ein gewünschtes Ding bzw. eine gewünschte Menge von Dingen übrig bleibt. Bekannte Beispiele sind Abzählverse bei Kindergeburtstagen. Die interessanten mathematischen Fragen sind hier, wie die Dinge aufzustellen sind und welche Zahl n das Zählen bestimmen soll (z. B. Dezimierung für $n = 10$), damit sich ein gewünschtes Ergebnis einstellt. Euler hatte Gerhard Friedrich Müller (1705–1783) in St. Petersburg das Spiel in der heute moralisch nicht korrekten Form vorgestellt, dass auf einem Schiff die türkischen Passagiere ausgezählt und geopfert werden sollen, damit nur

---

[109] « Je laisse aux géomètres à voir s'il y a des moyens pour achever l'énumération de tous les cas possibles, ce qui paraît fournir un vaste champ pour des recherches nouvelle et intéressantes. » E 530, in: Verhandelingen der Genootschap der Wetenschappen te Vlissingen 9 (1782), S. 85–239. Am 8. März 1779 in der Petersburger Akademie gelesen. Euler war seit 1775 Mitglied dieser Gesellschaft (Genootschap).

Abb. 5.24 Eine Wandbespannung im Schloss Eggenburg (Graz) zeigt eine Gruppe von Pharaospielern (Pointers). Pharao war ein beliebtes, aber auch verrufenes Hasardspiel. Bis zum Aufkommen von Poker war Pharao übrigens das beliebteste Kartenspiel im Wilden Westen

christliche übrig bleiben, „ad majorem Dei gloriam" (zur höheren Ehre Gottes) (Brief vom 17. Oktober 1761).

Euler verfasste auch eine Abhandlung über das seinerzeit beliebte Kartenspiele Pharao (E 313)) (Abb. 5.24), die er 1759 nach St. Petersburg zur Veröffentlichung schickte, aber Müller, der mit der Arbeit zur Wahrscheinlichkeitsrechnung nichts anzufangen wusste, sandte sie wieder zurück, sodass sie schließlich 1766 in Berlin erschien (Briefe von Müller vom 26.10./6.11.1759 und 31.12/11.1.1760).

Es ist naheliegend, dass Glücksspiele und Wahrscheinlichkeitsrechnung eng verbunden sind. Von Euler erwähnen wir noch folgende Arbeiten zu Glücksspielen:

- „Calcul de la probabilité dans le jeu de Recontre" (Berechnung der Wahrscheinlichkeit im Recontre-Spiel, E 201), in: *Hist. Mém. Ac. Berlin* 7 (1751), S. 255–270, gedr. 1753
- „Sur l'avantage du banquier au jeu de Pharaon" (Über den Vorteil des Bankhalters im Pharao-Spiel, E 313), in: ebd. 20 (1764), S. 144–164, gedr. 1766

Vor der Berliner Akademie hielt Euler auch Vorträge über Wahrscheinlichkeitsrechnung, Kartenspiele, Witwenkassen und Lotterien. In der Frage nach dem richtigen Verhältnis von Jahresbeitrag und Pensionshöhe in Abhängigkeit von den jeweiligen Altersgruppen bezog sich Euler auf die empirisch ermittelten Sterblichkeitstafeln seines Akademiekollegen Johann Peter Süßmilch (1707–1767), der Statistiker und orthodoxer Theologe war. In seinem Hauptwerk *Die göttliche Ord-*

5.4 Beispiel: Mathematische Spiele

Abb. 5.25 Blick vom Campanile des Benediktinerklosters auf das Labyrinth im Klostergarten, Isola di San Giorgio Maggiore, Venedig

nung in den Veränderungen des menschlichen Geschlechts aus der Geburt, dem Tode und der Fortpflanzung desselben erwiesen von 1741, das heute als erstes Statistik-Buch für Deutschland gilt, verfolgte der Autor zwar apologetische Zwecke, blieb aber dabei als Forscher exakt. Die Erhebung der einschlägigen Daten oblag bis ins 18. Jahrhundert den Kirchen allein, aber Friedrich Wilhelm (1620–1688), der Große Kurfürst, machte das Führen entsprechende Kirchenbücher 1673 in Brandenburg gesetzlich verbindlich. Euler, dem die Tendenz des Süßmilch'schen Buches sympathisch war, bearbeitete selbst ein Kapitel davon. Er pflegte übrigens gern am Beispiel einer in geometrischer Reihe anwachsenden Bevölkerungszahl die Einwürfe der Ungläubigen zu entkräften, welche die 6000 Jahre seit der Schöpfung (aus biblischen genealogischen und astronomischen Fakten errechnet) für die Ausbreitung der Menschheit als zu gering erachteten.[110] Außer bei Euler fand der auf Deutsch publizierende Süßmilch wenig Beachtung, dementsprechend auch seine Bitten um eine Pension, und so starb er nach 20-jährigem Wirken für die Akademie, ohne jemals einen Taler von dieser erhalten zu haben! Er ist eine Veranschaulichung für die heute noch gebräuchliche elegante französische Wendung „travailler pour le roi de Prusse" (für den preußischen König [Friedrich II.] arbeiten), die preußisch knapp mit „umsonst" wiederzugeben ist. Wenigstens erhielt er später durch die Stadt Berlin zwei Gedenktafeln: eine an seinem Wohnhaus, im sogenannten Galgenhaus in der Brüderstraße 10, die andere an seinem Geburtshaus.

König Friedrich II., als er wieder einmal an eine staatliche Lotterie dachte,[111] befragte Euler über die sogenannte Genueser Lotterie (Abb. 5.25), die er auf Empfehlung hin in Cleve einrichten wollte (Brief an Euler vom 17.8.1763). Eulers Abhandlung „Réflexions sur une espèce singulière de loterie Génoise" (Reflexionen über eine besondere Art der genuesischen Lotterie; E 812, EO = I/7), die er am 10.

---

[110] "Recherches générales sur la mortalité et la multiplication du genre humain" (Allgemeine Forschungen über die Sterblichkeit und Vermehrung des Menschengeschlechts; E 334), in*: Hist. Mém. Ac. Berlin* 16 (1760), S. 144–165, gedr. 1767 = EO I/7.

[111] R. Bradley, "The Genoese Lottery and Partition Function", in: *Euler* 2007, S. 203–216.

Abb. 5.26 Lateinisches Chronogramm anlässlich des 300. Geburtstages Leonhard Eulers von Dr. Hermann Krüssel (*1960), Aachen.[112] Ein Chronogramm ist ein kurzer (meist lateinischer) Text, in dem die Buchstaben I, V, X, L, C, D und M auch ihre Zahlenwerte als römische Ziffern erhalten und deren Summe eine „verborgene" (Jahres)Zahl ergibt, auf die der Text sich bezieht

LEONAR**DV**S E**V**LER

ANTE ANNOS TRE**C**ENTOS

BAS**IL**EAE NAT**V**S EST

OPERA LAT**I**NAE S**CR**I PTA V E**LV**T

INTRO**DVC**T**I**O IN ANA**L**YS**I**N

CLARA S**V**NT

CAE**CV**S V**I**R INGEN**I**O INGENT**I** ERAT

*Leonhard Euler
wurde vor 300 Jahren in Basel geboren.
Seine in lateinischer Sprache geschriebenen Werke wie
die „Einführung in die Analysis"
sind berühmt.
Der blinde Mann hatte eine gewaltige Begabung.*

März 1762 in der Berliner Akademie vorgetragen hatte, erschien jedoch erst ein Jahrhundert später in Eulers *Opera postuma*, 1 (1862), S. 319–335; allerdings war sie die Grundlage für die umgehende Antwort an den König, die dieser am 19. August 1763 nebst einem Plan für die Lotterie in 5 Klassen zu je 50.000 Billets von 10 bis 30 Florin gestaffelt in seiner Post fand und sich bereits am Tag darauf (20. August) höflich dafür bedankte (Abb. 5.26).

Literatur

Ahrens, W.: *Mathematische Unterhaltungen und Spiele*. 2 Bde. Leipzig 1910.
Berlecamp. E. R. et al: *Winning ways for your mathematical plays*. London 1982.

Quellen

Dieudonné, J: (Ed.): *Abrégé d›histoire des mathématiques 1700–1900*. 2 Bde. Bd. 2. Paris 1978. Chap. 5; Theorie des nombres (J. & F Ellison); dtsch. Übersetzung *Geschichte der Mathematik 1700–1900*. Braunschweig 1985. Kap. 5 Zahlentheorie.

---

[112] In: *Pro Lingua Latina* 8 (2007), S. CXXXVII = Mitt. DMV 15 (2007), S. 103. – Ich verdanke diesen Hinweis Herrn Benno Artmann †.

Euler, L.: *Opera omnia*. Serie I. Bd. 1 *Vollständige Anleitung zur Algebra* mit den Supplementen von Lagrange; Bd. 2–5 *Commentationes arithmeticae*. Serie IV A. Bd. 1 *Descriptio commercii epistolici* (Zusammenfassungen des wissenschaftlichen Briefwechsels); Bd. 5 Briefwechsel mit Clairaut, d'Alembert und Lagrange, Bd. 6 Briefwechsel mit Maupertuis und Friedrich II.

Fuss, P. H.: *Correspondance mathématique et physique de quelques célèbres géomètres du 18ème siècles*. 2 Bde. St. Pétersbourg 1843. Reprints.

Juškevič, A. und J. Kh. Kopelevič: *Christian Goldbach*. Übers. a.d. Russischen. Basel 1994.

Юшкевич, А. П. и Копелевич, Ю. Х.: *X. Гольдбах*. Москва 1983.

Algebra

Euler, L.: *Vollständige Anleitung zur Algebra*. 2 Teile. St. Petersburg 1770 = Leipzig o. J. [1883], Reclam.

Euler, L.: *Vollständige Anleitung zur niederen und höheren Algebra*, 2 Theile und die Zusätze von Lagrange. 3 vols. Cambridge Reprint 2009.

Fermat, P.: *Œuvres* (Ed. P. Tannery et C. Henry). 4 Bde. Paris 1891–1912.

Gauss, C. F.: *Werke*. 10 Bde. Anfangs Göttingen, später Leipzig 1870 ff. Bd. 1 *Disquisitiones arithmeticae*; Bd. 2 *Theorematis arithmetici*; Bd. 8 *Arithmetik und Algebra* (Nachträge); Bd. 10 Biographisches, Briefwechsel.

Gauß, C. F. *Untersuchungen über höhere Arithmetik*. Dtsch. Übersetzungen Gaußscher Arbeiten. von H. Maser. Berlin 1889.

Juškevič, A. und E. Winter (Hrsg.) : *Leonhard Euler und Christian Goldbach*. Briefwechsel 1729–1764. Ausführliche Einleitung (S. 1–16) und sorgfältig kommentierte Briefe. Berlin 1965. Reprint 2022.

Lemmermeyer, F. und M. Mattmüller (Hrsg.): *Correspondance* of Leonhard Euler with Christian Goldbach. 2 Bde. EO IV/4. Doppelband (mit englischer Übersetzung). In der „Introductio", Bd. 1, gibt es eine ausführliche Darstellung von Goldbach, S. 3–39. Basel 2015.

Zahlentheorie

Conway, J. H. and R. K. Guy: *The book of numbers*. New York 1996, dtsch Übersetzung *Zahlenzauber*. Basel 1997.

Debnath, L.: *The legacy of Leonhard Euler*. London 2010. Chp. 3 Euler's contributions to number theory and algebra, S. 57–100.

Dickson, L. E.: *History of the theory of numbers*. Vol. I: Divisibility and primality. Vol. II: Diophantine analysis. New York 1919/20. Reprint 2005.

Dirichlet, P. G. Lejeune: *Vorlesungen über Zahlentheorie*. (Hrsg. R. Dedekind). Braunschweig[3] 1879.

Dudley, U.: *A guide to elementary number theory*, MAA 2010.

Edwards, H. M.: „Euler and Quadratic Reciprocity", in: Mathematics Magazine 56, 5 (1983), S. 285–291.

Erdős, P. und U. Dudley: „Some remarks and problems in number theory relatet to the work of Euler", in: Mathematics Magazine 56, 5 (1983), S. 292–298.

Guy, R. K.: *Unsolved problems in number theory*. New York 1994.

Hasse, H.: *Vorlesungen über Zahlentheorie*. Berlin 1950.

Havil, J.: *Gamma – Exploring Euler's Constant.* Princeton 2003. Dtsch. Übersetzung *Gamma. Eulers Konstante, Primzahlstrände und die Riemannsche Vermutung.* Berlin 2007.

Hofmann, J. E.: „Über zahlentheoretische Methoden Fermats und Eulers, ihre Zusammenhänge und Bedeutung", in: Arch. Hist. Ex. Science 1 (1961) 2, S. 122–159.

Lagrange, J. L.: *Œuvres* (Ed. J.A. Serret et G. Darboux). 14 Bd. Paris 1867–1892.

Lampe, E.: „Über bahnbrechende Arbeiten Eulers aus der reinen Mathematik", in: *Euler* 1908, S. 61–116, Abschnitt Zahlentheorie S. 71–77.

Legendre, A. M.; *Théorie des nombres*, 2 Bde. Paris 1830. Nachdrucke.

Lemmermeyer, F. J.: *Reciprocity Laws.* From Euler to Eisenstein. Berlin 2000.

Lemmermeyer, F.:J.: *4000 Jahre Zahlentheorie.* Bd. 1. Von Babel bis Abel. Berlin 2003. Bd. 2 in Vorbereitung.

Neiß, F.: *Einführung in die Zahlentheorie.* Leipzig 1952.

Neumann, O.: „Leonhard Euler und die Zahlen", in: *Euler* 2008, S. 115–145.

Scharlau, W. und H. Opolka: *Von Fermat bis Minkowski.* Eine Vorlesung über Zahlentheorie und ihre Entwicklung. Berlin 1980.

Scriba, C.: „Eulers zahlentheoretische Studien im Licht seines wissenschaftlichen Briefwechsels", in: *Euler* 1984, S. 67–94.

Sloane, N. J. A.: *A Handbook of Integer Sequences.* 1973. In wesentlich erweiterter Form *OEIS* als Online-Ausgabe.

Stäckel, P.: „Eine vergessene Abhandlung von Leonhard Euler über die Summe der reziproken Quadrate der natürlichen Zahlen", in: Bibl. Mathemat. 8 (1907/08), S. 37–54 = EO I/14, S. 156–176.

Thiele, R.: *Die gefesselte Zeit.* Leipzig 1986.

Weil, A.: *Number Theory for Beginners.* New York 1979.

Weil, A.: *Number Theory* . Boston:1984. Deutsche Übersetzung, Basel 1992.

Kapitel 6
Die Reichweite der Analysis

6.1 Was ist Analysis? Eine kurze historische Einführung

> Durch die ganze Geschichte der neueren Mathematik geht der Gegensatz zwischen Analysis und Geometrie. Bald hat die Analysis die unbedingte Herrschaft, bald die Geometrie.
> FRIEDRICH ENGEL (1861–1941)

Die Vorstellungen und Verwendung von funktionalen Beziehungen gab es immer in der Mathematik, wobei sich rückblickend insbesondere zwei Wurzeln herausheben: zunächst eine anfänglich geometrische (Stichwort: Konstruktion) und später eine rechnerische, die insbesondere Euler entwickelte. Euler waren sowohl der allgemeine Funktionsbegriff als auch beide Seiten dieser Beziehung gegenwärtig, und wir werden sehen, dass er sich nach der Natur der Aufgaben (mathematische, physikalische, geometrische, usw.) und entsprechend dem Stand der mathematischen Möglichkeiten ausdrückte. Die Analysis bestimmte die Mathematik des 18. Jahrhunderts, und sie strahlte nachhaltig auf andere Disziplinen wie die Physik, Astronomie oder Technik aus. Euler war entscheidend an dieser analytischen Explosion beteiligt. Er schuf die neue Disziplin Analysis, indem er den Funktionsbegriff entwickelte und ihn ins Zentrum der Analysis stellte, um dieses Funktionenkonzept rankte sich die Analysis, deren Wachstum wiederum den Funktionsbegriff erweiterte. Bereits Eulers Zeitgenossen nannten Euler die fleischgewordene Analysis, „analysis incarnate".

Das Wort Analysis (ἀνάλυσις) ist griechisch und bedeutet so viel wie Zergliedern, Auflösen. Es veränderte im Laufe der Zeit seine Bedeutung erheblich, und um den Wandel zu dem im 18. Jahrhundert gemeinten Inhalt zu verstehen, der ursprünglich einen ganz anderen, nämlich konträren Sinn hatte, müssen wir uns einen kurzen Überblick über die Entstehung des Funktionsbegriffs verschaffen (siehe auch Jahnke 2003, Kap. 1).

Der Begriff Analysis erscheint in der antiken griechischen Mathematik, aber seine ursprüngliche antike Verwendung bei den arithmetischen Operationen ist seit

Langem verschwunden, während in Beweisführungen dieser Begriff noch benutzt wird. Die Griechen unterschieden streng zwischen dem Entdecken eines mathematischen Sachverhalts und dem Nachweis seiner Gültigkeit. Die griechischen Beweise begannen mit der Angabe einer Lösung der betrachteten Aufgabe, und der erforderliche Nachweis, dass damit tatsächlich eine Lösung vorliegt, war Gegenstand der Analysis. Es ist daher irritierend, dass heute auch das Entdecken einer Lösung mit dem Begriff Analysis verbunden ist. Denn um eine Lösung zu finden, geht man heute von der Annahme aus, dass eine solche Lösung existiert, und zergliedert, analysiert diese Annahme so lange, bis man auf einen bereits bekannten Sachverhalt kommt, der eine notwendige Bedingung für die Auflösung der Aufgabe darstellt. Von dieser notwendigen Bedingung, die durch die Auflösung (= Analyse) der Aufgabe geliefert wird, versucht man rückschließend in einem Synthese genannten Verfahren auf die Lösung zu gelangen, womit der Nachweis für das tatsächliche Vorhandensein der Lösung erbracht ist.

Das Grundprinzip, ein Problem als gelöst zu betrachten, ohne weitere Annahmen über die Lösung vorauszusetzen, ist in Wirklichkeit das einzige allgemeine mathematische Mittel, eine Lösung zu finden. Dieses Verfahren ist daher so alt, wie es die Probleme selbst sind. Laut Pappos (Πάππος, um 300 n. Chr.) soll Euklid (Εὐκλείδης, 3. Jh. v. Chr.) die Analysis im genannten Sinn erfunden haben, und daraus ging schließlich die analytische Methode der Neuzeit hervor. Der Name selbst ist eine merkwürdige Umsetzung auf eine Disziplin, wobei seine ursprüngliche Bedeutung nicht nur verloren ging, sondern sich eher ins Gegenteil kehrte. François Viète (1540–1603) sprach in seiner Gleichungslehre *In artem analyticum* (Einführung in die analytische Kunst, 1591) von der Zetesis (griech. suchen, ζητειν), wenn er die Beziehungen der Bedingungen benutzte, um zu einer gesuchten Gleichung zu kommen. Dabei unterschied er formal nicht zwischen bekannten und unbekannten Größen. Im 17. Jahrhundert war der Begriff „ars analytica" (analytische Kunst) gleichbedeutend mit Algebra (im Sinne von allgemeiner Arithmetik), die man im Unterschied zur geometrischen Analysis auch als arithmetische oder algebraische Analysis bezeichnete. Im *New Mathematical Dictionary* (London 1743) von Edmund Stone (1702–1768) wird beim Stichwort Analysis in Hinblick auf die „Geometrical Analysis" bemerkt:

> „It must be confes'd, that Algebra, which may be called an Arithmetical Analysis, is the most ready, and general method, (but not always the shortest and most elegant) that has been hitherto found out, or perhaps ever will, for this purpose."[1]

Seit Beginn des 18. Jahrhunderts erhielt der Begriff Analysis nach und nach seine moderne Bedeutung; im genannten Wörterbuch von Stone fehlt er noch.[2] Im

---

[1] „Man muss zugeben, dass die Algebra, die man eine arithmetische Analysis nennen kann, die einfachste und allgemeinste Methode (aber nicht immer die kürzeste und eleganteste) ist, die bisher zu dieser Zweck entdeckt wurde oder vielleicht jemals entdeckt werden wird."

[2] Das liegt nur teilweise daran, dass Stone Newtonianer war, denn er hatte auch die *Analyse des infiniment petits* des Marquis de l'Hopital, die im Leibniz'schen Stil dargestellt war, ins Englische übersetzt. Allerdings basiert dieses Buch noch auf dem Größenbegriff.

Mathematischen Lexicon (1716) von Christian Wolff (1679–1754) ist bereits die Differentialrechung in die Analysis einbegriffen, auch hier fehlt der Funktionsbegriff noch. Im sogenannten *Großen Zedler*, einem universalen Lexikon von 68 Bänden und ca. 63.000 Seiten,[3] finden wir allerdings im Band 9 von 1735 einen entsprechenden ausführlichen Eintrag, der auf Johann I Bernoullis Definition von 1718 zurückgeht. Moderne mathematische Wörterbücher können je nach Umfang zwischen den Stichwörtern Abel'sche Funktion und Zeta-Funktion mehrere Hundert Einträge haben, die funktionale Zusammenhänge erfassen.

Heute ist die Analysis (die aus dem Calculus hervorging) vermutlich der wichtigste Zweig der Mathematik, der sich mit Funktionen, Grenzwerten von Funktionen, Folgen und Reihen von Funktionen sowie anderen unendlichen Prozessen befasst. Der zentrale Begriff der klassischen Analysis ist der der Funktion $f(x)$, wobei f fest gedacht wird und x variabel ist; diese klassische Analysis hat sich am Ende des 19. Jahrhunderts zur Funktionalanalysis entwickelt, in der auch die Funktionen f selbstständige Objekte in einem Funktionenraum mit gewissen ähnlichen Eigenschaften geworden sind.

6.2 Zur Entstehung des analytischen Funktionskonzepts (Descartes, Leibniz, die Bernoullis)

> Man sollte überhaupt nie vergessen, dass die Funktionen, wie alle mathematischen Begriffszusammensetzungen, nur unsere eigenen Geschöpfe sind, und dass, wo die Definition, von der man ausging, aufhört einen Sinn zu haben, man eigentlich nicht fragen soll *was ist*? sondern *was convenirt* [ist passend]? anzunehmen, damit ich immer consequent bleiben kann.[4]
>
> CARL FRIEDRICH GAUSS (1777–1855)

Zwischen den Dingen, mit denen wir es täglich zu tun haben, bestehen Beziehungen, die unseren Alltag bestimmen und von denen wir Gebrauch machen. Diese allgemeine Bemerkung trifft auch auf die Mathematik zu, in der solche funktionale Beziehungen die Objekte miteinander verbinden, die mathematisch erfasst werden können. Mathematiker sprechen von Funktionen, Abbildungen, Transformationen, Relationen, Konstruktionen usw. Henri Poincaré (1854–1912) drückte das so aus,

> „Mathematiker untersuchen keine Objekte, sondern Beziehungen zwischen Objekten; es ist ihnen daher gleichgültig, diese Gegenstände durch andere zu ersetzen, sofern sich die Relationen nicht ändern. Der Gegenstand ist ihnen gleich, nur die Form interessiert sie."[5]

---

[3] *Großes vollständiges Universal-Lexikon aller Wissenschaften und Künste*, Bd. 9. Halle 1735, Sp. 2308 f. – Der *Große Zedler* ist das umfangreichste Lexikon der Aufklärung.

[4] In einem Brief an Bessel vom 21. November 1811, als es darum ging, dass das Wesen einer Funktion ihr Bestimmtsein ist.

[5] «Les mathématiciens n'étudient pas des objets, mais des relations entre les objets; il leur est donc indifférent de remplacer ces objets par d'autres, pourvu que les relations ne changent pas. La matière ne leur importe pas, la forme seule les intéresse.» – *Science et Hypothèse* (Paris, 1901), Chap. II.

Diese funktionale Beziehung (Abhängigkeit) wird der rote Faden unserer Überlegungen sein, mit der Beziehungen zwischen Zahlenmengen erfasst werden. David Hilbert (1862–1943) erklärte in einer Vorlesung am Ende des 19. Jahrhunderts:

> „Nächst dem Zahlbegriff ist der Funktionsbegriff der wichtigste in der Mathematik." Vorlesung *Functionentheorie*, 1893[6]

Letztlich umriss Hilbert damit die Natur der (klassischen) Analysis, die auf Zahlen beruht und die durch den Funktionsbegriff geschaffen wird.

In den vergangenen Jahrhunderten waren Größen (Quantitäten) der Gegenstand der Mathematik; eine heutige Charakterisierung der Mathematik würde den Begriff der Struktur hinzunehmen. Als Größe wird seit Euklid (Εὐκλείδης; 300 v. Chr.) alles bezeichnet, was der Vermehrung und Verminderung fähig ist. Mit diesen Erklärungen begann auch Euler seine *Vollständige Anleitung zur Algebra* (E 387–388; EO I/1). Er fuhr fort, dass es viele Arten von Größen gibt, die zu den verschiedenen Teilen der Mathematik führen, z. B. arithmetische und geometrische Größen und die zugehörigen Disziplinen Arithmetik/Algebra und Geometrie.

Carl Friedrich Gauß (1777–1855) hob in seiner Arbeit „Zur Metaphysik[7] der Mathematik"[8] ebenfalls hervor, dass eine Größe für sich noch kein Gegenstand einer wissenschaftlichen Untersuchung sein kann, sondern man deren Beziehungen zu anderen betrachten muss. Es gebe zwei Möglichkeiten, sich Größen vorzustellen:

- durch unmittelbare Anschauung,
- durch Vergleich.

Diesen beiden Möglichkeiten, so Gauß, entsprechen geometrische Konstruktionen oder arithmetische Rechnungen. Geometrische Größen ändern sich durch Konstruktionen, und solche Operationen kann man durchaus als Funktionen im geometrischen Sinn bezeichnen. Mithilfe des Archimedischen Axioms (Maßzahlen für Größen) kann man die geometrischen Operationen arithmetisch begleiten. Arithmetische Zahlgrößen wiederum werden durch Rechnungen in arithmetische Beziehungen gesetzt. Das Erfassen rechnerischer Beziehungen setzt algebraische Schreibweisen voraus, die sich im Mittelalter vielfältig herausbildeten und schließlich im 17. Jh. etwa bei Pierre de Fermat (1607–1665) oder René Descartes (1596–1650) gebündelt wurden.

In der analytischen Geometrie, deren Grundlagen Pierre Fermat und René Descartes im 17. Jahrhundert legten,[9] werden in Koordinatensystemen geometrische

---

[6] Niedersächsische Staats- und Universitätsbibliothek, Göttingen, Handschriftenabteilung.
[7] Die Arbeit wurde zu Beginn des 19. Jahrhunderts verfasst. Metaphysik meint hier Grundgedanken; dieser typische (philosophische) Gebrauch des Wortes Metaphysik findet sich beispielsweise auch in Lazar Carnots Arbeit *Réflexions sur la métaphysique du calcul infinitesimal* (1799) aus jener Zeit.
[8] Unveröffentlicht, um 1800 geschrieben. *Werke*, Bd. X, 1. Leipzig 1917, S. 57 ff.
[9] Die Bezeichnung „analytische Geometrie" kam später; erst Lacroix (1765–1843) prägte sie in seinem einflussreichen *Traité du Calcul Différentiel et du Calcul Intégral*, Paris, 1797–1800.

Beziehungen zwischen Abszissen und Ordinaten (damals Applikaten genannt) durch arithmetische Verhältnisse (also durch Zahlen) ausgedrückt, und umgekehrt lassen sich arithmetische Darstellungen (d. h. Gleichungen) geometrisch veranschaulichen.[10] Viele geometrische Sachverhalte lassen sich mithilfe von Proportionen erfassen und in Gleichungen ausdrücken, wobei im 17. und 18. Jahrhundert sowohl implizite als auch explizite Darstellungen der Gleichungen benutzt wurden ($G(x, y) = 0$ oder $y = g(x)$), wobei wir die Symbole x und y heute als algebraische Unbestimmte ansehen. Solche Gleichungen werden algebraisch sein, d h. ein Polynom bilden. Zur Zeit von Descartes ließen sich diese Rechenausdrücke aufgrund der entwickelten arithmetischen Notation als algebraische Gleichungen schreiben, in denen bekannte Zahlgrößen (Koeffizienten) mit unbekannten Größen (modern: algebraischen Unbestimmten) verbunden wurden. Die Konstruktionen mit Zirkel und Lineal führten dabei, wenn man sie in der analytischen Geometrie rechnerisch begleitete, auf algebraische Gleichungen zweiten Grades. Allerdings gibt es auch geometrische Probleme, die auf algebraische Gleichungen mit höheren Graden führen und daher nicht mit Zirkel und Lineal konstruierbar sind (z. B. das bekannte Problem der Würfelverdoppelung). Kurven, die nicht mit Zirkel und Lineal konstruiert werden können, nannte man im Hinblick auf ihre Erzeugung mechanische oder aus rechnerischer Sicht später nach Leibniz (1646–1716) transzendente Kurven. Descartes erweiterte den geometrischen Konstruktionsbegriff, indem er alle durch algebraische Gleichungen beschriebenen Kurven als konstruierbar ansah, was er im Detail (also die Art der benötigten Instrumente) nicht ausführte, sondern sich bei den Gleichungen auf einige Beispiele beschränkte. Mechanische Kurven bzw. die ihnen korrespondierenden Gleichungen waren bei Descartes keine Gegenstände der Mathematik, da sie in seinem Verständnis nicht klar und exakt waren. Ein Beispiel wäre eine Rollkurve (Zykloide), da ihre zwei sie definierenden Bewegungen Translation und Rotation nicht klar aufeinander zu beziehen seien.

In der Infinitesimalmathematik kann man mittels Proportionen auch unendlich kleine Größen zueinander in Beziehung setzen (Differentialgleichungen). Hierin liegt deren Stärke, da das infinitesimale Denken die Sachverhalte linearisiert, und mittels der Proportionalität gelangt man beispielsweise auf lineare Gleichungen zwischen den Differentialen. Aber bei der Rückkehr zu endlichen Größen, also bei der Integration von Differentialgleichungen, wird man auf Gleichungen mit endlichen Größen kommen, die in der Regel nicht mehr algebraisch sind, sondern auch auf kompliziertere transzendente Gleichungen führen.

Zu Kurven gehören Gleichungen, die sie beschreiben, und umgekehrt lassen sich Gleichungen als Kurven deuten. Diese Grundidee der analytischen Geometrie erklärte Euler fast ein Jahrhundert nach René Descartes' *Géomètrie* (1636) detailliert im ersten Kapitel des zweiten Bandes seiner *Introductio in analysin infinitorum* (Einführung in die Analysis des Unendlichen, 1748; E 102, EO I/9). Während

---

[10] Ein genaueres Studium zeigt, dass bei Descartes besser von Koordinatenlinien als von Koordinatensystemen zu reden wäre. Aber das ändert unsere prinzipielle Argumentation nicht.

übrigens in der Antike die Anzahl der durch geometrische Überlegungen erzeugten Kurven nicht besonders groß war, führte im mathematischen Alltag der Neuzeit die Möglichkeit, jede hingeschriebene Gleichung geometrisch als Kurve zu interpretieren, mühelos auf eine unbegrenzte Anzahl von Kurven.

Die Wurzeln des analytischen Funktionsbegriffs fußen wesentlich auf Variationsproblemen, was nicht überrascht, denn in der Variationsrechnung sucht man Funktionen oder Kurven, denen in Hinblick auf eine Menge gleichartiger Funktionen (Kurven) eine ausgezeichnete Eigenschaft zukommt (wie etwa, ein Integral zu minimieren). Solche Untersuchungen verlangen natürlich auch eine Klärung des Funktions- bzw. Kurvenbegriffs. Wenn es auch immer wieder behauptet wird, erfunden hat Leibniz die analytischen Funktionen nicht, denn in seiner Erklärung einschlägiger funktionaler Zusammenhänge ist der geometrische Hintergrund unübersehbar: als „functio" (also Verrichtung oder Leistung) eines Kurvenpunktes werden bei ihm etwa die Tangente, die Subnormale oder der Krümmungsradius genannt, mithin Größen, die man bei geometrischen Konstruktionen gebrauchen kann. Der Wandel von algebraischen Unbestimmten (noch bei Descartes) zu Variablen ist allerdings revolutionär, auch wenn er uns nicht mehr spektakulär, sondern nur sachgemäß erscheint, wobei wir subtile logische Grundlagenfragen erst einmal beiseitelassen werden. Kein Geringerer als Bertrand Russell (1872–1970) urteilte noch über den Begriff der Variablen:

> „The variable is perhaps the most distinctively mathematical of all notions; it is certainly also one of the most difficult to understand."[11]

Er bekannte, dass in seinen *Principles of mathematics* (1903) keine befriedigende Theorie dafür zu finden sei. Er ist jedoch ein bahnbrechender Fortschritt, den Gottfried Wilhelm Leibniz (1646–1716) im 17. Jahrhundert einführte. Die algebraischen Gleichungen, die die geometrische Konstruktionen begleiteten, lassen sich auch als Rechenausdrücke begreifen, in denen die unbekannte Größe nicht mehr als eine algebraische Unbestimmte, sondern als eine variable Größe angesehen wird. Die algebraische Gleichung wird damit zu etwas Neuem, zu einer algebraischen Funktion. Uns ist diese Denkweise in Fleisch und Blut übergegangen, sodass wir mit dem Begriff einer Variablen oder einer solchen veränderlichen Funktion ganz unbefangen umgehen. Leibniz verdient es mithin, dass die Geschichte des Funktionsbegriffs bei ihm beginnt. Übrigens finden sich bei Leibniz die Bezeichnungen Abszisse, Ordinate, Koordinatensystem.

Gleichungen kam mithin besondere Aufmerksamkeit zu, und so entwickelte sich neben einer Gleichungslehre (in der Algebra), deren Thema z. B. die Nullstellen sind, mehr und mehr eine Funktionentheorie, die aus moderner Sicht die

---

[11] B. Russell, *The Principles of mathematics*. University Press 1903, Nachauflagen. Chap. VIII, insbes. § 86. Die Variable ist vermutlich der mathematischste aller Begriffe, er ist sicherlich auch einer der am schwierigsten zu verstehenden Begriffe. – Bei G. Frege finden sich etwa in seinem Beitrag „Was ist eine Funktion?" für die Boltzmann-Festschrift von 1904 ebenfalls Bedenken gegen den Gebrauch des Begriffs.

6.2 Zur Entstehung des analytischen Funktionskonzepts ...

Zuordnung der Menge der reellen oder komplexen Zahlen zu anderen Mengen untersucht (mengentheoretische Fassung des Funktionsbegriffs). Aber auch in dieser Funktionenlehre blieb ein algebraischer Hintergrund, beispielsweise zeigen sich bei Euler algebraische Denkweisen in der Analysis, wenn er unendliche Potenzreihen genau wie endliche Polynome in Linearfaktoren zerlegte, was ihm bei der Sinus-Reihe gelang (*Introductio*, § 156; erst für sinh x, dann für sinh ix = i sin x). Algebraische Methoden erschienen verständlicherweise bei der Abgrenzung der entstehenden Analysis gegen die traditionelle Geometrie.

Die Anfangsgründe von Eulers analytischem Ausdruck, dem der analytischen Funktion, fußten auf Vorstellungen der Brüder Jakob (1654–1705) und Johann I Bernoulli (1667–1748). Der ehrgeizige jüngere Johann Bernoulli lag mit seinem Bruder in einem erbittert geführten mathematischen Streit, in dem sich beide abwechselnd mathematische Probleme stellten und in einem grandiosem Höhenflug die Mathematik mit wegweisenden Ergebnissen bereicherten und förderten.[12] Joh. Bernoulli, in gewisser Weise ein Schüler von Leibniz, hatte seit etwa 1694 in Briefen an Leibniz von der funktionalen Beschaffenheit gewisser Terme gesprochen, etwa für die Summanden einer Taylor-Entwicklung. Im Jahre 1696 stellte er ein Problem (Brachistochronenproblem), zu dessen Lösung er vollmundig die Mathematiker des gesamten Erdkreises aufrief, das aber letztlich nur für seinen älteren Bruder Jakob gedacht war und diesem seine Grenzen zeigen sollte, was misslang. Bei dem Problem geht es um die Gestalt derjenigen ebenen Kurve, auf der ein Massenpunkt in kürzester Zeit lediglich unter Einfluss der Schwerkraft von A nach B gelangt. Johann selbst hatte zwei Lösungen im Köcher, aber auf Anraten von Leibniz unterdrückte er die zweite, die gerade in unserem Zusammenhang von Bedeutung ist, da er hier eine Funktion definierte. Darauf kommen wir noch zu sprechen.[13] Die zweite Lösung Johann Bernoullis trägt die Wurzeln der sogenannten Feldtheorie in sich, die in Abschn. 6.6 besprochen wird.

Zunächst widmen wir uns Jakobs Beiträgen, Da er zum Ärger Johanns das gestellte Brachistochronenproblem löste war Jakob „berechtigt" Johann mit einem anderem Problem herauszufordern. Auch dieses Problem ist in der Mathematikgeschichte gut bekannt, es ist das isoperimetrische Problem (1697) (Abb. 6.1). Genauer betrachtet besteht es aus mehreren Fällen. Beginnen wir mit einem Spezialfall des klassischen isoperimetrischen Problems, das in der griechischen Mythologie erscheint und die sagenhafte Königin Dido in Karthago Land nehmen lässt, wobei die Landnahme unter der Bedingung erfolgt, dass die Länge des Umfangs beim Landgewinn fest vorgegeben ist. Gesucht ist natürlich der maximale Landgewinn bzw. die maximale Fläche A. Jakob erweiterte die Fragestellung in geometrischer Weise, indem nicht mehr die Fläche A bei einer Umfangslinie mit

---

[12] Siehe hierzu R. Thiele, „Das Zerwürfnis Johann Bernoullis mit seinem Bruder Jakob", in: *Acta historica Leopoldina* 27 (1997), S. 257–276.

[13] Die jeweiligen Arbeiten findet man bequem in den *Gesammelten Werken der Mathematiker und Physiker der Familie Bernoulli*, im Band *Die Streitschriften* von Jacob und Johann Bernoulli (Hrsg. H. Goldstine). Basel 1991, S. 212–568.

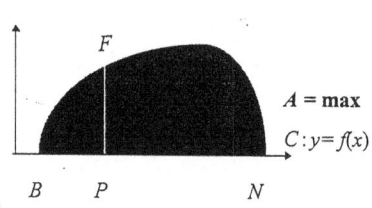

Abb. 6.1 Das isoperimetrische Problem. **a** Dido, eine phönizische Prinzessin floh aus ihrem Land und versuchte an der Stelle, wo später Karthago entstand, Land zu kaufen. Man kam ihrer Bitte nach und erlaubte ihr eine Landnahme insoweit, dass das Land sich durch eine Kuhhaut umspannen lassen solle. Dido zerschnitt die Kuhhaut in feine Streifen, wodurch sie **b** eine Begrenzungskurve B–F–N von etwa 1000 bis 2000 m erhielt. Die schwarze Fläche A ist zu maximieren, die Linie BPN steht für die Küste des Mittelmeeres

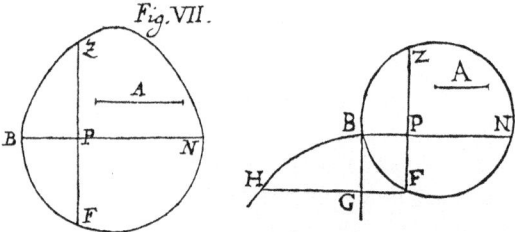

Abb. 6.2 Jakob und Johann Bernoullis Verallgemeinerungen des Problems der Dido. Jakob verallgemeinert die „mythologische" Aufgabe, indem er nicht mehr durch die Ordinate PZ selbst eine maximale Fläche erzeugen will, sondern dazu eine zweite Ordinate PF benutzt, PZ soll dabei eine Funktion von PF sein (Funktion ist im Sinn der durch (6.2) gegebenen Beziehung zu verstehen, linke Abb.). Johann verallgemeinert noch radikaler; er kann aber eine willkürliche funktionale Abhängigkeit nicht analytisch, sondern nur mithilfe einer willkürlichen (geometrischen) Kurve BH erfassen, die beliebige Ordinaten $GH = PZ$ liefert. (Übrigens, in beiden Figuren ist in üblicher geometrischer Manier eine Strecke A eingezeichnet, die den Maßstab in der Zeichnung festlegt, und nichts mit der Fläche A zu tun hat.)

gegebener Länge maximiert werden soll, sondern das soll für eine andere Fläche B vollzogen werden, deren Ordinaten PZ sich aus den Ordinaten (Applikaten) PF der ersten Fläche A ergeben. Diese funktionale Beziehung ist noch geometrisch erklärt (Abb. 6.2, linke Figur). Wenn PF eine Ordinate für die erste Fläche A ist, dann soll PZR die entsprechende Ordinate für die zweite Fläche B sein (entsprechen heißt: beide haben die gleiche Abszisse OP; O ist der Koordinatenursprung); PZ soll sich nun aus PZ ergeben, und wir sehen uns im Folgendem die beiden von Jakob vorgeschlagenen Abhängigkeiten an (und betrachten den dritten, transzendenten Fall nicht, in den die Bogenlänge eingeht):

6.2 Zur Entstehung des analytischen Funktionskonzepts ...

$$PZ = PF^n \quad \text{oder} \quad = PF^{1/n}, \quad (n \text{ natürlich});$$

d. h., PZ ist im euklidischen bzw. im erweiterten Descartes'schen Sinn geometrisch konstruierbar, und die Konstruktionsschritte lassen sich aufgrund der Proportionalität arithmetisch begleiten. Allgemein ist

$$PZ = PF^{m/n}, \quad (m, n \text{ natürlich}). \tag{6.1}$$

Der entscheidende Sachverhalt besteht hier darin, dass die grundlegende Beziehung (Gl. 6.1) zwischen den Ordinaten PF und PZ jetzt nicht mehr über eine Kurve hergestellt wird, sondern in einer rechnerischen Form erfolgt. (Die von beiden Bernoulli benutzte geometrisch motivierte Schreibweise trägt dabei allerdings noch dem geometrischen Verständnis der Zeit Rechnung.) Während in der analytischen Geometrie eine Gleichung mit einer Kurve verbunden wird, ist ohne einen solchen Hintergrund die zu Gl. 6.1 gehörige Gleichung nur noch ein arithmetischer Term, ein „formaler" Rechenausdruck:

$$y(x) = x^{m/n}. \tag{6.2}$$

Derartige Ausdrücke werden später von Johann Bernoulli *Funktionen* genannt. Gl. 6.2 ist ein arithmetischer Ausdruck, der häufiger in Rechnungen erscheint, und Joh. Bernoulli folgt der mathematischen Gepflogenheit, solche immer wiederkehrenden Terme abkürzend mit Bezeichnungen zu belegen.

Johann Bernoulli, der sich bei der Bearbeitung der durch seinen Bruder neu gestellten Probleme im Rückstand fühlte, da er rechnerisch mit der Nebenbedingung (fest vorgegebener Umfang) nicht zurechtkam, wollte sich durch eine weitere Verallgemeinerung der gestellten Frage seinem Dilemma entziehen und sich wieder ins Gespräch bringen. Deshalb bezeichnete er die durch Gl. 6.2 gegebene rechnerische Abhängigkeit als viel zu eng und schlug in einem öffentlichen Brief an Pierre Varignon (1654–1722), der im Journal des Sçavan am 2. Dezember 1697 veröffentlicht wurde, vor:

> „Bevor wir fortfahren, wird es nicht unangebracht sein, hier eine Lösung zu geben, die unendlich allgemeiner ist, als es das Problem erfordert; unter der Annahme, dass PZ, anstatt einfach wie eine gegebene Potenz BH auf der Achse BG parallel zu PF zu sein, & dass wir bei Anwendung von $PZ = GH$ wollen, dass der Raum BZN [$= A^*$] der größte ist."[14]

Johann Bernoullis Vorschlag ist ambivalent: Zum einen spricht er von beliebigen Funktionen, aber da für die seinerzeitigen Mathematiker ein solcher Ausdruck unklar bzw. lediglich ein inhaltsloses Symbol $f(x)$ wäre, bietet Johann eine konstruktive geometrische Fassung an, bei der von einer irgendeiner Ordinate GH einer beliebigen Kurve BH (Abb. 6.2, rechte Figur) ausgegangen wird. Arithmetisch ist

---

[14] *Streitschriften*, S. 311.– «Avant que de passer outre, il ne sera pas hors de propos de donner ici une solution infiniment plus generale que ne requiert le problème; en suposant que PZ au lieu de n'être que comme une puissance donnée de PF, soit maintenant composée come l'on voudra, de PF & de données: comme si l'on décrit une courbe donnée quelconque BH sur l'axe BG paralele à PF, *qu'apliquant PZ = GH on veuille que l'espace BZN soit le plus grand.*»

die damalige Mathematik nicht in der Lage, diese Vorstellung zu erfassen, aber geometrisch kann man sich eine willkürliche Kurve *BH* mit beliebigen Ordinaten durchaus vorstellen, also diese als gegeben ansehen, etwa indem man sie notfalls mit freier Hand (!) zeichnet. Mit der geometrischen Möglichkeit, sich eine allgemeine Kurve zu verschaffen, unterminiert Johann zunächst den Weg zu einer funktionalen Fassung. Halten wir aber fest: Die Brüder Bernoulli deuteten einfache algebraische Rechenausdrücke, die wir heute als rationale Ausdrücke bezeichnen würden, funktional.

Die Darstellung von Kurven

Henk J. M. Bos (*1940) bemerkte in Hinblick auf die geometrischen und analytischen Darstellungen von Kurven oder funktionalen Beziehungen im 17. Jahrhundert, dass es damals noch keine festen Standards gab, und diese Feststellung trifft auch mehr oder weniger zumindest in der ersten Hälfte des 18. Jahrhunderts zu. Als sehr interessantes Beispiel führte Bos die Lösung einer mechanischen Aufgabe an, die zu der Gruppe jener neuen Probleme gehörte, die aufgrund der gerade entstandenen Infinitesimalmathematik lösbar geworden waren und deshalb große Beachtung fanden. Leibniz veröffentlichte 1690 für die Lösungskurve eines in einem widerstehenden Mittel fallenden Körpers (Massenpunkt) folgende Gleichung:

$$b^t = \frac{1+v}{1-v} \tag{6.3}$$

(*t* Zeit, *v* Geschwindigkeit, *b* eine Konstante).

Christiaan Huygens (1629–1695) lehnte diese exponentielle Gleichung zur Veranschaulichung geometrischer Verhältnisse ab. Ein heutiger Leser hat mit einer Exponentialgleichung keine Schwierigkeiten, aber dem damaligen Mathematiker, der mit geometrischen Methoden (also insbesondere mit der Proportionalität) arbeitete, blieb der Zugang zu exponentiellen Variablen versperrt. Huygens drückte seine Ablehnung mit den Worten aus:

> „Ich muss gestehen, dass mir die Natur von solchen supertranscendentalen Linien, in welchen die Unbekannte im Exponent auftritt, mir so dunkel zu sein scheint, dass ich nicht daran denken würde, sie in die Geometrie einzuführen, es sei denn, Sie könnten einen bemerkenswerten Nutzen davon angeben."[15]

Er verlangte von Leibniz eine geometrische Lösung. Erstaunlicherweise akzeptierte Huygens die zugeschickte Konstruktion der transzendenten Lösungskurve, die – wie wir mit heutigen Kenntnissen nicht anders erwarten – eine bereits konstruierte transzendente Kurve voraussetzt. In unserem Fall war es die sogenannte Logarithmica (logarithmische Kurve), die die einfache Eigenschaft hat, einer arithmetischen Reihe von Abszissen *x* eine Reihe von Ordinaten (Applikaten) *y* zuzuordnen, die geometrisch angeordnet ist, ihre Gleichung ist $y = b^x$ (Abb. 6.3). Leibniz gab nun eine geometrische Konstruktion für die Logarithmica, eine Kurve, die etwa ab 1660 in mathematischen Untersuchungen erschien. Die geometrische Konstruktion von Leibniz erlaubte zwar nicht die Konstruktion aller Kurvenpunkte *P*, aber in der Umgebung irgendeines Punktes *P** die Konstruktion von beliebig vielen anderen Kurvenpunkte *Q* (nämlich auf der zu der in der Mitte *x* von zwei Abszissen von Kurvenpunkten *P'* und *P''* liegenden Ordinate *y(x)* von *Q*). Huygens' Reaktion zeigte sowohl, dass der Descartes'sche Konstruktionsbegriff aufgeweicht worden war, als auch, dass die bewährten geometrischen Mittel, mit denen man sich eine Funktion

---

[15] C. Huygens, *Œuvres complètes*, Vol. 9. The Hague 1888. S. 537. Englische Übersetzung des Zitats von Bos in „The Concept of Construction and the Representation of Curves in 17th-Century Mathematics", in: *Lectures in the history of mathematics*. Providence, RI, 1993. S. 23–36, Briefstelle S. 23 f.

Abb. 6.3 Die Lösung eines mechanischen Problems durch eine transzendente Kurve, die logarithmische Kurve (Logarithmica) *CFHDP*. Der gesuchte Punkt *V* auf der in Rede stehenden Kurve ist durch die Strecke *TV* bestimmt, die gleich der Strecke *RK* ist. In die Konstruktion von *RK* geht die Logarithmica ein

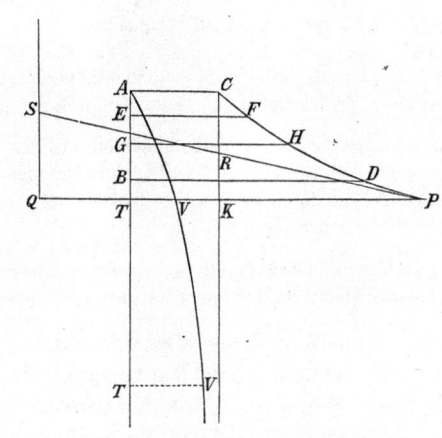

veranschaulichte, eingeschränkt beibehalten werden konnten. Allgemein versuchte man, in Untersuchungen erscheinende transzendente Kurven als algebraisch abhängig von insbesondere zwei speziellen transzendenten Kurven, den Zykloiden und den Logarithmicae, zu erweisen. Damit wurde ein weiterer Schritt des Verallgemeinerns vorbereitet, der als willkürliche Kurve schließlich nur noch eine solche ansieht, die mit freier Hand gezogen wird. Solche Kurven, die aus geometrischer Sicht eine allgemeine Kurve repräsentieren sollen, erschienen sowohl 1696 in dem viel beachteten Brachistochronenproblem Johann Bernoullis als auch den im Jahr darauf folgenden isoperimetrischen Problemen seines Bruders Jakob. Die Rechtfertigung für diese Art der Darstellung lautete 1786 bei Wenceslaus Johann Gustav Karsten (1732–1787), der den Nutzen einer geometrische Veranschaulichung schätzte, wenn man allgemeine Gesetze mit Kurven darstellen wollte:

> „Was man dem Verstande durch allgemeine Formeln [wie $f(x)$] nicht recht einleuchtend zu machen wusste, das suchte man durch Zeichnung [mit freier Hand gezogene Kurve] zugleich dem Auge sinnlich darzustellen."[16]

Die Muskelbewegung beim Zeichnen trat jetzt an die Stelle der mechanischen Konstruktion, deren Tradition sie fortsetzte, und sie wurde als allgemeinste Art der Erzeugung einer Kurve angesehen. Dieser Sachverhalt wirft allerdings einige methodische Fragen auf. Was hat die physiologisch bedingte Bewegung der Hand in der Mathematik zu suchen? Werden hier nicht zwei Ebenen, zwei Wissenschaften (Mathematik und Physiologie) vermengt? Die durch Muskeln stetig bewegten Bleistifte erzeugen solche Kurven, die Tangenten (Differentialquotienten) haben; endlich viele Ecken sind durch Anhalten beim Zeichnen herstellbar.

Sophus Lie (1842–1899) hielt 1886 als Nachfolger von Felix Klein (1844–1925) in Leipzig seine Antrittsvorlesung zu dem Thema „Über den Einfluß der Geometrie auf die Entwicklung der Mathematik". Das war, wie schon der Titel zeigt, durchaus gegen die Dominanz der Analysis gerichtet. Beispielsweise hob der Geometer Lie hervor, dass mehrere elementare Funktionen aus der Geometrie hervorgegangen sind und dass überhaupt bei den meisten wichtigen Fortschritten der Analysis die Geometrie wesentlich mitwirkte. Im Vortrag wies Lie auch Bedenken zurück, die Geometrie könne keine stetigen Funktionen durch Kurven veranschaulichen;

---

[16] Karsten, „Vom Mathematisch=Unendlichen", in: *Mathematische Abhandlungen*. Halle 1786.

„Es mag sein, wenn man sich die Kurve kinematisch durch einen mechanischen Prozeß entstehend denkt, dass das Vorhandensein eines Differentialquotienten vorausgesetzt wird. Denkt man sich eine Kurve nicht als entstehend, sondern als vorhanden, so wird über die Existenz eines Differentialquotienten keine Voraussetzung gemacht. Dann findet der Begriff der reellen stetigen Funktion sein wahres [geometrisches] Bild."[17]

Die geometrische Veranschaulichung stößt mit der Idee einer mit freier Hand gezogenen Kurve noch nicht an ihre Grenze, wie es Lie gerade erwähnte, sondern eine beliebige stetige Kurve lässt sich gemäß Lie durchaus lediglich denken. Newton hatte fast 200 Jahre früher in den *Principia* (1687) geschrieben:

„The description of right lines and circles, upon which geometry is founded, belongs to mechanics. Geometry does not teach us to draw these lines, but requires them to be drawn."[18]

Zurück zum Bruderzwist. Der erbitterte Streit der Brüder führte zu keiner Einigung und endete mit dem Tod von Jakob im Jahre 1705. In seiner unzulänglichen Lösung des Problems – „Solution Du Problême proposé par M. Jacques Bernoulli" (Lösung des von Herrn Jakob Bernoulli vorgeschlagenen Problems) – hatte Johann Bernoulli geschrieben:

„Finden Sie unter allen isoperimetrischen Kurven, die sich auf dieselbe Achse *BN* beziehen, diejenige Kurve *BFN*, die wenn ihre Applikaten [Ordinaten] *FP* in eine bestimmte Potenz erhoben werden, oder allgemein diejenige, die wenn alle Funktionen dieser Applikaten irgendwie durch andere Applikaten *PZ* ausgedrückt werden, eine Fläche *BZN* bilden oder ausfüllen, die die größte von allen ist, die auf die gleiche Weise gebildet werden können."[19]

Der Sekretär Bernard de Fontenelle (1657–1757) der Pariser Akademie, bei der Johanns Lösung hinterlegt worden war, resümierte über Johanns Arbeit in einem redaktionellen Beitrag in der *Histoire de l'Academie Paris* für 1706:

„Er [Jean Bernoulli] betrachtet die Potenzen von Ordinaten [Appliquées] als das, was er Funktionen nennt.[20] Zu den Funktionen einer Ordinate gehören neben allen Potenzen, in die sie erhoben werden kann, ob gerade oder ungerade, alle Multiplikationen oder Divisionen, die man mit konstanten Größen an ihnen ausführen kann oder mit beliebig potenzierten Abszissen; so ist zum Beispiel das Produkt einer Ordinate in dritter Potenz & konstanter Größe dividiert durch das Quadrat der Abszisse, eine Funktion der Ordinate

---

[17] In: *Leipziger mathematische Antrittsvorlesung* (Hrsg. H. Beckert u. a.). Leipzig 1987, S. 48–57, Zitat S. 52. Auch in *Gesammelte Abhandlungen*, Bd. 7. Leipzig/Oslo 1960, S. 467–476, Zitat S. 471.

[18] „Zur Mechanik gehört die Beschreibung von Geraden und Kreisen, auf denen die Geometrie sich gründet. Die Geometrie lehrt uns nicht, diese Linien zu zeichnen, sondern verlangt, dass sie gezeichnet vorliegen." Engl. Übersetzung der *Pricinpia* – Newton unterschied übrigens nicht zwischen algebraischen und mechanischen Kurven in der Geometrie.

[19] «De toutes les Courbes isopérimètres décrites sur un même axe déterminé *BN*, trouver la Courbe *BFN* telle que ses appliquées *FP* élevées à une puissance donnée, ou généralement telle que les fonctions quelconques de ces appliquées, exprimées par d'autres appliquées *PZ*, forment ou replissent un espace *BZN* qui soit le plus grand de tous ceux qui peuvent être formés de la même manière.» – *Mémoires de l'Académie Paris* 1706, S. 235; *Streitschriften*, S. 515.

[20] Der englische Mathematiker Roger Paman (1705?–1748) bemerkte in seinem Buch *The harmony of the ancient and modern geometry asserted* (London 1745), dass die Ausländer für Polynome auch den (Bernoulli'schen) Ausdruck Funktion verwenden. – Preface, S. 6).

6.2 Zur Entstehung des analytischen Funktionskonzepts ...

[Beispiel: cy^3/x^2]. Die Potenzen sind nur eine Art, deren Gattung die Funktion ist, & Mr. Bernoulli gibt daher allgemein & für alle vorstellbaren Funktionen von Ordinaten die Gleichung der Kurve an, die man sucht."[21]

Über die Sache war Gras gewachsen, als 1715 Brook Taylor (1685–1731) seinen *Methodus incrementorum* (Methode des Wachstums), ein bekanntes Lehrbuch der Differential- und Integralrechnung in Newton'scher Art, veröffentlichte, in der er als Beispiel das isoperimetrische Problem anführte, ohne in dieser Angelegenheit die Brüder Bernoulli zu erwähnen. Zumindest sah der noch lebende Bruder Johann das so, aber Taylor hatte die Brüder bereits publikumswirksam in einem Selbstreferat in den *Philosphical Transactions* (1715) genannt.[22] Obwohl oder gerade weil Taylor inhaltlich mehrheitlich dem Bruder Jakob folgte, sah sich Johann Bernoulli zu einer bemerkenswerten Arbeit „Remarques Sur ce qu'on donné jusqu'ici de solution des Problêmes sur les Isoperimetres" (Bemerkungen über das zur Lösung von isoperimetrischen Aufgaben bisher Gesagte) veranlasst, um auch seine Verdienste gehörig herauszustellen. Die Arbeit erschien 1719 in den *Mémoires de l'Académie Paris* für 1718 (Abb. 6.4). Sie enthält einige sehr bemerkenswerte Ergebnisse, für uns ist jedoch vor allem diese Definition interessant:

„Wir nennen hier eine Größe eine Funktion einer veränderlichen Größe, die sich auf irgendeine Weise aus dieser veränderlichen Größe und aus Konstanten zusammensetzt."[23]

Johann Bernoulli streifte mithin die geometrischen Beziehungen zwischen Größen zugunsten arithmetischer ab. Damit wurde der Wandel der funktionalen Abhängigkeit von der dominanten geometrischen zur neu auftretenden arithmetischen Auffassung eingeleitet! Indem sich die Definition auf arithmetische Größen bezieht, nimmt sie auch die einschlägigen arithmetischen (algebraischen) Rechenregeln in Beschlag. Johanns Schüler Leonhard Euler nahm diesen Funktionsbegriff auf und erweiterte ihn laufend, um den behandelten Problemen gerecht zu werden.[24]

Was kann Johann Bernoulli mit „quelque manière" (irgendeine Weise) gemeint haben? Wir dürfen hier nicht unsere heutigen allgemeinen Vorstellungen hineinprojizieren. Die rechnerische Zuordnung von Zahlen bei Funktionen wurde durch die vier Grundrechenarten (Addition, Subtraktion, Multiplikation und Division)

---

[21] „Il [Jean Bernoulli] changea les puissances des Appliquées en ce qu'il appelle fonctions. Les fonctions d'une Appliquée comprennent, outre toutes les puissances, soit parfaites soit imparfaites, où l'on peut l'élever, toutes les multiplications ou divisions que l'on peut faire par des grandeurs constantes, ou par les Abscisses élevées aussi à telle puissance qu'on voudra; de sort, par exemple, que le produit une Appliquée élevée au cube & d'une grandeur constante, divisé par le quarré de l'Abscisse, est une fonction de l'Appliquée. Les puissances ne sont qu'une espèce dont la fonction est le genre. & M. Bernoulli donne donc en général, & pour toutes les fonctions imaginables d'Appliquées l'Equation de la Courbe que l'on cherchera." – *Streitschriften*, S. 512.

[22] „The problem of the Isoperimeter, which has been treated of by the two famous Mathematical Brothers the Bernoulli's", in: *Transactions* 345 (1715), S. 347.

[23] „On appelle ici Fonction d'une grandeur variable, une quantité composée de quelque maniéré que ce soit de cette grandeur variable & de constantes." – *Streitschriften*, S. 534.

[24] Erstmals in dem Manuskript „Calculus differentialis" um 1730, siehe A. P. Juškevič, „Euler's unpublished manuscript", in: *Euler* 1983, S. 161; dann in der *Introductio*, Bd. 1 (EO I/8, S. 18).

REMARQUES
SUR CE QU'ON A DONNE' JUSQU'ICI DE
SOLUTIONS DES PROBLEMES SUR LES ISOPERIMETRES;

Avec une nouvelle méthode courte & facile de les resoudre sans calcul, laquelle s'étend aussi à d'autres Problêmes qui ont raport à ceux-là.

Par M^r. *Jean* BERNOULLI, Professeur à *Bâle*.

DEFINITION.

On appelle ici *Fonction* d'une grandeur variable, une quantité composée de quelque maniére que ce soit de cette grandeur variable & de constantes.

Abb. 6.4 Die Arbeit von Johann Bernoulli „Remarques" in den Mémoires de l'Académie Paris für 1718 (gedruckt 1719); Überschrift der Arbeit und die Definition einer Funktion

vorgenommen und führte auf gebrochen rationale Funktionen. Das Einbeziehen weiterer Operationen war nicht selbstverständlich, sondern erfolgte mühsam Schritt für Schritt gemäß den Anforderungen neuer Aufgaben. Da die vier Grundrechenarten, von der Division durch null abgesehen, für alle reelle Zahlen unbeschränkt ausführbar sind, ist das Definitionsgebiet einer algebraischen Funktion bzw. eines analytischen Ausdrucks in natürlicher Weise durch die Gesamtheit der reellen (oder komplexen) Zahlen bis auf endlich viele Ausnahmestellen gegeben. Die durch die Grundrechenarten erzeugten Polynome von endlichem Grad kann man auf unendliche Reihen (Potenzreihen) ausdehnen, auf das seinerzeit wirkungsvollste analytische Rechenmittel. Zu den Funktionen gehört zunächst eine Gleichung (implizit oder explizit). Wenn Rechnungen im Reellen nicht mehr ausführbar sind, dann bereitete es Eulers formalem Denken keine Schwierigkeiten, die Überlegungen im Komplexen weiterzuführen. Seine formale Behandlung von Funktionen schloss automatisch komplexe Zahlen ein, die er imaginär[25] nannte. Er bezog damit ganz natürlich auch komplexe oder komplexwertige Funktionen in seine Betrachtungen ein.

---

[25] Also vorgestellte Größen. Obzwar das eine neue Zahlenart ist, störte dies Euler nicht, da man mit den neuen Größen rechnen konnte.

6.2 Zur Entstehung des analytischen Funktionskonzepts ...

In der Eulerschen Fassung, dass in einem analytischen Ausdruck („expressio analytica") Zahlgrößen in irgendeiner Weise zusammengestellt sind („quomodocunque ex una vel pluribus quantitatibus composita", welche sich aus mehreren Größen zusammensetzen), wurde die Art der Zusammensetzung entsprechend der vorliegenden Aufgaben ständig erweitert. Euler passte im Laufe der Zeit die zulässigen Operationen bei einem Rechenausdruck den zu behandelnden Problemen an. Es sollte aber beachtet werden, dass die Art der Zusammensetzung in einem historischen Kontext zu begreifen ist, mit anderen Worten, wir sollten nicht ohne Weiteres unsere Begriffe von beliebiger Zusammensetzung in diese Formulierung hineinprojizieren, sondern von den seinerzeitigen Möglichkeiten ausgehen. Die Art der Abhängigkeit wurde hier als willkürlich bezeichnet, aber Interpretationen der Eigenschaft „willkürlich" aus unserer heutigen Sicht, die immer wieder leichtfertig erfolgen, sollten vorsichtig vorgenommen werden. Eulers Verständnis bzw. das Verständnis des 18. Jahrhunderts unterschied sich durchaus von dem heutigen, denn Monsterfunktionen oder bizarre Kurven waren dem 18. Jahrhundert fremd.

Euler kannte natürlich die Vorstellungen seines Lehrers und erweiterte in seinen Arbeiten die rechnerische Beschreibung der funktionalen Beziehungen laufend, sodass sie seinen Problemen angemessen waren, dass also beispielsweise das Wurzelziehen, Logarithmieren, der Gebrauch unendlicher Reihen oder unbestimmter Integrale einbezogen werden konnten. Da sich Euler dabei auf veränderliche (Zahlen-)Größen bezog, die als abstrakt und allgemein im Sinn der Algebra galten, basierte die Erweiterung der Analysis auf den allgemein gültigen Regeln der Algebra. Die ursprünglichen Gleichungen veränderten sich und mit ihnen die Deutung der analytischen Ausdrücke.[26]

Euler interessierten dabei vor allem die rechnerischen Wurzeln des Funktionsbegriffs und die Möglichkeit, diese funktionale Abhängigkeit rechnerisch zu erfassen. Siméon Denis Poisson (1781–1840) urteilte über die Ergebnis so:

> „Eulers schönstes Werk ist meiner Meinung nach der erste Band der *Einführung in die Analysis des Unendlich*, in dem er sich ausschließlich mit Fragen der reinen Analysis beschäftigt."[27]

Besonders wirkungsvoll war der Einsatz von unendlichen Potenzreihen, man schien in das gelobte Land zu gelangt zu sein. Die Periode, in der Euler und seine Zeitgenossen unbefangen aber erfolgreich Potenzreihen benutzten, hat man als eine paradiesische Zeit angesehen, aber man weiß auch, dass es kein Paradies

---

[26] Die Unterscheidung zwischen einem einheitlichen analytischen Ausdruck und mehreren solchen Ausdrücken ist gelegentlich vage, denn bereits die elementare Funktion $y = -x$ für $x < 0$ und $y = x$ für $x > 0$ hätte von Euler durch $y = \sqrt{x^2}$ aufgeschrieben werden können; die Schreibweise $y = |x|$ ist neuerer Art.

[27] „A mon sens, le plus bel ouvrage d'Euler est le premier volume de l'*Introduction à l'analyse des infiniment petits*, dans lequel il ne traite que des questions de pure analyse." – „Mémoire sur le mouvement d'un corps solide", in: L'Institute 2 (1834), 215–218; vorgetragen August und Oktober 1834, Paris 1834. Da es um reine Mathematik geht, gibt es keine Figuren. In seiner Differentialrechnung sagt Euler das explizit.

ohne Schlange gibt. Eine solche Schlange im Paradies der Potenzreihen war die gezupfte Saite, die physikalisch wie auch musikalisch sachgemäß ist, sich aber einer Darstellung durch Potenzreihen entzieht.

Allgemeiner stellte sich in der mathematischen Physik bald heraus, dass bei partiellen Differentialgleichungen nicht alle Randwerte (Kurven) oder Anfangslagen mithilfe eines analytischen Ausdrucks zu erfassen waren. Ein solches Beispiel ergab sich beim Problem der schwingenden Saite für gewisse Anfangslagen (Kurven) der Saite. Hier war Euler bereit, solche Kurven stückweise durch Gleichungen zu beschreiben und auf den *einheitlichen* analytischen Ausdruck zu verzichten.

Die gezupfte Saite erwies sich also als die Schlange, durch die Mathematiker aus dem Paradies der Potenzreihen vertrieben wurden. Schließlich erkannte Euler, dass beim Problem der schwingenden Saite und auch anderen Problemen die verfügbaren mathematischen Mittel noch nicht reichten, um jede physikalisch mögliche Lösung der Saitenschwingung $y = (x, t)$ (y Elongation, x Ortskoordinate, t Zeit) analytisch aufschreiben zu können. Der pragmatische Euler folgte unter diesen Umständen der Möglichkeit, den Verlauf der Saite zwar nicht arithmetisch, aber geometrisch konstruieren zu können. Solches Ausweichen in das Geometrische nahm Euler bereits in seinen ersten Arbeiten in der Variationsrechnung vor, wo er variierte Funktionen (Vergleichskurven) in Betracht zog, die sich wenig von der Lösungsfunktion/Lösungskurve unterscheiden sollten, was er durch geometrische Dreiecksvariationen erzielte (Abb. 6.5). Diese allgemeinen Funktionen/Kurven entsprechen dem, was er im finiten Bereich später als diskontinuierliche Funktionen/Kurven bezeichnet hätte. Kurz, in der Variationsrechnung benutzte Euler intuitiv ungenannt ein sehr allgemeines Funktionenkonzept, das sowohl Funktionen eines Punktes als auch von Linien (heute Funktional) umfasste (siehe hierzu Abb. 6.5 und 6.42 zur Veranschaulichung sowie allgemein Abschn. 6.6, Variationsrechnung).

Im Gegensatz zu einer analytischen Funktion $f(x, t)$, die man detailliert als Rechenausdruck aufschreiben kann, notierte Euler zur Unterscheidung solche allgemeineren Funktionen durch $y = f{:}(x, t)$, und diese Bezeichnung schließt auch mit freier Hand gezeichnete Kurven ein. Wir werden in den nachfolgenden Abschnitten auf diese Entwicklung im Detail eingehen.

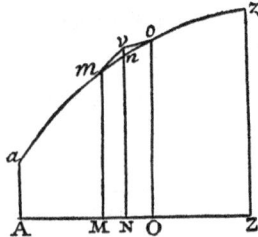

Abb. 6.5 Eulers geometrische Variation. Die Kurve *amnoz* wird im Teil *mno* „dachförmig" variiert, indem dieser Teil durch die gebrochen Linie *mvo* ersetzt wird. Die korrespondierende Funktionsauffassung ist sehr allgemein!

6.3 Ausblick zur weiteren Entwicklung des Funktionsbegriffs

> Wenn die Fenster der Wahrnehmung gesäubert würden, erschiene dem Menschen alles so, wie es ist, unendlich.[28]
>
> WILLIAM BLAKE (1757–1823).

Während Euler eine weitreichende Theorie der unendlichen Potenzreihen geschaffen hatte, war die Theorie der trigonometrischen Reihen noch unvollkommen entwickelt geblieben. Wir werden deshalb einen kurzen Ausblick auf die weitere Ausbildung der Theorie der Fourier-Reihen geben. Zunächst wollen wir auf die mit dem Paradigmenwechsel verbundenen Schwierigkeiten eingehen, um die weitere Entwicklung besser zu verstehen.

Die Entstehung des Funktionsbegriffs war mühevoll. Der deutsch-amerikanische Philosoph Ernst Cassirer (1874–1945) hob in einem Vorwort zu Leibniz' Schriften die Gründe hervor:

> „Wir haben gelernt, die gedanklichen Formen und Operationen von den Inhalten, an denen sie ausgeübt werden, loszulösen und uns ihre Geltung gesondert zu Bewußtsein zu bringen. Diese gesetzlichen [mathematisch: funktionalen] Beziehungen erschienen als das eigentlich Wesentliche, das dem einzelnen Inhalt und seiner Bestimmung logisch vorangeht."[29]

Wie schwer dieser Vorgang selbst Karl Weierstraß (1815–1897) gefallen ist (und das war bereits ein Jahrhundert nach Euler!),[30] zeigen z. B. seine Schwierigkeiten mit dem Begriff einer stetigen Funktion. Folgendes Zitat stammt aus einer Vorlesung „Einleitung in die Theorie der analytischen Functionen" (1878) und bezieht sich sinngemäß auf Eulers eben genannte Definition einer Funktion:

> „Sie [die Definition] ist aber vollkommen unhaltbar und unfruchtbar."[31]

In einer anderen Vorlesung „Ausgewählte Kapitel der Functionentheorie", vermutlich aus dem Jahr 1885, gab Weierstraß seine Gründe für die Ablehnung genauer an, dass es nämlich nicht möglich sei, die stetigen Funktionen durch analytische Ausdrücke konkret in Formeln zu fassen:

> „Das letzte Ziel bleibt doch immer die [tatsächliche] Darstellung einer Function."[32]

---

[28] „If the doors of perception were cleansed, every thing would appear to man as it is, infinite."

[29] Einleitung des Herausgebers zu G W. Leibniz *Hauptschriften zur Grundlegung der Philosophie*, Bd. 1. Hamburg 1904.

[30] Es ist nicht nur in der Mathematik so, dass den Schülern das Überwinden alter Vorstellungen leichter als ihren Lehrern fällt; außerdem stimmen Gesagtes, Geschriebenes und Getanes nicht notwendigerweise überein. Die letztere Aussage ist nicht unerheblich für die Geschichtsschreibung.

[31] Mitschrift von A. Hurwitz, Hrsg. von P. Ullrich. Braunschweig 1988, S. 48. Weierstraß schrieb diese Definition irrtümlich Johann I Bernoulli zu.

[32] Mitschrift im Institut Mittag–Leffler, Djursholm. Keine Jahresangabe, S. 262.

Denn sonst, so Karl Weierstraß, könne man keine konkreten Eigenschaften einer in Rede stehenden Funktion ableiten. Erst nachdem Weierstraß 1885 seinen Approximationssatz für stetige Funktionen durch Polynome fand und damit einen konstruktiven Zugang zu solchen allgemeinen Funktionen besaß, rückte er von seiner strikten Position ab. Der Darstellung analytischer Funktionen durch Potenzreihen (Weierstraß) steht die geometrische Repräsentation durch Riemann'sche Flächen gegenüber, wobei sogar nichteuklidische Geometrien zur Veranschaulichung dienen können. Hier zeigt sich wieder das alte Wechselspiel zwischen Geometrie und Analysis.

Die Forderung nach Konstruktivität in der Mathematik des 18. Jahrhunderts ließ zwar verbal eine abstrakte Formulierung des Funktionsbegriffes zu, wie sie Euler im Vorwort der *Institutiones calculi differentialis* (Unterricht in der Differentialrechung, E 212, EO I/10) gegeben hatte, man schreckte aber vor einer leeren Kodifizierung durch $f(x)$ oder $f:(x)$ zurück. Die geometrische Veranschaulichung wird einem abstrakten Symbol vorgezogen. Bos staunte darüber bei der Leibniz'schen Konstruktion in seiner oben erwähnten Arbeit:

> „Überraschender ist die Tatsache, dass für Huygens diese Methode der Markierung von Punkten auf der Kurve viel aufschlussreicher war als die Exponentialgleichung von Leibniz."[33] – ebd. S. 25

Huygens sah offenbar den Leibniz'schen rechnerischen Ausdruck (Gl. 6.3) nicht als Hilfe an.

Eine mit freier Hand gezeichnete Kurve repräsentierte die willkürlichste Kurve im Verständnis des 18. Jahrhunderts: zum einen im Sinne eines allgemeinen Konzepts, zum anderen aber auch in jedem speziellen Fall. Die Willkürlichkeit einer Kurve (Funktion) deckte sich dabei gar nicht mit unserem Alltagsverständnis. Eine willkürliche Kurve wurde bis auf einige Ausnahmepunkte in bekannter Weise als stückweise stetig im modernen Sinn zusammengesetzt angenommen. Euler, wir folgen hier Jean Alexandre Dieudonné (1906–1992), erwartete von einer beliebigen Kurve, dass sie in allen Punkten (bis auf endliche viele Ausnahmen) die grundlegenden geometrischen Eigenschaften besitzt, nämlich eine Tangente (Ableitung) aufweise und dass eine Krümmung vorhanden sei. Fourier wiederum stellte sich vermutlich eine beliebige Funktion als eine stückweise analytische Funktion vor. Das widerspricht seiner Idee einer punktweise definierten Funktion keineswegs, denn man braucht ja nur die analytischen Teile auf einen Punkt schrumpfen zu lassen, um den Grenzfall der punktweisen Erklärung zu erreichen.

In einigen Beispielen in seiner *Differentialrechnung* führte Euler Abschätzungen für Funktionen durch, aus denen die Stetigkeit im modernen Sinn folgt. Er zog aus seinen Beispielen – von denen er unglaublich viele kannte – die Folgerung, dass diese (stetigen) Funktionen stückweise monoton sind. Solche Anschauungen bestanden noch bis in die Mitte des 19. Jahrhunderts, was Untersuchungen von Funktionen mit unendlich vielen Extrema anregte (z. B. bei den

---

[33] „More surprising is the fact that for Huygens this method of marking points on the curve was much enlightening than Leibniz's exponential equation." (S. 25)

6.3 Ausblick zur weiteren Entwicklung des Funktionsbegriffs

Dirichlet'schen Bedingungen für die Konvergenz trigonometrischer Reihen). Bedeutende Mathematiker wie Peter Gustav Lejeune Dirichlet (1805–1859), Bernhard Riemann (1826–1866), Karl Weierstraß (1816–1897) oder Hermann Amandus Schwarz (1843–1921) glaubten (wenigstens zeitweilig), dass Stetigkeit reiche, um punktweise Konvergenz bei Fourier-Reihen zu gewährleisten. Schockierend war daher ein Gegenbeispiel, das Paul du Bois-Reymond (1831–1889) 1876 fand. Joseph Fourier (1768–1830) selbst hatte in seiner bahnbrechenden *Théorie analytique de chaleur* (Analytische Wärmetheorie, 1822) keine Kriterien für die punktweise Konvergenz angegeben, eine bis heute schwierige Problematik. Handhabbare Kriterien lieferte sein Schüler P. G. Lejeune Dirichlet z. B. in der Arbeit „Die Darstellung ganz willkürlicher Funktionen durch Sinus- und Cosinusreihen" (1837). Gegenüber den Potenzreihen, deren Koeffizienten lokal durch Differenzieren berechnet werden, ergeben sich die Koeffizienten von Fourier-Reihen durch Integration, sodass bereits integrierbare und insbesondere stetige Funktionen die Existenz der Koeffizienten sichern. Bernhard Riemann habilitierte sich 1854 in Göttingen mit der Arbeit „Über die Darstellbarkeit einer Function durch trigonometrische Reihen", wobei er en passant das später als Riemann'sches Integral bezeichnete Integral definierte, da für die Berechnung der Koeffizienten eine klare Auffassung des benutzten Integralbegriffs erforderlich war. Aber er verbreitete auch die lange hingenommene Aussage, dass Funktionen, auf die sich die genannte Dirichlet'sche Untersuchung nicht erstreckt, in der Natur nicht vorkämen. Die entsprechende Aussage von H. A. Schwarz in einer Berliner Vorlesung im WS 1899 lautet, Dirichlet habe gezeigt, dass die sog. empirischen [gezeichneten bzw. gemessenen] Funktionen in eine rechnungsmäßige, d. h. analytische Form, gebracht werden können, und sie ist ein spätes Echo dieses Vorurteils. Inzwischen gehören die Dirichlet'schen Ergebnisse mit ihren Verfeinerungen und Verallgemeinerungen auf lokal kompakte Gruppen, was als harmonische Analyse bezeichnet wird, zu einem fundamentalen Zweig der modernen Mathematik.

Die Misserfolge bei der punktweisen Konvergenz führten im 19. Jahrhundert dazu, auch Änderung des klassischen Konvergenzbegriffs in Betracht zu ziehen. Zu nennen wären hier Namen wie Niels Henrik Abel (1802–1829), Ernesto Cesàro (1859–1906), Lipót (Leopold) Fejér und andere. Die Idee der Summationsverfaren (oder Limitierungsverfahren) war die: Man wollte einen Konvergenzbegriff benutzen, der bei bereits vorhandener Konvergenz einer Fourier-Reihe sich hiervon nicht unterscheidet, aber in Divergenzpunkten zu Konvergenz führen sollte. Als einfaches Beispiel für eine Limitierung betrachten wir die berühmt-berüchtigte divergente Reihe $1 - 1 + 1 - 1 + 1 + \&$, deren Partialsummen abwechselnd 0 und 1 sind. Der Mönch Guido Grandi (1671–1742) sah hierin die Möglichkeit, die Erschaffung der Welt (nämlich 1) aus dem Nichts (nämlich 0) mathematisch zu beweisen, was Ch. Wolff (1679–1754) irritierte, weshalb er umgehend Leibniz um Auskunft bat. Dieser empfahl aus philosophischen Gründen als Summenwert ½, eine Zahl, die in der Folge beim Summieren der Partialsummen sowie anschließender Mittelwertbildung als Grenzwert erscheinen würde.

Die Erfolge der Summationsverfahren bei Konvergenzproblemen oder die Nullmengen der Ausnahmepunkte sind, vom modernen Standpunkt rückblickend, sehr deutliche Hinweise auf den wünschenswerten Einsatz funktionalanalytischer Mittel, deren Entwicklung gerade begonnen hatte. Der Russe Nikolai Luzin (Николай Николаевич Лузин, 1883–1950) vermutete 1916, also vor etwas mehr als 100 Jahren, dass die Fourier-Reihe einer im Lebesgue'schen Sinn quadratisch integrierbaren Funktion fast überall gegen die Funktion selbst strebt; für lediglich Lebesgue-integrierbare Funktionen fand 1926 jedoch sein Schüler Andrei Kolmogorow (Андрей Николаевич Колмогоров, 1903–1987) ein Gegenbeispiel, das eine kleine intellektuelle Ohrfeige für den Lehrer war (die physische folgte Jahrzehnte später, als Luzin die Aufnahme von Paul Alexandroff (Павел Сергеевич Александров, 1896–1982) in die Akademie verweigerte, da Alexandroff zu jenen jungen Leuten gehört hatte, die in der Stalinzeit eine üble politische Kampagne gegen den renommierten Mathematiker geführt hatten. (Alexandroff war vermutlich homosexuell und damit erpressbar gewesen.)

Fünf Jahrzehnte später fand der Schwede Lennart Carleson (*1928) die tiefstliegenden Resultate dieses Sachverhalts, als er in der Arbeit „On Convergence" (Über Konvergenz) die Art der Konvergenz effektiv mit funktionalanalytischen Methoden verband und diese passenderweise in Moskau auf dem 16. ICM vortragen konnte. Zunächst beantwortete Carleson die Frage negativ, ob es bei stetigen Funktionen solche Ausnahmemengen gäbe, deren Maß größer als null sei. Aber er zeigte wesentlich mehr: Wenn eine Funktion $f(x)$ im Lebesgue'schen Sinn quadratisch integrierbar ist (also aus L2 ist), dann konvergiert die Fourier-Reihe von $f(x)$ fast überall (f. ü.) punktweise. Der Amerikaner Richard A. Hunt (1896–1982) dehnte zwei Jahre darauf den Beweis auf die Räume L^p mit $1 < p < \infty$ aus; für $p = 1$ gibt es, wie schon gesagt, seit 1926 das Gegenbeispiel Kolmogorows. Der angemessene Konvergenzbegriff bei Fourier-Reihen ist hier der des L^2, aber die Aussage f. ü. betrifft auch solche Mengen wie die der rationalen Punkte!

Beispielsweise wäre die Konvergenz im L^2 für eine Anfangslage der schwingenden Saite, die bei Euler beliebig (gezeichnet) sein konnte, der Fall, weil sie der physikalischen Realität entsprach.[34] Er verlangte von Lösungen, dass, wie bei der von ihm gefundenen,

> „für den Anfang, wenn $t = 0$, just die der Saite erteilte Figur herauskomme, und sogar wenn die anfängliche Figur nicht nur regulär oder in einer gewissen Gleichung enthalten ist, sondern auch wenn dieselbe irregulär und bloß nach Willkür beschaffen sein sollte."
> Brief an Karsten 5. August 1760[35]

Untersucht man die Annahme Eulers genauer, dann folgt aus analytischer Sicht, dass zu jeder (bzw. zu hinreichend vielen) Abszissen x die zugehörigen Ordinaten

---

[34] Physiker sehen das nicht immer so, wie Werner Heisenberg, der dem Formalismus nicht ganz folgen wollte, da z. B. eine Dirichlet'sche diskontinuierliche Funktion (im physikalischen Sinn) nicht messbar sei, ebenso wie eine unendliche Menge nicht beobachtbar sei. Siehe hierzu C. F. von Weizsäcker, *Zeit und Wissen*, München 1982. „In der frühen Neuzeit nahm man diese Forderungen [der Griechen nach Strenge in der infinitesimalen Mathematik] weniger ernst und entwickelte die Analysis durch eine gesegnete Schlamperei.", S. 868.

[35] E 140, 1748, gedruckt 1750; E 213, 1753, gedruckt 1755; beide in den Berliner *Mémoires*.

6.3 Ausblick zur weiteren Entwicklung des Funktionsbegriffs

(Applikaten) *y* numerisch bekannt sein müssen, sonst könnte man eine bestimmte Anfangslage $y:(x, 0) = f:(x)$ der Saite nicht zeichnen. Umgekehrt folgen aus einer gegeben Anfangslage die Zahlenwerte der Kurvenpunkte. Das bedeutet für unser Beispiel der schwingenden Saite, dass die von Euler vorgenommene geometrische Konstruktion für die Beschreibung des Schwingungsvorgang auch rechnerisch hätte geleistet werden können (Funktionsplotter). Es ist ziemlich überraschend, dass der Analytiker Euler hier auf eine geometrische Veranschaulichung auswich und einen ähnlichen Standpunkt wie Huygens einnahm. War Euler das numerische Erfassen einer durch Zeichnung gegebenen Kurve oder einer gedachten Kurve suspekt? Sein Vorwort zur *Differentialrechnung* endete mit den bekannten Worten, die zwar auf die Theorie, aber nicht auf deren Anwendungen zutreffen:

„Hier bleibt alles im Rahmen der reinen Analysis, sodass es zur Erklärung der Regeln dieses Kalküls keiner geometrischen Figur bedarf."[36]

Die geometrische Veranschaulichung stößt mit der Idee der mit freier Hand gezogenen Kurve noch nicht an ihre Grenze, wie es Lie oben erwähnte, denn eine beliebige stetige Kurve lässt sich ebenfalls denken. Aber die von Euler und Johann Bernoulli diskutierte Kurve $y = (-1)^x$ (siehe *Introductio*, Bd. 2) entzieht sich einer geometrischen Veranschaulichung. Bis auf einige Ausnahmepunkte betrachtete man damals Funktionen (Kurven) stillschweigend als stetig im modernen Sinn.

Die (algebraische) Gleichung, die über die die analytische Geometrie Beziehungen zwischen (geometrischen) Kurven und Funktionen herstellt, hat es auch mit gegensätzlichen Eigenschaften der beiden Disziplinen zu tun: Der analytische Funktionsbegriff geht aus den vier Grundrechenarten hervor. Diese Rechenoperationen sind allgemein gültig, d. h. sie gelten für alle reellen Zahlen (die Division durch null ist natürlich ausgenommen), spielen aber in der algebraischen Sicht keine Rolle),[37] ggf. ist der reelle Zahlbereich durch imaginäre Zahlen zu erweitern (z. B. beim Wurzelziehen). Diese Eigenschaft der Gleichförmigkeit bei den Funktionen schafft auch in der Geometrie größere Einheitlichkeit, da negative und imaginäre Größen geometrisch gedeutet werden können. Umgekehrt wirkt der Kurvenbegriff auf Funktionen zurück. Es ist geometrisch ganz natürlich, Kurven aus verschiedenen Teilen zusammenzusetzen, wobei die Teilkurven unterschiedlicher Natur sein können. Teilkurven können durch Zeichnen, aber auch durch verschiedene Gleichungen bzw. durch solche Kombinationen bestimmt sein; die Forderung nach einer einheitlich Konstruktion (bzw. arithmetisch nach einer einheitlichen Gleichung) ist nicht mehr angemessen. Also kann man bei Funktionen auch

---

[36] „Hic autem omnia ita intra Analyseos purae limites continentur ut ne ulla quidem figura."– Preface.

[37] Diese Ausnahme ist aber in Hinblick auf den Größenbegriff interessant. Größen lassen sich numerisch erfassen, und die sich dadurch ergebenden Maßzahlen sind positiv. Erst der Grenzfall, also das Verschwinden der Größe, führt auf die Maßzahl 0, der als Maßzahl – genau wie ihrem Gegenstück ∞ – eine Ausnahmerolle zukommt. Die Ergänzung der positiven Maßzahlen durch ihr negatives Gegenstück ist formaler Natur und der Permanenz der Rechengesetze (d. h. in diesem Fall der Subtraktion) geschuldet.

die Forderung nach einer einheitlichen Beschreibung (durch *eine* Formel) aufgeben und Funktionen intervallweise definieren bzw. auf ein Intervall einschränken.

Damit sind jetzt auch Kurven erfasst, die *transzendente Gleichungen* besitzen. Anders als bei der Descartes'schen Erweiterung, die anstelle einer Teilmenge der algebraischen Gleichungen die Gesamtmenge der algebraischen Gleichungen selbst in Betracht zog, ist der Übergang von den algebraischen Gleichungen auf transzendente problematischer. Denn im Gegensatz zur gut beschreibbaren Menge der algebraischen Gleichungen ist das formelhafte Erfassen einer transzendenten Beziehung nicht mit wenigen elementaren Operationen wie mit den vier Grundrechenarten möglich. Wir wissen, dass eine Integration infinitesimaler algebraischer Relationen transzendente Funktionen liefern kann, wie etwa.

$$\int_0^x \frac{dt}{t} = \ln x \int_a^x \frac{dt}{t} = \ln a.$$

Die Klasse einer Funktionen muss also bei der Integration nicht erhalten bleiben, und so führt bereits die Integration elementarer transzendenter Funktionen schnell auf Funktionen, die keine geschlossenen Darstellungen mehr besitzen, wie es etwa beim durch

$$\mathrm{Si}(x) = \int_0^x \tfrac{\sin t}{t} dt$$

definierten Integralsinus der Fall ist. Mit anderen Worten, hier besteht ein Problem bei der Darstellung einer beliebigen transzendenten Funktion.

Es wird dann auch die Möglichkeit zu betrachten sein, dass die Längen der Intervalle gegen null gehen, sodass man letztlich – zumindest theoretisch – punktweise definierte Funktionen erhält. Fourier fasste bei seinen trigonometrischen Entwicklungen diesen Fall ins Auge, aber er verwirklichte ihn praktisch nicht. Die von Euler und Johann Bernoulli betrachtete Funktion $y(x) = (-1)^x$ gehört zu solchen punktweise erklärten Funktionen, bekannter ist die Dirichlet'sche Funktion $D(x)$ (der Dirichlet'sche Diskontinuitätsfaktor), die für rationale und irrationale Zahlen unterschiedlich definiert wird und durch Kombination mit anderen Funktionen viele interessante Ergebnisse schafft (z. B. $y(x) = D(x) \sin x$, eine nur im Nullpunkt stetige Funktion). Bei punktweise definierten Funktionen werden Zahlenwerte einander auf eine beliebige Weise zugeordnet. Der abstrakt denkende Euler ahnte, dass hier ein neues Reich der Analysis entstehen würde. Er schrieb am 20. Dezember 1763 an Jean le Rond d'Alembert (1717–1783):

> „Mir scheint, dass die Betrachtung solcher Funktionen, die keinem Gesetz der Kontinuität [im alten Eulerschen Sinn] unterliegen, uns eine völlig neue Laufbahn in der Analysis eröffnet."[38]

---

[38] „Il me semble que la considération de telles fonctions qui ne soit assujetties à aucune loi de continuité, nous ouvre une carrière tout à fait nouvelle en analyse."

6.3 Ausblick zur weiteren Entwicklung des Funktionsbegriffs

Abb. 6.6 a Peter Gustav Lejeune Dirichlet (1805–1859), **b** Richard Dedekind (1831–1916), **c** David Hilbert (1862–1943).

Richard Dedekind (1831–1916) (Abb. 6.6b) war wohl der Erste, der sich im Jahre 1887 in seiner Schrift „Was sind und was sollen die Zahlen?" von der Verankerung des Funktionsbegriffs im Zahlbegriff löste und Funktionen auf Mengen erklärte, d. h. Elemente *beliebiger Mengen* waren sowohl Argumente als auch die zugehörigen Werte von Funktionen. Praktisch waren solche Zuordnungen schon vollzogen worden, beispielsweise in den Anfängen der Variationsrechnung (Funktionale), aber begrifflich war deren bewusstes Erfassen ein neuer und wichtiger Schritt, denn gegenüber den Zahlmengen mit ihrem in natürlicher Weise gegebenen Abstand war jetzt die Erklärung eines *Umgebungsbegriffs* nötig. Die Geschichte der Variationsrechnung zeigt, welche Schwierigkeiten mit der Erklärung eines solchen neuen Begriffs im Allgemeinen verbunden sind, in der Variationsrechnung ging es um speziell die Erklärung einer Topologie für stetige und stetig differenzierbare Funktionen.

Kehren wir abschließend kurz zu der Darstellung analytischer Funktionen durch Potenzreihen zurück, die Weierstraß bevorzugte. Ihr steht die geometrische Darstellung durch Riemann'sche Flächen gegenüber, wobei für gewisse Probleme (automorphe Funktionen) sogar nichteuklidische Geometrien der Veranschaulichung dienen können. Hier zeigt sich abermals das alte Wechselspiel zwischen Geometrie und Analysis. David Hilbert (1862–1943) (Abb. 6.6c) war es, der gefordert hatte, dass der Physiker seiner Tage wieder Geometer werden müsse, um die Quantenmechanik und Relativitätstheorie zu verstehen.

Unser kurzer Überblick ist ein kleiner Blick auf das „gelobte Land", das er am Horizont erscheinen ließ, und er stellte die Entwicklung des funktionalen Denkens vor, wie es sich bei analytischen Funktionen (in unseren Beispielen in der Regel einer unabhängigen Variablen) zeigt. Arithmetische (zahlentheoretische) Funktionen erscheinen natürlich in Kap. 5 (Abschn. 5.3, Zahlentheorie), sie wurden aber nicht in das vorliegende Kap. 6 einbezogen.

6.4 Die analytische Explosion

> Although the theme of analysis was well established at that time [about 1739] there was in his [Euler's] work something new, the beginning of an explicit awareness of the distinction between analytical and geometrical methods and an emphasis on the desirability of the former in proving theorems of the calculus.[39]
>
> CRAIG FRASER (*1961).

Wir werden uns im Folgenden mit der Analysis, dem im 18. Jahrhundert aufstrebenden Teilgebiet der Mathematik, beschäftigen, das ohne den Namen Euler nicht denkbar ist. Deshalb werden wir den inhaltlichen Zusammenhang mit den Arbeiten Eulers in den Vordergrund stellen, sodass eine biographische Einordnung zunächst weitgehend zurücktritt, die an späterer Stelle (Kap. 8) fortgesetzt wird. Verschaffen wir uns einen ersten Überblick über die wichtigsten zur Analysis gehörigen Werke Eulers.[40] Zunächst ist an die drei klassischen Lehrbücher der Analysis von Euler zu erinnern, die eine Trilogie bilden:

1748	*Introductio in analysin infinitorum* (Einleitung in die Analysis des Unendlichen; E 101–02, EO I/8–9), 2 Bände
1755	*Institutiones calculi differentialis* (Einführung in die Differentialrechnung), E 212, EO I/10, 1755)
1768–70	*Institutiones calculi integralis* (Einführung in die Integralrechnung; E 342, 366, 385, EO I/11–13), 3 Bände

Letztlich ist auch die Monographie über Variationsrechnung zu diesen zu rechnen:

1744	Methodus inveniendi lineas curvas maximi minimive proprietate gaudentes, sive solutio problematis isoperimetrici latissimo sensu accepti (Eine Methode Kurven zu finden, denen eine Eigenschaft im höchsten oder geringsten Grade zukommt oder Lösung des isoperimetrischen Problems, wenn es im weitesten Sinn aufgefasst wird; E 65, EO I/24)

Weder Isaac Newton (1643–1727) noch Gottfried Wilhelm Leibniz (1646–1716) hatten eine systematische und ausführliche Darstellung der Infinitesimalrechnung gegeben, sodass Eulers Trilogie diese Lücke füllte. Guillaume François Antoine l'Hospitals (1661–1704) viel gelesene *Analyse des infiniment petits* (Analysis des unendlich Kleinen, 1696), die man als erste Differentialrechnung ansehen kann, beruht allerdings auf Größen und noch nicht auf Variablen, weshalb der der

---

[39] „The background to the early emergence of Euler's analysis", in: *Analysis and Synthesis in Mathematics* (eds. Otte et al.) Kluwer 1997, S. 63.

[40] Hinweise auf deutsche Übersetzungen werden im Literaturverzeichnis gegeben.

6.4 Die analytische Explosion

Abb. 6.7 Titelblatt des Analysiskurses *Instituzioni analitiche* (1748) von Maria Gaetan Agnesi (1718–1799)

Begriff Funktion noch nicht erscheint.[41] Ein Vergleich mit Eulers *Introductio* zeigt den methodischen Wandel.

Kurz nach Eulers *Introductio* erschien Gabriel Cramers (1704–1752) *Introduction á l'analyse des lignes courbes algébraique* (1750), die das Thema (also insbesondere Tangenten, Extrema und Krümmung) gänzlich ohne Anwendung der Infinitesimalrechnung behandelte! Gabriel Cramer bemerkte dazu im Vorwort, dass Eulers *Introductio* (Band 2) zu spät erschienen wäre, um seine Ausführungen zu beeinflussen. Diese Aussage zeigt einmal mehr, wie neu Eulers Gedanken waren. Der Vergleich der Inhaltsverzeichnisse von l'Hospitals *Analyse* (1696) und Eulers *Introductio* (1748) (siehe Abb. 6.22, jeweils erste Seite) zeigt deutlich den Wandel der Analysis: während l'Hospitals Werk von Größen handelt und das Wort Funktion nicht erscheint, taucht es bei Euler in jeder Zeile der Inhaltsaufgabe auf (sowohl als allgemeine oder als spezielle Funktion).

Gleichzeitig mit Eulers wegweisender *Introductio* erschien ein nicht minder bedeutendes Werk der zu wenig beachteten Italienerin Maria Gaetana Agnesi (1718–1799), die *Instituzioni analitiche ad uso della giovetu italiana* (Einrichtung der Analysis zum Gebrauch der italienischen Jugend, 1748) (Abb. 6.7). Außerhalb des Kontinents wäre von Colin Maclaurin (1698–1746) die *Treatise on Fluxions* (Abhandlung über Fluxionen, 1742)[42] (Abb. 6.8) zu erwähnen, die die erste umfangreiche Darstellung der Newton'schen Analysis auf den britischen Inseln war;

---

[41] Der *Analyse des infinitement petit* von l'Hospital liegen die „Lectiones de calculo differentialium" (Vorlesungen über Differentialrechnung, 1691/92) von Johann Bernoulli zugrunde, die er für den Marquis gehalten hat und die P. Schafheitlin in den Verhandlungen der Naturforschenden Gesellschaft in Basel, 34 (1922), S. 1–32, herausgegeben hat. Siehe auch die Abbildungen der Inhaltsverzeichnisse, aus denen man die Fokussierung von Euler auf Funktionen deutlich erkennt.

[42] Das ist acht Jahre nach der viel beachteten Kritik des Bischofs George Berkeley an Newton.

Abb. 6.8 Colin Maclaurin (1698–1746), Seite aus seinem *Treatise of Fluxions* (1742)

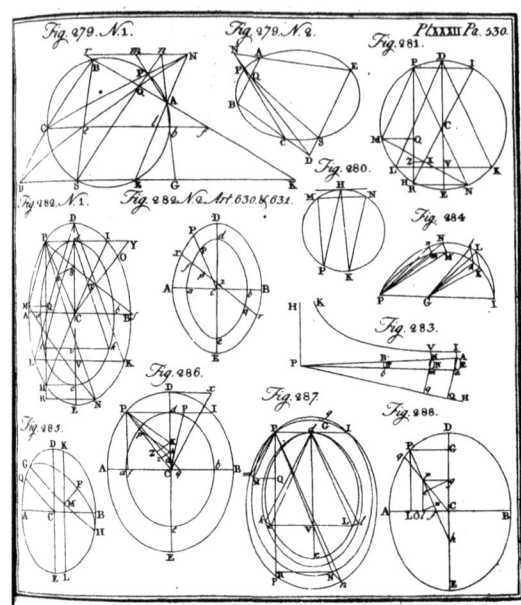

1715 war ihr die kurze Darstellung *Methodus incrementorum* (Methode der Zuwächse = Differentialrechnung) von Brook Taylor (1685–1731) vorangegangen.

Schließlich sind natürlich auch die analytischen Darstellungen der Mechanik und ihrer Anwendungen durch Euler selbst zu berücksichtigen:

1736	*Mechanica* (Mechanik), 2 Bände; E 15, EO II/1–2	
1765	*Theoria motus corporum* (Theorie der Bewegung von Körpern, zweite Mechanik); E 289, EO II/3–4	
1745	Neue Grundsätze der Artillerie, E 77, EO II/14	
1749	Scientia navalis (erste Schiffstheorie), 2 Bände; E 110–11, EO II/18–19,	
1773	Théorie complète de la construction et de la manœuvre des vaisseaux (Vollständige Theorie der Konstruktion und des Steuern von Schiffen; zweite Schiffstheorie); E 426, EO II/21	

Ebenso die in der Astronomie und der Optik:

1744	Theoria motuum planetarum et cometarum (Theorie der Bewegung von Planeten und Kometen; Himmelsmechanik); E 66, EO II/28
1753	Theoria motus lunae (Theorie der Mondbewegung, erste Mondtheorie); E 187, EO II/23
1762	Constructio lentium objectivarum (Die Konstruktion von Objektivlinsen), Theoria motus lunae (erste Mondtheorie); E 266, EO III/6
1766	Théorie générale de la dioptrique (Eine allgemeine Theorie der Dioptrik, Linsentheorie); E 844, EO III/9
1769–1771	Dioptrica (Optik), 3 Bände; E 367, 386, 404, EO III/3–4

6.4 Die analytische Explosion

Von den rund 20 Hauptwerken Eulers, die als Buch erschienen sind, behandeln 16 ein Thema der Analysis. Jede fünfte Arbeit Eulers aus der reinen Mathematik ist der höheren Analysis gewidmet (fast 180 Titel der 866 im Eneström-Verzeichnis)[43]; nimmt man die Reihenlehre einschließlich der unendlichen Produkte und der Kettenbrüche hinzu (90 Titel), so hat fast jede dritte Arbeit aus der reinen Mathematik ein analytisches Thema. Bezieht man die mechanischen Arbeiten, sowohl im engeren als auch weiteren Sinn (Hydromechanik und Aerodynamik) ein, so zählt hier wiederum etwa jede fünfte Arbeit (167 bzw. 196 Titel) zur Analysis; berücksichtigt man schließlich auch die technischen Anwendungen wie Ballistik, Maschinenbau usw. (ca. 40 Titel), dann gehört fast jede zweite Arbeit Eulers in das Gebiet der Analysis. Clifford Ambrose Truesdell (1919–2000), ein ausgezeichneter amerikanischer Euler-Kenner, schätzte, dass von den mathematischen Arbeiten, die während Eulers Lebenszeit auf den Gebieten der Mathematik, der Naturwissenschaften und der technischen Wissenschaften geschrieben wurden, rund ein Drittel Euler als Autor hat.[44]

Neben dieser quantitativ beeindruckenden Anzahl sind aber auch solche Fragen interessant: Was hat Euler zur Entstehung der Analysis insgesamt beigetragen? Was ist das Neue in den Anwendungen? Unser Leitfaden bei der Darstellung der Analysis und ihrer Anwendungen wird der sich herausbildende Funktionsbegriff und seine Veränderungen sein, um die sich die Analysis rankt. Vorab diese allgemeine Bemerkung: Eulers Auffassung der (klassischen) Analysis ist grundsätzlich dieselbe wie die heutige, seine Symbolik wird (neben der von Leibniz) fast durchgängig noch heute verwendet.

6.4.1 Die Introductio in analysin infinitorum (1748)

> Euler's *Introductio in analysin infinitorum* can be thought of as the keystone of analysis. This important two-volume treatise of 1748 served as a fountain-head for the burgeoning developments in mathematics throughout the second half of the eighteenth century.[45]
>
> CARL B. BOYER (1906–1976).

Die *Introductio* (E 101–102) ist das erste der großen Lehrbücher Eulers zur Analysis, das in zwei Bänden die Analysis und die Geometrie (analytische Geometrie und Anfänge der Differentialgeometrie) behandelt (Abb. 6.9 und 6.10). Hier ist bereits bemerkenswert, dass die bislang dominante Geometrie erst an zweiter Stelle steht sowie als ein Anwendungsgebiet der Analysis angesehen wird und daher im zweiten Band erscheint; Band 1 enthält im Gegensatz zum geometrischen Band 2

---

[43] G. Eneström, „Verzeichnis der Schriften Leonhard Eulers", in: *Jber. der DMV*, Ergänzungsband IV. Leipzig 1910–1913; auch auf dem Internetauftritt des Euler Archive zu finden.

[44] C. A. Truesdell, „Leonhard Euler, supreme Geometer", in: *Irrationalism in the 18th century* (Ed. H. E. Pagardio). Case Western 1972.

[45] *A history of mathematics*, Princeton 1985, S. 485.

> 4. *Functio quantitatis variabilis, est expressio analytica quomodocunque composita ex illa quantitate variabili, & numeris seu quantitatibus constantibus.*

Abb. 6.9 Eulers Definition einer Funktion in der *Introductio*, Bd. 1,Kap. I, § 4

Abb. 6.10 a Titelseite der *Introductio in analysin infinitorum,* Band 1 (1748) und **b** ihre deutsche Übersetzung, 1. Buch (1788).

keine Abbildungen. Der für die Analysis des 19. Jahrhunderts maßgebliche *Cours d'Analyse de l'École royale polytechnique* (Analysiskurs der École, 1821) von Augustin-Louis Cauchy (1789–1857) wäre ohne die *Introductio* nicht möglich gewesen, und umgekehrt spielte dessen erster Teil (mehr ist für die École nicht erschienen, da ihr Lehrprogramm geändert wurde), die *Analyse algébrique* (1821), für das 19. Jahrhundert eine ähnliche Rolle für die Analysis wie Eulers *Introductio*.

Grundlegend in der Differential- und Integralrechnung ist das Rechnen mit unendlichen Reihen und Produkten sowie die Darstellung transzendenter Funktionen. Diese Behandlung der Analysis trug bei Euler noch deutlich algebraische Züge, die einen Widerschein des Umgangs mit den arithmetischen Rechenausdrücken darstellen. Man spricht daher auch vom Zeitraum der algebraischen Analysis. Im 19. Jahrhundert bezeichnete man diese Thematik so, womit man das Aufgeben einer geometrisch ausgerichteten Darstellung und die Hinwendung zur Algebra

6.4 Die analytische Explosion

hervorhob. Algebra ist hier in dem Sinn gebraucht, den Euler diesem Ausdruck durch seine *Vollständige Anleitung zur Algebra* (1770, E 387–388, EO I/1) gab; die moderne Bedeutung gab es damals nicht, sondern Algebra stand im engeren Sinn für das symbolische Rechnen und Lösen von Gleichungen bzw. algebraischen Ausdrücken und im weiteren universalen Sinn für den richtigen formalen Umgang mit mathematischen Gegenständen (siehe hierzu Abschn. 5.1, Algebra). Die hier in Rede stehende *Introductio* war zwar als Einleitung für die folgenden Bände der analytischen Trilogie Eulers gedacht, sie sollte aber zunächst der Klärung der neuen Grundbegriffe der entstehenden Analysis dienen. Das erfolgte ohne Hilfsmittel der Differentialrechnung, und Euler vermied den Grenzwertbegriff.

Wenn es beispielsweise um die Darstellung von transzendenten Funktionen ging, waren unendliche Potenzreihen (auch Produkte) in Hinblick auf die Berechnung der Funktionswerte das Mittel der Wahl. Aber Konvergenzbetrachtungen, die sich auf Zahlen beziehen, waren kein Teil des formalen, algebraischen Umgangs mit Symbolen, das gilt auch für algebraische Terme wie $1/x$, die analytisch gesehen auf Singularitäten führen. Man darf aber das Fehlen der heute obligatorischen Konvergenzuntersuchungen nicht vorschnell falsch einschätzen, denn die Mathematiker hatten im praktischen Rechnen große Erfahrungen und deshalb durchaus ein gutes Gespür für Konvergenz bzw. dafür, ab wann eine Näherungsrechnung stabil bleibt. Wir werden weiter unten auf ein Beispiel treffen, bei dem ein 22-faches Wurzelziehen ausgeführt wurde, um den Logarithmus von 5 hinreichend genau zu berechnen. Dieses eindrucksvolle Beispiel, dem man viele ähnliche anfügen könnte, zeigt überzeugend, dass Mathematiker jener Zeit vor Rechenaufwand nicht zurückschreckten.

Euler gab schon in einer 1730 verfassten Abhandlung „De progressionibus harmonicis observationes" (Bemerkungen zu harmonischen Reihen; E 43, EO I/14)[46] ein rechnerisch praktikables Konvergenzkriterium für unendliche Reihen im Stil der Zeit, das in heutiger Sprache etwa so lautet: Wenn die unendliche Reihe $s = \sum a_k$ für unendlich große Summationsgrenzen μ,ν stets unendlich klein bleibt, ist die Reihe konvergent (d. h. s ist endlich). Die Summationsgrenzen sind erklärungsbedürftig, denn sie liegen „jenseits" von i ($= \infty$). Wenn für solche unendlich großen Summationsgrenzen die Reihen infinitesimal bleibt, so ändert das ihr Konvergenzverhalten nicht und einige Überlegungen führen auf deren Konvergenz; ist andererseits ein solcher Reihenteil endlich, so kann die Reihe nicht konvergieren.

In der *Introductio* rückte Euler sofort den Funktionsbegriff ins Zentrum.[47] Das war neu, und er konstituierte durch diese Fokussierung das neue Gebiet Analysis. Euler selbst schrieb im Vorwort der *Introductio*:

---

[46] *Comm. Acad, sc. Petro.* 7 (1734/35), S. 150–161; ersch. 1740, bereits 134 der Petersburger Akademie vorgelegt.

[47] Wir weisen darauf hin, dass Euler in seiner *Variationsrechnung* einen allgemeineren Funktionsbegriff als in seiner analytischen Trilogie benutzte; der im Vorwort der Differentialrechnung erklärte Funktionsbegriff stellt zwar seine allgemeinste Fassung des Begriffs dar, die er allerdings nirgends benutzte.

"Während also die gesamte Analysis des Unendlichen von den veränderlichen Zahlgrößen und deren Funktionen handelt, nehme ich mir im ersten Teil [der *Introductio*] hauptsächlich die Funktionen zum Gegenstand."[48]

Der Funktionsbegriff verschwindet aber im zweiten, geometrischen Teil keinesfalls. Für den ersten Teil des Werkes führte der Autor folgende Aufzählung an:

"Von den Funktionen veränderlicher (Zahl)Größen, ihrer Zerlegung und Entwicklung in unendliche Reihen, ferner die Lehre von den Logarithmen, Kreisbogen und deren Sinus und Tangens und viele andere Gegenstände, welche für die Anwendungen der Analysis des Unendlichen wichtig sind."[49]

Hiermit wird sowohl die Absicht des Buches als auch der Inhalt der 18 Kapitel des ersten Bandes prägnant wiedergegeben. Der Titel eines jeden Kapitels weist auf den Leitbegriff der funktionalen Beziehungen hin, meist durch das Wort Funktion selbst oder durch das Nennen spezieller Funktionen wie des Logarithmus,[50] aber auch durch Themen wie unendliche Reihen oder Kettenbrüche, hinter denen auch das neue Funktionenkonzept steht (siehe auch Abb. 6.22).

Veränderliche Zahlengrößen, d. h. unbestimmte Zahlgrößen, sind solche, die alle bestimmten Werte ohne Ausnahme in sich begreifen (§ 2); veränderliche Zahlgrößen[51] werden bestimmte Zahlgrößen, wenn man ihnen einen bestimmten Wert beilegt. Euler führte gleich die Gesamtheit von möglichen Werten an, indem er bemerkte, dass eine veränderliche Zahlgröße alle nur denkbaren Zahlen in sich begreife, die positiven sowohl wie die negativen, die ganzen sowie die gebrochenen, die rationalen wie die irrationalen und die transzendenten. Ja, auch die Null und die imaginären Zahlen[52] sind davon nicht ausgeschlossen (§ 3).

Solche veränderlichen Zahlgrößen werden zu Rechenausdrücken ("expressio analytica", analytische Ausdruck, Formel)[53] zusammengesetzt, die Euler als Funktionen bezeichnete. Er definierte in § 4 (Abb. 6.11):

---

[48] Alle Übersetzungen aus dem ersten Teiles der *Introductio* sind von H. Maser (Springer 1886); es gibt noch eine zeitgenössische Übersetzung von J. A. C. Michelsen, Berlin 1788, mit zahlreichen Ergänzungen mit zahlreichen Anmerkungen und Zusätzen, die zeigen, wie schwierig selbst für den Übersetzer die neue Thematik war.

[49] Die Definition bezieht sich auf Größen („quantitas") bzw. variable Größe („q. variabilis"); deutsche Übersetzungen reduzierten die Größe auf den Zahlbereich, also auf Zahlengrößen (reelle und komplexe Zahlkörper). Das entspricht der Rolle der Zahlgrößen in der klassischen Analysis. Siehe Abschn. 6.2.

[50] Euler benutzte für ln x oder log x die Bezeichnung lx.

[51] G. Frege hielt den Ausdruck variable Größe für unangebracht, da die Größe nicht variiere, sondern ihr lediglich andere Werte beigelegt werden (was auf eine Änderungen führe). Siehe Frege „Was ist eine Funktion?" für die *Boltzmann-Festschrift* 1904, S. 658 ff.

[52] Das Wort imaginäre Zahl hat eine doppelte Bedeutung. Zum einen sind damit komplexe Zahlen im heutigen Sinn gemeint, zum anderen auch rein imaginäre Zahlen in unserem Verständnis. Es ist auch zu beachten, dass die Begrifflichkeit nicht ganz scharf ist, sodass die Bezeichnung imaginäre Zahlen für endliche Zahlgrößen benutzt wird, die man als Ergebnis einer Rechnung nicht im Körper der reellen Zahlen unterzubringen wusste.

[53] „Expressio analytica", anschauliche analytische Darstellung; Plural „expressionis analyticae".

6.4 Die analytische Explosion

Abb. 6.11 Frontispiz der *Introductio*

> „Eine Funktion einer veränderlichen (Zahlen)Größe ist ein analytischer Ausdruck, der auf irgendeine Weise[54] aus der veränderlichen (Zahl)Grösse [selbst] und aus eigentlichen Zahlen oder aus constanten (Zahl)Größen zusammengesetzt ist."[55]

Es folgen vier Beispiele, in denen z die veränderliche Zahlgröße ist:

$$a + 3z;\ az - 4z^2;\ az + \sqrt{a^2 - 4z^2};\ c^z$$

Diese Definition und die Beispiele entsprechen im Prinzip der Definition, die Euler in einem Manuskript „Calculus differentialis"[56] (um 1730) angegeben hatte:

> „Eine Zahlgröße, die irgendwie aus einer oder mehreren Zahlgrößen zusammengesetzt ist, wird deren Funktion genannt."[57]

---

[54] Diese Formulierung („quomodocunque") dürfen wir nicht aus der heutigen Sicht verstehen, da der Vorrat an den neuen Funktionen und den Möglichkeiten, sie zusammenzusetzen, viel geringer war als heute.

[55] „Functio quantitatis variabilis, est expressio analytica quomodocunque composita ex illa quantitate variabili, & numeris seu quantitatibus constantibus." – Kap. I, § 4, Seite 4 (siehe auch Abbn. 6.10–11, 6. 55).

[56] Nach dem Artikel „L. Euler's unpublished manuscript *Calculus differentialis*" von A. P. Juškevič in *Euler* 1983, S. 161–170; die Handschrift befindet sich im Akademiearchiv der Russischen Akademie der Wissenschaften (f. 136, op. 1. No 183, 15 Blätter).

[57] „Quantitas quomodocunque ex una vel pluribus quantitatibus composita appellatur ejus unius vel plurium functio". – Blatt 1, Caput 1, § 1. – Unveröffentlichtes Manuskript von 15 Blättern im Archiv der Akademie in St. Petersburg; siehe die Arbeit von A. P. Juschkewitsch hierüber in *Euler* 1983, S. 161–170.

Die Bernoulli–Eulersche Definition wird in dem Manuskript auf mehrere ausgedehnt, die vage Bestimmung der Zusammensetzung wird durch Beispiele veranschaulicht. In den Exempeln erscheinen dritte Wurzeln sowie der Logarithmus:

$$\sqrt[3]{xx+yy};\ ab^c+\sqrt{ac+\ln b};$$

Die Ausdrücke z^0, 1^z oder $\frac{a^2-az}{a-z}$ hingegen sind keine Funktionen, auch wenn sie den Anschein erwecken. Euler erklärt auch ähnliche Funktionen („functiones semblables"), die sich auch bei seinem Lehrer Joh. Bernoulli finden: „Wenn Z eine Funktion von z und Y eine Funktion von y ist und wenn Y auf eben die Art durch y und constante Zahlgrößen wie Z durch z und constante Zahlgrößen bestimmt wird, so nennt man die Funktionen Y und Z und ähnliche Funktionen von y und z. (§ 23);" ein Beispiel für ähnliche Funktionen wäre: $Z = Z(z) = a + bz + cz^2$ und $Y = Y(y) = a + by + cy^2$. Euler sah durchaus, dass diese ähnlichen Funktionen nicht voneinander unterschieden werden sollten, sondern (im modernen Sinn) eine Klasse ähnlicher analytischer Ausdrücke sind. Bereits Eulers Lehrer Johann Bernoulli hatte, als er Leibniz von 1694 bis 1698 über die Entwicklungen seiner Vorstellungen eines „analytischen Funktionskonzepts" brieflich informierte, begonnen, die Funktionen zu klassifizieren. Eine solche Differenzierung erfolgte im Druck aber erst 1730, als er in der Arbeit „Méthode pour trouver les tautochrones" (Methode, Tautochronen zu finden) behutsam zwischen algebraischen und transzendenten Funktionen unterschied.[58]

Euler führte nun die arithmetischen Operationen sowie Potenzierung[59] und Logarithmieren als Möglichkeiten der Zusammensetzung an. Er beeilte sich, die Klassifikation seines Lehrers in algebraische und transzendente Funktionen zu präzisieren, wobei die algebraischen Funktionen in rationale mit den Unterklassen ganz oder gebrochen sowie in irrationale Funktionen zerfielen; ein anderer Gesichtspunkt lieferte eindeutige und mehrdeutige Funktionen, letztere wiesen endliche bzw. unendliche Mehrdeutigkeiten auf; auch implizit und explizit wurden unterschieden, aber Euler machte keine Unterschiede zwischen reellen und komplexen (bei Euler: imaginären) Funktionen. Er unterschied Funktionen einer und mehrerer Variabler, homogene und inhomogene Funktionen, ein- und mehrdeutige oder gerade und ungerade Funktionen. Die Frage des Definitionsgebietes ist einmal die Menge aller reellen Zahlen oder zum anderen die Menge der imaginären Zahlen. Wenn Euler seinen algebraischen Standpunkt aufgab, dass eine Funktion durch einen einheitlich algebraischen Ausdruck charakterisiert wird, dann war

---

[58] *Mém. de l'Academie Royale* (1730) Paris 1730, S. 78 = *Opera omnia*, Bd. III. Ein Beispiel für den Typ einer reellen transzendenten Funktion ist $\int \frac{a}{(aa-xx)^{-1/2}} dx$, $\quad a^2 > x^2$.

[59] Das Potenzieren ist hier überflüssig, da es Ergebnis einer mehrfachen Multiplikation ist. Es ist vermutlich ein Widerschein derjenigen geometrischen Operationen, die auf solche Iterationen hinauslaufen und rechnerisch Potenzen erzeugten. In historischen Passagen französischer Autoren des 18. Jahrhunderts wird häufig auf den Ursprung des Funktionsbegriffs in den Potenzen und die ursprünglich gleiche Bedeutung von Potenz und Funktion verwiesen; selbst Lagrange kann hier genannt werden (*Theorie analytique des fonctions*, 1797).

6.4 Die analytische Explosion

auch eine genauere Festlegung von Definitionsgebieten zusammengesetzter Funktionen nötig.

Das in St. Petersburg geschriebene Manuskript („Calculus differentialis", Differentialrechnung; vor 1730), von dem wir nicht wissen, ob Euler je eine Vorlesung danach gehalten hat, könnte auch bereits in Hinblick auf ein vorgesehenes Buch zur Analysis angefertigt worden sein. Die 30-seitige Arbeit besitzt keine Eneström-Nummer und ist bisher auch noch nicht publiziert worden. In jeden aus den vier Grundrechenarten gebildeten Ausdruck kann man (von der Division durch null abgesehen) jede reelle Zahl einsetzen, d. h. das Definitionsgebiet besteht aus den reellen Zahlen R bzw. das um 0 verminderte Gebiet $R° = R\setminus\{0\}$. Geht man zu solchen algebraischen Rechenoperationen über, für die das Radizieren von reellen Zahlen nicht möglich ist, so schränkte Euler das Definitionsgebiet nicht ein, sondern nahm für die Werte auch imaginäre Zahlen in Kauf. Er war auch bereit, das Definitionsgebiet zu erweitern, um im Wertebereich alle reellen Zahlen zu haben. Beispielsweise liefert für reelle z die Funktion $\sqrt{9 - z^2}$ nur reelle Werte zwischen -3 und 3, aber für imaginäre Zahlen als Argumente (wie z. B. $5\sqrt{-1}$)[60] befreit man sich von dieser Einschränkung. Andererseits erwies sich ein Durchgang durch das Komplexe auch bei praktischen Problemen als nützlich: In einer Arbeit Eulers über die Balkenbiegung entsprechen den Belastungen, bei denen sich der Balken nicht verändert, im Definitionsbereich imaginäre Zahlen. Erst bei Erreichen der kritischen Belastung werden die imaginären Zahlen verlassen, sodass es beim Auftreten von reellen Zahlen zum Knick kommt. Diese Leichtigkeit, mit der gegebenenfalls die Zahlbereiche gewechselt werden, weist Euler als einen Formalisten aus, der nicht auf geometrische Anschauungen zurückgreift.

Die Zulässigkeit aller reellen Zahlen bei einer Funktion, die durch die eben behandelten grundlegenden Fälle motiviert wurde, führte beim Funktionenkonzept dazu, hier *einen* einheitlichen Ausdruck, die „expressio analytica", anzunehmen. Mathematisch ist das nicht nötig; zumindest sehen wir das heute so, denn eine Funktion könnte auch stückweise erklärt werden. Das wurde von Euler später auch getan, als die Grenzen des Einsatzes von Potenzreihen deutlich wurden, wie es sich etwa bei der Behandlung der schwingenden Saite zeigte und eine Erweiterung des Funktionenkonzepts nötig machte. Ein einheitlicher Funktionsausdruck repräsentierte in physikalischen Anwendungen per se ein einheitliches Naturgesetz, das der damaligen Auffassung vom Naturgeschehen entsprach. Die Natur macht keine Sprünge, lautet ein Gottfried Wilhelm Leibniz (1646–1716) zugeschriebenes Kontinuitätsgesetz (von dem allerdings C. A. Truesdell sagt, dass er es so bei Leibniz nicht gefunden habe). Dieses gängige Paradigma der Kontinuität im 18. Jahrhundert machte es den damaligen Mathematikern schwer, bei Funktionen mit

---

[60] Euler benutzte in der *Introductio* für die imaginäre Einheit das Symbol $\sqrt{(-1)}$, da er für unendlich große Zahlen noch die Bezeichnung i (von lat. *infinitus*, unendlich) verwendete; seit 1777 schrieb er für die imaginäre Einheit jedoch i.

solchen Vorstellungen von (der algebraischen) Einheitlichkeit zu brechen.[61] Allerdings gab es in der Geometrie mit ihren Konstruktionen solche „dogmatische" Vorbehalte nicht, und in Band 2 der *Introductio* teilte Euler die Kurven sofort in „continua" und „discontinua" ein, d. h. in Kurven, die durch einen einheitlichen Funktionsausdruck bzw. durch eine solche Konstruktion beschrieben werden, und diejenigen, die das nicht werden. Die diskontinuierlichen Kurven wurden weiter in zusammengesetzte (ggf. durch verschiedene Konstruktionsvorschriften) und irreguläre („mixtas vel irregularis") aufgeteilt. Die Bezeichnung irreguläre Kurve wird vornehmlich, aber nicht ganz strikt, für mit freier Hand gezeichnete Kurven benutzt. Die Bezeichnungen für die Kurven werden schließlich für die Funktionen übernommen. Auf solche Sachverhalte werden wir noch zurückkommen (Abschn. 6.5, Schwingende Saite).

Aus dieser „algebraischen" Sicht nannte Euler einheitliche rechnerische Ausdrücke stetig. Diese Bezeichnung bezieht sich auf die Stetigkeit des Ausdrucks (also auf die rechnerische Form und damit auch auf deren graphische Veranschaulichung der Kurve); es ist nicht das heute übliche Verständnis einer stetigen Funktion gemeint, das sich auf den lokalen Zusammenhang einer Kurve bezieht und nicht auf die globale algebraische Einheitlichkeit. Ein Beispiel hierfür wäre die bereits genannte Funktion $y(x) = 1/x$, die bei Euler im algebraischen Sinn durchgängig stetig ist (und auch für $x = 0$ unproblematisch ist), während die Funktion

$$f(x) = \sqrt{x^2} = \begin{cases} x \text{ für } x > 0 \\ -x \text{ für } x < 0 \end{cases}$$

von Euler als unstetig angesehen wird; eine später eingeführte Notation $y(x) = |x|$ zeigt, dass der am Rechenausdruck orientierte Begriff der Einheitlichkeit problematisch ist, wenn man ihn von der Schreibweise abhängig macht. Augustin-Louis Cauchy (1789–1857) gab für die Betragsfunktion folgende überraschende weitere Beziehung an:

$$y(x) = \frac{2}{\pi} \int_0^\infty \frac{x^2}{t^2 + x^2} \mathrm{d}t = |x|.$$

Cauchys Notationen hätte auch Euler schreiben können, auch die Quadratwurzel stand ihm zur Verfügung.

Zusammenfassend: Für Euler war eine Zahl (Zahlgröße) etwas, wovon er einen klaren Begriff hatte und etwas, das er der Rechnung unterwerfen konnte (*Vollständige Anleitung zur Algebra*, E 387–388, § 129). Zu den ganzen und rationalen Zahlen kamen die irrationalen Zahlen hinzu (ebd. § 128), und diese Zahlen

---

[61] Ein Beispiel aus der Psychologie kann die „gegenteilige" Auffassung verdeutlichen: Jeder (normale) Mensch empfindet sich als ein einheitliches Wesen und nicht als eine Person, die an jedem Tag neu ist, sodass unser Leben so gesehen aus einer Zusammenfügung solcher einzelner Personen bestände.

6.4 Die analytische Explosion

gehörten im Gegensatz zu den nur vorstellbaren oder imaginären Zahlen (§ 148) zu den möglichen Zahlen (§ 143). Den Variablen (veränderlichen Zahlgrößen) wurden die reellen Zahlen beigelegt, selbst imaginäre Zahlen waren ggf. zulässig (*Introductio*, § 3). Das Definitionsgebiet einer Funktion umfasste (mindestens) alle möglichen Zahlen (*Introductio*, § 5). Da Euler wusste, dass der Ausdruck $\sqrt{n}$ (n natürlich) entweder eine natürliche Zahl oder eine irrationale Zahl liefert (*Anleitung zur vollständigen Algebra*, §§ 124–128), folgte bereits aus diesem speziellen Beispiel, dass es erforderlich sein würde, als Wertebereich die irrationalen Zahlen zuzulassen. Die Forderung, das Definitionsgebiet (und gelegentlich den Wertebereich) bei allen analytischen Ausdrücken, bei Funktionen, von vornherein stets gleich der Menge der reellen Zahlen zu setzen, erklärt sich in dem beschriebenen Verständnis.

Ein allgemeiner analytische Funktionsbegriff scheint bei Euler erstmals in zwei Arbeiten aufzutreten, die er 1734 vortrug und dann unter dem Titel „De infinitis curvis ejusdem generis" und einem dazu gehörigem „Additamentum" (Über Kurven derselben Art, Ergänzung; E 44 und 45, EO I/22) in den St. Petersburger *Commentarii* 7 (1740) veröffentlichte, die auch im Jahr 1740 gedruckt wurden. In den Überlegungen Eulers erschien auch eine Funktion eines linearen Ausdrucks $x/a + b$, sodass Euler sich genötigt sah, für das Argument Klammern zu benutzen und $f(x/a + b)$ zu schreiben, er verwendete dann – ein nachhaltiger Einfall – diese Schreibweise weiter für alle funktionalen Beziehungen $f(x)$.[62] In dem Additamentum sprach Euler auch von beliebigen Funktionen. Es geht um die Integration von partiellen Differentialgleichungen erster Ordnung, wobei eine Variable parametrisch verwendet werden soll. In Band 2 der *Institutiones calculi integralis* (E 366, 1769) ist der Sachverhalt in Kap. 10 nochmals ausgeführt; Euler ließ hier allgemeine Funktionen zu, die bereits durch Bezeichnungen wie $f.x$, $f: x$ oder $f:(x)$ auffallen; sein Mentor Johann Bernoulli hob den neuen Begriff (fonction) im Druck durch ein halbfettes **Φ** hervor (1706 bei der Losung eines Problems seines Bruders).

1754 schrieb Euler in den Berliner *Mémoires* in einem optischen Artikel „Recherches physiques sur la diverse réfrangibilité des rayons de lumière" (Physikalische Untersuchungen zu unterschiedlich gebrochenen Lichtstrahlen; E 221, gedr. 1756): „Elle sera donc une certain fonction de *a* et *n*, que j'indiquerai par $f:(a, n)$, dont la composition nous est encore inconuë." (Es handelt sich also um eine bestimmte Funktion von *a* und *n*, die ich mit $f:(a, n)$ bezeichne werde, deren Zusammensetzung uns noch unbekannt ist.)[63]

1755 erschienen die Berliner *Mémoires* für 1753 mit zwei wichtigen Abhandlungen von Daniel Bernoulli („Sur la vibration des cordes", Über Saitenschwingungen), die nicht nur dem kontrovers gesehenen Problem der schwingenden Saite eine neue Lösung bescherten (Abschn. 6.5.4), sondern deren revolutionierender

---

[62] Die Operatorenschreibweise lässt die Klammern um das Argument weg, es sei denn, dieses ist zusammengesetzt.

[63] Berliner *Mémoires* 10 (1754), S. 200–226, gedr. 1756, vorgelegt der Berliner Akademie 1754.

Gedanke auf der Verwendung von Einzellösungen beruhte, aus denen die allgemeine Lösung $y = \Phi(x, t)$ durch Superposition gebildet wurde. Euler, der die geniale Idee zunächst nicht ganz durchschaute, sondern bei der tatsächlichen Verwirklichung der Anfangswerte ($t = 0$) Zweifel hegte, rückte gleichfalls eine Abhandlung „Remarques sur les Mémoires précédens de M. Bernoulli" (Bemerkungen über die vorangegangenen Abhandlungen von Herrn Bernoulli; E 213, S. 196–222) als Reaktion auf die beiden Bernoullischen Arbeiten ein, um die Frage der Randwerte zu problematisieren und zu klären. Folgerichtig bemerkte er und verwies dabei auf die Saite: „Alles kommt also darauf an, herauszufinden, welcher Art die Funktion von x & t sein muss, die den Wert des angewendeten y ausdrückt",[64] und führte die in der Kontroverse benutzten Symbole an:

Schreibweisen für Funktionen	
„Joh. Bernoulli (1718) "	Φ
Clairaut (1734)	$\Pi x\ \Phi x\ \Delta x$
D'Alembert (1747)	$\Delta u, s\ \Gamma u, s$
Euler (1753)	$\Phi.x\ \Phi(x)\ \Phi:(x)$[65]

Die 1749, ein Jahr nach dem Erscheinen der *Introductio*, von Euler publizierte Arbeit „De la controverse entre Mrs. Leibnitz et Bernoulli sur les Logarithmes de nombres négatifs" (Über die Auseinandersetzung zwischen den Herren Leibniz und Bernoulli über die Logarithmen negativer Zahlen; E 168, EO I/17)[66] ist für den Funktionsbegriff ebenfalls interessant, da sie die alte Streitfrage zwischen Leibniz und Johann Bernoulli (1667–1748) aus den Jahren 1712/13 klärt, die in Briefen zwischen dem 16. März 1712 und dem 29. Juli 1713 erörtert wurde.[67] Ihr ging übrigens Eulers Arbeit „Sur les logarithmes des nombres négatif et imaginaires" (Über die Logarithmen negativer und imaginärer Zahlen; E 807, EO I/19) voraus, die zwar 1747 in der Berliner Akademie vorgetragen, aber erst 1862 gedruckt wurde.

Zunächst führte ein Briefwechsel zwischen Euler und Johann Bernoulli in Eulers ersten St. Petersburger Jahren zu keinem Ergebnis. In der *Introductio* behandelte Euler den Logarithmus dann allgemein für reelle Zahlen (§ 103) und komplexe Zahlen (§ 138); nur die Logarithmen von positiven Zahlen sind reelle Zahlen, die von negativen Zahlen sind imaginär. Euler verteidigte diese Haltung gegenüber den Standpunkten von Leibniz und Johann Bernoulli mit den Worten, dass sich die Logarithmus-Funktion auf allgemeine Größen beziehe und daher für alle, also auch negative Größen erklärt sein müsse. Es ist typisch für Euler, dass er in den Ausführungen der zwei großen Mathematiker sowohl zutreffende als auch

---

[64] „Tout revient donc à trouver de quelle nature doit être la fonction de x & t, qui exprime la valeur de l'appliquée y." – Berliner *Mémoires* 1753, S. 204.

[65] Die Bernoulli'sche Lösung diskutieren wir in Abschn. 6.5.6.

[66] Euler, „Über die Kontroverse …", in: Euler *Zur Theorie komplexer Funktionen* (Ed. A. P. Juschkewitsch). Ostwalds Klassiker, Bd. 261. Leipzig 1983, S. 56–100.

[67] Siehe Leibniz, *Mathematische Schriften* (Hrsg. I. Gerhardt), Bd. 3. Halle 1865. Reprint 1971.

6.4 Die analytische Explosion

widersprüchliche Argumente aufzeigte, wobei letztere eine Übereinstimmung der Ansichten verhinderten, aber Euler benutzte die Denkfehler nicht zur Abwertung der Abhandlungen. Um die Auffassungen beider ins rechte Licht zu rücken, stellte er die Kontroverse inhaltlich unparteiisch dar und kommentierte Fehler. Folgen wir ihm ein wenig in die „Controverse":

Johann Bernoulli hatte argumentiert, dass die Logarithmen negativer Zahlen gleich denen der positiven seien, kurz log $(-a)$ = log a, und hierfür vier Beweisgründe geliefert, gegen die Leibniz sechs Einwände vorbrachte. Wir skizzieren seinen ersten Beweisgrund, um ein wenig den Geist der neuen Infinitesimalrechnung erlebbar zu machen. Es sei x eine beliebige Zahl. Es sind dann dx/x und $(-dx)/(-x)$ = dx die Differentiale von log $(+x)$ und log $(-x)$. Da die Differentiale gleich sind, müssen auch die entsprechenden Größen gleich sein, also log $(-x)$ = log $(+x)$.[68] Leibniz wandte ein, dass man sich irre, wenn man die Differentiale für negative Größen ebenso wie für positive bilde, was Euler für einen äußerst schwachen Einwand hielt, da diese Argumentation formal auch die Beziehung log $2x$ = log x verifizieren würde und es noch dazu stärkere Argumente gegen Bernoulli gebe.

Leibniz wiederum behauptete, dass die Logarithmen aller negativen Zahlen und mit noch größerer Berechtigung die der imaginären Zahlen imaginär seien, kurz weil log $(-a)$ = log $((-1)a)$ = log a + log (-1) sei log(-1) imaginär. Hierfür legte Leibniz drei Beweisgründe vor, auf die drei Einwände von Bernoulli folgen. Euler resümierte, dass die Gegner der Mathematik es nicht versäumen würden, hieraus sehr unangenehme Schlussfolgerungen gegen die Gewissheit der Mathematik zu ziehen. Deshalb wollte er klar zeigen, dass die Lehre der Logarithmen fest gegründet ist, dass nicht der geringste Zweifel bestehen könne, und behauptete, dass aufgrund der gegebenen Definition jeder Zahl eine unendliche Anzahl von Logarithmen entspricht. Dazu zeigte er den Satz: „Wenn der Logarithmus der Zahl x mit y bezeichnet wird, dann behaupte ich, dass y eine unendliche Anzahl von verschiedenen Werten einschließt."[69]

Erstmals wurde dadurch von Euler die Mehrdeutigkeit einer transzendenten Funktion betrachtet. Die rationalen[70] ganzen wie gebrochenen Funktionen erkannte er als eindeutige Funktionen („uniformes"), während die irrationalen Zahlen sämtlich mehrdeutig („multiformes") seien, da es die entsprechenden Wurzeln im algebraischen Sinn seien. Bei den transzendenten Funktionen gebe es sowohl eindeutige, mehrdeutige als auch unendlich vieldeutige. Die Eindeutigkeit bei Funktionen wird erst im 19. Jahrhundert verlangt. Euler konnte in § 16 den

---

[68] Auf den Lapsus nebst seinen Konsequenzen „bis auf eine Konstante" weist Euler natürlich hin.

[69] Ebd., Zitat S. 73. – Die Eulersche Auffassung (Brief von Euler 20. Dezember 1746 an d'Alembert) wurde von d'Alembert (und auch anderen Zeitgenossen) verworfen und wurde zögernd erst am Ende des 18. Jahrhunderts allgemein akzeptiert. Siehe die Einleitung von Juškevič in EO IV/5, Seiten 15–19.

[70] Rationale Funktionen sind algebraische Funktionen mit den Operationen Addition, Subtraktion, Multiplikation, Division und Potenzierung, bei denen die Veränderliche unter keinem Wurzelzeichen vorkommt.

Sachverhalt formulieren: Ist y irgendeine Funktion von x, so ist auch umgekehrt x eine Funktion von y, wodurch die Umkehrung von Funktionen bequem wird.

Wir greifen etwas voraus: In Kap. 8, genauer in § 138 ff. der *Introductio*, gab Euler noch eine bemerkenswerte Beziehung zwischen imaginären Exponentialgrößen sowie imaginären Logarithmen und der Sinus- bzw. Cosinusfunktion an, von der wir

$$e^{v\sqrt{-1}} = \cos v + \sqrt{-1}\sin v; \quad e^{-v\sqrt{-1}} = \cos v - \sqrt{-1}\sin v$$

nennen; etwas anders

$$\sin v = \frac{e^{+v\sqrt{-1}} - e^{-v\sqrt{-1}}}{2\sqrt{-1}}; \quad \cos v = \frac{e^{+v\sqrt{-1}} - e^{-v}\sqrt{-1}}{2}$$

Euler schrieb für die Exponentialfunktion

$$e^Z = \left(1 + \frac{Z}{N}\right)^N$$

mit unendlich großem N, wodurch die eben angegebenen Formeln ein etwas anderes Aussehen erhalten. Über diese Schreibweise wird noch zu reden sein.

Die beiden nächsten Kapitel (2 und 3) der *Introductio* behandeln das Umformen von Funktionen, einmal auf algebraischem Weg und zum anderen mittels Substitutionen. Ganze Funktionen (Polynome) werden in Faktoren zerlegt, gebrochene Funktionen (rationale Funktionen) durch Partialbrüche dargestellt. Der Fundamentalsatz der Algebra, den erst Carl Friedrich Gauß (1777–1855) bewies, wird stillschweigend zugrunde gelegt (§ 28). Die paarweise Zusammenfassung imaginärer Faktoren bereitete noch Schwierigkeiten (§ 32).

Mit den unendlichen Reihen nähert sich das Buch in Kap. 4 der eigentlichen Analysis. Euler äußerte erst einmal seinen festen Glauben, dass jede Funktion $P(x)$ in eine Potenzreihe entwickelt werden könne:

$$P(z) = \sum_{k=o}^{\infty} a_k z^k = a_0 + a_1 z + a_2 z^2 + a_3 z^3 + a_4 z^4 + \ldots,$$

und als Beweis (!) fügt er die Bemerkung hinzu:

> „Wenn jemand einen Zweifel hegen sollte …, so wird dieser Zweifel durch die tatsächliche Entwicklung einer jeden Funktion beseitigt." – (§ 59)[71]

Diese Begründung erinnert doch sehr an das bekannte Pfeifen im dunklen Wald, um sich Mut zu machen. Aber wir sollten bedenken, dass Euler ein umfassendes Repertoire an Funktionen zur Verfügung stand, sodass wegen seiner umfassenderen Kenntnis für die Nutzer die obige Behauptung sicherlich zutraf. Gauß,

---

[71] Diese Argumentation erinnert an den Scherz mit den kaiserlichen Plöner Kadetten, die auf die Aufforderung ihres zivilen Mathematiklehrers, den Satz des Thales zu beweisen, erwidern: „Bei uns wird nicht bewiesen, sondern auf Ehrenwort geglaubt."

6.4 Die analytische Explosion

der Euler außerordentlich schätzte („summus Euler", vollkommener, vorzüglicher Euler), äußerte sich zu seiner eigenen Handhabung des Calculs gegenüber Wolfgang Sartorius von Waltershausen (1809–1876). Dieser schrieb:

> „Der Calcul erschien ihm [Gauß] nur als ein Hilfsmittel, dessen er sich bei der Arbeit bediene. ... Manche der namhaftesten Mathematiker, Euler sehr oft, selbst mitunter Lagrange, würden dem Calcul zu sehr vertrauen und könnten sich nicht jeden Augenblick Rechenschaft über ihre Rechnungen geben. Er könne dagegen von sich behaupten, dass er bei jedem Schritt immer den Zweck und das Ziel seiner Operation genau vor Augen hatte. Das sei auch von Newton zu sagen."[72]

Euler bemerkte nun weiter, dass er, um die Untersuchungen auf ein möglichst weites Gebiet zu erstrecken, nicht nur die Potenzen mit ganzen positiven Exponenten, sondern auch solche mit beliebigen reellen Zahlen $\alpha, \beta, \gamma, \delta$ zulassen werde:

$$P(z) = Az^\alpha + Bz^\beta + Cz^\gamma + Dz^\delta + \ldots$$

(allgemeine Darstellung einer Potenzreihe).

Zwei Fälle sind dabei besonders wichtig, nämlich die sogenannten Laurent- und Puiseux-Reihen[73]

$$f(x) = \sum_{k=-\infty}^{+\infty} a_k(z-a_0)^k \text{oder} = \sum_{k=-N}^{+\infty} a_k(z-a_0)^k,$$

(a_0 Entwicklungspunkt)

$$f(x) = \sum_{k=0}^{\infty} a_k(z-a_0)^{(p/q)k}, p, q \text{ natürlich, fest gewählt,}$$

die sich gut zur Untersuchung von Funktionen in der Umgebung von Singularitäten eignen, wozu sie Euler auch verwendete. Die durch Potenzreihen charakterisierten Funktionen nennen wir heute (nach J. L. Lagrange, 1736–1813) analytisch, aber Euler erfasste mit seiner Definition mehr als die Klasse der analytischen Funktionen. Die Laurent- und Puiseux-Reihen sowie die Kettenbrüche erweitern die betrachtete Funktionenklasse wesentlich über die analytischen Funktionen hinaus auf die der messbaren Borel-Funktionen, was 1904 Henri Lebesgue (1875–1941) in seiner Dissertation zeigte.[74]

In der Welt der Analysis erscheinen die analytischen Funktionen als Polynome, deren Grad ins Unendliche fortgesetzt ist (wie es schon Newton sah); die Analysis der unendlichen Potenzreihen kann daher auch als eine natürliche Erweiterung der Algebra angesehen werden. Durch fortgesetzte Division lassen sich gebrochene Funktionen naturgemäß in eine unendliche Reihe verwandeln (§ 61), z. B.

---

[72] *Gauß zum Gedächtnis*, Leipzig 1856, S. 89. – Reprint 2013.

[73] Pierre Alphonse Laurent (1813–1854), Laurent-Reihen 1853, Weierstraß bereits 1841; der Fall, dass alle a_{-k} für $k > N$ verschwinden, ist eingeschlossen; Victor Alexandre Puiseux (1813–1854).

[74] H. Lebesgue, „Sur les fonctions représentables analytiquement" (Thèse), in: *J. Math. Pures Appl.* 1 (1905), S. 139–216. Eine Funktion heißt Borel-messbar, wenn das Urbild jeder Borel-messbaren Menge wiederum Borel-messbar ist.

$$\frac{1}{1-x} = 1 + x^2 + x^3 + x^4 + \cdots$$

Das Rechnen mit algebraischen Objekten (hier unendliche Reihen) vollzieht sich zunächst formal nach algebraischen Regeln, wobei die Konvergenz während des Operierens gar nicht interessiert. Erst wenn die symbolischen Größen durch bestimmte Zahlgrößen ersetzt werden, kommen Konvergenzfragen ins Spiel. Das erklärt auch, weshalb Konvergenz mitunter gar nicht erörtert wurde. Beim tatsächlichen numerischen Rechnen kamen wiederum die Rechenerfahrungen der damaligen Mathematiker zum Tragen, die keine wirksamen Rechenhilfsmittel wie Computer zur Verfügung hatten und daher durch das praktische Rechnen ein gutes Gespür für die Konvergenz von Rechenverfahren entwickelt hatten; beispielsweise äußerte sich Euler in § 123 über das Konvergenzverhalten verschiedener logarithmischer Reihen, d. h. er führte seine Erfahrungen an, mit welchem Rechenaufwand beim Summieren dieser Reihen eine bestimmte Stelle nach dem Komma stabil wird.

Euler liebte stets die Ordnung in der Mathematik, selbst Friedrich II. ließ er 1743 wissen: „Vor allen Dingen müssen die Wissenschaften, welche tractirt [behandelt] werden sollen, unter gewisse Classen gebracht werden."[75] Daher klassifizierte Euler natürlich in der Einführung in die Analysis (*Introductio*) die neuen Objekte, die Funktionen, was wir oben anführten. Später beschäftigte er sich mit willkürlichen Funktionen, da das Konzept des analytischen Ausdrucks zu eng ist. Zu seiner Hierarchie der Ordnung äußerte sich Euler z. B. so:

> „Die erste Stelle unter den transzendenten Kurven [bzw. Funktionen] nehmen diejenigen ein, deren Gleichung außer algebraischen Größen logarithmische enthalten." – Band 2, § 512

In der kurzen Systematisierung zeigen sich bereits die Wurzeln von späteren Einordnungen und Betrachtungen der Funktionen; die logarithmische Funktion/Kurve wurde als transzendente Grundfunktion angesehen. Indem die Funktionen eingeteilt wurden, waren sie nicht nur Arbeitsmittel, sondern wurden mehr und mehr zu eigenständigen mathematischen Objekten, deren jeweilige speziellen Eigenschaften sie schließlich in der Funktionalanalysis zu Räumen von Funktionen vereinen.

Die unterstellte Entwickelbarkeit in unendliche Reihen war zunächst für Euler das verbindende Band für alle Arten von Funktionen. Rationale Funktionen lassen sich, was naheliegend ist, durch fortgesetzte Division entwickeln oder aus unbestimmten Reihenansätze bestimmen (Band 1, §§ 60 ff.), aber Euler hob klar hervor, dass beim Auftreten von Konvergenzfragen unbedingt der Reihenrest zu beachten ist (*Inst. Calc. Diff.*, § 106). Er selbst führte die grundlegende Binomialreihe (nach Newton)

$$(P+Q)^{\frac{m}{n}} = P^{\frac{m}{n}} + \frac{m}{n}P^{\frac{m-n}{n}}Q + \frac{m(m-n)}{n \cdot 2n}P^{\frac{m-2n}{n}}Q^2 + \frac{m(m-n)(m-2n)}{n \cdot 2n \cdot 3n}P^{\frac{m-3n}{n}}Q^3 + \cdots$$

---

[75] „Projet de reunion de la nouvelle Société littéraire avec la Société des Sciences", November 1743; EO IVA/6, S. 306).

6.4 Die analytische Explosion

für rationale Exponenten ein, die eine der großen mathematischen Entdeckungen Newtons (1673) war, allerdings ohne dass Newton ebenso wie Euler einen strengen Beweis für diese fundamentale Entwicklung gab (§ 7 f.); zum Vergleich hier die moderne Schreibweise mit Binomialkoeffizienten:

$$(1+x)^\alpha = 1 + \binom{\alpha}{1}x + \binom{\alpha}{1}x^2 + \binom{\alpha}{2}x^3 + \binom{\alpha}{3}x^3 + \cdots = \sum_{k=0}^{\infty}\binom{\alpha}{k}x^k. \tag{6.4}$$

Auch Colin Maclaurin (1698–1746) versuchte, wenige Jahre vor seinem Tod, in seinem *Treatise of fluxions* (Abhandlung über Fluxionen, 1742) einen Beweis zu geben. In den *Institutiones calculi differentialis* (Teil 2, Kap. 3 und 4, 1755) behandelte Euler wiederum die Binomialreihe und auch die Taylor'sche Reihe, wenn er auch die Entwicklungen nicht bewies. Auf diesen Ansatz griff immerhin noch Augustin-Louis Cauchy (1789–1857) in seinem *Cours d'Analyse* (1821) zurück, um Gegenbeispiele zu geben. Allerdings urteilte Euler zwei Jahrzehnte nach seinem Beweis in den *Institutiones* in der Schrift „Demonstratio theorematis Neutoniani" (Beweis eines Satzes von Newton; E 465, gedruckt 1775) in Hinblick auf seine frühere Darstellung von 1755:

> „Aber er [Euler!] bemerkt heute, dass dieser Beweis nicht vollkommen frei ist vom Vorwurf der Zirkelhaftigkeit."[76]

1774 gelang Euler in dieser Arbeit eine strenge Begründung für rationale Exponenten. Dazu ging er von der Reihe $R(\alpha, x)$, (§), α rational, x beliebig reell, aus und fixierte ein $x = x^*$, sodass die Reihe lediglich eine Funktion von α $\rho(\alpha) = R(\alpha, x^*)$ war. Dann benutzte Euler die Funktionalgleichung $(1+x)^\alpha \times (1+x)^\beta = (1+x)^{\alpha\beta}$, die er mittels algebraischer Operationen (Reihenmultiplikation) und Unterdrückung infinitesimaler Terme als gültig nachwies. In Verbindung mit der Tatsache, dass für $\alpha = n$ $(n = 1, 2, 3, \ldots)$ die unendliche Reihe $R(n, x)$ abbricht und in eine binomische Formeln übergeht, konnte Euler schließlich eine Reihendarstellung von $(1+x)^\alpha$ für alle rationalen α gewinnen, woraus er die gewünschte Gleichheit erhielt.[77] 1776 gab er einen weiteren Beweis, in dem er letztlich wieder die Reihenentwicklung unterstellte, sodass diese Arbeit keinen strengen Nachweis lieferte; ein letzter Beweis folgte 1779.[78] Die endgültige Klärung des Konvergenzverhaltens der Binomialreihe gab schließlich 1826 Niels

---

[76] *Novi Commentarii Ac. Sci. Petropolitanae* 19 (1775), Seite 207.
[77] *Novi Commentarii Ac. Sci. Petropolitanae* 19 (1775), Seiten 207–216; E 465 EO I/15.
[78] „Nova demonstratio" (Neuer Beweis), in: *Nova acta Acad. Sci. Petropolitanae* 5 (1787) gedr. 1789, S. 52–58; E 637, EO I/16a, Seiten 112–121; „De serie maxime memorabili" (Über die denkwürdigste der Reihen), in: *Mém. de l' acd. de sci. de St. Peterbourg* 4 (1811) gedr. 1813, S. 75–87; E 743, EO I/16b, Seiten 162–177.

Henrik Abel (1802–1829) in der Abhandlung „Untersuchungen über die Reihe ..."
im *Crelle Journal* 1 (1826).[79]

Obwohl Euler beabsichtigte, die transzendenten Funktionen erst in der Integralrechnung zu behandeln, so wollte doch er einige besonders oft vorkommende transzendente Funktionen bereits in der *Introductio* betrachten. Daher beinhalten die nächsten beiden Kapitel (6 und 7) die Exponentialfunktion und ihre Umkehrung (§ 102), den Logarithmus, sowie deren Reihenentwicklungen. Euler legte der Exponentialfunktion a^z (a konstant und z variabel) bestimmte Werte von z bei (wie etwa 1/2, 1/3, 2/3 usw.), wodurch mehrwertige algebraische Lösungen erscheinen, für die Euler einen Hauptwert festlegte, der reell und positiv ist (§ 97), beispielsweise kommt so für a = 4 und z = 1/2 nur +2 und nicht −2 als Hauptwert infrage, ähnlich für weiter Fälle.

Der praktische Euler gab auch Verfahren an, wie man die Logarithmen tabellieren kann. Zum Beispiel benutzte er ein Rechenverfahren, das schon von Henry Briggs (1561–1639) und Adrien Vlacq (1600?–1667?) verwendet wurde und den Wert von log x durch iteriertes Wurzelziehen ermittelt. Ein 22-faches Ziehen einer Wurzel lieferte mithilfe der Beziehung $\log \sqrt{UV} = \frac{1}{2}(\log U + \log V)$ den dekadischen log 5 auf sechs Stellen genau, nämlich 0,6989700 (§ 106, Beispiel). Ohne weitere Erläuterung wurde der Wert von $2^{7/12}$ ermittelt (§ 110), der gleich 1,498307 ist und in der Musiktheorie einer temperierten Quinte entspricht (die reine Quinte ist in der rationalen Harmonielehre gleich 1,5; siehe Abschn. 3.10). Drei weitere, immer noch aktuelle Beispiele behandeln das Wachsen der Bevölkerung (§ 110). In § 123 wurden durch geschickte Rechnung die Logarithmen von 1 bis 10 auf 25 Stellen genau bestimmt, womit eine gute Basis zur Aufstellung einer Tafel gegeben ist,[80] die strengen astronomischen Anforderungen genügt.

Reihen für transzendente Funktionen wurden abgeleitet: Beim Logarithmus folgte Euler der Herleitung von Edmond Halley (1656?–1743) aus dem Jahr 1695, der die logarithmische Reihe aus der Binomialreihe gewann. Die Reihe der Exponentialfunktion wurde mithilfe von sowohl unendlichen kleinen als auch großen Zahlen, mit ω und i bezeichnet, hergeleitet. Es ist verblüffend, wie beiläufig Euler solche Zahlenarten erklärt (§ 114). Wir werden auf Eulers Anschauung in den *Institutiones calculi differentialis* (1755) zurückkommen, wo Euler solche Größen genauer einführte.

Für den Augenblick wollen wir diese Größen intuitiv hinnehmen und uns ansehen, wie elegant und eindrucksvoll Euler beispielsweise in der *Introducio* damit umging, um so einen Eindruck vom Charme des infinitesimalen Denken zu erhalten, das zwar immer wieder kritisiert wird, aber letztlich faszinierend und bei Euler (fast immer) erfolgreich ist. Gelegentlich modernisieren wir einige Bezeichnungen, um eine Brücke zur Gegenwart zu schlagen. Beispielsweise ist Eulers Gleichung

---

[79] G. Faber gibt in der Einleitung zu OE I/16, Seiten LXVII–LXXIII einen Überblick über die Geschichte der Binomialreihe.

[80] Es genügen hierfür bereits die Logarithmen der Primzahlen, § 109.

6.4 Die analytische Explosion

$$e^z = \left(1 + \frac{z}{i}\right)^i$$

heute als

$$e^z = \lim_{n\to\infty} \left(1 + \frac{z}{n}\right)^n$$

zu lesen (i = ∞, lat. *infinitus*). Euler benutzte diese Gleichung schon 1743 in der Arbeit „De summis serierum reciprocarum ex potestatibus numerorum naturalium ortarum dissertatio altera: in qua eaedem summationes ex fonte maxime diverso derivantur" (E 61).[81]

Für eine Potenzfunktion a^z ist $a^0 = 1$. In einer kleinen Umgebung des Arguments 0, also für a^ω, ist der geänderte Wert der Potenzfunktion ebenfalls infinitesimal und durch

$$a^\omega = 1 + \omega* = 1 + k\omega \qquad (6.5)$$

bestimmt. Die infinitesimalen Größen ω und $\omega*$ sind von der gleichen Ordnung, sodass es ein k mit $\omega* = k\omega$ gibt. Euler argumentierte hier (§ 114) mit der modernen lokalen Stetigkeit bzw. geometrisch! Aus $a^\omega = 1 + k\omega$ folgerte er (§§ 118 ff.), dass eine kleine Änderung ω des Exponenten 0 zu einer ebenfalls infinitesimalen Änderung ω des Wertes 1 führen wird bzw. von $1 + k\omega$. Unbekümmert potenzierte Euler Gl. 6.5 und konstatierte, dass offenbar die Potenz $(1 + k\omega)^n$ umso mehr die Einheit übertreffen wird, je größer die Zahl n ist, und wenn man n geradezu unendlich groß annimmt (= i), so wird die Potenz jede Zahl, die größer als 1 ist, erreichen bzw. $(1 + k\omega)^i = 1 + x$. Also ist $1 + k\omega = (1 + x)^{1/i}$ sowie $k\omega = (1 + x)^{1/i} - 1$. Hieraus folgt $i\omega = i(1 + x)^{1/i} - 1)/k$ und, weil $i\omega = \log_a (1 + x)$ ist, gilt

$$\log_a(1 + x) = \frac{i}{k}\left((1 + x)^{\frac{1}{i}} - 1\right).$$

Wenn man $(1 + x)^{1/i}$ in eine unendliche Binomialreihe entwickelt und beachtet, dass i eine unendlich große Zahl ist, womit die Faktoren $(i - 1)/2i$, $(2i - 1)/3i$, $(3i - 1)/4i$ usw. der Reihe nach 1/2, 2/3, 3/4 sind, ergibt sich

$$i(1 + x)^{1/i} = i + \frac{x}{1} - \frac{x^2}{2} + \frac{x^3}{3} - \frac{x^4}{4} + \cdots$$

und weiter

$$\log_a(1 + x) = \frac{1}{k}\left(\frac{x}{1} - \frac{x^2}{2} + \frac{x^3}{3} - \frac{x^4}{4} + \cdots\right),$$

---

[81] Eine weitere Dissertation über die Summen reziproker Reihen aus Potenzen natürlicher Zahlen, für die dieselben Summen aus einer anderen Quelle hergeleitet werden; E 61, EO I/14, vorgelegt 1742, gedruckt in den *Miscellanea Berolinensis* 7 (1743), S. 171–192.

wo *a* als Basis der Logarithmen zu wählen ist und *k* die oben definierte Konstante ist (§ 119). Das entspricht etwa der Ableitung, die Edmond Halley 1695 gab.[82]

Geht man von der Potenz $a^{i\omega} = (1+k\omega)^i$ aus, so erhält man mit der Binomialreihe

$$a^{i\omega} = 1 + \frac{ik\omega}{1} + \frac{i(i-1)(k\omega)^2}{1\cdot 2} + \cdots$$

und mit der Substitution i = z/ω (die auf homogene Ausdrücke bezüglich i führt) folgt

$$a z = 1 + kz + \frac{(i-1)}{i} \times \frac{k^2 z^2}{1\cdot 2} + \frac{(i-1)(i-2)}{ii} \times \frac{k^3 z^3}{1\cdot 2 \cdot 3} + \cdots$$

(§ 115). Die Faktoren (i − 1)/i, (i − 1)(i − 2)/ii, … sind alle gleich 1 (i ist eine unendlich große Zahl), sodass

$$a^z = 1 + \frac{kz}{1} + \frac{k^2 z^2}{1\cdot 2} + \frac{k^3 z^3}{1\cdot 2 \cdot 3} + \cdots$$

folgt (§ 116). Diese Gleichung zeigt die Abhängigkeit der Größe *a* von *k*. Für $z = 1$ ist

$$a = 2,7182\,8182\,8445\,9045\,2353\,6028\ldots$$

(§ 122), und Euler führte fortan für diese Basis e für die speziellen sogenannten natürlichen (oder hyperbolischen) Logarithmen ln *x* ein:

$$e^z = 1 + \frac{z}{1} + \frac{z^2}{1\cdot 2} + \frac{z^3}{1\cdot 2 \cdot 3} + \cdots$$

Man kann auch $a > 1$ beliebig wählen; es ist z. B. für $a = 10$ (dekadischer Logarithmus) $k = 2,30258508 \ldots$ (§ 124). Setzt man $a y = e^z$ und wählt die natürlichen Logarithmen, so gilt $z = y \ln a$ (wegen ln e = 1), und allgemein ist: $a^y = 1 + \frac{y \ln a}{1} + \frac{y^2 (\ln a)^2}{1\cdot 2} + \cdots$ Die weiteren behandelten transzendenten Funktionen sind die trigonometrischen Funktionen, die den Gegenstand von Kap. 8 und 9 bilden. Euler gab keine neuen Definitionen der trigonometrischen Funktionen, aber er betrachtete die alten geometrischen Verhältnisse numerisch. Die Symmetrien der Sinus- und Cosinusfunktionen werden behandelt und ausgenützt. Aber zunächst standardisierte Euler die trigonometrischen Funktionen, indem er die bisherige geometrische Erklärung nicht für beliebige Kreise, sondern für Kreise mit dem Einheitsradius $r = 1$ vornahm, wobei anstelle des Winkelmaßes das Bogenmaß als Argument diente. Der halbe Kreisumfang erhält damit die Bezeichnung π. Die Symbole π wie auch e benutzte Euler bereits in Briefen und führte sie nachfolgend in die *Mechanica* (1736) ein; nach der *Mechanica* verwendete Euler das Zeichen π abermals in „Variae observationes circa series infinitas" (Verschiedene

---

[82] *Phil. Trans.* London 1695, no. 216.

6.4 Die analytische Explosion

Beobachtungen über unendliche Reihen; E72, EO I/14, 1737 vorgelesen, 1744 gedruckt); der Buchstabe e wurde in einer Arbeit in den Berliner *Mémoires* für 1745 wiederholt.

Kap. 8 handelt von goniometrischen transzendenten Größen und wird mit der Zahlenangabe von π auf 127 Stellen eröffnet (§ 126).Thomas Fantet de Lagny (1660–1734) berechnete π 1719 auf 112 Stellen genau. Dann zählte Euler alle Symmetrien von Sinus und Cosinus auf und führte die Additionstheoreme an (§ 128), woraus schließlich induktiv für $n = 1, 2, 3, \ldots$ die Moivre'sche Formel (§ 133)

$$(\cos z + \sqrt{-1} \sin z)^n = \cos nz + \sqrt{-1} \sin nz$$

aufgestellt wurde; ebenso die Eulersche Formel

$$e^{x\sqrt{-1}} = \cos x + \sqrt{(-1)}\sin x.$$

(§ 138). Schließlich führte Euler die Logarithmen komplexer Zahlen auf geometrische Kreisbogen reeller Argumente zurück (§ 140), genauer ist z ein Bogen mit dem $\tan z$, so setzte Euler in die logarithmische Reihe (aus § 123) den Ausdruck $\sqrt{(-1)} \tan z$ ein:

$$\log \frac{1+x}{1-x} = 2\left(\frac{x}{1} + \frac{x^3}{3} + \frac{x^5}{5} + \cdots\right)$$

Mit einigen algebraischen Umformungen ergab sich eine Reihe in t, die eine Reihe für arc tan t ist:

$$z = \arctan t = \frac{t}{1} - \frac{t^3}{3} + \frac{t^5}{5} - \frac{t^7}{7} + \cdots$$

Dabei ergab sich für $t=1$ en passant die Leibniz'sche Reihe für die Berechnung eines Achtels des Kreisumfanges bzw. $\pi/4$:

$$\frac{\pi}{4} = 1 - \frac{1}{3} + \frac{1}{5} - \frac{1}{7} + \cdots$$

Der gewandte Rechner Euler wies natürlich bei seinen Darlegungen auf die Möglichkeit und die Art hin, wie eine trigonometrische Tafel praktisch anzufertigen sei.

Angeregt von der Faktorenzerlegung eines endlichen Polynoms,[83] übertrug Euler in Kap. 9 auf die Reihenentwicklungen („unendliche" Polynome) eine Faktorenzerlegung:

$$1 + Az + Bz^2 + Cz^3 + Dz + \ldots \equiv (1 + \alpha z)(1 + \beta z)(1 + \gamma z)(1 + \delta z)\ldots,$$

---

[83] Über algebraisch vollständigen Körpern gelingt bekanntlich eine Zerlegung mit linearen Faktoren.

insbesondere von Sinus und Cosinus. Im Wesentlichen ging er dabei von der Konstruktion der Wurzeln von $z^n - 1$ aus. Die reellen quadratischen Faktoren sind durch $z^2 - 2z \cos(2\pi k/n) + 1^2$ gegeben (§ 151). Euler führte den Ausdruck $e^x - e^{-x} = (1 + x/i)^i - (1 - x/i)^i$ ein und entwickelte ihn (Reihe für 2 sinh x) nach den Regeln der Algebra. Sofern man mit $z\sqrt{(-1)}$ ins Imaginäre ausweicht, steht das Sinusprodukt da:

$$\sin z = x \prod_{k=1}^{\infty} \left(1 - \frac{x^2}{k^2\pi^2}\right) = x\left(1 - \frac{x^2}{\pi^2}\right)\left(1 - \frac{x^2}{4\pi^2}\right)\left(1 - \frac{x^2}{9\pi^2}\right)\cdots$$

Euler betrachtete auch Funktionen, die Johann Heinrich Lambert (1728–1777) später (1768) hyperbolische Funktionen nannte und wegen der Analogie zu sin x und cos x mit sinh x und cosh x bezeichnete. Hierzu gab er analog zu den trigonometrischen Funktionen wieder algebraische Faktorisierungen an (§ 160), indem aus der Beziehung

$$2\sinh x = e^x - e^{-x} = \left(1 + \frac{x}{i}\right)^i - \left(1 - \frac{x}{i}\right)^i$$

durch algebraische Umformungen und Eulersche Grenzübergänge (Vernachlässigung unendlich kleiner Terme) auf das Produkt kam.

Die Kap. 10 und 15 befassen sich schließlich mit der Zeta-Funktion

$$\zeta(n) = 1 + \frac{1}{2^n} + \frac{1}{3^n} + \frac{1}{4^n} + \ldots \quad (n = 2, 4, 6, \ldots),$$

und diese Ergebnisse sind herausragend (z. B. § 274). Euler hatte ja schon 1736 mit der Bestimmung von $\zeta(2)$ (Basler Problem) großes Aufsehen erregt. Die Werte von $\zeta(2n)$ sind transzendent,[84] welchen Charakter die Werte von $\zeta(2n + 1)$ haben, ist bisher offen, lediglich für $\zeta(3)$ konnte Roger Apéry (1916–1994) 1979 die Irrationalität nachweisen. Euler fand 1737 die berühmte Identität („Variae observationes circa series infinitas", Verschieden Beobachtungen über unendliche Reihen; E 72, EO I/14, 1737 vorgetragen, 1744 gedruckt)[85]

$$\sum_{s=1}^{\infty} \frac{1}{n^s} = \prod_{\forall p} \frac{1}{1 - 1/p^s},$$

wobei das Produkt über alle Primzahlen p zu erstrecken ist. Die Zeta-Funktion wurde im 19. Jahrhundert durch Bernhard Riemann (1826–1866) untersucht, der für s auch komplexe Werte zuließ, wobei er 1859 seine bekannte Riemann'sche Vermutung äußerte. Riemann wies der Zeta-Funktion eine zentrale Rolle in

---

[84] Für gerade Argumente der Zeta-Funktion zeigte Euler, dass diese ein rationales Vielfaches von Potenzen von π^{2n} sind, für ungerade Argumente vermutete Euler eine Abhängigkeit von log 2 oder π; *Institutiones calculi differentialis*, Teil II, Kap. 5.

[85] *Comm. Ac. sc. Petropolitanae* 9 (1737), S. 160–188.

6.4 Die analytische Explosion

der analytischen Zahlentheorie zu.[86] Die von Riemann angegebene Funktionalgleichung kannte Euler bereits 1749 („Remarques sur un beau rapport entre les séries des puissances tant directes que réciproques", Bemerkungen über eine schöne Beziehung zwischen den Reihen mit direkten und reziproken Potenzen; E 352, OE I/15, 1749 vorgetragen, 1768 gedr.).[87] Neben diesen bemerkenswerten Ergebnissen wurden zahlreiche Reihensummen angegeben.

Am Ende des ersten Teiles gibt es noch zwei in sich abgeschlossene Darstellungen der „partitio numerorum" (Zerlegung von Zahlen) und der Kettenbrüche (Kapitel 16 bzw. 18). Euler, der seine Ausführungen aus didaktischen Gründen zur Motivierung von Konzepten oder deren Anwendbarkeit gern mit Beispielen versah, beendete den ersten Teil bzw. das letzte Kapitel über Kettenbrüche mit der Begründung der Regel für Schaltjahre sowohl im Julianischen als auch im Gregorianischen Kalender (§ 382, 2. Beispiel). Die unendlichen Produkte sowie die Kettenbrüche sind typische Gegenstände der Analysis, indem wie bei den Reihen die Tragweite endlicher Konzepte ins Unendliche erweitert wird. Wir wollen daher kurz die Kettenbrüche erwähnen. Bereits 1739 gab Euler eine zusammenhängende Theorie der Kettenbrüche (der Name ist von ihm) in der Abhandlung „De fractionibus continuis" (Über sich fortsetzende Brüche = Kettenbrüche; E 71, 1737 vorgel., 1744 gedr.).[88] Ein Kettenbruch hat die Form eines gemischten Bruches $A + B/x$, wobei x wiederum ein gemischter Bruch dieser Art ist: $x = a + b/y$ usw. Wir veranschaulichen den Sachverhalt durch ein typisches Beispiel und entwickeln 225/157 in einen Kettenbruch:

$$\frac{225}{157} = 1 + \frac{68}{157} = 1 + \frac{1}{\frac{157}{68}} = 1 + \frac{1}{2 + \frac{21}{68}} = \ldots = 1 + \frac{1}{2 + \frac{1}{3 + \frac{1}{4 + \cdots}}}.$$

Kürzen wir diesen Kettenbruch durch [1, 2, 3, 4, ...] ab, so zeigte Euler u. a.

$$e = [2, 1, 2, 1, 1, 4, 1, 1, 6, 1, 1, 1, 8, 1, 1, 10, \ldots],$$
$$\pi = [3, 7, 15, 1, 292, 1, 1, 1, 2, 1, 3, 1, 14 \ldots].$$

Hierauf gründete Johann Heinrich Lambert seinen Irrationalitätsbeweis für e und π aus dem Jahr 1768. Das Verständnis der Kettenbrüche ist auch hilfreich in der Theorie der transzendenten Funktionen.

Der Schweizer Louis Bertrand (1731–1812), der von 1752 bis 1756 in Berlin weilte und in Eulers Haus wohnte, wurde 1754 Berliner Akademiemitglied und schließlich Nachfolger von Gabriel Cramer (1704–1752) in Genf. Bertrand schrieb 1778 ein zweibändiges Werk *Développement nouveau de la partie élémentaire des mathématiques* (Neue Entwicklungen in der elementaren Mathematik). Im Vorwort erklärte er:

---

[86] Heute gibt es über 16 verschiedene ähnliche Zeta-Funktionen, unter denen die Riemann'sche Zeta-Funktion die bekannteste ist.
[87] *Mémoires Berliner Akademie* 9 (1761), S. 83–106.
[88] *Comment. Acad. sc. Petropolitanae* 9 (1737), S. 98–137; E 71, EO I/14.

"Ich hatte damals die Ehre, Herrn Eulers Schüler zu sein. ... Die Abschnitte III, IV & V sind nur eine Übersetzung der Kapitel IX, X & XI des ersten Teils von Herrn Eulers Werk mit dem Titel *Introductio in Analysin infinitorum* (S. XXVI–XXVII)."[89]

Bertrand kam auf Lösungen algebraischer Gleichungen zu sprechen, und seine Aussage ist interessant:

"Jede imaginäre [= komplexe] Wurzel einer algebraischen Gleichung lässt sich auf die Form $a + b\sqrt{(-1)}$ bringen."[90]

Der zweite Teil der *Introductio* steht im Schatten des ersten Teils. Der „Liber secundus" wird im Vergleich zum ersten Teil dürftig mit einem kurzem Satz angekündigt: Die Theorie der krummen Linien, nebst einem Anhang von den Oberflächen,[91] also viel kürzer als die entsprechende Ankündigung für den Inhalt des ersten Teils. Die Geometrie ist zwar eine eigenständige Disziplin der Mathematik, aber die rechnerische Erfassung einer Kurve durch eine Gleichung – sofern das möglich ist – ist eine Anwendung der Analysis auf Geometrie. Zu Kurven gehören Gleichungen, die sie beschreiben, und Gleichungen lassen sich als Kurven deuten. Genau das leistet der zweite Teil: hier werden Anschauung und Rechnen (auf acht Tafeln mit 149 Figuren) verbunden; die Analysis selbst verbindet eher Denken und Rechnen.

Teil 2 behandelt die *Geometrie* in 22 Kapiteln und einem Anhang aus sechs Kapiteln. Euler begann mit einer Theorie der gekrümmten Linien, dann katalogisierte er die Kurven zweiter, dritter und vierter Ordnung und wandte sich Tangenten, Normalen und Krümmungen zu, ebenfalls werden Wendepunkte, Spitzen und Vielfachpunkte behandelt. Das 21. Kapitel betrifft transzendente Kurven. Der Anhang ist insbesondere Flächen gewidmet.

In diesem zweiten Teil, der 1745 noch vor dem Problem der schwingenden Saite von 1747 abgeschlossen wurde, gab Euler überraschenderweise bereits das Kontinuitätsprinzip auf (d. h. jede Kurve wird durch genau *eine* Gleichung dargestellt). Im ersten Kapitel (§§ 1–6) wies er auf Gleichungen als Hilfsmittel hin, durch welche sich jede krumme Linie darstellen lässt, und umgekehrt, wie jeder Graph zu einer Gleichung kommt. In den ersten sechs Paragraphen legte er detailliert dar, wie das vor sich geht. In § 6 lesen wir etwa:

"Jede Funktion von x, die durch diese Mittel geometrisch behandelt wird, bestimmt [durch ihren Rechenausdruck] eine gewisse gerade oder gekrümmte Linie, deren Natur von der Natur der Funktion y abhängt."[92]

---

[89] «M. Euler dont j'avois alors l'honneur d'être disciple (S. XVII). ... Les sections III, IV & V ne sont guerre qu'une traduction du chap. IX, X & XI de la première part de l'ouvrage de M. Euler qui a pour titre Introductio in Analysin infinitorum» (S. XXVI–XXVII).

[90] „Toute racine imaginaire d'equation algebrique est reducible à la forme $a+b\sqrt{(-1)}$." – Ebd. S. 490.

[91] „Theoria linearum curvarum, una appendice de Superficibus".

[92] „Quare, quaelibet ipsius x Functio, hoc modo ad Geometriam translata, certam determinabit lineam, sive rectam sive curvam, cujus natura a natura Fonctionis y pendebit." – § 6. Alle Übersetzungen aus Teil II sind von J. C. A. Michelsen.

6.4 Die analytische Explosion

Die Mittel, auf die Bezug genommen wird, sind die der analytischen Geometrie, und Euler erklärte sorgfältig, wie man zu Abszissen die entsprechenden Koordinaten aufträgt. Die einschlägige Ankündigung aus der Einleitung wird im folgenden Paragraph 8 durch einen Umkehrschluss bestätigt, indem jede beliebige Kurve, wie sie auch immer dargestellt wird, einer Funktion entspricht, also deren Graph ist:

> „Dementsprechend wird jede Funktion von x eine gerade oder gekrümmte Linie ergeben, weshalb jede gekrümmte Linie umgekehrt als Funktion angesehen werden kann."[93]

Kurven und Funktionen entsprachen nun einander! Diese Gleichwertigkeit klingt ziemlich überraschend, aber die zu den betrachteten Kurven gehörigen Ordinaten wurden durch Rechenausdrücke (endlicher oder unendlicher Art) gefunden, und solche Rechenausdrücke bestimmen eine Funktion. Es ist das Descartes'sche Schema, also die eineindeutige Zuordnung von Koordinaten zu einem Kurvenpunkt, das die Gleichwertigkeit von Kurven und Gleichungen schafft.[94] Im Vorwort zur *Introductio* (im Teil 1) sagte Euler daher bündig:

> „Zu diesem Zweck [Untersuchung einer Kurve] brauche ich kein anderes Hilfsmittel als die Gleichung, durch welche sich jede krumme Linie darstellen lässt."[95]

Umgekehrt ist jeder Kurvenpunkt durch Koordinaten bzw. Größen gegeben, die einer Gleichung genügen. In der *Introductio* sind die zulässigen Kurven solche, die rechnerisch erfasst werden können; § 7 befasst sich mit dem Ermitteln der zu Kurvenpunkten M gehörigen Ordinaten PM (P ist Fußpunkt von M auf der x-Achse) und der Abszisse AP. Erinnern wir uns, dass Euler mehrwertige Funktionen betrachtete, sodass seine Argumentation zutreffend ist.

Das ist etwa der Stand ein Jahrhundert nach der *Géométrie* (1636) des René Descartes (1596–1650), der sich auf die Ebene beschränkte. Descartes benutzte in seiner *Géométrie* noch eine Schar ausgezeichnete Linien (parallele Koordinatenlinien), auf die er die Koordinaten einer Kurve bezog; Leibniz bevorzugte bereits ein rechtwinkliges Koordinatensystem. Die Achsen des Koordinatensystems können einen beliebigen, von null verschiedenen Winkel gegeneinander bilden und haben feste Einheiten, später erschienen auch Polarkoordinaten (Kap. 17). Die räumliche analytische Geometrie entwickelte als Erster Euler; den Namen analytische Geometrie prägte übrigens später Sylvestre François de *Lacroix* (1765–1843) im ersten Band seiner Lehrbücher *Traité de Calcul différentielle et integral* (3 Bände 1797–1800, Abhandlungen über Differential- und Integralrechnung, Band 1, S. XXV).

---

[93] „Quaelibet ergo Functio ipsius x suppeditabit lineam quandam, sive rectam sive curvam, unde vicissim lineas curvas ad Functiones revocare licebit." – § 8.

[94] Die Aufgabe der analytischen Geometrie bestand darin, Methoden und Verfahren bereitzustellen, mit denen man geometrische Probleme durch Rechnungen lösen kann. Dazu wurden, wie gerade beschrieben, Koordinatensysteme und die Erfassung geometrischer Objekte durch Bestimmungszahlen eingeführt.

[95] „Ad hoc nullum aliud subsidium affero, praeter equationem, qua cujusque Linea Curvae natura exprimitur." – Praef. S. XI.

Neben der mechanischen Veranschaulichung krummer Linien durch die Bewegung eines Punktes betrachtete Euler die mathematische Entstehungsart krummer Linien durch Funktionen, wodurch man alle krummen Linien vollkommen kennen lernt, da deren Punkte durch die Funktionen bestimmt werden. Das eröffnet auch ein weites Feld für die Rechnungen (für den Calculus). Euler resümierte daher im § 8 der *Introductio*, Teil 2:

> „Es führt also jede Funktion von x auf irgend eine Linie, eine gerade entweder oder eine krumme, und umgekehrt lässt sich jede krumme Linie auf eine Funktion zurückführen. Es wird nemlich die Natur einer krummen Linie durch eine solche Funktion von x ausgedruckt, woraus man, wenn man die Stücke *AP* zwischen *A* und den aus den Punkten der Curve *M* auf *RS* senkrecht herab gefällten Linien *PM* für die veränderliche Größe x setzt, allemal den wahren Wert von *PM* findet."[96]

Hier ist anzumerken, dass diese Zeile nicht nach 1745 geschrieben sein dürfte – die Problematik der Anfangsbedingungen schwingender Saiten ist noch nicht virulent, also sind mit „freier Hand" gezeichnete Kurven noch kein Gegenstand der Analysis (siehe Abschn. 6.4.4). Aber die ins Auge gefassten transzendenten Kurven (Kap. 21) werfen schon ihre Schatten voraus, die die naive Gleichsetzung von Kurve und Gleichung infrage stellen. Die Konsequenzen werden in § 8 gezogen, indem jetzt zusammengesetzte Kurven Bürgerrecht in der Analysis erhalten:

> „Aus dieser Vorstellung der gekrümmten Kurven folgt unmittelbar eine Einteilung in *kontinuierliche, diskontinuierliche* oder *gemischte* Kurven. Eine Kurve ist *kontinuierlich*, wenn sie so beschaffen ist, dass ihre Natur durch eine einzige Funktion von x ausgedrückt werden kann.[97] Wenn die Kurve aber so beschaffen ist, dass ihre verschiedenen Teile *BM, MD, DM* usw. durch verschiedene Funktionen von x ausgedrückt werden ... dann nennen wir diese *diskontinuierlich* oder *gemischt* und *irregulär,* denn sie werden nicht durch *ein* unveränderliches Gesetz dargestellt, sondern sind aus verschiedenen Teilen unterschiedlicher kontinuierlicher Kurven zusammengefügt."[98]

---

[96] „Quaedlibet ergo Functio ipsius x suppeditabit lineam quandam, sive rectam sive curvam, unde vicissim lineas curvas ad Functiones revocare licebit. Cujusque ergo linae curvae natura exprimetur per ejusmodi Functionem ipsius x." – *Intr.* II, § 8. – Erklärung der Bezeichnungen: *RS* ist eine unbegrenzte Gerade (x-Achse) g, auf der die veränderliche Größe x abgeschnitten wird, sodass für die Punkte *A* und *P* gilt $x = AP$. In dem Punkt *P* wird eine senkrechte Gerade errichtet und auf ihr die Strecke $y = PM$ abgetragen bzw. *PM* ist die Applikate (Ordinate).

[97] Das ist nicht der moderne Stetigkeitsbegriff, und unsere Übersetzung durch „kontinuierlich" soll das ausdrücken. Die Stetigkeit bezieht sich bei Euler (global) auf die *Form* der Kurve/Funktion und nicht wie beim modernen Begriff auf den Zusammenhang in einer lokalen Umgebung einer gewissen Stelle. Somit war $y(x) = 1/x$ bei Euler stetig (trotz der Singularität bei $x = 0$), während die Betragsfunktion $y = |x|$ dies nicht wäre, da sie bei Euler zur Darstellung zwei Funktionen (zwei Halbgeraden) benötigen würde (siehe Abb. 6.12).

[98] „Ex hac linearum curvarum idea statim sequitur earum divisio in continuas & discontinuas seu mixtas. Linea silicet curva continua ita est comperata, ut ejus nature per unam ipsius x Functionem definatam exprimatur. Quad si autem linea curva ita sit comparata, ut variae ejus portiones *BM, MD, DM* &c., per varias ipsus x Functiones exprimatur ... hujusmodi lineas curvas *discontinuas* seu *mixtas* & *irregulares* appelamus; propterea quod non secundum unam legem constantem formantur, atque ex portionibus variarum curvarum continuarum componuntur." – *Introductio*, pars 2, § 9.

6.4 Die analytische Explosion

Die geänderte Sicht Eulers führte ihn nun auf diese Einteilung von Kurven und Funktionen:

Kurven/Funktionen	
Reguläre („regulares")	Irreguläre („irregulares")
Kontinuierlich („continuas", *eine* Gleichung)	Diskontinuierlich (discontinuas, *mehrere* Gleichungen)
	Gemischte („mixtae", zusammengesetzt)
	Gezeichnete Kurven

Später, als auch mit freier Hand gezeichnete Kurven zugelassen werden, erfährt in der ursprünglichen Alternative „kontinuierlich – diskontinuierlich" der Begriff diskontinuierlich (also alles, was nicht kontinuierlich ist) einen Bedeutungswandel, indem er vornehmlich für die gezeichneten Kurven benutzt wird. Kritisch könnte man zu Eulers Einteilung anmerken, dass der Charakter einer Kurve sich durchaus intervallweise ändern kann. Es war übrigens kein Geringerer als Jean Dieudonné (1906–1992), der in einer Kurve in deren geometrischer Darstellung oder in deren analytischer Repräsentation nur zwei Seiten einer Medaille sah.

Euler bemerkte, dass krumme Linien mechanisch durch Bewegung erzeugt und veranschaulicht werden können. Die klassische euklidischer Geometrie schloss allerdings Bewegungen in der Mathematik aus. Die zulässigen Änderungen trugen jedoch der Tatsache Rechnung, dass jetzt auch frei mit der Hand gezogene Linien möglich waren. Solche Auffassungen wurden im wesentlich bis zu Joseph Fouriers Arbeiten vertreten; die von Joseph Fourier (1768–1830) gezogene Konsequenz, dass die benötigte Gleichung bzw. die Gleichungen (das Gesetz bzw. die Gesetze) für die Kurve auf immer kleinere Intervalle eingeschränkt werden könnten, um schließlich nur noch in einem Punkt zu gelten, ist natürlich noch kein Thema. Aber bei Euler wurde eine Linie als durch eine Funktion erzeugt betrachtet (§ 8). Er teilte die Kurven so ein (siehe oben): Kurven, deren Natur kontinuierlich oder diskontinuierlich war. Er unterschied also Kurven in solche, die eine einheitliche rechnerische Darstellung haben, und die anderen, denen kein solches einheitliches Gesetz zugrunde liegt.

In §§ 13 und 15 stellte Euler in Hinblick auf die Funktionen Folgendes fest: Aus jeder Funktion ergibt sich eine krumme Linie (Kurve, Graph der Funktion). Bei Untersuchung der krummen Linie kann man von Funktionen ausgehen, d. h. man kann die Kurven wie die Funktionen einteilen (etwa in algebraische und transzendente, einwertige und mehrwertige usw.). Werden die einwertigen Kurven dargestellt, dann handelt es um solche, die sich bis ins Unendliche erstrecken (also für x von $-\infty$ bis $+\infty$); erst mehrwertige Kurven erlauben geschlossene Figuren, auch solche Figuren, die sich selbst überschneiden. Die ganzen rationalen Funktionen werden nach Graden eingeteilt (Kap. 3), und die Anzahl der wesentlichen Koeffizienten für den Grad n beträgt $n(n+3)/2$. Ausnahmen werden nicht betrachtet (Kap. 4).

Die Kegelschnitte sind in eigenen Kapiteln abgehandelt (Kap. 5–6). Die Asymptoten, die Euler für die Klassifikation der Kurven benötigte, wurden in den Kap. 7–11 dargestellt. Er charakterisierte die Asymptoten durch Reihenentwicklungen nach negativen Potenzen (Laurent-Reihen), wobei er Koeffizienten falsch bestimmte, aber das bemerkte der beschäftigte Euler erst nach dem Absenden des Manuskripts.

Schließlich klassifizierte Euler die algebraischen Kurven 3. und 4. Ordnung (Kap. 9 und 11); er gab 16 Fälle von Kurven dritter Ordnung an, wofür er Normalformen definierte (§ 239). Bereits Isaac Newton (1643–1727) hatte die Klassifizierung der algebraischen Kurven von 3. Ordnung untersucht und 72 Typen erhalten, wobei sein Ergebnis später durch weitere sechs vervollständigt wurde. Euler führte ähnliche Untersuchungen für die Kurven 4. Ordnung aus. 90 Jahre nach Euler behandelte unter einem anderen Gesichtspunkt der Geometer Julius Plücker (1801–1861), der bedeutende Arbeiten zur analytischen und algebraischen Geometrie lieferte, diese Frage und berichtete in der Vorrede zu seinem Buch *System der analytischen Geometrie* einen interessanten Sachverhalt. Respektvoll bezeichnete Plücker Euler als „diesen nicht hoch genug zu feiernden Geometer [Mathematiker]", ehe er sich der Kritik angemessen näherte. „Ein Blick weist eine Reihe von Unrichtigkeiten nach, deren große Anzahl uns befremden müßte, wenn wir nicht erwögen, dass Euler, ohne den abstrakten Gedanken durch irgendeine Anschauung zu unterstützen, nach Analogie schließt und dass man solchen Schlüssen nirgendwo mehr misstrauen muß. ... Der Keim der Irrtümer liegt schon in der Aufzählung der Curven 3. Ordnung. Von der Möglichkeit der aufgezählten Fälle hat sich Euler meistens gar nicht überzeugt."[99] Der Analytiker Euler begnügte sich also wegen der Weitläufigkeit der Fälle (Plücker zählte immerhin 157 Typen auf) bereits mit deren logischer Möglichkeit, ohne sich von ihrer Verwirklichung zu überzeugen. Diese Einstellung des Analytikers in der in Rede stehenden Sache ist bemerkenswert (und wohl auch einmalig bei Euler).

Das Verhalten einer Kurve in der Umgebung eines Punktes ist Thema der Kap. 13 und 14, in Kap. 14 erscheint die Krümmung. In Kap. 15 untersuchte Euler sorgfältig ebene Symmetrien (Drehungen und Spiegelungen), die im nächsten Jahrhundert zur Gruppentheorie ausgebaut wurden bzw. geometrische Gruppen definieren, die die Geometrie ordnen.[100] In Kap. 16 wird z. B. die Funktionalgleichung

$$f(x)f(-x) = a^2,$$

(§ 388) diskutiert. Ähnliche und affine Kurven (der letztere Begriff ist von Euler) werden im 18. Kapitel behandelt.

In Kap. 21, § 515, erscheint der komplexe Logarithmus, aber die endgültige Fassung gewann Euler erst in der Abhandlung „De la controverse entre Mrs. Leibniz et Bernoulli sur les logarithmes des nombres négatifs et imaginaires" (Über die Kontroverse zwischen den Herren Leibniz und Bernoulli bezüglich der Logarithmen

---

[99] *System der analytischen Geometrie*. Berlin 1835, S. 5.
[100] F. Klein, *Vergleichende Betrachtungen über neuere geometrische Forschungen*. Erlangen 1872. Erlanger Programm, das das Systemdenken eingeführt hat.

6.4 Die analytische Explosion

negativer und imaginärer Zahlen; E 168, 1749), die schon erwähnt wurde. In den letzten Paragraphen erscheinen einige interessante Kurven:

$y(x) = 2^{\sqrt{x}}$ (§ 509)

$y(x) = (-1)^x$ (§ 517),

$y(x) = x^x$ (§ 518),

$x^y = y^x$ (§ 159),

Zykloiden und Spitzen (§§ 522 ff.).

Die Gleichung $y(x) = 2^{\sqrt{x}}$ lässt sich nicht rational machen, sie stellt also keine algebraische Kurve dar. Um sie zu berechnen, bedarf man des Logarithmus (log $y = \sqrt{2} \log x$). Aber da der genaue Wert von $\sqrt{2}$ nicht bekannt ist, sondern mit rationalen Werten gerechnet wird, gibt es keine präzise Entscheidung über den Charakter der Kurve, abgesehen davon, dass sie aus zwei Ästen besteht. Anderseits ist der durch den irrationalen Exponenten bedingte transzendente Charakter verglichen mit logarithmischer und trigonometrische Transzendenz einer der einfachsten Art, sodass man der Gleichung ungern einen transzendenten Charakter zuerkennen wollte und ihr einen Zwischenstatus zubilligte; Euler nannte solche Kurven wie schon Gottfried Wilhelm Leibniz (1646–1716) „interscendent",[101] Kurven, die zwischen den algebraischen und transzendenten Kurven liegen (§ 508).

Die Kurve $y(x) = (-1)^x$ täuscht die beiden Geraden $y(x) = \pm 1$ vor (§ 517), denn für ganze Zahlen x liegen die Werte der Kurve auf diesen Geraden, für ganze gerade x erhält man den y-Wert 1, für ungerade ganze Zahlen den Wert -1. Für Brüche mit geradem Zähler ist $y = 1$. Die Gleichung der Kurve hat für rationale x mit ungeradem Nennern und Zähler reelle Werte ($= -1$), und diese liegen überall dicht auf der erwähnten Geraden. In allen anderen Fällen (x ist ein Bruch mit einem geraden Nenner oder eine irrationale Zahl) ist y imaginär. Dicht liegen bedeutet auch im Verständnis von Euler (von ihm Anomalie genannt), dass in jedem noch so kleinen Teil der beiden Geraden unendlich viele Funktionswerte liegen.

Sehen wir uns die Argumentation Johann Bernoullis an, die er zwei Jahrzehnte vor der Veröffentlichung Eulers *Introductio* für seine Behauptung $y(x) = (-1)^x = 1$ gab:

> „Du fragst, was $(-1)^x$ sei? Ich gebe diese Erklärung: $y = (-n)^x$ wird log $y = x \log(-n)$. Es ist dy/y = dx log$(-n)$. Es gilt log $(-u)$ = log $(+u)$, hierfür ist d log $(-z)$ = $-$ d$z/(-z)$ = d$z/(+z)$ = d log z, also log $(-z)$ = log z und damit dy/y = d x log $(+n)$, und Integration führt auf log y = x log n [plus eine Integrationskonstante], wobei n^x = (im Fall, dass $n = \pm 1$) $1^x = 1$. Deshalb $y = 1$."[102]

---

[101] Interscindo, lat. trennen.

[102] „Queris de $(-1)^x$, quid illa sit? Ego sic statuo sit $y = (-n)^x$ erit log $y = x$ log$(-n)$ adeo que dy/y = dx log$(-n)$. Est vero log $(-u)$ = log $(+u)$, nam in genere d log $(-z)$ = $-$d$z/(-z)$ = d$z/(+z)$ = d log z, hinc log $(-z)$ = log z adeo que dy/y = d x log $(+n)$, et integrando log y = x log n, unde n^x = (im Fall, dass $n = \pm 1$) $1^x = 1$. Ergo $y = 1$." – *Correspondance mathématique et physique de quelques célèbres géomètres* I, S. 6. St. Pétersbourg 1843, Reprint 1968.

Ähnlich ist es auch mit $y(x) = X^x$, wo für positive und negative x die y-Werte dicht liegen. Betrachten wir Eulers allgemeine Argumentation aus dem vorangegangenen § 517. „Die Funktion liefert eine unendliche Menge von Punkten, die getrennt auf beiden Seiten der x-Achse mit dem Abstand 1 liegen. Jedes beliebige Paar von Punkten besteht aus getrennten Punkten, aber man kann die Entfernung zwischen den Punkten beliebig klein machen, kleiner als jede beliebige Größe, denn man findet zwischen beiden Punkten stets unendlich viele Brüche." Ähnlich argumentierte Euler bei der Funktion $y(x) = a^{x/b}$ mit ungeradem b. Die logarithmische Linie hat jenseits der Asymptote unzählige voneinander abgesonderte Punkte, die keine kontinuierliche Linie geben, obwohl man die Entfernung der Punkte voneinander so klein machen kann, als man will (§ 515). Die Erörterung der Kurve $x^y = y^x$ zeigt einen interessanten philosophischen Aspekt: Euler glaubte nicht, dass eine Kurve plötzlich aufhören kann, da das dem Stetigkeitsgesetz („lex continuatis") widerspräche.[103] Dieses Gesetz spielte, wie erwähnt, möglicherweise bei Leibniz eine große Rolle. Euler sah später seinen mathematischen Irrtum ein und wandte sich grundsätzlich von den philosophischen Stetigkeitsannahmen ab – eine bemerkenswerte philosophische Umkehr! Derartige Phänomene erscheinen bei algebraischen Kurven nicht. – Euler gab einige Lösungen an: $x = 2$ und $y = 4$ oder $x = 9/4$ und $y = 27/8$, usw.

In Kap. 22 werden schließlich Näherungslösungen diskutiert („regula falsi"). Der Anhang betrachtet unter anderem auch Raumkurven und orthogonale Transformationen des Raumes mithilfe der drei Eulerschen Winkel.

Wir wollen hier noch kurz auf die bekannte Dirichlet'sche Kurve eingehen. Peter Gustav Lejeune Dirichlet (1805–1859)(Abb. 6.6a) pflegte in seinen Vorlesungen schmunzelnd zu bemerken, dass der [Dirichlet'sche] Diskontinuitätsfaktor $D(x) = 0$ bzw. 1, wenn x rational bzw. irrational ist, heute eine ganz einfache Idee ist, aber wenn man nicht darauf kommt (weil man durch andere Anschauungen blockiert ist), so hat man sie nicht. Werner Heisenberg (1901–1976) erklärte seinem Schüler Carl Friedrich von Weizsäcker (1912–2007) in den 30er-Jahren des vorigen Jahrhunderts: „Laß dir von den Mathematikern nicht einreden, dass es so etwas gibt wie eine Funktion, die an jedem rationalen Punkt Eins, an jedem irrationalen Punkt Null ist. Das ist Schwindel. Könnte man so etwas beobachten?"[104]

---

[103] Das Kontinuitätsprinzip für das Naturgeschehen aus dem 18. Jahrhundert verlangt kontinuierliche Funktionen (nicht im modernen Sinn). Diskontinuierliche Funktionen bzw. Kurven erschienen schon frühzeitig in der Variationsrechnung, und bis heute werden dort zusammengesetzte Lösungen noch als diskontinuierlich, also ganz im alten Sinn, bezeichnet. Die Strahlenverläufe in der geometrischen Optik liefern anschauliche Beispiele für geknickte Lichtstrahlen (Brechung, Spiegelung u. a.).

[104] C. F. von Weizsäcker, *Zeit und Wissen*. München 1992, Seiten 144, 801.

6.4.2 Institutiones calculi differentialis (1755)

> Et j'ose dire que c'est cecy le probléme le plus utile, & le plus général non seulement que je sçache, amis mesme que j'aye jamais désire de sauçer en Géométrie.[105]
> RENÉ DESCARTES, *La Geometrie*, Paris 1637

Jean le Rond d'Alembert (1717–1783) sagte irgendwo, dass alle Materialien für die Differentialrechnung fertig waren, nur der letzte Schritt blieb zu tun.[106] Was brachte d'Alembert zu dieser Feststellung?

Durch François Viète (1540–1603) entwickelte sich die Algebra, und mit René-Descartes wurde ein beträchtlicher Teil der griechischen Geometrie ins Algebraische und Rechnerische umgesetzt. Joseph-Louis Lagrange (1736–1813) beschrieb diese Situation so: „Solange Algebra und Geometrie schwerfällig waren, waren ihre Einsatzmöglichkeiten begrenzt; aber als sich diese beiden Wissenschaften vereinten, stärkten sie sich gegenseitig und marschierten gemeinsam mit schnellen Schritten der Vollkommenheit entgegen. Descartes verdanken wir die Anwendung der Algebra auf die Geometrie, ein Sachverhalt, der zum Schlüssel für die größten Entdeckungen in allen Bereichen der Mathematik geworden ist."[107] Die Zeitgenossen waren fasziniert von der Entwicklung, denn einerseits entsprach die Allgemeinheit algebraischer Schlüsse methodisch der griechischen Anforderung an Strenge, und andererseits gab es einen beachtlichen Erkenntnisgewinn. Wie sehr die Geometrie ihre eigene rechnerische Erfassung vorbereitete, legte exemplarisch Sophus Lie (1842–1899) in seiner Leipziger Antrittsrede[108] 1880 dar.

Hat man diesen Blickwinkel, versteht man mühelos die Feststellung, die Otto Toeplitz (1881–1940) getroffen hat (Abb. 6.12):

> „Der Funktionsbegriff entsteht nämlich in einer doppelten Gestalt, und diese Spaltung bleibt für das Verständnis seiner späteren Entwicklung, ja für ein heutiges Verständnis bedeutungsvoll. Er entwickelt sich einmal als geometrischer Funktionsbegriff und dann als

---

[105] „Und ich wage zu behaupten, dass dies nicht nur das nützlichste und allgemeinste Problem der Geometrie ist, das ich kenne, sondern sogar das, was ich jemals wissen wollte." *Géométrie*. S. 342. – Es ist merkwürdig, dass Descartes in der Geometrie das Problem des Unendlichen nicht berührte, aber über Tangenten derartige Aussagen aufstellte. Genauer sprach er von der Normalen, aber das ist ja gleichwertig, da Normale und Tangente orthogonal zueinander sind. Die Normale konstruierte Descartes durch einen Kreis, dessen Mittelpunkt M auf der x-Achse lag und der in der kleinen Umgebung des in Rede stehenden Punktes P zwei Schnittpunkte mit der betrachteten Kurve hatte, die er gegen P laufen ließ, sodass schließlich der Radius $r = PM$ die Normale bestimmte (Methode der Doppelwurzel).

[106] «Tous les matériaux du calcul différentiel étoient prêts, il ne restait plus, que le dernier pas à fait.»

[107] «Tant que l'Algèbre et la Géométrie ont été lents et leurs usages bornés; mais lorsque ces deux sciences se sont réunis elles se sont prêté des forces mutuelles et ont marché ensemble d'un pas rapide vers la perfection. C'est à Descartes qu'on doit l'application de l'Algèbre à la Géométrie, application qui est devenue la clef des plus grandes découvertes dans toutes les branches des Mathématiques.» – 1795, *Œuvres*, Vol. 7, S. 271.

[108] Lie, „Über die Beziehungen der neueren Mathematik zu den Anwendungen", in: *Zeitschrift für den naturwissenschaftlichen Unterricht* 36 (1895), S. 535–540.

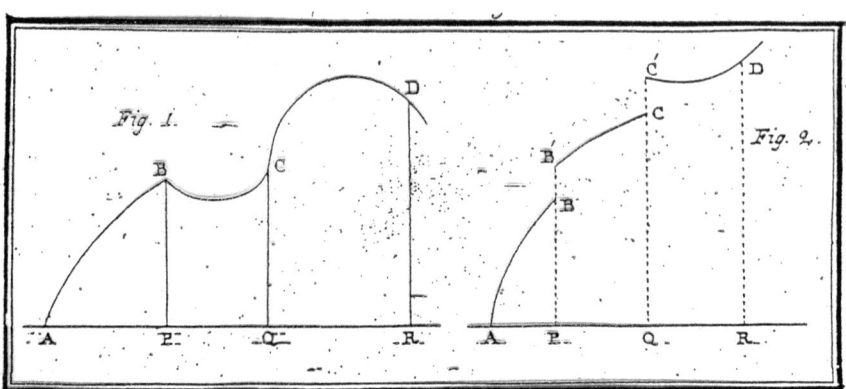

Abb. 6.12 Geometrisch zusammengesetzte Kurven/Funktionen aus der Petersburger Preisschrift von Antoine Arbogast (1759–1803) „Sur la nature des fonctions arbitraire" (1791)

rechnerischer Funktionsbegriff. Der geometrische Funktionsbegriff ist uns in der Wurzel bei Galilei und Cavalieri, am reinsten bei Barrow begegnet; die Funktion als abstractum, das, am geometrischen und mechanischen Bild gewonnen, beide unter einem gedanklichen Allgemeinbegriff zusammengefaßt, die Funktion als Regel, die jedem Wert x eine Zahl y zuordnet. Was sich im Anschluß an Vietas Gleichungslehre und an Descartes' analytische Geometrie ausbildet, ist die Funktion als Rechenausdruck, ein weit engerer Funktionsbegriff."[109]

Wesentliche mathematische Begriffe bilden sich heraus, wenn man bei der Ausübung mathematischer Tätigkeiten auf sich immer wiederholende Sachverhalte gerät und ihr Gebrauch sich als vorteilhaft erweist. Bei geometrischen Überlegungen ist die Proportionalität dominant, wobei die solche Überlegungen begleitenden rechnerischen Ausdrücke auf Potenzen führen, die in weiteren Betrachtungen auf mehrgliedrige Summen (Polynome) führen und schließlich in gebrochen algebraischen Ausdrücken enden, die die Brüder Bernoulli als Funktionen bezeichneten. War das eine historisch zwangsläufige Entwicklung, die die Brüder auf das Funktionskonzept führte? Die Brüder waren sich der Nachhaltigkeit der neuen Begrifflichkeit durchaus bewusst. Dazu ein überzeugender Sachverhalt, den Johann I Bernoulli beibrachte. Als er in seiner Abhandlung „Remarques" (1718) den Begriff einer Funktion erklärte (Definition 2), hob er die Funktion Φ u. a. beständig durch eine halbfette Type Φ hervor: „en prenant aussi Φ pour la characteristique de ces foncions elles-mêmes" (Nehmen wir auch Φ als die Charakteristik dieser Funktionen selbst).[110]

---

[109] O. Toeplitz, *Die Entwicklung der Infinitesimalrechnung*. Bd. 1 (mehr nicht erschienen). Berlin 1949, S. 123. – Euler beherrschte diese beiden Seiten der Analysis, auch über die von Toeplitz erwähnte Zwiespältigkeit hinaus, gleicherweise in der allgemeinen Gegensätzlichkeit von diskret und stetig.

[110] «Remarques Sur ce qu'on a donné jusque ici des Solutions des Problemes sur les Isoperimetres», in: *Mémoires Paris* 1718 (1719), S. 100–128. Genaueres zur dargestellten Entwicklung des Funktionszeichens bei Thiele, R.: *Geschichte der reellen Funktionen*. WTM Munster 2022, Kapitel 3, fur unsere Frage insbesondere S. 96–118.

Abb. 6.13 „Hier ist jedoch alles in den reinen Grenzen der Analysen dargestellt, sodass keine Abbildung erforderlich ist, um alle Grundsätze dieses Kalküls zu erklären"

Diesem Weg der Brüder folgte auch Euler, erstmals wohl in einem unveröffentlichten Manuskript *Calculus Differentialis* (Differentialrechnung), das um 1730 geschrieben wurde und auf 30 Seiten einen Entwurf des Gegenstandes enthält. Euler sagte hier, dass eine solche mehrteilige Summe eine Funktion sei, während er in der *Introductio*, Bd. 1 (1748) umgekehrt sagte, dass eine Funktion einer veränderlichen Zahlengröße ein solcher analytischer Ausdruck („expressio analytica") sei (§ 4).

Der Analytiker Euler endete sein Vorwort zur Differentialrechnung mit den berühmten Worten (Abb. 6.13): „Hier ist jedoch alles in den reinen Grenzen der Analysen dargestellt, sodass keine Abbildung erforderlich ist, um alle Grundsätze dieses Kalküls zu erklären."

Neben dem erwähnten Manuskript *Calculus Differentialis* (um 1730) gibt es noch einen zeitlich näher zur Differentialrechnung von 1755 verfassten Entwurf *Institutionum calculi differentialis* (Die Methode der Differentialrechnung; Sectio III, E 814, EO I/29) für die Differentialrechnung (vermutlich um 1748). Er betrachtet insbesondere Anwendungen der Differentialrechnung auf die Geometrie, die Differentialrechnung selbst (E 212), wurde aber von Euler in diesem Teil der Ausarbeitung seines Planes nicht behandelt. Der Entwurf ist Teil einer Sammlung von etwa 140 Eulerschen Manuskripten in den Archiven der Russischen Akademie, die Gustav Hjamlmar Eneström (1852–1923) zwar erfasst, aber nicht in sein Verzeichnis aufgenommen hat.[111] Weiterhin interessiert in diesem Zusammenhang noch ein (nicht ganz vollständig erhaltenes) Konzept für ein Lehrbuch der gesamten Analysis aus diesem Konvolut.

Leonhard Euler begann seine Differentialrechnung *Institutiones calculo differentialis* mit der irritierenden Aussage:

---

[111] Jahresbericht der Deutschen Mathematiker-Vereinigung 22 (1913), 191–205 (kursive Paginierung).

"Vorwort. Was die Differentialrechnung sein könnte, kann einem, der noch nichts davon gehört hat, kaum erklärt werden, denn wir können nicht, wie es in anderen Disziplinen oft bequemerweise am Anfang einer Darlegung geschieht, wo der Beginn einer [Disziplin einer] Definition entnommen wird [was wir nicht tun konnen], da hier von diesem Kalkül keine bestimmte Definition gegeben wird. Denn für sein Verständnis nützen solche Definitionen, die es gibt, nichts, sondern wir müssen erst die Prinzipien kennen, aus denen eine Definition folgt. ... Die Definition kann nicht vor ihren Prinzipien wahrgenommen werden."[112]

Ist das eine pädagogisch empfehlenswerte Einleitung? Sehen wir zunächst lieber zu, wie Euler die Prinzipien als Fundament verwendete, und halten fest, dass ihm die Besonderheiten seines Themas wohl bewusst waren. Detlef Laugwitz (1932–2000) machte hierzu eine erhellende Bemerkung, die Eulers pädagogisches Talent nicht infrage stellte, aber doch seinen Mangel an Erfahrung im Umgang mit Anfängern hervorhob (Abb. 6.14). Laugwitz wies dabei auf fehlendes Verständnis seiner Leser hin, das sich selbst beim Übersetzer Johann AndreasChristian Michelsen (1749–1797) in seiner deutschen Übertragung *Vollständige Anleitung zur Differential-Rechnung* (1790) der *Differentialrechung* zeigt, denn der Übersetzer fügte entsprechenden Bemerkungen ein, mit denen er klare Sachverhalte Eulers korrigieren bzw. verbessern wollte (Abb. 6.15).[113]

Einige Bemerkungen über infinitesimale Größen
Bereits Archimedes (Ἀρχιμήδης, 287 v. Chr. bis 212 v. Chr.) benutzte infinitesimale Größen für Beweise, und nach ihm wurden solche Vorstellungen in dieser oder jener Form mehrfach verwendet, etwa bei Johannes Kepler (1571–1630), Bonaventura Cavalieri (1598?–1647) oder Blaise Pascal (1623–1662), um dann von Isaac Newton (1643–1727) und Gottfried Wilhelm Leibniz (1646–1716) auf unterschiedliche Weise zu einer Methode gebündelt zu werden. Die Begründung der infinitesimalen Methoden beschäftigte die Mathematiker und Philosophen über das ganze 18. Jahrhundert. Die Situation war verworren, denn bald war das Infinitesimale Etwas, bald Nichts, aber auch beides zugleich oder nichts von beiden; bald betrachtete man das Infinitesimale selbst, bald nur dessen Verhältnisse (Differentialquotienten). D'Alembert drückte sich (bzw. seine Ablehnung) gegen einen Zwischenzustand zwischen Nichts und Etwas in der *Encyclopédie* so aus:

"Wir werden nicht wie viele Geometern sagen, dass eine Größe unendlich klein ist, weder bevor sie verschwindet, noch nachdem sie verschwunden ist, sondern dass das lediglich in dem Augenblick zutrifft, in dem sie verschwindet; denn was bedeutet eine falsche Definition, hundertmal dunkler als das, was man definieren will? Wir werden sagen, dass es in der Differentialrechnung keine unendlich kleinen Größen gibt."[114]

---

[112] „Quis qui nulla adhuc eiuscognitione fiunt imbutis vix explicari potest: neque hic, vti in aliis disciplinis fieri fiolet, exordium tractationis a definitione commode sumere licet. Non quod huius calculi nulla plane detur definitio; sed quoniam adeam intelligendam eiusmodi opus est notionibus." – Preface, einleitende Sätze.

[113] Die deutsche Übersetzung der Differentialrechnung von Michelsen umfasst 283 Seiten, denen der Übersetzer noch 167 Seiten Anmerkungen und Verbesserungen beizugeben für notwendig hielt, über die der Mathematikhistoriker M. Cantor sagte, dass sie von geringem Wert seien.

[114] «Nous ne dirons donc pas avec bien des géomètres qu'une quantité est infiniment petite, non avant qu'elle s'évanoiuse, non après qu'elle est évanouie, mais dans l'instant même où elle s'évanouit; car que veut dire une définition si fausse cent fois plus obscure que ce qu'on veut définir? Nous dirons qu'il n'y a point dans le calcul différentiel de quantités infiniment petites.» – *Encyclopédie,* Bd. 4, Cons-Diz. Paris 1754. Articles Différence, Différentiel, S. 984–989, Zitat S. 987.

6.4 Die analytische Explosion

Abb. 6.14 Porträt des alten Euler von J. Darbes (1778). Musée Genève

Abb. 6.15 a Lazare Nicolas Marguerite Carnot (1753–1823) und **b** ein Gedenkstein in seinem Sterbeort Magdeburg, der sehr schön die Zerworfenheit des Carnot'schen Lebenslaufes bzw. seiner Zeit überhaupt ausdrückt

Diese Aussage zeigt deutlich die Hindernisse, die infinitesimalen Größen in das System der reellen Zahlen einzubetten. Der Gebrauch infinitesimaler Größen, der Zugpferde der Analysis, war dem Bernoulli-Schüler Euler wohl vertraut, und in den *Institutiones calculi differentialis* begann er, seine Begründung der für die mathematischen Spekulationen so nützlichen Objekte darzustellen.

Eine gute Übersicht über die verschiedenen Methoden und deren Rechtfertigungen jener Zeit findet sich in der zweiten Auflage von Lazare Nicolas Marguerite Carnots (1753–1823) (Abb. 6.16) Schrift *Réflexions sur la métaphysique du calcul infinitésimal* (Überlegungen zur Metaphysik [Grundlegung] der Infinitesimalrechnung, Paris 1813). Carnot bemerkte, dass die verschiedenen Methoden nichts anderes wären, als dieselbe Methode aus verschiedenen Gesichtspunkten dargestellt (§ 159), und er zählte dann die Exhaustionsmethode des Archimedes, die Indivisiblenmethode des Cavalieri, die Grenzwert- und Fluxionsmethode von Newton, den

Abb. 6.16 Otto Toeplitz (rechts) und sein späterer Herausgeber der hinterlassenen Schrift *Entwicklung der Infinitesimalrechnung* Gottfried Maria Hugo Koethe (1905–1989), 1930 in Bonn

Kalkül der verschwindenden Größen von Euler sowie die Theorie von Lagrange (1736–1813) und schließlich sein eigenes Verfahren, die Methode der unbestimmten Koeffizienten, auf. Carnot selbst sprach in seiner eigenen Rechtfertigung von der „méthode de la compensation des erreurs" (Kompensation der Fehler), was zeigt, wie vielfältig die benutzten Vorstellungen waren. Der Satz „Though this be madness, yet there is method in it" aus William Shakespeares (1564–1616) *Hamlet* (Aufzug 2, Szene 2) beschreibt ganz gut diese vielfältige Situation.

Die Schwierigkeiten des infinitesimalen Denkens erhielten seinerzeit die Aufmerksamkeit der gebildeten Kreise. Bereits George Berkeley (1685–1753) hatte die Mysterien anhand der Fluxionen von Fluxionen verdeutlicht, bei denen es sich offenbar um „ghosts of departed quantities" (Geister von abgeschiedenen Größen)[115] handele. Voltaire (1694–1778) wiederum beschrieb dieses Denken in seinen *Letters concerning the Englisch Nation* (1778) so:

> „Dieser Methode, überall die Unendlichkeit algebraischen Berechnungen zu unterwerfen, wird der Name Differentialrechnung oder Fluxions- und Integralrechnung gegeben. Es ist die Kunst, genau ein Ding zu zählen und zu messen, dessen Existenz man sich nicht vorstellen kann."[116]

Das Verständnis der Mathematik veränderte sich mit dem Aufkommen der Infinitesimalmathematik. Gegenüber der Strenge und der Methodenreinheit der griechischen Mathematik setzte man jetzt zur Erreichung der ins Auge gefassten Ziele alle zur Verfügung stehenden Mittel ein, insbesondere legte man auf einen axiomatisch-deduktiven Aufbau der Mathematik weniger Wert und bevorzugte eine lockere Darstellung. Mit dieser offenen Darstellung ließen sich in der gebildeten Welt breite Kreis unmittelbar ansprechen und in die Diskussion einbeziehen. Hinzu kam noch, dass die beeindruckenden Erfolge der Infinitesimalmathematik, bei der alles möglich zu sein schien, was bisher den Anstrengungen der Mathematiker getrotzt hatte, auch die Gelehrten mitrissen und man sich deshalb weniger um die Fundierung der Grundlagen kümmerte. Wie wir gerade erwähnten, waren die Grundlagen und Prinzipien der Infinitesimalmathematik

---

[115] „The analyst: or, a discourse addressed to an infidel mathematician. Wherein it is examined whether the object, principles, and inferences of the modern analysis are more distinctly conceived, or more evidently deduced, than religious mysteries and Points of Faith." (Der Analytiker: oder eine Ansprache an einen ungläubigen Mathematiker [E. Halley oder I. Newton?]. Darin wird untersucht, ob der Gegenstand, die Prinzipien und die Schlussfolgerungen der modernen Analysis deutlicher konzipiert oder offensichtlicher abgeleitet werden als religiöse Mysterien und Glaubenspunkte). – Der barocke Titel drückt die Absicht der Schrift genau aus: Die Mathematik ist nicht besser begründet als Theologie.

[116] „It is to this method of subjecting everywhere infinity to algebraical calculations, that the name is given of differential calculations or of fluxions and integral calculation. It is the art of numbering and measuring exactly a thing whose existence cannot be conceived." – *Letters*, letter XVII. London 1733, die französische Ausgabe *Lettres écrites* folgte 1734 in Paris.

6.4 Die analytische Explosion

unterschiedlich vorgestellt, kontrovers gedeutet worden und widersprüchlich gebraucht worden. Aber nichts ist eben erfolgreicher als der Erfolg.

Otto Toeplitz (Abb. 6.17) machte eine erhellende erkenntnistheoretische Bemerkung über die Behandlung infinitesimaler Größen durch den geometrischen und rechnerischen Funktionsbegriff. Der allgemeine geometrische Funktionsbegriff erfasse die Vielfalt der infinitesimalen Größen und damit deren Problematik, während in dem in Regeln gebrachten rechnerischen, eingeschränkten Funktionsbegriff keine solchen „Scheußlichkeiten" auftreten, „wir können uns getrost den Differentialen [infinitesimale Größen] anvertrauen"[117].

Eulers Standpunkt, den wir besonders zu untersuchen haben, änderte sich nicht. Der praktische Gebrauch infinitesimaler Größen war dem Bernoulli-Schüler natürlich vertraut. Nach seiner oben zitierten irritierenden Einführung begann er in den *Institutiones calculo differentialis* (Differentialrechnung) (Abb. 6.18) mit einer Begründung der für die mathematischen Spekulationen nützlichen Objekte. Zunächst beschäftigte er sich zwei Kapitel lang mit einem elementaren arithmetischen Thema, dem Umgang mit Differenzen. Danach widmete Euler sich philosophischen Betrachtungen über das Unendliche und das unendlich Kleine, womit er den Übergang von endlichen Differenzen zu infinitesimalen Größen rechtfertigen wollte („Caput III. De infinitis atque infinite parvis", Vom Unendlichen und unendlich Kleinen).

Euler beantwortete die Frage, was unendlich kleine Größen in der Mathematik seien („quid sit quantitas infinite parue in Mathesi") mit der klaren Aussage: Sie sind wirklich gleich null („revera = 0", wirklich gleich 0; Abb. 6.18):

„Aber diese Lehre vom Unendlichen wird deutlicher, wenn wir erklären, was eine unendliche Zahl in der Mathematik ist. Nun gibt es keinen Zweifel, dass jede Größe abnimmt, bis sie vollständig verschwindet und ins Nichts vergeht. Daher ist eine infinitesimal kleine Größe nichts anderes als eine verschwindende Größe, und deshalb wird sie wirklich gleich null sein. Das stimmt auch mit jener Definition der infinitesimal kleinen Größe überein, wonach eine solche kleiner sein soll als jede angebbare Größe: denn wenn sie kleiner ist als irgendeine angebbare Größe, kann es sie sicherlich nicht geben; denn wenn sie nicht = 0 wäre, könnte man ihr eine Größe zuordnen, die ihr gleich ist."[118]

Die logische Argumentation lautete, dass Größen, die kleiner seien als jede andere beliebige Größe, nur null sein können, denn anderenfalls müssten sie gleich einer Zahl größer als null sein, wären mithin endlich. Man muss hierbei beachten, dass Größen eine stets positive Maßzahl haben. „Da aber alle Nichtse [arithmetisch] untereinander gleich sind, scheint es überflüssig, sie mit verschiedenen Symbolen zu bezeichnen" (§ 84). Euler erläuterte diesen Sachverhalt genauer: „Es gibt

---

[117] O. Toeplitz, *Die Entwicklung der Infinitesimalrechnung*. Bd. 1 (mehr ist nicht erschienen). Berlin 1949, S. 123 f.

[118] „Haec autem Infiniti doctrina magis illustrabitur, si, quid sit infinite paruum Mathematicorum, exposuerimus. Nullum autem est dubium, quin omnis quantitas eousque diminui queat, quoad penitus euanescat, atquein nihilum abeat. Sed quantitas infinite parua nil aliud est nisi quantitas euanescens, ideoque reuera erit 0. Consentit quoque ea infinite paruorum definitio, qua dicuntur omni quantitate affignabili minora: si enim quantitas tam fuerit parua, vt omni quantitate affignabili sit minor, ea certe non poterit non esse nulla; namque nisi esset = 0, quantitas assignari posset ipsi aequalis." – § 83.

INSTITUTIONES
CALCULI
DIFFERENTIALIS
CUM EIUS VSU
IN ANALYSI FINITORUM
AC
DOCTRINA SERIERUM

AUCTORE
LEONHARDO EULERO
ACAD. REG. SCIENT. ET ELEG. LITT. BORUSS. DIRECTORE
PROF. HONOR. ACAD. IMP. SCIENT. PETROP. ET ACADEMIARUM
REGIARUM PARISINAE ET LONDINENSIS
SOCIO.

IMPENSIS
ACADEMIAE IMPERIALIS SCIENTIARUM
PETROPOLITANAE
1755.

INSTITVTIONVM
CALCVLI INTEGRALIS
VOLVMEN PRIMVM
IN QVO METHODVS INTEGRANDI A PRIMIS PRINCIPIIS VSQVE AD INTEGRATIONEM AEQVATIONVM DIFFERENTIALIVM PRIMI GRADVS PERTRACTATVR.

AVCTORE
LEONHARDO EVLERO
ACAD. SCIENT. BORVSSIAE DIRECTORE VICENNALI ET SOCIO
ACAD. PETROP. PARISIN. ET LONDIN.

PETROPOLI
Impenſis Academiae Imperialis Scientiarum
1768.

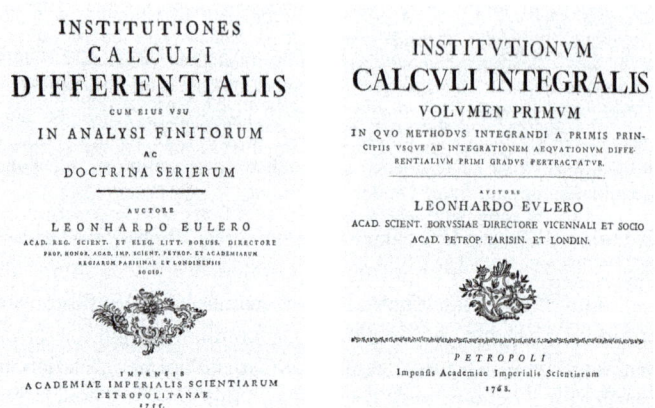

Abb. 6.17 Titelseiten **a** der Differentialrechnung (1755) und **b** der Integralrechnung (Bd. 1) (1768)

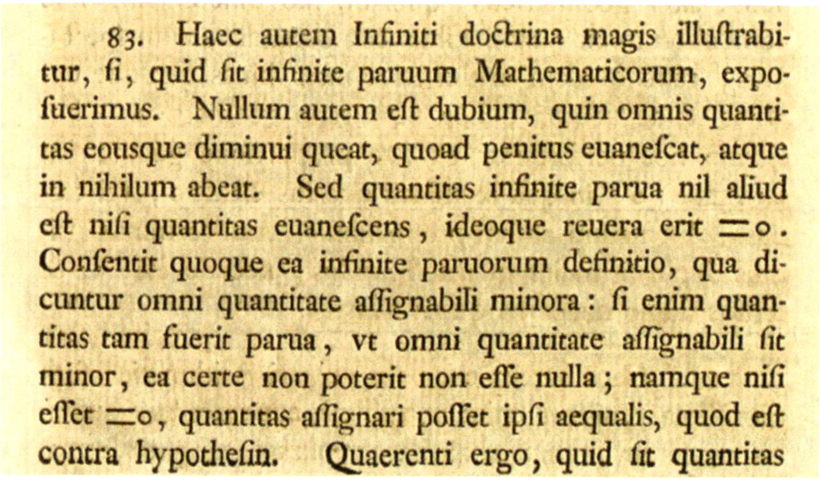

83. Haec autem Infiniti doctrina magis illuſtrabitur, ſi, quid ſit infinite paruum Mathematicorum, expoſuerimus. Nullum autem eſt dubium, quin omnis quantitas eousque diminui queat, quoad penitus euaneſcat, atque in nihilum abeat. Sed quantitas infinite parua nil aliud eſt niſi quantitas euaneſcens, ideoque reuera erit $=$ o. Conſentit quoque ea infinite paruorum definitio, qua dicuntur omni quantitate aſſignabili minora: ſi enim quantitas tam fuerit parua, vt omni quantitate aſſignabili ſit minor, ea certe non poterit non eſſe nulla; namque niſi eſſet $=$o, quantitas aſſignari poſſet ipſi aequalis, quod eſt contra hypotheſin. Quaerenti ergo, quid ſit quantitas

Abb. 6.18 Eulers Erklärung der Eigenschaft von Infinitesimalien in der Differentialrechnung, tatsächlich gleich null zu sein: „Daher ist eine unendlich kleine Größe nichts anderes als eine verschwindende Größe und wird daher tatsächlich $= 0$ sein“ („Sed quantitas infinite parua nil aliud est nisi quantitas evanescens, ideoque revera erit $= 0$“) (§ 83)

unendlich viele Ordnungen von unendlich kleinen Größen, die obwohl alle gleich null sind, wohl voneinander zu unterscheiden sind, wenn man auf ihre gegenseitigen [geometrischen] Beziehungen achtet.“ (§ 84).

In den Rechnungen hat man also zwei Arten der Gleichheit auseinander zu halten, nämlich die Gleichheit in arithmetischen und in geometrischen Beziehungen von Größen. Im Grunde genommen weichte Euler hier den Gleichheitsbegriff auf und erklärte äquivalente Größen. Die arithmetische Gleichheit von a und b (beide

6.4 Die analytische Explosion

endlich) verlangt das Verschwinden ihrer Differenz $a - b = 0$, während die arithmetische Äquivalenz lediglich die Gleichheit modulo einer infinitesimalen Größe verlangt. Das klärt den verwirrenden Gebrauch des Gleichheitszeichens $a = b$ für $a \neq b$ auf, da genauer ein „modulo bezüglich einer infinitesimalen Größe" zu ergänzen ist oder deutlicher $a \equiv b$ mod ε (ε infinitesimal) zu schreiben wäre, auch die vielfach missverstandene Beziehung $a + da = a$ findet so ihre Erklärung. Das geometrische Verhältnis (also Quotienten) der Gleichheit stiftet ebenfalls eine solche Äquivalenzrelation: Quotienten (Nenner ungleich null) sind äquivalent, wenn sie sich unendlich wenig von 1 unterscheiden.[119] Diese Unklarheiten waren wesentlich einem Bezeichnungsproblem geschuldet.

In § 96 ging Euler auf das unendlich Große ein, das ein Gegenbegriff zum unendlich Kleinen ist. Mit den Bezeichnungen a endlich und reell, ε unendlich klein und ∞ eine unendlich große Größe können wir folgende inverse Beziehungen:

$$\frac{a}{\varepsilon} = \infty, \quad \frac{a}{\infty} = \varepsilon$$

notieren. „Während es bei den unendlich kleinen Größen verschiedene geometrische Verhältnisse gibt, obwohl alle arithmetischen Verhältnisse gleich sind, so gibt es bei den unendlich großen Größen gleiche geometrische Verhältnisse, obwohl die arithmetischen Verhältnisse beliebig ungleich sind." Als Beispiele dienen mit endlichen Größen a und b für ein gleiches geometrisches Verhältnis

$$\frac{a}{dx} + b \quad \text{und} \quad \frac{a}{dx} \quad \text{da} \quad \left(\frac{a}{dx} + b\right) : \frac{a}{dx} = 1 + \frac{b\,dx}{a} = 1$$

(wegen $b\,dx = 0$). Vergleicht man arithmetisch, so folgt die Differenz b, mithin ist das arithmetische Verhältnis ungleich. Für $\left(\frac{a}{dx^2} + \frac{a}{dx}\right) : \frac{a}{dx^2} = 1$ ergibt sich ein geometrisches Verhältnis der Gleichheit, aber die arithmetische Differenz a/dx ist unendlich.

Für das Rechen mit Nullen sind folgende Regeln nützlich (a rell, ω infinitesimal, $dx = 0$, §§ 86–89)

$$a + \omega = a, \quad a \pm n\,dx - a = 0, \quad \frac{a \pm n\,dx}{a} = 1,$$

$$a \cdot \omega = 0,$$

$$\omega^m : \omega^n = \omega^{m-n}, \quad (m > n),$$

$a\,dx^m + b\,dx^n = a\,dx^m$, dx^n verschwindet in Vergleich mit dx^m ($m < n$), der Sachverhalt gilt auch für rationale Exponenten $a\sqrt{dx} + b\,dx = a\sqrt{dx}$

---

[119] Mathematische Gegenstände mittels einer Äquivalenzrelation durch eine Klasse zu definieren ist erst in der modernen Algebra üblich, gefördert von der Mengenlehre. Rationale Zahlen p lassen sich durch Äquivalenzklassen von Zahlenpaaren (a, b) und (c, d) mit $ad = bc$ (a, b, c, d ganz, b, d nicht null) beschreiben.

Eulers Nullenrechnung
Eulers Rechnen mit Nullen führte ihn auf zahlreiche wichtige Sätze der Analysis, die deren Entwicklung förderten. Auf die Begründung der Analysis hatte die Nullenrechnung selbst wenig Einfluss, da die auf Euler folgenden Augustin-LouisCauchy (1789–1857) und Karl Weierstraß (1815–1897) nicht mit verschwindenden Größen (Nullen) arbeiteten, sondern mit Abschätzungen, in denen beliebig kleine Größen auftraten (sogenannte Epsilontik). Eulers Nullenrechnung bereitete jedoch die Arithmetisierung der Analysis vor. Das Vorwort der *Differentialrechnung* schließt mit der bekannten Bemerkung, dass sich keine Figur in diesem Buch finde, weil man sie zur Erläuterung nicht benötigt habe (siehe Abb. 6.13). Harte Kritik haben aber beispielsweise Carl Benjamin Boyer (1906–1976)[120] und Eric Temple Bell (1883–1960)[121] geübt. Lazare Nicolas Marguerite Carnot (1753–1823) hingegen vertrat in seinem Buch *Réflexions sur la métaphysique du clacul infintésimal* (1897) die Auffassung, dass Euler nicht irgendwelche Nullen und deren Verhältnisse betrachte, sondern solche, die in eindeutiger Weise durch das Stetigkeitsgesetz (im modernen Sinn) bestimmt sind.[122] Adolf P. Juschkewitsch (Адольф Павлович Юшкевич, 1906–1993) verteidigte 1959 Eulers Auffassungen gegen die nachgesagten „logischen Gebrechen", stellte aber auch fest, dass „Eulers ‚Rechnen mit den Nullen' im engeren Sinn des Wortes keinen wesentlichen Einfluss auf die weitere Begründung der Analysis ausgeübt hat" (*Euler* 1959, S. 224–244, Zitat S. 244).

Die Eleganz der Nullenrechnung zeigen wir hier an zwei Beispielen, ohne dabei die heutige Kritik zu üben, da dann deren Feinheit verloren ginge; wir sehen uns später den Einsatz solcher Vorstellungen noch genauer an.

1. Die Definition des natürlichen Logarithmus $\ln x = \lim_{h \to 0} \frac{x^h - 1}{h}$ schrieb Euler so $= \frac{x^\omega - 1^\omega}{\omega}$. Das Differential von $\ln p$ ist wegen $d(x^n) = nx^{n-1} dx$ gleich $p^{\omega-1} dp$ und schließlich für $\omega = 0$ gleich dp/p. Das ist für uns ein Husarenstück, aber vielleicht auch ein wenig für Euler, denn er schob diesen Zweizeiler in § 181 erst nach, als der vorangehende § 180 etwas detaillierter für einen Beweis dieser Beziehung benutzt wurde.
2. Die Funktion $f(x) = \frac{x^2 - 1}{x - 1}$ ist durch diese Formel zunächst für alle reellen Zahlen x mit $x \neq 1$ erklärt, $x = 1$ ergibt vorerst keinen Sinn. Da der Zähler durch den Nenner gekürzt werden kann, sieht man sofort, dass sich $f(x)$ im Punkt $x = 1$ stetig (im modernen Sinn) durch $\lim_{x \to 1} f(x) = 2$ ergänzen lässt. Euler betrachtete diese Funktion, die durch eine Gleichung gegeben ist, als stetig (im alten Sinn), wobei der Punkt $x = 1$ diese Stetigkeit nicht störte (ebenso wie der Punkt $x = 0$ bei der ebenfalls im alten Sinn stetigen Funktion $f(x) = 1/x$). In $x = 1$ kann also der Funktionswert

---

[120] *The Concepts of the Calculus. A critical and historical Discussion of the Derivative and the Integral*. PhD Columbia University, New York 1939. Druck als: *The History of the Calculus and its Conceptual Development*. New York 1949, 1959, 2010. „His views on the fundamental principles of the calculus lacked all semblance of the precision and rigor", im Druck auf S. 246.

[121] *The development of Mathematics*. New York 1940. „His differentials are first and last absolute zeros whose ratios by some incomprehensible spiritualism in finite, determinate numbers", S. 288.

[122] Dtsch. Übersetzung der 1. Aufl. 1800, 2. frz. Auflage 1813. Zitat 2. Aufl. 1813. Nachdruck 1920. Carnots Existenzbegriff beruhte wesentlich auf der geometrischen Anschauung. Mehr hierzu bei R. Thiele, „Die Grundlagen der Infinitesimalrechnung bei Carnot", in: *Rechnen mit dem Unendlichen* (Hrsg. D. Spalt). Basel 1990, S. 79–94.

6.4 Die analytische Explosion

> beliebig definiert werde, allerdings liegt die Ergänzung von $f(x)$ durch den Wert 2 nahe, und diese durch 2 stetig ergänzte Funktion (im modernen Sinn) hatte Euler von Anfang an im Auge, wie auch seine Zeitgenossen; 2 war für ihn das Verhältnis von zwei Nullen, also eine Aufgabe der Differentialrechnung (bestimmbar z. B. durch die Regel von l'Hospital). (*Euler* 1959, S. 224–244, S. 234).

Mit Kenntnis der Nichstandardanalysis lässt sich der Eulersche Ansatz besser verstehen, wobei sich allerdings auch Schwächen zeigen. Die Unterscheidung der beiden Äquivalenzrelationen schlug sich nicht nur durch die „Erinnerung" an die Entstehungsgeschichte der benutzten infinitesimalen Größen nieder, sondern auch durch eine entsprechende Notation. In Kap. 4 (Über die Natur der Differentiale) äußerte sich Euler in § 119 lediglich über die Schreibweisen von d als Differential und l als Logarithmus, indem er bemerkte, dass damit keine Größen, sondern nur Bezeichnungen gemeint seien; also meint dy oder d^2y nicht das Produkt aus y und d bzw. d^2, sondern das erste bzw. zweite Differential von y. Die Tatsache, dass Euler dafür einen Paragraphen benutzte, zeigt, wie neu und schwierig der Gedanke war, eine funktionale Abhängigkeit zu notieren. Dieser Sachverhalt ist auch der Grund, üblicherweise in Rechnungen mit dem Logarithmus das Zeichen l [ähnlich zu 1] zu vermeiden, um Verwechslungen zu entgehen. Euler nannte als bekanntes Beispiel aus der Algebra das Symbol √ für eine Wurzel. Er griff hier auf die Entstehung des Zeichens aus der Abkürzung r für „radix" (lat. für Wurzel) zurück, wobei im Laufe der Zeit die Schreibweise sich änderte und zu √ wurde. Damit war keine Konfusion mehr möglich, und der Buchstabe r war nicht durch die Bedeutung des Wurzelziehens eingeschränkt. Daher wünschte Euler, dass auch die Zeichen l und d eine veränderte Schreibweise erhalten sollten, um die Buchstaben l und d bei Rechnungen wieder zur freien Wahl zu haben. Der Wunsch hat sich nicht erfüllt, der Logarithmus wurde jedoch im Sinne des Abkürzens später als ln oder log geschrieben (und ggf. die benutzte Basis als Index hinzugefügt). Differentiale sind operational als d notiert, partielle Ableitungen einer Funktion $z = z(x, y)$ verdeutlichte Euler in Ermangelung einer eigenen Symbolik noch durch Beklammerung: (d$z(x, y)$/dx) = $\partial z(x, y)/\partial x$.

Zum anderen wäre das Verhältnis von endlichen und infinitesimalen Größen, reellen Zahlen und hyperreellen Zahlen[123] zu erörtern; algebraisch enthält die Menge der hyperreellen Zahlen eine zum Körper der reellen Zahlen isomorphe Teilmenge, und es gibt einen Homomorphismus auf den (rein reellen) Standardanteil einer hyperreellen Zahl. Die arithmetische Gleichheit bei Euler entspricht der Gleichheit von hyperreellen Zahlen, wenn die Differenz der Standardanteile dieser Zahlen verschwindet, usw.

Wir wissen heute, dass der Körper der reellen Zahlen keiner Erweiterung fähig ist (Vollständigkeits- und Eindeutigkeitssatz), sofern nicht Rechenregeln aufgegeben werden. Damit entsteht die Frage, wie man mit den infinitesimalen Größen bzw. Differentialen umgehen kann, die im Körper der reellen Zahlen nicht vorkommen? Zahlen werden sowohl zum Zählen als auch zum Messen sowie zum Rechnen benutzt. Es bestand die Frage, wie man die infinitesimalen Größen in die Rechnung einführen könnte. Euler betrachtete diese Größen als Maßzahlen und bemerkte damit konsequent, dass man ihnen aus logischer Sicht die Maßzahl 0 zuordnen

---

[123] Zu jeder endlichen hyperreellen Zahle gibt es genau eine reelle Zahl, von der sie sich um eine infinitesimale Größe unterscheidet. Diese reelle Zahl ist der sog. Standardanteil der hyperreellen Zahl. Es gibt also eine surjektive Abbildung der hyperreellen Zahlen auf die reellen Zahlen.

müsse (Vorwort und Kap. 3, § 83), womit sie einen Platz im System der reellen Zahlen fanden. Das Verfahren kaschiert allerdings die Problematik infinitesimaler Größen. Wir kennen Eulers Ordnungsbedürfnis und verstehen diese Bemerkung:

> „Da wir also gezeigt haben, dass eine unendlich kleine Größe eine reelle Zahl ist, muss man zunächst fragen, warum wir unendlich kleine Größen nicht immer mit demselben Symbol 0 bezeichnen, sondern einige spezielle verwenden. Obwohl alle Nullen einander gleich sind, scheint es überflüssig, für sie verschiedenen Zeichen zu verwenden. Zwar sind zwei Nichtse – gleich welcher Art – sofern wir arithmetisch ihre Differenz betrachten einander gleich, sodass auch ihr Unterschied nichts ist. Aber wir haben noch die Möglichkeit, den Quotient, der sich beim geometrischen Vergleich von Größen ergibt, zu betrachten. Tatsächlich ist das arithmetische Verhältnis zwischen den Zahlenpaaren und ihren Ziffern gleich, aber nicht das geometrische Verhältnis."[124] – § 84

Euler gliedert mithin die infinitesimalen Nullen, indem er in der Rechnung deren Charakter bei Additionen und Divisionen berücksichtigte; er unterschied also eine arithmetische und geometrische Gleichheit (wir würden wie gesagt von Äquivalenzrelationen sprechen und anstelle von = lediglich ≡ bzw. modulo ε [ε infinitesimal kleine Größe] schreiben). Das Verhältnis infinitesimaler Größen, also nach der numerischen Festsetzung dieser Größen als 0, ist das Verhältnis von Nullen, und das ist – so Euler – der wahre Gegenstand der Differentialrechnung (Vorwort). Das Verschwinden infinitesimaler Größen bei der Addition ist unproblematisch, und Euler benutzte es für die Argumentation, dass das additive Operieren mit infinitesimalen Größen korrekt sei, auch im Sinne der alten griechischen Strenge, da man nichts weglasse. Die von Leibniz benutzte populäre Erklärung, bei der infinitesimale Größen mit Sandkörnern verglichen werden, die gegenüber sehr großen Objekten wie die Erde vernachlässigt werden könnten, gefiel Euler nicht. Er argumentierte wie (der späte) Newton, dass man nichts vernachlässigen dürfe.

Die heutige Mathematik entwickelte mit modernen Methoden die Nichtstandardanalysis, d. h. Theorien, die auch infinitesimale Größen einschließen. Eine Version der Nichtstandardanalysis, die besonders nahe am Denken des 18. Jahrhunderts orientiert ist, wurde in den 50er-Jahren des vorigen Jahrhunderts von Curt Schmieden (1905–1991) und Detlef Laugwitz (1932–2000) entwickelt.[125] Die Zahlgrößen der Nichtstandardanalysis bestehen nicht aus reellen Zahlen, sondern verallgemeinern diese in sogenannte hyperreelle Zahlen, genauer erweitern sie die Menge der reellen Zahlen R um die Menge der infinitesimale Größen M_ω

---

[124] „Cum igitur ostenderimus, quantitatem infiniteparuam reuera esse cyphram, primum occurrendum estobiectioni, cur quantitates infinite paruas non perpetuoeodem charactere o designemus, sed peculiares notas adeas designandas adhibeamus. Quia enim omnia nihilasunt inter se aequalia, superfluum videtur variis signis eadenotare. Verum quamquam duae quaeuis cyphrae itainter se sunt aequales, vt earum disserentia sit nihil: tamen, cum duo sint modi comparationis, alter arithmeticus, alter geometricus; quorum illo differentiam, hocvero quotum ex quantitatibus comparandis ortum spectamus; ratio quidem arithmetica inter binas quasque cyhras est aequalitatis, non vero ratio geometrica." – (§ 84).

[125] D. Laugwitz, *Zahlen und Kontinuum*. Mannheim 1986; siehe auch „Die Nichtstandardanalysis: Ideen und Methoden von Leibniz und Euler", in: *Euler* 1893, S. 185–197.

6.4 Die analytische Explosion

zur Menge *R. Laugwitz beschrieb die Struktur der endlichen hyperreellen Zahlen als Ring F, in dem die infinitesimalen kleinen Zahlen als maximales Ideal[126] I liegen; der Homomorphismus

$$\text{st} : F \to F/I \simeq \mathbf{R}$$

($A \simeq B$, A ist isomorph zu B) ordnet jeder endlichen hyperreellen Zahl z eine „nächstgelegene" reelle Zahl $\text{st}(z) = x$ aus R zu, die man den Standardanteil der Zahl z nennt. In gewisser Weise benutzt die Nichtstandardanalysis ein Mikroskop oder eine handliche Lupe, um die eine reelle Zahl umgebenden Infinitesimalen zu veranschaulichen.

Das anschauliche (geometrische) Kontinuum ist nicht das mathematische. Wenn man eine Deutung der hyperreellen Zahlen versucht, so lassen sie sich als reelle Zahlen interpretieren, die von einer Wolke infinitesimaler Größen umgeben sind. Sie bilden ein nichtarchimedisches System, d. h. wenn a und b zwei positive Größen dieses Systems mit $a < b$ sind, so gäbe es in einem archimedischen System stets eine natürliche Zahl n, sodass das Vielfache na die Größe b übertrifft: $na > b$. Bei infinitesimalen Größen ε ist zwar $n\varepsilon$ definiert, aber diese Vielfachen können niemals eine endliche reelle Zahl $w > 0$ übertreffen. Solche Systeme heißen nichtarchimedisch, zu ihnen gehört das System der hyperreellen Zahlen. Nichtarchimedische Körper, die infinitesimale Größen enthalten, besitzen auch unerwünschte Eigenschaften. Beispielsweise muss für eine auf der Menge der reellen Zahlen stetige Funktion im entsprechenden nichtarchimedischen Körper der Zwischenwertsatz nicht gelten!

Diese abstrakten Überlegungen lassen sich geometrisch gut an Winkeln veranschaulichen: Schon Euklid kannte Winkel, die zwischen einer Geraden und den sie berührenden Kreisen mit verschiedenen Radien R gebildet werden, sogenannte hornförmige Winkel (Abb. 6.19).[127] Im üblichen euklidischen Sinn haben sie alle die Maßzahl 0, aber angeregt durch die Größe des sichtbaren Winkelraums könnte man bei ihnen auch den Wert des reziproken Radius $1/R = \varepsilon$ als Maß für einen hornförmigen Winkel einführen. Es ist klar, dass die Reihe $\varepsilon, 2\varepsilon, 3\varepsilon, 4\varepsilon, \ldots$ keinen der üblichen endlichen Winkel $\phi > 0$ übertreffen wird: es gibt keine natürliche Zahl n mit $n\varepsilon > \phi$. Der Italiener Guiseppe Veronese (1854–1917) untersuchte solche nichtarchimedischen Systeme in der Geometrie ausführlich. Es ist interessant, dass Georg Cantor (1845–1918) das aktual unendlich Große zu seinem Thema machte, das Gegenstück aber, das unendlich Kleine ($1/\varepsilon = \infty$ bzw. $1/\infty = \varepsilon$), als italienischen Bazillus heftig attackierte.

---

[126] Ein Ideal I ist eine Teilmenge eines Ringes R, die das Nullelement enthält und hinsichtlich der Addition und Subtraktion der Elemente des Ideals abgeschlossen ist; das ist auch der Fall gegenüber der Multiplikation mit beliebigen Ringelementen. Ein Ideal heißt echt, wenn es nicht gleich ganz R ist (stets der Fall, wenn das Einselement nicht in I liegt). Ein echtes Ideal M heißt maximal, wenn es kein größeres echtes Ideal in R gibt, m. a. W. für jedes Ideal $N \neq F$ mit $I < N < F$ gilt $N = I$ oder $N = F$.

[127] Euklid, *Elemente*, Buch 1, Def. 8–9; siehe die Übersetzung der *Elemente* durch Thomas Heath, Vol. 1, S. 178 ff.

Abb. 6.19 Hornförmige Winkel zur Veranschaulichung von infinitesimalen Größen

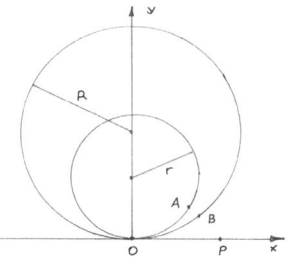

Wie ist nun, aus moderner Sicht, Eulers Begründung zu bewerten? Wie gesagt erklärte Euler im Vorwort und in Kap. 3 seiner *Institutiones calculi differentialis*, dass Differentiale nichts, also gleich null sind. In dem erwähnten Manuskript *Institutionum calculi differentialis* (E 814, EO I/29, vermutlich 1748) wurde Euler genauer:

> „Wenn man einem Differential eine Größe [Maßzahl] geben will, so kann diese nur $\varepsilon = 0$ sein, sodass man nach der Logik sagen muss, das Differential sei nichts."[128]

Dem stand aber die geometrische Deutung des Differentials dx durch eine gerade Linie endlicher Größe entgegen. Diese anfängliche Vorstellung, so Euler, ist aber in Gedanken zu verändern, sodass dx schließlich unendlich klein wird und verschwindet. Einer solchen geometrischen Vorstellung entspricht unser arithmetisches Erfassen der Null durch die Äquivalenzklasse der konvergenten Nullfolgen, wobei es die Konvergenzgeschwindigkeit erlaubt, die so definierte Null (= Nichts) in verschiedene Nichtse aufzudröseln (siehe oben sowie Fußnote 13).

Erstaunlicherweise argumentierte der Analytiker Euler an dieser Stelle auch geometrisch! Das mag daran liegen, dass Eulers Entwurf sich hier insbesondere mit der Anwendung der Analysis auf die Geometrie beschäftigt. Sowohl für Eulers geometrische Veranschaulichung als auch für unsere arithmetische Motivierung (Folgen) gilt Eulers Forderung, dass ein Differential dx stets auf eine endliche Größe x bezogen wird.[129] Differentiale sind in Eulers Worten nur Denkbilder („animi fictio"), und es gibt sie nur in unserer Einbildungskraft. Alle Versuche der Logik, infinitesimale Größen als reale Dinge zu erfassen, scheitern hingegen. Den Vorrat an infinitesimalen Größen, die Euler brauchte, erzeugte er sich durch Folgen. Es ist aus der Sicht der Nichtstandardanalysis heute klar, dass Euler seine Analysis nicht vollständig mit klassischer Algebra begründen konnte. Er benötigte

---

[128] Vgl. auch Fusnote 118 bzw. §§ 83ff. in der *Differentialrechung*, E 212

[129] Die einschlägigen Abbildungen in Arbeiten der frühen Jahre über Infinitesimalmathematik enthalten stets eine (endliche) Strecke, die dx symbolisiert; angefangen von der ersten Arbeit von Leibniz „Nova methodus pro maximis" (Neue Methode für Maxima ..., 1684) bis zu den Bernoulli'schen Arbeiten (siehe Abb. 6.2). Gemäß geometrischer Tradition wird die den Maßstab definierende Einheitsstrecke in Figuren angegeben, aber auch eine infinitesimale Strecke mit der Angabe dx (da dx für Leibniz eine reale geometrische Größe war).

6.4 Die analytische Explosion

für seine zusätzlichen algebraischen Objekte wie unendlich kleine und große Zahlen (§ 72 f.) sowie Polynome unendlichen Grades (also Reihen) auch nichtalgebraische Mittel.

Die bereits erwähnte Grundlegung der Infinitesimalmathematik in den *Réflexions sur la métaphysique du calcul infinitésimal* (1. Auflage 1794) durch Lazare Nicolas Marguerite Carnot ist aus der Sicht der Nichtstandardanalysis interessant. Ihr ging übrigens eine Dissertation von 1785 voraus, die für eine Preisfrage der Berliner Akademie von 1784 geschrieben worden war.[130] Carnot führte zwei Arten von Größen ein, die in der Infinitesimalrechnung erscheinen:

„die Hauptgrößen bzw. quantités designées, die fest und durch die Aufgabe selbst bestimmt sind,
    die Nebengrößen bzw. quantités nondesignées ou auxillaires, die in die Rechnung eingeführt werden und variabel sind und auch infinitesimal sein können."

Solche infinitesimalen Hilfsgrößen haben Hauptgrößen als Grenzwerte, d. h., sie sind als Differenz von Grenzwert und Hilfsgröße darstellbar. Eine allgemeine Größe besteht also aus einer Hauptgröße (reelle Zahl) und einer Nebengröße (infinitesimale Größe). Der Grenzwertbegriff ist hier intuitiv und durch die Anschauung geprägt. Bemerkenswert ist ein Ersetzungsprinzip,[131] nach dem man eine Größe a durch die Größe b in der Rechnung ersetzen kann, wenn sich beide nur um eine infinitesimale Größe ε unterscheiden: $a - b = \varepsilon$. Diese aufgeweichte Gleichheit bzw. die Kongruenz zweier Größen modulo einer infintesimalen Größe ε wird ebenfalls auf Gleichungen solcher Größen übertragen („équations imparfaits"). Auf dieser Grundlage leitete Carnot die allgemeinen Gründe („principes généraux") her, auf denen die Infinitesimalmathematik beruht.

Die Brüder Jakob (1654–1705) und Johann Bernoulli (1667–1748) waren die Verkünder der Leibniz'schen Lehre auf dem Kontinent. Johann Bernoulli verfasste 1691/92 eine private Vorlesung „Lectiones de calculo differentialium"[132] (Vorlesungen über Differentialrechnung) für Guillaume François Antoine Marquis de l'Hospital oder l'Hôpital (1661–1704)(Abb. 6.20). Der Marquis war nicht nur ein begeisterter, sondern auch ein talentierter Amateurmathematiker. Er ließ sich von Johann Bernoulli in der neuen Leibniz'schen Analysis unterweisen, sodass

---

[130] Es ist erwähnenswert, dass Simon Antoine l'Hullier (1750–1840) ebenfalls eine Arbeit für die Berliner Preisaufgabe von 1784 einreichte, für die er 1786 den durch Lagrange ausgeschriebenen Preis erhielt. In dieser Arbeit und bei Carnot wurde wohl erstmals die Bezeichnung lim als Abkürzung für einen Grenzprozess verwendet.

[131] Solche Ersetzungen nahm schon Archimedes (287?–322 v. Chr.) in seinen infinitesimalen Betrachtungen vor; auch neuzeitliche Mathematiker wie Luca Valerio (1552–1618) benutzten solche genau erklärten Ersetzungsprinzipien, die mittels Proportionalität gestiftet werden und für uns nicht besonders übersichtlich sind, siehe unten Fußnote 133.

[132] J. Bernoulli, „Lectiones" in: Verh. d. Naturf. Gesellschaft in Basel 34 (1922), S. 1–32. Hrsg. von P. Schafheitlin, (deutsch „Die Differentialrechnung" in *Ostwald's Klassiker*, Nr. 211, Leipzig 1924); P. Schafheitlin, „Joh. Bernoulli's Differentialrechnung", ebd. 32 (1921), S. 230–235. Die gefundene Mitschrift wurde von Nikolaus I Bernoulli (1687–1759) bei seinem Besuch des Onkels Johann 1705 angefertigt.

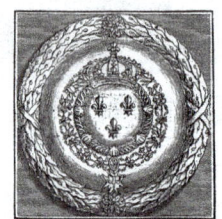

Abb. 6.20 a Portrait des Marquis de l'Hospital *(1661–1704)* und **b** die Titelseite seiner *Analyse des infiniment petits pour l'intelligence des lignes courbes* (1696)

er schließlich aus dem Bernoulli'schen Vorlesungsmanuskript ein eigenes Buch Analyse des infiniment petits pour l'intelligence des lignes courbes (Analyse des unendlich Kleinen für das Verständnis gekrümmter Linien, 1696) (Abb. 6.21) verfertigte. Der junge Bernoulli ließ sich die Zustimmung, keine Ansprüche auf den Inhalt zu erheben, gut bezahlen, bereute dies aber später sehr. Gewiss war der Inhalt Bernoullis geistiges Eigentum, die Art der l'Hospital'schen Darstellung darf allerdings nicht unterschätzt werden. Man beachte hierzu die Arbeiten von Paul Schafheitlin (1861–1924), der das Bernoulli'sche Manuskript aufgefunden hat, z. B. sein Vorwort zu Ostwald's Klassiker Nr. 211).

Beide Texte, die *Lectiones* und die *Analyse,* legen variable Größen zugrunde und untersuchen damit die Eigenschaften von Kurven, ganz wie es der l'Hospital'sche Untertitel (der beim verkürzten Zitieren meist weggelassen wird) verspricht. Johann Bernoulli stellte gleich an den Anfang diese zwei Postulate:

> „1. Eine Größe, die um eine unendlich kleine Größe vermindert oder vermehrt wird, wird weder vermindert noch vermehrt.
>
> 2. Jede krumme Linie besteht aus unendlich vielen Geraden, die selbst unendlich klein sind."[133]

Ein drittes Postulat wurde in der Integralrechnung aufgestellt, die Bernoulli hier nicht behandelte.

Die erste gedruckte Differentialrechnung, das auf Vorlesungen von Johann Bernoulli beruhende Buch *Analyse des infiniment petits* des Marquis de l'Hospital

---

[133] „1. Quantitas diminuta vel aucta quantitate infinities minore neque diminitur neque augentur.
2. Quaevis linea Curva constat ex infinitis rectis, iisque infinite parvis." – *Lectiones*, 1922, S. 3.

6.4 Die analytische Explosion

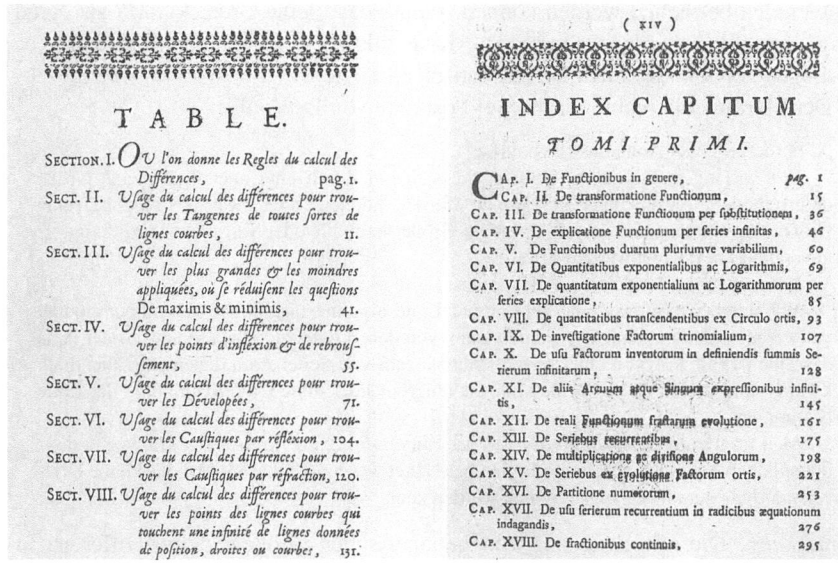

Abb. 6.21 Die jeweils erste Seite des Inhaltsverzeichnisses von **a** l'Hospitals *Analyse* (1696) und **b** Eulers *Introductio* (1748). Gegenstand der *Analyse* sind veränderliche Größen, der Begriff Funktion erscheint noch nicht; die *Introductio* hingegen stellt den Funktionsbegriff ins Zentrum, was bereits im Inhaltsverzeichnis augenscheinlich wird, in dem in der Überschrift eines jeden Kapitels das Wort Funktion zu finden ist oder eine spezielle Funktion wie der Sinus betrachtet wird

(1661–1704), beginnt sorgfältig mit zwei Definitionen und Postulaten für infinitesimale Größen, beide Definitionen fehlen bei Bernoulli:

> „Definition I.
> *Variable* Größen sind solche, die kontinuierlich zu- oder abnehmen, während im Gegenteil konstante Größen gleich bleiben, wenn sich die anderen ändern.
> Definition II.
> Der unendlich kleine Teil, durch welchen eine variable Größe kontinuierlich zu- oder abnimmt, wird als deren *Differenz* [Differential] bezeichnet."[134]

Es ist evident, dass die Differenz einer konstanten Größe nichts oder null ist; oder (was das Gleiche ist), dass konstante Größen keine Differenz haben (Corollar 1). Zur Veranschaulichung der Definition I griff l'Hospital auf die Parabel zurück; dort bilden die Ordinaten und die Abszissen variable Größen, während der Parameter eine konstante Größe ist; Definition II fordert zum Beispiel, dass infolge ihrer unendlichen Kleinheit die Teile *Mm* einer Kurve, z. B. der Kreisbogen *MS*,

---

[134] «Définition I. On appelle quantités *variables* celles qui augmentent ou diminuent continuellement, & au contraire quantités *constantes* elles qui demeurent les mêmes pendant que les autres changent.
Définition II. La portion infiniment petit dont une quantité variable augmente ou diminue continuellement, en est appelée la *Différence*.»

als Geraden betrachtet werden können, sodass das kleine Dreieck *mMS* als geradlinig angesehen werden kann.[135] Die Konstruktion einer Tangente ist damit bei Vorliegen von Linienelementen theoretisch einfach.

Der Marquis übernahm diese zwei Postulate von Bernoulli:

„I. Forderung oder Annahme [Hypothese]

Wir verlangen, dass zwei Größen, die sich nur durch eine unendlich kleine Größe unterscheiden, für einander genommen werden können: oder (was dasselbe ist) eine Größe, die nur um eine unendlich kleine Größe vermehrt oder verringert wird, kann als unverändert betrachtet werden.

II. Forderung oder Annahme [Hypothese]

Wir nehmen an, dass eine gekrümmte Linie als eine unendliche Zusammensetzung von geraden Linien betrachtet werden kann, von denen jede unendlich klein ist: oder (was dasselbe ist) als Polygon einer unendlichen Anzahl von Seiten, von denen jede unendlich klein ist und die durch die Winkel, die sie untereinander bilden, die Krümmung der Linie bestimmen.

Man fragt zum Beispiel, ob der Teil der Kurve *Mm* & der Kreisbogen *MS* wegen ihrer unendlichen Kleinheit als gerade Linien betrachtet werden können, zumal das kleine Dreieck *mSM* als geradlinig angenommen werden kann."[136]

Bemerkung: Die Gleichsetzung von geometrischen Größen, deren Differenz infinitesimal ist (Corollar I,2), findet sich bereits bei älteren Mathematikern. Lucas Valerio (1552–1618) schrieb in seinen Büchern über den Schwerpunkt von

---

[135] Zusätze bei der 2. Ed. 1716. S. 1. „Ainsi dans une parabole les appiquées & les coupées sont des quantités variables, au lieu que le paramétre est une quantité constante." S. 2. „Corollaire. 1. Il est évident que la différence est nulle ou zéro: (ce qui est la même chose) que les quantités n'ont point de différence."

[136] „I. Demande ou Supposition. S. 2. II. Demande ou supposition. 3. On demande qu'une ligne courbe être considérée comme l'assemblage d'une infinité de lignes droites, chacun infiniment petit: ou (ce qui est la même chose) comme un polygône d'un nombre infini de côtes, chacun infiniment petit, lesquels déterminent par les angles qu'ils font entr'eux, la courbure de la ligne.
On demande qu'on puisse prendre indifféremment l'une pour l'autre deux quantités qui ne diffèrent entr'elles que d'une quantité infiniment petite: ou (ce qui est la même chose) qu'une quantité qui n'est augmentée ou diminuée que d'une autre quantité infiniment moindre qu'elle, puisse être considérée comme demeurant la même.
II. Demande ou Supposition
On demande qu'une ligne courbe puisse être considérée comme l'assemblage d'une infinité de lignes droites, chacun infiniment petite: ou (ce qui est la même chose) comme un polygône d'un nombre infini de côtes, chacun infiniment petit, lesquels d´terminent par les angles qu'ils font entr'eux, la courbure de la ligne. On demande par exemple que la portion de Courbe *Mm* & l'arc de cercle *MS* puissent être considerés comme des lignes droites `cause de leur infinie petitesse, en fort que le petit triangle *mSM* puisse être censé rectiligne." – *Analyse*, §§ 2 und 3.
Galileo Galilei (1564–1641) diskutierte am ersten Tag der *Discorsi e demonstrationi* (Reden und mathematische Beweise, 1638), dass eine gerade Linie zu einem Achteck oder Tausendeck geknickt werden könne, sodass man sie auch in ein Polygon mit unendlich vielen und kleinen Seiten (Linienelemente) verwandeln könne. Die Griechen haben diesen Übergang der geknickten Linien zum Kreis niemals vollzogen. Johann Bernoulli hingegen erklärte in seiner Diskussion mit Leibniz (*Math. Schriften*, Hrsg. Gerhard, III, S. 563): „Wenn 10 Glieder einer Folge vorhanden sind, so existiert notwendig das 10. Glied, … wenn also der Zahl nach unendlich viele Glieder vorliegen, so existiert das unendlichste (infinitesimale Glied)."

6.4 Die analytische Explosion

Abb. 6.22 a Johann Andreas Christian Michelsen. Kupferstich von Johann Samuel Ludwig Halle nach einem von Johann Christian Heinicke gemalten Pastell. 1796. **b** Das Verhältnis vom Text des Verfassers zu den Erklärungen (Fußnoten) des Übersetzers ist bereits in der Vorrede exemplarisch

Körpern (*De centro gravitatis*, Rom 1604) in geometrischer Diktion: „Wenn eine Grösse, die grösser oder kleiner ist als die erste von vier Größen, zu einer anderen Größe, die zugleich größer oder kleiner ist als die zweyte, beyde um einen Unterschied, der kleiner ist als irgendeine gegebene Grösse, sich verhält wie die dritte zur vierten; so verhält sich die erste zur zweyten wie die dritte zur vierten."[137]

Auf die Postulate folgen bei l'Hospital in zehn Abschnitten die bekannten Regeln für veränderliche Größen (nicht Funktionen) zur Ermittlung ihrer Differentiale bei Summen, Produkte, Potenzen, Brüche und Wurzeln. Mit diesem Handwerkszeug werden in den folgenden Abschnitten Tangenten konstruiert, extremale Punkte sowie Wendepunkte, Rückkehrpunkte von Kurven bestimmt, Evolventen und Enveloppen untersucht sowie mechanische und optische Aufgaben gelöst (siehe Abb. 6.22, die den Anfang des Inhaltsverzeichnisse der *Analyse* und der *Introductio* zeigt).[138]

Bekannt ist Abschn. 9 in der *Analyse*, der die l'Hospital'sche Regel enthält und der Bernoullis Ärger ob der unberechtigten Namensgebung erregte, allerdings konnte er die Sache nicht mehr berichtigen. Wir zeigen die Eleganz, mit

---

[137] „Si major vel minor prima ad unà majorem vel minorem secunda, minori uriusque excessu vel defectu quantacumque magnitudine proposita, fuerit ut tertia ad quartam; erit ut prima ad secundam, ita tertia ad quartam." – Übersetzung K. Hauber, Tübingen 1793. Diese Aussage ist gleichwertig mit dem Lemma IV des ersten Buches der *Principia* von Isaac Newton.

[138] Siehe Schafheitlin, „Bernoulli's Differentialrechnung", Verhandlungen der Naturforschenden Gesellschaft Basel 32 (1921), S. 230–235, zum Inhalt siehe dort S. 233.

der l'Hospital den Satz mittels variabler Größen bewies: Es seien p und q variable Größen, die für die Abszisse a verschwinden. Damit ist der in Rede stehende Ausdruck $y = p/q$ für die Stelle a unbestimmt ($= 0/0$). In einer infinitesimalen Umgebung von a folgt für die entsprechenden Applikaten (Ordinaten) $y + \mathrm{d}y$

$$y + \mathrm{d}y = \frac{p + \mathrm{d}p}{q + \mathrm{d}q}, \mathrm{d}y, \mathrm{d}p \text{ und } \mathrm{d}q \text{ sind } \textit{Differentiale (différences),}$$

wobei nach Annahme $p = q = 0$ ist und $y + \mathrm{d}y \approx y$ gemäß Forderung I gilt. Folglich ist $y = \mathrm{d}p/\mathrm{d}q$, und sofern dieser Ausdruck bestimmt ist, liefert er die kritische Ordinate, die zur Abszisse a gehört.[139] Der Marquis wählte ein anspruchsvolles Beispiel, das ihm übrigens Bernoulli mitteilte,

$$y = \frac{\sqrt{2a^3 x - x^4} - a\sqrt[3]{a^2 x}}{a - \sqrt[4]{ax^3}} \text{ mit } y(a) = \frac{0}{0},$$

für das sich $y(a) = (4/3)^2 \, a$ ergibt.

Variable Größen waren für l'Hospital und Bernoulli Größen, die sich stetig ändern. Eine infinitesimale geänderte Größe kann als unverändert angesehen werden. Christian Wolff (1679–1754) veranschaulichte diese zunächst irritierende Forderung ähnlich wie Leibniz mit seinem Vergleich im Universum durch einen geschickten Vergleich aus dem menschlichen Lebensbereich: die Höhe eines Berges werde nicht geändert, wenn man auf dem Gipfel Sandkörner hinzufügt oder wegnimmt. Die Frage nach der Existenz solcher infinitesimaler Größen war problematisch, denn sie ließen sich nicht in der üblichen Weise wie die reellen Zahlen aufschreiben, und eine algebraische Fassung des Postulats führte auf Schwierigkeiten. Johann Bernoulli wurde durch das neue Mikroskop zu der Frage an Leibniz veranlasst, ob die Infinitesimalien von der Größe her nicht mit den durch das Mikroskop sichtbar gemachten Mikroben gleichgesetzt werden könnten, was Leibniz als einen unangemessenen Vergleich betrachtete. Wir wiederholen, dass die Frage nach der Existenz solcher infinitesimalen Größen problematisch war, denn sie ließen sich nicht in der üblichen Weise wie reelle Zahlen aufschreiben, und die algebraische Fassung des Postulats führte auf

$$a \pm \mathrm{d}a = a,$$

und hieraus folgt nach den Regeln der Algebra zwingend $\mathrm{d}a = 0$. Allerdings wäre die moderne Bezeichnung der obigen Kongruenz durch

$$a \pm \mathrm{d}a \equiv a \mod \omega \quad \text{oder} \quad a \pm \mathrm{d}a \equiv a(\omega).$$

suggestiver, wo ω für unendlich kleine Größen steht. Euler würde von der arithmetischen Gleichheit zweier Größen A und B sprechen, wenn $A \equiv B \mod \omega$ gilt, während er das Verhältnis der Größen als geometrisch bezeichnen würde, wenn $A{:}B \equiv 1 \mod \omega$ ist.

---

[139] Ein moderner strenger Beweis wurde wohl erstmals von O. Stolz in *Grundzüge der Differential- und Integralrechnung*, Bd. 1. Leipzig 1893, S. 77, gegeben.

6.4 Die analytische Explosion

Wie führte Euler die unendlich kleinen Größen ein? In den *Institutiones calculo differentialis* (Unterweisungen in der Differentialrechnung) gab er eine Begründung. Während sie in der *Introductio in analysin infinitorum* (Einführung in die Analysis des Unendlichen) noch in wenigen Zeilen abgehandelt wurden *(Intr.* § 98), räumte er ihnen nun ein eigenes Kapitel (Kap. 3) ein. Der mathematischen Beschäftigung mit dem infinitesimal Kleinen stellte Euler eine allgemeine philosophische voran (§§ 72–83), in der aber die traditionellen Themen (aktual und potentiell) randständig sind. Mit seinen philosophischen Ausführungen[140] verfolgte Euler zwei Ziele: Einmal wollte er infinitesimale Größen philosophisch (oder, wie man damals sagte, metaphysisch) rechtfertigen, und zum anderen benutzte er die Gelegenheit, die verhasste Monadenlehre als verfehlt nachzuweisen. Das zweite Ziel ist in Zusammenhang mit Eulers philosophischen Arbeiten aus seiner Zeit zu sehen. Körper sind ausgedehnt, und ihnen kommen daher die Eigenschaften des Raumes zu (*Anleitung zur Naturlehre;*[141] E 842, § 10). Alles was ausgedehnt ist, ist aber teilbar. Daher müssen alle Körper unendlich teilbar sein, § 11. Jede Teilung führt mithin auf Teile, die – da sie Ausdehnung haben – weiter geteilt werden können. Gäbe es die Möglichkeit nicht, Körper ohne Ende zu teilen (ins Unendliche zu teilen), so könnte es auch keine unendlich großen Größen geben (*Inst. Calc. Diff.*, § 75). Wer die unendliche Teilbarkeit leugnet, ist gezwungen, anzunehmen, dass jeder Körper sich nur in eine gewisse endliche Zahl von Teilen zerlegen lässt, die als Atome, Monaden oder einfache Dinge bezeichnet werden (ebd. § 78). Diese letzten Teile sind nicht weiter teilbar: entweder weil sie keine Ausdehnung haben oder weil sie unvorstellbar hart sind. Ausdehnungslose Teile (Monaden) können aber keine Körper bilden (ebd. § 79).

Als Nächstes betrachtete Euler unendlich große Größen. Da gemäß Definition jede Größe vermehrt werden kann, gibt es keine unendlich große Größen ∞, sondern das Zeichen ∞ weist nur auf eine stets mögliche Vergrößerung hin (*Inst. Calc. Diff.*, §§ 74–75); die natürlichen Zahlen sind ein typisches Beispiel. Wenn jedoch für eine Größe unterstellt wird, dass sie größer als jede endliche Größe sei, so muss sie unendlich sein (§ 82). Danach ging Euler zu den unendlich kleinen Größen über und sagte, wenn wir gefragt werden, was eine solche Größe sei, könnten wir ohne Bedenken antworten, sie sei gleich null, denn es bestehe kein Zweifel, dass jede Größe verringert werden kann, bis sie verschwindet und dann zu nichts wird (§ 73). Also ist eine unendlich kleine Größe deshalb nichts anderes als eine verschwindende Größe und daher wirklich gleich 0.[142] Er fügte befriedigt

---

[140] „Recherches physiques" (Physikalische Forschungen; E 91, 1746), *Gedancken von den Elementen* (E 81, 1746), *Rettung der göttlichen Offenbarung* (E 92, 1747), Anleitung zur Naturlehre (E 842).

[141] Ungedrucktes Manuskript, nicht vor 1745 geschrieben.

[142] Siehe oben, insbesondere Abb. 6.18. – Die Zahlgröße 0, die dem Verschwinden einer Größe entspricht, lässt sich nicht verkleinern, da die Zahlgrößen, die irgendwelchen Größen entsprechen, ihrer Natur nach positiv sind. Negative Zahlgrößen ergeben sich nur als Rechengrößen: $-a := 0 - (+a)$. Man kann sich durch Verminderung einer positiven Zahlgröße beliebig der 0 nähern, ohne diese je zu erreichen (ebenso wie durch Vergrößern einer Zahlgrößen nicht unendlich

hinzu, dass in dieser Idee kein so große Geheimnis lauere, wie manche gemeinhin vermuteten („... neque ergo in hac idea canta Mysteria latent"; § 83), wodurch ihnen der Kalkül verdächtig wäre, und sagte weiterhin, dass alle verbleibende Zweifel bald restlos ausgeräumt und solche nichtigen Kalküle aufgegeben würden („Interim tamen dubia, fi quae supererunt, in sequentibus, vbi hunc calculum fumus traditori, funditus tollentur"). Diese Erklärung, die auch so formuliert werden kann, dass eine unendlich kleine Größe kleiner als jede zuweisbare Größe ist, trug Euler viel Kritik ein, zumal er deutlich wiederholte (Abb. 6.22):

> „Da das unendlich Kleine nichts ist, ist es offensichtlich, dass eine endliche Größe weder durch Addieren noch Subtrahieren unendlich kleiner Größen vergrößert noch verringert werden kann. Sei a eine endliche Größe und dx unendlich klein, dann ist sowohl $a + dx$ als auch $a - dx$, und allgemein $a \pm ndx = a$. Denn ob wir den Zusammenhang zwischen $a \pm ndx$ und a arithmetisch oder geometrisch betrachten, in jedem Fall wird das Gleichheitsverhältnis erkannt."[143]

Schon Lagrange lehnte diese Erklärung ab. Euler, der diese Einsprüche voraussah, verteidigte sich in der letzten Zeile des Abschnitts (§ 83) in der uns bereits bekannten zuversichtlichen Art, dass alle eventuell verbleibenden Zweifel im Folgenden vollständig ausgeräumt würden.

Euler war kein Mathematiker unserer Zeit, sondern einer des 18. Jahrhunderts. Deshalb bewegte er sich innerhalb der Vorstellungen und Ausdrucksmöglichkeiten seiner Zeit. Er begann seine Differentialrechnung mit Worten, die einer axiomatischen Fassung, die sich noch in der *Analyse des infiniment petits* des Marquis de l'Hospital fand, eine Ablehnung erteilten. Da jedoch Euler bei aller – aus heutiger Sicht oft berechtigter – Kritik kaum Fehler beging, lohnt es sich schon, seinen Überlegungen genauer nachzugehen.

Ein Jahr nach Eulers Tod, also 1784, stellte die Berliner Akademie eine Preisaufgabe, die zu erklären verlangte, weshalb so viele richtige Sätze aus widersprüchlichen Aussagen über unendlich kleine Größen entstanden sind. Wiederum einige Jahre später, nämlich 1787, wollte die St. Petersburger Akademie durch eine Preisaufgabe die Natur einer beliebigen Funktion aufklären. Beide Preisaufgaben zeigen, wie groß das allgemeine Interesse an Fragen der Begründung der Infinitesimalrechnung war.

Die intuitiven Vorstellungen Eulers bei infinitesimal kleinen Größen lassen sich bei Verwendung der Cantor'schen Konstruktion der Menge der reellen Zahlen aus den rationalen Zahlen leicht veranschaulichen. Georg Cantor (1845–1918) erklärte eine reelle Zahl als eine Klasse konvergenter rationaler Zahlfolgen (a_n), d. h. solcher Folgen, die zwar unterschiedlich sind, aber die den gleichen Grenzwert haben (Fundamentalfolgen mit $|a_n - a_m| < 1/r$, r beliebige natürliche Zahl sofern $m, n > N$). Die Äquivalenzklasse mit dem Grenzwert 0 enthält beispielsweise diese Folgen, deren Konvergenzverhalten unterschiedlich ist, wie z. B.

---

erreicht werden kann). Vor diesem Hintergrund sieht man den Zusammenhang von 0 und ∞ und die Sonderrolle dieser beiden „Zahlgrößen".

[143] „Cum igitur infinite panium fit reuera nihil, patet quantitatem finitam neque augeri neque diminui, fi ad eam infinite paruum vel addamus vel ab ea subtrahamus. Sit a quantitas finita atque dx infinite parua, erit tam $a+dx$, quam $a-dx$, &generaliter $a-ndx=a$. Siue enim relationem inter $a \pm ndx$ & a arithmetice intueamur siue geometrice, vtroque casu ratio aequalitatis deprehendetur." – (§ 87).

6.4 Die analytische Explosion

$$(x_n) = \left(\tfrac{1}{n}\right) = 1, \tfrac{1}{2}, \tfrac{1}{3}, \cdots$$
$$(y_n) = \left(\tfrac{1}{n^2}\right) = 1, \tfrac{1}{4}, \tfrac{1}{9}, \cdots$$
$$(z_n) = (log(1 + 1/n)) = log2, log3/2, \cdots$$
$$(u_n) = (\sqrt[n]{n} - 1) = \sqrt{2} - 1, \sqrt[3]{3} - 1, \cdots (n > 1)$$

mit $x_n > y_n > z_n > u_n$, $n = 2, 3, 4, \ldots$. zeigt. Wenn man lediglich das Endergebnis, also den Grenzwert 0 benutzt, verschwindet die Vorgeschichte, d. h. der Vorgang, wie die 0 erreicht wurde. Euler wollte aber hintergründig dieses Änderungsverhalten bewahren, um es in seine Rechnungen einzubringen.[144] Grenzübergänge waren in der Mathematik noch nicht üblich, wenn auch Konzepte, wie Newton sie mit den ersten und letzten Verhältnis hatte, schon darauf hindeuten. Zu diesen Bemühen Newtons schrieb Harro Heuser (1927–2011): „Es ist bewegend zu sehen, wie dieser große Geist den Grenzwertbegriff erahnt, seine Hände nach ihm ausstreckt – und ihn doch nicht fassen kann. Es sollte allerdings auch noch 150 Jahre dauern, bis dieser subtile Begriff endgültig erobert war."[145] Diese Eroberung ersetzte die erfolglose dynamische Beschreibung durch eine statische (d. h. durch den Umgebungsbegriff). Das Konzept der Grenzwertes ist für die Analysis von zentraler Bedeutung.

Euler begann in diesem Sinn mit den unendlich kleinen Größen zu rechnen (§§ 86–87). Es ist $dx = 0$, also für alle endlichen Größen a auch $adx = 0$, mithin $A \pm adx = A$; aber das geometrische Verhältnis $adx : dx$ ist gleich $a : 1$, ebenso $(A \pm adx) : A = 1$. (§ 87). Mithin ist zwischen den unendlich kleinen Größen adx und dx, obwohl beide verschwinden, genau zu unterscheiden. Euler sah so die geometrische Strenge erfüllt. „Und deshalb kann man mit Recht behaupten, dass in dieser erhabeneren Wissenschaft die höchste geometrische Strenge, die in den Büchern der Alten zu finden ist, ebenso fleißig beachtet wird"[146], da man nichts weglasse, was nicht ohnehin gleich 0 sei. Weiter gilt $dx^2 = 0$ bzw. allgemein $dx^n = 0$, und somit auch für.

$$(dx \pm dx^2) : dx = \frac{dx \pm dx^2}{dx} = 1 \pm dx = 1,$$

$adx^m + bdx^n = adx^m (m < n)$ gilt auch für Brüche m und n, z. B. $m = \tfrac{1}{2} < 1 = n$ usw., Ausdrücke wie $\sqrt{dx}$ werden gleichfalls betrachtet.

Im Vorwort (praefatio) untersuchte Euler exemplarisch für Potenzfunktionen die Veränderung von $y(x) = x^2$. Für $x + \omega$ erhielt er den Zuwachs $2x\omega + \omega2$, der Zuwachs von x verhält sich also zu dem von x^2 wie ω zu $2x\omega + \omega^2$ bzw. $1 : 2x + \omega$. Für das Verhältnis der Zuwächse von x und x^2, d. h. von $\omega : (2x\omega + \omega^2) = 1 : (2x + \omega)$, bleibt für verschwindendes ω ($= 0$) das interessierende Verhältnis $1 : 2x$, von dem Euler behauptet:

---

[144] Vielleicht findet der Leser Ähnliches in dem verwirrenden Bild, wenn bei Lewis Carroll das Grinsen der Katze Alice erhalten bleibt, auch wenn die Katze verschwindet (*Alice in Wonderland*).

[145] *Lehrbuch der Analysis*, Teil 2. Eine historische „tour d'horizon". Stuttgart 1981, S. 665.

[146] „Ac propterea iure affirmare licet, in hac sublimiori scientia rigorem geometricum summum, qui in Veterum libris deprehenditur, aeque diligenper obseruari." – § 87.

„Daraus sehen wir: wenn die Zunahme ω der variablen Größe x gegen Null geht, dann verschwindet auch die Zunahme ihres Quadrats xx, aber das Verhältnis $2x$ zu 1 bleibt bestehen; und was wir für dieses Quadrat gesagt haben, ist ebenfalls für allen anderen Funktionen von x gültig."[147]

Folglich gab Euler diese Definition des Differenzierens:

„Damit haben wir die Definition der *Differentialrechnung* abgeleitet. Sie ist die Methode zur Bestimmung des Verhältnisses von verschwindende Zuwächsen (evaneszenten Inkremeten), das jede Funktionen annimmt, wenn die Variable, von der sie Funktion ist, einen verschwindenden Zuwachs erhält."[148]

Daher beschäftigt sich die Differentialrechnung nicht so sehr mit der Untersuchung dieser verschwindenden Zuwächse, da sie nichts sind, sondern mit der Analyse ihre Verhältnisse und ihrer gegenseitigen Proportionen.

Gehen wir mit dieser Sicht zurück zu den ersten Kapiteln. Die *Institutiones calculo differentialis* beginnen mit zwei Kapiteln über endliche Differenzen. Die inverse Operation wird durch Summation vollzogen. Dann ging Euler auf die Differentiation ein, indem er infinitesimale Zuwächse betrachtete. Wenn y eine Funktion von x ist und wir x den Zuwachs $x + dx$ erteilen, erhalten wir y^I. Die Differenz $y^I - y$ liefert dann das Differential dy von y. Weitere Zuwächse wie $x + 2dx$, $x + 3dx$, ... führen auf y^{II}, y^{III}, usw. Die Zuwächse der Funktionen werden dazu als unendlich klein angenommen (§ 115). Es gilt

$$y^I = y + P\omega + Q\omega^2 + R\omega^3 + \cdots$$

$$\Delta y = y^I - y = P\omega + Q\omega^2 + R\omega^3 + \cdots,$$

Die Koeffizienten $P, Q, R, \ldots$ bezeichnen Funktionen von x. Für unendlich kleines ω verschwindet jeder Term in den obigen Reihen, wenn er mit seinem vorangehenden arithmetisch verglichen wird; mithin ist für infinitesimales ω die Differenz Δy von y gleich $P\omega$. Euler leitete Regeln für die Differenzen ab und wandte sie auf die elementaren Funktionen an. „Da wir die infinitesimalen Differenzen, die wir hier behandeln, Differentiale nennen, nennt man gewöhnlich den ganzen Kalkül, durch den Differentiale verfolgt und ihrem Zweck angepasst werden, Differentialrechnung."[149]

Eulers Ziel, die Differentialrechnung, wird hier so erklärt:

---

[147] „Incrementum inde oriundum quidem euanescere, verumtamen ad id rationem tenere ut $2x$ ad 1; & quod hic de quadrato est dictum, de omnibus aliis functionibus ipsius x est intellegendum." – Praefatio.

[148] „Atque hoc modo sumus deducti ad definitionem *Calculi Differentialis*, qui est methodus determinandi rationem incrementorum euanescentium, quae functiones quaecunque accipiunt, dum quantitati variabili, cuius sunt functiones, incrementum euanescens tribuitur." – Praefatio.

[149] „Quoniam differentias infinite paruas, quas hic tractamus, differentialia vocamus, hinc totus calculus, quo differentialia inuestigantur atque ad vsum accommodantur, appellari solet Calculus differentialis." – § 116.

6.4 Die analytische Explosion

„Die Analysis wird nichts anderes als ein Spezialfall der im ersten Kapitel dargelegten Methode der Differenzen sein, die entsteht, wenn die zuvor als endlich angenommenen Differenzen als unendlich klein bestimmt werden.

Daher ist dieser spezielle Fall von der Methode der Differenzen zu unterscheiden, indem besondere Namen und auch Zeichen verwendet werden, um diese infinitesimalen Differenzen zu bezeichnen. Hier werden wir mit Leibniz unendlich kleine Differenzen Differentiale nennen; und da wir im ersten Kapitel verschiedene Ordnungen von Differenzen aufgestellt haben, wird man nun daraus leicht verstehen, was die ersten, zweiten, dritten usw. Differenzen sind. Anstelle des Buchstabens Δ mit dem wir zuvor die Unterschiede angegeben haben, verwenden wir jetzt den Buchstaben d, sodass dy das erste Differential von y, dd$y$ [=d^2y] das zweite Differential bezeichnet und so weiter."[150]

Euler ging sowohl auf die Ideen von Newton als auch Leibniz ein und hoffte auf eine künftige Harmonisierung der Gegensätze. Er selbst schrieb mit Leibniz $\varepsilon = \mathrm{d}x$, allerdings war für Leibniz eine infinitesimale Größe eine wirkliche Größe, während sie für Euler ein gedankliches Konzept bildete. Euler setzte für seine Darstellungen gern unendliche Reihen ein. Hierfür zwei Beispiele:

a) Ableitung von $y(x) = x^n$ (§ 152)

$$y^{\mathrm{I}} = y(x+\mathrm{d}x) - x^n = nx^{n-1}\mathrm{d}x + \frac{n(n-1)}{1\cdot 2}x^{n-2}\mathrm{d}x^2 + \cdots,$$

$$\mathrm{d}y = y^{\mathrm{I}} - y = nx^{n-1}\mathrm{d}x + \frac{n(n-1)}{1\cdot 2}x^{n-2}\mathrm{d}x^2 + \cdots$$

Da alle Differentiale dx von höherer Ordnung verschwinden, folgt somit, dass $nx^{n-1}\mathrm{d}x$ das Differential von x^n ist bzw. $\mathrm{d}x^n = \mathrm{d}(x^n) = nx^{n-1}\,\mathrm{d}x$. Diese Regel gilt auch für negative ganze Zahlen (§ 155).

b) Quotientenregel für $y(x) = \frac{p(x)}{q(x)}$ (§ 164)

Wir substituieren $x+\mathrm{d}x$ für x und erhalten für den betrachteten Quotienten

$$\frac{p+\mathrm{d}p}{q+\mathrm{d}q} = (p+\mathrm{d}p)\left(\frac{1}{q} - \frac{\mathrm{d}q}{q^2}\right) = \frac{p}{q} - p\frac{\mathrm{d}q}{q^2} + \frac{\mathrm{d}p}{q} - \frac{\mathrm{d}p\mathrm{d}q}{q^2}.$$

Subtrahieren wir p/q, so ergibt sich, da dp dq/q^2 verschwindet, für das Differential

$$\mathrm{d}\frac{p}{q} = \mathrm{d}\left(\frac{p}{q}\right) = \frac{q\mathrm{d}p - p\mathrm{d}q}{q^2}.$$

---

[150] „Erit ergo Analysis infinitorum nil aliud, nisi casus particularis methodi differentiarum in capite primo expositae, qui oritur, dum differentiae, quae ante finitae erant assum-tae, statuantur infinite paruae. Quo igitur iste casiis, quo vniuerfa Analysis infinitorum contineatur, a methodo differentiarum distinguatur, cum peculiaribus nominibus, tum etiam signis ad differentias istas infiniteparuas denotandas uti conueniet. Differentias igiturinfinite paruas hic cum leibnizio differentialia vocabimus; atque cum differentiarum in primo capite diuerfos ordines constituissemus, ex iis nunc facilequoque intelligetur, quid differentialia prima, secunda, tertia, &c. cuiusque functionis significent. Loco characteris autem Δ, quo ante differentias indicaueramus, nunc utemur charactere d; ita ut dy significet differentiale primum ipsius y, dd$y$ differentiale secundum & ita porro." – § 114.

Entwickelte man den Bruch in eine Reihe $1 + \frac{dq}{q} + \frac{dq^2}{q^2} + \cdots$ und ließe die Glieder mit höheren Differentialen weg, so ergäbe sich ebenfalls obige Formel für das Differential. Die Kettenregel erscheint bei Euler nicht, aber er differenzierte spezielle Funktionen durch bestimmte Substitutionen in diesem Sinn, z. B. für $y(x) = \log(\log x)$ (§ 183, VIII); gleichfalls ist der Zwischenwertsatz nicht thematisiert, der in der *Introductio* nur angedeutet wurde (Kap. 2, § 33). Antoine Louis François Arbogast (1759–1803) erörterte ihn später in der Petersburger Preisschrift von 1787 (Abb. 6.12).

Die Grundregeln der Differentialrechnung werden nun auf algebraische und die einfachsten transzendenten Funktionen angewandt (Kap. 5 und 6), um deren Differentiale zu bestimmen. Euler berechnete beispielsweise das Differential des logarithmischen Ausdrucks $y = \ln x$ zu $dy = \frac{dx}{x}$(§ 182), siehe oben. Für das Differential von $y(x) = \frac{1}{2}\log\left(\frac{\sqrt{1+x^2}+x}{\sqrt{1+x^2}-x}\right)$ (§ 183, III) fand Euler nach kurzer Rechnung $\frac{dx}{\sqrt{1+x^2}}$ (beachte $\log(a/b) = \log a - \log b$). Als zweiten Weg bot er die Rationalisierung des Nenners an, indem er den Zähler und Nenner mit dem Nenner multiplizierte.

Ebenfalls auf zwei Weisen berechnete er auch d(arc sin x) (§ 194 f.), wobei die kompliziertere Version interessanter ist, da Euler einen Durchgang durch das Komplexe vornahm. In der *Introductio* (Kap. 8, § 138) gab Euler eine Beziehung zwischen der Funktion arc sin x und einem logarithmischen Ausdruck an:

$$\text{arc sin} x = \frac{1}{\sqrt{-1}} \log(\sqrt{1-x^2} + x\sqrt{-1}).$$

Indem er $y(x) = $ arc sin x in die bekannte Eulersche Formel einsetzte (hier wurde die imaginäre Einheit noch nicht mit i bezeichnet, das Euler für unendlich [infinitus] benutzte), erhielt er.

$$y(x) = \frac{1}{\sqrt{(-1)}} \log \sqrt{1-x^2} - x\sqrt{-1},$$

und es ergibt sich nach kurzer Rechnung mittels des Beispiels VI aus § 182

$$dy = d\text{arcsin} x = \frac{dx(x\sqrt{-1} + \sqrt{1+x^2})}{\sqrt{1-x^2} + x\sqrt{-1}\sqrt{1+x^2}}$$

also

$$dy = \frac{dx}{\sqrt{1-x^2}}.$$

Euler bemerkte, dass zwar der gegebene Logarithmus imaginäre (komplexe) Zahlen einbeziehe, aber das Differential selbst reell sei.

Im Rest des ersten Teils führte Euler noch Funktionen mehrerer Variablen ein und betrachtete ebenfalls höhere Differentiale. Schließlich leitete er Differentialgleichungen für Funktionen her. Bei Funktionen mehrerer Variablen arbeitete Euler vornehmlich mit Beispielen. Also $V = V(x, y)$ hat das Differential $dV = pdx + qdy$ (modern $p = \partial V/\partial x$, $q = \partial V/\partial y$; Euler hatte das Zeichen ∂ noch

6.4 Die analytische Explosion

nicht zur Verfügung und behalf sich u. a. mit geeigneten Klammerungen). Er diskutierte z. B. die Lösbarkeit von $P\mathrm{d}x + Q\mathrm{d}y + R\mathrm{d}z = 0$ für $z = z(x, y)$, wobei er für die Integrale drei Möglichkeiten fand (§ 319); der unlösbare letzte Fall führte letztlich auf die spätere Theorie von Gaspard Monge (1746–1818).

Der zweite Teil mit 18 Kapiteln behandelt Anwendungen der Differentialrechnungen auf die Analysis des Endlichen und die Reihenlehre. Es werden Reihen umgeformt und die Konvergenz der Reihen durch Substitutionen verbessert, wobei Euler auch divergente Reihen wie

$$1! + 2! + 3! + 4! +$$

einbezog (Kap. 1). Mittels Differentiation werden Reihen summiert, so z. B. log $(1 + x)$ (Kap. 2). Die Kap. 3 und 4 bringen die Taylor'sche Reihe und die Entwicklung von Binomialpotenzen. Die Taylor-Entwicklung (ab § 44) rechtfertigte Euler über die Differenzenrechnung, aber diese algebraische Begründung ist zirkulär, was ihm in späteren Arbeiten auffiel. Allerdings war es Euler, der die volle Bedeutung der Taylor'schen Reihe erkannte. Er behandelte in Kap. 4 die Verwandlung der Funktionen in Reihen, die auch unendliche trigonometrische Reihen waren, beispielsweise $\phi = \phi(\alpha)$:[151]

$$\frac{\pi - \alpha}{2} = \sin \alpha + \frac{1}{2}\sin 2\alpha + \frac{1}{3}\sin 3\alpha + \cdots$$

Zwei weitere Kapitel (5 und 6) widmen sich der Eulerschen (auch Euler-Maclaurin'schen) Summenformel, einer asymptotischen Integralformel, die zur Approximation eines bestimmten Integrals dient, aber auch nützlich ist, wenn man die Konvergenz eines Integrals verbessern will. Die Summenformel wurde von Euler (1736) und Maclaurin (1742) unabhängig voneinander als wirksames Mittel zur Berechnung von Summen und bestimmtem Integralen entwickelt:

$$\sum_{i=1}^{n} f(i) = \int_0^n f(x)\mathrm{d}x + \frac{1}{2}(f(n) - f(0)) + \sum_{k>0} \frac{B_{2k}}{(2k)!}(f^{2k-1}(n) - f^{2k-1}(0)) + R_n(x),$$

hierin sind die B_i die Bernoulli'schen Zahlen, die Euler übrigens bis B_{30} ausrechnete ($B_0 = 1, \ldots, B_{30} = 8.615.841.276.006/14.322$). Für den Rest R_n gilt die Abschätzung

$$R_n < \frac{4}{(2\pi)^{2n}} \int_1^x |f(t)^{2n}|\mathrm{d}x$$

---

[151] Diese Reihe ist vermutlich die erste Entwicklung einer algebraischen Funktion in eine trigonometrische Reihe; Euler erwähnte sie im Brief an Goldbach vom 23.6.1744. Gedruckt findet sie sich im Bd. 2 der *Institutiones*, Kap. 4, § 92.

Als Anwendung wird abschließend die Euler-Mascheroni'sche Konstante C, die beispielsweise in der Zahlentheorie von Bedeutung ist, auf 15 Stellen berechnet (für $n = 10$).[152]

Weitere Kapitel widmen sich dem Nutzen der Differentialrechnung für die Reihenlehre, insbesondere dem Koeffizientenvergleich, und der näherungsweisen Auflösung von Gleichungen. Nachdem Euler Extrema behandelte (Kap. 10–11), gab er viele Beispiele für unbestimmte Ausdrücke algebraischer und transzendenter Funktionen der Art 0/0 und ∞/∞ (Kap. 15). Er brachte Interpolationsformeln und behandelte die Partialbruchzerlegung. Ferner gab er Kriterien für die Bestimmung von reellen Lösungen von algebraischen Gleichungen sowie Bedingungen dafür, dass alle Lösungen reell sind (Newton'sche Regel und Harriot'sche Zeichenregel). Schließlich erörterte Euler den Fall, welche Ordnung die Differentiale dx und dy haben, wenn $f(x, y) = 0$ ist.

Die Einleitung motivierte übrigens den Funktionsbegriff durch ein militärisches Beispiel, den Schuss einer Kanone, was in der preußischen Umgebung nicht überraschend ist. Überraschend ist eher, dass dieses Beispiel das einzige Anwendungsbeispiel im Buch ist. Variable bei einem solchen Schuss sind das Gewicht der Kugel, die Menge des Schießpulvers, die Schussrichtung usw. Eine solche Beschreibung eines funktionalen Zusammenhang ist inzwischen traditionell, aber Euler verdeutlichte in dieser zweiten Fassung seinen Funktionsbegriff, der sich gegenüber der Definition in der *Introductio* von 1748 unterscheidet, da er ohne den Begriff des analytischen Ausdrucks auskommt.

Von dieser verbalen Definition wird aber im Buch selbst (und auch später) kein Gebrauch gemacht, sodass man vermuten kann, Euler habe das Vorwort erst geschrieben, als das bereits etwa 1748 fertige Manuskript im Herbst 1754 zum Druck gegeben wurde. Das ist in der Tat so gewesen, wie ein Brief Eulers vom Juli 1755 an den Kanzleirat Johann Daniel Schumacher (1690–1761) in St. Petersburg zeigt (siehe Abschn. 6.4.4, Editorische Bemerkungen). In die Zeit zwischen Abschluss und Druck der Differentialrechnung fielen die Auseinandersetzungen um das Problem der schwingenden Saite, die Folgen für das Konzept einer Funktion hatten. Vor allem zeigten sich die Grenzen des analytischen Funktionsbegriffs (siehe Abschn. 6.5, Das Problem der schwingenden Saite, und Abschn. 6.2, Entstehung des analytischen Funktionsbegriffs). Wenn Euler in der neuen Definition von einer beliebigen Veränderung sprach, so sollte man diese Formulierungen nicht aus unserer heutigen Sicht verstehen. Darauf weisen auch die in diesem Zusammenhang zur Illustration gegebenen Beispiele hin, die bei Potenzfunktionen erläutert wurden, aber nur durch Analogien erweitert wurden. Wir kommen auf eine Diskussion dieses Sachverhalts beim Problem der schwingenden Saite zurück. Hier aber abschließend noch die neue Definition aus der Differentialrechnung von 1755. Diese allgemeine Erklärung schließt sich an das gerade genannte konkrete militärische Beispiel an.

---

[152] Siehe hierzu S. R. Finch, *Mathematical constants*. Cambridge 2003, S. 28 f.

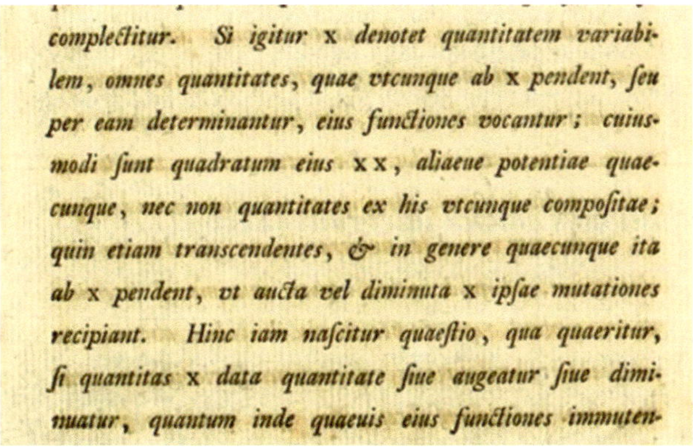

6.4 Die analytische Explosion

> *complectitur. Si igitur x denotet quantitatem variabilem, omnes quantitates, quae vtcunque ab x pendent, seu per eam determinantur, eius functiones vocantur; cuiusmodi sunt quadratum eius xx, aliaeue potentiae quaecunque, nec non quantitates ex his vtcunque compositae; quin etiam transcendentes, & in genere quaecunque ita ab x pendent, vt aucta vel diminuta x ipsae mutationes recipiant. Hinc iam nascitur quaestio, qua quaeritur, si quantitas x data quantitate siue augeatur siue diminuatur, quantum inde quaeuis eius functiones immuten-*

Abb. 6.23 Eulers allgemeine Erklärung einer Funktion, im Vorwort der Differentialrechnung, Seite VI f. (1755)

„Solche Größen, die von anderen abhängen, wenn diese sich selbst verändern, nennt man gewöhnlich Funktionen dieser Größen. Diese Erklärung ist sehr weit und umfasst alle Arten, wie eine Größe durch andere bestimmt werden kann. *Bezeichnet also x eine veränderliche Größe, so heißen alle Größen, die in irgendeiner Weise von x abhängen und dadurch bestimmt sind, deren Funktionen;* von dieser Art sind das Quadrat xx, irgendwelche anderen Potenzen oder irgendwie daraus zusammengesetzte Größen, aber auch transzendente Größen und überhaupt alles, was von x so abhängt, dass vergrößerte oder verringerte x selbst Veränderungen bewirken.

Daraus ergibt sich die Frage, wenn eine Größe x um einen gegebenen Betrag vergrößert oder verkleinert wird, wie sehr ihre Funktionen dadurch verändert werden bzw. welche Vermehrung oder Verminderung sie erhalten." – Vorwort, S. VI f.[153]

Diese verbale Erklärung einer Funktion ist nicht konstruktiv, und sie wurde von Euler auch nicht im Buch und anderswo verwendet (Abb. 6.23).[154] Allerdings rechtfertigt sie die Verwendung irregulärer Funktionen, und diese Einstellung Eulers resultierte aus dem Streit um die schwingende Saite, in dem Euler aus physikalischen Gründen eine beliebige stetige Ausgangslage der Saite als sachgemäß ansah. Genauer akzeptierte er für willkürliche Funktionen/Kurven Zusammensetzungen

---

[153] „Quae autem quantitates hoc modo ab aliis pendent, ut his mutatis etiam ipsae mutationes subeant, eae harum functiones appellari solent; quae denominatio latisime patet, atque omnes modos, quibus una quantitas per alias determinari potest, in secomplectitur. Si igitur x denotet quantitatem variabilem, omnes quantitates, quae ut cunque ab x pendent, seu per eam determinantur, eius functiones vocantur; cuius modi sunt quadratum eius xx, aliaeue potentiae quaecunque, nec non quantitates ex his ut cunque compostae; quin etiam transcendentes, & in genere quaecunque ita ab x pendent, ut aucta vel diminuta x ipsae mutationes recipiant. Hinc iam nascitur quaestio, qua quaeritur, si quantitas x data quantitate siue augeatur siue diminuatur, quantum inde quaeius eius functiones immutentur seu quantum incrementum decrementue accipant." – Praefatio, S. vi f.

[154] Allerdings benutzte Euler bereits ein Dutzend Jahre vor der Differentialrechnung (1755) in seiner Variationsrechnung (1744) in diesem Verständnis Funktionen, jedoch gab er dort keine Erklärung dafür.

aus verschiedenen Kurventeilen, darunter irreguläre wie auch mit freier Hand gezeichnete („discontinuas seu nexu continuitatis destitutas§, diskontinuierlich oder ohne Kontinuität).

6.4.3 Institutiones calculi integralis (1768–1770)

> Die Integralrechnung ist weit von der Perfektion entfernt, die diese letzte [Differentialrechnung] erreicht hat. Wie bei der Zerlegung von Größen gibt es keine allgemeinen Regeln, um von den Elementen auf die Größen selbst zurückzugehen.[155]
>
> NIKOLAUS FUSS (1755–1826).

Der Titel eines Bandes der dreibändigen Eulerschen Integralrechnung lautet: *Institutionum calculi integralis* (Methode der Integralrechnung, der Übersetzer Joseph Salomon (1793–1856) verdeutschte das 1828 zu *Leonhard Euler's vollständige Anleitung zur Integralrechnung*) (Abb. 6.24 und 6.25):

> „*Volumen primum* in quo methodus integrandi a primis principiis usque ad integrationem aequationum differentialium primi gradus pertractatur." (Der erste Band, in dem die Integrationsmethode von den ersten Prinzipien bis zur Integration von Differentialgleichungen ersten Grades behandelt wird. – E 342, 1768

Dieser *Band 1* ist in drei Sektionen gegliedert. Auf Praenotanda (allgemeine Vorbemerkungen zur Integralrechung, siehe Abb. 6.25a) folgen die drei Sektionen: i) De integratione formularum differentialium (Über die Integration von Differentialformeln; neun Kapitel), ii) De integratione aequationum differentialium (Zur Integration von Differentialgleichungen; sieben Kapitel). iii) De resolutione aequationum differentialium (Über die Lösung von Differentialgleichungen; keine Einteilung in Kapitel), iii) De resolutione aequationum differentialium (Uber die Losung von Differentialgleichungen).

> „*Volumen secundum* in quo methodus inveniendi functiones unius variabilis ex data relatione differentialium secundi altiorisve gradus petractatur." (Der zweite Band, in dem die Methode behandelt wird, Funktionen einer Variablen aus einer gegebenen Beziehung von Differentialen zweiten oder höheren Grades zu finden; – E 366, 1769

Band 2 ist in zwei Sektionen geteilt: i) De resolutione aequationum differentialium secundi gradus, duas tantum variabilis involventium (Über die Lösung von Differentialgleichungen zweiten Grades mit nur zwei Variablen; zwölf Kapitel), ii) De resolutione aequatium differentialium tertii altiorumque graduum, quae duas tantum variabiles involvunt (Über die Auflösung von Differentialgleichungen dritten und höheren Grades, die nur zwei Variablen beinhalten; 5 Kapitel).

---

[155] „Le Calcul intégral est loin du degré de perfection que ce de dernier [calcul différentiel] a atteint. Il n'y a point comme dans la décomposition des grandeurs, des règles générales, pour remonter des éléments aux grandeurs mêmes." – P. R. Halmos (1906–2006) trug dieser Sache durch seinen Ausspruch „Never integrate in public" (Integrieren Sie niemals in der Öffentlichkeit) Rechnung.

6.4 Die analytische Explosion

Abb. 6.24 Banknote der Schweizer Nationalbank zu zehn Franken, die zu Ehren Eulers herausgegeben wurde. **a** Die Vorderseite zeigt neben einem Porträt Eulers verschiedene Formen der Eulerschen Diagramme sowie einen Teil eines idealen Zahnradgetriebes; **b** auf der Rückseite sind ein Linsensystem, die Eulersche Wasserturbine sowie die Bahnen der bekannten Planeten (nebst Monden) und eine Kometenbahn zu sehen. Die Banknoten der sechste Serie waren von 1976 bis 2000 gültiges Zahlungsmittel

„*Volumen tertius* in quo methodus inveniendi functiones duarum et plurium variabilium, ex data relatione differentialium cujusvis gradus pertractatur. Una cum appendice de calculo variationum et supplemento, evolutionem casuum prorsus singularium circa integrationem aequationum differentialium continente." (Der dritte Band befasst sich mit der Methode, Funktionen von zwei oder mehr Variablen zu finden, wenn die Beziehung der Differentiale jeden Grades gegeben ist. Zusammen mit einem Anhang zur Variationsrechnung und einem Supplement enthält er die Entwicklung ganz einzigartiger Fälle zur Integration von Differentialgleichungen; – E 385, 1770)

Band 3 besteht aus zwei Teilen: i) Appendix, ii) Supplementum. Der erste Teil („Investigatio functionum duarum variabilium, ex data differentialium cujusvis gradus relatione", Über die Lösung von Differentialgleichungen zweiten Grades mit nur zwei Variablen,) enthält drei Sektionen mit je sechs, fünf und drei Kapiteln; der zweite Teil („Investigatio functionum trium variabilium ex data differentialium relatione", Untersuchung von Funktionen dreier Variablen aus differentiellen Beziehungen) enthält vier Kapitel. Der Anhang („De calculo variationum"; Variationsrechnung) umfasst sieben Kapitel und das Supplementum behandelt schließlich die Differentialgleichung der elliptischen Integrale.

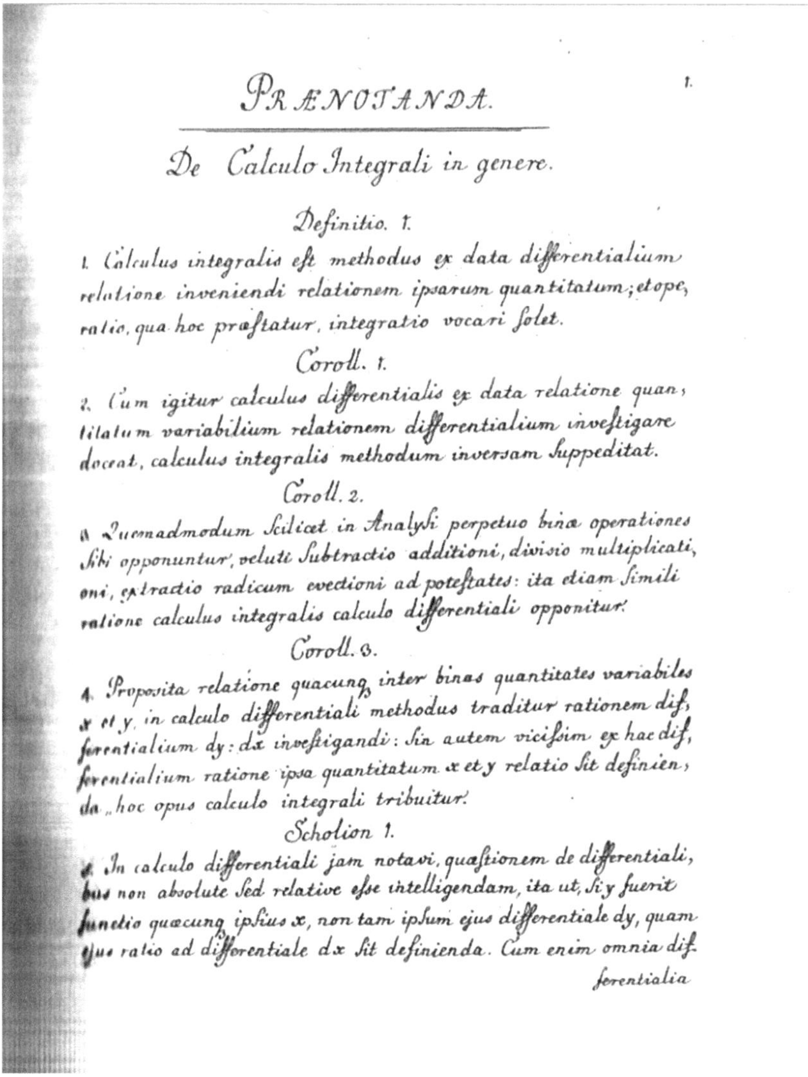

PRÆNOTANDA.

De Calculo Integrali in genere.

Definitio. 1.

1. Calculus integralis est methodus ex data differentialium relatione inveniendi relationem ipsarum quantitatum; et ope ratio, qua hoc præstatur, integratio vocari solet.

Coroll. 1.

2. Cum igitur calculus differentialis ex data relatione quantitatum variabilium relationem differentialium investigare doceat, calculus integralis methodum inversam suppeditat.

Coroll. 2.

3. Quemadmodum scilicet in Analysi perpetuo binæ operationes sibi opponuntur, veluti Subtractio additioni, divisio multiplicationi, extractio radicum evectioni ad potestates: ita etiam simili ratione calculus integralis calculo differentiali opponitur.

Coroll. 3.

4. Proposita relatione quacunque inter binas quantitates variabiles x et y, in calculo differentiali methodus traditur rationem differentialium $dy : dx$ investigandi: Sin autem vicissim ex hac differentialium ratione ipsa quantitatum x et y relatio sit definienda, hoc opus calculo integrali tribuitur.

Scholion 1.

5. In calculo differentiali jam notavi, quæstionem de differentialibus non absolute sed relative esse intelligendam, ita ut, si y fuerit functio quæcunque ipsius x, non tam ipsum ejus differentiale dy, quam ejus ratio ad differentiale dx sit definienda. Cum enim omnia differentialia

Abb. 6.25 a, b Zwei Seiten aus der Abschrift der Eulerschen Integralrechnung von Jezler: Allgemeine Vorbemerkungen („Praenotanda") zur Integralrechnung, Bd. 1 sowie die Integration irrationaler Formeln aus Kap. 2

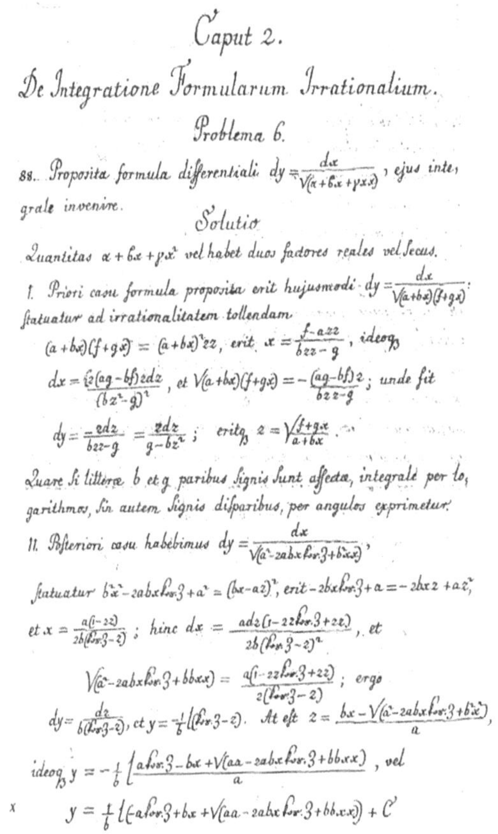

6.4 Die analytische Explosion

(Handschriftlicher Text – Faksimile)

Caput 2.
De Integratione Formularum Irrationalium.
Problema 6.

88. Proposita formula differentiali $dy = \frac{dx}{\sqrt{(\alpha+\beta x+\gamma x^2)}}$, ejus integrale invenire.

Solutio

Quantitas $\alpha+\beta x+\gamma x^2$ vel habet duos factores reales vel secus.

I. Priori casu formula proposita erit hujusmodi $dy = \frac{dx}{\sqrt{(a+bx)(f+gx)}}$; statuatur ad irrationalitatem tollendam

$(a+bx)(f+gx) = (a+bx)^2 z^2$, erit $x = \frac{f-az^2}{bz^2-g}$, ideoq.

$dx = \frac{2(ag-bf)z\,dz}{(bz^2-g)^2}$, et $\sqrt{(a+bx)(f+gx)} = -\frac{(ag-bf)z}{bz^2-g}$; unde fit

$dy = \frac{-2\,dz}{bz^2-g} = \frac{2\,dz}{g-bz^2}$; erit $z = \sqrt{\frac{f+gx}{a+bx}}$.

Quare si litteræ b et g paribus signis sunt affectæ, integrale per logarithmos, sin autem signis disparibus, per angulos exprimetur.

II. Posteriori casu habebimus $dy = \frac{dx}{\sqrt{(a^2-2abx\ell_{or}\mathfrak{Z}+b^2xx)}}$,

statuatur $b^2x^2-2abx\ell_{or}\mathfrak{Z}+a^2 = (bx-az)^2$, erit $-2bx\ell_{or}\mathfrak{Z}+a = -2bxz+az^2$

et $x = \frac{a(1-z^2)}{2b(\ell_{or}\mathfrak{Z}-z)}$; hinc $dx = \frac{a\,dz(1-2z\ell_{or}\mathfrak{Z}+z^2)}{2b(\ell_{or}\mathfrak{Z}-z)^2}$, et

$\sqrt{(a^2-2abx\ell_{or}\mathfrak{Z}+bbxx)} = \frac{a(1-2z\ell_{or}\mathfrak{Z}+z^2)}{2(\ell_{or}\mathfrak{Z}-z)}$; ergo

$dy = \frac{dz}{b(\ell_{or}\mathfrak{Z}-z)}$, et $y = -\frac{1}{b}l(\ell_{or}\mathfrak{Z}-z)$. At est $z = \frac{bx-\sqrt{(a^2-2abx\ell_{or}\mathfrak{Z}+bbxx)}}{a}$,

ideoq. $y = -\frac{1}{b}l\left\{\frac{a\ell_{or}\mathfrak{Z}-bx+\sqrt{(aa-2abx\ell_{or}\mathfrak{Z}+bbxx)}}{a}\right\}$, vel

$\quad y = \frac{1}{b}l\{(-a\ell_{or}\mathfrak{Z}+bx+\sqrt{(aa-2abx\ell_{or}\mathfrak{Z}+bbxx)}\} + C$

Abb. 6.25 (Fortsetzung)

Übersetzung der Definition 1: Die Integralrechnung ist eine Methode, um aus einer gegebenen Beziehung von Differentialen die Beziehung der Größen selbst zu ermitteln; und den Vorgang, mit dem dies ausgeführt wird, bezeichnet man als Integration.

Der Briefwechsel von Euler mit Wenceslaus Karsten (1732–1787) gibt einen Einblick in die Entstehung von Eulers Integralrechnung, da sich Euler mit dem späteren Herausgeber seiner Mechanik (E 289, 1765) und dem Verfasser einer eigenen Analysis *Lehrbegriff der gesamten Mathematik* (Greifswald 1786) über diese Thematik austauschte. Am 7. November 1758, in Eulers erstem Brief an Karsten, ließ er Karsten in Rostock wissen: „Über den Calculum integralem zu schreiben, habe ich bisher weder Zeit noch Lust gehabt". Aber in seinem Schreiben vom 6. Juli 1760, das auf die Integralrechnung in Karstens *Mathesis theoretica elementaris et sublimor* (etwa: Niedere und höhere Mathematik, Rostock

1760) einging, teilte Euler mit, dass er bereits einen beträchtlichen Teil seiner Integralrechnung ausgearbeitet habe, genauer gebe es einen ersten Teil, der das Bekannte zusammenfasse, und einen zweiten Teil, der Eigenes bringe. Der zweite Teil zeige ein neues Feld für wichtigste Untersuchungen, das nicht nur in der Analysis, sondern in allen Teilen der Mathematik und Physik die herrlichsten Früchte liefern werde. Euler bestätigte noch, dass bisher nur wenig Hilfsmittel zu diesem Thema veröffentlicht wurden. Der *Traité du calcul intégral* (Abhandlung über Integralrechnung, 2 Vol. Paris 1754–1756) von Louis-Antoine Comte de Bougainville (1729–1811) wurde von Euler geringschätzig beurteilt (zusammengeflickter Mischmasch), besser schnitt später *Le calcul de intégral* (Integralrechnung, Pariser *Mémoires* 1764) von Alexis Fontaine des Bertins (1704–1771) ab. Bereits am 16. Dezember 1760 beendete Euler seinen Brief an Karsten mit den Worten: „Ich bin nun auch mit meinem Werk über den Calculum integralem meistenteils fertig, welches eine ganz andere Gestalt als sonst gewöhnlich bekommen [hat]. Ich kann aber noch nicht absehen, wann und wo dasselbe ans Licht treten wird [gedruckt wird]." Es sollte noch ein Jahrzehnt dauern (1768–1770, 3 Bände). Nach dem Erscheinen der Integralrechnung 1768 schrieb Euler in den 15 Jahren bis zu seinem Tod noch weitere 43 Arbeiten zu dieser Thematik.

Die Methode, aus einer Relation zwischen Differentialen von gewissen Größen Beziehungen zwischen den Größen selbst zu ermitteln, bildete für Euler die Integralrechnung. Damit ist die Integration die inverse Operation zur Differentiation, und es stehen nicht Berechnungen von bestimmten Integralen oder Flächeninhalten im Vordergrund. Auch Newtons (1643–1727) dynamische Vorstellungen, aus vorgegebenen Beziehungen zwischen Fluenten eine Beziehung für die Fluxionen herzuleiten, d. h. eine Differentialgleichung zu lösen, entsprachen dieser Sicht.

Euler setzte also mit seiner Auffassung, dass die Integration eine Umkehrung der Differentialrechnung sei, die Tradition von I. Newton fort. Für G. W. Leibniz (1646–1716) war ein Integral aber auch eine Summe von Differentialen, was Euler nicht akzeptieren konnte, da Differentiale für ihn verschwindende Größen waren. Bestimmte Integrale wurden als Wert der Stammfunktion für spezielle Integrationsgrenzen x erklärt (bei Lagrange der „fonction primitive", 1797), solche Integrale liefern für eine feste Integrationskonstante bestimmte Integrale („integrale particulare"). Bei bestimmten Integralen unterstellte Euler das Integral als Integralsumme zur Approximation (wie Cauchy 1823). Euler benutzte für bestimmte Integrale diese Bezeichnungen der Integrationsgrenzen: die untere bzw. obere Grenze („terminus") hießen bei ihm „terminus a quo" bzw. „ad quem", und er drückte eine bestimmte Integration so aus „a valore $x = 0$ ad $x = 1$ extensa" (vom Wert $x = 0$ bis $x = 1$ erstreckt). Euler benutzte auch die Schreibweise

$$\int f \mathrm{d}x \begin{bmatrix} \text{ab } x = a \\ \text{ad } x = b \end{bmatrix} \quad \text{für} \quad \int_a^b f(x) \mathrm{d}x,$$

die später Antoine Arbogast (1759–1803) in seiner Petersburger Preisschrift *Mémoire sur la nature des fonctions arbitraires* von 1787 gleichfalls vergeblich einzubürgern versuchte. Die Bezeichnungen „intégrale définie" (bestimmtes Integral)

6.4 Die analytische Explosion

und „limites d'intégration" (Integrationsgrenzen) gehen auf Pierre-Simon de Laplace (1749–1829) (1782) zurück, das „intégrale indéfinie" (Antiderivative, unbestimmtes Integral) führte Sylvestre François de Lacroix (1765–1843) 1798 ein. Jean Baptiste Joseph de Fourier (1768–1830) fand 1819 schließlich die elegante Notation, die wir heute noch benutzen:

$$\int_a^b f(x)\mathrm{d}x.$$

Der erste Teil der Integralrechnung fasste, wie Euler schrieb, Bekanntes wie

$$\int_a^b f(x)\mathrm{d}x = -\int_b^a f(x)\mathrm{d}x; \quad \int_a^c = \int_a^b + \int_b^c$$

usw. zusammen. Natürlich begann er mit einfachen Fällen, d. h. der Berechnung von gewöhnlichen Integralen ($n \neq 1$ bzw. $x \neq 0$)

$$\int ax^n \mathrm{d}x = \frac{a}{n+1} x^{n+1} + C \quad \text{für} \quad n \neq -1,$$

$$\int \frac{a\mathrm{d}x}{x} = a \ln x + C = \ln cx^a, \quad (C = \ln c)$$

und fuhr mit Partialbruchzerlegungen rationaler Funktionen fort. Euler benutzte virtuos zahlreiche Substitutionen, um weitere Typen von Integralen auf Integrale rationale Funktionen zu reduzieren, deren Integration beherrscht wurde. Bemerkenswert ist, dass er für trigonometrische Integrale

$$I = \int R(\cos x, \sin x) \mathrm{d}x \quad (R\text{rationale Funktion})$$

die universelle trigonometrische Substitution $x = 2 \arctan t$

$$\cos x = \frac{1-t^2}{1+t^2}, \quad \sin x = \frac{2t}{1+t^2} \mathrm{d}x = \frac{2\mathrm{d}t}{1+t^2}$$

verwandte, die trigonometrische Ausdrücke in rationale Funktionen transformiert,

$$I = 2 \int R(\frac{1-t^2}{1+t^2}, \frac{2t}{1+t^2}) \frac{\mathrm{d}t}{1+t^2}$$

Ein zugängliches Beispiel wäre $\int \frac{\mathrm{d}x}{\sin x} = \log \tan \frac{x}{2}$, aber nicht $\int \frac{x \mathrm{d}x}{\sin x}$, da der Integrand keine rationale Funktion in den trigonometrischen Funktionen ist und nicht geschlossen lösbar ist.

Die logarithmischen und trigonometrischen Funktionen sind nicht algebraisch, und damit wurden sie im analytischen Sinn ursprünglich als nicht integrierbar betrachtet, sondern sie definierten geometrische Flächen. Euler schlug daher eine Erweiterung vor. Über dieses Thema korrespondierte er 1730 mit Christian Goldbach (1690–1764), der sich wiederum mit Daniel Bernoulli (1700–1782) darüber austauschte.

Ein Kapitel ist der Integration von unendlichen Reihen gewidmet, insbesondere werden Potenzreihen und die trigonometrischen Reihen nach fortschreitenden Winkeln behandelt. In Hinblick auf Eulers Bestreben, Funktionen in Potenzreihen zu entwickeln, um sie so einfach (d. h. gliedweise) integrieren zu können, ist dieses Kapitel von großer Bedeutung. Dieses Verfahren wurde bereits von Isaac Newton verwendet. Andere Techniken ergaben sich durch Verwendung der partiellen Integration (z. B. bei logarithmischen oder exponentiellen Funktionen als Integranden).

Sophus Lie (1842–1899) äußerte sich zu den Anwendungen der Differentialgleichungen und ihrer Rolle in der Mathematik selbst so:

„Unter allen Disziplinen der Mathematik ist die Theorie der Differentialgleichungen die wichtigste. Sie gibt den Weg zur Erklärung aller elementaren Naturphänomene, die Zeit brauchen und sie hat theoretische Wichtigkeit, indem sie zum Studium neuer Functionen leitet."[156]

Wir lassen einige kurze Bemerkungen zu Differentialgleichungen folgen.

Der umfangreichere und wichtigere Teil behandelt die Lösung von Differentialgleichungen, beispielsweise wird die lineare Differentialgleichung erster Ordnung:

$$\mathrm{d}y + Py\mathrm{d}x = Q\mathrm{d}x \quad \left(\text{bzw. } y'(x) + Py = Q\right)$$

durch Separation der Variablen (die Jean le Rond d'Alembert [1717–1783] bei der Behandlung der schwingenden Saite einführte) allgemein gelöst:

$$y(x) = \mathrm{e}^{-\int P\mathrm{d}x} \int \mathrm{e}^{\int P\mathrm{d}x} Q\mathrm{d}x,$$

die Euler schon 1734 in spezieller Form gelöst hatte (E 11; EO I/22). Euler löste exakte lineare Differentialgleichungen und suchte dazu gegebenenfalls integrierende Faktoren (was 1743 auch Alexis Claude Clairaut, 1713–1765, tat). Eine mögliche Trennung der Variablen in einer Differentialgleichung führt das Problem in der Regel auf die Integration gewöhnlicher Integrale zurück. Allerdings liefert diese Methode nicht immer die endgültige Lösung. Ebenfalls wurden lineare Differentialgleichungen mit konstanten Koeffizienten gelöst. Riccati'sche Differentialgleichungen

$$\mathrm{d}y = (f(x)y^2(x) + g(x)y(x) + h(x))\mathrm{d}x \quad (f, g \text{ gegebene Funktionen})$$

sind eine spezielle Klasse von nichtlinearen gewöhnlicher Differentialgleichungen 1. Ordnung. Sie sind nach dem Mathematiker Jacopo Francesco Riccati (1676–1754) benannt, der sich mit der Klassifizierung von Differentialgleichungen befasste. Eine *allgemeine* Lösung einer Riccati'schen Differentialgleichung ist in der Regel nicht möglich, jedoch kann eine solche angegeben werden, falls eine spezielle Lösung bekannt ist. Die Riccati'schen Differentialgleichungen wurden

---

[156] Leipziger Berichte 47 (1895), S. 262.

6.4 Die analytische Explosion

von Euler, da sie im allgemeinen nicht durch Integration lösbar sind, mithilfe von Potenzreihen und Kettenbrüchen untersucht.[157]

Eine lineare Gleichung zwischen Differentialen bietet keine Schwierigkeiten bei der Integration, wenn diese Gleichung die Integrabilitätsbedingungen erfüllt. Es kommt z. B. bei drei Variablen x, y und z darauf an, was für eine Funktion z von den beiden anderen Größen x und y sein muss, wo x und y nicht voneinander abhängen. Diese drei Koordinaten stellen dann geometrisch gedeutet eine Fläche $z = z(x, y)$ dar, genau dann, wenn das angezeigte Kriterium (Integrabilität) gilt. Im anderen Fall ist die Gleichung nicht nur „impossibilis" oder „imaginaria", sondern sogar „absurda". Die Festlegung der Abhängigkeit der Variablen erscheint nicht nur in der Differentialgeometrie, sondern auch bei physikalischen Problem wie dem der schwingenden Saite, wo die Funktion z von zwei unabhängigen Variablen (Ort und Zeit) abhängt. Euler stellte das im Brief vom 5. August 1760 an Karsten dar und erörterte auch ein Beispiel von Karsten, bei dem zwei der drei Variablen voneinander abhängig sind. In der Hydrodynamik gibt es auch interessante Fälle, in denen mehr als zwei Variable voneinander abhängig sind.

Die Lösungen von Differentialgleichung enthalten Integrationskonstanten. Bei gewöhnlichen Differentialgleichungen ist diese Konstante tatsächlich unveränderlich, aber im Fall partieller Differentialgleichungen wird diese Konstante eine beliebige Funktion der anderen Größen.[158] Bei partiellen Differentialgleichungen zweiter Ordnung stellt sich dabei die Frage, wie man eine beliebige (!) Funktion $f{:}(x)$ integriert; Euler schrieb hier

$$'F(x) = \int f : (x) \, dx.$$

(siehe Abschn. 6.5, Schwingende Saite).

Er vereinfachte eine Reihe von Differentialgleichungen, u. a. kam er so auf die spezielle Gleichung

$$x(x-1) \, dds + (c - (a+b+1)x) \, ds \, dx + abs \, dx = 0,$$

wofür er in Reihenform die Lösung

$$1 + \frac{ab}{1 \cdot c}x + \frac{ab}{1 \cdot c}\frac{(a+1)(b+1)}{2 \cdot (c+1)}x^2 + \cdots$$

angab, die 1812 bei Carl Friedrich Gauß (1777–1855) als hypergeometrische Reihe $F(a, b, c, z)$ erschien (*Werke.* Bd. 3, S. 112). Diese Reihe spielte im 19. Jahrhundert eine herausragende Rolle in der Funktionentheorie. Fast alle wichtigen Funktionen der mathematischen Physik lassen sich auf die durch die Reihe dargestellte Funktion $F(a, b, c; z)$ zurückführen, als einfache Beispiele nennen wir:

---

[157] Euler löste noch allgemeiner Differentialgleichungen dieser Art, etwa 1765 (E 345, *Novi comment. Petropolis* für 1766, gedruckt 1768).

[158] Partielle Differentialgleichungen sind Thema des dritten Bandes.

$$F(1,1,1,z) = \frac{1}{1-z}, \quad F(1,1,2,-z) = \frac{1}{z}\ln(1+z).$$

Euler gab auch für die hypergeometrische Reihe F einen Integralausdruck an:

$$F(a,b,c;x) = \int_0^1 t^a(t-1)^b(1-xt)^c \mathrm{d}t$$

sowie die Identität

$$F(a,b,c;x) = (1-x)^{c-a-b} F(c-a, c-b, c; x).$$

Die Integralrechnung war für Euler ein Thema der reinen Analysis, sodass Anwendungen etwa auf die Flächentheorie hier nicht abgehandelt wurden, Flächeninhalte waren ebenfalls kein Thema! Ähnlich war es in der Differentialrechnung, wo keine Tangenten oder Normalen erschienen.[159]

Die Fläche einer Ellipse oberhalb der x-Achse wird durch $y(x) = \frac{b}{a}\sqrt{a^2 - x^2}$ begrenzt, und das entsprechende Flächenintegral F hat die Struktur $\int R(x, \sqrt{a^2 - b^2}) \mathrm{d}x$. Mit der Substitution $x = a \cos \Phi$ folgt dann $F = \int R^\circ(\cos\phi, \sin\phi)\sin\phi \mathrm{d}\phi$ bzw. der bekannte Typ mit dem Integranden $R(x, P(x))$. Wäre bei einer Lemniskate $(x^2+y^2)^2 = a^2(x^2 - y^2)$ die Bogenlänge der Kurve zu ermitteln, käme man auf sogenannte elliptische Integrale $\int_c^u R(x,y) \mathrm{d}x$, wobei R eine rationale Funktion in x und y ist sowie y^2 ein Polynom 4. Grades in x bezeichnet und c schließlich konstant ist. Dieser Sachverhalt führte später Gauß auf die Theorie der elliptischen Funktionen, welche keine elementaren transzendenten Funktionen mehr sind, die sich aber als Inverse solcher Integrale definieren lassen.

Guilio Carlo Fagnano (1682–1766) hatte 1750 ein zweibändiges Werk *Produzioni matematiche* (Mathematische Werke) verfasst, das ein Jahr später Euler in die Hände kam. Dieser war besonders von den Resultaten des Werkes überrascht, die die Bogenlänge der Lemniskate betrafen, und Fagnano regte ihn daher zu einer Theorie der elliptischen Funktionen an. Solche Funktionen können auch als inverse Funktionen von elliptischen Integralen

$$\int R(x)\sqrt{G(x)} \mathrm{d}x$$

angesehen werden, wobei R eine rationale Funktion in zwei Variablen x, y und $P(x)$ ein Polynom dritten oder vierten Grades ist. Aus moderner Sicht sind sie doppelt periodische meromorphe Funktionen. Während Fagnano eine Formel für die Verdoppelung des Arguments fand, lieferte Euler 1766 ein allgemeines Additionstheorem

---

[159] Der reine „calculus integralis" (Integralrechnung) war auch bei Euler enger als der „methodus tangentium inversa" (umgekehrte Tangentenmethode), insofern ist Eulers Titel nicht ganz präzise. Seine Wahl war vielleicht an die Differentialrechnung angepasst: *Institutiones calculi differentialis*, wo der „methodus tangentium directa" (die Methode der direkten Tangenten) nicht Eulers Vorstellungen von der Rechnung mit Differentialen entsprochen hätte. Brook Taylors (1685–1731) Buch über diese Gegenstände führt den Titel *Methodus incrementorum directa et inversa* (Methode der direkten und umgekehrten Zuwächse, d. h. Differential- und Integralrechnung, 1715).

6.4 Die analytische Explosion

für elliptische Funktionen. Er hob in seiner Begeisterung für die Fagnano'schen Ergebnisse diese immer wieder hervor (z. B. in Band III, Supplementum; „De reductione formularum", Über Reduktion von Integralformeln; E 295, EO I/20. 1759 gelesen, 1766 gedruckt). Das allgemeine Integral der Differentialgleichungen

$$\frac{dx}{\sqrt{(1-x^2)(1-k^2x^2)}} + \frac{dy}{\sqrt{(1-y^2)(1-k^2y^2)}} = 0$$

gab Euler mithilfe eines elliptischen Integrals an, das nach Adrien Marie Legendre (1752–1833) als elliptisches Integral erster Ordnung bezeichnet wird.

$$\int_0^a \frac{dx}{\sqrt{(1-x^2)(1-k^2x^2)}} = \text{const} = c.$$

Euler lobte stets Kollegen, deren Ergebnisse ihm gefielen. Als Beispiel: Über die Variationsrechnung und den Anteil von Joseph-Louis Lagrange (1736–1813) im dritten Band schrieb er lobend an Lagrange (9./20. Januar 1767): „Le troisième Volume renferme la nouvelle partie du Calcul intégral dont la public sera toujours redevable à votre sagacité." (Der dritte Band enthält den neuen Teil der Integralrechnung, für den die Öffentlichkeit Ihrem Scharfsinn immer zu Dank verpflichtet sein wird.)

Ferner behandelte Euler auch partielle Differentialgleichungen der Art

$$z_x = p(x, y) \quad \text{oder} \quad z_{xx} = a^2 z_{yy}$$

Er bemerkte: Die Lösung $z = z(x, y)$ ist eine willkürliche Funktion, also müssen die Funktionen $z(x, y)$ keine

„functiones continuum (stetige Funktionen) bzw. functiones per operationes analytica conflatas (durch einheitliche analytische Operationen hervorgebrachte Funktion)"

sein, sondern sie können auch

„functiones discontinuas (unstetige Funktionen) bzw. curvae quae cumque libero manus ductu descripto (Kurven, die jedes mal mit freier Hand gezeichnet werden) sein,"

selbst wenn sie

„maxime irregularis et ex pluribus partibus diversarum curvarum conflata (besonders irreguläre und aus mehreren getrennten Teilen von Kurven vereinigt sind)."

Einen solchen Entwurf der möglichen Funktionen stellte Euler bereits in „De usu functionum discontinuarum in analysi" (Über den Gebrauch diskontinuierlicher Funktionen in der Analysis; E 322, § 3; EO I/23, vorgelegt 1762, gedruckt 1767) auf. Bei Funktionen einer Variablen lehnte Euler unstetige Funktionen ab, während er sie bei mehreren Funktionen für unumgänglich hielt. Für die Integration solcher Gleichungen führte Euler für $z = z(x, y, p, q)$ ($p = z_x$, $q = z_y$)[160] Transformationen

---

[160] Euler hatte den Differentialoperator ∂ noch nicht, sodass für ihn partielle Ableitung umständlich zu notieren waren; die Abkürzungen p und q waren deshalb bequem und werden auch heute noch benutzt.

aus, bei denen alle Variablen gleichgestellt waren. Sophus Lie nahm das bei seinen Berührungstransformationen gleichfalls an. Heute werden solche Transformationen nach Adrien Marie Legendre (1752–1833) und André-Marie Ampère (1775–1836) benannt.

Euler hatte die Integration als inverse Operation zur Differentiation erklärt. Im 18. Jahrhundert wurde die Existenz der Integrale nicht hinterfragt, sondern sie ergab sich intuitiv aus „selbstverständlichen" Eigenschaften wie (moderner) Stetigkeit. Allerdings drängte sich die Existenzproblematik mehr und mehr in den Vordergrund. Beispielsweise waren bei der Bestimmung der später als Fourier-Koeffizienten bezeichneten Größen Integrationen über gegebenenfalls willkürliche Funktionen zu vollziehen, deren Ausführbarkeit von der Art und Anzahl von Singularitäten des Integranden abhing. Euler sprach hier von der „vis praecipua" (wichtigsten Kraft) einer Funktion/Kurve und meinte damit deren Fähigkeit, auch unstetig, aber integrabel zu sein. Zusammengesetzte Funktionen konnten schließlich aus solchen Teilen bestehen, die mit freier Hand gezeichnet werden („discontinuas seu nexu continuitatis", diskontinuierlich oder ohne Kontinuität).[161] Er ermittelte in einer nachgelassenen Arbeit „Disquisito ulterior super seriebus" (Eine weitere Untersuchung von Reihen die in Vielfachen eines bestimmten Winkels fortschreiten, E 704)[162] die Koeffizienten einer trigonometrischen Reihe, was auch Carl Friedreich Gauß (1777–1855) in einer ebenfalls nachgelassenen Untersuchung „Exposition d'une nouvelle méthode" (Vorstellung einer neuen Methode) tat, in der es um Störungen der Bewegungen der Pallas geht.[163] Fourier gab die entsprechenden Koeffizienten, die von nun an Fourier-Koeffizienten genannt wurden, in seiner *Théorie analytique de la chaleur* 1822 an. Carl Gustav Jacobi (1804–1851) bemerkte die Bedeutung der Eulerschen Formeln in der „Disquisitio ulterior" von 1777 und wies im *Crelle Journal* 1827 darauf hin. Peter Gustav Lejeune Dirichlet (1805–1859), der sich fehlenden Hinlänglichkeitsbeweisen bei Fourier'schen Aussagen in seiner Arbeit „Sur la convergence des séries trigonométriques" (Über die Konvergenz trigonometrischer Reihen, 1829) widmete, erkannte den fehlenden erweiterten Integralbegriff und hob dieses Desideratum hervor. Bernhard Riemann ging in seinem meisterhaften Bericht „Ueber die Darstellbarkeit einer Function durch eine trigonometrische Reihe" (1854) auf diese Problematik ein und erledigte die Sache auf einer Druckseite unter der Zwischenüberschrift

Also zuerst: Was hat man unter $\int_b^a f(x) \mathrm{d}x$ zu verstehen?[164]

Danach untersuchte er die Frage, in welchen Fällen lässt eine willkürliche Funktion eine Integration zu und in welchen nicht (ebd., § 5)? Wir sehen an dem

---

[161] *Inst. Calc. Integralis*, Vol. 3, 1770, S. 39.

[162] *Nova acta acad. sc. Petrop.* 11 (1793; gedr. 1798, S. 114–132. 1777 in der Petersburger Akademie vorgelesen.

[163] *Werke*, Bd. 7. Leipzig 1906, Seiten 469 f.

[164] Aus dem Nachlass des Verfasser von R. Dedekind mitgeteilt. Göttingen 1867, Nachdruck in Riemanns *Werke*. Dort § 4. „Über den Begriff eines bestimmten Integrals."

6.4 Die analytische Explosion

mehrfachen Aufgreifen des Themas, dass die Frage in der Luft lag, wobei auch astronomische Arbeiten maßgebend waren. Noch Henri Lebesgue (1875–1941) trieb in seiner These *Intégrale, Longueur, Aire* (Integral, Länge, Fläche; Mailand 1902) diese Frage um, „Toute fonction dérivée bornée est sommable" (Jede beschränkte Ableitung ist summierbar [Lebesgue-integrierbar]).[165] Auch die Mengenlehre von Georg Cantor (1845–1918) hat hier eine Wurzel, die auf dem Bestreben Cantors fußt, ein Maß für die Singularitäten einer trigonometrischen Entwicklung zu finden.

Bestimmte Integrale löste Euler durch Stammfunktionen oder durch Approximation (beispielsweise mit der erwähnten Eulerschen Summenformel); allerdings sprach er bei den Rechnungen von den notwendigen Abschätzungen, ohne sie vorzunehmen. Das umfangreiche Werk beendete Euler mit einer Diskussion partieller Differentialgleichungen (für das Problem der schwingenden Saite siehe Abschn. 6.5). Ein Anhang brachte sieben Arbeiten, darunter auch eine längere über Variationsrechnung (siehe dazu Abschn. 6.6).

Euler erschöpfte in den drei Bänden der *Institutiones calculi integralis* praktisch alle Fälle der Integration von Funktionen, deren Ergebnisse elementare Funktionen sind. Einige Kritiker wollten ihn als Rechenmaschine sehen, da in den *Institutiones* in der Tat Rechnung auf Rechnung folgt. Zahlreiche Methoden, die Euler benutzte, sind seine eigenen. In der Integralrechnung zeigte sich Eulers erstaunliche Fähigkeit, Probleme der höheren Analysis gewandt mit geistreichen Kunstgriffen zu erledigen. Die *Institutiones* sind hierfür auch heute noch eine reiche Quelle. Wir konnten die umfangreiche Darstellung nur unvollkommen referieren, erwähnt werden sollen noch Doppelintegrale, bestimmte Integrale, Beta- und Gamma-Funktionen bzw. Eulersche Integrale erster und zweiter Art, Zeta-Funktionen, Zylinderfunktionen u. a.; Euler stellte dabei auch Beziehungen zu anderen Funktionen her, die bereits bekannt waren (elliptische Funktionen, Thetafunktionen). Bis weit in das 19. Jahrhundert waren diese von ihm bearbeiten Gebiete Gegenstand der mathematischen Forschung.

Überraschend lieferte Leonhard Euler in einer Arbeit „Observationes de comparatione arcuum curvarum irrectificabilium" (Vergleichende Beobachtungen irreduzibler Kurven; E 252, 1751) (Abb. 6.26) aus dem Jahre 1751, die erst 1761 als Band 6 der Petersburger *Novi Commentarii* gedruckt wurde, in der es um algebraische Beziehungen, Bögen von Ellipsen, Hyperbeln und Lemniskaten geht, eine beachtenswerte Sicht auf die Analysis, die wir hier an seine analytische Trilogie anfügen wollen:

„Wenn wir auf ihre Nützlichkeit blicken, scheinen mathematische Überlegungen auf zwei Klassen zurückgeführt werden zu müssen: In die erste sind diejenigen aufzunehmen, die sowohl für das tägliche Leben als auch für andere Künste irgendeinen bedeutenden Vorteil bringen, weshalb ihr Wert entsprechend der Größe dieses Vorteils festgelegt zu werden pflegt. Die zweite Klasse umfasst aber diejenigen Überlegungen, die – auch wenn sie mit keinem bedeutenden Vorteil verbunden sind, – dennoch so beschaffen sind, dass

---

[165] *Thèse*, Introduction. Mailand 1902.

> Speculationes mathematicae, si ad earum vtilitatem
> respicimus, ad duas classes reduci debere videntur,
> ad priorem referendae sunt eae, quae cum ad vitam
> communem, tum ad alias artes, insigne aliquod commo-
> dum afferunt, quarum propterea pretium ex magnitu-
> dine huius commodi statui solet. Altera autem classis
> eas complectitur speculationes, quae etsi cum nullo
> insigni commodo sunt coniunctae, tamen ita sunt com-
> paratae, vt ad fines analyseos promouendos, viresque in-
> genii nostri acuendas occasionem praebeant. Cum enim
> plurimas inuestigationes, vnde maxima vtilitas expecta-
> ri posset, ob solum analyseos defectum deserere coga-
> mur, non minus pretium iis speculationibus statuendum
> videtur, quae haud contemnenda analyseos incrementa
> pollicentur. Ad hunc autem scopum imprimis accom-

Abb. 6.26 „Observationes de comparatione arcuum curvarum irrectificabilium" (Vergleichende Beobachtungen irreduzibler Kurven; E 252, 1751). *Novi Commentarii* (1752), gedr. 1761, S. 58–64

sie Gelegenheit bieten die Grenzen der Analysis hinauszuschieben und die Kräfte unseres Geistes zu schärfen. Da wir nämlich gezwungen werden, die meisten Untersuchungen, von denen der größte Nutzen erwartet werden könnte, allein wegen des mangelhaften Zustandes der Analysis aufzugeben, scheint solchen Überlegungen kein geringer Wert zuzuordnen zu sein, da sie keine verachtenswerte Zuwächse der Analysis versprechen."[166]

Wir wollen noch Eulers Funktionsbegriff aus der analytischen Trilogie in sein Schaffen einordnen, d. h. genauer in die der *Introductio* (1748) vorangehende Variationsrechnung („Methodus inveniendi", 1748) sowie in die Auseinandersetzungen, die seit 1748 beim Problem der schwingenden Saite entstanden und die in der der Trilogie fußten. Beide Bereiche der Analysis werden anschließend dargestellt.

In der Variationsrechnung wie auch in den dieses Buch vorbereitenden Abhandlungen erklärte Euler keine Funktionen, sondern benutzte einen sehr allgemeinen Funktionsbegriff (ähnlich wie sein Lehrer Joh. Bernoulli), wie er ihn 1755 in seiner Differentialrechung *(Institutiones calculi differentialis)* verbal im Vorwort erklärte. Diese allgemeine Abhängigkeit, die Euler beim Verändern der extremalen Funktionen/Kurven benutzte und deren Änderungen er später durch δy usw. notierte, enthält als Spezialfälle modern gesprochen sowohl das Konzept der Punktfunktionen als auch das der Linienfunktionen (modern der Funktionale). In der *Introductio* charakterisierte Euler den Funktionsbegriff durch *einen*

---

[166] *Novi comment. Acad. Sci. Petrop.* 6 (1756/57), gedr. 1761, S. 58–84; am 27. Januar 1752 in der Berliner Akademie vorgetragen; siehe Abb. 6.26.

6.4 Die analytische Explosion

einheitlichen analytischen Ausdruck, und Potenzreihen sind die allgemeine Form der Darstellung solcher Funktionen. Im zweiten Band der *Introductio*, der Kurven behandelt, nannte Euler die analytischen Funktionen zunächst stetig, wobei sich diese Bezeichnung auf die Stetigkeit des zugrundeliegenden analytischen Ausdrucks bezog (und nicht wie bei Cauchy auf ein lokales Verhalten der Kurve). Aber bald gab Euler die Einheitlichkeit der rechnerischen Beschreibung (des analytischen Ausdrucks) bei Funktionen/Kurven auf und ließ gemischte Funktionen/Kurven zu, d. h. stückweise aus analytischen Funktionen/Kurven zusammengesetzte Funktionen/Kurven waren nun möglich. Das erregte allgemeine Aufmerksamkeit, nicht nur beim Problem der schwingenden Saite, und im intensiven Bemühen um Lösungen überschritt Euler seine alten Klassifikationen und ging von beliebigen physikalischen Ausgangslagen einer Saite aus. Die damit verbundenen Diskussionen werden anschließen erörtert. Hier halten wir fest, dass er seine Lösungstheorie für Funktionen ausarbeitete, die zwar die Anfangslage der schwingenden Saite bestimmen, die damals jedoch durch keine Gleichungen erfasst werden konnten, sondern lediglich als physikalisch möglich vorgestellt wurden. Joseph-Louis Lagrange (1736–1813) wies darauf hin, dass hier erstmals und unabhängig vom Stetigkeitskonzept im Eulerschen Sinn willkürliche Funktionen in die Analysis eingeführt wurden. Sehr vereinfacht könnte die Situation so beschrieben werden, dass Euler die Intervalle, auf denen gemischte Funktionen/Kurven erklärt sind, auf Punkte schrumpfen ließ, sodass schließlich die Erklärung einer Funktion als Ganzes in jedem Punkt beliebig sein konnte. Diese Erklärung kann man auch bei Jean Baptiste Joseph Fourier (1768–1830) benutzen, wenn er im Rahmen der Fourier-Theorie schließlich einen allgemeinen Funktionsbegriff aufstellte, der willkürliche Funktionen erfasst. Euler, der – vom physikalischen Problem geleitet – in Hinblick auf einen physikalischen Hintergrund den Funktionsbegriff erweiterte, veranschaulichte sich abstrakt die willkürliche Funktion geometrisch, indem er eine beliebig mit freier Hand gezogene Linie als willkürlich betrachtete. Allerdings kannte der Analytiker auch ein Beispiel einer (weitgehend) willkürlichen Funktion/Kurve, das er mit seinem Lehrer diskutierte, nämlich die irritierende Funktion $y(x) = (-1)^x$, die als ein Vorläufer der bekannten Dirchletschen Funktion angesehen werden kann. Eulers abschließende Bemerkungen dazu finden sich am Ende des zweiten Bandes der *Introductio*, in § 21. Die Klasse der willkürlichen Funktionen ist das Entscheidende, das Eulers Lösungstheorie in die Analysis einbrachte. Diese revolutionäre Erweiterung machte aber die traditionelle Klasse der durch Potenzreihen darstellbaren und handhabbaren Funktionen keinesfalls überflüssig.

Wir sehen hier deutlich die doppelte Gestalt, in der sich der Funktionsbegriff entwickelte: einmal geometrisch und zum anderen rechnerisch. Dabei bildete sich der rechnerische Funktionsbegriff im Anschluss an die Vieta'sche Gleichungslehre und die Descartes'sche Koordinatengeometrie heraus, und er war enger als die geometrische Funktionsauffassung – allerdings dominierte er im 18. Jahrhundert

Abb. 6.27 Verlagssignet von Bousquet, Holzschnitt von J.-M. Papillon, ca. 1737[167]

weitgehend das funktionale rechnerische Denken (Otto Toeplitz, 1881–1940),[168] bis Fourier schließlich erneut ein physikalisches (geometrisches) Funktionskonzept entwickelte.

Antoine Arbogast (1759–1803), der Preisträger der Petersburger mathematischen Preisfrage von 1787, ging auf Leonhard Eulers Erkenntnis zurück, dass die Lösungen partieller Gleichungen notwendig willkürliche Funktionen enthalten. Beim Abgrenzen der Begriffe stetig – unstetig (im Eulerschen Sinn) bzw. kontinuierlich – diskontinuierlich (im Cauchy'schen Sinn) betrachtete Euler stetige Funktionen als solche mit komplexen Argumenten und die anderen als Funktionen reeller Veränderlicher. Sein formales Denken bereitete ihm keine Schwierigkeiten, formal von reellen Variablen zu komplexen Veränderlichen (bei Euler in der Regel imaginär genannt) zu wechseln. Alexei Iwanowitsch Markuschewitsch (Алексей Иванович Маркушевич, 1908–1979) unterstrich in seiner Arbeit „Die Grundbegriffe der Analysis und der Funktionentheorie in den Werken Eulers" (Основные понятя математического аналиеза и теории функций в трудах Эйлера)[169] das Verdienst Eulers bei der Entwicklung komplexer Funktionen. Er hob u. a. hervor, dass Euler erkannt habe, dass willkürliche Funktionen, die in den Lösungen elliptischer partieller Differentialgleichungen (Laplace-Gleichung) erscheinen, stetige Funktionen sind, die sich in natürlicher Weise in die komplexe Ebene fortsetzen lassen, während das für die willkürlichen Funktionen bei hyperbolischen partiellen Differentialgleichungen (Gleichung der Saitenschwingung) im Allgemeinen nicht der Fall ist.

---

[167] Auf dem Signet ist das von Engeln umrahmte Wappen von Lausanne dargestellt. Diese werden von einer Berner Minerva beschützt und sollen die Verbreitung der Bousqet'schen Bücher sichern. („Latius sub aegide lucebit", Unter ihrer Schirmherrschaft wird es verbreitet).

[168] Otto Toeplitz, *Die Entwicklung der Infinitesimalrechnung*. Bd. 1 (mehr nicht erschienen). Berlin 1949.

[169] In: Leonhard Euler, Sammlung der Artikel zum 250. Jahrestag der Geburt Eulers. Moskau 1958. (Эйлер. Сборник статей (ред. Лаврентев) Москва 1958, с. 98–132.).

6.4.4 Editorische Bemerkungen zur analytischen Trilogie

> Allein, es ist nicht genug, die Sachen zu wissen, man muß darinn auch einen Habitum und eine Fertigkeit erlangen, nicht nur dergleichen Untersuchungen geschickt anzustellen, sondern auch deutlich vorzutragen. Hierzu wird aber nicht so wohl Anleitung als Zeit erfordert.[170]
>
> LEONHARD EULER an Gerhard Müller, 1754
>
> There is no reason why the same man should like the same books at eighteen and forty-eight.
>
> EZRA POUND (1885–1972).

Bücher haben ihre Schicksale, und das beginnt bereits bei den Manuskripten. Heute wie damals benötigt man Zeit, um Bücher herzustellen. Allerdings ergeben sich aus den Publikationszeiten immer wieder überraschende Einsichten.

Eulers erste Veröffentlichungen aus dem Jahr 1727 bis in die 1730er-Jahre hinein behandelten Themen der mathematischen Physik und setzten Arbeiten aus dem Gedankenkreis seines Lehrers Johann I Bernoulli (1667–1748) fort, Arbeiten zur Analysis folgten seit den 1730er-Jahren. Die erste systematische Zusammenfassung von Eulers analytischen Arbeiten erschien unter dem Titel *Introductio in analysin infinitorum* (Einführung in die Analysis des Unendlichen; E 101–02, 1748) in zwei Bänden bei Bousquet in Lausanne (Abb. 6.27). In diesem Verlag hatte auch Johann Bernoulli seine vierbändige *Opera omnia* (Lausanne und Genf) verlegen lassen, die 1742 erschienen, weitere prominente Autoren waren Voltaire, A. von Haller und I. Newton. Bernoulli schrieb Euler im Dezember 1742, dass seine Werke Friedrich II. (1712–1786) gewidmet seien und dass der Verleger Marc-Michel Bousquet (1696–1762) aus diesem Grund nach Berlin kommen wolle, um dem König das Werk selbst zu überreichen. Euler wollte sich die Gelegenheit nicht entgehen lassen, für seine eifrige Feder einen Verlag zu finden, und bat Daniel Bernoulli um Vermittlung. Dieser brachte Autor und Verleger zusammen, beide trafen sich in Berlin im April 1743 und schlossen Verträge. Euler hatte schon 1738, wie wir einem Brief an seinen Lehrer vom 20. Dezember 1738 entnehmen können, ein fertiges Manuskript für die *Scientia navalis* (Schiffswissenschaft; E 110–11, EO II/18–19), das Bousquet sofort übernehmen wollte. Jedoch waren Euler nach seinem Angebot an Bousquet Bedenken gekommen, dieses von der St. Petersburger Akademie finanzierte Werk ohne deren Zustimmung anderenorts verlegen zu lassen, und in der Tat erschien die *Scientia navalis* schließlich im Jahre 1749 im St. Petersburger Akademieverlag.

Vermutlich reiste aber Bousquet nicht nur mit einem abgeschlossenen Vertrag, sondern sogar bereits mit dem Manuskript der Variationsrechnung aus Berlin ab; ein Brief Eulers an Goldbach vom 21. Mai 1743 und ein Schreiben Daniel Bernoullis an Euler vom 23. April 1743 legen das nahe. Wie dem auch sei, das

---

[170] Brief an Müller vom 27. April 1754 in Zusammenhang mit den Erwartungen an einen frisch zu berufenden Kollegen. In: *Die Berliner und Petersburger Akademie im Briefwechsel Eulers*, Hrsg. Juškevič u. a. Berlin 1959. Bd. 1, S. 51.

Manuskript für den *Methodus inveniendi* (Variationsrechnung; E 65, EO I/24) war im Herbst des Jahres in Lausanne, und Euler reichte noch die beiden berühmten Additamenta nach (siehe Abschn. 6.6, Variationsrechnung). Im September 1743 informierte Daniel Bernoulli aus der Schweiz Euler über den Stand der Vorbereitungen des Drucks.

Inzwischen war offenbar auch das Manuskript der *Introductio* fertig geworden. Denn in einem Brief Eulers an d'Alembert vom 29. September 1748 reagierte Euler auf Kritik von d'Alembert an der Buchausgabe und bemerkte entschuldigend, dass das Buch schon 1745 abgeschlossen worden war. Ähnliches schrieb Euler auch in einem Brief an Goldbach vom 6. August 1748, wobei er diesem auch mitteilte, dass die *Institutiones calculi differentialis* (Differentialrechnung) gleichfalls von Bousquet gedruckt werden sollten. Dazu kam es aber nicht. Zunächst war aber für den Druckbeginn der *Introductio* der Winter 1746 vorgesehen (Brief von Euler an G. Cramer vom 13. August 1746).

Bousquet widmete die *Introductio* zu Eulers völliger Überraschung dem französischen Mathematiker Jean Jacques Dortus de Mairan (1700–1781), dem ständigem Sekretär der Pariser Akademie, und er wertete diese Ehrerbietung sogar mit einem Porträt de Mairans auf – der Verleger war offenbar sehr an Werbung für seine Bücher interessiert. Eine andere Illustration ist interessanter: das Frontispiz. Es zeigt vor einem Portal zwei Damen (Musen), die sich mit Mathematik beschäftigen. Mathematische Bücher und Instrumente liegen zu ihren Füßen, und über dem Portal ist eine Tafel mit der Inschrift „Analyse des infiniment petits" (Analysis des unendlich Kleinen) angebracht,[171] das Portal öffnet sich in eine liebliche Landschaft, in der ein Engelchen schwebt – „the promised land of Analysis". Auch die Vignette am Titelblatt zeigt eine solche Allegorie.

Die Werke Johann Bernoullis nahm der aufgeklärte König Friedrich II. mit Wohlwollen auf, und er schenkte wie üblich Bousquet eine Medaille. Der Verleger hatte in Berlin vermutlich mehr erwartet oder hoffte, die Situation besser ausnützen zu können, denn er fragte bei Euler nach, wie man das Recht zum Tragen eines Degens erwerben könne (Brief vom 28. Juni 1743). Dieser war bei solchen Angelegenheiten für preußische Privilegien sicher keine gute Adresse, und die Sache verlief entsprechend im Sand (wovon übrigens in Preußen, der sogenannten Streusandbüchse des Hl. Römischen Reiches Deutscher Nation, ausreichend vorhanden ist).

Die Interessen des Autors und Verlegers begannen sich zu unterscheiden. Ein Brief Eulers an Gabriel Cramer (1704–1752) vom 15. Oktober 1750 leitete schließlich eine Vertragsauflösung mit Bousquet ein. Euler bezweifelte, dass Bousquet die *Institutiones calculi differentialis* drucken könne, da sich der Verleger mit Jean (Giovanni) Castillon (1708–1791) überworfen habe.[172] Der italienische Mathema-

---

[171] Die Sprache des Buches ist Latein, sodass der Gebrauch des Französischen auffällt. Vermutlich hat der umtriebige Verleger die Druckplatte eines anderen Werkes nochmals verwendet.

[172] Castillion (Giovanni Salvemini da Castiglione) kam 1763 nach Berlin und wurde dort königlicher Astronom und schließlich mit 78 Jahren Direktor der mathematischen Klasse an der Akademie, mithin einer der Nachfolger Eulers.

6.4 Die analytische Explosion

tiker Castillon hatte zur Zufriedenheit des Autors den Druck der *Introductio* durch Bousquet betreut, und er hatte das redigierte Manuskript der *Institutiones* im Sommer 1750 dem Verleger übergeben. Bousquet verzögerte jedoch den Druck (Brief von Castillon an Euler vom 21. August 1750). Da inzwischen der kompetente Castillon nicht mehr für den Druck der *Institutiones* zur Verfügung stand, verlangte Euler daher in einem späteren Brief an Cramer vom 2. November 1751 die Rückgabe des Manuskripts von Bousquet, um es anderswo unterzubringen.

Bereits in seiner Basler Studentenzeit machte Euler weitreichende Pläne, die er in Notizbüchern festhielt und zielstrebig verwirklichte. Im russischen Akademiearchiv befinden sich ein 30-seitiges Manuskript *Calculus differentialis* (Differentialrechnung) und etwa 130 weitere Blätter zu Fragen der Infinitesimalmathematik, ferner wird dort ein Plan für ein Werk über Infinitesimalmathematik in sechs Bänden aufbewahrt (abgedruckt in EO I/29, S. XXXI–XXXVII).

An den Professor der Astronomie Christian Nikolaus Winsheim (1694–1751) in St. Petersburg schrieb Euler, dass er noch nicht erklären könne, wann die Differentialrechnung fertig würde (Brief vom 12. April 1743). 1750 war das entsprechende Manuskript beim Verleger Bousquet in der Schweiz, das sich Euler jedoch wieder zurückgeben ließ. Euler verhandelte seit Herbst 1752 mit der St. Petersburger Akademie, der er pflichtschuldig das Werk mit der Bemerkung anbot, dass dessen erster Teil vom Umfang her der *Scientia navalis* (E 110–11, EO II/18–19) entspräche (Brief vom 26. September 1752). Die Verhandlungen mit der St. Petersburger Akademie liefen über Johann Daniel Schumacher (1690–1761), den Rat der Kanzlei, der unmittelbar antwortete (29. 9./10.10.1752) und die Sache an den Präsident der Akademie Kirill Graf Rasumowski (Кирилл Григорьевич Разумовский, 1728–1803)[173] weiterleitete. Die St. Petersburger Akademie war in dieser Zeit in zwei andere Eulersche Buchvorhaben einbezogen, deren Druck sie finanzierte. Das waren einmal die *Scientia navalis*, die schon 1749 erschien war, und zum anderen die erste Mondtheorie *Theoria motus lunae* (E 187, EO II/23), deren Druck in diesen Tagen lief. Die Zahl der Freiexemplare für Euler lag zwischen 25 und 50. Da die Werke auch als Sonderbände der St. Petersburger *Commentarii* herausgegeben wurden, erhielten die Abnehmer der *Commentarii* und ausgewählte Bibliotheken in Europa, die die Zeitschrift von der Akademie gratis geliefert bekamen, diese Exemplare ebenfalls kostenfrei, auch an alle russischen Gesandten wurden Exemplare geschickt. Damit ergab sich z. B. für die erste *Mondtheorie* (E 187, 1753) eine lange Liste für die Bezieher von Freiexemplaren, die von russischen Diplomaten bis hin zu 35 ausgewählten Wissenschaftlern

---

[173] Rasumowski entstammte einer ukrainischen Kosakenfamilie (ukrainisch: Кирило Григорович Розумовський), von 1750 bis 1764 war er der letzte Hetman der Saporoger Kosaken (aufgelöst durch Katharina II.). Rasumowski studierte in Königsberg, wurde 1740 in den Grafenstand erhoben und war zwischen 1746 und 1798 Präsident der Russischen Akademie der Wissenschaften in Sankt Petersburg.

reichte; unter den Gelehrten befanden sich beispielsweise Daniel Bernoulli, Clairaut, Mecke (Herausgeber der *Acta eruditorum*), Voltaire und Wolff. Die St. Petersburger Akademie bemühte sich ersichtlich um eine weite Verbreitung der Eulerschen Bücher.

Der Druckort beider in Rede stehender Bücher (Mond- und Schiffstheorie) war Berlin. Dort konnte man unter Aufsicht Eulers die Korrekturen des schwierigen mathematischen Satzes am besten vornehmen.[174] Etwa einen Monat nach Beginn des Druckes der Mondtheorie berichtete Euler an Schumacher, dass in Berlin zwei Setzer mit der Arbeit betraut waren und so wöchentlich zwei bis drei Bögen fertig würden:

> „Ich muß auch gestehen, dass ich bisher kaum so schwere algebraische Rechnungen habe drucken lassen, und die Setzer müssen bisweilen des Tages etliche Mal zu mir kommen und wegen der Arbeit nachfragen. Sie sind darüber auch schon so unwillig geworden, wenn ich ihnen nicht ein Trinkgeld versprochen hätte, so hätten sie die Arbeit schon völlig liegen gelassen. Nach diesem Versprechen aber arbeiten sie fleißig und mit Lust." – Brief an Schumacher vom 19. Oktober 1752

Euler schlug der St. Petersburger Akademie als Trinkgeld 5 Rth. [Reichsthaler] vor, denn in solchen Sache rechnete der Mathematiker stets penibel ab; ähnlich war es auch bei russischen Gästen, die er für die Akademie beherbergte. Auch der Druckereibesitzer war unzufrieden gewesen. Hier einigte man sich, und Euler meldete nach St. Petersburg, dass die Herstellung der Mondtheorie mit voraussichtlich 40 Bogen Kosten von etwa 275 Rth verursachen würde.

Unter diesen Umständen ging es mit den *Institutiones calculi differentialis* in St. Petersburg nicht so recht voran, sodass Euler Schumacher im Brief vom 30. Juni 1753 weitere Titel anbot, die er angeblich fertig habe. Euler hatte jedoch in jener Zeit nur die *Institutiones* abgeschlossen. Sein Brief an die St. Petersburger Akademie, in dem er die Druckkosten für die *Institutiones* mitteilte, ging anscheinend verloren, sodass Euler den Kostenvoranschlag abermals schickte: Bei 500 Exemplaren Auflage käme der Bogen auf 3 Rth., insgesamt seien 633 Rth. erforderlich (Brief vom 7. August 1753), die der Druckereibesitzer abschließend auf 760 Rth. für 116 Bogen korrigierte, zuzüglich der 5 Rth Trinkgeld für die Setzer. Im Kondolenzschreiben zum Tode von Schumachers Schwiegermutter teilte Euler Schumacher mit, dass der Druck jetzt beginnen könne (Brief vom 11. September 1753), und der Akademiepräsident Rasumowski erteilte hierzu Anfang 1754 den Auftrag (Brief vom 1./12. Januar 1754).

Euler schickte während des Drucks seiner *Institutiones* in Berlin laufend Korrekturbogen nach St. Petersburg, um so den Fortgang der Arbeiten zu dokumentieren. In einem Schreiben (vom 28.2./13.3.1755) stöhnte der Kanzleirat Schumacher auf:

> „Gott gebe nur, dass Dero [Ihr] Traktat bald möchte zuende sein."

---

[174] Lagrange, Eulers Nachfolger in Berlin, hatte dort seine *Méchanique analytique* geschrieben, diese aber wegen des schwierigen Satzes erst nach seinem Weggang aus Berlin in Paris setzen und drucken lassen.

6.4 Die analytische Explosion

Das war in der Tat der Fall, denn Euler legte wenige Wochen später dem Brief vom 10. Juni 1755 das korrigierte Titelblatt bei, und am 9. Oktober folgte der letzte Bogen. Der Brief vom 26. Juli 1755 ist bemerkenswert, da Euler erwähnte, abschließend noch ein Vorwort von einem oder zwei Bogen zu schreiben, womit die in den *Institutiones* gegebene neue und allgemeine Definition einer Funktion, die sich nicht auf den analytischen Ausdruck bezieht, zeitlich sehr gut festgelegt werden kann.

Das Interesse an den *Institutiones calculi differentialis* war gering. 1761 waren von der ersten Auflage (500 Exemplare) erst 94 verkauft (Brief an Müller vom 29. September 1761), was nicht nur an den durch den Siebenjährigen Krieg (1756–1763) verursachten Schwierigkeiten lag, denn auch bei der fünf Jahre später folgenden Abreise Eulers nach St. Petersburg (1766) war immer noch fast die gesamte Auflage vorrätig. Eine Konsequenz des schleppenden Absatzes war, dass Euler einen anderen Verlag für die 1760 abgeschlossene zweite Mechanik, *Theoria motus corporum* (E 289, EO II/3–4) suchte. Zudem wurde Euler vom Buchdrucker und dem Papierlieferanten gedrängt, die ausstehenden Schulden für die *Institutiones* zu zahlen, die die Schulden der St. Petersburger Akademie waren. Daher drohte Euler in St. Petersburg, die Auflage privat zu vertreiben (Brief an Müller vom 28. Februar 1756) und das Titelblatt so zu verändern, dass die St. Petersburger Akademie nicht mehr erwähnt würde. An Schumacher ging am 4. Mai 1756 ein langer Brief, um zu den ausstehenden Beträgen zu kommen.

Euler hatte 1756 mit der Arbeit „Investigatio pertubationum" (Untersuchungen von Störungen; E 414, EO II/26) erneut einen Pariser Akademiepreis gewonnen, und zunächst benutzte er das Preisgeld, um diese Schulden zu begleichen und die Angelegenheit selbst, um die russische Akademie an ihrer Ehre zu packen (Brief an Schumacher vom 25. Mai 1756). Schließlich wandte sich Euler auch an den Akademiepräsidenten Kirill Grigorewitsch Rasumowski (Кирил Разумовский, 1728–1803), um ihm mitzuteilen: „Je n'ai pas encore reçu de la réponse" (Ich habe noch keine Antwort erhalten, 18. Juli 1756) und rechnete dem Präsidenten die peinliche Angelegenheit vor, sodass ihm im Juli 1756 ein Wechsel zuging, der unter anderen ausstehenden Posten auch die restlichen Druckkosten beglich. Euler rückte nun von seiner wiederholten Klage ab, dass die St. Petersburger Akademie einen sehr großen Unwillen auf ihn geworfen habe (z. B. im Brief an Schumacher vom 4. Mai 1756), und er dankte jetzt nach einer deutlichen Wende für die bezeugte aufrichtige Freundschaft (Brief an Schumacher vom 21. August 1756), nicht ohne dabei über seine Kursverluste im Hinblick auf den Wechsel zu klagen. Eine weitere Gelegenheit, den Präsidenten der Akademie einzubeziehen, bot sich Euler durch die fällige Abrechnung der Unterbringungskosten von St. Petersburger Adjunkten (Semjon Kirillowitsch Kotelnikow, Семен Кириллович Котельников, 1723–1806; Stepan Jakowlewitsch Rumowski, Степан Яковлевич Румовский, 1734–1812). Erwähnenswert ist das in Zusammenhang mit den Unterbringungskosten erfolgte Erstaunen Eulers, dass die St. Petersburger Akademie große Summen für die

Berufung von Ausländern ausgäbe, aber bei der Ausbildung russischer Gelehrter (wie Rumowski)[175] sparen wolle.

Die *Institutiones calculi integralis* waren teilweise in Berlin geschrieben worden, aber das Manuskript wurde letztlich in St. Petersburg abgeschlossen und dort vermutlich für den Druck redigiert, der in der St. Petersburger Akademiedruckerei erfolgte. Euler fasste das Manuskript noch bei guter Sehkraft ab, musste aber die Korrekturen bereits mit mit vermindertem Augenlicht lesen (nach 1768), was sich in der Zahl der Druckfehler bemerkbar machte. An Goldbach schrieb Euler aus Berlin (Brief vom 17. Dezember 1763), dass das Werk (d. h. ein Teil!) schon seit Monaten fertig sei und auf den Druck warte. Man wusste, dass mehrbändige Werke ihre Zeit brauchten, und man wusste in europäischem mathematischen Kreisen auch, dass Euler an einer mehrbändigen Integralrechnung arbeitete. Solche Nachrichten kamen auch einem jungen lernbegierigen Menschen aus der Schweiz zu Ohren, der seinen Landsmann Euler um Erlaubnis bat, das brach liegende Manuskript abschreiben zu dürfen (etwa 1700 Manuskriptseiten), zu welchem Zweck er nach Berlin kommen wollte. Euler stimmte zu. „Ich schreibe mich fast zu Tode", schrieb der junge Mann namens Christoph Je(t)zler (1734–1791) an seine Mutter in der Schweiz. Die fein säuberlich gefertigte Abschrift zierte er noch mit einem selbst gezeichneten Porträt Eulers.

Jezler war von Beruf eigentlich Kürschner, aber durch den Tod des Vaters in gute finanzielle Verhältnisse geraten, sodass er sich einen solchen Aufenthalt zur Verbesserung seiner mathematischen Interessen in Berlin leisten konnte. Die Hinwendung eines Handwerkers zur höherer Mathematik erfreute Euler besonders. Sein Landsmann Jezler studierte nach seinem Berlinaufenthalt Mathematik und wurde schließlich Professor der Mathematik in Schaffhausen am Rhein.

Die Werke der analytischen Trilogie wurden, wie wir sahen, zu Eulers Lebenszeiten zwar teilweise abgeschrieben, aber nicht nachaufgelegt. Jedoch druckte man am Ende des Jahrhunderts eine zweite Auflagen seiner Analysis-Trilogie, und es erschienen französische und deutsche Übersetzungen. Die erste französische Übersetzung (E 101 A, Strasbourg 1786) wurde in der Jenenser Literatur Zeitung 1787 (S. 196–198) rezensiert, und man bemerkte, dass das Thema verdiene, in alle Sprachen übersetzt zu werden. Dabei könne man gleichzeitig die Druckfehler berichten, diese seien in der Übersetzung nicht nur wiederholt, sondern auch vermehrt worden. Der französischen Auflage fügte man die Éloge von Condorcet auf Euler bei. Heute sind die Bände der Trilogie in den *Opera omnia Euleri* (EO I/8–13) verfügbar, zudem bietet auch das Internet Übersetzungen an. Die *Institutiones calculi integralis* erhielten 1794 posthum einen vierten Band, der 28 bereits gedruckte Abhandlungen Eulers enthielt, die in den *Opera omnia* auf andere Bände verteilt wurden, sodass die *Institutiones calculi integralis* in den *Opera omnia* wieder wie zu Eulers Lebzeiten aus drei Bänden bestehen.

---

[175] Rumowski war von 1754 bis 1756 in Berlin und lebte wegen seiner geringen finanziellen Mittel im Hause von Euler. 1761 leitete Rumowski die russische Expedition, die die Venustransition beobachtete.

6.5 Das Problem der schwingenden Saite

> Die Natur hat sich nicht um die Schwierigkeiten der Analysis gekümmert.[176]
> AUGUSTIN-JEAN DE FRESNEL (1788–1827)

6.5.1 Das Vorspiel

Mit der neuen Analysis war man in der Lage, bisher unzugängliche physikalische Aufgaben zu behandeln, insbesondere Bewegungsaufgaben, und sich dabei selbst ingenieurtechnische Auswertungen zu erschließen. Das Gebiet der Analysis bestand zuvor aus analytischen Funktionen und dem Glauben, dass jede Funktion in eine Potenzreihe entwickelt werden könne. Unbesehen der verschiedenen Zugänge zur Analysis stimmte man – wie es Euler 1766 ausdrückte – darin überein, „… dass die Analysis, so wie sie bisher abgehandelt worden ist, nur auf Kurven angewendet werden kann, deren Natur durch eine analytische Gleichung erfasst werden kann."[177] Aber die folgenden Zeilen weisen auf den entstandenen Dissens hin, der durch die Vertreibung aus dem Paradies der Potenzreihen entstanden war: „Es sei jedoch noch nicht an der Zeit, diese Frage zu entscheiden: Wenn die Analysis uns für solche Fälle keine Lösung liefern kann, so werden wir es rechtzeitig bemerken, & daher ist es nicht notwendig, sich bei der Frage zunächst nur auf kontinuierliche Kurven, deren Natur durch eine Gleichung ausgedrückt wird, zu beschränken."

Physikalische Fragen beeinflussten den Gang der Analysis. Das Problem der schwingenden Saite ist ein gutes Beispiel für das entstehende Wechselspiel, denn es trug wesentlich zu einem Paradigmenwechsel in der Analysis bei, kurz gesagt zum Wechsel von Potenzreihen zu trigonometrischen Reihen. Es zeigt zudem die praktische Einstellung des Analytikers Euler gegenüber physikalischen Problemen, der – wie gerade zitiert – durchaus Potenzreihen als einschränkend und für erweiterungsbedürftig ansehen konnte.

Sowohl in der *Introductio* (Bd. 1, E 101) als auch in allen Bänden der *Institutiones* (E 212; 342, 366 und 385) gab Euler wenig physikalische Motivation für seine Darstellung an und nahm auch kaum Anwendungen auf die Geometrie

---

[176] „La nature ne s'est pas embarrassé des difficultés d'analyse" in: *Œuvres complètes* de Fresnel, Ed. H. Snermont, tome 1. Paris 1866, S. 248.

[177] „… que l'analise, comme elle a été jusqu'ici ne seroit être appliquée qu'à des courbes, dont la nature peut être renfermée dans une équation analytique. Mais il ne pas encore tems de décider cette question: si l'analise est incapable de nous fournir une solution pour ces cases, nous ne nous en apercevrons que trop tôt: & partant il n'est pas nécessaire de restreindra d'abord la question aux seules courbes continues, dont la nature est exprimée par quelque équation." – „Eclaircissemens sur le mouvement des cordes vibrantes" (Erklärungen der Bewegung der Saitenschwingungen), in: *Miscellanea Taurinensia* 3 (1762–1765), ersch. 1766, S. 1–26, Zitat S. 4; E 317, EO II/10, S. 377–396.

vor, sondern führte diese Darstellungen im Sinn der reinen Analysis aus.[178] Beim Problem der schwingenden Saite nahm der Mathematiker Euler, anders als der Physiker d'Alembert, jedoch von Anfang an einen praxisorientierten Standpunkt ein. Das Problem hatte Brook Taylor (1685–1731) 1713 in dem Artikel „De motu Nervi tensi" (Über die Bewegung der eingespannten Saite) in den Philosophical Transactions behandelt, und er kam zwei Jahre später in seinem berühmten *Methodus incrementorum* (Methode der Zuwächse, d. h. Differential- und Integralrechnung; 1715) darauf zurück.

6.5.2 Das Problem der schwingenden Saite und d'Alemberts Lösung

Eine zwischen zwei Punkten eingespannte elastische Saite der Länge L wird durch einen Stoß aus der Ruhelage in kleine Schwingungen gebracht. Die in jedem Punkt $P(x, y)$ der Saite erzeugte Kraft $\partial^2 y/\partial s^2$ (in Richtung der Bewegung) ist nach Taylor proportional der Beschleunigung respektive der Krümmung der Saite $\partial^2 y/\partial t^2$. Mit dem Newton'schen Bewegungsgesetz („lex secunda") erhielt er daraus die Bewegungsgleichung für $y = y(x, t)$ ($t =$ Zeit). Bereits Taylor folgerte aus der Periodizität der Lösung, dass die Schwingungen transzendente Kurven sein müssen, also „flache Sinusbögen" sind: $A \sin(n\pi x/L)$. Diese sind isochron, d. h. alle Saitenpunkte haben unabhängig von ihrer Auslenkung aus der Ruhelage (Elongation y) die gleiche Schwingungszeit. Eine solche isochrone Eigenschaft zeigte Christiaan Huygens (1629–1695) für alle Körper, die in einem Gravitationsfeld längs einer Zykloide schwingen (z. B. Zykloidenpendel). Wegen dieser Ähnlichkeit nannte Johann I Bernoulli (1667–1748) die durch eine schwingende Saite erzeugte Kurve die Begleiterin der Zykloide („trochoidis socia"). Taylor stellte zudem fest, dass eine Saite nicht nur in ihrem Grundton, sondern auch in Obertönen schwingt (*Meth. Incr.*, S. 93, siehe hierzu den Abschnitt Interludium in Kap. 3). Diese Eigenschaft nutzte später Daniel Bernoulli (1700–1782) aus, um erstmals mit orthogonalen Funktionensystemen die Lösung zu gewinnen. Zuvor hatte noch sein Vater Johann Bernoulli das Problem in seinem Briefwechsel mit dem Sohn Daniel aufgegriffen, als dieser sich in St. Petersburg befand. Johann Bernoulli selbst ging von einer diskretisierten Saite aus n Massenpunkten aus (als Perlenkette vorstellbar), löste die entsprechende Differentialgleichung (mittels des Arkussinus in Integralform) und kam nachfolgend durch einen Grenzübergang zur homogenen kontinuierlichen Saite („corda musica").

---

[178] Die Diskussion im Vorwort der Differentialrechnung, wie der Schuss aus einer Kanone funktional verstanden werden kann, ist eine der wenigen Ausnahmen, die in diesem Zusammenhang durch die nachfolgende allgemeinere Erklärung einer Funktion interessant wird. Band 2 der *Introductio* ist der analytischen Geometrie gewidmet und betrifft die genannten Sachverhalte nicht; in der Differentialrechnung (Ende des Vorworts) hatte Euler zudem stolz bemerkt, dass das Buch keine Figuren enthält.

6.5 Das Problem der schwingenden Saite

Friedrich II. (1712–1786), König von Preußen, hatte 1746, nach dem Ende des 2. Schlesischen Krieges, dem französischen Gelehrten Jean le Rond d'Alembert (1717–1783) (Abb. 6.28a) das Angebot gemacht, an die neu gegründete Berliner Akademie zu kommen. Der französische Mathematiker akzeptierte die Pension, aber er kam nicht. Jedoch schickte er bahnbrechende mathematische Arbeiten für die Berliner *Mémoires*. Die erste, kürzere Arbeit trug den Titel „Recherches sur la courbe que forme une corde tendue mise en vibrations" (Untersuchungen über die Kurve, die durch die Schwingung einer eingespannten Saite entsteht; Berliner *Mémoires* für 1747)[179] und wurde mit der zweiten, anschließenden und längeren Arbeit „*Suite des Recherches sur la courbe que forme une Corde tenduë, mise en vibration*" (Fortsetzung der Forschung über die Kurve, die eine gespannte, schwingende Saite bildet, Abb. 6.28b)[180] gemeinsam 1749 gedruckt. Damit begannen Auseinandersetzungen um die Schwingungs- oder Wellengleichung, die sich über viele Jahre hinzogen.

Bei dem Problem wurden nur sehr kleine transversale Schwingungen einer eingespannten Saite untersucht, wobei der physikalische Sachverhalt sehr idealisiert werden musste, damit er der mathematischen Behandlung zugänglich war. Taylor hatte 1713 noch mit mechanischen Argumentationen die Schwingungsgleichung abgeleitet, während d'Alembert 1747 bereits ein analytischer Apparat zur Verfügung stand. Diesem folgte Taylor grundsätzlich, wobei die Wellengleichung zunächst nur implizit erschien. Es war nicht so sehr die physikalische Problematik, die das Thema bedeutend machte, sondern der Einsatz des neuen Infinitesimalkalküls, seine Interpretationen und seine Ergebnisse für die Theorie der partiellen Differentialgleichungen. Die Mathematiker des 18. Jahrhunderts, die dem funktionalem Denken in einheitlichen Rechenausdrücken oder unendlichen Reihen verhaftet waren, mithin regelhaften Konzepten folgten, waren noch nicht auf willkürliche Funktionen vorbereitet und führten daher Streitgespräche über die Auffassungen dieser neuen Konzepte.

Bei d'Alembert bedeutet y die Auslenkung der Saite, die von der Zeit t und von der Bogenlänge s (gerechnet vom linken Einspannpunkt) abhängig angenommen wird; $y = y(s, t)$ stellt für einen bestimmten Zeitpunkt t_0 die augenblickliche Gestalt der Saite dar. Für diese Funktion $y = y(s, t)$ benutzte d'Alembert einen neuen Weg, der heute in der Charakteristikentheorie hyperbolischer partieller Differentialgleichungen aufgegangen ist. Damit gab er nun die einschlägige Wellen- oder Schwingungsgleichung

$$\frac{\partial^2 y}{\partial t^2} = c^2 \frac{\partial^2 y}{\partial s^2}, \quad c^2 = \text{konst.} \tag{6.6}$$

an. Die Auslenkung der Saite wird als so geringfügig angenommen, dass für einen beliebigen Saitenpunkt P die Saitenlänge, genommen vom Einspannpunkt A bis zu P, näherungsweise der Abszisse x von P ist, anders ausgedrückt gilt $ds \approx dx$, womit Gl. 6.6 in die uns bekannte Gleichung

---

[179] *Histoire de l'Ac. Berlin* 3 (1747), gedr 1749, S. 214–219.
[180] Ebd., S. 220–249.

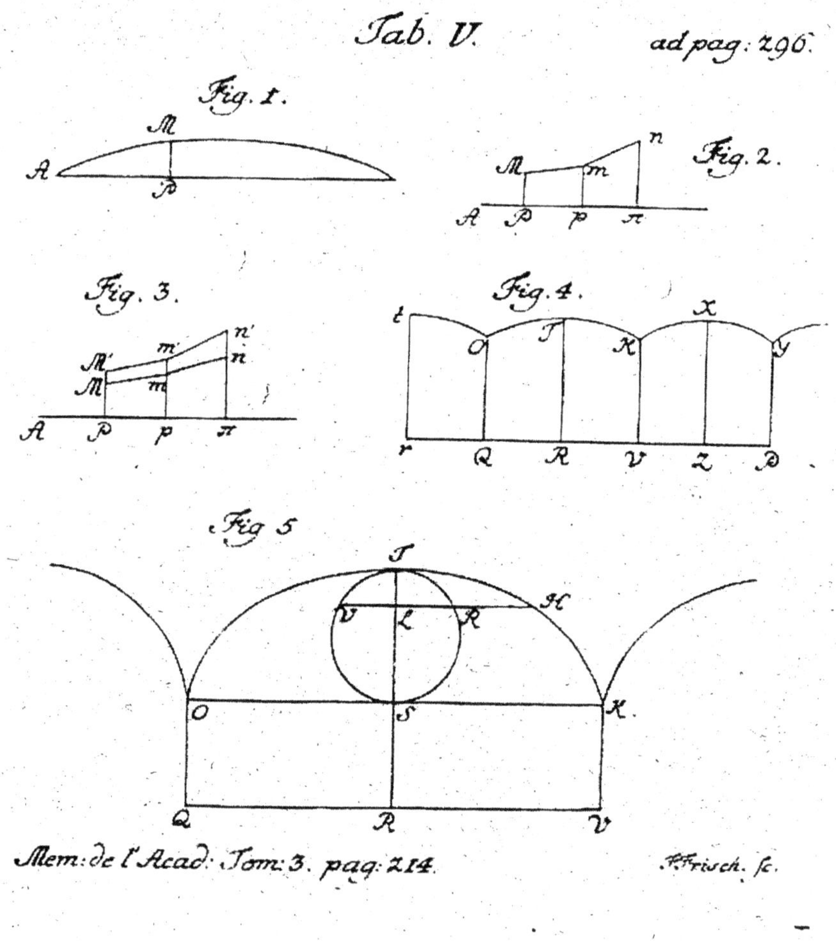

Abb. 6.28 a Porträt d'Alemberts (1717–1783); **b** Abbildungen zu d'Alemberts Arbeit „Recherches sur la courbe" (1747).

6.5 Das Problem der schwingenden Saite

$$\frac{\partial^2 y}{\partial t^2} = c^2 \frac{\partial^2 y}{\partial x^2} \qquad (6.7)$$

übergeht.[181] (Das praktische Symbol ∂ für die partielle Differentiation einer Funktion mit mehreren Variablen wurde erst später eingeführt worden, siehe unten). Als Lösung der Differentialgleichung Gl. 6.6 hatte d'Alembert die Gleichung

$$y = y(s, t) = \Psi(t+s) + \Gamma(t-s), \qquad (6.8)$$

gefunden, in der Ψ und Γ beliebige (aber wenigstens zweimal stetig differenzierbare) Funktionen der Argumente $t+s$ bzw. $t-s$ sind. Geometrisch lassen sich übrigens diese Funktionen Ψ und Γ als gegenläufige Wellen in der Schwingungsebene deuten, die für $x - ct$ bzw. für $x + ct$ um ct Einheiten nach rechts bzw. nach links laufen. Unmittelbar anschließend an diese erste Arbeit d'Alemberts folgte die zweite Arbeit „Suite des Recherches" (Fortsetzung der Untersuchungen).[182]

Nun benutzte d'Alembert die durch das Anfangs- und Randwertwertproblem (Ausgangslage des Schwingungsvorgangs $y = y(s, 0)$) und die Bedingungen des Einspannens $y(0, 0) = y(0, L)$ (L Saitenlänge) gelieferten Bedingungen, um weitere Eigenschaften der Lösungsfunktion (Gl. 6.8) zu ermitteln, die er gemäß der allgemeinen Überzeugung als analytisch, d. h. mit Potenzreihenentwicklung, voraussetzte. Zunächst fand er, dass $\Gamma(t - s) = -\Psi(t - s)$ ist, womit sich Gl. (6.8) als Funktion in Ψ allein schreiben lässt. Schließlich erweist sich die Funktion Ψ als eine periodische Funktion mit der Periodenlänge $2L$, womit die d'Alembert'sche Lösung auf die Form

$$y = y(t, s) = \Psi(t+s) - \Psi(t-s) \qquad (6.9)$$

gebracht werden kann. Außerdem ist Ψ in $0 < s < L$ eine gerade Funktion ($\Psi(s) = \Psi(-s)$), die d'Alembert als „courbe génératrice" (erzeugende Kurve) bezeichnete. Er ging davon aus, dass diese gerade analytische Funktion Ψ eine Potenzreihe der Art[183]

$$\Psi = c_0 + c_2 s^2 + c_4 s^4 + \cdots \qquad (6.10)$$

aufweist, also lediglich geradzahligen Potenzen haben wird. Bereits diese Annahme (Gl. 6.10) schränkt die physikalischen Möglichkeiten erheblich ein, was erstaunlicherweise der Physiker d'Alembert zeitlebens nicht einsah. Die Taylor'sche Lösung $\psi = \sin(\pi x/L)$ befriedigt Gl. 6.7 und ist physikalisch sinnvoll, wenn man den Sinus in $(-L, 0)$ gerade und weiterhin mit der Periode $2L$ fortsetzt – aber diese Funktion Ψ kann nicht als Potenzreihe in der Form von Gl. 6.10 dargestellt werden. D'Alembert übersah die Möglichkeit einer Fortsetzung von Ψ auf

---

[181] Euler leitete die Schwingungsgleichung für $y = y(x, t)$ ab, was letztlich wegen $ds \approx dx$ keinen Unterschied macht, uns aber die Möglichkeit bietet, die d'Alembert'schen und Eulerschen Formeln sowie die damit verbundenen Überlegungen einfach zu unterscheiden.
[182] *Histoire de l'Ac. Berlin* 3 (1747), gedr 1749, S. 220–249.
[183] „$\Psi(s)$ doit être une fonction paire de s." – *Histoire de l'Ac. Berlin* 3 (1747), S. 218.

$-L < s < 0$, beispielsweise eine in $0 < s < L$ durch $a_1 s + a_2 s^2 + a_3 s^3 + a_4 s^4 + \cdots$ erklärte Funktion in $-L < s < 0$ beliebig zu ergänzen, also beispielsweise durch $a_1 s - a_2 s^2 + a_3 s^3 - a_4 s^4 + \cdots$ fortzusetzen. (Man findet leicht geometrische anschauliche Möglichkeiten.)

Aus Gl. 6.9 erhielt d'Alembert nun die Geschwindigkeit

$$\frac{\partial y}{\partial t} = \frac{\partial \Psi(t+s)}{\partial t} - \frac{\partial \Psi(t-s)}{\partial t},$$

mithin für $t = 0$ die Anfangsgeschwindigkeit

$$\left(\frac{\partial y}{\partial t}\right)_{t=o} = 2\frac{\mathrm{d}\Psi(s)}{\mathrm{d}t} = 2\Psi'(s) \qquad (6.11)$$

Wegen $\Psi(s) = \Psi(-s)$ bzw. wegen Gl. 6.10 ist die Ausgangsgeschwindigkeit eine ungerade Funktion und besitzt folglich die Form $c_1 s + c_3 s^3 + c_5 s^5 + \ldots$ Auch diese Reihenform ist eine physikalische Einschränkung, deren Konsequenz d'Alembert nicht einsah und mit Euler heftig diskutierte. Wir lesen bei d'Alembert sogar:

> „Wenn die Funktion von s, die diese Anfangsgeschwindigkeit ausdrückt, keine ungerade Funktion von s ist, dann wäre das Problem unmöglich."[184]

Noch zwei Anmerkungen. Von d'Alembert wird aus Gl. 6.10 die Taylor'sche sinusförmige Lösung gefolgert:

$$y(s,t) = A \sin\frac{nt}{L} \sin\frac{ns}{L}.$$

Die d'Alembert'sche Anfangsbedingung wird so angegeben: Zur Zeit $t = 0$ befindet sich die Saite in Ruhelage ($y = (x, 0) = 0$) und wird aus dieser Lage durch einen Stoß in die Form gebracht, aus der heraus sie dann ihre Schwingung beginnt. Das ist denkbar, aber experimentell kaum praktizierbar. Dieser „spektakuläre" Anfang war möglicherweise von d'Alembert so gedacht, dass er aus einer Basislage heraus zeigen wollte, dass es unendliche viele Lösungen des Problems gibt (je nach der durch den Stoß erreichten Lage). Übrigens hatte d'Alembert die Wellengleichung Gl. 6.6 bzw. 6.7 noch nicht aufgeschrieben, sondern er arbeitete mit dem totalen Differential der Lösungen. Ein solches Vorgehen entspricht etwa der heutigen Charakteristikentheorie. Mit dieser untersuchte Gaspar Monge (1746–1818) (Abb. 6.29) unter Benutzung von Berührungstransfomationen auf anschaulicher geometrischer Grundlage partielle Differentialgleichungen.

---

[184] „Si la fonction de s, qui exprime cette vitesse initiale, n'etait pas une fonction impaire de s, le problème seroit impossible." – Das Problem ist in dem Fall nicht korrekt gestellt, also auch nicht lösbar!

Abb. 6.29 Gaspard Monge
(1746–1818)

6.5.3 Eulers Beitrag

Bereits wenige Monate später erschien im nächsten Band der Berliner *Mémoires* für 1748 (gedruckt 1750) von Euler die Arbeit „Sur la vibration des cordes" (Über Saitenschwingungen; E 140, EO II/10), der eine vorausgegangene lateinische Abhandlung mit dem Titel „De vibratione cordarum" (Über Saitenschwingungen; E 119, EO II/10) zugrunde lag, die Euler 1748 in der Berliner Akademie vorgetragen und in den *Leipziger Acta* veröffentlicht hatte.[185] Da Eulers und d'Alemberts Arbeiten sich auf den ersten Blick nur geringfügig unterscheiden, ist die Tatsache in Rechnung zu stellen, dass Euler als Direktor der Mathematischen Klasse der Berliner Akademie d'Alemberts Veröffentlichung etwa 1747 auf seinem Schreibtisch hatte.[186] Aber es ist unwahrscheinlich, dass Euler hier plagiierte, denn Derartiges ist von ihm nicht bekannt. Euler war ein sehr kreativer Mathematiker. Jedoch erschien ihm offenbar d'Alemberts Thema wichtig und regte ihn zur

---

[185] Der preußische König las kein Latein, sodass sein Akademiejournal französisch geschriebene Abhandlungen enthielt. Euler publizierte daher lateinisch in den Petersburger *Commentarii* und in Ausnahmefällen in den *Leipziger Acta eruditorum*. Diese Sprachaufteilung beeinflusste auch die Thematik der Arbeiten (z. B. Zahlentheorie eher in Petersburg, da solche Themen den preußischen König gar nicht interessierten).

[186] In der Sitzung der Akademie am 12. Januar 1747 wurde notiert: „Mr Euler a donné le précise de quelque Pièces envoyées à l' Académiepar Mr d'Alembert" (Herr Euler gab die Einzelheiten einiger Arbeiten bekannt, die Herr d'Alembert an ihn geschickt hatte). Die Titel der Arbeiten werden nicht aufgeführt, aber in den nächsten Monaten referierte Euler einige dieser Schriften d'Alemberts. – *Registres de l'Academie*, 1746–1766. Berlin 1957.

Bearbeitung an, was man ihm nicht vorhalten kann,[187] zumal er die Urheber respektierte und nannte. Die praktizierte großzügige Haltung gegenüber Lagrange, der den Formalismus der Variationsrechnung erkannt hatte, ist ein Paradebeispiel seiner Kollegialität. Eulers Definition des Problems steht übrigens auf Seite 70 seiner ersten Arbeit zum Problem, „Sur la vibration".[188]

Zwei Dingen fallen gleich auf, in denen sich Euler von d'Alembert unterscheidet: zum einen – und das ist gravierend – ging Euler von einer beliebigen (!) physikalisch möglichen Anfangslage $f(x)$ der Saite aus (wobei er allerdings die Anfangsgeschwindigkeit der Saite als null voraussetzte, also $\partial y(x, 0)/\partial t = 0$[189]; „on lui donne une figure quelconque, qui ne differe cependant de la droite qu'infiniment peu" – man gibt eine beliebige Kurve vor, die sich jedoch von der Geraden nur unendlich wenig unterscheidet), und zum andern, was weniger wiegt, bezieht Euler die Auslenkungen der Schwingungskurve auf die Koordinate x der Raumachse und nicht wie d'Alembert auf die Saitenlänge s.

Auch Euler kam auf eine Lösung der Differentialgleichung Gl. 6.7 von der d'Alembert'schen Art:

$$y = y(x,t) = f(x+ct) + \varphi(x-ct), \tag{6.12}$$

und die Auswertung der vorgegebenen Randbedingungen (feste Randwerte) und der Ausgangslage führten auch bei Euler schließlich auf

$$y = y : (x,t) = f : (x+ct) + \varphi : (x-sct), \tag{6.13}$$

bzw. (Seite 79)

$$y = y(x,t) = [f(x+ct) + f(x-ct)]/2; \tag{6.14}$$

Er bemerkte „La question mecanique proposée se réduit donc à ce problème analytique" (Die vorgeschlagene Frage der Mechanik reduziert sich damit auf ein analytisches Problem, ebd. S. 75).

Für $t=0$ ergibt sich die Ausgangslage der Saite $y(x, 0) = f(x)$. Ganz im Gegensatz zu d'Alembert war Euler nicht der Ansicht, dass $f(x)$ eine analytische Darstellung haben muss, sondern da $f(x)$ jede mögliche physikalische Anfangslage darstellen soll, wird $f:(x)$ eine beliebige Funktion sein, die zwar mathematischen Operationen wie Differenzieren u. a. zulässt, aber so allgemein bleiben wird, dass sie die Ausgangslage $y:(x, 0) = f:(x, 0)$ realisieren kann. Da die Funktion nicht mehr analytisch sein muss, machte Euler das durch die Schreibweise $f:(x)$ deutlich.

In seiner von der Petersburger Akademie gekrönten Preisschrift *Mémoire sur la nature des fonctions arbitraires* (Über die Natur willkürlicher Funktionen, 1791) erwähnte Louis François Antoine Arbogast (1759–1803) Eulers Rolle:

---

[187] Zum Beispiel V. Raman in seinem Artikel „The D'Alembert-Euler-Rivalery", in: *The Mathematical Intelligencer* 7, 1 (1985); S. 35–41, Zitat S. 37 f.

[188] „Sur la vibration", in: *Histoire Berlin* (1748), S. 69–85; EO II/10, S. 50–77.

[189] Kleine Anfangsgeschwindigkeiten lassen sich experimentell schlecht verwirklichen, zumal die Elongation der Schwingung infinitesimal ist.

6.5 Das Problem der schwingenden Saite

„Herr Euler hingegen hatte die kühne Idee, diese [Lösungs]Kurven keinen Gesetzen zu unterwerfen, und er war der erste, der sagte, dass sie willkürlich, unregelmäßig und diskontinuierlich[190] sein könnten, das heißt, sie könnten durch Zusammensetzen mehrerer Intervalle mit unterschiedlichen Kurven gebildet werden oder durch die freie Bewegung einer Hand, die sich ohne Gesetz im Raum bewegt, gebildet werden."[191]

Damit kommt als Ausgangslage auch eine mit freier Hand gezeichnete Kurve H infrage, deren Form von „unseren freien Willen abhängt". Durch diese Kurve H wird jedem x eine Auslenkung $f:(x)$ zugeordnet, wobei die Zuordnung f: nicht durch einen analytischen Ausdruck, sondern auch punktweise durch Zeichnen erfolgen könnte. In jedem Fall lässt sich die Veränderung der Saite zu einem bestimmten Zeitpunkt $t > 0$ aus der Anfangslage AMB punktweise konstruieren (siehe Abb. 6.28b, Fig. 3, vgl. auch Abb. 6.30). Bei diesem geometrischen Verfahren benutzt man Gl. 6.11 bzw. 6.14, die nach rechts bzw. nach links laufenden Wellen $f(x+ct)$ bzw. $f(x-ct)$ der d'Alembert'schen bzw. Eulerschen Lösungen Gl. (6.8, 6.10 bzw. 6.11, 6.14). Will man die Auslenkung für einen beliebigen Punkt M der Saite mit der Abszisse $AP = x$ haben, so trägt man auf der Achse $bAPBa$ in P nach rechts bzw. nach links $PQ = ct$ und $Pq = -ct$ ab. Dann ist gemäß Gl. (6.11) die Lage m von M zur Zeit $t > 0$ durch das arithmetische Mittel (Figur 2) gegeben;

$$Pm = (QN + qn)/2 \tag{6.15}$$

QN und qn sind die Ordinaten von H jeweils für Q und q.

Aus physikalischen Gründen akzeptierte Euler solche Anfangslagen der Saite, die mechanisch möglich sind (siehe am Kapitelanfang das Motto von Fresnel, 1788–1827, aus dem Jahre 1816). Er war bereit, auf die rechnerische Behandlung der Saitenschwingung zu verzichten und den Verlauf der Schwingung geometrisch zu veranschaulichen sowie zu konstruieren. (Natürlich erlaubt eine geometrische Konstruktion der Lösung mit geeigneten Mitteln letztlich auch eine rechnerische Behandlung.) Weshalb gab Euler das Konzept des einheitlichen analytischen Ausdrucks auf? Der analytische Ausdruck war zuvor Eulers (algebraisches) Leitmotiv

---

[190] Diskontinuierliche Funktionen, auch irreguläre oder gemischte Funktionen genannt, sind alle Funktionen, die nicht kontinuierlich sind, d. h. es sind Funktionen, die nicht durch *ein* einheitliches Gesetz (Gleichung, analytischer Ausdruck usw.) beschrieben werden können. Sie bestehen also aus mehreren einzelnen Funktionen(-stücken) oder ihnen entspricht sogar ein Graph, der mit freier Hand gezogen wurde. Mit freier Hand gezeichnete Kurvenstücke können natürlich Teile enthalten, die einer formelmäßigen Darstellung fähig sind oder mechanisch im Sinn von Descartes erzeugt werden.

[191] „M. Euler au contraire eut l'idée hardie de n'assujettir ces courbes à aucune loi, & il a dit le premier, qu'elles pouvoient être quelconques, irrégulières & discontinues, c'est-à-dire ou formées de l'assemblage de plusieurs portions de courbes diffrérentes, ou tracées par le mouvement libre de la main qui se meut sans loi dans l'espace." – *Mémoire sur la nature.* Petersburg 1791, S. 4. Arbogast bezieht sich auf Eulers Arbeit „De usu functionum discontinuarum in analysi" (Über die Verwendung unstetiger Funktionen in der Analysis; E 322, EO I/15; 1765); Euler selbst „discontinuas seu nexu continuitatis destitutas", diskontinuierlich oder ohne Kontinuität).

Abb. 6.30 Die Abbildungen (Figuren 1 bis 3) zu Eulers Arbeit „Sur la vibration" (1758)

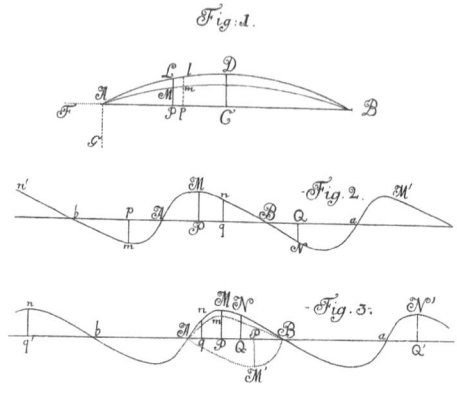

in der Analysis, aber die Einheitlichkeit wurde durch die physikalische Wirklichkeit infrage gestellt. Denn bereits die gezupfte Saite, ein musikalisch selbstverständlicher Vorgang, entzieht sich der Darstellung durch Potenzreihen, also durch einen einheitlichen analytischen Ausdruck! Ähnliches gilt in der geometrischen Optik (Strahlenverlauf bei Spiegelung oder Brechung) oder Thermodynamik (idealisierte Temperatursprünge).

Ein Rezensent der *Nouvelle Bibliothèque Germanique* hob 1750 in der Besprechung der Eulerschen Arbeit hervor, dass der Autor diesen Stoff mit Sorgfalt behandelt habe, wobei er sich auf unendlich kleine Schwingungen, wie etwa bei gemeinen Trochoiden,[192] die bis ins Unendliche verlängert werden, beschränkte („vibrations comme réguliéres trochoïde prolongée à l'infini", Schwingungen in der Form von regelmäßigen Trochoiden, die sich bis ins Unendliche erstrecken).[193] Dann kam er auf folgende Grundaufgabe, die Eulers Fragestellung umfasst:

> „Daraus ergibt sich die folgende Frage, die alle Forschungen von Herrn Euler in dieser Abhandlung einschließt: Wird eine Saite einer gegebenen Länge und Masse durch eine Kraft oder ein gegebenes Gewicht gedehnt, so kommt sie aus der waagerechten Lage in eine beliebige Form, die sich jedoch nur unendlich wenig von der geradlinigen Form unterscheidet; man lasse sie dann ganz plötzlich los. Bestimmen Sie den vollständigen Schwingungsverlauf, der sich ergeben wird."[194]

---

[192] Rollkurve (Zykloide) durch Abrollen eines Rades auf einer Geraden; bei der der erzeugende Punkt P inner- oder außerhalb des des Radius r der Rollkreises liegt; je nach der Lage von P wird der Name der Zykloide ergänzt. In der antiken Astronomie von Bedeutung (siehe Abb. 6.41). Die in der Astronomie benutzten Zykloiden approximieren bzw. führen letztendlich durch Grenzübergang geometrisch auf die exakte Bahnkurve.

[193] *Nouvelle Bibliothèque Germanique* 7 (1750), S. 33–34.

[194] „De-là naît la question suivante, qui comprend toutes les recherches de Mr. Euler dans ce Mémoire. Si une Corde d'une salonguer et d'une masse donnée est tendue par une force, ou un

6.5 Das Problem der schwingenden Saite

Dieses Randwertproblem wäre vollständig, wenn Euler neben der Anfangslage auch eine Anfangsgeschwindigkeit $v(0) > 0$ der Saite in Betracht gezogen hätte. Solche definierte Anfangsstöße wären aber, wie bereits betont, physikalisch kaum zu verwirklichen gewesen, und sie hätten auch beschränkt werden müssen, da nur sehr kleine Auslenkungen betrachtet wurden. Also wählte Euler wohl von vornherein $v_0(x) = \partial y(x, 0)/\partial t = 0$. Der physikalisch orientierte Daniel Bernoulli ließ später übrigens gleichfalls die Anfangsgeschwindigkeit weg. In der *Nouvelle Biblithèque Germanique* heißt es dazu anschaulich:

> „Alles hängt von der ersten Schwingung ab, diese erste Schwingung selbst hängt von unserem Wohlgefallen ab, da wir der Saite vor dem Loslassen jede [stetige] Form geben können. Das bedeutet, dass die Schwingungen derselben Saite unendlich variieren können, weil man der Saite zu Beginn der Bewegung eine beliebige Figur geben kann."[195]

In der Geometrie kommt es nicht wie in der Analysis auf allgemein-logische Schlüsse der Art „für alle x" an, sondern man betrachtet eine bestimmte gegebene oder konstruierte Figur. In der Regel werden die Konstruktionen in mehreren Schritten ausgeführt. Kurven, die aus verschiedenen konstruierten Teilen zusammengesetzt wurden („discontinua"), sind daher in der Geometrie sachgemäß. Das stellte Euler gleich in den ersten Paragraphen (§§ 6–15) des zweiten Bandes der *Introductio* fest, und dieser Sachverhalt spiegelt sich auch bei den Funktionen wider! Es gibt neben dem analytischen Ausdruck bzw. den kontinuierlichen Funktionen auch diskontinuierliche Funktionen. Bei den Untersuchungen der krummen Linien kann man (aus Eulers analytischer Sicht!) von den Arten der Funktionen ausgehen, deren Einteilung hierfür ein guter Leitfaden ist (*Introductio,* Bd. 2, §§ 13, 47).

Nachdem Euler eine allgemeine Lösung der Wellengleichung angab, widmete er sich einigen Sonderfällen. Der von ihm betrachtete Ausdruck ist (ebd., S. 84)

$$[y] = PM = \alpha\sin\frac{\pi x}{L} + \beta\sin\frac{2\pi x}{L} + \gamma\sin\frac{3\pi x}{L} + \cdots \tag{6.16}$$

Wenn also Gl. 6.16 die Anfangsform einer in Rede stehenden Kurve ist, dann geht sie nach der Zeit $t > 0$ in

$$y = \alpha\sin\frac{\pi x}{L}\cos\frac{\pi ct}{L} + \beta\sin\frac{2\pi x}{L}\cos\frac{2\pi ct}{L} + \gamma\sin\frac{3\pi x}{L}\cos\frac{3\pi ct}{L} + \text{etc} \tag{6.17}$$

über (ebd, S. 85).

Auch in der Mechanik ist das ähnlich. Von Aristoteles (384–322 v. Chr.) bis zu Niccolò Tartaglia (1499/1500?–1557) setzte man z. B. die Flugbahn eines ge-

---

poids donné, qu'au lieu de la situation droite on lui donne une figure quelconque qui ne différe cependant de la droit qu'infiniment peu, et qu' ensuite on la lâche tout-a-coup; déterminer le mouvement vibratoire total, dont elle sera agitée." – Ebd., S. 34. Hier verzichtete Euler (wie später auch D. Bernoulli) aus pragmatischen Gründen auf eine Anfangsgeschwindigkeit.

[195] Tout dépend de la premiére vibration, & cette première vibration dépend elle-même de notre bon-plaisir, puisqu'on peut, avant que de lâcher la corde, lui donner une figure quelconque; ce qui fait que le mouvement vibratoire de la même corde peut verier à l'infi, suivant qu'on donne à la corde telle figur, au commencement du mouvement. Band 7 (1750), S. 33–34, Zitat S. 33.

worfenen Körpers aus drei Kurven zusammen: zunächst eine aufsteigende gerade Linie, dann eine gekrümmte Kurve, die den Übergang zur senkrechten Geraden für den freien Fall liefert.[196] In der Optik finden wir derartige Fälle bei Spiegelungen oder Brechungen. Hier zeigt sich die praktische Sicht Eulers, die auch der Geometrie oder Physik Rechnung tragen wollte. Während bei einem allgemeinen Funktionsbegriff die geometrische Veranschaulichung vorteilhaft sein kann, wie es die obige Konstruktion Gl. 6.15 zeigt, rechtfertigt erst die analytische Beziehung Gl. 6.14 die Konstruktion Gl. 6.15, indem sie ausnützt, dass sich eine Lösung aus zwei gegenläufigen Wellen zusammensetzt. Wenn eine mit freier Hand gezogene **willkürliche** Kurve H die Überlegungen bestimmt, so sind zwangsläufig für jedes x die durch entsprechende Kurve H zugewiesenen Werte $f:(x)$ bekannt, sodass eine geometrische Konstruktion begleitend approximativ oder rechnerisch ausgeführt werden könnte (wie es bei Messkurven geschieht).

In seiner Leipziger Antrittsrede 1886 wies der Professor für Geometrie Sophus Lie (1842–1899) darauf hin, dass der Funktionsbegriff zwei Wurzeln hat: eine geometrische und eine arithmetische.[197] Die geometrischen und die arithmetischen Wurzeln des Begriffs werden durch die Idee der analytischen Geometrie zwei Seiten einer Sache; es kann vorteilhaft sein, die eine oder die andere Art zu benutzen. Es ist bemerkenswert, dass Euler das Aufgeben der analytischen Berechnung einer Funktion und deren Repräsentation durch eine geometrische Darstellung auch in der Bezeichnung der Funktion sichtbar macht: er schrieb jetzt $f:(x)$ anstelle von $f(x)$; der Doppelpunkt besagt, dass es einen funktionalen Zusammenhang gibt, der sich nicht (oder noch nicht) durch einen analytischen Ausdruck erfassen lässt. Aus geometrischer Sicht handelt es sich hier um Kurven, deren Natur sich (noch) nicht durch Gleichungen beschreiben lässt. Aber solche Kurven können mithilfe des physiologischen Konstruktionsinstruments menschliche Hand gezeichnet und damit dargestellt werden. Das Zeichnen wird als willkürlich angesehen. Damit sind die erzeugten Kurven beliebig und auch die diesen Kurven entsprechenden Funktionen. Erstmals sprach Euler in diesem Sinn von allgemeinen Funktionen in den Arbeiten „De infinitis curvis" (Über unendliche Kurven) und dem zugehörigem „Additamentum" (Zusatz) (E 44–45; EO I/22), die in den St. Petersburger *Commentarii* für 1734/35 (gedruckt 1740) erschienen. In diesen bereits 1734 vorgetragenen Arbeiten wird übrigens das Funktionszeichen $f(x)$ eingeführt, aber noch nicht auf $f:(x)$ spezifiziert (Abb. 6.31). Die Beklammerung des Arguments x war erforderlich, da die in Rede stehenden Argumente linear ausfielen und somit der Argumentbereich der Funktion zu erläutern war. Später empfand Euler diese Hervorhebung des Arguments als schlechthin praktisch bei einer Funktion. Die alte Bezeichnung Eulers für Funktionen fx wird heute in der Schreibweise von Operatoren bewahrt, und sie wird bei linearen Ausdrücken usw. für Argumente

---

[196] Die Beschreibung der Flugbahn ist nicht so falsch, wie es uns auf den ersten Blick erscheint. Lässt man den gekrümmten (infinitesimalen) Verbindungsteil weg und denkt das Aufsteigen und den freien Fall in infinitesimalen Zeitintervallen, so führen die so konstruierten Punkte bei fehlendem Luftwiderstand auf die bekannte Wurfparabel.

[197] Den Sachverhalt hat O. Toeplitz in seinem Buch *Entwicklung der Infinitesimalrechnung* (Berlin 1949) ausführlicher erörtert (S. 123 ff.); wir gehen darauf nachfolgend ein.

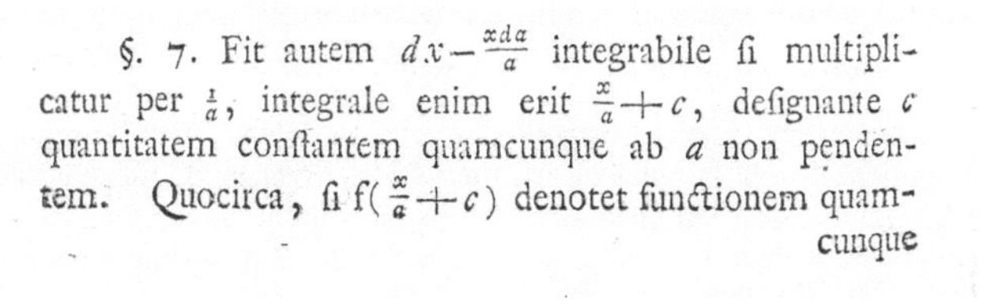

> §. 7. Fit autem $dx - \frac{xda}{a}$ integrabile fi multiplicatur per $\frac{1}{a}$, integrale enim erit $\frac{x}{a} + c$, defignante c quantitatem conftantem quamcunque ab a non pendentem. Quocirca, fi $f(\frac{x}{a} + c)$ denotet functionem quamcunque

Abb. 6.31 Einführung der Standardbezeichnung $f(x)$ für eine Funktion f durch Euler in der Arbeit „De infinitis curvis" (1740, E 44), veranlasst durch die Beklammerung eines linearen Ausdruck $x/a + c$ als Argument von f

durch Beklammerung eindeutig gemacht. (Siehe auch die Auffassung von Sophus Lie in seiner gerade genannten Antrittsrede in Leipzig.)

6.5.4 Kontroverse Auffassungen

Bei d'Alembert finden wir eine andere Haltung, denn er verlangte aus mathematischen, nicht aus physikalischen Gründen, einschränkende Bedingungen (beispielsweise für die Fortsetzung der Anfangslage über das betrachtete Intervall hinaus und anders mehr). Anderenfalls wäre für ihn das Problem unlösbar („le problème seroit impossible"). Er war der Ansicht, dass die Mathematik hier an die Grenzen ihrer Leistungsfähigkeit gekommen sei, „la nature même arrête le calcul" (die Natur selbst stoppt die Rechnung)! Eine Saite zu zupfen ist eine übliche musikalische Spielweise,[198] die aber zu einer Spitze (Ecke) in der Ausgangslage führt. Damit kann eine solche Ausgangslage der Saite nicht mehr durch *einen* differenzierbaren analytischen Ausdruck (Potenzreihe) erfasst werden. Es überrascht also nicht, dass d'Alembert solche gezeichneten Kurven als Objekt strikt ablehnte.

Während das formelhafte Skelett in d'Alemberts und Eulers Darlegungen weitgehend übereinstimmt, ist der entscheidende „faux ami" der Begriff *Funktion*. D'Alembert verstand hierunter immer eine Funktion mit Potenzreihenentwicklung (analytische Funktion) oder mindestens eine durch eine Gleichung ausgedrückte Funktion, während Euler sich davon löste und in Hinblick auf physikalisch mögliche Anfangslagen der Schwingung bereits eine graphisch gegebene (stetige) oder eine gezeichnete Kurve als Graph einer Funktion akzeptierte.

Ein physikalisch berechtigtes Argument von d'Alembert gegen Funktionen mit Ecken oder Spitzen bei der Auslenkung einer Saite war, dass in einer Ecke keine eindeutige Ableitung definiert ist und dass folglich dort keine Differentialgleichung

---

[198] Die Pizzicato-Polka, von den Brüdern Johann und Josef Strauss komponiert, ist eine Polka, die diese Spielweise bereits im Titel trägt. Das Werk wurde 1869 in Pawlowsk in Russland erstmals aufgeführt. – Nach Hermann von Helmholtz (1821–1894) bewegt sich eine gezupfte Violinsaite in dieser Weise: die Ecke wandert im Kreis auf Parabelbögen ober- bzw. unterhalb der x-Achse, die durch die Endpunkte der Saite gehen. Die Saitenschwingung ergibt sich durch geradlinige Verbindungen der Endpunkte der Saite mit der sich bewegenden Ecke.

erklärt sein kann.[199] Hier setzte d'Alemberts Kritik ein, die er 1750 in einem Zusatz „Addition au Mémoire" zu seinen Arbeiten so formulierte:

> „Dieser große Geometer [Euler] bemerkt, dass die zu Beginn ihrer Bewegung von der Saite angenommene Kurve die gleiche ist, die ich die Erzeugende [génératrice] genannt habe. Aber ich glaube, dass ich hier warnen muss aus Furcht, dass einige Leser den Sinn seiner Worte missverstehen. Es genügt nämlich nicht, die Anfangskurve ober- und unterhalb der Achse anzuordnen, um die erzeugende Kurve zu erhalten; es ist vielmehr notwendig, dass diese Kurve den Bedingungen genügt,[200] die ich in meiner Denkschrift aufführte, d. h. wenn man als Gleichung der Anfangslage $y = \Sigma$ annimmt, dann muss notwendig Σ eine ungerade Funktion von s und mit $2L$ periodisch sein. Im jedem anderen Fall wird sich das Problem nicht lösen lassen, jedenfalls nicht mit meiner Methode, und ich weiß nicht, ob es nicht überhaupt die Kräfte der bisher bekannten Analysis übersteigt."[201]

Eulers Auffassung, deren Funktionsbegriff auch mehrwertige Funktionen zuließ (z. B. rechts- und linksseitig verschiedene Ableitungen in Ecken), war durch diesen Einwand nicht wirklich betroffen, denn die Berechnung der Ableitung in einem Punkt erfolgte seinerzeit einseitig.[202] Die durchgängige Gültigkeit der Differentialgleichung bzw. die einer approximierten Differentialgleichung in solchen Eckpunkten hätte der praktische Euler auch durch eine geringfügige (= infinitesimale) Abrundung der Ecke in der Ausgangslage erreichen können (heute als „mollifying", besänftigend, bezeichnet). Dieser Einwand d'Alemberts führte jedoch in der Funktionalanalysis wegen entsprechender moderner Standards zur Theorie der schwachen Lösungen. Gemeint ist damit, dass man die entsprechende partielle Differentialgleichung in eine integrale Form bringt, in der keine Ableitungen der

---

[199] Erwin Christoffel (1829–1900) zeigte in einer Arbeit „Untersuchungen über die mit dem Fortbestehen linearer partieller Differentialgleichungen verträglichen Unstetigkeiten" in den *Annali di Matematica* VIII (1876), S. 81–112 = *Ges. Math. Abhandlungen*, Bd. 2, S. 51–80, dass die Differentialgleichung auch in diesem Fall gültig ist.

[200] Wenn man die Schwingungen einer in einem endlichen Intervall eingespannten Saite auf ein unendliches Intervall erweitert, dann verschwinden übrigens alle analytischen Forderungen von d'Alembert (bis auf die der Differenzierbarkeit).

[201] „Ce grand Géométre observe, comme je l'ay fait art. XXVIII. de mon Mémoire, que la courbe formée par la corde commencement de son mouvement est la même courbe que j'ay appelée *génératrice*. Me je croix devoir avertir ici, de crainte que quelques lecteurs ne prennent mal le sens de ses paroles, que pour avoir cette courbe génératrice, il ne suffit pas de transporter la courbe initial alternativement au-dessus de l'axe; il faut de plus que cette courbe ait les conditions que j'ay exprimées dans mon mémoire, c'est à dire que si on suppose $y = \Sigma$ pour le équation de courbe initiale, il faut que Σ soit une fonction impaire de s, & qu'en général les ordonnées distantes l'une de l'autre de la quantité $2 l$, soient égales; ce qui ne peut avoir lieu, à moins la courbe ne soit mécanique, & telle que je l'ay déterminée dans mon Mémoire. Dans tout autre cas le problème ne pourra se résoudre, au moins par ma méthode, & je ne say même s'il ne surpassera pas les forces de l'analyse connuë." – *Histoire de l'Académie de Berlin* 6 (1750), 1752 ersch., S. 355–360.

[202] Für die Bestimmung eines Grenzwertes einer Funktion f im Punkt P benutzte man für die Argumente Folgen, die sich von rechts bzw. links dem Punkt P näherten, wechselnde Argumente aus beiden Arten von Folgen gab es damals noch nicht. Dieses mathematische Vorgehen beseitigt allerdings die physikalischen Probleme nicht.

gesuchten Lösung erscheinen. Damit ist nun eine verallgemeinerte Differentialgleichung in geeigneten Funktionenräumen, etwa Sobolew-Räumen, zu lösen, was sogenannte schwache Lösungen des Problems liefert. Als nächste Aufgabe steht dann die Überprüfung an, ob die schwache Lösung auch eine im klassischen Sinn ist, was man mit sogenannten Einbettungssätzen nachzuweisen versucht.

Die Unzulänglichkeit der „expressio analytica" (analytischer Ausdruck) für die Darstellung von Schwingungen zeigt sich bei einer Saite auch in Folgendem. Eine Potenzreihe ist durch ihr Verhalten in einem beliebig kleinem Intervall vollständig bestimmt. Wenn zwei Funktionen auf einem beliebig kleinen Intervall übereinstimmten, so können sie sich außerhalb dieses Intervalls nicht mehr unterscheiden, selbst infinitesimale Abänderungen sind unmöglich.[203] Besteht man auf Potenzreihen als Lösung, so kann man offensichtlich nicht alle geometrischen Fälle erfassen. Denn es sind verschiedene Schwingungen vorstellbar, die lediglich in einem beliebig kleinen Intervall übereinstimmen. Der Wechsel der Betrachtungsweise, anstelle einer analytischen Berechnung einer Schwingung sich diese durch eine geometrische Konstruktion zu veranschaulichen, hatte sich ein halbes Jahrhundert zuvor schon einmal ähnlich ereignet. Johann I Bernoulli wollte bei den isoperimetrischen Problemen die geometrisch definierte Abhängigkeit zweier Strecken verallgemeinern und sah sich den zulässigen Konstruktionsmitteln (im Sinne von Descartes) gegenüber in einem Dilemma, da diese für solche Verallgemeinerungen fehlten. Er wich daher auf die allgemeinere Möglichkeit aus, nämlich eine willkürliche Kurve mit freier Hand zu zeichnen oder wenigstens zu denken. Diese Einstellung offenbart eine immer noch vorhandene geometrische Tradition, die verallgemeinernd sogar die menschliche Hand als Konstruktionsmittel akzeptierte (d. h. physiologische (!) Hilfsmittel als zulässig ansah).

6.5.5 Die Notwendigkeit diskontinuierlicher Funktionen

Euler empfand es neben den Bemühungen, Lösungen der Wellengleichung zu finden, die den Ansprüchen der Physiker genügen, mathematisch als notwendig, sich bei den Lösungen nicht nur auf einen analytischen Ausdruck („expressio analytica") zu beschränken, sondern allgemeinere Funktionen zuzulassen, die lediglich durch innermathematische Gründe gerechtfertigt werden. In diesem Zusammenhang befasste er sich mit der Integration partieller Differentialgleichungen erster Ordnung, ohne dass es ihm gelang, für zwei unabhängige Variablen eine

---

[203] Das ist der Eindeutigkeitssatz für Potenzreihen. Euler stellte sich wie die Mathematiker der Zeit eine unendliche Potenzreihe als unendliches Polynom vor. Ein Polynom n-ten Grades ist durch $n+1$ Punkte (Koeffizienten) bestimmt; ein unendliches Polynom mithin durch abzählbar viele Punkte. Diese findet man bereits in einem beliebig kleinen Intervall. Sind andererseits bei einem Polynom in einem Punkt auch alle Ableitungen in diesem Punkt bekannt, so ist nach dem Taylor'schen Satz dieses Polynom vollständig bestimmt. Einen strengen Beweis für diesen Sachverhalt gab es nicht, er wurde aber allgemein für zutreffend gehalten.

allgemeine Theorie zu formulieren. Aber er stellte in Band 3 der *Institutiones calculi integralis* (Integralrechnung) seine Ergebnisse zusammen, wobei er erkannte, dass willkürliche Funktionen erst bei Funktionen zweier Variablen als Rechenergebnisse zutage treten. Uns ist dieser Sachverhalt vertraut, den wir kurz durch die Differentialgleichung $dz(x)/dx = a$ verdeutlichen. Die Lösung, die wir durch Integration erhalten, lautet bekanntlich $z(x) = \int z'(x)\, dx = ax + c$ (c = konstant); wäre die allgemeinere Abhängigkeit $z = z(x, y)$ Ausgangspunkt, so folgte aus der Integration von $\frac{\partial z(x,y)}{\partial x} = a$ eine Abhängigkeit $z(x, y) = ax + C$. Eine genauere Betrachtung zeigt allerdings, dass C in Hinblick auf y nicht konstant zu sein braucht, sondern dass wegen $\partial C/\partial x = 0$ der Konstanten $C(y)$ im Gegenteil irgendein Wert von y erteilt werden kann; die Lösung lautet jetzt $z(x, y) = ax + C{:}(y)$.

Die beliebige Abhängigkeit $C{:}(y)$ bezeichnete Euler als discontinuierlich; discontinuierlich verneint den Ausdruck continuierlich. Mithin ist $C{:}(y)$ die logische Verneinung des Begriffs einer continuierlichen Funktion (eines analytischer Ausdrucks). Mehr sagte Euler zur Erklärung einer discontinuierlichen Funktion nicht.[204] Er definierte auch den analytischen Ausdruck als eine gebrochen rationale Funktion einer Variablen nicht ganz eindeutig, sondern hielt ihn (vermutlich) für Erweiterungen durch Hinzunahme von transzendenten Funktionen, Abhängigkeiten von der oberen Grenze eines Integrals u. a. m. offen; entsprechend ist auch eine diskontinuierliche Funktion nicht völlig bestimmt.

Sehen wir uns in Eulers eigenen Worten die Rechtfertigung der Einführung von diskontinuierlichen Funktionen in die Analysis an und vergleichen wir sie mit der derjenigen von Louis François Antoine Arbogast (1759–1803), die dieser in seiner Petersburger Preisschrift von 1791 über den Charakter willkürlicher Funktionen, die in den Integralen von partiellen Differentialgleichungen erscheinen *(Mémoire sur la nature des fonctions arbitraires qui entrent dans les intégrales des équations aux différentielles partielles),* rund drei Jahrzehnte später gab (Abb. 6.32).

„Die Akademie lädt hiermit alle Mathematiker ein, zu entscheiden:
Ob die willkürlichen Funktionen, die durch die Integration von Differentialgleichungen mit drei oder mehr Variablen eingeführt werden, immer Kurven oder Flächen darstellen, die entweder algebraisch, transzendent oder mechanisch sind, entweder diskontinuierlich oder durch die freie Bewegung der Hand erzeugt werden; oder ob diese Funktionen nur stetige Kurven umfassen, die durch algebraische oder transzendente Gleichungen ausgedrückt werden?
Die Preisaufgabe ist auf den 1. Juni 1789 [alter Stil] terminiert und wird ggf. bis auf den ersten September des gleichen Jahres verlängert."

---

[204] Es gibt eine Arbeit von Euler, die unpubliziert ist und von Eneström in eine entsprechende Liste mit dem Sigel H eingetragen wurde. H 45 bezeichnet ein Manuskript, aus dem Euler Gedanken in seine kurze erste Arbeit „Constructio linearum isochronarum" (Konstruktion isochroner Linien in einem beliebigen widerstehenden Medium, E 1, 1726) übernahm. In diesem Zusammenhang äußerte er, dass man bei Funktionen mehrerer Variablen zusammengesetzte bzw. diskontinuierliche Funktionen („functiones discontinuas") benötige – siehe Abschn. 6.6, Variationsrechnung, Für das Variieren von Funktionen/Kurven benutzte Euler (undefinierte) sehr allgemeine Funktionskonzepte.

a

me ait été réfolu, avant qu'on n'ait fixé exactement la nature des fonctions arbitraires. L'Académie invite donc tous les Géomètres de décider:

Si les fonctions arbitraires, auxquelles on parvient par l'intégration des équations à trois ou plufieurs variables, repréfentent des courbes ou furfaces quelconques, foit algébriques ou transcendantes, foit méchaniques, discontinues, ou produites par un mouvement volontaire de la main; ou fi ces fonctions renferment feulement des courbes continues repréfentées par une équation algébrique ou transcendante?

Le terme du concours fut fixé jusqu'au 1 Juin 1789, & enfuite prolongé jusqu'au 1 Septembre de la même année.

b

MÉMOIRE

SUR LA NATURE

DES

FONCTIONS ARBITRAIRES

QUI ENTRENT DANS LES INTÉGRALES DES
ÉQUATIONS AUX DIFFÉRENTIELLES
PARTIELLES.

Préfenté à l'Académie Impériale des Sciences
de St. Pétersbourg.

Pour

concourir au Prix propofé en 1787
& couronné dans l'Affemblée du 29 Novembre 1790.

Par M. *ARBOGAST.*
Profeffeur de Mathématiques à Colmar.

Nulli quae fubdita legi.

à St. Pétersbourg
de l'Imprimerie à l'Académie Impériale des Sciences. 1791.

Abb. 6.32 a Die Petersburger Ausschreibung 1787 in den Petersburger Nova acta, **b** Titelseite der Preisschrift von Antoine Arbogast (1759–1803) aus dem Jahre 1791

Vor der von uns zitierten Einlassung Eulers in der Integralrechnung von 1770 hatte sich Euler in mathematischer Weise mit der Einführung diskontinuierlicher Funktionen in die Analysis in der Arbeit „De uso functionum discontinuorum in analysi" (Über den Gebrauch diskontinuierlicher Funktionen in der Analysis, 1761; E 322)[205] auseinandergesetzt. Die Sorgfalt der Begründung, die sowohl Euler als auch Arbogast, der ein Parteigänger Eulers war, an den Tag legten, zeigt, dass beiden das neue, noch etwas problematische Thema wichtig war. Übrigens argumentierte Arbogast gegenüber Euler in seinen analytischen Überlegungen auch geometrisch, wie seine Abbildung zeigt (Abb. 6.33):

> „Wenn wir die Gleichung $\partial z/\partial x = a$ integrieren, finden wir nach den bekannten Regeln $z = ax + \Phi.y$, wobei $\Phi.y$, die Ordinate KO der Kurve $GIKL$ darstellt, vergrößert um eine gegebene Konstante, wie man sich leicht davon überzeugen kann, indem AR, der Abstand von der Ebene $GNRL$ zum Ursprung, gleich b gemacht wird; denn wenn wir b für x in das Integral einsetzen, haben wir $z = ab + \Phi.y$. Weil diese Kurve daher diskontinuierlich und diskontiguierlich[206] sein kann, kann es die Funktion $\Phi.y$ ebenfalls sein, und die Diskontinuität dieser Funktion ist immer eine notwendige Folge derjenigen der Kurve $LKIG$."[207]

Diese Ausführung dürfte auf seinen Lehrer Gaspar Monge, Comte de Péluse (1746–1818), einen Geometer und einflussreichen Direktor der École polytechnique, zurückgehen, insbesondere die geometrischen Veranschaulichungen der partiellen Differentialgleichungen erster und zweiter Ordnung sind hier von Interesse.

Wir behalten die Originalnotation bei, lediglich gelegentlich ersetzen wir aus typographischen Gründen den Bruchstrich durch einen Schrägstrich. Euler verdeutlichte partielle Ableitungen durch Klammerungen (runde Klammern), also zum Beispiel.[208]

$$\mathrm{d}f(x,y) = \left(\frac{\mathrm{d}f}{\mathrm{d}x}\right).\mathrm{d}x + \left(\frac{\mathrm{d}f}{\mathrm{d}y}\right).\mathrm{d}y,$$

während Arbogast bereits die eleganten runden Differentiationssymbole

---

[205] *Novi Comm. Acad. Petropolitanae* 11 (1763), S. 67–102, erschienen 1768 = EO I/23, S. 74–91.
[206] Arbogast unterschied zwischen diskontinuierlichen Funktionen und discontiguierlichen (nicht zusammenhängenden) Funktionen, d. h. solche mit Sprüngen. – *Mém. Sur la nature des fonctions*, Petersburg 1781, S. 9.
[207] „Si l'on intègre l'équation $\partial z/\partial x = a$, on trouve par les règles connues $z = ax + \Phi.y$, ou $\Phi.y$ représente l'ordonnée KO de la courbe $GIKL$, augmentée d'une constante donnée, ainsi qu'il est aisé de s'en convaincre, en faisant AR, distance du plan $GNRL$ à origine, égale à b ; car, en mettant b pour x dans l'intégrale, on a $z = ab + \Phi.y$, qui est l'équation à la courbe $LKIG$. Puisque donc cette courbe peut être discontinué & discontigué, la fonction $\Phi.y$ peut l'être de même, & la discontinuité de cette fonction est toujours une suite nécessaire de celle de la courbe $LKIG$." – Preisschrift, § 2. S. 13 f.
[208] Das totale Differential setzt sich – worauf Euler zurückkommt – aus zwei Differentialformeln zusammen.

6.5 Das Problem der schwingenden Saite

Abb. 6.33 Figur 3 in der Preisschrift von Arbogast. Es sind AC x-Achse, AB y-Achse, AD z-Achse; die Ebene BAC ist damit die x,y-Ebene; MT verläuft parallel zu AC; LKIG ist eine Kurve über der x,y-Ebene mit der Gleichung z = ab + Φ.y

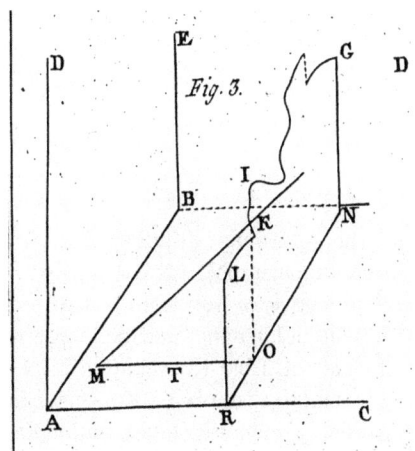

$$df(x,y) = \left(\frac{\partial f}{\partial x}\right)dx + \left(\frac{\partial f}{\partial y}\right)dy$$

benutzte, die – wie Sylvestre François de Lacroix (1765–1843) in seinem bekannten *Traité du calcul différentiel et du calcul intégral* (3 Vol., Abhandlung über die Differential- und Integralrechnung, Paris 1797–1798, bis 1881 9 Auflagen) sagte – die Eulerschen Bezeichnungen entlasten. In den *Novi Commentarii* der Petersburger Akademie war die von Arbogast benutzte Notation ∂ ab 1785 verbindlich. Begeistert von der eleganten Bezeichnung benutzte man später auch anstelle von dx und dy eine Funktion $z = z(x, y)$ die Notationen ∂x und ∂y, selbst $\int z(x,y)\partial x$ und ähnliche Bezeichnungen waren üblich, womit der Buchstabe d wieder zur freien Verfügung stand. Um die neue Schreibweise machten sich besonders französische Mathematiker wie Marie Jean Antoine Nicolas de Caritat, Marquis de Condorcet (1743–1794), und Adrien Marie Legendre (1752–1833) verdient. Nachdem Lagrange diesen Gebrauch vermied, war es Carl Gustav Jacob Jacobi (1804–1851), der in seiner Arbeit über Funktionaldeterminanten (1841) wieder reichlichen Gebrauch davon machte.[209]

Eulers Argumentation für die mathematische Notwendigkeit diskontinuierlicher Funktionen, die wir gleich betrachten, findet sich in Band 3 seiner Integralrechnung, in Kap. 2, in dem es darum geht, dass diskontinuierliche Funktionen der Analysis nicht durch die Physik aufgezwungen wurden, sondern dass solche Funktionen sich bereits bei einfachen Aufgaben mit partiellen Differentialgleichungen zwangsläufig einstellen. Das bedeutet nicht, dass physikalische Fragen keine Rolle spielen, denn sobald deren Anliegen in mathematischen Formulierungen aufgehen, werden solche Sachverhalte innermathematische Angelegenheiten. In Problem 4

---

[209] „De Determinantibus Functionalibus", in: *Crelle* 22 (1841), S. 319–352.

des Bandes 3, Kap. 2 (Über die Auflösung von Gleichungen, in denen die zweite Differentialformel durch endliche Größen angegeben wird), wurde von Euler die Lösung $z = z(x, y)$ der einfachen partiellen Differentialgleichung

$$\left(\frac{dz}{dx}\right) = p \quad \text{bzw.} \quad \frac{\partial z(x, y)}{\partial x} = p$$

gesucht („formula differentialis $(dz/dx) = p$ sit quantitatis constans = a", der Differentialausdruck $(dz/dx) = p$ ist eine konstante Größe = $a)^{210}$; z sei eine Funktion zweier Variablen x und y. Die Lösungen der betrachteten partiellen Differentialgleichung sind beliebige Konstanten, die bei Änderungen von x sich nicht ändern. Eine Konstante selbst kann sich als Funktion von y ändern, wobei es gleichgültig ist, ob die Konstante für verschiedene y-Werte einem analytischen Ausdruck genügt oder nicht, mithin kann man nicht ausschließen, dass die Lösung auch diskontinuierlich ist.

„Construire l'équation à differentielle partielle $\frac{\partial z}{\partial x} = a$
(Man konstruiere die Lösung der partiellen Differentialgleichung $\partial z/\partial x = a$).
§ 33 Lösung
Daher ist $dz = pdx + qdy$ der Charakter des totalen Differentials von z, mit $p = a$ wird dann $dz = adx + qdy$ sein. Um herauszufinden, welches y als Integrationskonstante angenommen wird, ist der Ausdruck $dz = adx$ zu integrieren; bei $z = ax + $ Const muss beachtet werden, dass diese Konstante die Größe y auf beliebige Weise enthalten kann. Eine allgemeine Lösung lautet daher $z = ax + f:y$, wobei $f:y$ jede Funktion von y bezeichnet; diese ist in keiner Weise durch sich selbst bestimmt, sondern hängt vollständig von unserer Entscheidung ab. Dies erklärt wiederum auch den folgenden Unterschied, wenn wir das Differential der Funktion $f\colon y$ mit $dyf':y$ bezeichnen, so wird $dz = adx + dyf':y$ sein; daher ist $(dz/dx) = a$, genau wie es die Frage es verlangt. Daraus ist klar, dass in diesem Fall die zweite Differentialformel $q = (dz/dy)$ gleich einer Funktion von y allein ist, da $q = (dz/dy)$.^{211}
Folgerung 1
§ 34. Wenn also die Funktion z der beiden Variablen x und y so gesucht wird, dass $(dz/dx) = a$ wird, so ist $z = ax + f:y$, und die zweite Differentialformel (dz/dy) muss notwendig der Funktion y selbst entsprechen.^{212}

---

^{210}„Problema 4 $d(z(x, y)/dx = p = $ const $ = a$, formula differentialis $(dz/dx) = p$ sit quantitatis constans = a."

^{211} S. 37/38 „Solutio. Positio ergo $dz = pdx + qdy$, ea functionis z indoles quaeritur ut sit $p = $ a, seu $dz = adx + qdy$; ad quam inveniendam sumatur y pro constante, erit $dz = $ dx, et integrando $z = ax + $ Const ubi notari oportet hanc constantem utcunque involvere posse quantitatem y. Quare ut solutionem generalem exhibeamus erit $z = ax + f:y$, denotante $f:y$ functionem quam cunque ipsius y, quae per se nullo modo determinatur, sed penitus ab arbitrio nostro pendet. Quod etiam differentiato vicissim declarat, si enim huius functionis $f:$ y differentiale per $dyf':y$ indicemus, erit utique $dz = $ a $dx + dy f'\colon y;$ ideoque $(dz/dx) = $ a, prorsus uti quaestio postulat; unde patet hoc casu alteram formulam differentialem $q = (dz/dy)$, functioni solius y aequari, cum sit $q = (dz/dy)$." – *Institutiones Calculi Integralis*, Vol. 3. Petersburg 1770. E 385, EO I/13, Seite 37 f.

^{212} Ebd. S. 37 „Coroll. 1. § 34. Si ergo ejusmodi quaeratur functio z binarum variabilium x et y, ut sit $(dz/dx) = $ a, erit $ = z = $ a, $z = ax + f:y$, et altera formula differentials (dz/dy) necessario aequatur functioni ipsius tantum."

6.5 Das Problem der schwingenden Saite

> Folgerung 2
> § 35. Wenn man eine solche Funktion sucht, dass (dz/dx) = 0, kann sie notwendigerweise nur eine Funktion von y selbst sein, oder sie wird die Größe x überhaupt nicht beinhalten. Weil x selbst durch die Variation keine Veränderung erleiden darf, geht diese Größe x auch nicht in seine Bestimmung ein."[213]

Arbogast skizzierte sein Ziel so: Er wollte entscheiden, ob die Integrale von partiellen Differentialgleichungen der Kontinuität unterliegen oder nicht. Dazu wurden einfache Beispiele gewählt, insgesamt 13 Typen von Differentialgleichungen (darunter auch die Wellengleichung mit vier Lösungsmethoden, S. 59–89) und hierzu zeigte er, dass man die Bedingungen, die diese Eigenschaften ausdrücken, durch diskontinuierliche und diskontiguierliche [nicht zusammenhängende] Flächen erfüllen kann, sodass diese Funktionen folglich keinerlei Gesetzen unterliegen müssen.[214] Bei Arbogast ist Stetigkeit so erklärt, dass „eine Größe nicht von einem Zustand in einen anderen übergehen kann, ohne alle Zwischenzustände gemäß dem gleichen Gesetz anzunehmen. ... Es kann keinen Sprung endlicher Größe von einer Ordinate zu einer benachbarten geben."[215] En passant formulierte er so den Zwischenwertsatz für eine lineare Größe!

Gemäß seinem Plan betrachtete Arbogast in der Preisschrift *Mémoire sur la nature des fonctions arbitraire* (St. Petersburg, 1791) als erstes Beispiel in § 2 die oben behandelte Aufgabe. Wieder sei $z = z(x, y)$ eine Funktion zweier Variablen, aber sie erscheint nicht als formaler rechnerischer Ausdruck, sondern wird als zweidimensionale Fläche gedeutet (siehe Fußnote 207 und Abb. 6.34).

Seine Schlussfolgerung steht bereits auf Seite 7 der Mémoire und wird am Ende wiederholt:

> „Ich schließe, dass die Funktionen, die in den Lösungen der partiellen Differentialgleichungen auftreten, weder dem Gesetz der Kontinuität [continuité] noch dem der Stetigkeit [contiguité] unterworfen sind."[216]

Wie kann die „continuité" bei Kurven verletzt werden? Auf zwei Weisen, nach Arbogast: Einmal kann sich die Form der Gleichung ändern, d. h. man setzt eine Kurve aus mehreren Teilen zusammen („courbes discontinués"), zum anderen wird die Kontinuität stets zerstört, wenn verschiedene Teile einer zusammengesetzten Kurve nicht direkt aneinander gefügt sind (Sprünge). Solche Kurven werden „courbes discontigués" genannt. Dabei können Teile einer solchen Kurve

---

[213] Ebd. S. 37 „Coroll. 2. § 35. Si talis requiratur functio, ut sit (dz/dx) = 0, ea necessario erit functio ipsus y tantum, seu quantitatem x plane non involvet; cum enim a variatione ipsus x nullam mutationem pati debeat, haec quantitas x quoque in eius determinationem plane non ingredietur."

[214] Mémoire, § 1, S. 11 f.

[215] „La loi de continuité consiste en ce qu'une quantité ne sauroit passer d'un état à un autre, sans passer d'un été a un aute, sans passer par tous les états intermediaires assujetis à la même loi. ... il ne peut pas y avoir de saut d'une ordonnée à une autre qui en diffère d'une qunatité assignable." – *Mémoire* § 1, S. 9.

[216] „Je conclus, que les fonctions arbitraires qui y entrent, ne sont soumises ni à la loi de continuité, ni celle de contiguité." – *Mémoire*, S. 7 und 96.

Abb. 6.34 Abbildungen zu Bernoullis Arbeit „Réfléxions" (1753). Figur 1 bis 5 zeigen die Schwingung des Grundtons und dessen erste Obertöne; in Figur 6 erklärt Bernoulli das „gleichzeitige" Schwingen

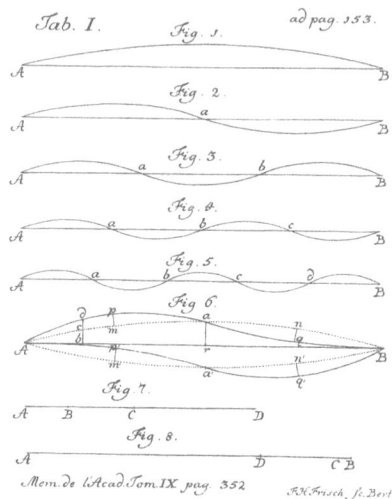

kontinuierlich sein oder ohne Gesetz gezeichnet werden (*Mémoires,* § 1, S. 11 f., siehe Abb. 6.12).

Arbogast teilte die Kurven ein, was für ihn auch eine Einteilung der Funktionen war, und diese Klassifizierung folgte im Wesentlichen Euler:

- «courbes continués»
  - Gesetz der Kontinuität, «loi de conituité»; analytische Funktionen, „expressio analytica"
- «courbes discontinués»
  - Zusammenfügung mehrerer analytischer Kurventeile, „reunion de plusiers portions de courbes"; «functiones mixtae»
  - mit freier Hand gezeichnet, „traces par le mouvement libre de main"; «functiones irregulares»
- «courbes discontigués»
  - Kurven mit Sprüngen, „les différentes parties d'une courbe ne tiennent pas les unes aux autres"

6.5.6 Daniel Bernoullis Beitrag

Eine revolutionäre Sicht auf das Problem der schwingenden Saite brachte 1753 Daniel Bernoulli (1700–1782) mit der nachhaltigen Arbeit „Réflexions et eclaircissement sur les nouvelles vibrations des cordes" (Überlegungen und Erläuterungen neue Saitenschwingungen betreffend) ein, die gleichfalls in den Berliner *Mémoires* erschien und Euler und d'Alembert überraschte. Euler wie auch

6.5 Das Problem der schwingenden Saite

d'Alembert, die vollauf mit ihrer Kontroverse beschäftigt waren, sahen sich nun einer dritten Auffassung gegenüber, deren Tragweite sie sowohl für das spezielle Problem als auch schlechthin für die Probleme der mathematischen Physik (modern: Entwicklung nach Eigenfunktionen) nicht erkannten. Es ist höchst bemerkenswert, dass Euler später letztlich Daniel Bernoullis Überlegungen bestätigte (indem er die Koeffizienten für die Fourier-Entwicklung bestimmte, siehe Abschn. 6.5.7), allerdings ohne es zu bemerken. Ein Schabernack des Schicksals! Die Schwierigkeiten der Opponenten lagen vermutlich darin, dass Bernoulli in der Frage streng physikalisch argumentierte und keine mathematischen Beweise anführte. Er wollte das Problem ganz aus seiner physikalischer Natur heraus ohne Rechnung behandeln; auf die Bestimmung der Koeffizienten a_n ($n = 1, 2, 3, \ldots$) in seiner unten angegebenen Konstruktion (Gl. 6.19) aus den Ausdrücken von Gl. 6.18 ging er beispielsweise gar nicht ein.

Es war klar, dass die Lösung des Problems eine schlangenförmige transzendente Funktion sein musste. Transzendent deshalb, da eine solche periodisch sich um x-Achse windende schlangenförmige Kurve mit ihren Ausbuchtungen („ventres") unendlich oft die x-Achse schneiden muss, also nicht algebraisch sein kann. Kurz, die „trochoidis socia" (Begleiterin der Trochoide)[217] musste sinusförmig sein: etwa wie sin ($nx\pi/L$). Daniel Bernoulli kannte als Physiker und Musiker die Obertöne einer schwingenden Saite. Der Grundton ist bei einer (sinusförmigen) Ausbuchtung der Saite zu hören; wenn es zwei, drei, …, n Ausbuchtungen mit Knoten in der Mitte in jeder Hälfte, Drittel, usw. gibt, so verdoppeln, verdreifachen, ver-n-fachen sich die Schwingungszahlen dort, und die Saite ertönt dann in der Oktave (zum Grundton), dem 12. Ton (in Bezug auf den Grundton), … usw. Die revolutionäre Behauptung Bernoullis war, dass aus diesen unendlich vielen Obertönen *jede* Schwingung zusammengesetzt (superponiert) werden könne, d. h. eine Linearkombination solcher Ausdrücke sei. Zum Grundton sowie seinem ersten, zweiten und dritten usw. Oberton gehören die Ausdrücke

$$a_1 \sin \pi \frac{x}{L}, \ a_2 \sin \pi \frac{2x}{L}, \ a_3 \sin \pi \frac{3x}{L}, \cdots \tag{6.18}$$

jeder Ausdrucke ist eine Lösungen der Schwingungsgleichung, und auf die n-te Schwingung führt

$$y_n(x,t) = a_n \sin \pi \frac{nx}{L} \cdot \cos \pi \frac{nct}{L} \quad (n = 1, 2, 3, \ldots). \tag{6.19}$$

Mathematisch gesehen ist eine Linearkombination von Lösungen wiederum eine Lösung der linearen Differentialgleichung. Das ist einsichtig und sehr vorteilhaft.

---

[217] Siehe Fußnote 17. Geeignete Zykloiden approximieren die wirkliche Kurve (wie die Bahnkurven in der antiken Astronomie) und führen durch einen geeigneten geometrischen Grenzübergang auf die exakte Grenzkurve (analog wie bei den arithmetischen Fourier-Reihe).

Aber wie sind alle diese Schwingungen zugleich auf einer Saite möglich? Daniel Bernoulli erklärte das für kleine Schwingungen überzeugend so: Auf den Grundton, die Oktave, ..., usw. der schwingenden Saite werden die Obertöne der Saite gewissermaßen „aufgesattelt", das meint, dass man die kleinen Auslenkungen der schwingenden Saite im fraglichen Teil der Saite als gerade Linie betrachtet (siehe Figur 6 in Abb. 6.34), auf der man den jeweiligen Oberton schwingen lassen kann, obwohl die Saite selbst bereits (kleine) Schwingungen ausführt. Dieses Husarenstück in Bernoullis eigenen Worten:

> „Nehmen wir an, dass die Saite schwingt und den Grundton erzeugt. Die Auslenkungen dieser Kurve sind unendlich klein, sodass man die [bereits schwingende] Saite als gerade Linie ansehen kann, und sie könnte für die Kurve in Figur 2 [Abb. 6.34] mit zwei Zweigen als bewegliche Achse dienen. Daraus ergibt sich eine neue Kurve, die den vorgeschriebenen Bedingungen genügt.
> Hier ist die Konstruktion dieser neuen Kurve:
> Sei *AmanB* (Figur 6) [Abb. 6.34] die als gerade Achse angesehene Kurve der Figur 1, auf der man die Kurve *ApaqB* aufbaut, wobei man *AB* als gerade Achse für die Figur 2 betrachtet. Diese Kurve hat dann die gewünschten Eigenschaften, ...
> (a) Ich sage, dass die ideale Kurve *AmanB* um die gerade Achse *Arb* im Sinne von Figur 1 schwingt,
> (b) dass schließlich jeder Punkt der Kurve *ApaqB* relativ zu *AmanB* dieselbe Bewegung ausführen wird, wie es seine absolute Bewegung gemäß Figur 2 erfordert."[218]

Die Funktionen $y_n = y_n(x, t)$ ($n = 1, 2, 3, ...$) sind Lösungen der Schwingungsgleichung, die sowohl die Randbedingungen (Einspannung) als auch die Anfangsbedingungen (Ausgangslage der Saite) erfüllen; der Koeffizient a_n beschreibt die maximale Auslenkung (Elongation) der *n*-ten Schwingung. Es sich zugutehaltend, diesen Sachverhalt ohne höhere Mathematik zu gebrauchen, schrieb Daniel Bernoulli hierzu in seiner einschlägigen Schrift „Réflexions et eclaircissement" (1753):

> „Hier sind also die unendlich vielen Kurven [Gl. 6.19], die ohne Rechnungen gefunden wurden, und unsere Gleichung ist dieselbe wie von Herrn Euler [siehe die Mémoires der Akademie für das Jahr 1748, S. 85]. Allerdings ist es so, dass Herr Euler diese unendliche

---

[218] „Supposons que le corde fasse ses vibrations pour former le son fondamental conformément à la première figure; cette courbure étant censée infiniment, la corde pourra encore être considérée comme une ligne droite, & sa courbe pourra servir d'axe mobile à la courbe de la seconde figure, à deux branches; & de là il résulte une nouvelle courbe, qui remplira la condition préscrite. Voici donc la construction de cette nouvelle Courbe.
Soit (Fig. 6) *AmanB* la courbure de la première figure: qu'on considéré cette courbe comme un axe droit, sur lequel on construise ApaqB, entièrement la même par rapport à son axe courbé que celle de la figure seconde, par rapport à l'axe parfaitement droit *AB*; & cette courbe *ApaqB* sera telle qu'on desiroit, ...
(a) Je dis que la courbe idéale *AmanB* sera ses vibrations par rapport à la axe droit *Arb*, entièrement suivant la loi des vibrations simples de la première figure.
(b) Ensuite, que chaque point de la courbe *ApaqB* aura son mouvement relatif par rapport à chaque point correspondant de la courbe *AmanB*, le même que le mouvement absolu représenté par la seconde figure." –Histoire 1753, S. 153 f.

6.5 Das Problem der schwingenden Saite

Vielheit nicht als allgemein, sondern als Spezialfall ansieht (§ 30). In einem Punkt bin ich mir noch nicht ganz im Klaren: wenn es noch andere Kurven gibt, so verstehe ich nicht, in welchem Sinn man sie zulassen könnte."[219]

Euler war durchaus von Daniel Bernoullis genialer Idee beeindruckt, aber in seiner von Bernoulli erwähnten Arbeit „Remarques sur les Mémoires présédens de M. Bernoulli" (Bemerkungen zu den vorangegangenen *Mémoires*[220] von Herrn Bernoulli; in den Berliner *Mémoires* für 1753 [E 213; EO II/10; gedruckt 1755]) sah er die genannten trigonometrischen Lösungen zunächst nur als Spezialfälle an, denn in der Tat wäre zu klären, ob jede Ausgangslage $f(x)$ bzw. $f\cdot(x)$ der Saite eine trigonometrische Darstellung in der Art, wie sie die Bernoulli'sche Lösung erfordert, besitzt? In seiner erwähnten Antwort bleibt Euler trotz des leicht unfreundlichen Tones seines Freundes Bernoulli generös und eröffnet seine Schrift erst einmal mit einem Lob:

„Es besteht kein Zweifel, dass Herr Bernoulli den physikalischen Teil, der die Bildung von Klängen und die Bewegung von Saiten enthält, unendlich besser als irgendeiner vor ihm entwickelt hat. ... Wir verdanken Herrn Bernoulli diese glückliche Erklärung."[221]

Sofern jede Anfangslage („figure quelconque") der Saite bzw. jede Funktion durch eine trigonometrische Reihe dargestellt werden könnte, würde Euler Bernoullis Lösung als vollständig und einfacher als die seine betrachten (§ 11):

„Aber es könnte vielleicht sein, dass man erwidert, aufgrund der unendlich vielen unbestimmten Koeffizienten wäre die Gleichung $y = \alpha \sin(\pi x/a) + \&c.$ so allgemein, dass sie alle möglichen [physikalisch denkbaren] Kurven umfasst, und man muss dann zugeben, wenn das wahr wäre, würde die Methode von Herrn Bernoulli eine vollständige Lösung liefern."[222]

Falls alle zulässigen (= physikalisch möglichen) $f\cdot(x)$ eine solche trigonometrische Darstellung zuließen, dann – so gibt Euler unumwunden zu – wäre Bernoullis wunderbares Verfahren allen anderen überlegen. Euler rechtfertigte die Annahme,

---

[219] „Voilà donc cette infinité de courbes trouvées sans aucun calcul, & notre équation est le même que celle de M. Euler; voyez les Mémoires de l'Académie pour l'Année 1748, S. 85. Il est vrai que M. Euler, ne traite pas cette multitude infiniment infinie de générale, & qu'il ne la donne au §. 30 que comme des cas particuliers; mais c'est sue quoi je ne suis pas encore assez éclairci: s'il y a encore d'autres courbes, je ne comprends pas dans quel sens on peut les admettre." – Histoire 1753, S. 157.

[220] Es sind dies die erwähnten „Réfléxions" und „Sur le mélange de plusieurs espèces de vibrations simples isochrones" (Über das Mischen verschiedener Arten von einfachen synchronen Schwingungen). Beide in *Berliner Histoire* 9 (1753). gedruckt 1755, S. 147–173 und 173–196. Eulers Arbeit schließt unmittelbar an.

[221] „Il n'y a aucun doute, que M. Bernoulli n'ait infiniment mieux développé la partie de physique, qui renferme la formation du son dans le mouvement des cordes, qu'aucun autre n'a fait avant lui. ... C'est à M. Bernoulli, que nous sommes redevables de cette heureuse explication." – Histoire IX (1753), S. 196–222, Zitat S. 196.

[222] „Mais peut-être repliquera-t-on, que l'équation $y = \alpha \sin(\pi x/a) + \&c.$ à cause de l'infinité de coëfficiens indéterminés, est si générale, qu'elle renferme toutes les courbes possibles: & il faut avoüer, qui si cela étoit vray, La méthode de M. Bernoulli fourniroit une solution complète." – Histoire 1753, § 11, Zitat S. 200.

dass eine eingespannte Saite zu Beginn der Schwingungen in irgendeine Anfangslage (beliebige Figur im Sinne der Physik) gebracht werden kann, durch entsprechende physikalische Überzeugungen. Euler diskutierte allerdings nicht die mathematische Frage, ob allgemeine Lösungen der Schwingungsgleichung solche beliebigen Randwerte annehmen können und ob diese sich in der in Rede stehenden trigonometrischen Form überhaupt darstellen lassen. Hier ist offenbar die physikalische Gewissheit ausreichend, dass die Saite in jede physikalisch denkbare Anfangslage gebracht werden kann und selbst aus dieser heraus zu schwingen beginnen wird. Solche Existenzfragen, die nach heutigem Standard gestellt und mathematisch bewiesen werden müssen, waren damals noch durch physikalische Erfahrungen zu erledigen, d. h. wurden mithilfe von außermathematischen Argumentationen begründet, was streng genommen nicht zulässig ist. Übrigens monierte David Hilbert (1862–1943), der sich um 1900 mit mathematischen Existenzbeweisen partieller Differentialgleichungen befasste, beständig, dass seitens der mathematischen Physiker immer noch solche Argumentationen erfolgten und als Beweise betrachtet würden.

Der theoretische Physiker Daniel Bernoulli behauptete weiter, indem er sich auf physikalische Gründe sowie auf sein musikalisches Gehör berief:

> „Diese unendliche Vielfalt an Schwingungen manifestiert sich in allen Klangkörpern, egal von welcher Art sie sind."[223]

Zu seiner allgemeinen Gleichung für die einzelnen Schwingungen (Gl. 6.19) bemerkte Bernoulli:

> „Meine Schlussfolgerung ist, dass alle schwingenden Körper möglicherweise eine Unmenge von Tönen und eine Unzahl von zugehörigen Weisen enthalten, um regelmäßige Schwingungen zu erzeugen; kurz, dass bei unterschiedlichen Schwingungen die Auslenkungen der Teile des Schallkörpers verschieden sind. Aber es ist nicht die Absicht der Herren d'Alembert und Euler, von der Vielzahl dieser Schwingungen [den Obertönen] zu sprechen; sie war Herrn Taylor nicht unbekannt."[224]

Bernoulli ergänzte a. a. O., dass die Musiker darin übereinstimmen würden, dass eine gezupfte Saite außer dem Grundton noch andere hellere Töne von sich gibt, sie bemerkten insbesondere die Überlagerungen des 12. und 17. Tones (bezüglich des Grundtones). Zudem gab er auch experimentelle Ergebnisse bei Hörnern, Trompeten oder Querflöten an. Er führte darüber hinaus erstmals an, dass kleine harmonische Schwingungen überlagert werden können (Superposition) – ein Prinzip, das in der Mechanik von unschätzbarem Wert ist.

---

[223] „Cette multiplicité infinie de vibrations se manifeste dans touts les corps sonores, de quelque nature qu'ils puissent être." – *Histoire* 1753, S. 150.

[224] „Ma conclusion est, que tous les corps sonores renferment en puissance une infinité de sons, & une infinité de maniérés correspondantes de faire leurs vibrations régulières; enfin, que dans chaque différente espèce de vibrations les inflexions des parties du corps sonore se sont d'une maniéré différente. Mais ce n'est pas de cette multitude de vibration appliquée aux cordes rendues, que Mrs. d'Alembert & Euler prétendent parler; elle n'étoit pas inconnue à M. Taylor." – *Histoire* 1753, S. 151.

6.5 Das Problem der schwingenden Saite

Die Gültigkeit des Prinzips – hier der Aufbau einer beliebigen Schwingung mithilfe von Obertönen – war Daniel Bernoulli aus physikalischen Gründen unbezweifelbar. Modern gesagt bemerkte Bernoulli, dass die Sinus- bzw. Cosinusfunktionen fortschreitender Argumente ϕ, 2ϕ, 3ϕ ... im Intervall $[0, L]$ ein orthogonales Funktionensystem aus sogenannten *Eigenfunktionen* der Schwingungsgleichung bilden, das sich zudem normieren lässt. Die wegweisende Vision Bernoullis, die letztlich auf Brook Taylor (1685–1731) zurückgeht, dass in der Mechanik die Lösungen einer Differentialgleichung durch die orthonormierten Basen eines Funktionensystems ausgedrückt werden können, wurde erst im 19. Jahrhundert gründlich behandelt (Fourier, Dirichlet, Riemann); d'Alembert und Lagrange bestanden zeitlebens auf analytischen Lösungen. Die Frage nach Lösungen einer Differentialgleichung kann jetzt so gestellt werden: Ist es möglich, eine beliebig gegebene Funktion nach den Eigenfunktionen des einschlägigen Randwertproblems zu entwickeln? Grundsätzlich erkannte Euler zwar diese (modern formulierte) Problematik, aber die Zeit war noch nicht gekommen, eine stichhaltige Antwort geben zu können.

Für Daniel Bernoulli war es ausreichend, das Wesen der einfachen Schwingungen einer Saite zu ergründen („le natur des vibrations"), um ohne jede Rechnung das vorauszusagen, was diese beiden Geometer [Euler und d'Alembert] mit großem mathematischen Aufwand erreichten. Mit einigem Stolz und leichter Herablassung über die mühsamen und länglichen Rechnungen von d'Alembert und Euler schrieb Daniel Bernoulli weiter:

„Ich bewundere nicht weniger die Berechnungen der Herren d'Alembert und Euler, die sicherlich alles an tiefer und erhabener Analysis enthalten, die aber gleichzeitig zeigen, dass eine abstrakte Analysis [analyse abstrait], die keinerlei synthetische Prüfung der vorgeschlagenen Frage unternimmt, uns eher überraschen als aufklären kann.[225]

Es scheint mir, dass es dabei ausreicht, Aufmerksamkeit auf den Charakter der Saitenschwingungen zu richten, um ohne jede Rechnung das vorherzusehen, was die beiden großen Mathematiker [d'Alembert und Euler] durch höchst schwierige und abstrakte Berechnungen [calculs les plus abstraits] herausgefunden haben, die der analytische Geist noch erfassen kann."[226]

Euler betrachtete die Lösungen $y(t, x)$ der Differentialgleichung mit den partikulären Integralen

$$y_n(x,t) = a_n \sin\pi\frac{nx}{L} \cdot \cos\pi\frac{nct}{L}, \quad n = 1, 2, 3, \ldots, \tag{6.20}$$

---

[225] „Je n'en estime pas moins les calculs de M$^{\text{rs.}}$d'Alembert & Euler, qui renferment certainement tout ce que l'Analyse peut avoir de plus profond & de plus sublime; mais qui montrent en même tems, qu'une analyse abstrait, qu'on écoute sans aucun examen synthétique de la question proposée, est sujette à nous surprendre plutôt qu'à nous éclairer." – *Histoire* 1753, S. 148. D. Bernoulli bekannte übrigens, dass er die Arbeiten zu dem ihn interessierenden Thema nur deshalb gelesen habe, weil die Autoren berühmte Mathematiker waren.

[226] „Il me semble à moi, qu'il n'y avoit qu'a faire attention à la nature des vibrations simples des cordes, pour prévoir sans aucun calcul tout ce que ces deux grand Géomètres ont trouvé par les calculs les plus épineux & les plus abstraits, dont l'esprit analytique se soit encore avise." – *Histoire* 1753, S. 148.

wobei er offen ließ, ob die Reihe

$$y(x) = \Sigma_n yn(x,t) \tag{6.21}$$

endlich oder unendlich sein soll. Die Anfangslage der Schwingung wäre gemäß Voraussetzung

$$\varphi(x) = y(x,0) = \sum_n y_n(x,0) = \sum_n a_n \sin\pi \frac{nx}{L}. \tag{6.22}$$

Die mit a_n multiplizierten Ausdrücke, sofern sie für sich genommen werden, haben die Frequenzen ν_n, d. h. die gesamte Lösung gibt sich aus der Zusammensetzung (Superposition) von Obertönen. Euler stützte in den Fällen, in denen die Anfangslage durch Gl. 6.21 dargestellt ist, nicht nur Daniel Bernoullis Theorie, sondern erklärte damit auch von die Joseph Sauveur (1653–1716) angestellten Experimente aus dem Jahre 1701. Gegenüber Daniel Bernoullis intuitiver physikalischer Theorie haben wir erstmals eine mathematische Ableitung „Disquisitio ulterior super seriebus" (Abhandlung über eine weiter Art von Reihen, E 704 EO I /16), die 1777 von Euler vorgetragen wurde und die Berechnung der Koeffizienten betraf, die aber erst posthum 1798 in dem Band XI der *Nova acta Petropolitanae* für 1793 gedruckt wurde. Heute ist das von Euler benutzte Verfahren Standard. Eulers berechtigter Einwand gegenüber der Bernoulli'schen Lösung ist, ob aus der Lösung Gl. 6.21 die Anfangslage Gl. 6.22 darstellbar ist. Die Methode der Koeffizientenberechnung wurde seit Euler perfektioniert, da für immer ausgeklügeltere funktionale Beziehungen entsprechende Integralbegriffe zu entwickeln waren (z. B. die Lebesgue'sche Integrationstheorie, um die Gültigkeit der Koeffizientenberechung zu erreichen).

6.5.7 *Allgemeine Fragen*

Die mit der trigonometrischen Reihendarstellung (wie auch mit der von Potenzreihen sowie anderer Reihenentwicklungen) verbundenen Fragen sind:

1. Wie lauten die Koeffizienten der gesuchten Reihe?
2. Konvergiert die Reihe mit diesen Koeffizienten?
3. Stellt diese Reihe die in Rede stehende Funktion dar?
4. Ist die Darstellung eindeutig?

Zwei dieser Fragen sind dabei besonders wichtig, nämlich: Wie findet man die Koeffizienten, und stellen die mit ihnen gebildeten Reihen die in Rede stehenden Funktionen tatsächlich dar?

Es ist aber eine Ironie der Geschichte, dass Euler selbst die erste Frage, also einen wichtigen Einstieg in die trigonometrische Darstellung der Anfangslage $\phi(x) = f(x,t)$, beantwortete, ohne es zu bemerken. Er hatte 1749 in einer Arbeit „Recherches sur la question des inégalités du mouvement de Saturne et de Jupiter"

6.5 Das Problem der schwingenden Saite

(Untersuchungen zur Frage der Ungleichheiten in der Bewegung von Saturn und Jupiter; E 120, EO II/25)[227] den Ausdruck

$$f(x) = (1 - n\cos x)^{-s}$$

zu integrieren, wozu er die Funktion nach Potenzen von cos x entwickelte. Da die Konvergenz der üblichen Potenzreihenentwicklung der beiden Planeten nach ihrer scheinbaren Distanz zu langsam war, kam Euler auf die Idee, den Ausdruck nach fortschreitendem Winkel von cos x zu entwickeln. Wie Euler auf die Idee kam, Reihenentwicklungen nach oszillierende Funktionen vorzunehmen, ist nach Heinrich Burkhardt (1861–1914)

> „nicht mehr feststellbar, da er seine Formeln nur in versteckter Weise mitteilte, um sie [vermutlich] für spätere Untersuchungen zu reservieren. D'Alembert und Clairaut haben die Sache übrigens durchschaut, und die Integraldarstellung der Koeffizienten ... explizite mitgeteilt."[228]

Diese Arbeit interessierte – wie wir eben erfahren haben – auch Jean le Rond d'Alembert und Alexis Clairaut (1713–1765). Aber obwohl man gewissermaßen schon die halbe Fourier-Theorie (d. h. die cos-Entwicklungen) vor Augen hatte, kam deren Entwicklung noch nicht in Gang. Das ist noch merkwürdiger, da Euler 1754 (gedr. 1760) in der Arbeit „Subsidium calculi sinuum" (Ein Beitrag zur Berechnung des Sinus)[229] Potenzen der Sinus- und Cosinusfunktion in Sinus- und Cosinusreihen entwickelte, die nach dem Vielfachen der Winkel fortschreiten, und da er weiterhin behauptete, dass sich jede periodische Funktion als Summe einer trigonometrischen Reihe schreiben ließe! Ebenfalls 1777 ging Euler dieser Frage in einer nachgelassenen astronomischen Arbeit nach[230] („Disquisitio ulterior super seriebus secundum multipla cujusdam anguli progredientibus", Weitere Untersuchungen hinsichtlich einer Reihe, deren Argumente in Vielfachen eines bestimmten Winkels fortschreiten; E 704, publ. 1798). Er betrachtete hier die Reihe

$$\Phi = \alpha + \beta\cos\lambda + \gamma\cos^2\lambda + \delta\cos^3\lambda + \cdots$$

---

[227] Die *Recherches* (E 120) waren durch eine Pariser Preisaufgabe für 1748 inspiriert worden und waren bereits 1747 fertig (Brief an Goldbach 24.10.1747). Euler erhielt zwar den Preis, aber die Akademie sah die Aufgabe noch nicht als vollständig gelöst an und wiederholte die Frage noch zweimal, nämlich 1750 und 1752. Euler reichte für 1752 abermals eine Schrift ein, die „*Recherches sur les inéqualitié de Jupiter et Saturn*" (E 384, EO II/24), die wieder ausgezeichnet wurde. – Es trifft übrigens nicht zu, dass lediglich die Frage der Saitenschwingung die Quelle für Reihenentwicklungen nach oszillierenden Funktionen war, sondern auch den hier ins Spiel kommenden astronomischen Fragen kam eine wichtige Rolle zu (siehe H. Burkhardts in der in der folgenden Fußnote zitierten Schrift).

[228] H. Burkhardt, „Über Reihenentwicklungen nach oszillierenden Funktionen", in: *Jber. DMV* 12 (1903), S. 563–565, Zitat S. 563.

[229] *Novi Comment. Ac. sc. Petropolitanae* 5 (1754/55), S. 84–144; 1752 in der Berliner Akademie vorgetragen; E 246, EO I/14.

[230] *Novi Comment. Ac. sc. Petropolitanae* 11 (1793), S. 91–132, gedr. 1798, E 703; 1777 in der Petersburger Akademie vorgetragen.

mit gegeben Koeffizienten $\alpha, \beta, \gamma, \delta, \cdots$, und fragte, wie hieraus eine Reihe der Cosinus-Funktion nach fortschreitenden Argumenten gewonnen werden könne:

$$\Phi = A + B\cos\lambda + C\cos 2\lambda + D\cos 3\lambda + \cdots$$

(S. 114). Dazu ermittelte Euler die unbekannten Koeffizienten A, B, C, ..., usw., indem er beide Reihen gleichsetzte und nach Multiplikation auf beiden Seiten mit $\cos n\phi$ ($n = 1, 2, 3, \&$) jeweils von $\phi = 0$ bis 2π integrierte (Abb. 6.35). Aufgrund der Orthogonalitätsrelationen

$$\int_0^{2\pi} \cos m\phi \, \cos n\phi \, d\phi = \begin{cases} 0 & \text{für } m \neq n \\ \pi & \text{für } m = n \end{cases}$$

ergeben sich dann die gesuchten Koeffizienten der Reihe nach:

$$A = \tfrac{1}{\pi} \int \Phi d\Phi,$$

$$B = \tfrac{2}{\pi} \int \Phi d\Phi \cos\Phi,$$

$$C = \tfrac{2}{\pi} \int \Phi d\Phi \cos 2\Phi$$

usw. (ebd. S. 116).

Damit brachte Euler – freilich unbemerkt – klar die tragende Idee in allgemeine Form, nämlich die Darstellung einer Funktionen durch ein orthogonales Funktionensystem. Aber die geniale Ermittlung der „Fourier-Koeffizienten" beantwortet die Frage unvollkommen, selbst in Fouriers *Theorie analytique de la Chaleur* ist nicht hinterfragt, was das Integralzeichen in allgemeinen Fällen bedeutet; so auch bei Carl Friedrich Gauß (1777–1855) in seiner nachgelassenen Schrift „Exposition d'une nouvelle méthode" (Darlegung einer neuen Methode), in der es um die Störung der Pallasbahn geht).[231] Erst Peter Gustav Lejeune Dirichlet (1805–1859), der sich der Frage der tatsächlichen Darstellung einer gegebenen Funktion durch eine trigonometrischen Reihe in zwei wichtigen Arbeiten widmete, erwähnte dieses Problem beiläufig, welches schließlich in der Arbeit „Ueber die Darstellbarkeit einer Function durch eine trigonometrische Reihe"[232] von Bernhard Riemann (1826–1866) aufgegriffen und gelöst wurde: Auf nur einer Seite erklärte Riemann bündig, was wir heute Riemann'sches Integral nennen. Natürlich beschäftigte sich Karl Weierstraß mit der Integraldefinition, und auch Henri Lebesgue (1875–1941) trieb in seiner Dissertation *(Thèse, 1902)* noch die Frage um, wie ein Integral beschaffen sein müsse, damit möglichst viele vorgegebene Ableitungen von Funktionen zu ihrer Stammfunktion kommen, was eine der Wurzeln

---

[231] *Werke*, Bd. 7, IV. Sektion, zweiter Entwurf, S. 469–472; um 1814 geschrieben.

[232] Riemann, „Ueber die Darstellbarkeit", in: *Ges. math. Werke*, nach der Ausgabe von H. Weber. Berlin 1990, auch Abh. d. Kgl. Ges. d. Wiss. zu Göttingen 13 (1897).

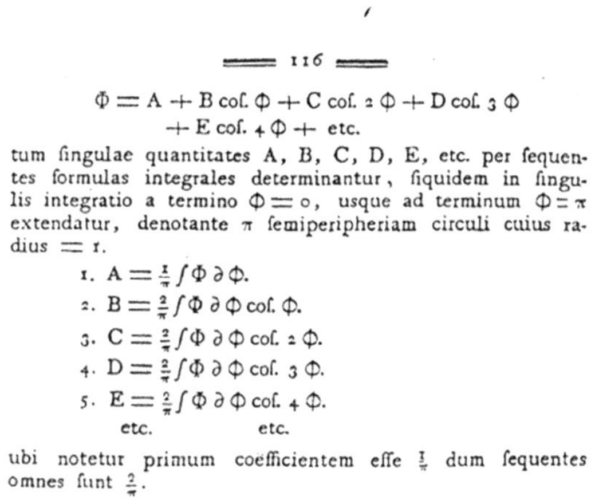

6.5 Das Problem der schwingenden Saite

Abb. 6.35 Eulers Bestimmung der Fourier-Koeffizienten (gedruckt 1793, postum) mithilfe eines orthogonalen Funktionssystems (Novi Comm. Ac. Sc. Imp. Petropolitanae 11 (1793), S. 114–132, E 704)

$$= 116 =$$

$$\Phi = A + B \cos \Phi + C \cos 2\Phi + D \cos 3\Phi$$
$$+ E \cos 4\Phi + \text{etc.}$$

tum singulae quantitates A, B, C, D, E, etc. per sequentes formulas integrales determinantur, siquidem in singulis integratio a termino $\Phi = 0$, usque ad terminum $\Phi = \pi$ extendatur, denotante π semiperipheriam circuli cuius radius $= 1$.

1. $A = \frac{1}{\pi} \int \Phi \, \partial \Phi$.
2. $B = \frac{2}{\pi} \int \Phi \, \partial \Phi \cos \Phi$.
3. $C = \frac{2}{\pi} \int \Phi \, \partial \Phi \cos 2\Phi$.
4. $D = \frac{2}{\pi} \int \Phi \, \partial \Phi \cos 3\Phi$.
5. $E = \frac{2}{\pi} \int \Phi \, \partial \Phi \cos 4\Phi$.
   etc.   etc.

ubi notetur primum coefficientem esse $\frac{1}{\pi}$ dum sequentes omnes sunt $\frac{2}{\pi}$.

der Lebesgue'schen Maßtheorie ist: „Toute fonction dérivée bornée est sommable" (Jede beschränkte Ableitung ist summierbar [Lebesgue-integrierbar]).[233]

Zusammenfassend entnehmen wir aus Eulers Sicht den Stand der Dinge im Jahr 1760 aus zwei einschlägigen Briefen an Wenceslaus Karsten (1732–1787). Karsten assistierte Euler bei der Herausgabe seiner *Mechanik* in Rostock und war selbst Verfasser mehrerer Analysis-Bücher.

> „Das Problem der schwingenden Saite führt auf die Frage, wie eine Funktion von zwei Variablen x und der Zeit t beschaffen sei, die der Schwingungsgleichung [Gl. 6.7, die Konstante c wird mit a bezeichnet] genügt, wobei diese Lösung
> $y = y:(x, t) = \Phi:(t + s) + \Psi:(t - s)$
> wo die Zeichen Φ: und Ψ: functiones quascuncque [irgendwelche Funktionen] bedeuten non solum regulares sed etiam irregulares [nicht nur reguläre sondern auch irreguläre Funktionen]. Diese Allgemeinheit erfordert auch die Natur der Frage." – 6. Juli 1760

Die Natur der Frage, die die Anfangsbedingungen einer Differentialgleichung fixiert, wiederholte Euler für das Problem der bei A und B eingespannte Saite AMB im folgenden Brief (5. August 1760):

> „Nachdem dieselbe [eingespannte Saite AMB] anfänglich auf eine beliebige Figur gebracht und plötzlich losgelassen werde [d. h. Anfangsgeschwindigkeit = 0], so kommt es darauf an, dass man für eine jede Abscissam $AP = x$ und ein jedes tempus elapsum $= t$ [vergangener Zeitpunkt t] die Grösse der Applikate [Ordinate] $PM = y$ bestimmen soll. Hier besteht also die solution darin, daß man zeige, was für eine Function y seyn werde, von den beiden variabilibus [Variablen] x und t, welche keineswegs voneinander abhängen, denn [die Wahl von] sowohl x als auch t muß in unser Belieben gestellt bleiben, damit man auf einen jeglichen Zeitpunkt die Figur der Saite anzeigen könne und durch die Integration muß eine solche constans arbitraria [beliebige Konstante] eingeführt werden, damit für den Anfang, wenn $t = 0$, just die der Saite angebrachte [erteilte] Figur herauskomme, und wenn diese sogar, wenn die anfängliche Figur nicht nur regulair oder in einer

---

[233] *Thèse*, Introduction. Mailand 1902.

gewissen aequation enthalten ist, sondern auch wenn dieselbe irregulair und bloss nach Willkür beschaffen sein sollte; und so ist auch diejenige Lösung beschaffen, welche ich in dieser Frage in unseren Mémoires gegeben habe."[234]

Bereits im vorangegangenem Brief (5. August 1760) hatte Euler zu der Arbeit in den *Mémoires* bemerkt:

„Mr. d'Alembert hat sich zwar dagegen gesetzt und will nicht zugeben, dass functiones irregulares in die Analysin introducirt werden können, da doch die Natur dergleichen Fragen solches unumgänglich erfordert. Allein in den neulich herausgekommenen Actis Taurensibus hat Mr. de la Grange [Lagrange] deutlich gezeigt, dass dergleichen Functiones statt finden können und müssen, und er hat sogar daraus die wahre und bisher gantz unbekannte propagationem soni [Ausbreitung der Töne] demonstrirt.[235] Denn was Newton und auch andere davon gesagt haben ist nicht zulänglich. Die Sache beruht auch augenscheinlich auf einem discontinuo [einer Unstetigkeit], denn wenn ein pulsus [Stoß] in der Luft fortgeht, so wird eine particula [ein Teilchen], so bisher völlig stillgestanden, in eine Bewegung gesetzt, gleich darauf aber kommt sie [particula] wieder in Ruhe; welche Veränderung des Zustandes durch keine functionem continuam [stetige Funktion im Eulerschen Sinn] ausgedrückt werden kann, und eben deswegen auch bisher nicht hat erklärt werden können."

Die oben angegebenen Fragen für trigonometrische Reihenentwicklungen waren bestimmend für die Mathematikgeschichte der Analysis im 19. Jahrhundert. Jean Baptiste Joseph Baron de Fourier (1768–1830) griff das Problem der trigonometrischen Darstellung wieder auf, wobei er anstelle der anschaulichen Schwingung einer Saite von der unanschaulichen Verteilung der Temperatur ausging und diese Arbeiten schließlich in dem berühmten Buch *Théorie analytique de la Chaleur* (Analytische Theorie der Wärme, Paris 1822) zusammenfasste. Auch Fourier behauptete, optimistisch wie seinerzeit Euler, dass jede beliebige Funktion in eine Fourier-Reihe entwickelt werden könnte. Fourier ließ auch (Temperatur-)Sprünge zu.

Dem Stetigkeitsverhalten (im modernen Sinn) wandte sich der französische Mathematiker Louis Antoine Arbogast (1759–1803) in seiner Schrift *Mémoire sur la nature des fonctions arbitraire*[236] (Über die Natur beliebiger Funktionen, St. Petersburg 1791) zu, den wir oben bereits erwähnten. Diese Arbeit war eine Folge einer St. Petersburger Preisfrage aus dem Jahre 1787. Die Preisaufgabe war durch die unterschiedlichen Auffassungen von Euler und d'Alembert beim Lösen partieller Differentialgleichungen, insbesondere bei der Gleichung für die schwingende Saite, angeregt worden. Arbogast schloss sich in seiner preisgekrönten Schrift, die verschiedene Typen von partiellen Differentialgleichungen untersuchte, im wesentlichen Eulers Auffassung der Einteilung der Funktionen an (S. 3–4, §§ 37):

---

[234] „Unsere Mémoires" sind E 140; 1748, gedruckt 1750 und E 213; 1753, gedruckt 1755.

[235] „Recherches sur la nature et la propagation du son" und „Nouvelles recherches sur la nature de propagation du son". Beides in Bd. 2 der *Melange de Turin*, auch in *Œuvres de Lagrange*, I. Paris 1967.

[236] St. Péterbourg: Imprimerie de l'Académie, 1791.

6.5 Das Problem der schwingenden Saite

„Dem verstorbenen Herrn Euler verdanken wir die Entdeckung der Integralrechnung mit partiellen Differentialen."[237]

Arbogast unterschied in seiner Preisschrift zwei verschiedene Arten von Stetigkeit, nämlich zum einen die übliche der Kontinuität der analytischen Formulierung (*eine* einheitliche Gleichung), deren Verletzung im Extremfall bis auf eine mit freier Hand gezogene (diskontinuierlich) Kurve führen konnte; zum anderen zeigten sich bereits die Schatten der Stetigkeit im modernen Sinn, insofern die Kontinuität durch Sprünge verletzt wird („discontigué"). Arbogast zog für seine Arbeit das Fazit, dass Lösungen von partiellen Differentialgleichungen weder dem Gesetz der Kontinuität noch dem der Stetigkeit unterworfen sein müssen. Es ist übrigens bemerkenswert, dass Arbogast in die Schreibweise einer Funktion auch deren Definitionsgebiet einbezieht (was sich allerdings nicht eingebürgert hat); er griff auch Eulers Idee auf, die Integrationsgebiete eines Integrals in gleicher Weise (am Ende des Integrals) zu erfassen, aber die Fourier'sche Idee (1818), die wir heute gebrauchen, dies am oberen und unteren Ende des Integralzeichens zu tun, ist effektiver.

In einem Brief vom 16. Februar 1765 schickte Euler Lagrange fünf Arbeiten (E 317–321) zu, die dieser in den Turiner Mélanges für 1762/65 veröffentlichte, darunter drei Arbeiten über Saitenschwingungen (E 317, 318 und 319, EO II/10 und EO I/28), die alle 1766 erschienen (Abb. 6.36).[238] Hier kam Euler unter etwas veränderten mathematischen Gesichtspunkten nochmals auf das Problem der schwingenden Saite zurück. „Recherches sur l'integration de l'équation $\frac{ddz}{dt^2} = aa\frac{ddz}{dx^2} + \frac{b}{x}\frac{dz}{dx} + \frac{c}{xx}z$" (Untersuchungen über die Integration der Gleichung …; E 319). Die in Rede stehende Gleichung führt für b = c = 0 (§ 2) auf die übliche Schwingungsgleichung (§ 4). Euler nannte einige partikuläre Lösungen der Schwingungsgleichung, wie $z = A(x \pm at)n$ und $z = Aen(x \pm at)$; er schloss aber auch die Bemerkung an:

> „Aber als ich $z = \Gamma:(x+at) + \Delta:(x-ct)$ fand, wobei $z = \Gamma:(x+at)$ irgendeine Funktion[239] von $x + at$ markiert und $\Delta:(x-ct)$ ebenso eine von $x-ct$, sieht man klar, dass diese Form unendlich allgemeiner ist, ebenfalls ist sie das Integral unserer Gleichung."[240]

Euler suchte mithin eine vollständige Lösung („solution complète") der Schwingungsgleichung. Durch die Substitutionen

---

[237] "C'est à feu M. Euler, que nous sommes redevables de la découverte du Calcul Intégral aux différentielles partielles." – *Mémoire*, S. 3.

[238] „Recherches sur le mouvement des cordes vibrantes", „Recherches sur le mouvement des cordes inégalement grosses" sowie „Recherches sur l'integration de l'equation"; alles in Vol. 3 der *Mélanges de Turin*, auch in *Œuvres* de Lagrange, Vol. I, Paris 1967.

[239] Allgemeine Funktionen notierte Euler (nicht immer konsequent, worauf selbst in den *Opera Euleri* nicht immer hingewiesen wird) grundsätzlich wie folgt: *f:(x)*. (Beispiele für eine inkonsequente Notation findet man in der „Investigatio fonctionem" (Untersuchung von Funktionen), E 285, EO I/23, §§ 24, 28, 38, 41; erschienen in den *Novi Commentarii* von Petersburg 9 (1762/63), 1764 gedruckt).

[240] „Mais quand j'ai trouvé $z = \Gamma:(x+at) + \Delta:(x-ct)$ où $x-ct$ marque une fonction quelconque de $x+at$, & $\Delta:(x-ct)$ où $x-ct$, on voit bien que cette forme est infiniment plus général." – § 4.

Abb. 6.36 a, b Modelle schwingender Violinsaiten $y = y(x, t)$ in raum-zeitlicher Darstellung (gezupfte und schwingende Saiten). Die untere Modellkante entspricht der x-Achse, die linke Bildseite korrespondiert zur y-Achse und die t-Achse verläuft nach hinten. In **c** entsprechen die Einkerbungen auf der Wellenfläche für jeweils feste x^*-Werte den Auslenkungen $y = y(x^*, t)$ in Abhängigkeit der Zeit t

$$x + at = p, \quad x - at = q,$$

die uns heute die Charakteristikentheorie[241] nahelegt, folgt für die Schwingungsgleichung (Gl. 6.6), (in Arbogasts oben erwähntem *Mémoire* ist das § 32)

---

[241] Aus der Sicht der Charakteristikentheorie hyperbolischer Differentialgleichungen liegt die Transformation $\xi = x + ct$, $\cdot \eta = x - ct$ nahe, die hier auf die partielle Differentialgleichung $\partial^2 w / \partial \xi \partial \eta = 0$ führt, und man findet hieraus sofort $w = u(\xi) + v(\eta)$ als allgemeine Lösung; siehe auch L. A. Arbogast *Mémoire sur la nature des fonctions arbitraire*. St. Petersburg: Académie 1791, § 32 f.

6.5 Das Problem der schwingenden Saite

$$z = f : p + g : q \,[= f : (p) + g : (q)].$$

Hierfür fand Euler eine geometrische Lösung in § 11, nämlich zwei beliebige Lösungskurven („courbes quelconques"), die er (geometrisch) addierte. Wir lesen im folgenden Paragraphen:

> „Darin besteht auch der wesentliche Charakter dieser Integralrechnung, der sie von gewöhnlichen Integrationen unterscheidet, bei denen ohne das Gesetz der Kontinuität keine gekrümmte Linie stattfinden könnte. Aber hier können die Linien *EMS* und *FNT* auf beliebige Weise gezeichnet werden,[242] ohne in irgendeine Gleichung einbezogen zu werden; oder sie können abrupt dort enden, wo man möchte, und sie aus Bögen völlig unterschiedlicher Kurven zusammensetzen. Ganz gleich, wie wir angefangen haben, diese Grenzen zu ziehen, es steht uns immer frei, sie auf beiden Seiten nach Belieben fortzusetzen, ohne dass wir an irgendein Gesetz gebunden sind. Alle diese Unregelmäßigkeiten hindern die gegebene Konstruktion nicht daran, die vorgeschlagene Gleichung so gut zu erfüllen, als ob diese beiden gekrümmten Linien völlig regelmäßig wären."[243]

Wir sehen hier noch einmal klar Eulers funktionale Auffassung hervorgehoben, die sich nicht auf das physikalische Problem bezieht, sondern in allgemeine analytisch-geometrische Überlegungen eingebettet ist. Die Einheit der mathematischen Wissenschaften (hier von Arithmetik und Geometrie)[244] zeigt sich im Begriff der Funktion $z = Z:(x, y, \&)$. Anderseits war Euler unter den Protagonisten der Schwingungsgleichung derjenige, der den Paradigmenwechsel vorantrieb, da in seinem Verständnis die physikalische Praxis dies erforderte. Allgemeine Funktionen notierte Euler (wenn auch nicht durchgängig konsequent)[245] wie folgt

$$f : y, \Psi : (x + ny), \quad \Psi : (xx + yy), \quad \phi : \frac{x}{y}.$$

Er insistierte daher auf der Allgemeinheit der Lösung $z = \Gamma:(x + at) + \Delta:(x - ct)$, etwa in den „Recherches sur l'intégration" (Untersuchungen über die Integration der Gleichung, E 319):

---

[242] Auf die Achse *BP* bezogen.

[243] „C'est aussi en quoi consiste le caractère essentielle de ce genre de calcul intégral, et qui le distingue de intégrations ordinaires, où aucune ligne courbe destituée de la loi de continuité, ne sauroit jamais avoir lieu. Mais ici les lignes *EMS* et *FNT* peuvent être tirées d'une manière quelconque, sans quelles soient comprises dans quelque équation que ce soit; ou les peut terminer brusquement où l'on veut, et les composer d'arcs de courbes tout à fait différentes. De quelque manière qu'on ait commence manière qu'on ait commencé à tirer ces lignes, on est toujours le maître [!] de les continuer de part et d'autre comme on veut, sans qu'on sait astreint à aucune loi; toutes ces irrégularités n'empêchent pas que la construction donné ne satisfasse aussi bien à l équation proposée, que si ce deux lignes courbes étoient tout à fait régulières." – (§ 12).

[244] Wir weisen darauf hin, dass diese Einheit für diskrete und kontinuierliche Größen besteht und dass Euler in beiden Bereichen brillierte.

[245] Beispiele hierfür in „Investigatio functionem" (Untersuchung von Funktionen; E 285, EO I/23, §§ 24, 28, 38, 41; erschienen in den *Novi Commentarii Petersburg* 9 (1762/63), 1764 gedruckt. Die Verwendung eines Punktes (nicht im Newton'schen Sinn der Ableitung) ist zweifach: Er dient sowohl zur Markierung eines funktionalen Zusammenhangs *F.x*, aber auch (noch) zur Abkürzung bei speziellen Funktionen wie Sinus durch sin. usw.

„Es ist keine reine Spekulation, die diese Gleichung geliefert hat, sondern sie enthält die Lösung mehrerer physikalisch-mathematischer Fragen von größter Bedeutung."[246]

Am Schluss der Arbeit ging Euler noch auf die Integration allgemeiner Funktionen $\Gamma:(s)$ ein:

„Bezeichnen wir also die durch Integration erhaltene Funktionen auf diese Weise $'\Gamma : s = \int \Gamma \mathrm{d}s, \quad ''\Gamma : s = \int '\Gamma : s \mathrm{d}s$"[247]

Die erste Gleichung wird heute von Mathematikern eher $'\Gamma : (s) = \int \Gamma : (s)\mathrm{d}s$ geschrieben; in der obigen Notation wird sie manchmal von Physikern gebraucht (ebd., § 28) Dabei ist selbstredend für verallgemeinerte Funktionen der Integralbegriff anzupassen. Euler hob hiermit die Klasse der willkürlichen Funktionen durch eine Bezeichnungen hervor.

Von den trigonometrischen Funktionen zur Mengenlehre
Der Weg Georg Cantors (1845–1918) zur Mengenlehre begann in der Theorie der trigonometrischen Reihen, genauer mit der zu Beginn von Abschn. 6.5.7 aufgeführten 4. Frage. Nachdem Cantor sich an der Universität in Halle habilitiert hatte,[248] begann er sich mit trigonometrische Reihen zu beschäftigen, so auch mit der Frage, ob und wann eine Fourier-Reihe eindeutig ist (Abb. 6.37).

„Die hier beabsichtigte Ausdehnung besteht darin, dass für eine unendliche Anzahl von Werthen des x im Intervall $(0, 2\pi)$ auf die Convergenz oder auf die Uebereinstimmung der Reihensumme verzichtet wird, ohne dass die Gültigkeit des Satzes [Übereinstimmung von kovergenten trigonometrischen Reihen][249] aufhört."[250]

Bei der Beschreibung der entsprechenden Ausnahmemengen führte Cantor 1872 den Begriff der Ableitung einer Punktmenge P ein. Darunter verstand er die Menge aller Häufungspunkte dieser Menge (im Sinne des gegebenen Abstandsbegriffs bzw. der vorliegenden Topologie), die er mit P' bezeichnete, entsprechend wurden höhere Ableitungen $P^{(n)}$ erklärt, sofern $P^{(n)} \neq \emptyset$ ist. Sein Ergebnis lautete, dass die Ausnahmemenge eine beliebige Ableitung k-ter Ordnung (k beliebig, natürlich) sein kann. Diese iterative Bildung der Ableitung führte Cantor, wie er später sagte, zum „Zählen über das Unendliche hinaus" und schließlich zur Ordinalzahl. Denn ist P', P'', ... gegeben, so ist $\cap n\, P^{(n)}$ eine wohldefinierte Menge, die Cantor als ω-te Ableitung begriff und weitere Ableitungen $\omega + 1 > \omega$ usw. erklärte. Diese Methode erforderte eine genaue Erklärung der reellen Zahlen, die Cantor in der genannten Arbeit von 1872 mithilfe von Fundamentalfolgen gab. Der lediglich fünfseitige Teil der Abhandlung, der reelle Zahlen mittels Fundamentalfolgen (Cauchy-Folgen) definiert, ist ein Markstein der Mathematik, der nicht nur für die Mengenlehre von Bedeutung ist, sondern auch für die Funktionalanalysis u. a. Disziplinen unverzichtbar ist.

---

[246] *Mélanges Turin* 3 (1762–65), 1766 gedruckt, S. 60–91, § 2.; E 319.

[247] „Donc si nous marquas les fonctions en ascendant par intégration, de cette manière." – Ebd. § 28.

[248] Dissertation und Habilitation über zahlentheoretische Themen (diophantische Gleichungen).

[249] „Beweis, dass eine für jeden reellen Werth von x durch eine trigonometrische Reihe gegebene Function $f(x)$ sich nur auf eine einzige Weise in dieser Form darstellen lässt", in: Journal für die reine und angewandte Mathematik 72 (1870), S. 139–142.= *Gesammelte Abhandlungen*, Berlin 1932 (Nachdrucke).

[250] „Über die Ausdehnung eines Satzes aus der Theorie der trigonometrischen Reihen", in: *Math. Annalen* 5 (1872), S. 123–132 = *Ges. Abhandlungen*, Berlin 1932 (Nachdrucke) = *Teubner-Archiv*, Bd. 2. Leipzig 1984, S. 9–18, Zitat S. 9.

Abb. 6.37 Georg Cantor (1845–1918)

6.5.8 Streiflichter auf den Streit

Die Mathematiker des 18. Jahrhunderts verbanden mathematische und philosophische Ansichten viel enger mit ihren eigenen Überzeugungen, als dies heute der Fall ist. Johann I Bernoulli (1667–1748) schrieb in seiner Lösung des Brachistochronenproblem,[251] dass der Leser starr vor Staunen sein werde, wenn er erfahre, dass die Lösung des Problems eine bereits gut bekannte Kurve sei, nämlich die Zykloide. Sein Bruder Jakob Bernoulli (1654–1705) wiederum beendete seine große Abhandlung *Analysis magni Problematis Isoperimetrici* (Große Analyse des Isoperimetrischen Problems),[252] indem er dem unsterblichen Gott für die geschenkte Gnade dankte, in die unergründlichen Abgründe der unerschöpflichen göttlichen Weisheit blicken zu dürfen. Diese beiden Beispiele, die keineswegs die einzigen sind, zeigen exemplarisch den Wert, den Mathematiker ihrer Arbeit beimaßen. Damit ist auch ein Besitzanspruch verbunden, im 19. Jahrhundert oft in einer Wendung der Art, dass man diesen Satz oder jene Methode als sein persönliches Eigentum ansehe, wiewohl man sie letztlich allgemein zugänglich machte. Allerdings erwartete man stillschweigend, dass die Priorität oder eine Vorarbeit genügend respektiert wurde. Das war allerdings nicht immer der Fall: Von

---

[251] „Curvatura radii", in: *Acta eruditorum* 1697, S, 206–211; „obstupescas plane" S. 264, in: *Streitschriften*. Basel 1991, S. 263–270.

[252] *Acta eruditorum* 1701, S. 213–228 = *Opera*, S. 895–920, *Streitschriften* S. 485–505.

kleineren Zwistigkeiten bis zu großen Fehden (Prioritätsstreit Newton vs. Leibniz)[253] gab es viele Spielarten auf dem Markt der Eitelkeiten.

Von Leonhard Euler selbst gibt es eine treffende Beschreibung für einen Wortstreit zwischen seinem Lehrer Johann Bernoulli (1667–1748) und Gottfried Wilhelm Leibniz (1646–1716), in dem es um die Logarithmen negativer und imaginärer Zahlen ging. Wir lesen in der Abhandlung „De la controverse entre Mrs. Leibnitz et Bernoulli sur les logarithmes des nombres négatifs et imaginaires" (Über die Kontroverse zwischen den Herren Leibnitz und Bernoulli über die Logarithmen negativer und imaginärer Zahlen; 1749, E 168):[254]

> „Wenn wir diese Kontroverse nicht sehr erregend finden, so liegt der Grund offenbar darin, dass wir die Gewissheit all dessen, was wir in den reinen Teilen der Mathematik behaupten, nicht in Zweifel ziehen wollen, indem wir vor den Augen aller die Schwierigkeiten und sogar die Widersprüche entwickeln, denen die Auffassungen der Mathematiker über die Logarithmen negativer und imaginärer Zahlen unterworfen sind: denn obwohl ihre Auffassungen über Fragen der angewandten Mathematik, wo die verschiedenen Weisen, die Objekte zu betrachten und sie begrifflich genau zu erfassen, zu echten Kontroversen führen können, sehr unterschiedlich sein mögen, so hat man doch immer behauptet, dass die reinen Teilegebiete der Mathematik von jedem Streit völlig ausgeschlossen seien, und dass darin nichts vorkomme, von dem wir nicht entweder die Richtigkeit oder die Falschheit beweisen können."[255]

Die kontroversen Ansichten der Betroffenen weisen die erforderlichen Merkmale für einen langwierigen Streit auf: Beide (als große Mathematiker) führten Argumente an, die an sich nicht falsch waren, aber das Problem nicht erledigten. Nochmals Euler:

> „Jedoch hat jeder in der Auffassung des anderen so viele Widersprüche entdeckt, daß es eine übertriebene Gefälligkeit gewesen wäre, wenn der eine seine Auffassung zugunsten des anderen geändert hätte. Denn man muß bemerken, daß die Widersprüche die sich die beiden Großen vorhalten, real waren und durchaus nicht derart, daß sie nur einer eigensinnigen auf ihrer Auffassung bestehenden Gegenpartei als solche erscheinen."[256]

---

[253] Th. Sonar, *Die Geschichte des Prioritätsstreits zwischen Leibniz und Newton. Geschichte – Kulturen – Menschen*. Berlin 2017.

[254] *Mémoires* der Berliner Akademie 5 (1749), 1751 gedruckt; dtsch. Übersetzung in *Ostwald's Klassikern*, Leipzig 1983, S. 54–100, Anm. S. 242–243; E 168, EO II/17, S. 195–232.

[255] "Quand on ne trouve pas cette controverse fort agitée, la raison en est apparemment, qu'on pas voulu rendre suspecte la certitude de tout ce, qu'on avance dans les parties pures de la Mathématique, en développant devant les yeux de tout le monde les difficultés, & même les contradictions, aux elles les sentiments des Mathématiciens sur les logarithmes des nombres négatifs & imaginaires sont assujettis: Car, bien que leurs sentiments puissent être fort différences sur des questions, qui regardent la Mathématique appliquée, ou les diverses manières d'envisager les objets & de ramener à des idées précises, peuvent donner lieu à des controverses réelles, on a toujours prétendu, que les parties pures de la mathématique étoient entièrement dé livrées de tout sujet de dispute, & qu'il ne s'y trouvoit rien, dont on ne fut en étant de démontrer, ou la vérité ou la fausseté." – „Controverse", S. 139, dtsch. Übersetzung S. 54.

[256] „Mais chacun a trouvé dans le sentiment de l'autre tant de contradictions, que c'aurait été une complaisans trop outrée, si l'un avoit changé son sentiment en faveur d l'autre. Car il faut remarquer que les contradictions, que ce deux Grand hommes se reprochoient etoient réelles, & point du tout du nombre de celles, qui ne paroissent telles, qu'à la partie opposée de son propre sentiment." – Ebd.

6.5 Das Problem der schwingenden Saite

Leonhard Euler baute seine Beschreibung des Streites mit dramatischen Geschick auf. Zunächst stellte er die Auffassungen („sentiments") der Beteiligten getrennt vor, nannte deren Beweisgründe („raisons") im Einzelnen und führte die jeweiligen Einwände („objections") an. Der Leser wird kaum an eine Aussöhnung der kontroversen Sachverhalte glauben, jedoch Euler löste den Knoten. Indem er den Blick auf eine ungenannte Annahme lenkte, dass nämlich jeder Zahl genau ein Logarithmus entspricht, fand er die Lösung früherer Schwierigkeiten:

> „Auflösung der oben genannten Schwierigkeiten:
> ... Man nimmt gewöhnlich an, fast ohne darüber nachzudenken, daß jeder Zahl nur ein Logarithmus entspricht; und wenn wir ein wenig darüber nachdenken, werden wir feststellen, daß es all die Schwierigkeiten und Widersprüche gibt; und solange wir so darüber nachdenken, werden wir all die Schwierigkeiten und Widersprüche finden."[257]

Gehen wir davon aus, dass dies nicht zutrifft, sodass eine Verneinung gültig ist (jeder Zahl wird eine unendliche Anzahl von Logarithmen zugeordnet, mit anderen Worten, die Logarithmusfunktion ist (abzählbar) unendlich vieldeutig. Das drückte Euler in dem Satz aus:

> „Theorem: Wenn y den Logarithmus der Zahl x bezeichnet, sage ich, dass y unendlich viele verschiedene Werte annimmt."[258]

Die Zeitgenossen hatten Schwierigkeiten, die Eulersche Lösung in ihrer Bedeutung zu erfassen, sie erregte auch den Widerspruch von d'Alembert, der eine ähnliche Position wie Johann I Bernoulli vertrat. Euler hatte dem Beweis des Satzes zur Verdeutlichung vier Aufgaben angefügt, in denen er nacheinander zeigte, wie man für eine positive, eine negative reelle sowie für eine beliebige imaginäre (= komplexe) Zahl den Logarithmus findet und wie man schließlich von einem beliebigen Wert der Logarithmusfunktion zu deren Argument kommt.

Zurück zu dem Streit um die schwingende Saite. Weder d'Alembert noch Euler änderten ihre Ansichten, sondern vertraten sie zeitlebens in Briefen und in einschlägigen Artikeln; d'Alembert in seinen *Opuscules mathematiques* und Euler insbesondere in seinen *Institutiones calculi integralis* (Band 3, z. B. § 38) und systematisch in „De usu functionum discontinuarum in analysi" (Über die Verwendung diskontinuierlicher Funktionen in der Analysis; E 322, 1765, gedr. 1767).[259] Auch die Kontroverse beider über die Natur logarithmischer Werte zog sich in Briefen und Abhandlungen lange hin (siehe EO IV/5, S. 15–19), sodass im Laufe der Zeit auch ein anderer Zugang Eulers referiert wird, den dieser

---

[257] „Denoûement des difficultés précédentes: … c'est qu'on suppose ordinairement, presque sans qu'on y réfléchisse, on trouvera s'en aperçoive, qu'à chaque nombre il ne répond qu'un seul logarithme; & pour peu qu'on y réfléchisse, on trouvera que toutes les difficultés & contradiction." – „Controverse", Zitat in der dtsch. Übersetzung in Ostwalds Klassiker, No. 261 auf S. 72.

[258] „Theorem: Si y marque le logarithme du nombre x, je dis que y renferme une infinité de valeurs differentes." – Deutsche Übersetzung aus Ostwald's Klassiker No. 261, S. 73.

[259] Novi Comment. Ac, Petrop. 11 (1765), gedr. 1767, S. 3–27; E 322, EO II/25.

1765 in einem Brief an Christoph Jezler (1734–1791) mitteilte.[260] Für d'Alembert entwickelte sich die Suche nach Gegenbeispielen, die Eulers Auffassungen unterminieren sollten, zu einem „Sport". Sehen wir uns eines seiner Beispiele an: D'Alembert nutzte oft jene Stellen dafür aus, wo Lösungsgleichung bzw. Φ und Ψ ihre analytischen Eigenschaften wechseln, also insbesondere dort, wo die auftretenden Funktionen Φ und Ψ nicht zweimal differenzierbar sind. So auch in dem Beispiel, das er in seiner Arbeit „Recherches sur les vibrations des cordes sonores" (Untersuchungen über die Schwingungen musikalischer Saiten) angab. Wir betrachten eine Lösungsfunktion Ψ, die aus zwei symmetrischen Parabelbögen zusammengesetzt ist, während Φ identisch verschwindet. Die Parabelbögen sollen so zusammengefügt sein, dass sie einer Periode der Sinusfunktion ähnlich sehen. Dann ist die Wellengleichung (Gl. 6.6) für Punkte mit $x - t = 0$ nicht erfüllt. Denn die Bilder der Ableitungen der Parabelbögen Ψ' sind Geraden, deren Ableitungen wiederum Geraden sind, die zur x-Achse parallel verlaufen, aber in dem Punkt, wo die Parabelbögen auf der x-Achse zusammengefügt werden, einen Sprung haben (in Arbogasts Verständnis „courbes discontigués" sind).[261]

Ein offenbar verärgerter Euler berichtete Lagrange in einem Brief vom 2. Oktober 1759, dass d'Alembert Eulers Ergebnisse lediglich mit einer Notiz, ohne jede Begründung, am Ende einer Abhandlung von Euler für die *Berliner Histoires* als fehlerhaft („defecteuse") erweisen wollte:

> „Ich habe mit Freude erfahren, dass Sie meiner Lösung der schwingenden Saite zugestimmt haben, die d'Alembert durch verschiedene Sophismen zu widerlegen versuchte, und zwar nur deshalb, weil er sie nicht selbst vorgeschlagen hatte. Er kündigte an, dass er eine vernichtende Widerlegung davon veröffentlichen werde.[262] Ich weiß nicht, ob er es getan hat. Er glaubt, mit seiner halbgelehrten Beredsamkeit Sand in die Augen streuen zu können. Ich bezweifle, dass er diese Rolle ernst nimmt, es sei denn, er ist zutiefst von Selbstliebe geblendet. Er wollte in unsere Mémoiren nur eine einfache Aussage, dass meine Lösung sehr mangelhaft sei, ohne jede Beweisführung einfügen. Meinerseits habe ich eine neue Herleitung vorgeschlagen, die über die geforderte Genauigkeit verfügte. Aber unser Präsident, der sich glücklicherweise[263] erinnert, wollte ihm nicht nachgeben, um nicht zuzulassen, dass sich unsere Akademie in eine Art Schlachtfeld verwandele. Deshalb habe auch ich mein Projekt gerne aufgegeben.[264] Anhand seiner Bedingungen können Sie

---

[260] Jezler war jener Schweizer Mathematiker, der 1763 nach Berlin reiste, um Eulers *Integralrechnung* abzuschreiben, die als Manuskript vorlag, ehe sie 1768 in den Druck ging.

[261] „Recherches sur les vibrations", in: *Opuscules mathématiques* 1 (1761), S. 1–73, Zitat § 8.

[262] Diese Abhandlung „Recherches sur la vibration des cordes sonores" (Untersuchungen über die Schwingungen von musikalischen Saiten) brachte d'Alembert in seinen *Opuscules mathématiques,* Band 1 (Paris 1761), S. 1–73, unter.

[263] Was mit Eulers Nachhilfe verständlicherweise der Präsident Moreau de Maupertuis zu verhindern wusste.

[264] Euler spielt hier auf den erfolglosen Versuch d'Alemberts an, ein 1752 eingereichtes Manuskript „Observations sur quelque mémoires imprimés dans le volume de l'Académie" (Bemerkungen zu einigen im Band der Akademie für das Jahr 1749 abgedruckten Memoiren) in den *Berliner Mémoiren,* zu veröffentlichen, das heute in der Bibliothek des Instituts de France aufbewahrt wird. Es ist abgedruckt in EO IVA/5, S. 337–350. – D'Alembert setzte sich dabei mit Eulers Arbeit „Recherches sur la précession des équinoxes, et sur la nutation de l'axe de la terre" (Untersuchungen zur Präzision der Tag- und Nachtgleichen und zur Nutation der Erdachse; 1749, gedr. 1751; E 171, EO II/29)

6.5 Das Problem der schwingenden Saite

beurteilen, welche Unruhen d'Alembert verursachen würde, sollte man ihm die Präsidentschaft übertragen. Ich jedenfalls sehe den Ereignissen mit Gelassenheit entgegen, denn ich habe beschlossen, auf jede gemeinsame Aktivität mit ihm zu verzichten."[265]

Der Brief nennt zwei wichtige Punkte, die ineinander verwoben sind. Neben den fachlichen Differenzen kommen auch persönliche Angelegenheiten ins Spiel. In Gerüchten in der Akademie, die seit den Empfehlungen Voltaires (1744) an Friedrich II. nicht zur Ruhe kamen und die beim Besuch d'Alemberts im Sommer 1763 neu befeuert wurden, ging es um die Vorliebe Friedrichs II. für den geistreichen Philosophen d'Alembert und dessen mögliche Präsidentschaft – ein ständiges Thema, das nach dem Tod des Präsidenten Maupertuis 1759 der Sache noch mehr Gewicht erhielt. Zwar war Friedrich während des Siebenjährigen Krieges (1756–1763) vor allem mit der Kriegsführung beschäftigt, jedoch bemühte er sich sofort nach dem Friedensschluss, abermals vergeblich, den in bescheidenen Verhältnissen in Paris lebenden d'Alembert mit verlockenden Angeboten (z. B. 3000 Rth. Pension) an seinen Hof sowie die Akademie zu ziehen. Euler, dessen Verhältnis zu d'Alembert schon länger gespannt war, war durch die Gerüchteküche in ein Wechselbad der Gefühle gebracht worden, ob d'Alembert wirklich der designierte Präsident sei, was bei dessen Besuch 1763 offenbar die Spatzen schon vom Dach pfiffen. Wir erfahren hierüber einiges aus den Briefen an Müller und Karsten. Wenn auch die Gerüchte vor Kriegsende noch verfrüht waren, so wusste doch Euler genau, dass für Friedrich II. d'Alembert der Mann der Wahl war, der „esprit" und „savoir-vivre" in sich vereinte. Wir haben uns in Kap. 4 dazu geäußert, als es um Eulers Wechsel nach Petersburg ging. Hier wollen wir die Meinungsverschiedenheiten in fachliche Kontroversen einbetten.

Eulers Argwohn gegenüber d'Alembert saß sehr tief und beruhte vermutlich auf der Abneigung der atheistischen französischen Aufklärung. Daher rührten offensichtlich die verbalen Ausrutscher, die ähnlich übergriffig sind wie die bei Eulers Attacken gegen die Freidenker („diese elende Rotte" u. a.). Es begann vermut-

---

detailliert auseinander, um die Priorität für seine Abhandlung „Recherches sur la précession des équinoxes, et sur la nutation de l'axe de la terre dans le systême newtonien", Paris 1749) zu wahren.

[265] „J'ai appris avec plaisir que vous approuviez ma solution relative aux cordes vibrantes, que d'Alembert s'est efforcé de réfuter par divers sophismes, et ceci pour l'unique raison qu'il ne la pas proposée lui-même. Il a annoncé qu'il en publierait une accablante réfutation; j'ignore s'il l'a fait. Il croit qu'il pourra jeter de la poudre aux yeux avec son éloquence de demi-savant. Je doute qu'il joue ce rôle sérieusement, à moins qu'il ne soit profondément aveuglé par l'amour-propre. Il a voulu insérer dans nos Mémoires non une démonstration, mais une simple déclaration suivant laquelle ma solution était très défectueuse; pour ma part, j'ai proposé une nouvelle démonstration possédant toute la rigueur voulue. Mais notre Président, d'heureuse mémoire, n'a pas voulu lui céder, afin de ne pas laisser transformer notre Académie en une sorte de terrain de lutte; en conséquence de quoi, j'ai volontiers renoncé moi aussi à mon projet. Dans ses conditions, vous jugerez quels désordres il causerait s'il était chargé de la présidence. Pour moi en tout cas, c'est avec sérénité que j'attends les événements, car j'ai décidé de m'abstenir de toute activité commune avec lui." – Brief vom 4.10.1759, in: EO IV A/V, S. 420. Es gibt auch eine lateinische Fassung des Briefes, da Lagrange und Euler sich anfänglich Briefe in beiden Sprachen schickten, ehe sie beim Französischen blieben.

lich mit dem für 1746 von der Berliner Akademie ausgeschriebenem Preis „Sur le vent" (Über den Wind). Euler hatte seinem alten Freund D. Bernoulli sehr zugeraten, etwas einzureichen. Aber Friedrich II., der sich gerade zu bemühen begann, d'Alembert an die Berliner Akademie zu ziehen, wünschte, dass der Präsident Maupertuis den Preis an d'Alembert überreichen ließ. Euler war pikiert, und Bernoulli teilte dem Freund sarkastisch mit, dass er nach der Lektüre der d'Alembert'schen Arbeit über den Wind nicht mehr als zuvor wisse. Zu kleineren Missstimmungen zwischen Euler und d'Alembert kamen die langen Auseinandersetzungen, in die sich d'Alembert verrannt hatte und die Euler als „unerträglicher Hochmut" eines der „zankfertigsten Menschen" bezeichnete. Vermutlich trug auch D. Bernoulli mit seiner ablehnenden Haltung d'Alembert gegenüber zu Eulers negativer Einstellung bei, die aus Bernoullis Geringschätzung der physikalischen Leistungen d'Alemberts folgte (und auf Fehden in der Hydrodynamik zurückging, einem für Daniel Bernoulli verminten Feld, auf dem er sich selbst mit seinem Vater erbitterte Auseinandersetzungen geliefert hatte). Beide sahen d'Alembert in „mathesis applicata" (angewandter Mathematik, hier wohl auch im Sinn vom mathematischer Physik) als nicht bedeutend an, für Bernoulli war er schlechthin ein „eingebildeter Laffe".[266] Allerdings täuschten sich beide über d'Alemberts Absichten. Dieser hatte, trotz ständiger günstiger Angebote, kein Interesse, nach Berlin zu gehen. An Maupertuis schrieb er im Dezember 1754:

> « Mais est il possible, que Vous me puissiez conseiller quitter Paris pour me rendre dans un pais si barbare? »[267]

Diesen Brief zeigte Maupertuis Euler, aber die verletzende Deutlichkeit d'Alemberts vermochte Euler bestenfalls kurzzeitig zu überzeugen. Als allerdings d'Alembert bei seinem Aufenthalt 1763 in Berlin auch Euler aufsuchte, diesem versicherte, dass er keinen Wert auf eine Präsidentschaft lege, sondern sich im Gegenteil beim König für die Wahl Eulers ausgesprochen habe (was er wirklich mehrfach getan hatte), war Euler frohen Mutes, aber bald gewann wieder sein Misstrauen Oberhand. An Goldbach schrieb Euler über das Treffen mit d'Alembert in einem seiner letzten Briefe (30. September 1763) an den alten Freund:

> „Nun ist aber unsere Freundschaft [mit d'Alembert] auf das Vollkommenste wieder hergestellt worden; und man kann mir nicht genug beschreiben, mit wie großen Lobeserhebungen er beständig mit Sr. Königl. Majestät von mir gesprochen. Unter der Hand wird versichert, dass er doch künftigen Mai wieder herkommen und die Präsidentenstelle unserer Akademie antreten würde."

In Briefen 1763 nach Petersburg drückte er seinen Wunsch ziemlich deutlich aus, dorthin zurück zu kehren. Als man dort alle Hebel in Bewegung gesetzt

---

[266] Daniel Bernoulli lehnte physikalische Argumente d'Alemberts häufig gänzlich ab. Er schätzte d'Alembert als Physiker nicht besonders, was auf unterschiedliche hydromechanische Ansichten der beiden zurückging (siehe Bernoullis Brief an Euler vom 26.1.1750).

[267] „Aber ist es möglich, dass Sie mir raten können, Paris zu verlassen und in ein so barbarisches Land zu gehen?" – Brief an Maupertuis. Zitiert nach Winter (Hrsg.), *Briefwechsel der Berliner und Petersburger Akademie*, Bd. 1. Berlin 1959, S. 1.

6.5 Das Problem der schwingenden Saite

hatte, überkamen den bald 60-jährigen Euler wieder Zweifel, ob er mit seiner vielköpfigen Familie diesen Wechsel vollziehen sollte, und er verschob zur Erleichterung seiner Frau und seines Sohnes Albrecht eine Entscheidung. Der Schweizer Popularphilosoph Johann Georg Sulzer (1720–1779) bemerkte zu Eulers Unentschlossenheit erstaunt, welche „kindischen Besorgnisse und Vorurteile dieser in seinem Fach so große Mann" gehabt habe.

Es ist paradox, dass Euler, der während Maupertuis' Krankheit und nach dessen Tod 1759 de facto die Akademie gut geleitet und durch den Siebenjährigen Krieg gebracht hatte, immer weniger Einfluss auf die Berliner Personalentscheidungen zugestanden wurden, während in Petersburg Eulers Rat geschätzt war. So vermochte es Euler tatsächlich – was völlig überflüssig war, da d'Alembert gar kein Interesse daran hatte –, einen Ruf d'Alemberts nach Petersburg zu vereiteln und auch dessen auswärtige Akademiemitgliedschaft dort so lange unentschieden zu lassen, bis d'Alembert Ständiger Sekretär der Pariser Akademie wurde und damit von sich aus kein Interesse an einer Mitgliedschaft hatte, die er 1764 dann doch noch erhielt.

Hier erscheint bei beiden eine dunkle Seite, aber Euler, der Argwohn hegte und von tiefem Misstrauen geplagt wurde, zeigte sich gegenüber d'Alembert nicht in seiner üblichen arglosen und entgegenkommenden Art. Es ist d'Alembert sehr zu Gute zu halten, dass er – da er vermutlich hinter den Intrigen Euler erkannte – ihn im Fach als Mathematiker unbeeindruckt respektierte.

1775 schrieb Nikolaus Fuss (1755–1826), den Daniel Bernoulli an Euler vermittelt hatte, aus Petersburg an Bernoulli in Basel, dass Euler die Gleichung der schwingenden Saite mit solchen Anfangsbedingungen behandelte, die nicht einmal durch eine Gleichung dargestellt werden könnten (« figures initiales quelconques, dont la nature ne peut pas même être représentée par aucune équation »). Bernoulli war erfreut, dass man in St. Petersburg seine Arbeiten zum Thema nicht nur kannte, sondern dass Euler seine Ideen auch aufnahm und schrieb:

> „Die Skizze, die Sie mir von M. Eulers Methode geben, hat mir Freude bereitet; Aber es hat meine Vorstellungen zu diesem Thema in keiner Weise geändert. Ich bin immer noch davon überzeugt, dass meine Methode in abstracto alle möglichen Fälle angibt. Ich gebe jedoch zu, dass in manchen Gesichtspunkten der Standpunkt von Herrn Euler dem meinen weit vorzuziehen ist, aber es gibt auch andere Standpunkte, die das Gegenteil besagen. Ich bin immer bereit, die Flagge vor meinem Admiral zu senken."[268]

Fuss bezog sich auf Eulers Arbeit „Sur le mouvement d'une corde, qui au commencement n'a été ébranlée que dans une partie" (Über die Bewegung einer Saite, die anfangs nur in einem Teil bewegt wurde; 1765, E 339)[269], wo Euler erklärte:

---

[268] „L'esquisse que vous me faites de la méthode de M. Euler m'a fait plaisir; mais elle n'a changé en rien mes idées sur cette matière. Je suis toujours persuadé que ma méthode donne in abstracto tous les cas possibles; j'avoue cependant que, dans certains points de vue celle de M. Euler est fort préférable à la mienne, mail il y a aussi d'autres points de vue pour le contraire. & Je suis toujours prêt de baisser pavillon devant mon amiral." – *Correspondance*, II, S. 662.

[269] *Mém. de l'Ac. de Berlin* 21 (1765), S. 307–334, Zitat S. 307.

"Ich glaube, dass die Entwicklung dieses Falles, bei dem die Saite zu Beginn nur in einem ihrer Teile bewegt wurde, sehr wahrscheinlich alle Zweifel zerstreuen wird, die die Herren Bernoulli und d'Alembert gegen meine Theorie der vibrierenden Saiten erhoben haben und jene, die Herr de la Grange als erster in den Akten der neuen Akademie von Turin vorbrachte."[270]

Die Auseinandersetzungen um das Problem der schwingenden Saite kamen 1759 mit zwei sehr umfangreichen Beiträgen, durch die sich Joseph-Louis Lagrange (1736–1813) in den Streit einbrachte, zu keiner Lösung, sondern diese Arbeiten ließen die Gegensätze wieder aufbrechen. Lagrange begann übrigens, wie vordem Johann Bernoulli, mit einer diskretisierten Saite, um durch einen Grenzübergang die Summation durch Integration zu ersetzen, was ihn schließlich auf Fourier-artige Reihen führte (!), bei denen er ohne Begründungen Grenzübergänge vertauschte. Natürlich blieben seine beiden Schriften (von je 130 und 150 Seiten) nicht ohne Widerspruch, insbesondere bemängelte d'Alembert zu Recht den lockeren Umgang bei Grenzübergängen sowie divergenten Reihen.

Abschließend noch einmal zurück zu d'Alembert. Die Arbeit „Recherches" hatte d'Alembert mit Einschränkungen bei der Anfangsgeschwindigkeit beendet (§ 11), ohne deren Berücksichtigung das Problem unlösbar würde, wir erinnern uns („le problème seroit impossible", *Hist. de Berlin* 1749, S. 219), und in der Fortsetzung „Suite des Recherches" (*Hist. de Berlin*, 1749) der „Recherches" stellte er eine Reihe weiterer Einschränkungen für die Lösungsfunktion (-kurve) auf (§ 34). Euler hingegen akzeptierte die physikalische Unmöglichkeit solcher Forderungen nicht, die d'Alembert Zeit seines Lebens beibehielt – die Kontroverse liegt damit auf der Hand. Dieser Zwiespalt kann auch so gesehen werden: Euler bemühte sich, die Grenzen der Mathematik auszuweiten und dabei die Bedürfnisse der Physik zu erfassen, während d'Alembert konservativ blieb oder – freundlicher gesagt – vorsichtig war. Das entsprach durchaus dem französischen Zeitgeist. Denn es ist merkwürdig, dass einige der führenden französischen Mathematiker gegen Ende des 18. Jahrhunderts der Meinung waren, die Mine der Mathematik sei erschöpft. „Ne vous semble-t-il pas que la haute géométrie va un peu à décadence?" (Scheint es Ihnen nicht, dass die höhere Mathematik ein wenig dazu neigt, dekadent zu werden?) fragte selbst Lagrange 1772 in einem Brief d'Alembert, der diese Fin-de-siècle-Stimmung mit vorbereitete und stützte, wobei er bemerkte – was aus unserer eben geäußerten Sicht dubios ist – „Elle n'a d'autre soutien que vous et M. Euler." (Sie hat keine andere Stütze als Sie und Herrn Euler). D'Alembert wurde dieser französichen Strömung gerecht, indem er mit Eifer solche Sachverhalte suchte, die die Grenzen der Mathematik aufzeigen sollen.

---

[270] „Je crois que l'évolution de ce cas, où la corde n'a été d'abord ébranlée que dans une de ses parties, sera très propre à dissipée tous les doutes, que Mrs. Bernoulli & d'Alembert ont suscités contre ma Théorie des cordes vibrantes & ceux que M. de la Grange a le premier proposés dans les Actes de la nouvelle Académie de Turin." – „Le mouvement d'une corde", in: *Mém. de l'Ac. de Berlin* 21 (1765), gedr. 1767, S. 307–334, Zitat S. 307, 1765 der Akademie vorgelegt.

6.5 Das Problem der schwingenden Saite

Noch am Ende der Napoleonischen Ära, genauer am 14. November 1811, vertrat ein 22-jähriger Ingenieur in einem Vortrag „Sur les limites des connaissances humaines" (Über die Grenzen menschlichen Wissens) vor der Société Académique in Cherbourg, wo er zu Beginn seiner Laufbahn am Ausbau des Kriegshafens beteiligt war, folgende Ansicht:

> „Arithmetik, Geometrie, Algebra und transzendente Mathematik [Analysis!] sind Wissenschaften, die als abgeschlossen angesehen werden können und von denen nur noch nützliche Anwendungen zu machen sind."[271]

Obwohl es sich bei dem Vortragenden um einen glänzenden Absolventen der École des Ponts et Chausées handelte, wären solche Betrachtungen zur inzwischen langsam versickernden Fin-de-Siècle-Stimmung nicht von größerem Interesse, aber der erwähnte Ingenieur war kein geringerer als der Mathematiker Augustin-Louis Cauchy (1789–1857), der seine wissenschaftliche Laufbahn noch ganz vor sich hatte, mit der er die Analysis nachhaltig ändern sollte und die pessimistische Fin-de-Siècle-Stimmung hinter sich ließ.

6.5.9 Ein Ausblick und eine philosophische Betrachtung

Wie Euler (und Arbogast) ließ Fourier intervallweise definierte Funktionen zu, wobei Fourier in Gedanken auch die Konsequenz zog, die Länge dieser Intervalle gegen null gehen zu lassen, womit die Funktionen punktweise erklärt würden (*Théorie*, S. 552). Fourier schrieb allerdings keine solche Funktion auf, sondern blieb bei der Idee stehen.[272] Die Konvergenz- und Darstellungsfragen der trigonometrischen Entwicklungen konnten von Fourier nicht völlig geklärt werden, beispielsweise war die Frage unerledigt, wie eine Funktion beschaffen zu sein hat, damit sie sich in eine konvergente trigonometrische Reihe entwickeln lässt. Peter Gustav Lejeune Dirichlet (1805–1859) nahm die offenen Enden auf und gab hinreichende Kriterien für eine weitreichende Klasse von Funktionen an. Er führte in seinen Abhandlungen aber einen Funktionsbegriff an, der nicht seinem Wissensstand entsprach (man denke nur an die total unstetige Dirichlet-Funktion), sondern der von ihm für stetige Funktionen im modernen Sinn gefasst wurde, d. h. für solche, die sich „allmählich ändern".[273] Zumindest löste er sich damit vom „ana-

---

[271] „L'arithmétique, la géométrie, l'algèbre, les mathématiques transcendantes sont des sciences que l'on peut regarder comme terminées, et dont ne reste plus à faire que d'utiles applications." – *Œuvres complètes,* t. 2, Paris 1882, 15, S. 6.

[272] Eine solche Funktion (Kurve) wurde wohl erstmals von Joh. I Bernoulli aufgestellt und im Briefwechsel mit Euler diskutiert: $y(x) = (-1)^x$, siehe Briefwechsel mit Euler sowie Eulers *Introductio*, Bd. 2.

[273] Die spätere (zweite einschlägige) deutschsprachige Abhandlung trägt den Titel „Über die Darstellung ganz willkürlicher Funktionen durch Sinus- und Cosinusreihen", in: *Repertorium der Physik,* Bd. 1, 1837, S. 152–174 = *Ostwald's Klassiker* Nr. 116 = *Werke,* Bd. 1. Berlin 1889, S. 135–160; Def. in § 1.

lytischen" Funktionsbegriff, der für lange Zeit als Standard galt und dessen Widerschein noch heute in manchen Lehrbüchern zu finden ist.

Die Schwierigkeiten für die Mathematiker des 19. Jahrhunderts lagen bei trigonometrischen Entwicklungen (Fourier-Reihen) darin, dass die – modern gesprochen – Funktionenräume der stetig differenzierbaren Funktionen für das einschlägige Konvergenzproblem nicht sachgemäß sind, sondern dass man die quadratisch integrierbaren Lebesgue-Räume L^2 zugrunde legen sollte.[274] Das hatte 1916 Nikolai Luzin (Николай Николаевич Лузин, 1883–1950) vermutet, sein Schüler Andrei Kolmogorow (Андрей Николаевич Колмогоров, 1903–1987) fand jedoch ein Gegenbeispiel für Lebesgue-integrierbare Funktionen aus L^1. Schließlich zeigte 1966 der Schwede Lennart Carleson (*1928), dass Fourier-Reihen quadratisch integrierbarer Funktionen bis auf eine Menge vom Maß Null konvergieren und bis auf diese Menge die Funktion im Sinne des L^2 darstellen (er trug dies passenderweise auf dem ICM in Moskau vor, also an dem Ort, wo Luzin und Kolmogorow forschten). Da im Maßraum der reellen Zahlen die rationalen Zahlen das Lebesgue'sche Maß Null haben, verdeutlicht diese Tatsache, dass es schwierig sein kann, z. B. stetig differenzierbare Funktionen in diese Ergebnisse einzubetten, ohne gezwungen zu sein, größere Abstriche an der Stetigkeit u. a. klassischen Begriffen vorzunehmen. Geeignete Lebesgue'sche Räume erlauben es jedoch, mit der Theorie der Distributionen (1944/45) von Laurent Schwartz (1915–2002) oder der schwachen Lösungstheorie (1935) von Sergei Lwowitsch Sobolew (Сергей Львович Соболев, 1908–1989) in Sobolew-Räumen eine moderne Antwort auf d'Alemberts Kritik von Lösungen bei fehlender Differenzierbarkeit zu geben.

Clifford Ambrose Truesdell (1919–2000) betonte in seinem Kommentar zu Eulers Arbeiten über rationale Mechanik der flexiblen und elastischen Körper, der sich zu einem eigenen Band der Eulerschen *Opera omnia* ausweitete (EO II/11,2), dass der tiefere Grund der Auseinandersetzung um die schwingende Saite das Leibniz zugeschriebene Kontinuitätsprinzip gewesen sei, „a rather tedious problem" (ein ziemlich mühsames Problem, S. 248). Arbogast formulierte es in seiner Preisschrift in Hinblick auf seine Untersuchungen so:

> „Das Gesetz der Kontinuität besteht darin, dass eine Größe nicht von einem Zustand in einen anderen übergehen kann, ohne alle Zwischenzustände zu durchlaufen, die demselben Gesetz unterliegen. [Zwischenwertsatz] Algebraische Funktionen werden als stetig betrachtet."[275]

Das Kontinuitätsprinzip wurde seinerzeit von den Mathematikern und Physikern akzeptiert, obwohl es heute ein Gemeinplatz ist, dass die Wellengleichung Lösungen hat, die diesem Kontinuitätsgesetz widersprechen. Truesdell hierzu:

---

[274] Henri Léon Lebesgue (1875–1941) erweiterte den Integralbegriff und begründete eine Maßtheorie (Lebesgues'sches Integral und Maß).

[275] *Mémoire*, S. 9. Das ist der Zwischenwertsatz.

6.5 Das Problem der schwingenden Saite

„Es ist heute schwer zu verstehen, dass Eulers Widerlegung des Leibniz-Gesetzes[276] den größten Fortschritt in der wissenschaftlichen Methodologie des gesamten Jahrhunderts darstellte."[277]

Resümieren wir rückblickend kurz Eulers Einstellung zu dem Paradigmenwechsel in der Analysis. Er folgte den Anforderungen der mathematischen Physik, und seine in den *Institutiones calculi differentialis* (1755) gegebene allgemeine Definition einer Funktion, die eine Widerspiegelung der zu dieser Zeit stattfindenden Auseinandersetzung um den Funktionsbegriff (schwingende Saite) war, bot einen hinreichenden Rahmen für seine weiteren einschlägigen Arbeiten. Freilich benutzte, ergänzte, bearbeitete oder erweiterte Euler diesen allgemeinen Funktionsbegriff von 1755 – wie schon gesagt – weder in dem Buch noch in späteren Arbeiten konstruktiv. Er rechtfertigte jedoch damit einen allgemeinen Funktionsbegriff, womit er die von ihm als irregulär bezeichneten Funktionen einsetzen konnte, und dieser Rahmen bot ihm offenbar genügend Arbeitsmöglichkeiten. Allerdings fühlte der gealterte Euler, wohl auch in Hinblick auf sein Augenleiden, dass er diesen sich neu öffnenden verheißungsvollen Rahmen nicht ausschöpfte (bzw. nicht mehr ausschöpfen könne) (Abb. 6.38). Deshalb ermutigte Euler, was er eigentlich immer getan hatte, aber jetzt besonders nachdrücklich tat, die Mathematiker, sich der neuen Analysis von zwei und mehr Variablen und den entsprechenden partiellen Differentialgleichungen mit verallgemeinerten Funktionen intensiv zu widmen:

„Bis jetzt wurde nicht geglaubt, dass die Analysis auf mechanische [transzendente] Kurven ... oder solche Kurven, die keinem Gesetz der Kontinuität genügen, anwendbar war. Dieser Teil der Analysis unterscheidet sich ganz wesentlich vom vorherigen und erstreckt sich sogar auf Funktionen, denen jegliches Kontinuitätsgesetz fehlt. Dieser Teil, von dem wir fast nur die ersten Elemente kennen, verdient zweifellos, dass alle Geometer ihre Kräfte vereinen, um ihn zu entwickeln."[278]

---

[276] Truesdell bekannte, dass er bei Leibniz ein Prinzip der Kontinuität in der verbreiteten Form so nicht gefunden habe.

[277] „It is now hard to understand that Euler's refutation of Leibniz law was the greatest advance in scientific methodology in the entire century." EO I/11,2 S. 248.

[278] „Jusqu'ici on n'a pas cru que l'Analyse fut applicable a des lignes courbes mécaniques ... ou qui sont destituées de toute loi de continuité. ... Cette partie de l'Analyse est très essentiellement différente de la précédente, & s'étend mème à des fonctions destituées de toute loi de continuité. Cette partie dont nous ne connoissons presque encore que les premiers élémens, mérite sans doute que tous les Géometres réunnisent leurs forces pour la cultiver." – „Le mouvement d'une corde qui au commencement n'a été embranlée que dans une partie" (Die Bewegung einer Saite, die zu Beginn nur teilweise bewegt wurde; E 339, EO II/ 10, S. 426–450) in: *Mém. de l'Ac. de Berlin* 21 (1765), gedr, 1767, S. 307–334, Zitat S. 325. 1765 der Akademie vorgelegt.

Abb. 6.38 Leonhard Euler, Gemälde von E. Handmann (um 1755)

6.6 Eines der schönsten mathematischen Werke: Die Variationsrechnung

> Es ist nicht wahr, daß die kürzeste Linie immer die geradeste ist.
> GOTTHOLD EPHRAIM LESSING (1729–1781)

6.6.1 Die Methode der isoperimetrischen Probleme

Extremales Denken ist alt; der polnische Mathematiker Krysztof Maurin (1923–2017) sprach mit einem Augenzwinkern von einem mythischen Ursprung, denn bald nach der Vertreibung aus dem Paradies habe die Menschheit begonnen, zu minimieren, zu maximieren und zu kritisieren. Ein realistischerer Anfang könnte

6.6 Eines der schönsten mathematischen Werke: Die Variationsrechnung

Abb. 6.39 Die Brüder **a** Johann (1667–1748) und **b** Jakob Bernoulli (1654–1705); Johann hält seine Lösung des Brachistochronenproblem in der Hand

Didos bemerkenswertes isoperimetrisches Problem in der Antike sein, mit dem Dido Karthago (ca. 900 v. Chr.) sowie die Variationsrechnung begründete.[279]

Aber beginnen wir mit einer profanen Geschichte, in der die Brüder Jakob (1654–1705) und Johann I Bernoulli (1667–1748) die Protagonisten sein werden (Abb. 6.39). Beide lieferten in einem ehrgeizigen Wettstreit, der erst durch den Tod von Jakob beendet wurde, eine Serie hervorragender Arbeiten zur Variationsrechnung, die eine solide Grundlage für Euler sein sollte. Im Jahre 1696 stellte der junge Professor Johann I Bernoulli ein mechanisches Problem „Problema novum ad cujus solutionem Mathematici invitantur" (Ein neues Problem, zu dessen Lösung die Mathematiker eingeladen werden), das zunächst auf wenig Interesse stieß, aber von dem Gottfried Wilhelm Leibniz (1646–1716) in einem Brief an Johann Bernoulli schrieb, dass er sich von dem Problem so angezogen gefühlt habe wie die Eva von dem Apfel, und seine Lösung beilegte.[280] Bernoulli, der

---

[279] Maurin, K.: *Calculus of variations and Classical Field Theory*, part I. Lecture Notes Series No. 34 (Oct. 1976), Aarhus Universitet. – Man könnte auch die von I. Newton behandelte Aufgabe einer axial angeströmten Rotationsfläche, die er im zweiten Buch seiner berühmten *Principia* (1687) löste, an den Anfang der modernen Variationsrechnung stellen, da sie älter ist als das gleich ins Spiel kommende Brachistochronenproblem. Aber weder hier noch beim Brachistochronenproblem, dessen Lösung Newton ebenfalls fand, gab Newton Beweise oder Hinweise auf seine Methode, was in der deutschen Übersetzung *Newtons mathematische Prinzipien* von Wolfers, Berlin 1872, auf S. 323 f. deutlich wird. Später fand man jedoch einen Brief von Newton an J. Gregory (14.7.1691), in dem er seinen Beweis ausführte.

[280] Brief vom 16. Juni 1646, in den *Mathematischen Schriften* von Leibniz, Hrsg. von C. I. Gerhardt. Bd. 3, T. 1, Berlin 1849 ff., S. 284–290, besonders S. 288.

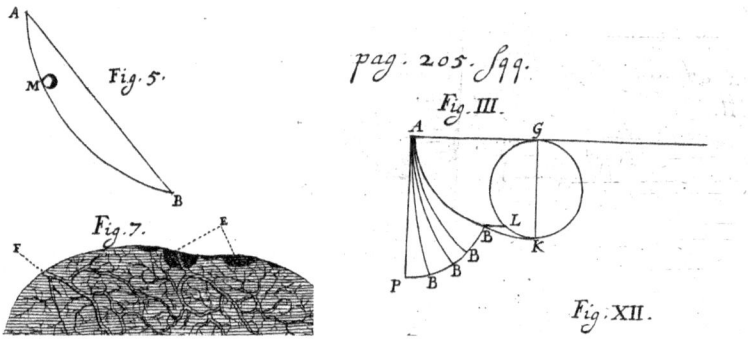

Abb. 6.40 a Die Abbildung zur Aufgabe des Brachistochronenproblem „Problema novum" von Johann Bernoulli in den Acta eruditorum von 1696 (Fig. 5). Das linke Bild zeigt das mathematische Problem über einer biologischen Darstellung (Fig. 7), was auf den gemischten wissenschaftlichen Charakter der Leipziger Acta verweist. **b** Das Bild des Aufgabenstellers (Fig. III) zur Lösung. Die Kurven *ABK* bzw. *AMB* (in Fig. 5) sind Zykloiden, während die Kurve *PBB* eine zur Zykloidenschar transversale Kurve darstellt. Die Punkte *B* sind dadurch bestimmt, dass für die Zykloidenbogen *AB* die gleiche Zeit benötigt wird (die sich aus der Zeit für den freien Fall *AP* ergibt).

erfreut über das Beachten der Aufgabe durch den Freund war, antwortet launig, er werde hoffen, nicht als die verführerische Schlange wahrgenommen zu werden, die besagten Apfel der Eva feilgeboten habe. Weit weniger begeistert zeigte sich allerdings derjenige, den Johann Bernoulli durch seine Aufgabe eigentlich herausfordern wollte: sein älterer Bruder Jakob. Dazu später.

Worum ging es? Das sogenannte Brachistochronenproblem[281] lautete so (siehe Abb. 6.40 aus den *Acta eruditorum*):

> „Gegeben seien in einer senkrechten Ebene zwei Punkte *A* und *B*; anzugeben ist für einen beweglichen Körper *M* [Massenpunkt] der Weg *AMB*, längs dessen er durch seine Schwere hinabgleitend und vom [oberen] Punkte *A* mit seiner Bewegung[282] anhebend in kürzester Zeit zum anderen Punkt *B* gelangt."[283]

Leonhard Euler wurde im Umfeld dieses für die Variationsrechnung typischen Problems groß, und er schrieb am Beginn seiner Laufbahn Arbeiten dazu, aus denen schließlich die Monographie *Methodus inveniendi* (Variationsrechnung,

---

[281] Griech. βραχιστο (brach*i*sto) kürzeste, schnellste, χρόνος (chronos) Zeit, also Brachistochrone.

[282] Die Bewegung wird idealisiert ohne Luftwiderstand und Reibungsverluste angenommen.

[283] *Acta eruditorum* 1696, Juniheft = *Opera omnia Johannis Bernoulli*, Band 1. Genf 1742, S. 161 = Joh. und Jak. Bernoulli, *Die Streitschriften* (Hrsg. H. Goldstine). Basel 1991, S. 527–567. – Die Artikel, auf die man Bezug nehmen muss, sind in den *Streitschriften* bequem zusammengestellt, etwa die Wiederholung der Aufgabenstellung vom 1. Januar 1697 im *Methodus inveniendi*, Cap. V, § 40, exc. VIII.

6.6 Eines der schönsten mathematischen Werke: Die Variationsrechnung 717

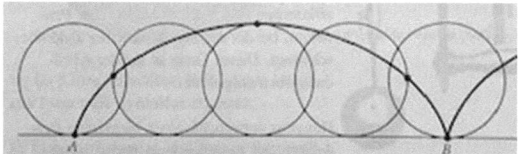

Abb. 6.41 Eine Rollkurve (Zykloide) als Lösung des Brachistochronenproblem. Diese Kurve ist ein Beispiel für eine Kurve, die mechanisch (wobei der Name auf die Erzeugung verweist) bzw. transzendent (wobei der mathematische Name besagt, dass die Kurve nicht algebraisch ist) genannt wird

1744) hervorging. Eine beachtliche Entwicklung, die der kleinen rollenden Kugel unter den Händen von Euler zuteil wurde.

Das entsprechende Variationsproblem würde heute in einem rechtwinkligen x,y-Koordinatensystem (x-Achse in Richtung Schwerkraft vertikal) etwa so notiert, wobei $y(x)$ die gesuchte Lösungskurve sei:

$$\int_A^B dt = \int_{x_a}^{x_b} \frac{\sqrt{1-y'(x)}}{\sqrt{2g(y-b)}} dx = \text{Min!}$$

(g und b sind Konstanten, die sich aus dem Galilei'schen Fallgesetz ergeben.) Das rollende Kügelchen (der Massenpunkt M) hinterließ in der Variationsrechnung eine bemerkenswerte Spur, wodurch sich das Brachistochronenproblem aus vielen ähnlichen seinerzeit gestellten mechanischen Aufgaben heraushebt und von dem bis heute noch moderne Entwicklungen abzweigen – eine bemerkenswerte Intuition von Johann Bernoulli![284] Galileo Galilei (1564–1642) hatte mit seinen Fallgesetzen 1638 vermutet, dass die Lösungskurve des Brachistochronenproblem ein Kreisbogen sei. Sie ist jedoch eine Zykloide, also jene Kurve, die ein fixierter Punkt am Umfang eines auf einer Geraden abrollenden Rades beschreibt; analytisch wird sie am bequemsten durch eine Parameterdarstellung $x = x(t)$ und $y = y(t)$ beschrieben (Abb. 6.41).

Wir bezeichnen vorerst mit Variationsrechnung die Bearbeitung solcher Probleme wie das eben angeführte. Leonhard Euler sammelte und behandelte sie systematisch in einem der wunderbarsten mathematischen Bücher, das „eines der schönsten mathematischen Werke, die je geschrieben worden sind" darstellt (so der bedeutende Mathematiker Constantin Carathéodory, Καραθεοδορή, 1873–1950) (Abb. 6.43). Der barocke Titel dieses Buches kennzeichnet treffend den behandelten Gegenstand: *Methodus inveniendi lineas curvas maximi minimive*

---

[284] Zum Beispiel der Joh. Bernoulli'sche Funktionsbegriff in: „Remarques. Sur ce qu'on a donné jusqu'ici de solutions des Problêmes sur les Isoperimetres, avec une nouvelle methode courte & facile de les resoudre sans calcul", in: *Mémoires de l'Académie Royale des Science*, Paris 1718, S. 100–138 = *Streitschriften*, S. 527–567. Siehe auch R. Thiele „Die Brachistochrone. Was eine kleine Kugel alles ins Rollen brachte", in: *Euler* 2008, S. 165–177.

Abb. 6.42 Titelseite von Eulers *Methodus inveniendi* (Variationsrechnung) von 1744. Die Vignette zeigt einen Hund, der versucht, ein Blatt mit einer Zeichnung zum Brachistochronenproblem näher zu betrachten; die Inschrift Supra invidiam (etwa: ohne üble Nachrede) weist auf Johann Bernoulli hin, von dessen Titelblatt der *Opera omnia* (Bd. 1, 1742) der Verleger übrigens die Abbildung entnahm

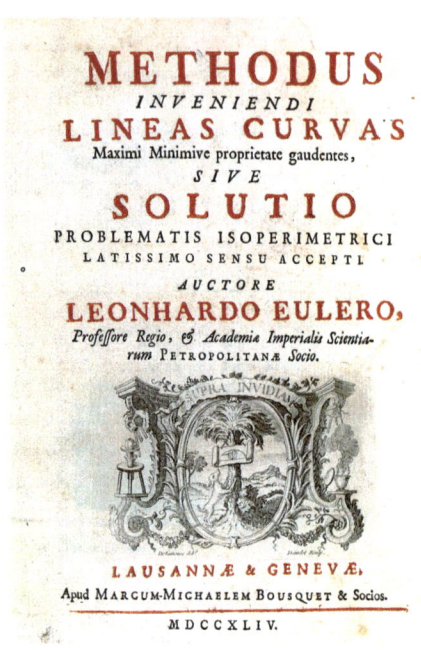

proprietate gaudentes sive Solutio Problematis Isoperimetrici latissimo sensu accepti (auf Deutsch: Die Kunst, gekrümmte Linien zu finden, die eine Eigenschaft des Maximums oder Minimum besitzen, oder die Lösung des isoperimetrischen Problems im weitesten Sinne; E 65; OE I/24) (Abb. 6.42). Der *Methodus inveniendi* erschien 1744 und stellt die Variationsrechnung nicht in der uns bekannten Form dar; Euler selbst spricht noch nicht von der Variationsrechnung als einer „abgeschlossenen" Theorie, sondern von den Methoden der Variation bei isoperimetrischen Problemen, beim Problem der kürzesten Linie, bei den Brachistochronen usw., anders gesagt, Euler hatte noch keinen Namen für das neue Gebiet, sondern subsumierte es unter der Methode des Variierens. Nichtsdestoweniger schrieb er das erste Lehrbuch für die neue und noch namenlose Disziplin. Daher trug die später als Variationsrechnung bezeichnete Disziplin noch den Titel *Methodus* (Methode). Der Name Variationsrechnung *(calculus variationis)* erschien erstmals in einem Vortrag, der an der Berliner Akademie am 16. September 1756 gehalten und im Protokoll der Akademiesitzungen als „Mr Euler a lû Elementa calculi variationum" (Herr Euler trug über die Anfangsgründe der Variationsrechnung vor) eingetragen wurde; bereits in der vorangegangenen Sitzung hatte Euler über die Methode der Maxima und Minima referiert („Il a lû ensuite Analytica explicatio methodi Maximum et minimorum"). Die „Analytischen Erläuterungen der Methode der Maxima und Minima" wurden in seiner Abhandlung „Elementa calculi variationum" (Anfangsgründe der Variationsrechnung, E 296) und der späteren „Analytica explicatio methodi maximorum et minimorum" (Analytische Er-

Abb. 6.43 Constantin
Carathéodory (1873–1950)

läuterung der Methode der Maxima und Minima = Variationsrechnung, E 297)[285] über den Lagrange'schen δ-Kalkül behandelt. Dieser Kalkül war es, den Euler künftig als Variationsrechnung bezeichnete und der eine „abgeschlossene" Theorie lieferte, daneben sprach Euler weiterhin auch von der isoperimetrischen Methode.

Aber damit sind wir der Zeit weit vorausgeeilt; die Besprechung des Briefes von Joseph-Louis Lagrange (1736–1813), der dieser Sache zugrunde lag, stammt aus dem Jahr 1755[286] und erfolgte in der dritten Periode unserer Klassifizierung der Eulerschen Arbeiten; ebenso werden wir noch auf die spezielle isoperimetrische Methode eingehen. Erwähnen wollen wir auch Eulers umfangreiche Arbeit „Curvarum maximi minimive proprietate gaudentium inventio nova et facilis" (Eine neue und einfache Entdeckung von Kurven, denen die Charakteristik von Maximum und Minimum zuteilwird; E 56, EO I/25, S. 54–80)[287] aus dem Jahr 1736, die in vielem schon auf seinen *Methodus inveniendi* von 1744 verweist, auf welche er seine Arbeiten jetzt ausrichtete.

Bis zur allgemeinen Verbreitung des Lagrange'schen δ-Kalküls galten die speziellen Methoden der isoperimetrischen Probleme usw. als ausgesprochen schwierig, und es gab kaum Mathematiker, die sich damit beschäftigten. Obwohl beispielsweise Euler die Tragweite des Lagrange'schen Formalismus sofort erkannte, gab es doch eine Reihe von bekannten Mathematikern, die dagegen opponierten (Jean Charles de Borda (1733–1799) 1768; Alexis Fontaine des Bertins (1704–1771) 1769; Thomas Le Suer und François Jacquier (1711–1787) 1768), was den aufstrebenden Lagrange verärgert haben mag und ein mögliches Motiv für die von Rolf Johannes Klötzler (1931–2021) bemerkten Sachverhalte sein könnte: „Lagrange hat keine Gelegenheit versäumt, bei aller Wertschätzung der wissenschaftlichen und menschlichen Hilfe [für Lagrange], das Neue seiner analytischen

---

[285] *Novi Commentarii Academiae Scientiarum Imperialis Petrop.* 10 (1766), S. 51–93 = EO I/25, S. 141–176; ebd. 10 (1766), S. 91–134, der Band 10 erschien erst 1766. Beide Arbeiten in EO I/25.

[286] Der Brief vom 12.8.1755 ist in den EO IVA/5. S. 375–386, auf Französisch und Lateinisch.

[287] *Comm. Acad. Sc. Petropol.* 8 (1736), S. 159–190, 1741 ersch.

Methode gegenüber der des „Geometers" … zu betonen. Deshalb sind auch die geometrischen Grundideen Eulers ungerechtfertigt über die Jahrhunderte hinweg hinter den analytischen Methoden Lagranges ein wenig verblasst, und viele Ergebnisse Eulers wurden nach ihrer perfekteren Behandlung mit Lagranges Kalkül oft nur mit dem Namen Lagranges verknüpft. Daher scheint es mir besonders hervorhebenswert zu sein, daß am Ende des 19. Jahrhunderts durch den Berliner Karl Weierstraß (1815–1897) und Mitte des 20. Jahrhunderts durch die Begründer der modernen Steuerungstheorie Lew S. Ponterjagin (Лев С. Понтерягин, 1908–1988) und Magnus R. Hestenes (1906–1991) eine Rückbesinnung auf Eulers geometrische Methoden erfolgte."[288]

Bevor wir nach diesen den Namen der entstehenden Variationsrechnung betreffenden Sachverhalten mit unseren historische Betrachtungen beginnen, sollen einige Bemerkungen eingeschoben werden, um ein Grundwissen für die auftretenden Probleme aus heutiger Sicht zu vermitteln. Zunächst fragen wir: Was ist die Variationsrechnung? Mit dem Titel seines *Methodus inveniendi* gab Euler bereits eine hervorragende Antwort, die nach ihm verwässert, aber von David Hilbert (1862–1943) mit diesen klaren Worten prägnant wieder aufgegriffen wurde:

> „Gegeben sind irgendwelche mathem. Dinge. Jedem ist in bestimmter geg. Weise eine reelle Zahl zugeordnet. Man soll das Ding oder solche Dinge heraussuchen, denen die kleinste oder größte Zahl zugeordnet ist … falls eine solche existiert."[289]

In der klassischen Variationsrechnung sind die genannten Dinge Kurven oder Funktionen. Da es dabei um Dinge mit extremalen Eigenschaften geht, müssen weitere Gegenstände zum Vergleichen vorhanden sein, die sogenannte Menge der Vergleichsfunktionen oder -kurven. Wir erinnern daran, dass für Euler das rechnerische und geometrische Erfassen solcher mathematischen Objekte (Funktion, Kurve) gleichwertig ist, dass Euler also zunächst je nach Bequemlichkeit analytisch oder geometrisch argumentieren kann.[290] Im Laufe der Zeit traten geometrische Gesichtspunkte mehr und mehr in den Hintergrund und Euler, die „personifizierte Analysis", stellte den abstrakten Formalismus der Theorie heraus. Eine genauere und unerlässliche Beschreibung dieser Vergleichsmenge wurde Teil des Erfassens eines Variationsproblems. In dem bereits erwähnten Berliner Vortrag von 1756 sagte Euler deutlich: „Man [kann] dem gestellten Problem leicht eine Wendung geben, durch welche es aus dem Gebiet der Geometrie in dasjenige

---

[288] „Euler und die Variationsrechnung", in: *Euler* 1985, S. 42. Vgl. auch die überzeugende Ansicht Carathéodorys, dass Eulers geometrische Methode sowohl analytisch erfasst werden kann als sich auch in den Lagrange'schen Kalkül übertragen lässt; siehe *Gesammelte mathematische Schriften*, Bd. 5. München 1957, S. 136.

[289] Vorlesungsmitschrift *Variationsrechnung* (WS 1904/05). Mathematisches Institut der Universität Göttingen, S. 4 f. Vgl. auch das Kapitel „Calcul des variations" von M. Lecat in der französischen Edition der *Encyclopedie der mathematischen Wissenschaften* (Ed. J. Molk), Ser. II/6.31, Paris 1913, S. 1.

[290] Diese Gleichwertigkeit drückte er im Vorwort der *Introductio in analysin infinitorum* bereits aus (S. XI) und ging am Anfang des zweiten Bandes (§ 8) hierauf ausführlicher ein.

der reinen Analysis verpflanzt wird. ... Deshalb sollte auch jede natürliche Behandlung dieser Fragestellung frei von geometrischen Überlegungen sein. Und je größer die Schwierigkeiten sein sollten, um die Analysis auf dieses Ziel abzustimmen, desto größer wäre im Fall des Gelingens die Hoffnung, dieser Disziplin eine Förderung zukommen zu lassen."[291]

Allgemeinen wird für ein einfaches Variationsproblem die in Rede stehende Beziehung durch ein bestimmtes Integral ausgedrückt, dessen Extremwert wir für eine gesuchte zulässige Funktion $y = y(x)$ einer Variablen x ermitteln:

$$J(y) = \int_a^b f(x, y(x), dy/dx) dx.$$

Der Einfachheit halber betrachten wir für die Lösungskurve und damit für die Vergleichskurven feste Randwerte $y(a) = A$ und $y(b) = B$; f und y seien der Bequemlichkeit halber wenigstens zweimal stetig differenzierbar.

Ein kurzer Überblick über die Variationsrechnung aus moderner Sicht[292]

Hilberts Definition, die Eulers Erklärung wiederholte, macht die folgenden Fragen besonders augenfällig:

1. Gibt es überhaupt eine Lösung (Kurve oder Funktion)?
Wenn ja, wie findet man diese Lösung? Zunächst geht es erst einmal darum, wenigstens notwendige Bedingungen für eine Lösung zu finden. Wenn wir eine solche Kurve (Funktion) gefunden haben, die als Lösung infrage kommen kann, wie können wir beweisen, dass die gefundene Kurve in ihrer Gesamtheit oder zumindest in Teilen tatsächlich eine Lösung ist?

Natürlich würden wir in der modernen Mathematik die analytischen Voraussetzungen des Problems, die man damals nicht infrage stellte, sondern als natürlich gegeben (vorausgesetzt) ansah, gründlich diskutieren. Hilberts Erklärung macht deutlich, dass ein Problem nicht unbedingt eine Lösung mit den gewünschten Eigenschaften besitzen wird (dass z. B. für eine „Lösungsfunktion" keine Annahme der Randwerte möglich ist oder die Lösung nicht stetig sein kann).

In der klassischen Variationsrechnung wird extremales Denken durch infinitesimale Argumentationen gut unterstützt. Da Variationsintegrale auf natürliche Weise als Funktionen von Funktionen betrachtet werden können, ist die Differentialrechnung eine Wurzel des Variationskalküls, eine Meinung, die von Hilbert in seinen Vorlesungen häufig zum Ausdruck gebracht wurde: „Die Variationsrechnung, die so der Differentialrechnung als Fortführung und

---

[291] „Analytica explicatio nethodi maximorum et minimorum" (Analytische Erläuterung der Methode der Maxima und Minima; E 297, am 9.9.1756 der Berliner und am 1.12.1760 der Petersburger Akademie vorgelegt); „Elementa calculi variationum", 16.9.1756 und 1.12.1760 (a. St.) der Berliner und der Petersburger Akademie vorgelegt; beide in: *Novi comment. Acad. sc. Petropol.* 10 (1764), S. 51–93, 94–134, 1766 ersch.

[292] In diesem Abschnitt treten die historischen Aspekte zurück, um die Struktur der klassischen Theorie der Variationsrechnung zu veranschaulichen. Diese Handreichung erscheint sinnvoll, weil die Entwicklung dieser Lehre nicht geradlinig erfolgte und überdies auf verschiedene Gebiete (Mechanik, Optik usw.) verteilt war, sodass „gleiche" mathematische Sachverhalte oft unterschiedlich dargestellt sind. Das trifft natürlich auch für andere Disziplinen zu, aber die Variationsrechnung hat ungewöhnlich breite Anwendungen, zudem ist es hilfreich, den Unterschied zur Differentialrechnung zu kennen.

Verallgemeinerung an die Seite tritt"[293] oder von Jacques Hadamard (1865–1963) „Le calcul des variations est, pour les opérations fonctionnelles, ce que le calcul différentielle est pour les fonctions" (Die Variationsrechnung verhält sich zu Funktionalen wie die Differentialrechnung zu Funktionen.).[294] Wir können also Ähnlichkeiten erwarten, wir werden aber auch Unterschiede zwischen dem Differential d und der Variation δ haben, beide Operatoren erzeugen unendlich kleine Größen, wobei dx vom Argument x abhängt, während δx beliebig ist.

2. Wenn es eine Lösung gibt (Kurve oder Funktion), wie findet man sie?
Angenommen, es gibt eine Lösung.[295] Wie ermittelt man eine solche Lösung? In erster Linie geht es vor allem darum, notwendige Bedingungen für eine Lösung zu finden. Für das oben angeführte Variationsintegral J(x) stellt die folgende Differentialgleichung eine notwendige Bedingung für Lösungen des Variationsproblems J(x) → extr! dar (heutige Schreibweise):

$$\frac{\mathrm{d}}{\mathrm{d}x} f_{y'}(x, y(x), y'(x)) - f_y(x, y(x), y'(x)) = 0. \tag{6.23}$$

Dieser Differentialgleichung (Eulersche Differentialgleichung) zweiter Ordnung muss jede zweimal stetig differenzierbare Lösung $x = x(t)$ des Variationsproblems (sogenannte Extremale) genügen, das Umgekehrte ist leider nicht der Fall.

3. Wie zeigt man für eine Extremale die Minimalität oder Maximalität?
Wenn wir eine Kurve (Funktion) gefunden haben, die lösungsverdächtig erscheint, wie können wir beweisen, dass die gefundene Kurve (Extremale) in ihrer Gesamtheit oder zumindest in Teilen eine tatsächliche Lösung ist?

Wir haben ein einfaches Variationsproblem gewählt, eine Funktion einer Veränderlichen, das wir als Grundaufgabe für unsere Untersuchungen durchgehend zugrunde legen wollen. Bei mehreren Funktionen würden wir auf ein System von Eulerschen Gleichungen geführt, bei mehreren Veränderlichen erhielten wir partielle Eulersche Differentialgleichungen. Die analytischen Bedingungen (zweimalige stetige Differenzierbarkeit) lassen sich reduzieren, z. B. bei optischen Problemen mit gebrochenen oder reflektierten Strahlen ist das sachgemäß. In der modernen Variationsrechnung, die bestimmte Funktionenräume zugrunde legt, erscheinen sogenannte schwache Extremalen, bei denen die klassischen analytischen Annahmen abgeschwächt sind.

Wir erwähnen noch ein sprachliches Kuriosum. In der Zeit der Potenzreihen konnten geknickte Extremale analytisch nicht dargestellt werden, sondern das gelang erst mit trigonometrischen Reihen (Fourier-Reihen). Genauer, eine Darstellung durch eine im Sinne der Zeit stetige Funktion, die durch *eine* Gleichung erfolgen musste, war nicht möglich, sodass man eine Funktion (Kurve) durch mehrere Funktions-/Kurventeile zusammenfügte. Aber dann wurde dieses mathematische Objekt durch mehrere Gleichungen beschrieben und war keine kontinuierliche Funktion (im Sinne von Euler), sondern wurde von ihm diskontinuierlich genannt. Im modernen Cauchy'schen Sinn sind solche diskontinuierlichen Objekte natürlich stetig, aber in der Variationsrechnung ist es immer noch üblich, solche zusammengesetzten Lösungen als diskontinuierlich zu bezeichnen.

---

[293] Vorlesungsmitschrift *Mechanik* (WS 1905/06). Mathematisches Institut Göttingen, S. 142; ähnlich Hilberts Vorlesungsausarbeitung *Flächentheorie* „wenn wir die Variationsrechnung die Differentialrechnung der Funktionen nennen", UB Göttingen, Handschriftenabteilung der Universitätsbibliothek Göttingen. Cod. Ms. D. Hilbert 557. Sommersemester, 1912.

[294] J. Hadamard, „Le calcul fonctionnelles", in: L'enseignement mathematique 1912, S. 1–18; Zitat in Œuvres, t. 4, S. 2260.

[295] Die Annahme einer Lösung hat zur Folge, dass alle gefolgerten Bedingungen lediglich notwendig sind!

6.6 Eines der schönsten mathematischen Werke: Die Variationsrechnung

Allgemein beruhen die klassischen Methoden hauptsächlich auf dem Verschwinden der ersten Variation, $\delta J(y) = 0$, und gehen damit zunächst von der Existenz einer Lösung aus. Daher werden alle aus dieser unterstellten Annahmen gezogenen Konsequenzen nur notwendige Bedingungen für eine Lösung liefern. Insbesondere führt die aus $\delta J(y) = 0$ folgende Differentialgleichung mit ihren Lösungen (Extremalen) lediglich auf „lösungsverdächtige" Funktionen (Kurven) des Problems, die zweimal stetig differenzierbar sind. Nach Adolf Kneser (1862–1930) werden solche Kurven C_0, die durch eine Gleichung $y = y_0(x)$ oder eine Funktionen $y = y_0(x)$ dargestellt werden und die die notwendige Bedingung $\delta J(y_0) = 0$ (=Eulersche Differentialgleichung) erfüllen, als Extremalen bezeichnet.[296] Diese Kurven (Funktionen) wecken die Hoffnung, tatsächlich eine Lösung zu sein. Es zeigt sich, dass im Gegensatz zu Extremwertaufgaben der Differentialrechnung, bei denen der Nachbarschaftsbegriff keine Rolle spielt (da in R^n alle Abstandsbegriffe gleichwertig sind), bei Variationsproblemen der Nachbarschaftsbegriff sehr wohl zu diskutieren ist, da er zum einen die Lösungstechniken und zum anderen die damit ermittelte Art der Extremalität bestimmt. Verlaufen beispielsweise alle zulässigen Vergleichskurven in einem Streifen der Breite ε ohne weitere Beschränkungen, so spricht man von einem starken Extremum (in einer weiteren Nachbarschaft); kommt es in diesem Streifen zu nicht zu diesen den Abstand einschränkenden Forderungen, sondern verlangt man jetzt von den zulässigen Kurven punktweise weiter, dass auch noch die Richtungen der Vergleichskurven und der Extremalen benachbart sein sollen, so ist die Extremalität schwach (in einer engeren Nachbarschaft); im Sinne der Funktionalanalysis handelt es sich um die Metriken im Raum der stetigen bzw. stetig differenzierbaren Funktionen (C^0 bzw. C^1).

Es gibt noch weitere Unterschiede. Auf einer Kugel sind die Großkreise Extremalen (hier geodätische Kurven genannt), jedoch ist eine Extremale, die beide Pole enthält, nur auf solchen Bögen eine Kürzeste, wenn diese Bögen zwischen den Polen liegen (d. h. auf einem Meridian = halber Großkreis). Verglichen mit den Aufgaben der Differentialrechnung haben wir hier durch die Verallgemeinerung ein völlig neues Phänomen, das die neuen Objekte mit sich bringen (und das bei Extremwertaufgaben für Funktionen nicht möglich ist). Kurven oder Funktionen müssen nicht in ihrer Gänze extremal sein, mehr noch, sie könnten sogar den Charakter der Extremalität auf dem in der Rede stehenden Intervallen ändern oder die Extremalität ganz verlieren (wie im obigen Beispiel). Außerdem müssen wir bei einem Variationsproblem beachten, was zulässige Funktionen (Kurven) sein sollen. Diese Frage ist gleichfalls ein wichtiger Bestandteil der Problemstellung. Leider sind die natürlichen Klassen zulässiger Funktionen eines Problems nicht automatisch identisch mit den Klassen, die wir zur Anwendung der Differentialtechniken benötigen. Zwei häufig in Geometrie und Mechanik verwendete Klassen und die zugrunde liegenden Funktionsräume sind C^0 bzw. C^1, aber sie sind keineswegs das natürliche Mittel, um beliebige Variationsprobleme anzugeben (man denke etwa an optische Probleme mit Brechungen usw.).[297] Wir unterscheiden seit Karl Weierstraß (1815–1897) deutlich diese beiden Arten des Extremums und kennen einige hinreichende Bedingungen für Extrema in diesen beiden Funktionenräumen.[298] Zwei typische Probleme, die den Unterschied der Extremalität zeigen: die geometrische Aufgabe, mit einer Kurve fester Länge eine maximale Fläche zu beranden (starkes Extremum) und die mechanische Aufgabe, auf einer Bobbahn die erzielten Geschwindigkeiten zu berücksichtigen (schwaches Extremum). Der für die Variationsrechnung in Funktionenräumen beim Variieren zentrale Begriff ist der der Gâteaux'schen oder der schwachen Ableitung.[299]

---

[296] Kneser, *Lehrbuch der Variationsrechnung*. Braunschweig 1900, S. 4.

[297] Es ist wegen der auftretenden Geschwindigkeit bei dynamischen Problemen der Mechanik klar, dass man in der Regel auch zweite Ableitungen (Beschleunigungen) benötigen wird.

[298] Weierstraß, „Vorlesung über Variationsrechnung" (Sommersemester 1879). Ausarbeitung des Berliner Mathematischen Vereins, Mathematisches Institut der Humboldt Universität, Berlin.

[299] Einen schönen Überblick über Ableitungsbegriffe bei Extremalproblemen bietet W. Schirotzek, *Differenzierbare Extremalprobleme*. Leipzig 1989. – René Gâteaux, 1889–1914.

6.6.2 Von der isoperimetrischen Methode zum „calculus variationis" (Eulers Arbeiten zur Variationsrechnung)

> La sécheresse des mathématiques leur semblait devoir éteindre l'imagination; et ils ignoraient sans doute qu'Archimède et Euler en ont mis autant dans leurs ouvrages, qu'Homère ou Aristote en ont montré dans leur poésies.[300]
> NICOLAS CARITAT DE CONDORCET (1743–1794).

Mit dem Kopf voller Ideen erreichte Euler im Mai 1727 St. Petersburg, und bereits wenige Wochen nach seiner Ankunft referierte er vor der Akademie über das Ausfließen von Wasser aus Öffnungen (25. Juni 1727, a. St.), dann über ein Modell der Erdatmosphäre (15./26. September 1727) und legte schließlich der Konferenz eine Liste zu bearbeitender hydromechanischer Aufgaben vor.[301] Aber Euler hatte auch die isoperimetrische Methode im Gepäck, die später von ihm erweitert und Variationsrechnung genannt werden sollte. Mit den isoperimetrischen Problemen begann sich Euler intensiver zu beschäftigen, nachdem sein Basler Lehrer Johann I Bernoulli seinen Sohn Daniel, mit dem Euler in Petersburg gemeinsam wohnte, brieflich zur Beschäftigung mit dieser neuen Disziplin ermuntert hatte. Insonderheit betrachtete er vorerst noch spezielle geometrische oder mechanische Beispiele wie etwa kürzeste Linien auf Flächen, nämlich die Arbeit „De linea brevissima in superficie" (Über kürzeste Linien auf Oberflächen; E 9, 1730, erschienen 1732). Eulers erste gedruckte Arbeit legte er 16./27. Januar der Akademie vor („Problematis", E 5), und sie wurde in den Band 1 der Petersburger *Commentarii* aufgenommen. Aber bereits 1732 legte er der Petersburger Akademie eine allgemein ausgerichtete Arbeit vor („Problematis isoperimetrici in latissimo sensu accepti solutio generalis"; Eine allgemeine Lösung des isoperimetrischen Problems, wenn es im allgemeinsten Sinn genommen wird; E 27 [1732/33], erschienen 1738), wobei der Titel deutlich auf den *Methodus inveniendi* (E 65, 1744) verweist, dessen systematische Themen hier ihren Ursprung hatten. Wir erwähnen noch, dass Euler in seiner Schiffstheorie (*Scientia navalis*; E 110–111, 1749), die im Wesentlichen schon 1738 abgeschlossen war,[302] bereits eine Menge Variationsrechnung benutzte.

Eulers systematische Beschäftigung mit der Variationsrechnung war außerordentlich folgenreich und führte zu einem ersten Höhepunkt mit seiner 1744 erschienenen Monographie *Methodus inveniendi lineas curvas* (E 65, EO I/24).[303]

---

[300] „Die Trockenheit der Mathematik schien ihre Vorstellungskraft auszulöschen; und sie waren sich wahrscheinlich nicht bewusst, dass Archimedes und Euler so viel in ihre Werke gesteckt haben, wie Homer und Aristoteles in ihrer Poesie zeigen."

[301] Die anfänglichen Protokolle weisen größere Lücken auf, z. B. April bis Dezember 1727 oder November bis Dezember 1728, Januar bis August 1730, selbst von Januar bis Juni 1742 fehlen die Protokolle.

[302] Brief an Johann Bernoulli vom 20. Dezember 1738.

[303] Das Manuskript war bereits im Frühjahr 1743 abgeschlossen (Brief von Daniel Bernoulli an Euler, 23.4.1743), im September war es in den Händen des Verlegers (Brief von Daniel Bernoulli an Euler vom 4.9.1743), die zwei Additamenta wurden nachgereicht.

6.6 Eines der schönsten mathematischen Werke: Die Variationsrechnung

In der Reihe seiner Arbeiten gibt es auch fehlerhafte Abschnitte (etwa wenn Euler bei Nebenbedingungen Jakob Bernoulli missverstehend die Variablen x, y [Ortskoordinaten] und s [Bogenlänge] gleichberechtigt behandelte), aber solche irrigen Ergebnisse wurden von ihm schnell in nachfolgenden einschlägigen Untersuchungen korrigiert, und die so gewonnenen Einsichten förderten den Fortgang der Entwicklungen.

Es war die Variationsrechnung, zu der Euler einige seiner besten Arbeiten beitrug. Aber wie viele Arbeiten zu diesem Thema schrieb er? Im weitesten Sinne dürften es etwa 45 Arbeiten sein. Übrigens wurden mit Ausnahme der in Berlin erschienenen Arbeiten zum Prinzip der kleinsten Wirkung fast alle dieser Arbeiten in St. Petersburg veröffentlicht, da die entsprechenden Wechselwirkungen („die goldene Brücke", E. Winter, 1896–1982) zwischen der Berliner und der Petersburger Akademie der Thematik nicht entgegen standen.

Wir betrachten nun den Zustand, den Euler zu Beginn seiner Arbeiten vorfand. Leibniz und die Brüder Bernoulli hatten wirkungsvolle mathematische Methoden geschaffen, die den formalen Charakter einer Problembehandlung in den Vordergrund stellten. Sehen wir uns dazu Johann Bernoullis Behandlung des Brachistochronenproblem an, für das sich exemplarisch die oben genannten Fragen 1.–3. gut verdeutlichen lassen. Es sind drei geniale und nachhaltige Einfälle, mit denen Bernoulli die Aufgabe löste.

Zunächst erkannte Bernoulli eine enge formale Beziehung zwischen dem mechanischen Problem, die schnellste Bahn für den Massenpunkt zu finden, und der optischen Aufgabe, die kürzeste Lichtbahn zu ermitteln. Die Lösung des optischen Problems war bekannt (Pierre de Fermat, 1601–1665), denn ein Lichtstrahl verläuft so, dass er den zeitlich kürzesten Weg nimmt. In einem Medium mit konstantem Brechungsindex ist die Gerade der Weg; verändert sich die Dichte des Mediums bei Übertritt des Strahls in ein anderes Medium, so liefert das Snellius'sche Brechungsgesetz den gesuchten Weg. Der Fall einer sich stetig ändernden Dichte bereitete der Infinitesimalrechnung im 18. Jahrhundert keine grundsätzlichen Schwierigkeiten mehr. Man zerlegte das inhomogene Medium in unbegrenzt viele infinitesimale Schichten,[304] die bei angenommener homogener Dichte in den Schichten die Brechung des Lichtstrahles gemäß dem Snellius'schen Gesetz[305] bestimmten. Gemäß diesem Brechungsgesetz ist die Lichtbahn durch die Eigenschaft charakterisiert, dass die Sinus ihrer Neigungen gegenüber der Senkrechten stets im gleichen Verhältnis mit der Geschwindigkeit stehen. Wenn man nun das Medium so einrichtet, dass dessen Dichte im Verhältnis der Fallgeschwindigkeiten des Massenpunktes (gemäß dem Galilei'schen Gesetz) stehen, so sind die entsprechenden Bahnkurven dadurch festgelegt und erweisen sich als Zykloidenbogen (Abb. 6.41). Über das spezielle Beispiel hinaus erkannte Johann Bernoulli

---

[304] Heute würden wir endlich viele Schichten mit festem Brechungsindex n einziehen, um dann zur Grenze zu gehen.

[305] Willebrord van Roijen Snell (1580–1626), niederländischer Mathematiker und Astronom, Brechungsgesetz 1621.

weitsichtig, dass die Brachistochrone und die Lichtbahn mit dem *gleichen* mathematischen Formalismus erfasst werden können. Das war revolutionär und stellte gewissermaßen den Ausgangspunkt der mathematischen Physik dar! Das allgemeine Variationsprinzip von William Rowen Hamilton (1805–1865) zeigte die Nachhaltigkeit dieser Idee.

Die Lösung des von Johann Bernoulli gestellten Brachistochronenproblems gelang nur wenigen Mathematikern, nicht mehr als einer Handvoll, und in der Folge wurden Aufgaben der Variationsrechnung gern als zu schwierig eingeschätzt und nicht bearbeitet. Leibniz und die Brüder Bernoulli gaben für die Brachistochrone sehr ähnliche Lösungsmethoden an, Isaac Newton (1643–1727) hielt seine Methode zurück; und der Marquis de l'Hospital (1661–1704) hatte wohl über den Buschfunk „seine (unvollständige) Lösung" erhalten. Man dachte sich den zeitgenössischen Vorstellungen gemäß[306] die Lösungskurve als infinitesimalen Polygonzug[307] gegeben, wobei eine Schar paralleler Geraden zur Ordinatenachse mit infinitesimalen Abständen die Koordinatenebene füllt. Seien *A, B* und *C* drei beliebig aufeinanderfolgende Punkte mit infinitesimalen Abständen auf der Brachistochrone, die als polygonaler Linienzug aufgefasst wird (d. h. *A, B* und *C* sind Eckpunkte dieses Linienzuges). Eine Vergleichskurve stimme mit der Extremalen bis auf dieses Kurvenstücks *ABC* überein. Der entsprechende Polygonzug ABC wird in *B* willkürlich durch einen Punkt *B** abgeändert, sodass die Ordinate von *B** gleich *h* ist (Abb. 6.49a). Berechnet man die Differenz ΔJ zwischen dem Integral über dem abgeänderten Polygonzug und dem Integral über den entsprechenden Teil der Brachistochrone, so erkennt man in der Differenz eine Funktion, die lediglich von *h* abhängt. Mithin kann deren Minimum mithilfe der Differentialrechnung ermittelt werden bzw. $dJ/dh = 0$ in *B*. Da *B* beliebig gewählt ist, gilt die gewonnene Gleichung für die gesamte Brachistochrone, und mit einigen Manipulationen erhält man die oben (für den allgemeinen Fall) angegebene Eulersche Differentialgleichung (Gl. 6.23), von Euler hier in der Form

$$N dx - dP = 0$$

notiert, wobei $N = \partial f/\partial y$ und $P = \partial f/\partial p$ mit $p = dy/dx$ bedeuten.

Diese bemerkenswerte Zurückführung des Variationsproblems auf eine einfache Aufgabe der Differentialrechnung, nämlich das Verschwinden der erzeugten Störung bei der extremalen Brachistochrone, wurde zuerst von den Bernoullis und

---

[306] Solche Auffassungen charakterisieren den Beginn der Infinitesimalrechnung und sind z. B. in Johann Bernoullis Differentialrechnung und Integralrechnung von 1691/92 dargelegt. Wir zitieren aus der Widerspiegelung durch l'Hospitals *Analyse*, 1716. „II. Demande ou supposition: On demande qu'une ligne courbe être considerée comme l'assemblage d'une nombre infini de côtes, chacun infiniment petit." (Forderung oder Annahme: Wir nehmen an, dass eine gekrümmte Linie als eine unendliche Zusammensetzung von geraden Linien(stücken) betrachtet werden kann, von denen jede unendlich klein ist, S. 2).

[307] Euler benutzte bei der Variationsmethode einen intuitiven, aber sehr allgemeinen Funktionsbegriff, der nicht erklärt wurde. Er bezog sich auf Punkte oder Linien. In seiner späteren Einteilung kann er auch als diskontinuierlich angesehen werden.

6.6 Eines der schönsten mathematischen Werke: Die Variationsrechnung

Leibniz vorgenommen. Sie ersetzten die Bestimmung einer extremalen Kurve (Funktion) durch die lokale Extremalitätsforderung der Differentialrechnung. Kurz gesagt betrachtet man die Kurve als ein Polynom mit unendlich vielen Ecken, zwischen denen unendlich kleine Polygonseiten liegen. Von den Ecken ist eine geeignete Anzahl (je nach der Zahl der Nebenbedingungen) zu variieren. Euler systematisierte dann diese Verfahren in seiner ersten Phase und stellte den eben beschriebenen Sachverhalt klar heraus.

Für moderne Mathematiker mag das skizzierte Vorgehen ein Ritt über den Bodensee sein, da man die Störung in Punkt B gegen null gehen lassen will und gleichzeitig den (infinitesimalen) Abstand in der Ordinatenschar als null ansehen muss. Adolf Kneser rechtfertigte jedoch in seinem Vortrag auf der Eulertagung 1907 in Berlin die Gültigkeit der Eulerschen Herleitung (doppelter Grenzübergang) auch im modernen Verständnis.[308] Während das Trio Leibniz und die Bernoullis spezielle infinitesimale Veränderungen an der Extremalen vornahmen und mit diesen speziellen Differentialen eine Differentialgleichung für die gesuchte Lösung aufstellten, unterschieden sich die Lösungen der mittlerweile in heftige Streitereien geratenen Brüder in ihrer Ausgestaltung; Leibniz hatte wegen zu großer Belastungen an der weiteren Entwicklung nicht mehr teilgenommen. Jakob Bernoulli stellte als neue Herausforderung Probleme mit Nebenbedingungen, und sein Variationsverfahren, die Polygonzüge der Extremalen nicht nur in einem, sondern zwei oder mehreren Punkten zu verändern, um die Nebenbedingungen einzuarbeiten, eignete sich erfolgreich zu deren Behandlung, aber sie führte Jakob noch auf eine zu hohe Ordnung der Differentialgleichung. Johann Bernoulli bewältigte die Variation bei Nebenbedingungen nicht, aber er erkannte in den Herleitungen ein Gesetz der Gleichmäßigkeit („loi de l'uniformité"), mit dem er die Differentialgleichung seines Bruders auf die richtige, nämlich zweite Ordnung brachte.[309]

Mit der Bestimmung einer Extremalen $y_0(x)$ eines Variationsproblems, die auch gestellte Rand- und Nebenbedingungen erfüllt, ist allerdings nicht gezeigt, dass diese Extremale tatsächlich ein Extremum liefert. In der Differentialrechnung ist diese Forderung durch die Positivität der zweiten Ableitung an der in Rede stehenden Stelle zu erfüllen, aber in der Variationsrechnung gibt es hierfür eine umfangreiche Theorie, die grob gesagt in Nachweise für sog. starke und schwache Extrema zerfällt. Es ist aber bemerkenswert, dass Johann Bernoulli den Nachweis der Extremalität bei der Brachistochrone bereits in seine Lösung des Problems einbezog, indem er die später als transversale Schar bezeichneten Kurven erfolgreich

---

[308] „Euler und die Variationsrechnung", in: *Festschrift zur Feier des 200. Geburtstages Leonhard Eulers*, Hrsg. vom Vorstand der Berliner Mathematischen Gesellschaft. Leipzig 1907, S. 21–60, insbesondere Anhang I, S. 39–45. Vgl. auch A. Kneser, *Lehrbuch der Variationsrechnung*. Braunschweig: Vieweg 1900.

[309] Details werden in R. Thiele, „Das Zerwürfnis Johann Bernoullis mit seinem Bruder Jakob", in: *Acta historica Leopoldina* 27 (1997), S. 257–276, gegeben.

dazu einsetzte.[310] Es war Carathéodory, dem dieser gleichsam in eine Nussschale verpackte Sachverhalt auffiel und der ihn scharfsinnig zu verallgemeinern wusste. Die entsprechenden Ausführungen befinden sich in Carathéodorys Dissertation *Über die diskontinuierlichen Lösungen in der Variationsrechnung* von 1904 als Anhang I „Verallgemeinerung einer Methode von Johann Bernoulli" (Seiten 69–79).[311]

Die Variationstechniken für Funktionale wurden gleichlaufend mit der Methode der Differentialrechnung für Extrema herausgebildet, sodass dabei häufig Gemeinsamkeiten als auch Unterschiede nicht immer deutlich wahrgenommen und vermischt wurden. Am augenfälligsten ist der Unterschied bei hinreichenden Bedingungen, wenn man die Variationstechniken für schwache und starke Extremalen betrachtet (siehe den tabellierten Text). Bei starken Extrema kann man aufgrund des Umgebungsbegriffs nicht auf Ableitungen zurückgreifen, um hinreichende Bedingungen zu formulieren, was eine andere Methode erfordert.

Extremwertaufgabe $f(x) \to$ extr!	(x aus R^n)
Notwendige Bedingungen in $x = x_0$:	$f'(x_0) = 0, f''(x_0) \geq 0$ bzw. $f''(x_0) \leq 0$
Hinreichende Bedingungen in $x = x_0$:	$f''(x_0) > 0$ bzw. $f''(x_0) < 0$
Variationsproblem $J(y) \to$ extr! ($y(x)$ aus V: V Menge der Vergleichsfunktionen eines geeigneten Hilbertraums H)	
Notwendige Bedingungen für $y_0(x)$:	$\delta J(y_0) = 0$
Hinreichende Bedingung für $y_0(x)$:	Abhängig von der Metrik (C^1, C^0) Schwache Extremale: $\delta J^2(y_0) > 0$ Starke Extremale: Feldkonstruktion

6.6.3 Eine Einteilung von Eulers Arbeiten

Wir können Eulers Beiträge zur Variationsrechnung in drei Perioden unterteilen:

1. Eulers erste Veröffentlichung zum Brachistochronenproblem in einem widerstandsfähigen Medium (E 1, 3 Seiten), die sich mit einem Variationsthema befasste, erschien 1726, und ungefähr 1728 begann Euler, eigene Ansätze zur Variationsrechnung zu entwickeln, die ab 1732 erschienen, indem er Beispiele sammelte und sie systematisch behandelte (erste Periode);
2. Seine Theorie nahm nach 1740 Gestalt an, zuerst in der zweibändigen *Scientia navalis* (E 110–111, EO II/18–19; geschrieben um 1738–41, erschienen 1749), und gipfelte in seinem Meisterwerk *Methodus inveniendi* (E 65, EO I/24; 1744) (zweite Periode);

---

[310] *Mém. de l'Acad. Roy. de Paris* 1718 = *Opera*, Vol. 2. Lausanne 1742, No. CIII, S. 206 = *Streitschriften*.
[311] *Gesammelte mathematische Schriften*, Band 1. München 1955, S. 3–79, dort insbesondere S. 71–79.

6.6 Eines der schönsten mathematischen Werke: Die Variationsrechnung   729

3. Schließlich hatte Leonhard Euler 1755 durch den δ-Formalismus von Joseph-Louis de Lagrange (1736–1813) die erste Idee für eine analytische Behandlung und ihre Begründung (dritte Periode).

Es wäre formal möglich, die posthum veröffentlichten Arbeiten in einer vierte Periode aufzulisten, worauf wir verzichten. Aber wir sollten die außerordentliche Zahl von Beispielen erwähnen, die Euler gegeben und tatsächlich berechnet hat. Carathéodory liebte Probleme, die er als die wahre Nahrung der Mathematik betrachtete und an denen er die Kraft der Methoden erproben konnte. Insgesamt zählte er etwa 100 Probleme in Eulers Werk, davon etwa 66 in dem *Methodus*,[312] und solche Anerkennung drückt sich auch in der Bemerkung von Carl Gustav Jacobi (1804–1851) aus: „Es ist immer ein Fortschritt, wenn man den Beispielen Eulers ein wirklich neues hinzuzufügen weiß." Viele der behandelten Aufgaben sind von der Form

$$Z = f(x, y) \int \sqrt{(1+p^2)} \, dx \, (p = dy(x)/dx),$$

es gibt aber auch Aufgaben mit mehrfachen Integralen, isoperimetrische Probleme sowie Probleme mit anderen Nebenbedingungen und schließlich sogar räumliche Variationsaufgaben.

Erste Periode

Am Anfang der Variationsrechnung sehen wir Johann Bernoullis Herausforderung des Problems des schnellsten Abstiegs (ohne Widerstand und Reibung). Hierzu veröffentlichte Euler im Alter von 18 Jahren seine erste, dreiseitige Publikation. In einem widerstehenden Medium stellte er das Problem der Linie des schnellsten Abstiegs: „Constructio linearum isochronarum in medio quocunque resistente" (Konstruktion einer isochronen Kurve in einem widerstehenden Mittel; E 1 *Acta eruditorum* 1726, EO II/6) (Abb. 6.44). Ein Jahr später gab Jakob Hermann (1678–1733) in den Acta eine Lösung „Theoria generalis motuum" (Allgemeine Theorie der Bewegung; 1727, erst 1729 veröffentlicht), die nicht korrekt war, aber erst als Hermann 1731 St. Petersburg verlassen hatte informierte Euler seinen Kollegen über das Scheitern,[313] jedoch kam es zu keiner Verbesserung durch Hermann, da dieser im Jahre 1733 in Basel starb. Deshalb korrigierte Euler schließlich selbst die Arbeit, aber nun war es Daniel Bernoulli, der seinen Freund in einem Brief vom 12. September 1736 aus Basel benachrichtigte, dass auch dessen verbesserte Lösung nicht korrekt war.

---

[312] Siehe hierzu die kommentierte Zusammenstellung in EO I/24, S. LVI–LXII. In dieser Liste befinden sich nach Carathéodòry acht falsch gelöste bzw. nicht sinnvoll lösbare Aufgaben, sie betreffen auch das Brachistochronenproblem bzw. Variationen davon.

[313] Carathéodory wies darauf hin, dass sich Euler zwischen 1725 und 1731 offenbar nicht mit diesem Thema beschäftigt habe und dass es vermutlich erst der Brief Joh. Bernoullis an seinen Sohn Daniel nach Petersburg war, der Eulers Aufmerksamkeit auf die Variationsrechnung (geodätische Linien) lenkte, siehe vorn. EO I/24, Introduction, S. X.

a

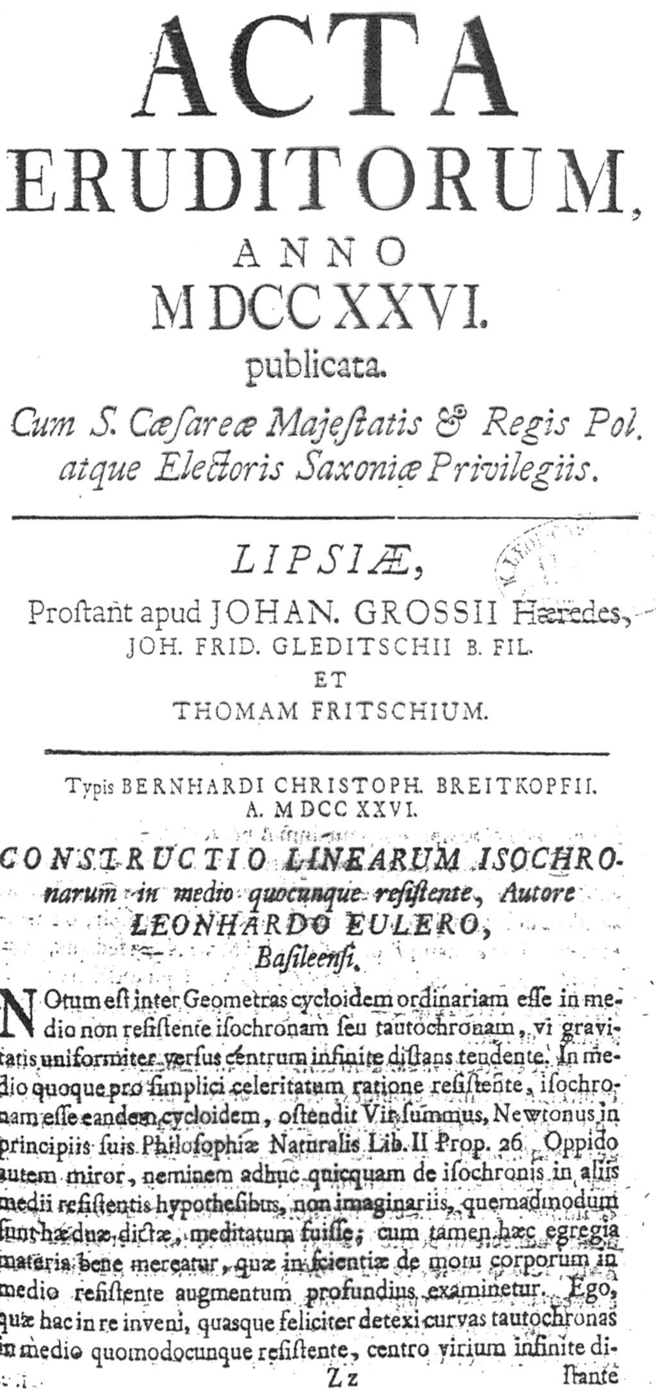

ACTA ERUDITORUM,
ANNO
MDCCXXVI.
publicata.

Cum S. Cæsareæ Majestatis & Regis Pol. atque Electoris Saxoniæ Privilegiis.

LIPSIÆ,

Proftant apud JOHAN. GROSSII Hæredes,
JOH. FRID. GLEDITSCHII B. FIL.
ET
THOMAM FRITSCHIUM.

Typis BERNHARDI CHRISTOPH. BREITKOPFII.
A. MDCCXXVI.

CONSTRUCTIO LINEARUM ISOCHROnarum in medio quocunque resistente, Autore LEONHARDO EULERO, Basileensi.

Notum est inter Geometras cycloidem ordinariam esse in medio non resistente isochronam seu tautochronam, vi gravitatis uniformiter versus centrum infinite distans tendente. In medio quoque pro simplici celeritatum ratione resistente, isochronam esse eandem cycloidem, ostendit Vir summus, Newtonus in principiis suis Philosophiæ Naturalis Lib. II Prop. 26. Oppido autem miror, neminem adhuc quicquam de isochronis in aliis medii resistentis hypothesibus, non imaginariis, quemadmodum sunt hæ duæ dictæ, meditatum fuisse; cum tamen hæc egregia materia bene mereatur, quæ in scientiæ de motu corporum in medio resistente augmentum profundius examinetur. Ego, quæ hac in re inveni, quasque feliciter detexi curvas tautochronas in medio quomodocunque resistente, centro virium infinite di-

Zz Itante

Abb. 6.44 (Fortsetzung)

b

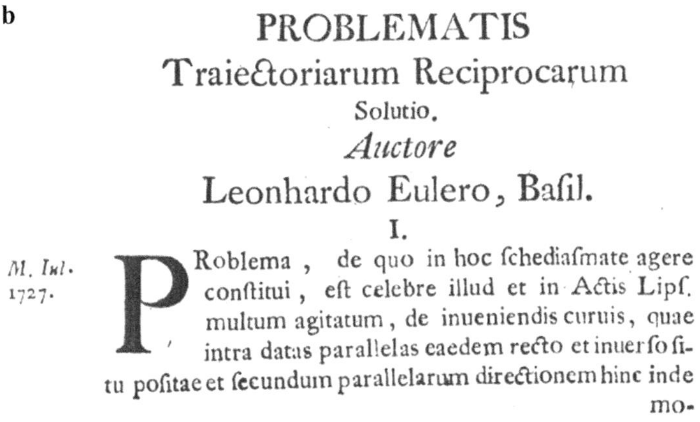

PROBLEMATIS
Traiectoriarum Reciprocarum
Solutio.
Auctore
Leonhardo Eulero, Basil.

I.

M. Iul.
1727.

PRoblema, de quo in hoc fchediafmate agere conftitui, eft celebre illud et in Actis Lipf. multum agitatum, de inueniendis curuis, quae intra datas parallelas eaedem recto et inuerfo fitu pofitae et fecundum parallelarum directionem hinc inde mo-

Abb. 6.44 a Titelseite der Leipziger Acta eruditorum, in deren Band für 1726 Eulers erste Veröffentlichung „Constructio linearum isochronum in medio quocunque resistente" (Konstruktion linearer Iscochronen im widerstehenden Mittel; E 1, EO II/6, S. 361–363) erschien. In dieser Arbeit, deren Anfang faksimiliert ist, behandelte Euler ein Thema der Variationsrechnung, das das Brachistochronenproblem seines Lehrers Johann Bernoulli auf Medien mit Widerstand ausdehnt und von ihm als Problem gestellt wurde. **b** Eine weitere Arbeit Eulers zur Variationsrechnung („Problematis Traiectorum Reciprocarum"; Probleme reziproker Bahnkuren; E 5, 1729) vom Juli 1727 in den Petersburger Commentarii 2 (1729), S. 90–111, die aus Platzgründen nicht mehr in den ersten Band der Commentarii aufgenommen wurde (Anfang der Seite 90 vom Band 2).

Zu dieser Thematik gehörte auch das Problem der reziproken Trajektorien (bzw. transversalen Scharen), das Nikolaus II Bernoulli (1695–1726), ein Sohn von Johann Bernoulli, um 1720 stellte.[314] Die Kurven zweier Scharen sollen sich unter einem festen Winkel treffen. Letztlich sind zwei aufeinander bezogene Kurvenscharen ein altes Thema der Mathematik. Die Huygens'sche Lichttheorie (Scharen der Lichtstrahlen und zugehörige Wellenfronten) ist ein schönes optisches Beispiel mit außerordentlich weitreichenden mathematischen Konsequenzen (z. B. in der Feldtheorie der Variationsrechnung). Eine andere Konsequenz war, dass Euler im Winter 1724/25 angeregt wurde, eine Arbeit „Problema. Invenire traiectories quae sint curvae algebraicae" (Problem. Finde Bahnkurven, die algebraisch sind) zu schreiben. Diese Arbeit ist vermutlich das älteste Manuskript (H 45 in Eneströms Liste unveröffentlichter Arbeiten Eulers), das wir von Euler

---

[314] „De trajectoris curvas ordinatim positione datas ad Angulos rectos vel alia data lege secantibus" (Über Trajektorien deren Ordinaten im rechten Winkel oder unter anderen vorgeschriebenen Bedingungen geschnitten werden), in: *Acta eruditorum* Juni 1718, S. 248–262; „Exercitatio Geometrica de Traiectoriis Orthogonalibus" (Geometrische Übung zu orthogonalen Bahnkurven), in: *Acta eruditorum* Mai 1720, S. 223–227, „Supplementa" 1721.

haben.[315] Es ist mit den Bemerkungen seines Lehrers Johann Bernoullis in EO I/29, S. VIII–X erstmals abgedruckt.

Die erste gedruckte Arbeit (E 1) des Magisters artium Leonhard Euler war letztlich eine Folge dieser kurzen Ausarbeitung (H 45). Zu der in H 45 behandelten Frage nach algebraischen Bahnkurven (Trajektorien) veröffentliche Johann Bernoulli eine Lösung und verlangte nach einer weiteren. Euler stellte nun in E 1 diese Aufgabe mit einer Lösungsfrist von einem Jahr, und da innerhalb der Frist keine Lösung einging, publizierte er seine Arbeit „Methodus inveniendi trajectorias reciprocas algebraicas" (Eine Methode, reziproke algebraische Bahnkurven zu finden; E 3, EO I/27, 1727).[316] Die Thematik blieb auch in der Arbeit „Problematis trajectoriarum reciprocarum solutio" (Lösung des Problems der reziproken Trajektorien; E 5, EO I/27)[317] erhalten, die Euler in St. Petersburg 1727 veröffentlichte.

Das Manuskript H 45 ist auch aus folgender Sicht sehr bemerkenswert: In ihm äußerte sich Euler zum Charakter von Kurven, ein Sachverhalt, der zu einem seiner Lieblingsthemen werden sollte. Eine ordentliche Definition einer Funktion von zwei Variablen gab es noch nicht; Johann Bernoulli formulierte 1718 eine Fassung, die den Ausgang des analytischen Funktionsbegriffs bilden sollte. Der im Sommer 1724 (8. Juni) zum Magister ernannte Euler bemerkte, dass man in der Analysis bei mehreren Variablen „functiones discontinuas" (zusammengesetzte Funktionen) verwenden müsse. In späteren Arbeiten präzisierte und entwickelte er seine Vorstellungen.

Die erste Arbeit über kürzeste Linien auf einer allgemeinen Fläche $F(x, y, z) = 0$ (nicht in parametrischer Form) wurde von Euler unter dem Titel „De linea brevissima in superficie quacunque duo quaelibet puncta jungente" (Über die kürzeste Linie, die auf einer willkürlichen Fläche zwei beliebige Punkte verbindet; E 9, EO I/25) in den St. Petersburger *Commentarii*, Band 3 von 1728, publiziert, der aber erst 1732 erschien.[318] Als Johann Bernoulli 1697 neue Provokationen (Probleme als Herausforderungen) für seinen Bruder gestellt hatte, gab es eine bemerkenswerte Diskussion darüber, welche Art von (konvexen) Flächen überhaupt in Betracht kommen könnte, im Grunde konzentrierte man sich auf spezielle Oberflächen, nämlich die von Rotationskörpern; eine allgemeine Fläche veranschaulichte man sich als Oberfläche eine Körpers. Man beachte aber, dass es zu dieser Zeit kein analytisches Funktionskonzept gab, d. h. man kannte keine Gleichungen, die beliebige

---

[315] Eneström stellte die genannte Liste unveröffentlichter Eulerscher Manuskripte mit dem Sigel H auf, die sich in einem Moskauer Archiv befindet. „Bericht über die Manuskripte Eulers in Moskau H 1–H 127", in: Jahresbericht der DMV 22, 11–12 (1913), S. 191–205 (kursive Paginierung).

[316] *Acta eruditorum* 1727, S. 408–412.

[317] *Comment Acad. sc. Petropolitanae* 2 (1727), S. 126–138; (Notiz am Rande von S. 90: Juli 1727), 1728 der Akademie vorgelegt, 1729 gedruckt.

[318] Auf der ersten Seite des Manuskripts steht von fremder Hand „M[ensis] Nov. 1728" = Monat November 1728, was zunächst bezweifelt wurde, aber offenbar korrekt ist.

6.6 Eines der schönsten mathematischen Werke: Die Variationsrechnung

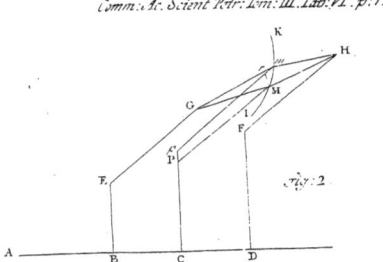

Abb. 6.45 Kürzeste Linien auf nicht konvexen Flächen in der Arbeit „De linea brevissima in superficie quacunque duo quaelibet puncta jungente" (Über die kürzeste Linie, die zwei beliebige Punkte auf einer Oberfläche verbindet; E 9, 1728)[319]

Oberflächen beschrieben. 1698 löste Jakob Bernoulli die Herausforderung des Bruders, aber nun kritisierte Johann die spezielle Form der Fläche und kündigte an, über die Lösung für beliebige Flächen zu verfügen, was vermutlich stimmte.

1728 stellte Johann Bernoulli seinem Schüler Euler die Aufgabe abermals. Für eine konvexe Oberfläche gab Euler motivierend zunächst eine anschauliche mechanische Lösung an: Man befestige eine Schnur an einem Punkt und ziehe straff in Richtung des anderen Punktes. Offensichtlich versagt dieses Verfahren bei konkaven Flächen, weshalb Euler ein Infinitesimalverfahren für allgemeine Flächen entwickelte (wobei in der Tangentialebene die aus zwei Geraden GM und MH zusammengesetzte Linie GMH zu minimieren ist), siehe Abb. 6.45.

Eulers Methode entspricht einem geometrischen Theorem für eine Schmiegebene einer Geodätischen in einem Punkt P, (d. h. einer extremalen Raumkurve auf einer Oberfläche, die aber keine kürzeste Linie sein muss). Der Satz wurde 1698 von Johann Bernoulli entwickelt, aber nicht veröffentlicht. Er besagt, dass die Schmiegebene einer geodätischen Kurve[320] die Tangentenebene der Oberfläche in P in einem rechten Winkel schneidet, anders gesagt enthält die Schmiegebene die Flächennormale. Kürzeste oder geodätische Linien lassen sich durch diese Schmiegungseigenschaft gut charakterisieren.

Offensichtlich unterrichtete Bernoulli seinen Schüler über diesen Sachverhalt nicht, und allgemeiner können wir schließen, dass Euler in Basel zwar mit der Bernoulli'schen Tradition bei Variationsproblemen befasst war, aber diese nicht systematisch verfolgt hatte.

---

[319] Petersburger *Commentarii* 3 (1728), S. 110–124, 1732 gedruckt.

[320] Die Schmiegebene einer Kurve im Punkt P ergibt sich so: Neben dem Punkt P betrachtet man zwei weitere benachbarte Kurvenpunkte Q und R von P, die im Allgemeinen eine Ebene aufspannen. Wenn diese beiden Punkte Q und R gegen P streben, nähert sich die aufgespannte Ebene einer Grenzlage, die als Schmiegebene bezeichnet wird.

Die Theorie der kürzesten Linien (wie bereits erwähnt) wurde 1753 von Euler zur Begründung der sphärischen Trigonometrie und darüber hinaus zur Erweiterung einer solchen Trigonometrie von der Kugeloberfläche auf allgemeine Flächen verwendet (E 214, 215; EO III/10).[321] Aufgrund eines Satzes von Pierre Ossian Bonnet (1819–1892) sind hinreichend kleine Stücke einer Geodätischen auf konkaven Flächen immer kürzeste Linien, was im Allgemeinen nicht der Fall ist und deshalb eine zusätzliche Untersuchung erfordert (Jacobi-Theorie). 1736 veröffentlichte Euler seine *Mechanica* (E 15–16; EO II/1–2), in der er eine analytische Geometrie im Raum entwickelte und in der Geodätische durch die Schmiegebene charakterisiert wurden. Er erklärte, dass eine Trägheitsbewegung entweder auf geraden Linien in der Ebene oder allgemeiner auf Oberflächen längs Geodätischen erfolgt.

Einen wichtigen Eckstein auf Eulers Weg zum *Methodus inveniedi* bildet die bereits 1732 der Petersburger Akademie vorgelegte Abhandlung „Problematis isoperimetrici in latissimo sensu accepti solutio generalis" (Isoperimetrische Probleme im weitesten Sinne; E 27; EO I/25, erst 1738 gedruckt). Eulers Variationsmethode wurzelte in Jakob Bernoullis Variationsprozess, der bei der Untersuchung seiner isoperimetrischer Probleme entwickelt wurde, also für Variationsprobleme mit isoperimetrischen Nebenbedingungen (1697).[322] Euler führte Klassen von Problemen ein. Zur ersten Klasse gehören alle möglichen Kurven, aus denen diejenige mit einer extremalen Eigenschaft *A* gesucht wird; zur zweiten Klasse gehören die Kurven, die eine Eigenschaft *B* gemeinsam haben, aus denen diejenige Kurve zu bestimmen ist, die die extremale Eigenschaft *A* aufweist, usw. Für die oben geschilderte Variationsmethode bedeutet das, dass bei einer Nebenbedingung ein weiterer benachbarter Punkt *D* zu dem Tripel *A, B, C* hinzuzunehmen ist, um die Nebenbedingung in die Variation einarbeiten zu können; entsprechend weitere Punkte bei weiteren Bedingungen. Dieses auf Nebenbedingungen bezogene Variieren durchschaute Johann Bernoulli nicht und kam somit auf falsche Ergebnisse. Dort, wo die Bernoulli-Brüder spezifische Probleme lösten, beherrschte und erweiterte Euler, der Schüler Johann Bernoullis, die Methode und begann schließlich, nach einer allgemeinen Theorie zu suchen. Diese Intention sehen wir in der methodischen Vorgehensweise, indem er beispielsweise die Probleme in Hinblick auf die Randbedingungen in Gruppen einteilte und für jede Gruppe die Art der Variation festlegte. Da Nebenbedingungen von der Wahl des Koordinatensystems abhängen, ist eine solche Klassifizierung allerdings nur relativ.

---

[321] E 214: „Principes de la trigonométrie sphéroïdique tirés de la méthode des plus grandes et plus petite" (Prinzipien der sphärischen Trigonometrie, gegründet auf die Methode der Maxima und Minima); E 215: „Éléments de la trigonométrie sphéroïdique tirés de la méthode des plus grandes et plus petites" (Elemente der sphäroidalen Trigonometrie, gegründet auf die Methode der Maxima und Minima); beide in EO III/ 10.

[322] Isoperimetrische Nebenbedingungen verlangten eine vorgegebene feste Länge der Vergleichskurven (siehe folgende Fußnote). Diese spezielle Fassung einer Nebenbedingung wurde im Laufe der Zeit fallen gelassen, und der Begriff isoperimetrische Bedingung wurde schließlich auch einfach synonym für Nebenbedingung gebraucht.

6.6 Eines der schönsten mathematischen Werke: Die Variationsrechnung

Ganz zwanglos verallgemeinerte Euler, nachdem er die Methode von Jakob Bernoulli beherrschte, die isoperimetrischen Probleme,[323] mit denen sich Jakob Bernoulli befasst hatte, insbesondere solche, bei denen unter den unabhängigen Variablen auch die Kurvenlänge s auftaucht. In seinen allgemeinen Untersuchungen zu den isoperimetrischen Problemen waren anfänglich für Euler alle beteiligten Variablen x, y, s (s Bogenlänge) gleichberechtigt, da er zunächst die Nebenbedingung $ds^2 = dx^2 + dy^2$ übersah und auch die feste Länge der zulässigen Kurven (die isoperimetrische Bedingung) nicht berücksichtigte. In der nächsten Arbeit von 1736 „Curvarum maximi minimive proprietate gaudentium inventio nova et facilis" (Neue und einfache Erfindung gekrümmter Linien, die sich einer Eigenschaft des Maximums oder Minimums erfreuen) (E 56; EO I/25), erschienen 1741, korrigierte Euler die Fehler teilweise. Er entdeckte hier auch das Reziprozitätsgesetz, welches besagt, dass eine Extremale unverändert bleibt, wenn man die Extremalbedingung mit einer Nebenbedingung vertauscht. Ein einfaches Beispiel: Eine Kugel liefert beispielsweise die kleinste Oberfläche bei vorgegebenem Volumen wie auch den größten Inhalt bei vorgegebener Oberfläche.

Wir finden auch Bemerkungen zu dem unabhängigen Integral I, dessen Integrand als Differentialform geschrieben ein totales Differential ist und das daher nicht vom Integrationsweg, sondern nur von den Endpunkten abhängt. Im Falle starker Extrema wurden solche Integrale später von David Hilbert (1862–1943) verwendet, um einen sehr eleganten Hinlänglichkeitsbeweis in nur zwei oder drei Zeilen zu geben, der die Differenz $\Delta J = J(C) - J(C_0) = J(C) - I(C_0) = \int_C E\, dx$ (C Vergleichsfläche, C_0 Extremale und E die Weierstraß'sche Exzessfunktion) über eine Exzessfunktion E bestimmt – ein Königsweg! Hier wies Euler zu Recht darauf hin, dass sich aus solchen Integranden kein Variationsproblem ergibt, und interessanterweise behauptete er im ebenen Fall für jede Differentialform $\Omega = A(x, y)dx + B(x, y)dy$ die Existenz eines integrierenden Faktors F (Euler-Multiplikator), der ein totales Differential $F\Omega = P$ mit $dP = 0$ erzeugt. Abschließend bemerken wir, dass die von Alexis Claude Clairaut (1713–1765) durch seine Untersuchungen der Erdgestalt veranlasste Abhandlung „Sur quelque questions de maximis et minimis" (Über einige Fragen von Extrema) unabhängig von Eulers ähnlicher Arbeit aus dem Jahr 1733 ist. Auf seiner Rückreise von Petersburg nach Basel schrieb D. Bernoulli aus Paris an den Freund Euler, „daß dergleichen problemata den hiesigen Mathematikern nicht schwer fallen" (Brief vom 23. September 1733). Auch unter den frühen Arbeiten von Pierre-Louis Moreau de Maupertuis (1698–1759) findet sich übrigens eine Abhandlung über Extrema.

Bei den Verallgemeinerungen machte Euler Fortschritte und schrieb 1736 eine weitere Arbeit „Curvarum maximi minimive proprioate gaudentes inventio nova et facilis" (Neue und einfache Erfindung, um Kurven mit einer maximalen oder minimalen Eigenschaft zu finden) (E 56; EO I/25), die 1741 veröffentlicht wurde. In dieser Abhandlung versuchte Euler, alte Ergebnisse zu vereinheitlichen, d. h.

---

[323] Griech. perimeter = Umfang(slinie), iso = gleich; in einem weiteren Sinn bezeichnen isoperimetrische Bedingungen Längenbeschränkungen.

er suchte bei der Bearbeitung von 40 Problemen nach einem allgemeinen Leitfaden. Unter den 24 Ausdrücken für die ersten Variationen sind nur neun (Nr. I–VI, XIII–XIV) richtig. Wie schon erwähnt wurde ihm bewusst, dass er bei einigen Variationsproblemen mit den Nebenbedingungen falsch lag, aber diese Tatsache bemerkte er erst, als er bereits 33 Paragraphen einer Abhandlung geschrieben hatte. So erwähnte er diese Tatsachen kurz in den einleitenden Sätzen und gab die Korrekturen im Detail erst in den letzten vier Absätzen, ein sehr typisches Verhalten, das wir immer wieder bei dem vielbeschäftigten Euler finden – in solchen Fällen war vermutlich das Manuskript erst nach mehreren Jahren an den Drucker geschickt worden und Euler erinnerte sich nur vage an dieses Manuskript. Zu dieser Zeit war er kurz vor oder steckte bereits im Korrekturlesen seines Lehrbuchs *Methodus* (E 65) und weiteren anderen Arbeiten.

Zwischen den beiden Arbeiten E 27 und E 56 (d. h. zwischen 1732 und 1736) beschäftigte sich der Mathematiker mit dem Brachistochronenproblem in einem beständigen Medium, um in diesem Differentialgleichungen als Nebenbedingungen zuzulassen Er gab schließlich in der wichtigen Abhandlung „Curvarum maximi minimive proprietate gaudentium inventio nova et facilis" (E 56) korrigierte Ergebnisse an. Der Brachistochronen-Aufsatz „De linea celerrimi descensus in medio quocunque resistente" (Von der Linie des schnellsten Abstiegs in einem Mittel mit beliebigem Widerstand) wurde in Band 7 der Petersburger *Commentarii* veröffentlicht, übrigens in demselben Band, in dem Euler erstmals in einem Aufsatz die Notation $f(x)$ für eine Funktion f von x verwendete. Auf den letzten Seiten von E 56 machte Euler noch eine sehr wichtige Bemerkung. Es gab keinen Zweifel an einem Prinzip, das 1697 von Jakob Bernoulli und später von anderen verwendet wurde, um eine Differentialgleichung für Lösungen von Variationsproblemen abzuleiten: Wenn eine Kurve eine maximale oder minimale Eigenschaft besitzt, dann müsste jeder Teil der Kurve (insbesondere jeder infinitesimale Teil) diese Eigenschaft gleichfalls aufweisen. Euler erkannte jedoch, dass das Prinzip allgemein nicht wahr ist, etwa bei Variationsproblemen mit Nebenbedingungen.

Zweite Periode
1744, im Alter von 37 Jahren, veröffentlichte Euler mit dem *Methodus inveniendi* (E 65) einen Eckpfeiler der Mathematikgeschichte, mit dem er ein Lehrbuch für den neuen Zweig der Variationsrechnung schuf, der Name kam später. Das Buch wurde spätestens 1741 geschrieben, die zwei Additamenta wurden 1743 an den Verleger nachgereicht. Euler ließ jetzt die Diskussion von Spezialfällen hinter sich und ging zur Erörterung allgemeiner Klassen von Problemen über. Er behandelte insbesondere zwei allgemeine Fälle: das absolute und das relative Extremum, das durch eine oder mehrere Nebenbedingungen (isoperimetrische Bedingungen, Differentialgleichungen u. a.) bestimmt ist. In diesem Lehrbuch stellte Euler vor allem einen allgemeinen analytischen Apparat zur Niederschrift der sogenannten Euler- bzw. Euler–Lagrange-Differentialgleichungen auf, d. h. er erweiterte die speziellen Methoden der Bernoulli-Brüder und auch seine eigenen Ansätze zu einer formalen Theorie der ersten Variation. Dabei hielt er sich streng an die Glie-

6.6 Eines der schönsten mathematischen Werke: Die Variationsrechnung

derung, der schon die alten Griechen folgten, indem er den Text konsequent in euklidischer Weise in Definitionen, Lehrsätze, Folgerungen, Anmerkungen und Beispiele gliederte.[324] Das Buch besteht aus sechs Kapiteln und zwei sehr wichtigen Ergänzungen (Additamenta). Wir führen die ersten Zeilen des Buches an, um einen Eindruck von seinem Aufbau zu geben. Schnörkellos begann Euler so:

„Erklärung I 1. Die Methode der Maxima und Minima auf Curven angewandt bedeutet Curven aufzufinden, denen eine vorgeschriebene Eigenschaft im höchsten oder geringsten Grade zukommt.
  Folgerung I. 2. Durch diese Methode findet man also Curven, für welche eine vorgelegte Grösse den grössten oder kleinsten Werth annimmt."[325]

Bevor wir den Inhalt dieses Buches skizzieren, sei die *Scientia navalis* (Schiffswissenschaft, E 110–111; EO I/22) in zwei Bänden erwähnt, die 1749 veröffentlicht, aber bereits 1738–1741 geschrieben wurde.[326] Einige wichtige Ergebnisse der klassischen Variationsrechnung sind bereits dort zu finden, aber bis jetzt ist dieser Tatsache noch nicht gründlich nachgegangen worden, die ein Jahr nach dem *Methodus inveniendi* erschienene Schiffswissenschaft segelt gewissermaßen noch im Windschatten des *Methodus inveniendi*, obwohl sie schon fünf Jahre früher fertig gestellt war.

Euler ließ jetzt die Diskussion von Spezialfällen hinter sich und ging mehr und mehr zur Erörterung allgemeiner Klassen von Problemen über. Er behandelt absolute und relative Extrema eines allgemeinen Variationsproblems für eine Funktion y einer Variablen x; der Integrand Z kann Ableitungen von y von beliebig hoher Ordnung haben:

$$J(y) = \int_a^b Z(x, y(x), y'(x), y''(x), \ldots) \, dx \to \text{extr!}$$

Das Extremum kann durch eine oder mehrere Nebenbedingungen eingeschränkt werden, etwa durch isoperimetrische Bedingungen, Differentialgleichungen u. a.

Das Variationsintegral J wurde als (äquidistante) unendliche Summe betrachtet und die Variablen und ihre Variationen wurden in diese Summe eingefügt; alle betrachteten Änderungen wurden von Euler stets in Tabellen angegeben, die auf infinitesimale Änderungen des Variationsintegrals, auf den „valor differentialis formulae" (Wert der Differentialformel) ausgerichtet waren. Abb. 6.5 zeigt die Extremale *amoz*, die im Punkt n dachförmig gestört wird. Unter den Ordinaten sind $Nn = y$, und rechts sowie links davon $Oo = y'$ sowie $Mm = y$, und entsprechend weiter $Pp = y''$ sowie $Ll = y''$ und so fort gemäß der Zeichnung (man achte auf die Indizierung oben und unten). Euler tabellierte (Kap. I, § 58, Satz 4):

---

[324] G. Ferraro, „Euler and the structure of mathematics", in: *Historia Mathematica* 50 (2020), S. 2–24.
[325] Euler, „Methode, Curven zu finden", in: *Variationsrechung. Ostwald's Klassiker* Bd. 46, Leipzig 1894 (teilweise Übersetzung).
[326] Brief von Euler an Joh. Bernoulli vom 20.12.1738.

Größe	Änderung	Größe	Änderung
y'	$+ n\nu$	q	$+\dfrac{n\nu}{\mathrm{d}x^2}$
p	$+\dfrac{n\nu}{\mathrm{d}x}$	q	$-\dfrac{2n\nu}{\mathrm{d}x^2}$
p'	$-\dfrac{n\nu}{\mathrm{d}x}$	q'	$+\dfrac{n\nu}{\mathrm{d}x^2}$

usw.

Sehen wir uns den Fall an, dass Z eine Funktion von x, y und p ist, z bzw. dZ = Mdx + Ndy + Pdp, und man möge diejenige Kurve finden, die unter allen zu derselben Abszisse gehörenden Kurven ∫Zdz extremal macht (II; § 21, Aufgabe 3). Beachtet man die oben angelegte Tabelle, so wird der Differentialwert von ∫Zdz gleich nν(P + N'dx − P') = nν(N'dx − dP') (wegen P' − P = dp und N = N'). Da der Differentialwert verschwinden soll, folgt wegen P + N' dx − P' = 0 und schließlich

$$N - \frac{\mathrm{d}P}{\mathrm{d}x} = 0.$$

Wenn in einer entsprechenden Aufgabe Z auch von q abhängt, dZ = Mdx + Ndy + Pdp + Qdq, so erhält man analog die Differentialgleichung

$$N - \frac{\mathrm{d}P}{\mathrm{d}x} + \frac{\mathrm{d}^2Q}{\mathrm{d}x^2} = 0,$$

die die Natur der gesuchten Kurve ausdrückt. Im zweiten Kapitel, § 50, erörterte Euler, mithilfe eines unabhängigen Integrals *I* die höchste Ableitung von y(x) zu beseitigen. Es wurde dies später als Hilbert'sches Unabhängigkeitsintegral bezeichnet, das Hilbert benutzte, um ein äquivalentes Variationsproblem zu erhalten, durch das er u. a. elegant die bereits erwähnte Weierstraß'sche Exzessfunktion erhielt.[327]

„Die Unschärfe, die wir in dieser Betrachtungsweise heute sehen, war freilich bei dem Entwicklungsstand der Infinitesimalrechnung jener Zeit gar nicht spürbar",[328] kommentierte Rolf Klötzler (Abb. 6.46b) diese Herleitungen, um Euler für die Leistungen seinen Respekt zu zollen. In Hinblick auf das dritte Kapitel, in dem sich Euler isoperimetrische Aufgaben vornahm (die er nicht immer korrekt

---

[327] „Mathematische Probleme", Göttinger Nachrichten 1900, Heft 3 = *Gesammelte Abhandlungen*, Bd. 3. Berlin 1935, S. 290–329. – Vortrag auf dem internationalen Mathematikerkongress in Paris 1900.
[328] „Euler und die Variationsrechnung", in: *Euler* 1985, S. 34–48.

6.6 Eines der schönsten mathematischen Werke: Die Variationsrechnung

Abb. 6.46 a Stefan Hildebrandt (1936–2015) und **b** Rolf Klötzler (1931–2021).

behandelte), urteilte Constantin Carathéodory, dass diese Resultate „eine Spitzenleistung dar[stellen], wie sie auch einem Euler nicht allzu oft geglückt ist"[329].

Euler entwickelte einen Algorithmus für beide Extrema: Minimum und Maximum. Um dann zu entscheiden, was für ein Extremum er für die Extremale C_0 bekommen würde, war Euler leichtfertig: Er machte einen praktischen Test und betrachtete für irgendeine zulässige Kurve C^* das Vorzeichen von $\Delta J = J(C^*) - J(C_0)$. Das war alles! Heute, mit einem besseren Verständnis der Art von Extremalen (d. h. angefangen mit der Frage, ob es überhaupt eine Lösung gibt), brauchen wir über das Scheitern eines solchen Tests nicht mehr zu diskutieren. Erste Bedenken scheinen hier Pierre Simon Laplace (1749–1827) gekommen zu sein. Adrien Marie Legendre (1752–1833), der für genauere Untersuchungen dieser Frage in der Abhandlung „Mémoire sur le manière de distinguer les maxima des minima dans le Calcul des Variations" (Abhandlung über die Unterscheidung von Maxima und Minima in der Variationsrechnung) neben der ersten Variation auch höhere Variationen einführte,[330] wurde von Jacobi in einer Vorlesung über Variationsrechnung (1837) so beurteilt: „Über diesen Gegenstand existiert nur eine Abhandlung von Legendre (1786), in welcher er zwar ein ganz falsches Räsonnement [Überlegung] macht, aber doch den rechten Weg einschlägt".[331]

Euler war sehr vorsichtig, Variationsprinzipien für physikalische Vorhersagen zu benutzen. Er wünschte, möglichst zuvor eine Bestätigung der Ergebnisse auf die herkömmliche Art mittels Differentialgleichungen zu haben; und ihm war auch nicht entgangen, dass sich die Bahnkurven in der Mechanik aus den gewöhnlichen mechanischen Grundsätzen mit weniger Kalkül gewinnen lassen, ganz zu schweigen von der Tatsache, dass die seinerzeitigen Prinzipien noch ungeeignet

---

[329] „Einführung in Eulers Arbeiten", in: EO I/2, S. VII–LXII, Zitat S. XXII.

[330] *Histoire de l'Académie Royale des Sciences Paris* 1786, S. 7–37, (erschienen 1788). Dtsch. Übersetzung in *Ostwald's Klassiker* Nr. 47, Leipzig 1894, S. 57–86.

[331] Zitiert nach S. Hildebrandt, der diese Vorlesungsausarbeitung (1837/38) von Rosenhain besaß, siehe „Euler und die Variationsrechnung", in: *Euler* 1984, S. 283. Ein Manuskript ist ebenfalls in der Staatsbibliothek Berlin vorhanden.

waren, Reibung oder Luftwiderstände einzubeziehen. Euler war durch seine philosophische Rechtfertigung nicht völlig befriedigt, denn er erklärte: „Außerdem habe ich diesen interessanten Zusammenhang nicht a priori entdeckt, sondern a posteriori, indem ich nach mehreren Versuchen endlich den Ausdruck für die Größe fand, die ... ein Minimum wird." Und er bekannte sogleich: „Da ich ihr keine weitere Gültigkeit zuzuschreiben wagte, als den von mir untersuchten Fall, glaube ich nicht, daß ich ein allgemeines Prinzip gefunden hätte." Indem er seine Entdeckung zu einem speziellen Fall herunterspielte, bereitete er Maupertuis das Feld, die Eulerschen Additamenta aus der Variationsrechnung etwas übergriffig als „schöne Anwendung" seines Prinzips der kleinsten Aktion zu propagieren, wo er hätte doch widersprechen sollen. Aber die A-priori-Aussage Maupertuis' beeindruckte Euler tief.

Diese von Euler geprägte Haltung führte einige Jahrzehnte lang dazu, die Variationsrechnung lediglich als einen eleganten Formalismus für die Strahlenoptik oder für konservative mechanischen Systemen zu betrachten, bis sich im 19. Jahrhundert wieder gegenteilige Einstellungen, etwa die von William Rowan Hamilton (1805–1865), durchsetzten. Gotthelf Abraham Kästner (1719–1800), ein Zeitgenosse Eulers, schrieb in einer Arbeit, die im *Hamburgischen Magazin* 1749 erschien: „Da uns indeß nicht alle Absichten der göttlichen Weisheit bekannt sind, so erhellet leichte, daß der Weg nicht allemal der kürzeste seyn wird, der nur so scheint. Und daß wir daher wie Hr Euler erinnert,[332] nicht allezeit sicher zum Voraus sehen können, worinnen das Kleinste oder Grösste bey einer gewissen Wirkung der Natur bestehe, bis wir die Beschaffenheit dieser Wirkung selbst haben kennen lernen, und von da rückwärts gehen."[333]

Ebenfalls verstanden Euler und auch Lagrange die Bedeutung der Endpunkte von Kurven nicht ganz, modern gesprochen das entsprechende Randwertproblem der Euler-Gleichung. Euler suchte am Rand nicht nach notwendigen, sogenannten Transversalitätsbedingungen, die bei Problemen mit freien Rändern und allgemeiner in der Feldtheorie, die vor allem aus dem Fermat'schen Prinzip in der geometrischen Optik hervorging, eine wichtige Rolle spielen. Solche Randterme ergeben sich, wenn man Teile des Integranden des Variationsproblems so manipuliert (z. B. partielle Integration), dass sie auf den Rand verschoben werden können. Sofern es sich lediglich um die Herleitung notwendiger Bedingungen handelt, brauchen die Vergleichskurven am Rand nicht variiert zu werden, weshalb in solchen Fällen die auf den Rand verschobenen Terme keine Rolle spielen.

In Kap. 3 griff Euler auch isoperimetrische Probleme mit der Kurvenlänge s auf. Er wies zuerst darauf hin, dass seine notwendige Bedingung, die Eulersche Gleichung, unter Transformationen der Koordinaten invariant bleibt. Er unter-

---

[332] Kästner bezog sich hier auf die wichtige Arbeit „Problematis isoperimetrici in latissimo sensu accepti solutio generalis". (Die Lösung des isoperimetrischen Problems im weitesten Sinne; E 27) *Comm. Acad, sc. Petropol.* 6 (1732/33), S. 123–155, der Petersburger Akademie am 23.9.1732 vorgelegt, erschienen 1738.

[333] *Hamburgisches Magazin*, 1749. S. 306–332, Zitat S. 328.

6.6 Eines der schönsten mathematischen Werke: Die Variationsrechnung

suchte die Kovarianz der Euler-Gleichung. Das heißt, trotz seiner geometrischen Argumentation, die auf speziellen Koordinaten beruht, sind die Ergebnisse allgemein; mit anderen Worten, die zugrunde liegenden Figuren sind nur eine bequeme geometrische Visualisierung. Letzteres wurde später auch von Joseph-Louis Lagrange in seiner *Mécanique analytique* von 1788 angegeben.[334]

Euler begann noch mit einem geometrischen Hintergrund, aber am Ende betrachtete er als Analytiker die Variablen als abstrakte Größen. Im *Methodus inveniendi* schrieb er:

> „So ist es möglich, Probleme in der Theorie von Kurven auf Probleme zu reduzieren, die zur reinen Analysis gehören. Umgekehrt kann jedes Problem dieser Art, das man in der reinen Analysis stellt, in der Theorie der Kurven betrachtet und gelöst werden."[335]

In ihren Arbeiten verwendeten die Bernoulli-Brüder Abbildungen, und ihr Nachfolger Euler tat in seinen frühen Aufsätzen (einschließlich dem *Methodus inveniendi*) ziemlich dasselbe, aber er nutzte Abbildungen mehr und mehr zum Zwecke der Veranschaulichung, und am Ende präsentierte Euler die Variationsrechnung ohne Abbildungen, wie er es schließlich in all seinen Analysis-Büchern tat (natürlich ist der zweite Band der *Introductio* [E 101–102; EO I/8–9], der sich mit der analytischen Geometrie befasst, davon ausgenommen). Letztlich wurzelte dieser Übergang auf einem formalen analytischen Funktionsbegriff, der erstmals 1697 in den Streitigkeiten zwischen den Brüdern Bernoulli von Johann Bernoulli eingeführt wurde. Sein Schüler Euler begann 1727 ganz von vorn mit einem Funktionsbegriff, der durch einen einfachen Rechenausdruck dargestellt wurde und dann sukzessive erweitert wurde. Craig Fraser (*1951) sagte irgendwo: „Obwohl das Thema Analysis zu dieser Zeit [um 1730] gut etabliert war, gab es in seinem [Eulers] Werk etwas Neues, den Beginn eines expliziten Bewusstseins für die Unterscheidung zwischen analytischen und geometrischen Methoden und eine Betonung der Wünschbarkeit des Ersteren beim Beweis von Theoremen des calculus."[336]

Im ersten Anhang „De curvis elasticis" (Über elastische Kurven) des *Methodus inveniendi* (E 65) betrachtete Euler Probleme, die Jakob Bernoulli bereits untersucht hatte; jedoch war es Daniel Bernoulli, der Euler 1742 anregte, diese Fragen als Variationsproblem zu behandeln. Nach Daniel Bernoulli ist die Gestalt einer elastischen Linie (z. B. eines Balkens) durch das Minimum der aufgespeicherten Formänderungsarbeit bestimmt. Euler ging davon aus und war erfolgreich:

---

[334] Paris 1788; sec. édition: *Mécanique analytique*. Paris 1815 = Œuvres, 14 Vols. Ed. Serret und Darboux. Paris 1867–1892, Vol. XI & XII (Die Mechanik basierte auf der zweiten Auflage).

[335] „*Hoc* ergo pacto questiones ad doctrinam linearum curvarum pertinentes ad Analysin puram revocari possunt. Atque, vicissim, si huius generis quaesti in Analysin pura sit proposita, ea ad doctrinam de lineis curvis poterit referiri ac resolvi." – E 65, Cap. I, § 32, Corrolarium 8.

[336] „Although the theme of analysis was well established at that time there was in [Euler] something new, the beginning of an explicit awareness of the distinction between analytical and geometrical methods and an emphasis on the desirability of the former in proving theorems of the calculus." – „The Background to an early emergence of Euler's analysis", in: *Analysis and Synthesis* (Ed. M. Otte et. al.), Amsterdam 1997, S. 63.

$$\int \frac{\mathrm{d}s}{R^2} \to \text{Min!} \quad (R \text{ Krümmungsradius}, s \text{ Bogenlänge})$$

Er konnte auch die Eulersche Differentialgleichung des Variationsproblems integrieren und fand acht Arten elastischer Kurven (siehe Abb. 6.50) sowie den Knicklastsatz (1743). Die Biegung einer elastischen Linie und die Formel zur Ermittlung der Knicklast, die das Ausknicken eines belasteten Stabes erfasst, sind natürlich technisch von größtem Interesse, und ohne sie kann keine Brücke, tragende Säulen u. ä. gebaut werden. Euler gab den vollständigen Zusammenhang zwischen der Länge des belastenden Balkens, seiner Steifigkeit und der kritischen Belastung an. Mathematisch gesehen betrat Euler wiederum Neuland: Er löste ein nichtlineares Eigenwertproblem mit Verzweigung (Siehe Abb. 5.8, Stempel).

Zu Beginn des 20. Jahrhunderts geriet der Student Max Born (1882–1970) eher zufällig in ein Seminar von Felix Klein (1844–1925) in Göttingen und wurde zum Reservekandidaten für einen Seminarvortrag über elastische Linien ausgewählt. Da der Vortragende ausfiel, musste Born kurzfristig einspringen und unerwartet einen Vortrag halten, der aber Klein so gut gefiel, dass er Borns Vortrag für einen Preis der Universität vorschlagen wollte, worüber er mit Born in einen Zwist geriet, da Born erst einmal Semesterferien machen wollte. Am Ende wurde aus dem Vortrag eine bemerkenswerte Promotionsarbeit *Untersuchungen über die Stabilität der elastischen Linie in Ebene und Raum unter verschiedenen Grenzbedingungen* (1906), für die Born in seiner Studentenwohnung auch experimentell Typen der elastischen Kurven untersuchte und als theoretische Grundlage dafür Hilberts 1904 in Göttingen gehaltene Vorlesung über Variationsrechnung zu Rate zog.[337]

Im zweiten Anhang „De motu projectorum in medio non resistente, per methodum maximorum ac minimorum determinando" (Über die Bewegung von Körpern in einem widerstandslosen Medium, durch die Methode der Maxima und Minima bestimmt) finden wir die erste Veröffentlichung des Prinzips der kleinsten Wirkung, die gewöhnlich Pierre Louis Moreau de Maupertuis (1698–1759) zugeschrieben wird. Das Problem ist berühmt und berüchtigt, aber es war als erstes Integralprinzip der Ausgangspunkt für weitere Grundsätze von Joseph-Louis Lagrange (1736–1813), William Rowan Hamilton (1805–1865), Carl Gustav Jacob Jacobi (1804–1851) und anderen, um die theoretische Mechanik und weitere physikalische Zweige zu begründen (siehe Abschn. 4.10, Akademische Kämpfe). Bezeichnen wir mit m die Masse eines punktförmigen Körpers, mit v seine Geschwindigkeit in einer Ebene, so nannte Euler die Impulsgröße mv die Aktion („quantitas modus"). In Verbindung mit dem Bahnelement $\mathrm{d}s$ der durchlaufenen Kurve, in der ein Korper mit der Masse m die Geschwindigkeit v besitzt, liefert der Ausdruck $mv\,\mathrm{d}s$ die Gesamtbewegung durch das Linienelement („motus corporis

---

[337] *Dissertation*, 1906, auch in: *Ausgewählte Abhandlungen*, Bd. 1. Göttingen 1963, S. 1–22. Die Dissertation zeigt photographisch auch die sehenswerten Born'schen Versuchsanordnungen.

6.6 Eines der schönsten mathematischen Werke: Die Variationsrechnung

collectivus per spatiolem ds", die gemeinsame Bewegung durch das Bahnelement ds), und in seinem Prinzip der kleinsten Aktion minimierte Euler für einen Körper (Massenpunkt) das Integral

$$\int_A^B mv\,\mathrm{d}s = \int_{t_a}^{t_b} mv^2\,\mathrm{d}t \to \text{Min!}$$

An einigen einfachen Fällen einer ebenen Bewegung wurde das Prinzip überprüft und für stimmig befunden, insbesondere bewährt es sich im gewöhnlichen Schwerefeld, für Zentralkräfte und im allgemeinen Fall von Potentialkräften, selbst das Planetensystem kann mithilfe dieses Prinzips beschrieben werden. Aber es gibt auch kompliziertere Fälle, etwa für mehrere Körper oder mit Berücksichtigung der Reibung, bei denen Euler von einer mathematischen Argumentation noch nicht überzeugt war und diese Aufgabe gern den Metaphysikern überlassen wollte.

C. G. Jacobi, aus dessen Vorlesung über Variationsrechnung wir bereits zitierten, bemerkte in dieser Vorlesung zu dem Additamentum II Folgendes:

> „Das wichtigste an diesem Werk [Methodus inveniendi] ist ein kleiner Anhang, in welchem gezeigt wird, wie bei gewissen Problemen der Mechanik die Kurve, die der Körper beschreibt, ein Minimum wird. ... Allein aus diesem Anhang ist die ganze analytische Mechanik entsprungen."[338]

„Wenn wir den Standpunkt einnehmen, der heute [um 1950] die analytische Mechanik beherrscht, so sind wir geneigt, dieses wundervolle Ergebnis Eulers mit der Entdeckung des Prinzips der kleinsten Aktion für beliebige konservative Systeme gleichzusetzen"[339] hob Carathéodory hervor, was darauf führt, dass das Integral, dessen Extremalen die Bahnkurven sind, die Gestalt

$$\int \sqrt{h - U}\,\mathrm{d}s \quad (U \text{ potenzielle Energie})$$

besitzt, die Jacobi für das Prinzip der kleinsten Aktion benutzte (1842). Jacobi war es dann, dem der Ruhm zufiel, neue Gesichtspunkte für die Variationen entdeckt zu haben, die die Gültigkeit des Prinzips geeignet einschränkten, insbesondere Aussagen im Kleinen dazu heranzogen und schließlich hinreichende Bedingungen für (schwache) Extrema lieferten. Jacobi blieb aber nicht bei dem Linienelement ds der Ebene stehen, sondern führte das Linienelement der Bildkurve

$$\mathrm{d}s^2 = \sum_{i=1}^n m_i \mathrm{d}s_i^2$$

im abstrakten n-dimensionalen Phasenraum ein.[340]

---

[338] Die bereits erwähnte Vorlesungsausarbeitung von Rosenhain (Vgl. Fn. 53), S. 20.

[339] „Einführung in Eulers Variationsrechnung", in: EO I/24 = *Gesammelte Mathematische Schriften*, München 1957, Bd. 5, S. 162 f.

[340] „Zur Theorie der Variationsrechnung und der Differentialgleichungen", in: *Crelle Journal* 17 (1837) = *Gesammelte Werke*, Bd. 4. S. 39–55, 68–82.

Dritte Periode

Euler strebte in der Variationsrechnung das an, was Leibniz mit seinem Kalkül oder Euler selbst in der Mechanik in glänzender Weise gelungen war, nämlich die Idee Leibniz', die „ars inveniendi" (Erfindungskunst) zu verwirklichen und alle Begriffe auf eine kleine Zahl widerspruchsloser Elemente zu reduzieren, mit denen dann symbolisch operiert werden kann. Auf diese Weise sollten sich alle bekannten, aber auch unbekannte Wahrheiten ergeben. Obwohl Euler dem Algorithmus zustrebte, indem er mechanisch zu handhabende Regeln und Tabellen zur Lösung angab, erreichte er sein Ziel nicht ganz, oder genauer: Joseph-Louis Lagrange fand den sachgemäßen Algorithmus eher, nämlich die von Euler vermisste nichtgeometrische (analytische) Methode, über die der Analytiker Euler im *Methodus* bemerkt hatte, dass „ein durch Vermeiden geometrischer Elemente bestimmtes Verfahren erwünscht sei".[341] Lagrange sagte daher nicht ohne Stolz: „Sie [*Methodus inveniendi*] würde nichts zu wünschen übrig lassen, wenn sie sich auf eine dem Geist der Differentialrechnung mehr entsprechende Analysis gründete, aber die Zerlegung der Differentiale und Integrale in ihre primitiven Elemente, welche der Verfasser vornimmt, zerstört den Mechanismus dieses Kalküls und beraubt ihn seiner Hauptvorzüge, der Einfachheit und der allgemeinen Gültigkeit der Rechnung."[342]

Die geometrische Methode Eulers (die punktweise Variation), so Lagrange, widerspreche eigentlich dem Mechanismus der Infinitesimalrechnung, da sie nur endlich viele Punkte der Kurve, aber nicht diese selbst variiere. Jacobi drückte seine Anerkennung so aus: Lagrange habe 1760 „im zweiten Band der Turiner Memoiren die ganze Variationsrechnung mit einem Schlag geschaffen. Es ist dies eine der schönsten Abhandlungen, die je geschrieben wurden".[343]

Im August 1755 erreichte Euler ein Brief des unbekannten 19-jährigen Lagrange (Abb. 6.47), in dem dieser ankündigte, die Variationsrechnung in rein analytischer Form mit seinem δ-Algorithmus darzustellen.[344] Tatsächlich erkannte Lagrange, wie er den gesamten Prozess, den er in Eulers Variationsrechnung gelernt hatte, auf einen reinen analytischen Apparat reduzieren konnte, der fast automatisch funktionierte. Er verwies auf Eulers gerade zitierte Bemerkung im *Methodus,* die ihn zur Entwicklung der neuen Technik ermunterte. Euler übernahm sofort die neue Methode: „Ich zweifle nicht, dass Deine Methode, wenn sie sorgfältiger ausgeführt wird, zu viel Tieferem führen wird", schrieb er sofort am 6.

---

[341] Desideratur Methodus a resolutione geometrica. – *Methodus,* Cap. II, Nr. 39.
[342] Lagrange, *Œuvres*, Bd. 10, S. 395.
[343] Vorlesungsausarbeitung von Rosenhain, S. 20.– *Miscellanea Taurinensia* 2 (1760/61) 173–195 = *Œuvres*, Vol. 1, S. 333–362.
[344] Der Briefwechsel Eulers mit Lagrange ist in EO IVA /4 (Basel 1980) verfügbar, S. 359–509.

6.6 Eines der schönsten mathematischen Werke: Die Variationsrechnung 745

Abb. 6.47 Joseph-Louis Lagrange (1736–1813)

September 1755 an Lagrange.³⁴⁵ In einem Vortrag an der Berliner Akademie am 16. September 1756 ist verzeichnet „M. Euler a lû Elementa calculi variationum" (Herr Euler sprach über Elemente der Variationsrechnung).³⁴⁶ Euler gestand, dass er über das Problem lange nachgedacht habe, aber der Ruhm der ersten Entdeckung sei dem sehr tiefgründigen Geometer von Turin Lagrange vorbehalten, der, nachdem er nur die Methode der Analysis verwendet habe, genau zu derselben Lösung gelangt war, die der Autor [Euler] durch geometrische Überlegungen abgeleitet hatte. Die Titel, die Euler für seine Vorträge gewählt hatte, weisen darauf deutlich hin, dass er noch nicht an die Benennung „Calculus variationis" (Variationsrechnung) dachte.

Lagrange war in den betrachteten Fällen aufgefallen, dass die Variation δ einigen Regeln genügt, die mechanisch und ohne geometrische Vorstellungen angewandt werden können. Er gab daher formale Regeln für den Umgang mit diesem Symbol. Diese neue Technik war es, die der 19-jährige Lagrange am 12. August 1755 Euler brieflich mitteilte. Er bemerkte: „Vor allem muss ich aber darauf aufmerksam machen, dass ich … in meinen Rechnungen ein neues Symbol δ eingeführt habe. Ich bezeichne mit δ das Differential dy, sofern y bei konstant bleibendem x differenziert werden kann, um den maximalen oder minimalen Wert der gegebenen Formel zu erhalten, um dieses Differential von den anderen

---

[345] „Non dubito, quin tua analysis, si penitius excolatur, ad multo profundiora mox sit perductura." – 6.9.1755, lateinische Fassung. EO IVA/4, S. 375. Die ersten Briefe wurden sowohl in einer lateinischen als auch französischen Fassung ausgetauscht.

[346] In der Sitzung zuvor, am 9. September 1756, hatte Euler bereits über „Analytica explicatio methodi maximorum et minimorum" (Analytische Erläuterung der Methode der Maxima und Minima) vorgetragen, die spätere Arbeit E 297 erschien unter gleichem Titel in den *Novi Comment. Ac. Petrop.* 10 (1764), S. 91–134, gedr. 1766. Der Vortrag am 6.9.1756 wurde unter seinem Vortragstitel (E 296) ebenfalls in den gerade erwähnten Band der Petersburger *Commentarii* aufgenommen, S. 51–93.

Differenzen von y zu unterscheiden, die bereits in diese Formel eingehen."[347] Wenn δ das Variieren einer Größe $F(y)$ bezeichnet, so umfasst der sogenannte δ-Kalkül formale Regeln wie diese: $d\delta F = \delta dF$, $\delta \int F = \int \delta F$ (Vertauschbarkeit der Variation mit Differentiation bzw. Integration). Da der Mathematiker, so Jacobi, Schlüsse auf Schlüsse häuft, ist es gut, möglichst viele davon in einem Zeichen zu symbolisieren.[348] Dem genügt die Lagrange'sche Bezeichnung in vorbildlicher Weise. Als Antwort auf Eulers Unbehagen an seiner geometrischen Methode konnte Lagrange nun erklären:

> „Hier findet man eine Methode, welche nur einen sehr einfachen Gebrauch der Prinzipien der Differential- und Integralrechnung verlangt." – Brief 12. August 1755

Der Algorithmus tritt an die Stelle gegenständlicher Betrachtungen – „nicht weil es uns Freude macht, das Denken durch mechanisches Rechnen zu ersetzen, sondern unter dem Drang einer bitteren Notwendigkeit. ... Denn hat man ein für alle Mal den Sinn der Operation ergründet, so wird der sinnliche Anblick des Zeichens das ganze Räsonnement [vernünftige Überlegen] ersetzen, das man früher bei jeder Gelegenheit wieder von vorn anfangen mußte."[349] Und in der Tat sind nur wenige analytische Umformungen und Überlegungen notwendig, um elegant die Eulersche Differentialgleichung $E(y) = 0$ zu ermitteln, die in der Mechanik auch Lagrange'sche Differentialgleichung heißt, häufig auch Euler–Lagrange'sche Differentialgleichung genannt wird:

$$\delta \int_a^b L(x, y(x), y'(x))dx = \int_a^b \delta L dx = \int_a^b \delta x \cdot E(y(x))dx + \text{Randterme} = 0,$$

woraus wegen der Beliebigkeit der Variation δx nach einem sogenannten Fundamentallemma[350] (das übrigens erst 1879 von Paul du Bois-Reymond [1831–1889] streng bewiesen wurde) und partieller Integration die Euler–Lagrange'sche Gleichung $E(y)$ für die Extremale $y = y(x)$:

$$E(y) := \frac{d}{dx} L_{y'}\bigl(x, y(x), y'(x)\bigr) - L_y\bigl(x, y(x), y'(x)\bigr) = 0$$

als notwendige Bedingung folgt.[351] Die vorangehende Gleichung wird durch partielle Integration erreicht, wobei die nicht näher angegebenen Randterme

---

[347] „Je dénoterai par δ la différentielle dy, dans la mesure où c'est y droit y qui doit être différentié, x demeurant constant, pour obtenir la valeur maximum ou minimum de la formule donné, cela afin de distinguer cette différentielle des autres différences de y qui entrent déjà dans cette formule." – EO IVA/V Briefwechsel mit Lagrange, S. 366 bzw. 369, Zitat S. 370.

[348] Ausarbeitung von Jacobis Vorlesung Variationsrechnung von Rosenhain, S. 3.

[349] Ebd. S. 3.

[350] Das Fundamentallemma galt seinerzeit lange als offensichtlich. P. du Bois-Reymond. „Erläuterungen zu den Anfangsgründen der Variationsrechnung", in: *Mathematische Annalen* 15 (1879), S. 283–314, 564–578.

[351] Lagrange bemerkte: „Cette équation est celle qu'Euler a trouvé le premier" (Das ist die Gleichung, die Euler als Erster gefunden hat).

6.6 Eines der schönsten mathematischen Werke: Die Variationsrechnung

entstehen. Zu den Randtermen gleich mehr. Diese Methode lässt sich mühelos auf die mehrdimensionale Variationsrechnung übertragen (was bei der geometrischen Eulerschen Variation mühsam ist) oder mit den Lagrange'schen Multiplikatoren auf Probleme mit Nebenbedingungen verallgemeinern, und sie wird noch heute in der Variationsrechnung benutzt. Sowohl Lagrange als auch Euler glaubten zunächst, dass mit dem Variieren (δ-Operator) neben der Differentiation (d-Operator) eine neue transzendente Rechenart gefunden worden sei, bis Euler dieses Verständnis als irrig nachwies.

Bei der obigen Herleitung der Euler-Gleichungen wird das sogenannte Fundamentallemma verwendet; heute führen verallgemeinerte Sachverhalte zum Konzept der schwachen Lösung von Differentialgleichungen (Sergei L. Sobolew, Сергей Львович Соболев [1908–1989], Charles B. Morrey [1907–1984]) und auf Distributionen (Laurent Schwartz [1915–2002]) Weiterhin wird bei der Begründung der Euler-Gleichungen auch die partielle Integration benötigt. Dabei treten im Lagrange-Kalkül bei der ersten Variation Randterme auf. Bei freien Rändern für die Extremale lassen sich notwendige Bedingungen aus diesen Randtermen folgern; allgemein kann man so zu Feldern von Extremalen zugehörige transversale Scharen konstruieren (Huygens'sche Wellentheorie). Im mehrdimensionalen Fall ist das Fehlen einer Theorie der Transversalen verständlich, da zu Eulers Zeit das Fehlen von Integralsätzen im Zwei- und Dreidimensionalen den Mangel bewirkten (später entwickelten George Green, [1793–1841], George Stokes [1819–1903], Carl Friedrich Gauß [1777–1855], Michail W. Ostrogradski, [russisch-ukrainischer Mathematiker, Михайло Васильович Остроградський (ukr.), Михаил Васильович Остроградский, 1801–1862] dreidimensionale Integralsätze). Die heute elegante Formulierung solcher Integralsätze in der Theorie der alternierenden Differentialformen

$$\int_G d\Omega = \int_{\partial G} \Omega \quad \text{(mit } \Omega \text{ Differentialform, } \partial G \text{ Rand des Gebietes } G\text{)}$$

lässt leicht die damaligen Schwierigkeiten vergessen, aber auch die Probleme der Zulässigkeit des Gebietes G (Ränder ∂G) im n-dimensionalen Raum übersehen.

Euler erkannte Lagranges Leistungen sofort an: „Ihre Lösung des isoperimetrischen Problems enthält, soweit ich sehe, alles, was in dieser Hinsicht gewünscht werden kann",[352] und er machte sich zum Propheten dieser Auffassungen – ein in der Wissenschaftsgeschichte rares Beispiel von Uneigennützigkeit und Gleichgültigkeit gegenüber eigenen Verdiensten. Mehr noch, Euler wartete sogar mit einer einschlägigen Veröffentlichung und schrieb: „Ich beschloss, es nicht bekannt zu machen bevor Sie selbst Ihre Gedanken öffentlich gemacht haben, um keinen Teil

---

[352] „Votre solution analytique du problème isopérimétrique renferme, à ce que je vois, tout ce qui peut être souhaite en cette matière." – Brief Eulers an Lagrange vom 2.10.1759, französische Fassung. Œuvres, Bd. 14, 138–140, auch EO IVA/V, S. 420.

des Ruhmes zu schmälern, der Ihnen zusteht."[353] Nachdem dieser schließlich 1762 seine eigene Abhandlung publiziert hatte, den „Essai d'une nouvelle méthode" (Abhandlung über ein neue Methode),[354] ließ Euler seinen 1760 durch den Lagrange'schen Brief inspirierten Vortrag in der Berliner Akademie von erst 1766 unter dem Titel „Elementa calculi variationum" (Anfangsgründer der Variationsrechnung, E 296, EO I/25)[355] erscheinen, den er zuvor noch 1760 der Petersburger Akademie vorgelegt hatte. Euler nannte nun gemäß seinem Vortragstitel lediglich den abgeschlossenen Lagrange'schen δ-Kalkül Variationsrechnung („calculus variationis"). Die Analytiker folgten ihm etwa bis zur Mitte des 19. Jahrhunderts, in der sich dann der Name Variationsrechnung für die Disziplin schlechthin durchgesetzt hatte. Euler fügte schließlich den Lagrange'schen δ-Kalkül als „Appendix de calculo variationum" als siebentes Kapitel in seine Integralrechnung (*Institutiones calculi integralis*, Bd. 3, 1770; E 385, EO I/13) ein. In diesem Anhang sind die Ergebnisse der neuen Variationsrechnung (δ-Kalkül) zusammengefasst; hier finden wir solche Ergebnisse wie die Variationen der abhängigen sowie der unabhängigen Variablen und sogar die Variation von Doppelintegralen. „Die größten Schwierigkeiten treten bei zwei oder mehreren Variablen ein, wo der vorgelegte Ausdruck ein Doppel- oder ein höheres Integral wird," lesen wir in einer Mitschrift von Jacobis Vorlesung aus dem Jahr 1837, wodurch die damaligen Schwierigkeiten, die heute zum Allgemeinwissen in der Mathematik zählen, durch einen kompetenten Mathematiker umrissen wurden. Die früheren Eulerschen Variationen, die auf dem Verfahren der Brüder Bernoulli beruhten, variieren lediglich die Ordinaten y bei gleichem Argument (feste x-Werte für eine solche Variation δy). Man kann sich aber z. B. bei mechanischen Vorgängen mühelos vorstellen; dass ein Extremalenpunkt mit solchen Punkten der Vergleichsfunktionen verglichen wird, für die eine gleiche Energiebilanz vorliegt, womit allgemeiner variiert wird (nämlich sowohl unabhängige als auch abhängige Variablen). In dieser späten Arbeit „Methodus nova" (Neue Methode, E 420, 1771) kam Euler seinem bekannten Bedürfnis des Klassifizierens nach und teilte die Integranden des Variationsintegrals in Klassen ein, die zum Grad der „Eulerschen" Differentialgleichung korrespondieren.

Lagrange stützte sich bei seinem Kalkül auf algorithmische und algebraische Eigenschaften, und der Erfolg seines δ-Formalismus wurde bereits als seine Rechtfertigung angesehen. Darüber hinaus betrachteten sowohl Lagrange als auch Euler in ihren frühen Untersuchungen die Variationsoperation δ als eine zusätzliche und neue Operation in der höheren Analysis. Noch in diesem Sinne fasste Euler in einem ausführlichen Anhang in seiner Integralrechnung die Ergebnisse der neuen Variationsrechnung (δ-Kalkül) zusammen. Dann allerdings hatte er um 1771 eine bemerkenswerte Einsicht, wie der formale Lagrange-Kalkül auf wohlbekannte

---

[353] „J'ai décidé de ne pas la dévoiler, jusqu'à ce que vous ayez vous-même rendu publiques vos réflexions, afin de ne vous ravir aucune partie de la gloire qui vous est due." – Brief Eulers an Lagrange vom 2.10.1759, französische Fassung. Auch EO IVA/V, S. 420.
[354] *Misc. Taur.* 2 (1760/61), S. 173–195 = *Œuvres*, Vol. 1, S. 333–362.
[355] *Novi comment. Acad. sc. Petrop.* 10 (1764), S. 51–93, erschienen 1766.

6.6 Eines der schönsten mathematischen Werke: Die Variationsrechnung   749

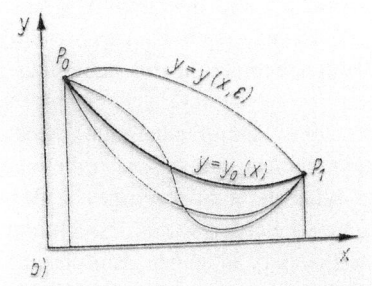

Abb. 6.48 Die Veranschaulichung des Einbettungstricks von Euler: Die in Rede stehende Extremale $y=y_0(x)$ wird in eine Kurvenschar $y=y(x, \varepsilon)$ eingebettet, die für den Scharparameter $\varepsilon=0$ die betrachtete Extremale liefert. Die Variation von y ist jetzt $\delta y = \partial y(x, 0)/\partial \varepsilon$

Methoden der Differentialrechnung zurückgeführt werden kann. In seiner Abhandlung „Methodus nova et facilis calculum variationum tractandi" (Neue und einfache Methode in der Handhabung der Variationsrechnung) (E 420; EO I/25; erschienen 1772)[356] beschrieb er einen bis heute angewandten Trick (Abb. 6.48).[357] Die betrachtete Extremale $y = y_0(x)$ wird in eine Schar $y(x, \varepsilon)$ zulässiger Kurven eingebettet[358]

$$y = y(x, \varepsilon) = y_0(x) + \varepsilon \zeta(x) \quad \text{mit} \quad \zeta(x) \text{ beliebig}, y = y(x,0) = y_0(x) \quad \text{für} \quad \varepsilon = 0.$$

Wenn das Variationsintegral $J(y)$ auf der Schar $y(x, \varepsilon)$ ausgewertet wird, so hängt es nur vom Scharparameter ε ab: $J(y(x, \varepsilon))$. Da gemäß Annahme für $\varepsilon = 0$ bzw. für $y_0(x)$ ein Extremum vorhanden sein soll, muss nach der bekannten Regel der Differentialrechnung

$$\frac{d}{d\varepsilon} J(y(x,\varepsilon), \varepsilon) = \frac{\partial J}{\partial y}\frac{\partial y}{\partial \varepsilon} + \frac{\partial J}{\partial \varepsilon} = 0 \text{ für } \varepsilon = 0,$$

gelten; die Variation δy von $y_0(x)$ ist durch die partielle Ableitung nach x für $\varepsilon = 0$ gegeben:

$$\delta y = \frac{\partial y(x, \varepsilon)}{\partial \varepsilon}|_{\varepsilon=0} d\varepsilon, \quad \delta J = \frac{\partial}{\partial x} J(y(x, \varepsilon), \varepsilon)|_{\varepsilon=0} d\varepsilon.$$

($d\varepsilon = \delta\varepsilon$, da ε unabhängig ist; man lässt oft diese Ausdrücke auch weg, also $\delta y = \partial y(x, 0)/\partial \varepsilon$). Mit dieser Setzung stellte Euler die Verbindung zum

---

[356] „Methodus nova", in: *Novi Commentarii Academiae Scientiarum Imperialis Petrop.*, 16 (1771) 35–70, erschienen 1772, E 420 = OE I/25, S. 208–235.

[357] Leibniz veränderte übrigens in seiner Abhandlung „Differentatio de curva in curvam" (Unterscheidung zwischen Kurven) bei einer Kurve eine Konstanten beständig und erhielt so bei festem Argument eine Schar gleichartiger Kurven. – Briefwechsel mit Joh. Bernoulli.

[358] Formal ist dieser Ausdruck die Linearisierung der Schar $y(x, \varepsilon)$.

Differentialkalkül her und reduzierte den Lagrange'schen Variationskalkül hierauf. Nun wird die Kurve (Funktion) als Ganzes variiert und nicht mehr punktweise, also irgendeine Vergleichsfunktion (für beliebiges $\varepsilon \neq 0$) mit der Extremalen ($\varepsilon = 0$) verglichen.

„Die Vereinheitlichung und Vereinfachung des Mechanismus, der zur Aufstellung der Differentialgleichungen führt, ist also die eigentliche Ursache für den Erfolg, den die Lagrange'sche Methode gezeigt hat, dessen Kalkül bis Ende des XIX. Jahrhunderts das ganze Feld der Variationsrechnung fast ausschließlich behauptet hat", schrieb Carathéodory in seiner „Einführung in Eulers Arbeiten über Variationsrechnung" in der *Opera omnia Euleri* (EO I/24, S. VIII–LXIII, Zitat am Ende § 35) und hob hervor, dass Euler sich über sein Verfahren getäuscht habe, das man gleich gut in den Lagrange'schen Kalkül als auch in die Sprache der Analysis übersetzen könne. Es war Augustin-Louis Cauchy (1789–1857), dem Eulers Bemühungen aufgefallen waren, den Differentialkalkül an die Variationen anzupassen, er dabei aber nicht wie Lagrange auf die Idee kam, dafür ein neues Zeichen einzuführen. Wäre das der Fall gewesen, so vermutete Cauchy, hätte ein solcher Einfall Euler wohl unmittelbar auf den δ-Kalkül geführt.[359]

Die von Euler benutzte Extremalenschar $y = y(x, \varepsilon)$ wurde später von Constantin Carathéodory durch eine sogenannte transversale Schar ergänzt, mit deren Hilfe es möglich wurde, hinreichende Bedingungen für ein (starkes) Extremum zu formulieren. Carathéodory wurde übrigens zu seiner Methode durch eine Lösung von Johann Bernoulli zum Brachistochronenproblem angeregt. Das Problem haben wir eingangs vorgestellt. In seiner Lösung konstruierte Bernoulli eine Kurve, die wir heute als Element einer Schar deuten können, die Carathéodory als eine zugehörige transversale Schar zur Extremalenschar erkannte. Weitere geometrische Überlegungen lieferten Rechtfertigungen für den Hinlänglichkeitsbeweis Bernoullis: Er verband solche Punkte auf den Extremalen, für welche der herabfallende Massenpunkt die gleiche Zeit benötigte. Diesen Sachverhalt verallgemeinerte Carathéodory und kam so von einem speziellen Problem zu einer Feldtheorie für allgemeine Variationsaufgaben.[360]

Elemente von transversalen Scharen wurden zur Zeit Eulers Trajektorien genannt. In den anfänglich bearbeiteten Beispielen schnitten sich die Kurven der beiden betrachteten Scharen unter einem rechten Winkel. Das wurde für den allgemeinen Fall aufgegeben; etwa bei William Rowan Hamilton (1805–1865) in seinen optischen Untersuchungen *Theory of systems of rays* (Theorie der

---

[359] *Exercises,* 3. S. 51. – C. Fraser lieferte eine moderne Deutung der Lagrange'schen Variationen (δ-Kalkül) in seinem Beitrag „Leonhard Euler" zum Sammelband *Landmark Writings in Western Mathematics* (Ed. I. Grattan-Guiness) Amsterdam 2005, S. 178. Sich auf J. H. Jellet beziehend (*An elementary treatise on the Calculus of Variations.* Dublin 1850, S. 1–10., dtsch. Übersetzung 1860), gab E. Mach in seiner *Mechanik in ihrer Entwicklung* (Leipzig 1883, zit. nach der 4, Auflage 1901, S. 467 f.) eine etwas obsolete Deutung mittels des Konzepts von Funktionsformen.

[360] Carathéodory, *Variationsrechnung und partielle Differentialgleichungen erster Ordnung.* Leipzig 1935.

6.6 Eines der schönsten mathematischen Werke: Die Variationsrechnung

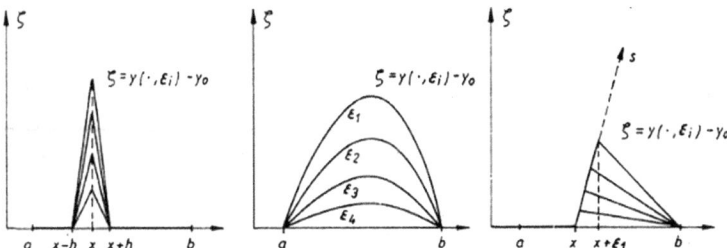

Abb. 6.49 Vergleich der Variationen von Euler (punktweise und in eine Schar eingebettet) sowie von Weierstraß

Strahlensysteme).[361] Carl Friedrich Gauß (1777–1855) lieferte in seinen „Disquisitiones generales circa superficies curvas" (Allgemeine Untersuchungen über Flächen, 1828) ein schönes geometrisches Beispiel für orthogonale Scharen, das ihm schon 1825 bekannt war: Zieht man von einem Punkt auf einer Fläche aus lauter kürzeste Linien und trägt auf ihnen die gleiche Länge ab, so bestimmen die so gewonnenen Punkte eine Linie, die die kürzesten Linien unter einem rechten Winkel schneidet und die eine Transversale zur Schar der kürzesten Linien ist („der schöne Lehrsatz"). Schließlich verallgemeinerte Gauß den Satz auf solche Scharen, die nicht von einem Punkt, sondern von einer beliebigen Linie unter einem rechten Winkel ausgehen.[362] Adolf Kneser formulierte diesen Sachverhalt, den sogenannten Transversalensatz, für allgemeine Variationsprobleme in seinem *Lehrbuch der Variationsrechung* (1900) (Abb. 6.49).[363]

Eine der letzten Arbeiten Eulers zur Variationsrechnung „De insigni paradoxo; quod in analysi maximorum et minimorum occurit:" (Über einen paradoxen Fall, der bei der Untersuchung von Maxima und Minima erscheint, posthum 1811 erschienen)[364] betrifft ein Paradoxon beim Problem der kleinsten Rotationsfläche, nämlich die als Goldschmidt'sche Lösung bezeichnete Minimalfläche. Euler bemerkte im Frühjahr 1779, dass die Rotationsfläche, die sich durch Drehung einer Kettenlinie (Catenaria) um die x-Achse ergibt, eine Minimalfläche bildet (übrigens die einzige gekrümmte Minimalfläche, die zugleich Drehfläche ist):

---

[361] *Transactions of the Irish Academy* 15 (1828).

[362] Gauß, *Werke*. Leipzig 1863. Bd, VIII, S. 439. Siehe auch Thiele, „Gauß' Arbeiten über kürzeste Linien aus der Sicht der Variationsrechnung", in: *Symposium Gaussiana* (Hrsg. M. Behara et al.). Berlin 1995, S. 179–186.

[363] Kneser, *Lehrbuch der Variationsrechnung*. Braunschweig 1900, § 15, insbes. S. 48; in der 2. Aufl. § 22.

[364] „De insigno paradoxo" (Über ein Problem aus der Variationsrechnung, das auf das Maximum oder Minimum des Integrals $\int [x(dx^2 + dy^2)]^{1/2}$ führt), in: *Mémoires Acad. Sci. St. Pétersbourg* 3 (1809/10), S. 16–25, veröffentlicht 1811, E 735; auch in: EO I/25. 1779 der Petersburger Akademie vorgelegt.

$$\int \sqrt{x(dx^2 + dy^2)}$$

Der Rand dieser Drehfläche, des Catenoids, besteht aus zwei Kreisen (für $x = a$ bzw. $= b$). 1779 stellte Euler erstaunt fest, dass sich zwischen zwei hinreichend weit voneinander entfernten Rändern (Kreisen) keine minimale Drehfläche mehr einspannen lässt, dass dann aber die beiden Kreisflächen mit den Mittelpunkten in a bzw. b und deren Verbindungslinie ab eine degenerierte Minimalfläche bilden. Dieser Sachverhalt lässt sich übrigens durch Eintauchen zweier Drahtkreise in Seifenlauge sehr anschaulich vorführen. Beim Auseinanderbewegen der Drahtschlingen wird das eingespannte Seifenhäutchen stets an einer bestimmten Stelle reißen.

1831 untersuchte Benjamin Goldschmidt (1807–1851.) in einer preisgekrönten Schrift „Determinatio superficiei minimae rotatione curvae data duo puncta jungentis circa datum axem ortae" (Bestimmung der minimalen Rotationsfläche, die durch eine Kurve erzeugt wird, die zwei gegebene Punkte verbindet) angeregt von C. F. Gauß die Phänomene für die Catenoide. Das für Euler Paradoxe lässt sich modern so ausdrücken: Obwohl der Integrand des Variationsintegrals reell analytisch ist, gehört die Goldschmidt'sche Minimalfläche nicht zur Klasse der durch zweimal stetig differenzierbare Funktionen darstellbaren Flächen, sondern ergibt sich aus der Drehung eines Streckenzuges (Lipschitz-Funktion). Somit kann die Goldschmidt'sche Rotationsfläche keine Lösung der notwendigen Eulerschen Differentialgleichung zweiter Ordnung sein, obwohl sie ein absolutes Minimum liefert. Euler betrachtete natürlich Funktionen der Klasse C^2, aber sein Beispiel zeigt, dass die Räume C^1 und C^2 keineswegs die natürlichen Klassen sind, in denen Variationsprobleme zu lösen sind.

Die weitere Entwicklung der Variationsrechnung knüpfte zunächst nicht an Eulers geometrischer Methode an, die er in faszinierender Weise und mit mannigfaltigen Wendungen effektiv einzusetzen gewusst hatte, sondern am Lagrange'schen Formalismus. Euler beherrschte, handhabte und begründete schließlich den formalen δ-Kalkül, sodass er verdienterweise das Glück hatte, durch den Titel einer seiner Arbeiten der neuen Disziplin den Namen zu geben: „calculus variationum" (Variationsrechnung). Die Lagrange'sche Methode führte in der Physik besonders durch die Arbeiten William Rowan Hamiltons 1834/35 schließlich zur Prinzipienmechanik, deren Apparat mit Erfolg in die moderne und unanschauliche Quantenphysik übernommen werden konnte. Heute gewinnt in der numerischen Mathematik auch Eulers direkte Methode wieder an Interesse.

Euler ahnte, dass die Zurückführung dynamischer Aufgaben auf isoperimetrische Probleme in der Nähe eines allgemeinen Prinzips der Naturwissenschaften läge und dass die Methode über das ursprüngliche mathematische Ziel hinausginge (siehe Abschn. 4.12, Streit) und dass Maupertuis hiervon a priori eine (verschwommene) Vision hatte, während Euler vorläufig solche Vorstellungen a posteriori bestätigte, bis man eine A-priori-Theorie geben konnte. „Es ist deshalb nicht von der Hand zu weisen, daß die Arbeiten Maupertuis', so verschwommen und unvollständig sie uns heute erscheinen, der treibende Faktor gewesen sind, der

6.6 Eines der schönsten mathematischen Werke: Die Variationsrechnung

Euler veranlasst hat, sich mit dem Thema eingehender zu beschäftigen" urteilte Carathéodory über Eulers Motive für die Beschäftigung mit dem Prinzip der kleinsten Aktion.[365] Dieser Gedanke ist eine gute Hinführung zu den physikalischen Anwendungen der Variationsrechung im folgenden Abschnitt.

6.6.4 *Physikalische Anwendungen der Variationsrechnung*

> L'analogie entre le son et la lumière fait le principal fondement de l'explication qui y régne.[366]
> Aus einer Rezension über Leonhard Eulers Abhandlung „Essai d'une explication physique" (1754).

Johann Bernoullis Sohn, der Physiker Daniel Bernoulli (1700–1782), regte Euler 1741 dazu an, die durch die Newton'sche Physik erfolgreich hergeleiteten Ergebnisse nochmals mit den Methoden der Variationsrechnung zu gewinnen. Also modern gesehen die bei Newton auf der Betrachtung von Kräften basierenden Überlegungen auch durch eine Variationsaufgabe, d. h. durch ein Extremalprinzip, zu erzielen. Der entsprechende Brief (28. Januar 1741) ist in schönstem Gelehrtendeutsch der Zeit verfasst und schon daher vergnüglich: „Von Ew. möchte vernehmen, ob Sie nicht meinen, daß man die orbitas centra virium (Umlaufbahnen um die Kraftzentren) könne methodo isoperimetrica (durch die isoperimetrische Methode der Variationsrechnung) wie auch die figuram terrae pro theoria Newtonia (die Erdgestalt nach Newton) herausbringen. Rationi primae questionis (mit Bezug auf die erste Frage) ist zu observieren, daß ein corpus motum (bewegter Körper) seine velocitam (Geschwindigkeit) und directionem (Richtung) zu behalten trachte, welche zwey conatus combinati (miteinander verbundene Tendenzen) etwa auf eine Methode führen könne." D. Bernoulli traf damit genau Eulers Überzeugung, die dieser im zweiten Anhang der Variationsrechnung in der bekannten Formulierung so ausdrückte:

> „Da alle Wirkungen der Natur einem gewissen Gesetz des Maximums oder auch Minimums folgen, besteht kein Zweifel, dass bei Kurven, welche geworfene Körper, wenn sie von bestimmten Kräften in Bewegung gesetzt werden, beschreiben eine gewisse Eigenschaft des Maximums oder Minimums, das statt hat. Welches aber diese Eigenschaft sei, das scheint sich nicht leichthin a priori aus metaphysischen Grundsätzen bestimmen zu

---

[365] „Einführung in Eulers Variationsrechnung", in EO I/24, Bern 1952, Zitat S. LXIII = *Gesammelte mathematische Schriften,* Band 5. München 1957. Zitat S. 165.

[366] Die Analogie zwischen dem Schall und dem Licht bildet die Hauptgrundlage der vorherrschenden Erklärung. Euler in: „Essai d'une explication physique" (Versuch einer physikalische Erklärung, E 209, 1752). Rezension in *Nouvelle Bibliothèque Germanique,* t. 15/2 (1754). 253.– Eulers Lehrer Joh. I. Bernoulli löste mit der (mathematischen) Analogie zwischen Optik und Mechanik das Brachistochronenproblem, wobei er den Grundstein der mathematischen Physik legte.

lassen; da es aber freisteht, eben diese Kurven mithilfe eines direkten Verfahrens zu bestimmen, kann hieraus, bei Verwendung der erforderlichen Vorsicht, genau dies, was bei den genannten Kurven ein Maximum oder Minimum ist, ermittelt werden."[367]

Diese Rolle der isoperimetrischen Methode, in der Physik von der Kausalität zur Finalität (Zweck- oder Endursachen) überzugehen, beschäftigte uns beim Streit um das Prinzip der kleinsten Aktion ausführlich (siehe Abschn. 4.13). Während Daniel Bernoulli hier noch vorsichtig eine abermalige Bestätigung bereits bekannter Ergebnisse wünschte, die mit sogenannten direkten Methoden gewonnen wurden (A-posteriori-Erkenntnisse), was ganz Eulers Einstellung entsprach, beanspruchte Pierre Louis Moreau de Maupertuis (1698–1759) bei seinem Prinzip der kleinsten Aktion von vornherein, das Weltgeschehen schlechthin zu erklären (A-priori-Einsicht). Euler war von der philosophischen Rechtfertigung Maupertuis' beeindruckt. Die physikalischen Phänomene ließen sich aus zwei verschiedenen Gesichtspunkten und mit verschiedenen mathematischen Methoden erklären: kausal (direkt) mit Differentialgleichungen (Newton) und final (zweckhaft) durch Variationsprobleme (Maupertuis, Euler). Dabei konnte man die Variationsprobleme erst im Nachhinein aufstellen (a posteriori), was Euler sehr bewusst war und sich in der korrekten Formulierung des zweiten Additamentums des *Methodus inveniendi* niederschlug. Das zeigte er klar in seiner intensiven Korrespondenz mit Maupertuis zu Beginn des Sommers 1745. Zunächst zollte Euler Maupertuis Lob für seine Arbeit „Lois du Repos des Corps" (Gesetz der Ruhe von Körpern)[368]: „J'ai a lu aussi, Monsieur, Votre excellent piece sur la grand principe de repos" (Ich habe, mein Herr, auch Ihre ausgezeichnete Arbeit über das große Prinzip der Ruhe gelesen), und er setzte mit dem Bekenntnis fort „Il me semble aussi que c'est icy qu'il faudrait chercher les veritables principes de metaphysique" (Es scheint mir auch, dass wir hier nach den wahren Prinzipien der Metaphysik suchen sollten; Brief vom 10. Dezember 1745),[369] dem eine Zusammenfassung seines „Additamentum II" des *Methodus inveniendi* folgte. Maupertuis' Absicht, die Bewegungen der Mechanik durch sein Prinzip der kleinsten Aktion (eher metaphysisch als mathematisch) zu erfassen, würde Euler außerordentlich interessieren, aber deren Ausführung sei nicht mehr Aufgabe der Mathematik. Deshalb beeindruckte der Metaphysiker Maupertuis den Mathematiker Euler.

---

[367] „Quoniam omnes naturae effectus sequuntur quandam maximi minimive legem, dibium est nullum, quin in lineis curvis, quas corpora proiecta, si a viribus quibuscunque sollicitentur, describunt, quaepiam maximi minimive proprietas locum habeat. Quenam autem sit ista proprietas, ex principiis metaphysicis a priori definire non tam facile videtur; cum autem has ipsas curvas ope Methodi directa determinare liceat; hinc debita adhibita attentione id ipsum quod in istis curvis est maximum vel minimum, concludi poterit." – EO I/24, Additamentum II, S. 298.

[368] *Mémoire Académie Royale des Sciences de Paris* (1740), ersch. 1742, S. 170–176.

[369] Maupertuis weilte seit dem Sommer 1745 in Berlin und heiratete dort am 25. August 1745 Eleonore von Borcke, eine Verwandte des Staatskanzlers und Tochter des Generals Friedrich Wilhelm von Borcke; die Stelle als Akademiepräsident trat Maupertuis im Februar 1746 an, als der 2. Schlesische Krieg beendet war und Friedrich II. die Akademie eröffnete.

6.6 Eines der schönsten mathematischen Werke: Die Variationsrechnung   755

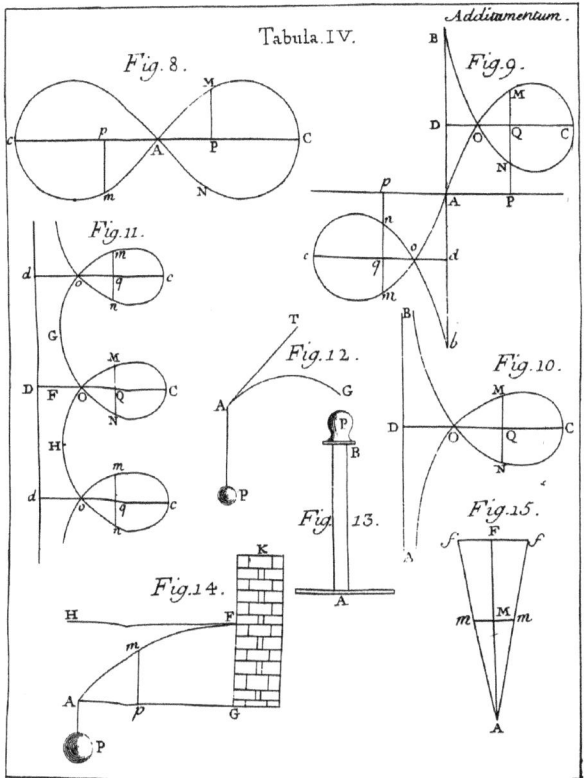

Abb. 6.50 Die acht verschiedenen Formen der Elastica. Additamentum I des *Methodus inveniendi*. De curvis elastici (Über elastische Kurven), Tab. IV, Fig. 8 bis 16

Die Ideen der Variationsrechnung bieten einen guten Leitfaden für einige physikalische Probleme, die Euler in dieser Zeit interessierten. Euler ging zunächst von einer frei aufgehängten Kette, einer in sich beweglichen Kurve, aus. Deren Form (Kettenlinie, Catenaria) bestimmte er aus der Forderung nach der tiefsten Lage des Schwerpunktes. Danach behandelte er eingespannte elastische Linien (Saiten) ohne Biegesteifigkeit und ging dann zu einseitig oder zweiseitig festgehaltenen Bändern mit Biegesteifigkeit (Stahlband) über; die acht Formen, die Euler für diese Bänder erhielt, zeigt Abb. 6.50. Die Schwingungen der Saiten und Bänder verursachen Töne, die Euler auch musiktheoretisch behandelte, selbst die schwierigen Membranschwingungen (Trommel) wurden untersucht, d. h. die Lösungen einer partieller Differentialgleichung mit fest vorgegebenen Randwerten. Akustische Vorgänge reduzierte Euler auf Schwingungen, die menschlichen Hörgrenzen legte er mit 20 bzw. 7000 Schwingungen pro Sekunde fest (die obere Grenze liegt altersabhängig bei bis zu 20.000 Hz). Er baute erfolgreich die Analogie zum Licht aus, das er sich wie den Schall durch Erschütterungen der Luft als

Wellen im Äther, der das All ausfüllt und Körpern keinen Widerstand bietet, vorstellte. Von der Sonne komme das Licht, genau wie der Schall von einer klingenden Glocke, aber keine Materie. In einem Schreiben an Wenceslaus Johann Gustav Karsten (1732–1787) vom 5. August 1760 benutzte Euler solche physikalischen Vorstellungen auch dazu, den Gebrauch von diskontinuierlichen Funktionen zu rechtfertigen.

Die Farben des Lichtes entsprechen den Schwingungszahlen. Euler kam hier sehr nahe an die Undulationstheorie (Wellenauffassung) des Lichtes heran und kritisierte mit Recht Schwächen der Newton'schen Emissionstheorie (Aussendung von Strahlen). Eine Kerze verlöre zwar an Substanz, weil sie rauche, aber die Sonne behielte ihre Substanz.

Der gerade erwähnte Äther ist in Eulers Verständnis die Quelle aller elektrischen Vorgänge: Elektrizität entspreche Störungen im Äthergleichgewicht, der Äther könne entweder in den Körper gepresst oder aus ihm herausgetrieben werden, wie es mit dem Wasser in einem Schwamm geschieht. Zur Erklärung des Magnetismus führte Euler magnetische Wirbel ein, die er sich noch feiner und beweglicher als den erwähnten Äther vorstellte. Entscheidend wurde von diesen Vorstellungen Bernhard Riemann (1826–1866) beeinflusst, der 1854 in seinem Habilitationsvortrag eine Konzeption des physischen Raumes entwarf, die aus gewissen Schwierigkeiten mit Eulers Äthertheorie entstanden war und die letzlich auch Albert Einstein (1870–1855) anregte. Erscheinungen der Elektrizität, des Magnetismus und der Optik sah Euler durch den Äther als untereinander eng verbunden an. Ihnen müsste deshalb sowohl eine einheitliche physikalische als auch mathematische Behandlung gerecht werden. Diese Auffassungen können letztlich als eine (vage) Vorahnung einer elektromagnetischen Feldtheorie angesehen werden.

Da die Brechung des Lichtes für unterschiedliche Farben verschieden ausfällt, besitzen Linsen (also auch die zu Beginn des 17. Jahrhunderts erfundenen Fernrohre) für weißes Licht einen Abbildungsfehler (Farbringe). Euler wandte sich in einer 1749 erschienenen Arbeit gegen Newtons Ansicht, dass es keine Linsensysteme ohne derartige Fehler geben könne, wobei er von der vermeintlichen Farbfehlerfreiheit des Auges ausging (was nebenbei bemerkt für den frommen Euler ein untrügliches Zeichen für die Existenz Gottes war) (E 118, EO III/6). Der gemeinsame Gegensatz zu Isaac Newton (1643–1727) war es sicherlich, der dem Rechner Euler die Sympathien des zahlenscheuen deutschen Dichters Johann Wolfgang Goethe (1749–1832) einbrachte. Newtons Auffassung führte bei den Fernrohren zum Ausweichen auf die komplizierten Spiegelfernrohre, um Farbfehler zu vermeiden. Er selbst hielt zwar später farbfehlerfreie Linsensysteme für möglich, publizierte aber darüber, wie es seine Art war, nichts. So kam es, dass der Londoner Optiker John Dollond (1706–1761) an der Achromasieauffassung (Linsensystem ohne Farbenzerlegung) des Lichts festhielt und erst aufgrund der Eulerschen Arbeit und einer folgenden des schwedischen Physikers Samuel Klingenstjerna (1698–1765) Newtons Dogma 1757 experimentell überprüfte und widerlegte. Er konnte 1758 aus zwei verschieden brechenden Gläsern (Kron- und

Flintglas) ein farbfehlerfreies Linsensystem herstellen. Euler publizierte hierzu 1762 seine „Constructio lentium objectivarum ex duplici vitro" (Konstruktion achromatischer Linsen, E 266, EO III/6), die sich mit neuen Entdeckungen bei Untersuchungen zur Strahlenbrechung in Gläsern befasste. Ob alle an der Auseinandersetzung um die Achromasie Beteiligten von dem bereits 1729 durch Chester Moor Hall (1703–1771) hergestellten Achromaten wussten, ist ungewiss. Euler stellte darüber hinaus um 1765 eine allgemeine Linsentheorie auf, die *Théorie générale de la dioptrique* (E 844, 844a);[370] schließlich berechnete er verschiedene dioptrische Systeme, die zu seiner dreibändigen *Dioptrica* (Dioptrik, E 367, 386 und 404, EO III/3–4) mit über 1000 Seiten führten und die einen gewissen Abschluss der Theorie astronomischer Fernrohre brachte. Schicksal dieses Eulerschen Buches war es, durch einen praxisbezogenen Auszug von Georg Simon Klügel (1739–1812) zwar sehr populär zu werden, wobei aber Substantielles des Originals in Vergessenheit geriet und manches neu entdeckt werden musste. Die aus Eulers Theorie folgenden Schleifvorschriften hätten allerdings, unabhängig davon, dass Euler von Glas-Wasser-Objektiven ausging, erst nach Korrekturen zum gewünschten Resultat geführt. Trotzdem ist sein Anteil an dieser umwälzenden Erfindung beachtlich, mehr noch, wenn man bedenkt, dass der Autor fast blind war. Diese Tatsache wirft ein helles Licht auf das Verständnis von Theorie und Praxis bei Euler. Wenn Euler von den Grundlagen der Theorie überzeugt war, so benötigte er keine Experimente mehr, sondern konnte sich auch als Blinder die Sachverhalte herleiten bzw. vorstellen. Infolge fehlender optischer Experimente entsprachen jedoch einige Ansätze Eulers nicht der physikalischen Realität. Euler, der fest an seine Erkenntnisse, insbesondere an die elegante Beherrschung des Abbildungsfehlers durch seine Berechnungen, glaubte, war tief enttäuscht, als er die Ergebnisse praktischer Erprobungen erfuhr.

Eulers Pionierleistung in der Optik bestand wie in der Mechanik in der analytischen Behandlung des Stoffes, die bisher synthetisch vorgenommen worden war. Zunächst hatten Euler mehr physikalische Fragen in der Optik interessiert, während er sich theoretisch etwa ab 1750 intensiver der geometrischen Optik sowie der Konstruktion optischer Instrumente (Teleskope, Mikroskope) widmete. Eulers Rivalen auf dem Gebiet der Optik, Alexis Claude Clairaut (1713–1765) und Jean le Rond d'Alembert (1717–1783), erzielten gegenüber dem blinden und alternden Euler, der bei experimentellen Überprüfungen behindert war, in einigen Fragen einen Vorsprung.

Euler verfasste insgesamt 67 Arbeiten zur Optik (was sieben Bände der Gesamtausgabe füllt, EO III/3–9), darunter die als fast Erblindeter (!) geschriebene dreibändige Dioptrik (*Dioptrica*; E 367, 386, EO III/3–4).

---

[370] Posthum in den *Opera posthuma*, Bd. 2 (1862), 567–604 = EO III/9, S. 1–48, vermutlich 1765 geschrieben. E 844a ist ein Auszug „Théorie générale" in: Journal encyclopédique 1766.

Literatur

Analysis

Agnesi, M.: *Instituzioni analitiche ad uso della giuventú italiana*, Milano 1748. Sowohl das Original als auch die englische Übersetzung Analytical Institutions, 4 vols. von John Colson (London 1811) sind online über die Linda Hall Library, Kansas City, einsehbar, die UB Strassbourg stellt die französische Übersetzung online.

Bernoulli: *Gesammelte Werke der Mathematiker und Physiker der Familie Bernoulli*. Basel seit 1955. *Die Streitschriften von Jacob und Johann Bernoulli* (Variationsrechung). Basel 1991. Der Briefwechsel von Joh. Bernoulli. Basel 1955 ff.

Breidert, W.: „Maximinus und Minimajus: Pamans Begründung der Fluxionsrechnung", in: *Mathesis*. Berlin 2000. S. 119–127.

Burkhardt, H.: „Entwicklung nach oszillierenden Funktionen", in: Jahresber. der DMV 10 (in Lieferungen 1901–1906); 1. Hauptteil: I Schwingende Saite, II Streit über Saitenschwingung, III Entwicklungen in trigonometrische Reihen, VII Fouriersche Wärmetheorie.

Fraser, C.: „The background to and early emergence of Euler's analysis", in: *Analysis and Synthesis*. Ed. M. Otte. Dorderecht 1997, S. 47–79.

Grattan-Guinness, I. (Hrsg.): *From the Calculus to Set theory*. Princeton 1980.

Heuser, H.: „Eulers Analysis", in: *Euler* 2008, S. 147–163.

Juschkewitsch, A. P.: „Euler und Lagrange über die Grundlagen der Analysis", in: *Euler* 1959, S. 224–244.

Juschkewitsch, A. P.: „Euler's unpublished manuscript Calculus Differentialis", in: *Euler* 1893, S. 161–170.

Kennedy, H.: „Historically Speaking — The Witch of Agnesi – Exorcised", in: The Math. Teacher, 62, 6 (1969), S. 480–482.

Klens, U.: *Mathematikerinnen im 18. Jahrhundert: Maria Agnesi, Gabrielle-Emilie du Châtelet, Sophie Germain*: Fallstudien zur Wechselwirkung von Wissenschaft und Philosophie im Zeitalter der Aufklärung. Pfaffenweiler 1998. (Dissertation an der Universität Augsburg 1992).

Laugwitz, D.: „Die Nichtstandard-Analysis. Eine Wiederaufnahme der Ideen und Methoden von Leibniz und Euler", in: *Euler* 1959, S. 185–198.

Laugwitz, D.: „Grundbegriffe der Infinitesimalmathematik bei Leonhard Euler", in: *Mathemata*. Festschrift für Helmuth Gericke. Hrsg. M. Folkerts u. a. Stuttgart, 1985, S. 459–483.

Laugwitz, D.: *Zahlen und Kontinuum*. Mannheim 1986.

Lützen, J.: „Euler's vision of a general partial differential calculus for a generalized kind of function", in: *A tribute to Euler*, 1983, S. 299–306.

Mathesis. Festschrift für Matthias Schramm. (Hrsg. R. Thiele). Berlin 2000. Mehrere einschlägige Artikel.

Mazzotti, M.: *The world of Maria Gaetana Agnesi, Mathematician of God*. Baltimore 2018.

Monna, A. F.: „*The concept of function*", in: Archive for History 9 (1972), S. 67–81.

Nahin, P. J.: *When least is best*. Princeton 2004.

Sandifer, C.E.: „How Euler Did It"; monatliche On-line-Kolumne der MAA von 2003–2010; abrufbar vom Euler-Archive, auch als Bücher der MAA *How Euler Did It* (2007) und *How Euler Did Even More* (2014).

Spalt, D. D.: „ … und doch gibt es ihn nicht: Der Begriff der reellen Funktion im 19. Jahrhundert", in: *Mathesis*. Festschrift zum 70. Geburtstag von M. Schramm (Hrsg. R. Thiele). Berlin 2000, S. 182–215.

Swetz, F. J. and V. J. Katz, *Mathematical Treasure*: Agnesi's Analytical Institutions. Convergence 2011.

Taton, R.: „Euler et d'Alembert" in: *Zum Werk Leonhard Eulers*. (Hrsg. E. Knobloch u. a.)Basel 1984. S. 95–117.

Thiele, R.; „The rise of the function concept in analysis", in: *Euler reconsidered. Tercentenary essays* (Ed. R. Baker). Heber City 2007, S. 422–461

Thiele, R.: „Frühe Variationsrechnung und Funktionsbegriff", in: *Mathesis.* Festschrift zum 70. Geburtstag von M. Schramm (Hrsg. R. Thiele). Berlin 2000, S. 128–181.

Thiele, R.: „The Mathematics and Science of Leonhard Euler", in: *Mathematics and the Historian's Craft*. The Kenneth O. May Lectures. Eds. G. Van Brummelen et al. Canadian Mathematical Society 2005, S. 81–140.

Thiele, R.: *Geschichte der reellen Funktionen einer Variablen*, Münster 2022.

Toeplitz, O.: *Die Entwicklung der Infinitesimalrechnung*. Bd. 1 (Hrsg. G. Köthe; mehr nicht erschienen). Berlin 1949.

Variationsrechnung

Boerner, H.: „Carathéodorys Eingang zur Variationsrechnung", in: Jahresber. DMV 56 (1953), S. 31–58.

Bolza, O.: *Vorlesungen über Variationsrechnung*. Leipzig 1909, Nachdrucke 1933, 1944.

Carathéodory, C.: „Basel und der Beginn der Variationsrechnung", in: *Festschrift zum 60. Geburtstag von A. Speiser*. Zürich 1945, S. 1–18 = *Gesammelte mathematische Schriften*, Bd. II, S. 108–128.

Carathéodory, C.: „Einführung in Eulers Arbeiten über Variationsrechnung", in: EO I/24, S. VII–LXII = *Gesammelte mathematische Schriften,* Bd. V. München 1957, S. 107–174.

Carathéodory, C.: „The beginning of the resarch in calculus of variations", in: Osiris (1937) III (Part I), S. 224–240 = *Gesammelte mathematische Schriften*, Bd. II München 1955, S. 93–107.

Carathéodory, C.: *Geometrische Optik*. Berlin 1937.

Euler, L.: *Methodus inveniendi lineas curvas maximi minimive proprietate gaudentes, sive solutio problematis isoperimetrici latissimo sensu accepti.* Lausanne 1744 = E65, EO I/24. Teilweise übersetzt (Kapitel 1, 2, 5 und 6, aber nicht die Anhänge, mit Anmerkungen in Ostwald's Klassiker Nr. 46, Leipzig 1894.

Euler, L.: *Abhandlungen* zur Variationsrechnung in EO/I 24; hier sind natürlich die wichtigen Arbeiten E 27, E 296, E 297 und E 385 zu finden; die Abhandlung E 420 ist an der alten Stelle (Integralrechnung, Bd. 3) abgedruckt bzw. EO I/13, S. 473.

Forsyth, A. R.: Eintrag „Calculus of variations" in der 11. Auflage der *Encyclopaedia Britannica*, Vol. XXXVII (1911), S. 915–920.

Fučik, S., Nečas, J. und V. Souček: *Einführung in die Variationsrechnung*. Leipzig 1977.

Giaquinta, M. und S. Hildebrandt: *Calculus of variations*, 2 Bde. mit ausführlichen historischen Anmerkungen. Berlin 1996.

Giesel, F.: *Geschichte der Variationsrechnung*. Torgau 1857.

Goldstine, H.: *A history of the calculus of variations*. New York 1980.

Grüß, G.: *Variationsrechnung*. Leipzig 1938, 2. erweiterte Ausgabe Heidelberg 1955.

Hildebrandt, St,: „Euler und die Variationsrechnung", in: *Zum Werk Leonhard Eulers*. (Hrsg. E. Knobloch u. a.) Basel 1984. S. 21–35.

Hölder, O.: „Über die Principien von Hamilton und Maupertuis", in: Göttinger Nachrichten 2 (1896), S. 1–36.

Klötzler, R.: „Euler und die Variationsrechnung", in: *Euler* 1985, S. 34–50.

Kneser, A.: „Variationsrechnung", in: *Encyklopädie der mathematischen Wissenschaften,* Bd. 2 Analysis, A8, S. 571–625. Leipzig 1900.

Kneser, A.: *Lehrbuch der Variationsrechnung.* Braunschweig 1900; 2. bearbeitete Auflage 1925.

Lecat, M.: *Bibliographie du calcul des variations 1850–1913*. Paris 1913.

Lecat, M.: *Bibliographie du calcul des variations depuis les origines jusqu'à 1850.* Paris 1916.

Molk, J. (Ed.): *Encyclopédie des sciences mathématiques*, erweiterte französische Ausgabe der *Encyklopädie der mathematischen Wissenschaften,* (Bd. 2 Analysis, Variationsrechnung), Tome II, 31, „Calcul des variations" (M. Lecat), Paris 1913. Die Übersetzung der *Enzyklopädie* wurde 1914 abgebrochen.

Thiele, R.: „Euler and the Calculus of variation", in: *Euler. Life, work and legacy* (Ed. R. Bradley). Amsterdam 2007, S. 235–254.

Todhunter, J.: *A history of the progress of the calculus of variations during the 19th century.* Cambridge 1861. Reprint Chelsea.

Truesdell, C. A.: „Maria Agnesi", in: Arch. Hist. Exact. Sc. 40,2 (1989), S. 113–142; Corrections and Additions, gleiche Archive 1992.

Valiron, G.: „The origin and the evolution of the notion of an analytic function of one variable", in *Great currents of mathematical thought.* Ed. F. Le Lionnais. New York 1971, S. 156–173. Übersetzung aus dem Französischen, *Les Grands Courents de la Pensée Mathematique.* Paris 1962.

Woodhaus, R.: *A treatise on isoperimetrical problems and the calculus of variations.* Cambridge 1810.

Zermelo, E. und H. Hahn: „Weiterentwicklung der Variationsrechnung", in: *Encyklopädie der mathematischen Wissenschaften,* Bd. 2 Analysis, A8a, S. 562–641. Leipzig 1904 = Zermelo, *Gesammelte Werke.* Berlin 2013, Bd. 2, S. 512–561.

Kapitel 7
Mechanik

> Le grand révolution que la découverte du Calcul différentiel & intégral avoit opérée dans presque toutes les branches des Sciences mathématique, ne laissa pas de faire changer aussi entièrement de face à la Mécanique.[1]
>
> NIKOLAUS FUSS (1755–1826)

7.1 Einführung

Die Mechanik war zu Eulers Zeiten die am besten entwickelte Naturwissenschaft. Im 18. Jahrhundert war der Begriff Mechanik jedoch weiter gefasst als heute: Es zählten neben der Himmelsmechanik sowohl die Mechanik der Fluide (Hydromechanik, Gasdynamik) als auch Elastizitätstheorie oder als Anwendungen Schiffstheorie, Turbinentheorie und Ballistik dazu. Euler veröffentlichte wichtige Arbeiten zu diesen Gebieten, darunter auch mehrere Lehrbücher. Er bearbeitete nacheinander die Hydrodynamik, die Punktmechanik, die Dynamik starrer Körper und die Elastizitätstheorie. Die nachfolgende Tabelle gibt einen kurzen Überblick über die Zahl der mechanischen Veröffentlichungen (einige Titel sind mehrfach gezählt):

Prinzipien der Mechanik	20
Festkörpermechanik	76
Mechanik biegsamer Körper	31
Mechanik elastischer Körper	22
Mechanik flüssiger Körper	18

---

[1] Die grose Revolution, die die Entwicklung der Differential- und Integralrechnung in fast allen Zweigen der mathematischen Wissenschaften mit sich gebracht hat, veranderte das Gesicht der Mechanik vollig. (*Éloge*, S. 13).

Mechanik gasförmiger Körper	11
Maschinen	15
(davon hydraulische	8)
Schiffswesen	11
Ballistik	5

Eine Generation vor Euler waren die *Philosophiae naturalis principia mathematica* (Mathematische Prinzipien der Naturphilosophie, 1687) von Isaac Newton (1643–1727) erschienen, in denen Newton die Gesetze der Bewegung behandelte, und er bezog dabei Bewegungen im widerstehenden Mittel (heute Hydrodynamik) sowie das System der Welt (Himmelsmechanik) in seine Darstellungen ein, die als Ausgang der analytischen Mechanik angesehen werden können. Diese rationale Naturbeschreibung bildete eine Gegenposition zur spekulativen Philosophie von René Descartes (1596–1650). Die seit Descartes in der Geometrie übliche Gegenüberstellung von synthetischer und analytischer Methode, wie sie exemplarisch in Euklids (Εὐκλείδης, 3. Jh. v. Chr.) *Elementen* (Στοιχεῖα) und Descartes' *Géométrie* (1637) erschienen, eignet sich auch zum Vergleich mit anderen älteren Darstellungen der Mechanik, insbesondere der von Newton. Newton erweiterte durch das Monument *Principia* das physikalische Wissen gewaltig, aber er tat es in der alten geometrischen Form; die *Principia* hätten grundsätzlich auch in der den Griechen bekannten Mathematik dargestellt sein können. Mathematisch gesehen lag der Darstellung die geometrische Proportionenlehre zugrunde, deren Ergebnisse mit Zirkel und Lineal konstruktiv erfasst und auch rechnerisch ausgewertet wurden.

7.2 Mechanica sive motus scientia analytice exposita von 1736

> Die Mechanik ist das Paradies der mathematischen Wissenschaften, denn durch sie gelangt man zu den Früchten der Mathematik.
> LEONARDO DA VINCI

Euler schrieb im Vorwort der *Mechanica sive motus scientia analytice exposita* (Mechanik, oder die Bewegungslehre analytisch dargestellt; E 15, EO II/1–2, 1736): „Schon zu jener Zeit versuchte ich, so weit ich es vermochte, aus der synthetischen Methode die Analysis herzustellen … und habe sie in eine geschickte Ordnung gebracht" und weiter „nach der Art der Alten [Griechen] mittels synthetisch-geometrischer Beweise … gelangt man nicht zur vollständigen Erkenntniss dieser Dinge." Schließlich wies er noch darauf hin:

> „Werden dieselben Fragen nur ein wenig abgeändert, so wird er [Leser] sie mit eigenen Kräften kaum beantworten können; wenn er nicht zur Analysis seine Zuflucht nimmt, und dieselben Sätze nach der analytischen Methode entwickelt."

Die Analysis mit ihren allgemeinen analytischen Überlegungen verallgemeinert durch formales Operieren mit Symbolen die Behandlung des Einzelfalls (beispielsweise das Lösen von Differentialgleichungen mit verschiedenen Anfangswerten) und macht dadurch das Problem durchsichtiger.

Euler nannte im Vorwort seine Vorgänger. Neben Newton erscheinen die Namen Pierre de Varignon (1654–1722) und Jakob Hermann (1678–1733) (Abb. 7.1). Aber es überrascht, dass Varignons Verdienste auf die Statik reduziert wurden, d. h. auf sein *Projet d'une nouvelle méchanic* (Projekt einer neuen

Abb. 7.1 Vorläufer von Eulers Mechanik: Die Mechaniken von **a** Pierre de Varignon (1654–1722) und **b** Jakob Hermanns (1678–1733 rechts), jeweils Titelseite und Autor

Mechanik, Paris 1687), denn es war Varignon, der erstmals die Analysis auf die Newton'schen Gesetze angewandt hatte. Varignon hatte die Leibniz'sche Analysis von Johann I Bernoulli (1667–1748) gelernt, als dieser bei seinem Pariser Aufenthalt in den Jahren 1691/92 den Marquis de l'Hospital (1661–1704) darin unterrichtete. Diese Unterweisungen hatten bei l'Hospital zur *Analyse des infiniment petits* (1696) geführt und bei Varignon in den *Pariser Mémoires* 1700 zu den Mitteilungen „Manière générale de determiner les forces, les vitesses, les espaces & les tems, une seule de ces quatre choses étant donné dans toutes sortes de mouvements rectilignes variés à discrétion" (Die allgemeine Art und Weise, die Kräfte, die Geschwindigkeiten, die Räume und die Zeiten zu bestimmen, wobei bei allen Arten von geradlinigen Bewegungen nur eines dieser vier Dinge gegeben ist, variiert nach eigenem Ermessen).

In dieser Mitteilung gab Varignon zwei Regeln an: Es sei v die Geschwindigkeit, y die Kraft, x und t Ort und Zeit einer geradlinigen Bewegung. Die erste Regel betrifft die momentane Geschwindigkeit eines sich geradlinig bewegenden Körpers, hierzu wird das Differential dx durch dt dividiert, d. h. in der Leibniz'schen Schreibweise wird der unendlich kleine Ortsunterschied dx durch den infinitesimalen Zeitunterschied dt dividiert, die infinitesimale Fassung der Erklärung „Geschwindigkeit ist Weg durch Zeit" (Abb. 7.2). Zunächst ist für geradlinige Bewegungen

$$v = \frac{dx}{dt}$$

Die zweite Regel gibt Newtons „lex secunda" (die Änderung der Bewegungsgröße ist proportional der bewegenden Kraft) erstmals als Bewegungsgleichung in Form einer Differentialgleichung an:

$$y = \frac{dv}{dt}$$

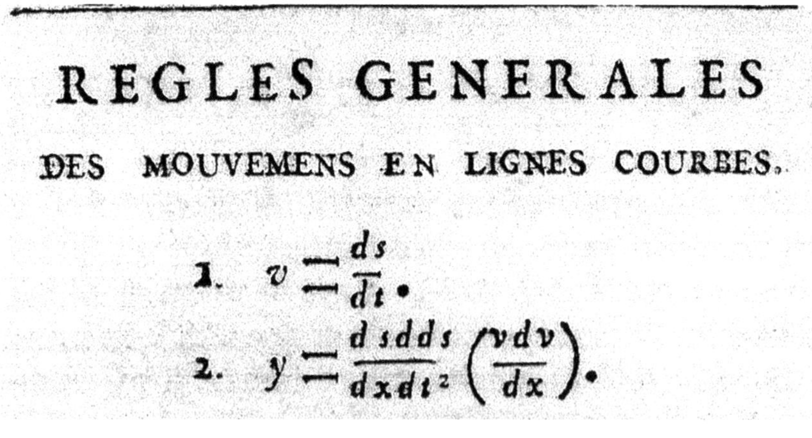

REGLES GENERALES DES MOUVEMENS EN LIGNES COURBES.

1. $v = \dfrac{ds}{dt}$.

2. $y = \dfrac{ds\,dds}{dx\,dt^2}\left(\dfrac{v\,dv}{dx}\right)$.

Abb. 7.2 Varignons Regeln für Bewegungen in differentieller Form

7.2 Mechanica sive motus scientia analytice exposita von 1736

oder

$$y \cdot dt = dv \quad \text{bzw.} \quad y \cdot dt^2 = ddK;$$

die Masse m ist bei Varignon in y enthalten. Heute wäre mit der Beschleunigung a

$$y = \frac{F}{m} \quad \text{bzw.} \quad F = m\frac{dv}{dt} = ma.$$

In einer weiteren Arbeit im gleichen Jahr dehnte Varignon diese Regel auf Zentralbewegungen aus.[2] Ein wichtiges Beispiel dafür ist die Gravitationskraft mit der Sonne als Kraftzentrum. Wenn r den Abstand vom Kraftzentrum der Zentralbewegung angibt, s die Weglänge bedeutet und $s = s(r)$ die Bewegung beschreibt, so war jetzt.

$$v = \frac{ds}{dt}, \quad y = \frac{dv}{dt}\frac{ds}{dr}$$

ds/dr ist die Projektion der Kraft auf die Bahn.

Mit diesen Regeln ermittelte Varignon die Kraft aus der Bahn für mehrere Bahnformen, z. B. für Ellipsen mit dem Kraftzentrum im Brennpunkt (Planetensystem) sowie für Pendelbewegungen.

Jakob Hermann, der wie Euler aus Basel kam und mit Euler gemeinsam von 1727 bis 1730 an der St. Petersburger Akademie war, schrieb 1716 sein einflussreiches Lehrbuch *Phoronomia*[3] *sive de viribus et motibus corporum solidorum et fluidorum* (Phoronomie oder von den Kräften und Bewegungen fester Körper und Fluide; Amsterdam 1716), das 1736 durch Eulers *Mechanica* (2 Bde.) ersetzt wurde. Obwohl Hermann nur teilweise die neue Mathematik benutzte, drückte auch er wie Varignon das zweite Newton'sche Bewegungsgesetz differentiell aus:

$$g \cdot dt = m \cdot dv \quad (\text{m Masse, g Kraft}).$$

Hieraus folgerte Hermann das $1/r^2$-Gesetz der Gravitation (direktes Problem) und löste das zugehörige inverse Problem, wofür er als Lösungsbahnen Kegelschnitte erhielt.

Das wissenschaftliche Erbe Eulers in der Mechanik ist außerordentlich: Allein in dem St. Petersburger Akademiearchiv werden zwölf Notizbücher Eulers

---

[2] Vgl. M. Blay, „Varignon ou la théorie du mouvement des projectiles comprise en une Proposition générale" (Varignon oder die in einem allgemeinen Satz enthaltene Theorie der Bewegung von Projektilen), in: *Annals of Sciences* 45, 6 (1988), S. 591–618; „Mathematization of the science of motion at the turn of the seventeenth and eighteenth centuries: Pierre Varignon", in: *The reception of the Galilean science of motion in seventeenth-century Europe*. Dordrecht 2004, S. 243–259.

[3] Phoronomie = Bewegungslehre, geometrische Theorie von den Kräften, Geschwindigkeiten und Größen der Bewegung ohne alle Qualitäten des Beweglichen.

aufbewahrt, die etwa 3000 Seiten umfassen, hinzu kommen noch Tausende Seiten von Konzepten und unveröffentlichten Manuskripten.[4] Hierin sind viele Entwürfe und Pläne Eulers enthalten, die die Mechanik betreffen und die die Leitmotive im weiteren Werdegang Eulers waren. Das Hauptinteresse Eulers zu Beginn seiner Laufbahn galt Fragen der Mechanik, die Analysis stand zunächst an zweiter Stelle. Bis zum Druck der *Mechanica* 1736 hatte Euler 28 Arbeiten geschrieben, von denen neun der Mechanik gewidmet waren und elf die Reihenlehre betrafen. Gleb K. Michailow (Mikhailov, Михайлов, 1929–2021) wies darauf hin, dass Euler in dieser Zeit gegenüber Experimenten sehr aufgeschlossen war. Wir werden dafür in diesem Buch einige Beispiele geben. Der später vorherrschende Glaube an die Unfehlbarkeit der Analysis („wir müssen der Rechnung vertrauen") entwickelte sich erst allmählich bei der intensiveren Beschäftigung mit dieser Disziplin; aber Experimente behielten natürlich stets Bedeutung für Euler, da nicht alle empirischen Daten durch reines Überlegen gefunden werden können (Abb. 7.3).

Bei dem jungen Euler war seine Kühnheit beim Stellen wissenschaftlicher Aufgaben und bei deren Inangriffnahme beeindruckend. Zunächst galt Eulers Interesse der Hydromechanik und Hydraulik, aber schon das erste Notizbuch Eulers aus der Basler Zeit für die Jahre von 1725 bis 1727 mit ca. 400 Seiten enthält (manchmal nur teilweise erhalten) Pläne für die analytischen Darstellung der Punktmechanik, und es gibt einige Fragmente mit mechanischen Themen, darunter ein (unvollständiges) Manuskript von ca. 100 Seiten mit dem Titel *Mechanica seu scientia motus* (Mechanik oder die Bewegungswissenschaft), das der späteren *Mechanica sive motus scientia analytice exposita* (Mechanik oder die Wissenschaft der Bewegung, analytisch dargestellt, E 15–16) inhaltlich nahe steht. Am Ende des ersten Kapitels „De motu generale" (Von der allgemeinen Bewegung) der *Mechanica* fasste Euler diese Pläne folgendermaßen zusammen:

> „Zuerst betrachten wir unendlich kleine Körper, die man als Punkte ansehen kann. Hierauf gehen wir zu Körpern endlicher Größe über, welche fest sind und ihre Gestalt nicht ändern. Drittens behandeln wir biegsame Körper. Viertens diejenigen, welche eine Ausdehnung und Zusammenziehung zulassen. Fünftens untersuchen wir die Bewegung mehrerer loser Körper, von denen einige verhindern, daß die andern ihren Versuch sich zu bewegen ausführen. Sechstens müssen wir die Bewegung flüssiger Körper behandeln."[5]

Euler stellte nur die beiden ersten Punkte in Büchern dar. Die *Mechanica* (E 15–16, 1736)(Abb. 7.4) behandelte den ersten Punkt; der zweite war Gegenstand der *Theorie motus* (E 289, 1765)[6]. Punkt 5 wurde teilweise in die *Theoria*

---

[4] Siehe den Artikel „Notizen über unveröffentlichte Manuskripte Eulers" von Gennadi K. Michailov in *Euler* 1959, S. 256–279.

[5] *Mechanica*, Caput I, Scholium generale, § 98. Fuss wiederholt in seiner *Éloge* dieses gewaltige Vorhaben, siehe die folgende Fußnote 6.

[6] Der vollständige Titel ist *Theoria motus corporum solidorum seu rigidorum ex primis nostrae cognitionis principiis stabilita et ad omnes motus, qui in hujusmodi corpora cadere possunt, accamodata* (Eine Theorie der Bewegung fester oder starrer Körper, die auf den ersten Prinzipien unseres Wissens basiert und an alle Bewegungen angepasst wird, die in Körpern dieser Art auftreten können, E 289). Die deutsche Übersetzung (1853) enthält die Zusätze zur zweiten Auflage (1790).

7.2 Mechanica sive motus scientia analytice exposita von 1736

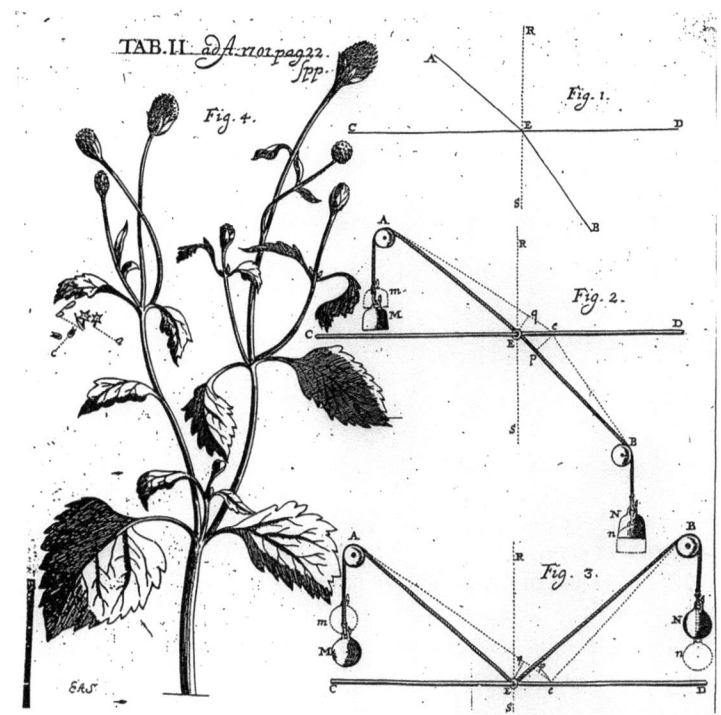

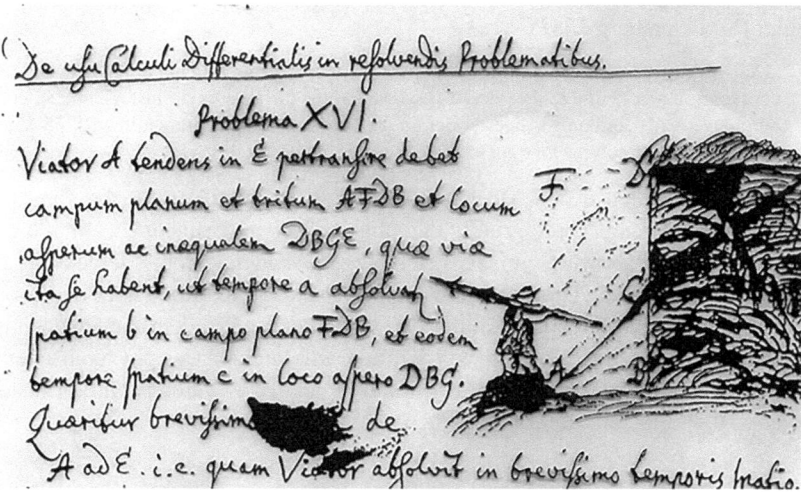

Abb. 7.3 a Eine mechanische Veranschaulichung von Brechung und Spiegelung (aus den Acta eruditorum 1701). Die Pflanze am linken Rand weist darauf hin, dass es noch keine mathematisch spezialisierte Fachzeitung gab, sondern dass in den Acta auch für die Botanik Platz war. **b** Eine überzeugende Motivation des Brechungsgesetzes gibt Johann I Bernoulli in seiner Vorlesung über Differentialrechnung, (Problem VI), wo er einen Wanderer über zwei Felder mit unterschiedlicher Beschaffenheit gehen lässt. Vermutlich eine Abschrift der Vorlesung von Nikolaus I Bernoulli, einem Neffen von Johann I Bernoulli (1705)

Abb. 7.4 Titelseite von Band 1 von Eulers zweibändiger Mechanica (1736)

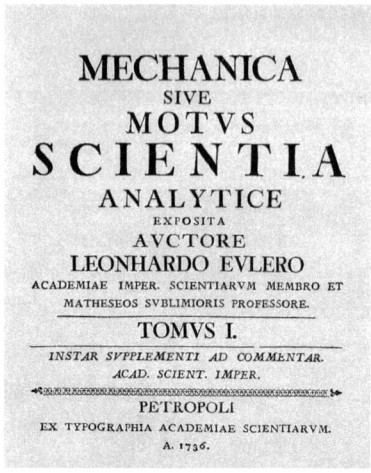

motuum planetarum et cometarum (Theorie der Planeten und Kometen; Himmelsmechanik, E 66, 1744) und in die beiden Mondtheorien (E 187 und 418, 1753 und 1772) aufgenommen. Die anderen Vorhaben (Mechanik der Flüssigkeiten und Elastizitätstheorie) fanden ihre Behandlung in zahlreichen einzelnen Arbeiten (EO II/5–9); zudem kehrte Euler immer wieder mit neuen Ideen zu älteren Themen zurück.

Über die beiden ersten Punkte bemerkte Nikolaus Fuss in seiner *Éloge* auf Euler (St. Petersburg 1783):

> „Dans son grand ouvrage sur la Mécanique M. Euler n'avoit traité que le mouvement des corps infiniment petits, & il reservait la partie la plus difficile & la plus essentielle, celle du mouvements des corps solides , pour un ouvrage séparé, qui parut enfin en 1765 & qui peut être regardé comme un traité complété de Mécanique."[7] – S. 45

In der sogenannten ersten Mechanik von 1736 (E 15–16) steht der Einsatz der neuen Analysis im Vordergrund, die physikalischen Grundlagen sind die von Newton. Einige Entwürfe im St. Petersburger Akademiearchiv zeigen das deutlich, da Euler sich die Parallelstellen aus den *Principia* am Rand notierte.

Die beiden einführenden Kapitel der *Mechanica* behandeln die Bewegung im Allgemeinen und die Wirkung von Kräften auf Punkte. Die physikalischen Begriffe (Trägheit, Unterschied von Kraft und Druck usw.) waren noch im Entstehen,

---

[7] „In dem grossen schon vorhin aufgeführten Werke über die Mechanik hatte Herr Euler nur die Bewegung unendlich-kleiner Körper abgehandelt, und sich vorbehalten, die Bewegung endlicher sowol biegsamer als unbiegsamer Körper in der Folge vorzunehmen. Danach erschien im Jahre 1765 die Theorie endlicher unbiegsamer Körper, welche man, weil sie in der Einleitung alle Gesetze der Bewegung unendlich kleiner Körper in einem vorzüglich und lichtvollen Vortrag enthält, als eine vollständige Mechanik ansehen kann." – Übersetzung von Fuss, *Lobrede* (1786) der zitierten Passage der *Éloge*, S. 45; *Lobrede*, S. 75 oder EO I/1, S. LXXVII.

7.2 Mechanica sive motus scientia analytice exposita von 1736

sodass nicht immer alles klar und deutlich dargestellt ist (übrigens nicht nur bei Euler); auch die Entwürfe sind inhaltlich einfach.[8] Die erste Mechanik war eine Punktmechanik, die Euler mit einer Vielzahl von Beispielen ausbreitete. Die Galilei'sche Frage, wie sich ein in die Luft geworfener Stein verhält, kann exemplarisch für die Behandlung mechanischer Fragen durch Euler gelten. Euler diskutierte die Beeinträchtigung der Gravitationskraft nicht nur für unterschiedliche Luftwiderstände, sondern er machte auch fiktive Ansätze mit verändertem Gravitationsgesetz. Die Variationen des Problems ändern in der Regel die Form der in Rede stehenden Differentialgleichung wenig, sie führen aber auf eine Fülle von Einzelproblemen, über die Euler bemerkte, dass man sie mithilfe der Analysis mühelos bewältigen könne. Er war vom Erfolg der analytischen Methode so hingerissen, dass er eingestand:

> „Obgleich man in der Natur außer dem dem Quadrat der Geschwindigkeit proportionalen Widerstand keinen anderen wahrnimmt, habe ich doch auch andere beliebige Kräfte des Widerstandes behandelt; teils um desto mehr Aufgaben der Bewegung im widerstehenden Mittel aufzulösen, teils und hauptsächlich um Gelegenheit zu erhalten, mehrere vorzügliche Rechnungsbeispiele anzuführen."[9]

Diese Freude an akademischen Problemen und an mathematisch interessanten Spezialfällen ist nicht neu. Bereits Eulers Lehrer Johann Bernoulli ersetzte beim Brachistochronenproblem (1696) das Galilei'sche Fallgesetz $v = \sqrt{2gh}$ durch mehrere andere fiktive Fallgesetze. Bei Bernoulli war eines der Motive vermutlich das Greifen nach einem allgemeinen Funktionsbegriff, der in der Luft lag und der durch eine Reihe von Beispielen verdeutlicht werden sollte. Die Verdeutlichung eines Funktionsbegriffs fiel bei Euler zwar weg, aber sicher gehörte neben der Freude an der mathematischen Leistungsfähigkeit auch sein Interesse an fiktiven Veränderungen des Naturgeschehens, in das das realer Geschehen eingebettet ist. Diese Sicht hat sich in gewisser Weise erhalten, wie Lagranges Äußerung aus der *Théorie de fonctions analytiques* zeigt:

> „Somit können wir die Mechanik als vierdimensionale Geometrie und die mechanische Analysis als Erweiterung der geometrischen Analysis betrachten."[10]

Gegenstand der Punktmechanik ist der Punkt, aber nicht der mathematische Punkt schlechthin, sondern ein mathematischer Punkt, der durch Idealisierung zusätzliche physikalische Eigenschaften besitzt. Die damit verbundene Problematik wurde nicht diskutiert, was bei Eulers Anschauungen über die Materie eigentlich

---

[8] Siehe Michailow in *Euler* 1959, S. 266, die Schreibweise des Namens des georgisch-russischen Physikhistorikers wechselt in seinen Angaben: kyrillisch Михайлов.

[9] Inhaltsangabe für Kap. 4 von Band 1. Die auf Edme Mariotte (1620?–1684) zurückgehende Annahme, dass der Widerstand des Mediums, in dem die Bewegung erfolgt, proportional dem Quadrat der Geschwindigkeit ist, ist nicht universal, sondern hängt nicht nur vom Medium, sondern auch von der Geschwindigkeit u. a. ab. – Wir erinnern an die Auskunft, die Castillion bei einer optischen Anfrage von Euler über Rechenverfahren erhielt, Abschn. 6.5.7.

[10] « Ainsi on peut regarder la mécanique comme une géométrie à quatre dimensions et l'analyse mécanique comme une extension de l'analyse géométrique. » (Sec. éd. Paris 1813, S. 311).

notwendig gewesen wäre, und auch in der zweiten Mechanik fehlen solche Betrachtungen. Eine verwirklichte unendliche Teilung würde auf den mathematischen Punkt führen und würde die Materie annihilieren. Euler vertrat die Ansicht, dass die physikalische Materie genau wie das mathematische Kontinuum unbegrenzt teilbar sei (siehe *Lettres,* Briefe 123 ff., EO III/11).[11] Er schrieb dem dimensionslosen Punkt eine Größe zu, die sich aus unserer Sicht als Masse erweist. Damit wurde die annihilierte Materie bewahrt. Diese „physikalischen" Punkte „wuchsen" sogar zusammen und bildeten so größere Punkte. Solche zusammengefügten Punktmengen blieben aber infinitesimal. Euler verhinderte die Teilbarkeit von Punkten und vereinigten Punkten, indem er unendlich große Kohäsionskräfte postulierte. Er folgerte:

> „Um einen größeren Punkt dieselbe Geschwindigkeit wie einem kleinen zu erteilen, bedarf es einer großen Kraft,"

mit anderen Worten, man muss auch die Zahl der Atome bzw. die Masse berücksichtigen:

> „Die Kraft der Trägheit jedes Körpers ist der Menge der Materie proportional."

Die „physikalischen" Punkte der Mechanik waren für Euler mathematische Objekte, auf die man die Analysis anwenden kann, aber keine physikalisch realen Dinge. Es gilt für die Geschwindigkeit c, die Kraft p, und die Masse A sowie deren Anzahl von Massepunkten n:

$$A \, dc = np \, dt, \tag{7.1}$$

sofern die Kraft in Richtung der Bewegung wirkt; lässt man die Anzahl n in die Masse eingehen, so ist.

$$A \, dc = p \, dt,$$

das Bewegungsgesetz Kraft = Masse × Beschleunigung in Eulers analytischer Fassung. Kräfte wurden dadurch definiert, dass sie Körper aus dem Zustand der Ruhe bringen oder deren Bewegung ändern. Euler berücksichtigte bei der Bewegung deren Richtung. Die Trägheit zählte Euler formal zu den Kräften, wobei er jedoch hervorhob, das sie keine Kraft der Art sei, wie sie in Newtons „lex secunda" erscheine. Er sprach jedoch von der „vis inertia", also von der Kraft („vis") der Trägheit. Andere Kräfte wurden „potentia" (Kraft, Wirksamkeit) genannt, aber die Trägheitskraft führte die Bezeichnung „vis", die auch Newton für eine Kraft benutzte. In den beiden Mechanikbüchern wechselte Euler in den Bezeichnungen zwischen „potentia", „causa externa" (äußere Ursache) und „vis". Er unterteilte die „potentia" noch in „pura" (rein) und „impura", „absoluta" und „relativa".

---

[11] Siehe hierzu auch Euler in „Réflexions sur l'espace et le tems" (E 149, EO III/2; 1750) und „Anleitung zur Naturlehre" (E 842, EO III/1; nach 1750).

7.2 Mechanica sive motus scientia analytice exposita von 1736

Die später als klassisch angesehenen Vorstellungen der Materie für die Mechanik entwickelte Eulers Zeitgenossse Roger Boscovich (1711–1787) in seiner *Theoria philosophiae naturalis* (Theorie der Naturphilosophie, Wien 1758).[12] Die Materie ist unveränderlich und ist aus unveränderlichen Punkten zusammengesetzt, die sich getrennt voneinander im Vakuum befinden. Diese Punkte sind träge und wirken durch Anziehungskräfte aufeinander. Auch in der zweiten Mechanik benutzte Euler dieses klassische Konzept nicht, sondern verwandte infinitesimale Körperelemente. Allerdings schimmert das Punktkonzept hindurch (siehe unten).

Zwei Umstände erschweren dem heutigen Leser das Verständnis. Die Schwierigkeiten der genauen Messung von Geschwindigkeiten im 18. Jahrhundert führten dazu, dass man die Geschwindigkeit v durch das Galilei'sche Fallgesetz beschrieb, d. h. man gab für v den Wert der Fallhöhe h, die mit der Geschwindigkeit v durch das Galilei'sche Fallgesetz $\sqrt{2gh}$ verbunden und relativ gut messbar war.[13] Anders gesagt arbeitete Euler nicht mit der realen Zeit t, sondern mit der Zeit $t^* = \sqrt{2g}\, t$ und erhielt damit die Geschwindigkeit v^* und die Beschleunigung a^*

$$v* = \frac{ds}{d\tau} = \frac{1}{\sqrt{2g}} \frac{ds}{dt} = \frac{v}{\sqrt{2g}}; \quad a* = \frac{d^2 s}{d\tau^2} = \frac{a}{\sqrt{2g}}.$$

(Die Bewegung beim Fall konnte man durch das Abrollen auf einer geeigneten schiefen Ebener gewissermaßen zeitlupenartig erfassen.) Zum anderen setzte Euler Kräfte zu der aus der Statik bekannten und ebenfalls gut messbaren Gravitationskraft ins Verhältnis: Kraft war das, was der Gravitationskraft das Gleichgewicht halten kann.

Harald Iro (*1946) bemerkte in seiner Untersuchung der ersten Mechanik Eulers:

> „Die Darstellung der physikalischen Grundlagen in den ersten beiden Kapiteln ist keine Meisterleistung Eulers. Abgesehen von der langatmigen, vielfach wiederholenden Darstellung sind manche seiner Erläuterungen nicht sehr geglückt. Die beiden ersten Kapitel wären besser durch die entsprechenden Teile der *Principia* und die Varignonsche Ableitung der Bewegungsgleichung zu ersetzen. Die große Leistung Eulers für die analytische Mechanik ist die bereits erwähnte Anwendung der Differentialrechnung in vielen Aufgaben und Beispielen in den folgenden Kapiteln der Mechanik."[14]

---

[12] Siehe H. Iro „Eulers analytische Mechanik", in: *Euler* 2008, S. 236–268. Diese Arbeit von Iro ist offenbar die erste neuere gründliche Analyse der *Mechanica*, deren Darlegungen überzeugend sind, sodass ich ihr gefolgt bin. – Boscovich war ein katholischer Priester mit naturwissenschaftlicher Bildung, unterschiedliche Namensschreibungen.

[13] Siehe beispielsweise „Théorie plus complette des machines" (Eine vollständigere Theorie der Maschinen), in: *Mèmoires der Berliner Akademie* 10 (1754), S. 227–295; E 222, EO II/16; 1754), § 20. – J. Ravetz „The representation of Physical Quantities in Eighteenth Century Mathematical Physics", in: *ISIS* 52 (1961), S. 7–20

[14] H. Iro „Eulers analytische Mechanik", in: *Euler* 2008, S. 247.

Die folgenden Kap. 3–5 des ersten Bandes widmen sich der Zentralbewegung, geradlinigen Bewegungen im widerstehenden Mittel und krummlinigen Bewegungen. Bei der Behandlung von Bewegungen bei Zentralkräften diskutierte Euler verschiedene Zentralkräfte, die von der Potenz des Abstandes abhängen. Er korrigierte hier seine irrige Annahme in der dritten These seiner Dissertation *De sono* (Über den Klang, E 2, EO III/1). In dieser These ließ er einen Stein durch einen Kanal fallen, der durch den Erdmittelpunkt gebohrt worden war, und er folgerte, dass dieser Stein im Erdmittelpunkt stoppen würde, um wieder nach oben zu steigen.

In diesen Überlegungen werden Eulers Vorstellungen deutlicher. Er diskutierte Variationen des Vorganges und stellte sich dabei z. B. vor, dass der fallende Stein im Erdmittelpunkt absorbiert oder infolge einer dort befindlichen unendlich großen Masse reflektiert werde. Die zugehörigen Betrachtungen versah Euler seinerzeit mit der mit der Bemerkung:

„Wie dem auch ist, so müssen wir hier der Rechnung mehr vertrauen als unserer Urteilskraft."

Diese Aussage Eulers sollte ihm noch lange kritisch und höhnisch vorgehalten werden, im 18. Jahrhundert beispielsweise von dem englischen Ingenieur Benjamin Robins (1707–1751) bis zu dem französischen Philosophen Voltaire (1694–1778).

Die Kapitel über krummlinige Bahnen und über Zwangsbewegungen zeigen die Kraft der analytischen Methode. Bei ebenen Zentralbewegungen erhielt Euler Ellipsen als Bahngleichungen. Das umgekehrte ebene Problem (inverse Problem) löste er gleichfalls: Für Ellipsen ist die zugehörige Zentralkraft dem Quadrat des Abstandes von Kraftzentrum proportional. Bei der Zentralbewegung wandte Robins mit Recht ein, dass Euler die zugehörigen allgemeinen Sätze wie den Flächensatz[15] erst in Kap. 5 einführte (74. Proposition, § 587), was zu spät ist, um eine elegante und einfache Darstellung zu erhalten.

Der zweite Teil der Mechanik betrifft Zwangsbewegungen, d. h. Bewegungen, die durch Bedingungen eingeschränkt sind, wobei in den Problemen sowohl das Vakuum als auch widerstehende Mittel erscheinen. Ein bekanntes Beispiel sind Pendelbewegungen. Ausführlich werden auch Bewegungen diskutiert, die auf einer Fläche stattfinden. Der Widerstand eines den Körper umgebenden Mediums ist abhängig von der Geschwindigkeit, z. B. setzte Euler diesen Widerstand proportional dem Quadrat der Geschwindigkeit und bei niedrigen Geschwindigkeiten in Gasen oder Fluiden proportional der Geschwindigkeit selbst. Aus seinem Bewegungsgesetz $A\,dc = p\,dt$, (Gl. 7.1) leitete Euler den Sachverhalt

$$c\,dc = np\,d\frac{s}{A}$$

---

[15] Bei Zentralbewegungen werden durch den Radiusstrahl in gleichen Zeiten gleich große Flächen überstrichen.

(*A* Masse, *c* Geschwindigkeit, *p* Kraft in Richtung der Bewegung, *n* Proportionalitätskonstante) her, der in analytischer Form den Energiesatz beschreibt. Euler bemerkte diese Tragweite nicht, sondern hielt die Gleichung für eine Variante der Bewegungsgleichung.

Das Manuskript zur *Mechanica* war im Jahre 1734 fertig, wie ein Brief an Johann Bernoulli vom November 1734 zeigt. Der Akademiepräsident der St. Petersburger Akademie Johann Albrecht von Korff (1697–1766) machte sich um die Drucklegung verdient, sodass Euler ihm beide Bände widmete (gemäß Datum vom 1. August 1736). Euler strebte an, die bruchstückhaften Einzelergebnisse, die in vielen verstreuten einzelnen Arbeiten dargestellt waren, in eine systematische Theorie zu bringen (freie – unfreie, geradlinige – krummlinige Bewegungen, Zentralbewegungen u. a.), er versuchte dabei, die Lücken durch eigene Forschung auszufüllen. Das verschaffte dem 30-jährigen Gelehrten aus dem fernen St. Petersburg in Europa großen Ruhm, auch wenn später Lagrange in seinem Vorwort zur *Méchanique analytique* (1788) Eulers Mechanik, die erste Mechanik (E 15, EO II/1–2), vor allem als Aufgabensammlung verstand und sie weniger als eine Darstellung der mechanischen Prinzipien ansehen wollte, was nicht ganz falsch ist. Aber immerhin schrieb er auch, Eulers Mechanik sei

> „das erste große Werk, in dem die Analysis auf die Wissenschaft der Bewegung angewendet wurde."[16]

Sein Lehrer Johann I Bernoulli bemerkte noch, dass die *Mechanik* besser den Titel „Dynamik" hätte erhalten sollen.

7.3 Die Hydromechanik und die Schiffswissenschaft (Scientia navalis, 1749)

> Die Bewegung der Flüssigkeiten ist eine von den schwersten und verwirrendsten Materien, welche in der Mathematic und Physic immer vorkommen können.
> LEONHARD EULER (1745)

Ein weiterer Höhepunkt im mechanischen Schaffen war die zweibändige *Scientia navalis* (etwa: Schiffswissenschaft; E 110–111, EO II/18–19, 1738), dieses Buch fand seinerzeit viel Aufmerksamkeit. Die *Institutiones calculi differentialis* (E 212, 1755) und die *Scientia navalis* werden im Briefwechsel Eulers mit Abstand am häufigsten erwähnt (die *Scientia navalis* in ca. 75 Briefen). Der Auftrag für dieses Werk kam von der russischen Admiralität, denn hinter der Thematik stand nicht nur ein wissenschaftliches, sondern auch ein handfestes praktisches Interesse: die Seeherrschaft. Dieses Interesse bestand natürlich auch in Russland, obwohl die

---

[16] « Le première grand ouvrage où l'Analyse ait appliquée à la science du mouvement." – *Méc. Anal.*, Preface, 1788

Abb. 7.5 Die Titelseite des ersten Teils von Eulers Schiffswissenschaft von 1749

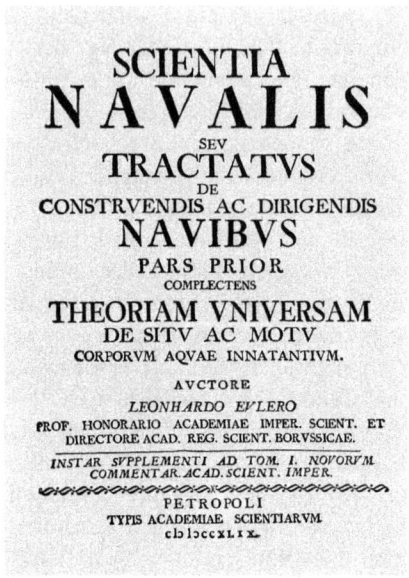

von Peter I. (1672–1725) geschaffene Flotte bald nach Tod des Zaren in einem ziemlich schlechten Zustand war.[17]

Das Manuskript für die Schiffswissenschaft war Ende 1738 abgeschlossen, wie ein Brief von Euler an seinen Lehrer Johann Bernoulli zeigt (Brief vom 20./31. Dezember 1738). Daniel Bernoulli (1700–1782) bat den Freund, das Manuskript durchsehen zu dürfen (Brief vom 7. März 1739). In seiner Antwort an Daniel Bernoulli teilte Euler einige Ergebnisse über die Schwingungen von Körpern im Wasser mit, und in einem Brief vom 18./29. Dezember 1739 berichtete er dem Freund schließlich über seine Arbeit an einem zweiten Band. Das Werk wurde letztlich erst in Berlin abgeschlossen (Brief an d'Alembert, Ende 1750). Euler war während des Aufenthalts des Verlegers Marie Michel Bousquet (1696–1763) aus Lausanne in Berlin im Frühjahr 1743 versucht, ihm dieses inzwischen weitgehend abgeschlossene Manuskript anzubieten, aber Rücksprache mit der Russischen Akademie, um deren Ansprüchen gerecht zu werden, führte schließlich zum Druck der *Scientia navalis* in der St. Petersburger Akademiedruckerei, jedoch erst im Jahre 1749, also mit einer fast zehnjährigen Verspätung (Abb. 7.5).

---

[17] Im 18. Jahrhundert verfügte die russische Flotte über etwa 725 Kriegsschiffe. Etwa 180 Kriegsschiffe wurden in der Regierungszeit von Anna vom Stapel gelassen, wovon etwa 50 mit 70 bis 100 Kanonen bestückt waren. Die Kriegsmarine bestand aus 15.000 Seeleuten und 2100 Kadetten, deren Kosten im Budget (ohne Verpflegung) 1,15 Mio. Rubel ausmachten. Die entsprechende Summe für die Landstreitkräfte schlug mit 1,8 Mio. Rubel zu Buche.

7.3 Die Hydromechanik und die Schiffswissenschaft ...

Diese Liegezeit strapazierte Eulers Geduld und ließ ihn vermutlich seine Rücksicht auf die russischen Auftraggeber bereuen. Denn inzwischen war 1746 in Paris von Pierre Bouguer (1698–1758) der *Traité du navire, de sa construction et de ses mouvement*" (Abhandlung über Schiffe, deren Bau und deren Bewegungen) erschienen. Beide Bücher behandeln das gleiche Thema, und Euler schrieb Ende 1750 an Jean le Rond d'Alembert (1717–1783), dass dieser daher in der *Scientia navalis* wenig Neues finden werde. Hinter diesen Zeilen stand die Sorge Eulers, dass man ihm vielleicht Plagiate unterstellen könnte. Denn auch in seinem Vorwort wies Euler darauf hin, dass zum einen Bouguer in Peru sein Buch verfasste,[18] sodass zwischen beiden Autoren kein Kontakt möglich war, zum anderen würden viele Kollegen bezeugen, dass er ihnen schon vor Jahren seine Ergebnisse mitgeteilt habe. Euler, der sich immer an der Front der mathematischen Forschung wusste, war hier durch die Liegezeit ins Hinterwasser geraten, und diese Erfahrung war neu für ihn.

Euler erhöhte nach dem Erscheinen von Bouguers *Traité* den Druck auf die St. Petersburger Akademie, das Werk *Scientia navalis* zum Druck zu bringen. Natürlich wies er auf den erschienen *Traité* hin und bot an, den Druck seines Buches in Berlin selbst zu überwachen (Brief an Schumacher, 18. Juli 1747). Er bat auch den Freund Goldbach (1690–1764) und Grigorii Nikolajewitsch Teplow (Григорий Николаевич Теплов, 1717–1779), einen Assessor der Akademischen Kanzlei, sich für einen baldigen Druck einzusetzen. Im Frühjahr 1747 hatte Euler eine originelle Idee, nämlich die führende seefahrende englische Nation für den Druck zu gewinnen. Er nutzte dazu seine Beziehungen zu dem früheren Basler Theologen Johann Kaspar Wettstein (1695–1760), der Kaplan des Prinzen (Fürsten) Friedrich Ludwig von Wales (1707–1751) in London geworden war und der der Royal Society das Manuskript anbieten sollte (Brief an Wettstein, 20. Mai 1747). Aber bald zog er das Angebot wieder zurück, denn auf Eulers Brief an Schumacher vom 18. Juli 1747 hatte der ukrainisch-russische Präsident der St. Petersburger Akademie, Kirill Grigorewitsch Graf Rasumowski (Кирилл Григорьевич Разумовский, ukr. Кирило Григорович Розумовський, 1728–1803) die Order gegeben, den Druck der *Scientia navalis* in Berlin auf Kosten der St. Petersburger Akademie zu beginnen. Rasumowski weilte übrigens im Frühjahr 1744 mit Teplow bei Euler in Berlin und war nach seiner Rückkehr 1746 nur 18-jährig Präsident der Russischen Akademie geworden. Am 22. Juni 1748 teilte Euler dem Präsidenten in St. Petersburg mit, dass er das Manuskript an die Petersburger Akademie geschickt habe, denn der Druck erfolge nun in St. Petersburg. 1750 erhielt er von dem Buch, das er Rasumowski gewidmet hatte, 50 Freiexemplare. Das Interesse an Eulers Buch spiegelte sich nach dem Erscheinen in der Bitte von Christoph Kratzenstein (1723–1795), Professor für Mechanik in St. Petersburg, wider, einen populäre Auszug

---

[18] Bouguer war Leiter der peruanischen Expedition (1735–1743) zur Klärung der Erdgestalt. Seine Resultate publizierte er in *La Figure de la terre* (1749). Maupertuis leitete mit gleichem Ziel die Expedition nach Lappland (1736–1737).

anfertigen zu dürfen, der für Seeleute verständlich sei (Brief vom 29. November/10. Dezember 1751). Euler stimmte zu. Es ist amüsant zu hören, dass Kratzenstein im Dezember (!) beiläufig erwähnte, dass er gerade dabei sei zu lernen, wie man eine Segelyacht steuert (Abb. 7.6).

Pierre Bouguers Buch *Traité* (Paris 1746) – das ist nicht zu bestreiten – war vor Eulers auf dem Markt, obwohl dieser sein Manuskript schon Ende 1738 abgeschlossen hatte. Deshalb war Bouguers Buch das bekanntere. Daran änderte auch die Tatsache nichts, dass sich Pierre Bouguer selbst und Alexis Claude Clairaut (1713–1765) aus Paris lobend über Eulers Werk äußerten. Euler und Bouguer tauschten im Frühjahr 1751 gegenseitig ihre Bücher aus. Bouguers Absicht in seinem Buch war mehr auf das Praktische gerichtet: Man findet ausführlich ausgerechnete Beispiele, Anweisungen für die Spantenrisse, die Dimensionierung der Bemastung u. a. m. H. E. Timmerding(1873–1945) beschrieb den Gegensatz zwischen Euler und Bouguer in seinem Artikel „Eulers Arbeiten zur Schiffsmechanik":

Abb. 7.6 Segelschiff, Mitte 18. Jahrhundert

7.3 Die Hydromechanik und die Schiffswissenschaft ...

„Eulers Stärke und Freude ist die mathematische Analyse. ... Euler dagegen [im Vergleich mit Bouguer] sucht so ausschließlich die analytischen Probleme, die in der Schiffstheorie stecken, daß er nicht einmal eine ordentliche Figur gibt und kein Mensch aus seinem Buch erfahren könnte, wie ein Schiff eigentlich aussieht."[19]

Euler behandelte in seiner vierten Veröffentlichung (E 4, EO III/1) eine hydromechanische Aufgabe, an welcher Stelle eines Schiffes es am günstigsten wäre, Masten einzusetzen. Er dachte sich dabei das Schiff fixiert, sodass er noch nicht zu einer befriedigenden Lösung kam und 1728 ein Accessit (2. Platz) bekam; den Pariser Akademiepreis erhielt der Schiffsbauingenieur Pierre Bouguer.

Ein in Basel begonnenes Notizbuch enthält Entwürfe und Konzepte (beispielsweise listet ein Fragment 37 Probleme auf), und es gibt einen Entwurf „De resistentia aquae motae in canalis" (Über den Widerstand von fließendem Wasser in Röhren), den jetzt das Archiv der St. Petersburger Akademie aufbewahrt. Das zeigt das hydromechanische Interesse des jungen Wissenschaftlers, der sich unbefangen große Fragen vornahm. Eulers erster Auftritt in den Konferenzen der Akademie von St. Petersburg betraf folglich auch hydromechanische Aufgaben; seine zwei Vorträge „De quantitate aquae ex foramine effluentis" (Über die Wassermenge, die aus Öffnungen fließt), die am 5./16. und 8./19. September 1727, also nur wenige Wochen nach seiner Ankunft, gehalten wurden, schlossen inhaltlich an gerade vorgetragene Themen von Daniel Bernoulli an. Am 15./26. September trug Euler über Modelle der Erdatmosphäre vor. Noch im gleichen Monat schlug Euler dem Geheimen Rat der Akademie Themen vor, die die Akademiemitglieder bearbeiten sollten, darunter waren die Fragen, wie Wasser aus Gefäßen ausfließt oder wie sich feste Körper im Wasser bewegen. Ein furioser Auftakt des Zuganges aus Basel![20]

Aus St. Petersburg schrieb Daniel Bernoulli (13./24. August 1727) über Eulers Leistungen dem Marquis Giovanni Poleni (1683–1761), einem Mathematiker und Astronomen aus Padua, dass zahlreiche Gelehrte an der Hydromechanik gescheitert seien („s' trompez"), „Was aber noch bemerkenswerter ist, ist jedoch, dass diese Theorie gleichzeitig auf andere Weise von Herrn Euler aus Basel entdeckt wurde, einem Schüler meines Vaters, der ihm große Ehre erweisen wird. Hier ist das Problem, dessen Lösung durch eine Vielzahl von Experimenten bestätigt wurde."[21] Bernoulli sprach hier noch von „notre théorie" und „notre solution", was die enge Zusammenarbeit beider belegt. Euler veröffentlichte aber in

---

[19] *Physikalische Zeitschrift* 8, 21 (1908), S. 865–869, Zitat S. 865.

[20] In den publizierten *Protokollen* fehlen für 1727 die Eintragungen vom 25. März 1727 bis 12. Januar 1728.

[21] « Mais ce qui est encore plus remarquable est que dans le même tems cette théorie a été trouvée par une méthode différente par Mr. Euler de Bâle, élève de mon père, qui lui fera bien de l'honneur. Voici le problème, dont notre solution a été confirmée par un grand nombre d'expériences. » – Zitiert nach Michailov, „Unveröffentlichte Manuskripte Eulers", in: *Euler* 1959, S. 256–280 mit einem Anhang von 20 Faksimiles.

dieser Zeit nichts zur Hydraulik, sodass wir nur indirekt auf Eulers Leistungen zurückblicken können. Man kann wohl annehmen, dass der junge Wissenschaftler hier dem älteren Freund und Förderer den Vortritt ließ und eigene Arbeiten zurückstellte, denn Euler hatte ohnehin noch mehrere Pfeile in seinem Köcher.

Daniel Bernoulli und sein Vater Johann Bernoulli führten über ihre hydromechanischen Leistungen heftige Prioritätsstreitereien, in die jeder der beiden auch Euler zu ziehen versuchte. Aber Euler, der dann in eine heikle Lage gekommen wäre, brachte dabei weder seine eigene Leistung zur Geltung, noch favorisierte er den Standpunkt des Lehrers Johann Bernoulli oder des Freundes Daniel Bernoulli.

Euler und Bouguer arbeiteten etwa zur gleichen Zeit am Thema der Schiffstheorie, deren mathematische Durchdringung in der Luft lag. Bouguer war ursprünglich Ingenieur für Schiffsbau, aber er ist besser in Erinnerung durch seine Arbeiten an der Photogrammetrie und durch seine Beteiligung an der Meridian-Expedition, bei der in Peru die Länge des Meridians gemessen werden sollte, um die Erdgestalt zu bestimmen. Die Distanz zwischen St. Petersburg und Peru verhinderte in der Tat einen Briefwechsel zwischen Euler und Bouguer, die damals geographisch fast Antipoden waren. Diese Distanz garantierte nicht nur die Unabhängigkeit ihrer Ergebnisse, sondern deren Übereinstimmung bestätigte auch deren Richtigkeit. Die beiden Autoren schufen eine Wissenschaft, die jedoch noch nicht vollständig war. Daher publizierten beide weitere Arbeiten, Bouguer 1753 ein weiteres Buch „Nouveau traité de navigation contenant la théorie et la pratique de pilotage" (Neue Abhandlung über die Navigation, die Theorie und Praxis des Steuerns, Paris 1753). Euler erwähnte in einem Brief an Maupertuis (20. Februar 1750), dass er einen Fehler in Bouguers *Traité* in seiner Arbeit „Mémoire sur la force de rames" (Abhandlung über die Kraft der Ruder; E 116, EO II/20) korrigiert habe, die er der Berliner Akademie 1747 vorgelegt hatte und die in den Berliner Mémoires 1749 erschien. Er versuchte auch, mit praxisorientierten Abhandlungen Seeleute zu erreichen, wobei er beispielsweise den dänischen Kapitän Friedrich Weggersloff (1702–1763) konsultierte. Euler bemängelte, dass die bisherigen Theorien nicht gut begründet wären („ungewisse Prinzipien"; gewisse wahre Observationen wären aber als Grundlegung einer Theorie ungeeignet), dass aber seine Auffassungen „aus den gewissesten Prinzipien auf das Genaueste bestimmt sind" (Brief an Weggersloff vom 12./23. April 1740). 1773 folgte eine zweite, mehr praxisorientierte Schiffstheorie, *Théorie complette de la construction et de la manœuvre des vaisseaux mise à la portée des ceux, qui s'appliquent à la navigation* (Vollständige Theorie des Schiffbaus und des Manövrierens, zugänglich gemacht für diejenigen, die sich mit der Navigation befassen; E 426, EO II/21).

Ein Grundproblem der Schiffstheorie lautet, der Form eines Schiffes unter gewissen Nebenbedingungen eine solche Gestalt zu geben, dass es einer Bewegung im Wasser möglichst wenig Widerstand entgegenbringt. Euler betrachtete vertikale Längsschnitte und setzte voraus, dass er mit solchen Längsschnitten das Problem als ein ebenes behandeln könne. Die Einleitung gibt einen guten Überblick über das Werk. Euler begann mit den Prinzipien für Ruhe (Gleichgewicht) und

7.3 Die Hydromechanik und die Schiffswissenschaft ...

Bewegung, aus denen die Wissenschaft der Schifffahrt entwickelt wurde. Die Untersuchung ging von unbewegtem Wasser aus. Es gebe verschiedene Arten der Stabilität, auch labile Zustände. Das war durch Erfahrung bereits bekannt, aber noch nicht theoretisch bearbeitet worden. Monsieur de la Croix, der Generalkommissar der französischen Flotte und ein in solchen Dingen erfahrener Mann, hatte 1736 zwei kleinere Arbeiten über die Mechanik schwimmender Körper in den St. Petersburger *Mémoires* erscheinen lassen. Obwohl de la Croix keine vollständige Lösung angeben konnte, so wies er doch auf die Bedeutung der Frage hin. Euler wiederum verwandte alle Mühe darauf, die Sache zu prüfen und theoretisch zu behandeln.

Für seine systematische Untersuchungen der Gleichgewichtstheorie schwimmender Körper und deren Stabilitätsprobleme verwandte Euler in der *Scientia navalis* ein mechanisches Prinzip, das sich auf dieses Konzept bezieht:

„Die Kraft, die man aufwendet, um ein Schiff aus seinem gegebenen Gleichgewichtszustand zu bringen, bestimmt den Winkel, bei dem das Fahrzeug kippen muss."[22]

Die hier festgelegte Inclinaisson-Achse erkannte Euler als abhängig vom Abstand des Schwerpunktes und von der Größe des untergetauchten Teils, der der Wasserverdrängung gleich ist („en partie de l'entendue de la section horizontale de Vaisseau", in einem Teil der der horizontalen Ausdehnung von Schiffen). Euler prägte hier den Begriff der idealen Flüssigkeit.

Im zweiten Band wandte er die allgemeine Theorie auf Schiffe an, wobei viele Vorschriften infolge falscher Annahmen über den Wasserwiderstand korrekturbedürftig sind. Während der Niederschrift des Werkes führte Euler übrigens zahlreiche Experimente mit Schiffsmodellen aus. Er untersuchte nicht nur experimentell Widerstände, sondern versuchte auch theoretisch, optimale Profile zu finden. Dabei überrascht der Einsatz einer ausgebildeten Variationsrechnung. Es ist zu beachten, dass die Variationsrechnung (*Methodus inveniendi*, E 65) schon 1744 erschienen war, also fünf Jahre vor dem Druck der *Scientia navalis*, dass aber das Manuskript für die *Scientia navalis* größtenteils bereits Ende der 1730er-Jahre abgeschlossen wurde (zumindest Band 1). Daher verwies Euler beim Druck der *Scientia navalis* vermutlich nicht mehr auf die bereits erschienene Variationsrechnung.[23]

Er reduzierte das hydromechanische Grundproblem auf die Variationsaufgabe

$$I(y) = \int_a^b F(x, y, y', y'', \ldots) dx \to \text{extremum} \tag{7.2}$$

---

[22] « La force qui fait effort pour tirer un Vaisseau de son état d'équilibre étant donnée, déterminer l'angle suivant lequel le Vaisseau doit s'incliner. »

[23] Euler hat im Allgemeinen derartige Verweise und Aktualisierungen unterlassen und von ihm bereits abgeschlossene Arbeiten in Hinblick auf neuere Abhandlungen (ja selbst in Hinblick auf neue Ergebnisse!) kaum bearbeitet.

unter den Nebenbedingungen

$$\int_a^b G_j(x, y\prime, y'', \ldots) \, \mathrm{d}x = c_j \, (j = 1, \ldots, n) \tag{7.3}$$

und den Randbedingungen

$$y(a) = 0, \quad y(b) = 0. \tag{7.4}$$

Euler gab für das Problem die heute als Euler–Lagrange'sche Differentialgleichung für Variationsprobleme mit Nebenbedingungen bezeichnete Differentialgleichung an. Er betrachtete mehrere Spezialisierungen, u. a. untersuchte er für Gl. 7.2 den Fall $F = F(p)$ unter der Nebenbedingung, dass die von der Lösung $y = y(x)$ umschlossene Fläche A konstant sei. Die Euler–Lagrange'sche Differentialgleichung ist dann

$$\frac{\mathrm{d}}{\mathrm{d}x} \frac{\partial F(y')}{\partial p} = \frac{1}{\lambda}$$

(λ Parameter für isoperimetrische Probleme, der die Fläche A bestimmt).

Hieraus ergibt sich eine Parameterdarstellung für x und y:

$$x = b + \lambda F_p \quad y = \lambda(p - F_p) - c \tag{7.5}$$

(b, c Integrationskonstanten) (mithin gehen die Lösungskurven durch die Translation $x \to x + b$ und Ähnlichkeitstransformationen $y = \lambda y$ auseinander hervor). Euler wandte die Gl. 7.5 auf das Funktional Gl. 7.2 mit $F = F(p)$ an:

$$I(y) = \int_a^b \frac{y'^3}{1 + y'^2} \, \mathrm{d}x, \tag{7.6}$$

das den Wasserwiderstand angibt. Das ist ein ähnlicher Fall wie das von Newton behandelte bekannte Problem, in dem der Zähler des Integranden yy'^2 lautet (*Principia,* Book III, Prop. XXXIV). Die Lösungskurve ist eine dreiseitige Hypozykloide (d. h. eine Kurve, die dadurch entsteht, dass ein Kreis mit dem Radius r in einem anderen Kreis – hier mit dem Radius $R = 3r$ – abrollt, wobei ein Punkt des ersten Kreises eine Kurve beschreibt, die Hypozykloide). Durch diesen Ansatz wird allerdings der Gesamtwiderstand nur unvollständig erfasst, weil beispielsweise durch die Bewegungen des Schiffes auch das Wasser bewegt wird, sodass Strömungen und Turbulenzen entstehen. Diese Turbulenzen und die Sogwirkungen beeinträchtigen ebenfalls die Fortbewegung.

In einem Brief an Daniel Bernoulli vom März 1739 kündigte Euler dem Freund in Basel Versuche an, um für die *Scientia navalis* Widerstände verschiedener Körper bei Bewegungen im Wasser zu finden. Die Versuche wurden in der Tat ausgeführt (Brief vom 5./16. 5. 1739), und nach Ausführung der Versuche sah Euler die Newton'sche Theorie des Widerstandes als bestätigt an (Brief vom 15./26. September 1739). Die entsprechenden Ergebnisse sind vermutlich in die Ergebnisse von Band 1 ein-

7.3 Die Hydromechanik und die Schiffswissenschaft ...   781

gegangen. Erst im Jahre 1753 begann Euler von Newtons Theorie („impact theory") des Widerstandes abzurücken. Diese Abkehr war insofern folgerichtig, da Newton den Widerstand aus Stößen von Flüssigkeits- bzw. Gaspartikeln herleitete, Euler aber Flüssigkeiten als Kontinua ansah. Auf die Kontinuitätsauffassung gehen wir bei der Besprechung der Festkörpermechanik („zweite Mechanik", 1765) noch ein.

Euler vertraute hier den Experimenten. Als Mathematiker hätte er auch das sogenannte Legendre'sche Paradoxon bemerken können, dass nämlich eine beliebig gezackte Linie (Zickzack-Kurve), die sich aus Geraden der Art $y(x) = \pm mx + d$ zusammensetzt, wobei deren Neigungen gegen die x-Achse stets den gleichen Winkel haben sollen, den Wert des Integrals I mit kleinem m beliebig klein machen kann: $|I| < |m|(b - a)$. Das ist physikalisch unsinnig. Der mathematische Grund für dieses paradoxe Ergebnis besteht darin, dass für kleine Anstiege eine notwendige Legendre-Bedingung verletzt wird. Geometrisch gesagt muss der Kurvenbogen, der zum betrachteten Körper gehört, in der gerade erwähnten dreiseitigen Hypozykloide vor einer Spitze liegen.[24]

Der praktisch orientierte Euler interessierte sich auch für Schiffsantriebe, die jenseits der verfügbaren Windkraft lagen, insbesondere Strahlenantriebe (mittels Pumpenaggregaten) und Schiffsschrauben am Heck sowie Schaufelräder (Mississippi-Dampfer). Er betrachtete auch den Antrieb durch Ruder. In diesen mathematischen Überlegungen gibt es große Differenzen zu Bouguer. Detailliert äußerte sich Euler zu Fragen des Antriebs in den Abhandlungen „Mémoire sur la force de rames" (E 116, EO II/20, gedruckt 1749) und „De promotione navium sine vi venti" (Über die Bewegung von Schiffen ohne Windkraft; E 413, EO II/21), die 1753 für den Pariser Akademiepreis eingereicht wurde und ein Accessit erhielt, jedoch erst 1771 in dem *Recueil des pieces qui ont remporté les prix de l'Académie* (Sammlung von Stücken, die mit dem Akademiepreis ausgezeichnet wurden) abgedruckt wurde. Euler stellte beispielsweise fest, dass bei Strahlenantrieben das Quadrat der Schiffsgeschwindigkeit linear mit der Gesamtleistung wächst. Als er beim Vergleich mit einem Schaufelradantrieb 100 Männer ein Pumpenaggregat betreiben ließ, war die Wirkung deutlich geringer als beim Antrieb durch Schaufelräder.[25] Letztlich musste Euler jedoch feststellen, dass die Erzeugung der benötigten Kräfte die technischen Möglichkeiten seiner Zeit überforderten. Im 18. Jahrhundert gab es aber auch schon ökonomische Vorbehalte, dass man nicht auf den kostenlos zur Verfügung stehenden Wind verzichten sollte.

Zurück zu Band 1. Das zweite Kapitel bildet die Wurzel für einige der bedeutendsten Leistungen Eulers in dem später rationale Mechanik genannten Gebiet, denn es zeigt, neben den entsprechenden astronomischen Untersuchungen, wie Euler zur Aufstellung der Bewegungsgleichungen für starre Körper sowie zu

---

[24] Die zur Variation herangezogenen Schiffsprofile gehören nicht zur Klasse der stetig differenzierbaren Funktionen.

[25] Übrigens war Eulers Annahme über die menschliche Leistungsfähigkeit erstaunlich gut. Er schätzte, dass ein Mensch längere Zeit eine Last von 15 kp mit einer Geschwindigkeit von 0,65 m/sec bewegen kann.

den Kreiselgleichungen kam. Das verbindende Glied ist die Rotation eines festen Körpers um eine zunächst als fest angesehen Achse. Hier reicht es aus, die Winkelgeschwindigkeit als Funktion der Zeit zu kennen, wobei die Rotation des Körpers durch Schnitte senkrecht zur Drehachse als ein ebenes Problem behandelt werden kann. Wenn bei einem axial rotierenden Körper die Massenverteilung $\mu = \mu(x, y, z)$ ist und ρ den Abstand eines Massenelements $d\mu$ bezeichnet, dann ist

$$\Theta = \int \rho^2 d\mu$$

ein Moment, das durch die Beschleunigung erzeugt wird. Hierfür benutzte Euler den Namen Trägheitsmoment. Θ ist von der Verteilung der Masse abhängig, und die Winkelgeschwindigkeit $\omega = \omega(t)$ geht ein. Die Rotationsbewegung ergibt sich aus:

$$\Theta \frac{d\omega}{dt} = m \quad (m \text{ Masse}).$$

Die Bewegung eines starren Körpers um den Schwerpunkt (also nicht notwendig um eine Achse) ist bei Schwimmbewegungen sachgemäß. Euler nahm hier an, dass es bei schwimmenden Körpern mit vertikaler Symmetrieebene drei Achsen gibt, um welche das Schiff frei rotieren kann; „frei" bedeutet hier, dass die verursachte Bewegung um eine Achse erfolgt, die unabhängig von der Bewegung der anderen Achsen ist. Euler verlangte weiter, dass sich die Rotation um den Schwerpunkt in drei Rotationen um jeweils zueinander senkrechte Achsen auflösen lässt. Das ist für infinitesimale Bewegungen der Fall, es muss aber nicht allgemein möglich sein. Bei kleinen Schaukelbewegungen des Schiffes (um seine stabile Lage) kann man näherungsweise die Bewegung in drei solcher Achsen zerlegen.

Im Jahre 1757 erschienen lediglich drei Arbeiten Eulers (alle in den Berliner *Mémoires*), die aber alle grundlegenden Themen der Hydromechanik gewidmet sind und deren Titel bereits das Programm umreißen:

- „Principes généraux de l'état d'équilibre des fluides" (Allgemeine Prinzipien des Gleichgewichtszustandes von Flüssigkeiten; E 225, EO/12, 1753 in der Akademie vorgetragen)
- „Principes généraux de l'état du mouvement des fluides" (Allgemeine Prinzipien des Zustandes einer Flüssigkeitsbewegung; E 226; EO II/12, 1755 vorgetragen)
- „Continuation des recherches sur la théorie du mouvement des fluides" (Fortsetzung der Forschungen zur Theorie der Flüssigkeitsbewegung; E 227, EO II/12, 1755 vorgetragen).

Hinzu kam noch die bereits 1752 vorgetragene Arbeit „Principia motus fluidorum" (Prinzipien der Flüssigkeitsbewegungen; E 258, EO II/12), die mit zwei weiteren Arbeiten (E 259 und 260; EO II/17 und 12) in den *Neuen St. Petersburger Commentarii* für 1756/57 erst im Jahre 1761 erschienen. In der „Continuation" wird auch im ebenen Fall die Strömung einer idealen inkompressiblen Flüssigkeit behandelt, die ein Geschwindigkeitspotenzial $F = F(x, y)$ besitzt. Die Existenz des

7.3 Die Hydromechanik und die Schiffswissenschaft ...

Potenzials F bedeutet physikalisch, dass sich die Teilchen der Flüssigkeit nicht drehen. Die Komponenten u und v der Geschwindigkeit in x- und y-Richtung sind durch die entsprechenden partiellen Ableitungen des Potenzials F bestimmt, $u = \frac{\partial F}{\partial x}$, $v = \frac{\partial F}{\partial y}$, mithin gilt (physikalisch ist das die Forderung nach Erhaltung der Masse):

$$frac\partial u \partial y = \frac{\partial u}{\partial y}.$$

Hier sind die beiden schönen Gleichungen, die Kontinuitätsgleichung (Erhaltung der Materie) und die Bewegungsgleichung (in drei Komponenten):

$$\frac{\partial \rho}{\partial t} = -\frac{\partial(\rho u)}{\partial x} - \frac{\partial(\rho v)}{\partial y} - \frac{\partial(\rho w)}{\partial z}$$
$$\frac{\partial u}{\partial t} = P - \frac{1}{\rho}\frac{\partial p}{\partial x}$$
$$\frac{\partial v}{\partial t} = Q - \frac{1}{\rho}\frac{\partial p}{\partial y}$$
$$\frac{\partial w}{\partial t} = R - \frac{1}{\rho}\frac{\partial p}{\partial z}$$

ρ ist die Dichte der Flüssigkeit; p der Druck; u, v und w sind die Geschwindigkeitskomponenten der Strömung in x-, y- und z-Richtung; t ist die Zeit; P, Q und R sind die Komponenten der äußeren Kräfte, die in x-, y- und z-Richtung wirken.

Das sind vier Gleichungen für fünf Unbekannte (Dichte, Druck und Geschwindigkeit), und mit einer weiteren, heute als Energiegleichung bezeichneten Relation zwischen Dichte und Druck oder Temperatur ist eine dreidimensionale Strömung eindeutig bestimmt. Wir wissen von Euler selbst, dass er auf diese Leistungen besonders stolz war. Bereits im Oktober 1751 hatte er in der Berliner Akademie über „Du mouvement d'un corps solide quelconque, lorsqu'il tourne autour d'une axe mobile" (Über die Bewegung eines festen Körpers, wenn er sich um eine bewegliche Achse dreht) vorgetragen, und der Vortrag erschien in den Berliner *Mémoires* für 1758 unter dem Titel „Du mouvement de rotation des corps solides autour d'une axe variable" (Über die Rotationsbewegung fester Körper um eine variable Achse; E 292, EO II/8).[26] Der Band für 1758 wurde aber erst 1765 gedruckt, sodass der Artikel im gleichen Jahr wie die *Mechanik* erschien.

Es ist aber charakteristisch für Euler, dass er neben den grandiosen theoretischen Entwürfen auch praktische Fragen nicht aus dem Auge verlor. Das Segner'sche Wasserrad, das heute noch als Rasensprenger in Gärten dient, ist ein solcher Fall, der Euler zu Abhandlungen über den Turbinenbau anregte. Andreas Segner (1704–1777),[27] der 1755 von Euler an die Universität Halle vermittelt wurde, hatte in Göttingen ein horizontales Wasserrad konstruiert und in zwei

---

[26] Cayley veröffentlichte das Resumé unter dem Titel „Reproduction of Euler's memoir of 1758 on the rotation of a solid body", in: *Quarterly journal of mathematics* 9 (1868), S. 361–373 auf Englisch.

[27] Segner war auswärtiges Mitglied der Berliner Akademie seit 1746; er bot Euler übrigens seine Unterstützung bei den Arbeiten am Finow-Kanal 1749 an.

Abhandlungen „Programma" 1750 beschrieben. 1752 kam das Wasserrad in einer nahe Göttingen gelegener Mühle bei der Buttergewinnung erfolgreich zum Einsatz. Auch Euler wurde auf diese Erfindung durch einen Brief von Segner (20. März 1750) aufmerksam und verfasste drei Gutachten zur Segner'schen hydraulischen Maschine, von denen zwei in den Berliner *Mémoires* erschienen, etwa „Recherches sur l'effet d'une machine hydraulique proposée par Mr. Segner" (Von Herrn Segner vorgeschlagene Untersuchungen zur Wirkung einer hydraulischen Maschine; E 179, EO II/15; 1751; auch E 202, EO II/15; 1751), und er schlug auch gleich Verbesserungen vor. Schließlich mündeten Eulers Überlegungen 1753 in einer theoretischen Schrift „Théorie plus complette des machines, qui sont mises en mouvement par la réaction de l'eau" (Eine vollständigere Theorie von Maschinen, die durch die Reaktion von Wasser in Bewegung gesetzt werden; E 222, EO II/16; gedruckt 1756). Eulers Gedankengang kann gut anhand der zwölf behandelten Probleme verfolgt werden, in die er die Arbeit zerlegte. Ein Beispiel (Problem VII): Der Bewegungszustand der Turbine sei gegeben. Mit welcher Geschwindigkeit strömt das Wasser aus der Turbine? Die Abhandlung, mit der Euler seine Begründung der Theorie der Turbinen krönte, schließt mit einigen Zahlenbeispielen. Von dieser grundlegenden Arbeit führt nur ein kurzer Weg zu der berühmten Abhandlung „Principes généraux du mouvement des fluides" (Allgemeine Prinzipien der Bewegung von Flüssigkeiten; E 226, EO II/12; 1757 gedruckt) aus dem Jahre 1755, die die Hydraulik begründete.

1944 bauten Schweizer Ingenieure unter der Leitung von Jakob Ackeret (1898–1981) die von Euler theoretisch beschriebene Turbine, die alle praktischen Erwartungen erfüllte und bei einer Leistung von 0,15 PS einen Wirkungsgrad von 0,71 aufwies.[28] Zum Vergleich: Eine moderne Francis-Turbine hat einen maximalen Wirkungsgrad von 0,80. Die Reibung fehlte bei Euler, aber er berücksichtigte in seinen Rechnungen selbst die Drücke beim Anlaufen der Turbine wie auch das Abreißen des Stromfadens bei verschwindendem Druck. Im Großen und Ganzen ist das die heutige Stromfadentheorie für enge Röhren, durch die Wasser fließt.

Euler behandelte im Auftrag des Königs auch mit der Hydrodynamik verbundene Probleme, denn Wasser und Wind waren die hauptsächlichen damaligen Energieträger. Einige der erteilten Aufgaben benötigten zu ihrer Durchführung Wasserpumpen und Hebevorrichtungen. Er begutachtete beispielsweise von 1744 bis 1746 die Deichanlagen in Friesland an der Küste der Nordsee; Friesland war ein Gebiet, das gerade zu Preußen gekommen war. Preußen dehnte sich in Ost-West-Richtung ungefähr 1200 km aus (von Aachen im Westen bis Tilsit im Osten), aber die Flüsse in Preußen fließen durchweg nach Norden. Natürliche Wasserstraßen von Ost nach West fehlen und wurden durch Kanäle ersetzt. Schon im 16. Jahrhundert war in Brandenburg ein solcher Kanal geplant worden, der 1620 fertig wurde und die Flüsse Havel und Oder verband. Damit hatte Preu-

---

[28] J. Ackeret, „Untersuchungen einer nach Eulerschen Vorschlägen (1754) gebauten Wasserturbine", in: *Schweizerische Bauzeitung* 123 (1944), S. 9–15.

7.3 Die Hydromechanik und die Schiffswissenschaft ...

ßen Anschluss an die Häfen Hamburg (Nordsee) und Stettin (Ostsee) sowie an das spätere preußische Schlesien. Der etwa 32 km lange Kanal verfiel nach dem 30-jährigen Krieg und wurde unter Friedrich II. mit verändertem Streckenverlauf und verbesserten Schleusen von 1744 bis 1746 wieder hergestellt. In diese Arbeiten war Euler einbezogen, denn eine Order des Königs vom 30. April 1749 wünschte von Euler eine Begutachtung. Der Kanal besaß ein Dutzend Schleusen, um 36 Meter Höhenunterschied zu überwinden. Die Fortbewegung der Schiffe zu Eulers Zeiten war vielfältig: Staken, Treideln mit Menschen und Pferden (für deren Bewegung Dämme benötigt wurden), teilweise wurde auch gesegelt. Dieser Kanal bildete einen Anschluss an den Plauer Kanal zur wichtigen preußischen Festung Magdeburg an der Elbe. Von dort erhielt übrigens 1746 auf dem Wasserweg Friedrich II. Baumaterialien für sein Lieblingsschloss Sanssouci. Heute verbindet die modernisierte Wasserstraße Rotterdam mit Kleipeda (dtsch. Memel) in Litauen.

Der Finow-Kanal wurde von Euler gemeinsam mit dem Ingenieur Johann Friedrich von Balbi (1700–1779) und dem niederländischen Baumeister Johann Baumann (Johan Bouman, 1706–1776) in einem Mémoire begutachtet, das dem König am 14. Mai 1749 zuging (EO IV/6, S. 312–316). Man hatte „auf das allergenaueste" examiniert und forderte, Dämme zu erhöhen, um sowohl das Wasser im Kanal zu halten als diesen auch vor dem Wasser zu schützen, und Verbesserung an der Verschalung der Schleusen vorgeschlagen. Euler hielt auch Ausweichstellen alle 200 (preußische) Ruten (etwa dreiviertel Kilometer) für die Kähne notwendig, denn da die Schiffe und Flöße größer geworden waren, erwies sich der Kanal als zu eng für einen zweispurigen Verkehr. Die Verbesserungen waren 1757 abgeschlossen. Der Kanal war 150 Jahre eine der wichtigste deutschen Wasserstraßen. Er ist heute die älteste schiffbare Wasserstraße Deutschlands, aber er wird nur noch von Sportbooten benutzt. 1914 wurde er durch einen parallel geführten leistungsfähigeren Kanal ersetzt, an dessen östlichem Ende sich seit 1934 ein spektakuläres Hebewerk befindet, mit dem Schiffe den Höhenunterschied von 36 m auf einmal überwinden (Abb. 7.7). Inzwischen ist auch dieses Hebewerk an die Grenzen seiner Leistungsfähigkeit gekommen, und ein neues Hebewerk mit einer Troglänge von 115 m ist seit Oktober 2022 in Betrieb.

Verbunden mit den preußischen Kanalbauten waren auch Entwässerungen sumpfiger Flusslandschaften. Der Finow-Kanal mündet in eine solche Landschaft, das Oderbruch. Durch Verkürzung des Flusslaufes der Oder, den Friedrich II. 1747 anordnete, gewann der König Land, das er Kolonisten aus Europa zur Verfügung stellte – eine politische Großtat, die in der Wahrnehmung des Königs oft von seinen Kriegen überschattet wird. Preußen war zu allen Zeiten offen für Zuwanderer, Peuplierung (Bevölkerung; frz. „peuple", Volk) nannte Friedrich die Erhöhung der Bevölkerungszahlen. König Friedrich hatte einen Minister am 21. Januar 1747 mit dem Kanalvorhaben betraut, aber dieser begann das aufwendige Werk erst im Juli 1747, nachdem Euler die Angelegenheit geprüft hatte.

Abb. 7.7 Der Hub des Hebewerks in Niederfinow zeigt, die Notwendigkeit der vielen Schleusen des alten Finowkanals deutlich. Das Bild zeigt das östliche Ende des zweiten Finow-Kanals mit dem 1934 erbauten Schiffshebewerk. Das Hebewerk hat eine Höhe von 60 m und einen Hub von 36 m. Die rechts sichtbaren Kräne gehören zu einer Baustelle, die einen der modernen Binnenschifffahrt gemäßen dritten Kanal in einer Bauzeit von 14 Jahren geschaffen hat (Oktober 2022)

7.3.1 *Die Affäre der Fontäne in Sanssouci*

Ein Vorhaben Friedrichs II., in das Euler zu spät einbezogen wurde und das kontrovers kommentiert wird, war Friedrichs ehrgeiziger Plan, seinem 1747 bezogenen Schloss Sanssouci (Ohne Sorge) durch eine Fontäne zusätzlichen Glanz zu verleihen (Abb. 7.8). Ehrgeizig war der Plan, weil der König eine Fontäne wünschte, die 100 Fuß (ca. 30 m) aufsteigen und damit das Vorbild in Versailles übertreffen sollte. Zwei Gesichtspunkte heben das Projekt aus anderen heraus: Euler arbeitete hier an einer Sache, die dem König außerordentlich wichtig war und die deshalb das persönliche Verhältnis Eulers zum König nachhaltig bestimmen sollte (worauf wir in Abschn. 4.15, Das Zerwürfnis mit Friedrich II, eingegangen sind).

Die Voraussetzungen für die große Fontäne in Versailles und die geplante Fontäne in Potsdam waren sehr unterschiedlich. Während in Versailles die benachbarte Seine es letztlich vermochte, die lautstarke Grand Machine de Marly-le-Roi zu betreiben, mit der das Wasser nach Versailles gebracht wurde und den Wasserstrahl aufsteigen ließ, war die träge fließende Havel in Potsdam dazu nicht in der Lage. Für die hydraulische Anlage in Potsdam wurden zudem unerfahrene Praktiker angestellt, die den stolzen Titel Fontainier de Roi (Brunnenmeister des Königs) trugen, aber nur bessere Handwerker oder Gärtner waren. Auf dem Ruinenberg unweit von Sanssouci wurde 50 m über dem Niveau der Havel ein Reservoir

7.3 Die Hydromechanik und die Schiffswissenschaft ...

Abb. 7.8 Schloss Sanssouci vom Bassin der Fontäne gesehen (ohne Fontäne)

errichtet, das das Wasser für die Fontäne liefern sollte (Abb. 7.9). Aber das Füllen des Reservoirs war ein Problem: Eine Windmühle reichte dazu nicht aus, aber mehrere Mühlen hätten synchronisiert werden müssen; mit Muskelkraft betriebene Pumpen waren nicht leistungsfähig genug.[29] Die Fontainiers benutzten aus Holz angefertigte Röhren, die den Wasserdrücken nicht Stand hielten. Als der Bau große Geldsummen verschlungen hatte, wurde Euler schließlich im Herbst 1749 konsultiert, und über den Akademiepräsidenten Maupertuis ließ Euler am 21. September dem König die „Recherches sur la Machine de Sans Soucy (Untersuchungen über das Pumpwerk in Sanssouci)"[30] zukommen, die er bis Ende Oktober durch Betrachtungen über die benötigten Leitungsrohre, die Leistung von Pumpen, Windmühlen und die Höher der Fontäne ergänzte. Der König dankte höflich am 21. Oktober 1749: „Je vous suis bien obligé de la peine que vous en avez pris. Sur ce Je

---

[29] „Maximes pour arranger le plus avantageusement les Machines destinées à elever de l'eau" (Maximen für die vorteilhafteste Anordnung von Maschinen zur Wasserförderung; E 208, Berliner *Mém*, 8 (1752), S. 185–232, gedr. 1754); bereits 1750 der Berliner Akademie vorgelegt. Euler gibt 16 Faustregeln zur Ermittlung maximaler Wassermengen; z. B. beim Menschen zwei Fuß, beim Pferd 4 Fuß, usw.

[30] Im St. Petersburger Akademiearchiv befindet sich ein achtseitiges Manuskript „Determination de l'effet qu'une machine proposée doit produire étant poussée par une force donnée" (Bestimmung der Wirkung, die eine konstruierte Maschine durch Druck erzeugen soll bei einer gegeben Kraft" mit dem Zusatz „Application de ces formules à la machine hydraulique de Sans Soucy" (Anwendung dieser Formeln auf die hydraulische Maschine von Sans Souci). Siehe *Euler* 1958, russ. Michailov und Smirnov „Materialy Eilera", S. 6; *Euler* 1959, Mikhailov, „Unveröffentlichte Manuskripte", S. 266, siehe auch EO IVA/V.

Abb. 7.9 Blick vom Ehrenhof des Schlosses Sanssouci auf den Ruinenberg, auf dem das Wasserbassin für die Fontäne untergebracht werden sollte. Der verständliche Wunsch von Friedrich II., diese technische Einrichtung vom Schloss fern zu halten, komplizierte den Bau der Fontäne, indem es das Pumpproblem erschwerte. Der Ruinenberg, ist als Wasserspeicher eine Fehlplanung, aber eine gelungene (wenn auch nutzlose) Kaschierung des Wasserbassins

prie Dieu, qu'il vous ait en sa Sainte garde." (Ich bin Ihnen dankbar für die Mühe, die Sie sich gemacht haben. Deshalb bete ich zu Gott, dass er Sie in seine heilige Obhut nimmt). Diese Zeilen waren nicht ehrlich, denn der innerlich erzürnte König lastete dem unbeteiligten Euler das Versagen des Vorhabens an, aber auch Euler vermochte nicht mehr, das in den Brunnen gefallene Kind zu retten.

Als Euler die Bühne betrat, waren die Fehler schwer zu korrigieren, zumindest wäre der finanzielle Aufwand sehr erheblich gewesen, denn Euler hätte mindestens die völlig ungeeigneten Holzröhren durch Metallröhren ersetzt. So blieb es bei einer einzigen und kläglichen Vorführung für den König am Karfreitag 1754, wo das durch Schneefall und Regen halbwegs gefüllte Reservoir einen Wasserstrahl für eine Stunde ermöglichte; allerdings ließ der Wind nur eine Höhe unter 50 Fuß (maximal 15 m). zu. Der Siebenjährige Krieg (1756–1763) unterbrach den Pfusch der inkompetenten Fontainiers, und 1780 wurde das Projekt von Friedrich II. ganz eingestellt, da er keine weiteren Gelder in das Vorhaben stecken wollte. Verärgert wollte er an den Häusern der Fontainiers Tafeln anbringen lassen, wobei Regen die Bilder auf den Tafeln abwaschen sollte, sodass die darunter liegenden Darstellungen von Eseln (die für Friedrich das Symbol von Dummheit waren) zum Vorschein gekommen wären. Mit Mühe hielt man ihn davon ab. Erst 1842 erhob sich dank leistungsfähiger Pumpen erstmals vor dem Schloss eine 38 m hohe Fontäne, die in der Sichtachse Neues Palais–Obelisk lag, und ihre Schönheit bestätigt

7.3 Die Hydromechanik und die Schiffswissenschaft ...

bis heute Friedrichs Idee von einer Einheit von Architektur und Gartenanlage auf beeindruckende Weise.

Euler informierte nicht nur den König, sondern berichtete auch in der Akademie über die Probleme der Fontäne in Sanssouci und seine hydrodynamischen Erkenntnisse. Schließlich fasste er 1749 in der Arbeit „Sur le mouvement de l'eau par des tuyaux de conduite" (Über die Bewegung von Wasser durch Leitungsrohre; E 206, EO/15; gedruckt 1754) in den Berliner *Mémoires* für 1752 die Sachverhalte zusammen und begründete dabei die Theorie einer nichtstationären Strömung in Rohren. Das war ein Vorspiel für die bald darauf folgende allgemeine Theorie idealer Flüssigkeiten. Zwei weitere Vorträge am 20. November 1749 und am 5. Februar 1750 (E 207 und 208, EO II/15) folgten in der Berliner Akademie und resümierten praktische Vorschläge für die Wasserpumpen (E 206–208 in EO II/15, alle 1754 gedruckt). Man werde mit den benutzten Methoden keinen Tropfen Wasser bis zum Reservoir bringen, hatte Euler 1749 prophezeit. Weiterhin riet Euler zu Bleirohren, aber man hatte aus Sparsamkeit zu geringe Durchmesser gewählt, also abermals eine Fehlfunktion der Fontäne verursacht. Die Wahl des etwa 1 km von der Fontäne entfernten Reservoirs war aus Eulers Sicht fatal, aber vermutlich eine Entscheidung im Sinne des Königs, der die technische Anlagen des Parks entfernt vom Schloss zu haben wünschte. Euler erkannte, dass neben dem hydrostatischen Druck des stehenden Wassers (Wasserhöhe Reservoir) auch der Druck des beschleunigten Wassers zu berücksichtigen sei. Deshalb wünschte Euler, Versuche auszuführen, da über solche Fragen zu wenig Kenntnisse vorlagen. Aber der zur Sparsamkeit neigende König wollte keine weiteren Ausgaben, und so ist die Frage müßig, ob Eulers Vorschläge (wenn sie befolgt worden wären) zu einem Erfolg geführt hätten. Die Warnungen hätten vermutlich in den Händen erfahrener Praktiker das Versagen aufhalten oder wenigstens die Kosten reduzieren können.

Der Blick von Sanssouci auf das Becken der Fontäne (Abb. 7.10) lässt Friedrichs II. Unwillen über das Scheitern des Projekts verstehen, denn die Fontäne ist

Abb. 7.10 a Blick vom Schlossberg (Sanssouci) über die Schlossterrassen auf das Becken für die Fontäne, die abgestellt ist. **b** Das Bild mit der geringen Steighöhe der Fontäne dürfte die kläglichen Vorführung von 1754 für Friedrich II. verdeutlichen. Das zu übertreffende Vorbild war die große Fontäne in Versailles

ein zentrales Element des Parks, die nicht nur die Schlossanlage vervollkommnet, sondern auch die Sichtachsen bereichert.

Haben sich Friedrich und Euler getroffen? Euler war immerhin 25 Jahre in Berlin, und auch wenn man die Kriegsjahre nicht zählt, so hätte der König ein Dutzend Jahre zur Verfügung gehabt, Euler eine Audienz zu geben. Er hätte, von zufälligen Gelegenheiten abgesehen, wenigstens zwei besondere Anlässe gehabt: bei Eulers Ankunft in Berlin (wo ihn seine Mutter vertrat) und bei dem Prestigeobjekt Fontäne. Der König, der sich um unglaublich viele Details in seinem Land kümmerte, war sehr kommunikativ, wenn es um Dinge ging, die ihn interessierten und die für ihn wichtig waren. Allerdings benutzte er dazu verschiedene Möglichkeiten. Im Krieg, wo er jede Einzelheit wissen wollte, war er ohne Formalitäten für seine Offiziere in seinem Zelt zu sprechen, etwa vor oder nach dem gemeinsamen Essen. Beim üblichen Regieren ordneten die Sekretäre des Königs die schriftlich eingereichten Unterlagen, und der König machte Randbemerkungen, antworte bzw. gab schriftlich Anweisungen. Sitzungen mit dem gesamten Kabinett waren selten.

Obwohl der König Mitglied seiner Akademie und später sogar deren Präsident war, besuchte er nie eine Sitzung der Akademie. Er reichte seine Beiträge für die Berliner *Mémoires* schriftlich ein. Die Fragen, die die Fontäne betrafen, wurden wie die üblichen Verwaltungsangelegenheiten schriftlich behandelt. Aber es ist unwahrscheinlich, dass Euler seine Empfehlungen nur vom Schreibtisch aus formulierte. Er inspiziert sicher das Gelände um Sanssouci, um sich ein Bild von der Wasserzuführung zu machen. Im Herbst 1749 weilte der König in Sanssouci, sodass sich eine Gelegenheit für ein Gespräch hätte ergeben können. Jedoch gibt es hierfür keine Belege. In der im Herbst 1749 geführten Korrespondenz Eulers wird von einem Treffen nichts erwähnt, wobei unglücklicherweise die Verbindung mit dem Freund Goldbach unterbrochen war und von Euler auch kein Brief an Daniel Bernoulli vorliegt. Beim Eintreffen in Berlin hatte Euler es für mitteilenswert gehalten, Goldbach zu schreiben, dass ihn der König aus dem Felde im Brief mit „Mon professeur" anredete. Aber auch hier fehlen Belege (d. h. entsprechende Briefstellen), dass der König nach der Rückkehr aus dem Krieg „son professeur" empfing. In einem Brief (28. Oktober 1746) von August Wilhelm (1722–1758), dem designierten Kronprinzen, an seinen Bruder Friedrich zeigte sich der Prinz enttäuscht von Eulers Erscheinung. Der König antwortete am 31. Oktober 1746, dass er die Enttäuschung des Bruders erwartet habe, denn Euler sei ein gewaltiger Rechner, aber kein glänzender Unterhalter. Hatte Friedrich demnach Euler gesprochen, oder übernahm er die ihm mitgeteilten Ansichten seiner Höflinge?[31] Ist es „rancune", wenn der König Eulers Nachfolger Lagrange gleich zwei Audienzen gibt und sein Sekretär Formey an den Genfer Naturwissenschaftler Ch. Bonnet (1720–1793) am 3. Februar 1767 schreibt: „Le Roi lui [Lagrange] a donné deux

---

[31] Prof. E. Knobloch (Berlin) ging in einem Leopoldina-Vortrag 2015 von einem Treffen zu diesem Zeitpunkt aus.

audiences fort gracieuses." (Der König gewährte ihm zwei sehr gnädige Audienzen)?

In die 1750er- und 1760er-Jahre fielen die klassischen Arbeiten über Flüssigkeitsmechanik, die sich aus der konsequenten Anwendung der mechanischen Grundgesetze auf Flüssigkeitselemente ergaben. Diese Arbeiten Eulers gaben einen kräftigen Anstoß zur Entwicklung der partiellen Differentialgleichungen. Es lohnt sich, einen Schritt zurück zu treten, um kurz zu sehen, zu welchen Themen Euler Arbeiten in diesen Jahren veröffentlichte. Sehen wir uns die ersten fünf Jahre (1750–55) an. In dem gewählten Zeitraum veröffentlichte er fast 100 Arbeiten, darunter zwei Bücher (E 187 und 212). Friedrich II. erwartete von Euler Gutachten zu mehreren hydromechanischen Fragen, die sich in den gerade behandelten Gedankenkreis gut einfügen (Wasserpumpen, Fontäne für Sanssouci, Finow-Kanal u. a.). Aber der Mathematiker legte auch zahlentheoretische Untersuchungen vor (E 134, 152), behandelte Kettenbrüche (E 123), untersuchte Saitenschwingungen (E 140), klärte die Frage der Logarithmen negativer Zahlen (E 168), behandelte geometrische Fragen (E 129, 135), war in die Auseinandersetzungen um das Prinzip der kleinsten Aktion einbezogen (E 176, 186). Euler lieferte astronomische Untersuchungen ab (E 138, 172), dachte über das Licht nach (E 127) und philosophierte schließlich (E 149). Diese unvollständige Skizze zeigt ein überwältigendes Spektrum!

Euler war auch um die Verbreitung seiner Arbeiten bemüht. In dem nachfolgenden faksimilierten Brief bat er seinen Göttinger Kollegen Gotthelf Abraham Kästner (1719–1800), seine Arbeit „Conjectura Physica circa Propagtionem Soli ac Luminis" (Mutmaßungen über die Ausbreitung des Schalls und des Lichts; E 121, 1750)[32] zu besprechen (Abb. 7.11 und 7.12). Euler schätzte Kästner, aber er billigte dessen geistreiche Behandlung mathematischer Themen nicht immer. Der zu besprechenden Arbeit ging eine andere voraus, und diese Arbeit widmet sich einigen offenen Stellen der ersten. Kästner und Euler vertraten die Ansicht, dass man das Thema nicht vollständig ohne die neue Analysis behandeln könne.

7.4 Eulers zweite Mechanik: Theoria motus corporum solidorum seu rigidorum (1765)

> Die Mechanik ist die Wissenschaft von der Bewegung; als ihre Aufgabe bezeichnen wir die in der Natur vor sich gehende Bewegung vollständig und auf die einfachste Weise zu beschreiben.
> GUSTAV ROBERT KIRCHHOFF (1824–1887).

Nach der Punktmechanik nahm sich Euler, wie im Vorwort der ersten Mechanik 1736 angekündigt, die festen Körper, die ihre Gestalt nicht ändern, vor. Ehe Euler das Thema Festkörpermechanik behandelte, stellte er nochmals zusammenfassend

---
[32] *Opuscula varii argumenti*, Bd. 2. 1750, S. 1–22.

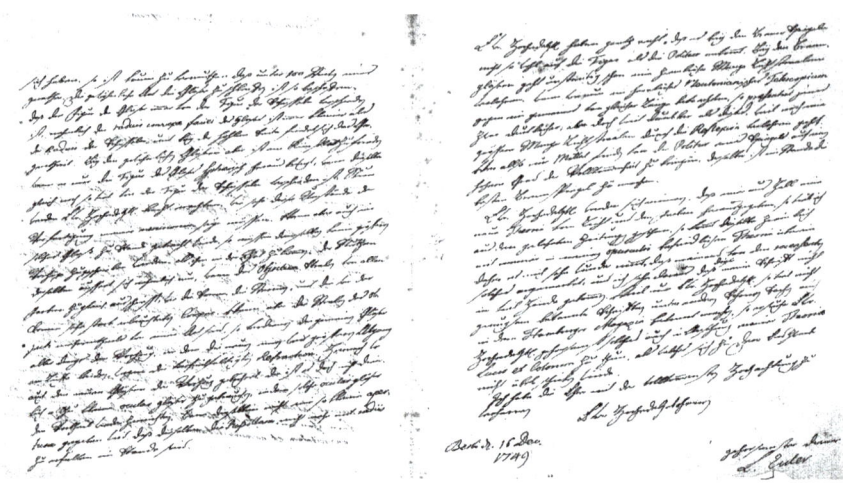

Abb. 7.11 Ein Brief von Euler an Kästner (16. Dezember 1749) mit der Bitte, seine „Conjectura physica" (Physikalische Vermutung über die Ausbreitung des Schalls und des Lichts; E 121) zu rezensieren. Kästner kam Eulers Bitte nach und schrieb eine Besprechung in dem Hamburgischen Magazin 8 (1751), S. 271–277, deren erste Seite wir abdrucken (Abb. 7.12)

Abb. 7.12 a Eine Titelseite des Hamburgischen Magazins. **b** Der Beginn der Kästner'schen Rezension über Eulers „Physikalische Mutmaßungen", in: Hamburgisches Magazin 8 (1751), S. 271–277. Die Physikalischen Mutmaßungen umfassen vier unterschiedliche Abhandlungen und werden im Allgemeinen als „*Opuscula varii argumenti*, Bd. 2" (Kleine Abhandlungen verschiedener Themen, Bd. 2) zitiert, was den einleitenden Satz von Kästners Rezension erklärt

Abb. 7.12 (Fortsetzung)

> **III.**
> **Coniectura Physica**
> circa
> **Propagationem Soni ac Luminis,**
> vna cum aliis
> **Dissertationibus analyticis.**
> Auctore Leonh. Eulero.
> Berol. 1750. 4to. 22 Bogen. 1 Kupfert.
>
> Dieses ist der zweyte Theil von den kleinen Schriften Hrn. Eulers. Nichts ist billiger als die Anzeigung desselben, da wir des ersten Theils Erwähnung gethan, zu welchem sich überdem in einem oder andern Stücke Zusätze finden. Die erste Schrift ist eine physische Muthmaßung von der Fortpflanzung des Schalles und des Lichts. Es giebt eine Menge Wahrheiten, die sich ohne grossen Wachsthum der Analysis nicht vollkommen abhandeln lassen. So ist die theoretische Sternkunde beschaffen, wenn man z. B. die Ungleichheiten in der Bewegung des Mondes bestimmen will. Doch sind einige Fragen vorhanden, die aus Mangel einer genugsamen Erkenntniß der Mechanik nicht gehörig können entwickelt werden. Dieses findet sich bey dem Umlauf dichter Körper um ihre Achse, insbesondere aber bey der geschwinden Bewegung flüßiger Körper. Hieher gehöret der Schall, welcher in der Luft fortgepflanzt wird. Neuton und andere nach ihm haben untersuchet, auf was für eine Art dieses geschehe, und Hr. Euler hat gezeigt,

die Punktmechanik dar, ebenso wie er es in der Himmelsmechanik *Theoria motuum planetarum et cometarum* (Theorie der Bewegung der Planeten und Kometen; E 66, EO II/3–4) von 1744 getan hatte. Inzwischen verzichtete er auf ein bewegtes Koordinatensystem und bezog die Bewegungen, wie es Colin Maclaurin (1698–1746) 1742 getan hatte, auf feste Achsen. Euler verfuhr erstmals 1747 in den „Recherches sur la mouvement des corps célestes" (Untersuchungen zur Bewegung von Himmelskörpern, E 112, EO II/25) so, und jetzt bekannte er erfreut, dass damit komplizierte Rechnungen vermieden werden könnten.

Beim festen Körper sind zwei gegensätzliche Zugänge möglich:

1. Man betrachtet den Körper als eine (diskrete) Punktmenge, wobei innere Kräfte für die Konstanz der Gestalt sorgen.

2. Man setzt eine kontinuierliche Massenverteilung voraus (die auch für den Fall einer atomaren Struktur des Körpers eine brauchbare Näherung liefern würde); in der Hydromechanik und Elastizitätstheorie wählt man i. a. diese Annahme.

Gegenüber der Punktmechanik gibt es allerdings neue Phänomene, die sich durch die Rotation der Körper ergeben. Anregungen, sich mit rotierenden Körpern zu befassen, hatte Euler in der Himmelsmechanik und in der Erdrotation selbst gefunden. Es ist die hierher gehörige Pariser Preisschrift „Recherches sur la question des inégalités du mouvement de Saturne et de Jupiter" (Untersuchungen der Ungleichheiten in der Bewegung von Saturn und Jupiter; E 120, EO II/25) für das Jahr 1748 zu erwähnen, mit der Euler den Preis gewann; mathematisch interessant ist, dass die gestörten Größen der Exzentrizitäten und der Perihellängen in trigonometrischer Form erschienen und letztlich den Ursprung einer Theorie säkularer Störungen bildeten. 1749 wiederum widmete Euler eine Arbeit der Präzision der Äquinoxen und der Nutation der Erde („Recherches sur la précision des équinoxes, et sur la nutation de l'axe de la terre" (Untersuchungen zur Präzision der Tagundnachtgleichen und zur Nutation der Erdachse; E 171, EO II/29). Nikolaus Fuss bemerkte in seiner *Lobrede auf Euler* (1785):

> „Dieses Problem über die Fortrückung der Tagundnachtgleichen veranlasste Herrn Euler, Untersuchungen über die umdrehende Bewegung der Körper anzustellen, wenn die Rotationsachse veränderlich ist. Hierzu reichten die bis dahin bekannten Gesetze der Bewegung nicht zu. Er mußte also auf die ersten Grundsätze der Mechanik zurückgehen."[33]

Euler ging von einer kontinuierlichen Massenverteilung bei Körpern aus (Zugang 2), auch in der Hydromechanik behandelte er Flüssigkeiten und Gase als Kontinua (Zugang 2). Einen „physikalischen Körper", als einen solchen betrachtete er das mathematische Kontinuum aus physikalischer Sicht, sah er als unendlich teilbar an. Diese philosophische Ansicht findet sich in den *Lettres* (E 343, EO III/11, Brief 123 ff.; 1768) oder in der „Anleitung zur Naturlehre" (E 842, EO III/1, §§ 13 f.; 1862 posthum gedruckt) formuliert, in der Mechanik fehlte eine solche Betrachtung noch. Die Gleichungen der Punktmechanik sind streng gültig, deshalb ist es vernünftig, wenn man bereit ist, Punkte und Körperelemente zu „identifizieren" und die Gleichungen der Punktmechanik auch auf die Kontinuumsmechanik zu übertragen. Ob man die neuen Gleichungen als abgeleitet oder als ein neues Prinzip auffassen will, hängt zum einen davon ab, wie man die Identifizierung von Massenpunkt und Körperelement interpretiert, und zum anderen, ob diese Identifizierung die Übertragung der Gesetze der Punktmechanik erlaubt oder ob man die Gesetze der Kontinuumsmechanik als neue Axiome fordern muss.

Euler benutzte in der zweiten Mechanik den stetigen Körperbegriff, wie er es schon früher getan hatte (z. B. „Découverte d'un nouveau principe de mécanique",

---

[33] « Ce Problème de la pression des équinoxes engagea M. Euler à faire des recherches sur le mouvement de rotation des corps solides, étant que l'axe de rotation est variable; mouvement pour lequel le principes de Mécanique, connus jusqu'alors, n'étoient pas suffisons. » – *Éloge* (1783), S. 45; *Lobrede* (1785) in: EO I/1, S. LXXVII.

7.4 Eulers zweite Mechanik: Theoria motus corporum solidorum ...

Entdeckung eines neuen Prinzips der Mechanik),[34] und konnte bei Bedarf den Körper in kleine Elemente zerlegen. Dabei idealisierte er die Elemente des Körpers und betrachtete sie als Massenpunkte: „Soit un corps infiniment petit, ou dont toute la masse soit réunie dans un seule point" (Stellen Sie sich einen Körper vor, der unendlich klein ist oder dessen gesamte Masse in einem einzigen Punkt vereint ist). Damit konnte er die Bewegungsgleichungen der Punktmechanik (Impulssatz) anwenden.

Zur Euler'schen Form der Bewegungsgleichungen gehört diese Vorgeschichte: 1739 hatte Johann Bernoulli (1667–1748) auf Eulers Bitte diesem den grundsätzlichen Teil seiner „Hydraulica" (Hydromechnik) zugeschickt, die 1740 erschien. Aus der darin enthaltenen Strudeltheorie gewann Euler (nach C. A. Truesdells [1919–2000] Vermutung) eine bahnbrechende Erkenntnis für die Mechanik, die seine grandiosen Erfolgen auf dem Gebiet der starren und elastischen Körper sowie der Fluide und Gase maßgeblich fundierte. In etwas verschwommener Art, vielleicht auch nach Leibniz' Rat, „damit sie uns nicht hinter die Schliche kommen", erklärte Bernoulli die Entstehung eines Strudels mithilfe des Gesetzes „Kraft = Masse × Beschleunigung" (Impulsänderungssatz) für Flüssigkeitselemente. Hierauf bezog sich Euler in seinem Brief vom 5./16. Mai 1739 an Joh. Bernoulli:

> „Ich glaube, dass Sie ... das Problem in einer Weise gelöst haben, die ich nicht nur gewünscht habe, sondern in der auch ich mich selbst vergeblich bemüht habe. Nun haben Sie mir auf diesem Gebiet die größte Erleuchtung gebracht, denn bisher erschien mir das alles sehr undurchsichtig."

In Verbindung mit dem einfachen, aber genialen Schnittprinzip, das ein Körperelement in Gedanken frei schneidet, um die an diesem Element auftretenden Kräfte K zu ermitteln, erhielt Euler den Impulsänderungssatz in differentieller Form:

$$2M \mathrm{dd}x = P \mathrm{d}t^2, \quad 2M \mathrm{dd}y = Q \mathrm{d}t^2, \quad 2M \mathrm{dd}z = R \mathrm{d}t^2,$$

modern

$$K(t, X, X') = M \frac{\mathrm{d}^2 X}{\mathrm{d}t^2}, \quad X = (x, y, z).$$

Er schrieb über diesen Impulssatzänderungssatz bei Krafteinwirkung $\mathrm{d}I/\mathrm{d}t = K$ im Überschwang:

> „Und allein diese Formel enthält alle Prinzipien der Mechanik."[35]

Man kann das Prinzip als „die einzige Grundlage aller Mechanik und der anderen Wissenschaften, die sich mit der Bewegung von Körpern befassen, betrachten" («l'unique fondement de toute la Mécanique et des autres Sciences, qui traitent du mouvement des corps quelconques »). Er hielt diese Gleichungen für ein neues

---

[34] Berliner *Mémoires* 6 (1750), S. 185–217, gedruckt 1752; E 177, EO II/5, 1750.

[35] « Et c'est cette formule seule, qui renferme tous les principes de la Mécanique. »

Prinzip, aus dem für die festen Körpern alle benötigte Gesetze ableitbar sind.[36] Die Gesetze der Translation haben die bekannte Form, die durch den Schwerpunkt und die Gesamtmasse bestimmt werden. Die Drehbewegung bewältigte Euler schrittweise.

Eine wichtige Arbeit auf dem Weg zum allgemeine Fall der Rotation veröffentlichte Euler 1765, „Du mouvement de rotation des corps[37] solides autour d'un axe variable" (Von der Rotationsbewegung fester Körper um eine variable Achse; E 292),[38] in der die Kreiselgleichungen erstmals veröffentlicht wurden. Jeder Körper, der sich dreht, besitzt eine momentane Drehachse, die dadurch bestimmt ist, dass der Abstand der Körperelemente während der Rotation von ihr unverändert bleibt (zumindest im Zeitraum dt); der Körper dreht sich mit einer momentanen Winkelgeschwindigkeit um diese Achse. Die Drehbewegung kann zunächst momentan durch Angabe der Winkelgeschwindigkeit als Funktion der Zeit und durch die Lage der Drehachse beschrieben werden. Zunächst soll die Drehachse durch den Schwerpunkt gehen. Da im Allgemeinen eine Drehachse nicht unveränderlich ist, kam Euler auf den Gedanken, die Drehbewegung auf drei feste orthogonale Achsen zu beziehen und verwandte schließlich als solche die sogenannten Haupträgheitsachsen. das sind jene Achsen, für die die Trägheitsmomente minimal oder maximal sind und für die sich die Gleichungen erheblich vereinfachen. Die Trägheitsmomente bezüglich dieser Achsen bestimmen letztlich die Drehung eines Körpers. Jedes Trägheitsmoment eines Körpers (d. h. das Moment für eine beliebige Drehachse) lässt sich schließlich durch die Trägheitsmomente bezüglich der Haupträgheitsachsen ausdrücken. Die Entdeckung der drei Haupträgheitsachsen geht auf den in Halle wirkenden Physiker Andreas Segner (1704–1777) zurück, der sie 1755 in seiner Arbeit „Specimen theorie turbinum" (Beispiel aus der Turbinentheorie) veröffentlichte.

Der Schwerpunkt („centrum gravitatis") eines Körpers hieß bei Euler Mittelpunkt der Trägheit („centrum inertiea"), da er nicht von der Schwere abhängt. Euler hatte gegenüber der ersten Mechanik seine Vorstellungen hinsichtlich der Trägheit geändert. Die Undurchdringlichkeit der Körper war jetzt, wie bei d'Alembert in seinem *Traité de dynamique* (1743), der Ursprung der Kräfte. Sie sei zwar keine messbare Eigenschaft der Körper, aber sie könne Zustände von Körpern verändern, und diese Veränderungen seien messbar (Vgl. *Lettres,* Briefe 69 f.; E 343, EO III/11). Die Rolle des Trägheitsprinzips bei Euler beschrieb Fuss in seiner *Éloge* (1783):

---

[36] Diese Behauptung in der „Découverte" (1750) korrigierte Euler 25 Jahre später durch das Hinzunehmen des Drehimpulsanderungssatzes, denn nur Translationen lassen sich vollständig durch Energie und Impuls beschreiben, „Nova methodus motum corporum rigidorum determinandi" (Neue Methode, die Bewegung starrer Körper zu bestimmen), Petersburger *Commentarii* 20 (1775), S. 208–238, 1776 gedr.; E 479, EO II/9.

[37] Der Berliner Akademie wurde eine Arbeit ähnlichen Titels am 7. 10. 1751 vorgelegt, wobei „des corps" durch „d'une corps" ersetzt war

[38] Berliner *Mémoires* 14 (1758), S. 154–193, 1765 gedr.; E 292, EO II/8.

7.4 Eulers zweite Mechanik: Theoria motus corporum solidorum ...

„Was das Trägheitsprinzip betrifft, in dem Herr Euler alle Kräfte bestehen lässt, so ist die Idee groß und entspricht der Einfachheit, die die Natur in all ihren Gesetzen an den Tag legt. Obwohl der Begriff rein metaphysisch ist, liegen seine Auswirkungen in der Verantwortung der Geometrie: sie sind berechenbar."[39]

Über die Geburtswehen dieser Überlegungen berichtete Euler ausführlich am 16. Dezember 1760 in einem Brief an Wenceslaus Johann Gustav Karsten (1732–1787), der später die Mechanik als Buch herausgeben sollte. Zunächst bekannte er, dass er sich oft an das schwere Problem der Bewegung fester Körper gewagt habe, aber lange nur spezielle Fälle lösen konnte. Dann sei ihm aber die Arbeit von Segner *Programma sistens specimen theoriae turbinum* (Programm, das ein Beispiel der Wirbeltheorie bildet, Halle 1755) in die Hände gekommen, und er bemerkte, dass „oft fremde Bemühungen, welche eine ganz andere Absicht haben, ganz unerwartete Hilfsmittel" sein können. Segner fand, dass der Einfachheit halber Trägheitsachsen durch den Trägheitsmittelpunkt gehen sollten und dass es in jedem Körper drei solche Achsen gebe. Euler benutzte dann diese Hauptträgheitsachsen zur Berechnung des Trägheitsmoments um irgendeine Achse.

Diese von Andreas Segner vorbereiteten Überlegungen bildeten den Grund, auf dem Euler seine Mechanik fester Körper baute. Damit können alle Fragen der Bewegung fester Körper durch den Calculus behandelt werden, auch wenn man die gefundenen Gleichungen nicht immer lösen kann, aber „dieser Mangel trifft die Mechanik" nicht (§ 989). Nachdem Euler Karsten das Manuskript zur Herausgabe geschickt hatte, bat er Karsten (Brief vom 20. März 1761), einen entsprechenden Hinweis auf Segner in seinem Manuskript anzubringen, da er in der Eile einen solchen Verweis vergessen habe. Karsten wiederum bat Euler, ein Vorwort zur Mechanik verfassen zu dürfen, womit Euler einverstanden war. Nach Erscheinen des Buches schrieb Euler an den Herausgeber, dass dessen „Vorbericht zu meinem Werk ein rechtes Meisterstück" sei und dem Leser den „ganzen Inhalt auf das deutlichste vorstellt ... und auf das gründlichste entwickelt."

Da in der Punktmechanik die entsprechenden Gleichungen streng gültig sind, ist es vernünftig, diese Gleichungen auch auf die Kontinuumsmechanik zu übertragen, wozu man Punkte und Körperelemente irgendwie zu „identifizieren" hat, was wir oben erwähnten. Die Trägheit bei Rotationsbewegungen erscheint in dem, was Euler als Trägheitsmoment bezeichnete. Es ist durch die Verteilung der Masse des Körpers in Hinblick auf die Drehachse bestimmt; mathematisch ist für ein Körperelement mit der Masse dM und dem Abstand r von der Drehachse das Moment

$$Ma^2 = \int r^2 \mathrm{d}M.$$

Euler schrieb für das Trägheitsmoment Ma^2, weil der Wert des Integrals einem fiktiven Punkt mit der Gesamtmasse M im Abstand a der Drehachse entspricht.

---

[39] « Pour ce qui est du principe d'inertie, dans lequel M. Euler fait consister toutes les forces, l'idée en est grand & conforme à la simplicité que la Nature affecte dans toutes ses lois. Quoi que la notion en spot purement métaphysique, ses effets sont du ressort de la Géométrie: ils peuvent être calculés. » – S. 30.

Der Höhepunkt des Buches sind die Euler'schen *Kreiselgleichungen,* die eine allgemeine Rotationsbewegung beschreiben:

$$dx + \frac{c^2-b^2}{a^2} yz dt = \frac{2gPdt}{Ma^2},$$
$$dy + \frac{a^2-c^2}{b^2} xz dt = \frac{2gQdt}{Mb^2},$$
$$dz + \frac{b^2-a^2}{c^2} yz dt = \frac{2gRdt}{Mc^2};$$

hier sind Ma^2, Mb^2, Mc^2 die drei Hauptträgheitsmomente, x, y, z die Komponenten der Winkelgeschwindigkeit, $2gP$, ... die Komponenten des Drehmoments (der Faktor 2 g ergibt sich aus Eulers Festlegungen der Einheiten). Die Lösung dieser Gleichungen beschreibt die Drehung eines Körpers im System der Hauptträgheitsachsen. Diese Bewegung wird aber im Allgemeinen von einem Beobachter mit ruhendem Standpunkt wahrgenommen. Euler benutzte in der zweiten Mechanik systematisch das Verfahren von Maclaurin,[40] feste rechtwinklige Koordinatensysteme zur Bestimmung der Gleichungen zu verwenden. Daher beschäftigte er sich auch mit dem Übergang von Koordinatensystemen, die sich gegeneinander bewegen, und führte 1767 in der Arbeit „Du mouvement des corps solide quelconque lorsqu'il tourne autour d'un axe mobile" (Von der Bewegung eines festen Körpers, wenn er sich um eine bewegliche Achse dreht; E 336) eine bewegliche Rotationsachse ein.

1775 schloss Euler mit dem allgemeinen Prinzip vom Drehimpuls (Drehimpulsänderungssatz) in der Arbeit „Nova methodus motum corporum rigidorum determinandi" (Neue Methode, um die Bewegung starrer Körper zu bestimmen; E 479, 1776 gedruckt 1775)[41] seine Bemühungen um eine Fundierung der Festkörpermechanik ab. Entsprechend wurde die Arbeit in die zweite posthume Auflage der *Theoria motus* (1790) aufgenommen. Wenn Euler vom starren Körper sprach, so meinte er Körper aus beliebigen Materialien; wenn für diese Körper zusätzlich beschreibenden Materialgesetze bekannt waren (wie bei elastischen Körpern das Hook'sche Gesetz), dann konnten im Prinzip alle Aufgaben der klassischen Mechanik gelöst werden.

Euler charakterisiert die allgemeine Bewegung eines festen Körpers durch die Veränderung

- der Geschwindigkeit sowie der Richtung des Schwerpunkts (Translation),
- der Winkelgeschwindigkeit und der Veränderung der Drehachse (Rotation).

Stellt man die Translations- und Rotationsbewegung gegenüber, so kann man die gemeinsamen Prinzipien, die Euler zuerst formulierte, übersichtlich so erfassen:

---

[40] „A complete system of fluxions", 2 Bd. Edinborough 1742. Übrigens erhielt Karsten, der sich bei Euler über die Fluxionsrechnung von Maclaurin erkundigt hatte, von diesem am 7. November 1758 lediglich eine sehr zurückhaltende Einschätzung.

[41] *Commentarii* 20 (1775), S. 208–238, 1776 gedr.; E 479, EO II/9.

$$F = \frac{\mathrm{d}}{\mathrm{d}t} I, \quad L = \frac{\mathrm{d}}{\mathrm{d}t} H$$

dabei[42] ist F die Resultante der äußeren Kräfte, die auf den Körper wirkt, und I ist der gesamte Impuls mv; L ist das gesamte Drehmoment $r \times K$, das die äußeren Kräfte erzeugen, und $H = r \times I$ ist der Drehimpuls.[43] Die erste Gleichung heißt Impulsänderungssatz (Newtons „lex secunda" in differentieller Form), die zweite Drehimpulsänderungssatz (auch Momentensatz). Wenn $[a,b] = a \times b$ das Vektorprodukt der Vektoren a und b bezeichnet und r der Ortsvektor ist, dann gehört zu den äußeren Kräften F das Drehmoment $L = [r, F]$, zu dem Impuls $I = m\, \mathrm{d}r/\mathrm{d}t$ der Drehimpuls $H = m[r, \mathrm{d}r/\mathrm{d}t]$. Truesdell bezeichnete das System der obigen Gleichungen als die *Euler'schen Gleichungen*.

Karsten erkannte Eulers Schwierigkeit, neben den anderen Buchvorhaben auch noch die Mechanik zum Druck zu bringen, und er nutzte seine Beziehungen zum Rostocker Verlagshaus Röse, das von 1752 bis 1764 bestand, erfolgreich aus. Anton Ferdinand Röse (?–1794) erklärte sich bereit, eines der beiden Manuskripte, Integralrechnung oder Mechanik, zu drucken, allerdings zogen sich die Verhandlungen hin, da es nicht genügend Subskribenten gab. Schließlich verzichtete Euler auf das Honorar zugunsten von 20 oder auch nur 12 Exemplaren, die er nur Personen schenken wollte, die sich das Buch nicht kaufen würden (also den Absatz nicht schmälerten). 1765 erschien schließlich die Mechanik *Theoria motus corporum solidorum seu rigidorum ex primis nostrae cognitionis principiis stabilita et ad omnes motus, qui in hujusmodi corpora cadere possunt, accommodata* (Eine Theorie der Bewegung fester oder starrer Körper, die auf den ersten Prinzipien unseres Wissens basiert und an alle Bewegungen angepasst wird, die bei solchen Körpern auftreten können; E 289, EO II/3–4) bei Röse, der jetzt sein Verlagsgeschäft in Greifswald betrieb, wo auch die zweite Auflage 1790 erschien (Abb. 7.13).

7.5 Himmelsmechanik[44]

> An undevout astronomer is mad.
> („Night thoughts", IX, 844)
> EDWARD YOUNG (1683–1765)

Euler war durch den von Peter I. (1672–1725) nach St. Petersburg berufenen Astronomen Joseph-Nicolas Delisle (de l'Isle, 1688–1768) in die Astronomie

---

[42] A. Sommerfeld, *Mechanik*. Leipzig, 1967, 8. Auflage, S. 121; C. A. Truesdell, „Die Entwicklung des Drallsatzes", in: ZAMM 44, 4–5 (1964), S. 149–158; B. L. Van der Waerden, „Eulers Herleitung des Drehimpulssatzes", in: *Euler* 1983, S. 271–281.

[43] Die Bezeichnungen sind unterschiedlich: Hier wurden Impuls, Impulsänderungssatz (= „lex secunda"); Drehimpulssatz, Drehimpulsanderungssatz gewählt.

[44] Euler gebraucht diesen Begriff nicht.

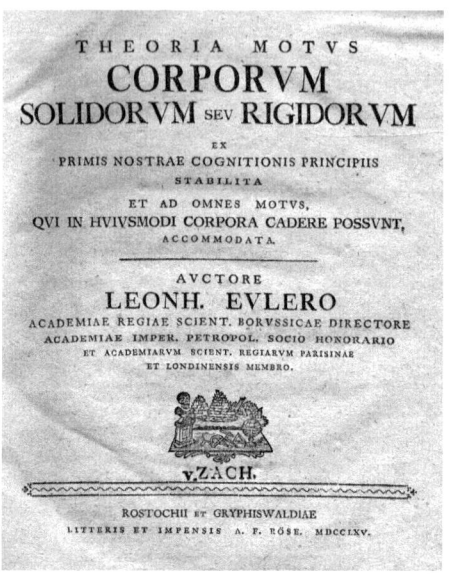

Abb. 7.13 Titelseite der *Theoria Motus* (1765); die Herausgabe wurde von W. Karstens besorgt. Der Stempeleindruck weist auf einen prominenten Vorbesitzer hin, nämlich auf den österreichisch-deutschen Astronomen und Mathematiker Franz Xaver Freiherr (seit 1801) von Zach (1754–1832)

eingeführt worden. Neben der praktischen Hilfe durch Beobachtungen, die er seit 1733 vornahm, unterstützte der geschickte Mathematiker Delisle bei Bahnberechnungen von Himmelskörpern (Abb. 7.14). Euler war einer der Begründer der Himmelsmechanik,[45] der sich die irdische Mechanik bei Himmelsbewegungen zunutze machte und umgekehrt die unveränderlichen himmlischen Gesetzmäßigkeiten auf die irdischen Phänomene anwandte. Euler war unter den bedeutenden Astronomen des 18. Jahrhunderts einer der wichtigsten Vertreter der Newton'schen Ideen, aber diese Newton'schen Vorstellungen wurden von Euler nicht gänzlich geteilt. Er stellte die Erfolge der Newton'schen Theorie zwar nicht infrage, aber er bezweifelte die von Newton benutzten Prinzipien zur Rechtfertigung der Gravitation, also insbesondere die $1/r^2$-Proportionalität und die Wirkung der Gravitation durch den leeren Raum.[46]

Bald nach Newtons Tod (1727) beobachtete man, dass die mittels seiner Gravitationstheorie berechneten Bahnen von Jupiter, Saturn und Mond erheblich von den tatsächlichen abwichen. Damit war Newtons Theorie eine Zeitlang fraglich geworden, und nicht nur Euler glaubte, dass eine Korrektur des Gravitationsgesetzes notwendig sei. Der französische Mathematiker Alexis Clairaut (1713–1765) bemerkte jedoch, dass man von den aus den Wechselwirkungen der

---

[45] Euler verwandte den Ausdruck Himmelsmechanik noch nicht für die „mechanische Astronomie".

[46] K. R. Nick wurde mit der Arbeit *Kontinentale Gegenmodelle zu Newtons Gravitationstheorie* an der Frankfurter Goethe-Universität 2001 promoviert.

7.5 Himmelsmechanik

Abb. 7.14 Das Sonnensystem. Zwei himmlische Wesen entrollen ein Spruchband mit der Aufschrift Sapientissimi Opus (Die Arbeit des Weisesten)

Himmelskörper zu berücksichtigenden Störgliedern auch solche von höherer Ordnung einbeziehen müsse, um die Diskrepanzen zu beseitigen. Euler war zunächst skeptisch, regte aber dann ein Preisausschreiben an der St. Petersburger Akademie an und sah schließlich ein, dass Clairaut Recht hatte. Also empfahl er Clairaut für den Preis, den dieser 1752 erhielt.

Aber Euler war noch nicht völlig befriedigt, und so gab er 1753 selbst eine Mondtheorie heraus (*Theoria motus lunae*, Theorie der Mondbewegung; E 187,

Abb. 7.15 a Thorvald Thiele (1838–1910), **b** George William Hill (1838–1914), **c** Henri Poincaré (1864–1912)

EO II/23)[47], und die dabei entwickelte Methode zur näherungsweisen Lösung des Dreikörperproblems ist wichtig. Neben dem Vorwort (das nicht Euler als Autor hat) gibt es eine Introductio, der 18 Kapitel folgen. Bereits 1747 hatte Euler, nachdem er nur Spezialfälle dieser Aufgabe lösen konnte, als Erster die Problematik als allgemeines Störungsproblem behandelt. Die gewonnenen Methoden übertrug er auf ähnliche Probleme bei der Bewegung von Planeten. In dem System Sonne–Erde–Mond, das durch die Gravitation der Sonne dominiert wird, vernachlässigte Euler z. B. die Masse des Mondes, um zu einer Lösung zu kommen (eingeschränktes Dreikörperproblem). Im Überschwang seiner Fortschritte beim Bewältigen des Problems kündigte Euler in einer Pariser Preisschrift (!) die vollständige Lösung an. Die Studien über die gegenseitigen Störungen von Planeten setzte er in zahlreichen Arbeiten fast bis zu seinem Tod fort. Eulers Mondtheorie von 1753 (E 187, EO II/23) und die spätere von 1772 (E 418, EO II/22) sind analytische Darstellungen der Newton'schen Theorie für das System Erde–Mond im Schwerefeld der Sonne. Weitere grundlegende Beiträge lieferten Joseph-Louis Lagrange, Thorvald Thiele (1838–1910), George William Hill (1838–1914) und Henri Poincaré (1854–1912)(Abb. 7.15). Letzterer zeigte, dass in der Lösung des allgemeinen Problems keine algebraischen Integrale vorkommen können, also Eulers Optimismus unberechtigt war. Aber auch Poincaré hatte nach seinem kometenhaften Aufstieg bei der Uniformisierung algebraischer Gleichungen $f(x, y) = 0$ 1883 euphorisch die Lösung für analytische Gleichungen angekündigt,

---

[47] Der vollständige Titel: „Theoria motus lunae exhibens omnes ejus inaequalitates. In additamento hoc idem argumentum aliter tractatur simulque ostenditur quemadmodum motus lunae cum omnibus inaequalitatibus innumeris aliis modis repraesentari atque ad calculum revocari possit." (Die Theorie der Mondbewegung mit all ihren Ungleichheiten. Im Anhang wird dasselbe Argument auf andere Weise behandelt und gleichzeitig gezeigt, wie die Bewegung des Mondes mit all ihren Ungleichheiten auf unzählige andere Arten dargestellt und in die Analysis zurückgebracht werden kann.)

7.5 Himmelsmechanik

Abb. 7.16 a Johann Tobias Mayer (1723–1762), **b** Thomas Harrison (1693–1776), **c** Chronometer von Harrison

wobei er ein Vierteljahrhundert der Zeit vorausgeeilt war, denn erst 1907 gelang das ihm und anderen (z. B. Paul Koebe, 1882–1945).

Die erste Mondtheorie hatte eine bemerkenswerte Folge. Die Navigationstechnik war wichtig für die Seefahrt und die Seeherrschaft, was man in England sehr genau wusste. Der Göttinger Astronom Johann Tobias Mayer (1723–1762) stellte mithilfe der Euler'schen Mondtheorie Tafeln auf, die es mit vorzüglicher Genauigkeit erlaubten, die geographische Länge einer Schiffsposition zu bestimmen. Die geographische Breite war mit einem Sextanten (Vorläufer Jakobsstab) einfacher zu finden. Das britische Parlament hatte 1714 eine beträchtliche Summe auf die genaue Bestimmung des Längengrades ausgesetzt (genau meint hier Messergebnisse kleiner als ein halbes Grad). Euler erhielt von dieser Summe 300 £ und die Witwe von Mayer 3000 £. Gleichzeitig wurde noch der Uhrmacher John Harrison (1693–1776) für den Bau eines fast präzisen Chronometers bedacht, das schiffstauglich war (Abb. 7.16). Mehr als ein Jahrhundert fuhr man so zur See!

Die zweite Mondtheorie *Theoria motuum lunae* (E 418, EO II/22)[48] von 1772 fand aufgrund ihrer Kompliziertheit nicht so viel Aufmerksamkeit. Ihre 775 Seiten

---

[48] "Theoria motuum lunae, nova methodo pertractata una cum tabulis astronomicis, unde ad quodvis tempus luca lunae expedite computari possunt incredibili studio atque indefesso labore trium Johannis Alberti Euler, Wolffgangi Ludovici Krafft, Johannis Andrea Lexell. Opus dirigente Leonhardo Eulero." – Die Theorie der Mondbewegungen, behandelt mit einer neuen Methode zusammen mit astronomischen Tabellen, aus denen die Helligkeit des Mondes jederzeit leicht berechnet werden kann, durch den unglaublichen Fleiß und die unermüdliche Arbeit der drei Akademiker Johannes Albrecht Euler, Ludwig Krafft und Johannes Andreas Lexell unter der Leitung Leonhard Eulers.

enthalten neben einem Vorwort zwei Bücher, die die „ipsam lunae theoriam" (die eigentliche Theorie des Mondes) und die „applicationem theoriae lunae ad calculum astronomicum" (die Anwendung der Mondtheorie auf astronomische Berechnungen) umfassen. Euler nannte im Titel seine Gehilfen bei der Arbeit: seinen Sohn Johann Albrecht (1734–1800), Wolfgang Ludwig Krafft (1743–1814)[49] und Anders Johan Lexell (1740–1784). Ein Jahrhundert später interessierte sich George William Hill für das Buch und führte Eulers Ideen 1878 in zwei Arbeiten weiter, die den neuen Fortschritten der ganzen Himmelsmechanik zugrunde liegen (M. F. Subbotin, 1893–1966). Hill lieferte bedeutende Beiträge für die Lösung von Differentialgleichungen nichtlinearer Schwingungsprobleme (die die Bewegung des Mondes verallgemeinern), seine Methoden zur Bahnberechnung von Himmelskörpern sind bis heute in Gebrauch.

Euler war übereinstimmend mit den Anhängern von René Descartes (1596–1650) und den Atomisten (z. B. Pierre Gassendi, 1592–1655) der Ansicht, dass Änderungen von Bewegungszuständen nur durch unmittelbaren Kontakt zwischen Körpern möglich sind. Das Wesen der Körper würde durch deren Raumausfüllung erfasst. Aufgrund der Undurchdringlichkeit von Körpern müssten sich daher aufeinander treffende Körper verdrängen. Diese Betrachtungsweise veranschaulicht zwar die im Alltag unaufhörlich gemachten Erfahrungen, aber sie wird problematisch, wenn es sich um Vorgänge handelt, die von unseren Sinnen nicht wahrgenommen werden, wie das im atomaren Bereich der Fall ist.

Die erste Naturkraft, die man quantitativ genau beschreiben konnte, die Schwerkraft, zeigte sich einerseits als Fernkraft und ließ sich andererseits nicht auf Druck und Stoß zurückführen.[50] Newton war sich dessen bewusst, und es erfreute ihn gar nicht. Dieser Verlauf der Erkenntnisgewinnung entsprach auch nicht Eulers Erwartungen. Er entwickelte mithin Vorstellungen, wonach die Newton'sche Gravitationskraft sich ebenfalls aus dem Stoß von Körpern ergeben würde, genauer durch den Druck des Äthers, der das Vakuum ausfüllt. Solche Vorstellungen präzisierte Euler in der Arbeit „De causa gravitationis" (Über die Ursache der Schwerkraft; ohne Eneström-Nummer, EO II/31), die 1743 erschien. Die Schwerkraft sei eine Folge von Druckunterschieden. Euler postulierte sowohl die „Löchrigkeit" der Materie als auch den zugehörigen Äther; genauer ging er von zwei unterschiedlichen Arten aus, dem feinen und groben Äther. Er sah seine Theorie als eine „tiefe Einsicht" an, denn als Goldbach ihm von der Arbeit eines unbekannten Mediziners über die Ursachen der Gravitation berichtete, hielt ihm Euler selbstgewiss entgegen (Brief vom 14. April 1746), dass bei „solchen sublimen Materien … bei einem unbekannten Mann dergleichen [Erkenntnis] nicht leicht zu vermuten sei. Und ohne diese Erkenntnis verfällt man auf bloße Chimären und kontradiktorische Hypothesen."

---

[49] Wolfgang Ludwig Krafft war der Sohn des Mathematikers und Physikers Georg Wolfgang Krafft, der zeitweilig Eulers Kollege an der Petersburger Akademie war.

[50] Euler unterschied nicht zwischen Stoß und Druck, während heute der Druck als Kraft pro Fläche angegeben wird.

7.5 Himmelsmechanik

Euler bezweifelte noch 1747 in den „Recherches sur les mouvement des corps célestes" (Untersuchungen zur Bewegung von Himmelskörpern; E 112, EO II/25), 1749 erschienen) die $1/r^2$-Proportionalität der Newton'schen Gravitation. Es ist irritierend, wie von Euler unter diesen Umständen 1744 eine Planetentheorie[51] zum Druck gebracht wurde, denn die Newton'sche Gravitation führt ja zwangsläufig auf Kegelschnitte als Bahnkurven (und umgekehrt zeigt das inverse Problem, bei dem von den Kurven ausgegangen wird, dass für Kegelschnitte das Newton'sche Gravitationsgesetz nötig ist). Vielleicht erklärt der Hang Eulers, auch physikalisch irreale Fälle durchzurechnen, hier seine fehlende Kritik bzw. erläuternde Kommentare – aber bei der Tragweite der Ergebnisse wäre ein klärendes Wort doch erforderlich gewesen. Wir führen einige Beispiele an, die den Formalisten Euler erscheinen lassen.

Jean (Giovanni) Castillon (1708–1791),[52] der im Verlag Bousquet in Lausanne in den 1740er-Jahren den Druck von Eulers Werken überwachte und dem wir in Kap. 6 in den Abschn. 6.4.4 Editorische Bemerkungen schon begegnet sind, kam später nach Berlin und wurde dort 1787 sogar Direktor der mathematischen Klasse der Berliner Akademie. Es begab sich, dass er in Berlin einmal den Kollegen Euler um Rat bat, welche der Formeln aus einer bestimmten optischen Arbeit Eulers er am besten dem Bau eines Fernrohres zugrunde legen sollte. Euler riet vom jedoch vom Gebrauch dieser Formel mit den Worten ab: „Non, non, ce Mémoire n'est pas inutile; il s'en faut bien!" (Nein, nein, diese Arbeit ist nicht nutzlos; ganz im Gegenteil).[53] Wir hatten eine ähnliche Haltung Eulers auch bei der Wahl seiner Beispiele in der ersten Mechanik (E 15, 1736) bemerkt.

Eulers Verhältnis zum Experiment und zu dessen methodischer Auswertung wird in einem Brief an den Astronomen Gottfried Heinsius (1709–1769), der in St. Petersburg Eulers Kollege war, deutlich. Euler äußerte sich zur Bahnberechnungen von Kometen, insbesondere ging es um den Kometen von 1742, wo Euler zunächst von englischen Messergebnissen ausgegangen war und dann von Delisle (1688–1768) dessen Ergebnisse erhalten hatte:

> „Ich stehe aber nicht für den Calculus [d. h. für die Ergebnisse der Berechnungen] selbst, sondern derselbe [das Rechenverfahren] soll nur zur Erläuterung der Methode dienen; dass ich dem Calculo nicht allzu sicher trauen kann, ist die Ursache, weil mir Hr. de l'Isle alle Rechnungen seiner Observationes zugesandt, und ich aus denselben durch eben diese Methode ein gantz anderes Facit gefunden [habe]."[54]

---

[51] *Theoria motuum planetarum* (Die Theorie der Planetenbewegung; E 66, EO II/28).

[52] Es war übrigens der Sohn von Jean Castillon, Frédéric (Friedrich Adolf) Castillon (1747–1818), den man Johann Albrecht Euler bei der Bewerbung 1765 um eine Professur an der Ritterakademie in Berlin vorzog. Eulers Sohn (31 Jahre) war wegen seiner Jugend abgelehnt worden, Castillons Sohn war 18 Jahre alt!

[53] D. Thiébault, *Mes souvenirs de vingt ans de séjour à Berlin*, Vol. 5. Paris 1804, S. 15.

[54] Письма к ученым, Pisma k utschenim, russ. (Briefe von Gelehrten). Hrsg. V. I. Smirnow. Moskau: Nauka 1963, S. 89. Es ist amüsant, dass die Ergebnisse von Delisle aus St. Petersburg über Euler in Berlin Heinsius in St. Petersburg mitgeteilt wurden.

Abb. 7.17 Das alte Observatorium der Berliner Akademie (1733)

Über die Schwierigkeiten der Bahnberechnungen äußerte sich Euler ausführlich in der Himmelsmechanik (E 66) und Schriften über die Kometen (E 67–68), siehe unten. Eulers Vertrauen in die Rechnung erwies sich später in der Optik, in der der nahezu erblindete Gelehrte aus mathematischen Grundannahmen ohne größere experimentelle Möglichkeiten seine dreibändige *Dioptrica* (E 367, 386, 404, 1769–1771) verfasste.

Die von Leibniz gegründete alte Berliner Akademie besaß im Akademiegebäude in der Dorotheenstraße ein Observatorium (Abb. 7.17). Als Euler diese Einrichtung betrat, war er kein unbeschriebenes Blatt in der Astronomie. Er drängte in einem Brief vom 7. September 1742 den Sekretär der Akademie Philipp Joseph von Jariges (1706–1770), die Sternwarte wieder verstärkt für Beobachtungen zu nutzen, und einige Wochen später, am 21. November 1742, legte er Jariges ein 9-Punkte-Programm für die Aufgaben eines Astronomen vor:

> „Die wahre Theorie der Astronomie besteht hauptsächlich in einer gründlichen Erkenntnis der Newtonschen Philosophie [Newtonsche Naturlehre], in der nicht nur alle schon erkannten Motus Coeleste [Himmelsbewegungen] sehr herrlich erklärt werden, sondern die auch Anlaß gibt … die wahren Bewegungen aller Himmelskörper zu erkennen."[55]

Die Beschäftigung eines Astronomen lässt sich in Einklang mit dem Euler'schen Text auch so formulieren, dass es dessen Hauptaufgabe sei, die Mechanik und die Newton'sche Gravitationstheorie auszuschöpfen, also Positionsastronomie zu betreiben. Die Newton'schen Darlegungen finden sich in Buch III der *Principia*, das das System der Welt bzw. das Planetensystem in einer Weise behandelt, die wir heute Himmelsmechanik nennen – siehe auch Eulers Erklärung in den *Lettres* (E 343, EO III/11), Brief 58.

---

[55] Archiv der BBAW Berlin, I–III–1b, Blatt 450.

7.5 Himmelsmechanik

Abb. 7.18 a Johann Kies (1713–1781), **b** Johann III Bernoulli (1744–1807)

Für diese Pflichten wurde schon am Tag darauf, am 22. November 1742, Johann Kies (1713–1781) (Abb. 7.18a) als Astronom und ordentliches Mitglied der Akademie eingestellt. Euler hatte ihn in einem Konzil am 12. September 1742 der Akademie empfohlen und dabei bemerkt, dass der junge Mann sich in höherer Geometrie [Mathematik] und Newton'scher Philosophie [den *Principia*] weiterbilden wolle. Taktisch klug hatte Euler den Sekretär Jean Henri Samuel Formey (1711–1797) mündlich wissen lassen, dass die Akademien in Paris und St. Petersburg jeweils drei Astronomen beschäftigten. So nahm man Kies mit der Auflage auf, alle außergewöhnlichen Himmelsphänomene wie Nordlicht, Kometen oder Veränderungen an den Fixsternen Euler zu melden.

Obwohl Euler in Berlin in astronomischen Angelegenheiten sehr aktiv war, gelang es ihm nicht, seine astronomischen Pläne und die Vorstellungen für das Observatorium zu verwirklichen. Ein Grund dafür mag sein, dass nach zwei Direktoren der Sternwarte mit längeren Amtszeiten, Johann Wilhelm Wagner (1681–1745) von 1740 bis 1745 und August Nathanael Grischow (1726–1760) von 1745 bis 1749, die Stelle des Direktors entweder nur vorübergehend oder gar nicht besetzt war. Das änderte sich erst mit Johann III Bernoulli (1744–1807)(Abb. 7.18b), dem Sohn von Johann II Bernoulli (1710–1780), der 25 Jahre im Amt war, aber dieses erst 1764, also kurz vor Eulers Weggang 1766, antrat.

Einige Tätigkeiten Eulers in den Sitzungen der alten Akademie („Société littéraire") in den Jahren 1743/44:[56]

---

[56]W. Knobloch, *Eulers Wirken an der Berliner Akademie der Wissenschaften. 1741–1766.* Spezialinventar. Berlin 1984; Protokolle der Akademiesitzungen, S. 346 f.

- August 1743: Euler verlas einen Brief aus St. Petersburg, in dem Beobachtungen mitgeteilt wurden, die von den Jesuiten in Peking über den Kometen von 1742 gemacht wurden.
- September 1743: Euler gab einen vergleichenden Überblick über die Beobachtungen des Kometen von 1742, die in Peking, Paris und St. Petersburg erfolgten.
- Oktober 1743: Euler verlas einen Brief von Heinsius aus St. Petersburg, der die Ringe des Saturn betraf.
- November 1743: Euler trug einen Brief von Knutzen aus Königsberg vor, der den Durchgang des Merkur durch die Sonne betraf, den Knutzen am 5. November 1743 beobachtet hatte.
- Januar 1744: Die Akademie wählte den Pariser Astronomen Pierre Charles le Monnie zum Mitglied.
- Januar 1744: Erörterung des schlechten Bauzustandes des Observatoriums und mögliche Veränderungen.
- Februar 1744: Der Pariser Astronom Clairaut wurde Mitglied der Akademie.
- Februar 1744: Euler bat Delisle in St. Petersburg um Beobachtungsdaten für den aktuellen Kometen, da die Berliner Messwerte aufgrund des schlechten Zustandes der Sternwarte unzureichend waren.[57]

Das Observatorium der Berliner Akademie befand sich im rückwärtigen Teil des früheren Marstalls (52° 31′ 8″ N, 13° 23′ 29″ O). Der Berliner Schriftsteller Karl Gutzkow (1811–1878), der im Akademiegebäude zur Welt gekommen war, hatte auf seinem Schulweg „die düsteren Fenster der Anatomie" noch gesehen, „da wo einst Maupertuis (oder Voltaire) die Sternwarte besteigen wollte und mit einer Leiche karambolierte, worauf ein für allemal die Akademiker von Friedrich dem Großen einen eigenen Eingang zum Sternenhimmel und die Anatomen einen eigenen zu ihren Obduktionen angewiesen erhielten" (*Aus der Knabenzeit*, 1852). Übrigens war Euler zeitweilig auch für die Beschaffung von Leichen zuständig, was Quittungen belegen.

Seine astronomischen Arbeiten regten Euler auch zu Arbeiten über Rotationsbewegungen an, die in der zweiten Mechanik (E 289, EO II/3–4, 1765) kulminierten; für die Astronomen sind diese Darlegungen Eulers von größter Wichtigkeit. Verwandte Gegenstände sind hier die Gezeiten und die Form der Erde, denen beispielsweise die Arbeiten „Inquisitio physica in causam fluxus ac refluxus maris" (Eine physikalische Untersuchung der Ursache der Ebbe und Flut des Meeres; E 57, EO I/31; 1741) sowie „Theoria parallaxeos, ad figuram terrae sphaeroidicam

---

[57] Gottfried Heinsius (1709–1769), Professor für Astronomie an der Akademie in St. Petersburg von 1736–1744, dann an der Universität Leipzig; Martin Knutzen (1713–1751), Professor der Logik und Metaphysik in Königsberg, Lehrer von I. Kant; Pierre Charles le Monnie (1715–1799), Pariser Astronom, Teilnehmer der Lappland-Expedition von Maupertuis; Alexis Clairaut (1713–1765), bedeutender Mathematiker und Astronom, Mitglied der St. Petersburger und Berliner Akademie, Fellow der Royal Society in London, gleichfalls Teilnehmer der Lappland-Expedition.

accomodata" (Die Parallaxentheorie, angepasst an die Kugelform der Erde; E 529, EO II/30; 1779, gedruckt 1782) gewidmet sind. In der Arbeit „Enodatio difficultatis super figura terrae" (Erklärung der Schwierigkeiten bei der Figur der Erde, E 619, EO II/28; 1775, gedruckt 1788) stellte sich Euler dem Problem der Erdgestalt, das einige Jahrzehnte zuvor ein vieldiskutiertes Problem war. Er kam auf das Ergebnis, dass neben der Gravitation und der Zentrifugalkraft noch weitere Kräfte die Form der Erdkugel bestimmen.

Die oft als Himmelsmechanik bezeichnete „Theoria motum planetarum et cometarum" (E 66, EO II/28, 1744) behandelt, wie aus dem Titel hervorgeht, auch Kometen, und besteht aus zwei Teilen. Der erste beschäftigt sich mit den Bahnbestimmungen von Planeten und Kometen, während der zweite Teil detaillierte Angaben zu den Kometen aus den Jahren 1680–1744 bringt, ausführlich wird in einem Anhang der Komet von 1742 behandelt. Beim aktuellen Kometen von 1744, der vom 29. November 1743 bis zum 22. April 1744 in Berlin sichtbar war, konnte Euler die Bahn nicht berechnen (er hatte Delisle in St. Petersburg um Daten gebeten, siehe oben) und behalf sich daher mit zwei Annahmen über die Entfernung, die um 5 % differierten. Das Ergebnis lieferte stark elliptische (möglicherweise sogar hyperbolische) Bahnen, wobei die Umlaufzeiten auf elliptischen Bahnen bei 41 bzw. 431 Jahren lagen.

Kometen, die den anscheinend ewig gleichen Ablauf am Himmelszelt störten, erregten nicht nur die Aufmerksamkeit der Astronomen, sondern auch die Furcht der Bevölkerung. Eine Störung der himmlischen Ordnung schien auf irdische Katastrophen hinzudeuten. 1744 veröffentlichte Euler in deutscher Sprache die „Bearbeitung verschiedener Fragen über die Beschaffenheit, Bewegung und Würkung der Cometen" (E 67, EO /31), ein 56-seitiges Buch, das anonym erschien. Es behandelte in acht Kapiteln populäre Fragen wie „Was vom Schweif der Kometen zu halten sei?", „Wie groß die Anzahl der Kometen sei?" und „Ob Kometen eine Wirkung auf die Erde haben?". Der Erfolg muss beachtlich gewesen sein, denn Euler lieferte, wiederum anonym, im gleichen Jahr eine Fortsetzung mit nunmehr 19 Kapiteln: „Fortgesetzte Beantwortung der Fragen über … die Kometen" (E 68, EO II/31). Es ging wieder um die Schweife der Kometen und deren verschiedene Formen, aber auch um die die Messungen eines „geschickten Frauenzimmers", nämlich Margaretha Kirch (1703?–nach 1748) aus Berlin, deren Ergebnisse später von dem Astronomen Heinrich Wilhelm Olbers (1758–1840) in den Astronomischen Nachrichten 1823 ausgewertet wurden. Es ist schon merkwürdig, dass die Tochter eines früheren Direktors der Sternwarte offenbar verwertbare Beobachtungen machte, aber die Sternwarte selbst nicht! In einem Brief an Goldbach vom 5. April 1744 bekannte Euler seine Autorenschaft für E 67 und 68, als er sich für Goldbachs Interesse an den „in ziemlicher Eile aufgesetzten Fragen über Kometen" bedankte. Dabei werden auch einige tiefer liegende Fragen wie die Beschaffenheit des Schweifs oder die Möglichkeit einer Atmosphäre bei Kometen beantwortet. Euler vermutete, dass das Nordlicht auf der Erde Beobachtern im All wie ein Kometenschweif erscheinen würde. Entsprechend christlichen Vorstellungen werde Gott auch andere Planeten mit Lebewesen versehen haben. Das nahm auch Euler an, aber er bezweifelte, dass es Lebewesen auf Kometen gebe, da die Lebensbedingungen zu extrem wären. Sein Berliner Kollege Johann Heinrich Lambert (1728–1777) war da in seinen *Cosmologischen Briefen* (1761) anderer Meinung. Aus Sicht der Bewohner von Kometen wären nach Lambert allerdings die Erdbewohner „Zärtlinge". Euler ging auch in den *Lettres* (E 343, EO III/11, Briefe 59 f.) in populärer Weise auf Kometen ein, aber er vertrat einen aufgeklärten Standpunkt: Abergläubische Befürchtungen und effektvolle Spekulationen akzeptierte er nicht, er blieb auf dem Boden der Tatsachen. Weiterhin waren Kometen Thema in vier wissenschaftlicher Arbeiten (z. B. E 103, EO II/31; 1748). Auch Maupertuis hatte die Gunst der Stunde genutzt und das populäre Thema bearbeitet, indem er Briefe an ein Frauenzimmer schrieb, die dem Kometen gewidmet waren: *Lettres sur la comète de 1742* (Paris 1742).

Den Höhepunkt der klassischen Himmelsmechanik bildete schließlich der *Traité de Mécanique Céleste* (Abhandlung über Himmelsmechanik, Paris: 1798–1825) in fünf Bänden von Pierre Simon Marquis de Laplace (1749–1827). In der historischen Skizze im Band 5 schrieb Laplace 1825 über Euler, dass:

> „Seit der Veröffentlichung des Werks *Principia* bis zu Eulers erstem Werk über die Störungen der Planeten haben die Geometer den in diesem Werk enthaltenen großen Entdeckungen nichts Bemerkenswertes hinzugefügt."[58]

Sowohl mit Eulers wachsenden Ruhm als auch mit dem Weggang von Kollegen und nicht zuletzt durch Eulers Bereitschaft, immer neue Aufgaben zu übernehmen, erhielt er zunehmend solche, bei denen man sich wundert, wie Euler sich in den weit auseinander liegenden Gebieten, die nicht zur Mathematik gehörten, gut zurecht fand. Ein harmloses Beispiel aus einer akademischen Konferenz in Petersburg, bei der Eulers eigentlich zuständiger astronomischer Kollege Delisle anwesend war: Der Präsident Johannes Albrecht von Korff (1697–1766) war zugegen und wünschte jedoch von Euler zu wissen, ob der Planet Jupiter an diesem Morgen in seinem Haus sei. Euler verneinte, da Jupiter im Hause des Saturn sei, jedoch die Sonne stehe im Hause des Jupiter (*Protokoli,* 10./21. 2. 1735).

Zum Abschluss der Himmelsmechanik eine denkwürdige Geschichte aus Eulers erster Petersburger Periode vom Zarenhof. Bekanntlich ist die ältere Schwester der Astronomie, die Astrologie, schlecht beleumundet. Ist das völlig gerechtfertigt? Nicht ganz, denn die Anhänger der Sterndeutung haben durchaus Verdienste. In dem Bestreben, präzisere Horoskope zu erstellen, förderten sie die Positionsastronomie, da für Prophezeiungen möglichst genaue Ausgangsangaben bzw. exakte Beobachtungen benötigt wurden. Zudem versprach man sich bei besserer Kenntnis des himmlischen Geschehens (wobei himmlisch jenseits der Mondbahn begann) die Gewissheit, solche ewigen und unveränderlichen Gesetze auch in den irdischen Alltag herab bringen zu können. Man hoffte so, das regellose und sich stetige Ändern zu erfassen und zu durchschauen, um dann besser Prognosen

---

[58] « Depuis la publication de l'ouvrage des *Principes* [par Newton] jusqu'aux premiers travaux d'Euler sur les perturbations des planètes, les géomètres n'ont rien ajouté de remarquable aux grandes découvertes consignées dans cet Ouvrage. » (1825)

7.5 Himmelsmechanik

des Künftigen zu erstellen. Nicht nur der Zarenhof war deshalb an der Astrologie sehr interessiert, weshalb sich seine Hofastronomen auch heiklen astrologischen Aufgaben gegenüber sahen.

Die Petersburger Akademie erscheint uns durch das Wirken Eulers als ein Hort der Gelehrsamkeit, das war sie aber nicht nur, sondern sie bildete zu einem beachtlichen Teil auch einen höfischen Dienstleister, von dem Wettervorhersagen erwartet und Oden auf die Mächtigen bei entsprechenden Feierlichkeiten gewünscht wurden, die das Ausrichten von Feuerwerken übernahm und anderes mehr, etwa Horoskope zu erstellen. Euler erhielt so den delikaten Auftrag, für Iwan Antonowitsch (Иоанн Антонович, 1740–1764, als Iwan VI. reg. 1740–1741), den Sohn der Prinzessin Anna Leopoldowna (Анна Леопольдовна, 1718–1746), einer Nichte der kinderlosen Zarin Anna Iwanowna (Анна Иоанновна, 1693–1740, reg. seit 1730), das Horoskop zu erstellen. Euler wusste die schwierige Sache an seine astronomischen Kollegen weiter zu geben.[59] Die Sache war deshalb heikel, weil die Zarin Anna Iwan zu ihren Nachfolger bestimmte, der damit nach ihrem Tod bereits im Säuglingsalter als Iwan VI. auf den russischen Thron kam, was Begehrlichkeiten weckte. Seine Mutter erklärt sich zunächst zur Regentin. Mithilfe der Garde putschte jedoch Jelisaweta (Elisabeth) Petrowna Romanowa (Елизавета Петровна Романова, 1709–1762, reg. ab 1741), verbannte die Familie des Kinderzaren und verschleppte den abgesetzten 18 Monate alten Iwan in eine Festung, wo er nach 23 Jahren, nach dem Tod von Elisabeth, 1764 ermordet wurde, damit er der neuen Zarin Katharina II., der Großen (Екатерина Великая, 1729–1796, reg. ab 1762), den Thron nicht streitig machen konnte.

Der russische Dichter Aleksander Sergejewitsch Puschkin (Александр Сергеевич Пушкин, 1799–1837), der von vielen Russen als ihr größter Dichter und Begründer der modernen russischen Literatur angesehen wird, gab einen etwas anderen Bericht über den Hergang, den er aber selbst nicht miterlebt haben konnte: „Als Iwan Antonowitsch geboren wurde, sandte die Kaiserin Anna Iwanowna den Befehl zu Euler, dem Neugeborenen das Horoskop zu stellen. Zwar weigerte sich Euler anfangs, musste jedoch schließlich willfahren. Gemeinsam mit einem anderen Akademiker stellte er das Horoskop, und zwar stellten die beiden es, als gewissenhafte Deutsche, nach allen Regeln der Astrologie, obwohl sie nicht daran glaubten. Die Schlüsse, die sie aus ihren Arbeiten zogen, entsetzten die beiden Mathematiker, und darum schickten sie der Kaiserin ein anderes Horoskop, in welchem dem Neugeborenen alles erdenkbare Glück vorausgesagt wurde. Trotzdem hob jedoch Euler das erste Horoskop auf und zeigte es dem Grafen Rasumowski (Розумовський bzw. Разумовский, 1728–1803, seit 1746 Präsident der Akademie), als sich das Los des unglücklichen Ivan VI erfüllte."[60] Der Kinderzar

---

[59] Als Kollegen wären in Frage gekommen: J. N. Delisle und sein Bruder L. Delisle de la Croyère, W. G. Krafft, C. N. Winsheim und G. Heinsius; die letzten drei waren deutsche Astronomen.
[60] Zitiert nach Alexander Puschkin, *Gesammelte Werke*, Hrsg. von Johannes von Guenther. München 1966, S. 997, Nr. 6.

Iwan VI. wurde in der Thronfolge weitgehend totgeschwiegen, jedoch die Petersburger *Commentarii*, deren Redaktion dem gewissenhaften preußischen Christian Goldbach (1690–1764) oblag, kamen ihren Auftrag pünktlich nach und meldeten wie üblich auch diesen Thronwechsel von der Zarin Anna zu Iwan VI. auf einer Seite in der Titelei der *Commentarii*, vermutlich das einzig öffentlich zugängliche Zeitdokument.

Ganz gefahrlos war das Leben von Astronomen und Geodäten also nicht. Georg Moritz Lowitz (1722–1774), ein Schwager von Tobias Mayer (1723–1762), der ein gängiges, wenn auch etwas umständliches Verfahren zur Vorhersage von Sonnenfinsternissen entwickelt hatte und für 1748 Prognosen abgegeben hatte (Abb. 7.19), die auf Euler'schen Tafeln beruhten und der daher seine Ergebnisse Euler gewidmet hatte, wurde 1767 an die Petersburger Sternwarte berufen. Er nahm natürlich an den Beobachtungen des Venus-Durchgangs 1769 teil und zeichnete sich dabei aus. Die Zarin Katharina II., die genauere Landkarten für den südlichen Teil ihres Reiches wünschte, beorderte also Lowitz zur Kartierung dorthin. Dabei brachten ihn rebellische Kosaken 1774 um. Der Physiker Georg Wilhelm Richmann (1711–1753), seit 1741 außerordentliches Petersburger Akademiemitglied, kam während elektrischer Versuche bei einem Gewitter um sein Leben.

Abschließend einige Worte über Euler als Physiker. Die Stärke des Mathematikers Euler lag auch darin, dass er die Analysis mehr und mehr von geometrischen Vorstellungen befreite und das Naturgeschehen mit dieser neuen mathematischen Wissenschaft vollständiger und besser erfassen konnte. Die Maxime war, messen was messbar ist (bzw. messbar gemacht werden kann), um die Messergebnisse dann den Rechnungen der Analysis zu unterwerfen. In diesen Verfahren war Euler ganz in seinem Element und leistete Großes, etwa in der Mechanik, der Himmelmechanik, der Hydrodynamik, der Elastizitätstheorie oder der Optik. Seine eigenen Hypothesen waren allerdings nicht von der Nachhaltigkeit seiner mathematischen Beiträge. Obwohl sein formales, rationales Denken nicht immer genau auf das Naturgeschehen passte, meinte er in selbstbewusster Weise, das Wesen der Erscheinungen erfasst zu haben. Alles Vorhandene setzt in der Philosophie ein Wesen dieses Dinges, seine Bestimmtheit, voraus, wonach unter Wesen das Beharrliche und Bleibende verstanden wird. Dies ist ein Gegensatz zu den wechselnden Erscheinungen der Dinge in der Empirie, die dem theoretischen Euler weniger lagen. C. A. Truesdell wies darauf hin, dass Euler in tiefer gehenden physikalischen Arbeiten keine Tendenzen erkennen ließ, seine Theorie mit den Versuchsdaten zu vergleichen.[61] Seine Mechanik betrieb er als eine mathematische Wissenschaft, als rationale Mechanik. Diese Bemerkung Truesdells macht auch die erwähnte Tatsache verständlicher, dass der blinde Euler umfangreiche bedeutende optische Arbeiten und Abhandlungen verfassen konnte.

---

[61] „Eulers Leistungen in der Mechanik", in: *L'ensignement mathématique*. Ire série, tome III. Genève 1957, S. 252–262, Zitat S. 261.

7.5 Himmelsmechanik

Abb. 7.19 Den geographischen Verlauf der großen Sonnenfinsternis vom 14. Juli 1748 zeigt eine genaue Karte aller Teile der Erde, in denen sie sichtbar war, mit dem Nordpol nach den neuesten Entdeckungen, von G. Smith, Esqr

So schrieb er in den bekannten Briefen an die Prinzessin, dass es lächerlich sei, zu behaupten, das Wesen der Körper sei uns unbekannt; und selbst König Friedrich ließ er 1743 wissen, dass er das physikalische Wesen des Magnetismus entdeckt habe und erklären könne.[62] In Eulers (Descartes'scher) Philosophie waren Körper ausgedehnt und undurchdringlich (keine Messbarkeit!), worauf er die grundlegenden erfahrbaren Phänomene Druck und Stoß zurückführte. Hieraus leitete Euler logisch die mechanischen Theorien her, und ihm war offenbar nicht bewusst, dass diese Begründung ein logisches Konstrukt war, das auch nicht begreiflicher war als etwa die Gravitation oder ein magnetisches Feld. Wir haben es hier leichter, zu erkennen, dass die mechanische Anschauung in keiner Weise ausreicht, die Welt umfassend zu erklären. Der bekannte Euler-Biograph Otto Spiess (1878–1966) urteilte hart, dass Euler mit seiner einfachen und anschaulichen Philosophie „als Physiker altmodisch [war]. Der Zusammenhang seines physikalischen Denkens mit seiner allzu simplen Philosophie hat ihn verhindert, in der Physik einen so hohen Rang einzunehmen wir in der Mathematik."[63] Ähnliche Schlussfolgerungen zog wohl auch Max Planck (1858–1947), als er gegen den Druck der Euler'schen Werke im Januar 1907 argumentierte, dass „die Herausgabe der physikalischen Schriften Eulers keinem dringenden Interesse der wissenschaftlichen Physik entspricht, und ich für meine Person daher nicht besonders nachdrücklich dafür eintreten kann."[64]

7.6 Schießkunst

Man muß sich billig wundern, daß bei den überhand nehmenden Kriegs-Unruhen in diesem Jahre dem Fleiß und den Bemühungen der Gelehrten nicht der geringste Abbruch geschehe.
Leipziger neue Zeitungen von gelehrten Sachen, Vorrede für das Jahr 1745

Im 18. Jahrhundert gehörten Glanz und Macht zum Absolutismus, und für deren Stärkung und Sicherung war die militärische Technik wichtig. „Der Krieg ist eine bloße Fortsetzung der Politik mit anderen Mitteln", schrieb später der preußische Generalmajor Carl von Clausewitz (1780–1831) in seinem postum erschienen berühmten Buche *Vom Kriege* (1832).[65] Gegenüber vorangehenden Zeiten hatte die

---

[62] „Je viens de découvrir la cause physique des effets de l'aimant" („Ich habe gerade die physikalische Ursache für die Wirkung von Magneten entdeckt" (14. 1. 1743); der König dankte am 29.1.1743 („Je vous felicite"). – Es ging um die Arbeit „De magnete" (E 109, EO III/10), der die Pariser Akademie mit zwei anderen Arbeit den ausgeschriebenen Preis zuerkannte. – Magnetismus war seinerzeit en vogue (selbst in der Medizin, „Mesmerismus").

[63] *Leonhard Euler,* Frauenfeld 1929, S. 210.

[64] K.-R. Biermann, „Versuch einer Euler-Ausgabe von 1903/07 und ihre Beurteilung durch Max Planck", in: Forschungen und Fortschritte 37 (1963), S. 236–239.

[65] *Vom Kriege* (1832–1834), 1. Buch, 1. Kapitel, Unterkapitel 24.

Ingenieurskunst bei den Schusswaffen Veränderungen gebracht, insbesondere wurde bei Gewehren und Kanonen die Ungenauigkeit beim Zielen verringert. Schließlich wurde der Einsatz mathematischer Methoden möglich und nötig; die Ballistik verband praktische und theoretische Fragen, wie das in der Kartographie, Kryptographie, Fortifikation und bei hydraulische Apparaten der Fall war. Euler leistete zu all diesen Disziplinen Beiträge.

Im 18. Jahrhundert wurde die Kriegsführung umgestaltet. Die Reiterei, die zuvor bei den Landstreitkräften als wesentlicher Teil betrachtet wurde, verlor gegenüber der Artillerie (mit Haubitzen, Kartätschen, Mörsern, usw.) ihre Dominanz. Kanonen konnten Eisenkugeln mit einer gewissen Genauigkeit bis etwa 0,5 km weit verschießen; Bataillone waren im Allgemeinen mit zwei leichten Geschützen versehen, während schwere Geschütze zu einer Batterie an strategisch wichtigen Orten in Stellung gebracht wurden.[66] Die Einführung von Steinschlossgewehren und Bajonetten ergaben für die Infanterie wesentliche Veränderungen der Kampfkraft.

Das preußische Heer Friedrichs II. wurde durch einen eisernen, wenn auch mechanischen Drill zu einer der schlagkräftigsten Armeen Europas und diente den europäischen Mächten als Vorbild. Eine Attacke der Infanterie oder der Artillerie eröffnete einen Angriff, dem ein Einsatz der Kavallerie folgte. Über die Veränderungen auf dem Kriegsschauplatz lesen wir:

„Denn der Krieg ist nicht mehr das, was er zur Zeit unserer Väter war."[67]

In der Strategie gerieten die ausgebildeten Stabsoffiziere (vor allem die deutschen) in eine Sackgasse, aus der sie erst im 19. Jahrhundert wieder herausfanden. Sie glaubten, den Krieg mithilfe von Mathematik und Topographie auf dem Papier gewinnen zu können. Ihrer Ansicht nach fiel der Sieg demjenigen Heer nahezu kampflos in den Schoß, das die beherrschenden Punkte im Gelände besetzt hielt oder bei der Aufstellung der Truppen bestimmte geometrische Verhältnisse befolgte.[68] Eine gesicherte Berufslaufbahn von Offizieren war die Grundlage für einschlägige Fachkenntnisse. Der Hang zu großen stehenden Heeren war nicht zu übersehen, aber es war eine Frage des Geldes, was sich ein Staat leisten konnte. Der Große Kurfürst Friedrich Wilhelm (1620–1688, reg. 1640–1688) konnte 1640 auf ein Heer von 3000 Soldaten zurückgreifen, bei seinem Tode waren es bereits 29.000 Soldaten, im 18. Jahrhundert stieg deren Zahl in Preußen bis auf 200.000 (etwa 3,5 % der Bevölkerung). In Russland unter Zar Peter I. (1672–1725, reg. 1682–1725) wurde diese Zahl bereits in seinem Todesjahr 1725 erreicht. Preußen entwickelte das System der zweimonatigen Dienstpflicht, d. h., die Soldaten

---

[66] Napoleon urteilte über Friedrich II., dessen Kriegskunst er schätze, dass dieser die Rolle der Artillerie unterschätzt hätte.

[67] Ch. d'Avenant (1656–1714) in seinem Essay *Upon ways and Means of supplying the war.* London 1685.

[68] J. R. Western, „Neue Methoden der Kriegsführung", in: *Das 18. Jahrhundert*, München 1971, Übersetzung aus dem Englischen. S. 181–216, Zitat S. 216.

Abb. 7.20 Geschosskurven bei Tartaglia in seinem Buch *Nova Scientia* (Neue Wissenschaft, 1537). Einer geradlinigen Bahn schließt sich eine gekrümmte Kurve an, die zur natürlichen Bewegung, dem freien Fall, überleitet

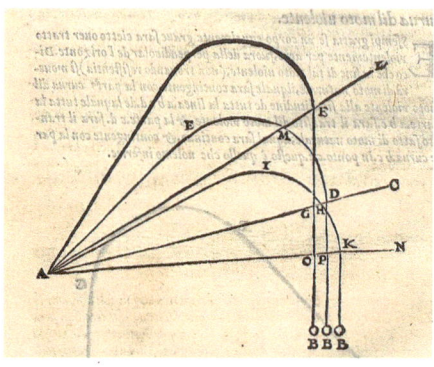

kamen lediglich in dieser Zeit zu ihrem Regiment, um zu exerzieren. Für den Rest des Jahre erhielten sie eine Arbeitserlaubnis, Urlaub gab es meist im Winter.

1753 beschrieb Euler in seiner Arbeit „Recherches sur la véritable courbe que décrivent les corps jettés dans l'air ou dans un autre fluide quelconque" (Untersuchungen der wahren Gestalt einer Kurve, die von Körpern beschrieben wird, die in die Luft oder in eine irgendeine andere Flüssigkeit geschleudert werden; E 217, EO II/14)[69] das Grundproblem für Bewegungen in der Luft oder in einer Flüssigkeit. Hier wurden Luft und Flüssigkeiten methodisch einheitlich gesehen. Jeder Körper, der sich in einem Medium bewegt, ist der Wirkung von zwei Kräften ausgesetzt: Die eine ist die Gravitation, die andere der Widerstand des Mediums. Die aristotelischen Vorstellungen ließen deren Wirkungen aufeinanderfolgen: beim Wurf ohne Luftwiderstand war es vereinfacht so, dass zunächst der geworfene Körper bis zum Höhepunkt seiner Bahn aufstieg, in dem sein Impetus (seine Bewegungsenergie) verbraucht war, und dass er dann als Folge der Gravitation herabfiel. Setzt man übrigens diese Vorstellung in infinitesimales Denken um, d. h. denkt man sich den eben beschriebenen finiten Vorgang in jedem Augenblick verwirklicht, so ergibt sich eine infinitesimale Zickzack-Kurve, die im Grenzfall auf die wahre parabolische Bahnkurve führt.

Die ersten systematischen Versuche, die wahre Bahnkurve zu bestimmen, unternahm Niccolò Tartaglia (1499?–1557). Seine Ballistik (1537) war noch sehr mangelhaft, sie wurde aber bis in die Mitte des 17. Jahrhunderts von den Artilleristen benutzt (Abb. 7.20). Die Untersuchungen des Wurfes von Galileo Galilei (1564–1642) in den *Discorsi* (1638), vierter Tag, bezogen schon den Luftwiderstand ein, sodass Galilei bei fehlendem Luftwiderstand als ideale Bahn eine Parabel ermittelte. Dieser letzte Fall tritt bei sehr schweren Körpern und geringer Steighöhe näherungsweise ein. Die Einschränkung Galileis, dass für Schusswaffen diese Resultate nicht gelten, wurde allerdings nicht zur Kenntnis genommen. Isaac Newton (1643–1727) kam durch Fallversuche, die er in St. Paul's Cathedral in London durchführte, zu dem Ergebnis, dass der Luftwiderstand proportional dem

---

[69] Berliner *Mémoires* 9 (1753), S. 321–352.

7.6 Schießkunst

 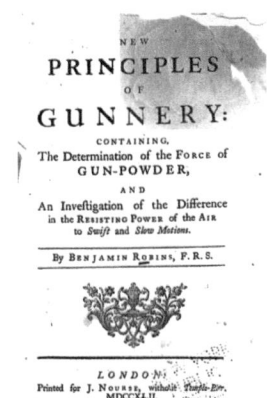

Abb. 7.21 a Die Vorrichtung von Robins zur Messung der Anfangsgeschwindigkeit von Geschossen und **b** die Titelseite seines Buches *New Principles of Gunnery* (London 1742)

Quadrat der Geschwindigkeit sei. In den *Principia* beschäftigte er sich auch mit der Bahn von Geschossen, aber ohne Aussagen über die Form der Bahn zu machen.[70]

Euler hob hervor, dass es sein Lehrer Johann Bernoulli war, der 1719 in einer „Respensio ad nonneminis provocationem" (Antwort auf die Herausforderung eines Niemand)[71] dieses Problem (Bahnkurve im widerstehenden Mittel) löste, das ihm in den Auseinandersetzungen zwischen Newton und Leibniz von dem Savillian Professor John Keill (1671–1721) gestellt worden war. Bernoulli ging von dem Gesetz, aus, dass der Widerstand proportional einer geraden Potenz $2n$ der Geschwindigkeit v sei; für $n=1$ folgt also die Newton'sche Annahme. Auch Jakob Hermann (1678–1733) behandelte diese Frage in seiner *Phoronomia* (Phoronomie, 1716) auf fast 60 Seiten, aber er erreichte Bernoullis mathematische Präzision nicht. Weiterhin brachte Euler einen wichtigen Sachverhalt in die Überlegungen ein, nämlich die Anfangsgeschwindigkeit v_0, d. h. die Geschwindigkeit des Projektils beim Verlassen des Gewehres oder der Kanone (also eine Anfangsbedingung für die zugehörige Differentialgleichung). Es ist genau dieser Sachverhalt, der erstmals in den *New Principles* of *Gunnery* (Neue Prinzipien der Schießkunst, 1742) von Benjamin Robins (1707–1751) systematisch erfasst wurde. Robins hatte ein ballistisches Pendel entwickelt (Abb. 7.21), mit dem man die Anfangsgeschwindigkeit v_0 gut messen konnte.[72] Damit ließ sich das ballistische Problem auf eine mathematische Aufgabe zurückführen, nämlich auf das Lösen

---

[70] 2. Auflage, liber II, sect. I.

[71] *Acta eruditorum*, Mai 1719, S. 256–270 = *Opera*, Vol. 2, S. 392–402; der Niemand war John Keill (1671–1721).

[72] In seiner Übersetzung des Werkes von Robins erteilte Euler Robins für diese Erfindung sein uneingeschränktes Lob.

einer Differentialgleichung mit einem bekanntem Anfangswert v_0 sowie dem Abschusswinkel, das Erfassen des Luftwiderstandes, der Wirkung des Schießpulvers u. a. Größen mit Einfluss, deren Bestimmung eine experimentelle Frage Aufgabe war. Für die Ermittlung des Luftwiderstandes konstruierte Robins ein Instrument, das er „whirling arm" (wirbelnder Hebel) nannte.

Das Buch von Robins brachte weitere originelle Ergebnisse, denn neben dem Problem der Flugbahn (äußere Ballistik) werden auch Fragen, die das Schießpulver betreffen (Explosionskraft, Zusammensetzung usw.) erörtert (innere Ballistik). Bereits im September 1742, also im Jahr des Erscheinen des Buches, was auf das allgemeine Interesse an der Thematik hinweist, konnte man in der Zeitschrift Leipziger gelehrte Sachen lesen:

> „Herr Benjamin Robins, Mitglied der Royal Society, hat neue Grundsätze der Artillerie ans Licht gestellt. ... Kenner dieser Sache schätzen es [= das Buch] sehr hoch, und geben an, man habe in dieser Art noch nichts." – Nr. 77, 24. September 1742, S. 683

Auch Euler hatte deutlich erkannt, dass diese Arbeit (also die Verfügbarkeit der Anfangsbedingungen und nicht die Frage der Reichweite) die Ballistik von Grund auf verändern würde und die Schießkunst durch den Einsatz der Mathematik ein ganz neues Aussehen gewinnen könnte sowie perfektioniert würde. In dieser Überzeugung („le désir infini de servir Votre Majesté", der unendliche Wunsch, Ihrer Majestät zu dienen) schrieb er 1744 als neuer Direktor der mathematischen Klasse der kürzlich etablierten Berliner Akademie an den preußischen König, der gerade den 2. Schlesischen Krieg begann, einen Brief, der nur vom Robins'schen Buch *New principles of gunnery* (1742) handelte. Einige Zeilen hieraus:

> „Ich glaube, dass ich diesen Wunsch nicht besser befriedigen könnte, als durch die Arbeit an einem englischen Buch über Artillerie, das gerade vor einiger Zeit erschienen ist. ... Da diese Forschung zur Perfektion der Artillerie beitragen kann, ... habe ich es mir zur Aufgabe gemacht, dieses Werk, das allgemeine Zustimmung fand, zu übersetzen und ihm sowohl die notwendigen Klarstellungen, um es den Fachleuten zugänglicher zu machen, als auch Bemerkungen hinzuzufügen, die zur Vervollkommnung dieses Themas von Vorteil sind."[73]

Die Antwort des Königs ist nicht erhalten. Euler übersetzte jedenfalls Robins' Buch ins Deutsche, das schon im Jahr darauf (1745) unter dem barocken Titel *Neue Grundsätze der Artillerie enthaltend die Bestimmung der Gewalt des Pulvers nebst einer Untersuchung über den Unterschied des Widerstandes der Luft in schnellen und langsamen Bewegungen aus dem Englischen des Hrn. Benjamin Robins übersetzt und mit den nötigen Erläuterungen und Anmerkungen versehen von Leonhard Euler* (E 77, EO II/14) in Berlin erschien. Nikolaus Fuss (1755–1826),

---

[73] « Je crois que je ne pourrois mieux satisfaire à mon désir, qu'en travaillant sur un livre anglais sur l'artillerie, qui vient de paroitre, il y a quelque tems. ... Comme ces recherches peuvent beaucoup contribuer à la perfection de l'artillerie. ... J'entreprennois de traduire cet ouvrage, qui a trouvé une approbation générale, et d'y ajouter tant des eclaircissemens nécessaires, pour le rendre plus à la portée de ceux, qui sont du métier, que des remarques propres à perfectionner cette matière d'avantage. » – EO VIA/V, S. 309.

7.6 Schießkunst

ein Gehilfe und späterer Schwiegersohn Eulers, bemerkte in seiner *Éloge* (1783), dass Euler auf Anfrage von Friedrich II. dem König das Buch empfohlen habe. Der Brief zeigt den umgekehrten Sachverhalt. Vielleicht fand Eulers eigenständiger Entschluss, zu übersetzen, deshalb beim König nicht dessen volles Interesse; hinzu kam, dass der König nicht Deutsch las.[74] Die Leipziger gelehrte Sachen lasen allerdings deutsch und rezensierten lobend bereits am 3. Januar 1746 Eulers Übersetzung, wobei sie Gefallen an der Euler'schen Vorrede zeigten, die den Nutzen der höheren Mathematik herausstellte.

Aber Fuss hatte in einem anderen Punkt Recht, dass nämlich Euler fair war und einem seiner harten Kritiker Gerechtigkeit widerfahren ließ, denn Robins empfahl in seinem Traktat *Remarks on Mr. Euler's Treatise of motion* [Eulers *Mechanica*, E 15], einige Dinge bei anderen Autoren nachzuschlagen, wo sie einfacher dargestellt würden.[75] Robins äußerte sich sehr kritisch, aber in der Sache richtig über Eulers Fehler beim fiktiven Fall eines Körpers zum Erdmittelpunkt, da Euler hier mehr der Logik als der Erfahrung vertraute: „In the first of the treatises I design to examine, the author [Euler] has unfortunately followed the principles of his Calculus with so little caution, as even to contradict Euclide himself."[76] Diese Stelle griff Voltaire genüsslich in der Fortsetzung seines Pamphlets gegen Maupertuis, *Akakia*, auf (Artikel 19), (siehe Abschn. 4.13.6) Man muss aber insofern auch Fuss zustimmen (*Éloge*, 1783), dass diesem schwierigen Teil der Mechanik dem Euler'schen Werk seit 38 Jahren nichts (besser: wenig, J.H. Lambert, 1728–1777, und P. d'Arcy, 1725–1772) an die Seite gesetzt werden könne. Der alte Johann Bernoulli hatte seine bekannte und gefürchtete Angriffslust nicht verloren und quittierte die deutsche Ausgabe von Robins Buch in einem Brief an Euler vom 23. September 1745 mit den polemischen Worten:

> „Ich wundere mich über Ihre Milde und Ihre Höflichkeit Robins gegenüber, der sich noch dazu über Sie, mich und alle Nichtengländer nur spöttisch äußert. Sie nämlich nennt er eine Rechenmaschine (machina mathematica), die nicht anders funktioniert als durch ein Gewicht angetriebene Maschinen es tun."

Indem er sich für Eulers Lob in der Übersetzung bedankte, kam Bernoulli im Jahre 1745 auf alte Zeiten und John Keill (1671–1721) zu sprechen und schlug boshaft vor, dass Brook Taylor (gestorben 1731) und John Keill (gestorben 1721), die sich an der Bahn eines geworfenen Körpers die Zähne ausgebissen hätten, stummer als ein Fisch schweigen sollten (was sie nun wohl auch taten). Die Zeit der Aufklärung war nicht nur eine Epoche der Vernunft, sondern gleichfalls eine der Sottisen, Intrigen und Zänkereien. Allgemeiner, das 18. Jahrhundert mag ein Zeitalter der Vernunft gewesen sein, aber trotzdem keine Zeit des Friedens, sondern angefüllt mit Kriegen.

---

[74] Napoleon, der den Strategen Friedrich II. bewunderte, äußerte jedoch insofern Kritik an dessen Kriegsführung, da Friedrich II. die Rolle der Artillerie zu gering schätzte.

[75] *Remarks on M. Euler's Treatise of motions, etc.* London 1739.

[76] Das in der vorigen Fußnote genannte Buch von Robins besteht aus drei unabhängigen Essays.

Die Euler'sche Übertragung von Robins Buch wurde 1777 zurück in Englische übersetzt. „The true principles of gunnery investigated and explained". Auf dem Titelblatt wird auch bemerkt „To which are added, many necessary explanations and remarks, together with Tables calculated for practice." Es ist bemerkenswert, dass man dabei den Leibniz'schen Kalkül in die Newton'sche Fluxionsrechnung übertrug. Bereits seit 1751 kursierte in einschlägigen französischen Militärkreisen eine unveröffentlichte Übersetzung, von der es auch eine 12-seitige Kurzfassung gab, in der auf Mathematik weitgehend verzichtet wurde. Ihr prominentester Leser war Napoleon Bonaparte (1769–1821). Im Todesjahr Eulers, 1783, folgte eine französische Übersetzung der Euler'schen Übertragung, die Napoleon Bonapartes Artillerielehrer vorgenommen hatte und die dank des Korsen und seiner neuen Auffassung der Rolle der Artillerie lange Pflichtlektüre für französische Artilleristen war. Der berühmte Feldherr, ein Bewunderer des militärischen Genies Friedrichs II., unterschied sich jedoch vom preußischen König in einigen militärischen Auffassungen, da sich die Militärtaktik verändert hatte. Friedrich II. hatte das Militär reformiert und dabei die bewegliche Feld- und die feste Festungsartillerie voneinander getrennt. Dabei folgte er französischen Vorbildern. Aber Napoleon war trotzdem der Meinung, dass der von ihm bewunderte Friedrich II. die Gefechtskraft der Artillerie nicht richtig erkannt hatte. Übrigens richtete schon rund ein Jahrzehnt zuvor, am 23. August 1774, der französische Marineminister Robert Jacques Turgot, Baron de Laune (1727–1781) einen Brief an seinen obersten Dienstherrn, damals König Louis XVI. (1754–1793), in dem er darauf hinwies, dass Euler, einer der berühmtesten Mathematiker, zwei wichtige Werke geschrieben habe, nämlich

- *Neue Grundsätze der Artillerie*, erweiterte Übersetzung des Buches von Robins (1745; E 77 EO II/14),
- *Théorie complette de la construction et de la manœuvre des vaisseaux* (1773, zweite Schiffstheorie, E 426, EO II/14),

die für die französische Marine von Bedeutung sein könnten und also dieser zugänglich gemacht werden müssten. Euler sollten für die Übersetzung des ersten Buches 5000 Francs angeboten werden.

Zurück an den Anfang von Eulers Laufbahn. Bereits wenige Wochen nach seiner Ankunft in St. Petersburg, am 23.8.1727 (a. St.?) hatte Euler mit seinem Freund D. Bernoulli und anderen Akademikern Versuchen beigewohnt, die der russische General Johannes Günther (russisch Iwan Jakowlewitsch Ginter bzw. Иван Яковлевич Гинтер, 1670–1729) mit Kanonenkugeln vornahm um deren Flugbahn zu ermitteln. Johannes Günther war in Danzig geboren und seinerzeit Generalfeldzeugmeister der Artillerie (also zuständig für Versorgung mit Material) und Kriegsminister. Euler schrieb über die Versuche sofort eine kurze Arbeit „Meditatio in experimenta explosione tormentorum nuper instituta" (Gedanken über Explosionsexperimente mit Geschossen, die kürzlich im Institut erfolgten, E 853, EO II/14), die aber erst posthum 1862 erschien. Ein Grund für die aufgeschobene Veröffentlichung könnte sein – wenn es nicht Geheimhaltung war –,

7.6 Schießkunst

dass die Ergebnisse nicht ganz stimmig waren, was vermutlich auf schlecht protokollierten Messwerten beruhte.[77] Der Luftwiderstand wird im Sinne Newtons proportional dem Quadrat der Geschwindigkeit gesetzt (wie auch später in Eulers *Mechanica*, E 15). Historisch interessant ist, dass hier ein genäherter Zahlenwert für e erschien. Eine andere Arbeit Eulers über den Luftwiderstand beim Schießen erschien 1729 in den Petersburger *Commentarii* für 1727, und da die Arbeit „Tentamen explicationis phaenomenorum aeris" (Versuch einer Erklärung von Phänomenen der Luft, E 7, EO II/31) vermutlich im September 1728 vorgelegt wurde, dürfte es sich um eine andere Auswertung oder um nachfolgende Experimente gehandelt haben. Auch Daniel Bernoulli publizierte zwei thematisch verwandte Arbeiten im gleichen und folgenden Band der Petersburger *Commentarii*: „Dissertatio de Actione Fluidorum in Corpora solida et Motu Solidorum in Fluidis" und „Continuatio" (Abhandlung über Vorgänge in Fluiden bei Festkörpern und die Bewegung von Festkörpern in Fluiden und deren Fortsetzung; 1727 und 1728, gedruckt 1728 und 1732), ein Gebiet, auf das er ausführlich in seiner *Hydraulik* (1738) zurückkam, insbesondere in Abschnitt X über elastische Flüssigkeiten. In § 46 behandelte Daniel Bernoulli den Bewegungswiderstand der Luft und bezog sich dabei auf seine Arbeiten von 1727 und 1728. Er veranschaulichte den Sachverhalt durch einen Vergleich der Steighöhe einer Kanonenkugel, die im Vakuum auf etwa 2000 m hätte steigen müssen, es aber durch den Luftwiderstand nur auf etwa 260 m brachte. Der durch die Explosion des Schießpulvers entstehende Luftdruck bei den Versuchen übertraf den normalen atmosphärischen Druck in einem speziellen Fall angeblich um das 10 000-fache Anitschkow.

Was fand Euler bei Robins vor? In guter angelsächsischer Tradition basierte Robins Theorie durchgehend auf Erfahrung und Versuchen. Diese Haltung kennzeichnete anfänglich weitgehend auch Eulers Einstellung bei praktischen Fragen, nicht nur bei der Militärtechnik.

Das Buch des Oxford-Professors Robins ist in zwei Kapitel gegliedert, dem eine Vorrede vorangestellt ist. Die Vorrede enthält u. a. einige Betrachtungen über die Geschichte der Kriegsbaukunst und der Geschütze. Das erste Kapitel, das 13 Propositiones umfasst, beschäftigt sich mit der inneren Ballistik, d. h. es betrachtet die Natur des Pulvers und dessen Wirkung.[78] Die Propositionen des Buches sind durch Erläuterungen begleitet. Robins bestimmte z. B. den entstehenden Pulverdampf und die damit erzeugte „elastische Kraft" der Luft, durch welche die Kugel bewegt wird. Im Verständnis von Robins enthält das Pulver eine subtile Materie, die entflammt wird und Gas erzeugt.[79] Die anfallende Wärme und die Elastizität

---

[77] Nach seiner Rückkehr nach Basel korrespondierte D. Bernoulli mit Euler auch über Robins Buch (März bis August 1745). Im Brief vom 7. September 1745 zweifelte Bernoulli an der Korrektheit einiger Schlüsse von Robins und bemerkte dabei spöttisch über die St. Petersburger Akademie: „Den Petersburger Experten traue ich mehr als niemals (= gar nicht)".

[78] Robins bevorzugte das im spanischen St. Jago produzierte Pulver für seine Experimente.

[79] Diese Annahme erinnert an die Phlogistontheorie der Chemie über Verbrennungsprozesse in der von Ernst Stahl 1703 vertretenen Form.

der Luft (Boyle-Mariotte'sches Gesetz, um 1670), die einen Stoß erzeugen, waren Gegenstand der Untersuchung; hier wurden also schon vor der Erfindung der Dampfmaschine die Beziehungen von Wärme und mechanischer Arbeit (= kinetische Energie der Kugel) betrachtet! Robins kann mithin auch zu den Vätern der Thermodynamik gezählt werden.

Das zweite Kapitel mit acht Propositiones untersucht die Bahnkurven. Robins erklärte, dass die Parabel nicht die wahre Bahnkurve sei, dass sie nicht einmal angenähert richtig sei:

> „Die durch den Flug von Geschossen oder Granaten beschriebene Bahn ist keine Parabel, es sei denn, sie wird mit kleinen Geschwindigkeiten abgeschossen."[80]

Er erkannte im Gegenteil, dass die Bahnkurve keine ebene Kurve ist, sondern, wie er sagte, auf einer Art zyklischen Fläche liege. Für uns ist die Trajektorie eines Geschosses doppelt gekrümmt, was durch den Magnus-Effekt bewirkt wird.[81] Robins betrachtete in Hinblick auf stabile Bahnen – und das ist ganz neu – andere Geschossformen als die üblichen Kugeln; diese Problematik wurde von Newton als Rotationsfläche mit kleinstem Strömungswiderstand im Geltungsbereich seiner Theorie des Widerstandes („impact theory") gelöst (*Principia,* II. Buch, VII. Abschnitt, § 46, angeströmter Rotationskörper [Geschoss] kleinsten Widerstandes).

Robins erkannte klar, dass der Luftwiderstand mit wachsender Geschwindigkeit der Kugel enorm ansteigt, wobei ihn Experimente bis zu Geschwindigkeiten von ca. 560 m/sec führen. Die Abweichungen von der (Galilei'schen) Wurfparabel sind daher mit wachsender Geschwindigkeit erheblich und heben letztlich die Newton'sche Annahme der Proportionalität des Widerstandes mit dem Quadrat der Geschwindigkeit auf. Robins konstatierte, dass nach theoretischen Überlegungen (Bahnbestimmung), die auf der Wurfparabel beruhten, ein Kanonenschuss 17 englische Meilen weit reichen müsste, es allerdings nur auf eine halbe Meile bringe. Als überzeugenden Grund führte Robins an, dass beim Abschuss der Kugel der Luftwiderstand zunächst das 120-fache des Gewichts des Geschosses beträgt.

Diese Thematik bearbeitete Euler mathematisch, und er ergänzte sie. Er dehnte die Sätze von Robins aus, sodass schließlich die Übersetzung den fünffachen Umfang des Originals erhielt. Eulers Bearbeitung der Ballistik mithilfe der Leibniz'schen Infinitesimalmathematik, die Robins ablehnte, macht das Werk nützlicher und vollständiger. Die Überlegungen des zweiten Kapitels laufen letztlich auf Approximationen hinaus, da die rechnerischen Schwierigkeiten enorm sind. Robins

---

[80] "The track described by the flight of Shot or Shells is neither a parabola, unless they are projected with small Velocities." – Proposition VI, Chapter 2.

[81] Dieser Effekt, der auch die Rotation der Erde berücksichtigt, ist nach dem deutschen Physiker Gustav Magnus (1802–1870) benannt. Es wäre aber historisch korrekter, ihn auch Robins Namen tragen zu lassen. Euler hat diesen Effekt ignoriert und die Abweichungen der Bahn den Ungenauigkeiten der Kanonen und Gewehre zugeschrieben. – Im Berliner Wohnhaus von Magnus am Kupfergraben (an der Museumsinsel) wohnte übrigens später auch Eulers Nachfolger Lagrange.

7.6 Schießkunst

nahm deshalb wohl eine angekündigte Bahnbestimmung nicht mehr in Angriff. Allerdings gab auch Euler dort auf, wo seine Näherungen nicht mehr griffen. Die bei Fragen der inneren Ballistik erscheinende nichtlineare Differentialgleichung löste er approximativ, und ebenso fand er näherungsweise Lösungen für die gleichfalls nichtlinearen Differentialgleichungen der Bahnkurven. Für beide Gleichungen gibt es im Allgemeinen keine geschlossenen Lösungen.

Euler begann mit seinen Zusätzen bei dem 6. Satz von Robins über den horizontalen Schuss und ermittelte für den fast geradlinigen Teil $y(x)$ der Flugbahn, der für das Zielen entscheidend ist,

$$y(x) = \frac{1}{4b}x^2 + \frac{3(b+h)}{32ncbh}x^3$$

(b Abschussgeschwindigkeit, c Kugeldurchmesser, n Verhältnis von spezifischem Gewicht der Kugel und der Luft, h eine Konstante).

Dann ging er zum schiefen Schuss über (3. Anmerkung). Der Tangentenwinkel ϕ diente der parametrische Darstellung der Bahnkurven $y(\phi)$, $x(\phi)$ (S. 674), und Euler gab schließlich eine Taylor-Entwicklung für $y(x)$ an, die nach Potenzen von x fortschreitet (S. 682 f.) und in die der Abschusswinkel θ eingeht. Diese Formeln sind allerdings viel zu kompliziert, um praktisch verwendet werden zu können, schon gar nicht im Felde. In Hinblick auf Robins merkte Euler an (3. Anmerkung, S. 685): „Diese Formeln können nicht gebraucht werden, wenn nc weit größer ist als h", dass aber genau diese Sachverhalte bei Robins Versuchen vorlägen. Damit treffen auch Eulers Überlegungen nicht mehr zu, und er wollte etwas schlitzohrig die weiteren Ausführungen wieder Robins überlassen, da dieser eine Fortsetzung in Aussicht gestellt hatte. Natürlich betrachtete Euler auch den Fall geringer Widerstände, und er ermittelte die Abhängigkeit der Schussweiten vom Abschusswinkel θ, wobei die maximale Schussweite sich für $\theta = 45°$ einstellt. Ein Punkt ist noch hervorzuheben: Euler lehnte gezogene Läufe ab; vermutlich vertraute er hier – wie früher beim Fall durch den Erdmittelpunkt in der *Mechanik* (den ihm zu Recht Robins vorhielt) seiner Rechnung mehr als der Vernunft.

Bei der inneren Ballistik beschäftigte sich Euler auch mit den Rohrstärken, wobei er sich um den Faktor $\pi/2$ verrechnete. Das Problem der Rohrstärken wurde später ein zentraler Punkt für Euler, als er Friedrich II. das Misslingen der Fontäne von Sanssouci erklärte. 1753 veröffentlichte Euler eine Abhandlung „Recherches sur la véritable courbe que décrivent les corps jettés dans l' air ou dans un autre fluide quelconque" (Untersuchung der wahren Kurve, die von Körpern beschrieben wird, die in die Luft oder in irgendeine andere Flüssigkeit geschleudert werden; E 217[82], 1753, gedr. 1755), in der er für ballistische Kurven in einem beliebigen Medium eine vollständige Analyse angab.

Der Major Abraham von Humbert (1689–1761), ordentliches Berliner Akademiemitglied seit 1744, stellte am 8. Dezember 1746 Eulers Bearbeitung in

---

[82] Berliner *Mémoires* 9 (1753), S. 321–352, gedr. 1755; E 217, EO II/14. Übersetzung ins Englische 1777.

einer Akademiesitzung vor, zu der keine besonderen und schon gar keine militärischen Besucher gekommen waren. In dieser Sitzung wählte man übrigens Andreas Segner (1704–1777) aus Göttingen (später Halle) und Gabriel Cramer (1704–1752) aus Genf als auswärtige Mitglieder. Humbert begann mit einer Lobpreisung des frisch angekommenen Euler: „M. Euler est depuis longtemps un citoyen respecté de la République des Savants" (Herr Euler ist seit langem ein angesehener Bürger der Republik der Gelehrten). Dann ging er auf viele militärgeschichtlichen Dinge ein, die vor allem die Zeit vor dem 18. Jahrhundert betrafen. Obwohl die mathematische Seite der Sache bei ihm zu kurz kam, stellte er zu Recht fest, dass Euler mehr als eine Übersetzung des Robins'schen Buches geliefert habe. Aber dass Humbert dabei das Robins'sche Werk lediglich als Entwurf kennzeichnete, war nicht gerechtfertigt. Humbert teilte jedoch die Gedanken Eulers und hob hervor, dass die weitere Entwicklung der Ballistik ohne höhere Mathematik nicht möglich sei. Euler selbst versuchte mehrfach, den Nutzen der höheren Mathematik etwa durch militärische Anwendungen und durch Erfolge in der Astronomie nachzuweisen, denn das waren Gebiete, für die die Herrschenden neben der Architektur Interesse hatten. Er kam beispielsweise 1755 im Vorwort der *Institutiones calculi differentialis* (E 212, EO I/10) auf dieses Motiv zurück, indem ihm Schießen als Beispiel für funktionales Denken diente. Der Sachverhalt ist insofern bemerkenswert, da das gesamte Werke überhaupt keine Anwendungsbeispiele enthält. Schließlich schrieb Euler 1741 für den König eine Abhandlung „Commentatio de matheseos sublimioris utilitate" (Abhandlung über den erhabenen Nutzen der Mathematik; E 790, EO III/2). Da er das aber in lateinischer Sprache getan hatte, erreichte er damit weder den König noch breite Kreise der Bevölkerung.

1753 kam Euler unter praktischen Gesichtspunkten in „Recherches sur la véritable courbe que décrivent les corps jettés dans l'air ou dans un autre fluide quelconque" (Erforschung der wahren Kurve, die von Körpern beschrieben wird, welche in die Luft oder in eine andere Flüssigkeit geschleudert werden; E 217, EO II/14, 1755 gedruckt) nochmals auf ballistische Probleme zurück. Diese Abhandlung wurde übrigens gemeinsam mit dem von Euler bearbeiteten Buch von Robins unter dem Titel *Discourse upon the track described by a body in a resisting medium* (1777) ins Englische übersetzt. Der einfache, aber unrealistische Fall einer parabolischen Bahn hat als Parameter lediglich den Abschusswinkel θ; bei realistischeren Fällen müssten weitere Parameter für den Luftwiderstand, die Geschossform usw. beachtet werden. Damit wäre aber eine praktikable Lösung nicht möglich. Euler bemerkte jedoch, dass die Schwierigkeiten nicht unüberwindlich sind, da sich verschiedene Fälle in einer Tabelle zusammenfassen ließen; beispielsweise hat man gleiche Ergebnisse für alle Kugeln, bei denen ihr Gewicht zum Quadrat ihres Durchmessers im gleichen Verhältnis steht.

Euler approximierte die Bahnkurve durch Geradenstücke, was beim Zielen benötigt wird. Die entsprechende Differentialgleichung lautet in heutiger Schreibweise:

$$\frac{\partial v}{\partial \varphi} = \left(\frac{W(v)}{G} - \sin\varphi\right)\frac{v}{\cos\varphi},$$

7.6 Schießkunst

(v ist die Geschwindigkeit der Kugel, G deren Gewicht, ϕ der Tangentenwinkel und $W(v)$ das Widerstandsgesetz).

Aus praktischen Gründen setzte Euler hier den Luftwiderstand $W(v)$ proportional zur Geschwindigkeit v an. Er zeigte an einem Musterbeispiel die Möglichkeiten seines Modells und schlug vor, auf diese Weise 18 Fälle mit Abschusswinkeln zwischen 0° und 85° zu berechnen.

Seit der Konstruktion der Rechenmaschine ENIAC durch John von Neumann (1903–1957) und den darauf folgenden immer leistungsfähigeren Computern bereitet es keine Mühe mehr, eine Flugbahn schnell und genau zu berechnen, aber wir sprechen über das 18. Jahrhundert. Damals unterzog sich der preußische Leutnant der Artillerie Paul Jacobi (?–1758) dieser Herkulesaufgabe. Seine Tafeln gingen jedoch im Siebenjährigen Krieg 1758 in der Schlacht von Olmütz verloren, in der Jacobi fiel. Eulers Bemühungen, die Tafeln zu finden, blieben erfolglos. Der Reichsgraf Henning Friedrich von Graevenitz (1744–1764) wiederholte die Berechnungen und publizierte seine *Akademische Abhandlung von der Bahn der Geschützkugeln* 1764 mit zahlreichen Tafeln. Dieses Buch, mit dem er 1764 seine Promotion unter der Leitung von Wenceslaus Karsten[83] verteidigte, beschließt der bemerkenswerte Satz des jungen und unerschrockenen Rechners: „Es ist mir unangenehm, dass ich genötigt bin, diese Untersuchungen jetzt abzubrechen."[84] Seine Tafeln wurden für Geschütze bis zum zweiten Weltkrieg eingesetzt. Auch Eulers Berliner Kollege Johann Heinrich Lambert (1728–1777),[85] der 1764 nach Berlin gekommen war, verfasste Arbeiten zur Ballistik (1763, 1766) und übertrug 1776 ein einschlägiges Buch des Chevalier Patrick d'Arcy (1725–1779) ins Deutsche. Lambert klärte die Widersprüche im Newton'schen Widerstandsgesetz auf und gab eine Formel der Bahnkurve als unendliche Reihe:

$$y = x\sin\phi - \frac{m}{2}x^2 - \frac{m}{2\times 3}x^3 - \ldots + \frac{m^2\sin\phi}{2\times 3\times 4}x^4 + \frac{2m^2\sin\phi}{2\times 3\times 4\times 5}x^5 + \ldots - \frac{m^3\cos\phi^2}{2\times 3\times 3\times 4\times 5}x^6 - \ldots$$

(Φ Abschußwinkel, m eine Konstante)

---

[83] Wir kennen Karsten als den Kollegen Eulers, der in Rostock einen Verleger für dessen zweite Mechanik (E 289) gefunden hatte.

[84] Das Vorwort von Karsten erhellt den beschriebenen Hintergrund.

[85] Lambert war ein herausragender Mathematiker; der in der Mathematikgeschichte unzureichend behandelt wird. Er war menschlich ein Original, und deshalb verschwindet der Mathematiker häufig hinter amüsanten Anekdoten, von denen zwei folgen sollen. Als er sich beim König vorstellte, um Akademiemitglied zu werden, soll er gesagt haben, dass es eine ewige Schande für Friedrich II. wäre, sollte er ihn nicht in die Akademie aufnehmen. Als er zum Rath im Generaldirectorium für Bauwesen berufen wurde; stellt er sich dort mit den Worten vor, dass er nicht daran denke, kleinliche Rechnungen zu erledigen, denn das könne jeder Commis (Sachbearbeiter), und er würde damit nur seine Zeit verschwenden. Wenn die Herren jedoch durch Rechnungen in Verlegenheit gesetzt würden, dann – nun ja – sollten sie diese ihm zuschicken. Sprach es und verschwand. Beide Anekdoten nach Thiébault, *Souvenirs de Vingt ans de séjour à Berlin*. Paris 1804, Bd. 5, S. 171.

Wir beenden diesen Abschnitt mit Eulers Resümee zum sechsten Satz von Robins. Da die Näherungslösungen nicht mehr funktionierten, schrieb Euler: „Deswegen sind wir gezwungen, diese Untersuchungen allhier abzubrechen" (S. 685).

Literatur

Budó, Á.: *Theoretische Mechanik*. Berlin ³1965 (*Mechanika*, 1953. Übersetzung a. d. Ungarischen)

Dugas, R.: *A History of Mechanics*. New York 1988. (*Histoire de l Mécanique*, 1955. Übersetzung a. d. Französischen)

Rühlmann, M.: *Vorträge über Geschichte der Technischen Mechanik und der damit in Zusammenhang stehenden mathematischen Wissenschaften*. Leipzig 1885. Reprint 1979

Szabó, I.: *Geschichte der mechanischen Prinzipien und ihrer wichtigsten Anwendungen*. Basel ³1987.

Kapitel 8
St. Petersburg 1766–1783

> Zu den Schlägen der Äxte und dem Donner der Kanonen drang Russland in Europa wie ein frisch vom Stapel gelassenes Schiff ein, und die europäische Aufklärung wurde an die Ufer der eroberten Newa verlagert.
>
> ALEXANDER SERGEJEWITSCH PUSCHKIN (1799–1837)

8.1 Die Ankunft in Petersburg

Am 17./28. Juli, 1766, einem Montag, traf Euler nach achtwöchiger Reise in St. Petersburg (Санкт-Петербургъ) ein. Er kam zum zweiten Mal in diese Stadt, jetzt aber, um zu bleiben.

Euler kam in ein verändertes St. Petersburg, aber auch er war ein anderer. St. Petersburg war noch nicht die vollendete, jedoch schon in vielen Einzelheiten jene imperiale Stadt, zu der sie schließlich im 19. Jahrhundert wurde, und bereits sehr beeindruckend. Die gegenwärtige Regentin Katharina II., die Große, (Екатерина Великая, 1729–1796, reg. ab 1762) setzte in der zweiten Hälfte des 18. Jahrhunderts kraftvoll die Bautätigkeit in St. Petersburg fort und gab der Stadt bereits zu Eulers Zeit die Atmosphäre, die zum Beiwort „Venedig des Nordens" führte. Die Residenz der Zaren (bis zur Revolution 1917), der Winterpalast (Зимний дворец), mit rund eintausend Räumen der größte europäische Palast, war von 1759–1762 unter der Regentschaft der Zarin Elisabeth (Jelisaweta Petrowna Romanowa, Елизавета Петровна Романова, 1709–1761, reg. 1741–1761) errichtet worden; ebenso erzeugten die beeindruckenden Palais der Adligen wie die der Anitschkow (Аничков дворец, 1742–1753), Woronzow (Воронцов дворец, 1756–1758), Stroganow (Строганов дворец, 1751–1754) oder die Kathedrale des Smolny-Klosters (Смольный монастырь, 1744–1757) einen weltstädtischen Eindruck. Das berühmte Reiterstandbild Peters I. wurde 1782 am Ufer der Newa, ungefähr gegenüber von Eulers Wohnhaus, errichtet, aber das sah der alte Gelehrte

Abb. 8.1 Das Schloss in Stettin, der Geburtsort der späteren Zarin Katharina II

nicht mehr. Bei einer Zählung 1750 wies die Stadt 74.000 Bewohner (ohne Kinder) auf; 1784 waren es 192.000. Heinrich von Reimers (1768–1812), ein Reiseschriftsteller, schrieb 1805: „St. Petersburg, die jetzt 100 Jahre alte Residenzstadt der russischen Herrscher, ragt wie ein schönes, blühendes Kind unter Greisen durch Pracht und herrliche Anlagen über alle ihre Jahrhunderte älteren Schwestern hervor."[1] Eulers Sehkraft ließ ihn jedoch nicht mehr viel von der Herrlichkeit der Stadt erleben.[2]

Die neue Zarin Katharina stammte aus dem preußischen Adel (Abb. 8.1, Abb. 8.2). Sie war entschlossen, Russland zu reformieren und auf westeuropäisches Niveau zu bringen. Das folgte dem Programm Peters des Großen, der für die Durchführung sein Augenmerk auf das Militärische lenken musste, während Katharina der Kultur und der Aufklärung mehr Raum geben konnte. In Europa war dies die Zeit der „aufgeklärten Despoten", die scheinbar von der Aufklärung und ihren Werten inspiriert waren, aber nicht ganz. Es ging doch letztlich weniger um Freiheit, Toleranz und Vernunft als um Selbstherrschaft, und Katharina bekannte

---

[1] *Sankt-Petersburg am Ende seines ersten Jahrhunderts,* St. Petersburg, 1805, S. 3.
[2] Der Berliner Akademiesekretär Henri Formey (1711–1797), der durch seine guten Verbindungen zu Eulers Sohn Johann Albrecht gut unterrichtet war, schrieb nach Genf an Georges-Louis Le Sage (1724–1803) nicht ganz zutreffend schon am 30.10.1767: „La vue du père est à peu près éteinte." (Die Sehkraft des Vater ist fast verschwunden.) Eulers Sehvermögen änderte sich in Schüben. Johann III Bernoulli bestätigte beispielsweise, dass Euler Personen nicht mehr am Gesicht erkennen konnte.

8.1 Die Ankunft in Petersburg

Abb. 8.2 a Das Dornburger Schloss (bei Zerbst) zeigt den gegenwärtigen Zustand In diesem Schloss verbrachte die Prinzessin Sophie Auguste Friederike (1729-1796) und spätere Zarin Katharina Teile ihrer Jugend, wobei sie im Gebäude gern herumtobte und ihre Gouvernante in Trab hielt. **b** Das Schloss brannte 1750 ab und wurde nach dem obigen Bauplan, der die Fassade der Eingangseite zeigt, wieder aufgebaut

deutlich „Ich werde eine Autokratin sein. Das ist mein Beruf."[3] Das bedeutet nicht, dass Katharina II. (wie auch ihr Zeitgenosse Friedrich II.) nichts erreicht hätten, im Gegenteil (Abb. 8.3). Aber der Reichtum der Zarin gründete sich auf ihre Ländereien mit den zugehörigen Leibeigenen und Bauern. Alle Reformen hatten daher diese Substanz unverändert zu lassen. Im Jahr von Eulers Ankunft berief Katharina eine Kommission zur Ausarbeitung eines neuen Gesetzbuches ein, wobei die von der Zarin vorgelegte Fassung Nakas (Наказ, Vorschrift, Anweisung), an der sie zwei Jahre gearbeitet hatte, weitgehend auf dem berühmten Buch *L'Esprit des Lois (Vom Geist der Gesetze)* von Charles de Montesquieu (1689–1755) (Abb. 8.4) fußte. Der Autor und sein Werk waren für Katharina ein Vorbild.

St. Petersburg änderte und vergrößerte sich, ebenso wie das russische Reich. Im Osten und Südosten ergab sich dadurch eine immer länger werdende Grenze mit den asiatischen Völkern. Der russische Historiker Wassili Ossipowitsch Kljutschewski (Василий Осипович Ключевский, 1841–1911) (Abb. 8.5b) beschrieb den russischen Staat sogar als ein „asiatisches Gebilde", das mit einer europäischen Fassade verziert sei. In der Tat sind die russischen kulturellen Werte nicht durch Vorstellungen bestimmt, auf denen die westliche Kultur fußt. Die russische Autokratie, die eine bedingungslose Unterwerfung verlangte, hatte mehrere Wurzeln, aber der asiatische Einfluss (z. B. Dschingis Khan)[4] prägte wesentlich die russische Unterwürfigkeit. Selbst russische Adlige jeden Ranges hatten Briefe an den Zaren mit der Formel „Ihr ergebener Sklave" (Ваш послушный раб) abzuschließen. Als Russe grenzte man sich weitgehend gegen asiatische und westeuropäische Einflüsse ab, und diese Abwehr bestimmte das russische nationale Verständnis.[5]

---

[3] Der französische König Louis XIV stützte sich auf einen gewaltigen, wenn auch schwerfälligen bürokratischen Apparat, seine Maxime war, dass nur ihm allein die unumschränkte Macht zustehe und die Rechte und Interessen der Nation zwangsläufig mit den seinen verknüpft seien und allein in seinen Händen ruhten. Diese Grundsätze bestimmten weitgehend das Verhalten der europäischen Höfe im 18. Jahrhundert (Vorbild Versailles als Statussymbol).
[4] J. W. Stalin wurde im Volk ironisch als Dschingis Khan mit Telefon bezeichnet.
[5] Siehe hierzu E. Donnert, St. *Petersburg. Eine Kulturgeschichte.* Köln 2002; O. Figes, *Natasha's Dance. A cultural History of Russia.* London 2002.

Abb. 8.3 Winterpalast in St. Petersburg, Fassade zum Palastplatz. Als Zarin bewohnte Katharina II. den Winterpalast in St. Petersburg (mit ca. 1000 Zimmern), den ihre Vorgängerin Elisabeth von 1754 bis 1762 errichten ließ

Abb. 8.4 Charles-Louis de Secondat, Baron de La Brède et de Montesquieu (1689–1755), genannt Montesquieu. Einer der philosophischen Korrespondenten Katharinas II

Die Russen waren zwar christianisiert worden, aber die orthodoxe Religion stellte sich gegen Westeuropa und seine Kultur. Der Humanismus und die Renaissance waren in Russland nicht wahrgenommen worden. Peter war dies bewusst, und seine Absicht, sich durch Petersburg einen Zugang zu westlicher Kultur und zum Handel mit Westeuropa zu verschaffen sowie eine europäische Macht zu werden, begann sich mehr und mehr zu verwirklichen. Schließlich wuchs das russische Territorium auf ein Sechstel der Landmasse der Erde an, und Russland wurde damit größter Flächenstaat der Erde.[6]

Das Baltikum liegt vor der Tür Russlands, sodass der Austausch mit den Balten auf natürliche Weise deutsche Sprache und Kultur nach St. Petersburg brachte. Unter den Ausländern in St. Petersburg war die deutschsprachige Gruppe die größte. Der Seehandel brachte jedoch auch Niederländer, Schweden und Engländer in die Stadt; Gottesdienste wurde in St. Petersburg in vielen Sprachen gehalten (Abb. 8.6).

---

[6] Diese gewaltige Landmasse war nicht nur politisch wichtig, sondern auch für die Erforschung des Magnetismus von großer Bedeutung, was im 19. Jahrhundert zum Tragen kam.

8.1 Die Ankunft in Petersburg

a  b

Abb. 8.5 a Peter Petrowitsch Pekarski (Петр Петрович Пекарский, 1827–1872), russischer Akademiehistoriker, und **b** Wassili Ossipowitsch Kljutschewski (Василий Осипович Ключевский, 1841–1911), bedeutender russischer Historiker

Abb. 8.6 Smolni Kathedrale (Смольны собор), eine der schönsten Kirchenanlagen Russlands. Sie wurde in der Regierungszeit Elisabeths errichtet, aber lange nicht vollendet, da Katharina II. nicht besonders an dem barocken Bau interessiert war

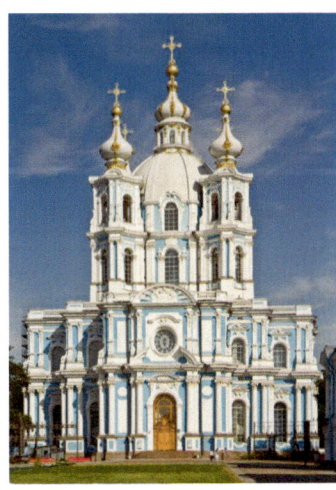

Die deutsche Gruppe hatte hier wie auch in Moskau ein eigenes Stadtviertel, die deutsche Vorstadt (слобода, sloboda); seit der Ankunft Eulers in St. Petersburg 1727 gab die Akademie bis zum Beginn der ersten Weltkrieges eine deutschsprachige Zeitung heraus. Euler hatte bei seinem ersten Aufenthalt in Russland die Landessprache erlernt, was unter seinen akademischen Kollegen nicht üblich war, denn wie deutsche Zeitgenossen aus St. Petersburg berichteten, konnte man sich dort mühelos ohne Kenntnis der russischen Sprache zurechtfinde. Nikolaus Fuss (1755–1826), der

Assistent Eulers, schrieb kurz nach seiner Ankunft an die Eltern in Basel, dass er fortwährend auf Landsleute treffe:

„Wenn ich mir nicht außerordentliche Mühe gebe, verspreche ich mir keine große Progressen in der russischen Sprache, es wird zu sehr deutsch und französisch gesprochen." – Brief vom 2. Juni 1773[7]

In der zweiten Hälfte des 18. Jahrhunderts begann bei Hofe die französische Kultur zu dominieren, die man als die führende westeuropäische Kultur erkannt hatte. Im russischen Reich selbst betrachtete man St. Petersburg als Verkörperung einer fremden Kultur, in der die aus Deutschland eingeführte Bürokratie schmarotze, der englische Liberalismus eine Mode sei und die westeuropäische Fortschrittsgläubigkeit das wahre Russland zerstöre. Selbst Nikolaus Gogol (Николай Гоголь, 1809–1852) verglich St. Petersburg herablassend mit einem peniblen, pünktlichen Menschen, einem vollkommenen Deutschen eben, der alles mit Berechnung tue. An anderer Stelle resignierte er: „Doch ist nichts zu machen. Schuld trägt das Petersburger Klima."[8] Von St. Petersburg aus wiederum sah man das Land, insbesondere Moskau, als provinziell an. Für Katharina II. war Moskau „der Sitz der Schlamperei" (so in ihren *Mémoiren*), der das mittelalterliche Russland verkörpere. In Moskau stand dem imperialen Pomp von St. Petersburg im westeuropäischen Stil eine russisch geprägte Architektur gegenüber, die aus der Provinz kam.

In der Akademie dominierte noch das Deutsche. Denis Diderot (1713–1784), der 1773 einige Monate in St. Petersburg weilte, bemerkte befremdet, dass man in der Akademie nur weiter käme, wenn man deutsch spreche. (Aber ähnlich verhielt es sich auch in der Pariser Akademie, wo man des Französischen mächtig sein musste, und im frankophilen Berlin folgte man dem Pariser Vorbild.) Mit der Übernahme der Direktorenstelle der Petersburger Akademie durch Wladimir Graf Orlow (Владимир Григорьевич Орлов, 1743–1831) im Jahre 1766 wurden die Protokolle der Akademie ab 20./31. Oktober wieder wie beim früheren Präsidenten Johann Albrecht von Korff (1697–1766) auf Deutsch abgefasst (Abb. 8.7),[9] um dann ab 12./23. April 1773 auf Wunsch des Vizedirektors französisch weitergeführt zu werden. Der seinerzeitige Konferenzsekretär, Johann Albrecht Euler (1734–1800), Eulers ältestes Kind, der diese Protokolle aufsetzte, hätte übrigens Lateinisch vorgezogen.

Die frankophile russische Aristokratie parlierte untereinander Französisch, die eigene Muttersprache beherrschte der Adel oft nur unvollkommen und benutzte sie fast nur, um dem Personal Anweisungen zu geben (man erinnere sich an den preußischen König und seinen Hof). Deutsch war neben Latein als Wissenschafts- und Publikationssprache in einem Großteil der wissenschaftlichen Einrichtungen und

---

[7] Archiv der Bernoulli-Edition, Basel. Fuss erwähnt darin als einen Treffpunkt der Deutschsprachigen die Gesellschaften bei Grimm. Vielleicht handelt es sich hier um jenen Grimm, der Euler beim Brand seines Hauses das Leben rettete.

[8] In den Petersburger Erzählungen (1842), *Der Mantel* (Шинель).

[9] Orlow hatte in Leipzig studiert.

8.1 Die Ankunft in Petersburg

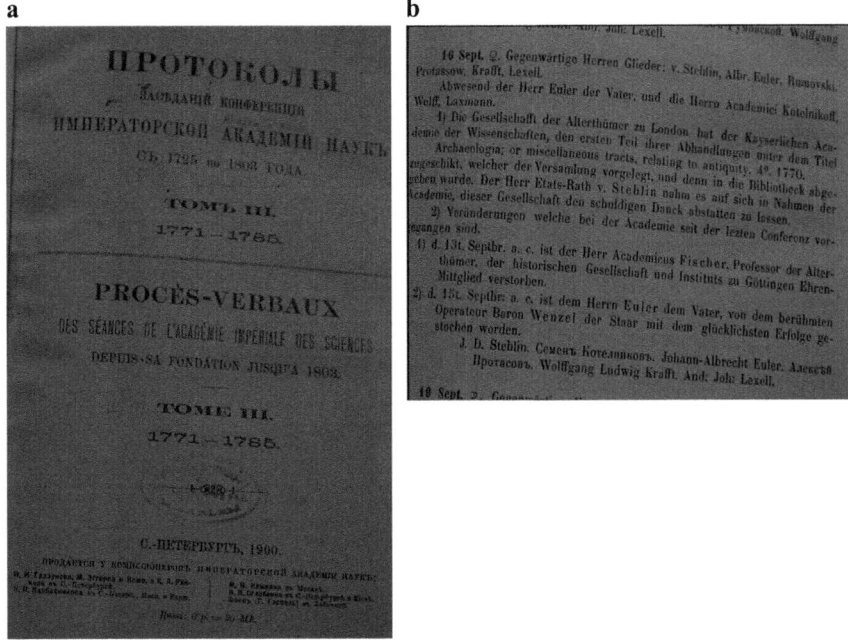

Abb. 8.7 a Titelseite des 3. Bandes der Petersburger Akademieprotokolle, 1771–1785, **b** aufgeschlagen ist das Protokoll vom 16. September 1771 (a. St.). Die Augenoperation von Leonhard Euler wird noch als geglückt angenommen

höheren Lehranstalten die Vorlesungs- und Unterrichtssprache. Deutsch und Latein waren die wichtigsten Fächer an den Gymnasien.

Die Prinzessin Ekatarina (Katharina) Daschkowa (Екатерина Романовна Воронцова-Дашкова, 1743–1810) (Abb. 8.8), enge Vertraute der Zarin und die einzige weibliche Leiterin der St. Petersburger Akademie der Wissenschaften und Präsidentin der Russischen Akademie (Императорская Российская Академия, gegründet 1783), war eine außerordentlich gebildete Frau und Vertreterin der russischen Kultur.[10] Sie bekannte, dass sie vier Sprachen gelernt habe, aber das Französische ihr am geläufigsten sei, während ihr Russisch schlecht sei. Die russische Aristokratie in St. Petersburg richtete sich mehr und mehr, wie es Zar Peter gewollt hatte, an westeuropäischen Vorbildern aus; der Adel reiste auf den Spuren Peters und die Söhne begannen, in Paris, Göttingen und Leipzig zu studieren.[11]

---

[10] Vgl. hierzu H. Preuß, *Vorläufer der Intelligencija?* Berlin 2013 (Kap. 3, S. 97–134, Daschkowa).

[11] A. Puschkin reimte in seinem bekannten Werk „Евгений Онегин" (Ewgeni Onegin) sogar „Lenski"(Ленски) auf „Gettenskii" (Геттинский=Göttingisch), wobei er den eleganten Studenten Lenski eine „Göttingische" Seele bescheinigt. Vgl. *Russland und die ‚Göttingische' Seele. 300 Jahre St. Petersburg.* Hrsg. E. Mittler. Göttingen: Niedersächsische Staats- und Universitätsbibliothek, 2003. Tschaikowski bearbeitete das Epos zu einer Oper.

Abb. 8.8 Die Prinzessin Daschkowa (Екатери́на Романовна Воронцова-Дашкова, (1743–1810), eine enge Freundin der Zarin Katharina II. Gemälde von Lewitzki

Das dritte Viertel des 18. Jahrhunderts war eine Ära der Übersetzungen, rund ein Drittel davon waren westliche Bücher, beispielsweise übersetzte Michael Lomonossow (1711–1765) Eulers *Rechenkunst* (E 17).[12]

8.2 Das Wiedersehen mit der Akademie in St. Petersburg

> Man kann nicht zweimal in den gleichen Fluss steigen.
>
> HERAKLIT VON EPHESOS, um 500 v. Chr

Am 9./20. Juli 1766 nahmen Leonhard Euler und sein Sohn Johann Albrecht ihren Dienst in der Akademie auf. Auf der Sitzung am 4./15. August verlas der Sekretär Jakob von Staehlin (Штелин, 1709–1785) die Mitteilung über die Rückkehr Eulers sowie den Ukas, nach welchem Euler Akademiemitglied wurde und sein Sohn Professor der Physik. Anschließend hielt Leonhard Euler eine längere Rede, in der er seine zukünftige Tätigkeit in der Akademie umriss. Bereits in der nächsten Konferenz am 7./18. August ging es um Eulers *Integralrechnung* (E 342), die der Autor vorstellte und dabei auf eine baldige Drucklegung drängte. Ein bedeutender Teil des Buches war schon 1759 fertig gewesen, und aus einem Brief an Christian Goldbach (Христиан Гольдбах, 1690–1764) vom 17. Dezember 1763 geht hervor, dass der erste Band druckfertig war und in Berlin verlegt werden sollte.

Gleich nach seiner Ankunft wurde Euler mit seinen beiden Söhnen von Zarin Katharina II. empfangen. Er sei schon zweimal je zwei Stunden im Kabinett gewesen, und dort sei er beauftragt „un nouveau Plan de l'Académie" (einen neuen

---

[12] Angaben nach K. Koch, *Deutsch als Fremdsprache im Rußland des 18. Jahrhunderts.* Berlin 2002.

8.2 Das Wiedersehen mit der Akademie in St. Petersburg

Plan für die Akademie) zu entwerfen, berichtete Euler in einem Brief vom 17./28. Oktober 1766 – wohl nicht ohne Hintergedanken – nach Berlin an den dortigen Akademiesekretär Jean Henri Samuel Formey (1711–1797). Der russische Hof war froh, diesen berühmten Mann wieder in seiner Akademie zu haben, und man hoffte, dieser Institution so wieder den alten Glanz zu verschaffen; aber die Wissenschaft stand nicht im Zentrum des höfischen Lebens.

Präsident der Russischen Akademie war seit seinem achtzehnten Lebensjahr (also seit 1746) Kirill Grigorewitsch Graf Rasumowski (Кирилл Григорьевич Разумовский, ukr. Кирило Григорович Розумовськи, 1728–1803) (Abb. 8.9a), der wenig in St. Petersburg weilte und kaum Einfluss auf die Leitung der Akademie nahm. Daher legte die Zarin Wert darauf, einen tatkräftigen und verlässlichen Vertreter von Rasumowski zu haben, der eine Direktorenstelle einnehmen sollte. Dafür war Wladimir Grigorewitsch Graf Orlow (1743–1831) (Abb. 8.9b) im Alter von 23 Jahren (also Jahr 1766) ernannt worden. Katharinas Geliebter, Prinz Grigori Orlow (Князь Григорий Григорьевич Орлов, 1734–1783), war übrigens sein älterer Bruder. Von diesem wird gesagt, dass er 1762 an der Beseitigung von Katharinas Gemahl, dem Zaren Peter III (1728–1762, reg. 1762), wesentlich beteiligt war. Somit war die Direktorenstelle für Euler nicht mehr zu haben. Euler hatte gehofft, als Direktor unmittelbaren Einfluss auf die Gestaltung der Akademie zu haben. Der Kurator Sigismund Ehrenreich Graf von Redern (1720–1789)

Abb. 8.9 a Kirill Grigorewitsch Graf Rasumowski (1728–1803), Präsident der Petersburger Akademie seit 1746 (also im Alter von 18 Jahren); **b** Wladimir Grigorewitsch Graf Orlow (1743–1831), Direktor der Petersburger Akademie von 1766–1774

der Berliner Akademie, der selbst einige wissenschaftliche optische Arbeiten verfasst hatte, sagte später anlässlich eines Besuches in St. Petersburg über Orlow zu Euler:

„Mein Gott, was für eine außergewöhnliche Art von Person haben Sie für den Präsidenten der Akademie [gemeint war Orlow] – eine Person, die gegen alle Gelehrten ist, die die Akademie für nutzlos hält und die, mit [Jean Jacques] Rousseau, daran glaubt, die Wissenschaft würde die Welt nur noch böser machen."[13]

Man war sich in St. Petersburg über den Nutzen Eulers für die Akademie klar. Die Bedingungen, die Euler dem russischen Gesandten Dolguruki (В. С. Долгорукий, 1717–1803) in Berlin genannt hatte, wurden von diesem mit der Bemerkung: „un homme qui a rendu tant de services à notre académie" (ein Mann, der unserer Akademie so viele Dienste geleistet hat) versehen, damit man Eulers Wünsche erfüllen möge. Dann übermittelte er Eulers Anliegen nach St. Petersburg an Michail Illarionowitsch Woronzow (Михаил Илларионович Воронцов, 1714–1767), der bis 1763 Kanzler war. In seinem „Bewerbungsbrief" an den Konferenzsekretär Staehlin hatte Euler aus Berlin am 21. Dezember 1765 seine Demission angekündigt und dabei darauf hingewiesen: „Da dasjenige, was eigentlich die Wissenschaft angeht, unmöglich von dem Präsidenten, der jederzeit ein großer Herr sein muß, besorgt werden kann, so würde sich diese Tätigkeit für einen Vizepräsidenten [= Direktor] schicken, welcher allzeit ein solcher Gelehrter sein sollte, der sich in der Welt schon einen besonderen Rum erworben hat."

Die Zarin stimmte allen Wünschen Eulers erfreut zu, allerdings hatte sie, wie gesagt, den Posten des Vizepräsidenten (Direktors) bereits vergeben. Die erwähnte Audienz bei der Zarin nahm Euler aber die Sorgen um seine Kinder, denn Johann Albrecht erhielt eine Professur für Experimentalphysik mit einem Gehalt von 1500 Rubel und freie Wohnung, der Mediziner Karl wurde kaiserlicher Leibarzt, und für den in Preußen wegen Fluchtgefahr bewachten Christoph setzte sich die Zarin nachhaltig ein, sodass Christoph der Familie im nächsten Jahr nach St. Petersburg folgen konnte, um dann in der russischen Armee Dienst zu tun. Johann Albrecht schrieb am 17. Oktober 1766 (a. St.?) ein letztes Mal an Wenceslaus Karsten (1732–1768)(Abb. 8.10):

„Ich bin Professor Physices geworden, der Character meines Vaters hingegen ist noch bis zu dieser Stunde nicht ausgemacht. Es kommt alles auf eine neue und verbesserte Einrichtung der hiesigen Academie der Wissenschaften an. Bis jetzt bin ich mit meinem Vater, als dessen sehr geschwächtes Gesicht [= Sehvermögen] nicht erlaubt weder zu schreiben noch zu lesen, noch beständig beschäftigt gewesen, die bisherige Einrichtung der Academie und ihrer Mängel zu untersuchen. Sobald dieses wird geendigt sein und Ihro Majestät einen neuen Präsidenten ernannt haben, so werden wir mit der Zuziehung dieses Präsidenten und einigen Mitgliedern zu den Verbesserungen schreiten und ein Departement nach dem anderen vornehmen."

Weiter berichtete Johann Albrecht in diesem Brief über stundenlange Gespräche des Vaters mit der Zarin über die Verbesserung der Akademie. Katharina hatte die lange Zeit bis zur Thronbesteigung benutzt, um sich (ähnlich wie Friedrich II.) zu

---

[13] Zitiert nach A. Vucinich, *Science in Russian Culture*. Stanford 1963, S. 141.

8.2 Das Wiedersehen mit der Akademie in St. Petersburg

Abb. 8.10 Wenceslaus Karsten (1732–1768) Professor in Rostock, Bützow und Halle

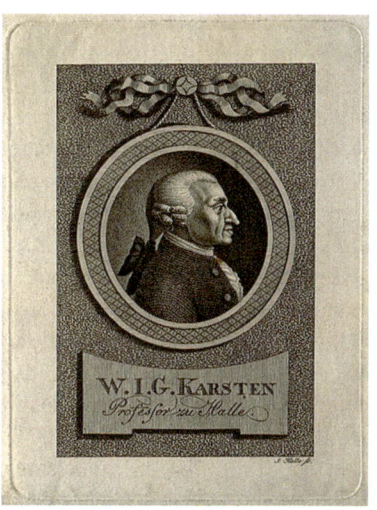

bilden, sodass ihr an der Entwicklung der Wissenschaften im Zarenreich gelegen war. Aber in allen drei Lebenserinnerungen *(Mémoires)* der Zarin findet Euler keine Erwähnung, und Euler hatte auch, wie in Berlin, keinen direkten Zugang zum Hof. Auch Gerhard Friedrich Müller (1705–1783), der frühere Konferenzsekretär, berichtete hierüber aus Moskau nach Göttingen an Anton Friedrich Büsching (1724–1793), der bis 1765 evangelischer Pastor in St. Petersburg gewesen war:

„Zu Petersburg hat H. Euler außerordentliche Gnadenbezeichnungen erhalten. Er ist vier Wochen lang vom Hofe in allem defrayiert [= freies Essen und Trinken] worden. Man hat für ihn und seine Erben ein großes steinernes Haus von zwei Stockwerken auf Wassili Ostrow für 8000 Rubel gekauft [Euler kaufte das Haus selbst!]. Sein ältester Sohn [Johann Albrecht] ist Prof. physicae und der zweite [Sohn Karl] Hofmedicus, jeder mit 1000 Rubel Besoldung [Johann Albrecht 1500 Rubel]. Der Vater hat 3000. Allein die Nachrichten aus Petersburg melden, dass er jetzt in Gefahr stehe, auch auf dem zweiten Auge blind zu werden. … Die ältere Professorin Euler [Gattin Katharina] bekommt nach ihrem Mann 1000 und die jüngere [Anna = Johann Albrechts Frau] 500 Rubel Witwengeld."

Es gibt noch eine Randbemerkung von fremder Hand:

„Herr Euler hat von der Kaiserin den Auftrag erhalten, die Akademie besser einzurichten."[14]

Die wiederholten Erwähnungen der Einbeziehung Eulers in die Akademiereform zeigen zumindest die Aufmerksamkeit, die man dem Vorhaben entgegenbrachte.

Formey in Berlin, der durch Eulers Sohn Johann Albrecht im Allgemeinen gut unterrichtet war, schrieb an G.-L. Le Sage in Genf am 30. Oktober 1767, also zu

---

[14] P. Hoffmann (Hrsg.), *Geographie, Geschichte und Bildungswesen in Russland und Deutschland im 18. Jahrhundert*. Berlin 1995, S. 322 f.

einer Zeit, da Euler in Petersburg wieder erste Wurzeln geschlagen hatte: „D'ailleurs toute la famille jouit en Russie des honneurs et avantages qu'elle pouvoit s'y promettre" (Darüber hinaus genießt in Russland die gesamte Familie die Ehre und Vorteile, die ihr dort versprochen worden sind).[15] Ein Punkt ist allerdings merkwürdig, Peter I. hatte 1722 in Russland eine hierarchische Ordnung eingeführt, in der wie in einer Armee unterschiedliche Grade die Stellungen der Personen bezeichneten. Diese Grade, die чины (tschini, sing. чин), beeinflussten naturgemäß das Leben. Man fragte eher „Какой чин?"[Welcher Grad] als „Как ее зовут?" (Wie ist der Name?). Es gab eine Rang- und Titelsucht, und deshalb bat Euler um einen solchen Grad, der sein Leben etwas bequemer gemacht hätte. Die Zarin verwehrte aber eine Vergabe an Euler mit der Bemerkung, dass er so mit zu vielen Menschen auf eine Stufe gestellt werde. Vermutlich war die Ablehnung aus anderen Gründen geschehen. Gelehrten stand in der Regel nur eine niedrige Stufe zu (Rangstufe 9, die dem militärischen Rang eines Kapitän entsprach). Man hätte aber dem prominenten Euler einen höheren Rang zugestehen müssen, was in der Rangordnung sicherlich zu Unzufriedenheit geführt hätte. Erst Eulers Söhne erhielten Tschini.

Zur Information ein kleiner Einblick in die Ränge einiger der obersten (Оберъ) Ämter, die Minister am Zarenhof innehatten. Sie sind durch ihre deutschen Wurzeln amüsant:

Оберъ-камергеръ	Oberkammerherr
Оберъ-егермейстеръ	Oberrjägermeister
Оберъ-гофмаршалъ	Oberhofmarschall
Оберъ-шенкъ	Oberschenk
Оберъ-шталмейстеръ	Oberstallmeister
Оберъ-церемонiймейстер	Oberzeremonienmeister

Mit den Tschini gingen wie beim Militär Uniformen einher, die Kennern die gesellschaftliche Stellung der Träger zeigten. Westliche Ausländer witzelten, dass man Obacht geben müsse, sich nicht devot vor einem Schaffner zu verbeugen und einem General das Ticket zur Kontrolle vorzulegen.

Die Innenpolitik der aufgeklärten Monarchin erwies sich als nicht besonders fortschrittlich, die Machtfrage bzw. der Ausgleich zwischen dem Adel, der Oberschicht, der Stadtbevölkerung und den Bauern misslang: Die Leibeigenschaft wurde sogar verschärft, die Adelsprivilegien wurden ausgedehnt, die Folter und Todesstrafe erweitert, und es bürgerte sich eine hemmungslose Favoritenpolitik ein. Aus englischer Sicht beurteilte George Macartney (1737–1806), der von 1764 bis 1767 der britische Botschafter in St. Petersburg war, die Einstellung der russischen Aristokratie folgendermaßen (wobei weniger der St. Petersburger Adel gemeint war):

---

[15] *Lettres de Genève à Formey.* Hrsg. Bandelier. Paris 2010.

8.2 Das Wiedersehen mit der Akademie in St. Petersburg

„... dass der russische Adel in seiner Unwissenheit in Europa unübertroffen war und dass es der russischen Regierung schwerer fiel, die Aristokraten als die Bauern zu zivilisieren."[16]

Wie überall in Europa, so war auch im russischen Reich die Außenpolitik auf die Vergrößerung des eigenen Territoriums ausgerichtet; durchschnittlich dehnte sich das Zarenreich um ca. 1000 km^2 pro Jahr aus; allein 1783 kam die gesamte Krim zu Russland. Auch Friedrich II. hatte seine Regentschaft mit abenteuerlichen Kriegen begonnen, um Preußen zur Großmacht zu erheben. Im Alter war er allerdings klug genug, das neu geschaffene Gleichgewicht der Großmächte nicht mehr durch von ihm begonnene Kriege zu gefährden; die Zaren verfolgten weiterhin expansive Ziele, und auch die Sowjetrepublik hielt diesen Expansionskurs. Katharina II. argumentierte, dass nur eine ständige Expansion in der Lage sei, ihren Etatbedarf zu sichern. „Die Zarenherrschaft war eine Despotie", schrieb Vladimir Nabokov (1899–1977) über das russische Reich, um fortzufahren „aber später war alles noch schlimmer."

Euler war zunächst von der Zarin in einem Haus untergebracht worden (Abb. 8.11), und Katharina II. hatte ihm für die Wochen des Eingewöhnens sogar einen Koch überlassen, um der Familie das Leben zu erleichtern. Euler hat nicht nur 8800 Rubel für ein Haus von der Zarin geschenkt bekommen (eine enorme Summe), sondern auch 2000 Rubel für die Möblierung. Am 11./22. August 1766 schrieb Euler an Formey, und Johann Albrecht fügte an den Onkel einen zweiseitigen Bericht an (16./27. August), dass man gerade ein Haus auf der Wassili-Insel gekauft habe, das der gesamten Familie Bequemlichkeit biete, und man rechne fest, es im nächsten Monat zu beziehen („il [père] vient d'acheter dans une des places belles contrées au bord de la rivière une maison pour 8800 Roubel". Er [der Vater] hat gerade an einem der schönen Orte am Flussufer ein Haus für 8800 Rubel gekauft). In der Tat, am 14./25. August 1766 kaufte Euler ein Haus, das nahe der 10. Linie am Uferkai von Wassili Ostrow (Василий остров, Wassili-Insel) lag.

Wenige Stunden nach Unterzeichnung des Kaufvertrages stellte sich bei Euler ein Insult ein: Er konnte nicht mehr zwischen einem leeren Blatt Papier und dem beschriebenen Vertrag unterscheiden (Brief an Müller 15./26. Oktober 1766). Im Januar 1767 teilte er Müller mit, dass dieser Zustand sich noch nicht verändert habe. Euler und D. Bernoulli nahmen nach 13-jähriger Unterbrechung im Frühjahr 1767 ihren Briefwechsel wieder auf, und so berichtete Euler Bernoulli im Juni 1767 über das Nachlassen seines Sehvermögens, das aber – so fügte er lakonisch hinzu – für den Besuch von Akademiekonferenzen noch ausreiche. Im gleichen Brief erwähnte Euler die „vorzüglichen Lebensbedingungen" in St. Petersburg. Und im Oktober 1768 teilte Euler Bernoulli die Einteilung des Euler'schen Hauses mit (Brief vom 7./18. Oktober 1768, übrigens Eulers letzter bekannter Brief an D. Bernoulli). Über die Gegend, in der sich der Euler'sche Wohnsitz befand, lesen wir in einer alten Beschreibung von St. Petersburg Folgendes:

---

[16] „... that in their ignorance the Russian gentry were unsurpassed in Europe and that the Russian government found it more difficult to civilize the aristocrats than the peasants." – Zitiert nach A. Vucinich *Science in Russian Culture*. Stanford 1963, S. 126 f.

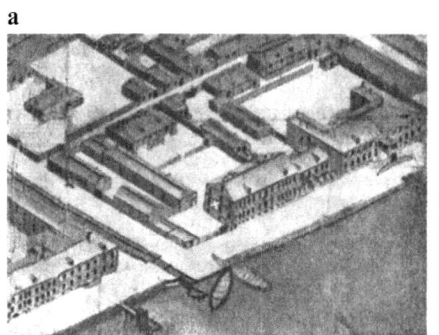 

Abb. 8.11 a Eulers Wohnhaus am Newa-Kai (an der Giebelseite mit × markiert); **b** Das Akademiegebäude (links) und die Kunstkammer (rechte Gebäude mit Turm). Im Turm der Kunstkammer fanden die Sitzungen der Akademie statt. Eulers Haus (nicht im Bild) liegt etwas flußabwärts

> „Die Gebildetsten und Reichsten der Petersburger Deutschen, die Akademiker, Gelehrten und Kaufleute usw. wohnen auf Wassili Ostrow, das beinahe ganz, wenigstens vorherrschend deutsch ist."[17]

Wir sehen, dass Euler in St. Petersburg wie auch in Berlin ein vornehmes Wohnviertel bezog. Das geräumige Wohnhaus lag zwischen der Akademie und dem Kadettenkorps an dem Ufer der Bolschaja Newa (Großen Newa). Es war 1720 vom Fürsten Alexander Borissowitsch Kurakin (Александр Борисович Куракин, 1697–1749) erbaut worden. Die Newa verzweigt sich stromaufwärts unweit von Eulers Haus in die Große und Kleine Newa, die die Wassili-Insel umströmen.

Nach der Abreise des Vaters aus Berlin wäre es für die zurückbleibenden Kinder schwierig gewesen, dort allein in der Berlin Gesellschaft zu bleiben, bereits die ökonomischen Umstände hätten dagegen gesprochen. Jedoch waren Leonhard Eulers Kinder dem Vater nicht ganz freiwillig nach Russland gefolgt, zumindest Johann Albrecht nicht, und Jakob van Delen (1743–1786), der Schwiegersohn Eulers, kehrte mit seiner Frau Charlotte (1744–1780) und ihren beiden Kindern bald wieder nach Deutschland zurück, denen bis zum Tod der Mutter Charlotte noch fünf Kinder folgen sollten.

Übrigens ließ Euler seinen Nachfolger in Berlin, Joseph-Louis Lagrange (1736–1813), herzlich durch den Berliner Akademiesekretär Formey beglückwünschen:

> „Ich bitte Sie auch, meinem berühmten Nachfolger, Herrn De la Grange, meine grenzenlose Verehrung zu versichern. Eine bedeutendere Anschaffung hätte die Berliner Akademie gewiß nicht machen können, und ich schätze mich sehr glücklich, ihr mit meinem Entschluss, sie zu verlassen, diesen großen Dienst erwiesen zu haben."[18]

---

[17] J. G. Kohl, *Petersburg in Bildern und Skizzen*. Dresden 1846, Bd. 1.
[18] „Je vous prie aussi d'assurer mon illustre successeur Mr. De la Grange de mon inaltérable vénération. L'Académie de Berlin n'auroit assûrement pû faire une acquisition plus importante, et je m'estime bien heureux de lui avoir rendû ce grand Service par ma résolution de le quitter." – Brief vom 21. Oktober/2. Dezember 1766

8.2 Das Wiedersehen mit der Akademie in St. Petersburg

An anderer Stelle wiederholte Euler die Glückwünsche, aber in Hinblick auf das Geschenk der Zarin ließ er sarkastisch einfließen, dass er wünsche, auch Friedrich II. möge sich Lagrange gegenüber so großzügig erweisen.[19] Und Euler schlägt auch gleich vor, dafür sein früheres Haus dazu zu verwenden (denn er hatte Schwierigkeiten, es rasch zu verkaufen); schließlich erwarb es Nicolas de Béguelin (1714–1789), der Hofmeister des Prinzen Friedrich Wilhelm (1744–1797) und seit 1747 Petersburger Akademiemitglied war. In Petersburg nahm Euler seinen Sohn Johann Albrecht in sein Haus auf, sodass dieser dem alterndem Vater zur Hand gehen konnte. Vermutlich wohnte auch sein Sohn Karl Johann (1740–1790) mit seiner Familie dort, in der es wenigstens fünf Kinder gab. Johann Albrechts Familie stieg schließlich auf fast ein Dutzend Personen an, und bis auf zwei Kinder überlebten alle den Vater (acht Kinder). Letztlich fand der zugereiste Nikolaus Fuss (1755–1826) in dem Euler'schen Haus auch noch sein Unterkommen und schließlich auch seine Frau.

Obwohl die Akademie bald über einen Etat von 75.000 Rubel verfügte, waren die Lebensbedingungen der Akademieangehörigen nicht besonders komfortabel. Nach der Reform der Statuten von 1770 waren für 20 Akademiemitglieder Gehälter von 800 bis 1500 Rubel vorgesehen, und an die ebenfalls bis zu 20 eingeplanten Adjunkten sollten 400 bis 700 Rubel gezahlt werden (siehe Aufstellung unten); zu den Bezügen kamen freie Wohnung bzw. Wohnkosten, Heizung und Beleuchtung. Die Akademieangehörigen besserten deshalb häufig ihr Einkommen durch Nebentätigkeiten auf, beispielsweise am Kadettenkorps. Euler waren durch Katharina II. allerdings außergewöhnliche Konditionen eingeräumt worden, die ihre ersten Angebote von 1763 übertrafen, als Euler wieder Kontakte nach St. Petersburg aufgenommen hatte.

Welche Wissenschaftler fand Euler in St. Petersburg vor? Als er im Sommer 1766 in Russland eintraf, waren seine alte Freunde und Kollegen aus der Stadt längst weggezogen oder lebten nicht mehr. Der bürokratische Kanzleichef Schumacher war 1761 gestorben. Über ihn hatte Staehlin in einem Brief an Euler (21. März/1. April 1766) bemerkt, dass der Verfall der St. Petersburger Akademie der „Schumacherschen Seuche" geschuldet sei, die auch Euler 1741 vertrieben hätte. Bedauerlich war, dass auch der väterliche Freund Goldbach nicht mehr unter den Lebenden weilte († 1764). Zudem war der enge Freund Müller 1765 nach Moskau gezogen, wo er im Archiv des Auswärtigen Amtes diente. Lediglich Johann Kaspar Taubert (1718–1771), der 1738 Adjunkt für Geschichte geworden, später als Bibliothekar und schließlich in der Kanzlei tätig war, konnte Euler als von früher her bekannt begrüßen.

Allerdings waren Euler die St. Petersburger Verhältnisse nicht fremd, denn in seiner Berliner Zeit empfing er zahlreiche russische Besucher und beherbergte sie. Er hatte über Monate hinweg mehrere russische Schüler bei sich aufgenommen (Rumowski, Kotelnikow, Teplow); schließlich pflegte Euler enge Verbindungen

---

[19] Das tat Friedrich nicht, und so wohnte Lagrange am Kupfergraben 7 (Magnus Haus) von 1774 bis 1782 zur Untermiete bei Kriegsrath Westphal.

nach St. Petersburg und empfahl häufig Kollegen für eine Stellung in Russland. So lernte Euler z. B. in St. Petersburg den Physiker Franz Ulrich Aepinus (1724–1802) persönlich kennen, den 1756 er aufgrund seiner Leistungen dorthin empfohlen hatte.

1744 gab es 15 ordentliche Mitglieder der Konferenzen, der Plan von 1770 sah 20 vor; 1776 hatte die Akademie 16 ordentliche Mitglieder, zehn Jahre später waren es schließlich 17, darunter acht Russen. Die Berliner Akademie hatte 1768 nach einigem Hin und Her die Zarin zum Mitglied gewählt, und diese hatte mit den Worten „Très-flattée de cette marque de votre estime, je l'accepte" (Ich bin sehr geschmeichelt durch dieses Zeichen Ihrer Wertschätzung und akzeptiere es; 4. März 1768) zugestimmt.[20] Damit war im Gegenzug die Aufnahme Friedrichs in die Russische Akademie fällig, aber das zog sich noch acht Jahre hin und erfolgte anlässlich des 50-jährigen Bestehens der Akademie. Friedrich II. verstand, dass sich auch Euler dafür eingesetzt hatte, denn Euler hatte 1776 mit dem preußischen König wieder Verbindung aufgenommen und ihm unaufgefordert (!) Gutachten für dessen geplante Witwenpensionen geschickt, da Friedrichs Entwürfe nach Eulers Ansicht auf falschen Annahmen basierten. Der König bedankte sich freundlich für die Gutachten. Bei der Aufnahme in die Akademie schickte Friedrich II. nicht nur an deren Direktor ein Dankschreiben (11. November 1776), sondern auch Euler erhielt einen in wahrhaft königlicher Weise geschriebenen und formvollendeten Brief, der ausschnittsweise zitiert sei (1. Februar 1777):

„Ich gratuliere der Kaiserlichen Akademie der Wissenschaften dazu, dass sie sich eines Doyens Ihrer Talente und Verdienste [= Euler] rühmen kann; und es war für mich eine unendliche Freude, aus Ihrer Feder die Gefühle zu erfahren, die Sie für meine Zugehörigkeit zum Ausdruck brachten. Mein Brief an Ihren würdigen Direktor[21] wird Ihnen bereits gezeigt haben, wie sehr ich auf Ihre Entscheidung reagierte, Meinen Namen neben Ihre Augusta[22] Beschützerin [Katharina II.] zu setzen, und es ist äußerst süß für Mich, Mich immer noch mit dieser Großen Prinzessin verbündet zu sehen in einer Gesellschaft von Gelehrten, gleichzeitig mit Mir; und durch ebenso feierliche Bindungen mit den Mächten Europas. ... Ich werde Mein ganzes Leben für eine Akademie einsetzen, die unter Ihrer Führung und Leitung den Grad an Glanz und Vollkommenheit erreicht hat, mit dem sich nur wenige Akademien rühmen können."[23]

---

[20] Die Aufnahme war durch eine gewisse Eitelkeit der Zarin nicht ganz problemlos verlaufen. Katharina war letztlich auf Wunsch des preußischen Königs Ehrenmitglied geworden, aber sie wünschte eine von den Gelehrten verliehene Mitgliedschaft an sie, weil damit ihren wissenschaftlichen Interessen besser entsprochen würde.

[21] Von Juli 1775 bis Januar 1783 war Sergej Gerasimowitsch Domaschnew (Серге́й Гера́симович Дома́шнев) der Direktor der Petersburger Akademie der Wissenschaften.

[22] Augustus war ein Titel römischer Kaiser seit Octavian, hier ist die Form Augusta passender.

[23] „Je félicit l'Académie Impériale des Sciences, de pouvoir se glorifier d'un doyen de vos talents et de votre mérite; et il M'a été infiniment agréable d'apprendre par vôtre plume les sentiments qu'elle a manifestés à mon agrégation. Ma lettre à Votre digne directeur vous aura déjà fait connoître, combien J'ai été sensible au choix, qu'elle a fait de mettre Mon nom à coté de Son Auguste Protectrice, et il M'est extrêmement doux de Me voir encore allié à cette Grande Princesse, dans une Sociéte des savants, en même tems que Je le suis. Par des liens tout aussi solennels, dans celle des Puissances de l'Europe ... Je conserverai toute Ma vie pour une Académie, qui, sous sa conduite et direction est parvenue à ce degré de lustre et de perfection, dont peu d'Académies ont à se glorifier." – EO IVA/VI.

8.2 Das Wiedersehen mit der Akademie in St. Petersburg

Damit fand der Zwist zweier Größen des 18. Jahrhunderts nach außen einen würdevollen Abschluss; von den Sottisen in Friedrichs intimen Gesprächen mit dem Marchese Girolamo Lucchesini (1751–1825) in Sanssouci wusste Euler nichts.[24] In diesen Gesprächen kam Friedrich immer wieder auf den misslungenen Bau einer Fontäne im Park von Sanssouci zurück, offenbar ein sehr traumatisches Erlebnis für ihn. Er scheute sich dabei nicht, noch nach Jahrzehnten Euler, der damals den Fehlschlag beim Namen nannte, den er selbst nicht verursacht hatte, die Worte im Munde umzudrehen und ihn für das Scheitern verantwortlich zu machen. Auch hätte sich Euler geirrt, so Friedrich, in Berlin sein Glück machen zu können. Friedrich konnte auch widerwärtig sein, oder er war es schlechthin, wenn Dinge nicht seinen königlichen Vorstellungen entsprachen.

Die St. Petersburger Akademie beging am 29. Dezember 1776/9. Januar 1777 ihr 50-jähriges Bestehen. In einer Festsitzung wurden ein Dutzend russischer Aristokraten sowie 20 auswärtige Mitglieder, darunter Comte Georges-Louis Leclerc de Buffon (1707–1788), Joseph Louis Comte de Lagrange und Johann III Bernoulli (1744–1807), in die Akademie aufgenommen. Die akademischen Protokolle enthalten die Wahlvorschläge für 30 Gelehrte, hier sind drei der gewählten Akademiker mit ihren Ergebnissen:

	Ja	Nein
Lagrange	12	4
Condorcet	8	9
Johann III Bernoulli	9	8

Friedrich II. wurde als erstes auswärtige Ehrenmitglied aufgenommen. Als Nachschlag verteilte man am 31. März/11. April 1777 63 Medaillen, zu den Empfängern gehörten Daniel Bernoulli, Samuel Formey und Lagrange. Das 100-jährige Bestehen wurde 1826 mit mehr Pomp begangen.

Die Akademiemitglieder, die in Eulers zweiter St. Petersburger Periode in der Mathematik und in naturwissenschaftlichen Gebieten arbeiteten, sind nachfolgend mit einigen biographischen Angaben aufgezählt:

Mathematik

- Semjon Kirillowitsch Kotelnikow (Семен Кириллович Котельников 1723–1806), Adjunkt 1751, Professor für höhere Mathematik 1760
- Nikolaus Fuss (1755–1826), Adjunkt 1776, ordentliches Akademiemitglied 1783, Konferenzsekretär 1800
- Michail Jewsejewitsch Golowin (Михаил Евсеевич Головин, 1756–1790), Adjunkt 1776, verließ die Akademie 1786

---

[24] Siehe *Das Tagebuch des Marchese Lucchesini* (1780–1782): *Gespräche mit Friedrich dem Großen*. München 1926.

Astronomie

- Nikita Iwanowitsch Popow (Никита Иванович Попов, 1720–1782), Adjunkt 1748, Professor 1751
- Andrei Dmitrijewitsch Krasilnikow (Андрей Дмитриевич Красильников, 1705–1773), Adjunkt 1753
- Stepan Jakowlewitsch Rumowski (Степан Яковлевич Румовский, 1734–1812), Adjunkt 1753, Professor 1763, Vize-Präsident 1800
- Georg Moritz Lowitz (1722–1774), Professor 1768
- Peter Borisowitsch Inochodzew (Петр Борисович Иноходзев, 1742–1806) Adjunkt 1768, Professor 1783
- Anders Johan Lexell (1740–1784), Adjunkt 1769, Professor 1771, 1783 Nachfolger Eulers

Physik

- Franz Ulrich Aepinus (1724–1802), Professor 1756, verließ die Akademie 1798
- Johann Albrecht Euler (1734–1800), Professor für Experimentalphysik 1766, Konferenzsekretär 1769
- Wolfgang Ludwig Krafft (1743–1814), Sohn von Georg Wolfgang Krafft, Adjunkt 1768, Professor für Experimentalphysik 1771

Chemie

- Johann Gottlieb Lehmann (1719–1767), Professor 1761
- Fedor Petrowitsch Moissenko (Федор Петрович Моисенко, 1754–1781/82?), Adjunkt für Chemie und Mineralogie 1779
- Nikita Petrowitsch Sokolow (Никита Петрович Соколов, 1748–1795), Adjunkt 1783, ordentliches Akademiemitglied 1787, verließ die Akademie 1792
- Johann Gottlieb Georgi (1729–1802), Adjunkt 1776, Professor 1783

Mineralogie

- Johann Jakob Ferber (1748–1795), Professor 1783; verließ die Akademie 1786

Botanik

- Samuel Gottlieb Gmelin (1745–1774), Professor 1767
- Joseph Gärtner (1732–1791), Professor 1768, verließ die Akademie 1700
- Grigori Nikolajewitsch Teplow (Григорий Николаевич Теплов, 1711–1779), Adjunkt 1742, Assessor der Kanzlei 1746

Geographie

- Johann Troscott (1719–1786), Adjunkt 1742
- Jacob Friedrich Schmidt (?–nach 1780), Adjunkt 1757
- Iwan Iwanowitsch Islenew (Иван Иванович Исленев, ?–1784), Adjunkt 1771

Naturgeschichte

- Peter Simon Pallas (1741–1811), Professor 1767, verließ die Akademie 1810
- Iwan Iwanowitsch Lepetschin, (Иван Иванович Лепечин, 1740–1802), Adjunkt 1768, Professor 1771
- Johann Anton Güldenstädt (1745–1781), Adjunkt 1769, Professor 1771

Man bemerkte um 1760 eine „große Unordnung" und den „vollständigen Verfall" der Akademie und unterstellte daher die Akademie der Zarin selbst, die sie wiederbeleben sollte. Diese verlangte ein neues Reglement für die Akademie. Das von Michael Wassiljewitsch Lomonossow (Михаил Васильевич Ломоносов, 1711–1765) aus dem Jahr 1764 erarbeitete war abgelehnt worden, und genauso erging es jetzt den Vorschlägen von Euler,[25] der etwas unrealistisch allein auf die Wissenschaft setzte, ohne die staatliche Seite mit den Kosten usw. zu berücksichtigen. Wir kennen Eulers „elitäre" wissenschaftlich Auffassung bereits aus dem Brief an Daniel Bernoulli vom 23. April 1743. Er betrachtete eine Akademie als eine Versammlung bedeutender Gelehrter, die frei und unabhängig arbeiten sollte. Um das zu gewährleisten, sollte es keine festen Arbeitsstellen geben, den wenigen Akademiemitgliedern, den „genies superieurs" (überlegenen Geistern) sollten einfache Wissenschaftler zur Hand gehen. Diese würden zwar Geschick, aber keine wissenschaftlichen Fähigkeiten benötigen. Bei solchen assistierenden Mitarbeitern müsse wie im Militärstand Subordination herrschen Diese Vorstellungen waren Gründe für die Zarin gewesen, den Entwurf von Euler wie auch den von Lomonossow zu verwerfen, da beide mit der Tradition brachen. Eine von Euler gewünschte Sonderkommission, die die Ausführung der Vorschläge verwirklichen und prüfen sollte, wurde daher erst gar nicht eingesetzt.

Euler befand sich wieder an einem Ort, an dem eine Akademie reformiert werden sollte, aber bei dieser Aufgabe begannen sich deutlich die Grenzen von Eulers Einfluss in St. Petersburg zu zeigen. Alexander Vucinich (1914–2002) führte in seinem Buch *Empire of knowledge* hierzu allgemeiner an:

> „Die Regierung ihrerseits war nicht bereit, Euler Machtrechte einzuräumen, die die bürokratische Kontrolle der Akademie geschwächt hätten. Ebenfalls war die Regierung nicht bereit, wissenschaftliche Leistungen zu einem offiziellen Kriterium des sozialen Status zu machen. Die Behörden waren es gewohnt, die Akademie lediglich als eine nichtaristokratische Institution zu betrachten. Die verfügbaren biographischen Daten zeigen deutlich, dass nur eine unbedeutende Anzahl von Akademikern … aus adligen Reihen stammte. … Für ein typisches Mitglied des russischen Adels dieser Zeit war Bildung weder eine Notwendigkeit noch eine Zierde."[26]

---

[25] Siehe Петр Петрович Пекарский, *История Императорской академии наук в Петербурге*. 2 Bde. P. P. Pekarski, *Geschichte der kaiserlichen Akademie* (russ.). Bd. 1. St. Petersburg 1870, S. 303 f. – Pekarski (Abb. 8.5) war der Historiker für Petersburger Akademiegeschichte.

[26] The government for its part, was not ready to give Euler prerogatives of power that would have weakened bureaucratic control of the Academy; nor was the government ready to make scientific achievement an official criterion of social status. The authorities were accustomed to viewing the Academy as a nonaristocratic institution; the available biographical data show clearly that only an insignificant number of academicians … came from noble ranks. … To a typical member of the Russian nobility of this time, learning was neither a necessity nor an ornament. – *Empire of Knowledge*. Berkeley 1984, S. 24.

Marie Jean Caritat de Condorcet (1743–1794), Sekretär der Pariser Akademie, betonte in seiner Gedenkrede auf Euler, dass dieser in St. Petersburg immerhin acht von den 16 Akademikern geformt habe.

Jakob Staehlin bemerkte zur Berufung Eulers: „Dadurch ist unfehlbar der Grundstein zur Wiederaufrichtung unseres so verfallenen Musensitzes gelegt worden." (Brief an Euler vom 21. März/1. April 1766), und er beschrieb die Akademie zutreffend: Seit die überragende Figur von Lomonossow fehlte, habe sich das Mittelmaß breit gemacht. Man bat deshalb nicht ohne Grund Euler, herausragende Gelehrte nach St. Petersburg zu bringen. Gleich nach seiner Ankunft versuchte dieser vergeblich, aus Berlin Johann Heinrich Lambert (1728–1777) und selbst den gerade erst angereisten Lagrange für 1700 Rubel für St. Petersburg zu gewinnen – vielleicht auch nur, um den preußischen König zu ärgern.

Ernsthafter dürfte schon Eulers Versuch gewesen sein, dem mittlerweile stellungslosen Kriegsrath David Köhler, der an der Berliner Akademie die Ökonomie verwaltet hatte, zu gleichen Bedingungen wie in Berlin in St. Petersburg eine Stelle zu verschaffen, aber Köhler war nicht interessiert (Brief an Formey vom 17./28. Oktober 1766). Euler war allerdings hocherfreut, als er hörte, dass Friedrich II. 1768 die Untersuchung gegen Köhler, den „Ober = Commissarius und Administrator des Calender = Wesens", nochmals aufnahm, denn Euler hoffte, dass nun sein Standpunkt für richtig befunden würde. Aber es ergab sich kein neues Ergebnis. Trotzdem hielt Euler an Köhler, „cet honnête homme" (diesem ehrenwerten Mann), fest. Friedrichs Erwartungen, dass mit dem Kalenderbetrieb mehr als 13.000 Thaler erwirtschaftet werden könnten, wurden durch den neuen Pächter Johann Hieronymus Gravius (1734–1798) erfüllt, der am 25. September 1765 den Kalendervertrieb übernahm. Die Einnahmen der Akademie stiegen auf 16.000 Thaler und 1778 sogar auf 23.000 Thaler. Befriedigt und spöttisch konnte Friedrich bemerken: „moi qui ne sais point calculer des courbes, je sais pourtant que 16 000 écus de recette en valent mieux que 13 000" (Ich, der keine Kurven berechnen kann, weiß jedoch, dass Quittungen über 16 000 Ecus mehr wert sind als solche über 13 000) (Brief an Euler vom 16. Juni 1765).

Die Petersburger Akademiereform begann schließlich damit, dass die Zarin die Kanzlei der Akademie schloss und sie (in bewährter Weise) durch eine Kommission ersetzte. Deren Mitglieder waren neben den beiden Euler

- Jakob Staehlin
- Johann Gottlieb Lehmann (1719–1767, ordentliches Mitglied seit 1761)
- Semjon Kirill Kotelnikow (Adjunkt 1753, ordentliche Mitglied 1760)
- Stepan Jakowlewitsch Rumowski (Adjunkt 1753, ordentliches Mitglied 1761)

Lehmann war Chemiker, die Russen waren Mathematiker bzw. Astronom. Man sollte sich aber vor Augen halten, dass die Mitglieder der Kommission von der Zarin selbst ausgesucht wurden und diese Mitglieder keinesfalls die Akademikerschaft vertraten. Später nahm die Zarin noch Müller in die Kommission auf, was aber auch nicht viel änderte. Dem angestrebten Vorbild der Pariser Akademie kam man nicht näher.

Auf Anordnung des Direktors Orlow hatten die beiden russischen Kommissionsmitglieder ein Statut entworfen, was völlig ohne Wissen der restlichen Akademiker

8.2 Das Wiedersehen mit der Akademie in St. Petersburg

geschehen war! 1769 legte der Direktor Orlow dieses neue Statut vor. Es sollte nur noch zwei Klassen geben: die mathematische und physikalische (einschließlich Ökonomie), durch die Theorie und Praxis verbunden werden sollten. Obwohl damit Streichungen von Stellen verbunden waren, sollte sich der Personalbestand erhöhen, nämlich auf

- 20 ordentliche Mitglieder und 20 Adjunkte
- 3 Sekretäre
- 1 Oberaufseher für die Bibliothek und Sammlungen
- 52 korrespondierende und Ehrenmitglieder

1769 wurden für den Etat 92.000 Rubel vorgeschlagen, aber nach Diskussionen reduzierte man auf 75.000 Rubel. Die Akademiemitglieder nebst ihren Kindern genossen Privilegien wie: Pensionen, keine militärischen Einquartierungen, einen zivilen Rang („tschin").[27] Verzichteten die Akademiemitglieder auf Wohnfreiheit, so erhielten sie 200 Rubel jährlich. Die Adjunkte hatten wie die Akademiker Sitz und Stimme in den akademischen Versammlungen, sie wurden aber wesentlich schlechter bezahlt als die Akademiker. Die Akademie war – wie in Berlin dem König – hier der Zarin – unterstellt.

Am 21. Oktober/1. November 1770 wurde der erwähnte Entwurf der Akademie vorgelegt und in der Konferenz vom 25. Oktober/5. November 1760 erstmals behandelt. Leonhard Euler erklärte dabei als Erster, dass ihm die Motive für die einzelnen Punkte unbekannt seien und er deshalb diese nicht beurteilen könne; ähnlich äußerten sich die anderen Akademiemitglieder. Daraufhin wurde am 5./26. November 1770 ein Schreiben Orlows verlesen, der darauf bestand, den Entwurf Punkt für Punkt durchzugehen und die Meinungen der Akademiker zu sammeln und an ihn zu schicken. Damit war die Konferenz bis zum 15.11./26.11. beschäftigt.

Euler stimmte dem vorgelegten Entwurf im Wesentlichen zu, bei einigen Punkten war er sparsamer, und manches verwarf er ganz; sein Sohn verhielt sich ähnlich. Der Entwurf mit 29 Punkten sah folgende Mittel vor:

Präsident	2250 Rubel
20 Akademiker, 800–1500 Rubel	16.000–30.000 Rubel
20 Adjunkte, 400–700 Rubel	8000–14.000 Rubel
Witwen	3000 Rubel
Reisekosten	17.000 Rubel
Bibliothek	2000 Rubel
Observatorium	2300 Rubel
Geographisches Departement	3660 Rubel
Büromaterial	2000 Rubel
Prediger	500 Rubel

---

[27] Der Präsident erhielt z. B. die Stufe 4 (Wirklicher Staatsrat) wie ein Generalmajor oder Oberzeremonienmeister, Professoren und Adjunkte die Stufe 7 (Hofrat), über einige höhere Dienstränge siehe oben.

Euler war mit dem vorgesehen Betrag für die Witwen zufrieden, verwarf aber den Betrag für Akademiemitglieder, während er mit dem für Adjunkte zufrieden war. Die Grenzen des Gehalts für einen Sekretär im Conseil lagen zwischen 300 und 1000 Rubel, weshalb Euler bemerkte, dass der Sekretär so viel erhalten solle, dass er davon auch leben könne. Bei den vorgesehenen zwei Konferenzsekretären fand Euler 600 Rubel ausreichend (die Spanne war 300–1000 Rubel), da die Sekretäre ohnehin bezahlte Akademiemitglieder seien. Die Arbeit eines Oberaufsehers für die Bibliothek würde er einem Akademiemitglied mit einer Gehaltszulage von 300 Rubel zuweisen. Die letzte Sitzung im Jahre 1770 akzeptierte schließlich die Höhe der Akademieausgaben zu 75.000 Rubel.[28]

An dieser Stelle sind einige Angaben über die Lebenshaltungskosten interessant, die übrigens von Eulers zweiter Frau Salome Abigail geb. Gsell (?–1794) gegenüber Johann III Bernoulli bestätigt wurden. Eine Wohnung auf Wassili Ostrow mit 8–9 Zimmern kostete ca. 300 Rubel, die Heizung etwa 80 Rubel (pro Jahr). Der Preis für jeweils 1 Pfund [500 g] betrug:[29]

Butter	10 Kopeken
Salz	1 Kopeke
Brot	4–5 Kopeken
Rindfleisch	3–4 Kopeken
Huhn	70 Kopeken
Gans	1 Rubel
Hase	15–25 Kopeken
Schwein	2–3 Rubel
Lachs	10–20 Kopeken

Das von Direktor Orlow in Auftrag gegebene Reglement war, wie bereits gesagt, an den Akademieangehörigen vorbei entworfen worden. Eulers Meinung nahm man zwar zur Kenntnis, verwarf sie aber. Da sich solche Vorgehen wiederholten, verließ Euler und mit ihm sein Sohn diese Kommission. Als am 22. Juli/2. August 1774 Sergei Gerasimowitsch Domaschnew (Сергей Герасуимович Домашнев, 1743–1795) Orlow nachfolgte, verschlechterten sich die Verhältnisse weiter. Der neue Direktor redete in wissenschaftliche Angelegenheiten wie z. B. die Berufung neuer Mitglieder hinein, die er zweckmäßigerweise den Akademikern selbst überlassen hätte. Euler lehnte sich dagegen auf. Er war inzwischen 67 Jahre alt sowie fast erblindet und zog es daher vor, den Konferenzen fern zu bleiben, die er als Senior in der Akademie zu leiten gehabt hätte und die sein Sohn protokollierte. In

---

[28] Der Euler-Biograph O. Spiess verglich die Etats der Berliner und St. Petersburger Akademien (vor der Reform in St. Petersburg), die 13.000 Thaler bzw. 60.000 Rubel betrugen. Spiess schrieb, dass „sich [in St. Petersburg] anders leben ließ als mit den 13.000 Thalern" (*Euler*, S. 186). Das ist, wie oft in Euler-Biographien, für die in Rede stehende Zeit eine für die russische Seite geschönte Aussage, denn der Kurs der Währungen lag bei 4:1, was die Beträge relativiert.

[29] Man sehe auch Dominique Taurisson „Les Norritures terrestres en Russie, ou le Art de vivre de Johann Albrecht Euler", in: *18th Century Studies*, numeró spécial. B. Fink, 1999, S. 142–163.

8.2 Das Wiedersehen mit der Akademie in St. Petersburg

den Konferenzen wurden Eulers mathematische Arbeiten jetzt von einem seiner Gehilfen, in der Regel von N. Fuss, vorgetragen.

Die schönen Gebäude der Akademie befinden sich an der Spitze der Wassili-Insel, am Kai der Großen Newa. Über den Konferenzraum der Akademie, der im Turm der Kunstkammer gelegen war, haben wir einen Bericht von Johann III Bernoulli aus dem Jahre 1778 (Abb. 8.12):

> „Der Konferenzsaal, wo die Akademie ihre gewöhnlichen Versammlungen und Vorlesungen hält, stößt unmittelbar an eine Reihe von Zimmern. Von der Haupttreppe kommt man in denselben [Konferenzsaal] durch einen kleinen Vorsaal, welcher so, wie der große Saal und die Wände der Treppe bei Gelegenheit des letzthin gefeierten Jubiläums, mit Malereien … verziert wurden. In dem Konferenzsaal sind überdies drei große Gemälde zu bemerken, zwei davon sind große allegorische Stücke, das eine bezieht sich auf Peter I, das andere auf Catharina II. Das dritte Gemälde ist schon älter und stellt die Kaiserin Elisabeth in Lebensgröße vor."

Da Euler jetzt nur noch bei wichtigen Sachen die Akademie aufsuchte, kam umgekehrt die Akademie in dringenden Angelegenheiten zu Euler, genauer: Triftige Konferenzen wurden in seinem Haus abgehalten.[30] So war es bei der vorletzten Konferenz, an der Euler teilnahm, der Assemblée extraordinaire am 9./20. April 1782. Die Notwendigkeit einer Sondersitzung hatte sich aus der am Vortag abgehaltenen Konferenz ergeben, wo sich wieder ernsthafte Differenzen mit Domaschnew ergeben hatten, diesmal in Fragen der Personalpolitik bei der Kunstkammer. Die auf der Sondersitzung verfasste „Declaratio nomine Academicorum ad dir. Domaschneff directam concinnavit" (Deklaration der Akademiemitglieder an den Direktor Domaschnew gerichtet) sollte die Unterschrift Eulers, des Doyens der Akademiker, tragen, sodass man die Konferenz in seinem Haus abhielt – sei es seiner Gesundheit Rechnung tragend oder sei es widriger Wetterumstände wegen oder sei es aus beiden Gründen. Die Deklaration mit acht Punkten kam in der Tat einstimmig und mit Eulers Unterschrift zustande, und eine Delegation wurde bestimmt, die die Schrift dem Direktor übergeben sollte.

Die Zarin ersetzte schließlich den Bürokraten Domaschnew durch ihre enge Freundin, die Prinzessin Ekatarina (Katharina) Romanowna Daschkowa, die eine gebildete Frau war, ein Jahrzehnt in Westeuropa gelebt hatte und mehrere Sprachen beherrschte.[31] Der Wechsel wurde in einer außergewöhnlichen Versammlung am 28. Januar/8. Februar 1783 angekündigt, und zwei Tage später, am 30. Januar/10. Februar, wurde die neue Direktorin in ihr Amt eingeführt. Da die Prinzessin wusste, dass bei ihr jeder kleinste Fehler wahrgenommen und kritisiert werden würde, bereitete sie sich gründlich vor. So war auch Euler, den sie seit 15 Jahren kannte, von der Prinzessin vorher besucht worden, da sie viel Wert auf dessen Anwesenheit legte.

> „Ich habe dem großen Euler einen Besuch abgestattet. Ich sage ‚groß', weil er ohne Zweifel der größte Geometer und Mathematiker seiner Zeit war. … Wie alle anderen, die über Domaschnews Verhalten empört waren, besuchte er die Akademie nicht mehr und

---

[30] Eine Akademiekonferenz wurde von 20 bis 30 Personen besucht, wofür Eulers geräumiges Haus Platz bot.
[31] Ihr Onkel M. I. Woroncow war Diplomat und zeitweilig russischer Kanzler, ihr Bruder russischer Botschafter in England.

Abb. 8.12 Der Konferenzensaal der Petersburger Akademie im Turm der Kunstkammer, mit historischen Möbeln rekonstruiert. Die Bilderhängung entspricht nicht Bernoullis Beschreibung: rechts ist ein Bild Peters I. und links ist Lomonossow zu sehen. Die Stühle an und in den Fensternischen waren für Adjunkte

interessierte sich nicht mehr für deren Vorgänge, abgesehen davon, dass er gelegentlich gemeinsam mit den anderen Mitgliedern einen Protest unterzeichnete und sogar direkt an Ihre Majestät schrieb, wann immer der große Domaschnew plante, ein ruinöses Unterfangen zu starten. Ich flehte ihn an, mich zur Akademie zu begleiten. ... Ich wollte von ihm vorgestellt werden. Er begleitete mich in meiner Kutsche, zu der ich auch seinen Sohn [Johann Albrecht] und seinen Enkel, Herrn Fuss, einlud, der die Aufgabe hatte, Eulers Schritte zu leiten, da der große Mann blind war."[32]

Die Prinzessin berichtete über ihre Ankunft Folgendes, was oft in einer Anekdote beschrieben wird:

„Als ich den Konferenzsaal betrat, sagte ich zu den Professoren und anderen Anwesenden ... ich wolle meinen Respekt vor der Wissenschaft zum Ausdruck bringen und könne mir dafür keinen feierlicheren und eindrucksvolleren Weg vorstellen, als mich von Herrn Euler vorzustellen zu lassen. Diese wenigen Worte sprach ich, bevor ich mich setzte und bemerkte, dass der Professor für Allegorie, Herr Staehlin [Abb. 8.13], seinen Platz neben dem Stuhl des Direktors eingenommen hatte. Herr Staehlin hatte diese Benennung – weiß Gott warum – in der Regierungszeit von Peter III. erhalten, zusammen mit dem Rang eines Staatsrats, der dem eines Generalmajors entspricht, und er beanspruchte aus diesem

---

[32] „I paid a visit to the great Euler. I say ‚great' because he was, without any doubt, the greatest geometrician and mathematician of his age. ... Disgusted, like everyone else, with Domashnev's behavior, he no longer attended the Academy and took no interest in its proceedings, apart from signing an occasional protest in common with the other members and even writing directly to Her Majesty whenever the great Domashnev took it into his head to launch into some ruinous undertaking. I begged him to accompany me to the Academy. ... I wanted to be introduced by him. He came with me in my carriage, to which I also invited his son [Johann Albrecht] as well his grandson, Mr. Fuss, who, since the great man was blind, had the task of guiding his steps." – *The Mémoires of Princess Dashkova,* translated and edited by Kyril Fitzlyon. Durham and London 1995. S. 206.

Abb. 8.13 Jakob von Staehlin (1709–1786)

Grund, nach mir an zweiter Stelle zu stehen. Tatsächlich war sein Rang ebenso allegorisch wie seine Wissenschaft und seine gesamte Persönlichkeit. Ich wandte mich daher an Herrn Euler und sagte ihm, er solle sich setzen, wo immer er es für richtig halte, denn jeder Platz, den er einnähme, sei immer der erste. Sein Sohn und sein Enkel[33] waren nicht die Einzigen, die meine Bemerkung schätzten und sich erfreut zeigten, denn die Augen der Professoren, die alle den höchsten Respekt vor dem ehrwürdigen alten Mann hatten, waren voller Tränen."[34]

Die Konferenz wurde nach dieser geschickten diplomatischen Vermittlung von der Direktorin in französischer Sprache wie folgt eröffnet:

„Indem ich Ihnen, meine Herren, versichere, dass die Entscheidung, die Ihre Kaiserliche Majestät getroffen hat, mich als Präsidentin hier zu wählen, mir eine unendliche Ehre ist, bitte ich Sie einfach zu glauben, dass es sich dabei nicht um eine Phrase handelt, sondern

---

[33] Die zitierten Mémoires sind offenbar erst nach dem Tode Eulers geschrieben worden, als Fuss durch Heirat Eulers Enkelsohn wurde. Zur Zeit des Berichts war er noch Eulers Gehilfe und wohnte bei ihm.

[34] „As I entered the Conference Hall, I said to the professors and other members ... I wanted to mark my respect for science and could not find no more solemn and impressive a way of doing it than by being introduced by Mr. Euler. I spoke these few words before sitting down and noticed that the Professor of Allegory, Mr. Staehlin, had taken his place next to the Director's chair. Mr. Staehlin had received that appellation – God knows why – in the reign of Peter III, together with the rank of State Councillor, equivalent to a major general, and claimed for that reason to be second in importance only to myself. In fact, his rank was as allegorical as his science and, indeed, the whole of his personality. I therefore turned to Mr. Euler and told him to sit down wherever he thought fit, for any place he occupied would always be the first. His son and grandson were not alone in showing appreciation and pleasure at my remark, for the eyes of the professors, who all had the highest respect for the venerable old man, were filled with tears." – Ebd., S. 206.

um ein Gefühl, das ich zum Ausdruck bringe. Ohne Schwierigkeiten werde ich zugeben, dass ich an Wissen und Fähigkeiten meinen Vorgängern unterlegen bin, aber ich werde für alle von Ihnen jene Rechtschaffenheit des Charakters bewahren, die mich stets dazu bringen wird, es mir zur Pflicht zu machen, Ihnen und Ihren Talenten stets Gerechtigkeit widerfahren zu lassen. … Meine Herren, ich hoffe, dass jeder von Ihnen, der für seinen eigenen Ruhm arbeitet, weder Strapazen noch Mühen scheuen wird, und dass die Wissenschaften durch Ihre gemeinsame Fürsorge nicht mehr nur hier beheimatet sein werden."[35]

Diese Begebenheit zeigt nicht nur die Geistesgegenwart und Souveränität der Prinzessin, sondern auch, dass sich die neue Direktorin der Bedeutung Eulers, des Seniors der Akademie, sehr bewusst war. Dieses beeindruckende Ereignis war Eulers letzte Teilnahme an einer akademischen Konferenz.

Vor Euler sollte noch ein halbes Jahr seines Lebens liegen, und obwohl er in dieser Zeit wie immer arbeitete, so hatte er doch mit der neuen Direktorin, die er seit Jahren schätzte, nichts mehr zu tun. Anders sein Sohn, der Sekretär der Akademie, der mit der Prinzessin zusammenzuarbeiten hatte. Diese Tätigkeit verlief unkompliziert. Die Direktorin nahm gelegentlich auch im Bett Berichte Johann Albrechts entgegen (was seinerzeit durchaus üblich war). Im Großen und Ganzen war die neue Direktorin gerecht, wenn sie auch nicht frei von Eigenwilligkeiten war, die der Sekretär geschickt zu umgehen wusste. Beispielsweise wollte die Prinzessin das Briefporto der Akademieangehörigen stark kürzen oder bei ausgesetzten Akademiepreisen die Höhe des Preisgeldes reduzieren. Auch die Familie Euler betrafen ihre Sparmaßnahmen, als die Direktorin die Witwenpension verringern wollte.[36] Sie überraschte auch die Akademie durch den Verkauf von Gebäuden, in denen ihre Institute untergebracht waren. Übrigens wurde die Prinzessin im gleichen Jahr 1783 auch Präsidentin der „Russischen Akademie" (Российская академия), die geisteswissenschaftlich ausgerichtet war und für die die Pariser Académie française als Vorbild diente. 1787 unternahm die Präsidentin einen Vorstoß, an der nationalen Akademie die Vorträge auf Russisch halten zu lassen. Aber es fand sich nur ein russisches Akademiemitglied, das dazu bereit war.

1776 hatte die Akademie anlässlich ihres 50-jährigen Bestehens neben 19 weiteren Gelehrten auch den berühmten französischen Mathematiker und Sekretär der Pariser Akademie de Condorcet als auswärtiges Mitglied aufgenommen (siehe oben). Als sich jedoch Condorcet für die Französische Revolution erklärte, war

---

[35] „En Vous assurent, Messieurs, que le choix que Sa Majesté Impériale a fait de moi pour présider ici m'honore infiniment, je vous prie de croire que ce n'est point simplement une phrase d'usage, mais un sentiment dont je suis pénétré que j'exprime. Sans peine je conviendrai que je suis inférieure en lumières et capacité á mes prédécesseurs, mais je ne céderai à aucun d'eux dans cette intégrité de caractère qui me portera toujours à me faire un devoir comme un plaisir de rendre justice, Messieurs, à vos talents. … Messieurs, l'émulation, que chacun de vous en travaillant pour le propre gloire ne regrettera point ses fatigues ni ses travaux et que par vos soins réunis, les sciences cesseront d'être simplement domiciliées ici." – Ebd., S. 207.
[36] Die Prinzessin Daschkowa versuchte an der Witwenpension und den Beerdigungskosten bei der Familie Leonhard Eulers und auch bei Nikolaus II Bernoullis Familie (N. Bernoulli ertrank in der Newa) zu sparen, aber im Protokoll vom 6. Oktober 1783 korrigierte die Zarin „unauffällig" ihre knausrige Direktorin.

das mehr, als die aufgeklärte Monarchin ertragen konnte, und sie ließ daher am 6./17. September 1792 durch die Direktorin Daschkowa das Akademiemitglied Condorcet ausschließen. Die Konferenz entsprach dem kaiserlichen Willen.

Gehen wir in das Jahr 1783, in dem sich eine der schlimmsten Naturkatastrophen der neueren europäischen Geschichte ereignete: der Vulkanausbruch des Laki auf Island (8. Juni 1783, aktiv bis Februar 1784). Während sich über großen Teilen Westeuropas der Himmel durch eine Aschewolke verdunkelte, glaubte man in Island, dass sich die Hölle auftue. Die Aschewolken und große Mengen von Schwefeldioxid, das mit Wasser die tödliche Schwefelsäure bildet, zogen als dicke Nebel über Westeuropa hinweg; bis in den Herbst verursachten sie Unwetter und führten zu Missernten. Das Frühjahr 1784 begann überall mit Überschwemmungen. Die Schifffahrt musste teilweise eingestellt werden. In England war die Todesrate auf das 20-Fache gestiegen. Politisch war die Lage für England auch nicht besser, das Vereinigte Königreich verlor durch den Frieden von Versailles die nordamerikanischen Kolonien; die türkische Halbinsel Krim wurde zur russischen Provinz gemacht. In Paris waren hingegen die Versuche erfolgreich, einen Heißluftballon zu starten; die erste deutsche Dampfmaschine ging in Betrieb.

8.3 Das Alterswerk

Vollbrachtes Tagewerk lässt gut schlafen, vollbrachtes Lebenswerk gut sterben.
LEONARDO DA VINCI (1452–1619)

Euler war nicht nach Russland gekommen, um sich auf seinen Lorbeeren auszuruhen. Im Gegenteil, fast die Hälfte seiner Arbeiten erschien in der zweiten St. Petersburger Periode. Dabei soll es uns nicht stören zu bemerken, dass diese Arbeiten in der Regel kürzer als früher waren, denn es ist erstaunlich, dass der fast erblindete Euler bis zu seinem letzten Tag seine außerordentliche Schaffenskraft bewahrte.

Die zweite *Mechanik* (E 289) war noch in Deutschland erschienen, Bd. 1 der *Lettres* (E 343, 1768) erschien zuerst in der russischer Übersetzung von Stepan Jakowlewitsch Rumowski (Степан Яковлевич Румовский, 1734–1812) und später in französischer Sprache (1787); die beiden letzten Ausgaben betreute Johann Albrecht Euler. Im gleichen Jahre kam auch der erste Band der *Integralrechnung* heraus (E 342, 1768), und im folgenden Jahr ging die dreibändige *Dioptrica* (E 367, 1769) unter die Presse. Danach gab es mit etwas mehr zeitlicher Distanz die *Algebra* (E 387, 1770) und die *Mondtheorie* (E 418, 1772); aber schon im folgenden Jahr kam die zweite *Schiffstheorie* (E 426, 1773) auf den Markt. Ein ungeheures Pensum, wenn man bedenkt, dass der erblindete Euler nebenher noch am laufenden Band Arbeiten (u. a. zu dem Kometen von 1766 und dem Venusdurchgang von 1769) verfasste!

Thomas Spleiss (1705–1775),[37] ein früherer Studienfreund Eulers aus Basler Zeiten, schrieb am 21. April 1781 aus Berlin nach Schaffhausen in der Schweiz an seinen früheren Schüler Christoph Jezler (1734–1791), den wir von seinem Studienaufenthalt in Berlin bei Euler kennen (Abschn. 6.2.3), zu dem ihm Spleiss verholfen hatte (Brief von Spleiss an Euler vom 10. März 1763):

> „Herr Euler arbeitet, wie mir Herr [Johann III] Bernoulli sagt, noch immer mit der gleichen Emsigkeit. Er hat, so viel bekannt ist, kein besonderes Werk unter der Hand, aber eine so große Menge von Mémoires, dass die Petersburger Akademie noch zehn Jahre nach seinem Tod ihre Abhandlungen mit denselben wird bereichern können."[38]

Bd. 3 der *Protokoli* bringt für die zweite St. Petersburger Periode ca. 410 wesentliche Einträge für Euler (bzw. durchschnittlich einen Eintrag alle zwei Wochen); bis zum Eintreffen von Fuss 1773 hatte Euler etwa 140 Abhandlungen veröffentlicht, um dann noch durch Fuss und andere Helfer weitere 355 Arbeiten zum Druck zu geben.

Johann III Bernoulli (1744–1807), Sohn von Johann II Bernoulli (1710–1790) und königlicher Astronom in Berlin, machte in seinen Reisenotizen[39] (Abb. 8.14) auch einige Bemerkungen über Eulers Alltag:

> „Damit begreiflich werde, wie Herr Euler zu einer so anhaltenden Arbeit Zeit gewinnt, muß ich noch bemerken, daß er gar nicht mehr ausgeht, weil sich seit einiger Zeit zu dem Verlust des Gesichts [Sehvermögen] auch eine ziemliche Schwäche des Gehörs geschlagen hat, so daß er um so weniger außer dem Haus Zerstreuung finden oder Geschäfte tätigen kann; doch erhält er täglich Besuche, die ihm zwar die notwendige Ruhezeit verkürzen, die er aber zu jeder Stunde gern annimmt, weil er noch wie ehemals … die seltene Gabe hat, ohne Verdruß von dem tiefsten Nachsinnen abgerufen werden zu können, indem er eben so leicht sich wieder in dasselbe einlassen und den Faden wieder finden kann.
>
> Zu seiner Erholung, wenn er allein war, beschäftigte er sich mit magnetischen Versuchen; ein Tisch war mit magnetischen Stangen von allerlei Größe bedeckt; es waren Stangen dabei, die 2 ½ Zoll breit und 30 Zoll[40] lang waren, und der ganze Apparat [= Menge] mit Inbegriff der Magneten, die Herr Fuss auf seinem Zimmer verwahrte, hatte 800 Rubel gekostet.[41] Das Reiben und Verstärken dieser Stangen dienten zugleich Herrn Euler zu einer nützlichen Leibesbewegung; und es entstanden daraus viele neue Versuche. … Herr Fuss nahm an diesen Versuchen Anteil, und stellte auch viele für sich selbst an: woraus zuletzt eine schöne Abhandlung[42] entstanden ist."

---

[37] Bei R. Wolf, *Biographien zur Kulturgeschichte der Schweiz,* Zürich 1858–1862, steht (versehentlich?) Johann Ludwig Spleiss für Thomas Spleiss (IV. Zyklus, S. 130, Zürich 1862). Siehe hierzu auch M. Habicht, *Nachricht vom Leben des Herrn Th. Spleiss.* Schaffhausen 1776.

[38] R. Wolf, „Leonhard Euler", in: *Biographien zur Kulturgeschichte der Schweiz.* Erster Cyklus. Zürich 1858, S. 130.

[39] *Reisen durch Brandenburg, Pommern, Preußen, Curland, Russland und Pohlen in den Jahren 1777 und 1778,* Bd. 4. Leipzig 1780, S. 13 ff.

[40] Ein preußischer Zoll variierte von 2,6 bis 3,7 cm.

[41] Eine genaue und umständliche Anzeige dieser merkwürdigen Sammlung steht im *Journal Encyclopedique* 1779, 1. Fev., S. 522. Fuss war es gestattet, mit den Magneten auch eigene Versuche vorzunehmen, was schließlich auf eine Veröffentlichung von ihm führte.

[42] *Journal Encyclopedique,* Fev. 1779, S. 552. – In Eulers *Opuscula,* Bd. 3, 1751, nahm die Magnettheorie etwa ein Drittel des Umfangs ein.

8.3 Das Alterswerk

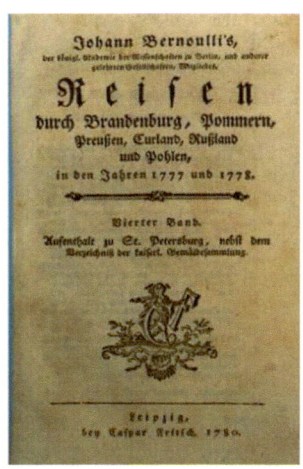

Abb. 8.14 Titelseite von Johann III Bernoullis (1744–1807) Reisebericht. Der reiselustig Sohn von Johann II Bernoulli, war Astronom, seit 1764 Berliner Akademiemitglied und seit 1791 Direktor des Observatoriums

Die Wirkung eines Magneten erklärte sich Euler aus inneren und äußeren Ursachen, nämlich durch eine gewisse innere Struktur des Magneten sowie eine subtile flüssige Materie, die den Magneten durchströme. Das Durchströmen sei aufgrund der Struktur (Ventile) nur in gewisse Richtungen möglich, während bei nichtmagnetischen Stoffen diffuse Richtungen vorkämen. Die subtile Materie sei ein feiner Teil des Äthers. Dieser sei nicht gleichartig, sondern setze sich aus gröberen und feineren Teilen zusammen. Die subtile Materie dringe in den Magneten ein und verlasse ihn am anderen Ende, wo sie durch den außerhalb des Magneten befindlichen Äther seitlich abgelenkt werde, um schließlich wieder wie früher in den Magneten einzudringen. Sie bilde so einen Wirbel um den Magneten. Wie sich so um jeden Magneten ein Wirbel lege, so habe auch die Erde einen solchen Wirbel, nach dem sich jeder Magnet ausrichte (also nach Norden). Eisen ist übrigens eine besonders geeignete magnetische Materie, aber wie Versuche von William Gilbert (1544–1603) (*De magnete,* 1660) zeigten, verlieren Legierungen diese (starke) magnetischen Eigenschaft wieder.

Da nach der Übersiedlung 1766 das linke, gesunde Auge mehr und mehr vom grauen Star befallen wurde, war es für Euler immer schwieriger, sein immenses Arbeitspensum zu bewältigen. Der Basler Augenarzt René Bernoulli (*1943) vermutet, dass Eulers Sehfähigkeit bis auf ein Zehntel geschrumpft war.[43] Das reicht zum Lesen nicht aus. Zunächst unterstützte ihn sein Sohn Johann Albrecht, aber Euler musste bald weitere Helfer hinzuziehen. 1767 kam Ludwig Krafft (1743–1814) nach St. Petersburg; er war der Sohn von Eulers früherem Kollegen Georg Wolfgang Krafft (1701–1754), der 1744 zurück nach Tübingen gegangen war. „L'arrive de M. Krafft le [Euler] mis en état d'exécuter un projet qu'il avoit roulé long tems dans la tête" (Die Ankunft von Herrn Krafft versetzte ihn [Euler] in die

---

[43] *Euler* 1983, S. 479.

Abb. 8.15 Anders Johan Lexell (1740–1784), zunächst Assistent von Euler und nach Eulers Tod sein Nachfolger

Lage, ein Projekt durchzuführen, über das er schon lange nachgedacht hatte),[44] die dreibändige *Dioptrica* (E 367, 386 und 404; EO III/3–4, 1053 S.), die er 1769–1771 zum Druck brachte. Teilweise liefen die Korrekturen für die Integralrechnung (E 385, 505 S.) und die Algebra (E 387 u. 388, 489 S.) parallel! Etwas später traf Anders Johan Lexell (1740–1784)(Abb. 8.15) aus Schweden ein, der an den russischen Beobachtungen des Durchgangs der Venus vor der Sonnenscheibe teilnehmen wollte und blieb. Er hatte, um sich zu empfehlen, eine Arbeit über Integrationsmethoden eingereicht. Der Direktor Orlow bemerkte etwas abfällig, dass dem Autor wohl ein erfahrener Mathematiker geholfen habe. Aber Euler widersprach, indem er die Menge der möglichen Helfer auf d'Alembert und sich einschränkte.

Krafft, seit 1767 ein weiterer Assistent Eulers, half dem Gelehrten bei der Abfassung seiner *Dioptrik,* also der Lehre der Brechung von Licht, die in der Konstruktion optischer Instrumente unumgänglich ist (Abb. 8.16). Das dreibändige Werk wurde von 1769 bis 1771 geschrieben, und es enthält zahlreiche Abbildungen.[45] Es ist unglaublich, dass dieses einmalige optische Werk einen fast erblindeten Autor hatte! Vermutlich reichte Euler das Erfassen der Bedingungen der Möglichkeiten bereits für eine Theorie, in diesem Fall die Dioptrik, um dann hieraus mit analytischen Schlüssen den Gegenstand in seinem Kopf entwickeln zu können. Die Überprüfung in der Wirklichkeit erfolgte mit Experimenten, die hier den Assistenten oblagen. An eine Rezension der *Dioptrica* in den Göttingeschen Anzeigen (2. November 1771) schloss sich die Nachricht an, dass Euler sich am 15./26. September 1771 (28. September n. St. ist korrekt) einer Staroperation unterzogen habe, „die, wie sich erwarten ließ, glücklich vor sich gegangen ist. Noch waren ihm am 23. September/4. Oktober 1771 die Augen verbunden, und das Sehen verboten."

---

[44] Fuss, *Éloge.* St. Petersburg 1783.
[45] *Dioptrica,* pars prima, secunda et tertia. E 367, 386, 404, veröff. Petersburg 1769, 1770, 1771; ab 1778 erschien eine deutsche Übersetzung von Klügel.

8.3 Das Alterswerk

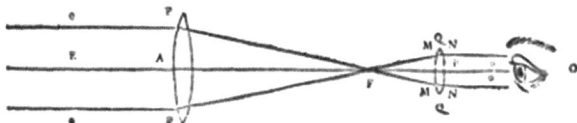

Abb. 8.16 Der Verlauf von Lichtstrahlen in einem Fernrohr (E 417, *Briefe an eine deutsche Prinzessin,* Band 3. 1762. Brief 209)

Die Rezension der *Dioptrik* von Gotthelf Abraham Kästner (1719–1800), hob übrigens hervor, dass überall die Dicke des Glases in die Rechnung einbezogen wird.

Louis Gustave du Pasquier (1876–1957) ein Herausgeber der Euler-Edition, schrieb 1927:

> „Euler lieferte als erster eine vollständige Theorie über die Art und Weise, wie Lichtstrahlen durch irgendwelche Linsen verlaufen. In diesem Werk vereinte Euler in seinem Rahmen die Gesamtheit dessen, was er in den letzten 30 Jahren an Perfektion und Theorie der Optik optischer Instrumente erarbeitet hatte. Der erste Band stellt die allgemeine Theorie der neuen Wissenschaft dar, da man sagen kann, dass diese Theorie vor Euler nicht existierte. Der zweite und dritte Band enthalten die Regeln für den idealen Herstellungsprozess von Brillen, katoptrischen Teleskopen und Mikroskopen."[46]

Es ist erwähnenswert, dass die *Dioptrica* (1769–1770) mit 1053 Seiten etwa zur gleichen Zeit mit Bd. 3 *Integralrechung* (E 385, 505 Seiten, 1770) und der *Algebra* (E 387, 388; 500 Seiten, 1770) herauskam! Mehr als fünf Seiten pro Tag, die zu schreiben, redigieren oder korrigieren waren, wobei das übliche Verfassen von Abhandlungen noch gar nicht berücksichtigt ist.

Auch in den *Lettres* (E 343, 344, 417) ging Euler auf optische Fragen und sogar auf das menschliche Auge selbst ein.[47] Für Euler war das Auge ein Meisterwerk, dessen farbfehlerfreier Bau uns von der Allmacht des Schöpfers überzeuge (Brief 41). Die Verbindung von Seele und Körper durch den Sehnerv sei allerdings ein göttliches Geheimnis. Der Weisheit des Schöpfers sei die Farbfehlerfreiheit des Auges zu danken, und Eulers Idee, dies auch für Linsensystemen möglich zu machen, führte schließlich John Dollond (1706–1761) zur Herstellung von achromatischen Linsen aus verschiedenen Glasarten (1758) (Abb. 8.17). Dass Eulers Annahme der göttlichen Farbfehlerfreiheit des Auges allerdings falsch war, zeigten 1817 Messungen von Joseph Fraunhofer (1787–1826) – zu spät, um Eulers Glauben noch erschüttern zu können.

---

[46] „Euler was the first to provide a complete theory of the way in which light rays acted through any lenses. In this work, Euler united within its scope the entirety of what he had worked out during the previous 30 years in the perfection and theory of optical instruments. The first volume maps out the general theory of the new science, since it can be said that the theory did not exist before Euler. The second and third volumes contain the rules governing the ideal manufacturing process for eye glasses, catoptrical telescopes and microscopes." – *Leonhard Euler and his friends,* engl. Übers. John D. Glauss. Rumford. 2008, S. 141 f.

[47] Teil 1, Briefe 17–24; Teil 2, Briefe 133–136; Teil 3, Brief 187–223.

Abb. 8.17 Titelseite der *Constructio lentium objectivarum ex duplci vitro* (Konstruktion von Objektivlinsen aus zwei Glasarten, 1762), Theorie achromatischer Linsen

Optische Fragen interessierten breite Kreise, sodass zum Beispiel Eulers Arbeit „Emendatio laternae magicae ac microscopii solaris" (Verbesserung der Zauberlaterne und des Sonnenmikroskops; E 196, EO III/6, 1753 erschienen) in der Schrift „Betrachtungen über Verbesserung der Zauberlaterne, des Sonnenmikroskops, und der Camera obscura nach der Theorie des Herrn Euler" von Johann Friedrich Häseler (1732–1797) genauer erläutert und mit Bauvorschriften versehen wurden, um „für Leute, die nicht so ausgebreitete Kenntnisse haben" lesbar zu sein.

Euler verglich gern Licht und Schall, also die Optik mit der Akustik. Für ihn war das verbindende Glied die geradlinige Ausbreitung des Schalls[48] und des Lichts im homogenen Medium. Diese Analogie nutzte Euler, um den für die Lichtausbreitung benötigten Äther zu motivieren. Er schloss, die Analogie vorausgesetzt, auf Eigenschaften des Äthers (auch Himmelsluft genannt) wie z. B. seine Dichte, Elastizität usw. Das physikalische Wörterbuch von Johann Samuel Traugott Gehler (1751–1795) aus dem Jahre 1787 bemerkt allerdings unter dem Stichwort „Äther" vorsichtiger:

> „Alles, was sich von diesem Gegenstand sagen läßt, ist hypothetisch, und bloß zur Erklärung gewisser Eigenschaften angenommen; unmittelbare und klare Erfahrungen, über das Dasein und die Eigenschaften des Äthers fehlen gänzlich."[49]

---

[48] In unserem Verständnis ging Euler hier von der Normalen an die Schallwelle aus.
[49] Johann Samuel Traugott Gehler, *Physikalisches Wörterbuch, oder Versuch einer Erklärung der vornehmsten Begriffe und Kunstwörter der Naturlehre, mit kurzen Nachrichten von der Geschichte der Erfindungen und Beschreibungen der Werkzeuge begleitet*. Bd. 1. A bis Epo. Leipzig 1787, S. 82.

8.3 Das Alterswerk

Euler war jedoch von seiner Ätherhypothese[50] überzeugt, die natürlich auch in der Astronomie ihre Konsequenzen hatte, denn eine ständige Reibung der Erde mit der Himmelsluft müsste die Erdbahn laufend verringern (je Jahrhundert fünf Sekunden weniger für einen Umlauf), was die Berechnung des Endes der Welt erlauben würde. Den Ursprung der Welt hatte man in der sogenannten Chronologie mithilfe biblischer Angaben auf den Tag und sogar bis auf die Stunde angegeben, allerdings gab es unterschiedliche Ergebnisse.[51] Über die Folgen der Reibung mit dem Äther schrieb Euler 1746 „De relaxatione motus planetarum" (Das Nachlassen der Planetenbewegung; E 89, EO II/31). Die Pariser Akademie stellte 1762 eine Preisfrage über die Verringerung der Geschwindigkeit durch den Äther, für die Charles Bossut (1730–1814) den Preis, Johann Albrecht Euler für die Schrift „Recherches sur la résistance du milieu dans lequel les planètes se meuvent" (Forschung zum Widerstand des Mediums, in dem sich die Planeten bewegen; A 3, EO III/10) ein Accessit erhielt. Die unterschiedliche Dichte des Äthers verursache sowohl die Gravitation als auch die Elektrizität. In Briefen an George Louis le Sage (1724–1803) diskutierte Euler eine noch dünnere Materie als den Äther, um damit die Gravitation zu erklären (April 1763 bis September 1765).

Nach der misslungenen Staroperation 1771 bemühte sich Euler um einen festen Gehilfen, und Daniel Bernoulli schickte 1773 seinen Schüler Nikolaus Fuss (1755–1826) (Abb. 8.18) – das war eine außerordentlich gute Wahl, wie wir schon gesehen haben. Fuss, Sohn eines Basler Tischlers, studierte neben seiner Ausbildung als Handwerker 1767–1772 bei Daniel Bernoulli. Er war bis zum Tode Eulers dessen Sekretär und wohnte im Euler'schen Haus auf Wassili Ostrow. Fuss bereitete mehr als 300 Arbeiten Eulers zum Druck vor und stellte diese in den Konferenzen vor. 1784 heiratete Fuss die Tochter Albertine (1766–1822) des Euler'schen Sohnes Johann Albrecht, sodass Fuss ein Enkelkind Eulers wurde. Das Paar hatte zehn Kinder, von denen der Sohn Paul Heinrich dem Vater 1826 im Amt des Konferenzsekretärs nachfolgte. Auch Eulers Schüler Rumowski und Kotelnikow, die eine Zeitlang bei Euler in Berlin gelebt hatten, unterstützten Leonhard Euler.

Die mathematische Arbeit ging bei Euler nach einem Bericht von Paul-Heinrich Fuss (1798–1855), der alles nur vom Hörensagen von seinem Vater N. Fuss kannte, so vor sich (wir zitieren ihn nach Johann III Bernoullis *Reisebericht*):[52]

---

[50] A. Einstein bemerkte einmal sarkastisch über den Äther, dass dieser im Laufe der Zeit immer mehr seine realen physikalischen Eigenschaften verlöre, sodass man auch Feld dazu sagen könne.
[51] Bei Caspar Peucer (1525–1602) fand die Schöpfung 3962 v. Chr., bei Gerhard Mercator (1512–1594) 3956 v. Chr. und bei dem Archebishop James Ussher (1581–1656) am 26. 10. 4 004 v. Chr., übrigens um 9 Uhr morgens, statt.
[52] Bernoulli, *Reisen durch Brandenburg, ..., Russland*. Leipzig 1780, S. 10–15; weitere Akademiemitglieder wurden von Bernoulli bis S. 33 beschrieben.

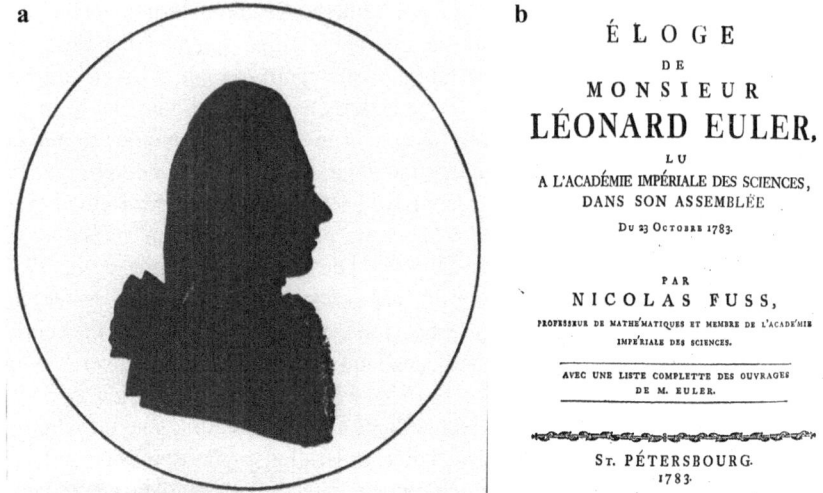

Abb. 8.18 a) Nicolaus Fuss (1755–1826), Schattenriss des Schülers von Daniel Bernoulli (1700–1782) und seit 1773 Assistent von Euler; **b**) Titelseite der berühmten *Éloge de Monsieur Léonard Euler*, die Fuss am 23. Oktober 1783 in Petersburg vorgetragen hat

„Mit seiner Gesundheit steht es noch ganz gut, welches er einer sehr mäßigen und regulären Lebensart zu danken hat; und sein schon lange größtentheils und auf eine Zeit ganz und gar verlorenes Gesicht kann er doch jetzt noch besser gebrauchen, als viele sich einbilden: Personen kann er zwar nicht an ihrer Gesichtsbildung erkennen, auch weder Schwarz auf Weiß lesen, noch mit der Feder auf Papier schreiben; hingegen schreibt er mit Kreide und in gewöhnlicher Größe sehr deutlich seine mathematischen Rechnungen auf eine schwarze Tafel; diese werden sofort von einem seiner Adjuncten, dem Herrn Fuß und Gollowin (am öftersten von dem ersten) in ein großes Buch abgeschrieben, und aus diesen Materialien hernach unter seiner Anleitung Abhandlungen aufgesetzt. Auf diese Weisen waren seit 5 Jahren, die Hr. Fuß bereits in dem eulerischen Hause zugebracht hatte, schon zwey hundert und zwanzig oder dreyßig Abhandlungen zustande gekommen, die zum Druck fertig lagen und wovon die wenigsten der Akademie waren vorgelesen worden.

In der Mitte seines Arbeitszimmers stand ein großer Tisch, der mit einer Schiefertafel bedeckt war. Euler schrieb an die Tafel, Euler diktierte oder schrieb selbst in sehr großen Notizen die erforderlichen Berechnungen auf. Er ging um diesen riesigen Tisch herum, wobei er sich an der Reling orientierte, und ließ die Reling durch das kontinuierliche Gleiten wie ein fein poliertes Furnier glänzen.

Jeden Morgen kam ein Student und las seine Korrespondenz, Zeitungen oder eine neue Arbeit, die seine Aufmerksamkeit erforderte. Es wurden verschiedene und unterschiedliche Themen angesprochen und etwaige Schwierigkeiten, auf die der Student gestoßen war, besprochen. Nachdem die Tafel vollständig mit Zahlen bedeckt war, enthüllte der Meister den Gesamtplan und die Ausrichtung der Arbeit und erlaubte dem Schüler, die Beispiele auszuwählen, die erscheinen würden. Normalerweise bringt der Student eine Skizze des Mémoire-Rohentwurfs auf großen Informationsblättern mit. Sobald der Rohentwurf genehmigt war, wurde das Papier korrekt verfasst und der Akademie vorgelegt."

Johann III Bernoulli, der Euler besuchte, berichtete hier, dass der fast erblindete Mathematiker 1778 noch in normal großen Buchstaben eine Tafel beschrieb. Euler

8.3 Das Alterswerk

hatte mithin noch einen gewissen Rest an Sehvermögen.[53] Michail Jewsejewitsch Golowin (Михаил Евсеевич Головин, 1756–1790), der seit 1776 Adjunkt der Mathematik war, half Euler z. B. bei der „Théorie complette de la construction et de la Manœuvre des Vaissaux" (Umfassende Theorie des Schiffbaus und -manövrierens, E 426, 1773), die er schließlich ins Russische übersetzte. Die Zarin gab Golowin für diese Arbeit ein Geschenk von 100 Dukaten, und Euler erhielt für das Buch von der Zarin 2000 Rubel, das Honorar folgte dem Vorbild des französischen Königs (6000 £) in ähnlichen Fällen. Die Bedeutung dieser praktisch ausgerichteten Schiffstheorie von 184 Seiten lässt sich sofort aus der Zahl der Übersetzungen und der Nachdrucke ablesen:

1773	St. Petersburg (frz.)
1776	London (engl.)
1776	Padua (ital.)
1777	den Haag (frz. Auszug)
1778	St. Petersburg (russ.)
1780	Neapel (ital.)
1786	Paris (frz.)
1790	London (engl.)

Nach Fuss legte Golowin in den Konferenzen die meisten Arbeiten Eulers der Akademie vor (etwa 70). Ein weiterer Helfer Eulers war Peter Borisowitsch Inochodzow (Петр Борисович Иноходцов, 1742–1806), der seit 1768 Adjunkt in der Astronomie war und 1783 Professor wurde. Er hatte in Göttingen studiert und hielt in St. Petersburg zweimal pro Woche Vorlesungen nach Ch. Wolffs *Elementarmathematik,* zu der jedermann ohne Formalitäten Zutritt hatte.

Die Hilfe, die Euler erhielt, war vielfältig. Beispielsweise fertigte der Mechaniker Iwan Kulibin (Иван Кулибин, 1735–1818) für Euler optische Geräte an, ebenso wie weitere angestellte Mechaniker. Auch der spätere Professor am Kadettenkorps (1814) Aleksander Michailowitsch Wildbrecht (Александр Михайлович Вильдбрехт) (?–1820) unterstützte Euler 1781/82. Einen ungewöhnlichen Helfer fand Euler angeblich für die *Vollständige Anleitung zur Algebra* (E 387–388, EO I/1). In dem Vorbericht, den Johann Philipp Grüson (1767–1857) seiner Ausgabe von 1796 voranstellte, wiederholte er eine Geschichte, die bereits in der Ausgabe der *Algebra* von 1770 stand sowie von N. Fuss in seine *Éloge* (1783) aufgenommen wurde. Euler

> „war nemlich gerade zu der Zeit, als er die Algebra ausarbeitete, seines Gesichts völlig beraubt, und daher genöthigt, sie seinem Bedienten in die Feder zu dictiren. Dieser junge Mensch, von Profession ein Schneider, war von sehr mittelmäßigen Talenten, und verstand, als Euler sich seiner zu diesem Zweck bediente, von der Mathematik nichts weiter,

---

[53] Bei Euler lagen offenbar Netzhautblutungen vor. Nach Resorption der Blutungen gab es ein gewisses Sehvermögen, was eine Ablösung der Netzhaut ausschließt.

als er mechanisch fertig rechnen konnte, und doch faßte er nicht nur, ohne weitere Erklärung alles dasjenige, was ihm dictirt wurde, sondern wurde auch gar bald in den Stand gesetzt, die in der Folge vorkommenden schweren Buchstabenrechnungen ganz allein auszuführen, und alle ihm vorgelegten algebraischen Aufgaben mit vieler Fertigkeit aufzulösen."[54]

Euler hatte im Juli 1766 St. Petersburg erreicht, und schon 1769 wurde der erste Teil der russischen Übersetzung der Algebra gedruckt. Wahrscheinlich hatte Euler mit dem Schreiben des Buches bereits in Berlin begonnen, zumindest scheint er dort einen Entwurf für das Buch angefertigt zu haben, der spätestens 1768 fertiggestellt gewesen sein muss. Vier Kleinigkeiten stützen diese Vermutung: In zwei Beispiele bettete Euler die Zahlen 1765 und 1766 ein (§§ 243, 421), auch seine *Briefe* (Teil II, E 344) enthalten solche „Jahreszahlen". Euler spielte gerne mit Daten, etwa indem er bei Polygonen von einem 1761-gon redete (in einem Brief geschrieben am 7. Februar 1761), oder er fragt in seiner *Rechenkunst,* Kap. 3 (E 17, 1738–40) nach dem Jahr der Erfindung des Schießpulvers.

Wir wollen hier noch kurz Eulers Überlegungen zum sogenannten *Fundamentalsatz der Algebra* betrachten. Um 1740 wurden die Fragen nach Lösungen algebraischer Gleichungen wieder intensiv erörtert. Bereits früher hatte man Beziehungen zwischen den Koeffizienten der Gleichung und den Lösungen gefunden (Sätze von Vieta). Die neueren Untersuchungen betrafen diesen Sachverhalt (Fundamentalsatz der Algebra): Ein Polynom n-ten Grades hat genau n komplexe Wurzeln, wobei der Sinn des Wortes komplex damals noch vage war. Modern gesehen geht es um die Frage, ob der Körper der komplexen Zahlen ein Zerfällungskörper ist. Es gibt zwei Beweisarten für den Fundamentalsatz: eine analytisch und eine algebraisch orientierte. Beide Beweisarten setzten zu Eulers Zeit an irgendeiner Stelle unbewiesene „Stetigkeitsargumente" voraus.

In der Astronomie schrieb Euler fast 140 Arbeiten (EO II/23–30), davon sind 17 der Mondtheorie gewidmet, wobei die ersten Arbeiten bis in die Berliner Zeit zurückreichen. Die schwierige Mondtheorie war von beträchtlichem praktischen Interesse, da sie für die Navigation der Schifffahrt benötigt wurde. 1751 hatte Euler seine erste Mondtheorie geschrieben (E 187), für die er gemeinsam mit Johann Tobias Mayer (1723–1762) vom englischen Parlament einen Preis für den Beitrag zum Navigationsproblem erhalten hatte. 1772 folgte die zweite Mondtheorie, die Euler wieder einen Pariser Akademiepreis einbrachte.

In den 1760er-Jahren gab es zwei sog. Venuspassagen, d. h. der Planet Venus zog am 6. Juni 1761 und am 3. Juni 1769[55] über die Sonnenscheibe mit einer Geschwindigkeit von fast 3000 km/min. Obzwar die Venus deutlich größer als der Mond ist, vermag es der Planet nicht, einen Schatten auf die Erde zu werfen (keine

---

[54] *Vollständige Anleitung zur niederen und höheren Algebra,* Bd. 1. Berlin 1796, S. V = Cambridge, Reprint 2009.
[55] Am Tag der Venuspassage 1761 gab es einen Brand in St. Petersburg, und Euler war erleichtert zu hören, dass Goldbachs Haus unversehrt war (Brief an Müller vom 11. August 1761).

8.3 Das Alterswerk

Sonnenfinsternis), da die Venus etwa den einhundertfachen Abstand des Mondes von der Erde besitzt und daher aus unserer Sicht lediglich ca. 0,09 % der Sonnenfläche überdeckt. Die Erforschung dieses wichtigen astronomischen Ereignisses war theoretisch sehr aufschlussreich, da man so die Dimensionen des Planetensystems bestimmen könnte, insonderheit die Entfernung Sonne–Erde.[56] Damit waren Beobachtungen der Passage eine Prestigefrage für europäische Monarchen, insbesondere in dem gewaltigen russischen Reich wurden einige Expeditionen mit unterschiedlichen Beobachtungsorten vorbereitet, um das Risiko einer unmöglichen Beobachtung zu verringern.

Katharina II. hatte die akademische Konferenz ihrer Akademie am 16./27. März 1767 angewiesen, die Expeditionen gründlich vorzubereiten und gegebenenfalls Fachkräfte dafür im Ausland zu suchen. So wurde z. B. der Astronom Christian Mayer, Societas Jesu, (1719–1783) aus Mannheim eingeladen, an den russischen Beobachtungen am 3. Juni 1769 teilzunehmen. Mayer war bei den Beobachtungen der ersten Passage von 1761 aufgefallen. Lexell war wie gesagt aus Schweden angereist, um an einer russischen Expedition teilnehmen zu können, und sogar Eulers Sohn Christoph (1743–1808) engagierte sich. L. Euler hatte wegen Krankheit die Konferenz, in der die Anweisung der Zarin verlesen wurde, nicht besucht, sodass man die Frage der Beobachtungsorte auf die nächste Konferenz verschob, an der er teilnahm. Euler lieferte einen theoretischen Entwurf, um das Ereignis zu beschreiben, und Lexell wandte Eulers Gedanken auf die Beobachtungen an („Methodus ex observato transitu Veneris per Solem inveniendi parallaxin Solis", Methode aus der Beobachtung des Venustransits durch die Sonnenscheibe die Sonnenparallaxe zu finden; Bd. 16 der *Novi Commentarii Academiae Petropolitanae*).

Da wie gesagt das Thema wichtig und die Gelegenheit selten waren, bereitete sich die astronomische Welt sorgfältig vor. Nicht nur Euler hatte sich Gedanken gemacht, wo gute Beobachtungsorte für das Ereignis zu finden seien. Joseph Jérôme Lefrançois de la Lande (1732–1807), Pariser und St. Petersburger Akademiemitglied, publizierte mit Thomas Hornsby (1733–1810), Oxford-Professor, in den *Philosophical Transactions* 55 (1767) einen Artikel dazu, auch der Astronom Alexandre-Guy Pingré (1711–1796), Pariser Akademiemitglied, legte ein „Mémoire sur le choix et l'état des lieux où le passage de Venus du 3 juin 1769" (Erinnerung an die Auswahl und die Zeitpunkte des Durchgangs der Venus vom 3. Juni 1769) vor. Der Nürnberger Astronom Georg Friedrich Kordenbusch von Buschenau und Thumenberg (1731–1802) verfasste schließlich eine sehr verdienstvolle Schrift über die „Bestimmung der denkwürdigen Durchgänge der Venus durch die Sonne in den Jahren 1761 und 1769" (Nürnberg 1769). Die erste Passage (1761) brachte aufgrund schlechter Bedingungen keine optimalen Beobachtungsergebnisse: die errechnete Entfernung zwischen Erde und Sonne lag zwischen 124 und 159 Mio. Kilometern; die Werte der zweiten Passage (1769) waren aussagekräftiger, deren Auswertungen ergab den Wert 150,8 Mio. Kilometer, der in der Nähe des modernen gemessenen Wertes der Entfernung von 149,6 Mio. Kilometer liegt.

---

[56] Der nächsten Transit wird sich erst am 11.6.2247 ereignen.

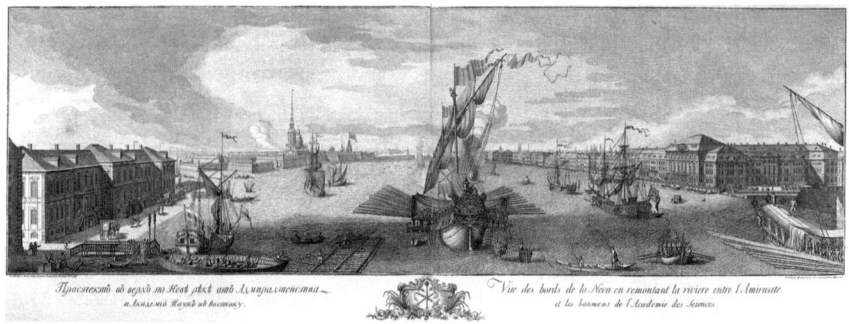

Abb. 8.19 Blick flußaufwärts auf die Newa zwischen den Akademiegebäuden (links) und der Admiralität (rechts). Links im Hintergrund die Peter-und-Pauls-Festung mit dem charakteristischen schlanken Turm

Am Tag nach dem Transit von 1769 wurden die Astronomen noch mit einer Sonnenfinsternis beschenkt. Übrigens zeigten sich während Eulers Leben 25 Kometen, einer von ihnen erschien im Jahre 1769 und war natürlich Gegenstand von Euler'schen Berechnungen, wobei er von einer geringen Zahl von gemessenen astronomischen Positionen ausgehen musste.

Es ist keine Frage, dass für die Stadt St. Petersburg im Newa-Delta Brücken wichtig waren (Abb. 8.19). Im Sommer errichtete man mithilfe von Pontons Schiffsbrücken (etwa 21 Pontons mit zwei eingebauten Zugbrücken); im Winter baute man auf dem Eis Brücken auf, wofür man etwa vier bis sechs Tage brauchte. In den 1780er-Jahren gab es vier solche Brücken, und im Sommer standen zusätzlich noch zwischen zwölf und 20 Boote zur Verfügung.[57] Da die Newa teilweise sehr breit ist, wären durch Steinbrücken Weiten zu überspannen gewesen, die damals noch nicht bewältigt worden waren. Eine Brücke von Wassili Ostrow über die Große Newa müsste eine Spannweite von 130 Faden (etwa 300 m) aufweisen.

Nach einigen Brückenentwürfen, die untauglich waren, baute schließlich der geschickte Mechaniker Iwan Petrowitsch Kulibin ein kompliziertes Holzmodell, das den mathematischen Ansprüchen Eulers genügte. Johann III Bernoulli sah bei seinem Besuch in St. Petersburg im Hof des Wohnhauses von Wolfgang Ludwig Krafft dieses Holzmodell von Kulibin, das 100 Fuss [= 30,5 m] lang war und aus einem einzigen Bogen bestand.[58] Euler kam für Kulibins Modell, dessen Länge gleich einem Zehntel der Flussbreite war, zu dem Ergebnis, dass das Modell das

---

[57] In Köln benutzte man auch etwa ein Jahrhundert lang derartige Bootskonstruktionen; um den viel befahrenen Rhein zu überqueren.

[58] Der ausführliche Titel lautet: „Regula facilis pro dijudicanda firmitate pontis aliusve corporis similis ex cognita firmitate moduli" (Eine einfache Regel zur Bestimmung der Stabilität einer Brücke oder eines ähnlichen Körpers aus einem bekannten Stabilitätsmodell). Die Abhandlung wurde im September 1775 der Petersburger Akademie vorgelegt.

Neunfache seines Gewichts tragen könne, ohne einzustürzen.[59] Er legte am 25. September/6. Oktober 1775 der Konferenz eine lateinisch geschriebene Arbeit „Regula facilis" (Einfache Regel) über den Bau von Brücken vor (E 480, EO III/17), die kurz darauf in den Band 20 der *Novi Commentarii* für das Jahr 1775 (S. 271–285) aufgenommen wurde und im Jahr darauf erschien.

Im Februar 1776 kam die Konferenz auf das Vorhaben zurück, denn die Zarin war darauf aufmerksam geworden. Man ordnete die Bildung einer Kommission an, die Euler leitete. Auch die Idee, die Newa mit einem Bogen zu überspannen, der durch das Aufeinanderlegen von Quadersteinen und ihrem gleichzeitigen allmählichen Vorschieben entsteht,[60] war in der Diskussion. Allerdings wären, um die nötige Spannweite zu erhalten, so viele Quader übereinander zu legen gewesen, dass der Bogen in der Flussmitte die Höhe eines Turmes besessen hätte. Um Steilheit der Brücke bei Kulibins Modell zu vermeiden, wäre eine lange Auffahrt am Kai nötig gewesen, um mit dieser Rampe den Anstieg zu mindern. Die erste dauerhafte Brücke über die Große Newa war die 1843–1850 erbaute Newski-Brücke, heute Blagoweschtschenski-Brücke, mit 331 m Brückenlänge.

In der „Собрание Сочений" (Sammlung von Aufsätzen) (Abb. 8.20) von 1792, erschien posthum eine kurze Arbeit von Euler „Легкое правило" (Lechkoje prawilo, Eine leichte Regel)[61], in der Euler darlegte, wie belastbar eine Brücke ist. Der Untertitel beschreibt das Programm, das Euler ohne jede Formel und Berechnung nur als Regeln angab. „Auf welche Weise aus einem Modell einer hölzernen Brücke oder einer ähnlichen lasttragenden Konstruktionen zu erkennen ist, ob es möglich ist, dasselbe auch in großem Maßstab zu machen." Euler ging von einem Modell im Maßstab 1: 30 aus. Wenn das Modell 30 Pud[62] wiege, so werde das Gewicht der Brücke $30^3 = 27.000$ Pud sein. Das Modell wurde mit Gewichten belastet, bis es fast zerbrach. Wenn diese Gewichte das mit 10 multiplizierte Verhältnis 30 minus $1 = 29$, also $29 \times 10 = 290$ nicht übertrafen, dann würde das Modell wenigstens 290 Pud tragen. Nehmen wir an, dass das Modell jedoch 350 Pud aushielt. Dann wäre der Überschuss 60 Pud, sodass die zu erbauende Brücke außer ihrem eigenen Gewicht $30^2 \times 60 = 54.000$ Pud tragen würde. Euler endete: „Daraus kann man schließlich leicht beurteilen ob dieses Gewicht ausreicht und ob man dazu raten kann, dass gemäß dem vorgeschriebenen Modell tatsächlich eine Brücke erbaut werde." Auch in den von den Petersburger Akademie in russischer Sprache herausgegebenen Академическія извѣстія (Akademischen Nachrichten)

---

[59] *Reisen durch Brandenburg, Pommern, Preußen, Curland, Russland und Pohlen.* 4. Band. Leipzig 1780, S. 136 f.
[60] Diese Konstruktion (d. h. das Vorrücken) benutzt die Divergenz der harmonischen Reihe (d. h. die Möglichkeit eines beliebig großen Vorrückens unter Erhalt der Stabilität des Bauwerks). Dieser Sachverhalt fiel Daniel Bernoulli auf, der die Aussage als Kuriosität betrachtete und an Euler am 22. September 1733 schrieb: „Wenn man die Steine so legen sollte, würde das eine seltsame Architektur machen."
[61] St. Petersburg: Akademiedruckerei 1792, Teil 8, S. 138–140.
[62] 1 Pud etwa 16,4 kg.

Abb. 8.20 a Собраніе сочиненій (Sobranije sotschenij, Gesammelte Aufsätze). Titelseite des Bandes 8 für 1792, **b** Zwei Seiten des Aufsatzes Опредѣленіе тяжестей (Opredelenije tjashestej, Erklärung (=Definition) der Gewichte) von Leonhard Euler in der Sammlung, **c** Titelseite der Академическія извѣстія (Akademitscheskija iswestija, Akademische Nachrichten, Teil VII), herausgegeben von der St. Petersburger Kaiserlichen Akademie der Wissenschaften, 1781

a

СОБРАНІЕ

СОЧИНЕНІЙ,

ВЫБРАННЫХЪ ИЗЪ МѢСЯЦОСЛОВОВЪ
НА РАЗНЫЕ ГОДЫ.

ЧАСТЬ VIII.

ВЪ САНКТПЕТЕРБУРГѢ, 1792 года,
Иждивеніемъ Императорской Академіи Наукъ.

b

240

поверхность никакъ ровными плоскостями точно оклеить не льзя, однакожъ за подлинно извѣстно, что художники, дѣлающіе небесные и земные глобусы поверхность назначенныхъ къ тому шаровъ оклеиваютъ довольно хорошо бумажными полосами, при обоихъ полюсахъ смыкающимися. При всемъ томъ бываетъ при семъ всегда нѣкоторая неисправность, которую за несовершенство таковыхъ глобусовъ почесть должно: по чему сочинитель предлагаетъ гораздо вѣрнѣйшій и преимущественнѣйшій обыкновеннаго способъ, которой искусные художники со удовольствіемъ почерпнуть могутъ изъ сего сочиненія, изъ коего мы здѣсь въ прочемъ ничего больше показать не можемъ, по елику требуются къ тому Математическія изчисленія.

2) *Опредѣленіе тяжестей, какія столбы понесть могутъ. Соч. Г. Леонг. Ейлера.*

Опредѣленіе тяжести, которую столбъ извѣстной толщины и высоты понесть можетъ, заключаетъ въ себѣ для Архитектуры великую важность. Поелику сіе зависитъ отъ вещества, изъ

241

изъ котораго столбъ состоитъ, и отъ крѣпости и связи частей вещества сего; то надлежитъ напередъ сдѣлать изъ онаго маленькой столбикъ и пробовать опытами, сколько можетъ онъ понесть тяжести. Естьли сіе найдено, то надобно еще знать, какимъ образомъ по малому сему опыту вычислишь, сколько тяжести можетъ понесть большой столбъ изъ того же самаго вещества. Сіе важное изслѣдованіе дѣлаетъ сочинитель по первымъ правиламъ Механики и находитъ, что тяжести, которыя несть могутъ два изъ одинакаго вещества состоящіе столба, содержатся между собою такъ какъ квадраты толщины ихъ раздѣленные на квадраты ихъ высоты. Для объясненія правила сего примѣромъ положимъ слѣдующій опытъ: пусть дубовой столбъ, коего толщина въ ¼ квадратнаго дюйма, а высота въ 4 фута, можетъ понесть тяжесть въ 226 фунтовъ; теперь спрашивается, сколько можетъ понесть такой же дубовой столбъ, коего толщина въ 400 квадратныхъ дюймовъ, а высота въ 20 футовъ. Для опредѣленія сей тяжести надобно сдѣлать слѣдующую посылку: Иско-

◀ (Fortsetzung)

sind Arbeiten Eulers aufgenommen, im gezeigten Band VI zwei. Weiter Arbeiten betreffen beispielsweise die Lösungen der Differentialgleichung $dx/\sqrt{x} = dy/\sqrt{y}$ oder Betrachtungen über das mathematische Unendliche.

Eulers anwendungsbezogene Tätigkeit erstreckte sich von den Berechnungen der Schwingungen einer Kinderwiege, den Saugwirkungen von Pumpen und Ofenkonstruktionen bis zu dem Entwurf eines idealen Zahnrades. Er lehnte den Bau eines Perpetuum mobile ab und sorgte dafür, dass man in St. Petersburg solche Entwürfe nicht mehr prüfte. Euler hielt eine Apparatur, die ein gespieltes Klavierstück in Noten umsetzte, für konstruierbar, ebenfalls hielt er eine Sprechmaschine für konstruierbar.

8.4 Schicksalsschläge

> Ich will dem Schicksal in den Rachen greifen, ganz niederbeugen soll es mich gewiß nicht.
>
> LUDWIG VAN BEETHOVEN (1770–1825).

Das Interesse der Zarin, Berühmtheiten vor ihren Triumphwagen zu spannen, brachte Euler und seine Familie in Russland in eine wirtschaftlich komfortable Situation. Ein anderer Zuwanderer war der italienische Komponist Baldassare Galuppi (1706–1785), der die Opera buffa entwickelt hatte und um 1760 eine unumstrittene Position in Venedig innehatte. Er kam ein Jahr vor Euler, um in St.

Petersburg Hofkapellmeister zu werden, ging aber 1768 wieder nach Venedig zurück. Der französische Aufklärer Denis Diderot (1713–1784), den die Zarin finanziell großzügig unterstützte, kam 1773 für ein halbes Jahr, das ausreichte, um ihm die unüberbrückbare Kluft zwischen aufklärerischem Anspruch und absolutistischer Herrschaft in Russland deutlich zu machen.[63] Am Ende ihrer Regentschaft hatte Katharina II. das Ziel des Staatsgründers Peter I. erreicht: Russland war eine europäische Großmacht geworden (und 500.000 km^2 groß); die Einwohnerzahl betrug 1762 etwa 20 Mio., 1800 etwa 34 Mio.

Der 23-jährige Aleksander Sergejewitsch Puschkin (Александр Сергеевич Пушкин, 1799–1837) beschrieb die Regentin wie folgt:

> „Wenn Herrschen bedeutet, menschliche Schwächen zu kennen und sie auszunutzen, dann verdient Katharina [II.] in diesem Fall die Ehrfurcht der Nachwelt. Ihre Brillanz war blendend, ihre Freundlichkeit und ihre Großzügigkeit anziehend. Gerade die Sinnlichkeit dieser klugen Frau bestätigte ihre Majestät."[64]

Die Zuwendungen der Zarin verschönerten Euler zwar einige Seiten des Lebens,[65] andere Lebensverhältnisse waren durch Umstände bedingt, die nicht abwendbar waren, Euler ging schließlich in sein siebentes Lebensjahrzehnt. Jean Henri Samuel Formey (1711–1787), der Sekretär der Berliner Akademie, schrieb schon am 2. Juli 1767 besorgt an Charles Bonnet (1720–1793) nach Genf: „Suivant les lettres que je reçois de Pétersbourg le santé de M. Euler souffre de violentes & fréquentes secousses: je crains qu'il n'y succombe." (Den Briefen zufolge, die ich aus Petersburg erhalte, erleidet Herrn Eulers Gesundheit heftige und häufige Erschütterungen: Ich fürchte, dass er ihnen erliegen wird.).[66] Formey hatte in den Tagen vor Eulers Abreise aus Berlin an Bonnet noch Folgendes geschrieben: „Cependant il persiste, et nous somme dans l'attente de la fin de ce conflit. M. Euler a ruiné se santé pédant ces attractions, et s'en repentira le teste de sa vie tout."[67] Im folgenden Winter 1767 berichtete Johann Albrecht Euler aus St. Petersburg an seinen Onkel Formey in Berlin:

---

[63] Gleich nach ihrer Thronbesteigung machte die Zarin den französischen Enzyklopädisten, die in Frankreich mit der Zensur Probleme hatten, das Angebot, die *Encyclopédie* in Russland zu drucken. Andererseits war das Ehrenmitglied der Petersburger Akademie, der Marquis de Condorcet, der Zarin zu liberal (Zustimmung zur Französischen Revolution), sodass sie ihm die Mitgliedschaft in ihrer Akademie wieder entziehen ließ.

[64] Zitiert nach S. Volkov, *St. Petersburg*. London 1996. Puschkin konnte Katharina nicht gekannt haben; von Zeitgenossen wurde Friedrich II. übrigens ähnlich beurteilt.

[65] Eulers Salair betrug etwa die Hälfte des Akademieetats!

[66] *Lettres de Genève* (1741–1793) à Formey, Ed. A. Bandelier et F. Eigeldinger. Paris 2010, S. 737.

[67] „[Der Konflikt mit dem König] besteht jedoch weiterhin und wir warten auf das Ende dieses Konflikts. Herr Euler hat durch Verlockungen seine Gesundheit ruiniert und wird sie für den Rest seines Lebens bereuen."- 24. 3. 1766. Ebd., S. 688.

8.4 Schicksalsschläge

„Seit einiger Zeit hat sich unser Haus mehr oder weniger in ein Krankenhaus verwandelt, teilweise waren wir das schon. Mein Vater ist Gott sei Dank wiederhergestellt. Er ist heute zum ersten Mal auf den Beinen. Im März hatte ich sehr starkes Fieber ... und ich habe schreckliche Wallungen auf der ganzen rechten Seite."[68]

Von fremder Hand ist an den Briefrand geschrieben: „Johann Albrecht lag mit starkem Fieber daheim, aber der Vater ließ sich nicht abhalten, in die Akademie zu gehen (man kennt ihn ja)."

Die von Peter I. gewählte Lage der Stadt St. Petersburg hat einen erheblichen Nachteil: die Stadt liegt nur wenig über dem Meeresspiegel, sodass bei entsprechenden Windverhältnissen das Wasser in der Newa gestaut wird und deshalb Hochwasser üblich war, in der Regel um die zwei Fuß (Abb. 8.21).[69] Im Venedig des Nordens war mithin „aqua alta" nicht ungewöhnlich. Mit je fünf Fuß waren die Überschwemmungen jedoch bemerkenswert. Ähnliche Überschwemmungen hatte Euler schon in den Jahren 1729 und 1736 erlebt. Aber besonders schlimm war es am 10./21. September 1777, wo das Wasser bis auf zehn Fuß stieg. Eulers Wohnhaus lag direkt am Newa-Kai.

1767	10./21. Juni und 26. September/7. Oktober,
1772	31. Dezember/11. Januar,
1773	14./25. Dezember,
1775	15./26. Juni und 16./27. August, und
1777	21. September/2. Oktober

Aber auch das andere Element, das Feuer, vor dem Eulers Frau sich immer ängstigte, verschonte die Eulers am 22. Mai/2. Juni 1771 nicht. Petersburg bestand 1775 aus 573 Häusern aus Stein sowie aus 3126 Holzhäusern, sodass es in der Stadt immer wieder verheerende Brände gab. Dieser Brand begann gegen Mittag in Ufernähe in einer Nebengasse hinter dem Akademiegebäude und umfasste um 3 Uhr bereits das riesige Gebiet zwischen der 7. und 21. Linie; dieses Flammenmeer verschonte selbst Steinhäuser nicht, und Eulers Haus am Newa-Kai ereilte das gleiche Schicksal wie weitere 550 Gebäude. In der allgemeinen Verwirrung hätte man beinahe den fast erblindeten und hilflosen Leonhard Euler den Flammen überlassen, wäre da nicht ein beherzter Basler mit Namen Peter Grimm gewesen, der den Greis im Feuer fand und herausbrachte, Euler kam nur knapp davon.[70] „Nachdem er den Meisters in Sicherheit gebracht hatte, rettete er noch etliche

---

[68] „Notre maison depuis quelque tems n'a pas mal rassemblée à un hospital puisque en partie nous avons été. Vous malade mon beau est grâce à Dieu rétabli il est fort aujourd'hui pour le première fois mon mars a eu un terrible secousse d'une très mauvaise fièvre ... et pour moi j'ai en une terrible fluction dans tous le côte droit". – Universitätsbibliothek Krakau, Sondersammlungen, Slg. Varnhagen, Brief vom 3. Dezember 1767.
[69] 1 russ. Fuß = 1 engl. Fuß = 12 Zoll = 30,48 cm.
[70] Brief an Jacques André Mallet, zitiert nach du Pasquier, *Euler*, Kap. IV, I. 1927.

Abb. 8.21 Ein Blick flußabwärts auf die Wassili Insel. Im Vordergrund ist die Ostspitze (Стрелка) mit der Börse. Die Insel ist etwas über 7 km lang und bis zu 3 km breit. Am linken Uferkai der Insel liegt die Kunstkammer (Gebäude mit Turm), dahinter das Gebäude der 12 Kollegien (heute Universität); auf der anderen Seite der Großen Newa befindet sich das Winterpalais (nicht im Bild). In der Nähe der zweiten Brücke auf der linken Seite befindet sich auf der Insel das prächtig ausgestattete Menschikow-Palais, das das Kadettenkorps beherbergte und das der erste Steinbau in Petersburg war. Weiter flußabwärts am Universitätskai, der dann Leutnant Schmidt Kai heißt, ist Euler Haus zu finden

Papiere aus der brennenden Bibliothek", schrieb Daniel Bernoulli an Jacques André Mallet (1740–1790),[71] einen Genfer Mathematiker. Wir wissen über diesen wackeren Mann weiter nichts, lediglich dies: Auch er war in Basel geboren.

Der Brand hatte nachhaltige Auswirkungen. Der erblindete Euler musste sich in einer neuen Umgebung zurechtfinden. Neben der Einrichtung gingen auch Manuskripte und Arbeitsmaterial verloren. Beispielsweise musste Johann Albrecht Euler das abgeschlossene, aber verbrannte Manuskript über die Mondtheorie „Perfectionner les méthodes sur lesquelles est fondée la théorie de la lune. Réponse à la question proposée par l'académie royale des sciences de Paris, pour l'année 1770" (Die Methoden zu perfektionieren, auf denen die Theorie des Mondes basiert. Antwort auf die von der Königlichen Akademie der Wissenschaften von Paris für das Jahr 1770 vorgeschlagene Frage; E 485, EO II/24) ein zweites Mal für die Pariser

---

[71] Mallet (1740–1790) war ein Genfer Mathematiker und Astronom, Schüler Daniel Bernoullis, Mitglied der Akademien in Paris, Berlin und Petersburg

8.4 Schicksalsschläge

Preisaufgabe für 1772 herstellen.[72] Auch andere Dinge lassen sich durch die Umstände der Katastrophe erklären: Bei der „Anleitung zur Naturlehre" (E 842, EO III/1) fehlen mitten im Manuskript einige Seiten, die vermutlich bei der hektischen Sicherung der Manuskripte verloren gingen.

Es wird immer wieder behauptet, dass es nur der Umsicht des Direktors (von 1766–1774) Wladimir Grigorewitsch Orlow (Владимир Григорьевич Орлов, 1743–1831) zu verdanken sei, dass die Euler'schen Manuskripte vor größeren Verlusten bewahrt wurden. Diese angebliche „Umsicht" bezieht sich vermutlich auf die bei der St. Petersburger Akademie übliche Praxis, dass verlesene Abhandlungen dem Archiv zu übergeben waren und auf Verlangen den Akademikern nur zeitweilig wieder ausgehändigt wurden (was in den Protokollen festgehalten wurde), sodass ein großer Teil der abgeschlossenen Manuskripte Eulers bereits in der Akademie war. Übrigens brannte es auch im Archiv während Eulers Aufenthalt in St. Petersburg. Die Protokolle vermerkten am 18./29. Mai 1772, dass Euler der Akademie 13 aus dem Brand geretteten Manuskripte übergab, die er wieder in Ordnung gebracht hatte. Den Protokollen kann man auch entnehmen, dass Euler in den Wochen nach dem verheerenden Brand von 1771 regelmäßig in den Konferenzen anwesend war, selbst am Tag nach dem Brand! Lediglich am 27. Mai/7. Juni ließ sich Euler wegen Unpässlichkeit entschuldigen.

Die Monarchin minderte den materiellen Schaden wieder großzügig mit 3000 Rubel (22. Juni/3. Juli 1771). Nicht nur Leonhard Euler, sondern auch sein Sohn Johann Albrecht Euler war vom Brand betroffen, da er mit seiner Familie im Erdgeschoss des väterlichen Hauses wohnte. Johann Albrecht war in Preußen aufgewachsen und daher Ordnung und Pünktlichkeit gewohnt, was er oft in Russland vermisste. Das ist der Hintergrund seiner Klage über die Handwerker und Lieferanten bei der Rekonstruktion des Hauses, zu der er sich noch 1774 veranlasst sah:

> „Es geht hier nicht darum, Recht zu haben oder es beweisen zu können, sondern darum, auf endlose Streitereien zu reagieren und mit Tricks und Gegenschikanen das Gleichgewicht zu korrigieren. Welche Gerechtigkeit."[73]

In ähnlicher Weise dachte Johann Albrecht auch über die akademische Bürokratie (von den beigesteuerten Intrigen der Gelehrten ganz zu schweigen), sodass er wohl viel Kraft brauchte, um seine Aufgabe als Konferenzsekretär gewissenhaft zu erfüllen. Er jedenfalls bedauerte, dass sein Vater nach Russland gegangen war. Ein

---

[72] Euler hatte sich für die Pariser Preisaufgabe für das Jahr 1770 beworben; die Aufgabe für 1772 wiederholte das Thema von 1770. Die von Euler eingereichten Arbeiten E 485 (Réponse à la question, 1770) und E 486 (Réponse à la question, 1772) waren im Druck in der *Recueil des pièces qui ont remporté les prix de l'académie* (Sammlung von Arbeiten, die mit dem Akademiepreis ausgezeichnet wurden) 9 (1777) 94 bzw. 38 Seiten lang. Bei der Arbeit für 1770 wird angegeben, dass sie von L. Euler ist, während der Vorbericht des Bandes auch Johann Albrecht als Mitautor nennt. Das Motto der ersten Arbeit ist von Vergil „Errantem que canit Lunam" (Sie irren, die den Mond besingen.).

[73] „Il ne s'agit pas ici d'avoir raison ni de pouvoir le prouver, mais de r´pondre à des chicanes sans fin et d'employer la ruse et de contre chicanes pour corriger la balance. Quelle justice." – Universitätsbibliothek Krakau, Sondersammlungen, Slg. Varnhagen. Brief an Formey vom 30. Juli/10. August 1774

Abb. 8.22 a Der Augenarzt Michel Jean Baptiste Baron de Wenzel (?–1820) Leibarzt des englischem Königs. Porträt von J. Condé, 1789; **b** Der Augenarzt Wenzel bei einer Operation. Zeichnung von D. Chodowiecki

Motiv für Johann Albrecht Euler, dem Vater zu folgen, lag sicher darin, dass die Sehfähigkeit seines Vaters auf dem „gesunden" linken Auge rapide abnahm und dass der Vater mehr und mehr seine Unterstützung brauchte.

Im Jahr des Brandes hatte der Akademiepräsident Graf Rasumowski den berühmten Augenarzt Jean-Baptiste Baron de Wenzel (1724–1790) (Abb. 8.22) aus London nach St. Petersburg gerufen, dessen Reisekosten beglichen und sich für 5000 Rubel am grauen Star operieren lassen. Auch Leonhard Euler wagte eine Staroperation. René Bernoulli (*1943), ein Schweizer Augenarzt, versuchte, aus Porträts von Euler und einschlägigen Berichten die Euler'sche Augenerkrankung zu rekonstruieren.[74] Er mutmaßte, dass man bei der Diagnose, die ihm zutreffend erscheint, heute vermutlich keine Operation gewagt hätte; aber er bescheinigt Wenzel, dass er sorgfältig operierte, denn beispielsweise floss der Glaskörper des Auges nicht aus (Abb. 8.23).

Eulers Sohn Karl, der Arzt war, leitete alles Notwendige ein. Wenzel sah gute Erfolgsaussichten, „il dit alors que c'étoit une cataracte de la meilleure espèce et qu'il avoit la plus grande espérance de le pouvoir opérer"(Er sagte dann, dass es ein grauer Star der besten Art sei und dass er die größte Hoffnung habe, ihn operieren zu können.) Also wurde Euler mit einer Diät sechs Tage lang auf die Operation vorbereitet. Bei der Operation selbst, die nur wenige Minuten dauerte, waren einige interessierte Ärzte und Familienmitglieder zugegen. Johann Albrecht Euler berichtete über die Operation:

---

[74] „Leonhard Eulers Augenkrankheiten", in: *Euler* 1983, S. 471–487; „Recherchen über Leonhard Eulers Augenkrankheiten," in: „Mitteilungen der Hirschberg-Gesellschaft zur Geschichte der Augenheilkunde" 3 (2001), S. 233–242. Ich folge R. Bernoullis medizinischen Urteilen.

8.4 Schicksalsschläge

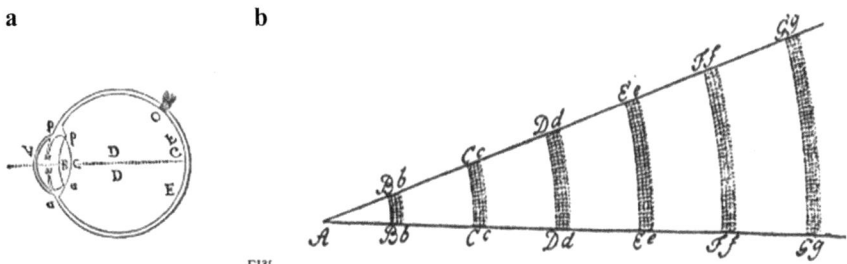

Abb. 8.23 a Eulers Darstellung des Augenquerschnitts aus den *Lettres*, Brief 41. Er erklärt dort: „ … die vorderste Haut aAb ist durchsichtig und heißt Hornhaut; hinter ihr findet man inwendig eine andere Haut am, bm, die kreisförmig und gefärbt ist, diese heißt die Traubenhaut. In ihrer Mitte ist eine runde Oeffnung mm, welche man den Stern nennt, und die schwarz zu seyn scheint. Hinter dieser Oeffnung ist ein Körper bBCa, der die Gestalt eines Brennglases hat, ganz durchsichtig und aus vielen zarten Häuten zusammengesetzt ist, den man die Crystalllinse nennt. Hinter dem Crystall ist die Höhlung des Auges." Vier durchsichtige Materien unterschiedlicher Dichte sind es also, die ein Lichtstrahl zu passieren hat, um auf die Netzhaut EGF zu gelangen. **b** Eulers Vorstellung der Ausbreitung eines Lichtimpulses aus der *Nova Theoria lucis et colorum* (Eine neue Theorie von Licht und Farben, E 88, 1746). ABB , Abb usw. sind Kreissektoren

„Die Operation war für gestern, den 15. September, geplant und im Haus meines Vaters war neben der Familie auch der derzeitige Staatsrat anwesend, Herr de Crouse, erster Arzt des Großherzogs, und acht weitere Ärzte. Als Baron Wenzel die Operation mit erstaunlicher Geschicklichkeit in weniger als vier Minuten durchführte, sagte mein Vater diese Worte, die uns bis ins Mark trafen: „Ich sehe alles."

Mein Bruder war der erste, der auf ihn zukam, und Herr Wenzel fragte ihn, ob er diese Dame kenne: Mein Vater antwortete lachend, dass Damen keine Männerkleidung trügen, aber er erkannte meinen Bruder zunächst nicht und fand ihn sehr verändert, woran die Perücke, die er trug, zweifellos nicht wenig dazu beigetragen hatte. Dann kam auch ich, um ihm die Hand zu küssen, und dann meine Mutter, die er gleich erkannte. Aber als er anfing, sanfter zu werden, verbot uns Herr Wenzel, in seine Nähe zu kommen, und befahl, ihn daran zu hindern, zu viel Aufregung zu empfinden. Sie zeigten ihm den kristallinen Humor, den Herr Wenzel aus seinem Auge zu entfernen gewagt hatte und der seine ganze Transparenz verloren hatte sowie völlig braun geworden war.

Dann verbanden sie meinem Vater die Augen und legten ihn in sein Bett, wo er die ersten zwei Tage ruhig bleiben musste. Es wird darauf geachtet, den Verband jede Stunde mit Brandy, gemischt mit sechs Teilen gewöhnlichem Wasser, zu befeuchten, und Herr Wenzel geht davon aus, dass mein Vater in sechs Tagen sein Auge wie ein völlig gesunder Mann benutzen kann. Heute Morgen habe ich meinen Vater besucht und erfahren, dass er sich sehr gut ausgeruht hat. …

Übermorgen werden wir in unserer Gnadenkirche öffentlich den glücklichen Ausgang der Operation meines Vaters kundtun."[75]

---

[75] „On fixa à hier 15 septembre l'opération et il y eurent présents chez mon père outre la famille, le conseiller d'état actuel. Mr. de Crouse, premier médecin du Grand Duc et huit autres médecins. Le baron Wenzel fit l'opération avec une adresse étonnante en moins de quatre minutes, mon père dit ces mots, qui nous perçevoient jusqu'à l'âme: Je vois tout. Mon frère fût le premier,

In seinem Buch *Traité de la Cataracte* (Abhandlung über den grauen Star)[76] gab der Sohn Jacques Wenzel (1755–1810) des Augenarztes Jean–Baptiste Wenzel auch einen medizinischen Bericht über die bei Euler durchgeführte Operation:

> „Mein Vater, der 1771 nach Petersburg gerufen worden war, wurde von diesem Gelehrten konsultiert. Nachdem er seinen Zustand untersucht hatte, riet er zu einer Operation, die mit großer Begeisterung angenommen wurde. Der Schnitt erfolgte im oberen Teil der Hornhaut. Die Linse, die wie die des anderen Auges weich und hydatidförmig[77] war, kam nur langsam und durch die Hilfe des Operateurs heraus, ohne dass die Kapsel eingeschnitten werden musste. Die Glaskörper hatten keine Möglichkeit zu entkommen, und die Operation war weder von einem Unfall begleitet noch folgte dieser. Die Pupille erlangte etwas mehr Beweglichkeit als zuvor. Der Patient konnte dieses Auge wieder verwenden."[78]

R. Bernoulli diagnostizierte hieraus, dass Euler auch an dem linken Auge Entzündungen an der Iris erlitten hatte. „Das führt zu der Frage, ob die Katarakt ein Altersstar (‚Cataracta senilis') oder nicht vielmehr eine Linsentrübung … war (‚Cataracta complicata' [komplizierter grauer Star)]. Es darf jedenfalls angenommen werden, dass die früheren Entzündungen sich auf die Durchsichtigkeit der Linse nachteilig ausgewirkt haben."[79]

Die Operation hatte zunächst Erfolg, aber vieles weist darauf hin, dass sich schon bald nach der Operation Komplikationen einstellten. Die Briefe des Sohnes Johann Albrecht an Formey, die hierüber möglicherweise Auskunft geben kön-

---

qui s'approcha de lui et Mr. Wenzel lui demanda, s'il connoissoit cette dame: mon père répondit en riant que les dames ne portoient point des habits d'hommes mais il ne reconnut pas d'abord mon frère et le trouva fort changé à quoi la perruque, qu'il a pris, n'avoir pas sans doute peu contribué. Je vins alors aussi lui baiser la main et ensuite ma mère, qu'il reconnut d'abord, mais comme il commença s'attendrir Mr. Wenzel nous défendit de nous approcher de lui et ordonna d'empêcher qu'il n'eut la moindre émotion. On lui fait voir l'humeur cristalline, que Mr. Wenzel avoit osé de son œil et qui avoit perdu tout sa transparence, étant devenue toute brune. Ensuite on banda l'œil de mon père et on le coucha dans son lit où il doit rester tranquille les premiers deux jours. On a soin d'humecter tous les heures la bandage d'eau de vie, mêlée avec six parties d'eau ordinaire et Mr. Wenzel compte que dans six jours suivant mon père pourra se servir de son œil tout comme un homme parfaitement sain. Ce matin j'ai été voir mon père, et j'appris qu'il avoit très bien reposé. … Après demain on rendra publiquement dans notre église de grâces pour l'heureuse issue qu'a eu l'opération faite à mon père." – Universitätsbibliothek Krakau, Sondersammlungen, Slg. Varnhagen, Brief an Formey 16./27. September 1771.

[76] Paris: Duplain 1786; engl. Übers. *A treatise of the cataract.* London 1791.
[77] Hydatid, wässrige Struktur.
[78] „Mon Père, qui avoit été appelé en 1771 à Pétersbourg … fut consulté par ce Savant. Ayant examiné son état, il lui conseilla l'opération qui fut acceptée avec empressement. L'incision fut pratiquée dans la partie supérieure de la cornée. Le crystallin qui était mou & sous forme d'hydatide, comme celui de l'autre œil, ne sortit que lentement & à la volonté de l'Opérateur, sans qu'il fût nécessaire d'inciser la capsule. Les corps vitré n'eut pas la liberté de s'échapper, & l'opération ne fut accompagnée ni suivie d'aucun accident. La pupille acquit un peu plus de mobilité qu'elle n'en avoit auparavant; le malade recouvra l'usage de cet œil." – Zitiert nach R. Bernoulli, „Eulers Augenkrankheit", in: *Euler* 1983, S. 479.
[79] Zitiert nach R. Bernoulli, „Eulers Augenkrankheit", in: *Euler* 1983, S. 480.

8.4 Schicksalsschläge

nen, fehlen in der Sammlung der Berliner Staatsbibliothek. Nikolaus Fuss (1755–1826), der den Eingriff nicht miterlebte, sondern erst aufgrund des Misslingen der Operation aus Basel als Gehilfe zum sehgeschwächten Euler kam, berichtete Folgendes in seiner *Éloge:*

> „Diese Operation gab ihm ... sein Gesicht wieder, aber diese Freude war nur von kurzer Dauer: Es sey, daß er in der Folge der Kur vernachlässigt worden, oder daß er zu begierig, Gebrauch von den wiedererlangten Sinne zu machen, das Auge zu wenig schonte, er verlohr das Gesicht zum zweytenmale unter den entsetzlichsten Schmerzen."[80]

Fuss gibt nicht an, wie lange Eulers wieder gewonnenes Sehvermögen anhielt; das schwer geminderte Sehvermögen erlaubte Euler jedoch, noch Schiefertafeln zu benutzen.

Zwei Jahre später gab es einen weiteren Einschnitt in Eulers Familienleben, denn nach fast 40-jähriger Ehe starb Eulers Frau Katharina am 10./21. November 1773 im Alter von 67 Jahren. Sie hatte Euler alle häuslichen Sorgen und Mühen abgenommen, was Euler sein stetiges Schaffen ermöglichte, und sie hatte ihm 13 Kinder geboren. An der Beisetzung am 13./24. Oktober auf dem Lutheranischen Friedhof auf Wassili Ostrow nahmen gegen 100 Personen teil (Abb. 8.24).

Euler wollte nach dem Tod seiner Frau sein Leben wie bisher weiterführen, also ohne häusliche Belastungen wissenschaftlich arbeiten können und insbesondere unabhängig bleiben.[81] Dazu brauchte er eine Gehilfin, und er, der kaum aus dem Haus ging, wählte daher 1775 aus seinen Besucherinnen eine Frau aus. Aber diese Wahl, eine mehrfache Witwe Metzen, gefiel seinen Kindern ganz und gar nicht. Als Euler am Weihnachtsfeiertag auf dem Rückweg vom Kirchgang die Kinder von seiner Absicht unterrichtete, kam es zu erheblichen familiären Spannungen. Johann Albrecht berichtete, dass die Brüder in Wut geraten und die Töchter in Tränen ausgebrochen seien. Euler wurde in dieser Zeit von einem heftigen Fieber befallen, von dem ihn sein Sohn Karl kurierte. Danach war die Sache anscheinend erledigt, aber der hartnäckige Euler überraschte eines Tage (20./31. Juli 1776) seine Kindern erneut damit, dass er die Stiefschwester seiner Frau, Salome Abigail Gsell (1723–1794) heiraten werde, und jetzt setzte er sich durch. Seine künftige zweite Frau, eine Tochter des Schweizer Malers Georg Gsell (1673–1740), war 53 Jahre alt und in Russland geboren. Sie war russisch erzogen und sprach nur gebrochen Deutsch. Bis zur feierlichen Trauung am 28. Juli/8. August 1776 waren die Spannungen zwar nicht verschwunden, aber die Kinder waren so vernünftig, sie nicht zu zeigen. Die Trauung fand im Euler'schen Hause statt, und Nikolaus Fuss war dabei der Zeremonienmeister. Im Beisein eines Pastor Schmidt und des Trauzeugen Hauptmann Haecks wurden zunächst in Eulers Arbeitszimmer gegen 17 Uhr die letzten Verfügungen Eulers unterzeichnet, die Johann Albrecht zur Aufbewahrung überreicht wurden,

---

[80] „Cette opération lui rendit la vue ... mais cette joye fut peu durable: négligé dans la suit de la cure, & trop pressé, peut-être, à faire usage d'un organe qu'il aurait du avoir appris à ménager, il le perdit pour la seconde fois au milieu des souffrances les plus affreuse." – S. 5; in der erweiterten *Lobrede* auf S. 98 und in EO I/1 auf S. LXXVI.

[81] Die folgenden Angaben gehen auf G. K. Michailow zurück.

Abb. 8.24 Das Eingangstor des Haupteinganges zum Deutschen Lutherischen Friedhof auf der Wassili Insel (historische Aufnahme)

die Braut erhielt davon eine Kopie. Euler hatte alles gründlich vorbereitet, denn er konnte auch die Anordnung der Zarin überreichen, die gewissermaßen die standesamtliche Bestätigung der Zeremonie und des Ehevertrages lieferte. Johann Albrecht berichtete, dass trotz der kaiserlichen Zustimmung diese Trauung viel Aufsehen in St. Petersburger Kreisen erregte, wobei die wohlwollendsten Kommentare Eulers häusliche Umstände berücksichtigten, indem sie dem erblindeten Mann Beistand zubilligten, damit er von seinen Kindern unabhängig sei.

Der Pastor Schmidt leitete die kirchliche Zeremonie, anschließend gratulierten die Kinder, Verwandte und die Gäste. Ein festliches Souper beendete den denkwürdigen Tag. Euler verbrachte mit seiner Frau, die ihn um elf Jahre überlebte, noch sieben gemeinsam Jahre (Abb. 8.25).

Eulers erste Frau war nach sehr kurzer Krankheit gestorben, sodass sich die Euler'sche Großfamilie unerwartet in einer neuen Situation befand, in der die gegenseitigen Beziehungen neu zu gestalten waren. Das Verhältnis der Kinder berühmter Väter zu diesen ist häufig problematisch und vielschichtig; wenig Konflikte scheint es in der Familie Johann Sebastian Bachs gegeben zu haben, während es bei allen Bernoulli tiefgehende Konflikte gab. Euler selbst verstand nicht völlig, dass seine Kinder inzwischen erwachsen und damit selbständig geworden waren, sodass er seine Rolle als Familienvater hätte ändern müssen. Er war es gewöhnt, dass man ihm als Patriarchen folgte, und er erwartete dies weiterhin, trotz seiner nachlassenden Kräfte. Aber die Kinder waren sich inzwischen ihrer Eigenständigkeit bewusst geworden, und ihr Widerstand begann sich zu regen. Nicht alle waren beispielsweise dem Vater frohen Herzens nach Russland gefolgt; die Familie van Delen kehrte nach ihrer Heirat in Petersburg mit beiden Kindern bald nach Deutschland zurück; der Sohn Johann Albrecht sehnte sich zeitlebens nach

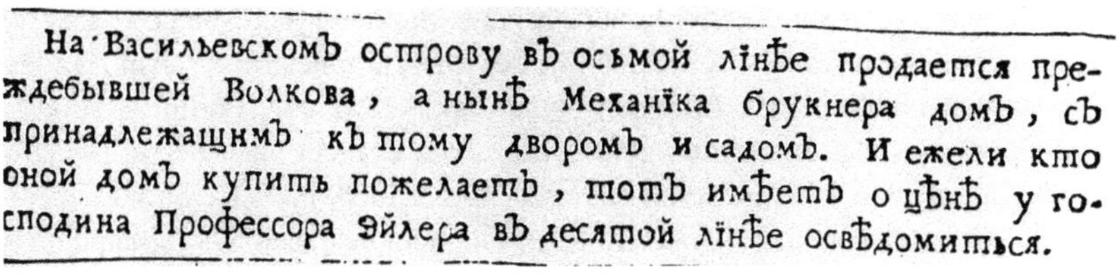

8.4 Schicksalsschläge

> На Васильевскомъ островy въ осьмой лінѣе продается прежде бывшей Волкова, а нынѣ Механіка брукнера домъ, съ принадлежащимъ къ тому дворомъ и садомъ. И ежели кто оной домъ купить пожелаетъ, тотъ имѣетъ о цѣнѣ у господина Профессора Эйлера въ десятой лінѣе освѣдомиться.

Abb. 8.25 Eine Anzeige aus den Petersburger Wedomosti, in der sich Euler beim Verkauf des Hauses auf der Wassili Insel, 8. Linie, von Isaak Bruckner (1686–1762), einem Mechaniker und Geographen aus Basel, behilflich zeigt. Bruckner war 1733 an die Akademie gekommen. „Interessierte Käufer mögen sich bei Prof. Euler, Wassili Insel, 10. Linie melden."[82]

Berlin zurück. Es war nicht nur die Heiratsabsicht des Vaters, die diese Konfrontation hervorrief, auch die Sorge, künftig bei den Erbschaftsfragen schlechter gestellt zu werden, zeigte sich. Johann Albrecht bestand sogar darauf, dass ihm als Gehilfen des Vaters ein größerer Erbteil zustehe. In diesem Sinne bedachte ihn übrigens der Vater, was wiederum den Unwillen der anderen erregte. Wir werden sehen, dass Johann Albrechts finanzielle Sorgen nicht grundlos waren, er hatte zehn Kinder zu versorgen. Es dauerte einige Zeit, bis sich die Spannungen legten. Der Vater hatte allen Wohnrecht zugesichert und 200 Rubel jährlich, was ungefähr dem Wohngeld der Akademie entsprach. Der zweiten Frau Eulers, der das Mobiliar zugesprochen wurde, sollten im Todesfall ihres Mannes gleichfalls 200 Rubel jährlich bezahlt werden. Vor diesem Hintergrund widerstreitender Erbschaftserwartungen wird Eulers Aussage am vorletzten Tag seines Lebens gegenüber Abel Burja (auch Bürja, 1752–1816)[83] verständlich, dass er sich in seiner eigenen Familie fremd fühle.

Einige Jahre später starben kurz nacheinander zwei Töchter Eulers: 1780 in Hückelhofen Charlotte verheiratete van Delen (sieben Kinder) und 1781 Katharina Helene verheiratete von Bell in Wiborg (Karelien) an der Grenze zu Finnland (fünf Kinder). Die Heirat seiner Enkelin Albertine Benediktine, der ältesten Tochter von Johann Albrecht, am 25. April/6. Mai 1784 mit seinem Gehilfen Nikolaus Fuss erlebte Euler nicht mehr (14 Kinder).

Lassen wir Leonhard Euler auf seine zweite St. Petersburger Periode zurückblicken und ihn fragen, ob eine Entscheidung, in Berlin zu bleiben, nicht besser gewesen wäre?

Die Lebensumstände glichen sich in beiden Städten: während in Berlin die Gehälter geringer waren, benötigte man in St. Petersburg mehr für die Lebenshaltung, und ähnlich war es in anderen Bereichen. Bei seinem Weggang 1741 und dem folgenden schwierigen Aufbau der Berliner Akademie hatte sich Euler seinerzeit gefragt,

---

[82] Wedomosti, 1736, 2. Dezember, S. 771,
[83] Ursprünglich Lehrer für Mathematik und Französisch in Berlin, danach französisch-reformierter Prediger in St. Petersburg, schließlich wieder in Berlin.

ob er St. Petersburg nicht voreilig verlassen habe. Stellte er sich solche Fragen jetzt auch? In Hinblick auf Eulers Verhältnis mit der Direktion der Russischen Akademie ist die Antwort nicht einfach. Er zögerte lange und schwankte, Berlin zu verlassen, aber nachdem er seinen Entschluss gefasst hatte, war er nicht mehr bereit, ihn zu ändern. So war es auch 1741 gewesen, als er sich entschied, nach Berlin zu gehen. In materieller Hinsicht konnte Euler sich in Russland nicht beklagen. Die Monarchin war ihm wohlgesonnen, aber zum Zarenhof war er nicht zugelassen. Die mittleren Schichten der Verwaltung behinderten den Gelehrten hier ähnlich wie in Berlin. Auch in St. Petersburg hatte Euler nur einen eingeschränkten Einfluss auf die Gestaltung der Akademie. Die Bürokratie entfaltete sich letztlich überall auf dem Boden von Intrigen und „rancune", Missgunst und Neid. Schrecklich sind bekanntlich diese Nachstellungen der Mittleren. Charles Bonnet (1720–1793), der Genfer Naturwissenschaftler und Philosoph, fragte ein Jahr nach Eulers Abreise in einem Brief Formey in Berlin:

> „Warum konnte der berühmte Euler dem Elend nicht widerstehen? Berlin und seine Freunde würden ihn immer noch besitzen. Ein Körnchen praktischer Philosophie ist mehr wert als hundert Wissensbücher." – 21. April 1767[84]

Dem Genie kann keine Verwaltung gerecht werden, sei es die effiziente aber rücksichtslose preußische oder die gemächliche aber desinteressierte russische. Eine Korrektur der getroffenen Entscheidung war aufgrund von Eulers Alter schwierig und nicht ratsam. Sein Glaube gab ihm jedoch Gelassenheit und Zuversicht, und das sieht man auch in dem bekannten Altersbild von Joseph Friedrich Darbes (1747–1810) aus dem Jahre 1778 (bzw. dem daraus 1780 hervorgegangenen bekannten Stich von Samuel Gottlob Küttner (1747–1828) (Abb. 8.26).

Anders sah es, wie wir wissen, bei Eulers Sohn Johann Albrecht aus, der nach einem Vierteljahrhundert im besten Mannesalter in die Stadt seiner Geburt zurückgekehrt war. Wirtschaftliche Gründe und die Pflicht, dem alternden und sehgeschwächten Vater zu helfen, waren seine moralischen Motive. Er war Schweizer Herkunft, von russischer Geburt und in Berlin preußisch geprägt – eine schwierige Mischung. Die schleppende russische Verwaltung, deren Teil er jetzt selbst geworden war, beurteilte er schlecht. Seine ausgedehnte Korrespondenz mit Jean Henri Samuel Formey in Berlin, der wie er Sekretär einer Akademie war und mit dem er durch Heirat weitläufig verwandt war, weist auf seine Sehnsucht nach dem Ort seiner Jugend hin. In einer sentimentalen Stunde sagte er: „Ich wünschte eines Tages nach Charlottenburg [wo Euler sein Landgut hatte] zurückkehren zu können, das ich von der gesamten Umgebung Berlins stets am meisten geschätzt habe" (Brief an Formey 16./27. März 1774). Dem sehr weitläufigen und immer geschäftigen St. Petersburg hätte Johann Albrecht Euler wohl die ländliche Idylle von Charlottenburg vorgezogen. Schloss Charlottenburg war übrigens bis zur Fertigstellung von Sanssouci der Lieblingsort des Königs Friedrich II. Schon am

---

[84] „Pourquoi le célèbre Euler n'a-t-il pû résister à des misères! Berlin & ses amis le possèderoient encore. Un grain de philosophie pratique vaut mieux que cent livres de scavoir." – 21. April 1767. *Lettres de Genève (1741–1793) à Formey*. Ed. A. Bandelier et F. Eigeldinger. Paris 2010, S. 727.

8.5 Eulers letzte Jahre

Abb. 8.26 Altersbild von Euler. Der Kupferstecher S. G. Küttner (1747–1828) ließ 1778 von dem Maler Darbes ein Porträt Eulers anfertigen, nach dem der obige Stich angefertigt wurde. Nach Nikolaus Fuss ist dieses Bild Euler am ähnlichsten; allerdings kannte Fuss Euler erst seit 1873. Euler war auf seiner Rückreise nach Petersburg vier Tage in Mitau, der Hauptstadt von Kurland, gewesen, wo er übrigens den dort ansässigen jungen Küttner getroffen haben könnte. – Eulers Unterschrift, lateinisch und kyrillisch. Die kyrillische Unterschrift ist einem Brief an Teplow (Теплов, 1725–1779) aus dem Jahr 1748 entnommen ({Ihr} ergebener Diener)

12./23. März 1770 hatte Johann Albrecht Euler resignierend seinen Onkel Formey in Berlin wissen lassen:

> „Leider hätte mein Vater die gleichen Vorteile haben können, wenn er in Berlin hätte bleiben wollen, er wollte nicht die kleinen Launen eines großen, schlecht ausgebildeten Königs ertragen, und jetzt ... aber es ist besser zu schweigen."[85]

Beim Tod des Berliner Akademiemitglieds Johann Georg Sulzer (1720–1779), Philosoph und Theologe, erwog Johann Albrecht Euler ernsthaft, dessen Nachfolge in Berlin anzustreben, aber er verzagte aufgrund der hohen Reisekosten.

8.5 Eulers letzte Jahre

> Wenn der Tod eine Vollendung des eigenen Seins ist, ist er auch eine Verbesserung und der Eintritt in ein langes und ruhiges Leben. Wir finden nichts so süß im Leben wie eine friedliche Ruhe und einen sanften Schlaf ohne Träume.
> MICHEL DE MONTAIGNE (1533–1592)

---

[85] „Hélas, mon père auroit pû avoir les mêmes avantages, s'il avoit bien voulu rester à Berlin, il n'a pas voulu souffrir les petites caprices d'un grand roi mal instruit et à présent ... mais il vaut mieux se taire." – Brief an Formey 12./23.3.1770. Staatsbibliothek Berlin.

Johann III Bernoulli, ein Enkel von Eulers Lehrer Johann Bernoulli und seit 1764 Astronom in Berlin, traf im Sommer 1778 auf seiner Reise durch Polen, Kurland und Russland auch in St. Petersburg ein, fast genau auf den Tag zwölf Jahre nach Euler. Seiner ausführlichen Reisebeschreibung *Reisen durch Brandenburg, Pommern, Preußen, Curland, Russland und Pohlen in den Jahren 1777 und 1778*"[86] verdanken wir einige Beschreibungen der damaligen St. Petersburger Verhältnisse, von denen wir bereits Gebrauch machten.

Bernoulli hielt fest, dass der fast erblindete Euler nicht mehr ausgehe. Aber Euler war eine europäische Berühmtheit, eine Zierde der St. Petersburger Akademie, und viele wissenschaftlich gebildete Besucher von St. Petersburg versäumten es daher nicht, Euler aufzusuchen. Das war in Russland unkomplizierter als in Preußen, denn Freunde, aber auch Fremde kamen nach russischem Brauch uneingeladen zum Mittag- oder Abendessen, und so gab es täglich Besucher. Das Euler'sche Haus bildete einen Mittelpunkt sowohl für in St. Petersburg wohnende als auch für zugereiste Deutsche. Einer von diesen, Anton Friedrich Büsching (1724–1793), der von 1760 bis 1765 Pastor in St. Petersburg war, schrieb hierüber an Johann David Michaelis (1717–1791) nach Göttingen:

> „Man muß hier den ganzen Tag über zu Besuchen bereit sein, denn jedermann kommt unangemeldet, und die Besucher sind häufig. Man muß immer so eingerichtet sein, daß man Gäste zum Essen haben kann, denn man ist hier sehr gastfrei."

Ein 1909 erschienener Reiseführer *Land und Leute in Rußland* von Martin Ludwig Schlesinger (1877–?) vermerkte:

> „In gewinnendster Weise übt er [der Russe] demnach auch die Pflichten der Gastlichkeit. … Der Russe sucht stets der Gastgeber zu sein. Die Gastfreiheit Rußlands offenbart sich in allen Schichten der Bevölkerung mit dem gleichen Entgegenkommen."[87]

Auf die erwähnte Weise waren z. B. bei dem Sohn Johann Albrecht in der Regel 15–20 und auch mehr Personen versammelt, sodass der Akademiesekretär mit einer großen Familie (zehn Kinder, zwei davon früh verstorben) haushalten musste. Er teilte daher auch solche Überlegungen seinem Onkel Formey in Berlin mit:

> „Ich trinke meinen Wein zum halben Preis. Dieses Jahr habe ich für 400 Rubel gekauft. Ich verkaufe [davon] für 300 und habe für die restlichen 100 Rubel noch 800 Flaschen gewöhnlichen Wein übrig, ohne den Lunel-Wein, von dem ich 40 Flaschen mitgebracht habe, das Öl aus der Provence und die Marmeladen, Kapern, Sardellen usw. Für den Normalfall trinken wir zu Hause täglich 2 bis 3 Flaschen Wein."[88]

Es überrascht daher nicht, wenn er den folgenden Rat gab:

---

[86] Leipzig 1780, 5 Bände.
[87] Berlin, 2. Aufl. 1909, S. 154.
[88] „Je bois mon vin pour la moité du prix. Cette année-ci j'ai fait venir pour 400 roubles; j'en vendrai pour 300 et il me restera encore pour les 100 roubles qui restent 800 bouteilles de vin ordinaire, sans le vin de Lunel, dont j'ai fait venir 40 bouteilles, l'huile de Provence et les confitures, câpres, anchovis etc. Pour l'ordinaire, on boit chez moi par jour 2 à 3 bouteilles de vin." – Brief vom 18./29. Oktober 1771

8.5 Eulers letzte Jahre

> „Ich würde einem Familienvater niemals raten, hierher zu kommen, um eine Stelle als Akademiker anzunehmen, denn man ruiniert sich selbst und muss tausend Unannehmlichkeiten ertragen."[89] – Brief an Formey vom 4./15. Mai 1781

Ob ein solches Leben in Petersburg für Gelehrte das geeignete war, ist eine andere Frage (siehe Ausklang, Abschn. 9.1). Dem wohlhabenden Leonhard Euler machte der finanzielle Aufwand wohl wenig aus, den Sohn Johann Albrecht ruinierten seine Gastlichkeit und Großzügigkeit jedoch schließlich.

Eine Besucherin der Euler'schen Familie war Frl. de Beausobre, die aus einer alten Berliner Hugenottenfamilie stammte und von Formey als Erzieherin nach St. Petersburg vermittelt worden war. Sie berichtete im September 1771 an Formey:

> „Ich habe beschlossen, mich darauf zu beschränken, nur die Familie Euler zu sehen, die mich freundlich aufgenommen hat. ... Ich fand Herrn Euler, den Vater, sehr alt, seine Frau, Ihre Nichte,[90] sehr gut, sie hat zugenommen; ihrem Mann geht es besser als in Berlin, und seine kleine Familie ist sehr nett."[91]

Ein weiterer prominenter Besuch aus Berlin war der preußische Prinz Heinrich (1726–1802), der viele Ansichten seines Bruders, des Königs Friedrich II. (1712–1786), nicht teilte.[92] Heinrich war 1770 in geheimer Mission nach St. Petersburg gereist, vermutlich besprach er mit der Zarin Katharina II. die geplante Teilung Polens, die 1772 erstmals erfolgte. In einer außerordentlichen Sitzung am Vormittag des 16. Oktober/6. November 1770 empfing auch die Akademie den Prinzen Heinrich. Jean Antoine Nicolas de Caritat de Condorcet (1743–1794), seit 1776 ständiger Sekretär der Pariser Akademie (und seit dem gleichen Jahr Ehrenmitglied der Petersburger Akademie) berichtete 1783 in seiner Lobrede auf Euler:

> „Während der Reise, die der königliche Prinz von Preußen nach St. Petersburg unternahm, wartete er nicht auf den Besuch von Herrn Euler sondern ging zuerst in dessen Haus und verbrachte dort einige Stunden neben dem Bett dieses berühmten alten Mannes, dessen Hände in den seinen lagen, und auf seinen Knien saß einen kleiner Sohn von [vermutlich

---

[89] „Je ne conseillerai jamais à un père de famille de venir ici accepter une place d'académicien, on se ruine et on a mille désagréments à essuyer." – Zitiert nach Domenique Taurisson, „Les Nourritures terrestres en Russie", in: *Eighteen Century Life*. (Ed. Béatrice Fink), 29 (1999), S. 143–163. Der Artikel gibt einen sehr guten Überblick, wie man in der Familie J. A. Euler lebte.

[90] Über diese „nièce" war Frl. de Beausobre mit Formey verwandt und damit sehr weitläufig auch mit Johann Albrecht Euler.

[91] „J'ai résolu de me borner à ne voir que le famille Euler, dont j'ai reçu avec amitié. ... J'ai trouvé monsieur Euler le père bien vielle, madame votre nièce très bien, elle a pris de l'embonpoint, monsieur son époux bien mieux qu'à Berlin et sa petite famille très aimable." – W. Stieda, „Die Übersiedlung Eulers von Berlin nach St. Petersburg", in: Berichte über die Verhandlungen der Sächsischen Akademie der Wissenschaften, 83,3 (1931), 62 Seiten.

[92] Friedrich Wilhelm von Steuben (1730–1794), der in der preußischen Armee gedient hatte und 1777 in Amerika die Armee der Nordstaaten im Unabhängigkeitskrieg reorganisierte, kannte die scharfe Zwietracht Heinrichs mit dem König und versuchte deshalb 1786 Prinz Heinrich (Henry) in eine führende Position als König oder Gouverneur in die USA zu bringen – bekanntlich vergeblich.

Johann Albrecht] Euler, dessen frühreife Begabung für Geometrie ihn zum besonderen Gegenstand seiner großväterlichen Zärtlichkeit gemacht hatte."[93]

Die Innenräume der Kunstkammer, die neben dem Akademiegebäude an der Spitze von Wassili Ostrow liegt, wurden mit Bildnissen der Akademiemitglieder geschmückt, darunter gibt es auch ein Basrelief (Flachrelief) von Michail Iwanowitsch Pawlow (Михаил Иванович Павлов, 1733–?), das Euler zeigt – übrigens die erste Skulptur von Euler. Diese Ausstattung der Kunstkammer erfolgte 1777, mithin zufällig zu Eulers 70. Geburtstag!

Über die Tage, mit denen Euler sein Leben beschloss, lesen wir in der *Lobrede auf Herrn Leonhard Euler* (1786) von Nikolaus Fuss: „Seine letzten Tage waren ruhig und heiter. Einige von dem Alter unzertrennliche Schwachheiten abgerechnet, genoß er eine Gesundheit, die ihn in den Stand setzte, seine Zeit, die das Alter gewöhnlich zum Ausruhen anwenden muß, dem Studium zu widmen. Indem er also fortfuhr, den Rest eines ganz den Wissenschaften aufgeopferten Lebens thätig anzuwenden, verband er mit dem Genusse seines Ruhmes und der öffentlichen Achtung, den Früchten seines Geistes und seiner Tugend – den viel reineren Genuß des inneren Bewustseyns, seinen Pflichten bis auf die letzte Stunde getreu gewesen zu seyn. Seine Erholung fand er immer im Schoße seiner Familie und in den Süßigkeiten, welche die häusliche Glückseligkeit über das Leben eines Hausvaters verbreiten kann." (*Lobrede,* S. 111 = EO I/1, S. XC).

Im September 1783 stellten sich bei Euler kleine Schwindelanfälle ein, ohne dass sie weiter beachtet wurden; Euler selbst sprach stets wenig über seine Beschwerden. Am 5. Juni 1783 war in Paris die erste Montgolfière aufgestiegen (Abb. 8.27), und die Nachricht war bis zu Euler gedrungen. Die Neuen Zeitungen von gelehrten Sachen in Leipzig schrieben über das Ereignis: „Die Erfindung der aerostatischen Maschine gehört unter die glänzendste dieses Jahrhunderts und zieht mit Recht allgemeine Aufmerksamkeit auf sich." Euler interessierte sich für die Aufstiegszeit und -geschwindigkeit, ein Problem, das bis heute in der Meteorologie von Bedeutung ist. Ihm gelang dabei eine schwierige Integration, und er entwickelte in seiner letzten Arbeit „Calculs sur les ballons aérostatiques faits par feu, tels qu'on les a trouvés sur son ardoise" (Berechnungen an aerostatischen Ballons, die durch Feuer betrieben werden; E 579, EO II/17)[94], die man auf seiner Schiefertafel nach seinem Tod fand, ein Näherungsverfahren für die gesuchten Größen, das allerdings in großen Höhen versagt.

---

[93] „Dans le voyage que le prince royale de Prusse fit à Pétersbourg, il prévint la visite de M. Euler, et passa quelques heures à côté du lit de cette illustre vieillard, ayant ses mains dans les siennes, et tenant sur ces genoux un petit-fils d'Euler, que ses dispositions précoces pour la géométrie avaient rendu l'objet particulier de sa tendresse paternelle." – „Éloge" von Condorcet, gelesen am 6. Februar 1785 in Paris; diese „Éloge" ist auch der französischen Auflage der *Introductio* (E 101) von 1786 beigegeben (E 101 A). In: *Œuvres de Condorcet.* Éloges des Académiciens, mort depuis l'an 1783, S. 39 f.

[94] Der Artikel erschien in den Pariser Mémoires für 1781, die 1784 gedruckt wurden, auf lateinisch, wobei ihm eine französische Zusammenfassung von einer Seite vorangestellt wurde. Johann Albrecht Euler, der seinem Vater als Mitglied in die Pariser Akademie folgte, hatte die Berechnung an die Pariser Akademie geschickt, die sie mir einem Vorwort publizierten.

8.5 Eulers letzte Jahre

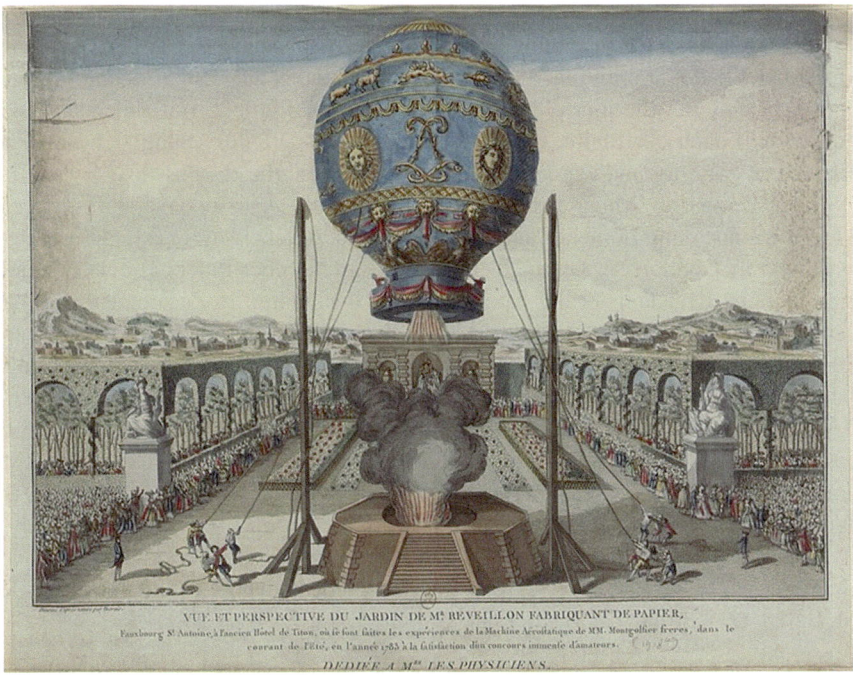

Abb. 8.27 Aufstieg einer Montgolfière am 19. Oktober 1783. Der erste Aufstieg eines Heißluftballons der Brüder Montgolfier fand am 4. Juni 1783 statt, womit sie dem Physiker Alexandre César Charles (1746–1823) nur um Tage zuvorkamen. Vier Jahre später fand in Berlin ein erster Ballonaufstieg statt

Am 6. /17. September erhielt Euler Besuch von dem Mathematiklehrer Abel Burja (1752–1816), der als Pfarrer der deutschen Kolonie in St. Petersburg angehört hatte und 1784 Akademiemitglied in Berlin wurde. Burja fand Euler wie stets freundlich und fröhlich. Allerdings klagte dieser über einige Dinge, was nicht seine Art war.

> „Ich hatte ihn am vorletzten Tag seines Lebens gesehen, fröhlich, umgänglich wie immer; nur klagte er über Schwindel. Er sagte auch, dass er einige Tage lang nicht wusste, was er von seiner Situation halten sollte. Dass es ihm so vorkam, als wäre er ein Fremder in seinem Haus und als würde er sich dort überhaupt nicht mehr wiedererkennen."[95]

---

[95] „Je l'avois vu l'avant-dernier jour de sa vie, gai, affable comme à l'ordinaire: seulement il se plaignoit de vertiges. Il disoit encore que depuis peu de jours, il ne sa voit que penser de sa situation. Qu'il lui sembloit, qu'il étoit étranger dans sa maison, & qu'il ne s'y reconnoissoit plus du tout." – Burja, A., *Observation d'une voyage sur la Russie*. Berlin 1785. Das Buch enthält einen kurzen Abschnitt Mort de Léonard Euler (S. 237–240), in dem die genannten Sachverhalte bis auf obiges Zitat aus der Lobrede von Fuss zu finden sind und von uns genannt werden, ausgenommen ist ein längliches Poem des Verfassers über Euler.

Am folgenden Tag, dem 7./18. September, verbrachte Euler den Vormittag wie gewöhnlich. Gegen 5 Uhr nachmittags ging er zu seinem Enkel, den er am Vormittag unterrichtet hatte, um mit ihm zu scherzen. Er saß dabei auf dem Sofa und rauchte eine Tabakspfeife, die ihm plötzlich entfiel. „Meine Pfeife!", rief Euler laut und bückte sich nach der Pfeife, erhob sich jedoch ohne Pfeife, schlug sich mit den Händen an die Stirn und wurde mit den Worten „Ich sterbe" bewusstlos.[96]

Euler war vom Schlag gerührt worden, und die Agonie dauerte bis gegen 11 Uhr nachts; dann hörte „er auf zu rechnen und zu leben" („il cessa de calculer et de vivre", Condorcet). Die medizinischen Berichte über Eulers Tod weisen auf eine tödliche Kreislaufstörung (apoplektischer Insult) hin; in Zusammenhang mit den Sehstörungen waren bereits mehrfach derartige Symptome aufgetreten; medizinisch ist es nicht ungewöhnlich, dass die ersten Anzeichen eines Schlaganfalls Jahre zurück liegen. „Euler endigte seine Laufbahn in einem Alter von 76 Jahren, 5 Monaten und 3 Tagen", sagte N. Fuss in seiner ergreifenden *Éloge* auf den Tod des Meisters. Staehlin hatte in seiner kurzen Lobrede in der Akademiekonferenz am 11./22. September 1783 hervorgehoben, dass Euler 56 Jahre im Dienst der Wissenschaften gestanden hatte.

Zusammenfassend berichtete aus Paris 1785 Jean Marie Nicolas de Caritat de Condorcet (1743–1794), der Sekretär der dortigen Akademie, in seiner „Éloge de M. Euler" (2. Februar 1785) wie folgt:

> „Am 7. September 1783, nachdem er sich damit beschäftigt hatte, auf einer Schiefertafel die Gesetze der Aufwärtsbewegung aerostatischer Maschinen [Ballon] zu berechnen, deren jüngste Nachricht damals ganz Europa beschäftigte, speiste er mit Herrn Lexell und seiner Familie und sprach über den Planeten von Herschell [sic] und Berechnungen zur Bestimmung seiner Umlaufbahn.[97] Kurz darauf rief er seinen Enkel zu sich, mit dem er bei ein paar Tassen Tee plauderte, als ihm plötzlich die Pfeife, die er in der Hand hielt, entfiel und er aufhörte zu rechnen und zu leben.
>
> Das war das Ende eines der größten und außergewöhnlichsten Menschen, die die Natur je hervorgebracht hat; dessen Genie gleichermaßen zu den größten Anstrengungen der kontinuierlichsten Arbeit fähig war.[98]

---

[96] Es ist ein erwähnenswerter Zufall, dass Johann Wolfgang von Goethe am 7. September 1783 (neuer Stil!) ein Gedicht über den Tod geschrieben hat („Über allen Gipfeln ist Ruh' ... "), das zu den berühmtesten der deutschen Lyrik zählt.

[97] Zwei Jahren zuvor hatte Herschel den in Rede stehenden Planeten Uranus entdeckt.

[98] „Le 7 septembre 1783, après s'être amusé à calculer sur une adoise les lois du mouvement ascensionnel des machines aérostatiques, dont la découverte récente occupait alors toute l'Europe il dina avec M. Lexell et sa famille, parla de la planète d'Herschell [sic], et des calculs qui en déterminent l'orbit; peu de temps après, il fit venir son petit-fils, avec lequel badinait en prenant quelques tasses de thé, lorsque tout à coup la pipe qu'il tenait la main lui échappa, et il cessa de calculer et de vivre. Tel fut la fin d'un des hommes les plus grandes, les plus extraordinaires que la nature ait jamais produit; dont le génie fut également capable des plus efforts du travail le plus continu." – Condorcet, „Éloge". Histoire de l'Académie Paris (1786) = *Œuvres de Condorcet*, Vol. Paris 1847, S. 1–42, Zitat S. 41. Condorcet fußt natürlich auf N. Fuss, der nicht nur vor Ort war, sondern zudem auch im Euler'schen Haus wohnte.

8.5 Eulers letzte Jahre

> Die Petersburger Akademie hat ihre Trauer feierlich beendet und ihm [Euler] auf ihre Kosten eine Marmorbüste gestiftet, die in ihren Sitzungssälen aufgestellt werden soll."[99]

In der öffentlichen Sitzung der Berliner Akademie am 29. Januar 1784 teilte ihr Sekretär Samuel Formey (1711–1797) Eulers Tod mit und lud zu einer Éloge in der nächsten öffentlichen Sitzung ein, in der – und auch später – keine Lobrede auf dem Programm stand.[100]

Zu einigen Änderungen in der St. Petersburger Akademie: Bald nach ihrer Inauguration am 30. Januar/10. Februar 1783 schlug die neue Direktorin, die Fürstin Daschkowa, den Chemiker Johann Gottlieb Georgi (1729–1802) und den Mathematiker Nikolaus Fuss als ordentliche Akademiemitglieder (und damit als Professoren) vor; die Wahl erfolgte einstimmig darauf am 13./24. Februar 1783. Das neue Akademiemitglied Fuss musste bereits einige Monate später den Konferenzsekretär Johann Albrecht Euler vertreten, wie es aus dem Eintrag vom 11./22. September 1783 in den *Protokoll* hervorgeht:

> „Akademiker Fuss übte die Funktion des Herrn Sekretärs aus, der wegen des Todes seines berühmten Vaters Herrn Leonhard Euler abwesend war, der am 7. dieses Monats um 11 Uhr abends im Alter von 76 Jahren, 5 Monaten und 3 Tagen an einem Schlaganfall starb, nachdem er eine lange und brillante Karriere hinter sich hatte und in ganz Europa seinen unsterblichen Namen erklingen ließ."[101]

Weiter wird berichtet, dass Staehlin am 11./22. September in der Konferenz auf Deutsch eine kurze Trauerrede hielt und dass die Konferenz verfügte, man möge „fasse quelque chose pour la mémoire d'une nom ... et ils résolurent unanimement de faire ériger un monument" (etwas zur Erinnerung an den Namen tun ... und sie beschlossen einstimmig, ein Denkmal zu errichten).

Die Leipziger Gelehrten Zeitungen berichteten,[102] dass der Hofrath Kaestner einen Ruf nach Petersburg erhalten habe und dass es noch unsicher sei, ob er annehme. Aber bereits am 2./23. Oktober 1783 schlug die tatkräftige Direktorin als Nachfolger des verstorbenen Euler Anders Lexell (1740–1784) für die höhere Mathematik vor, der allerdings schon im Jahr darauf starb. Schließlich wurde festgelegt, am 23. Oktober/3. November 1783 eine Gedenksitzung für Leonhard Euler abzuhalten. Nikolaus Fuss sollte eine Gedenkrede auf Euler halten, die später in der Druckform als *Éloge* oder in der erweiterten deutschen Fassung als *Lobrede*

---

[99] „L'Academie Pétersbourg a parte solennellement son deuil, et lui a décernée ses frais un buste de marbre qui doit être placé dans ses salles d'assemblées." – Condorcet „Éloge", S. 42.
[100] Wegen Krankheit von Samuel Formey trug der Direktor der philosophischen Klasse Johann Merian vor.
[101] „L'Académicien Fuss fit les fonctions de Monsieur le Secrétaire, absent à cause du décès de son illustre père Monsieur Leonhard Euler, qui mourût d'un coup d'apoplexie le 7 de ce mois à 11 heures du soir, age de 76 ans, 5 mois et 3 jours, après avoir fourni une carrière longue et brillante et fait retentir l'Europe entière de son nom immortel."
[102] 103. Stück, S. 842.

berühmt werden sollte.[103] Die Akademieangehörigen wurden angehalten, in Trauerkleidung zu erscheinen. Dieses außergewöhnliche Ereignis war öffentlich, und es nahmen natürlich Freunde des Verstorbenen und der Familie teil.

Auf den ersten Blick schienen die Konferenzen der Akademie in der üblichen Weise weiter zu gehen, denn der Name Leonhard Euler tauchte wie gewöhnlich auf: Am 29. Januar/9. Februar 1784 wurde über die Aufnahme von zwei Arbeiten Eulers (E 570, E 571) in die Acta für das Jahr 1780 entschieden, die 1784 gedruckt wurden, am 12./23. April beschloss man, 20 seiner Arbeiten posthum in Band 2 der *Opuscules analytiques* (E 580) aufzunehmen, usw. Dem Direktor Orlow hatte Euler versprochen, dass man nach seinem Tod noch für zwei Jahrzehnte von ihm Manuskripte für den Druck haben werde. Das war untertrieben, denn die nachgelassenen Manuskripte reichten viel länger. Bis 1783 waren 530 Arbeiten von Euler veröffentlicht, 1823, also nicht 20, sondern 40 Jahre nach Eulers Tod, hatte man 771 Schriften veröffentlicht, aber es lagen immer noch 14 unveröffentlichte Manuskripte vor. 1830 waren schließlich 785 Schriften gedruckt, jedoch fand 1844 der Sekretär der Akademie Paul Heinrich Fuss (1798–1855), der Sohn von N. Fuss, weitere 61 unveröffentlichte Arbeiten.

Zurück zu den Gedenkereignissen. Am 20./31. August 1784 beschloss man, eine Büste Eulers durch Mitglieder der Mathematischen Klasse in der Bibliothek der Akademie aufstellen zu lassen, und am 4./25. Januar 1785 postierte die Direktorin Daschkowa im Versammlungssaal der Akademie gegenüber dem Sessel des Präsidenten („fauteuil de Président") eine Büste Eulers aus Carrara-Marmor, die der Modellmeister der St. Petersburger Kaiserlichen Porzellanmanufaktur Jean-Dominique Rachette (1744–1809) angefertigt hatte und für die die Direktorin den Marmor gestiftet hatte (Abb. 8.28). Diese Zeremonie wurde durch die Worte begleitet:

> „Die Akademie kann sich rühmen, einen so großen Mann der Wissenschaft besessen zu haben, und es ist mir eine Ehre und Genugtuung, die Büste dieses verdienstvollen Wissenschaftlers, den wahren Schmuck dieses Raumes, Ihnen zu präsentieren."[104]

Euler erhielt auf dem Lutheranischen Friedhof von Smolenskoje, der sich im Zentrum auf Wassili Ostrow befindet, ein einfaches Grab mit der Inschrift: „Hier ruhen die sterblichen Reste des in der ganzen Welt bekannten Leonhard Euler" (Abb. 8.29).[105] Die Lage des Grabes geriet bald in Vergessenheit, ein recht merkwürdiger Vorgang,

---

[103] Zunächst wurde 1783 die *Éloge de M. Léonhard Euler, lu à l'académie impér. des Sc. dans son assemblée du 23. Oct. 1783* auf Französisch in Petersburg gedruckt; 1786 erschien auf Bitte des Baseler Rates eine erweiterte deutsche Übersetzung der *Lobrede auf Herrn Leonhard Euler* von N. Fuss (= EO I/1, S. XLIII-XCV).

[104] „L'Académie peut se glorifier d'avoir possédé un homme si grand dans les sciences, et il est pour moi un honneur et une satisfaction d'avoir posé en votre présence l'image de ce savant plein de mérites, au vrai ornement de cette salle." – Kyril Fitzlyon, *The Mémoires of Princess Dashkova*. Durham and London 1995.

[105] Russischen Bewohnern der Wassili-Insel war es seit 1748 erlaubt, dort bestattet zu werden; ab 1773 war es möglich, auf Wassili Ostrow auch ausländische Bewohner von St. Petersburg zu beerdigen.

8.5 Eulers letzte Jahre

Abb. 8.28 a Akademiemitglieder der mathematisch-physikalischen Klasse stellen 1784 feierlich eine Euler-Büste auf ein Podest. Von links nach rechts: A. J. Lexell, J. A. Euler (mit der Büste von Rachette), N. Fuss (mit einer Amphore), I. I. Lepechin, P. S. Pallas, W. L. Krafft. Die Medaillons über der Gruppe zeigen Katharina II. (Mitte), ihren Sohn Pawel Petrowitsch, den späteren Zaren Paul (Павел Петрович), und seine zweite Frau Maria Fedorowna, die württembergische Prinzessin Sophia Dorothea Augusta (1759–1828). **b** Es gibt noch einen zweiten Schattenriss von J. F. Anthing (1763–1805), der in ähnlicher Art komponiert wurde, in dem die Gruppe der Akademiker wie oben, aber in der Natur arrangiert ist und einem „Euler-Altar" huldigt. Die Reihenfolge der Personen (von links nach rechts) Lexell, Rumowski, („Altar"), J. A. Euler, Pallas, Lepechin, Georgi und Krafft. Hier fehlen Hinweise auf die kaiserlichen Hoheiten

da einige nahe Mitglieder der Eulerfamilie vor Ort waren: Um 1780 lebten vier seiner Kinder mit den Familien in oder um St. Petersburg. Zufällig fand man das Grab 1830, als es bei einer Beerdigung wieder zum Vorschein kam. Die Akademie ließ nun 1837 ein Monument aus Granit errichten, das auf der Vorder- und Rückseite die Inschrift trägt:

LEONHARDO EULERO

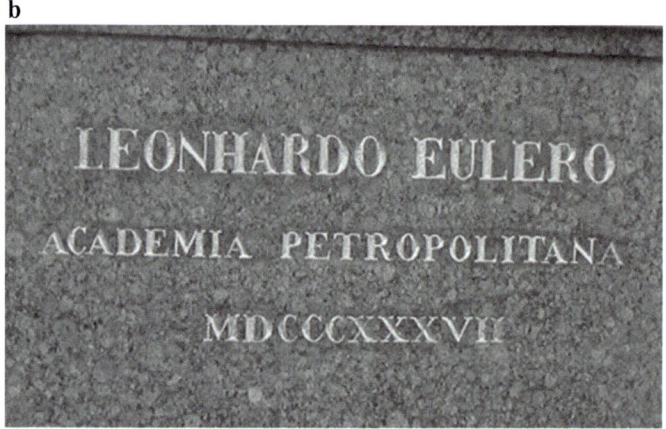

Abb. 8.29 a Eulers Grabstein, den die Akademie 1837 stiftete, **b** Grabstelle nach Umbettung auf den Lazarus-Friedhof der Newski-Lawra

ACADEMIA PETROPOLITANA MDCCCXXXVII

Natus Basilae die $\frac{4}{15}$ Aprilis MDCCVII

Mortuus Petropoli die $\frac{7}{18}$ Septembris MDCCLXXXIII

Nach der russischen Revolution 1917 beschlossen die Sowjets, diesen Friedhof bis 1937 aufzulösen und entsprechende Umbettungen vorzunehmen. Im Herbst 1956 wurden daher Eulers Gebeine und der Grabstein auf den alten Lazarus-Friedhof (Лазаревское кладбище), einem der vier Friedhöfe der Aleksander-Newski-Lawra (Александро-Невская Лавра, Aleksander-Newski-Kloster) der St. Petersburger Nekropole, überführt. Das Newski-Kloster wurde 1710 von Peter I. gegründet und befindet sich am östlichen Ende des berühmten Newski-Prospekts.[106] Auf diesem Friedhof wurden u. a. Michail Lomonossov, Modest Mussorgski (Модест Петрович Мусоргский, 1839–1881), Peter Tschaikowski (Петр Ильич Чайковский, 1840–1893) und Fjodor Dostojewski (Федор Михайлович Достоевский, 1821–1881) bestattet.

Euler war auswärtiges Mitglied der bedeutendsten wissenschaftlichen Gesellschaften gewesen, etwa der Akademien in Berlin, London, Paris, Turin oder Lissabon, selbst in die entfernte American Academy of Arts and Sciences in Boston wurde er 1782 (wie auch dreißig Jahre später N. Fuss) gewählt. Alle wussten, dass sie ihren Besten verloren hatten, insbesondere natürlich die St. Petersburger Akademie. „Sa mort a été regardée comme une perte publique" (Sein Tod wurde als öffentlicher Verlust angesehen), befand Condorcet in seiner „Éloge".[107] Eine Epoche der europäischen Mathematik war zu Ende gegangen. Die Pariser Mathematiker waren am Ende des 18. Jahrhunderts sogar der Ansicht, dass das Bergwerk der Mathematik erschöpft sei, und sie richteten die Erwartungen der Naturwissenschaft auf den „Newton des Grashalms". Damit drückten sie die Vorstellung aus, dass mathematische Fortschritte auf biologischem Gebiet gemacht werden müssten. Aber die Grenzen der physikalisch-mathematischen Naturerklärung waren noch nicht erreicht, denn gerade in diesen Jahren wurde der mathematische Genius des 19. Jahrhunderts geboren: Carl Friedrich Gauß (1777–1855), später folgten Augustin Louis Cauchy (1789–1857), Bernhard Riemann (1826–1866) und andere.

Auf Russland bezogen fällt Eulers Tod ungefähr mit dem Einschnitt zusammen, der die Mathematik (allgemein die Wissenschaften) *in* Russland und *die* russische Mathematik (allgemein die Wissenschaften) trennt. Dieser Wandel meint, dass Euler und seine Zeitgenossen in St. Petersburg die Mathematik (allgemein die Wissenschaften) nach Russland gebracht hatten, während die nachfolgende russische Generation jetzt begann, selbst Mathematik (allgemein Wissenschaft) zu schaffen, ihre Arbeiten wurden bald in Westeuropa beachtet. Schon 1754 hatte Euler an Müller geschrieben (27. August 1754), dass sein Schüler Kotelnikow mit den deutschen Mathematikern konkurrieren könne. Zu den russischen und ukrainisch-russischen Mathematiker der nächsten Generationen, die bis heute bekannt sind, gehören beispielsweise Nikolai Iwanowitsch Lobatschewski (Николай Иванович Лобачевский, 1792–1856), Michail Wassiljewitsch Ostrogradski (ukr. Михайло

---

[106] Aleksander Newski (Александр Ярославич Невский, 1220–1263) war ein russischer Nationalheiliger, der 1240 nahe der Stelle des jetzigen Kloster eine Schlacht gegen die Schweden schlug. Mit Lawra bezeichnet die orthodoxe Kirche große und wichtige Klöster, wovon es in Russland lediglich zwei gibt.
[107] *Œuvres de Condorcet,* Paris 1847–1849, Bd. 2, Éloges des Académiens depuis l'an 1783, S. 42.

Васильович Остроградський, russ. Михаил Васильевич Остроградский; 1801–1862), Pafnuti Lwowitsch Tschebyschow (Пафнутий Львович Чебышёв, 1821–1894) und Victor Jakowlewitsch Bunjakowski (Виктор Яковлевич Буняковский 1804–1889).

Zweiundzwanzig Jahre vor seinem Tod, nämlich 1761, hatte sich Euler im 93. Brief seiner *Briefe an eine deutsche Prinzessin* (E 344, EO III/11) über den Tod geäußert:

„Da der Tod eine Auflösung des Bandes ist, das den Körper im Leben mit seiner Seele zusammenhält so kann man sich hieraus von dem Zustand der Seele nach dem Tod eine Vorstellung machen. Gleichwie die Seele während des Lebens alle ihre Kenntnisse vermittels der Sinne erhielt, so erfährt sie nun, wenn der Tod ihr diese Gemeinschaft mit den Sinnen geraubt hat, nichts mehr von dem, was im Körper vorgeht. Der Schlaf gibt uns ein schickliches Bild und zugleich eine Probe von diesem Zustande, weil durch ihn die Vereinigung zwischen Seele und Körper großen Theils unterbrochen wird, und die Seele gleichwohl nicht aufhört thätig zu seyn und sich mit Einbildungen beschäftigt, woraus die Träume entstehen. Gewöhnlich aber werden die Träume durch den übrigbleibenden Einfluß, den die Sinne noch auf die Seele behalten, sehr verwirrt und in Unordnung gebracht; und man weiß durch Erfahrung, daß je mehr dieser Einfluß geschwächt wird, was in einem sehr tiefen Schlafe geschieht, desto ordentlicher und zusammenhängender die Träume werden. Nach dem Tode also werden wir uns in einem Zustand der vollkommensten Träume befinden. Und dieß ist meines Erachtens beynahe alles, was wir auf eine bestimmte[108] Art davon sagen können." – 93. Brief, 13. Januar 1761

Literatur

1. Burja, A., Observation d'une voyage sur la Russie. Berlin 1785.
2. Михайлов, Г. К.: „Переезду Эйлера в Петербург". С. Петербург, Известия Академия Наук, отделение тех. наук 3 (1957), стр. 10–37 (Michailow, Die Übersiedlung von Euler nach Petersburg, Petersburg. Berichte der Akademie der Wissenschaften, Abteilung techn. Wissenschaften 3 (1957), S. 10–37.)
3. Пекарский, П.: „Екатарина и Эйлер." Записки имп. Академия Наук 6 (1865), стр. 59–92 (Pekarski, Katherina II und Euler. Notizen der Akademie der Wissenschaften 6 (1865), S. 59–92).
4. Stäckel, P.: „Johann Albrecht Euler", in: Vierteljahresschrift der Naturforschenden Gesellschaft in Zürich. 55 (1910), 63–90 + Werkverzeichnis.

---

[108] „Bestimmt" wird im logischen Sinn verstanden, also klar, deutlich erklärbar, und widerspruchsfrei.

Kapitel 9
Ausklang: Der Mann und sein Werk

He was not of an age, but for all time.

BEN JOHNSON (1572–1637)

Nach dem Tod des Patriarchen hätte das übliche Leben im Euler'schen Wohnhaus eigentlich ähnlich wie zuvor weiter gehen können. Allerdings drängte die Familie[1] nicht nur auf einen baldigen Verkauf des Hauses, sondern auch die Bibliothek des Gelehrten sollte veräußert werden. Die finanzielle Lage der Söhne Johann Albrecht (1734–1800) und Karl Johann (1740–1790) mag der ausschlaggebende Grund gewesen sein, das Wohnhaus schnell aufzugeben, da es hohe Kosten verursachte. In der St. Petersburger Zeitung Wedomosti (Ведомости) vom 23. Januar 1784 (Nr. 7) wurde der Verkauf des Hauses angezeigt, in der Nummer 18 fand sich Genaueres über die Bibliothek Eulers, von der Kataloge erhältlich waren, um den Verkauf in der Freien ökonomischen Gesellschaft (Вольное экономическое общество, Wolnoje Ekonomitscheskoje Obtschestwo) vorzubereiten, deren Geschäftsräume sich in der Akademie befanden.

Johann Albrecht Euler nutzte sein Privileg, als Akademiemitglied eine freie Wohnung zu haben, und zog mit seiner Familie in ein Gebäude der Akademie in der Nähe des Euler'schen Hauses. Der Mediziner Karl Euler kaufte 1785 ein Haus auf dem Mittleren Prospekt (Средний проспект) der Insel, heute die Nummer 25. Schließlich wurde das Euler'sche Haus am 27. Januar 1785 (a. St.) an den

---

[1] Karl Euler, *Das Geschlecht Euler-Schölpi*. Gießen 1955, S. 276 f.; E. Amburger u. a., „Die Nachkommen Leonhard Eulers in den ersten sechs Generationen", in: *Basler Zeitschrift für Geschichte und Altertumskunde* 94 (2994), S. 162–239 (überarbeitete russische Fassung von Михайлов aus *Развитие идей Эйлера*. Москва 1988, с. 383–467. Die Autoren haben etwa 600 gegenwartig lebende Nachfahren von Leonhard Euler ermittelt.

Abb. 9.1 Eulers Wohnhaus, gegenwärtiger Zustand (gegenüber dem Originalzustand um eine Etage erweitert)

Kaufmann Joachim Maas für 15.500 Rubel verkauft.[2] Im Jahre 1850 ging es an Anton Gitschow (Гитшов), der eine Etage aufstockte und das Haus mit einem benachbarten Haus aus der 10. Linie verband (Abb. 9.1).[3] Im Gegensatz zu Eulers erstem hölzernen Wohnhaus aus der ersten St. Petersburger Periode, das sich in der 10. Linie befand, ist sein zweites Wohnhaus im umgebauten Zustand erhalten, die heutige Adresse lautet Leutnant-Schmidt-Kai 15 (Набережная Лейтенант Шмидта).[4] An Eulers 200. Geburtstag am 15. April 1957 brachte man eine Gedenktafel mit dem Bild Eulers an (Abb. 9.2), auf der vermerkt ist: „Hier lebte von 1766 bis 1783 Leonhard Euler. Mitglied der Petersburger Akademie, bedeutendster Mathematiker (крупнейший математик), Mechaniker und Physiker" (Здесь жил Леонард Эйлер (с 1766 по 1783 г.) Член Петербургской академии наук, крупнейший математик, механик и физик). Heute befindet sich auch ein Denkmal auf dem Grundstück.

Johann Albrecht Euler hatte zehn Kinder, darunter die Tochter Anna Charlotte Wilhelmine (1773–1831), die am 29. April/10. Mai 1789 Jakob II Bernoulli (1759–1789) heiratete. Jakob Bernoulli war der begabteste Sohn von Johann II

---

[2] 1 Rubel etwa ein Sechstel bis Siebentel Thaler, nach dem Krieg höchstens vier Thaler (siehe Eulers Brief an Müller vom 19. März 1763).

[3] Das Geburtshaus von Georg Cantor (1845–1918) befindet sich übrigens in der 11. Linie. Das ist nicht überraschend, denn auf der Wassili-Insel wohnten viele Deutsche, insbesondere Kaufleute.

[4] Peter Schmidt (Петер Шмидт, 1867–1906) war ein russischer Marineoffizier, der wegen seiner Teilnahme am Aufstand von 1905 hingerichtet wurde.

Abb. 9.2 Die 1957 aus Anlass des 250. Geburtstages angebrachte Gedenktafel am Wohnhaus von Euler in St. Petersburg

Bernoulli (1710–1790), einem Bruder von Daniel Bernoulli (1700–1782). Er war 1786 Adjunkt und 1788 Mitglied der Mitglied der St. Petersburger Akademie geworden. Seine Ehe währte nicht viel länger als zwei Monate, da er beim Baden in der Newa am 3./14. Juli 1789 ertrank. Von der Hochzeitsfeier gibt uns der schreibfreudige Brautvater Johann Albrecht Euler in einem seiner Briefe an Jean Henri Samuel Formey (1711–1797) in Berlin eine Vorstellung.[5] Die Gattin Johann Albrechts, Anna Sophie Charlotte (1734–1805), bestellte für das Diner, das 60 Rubel kostete, den Koch des Ministers Aleksander Andrejewitsch Graf Besborodko (Александр Андреевич Безбородко, 1732–1794), der unter Zar Paul I. Kanzler war. Von den Resten konnte sich die Familie noch vier weitere Tage ernähren. Der Brautvater war ein Weinkenner, und der Gourmet bezahlte für die Getränke 27 Rubel. Wir kennen auch die Gästeliste. Sie beschränkte sich aus Mangel an Plätzen auf:

Johann Albrecht und seine Gattin Anna Sophie,
  Johann Leonhard, Paul, Henriette, Georg, Emilie, Christoph als Kinder Johann Albrechts,
  Salome Euler, die Witwe Leonhard Eulers,
  Maria und Leonhard, Kinder Karl Eulers,[6]
  Nikolaus Fuss und Gattin sowie Tochter Sophie,

---

[5] Jagellionische Universität Krakau. Biblioteka, czytelnia rkopisów, File V 57.

[6] Ihr Vater konnte aus gesundheitlichen Gründen an der Feier nicht teilnehmen.

General Christoph von Euler mit der zweiten Gattin Anna Wilhelmine,
Prinzessin Daschkowa (Дашкова), Akademiedirektorin (wegen einer Unpässlichkeit abwesend),
Friedrich Graf von Anhalt (1732–1794), Leiter des Kadettenkorps,
Albertine von Behmer,[7]
Oberst Karl Magnus Rüdinger (1753–1821), Kadettenkorps,
Major von Dossow (Dossov), Kadettenkorps,
Professor Ludwig Krafft und Gattin,
Baron *** (Name ungenannt, Bemerkung: den wir nicht umgehen konnten),
der niederländische Pfarrer Johannes Henricius Reuter (1751–1798) von der niederländisch-reformierten Kirche (in der Großen Stallhofstraße, Bolschaja Konjuschanaja, sie bestand seit 1717).

Tags darauf gab es einen Ball, wozu Major von Dossow die Kapelle des Kadettenkorps bestellt hatte. Der Graf von Anhalt, Rüdinger, und von Dossow waren Kollegen Johann Albrecht Eulers, der zusätzlich auch am Kadettenkorps unterrichtete.

Einige Personalien zu den Nachkommen. Johann Albrecht Euler war Kirchenältester der französisch-deutschen reformierten Petri-Kirche, der größten protestantischen Gemeinde in St. Petersburg (Kirche 1730 von Domenico Trezzini [um 1670–1734]). An dieser Kirche war Anton Friedrich Büsching (1724–1793) Pfarrer und ebenso Lehrer an der der Kirche angeschlossenen deutschen Schule, also ein Bekannter der Eulers. An dieser Kirche sollte übrigens später Johann Albrechts Schwiegersohn mit englischen Wurzeln Johann David Collins (1761–1833) als Pfarrer wirken, der zweite Gatte von Anna Charlotte Euler. Der Sohn Eduard (1791–1840) aus dieser zweiten Ehe (1790) der Euler'schen Tochter hatte etwas vom mathematischen Genie des Urgroßvaters Leonhard Eulers geerbt und wurde mit 29 Jahren Mitglied der mathematischen Klasse der Akademie, er war auch Erzieher des russischen Thronfolgers Alexander II. (1818–Attentat 1881). Eduard starb schon 1840. Auf Wassili Ostrow (Василий Остров) gab es seit 1737 die Katharinen-Gemeinde mit einer angeschlossenen Schule, die jedoch nur eine Elementarschule war und 1786 geschlossen wurde.

Wegen seiner angegriffenen Gesundheit hatte Johann Albrechts Bruder Karl nicht an der Hochzeit teilgenommen. Ein Jahr darauf, am 12. Mai 1790, schrieb Johann Albrecht Euler an Formey, dass sein Bruder, der Collegien-Arzt und Hofmedicus Karl Euler, am 5. März 1790 nachmittags nach kurzem Krankenlager gestorben sei. Er fügte an, dass es unter dem Dutzend Kinder von Karl Euler noch sechs unversorgte Kinder gebe, die sich in keinen glücklichen Umständen befänden. Johann Albrecht wusste, wie wir gleich sehen werden, wovon er sprach. Er wies früher gern etwas neidvoll auf das gute Einkommen seines Bruders Karl hin und versäumte nicht, darauf zu verweisen, dass es für einen Arzt (von denen es in St. Petersburg etwa 300 gab) nicht schwierig sei, wohlhabend zu werden. Wilhelm Stieda (1852–1933), der sich auf Abel Burjas (1752–1816) Vergleich von St. Petersburg mit Berlin bezog, berichtete in einer Arbeit über Johann Albrecht

---

[7] Möglicherweise die Gattin eines 1770 in Preußen in Ungnade gefallenen Obertribunalrates (= Richter).

Euler, dass ein Fremder zwar sehr bequem seinen Unterhalt in Russland verdienen könne, er wies jedoch auch darauf hin:

> „Doch werden nur Wenige reich, weil die Lebensgewohnheiten dazu führen, auszugeben, was verdient ist. Das Geld rollt unaufhörlich, und ein Rubel wird nicht mehr geschätzt als ein Viergroschenstück in Berlin."[8]

Ein Jahrzehnt später, am 31. Oktober/12. November 1800, berichtete Ludwig Heinrich Nicolay (1737–1820), seit 1798 Präsident der St. Petersburger Akademie, an den Buchhändler Friedrich Nicolai (1733–1811) in Berlin vom Tod Johann Albrecht Eulers und über dessen Geldschulden, wobei er den Gläubiger Nicolai bat, seine Forderungen nur allmählich von der Witwe einzufordern.[9] Wenig später, im Brief vom 3./15. Januar 1801, endete der Präsident ein Schreiben deutlicher:

> „Leider hat sich erst geraume Zeit nach [Johann Albrecht] Eulers Tode der schlechte Zustand seiner Verlassenschaft [Nachlass] erwiesen. Algebra mochte der Seelige verstehen, aber Adam Riesens Rechenbuch nicht, und er scheint nicht begriffen zu haben, dass von 2 sich nicht 5 abziehen lassen. So viel ist indessen wahr, dass sich die hiesigen Gläubiger zu der vorgeschlagenen Vereinbarung [Schuldenerlass] verstanden haben."

Da auch N. Fuss eindrücklich die missliche Lage der Familie des verstorbenen Johann Albrecht Euler geschildert hatte, strich F. Nicolai ebenfalls seine Forderung. An Johann Albrecht scheiden sich die Geister. Er stand im Schatten seines berühmten Vaters. Gab er sich dem abwechslungsreichen Leben in St. Petersburg hin, oder war er eher ein Wissenschaftler? Johann Albrecht hat durchaus vergleichbar mit anderen Akademiemitgliedern wissenschaftliche Beiträge publiziert und ausgedehnte meteorologische Beobachtungen getätigt. Vermutlich ist in einigen Arbeiten (und Preisschriften!) die Hand seines Vaters zu finden, aber wenn man wie Carl Gustav Jacob Jacobi (1804–1851) meint, man müsse die Werke des Sohnes in die *Opera omnia Euleri* aufnehmen, da alles vom Alten sei, so ist das übertrieben.[10] Johann Albrecht war auch als gewissenhafter Sekretär der Akademie eingespannt, die Herausgabe der St. Petersburger Akademieschriften war ebenfalls eine zeitraubende Arbeit. Schließlich sollte man auch seine Pflichten gegenüber dem alten und erblindenden Vater nicht vergessen. An respektablen Ehrungen hat es nicht gefehlt: 1776 wurde Johann Albrecht Hofrat, 1797 Kollegienrat, 1799

---

[8] W. Stieda, „Johann Albrecht Euler in seinen Briefen", in: Berichte der Sächsischen Akademie der Wissenschaften 34 (1932), Heft 1. Leipzig 1932, S. 23; A. Burja, *Observations d'un voyage sur la Russie* (Beobachtungen auf einer Russlandreise). Berlin 1785, S. 40–51.

[9] *Die beiden Nicolai*. Briefwechsel zwischen H. Nicolay in St. Petersburg und F. Nicolai in Berlin, hrsg. und kommentiert von H. Ischreyt. Lüneburg: Nordostdeutsches Kulturwerk 1989, S. 456, 460. Beide Briefschreiber waren trotz der Namensähnlichkeit nicht verwandt.

[10] Es gibt einen extremen Fall, der Jacobis Ansicht zu bestätigen scheint. Euler überließ dem Sohn einen Vortrag „Recherches des forces" (Untersuchungen über die Kraft), den er in Berlin bereits am 23. November 1758 gehalten hatte, zur Publikation. P. Stäckel fügte seiner Arbeit über Johann Albrecht Euler in der Vierteljahrsschrift der Naturforschenden Gesellschaft zu Zürich 55 (1910) eine Publikationsliste von Johann Albrecht Euler mit 72 Einträgen an, die bis zum Jahr 1783 44 Einträge enthält. Der Band EO IVA/2 enthält auf seiner S. 747 eine Übersicht von 30 Schriften Johann Albrecht Eulers.

Staatsrat; bereits bei seiner Ankunft 1766 wurde er ordentliches Mitglied der St. Petersburger Akademie, 1771 auswärtiges Mitglied der Stockholmer Akademie, 1784 rückte er für den Vater in der Pariser Akademie als auswärtiges Mitglied nach.

Eulers Nachfahren waren in Russland durchweg angesehene und erfolgreiche Bürger, die häufig die Offizierslaufbahn beschritten oder als Ingenieure tätig waren. Als Folge der russischen Revolution von 1917 fanden sich Eulers Nachkommen in ganz Europa, auch wieder in der Schweiz. Bekannte Familienmitglieder waren beispielsweise der deutsche Ingenieur August Heinrich Euler (1868–1957), der das deutsche Flugzeugführerzeugnis Nr. 1 im Jahre 1910 erwarb, oder der schwedische Nobelpreisträger von 1929 für Chemie Hans Karl August von Euler-Chelpin (1873–1964) und sein Sohn Ulf von Euler (1905–1983), Präsident der Nobel-Stiftung und gleichfalls Nobelpreisträger für Physiologie/Medizin (1970). Gegenwärtig kennt man mehr als 1500 Nachkommen Eulers (siehe E. Amburger u. a., *Nachkommen*, Basel 1994, S. 168.

9.1 Eulers Werk (die *Opera omnia Euleri*)

> Sein Name, den die Nachwelt dem eines Galilei, Descartes, Leibnitz und Newton und so vieler anderer großen Männer, die der Menschheit durch ihr Genie Ehre gemacht haben, an die Seite setzen wird, kann nur mit den Wissenschaften erlöschen
>
> NIKOLAUS FUSS in seiner *Lobrede* (1786)

Johann Albrechts Schwiegersohn und früherer Gehilfe Leonhard Eulers, Nikolaus Fuss, hatte bereits die Idee, Eulers Werke herauszugeben. Ein Grund für sein Scheitern war, neben den alle folgenden Editionspläne stets begleitenden Gründen, die Tatsache, dass viele Euler'sche Werke in der Zeit von Fuss nicht nur ziemlich gut verfügbar, sondern auch noch käuflich waren. Nikolaus Fuss' Sohn Paul Heinrich Fuss (1798–1855)(Abb. 9.3) folgte dem Vater am 1. Januar 1826 im Amt des Sekretärs nach und griff die Idee der *Opera omnia Euleri* wieder auf. Er kam dabei mit Carl Gustav Jacob Jacobi (1804–1851)(Abb. 9.4) in Berlin in Kontakt und fand in Jacobi einen engagierten Mitarbeiter, der beispielsweise das Berliner Akademiearchiv in Hinblick auf eine Euler-Edition durchsah. Selbst Carl Friedrich Gauß (1777–1855) engagierte sich für das Vorhaben von Fuss, indem er eine versteckt publizierte Euler'sche Arbeit mit Erfolg suchte und sie eigenhändig für Fuss kopierte (Abb. 9.5).

Obwohl auch der bekannte ukrainisch-russische Mathematiker Michail Wassilewitsch Ostrogradski (Михаил Васильевич Остроградский, ukr. Михйло Васильович Остроградський 1801–1861) sich für das Projekt einsetzte, kam es erst gegen Ende des 19. Jahrhunderts zu neuen Aktivitäten der betroffenen Akademien. Die Berliner Akademie war zunächst aufgeschlossen, aber die St. Petersburger Herausgeber wiesen der Berliner Akademie die Bearbeitung der astronomischen und physikalischen Arbeiten Eulers zu, was sich als verhängnisvoll erweisen sollte. Denn nun zog man in Berlin Max Planck (1858–1947) als Berater in das Projekt, und Planck lehnte die Herausgabe rundweg ab, da er zum einen die

Abb. 9.3 Paul Heinrich Fuss (1798–1855)

Abb. 9.4 Carl Gustav Jacob Jacobi (1804–1851)

über mehr als ein Jahrzehnt anfallenden Kosten für die Akademie als nicht tragbar ansah und zum anderen von der physikalischen Wichtigkeit der historischen Texte nicht überzeugt war.

Als damit das Vorhaben zum Stillstand gekommen war, wurde die Schweizerische Naturforschende Gesellschaft zur Feier des 200. Geburtstages von Euler, insbesondere durch Ferdinand Rudio (1856–1929)(Abb. 9.6a), aktiv, sodass schließlich am 6. September 1909 ein Beschluss zur Herausgabe des Euler'schen Werkes gefasst wurde, und man wollte sich in Verbindung mit der Berliner und Petersburger Akademie dieser Riesenaufgabe stellen. In der Gesamtausgabe, den *Opera omnia Leonhardi Euleri,* beabsichtigte man, sich im Wesentlichen auf solche Arbeiten in der Originalsprache zu beschränken, die Euler noch selbst zum Druck vorbereitet hatte. Die St. Petersburger Akademie, die stets bereit gewesen war, das Vorhaben zu verwirklichen, sah nun an ihrer Seite die ehrwürdige Pariser Akademie, und auch die Berliner Akademie folgte dem Schweizer Aufruf von 1909. Die Akademie von St. Petersburg stellte in großzügiger Weise ihre Archivalien für die Edition zur Verfügung und lieh sie nach Basel aus. Man legte drei Serien zu-

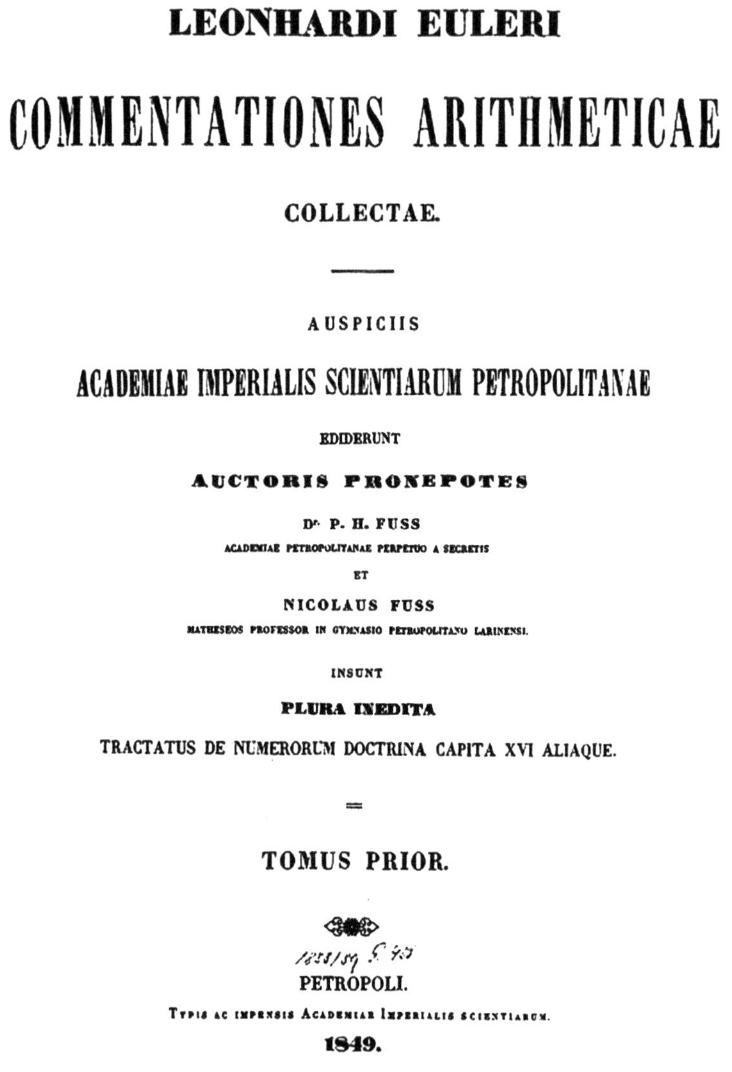

LEONHARDI EULERI
COMMENTATIONES ARITHMETICAE
COLLECTAE.

AUSPICIIS

ACADEMIAE IMPERIALIS SCIENTIARUM PETROPOLITANAE

EDIDERUNT

AUCTORIS PRONEPOTES

D.' P. H. FUSS

ACADEMIAE PETROPOLITANAE PERPETUO A SECRETIS

ET

NICOLAUS FUSS

MATHESEOS PROFESSOR IN GYMNASIO PETROPOLITANO LARINENSI.

INSUNT

PLURA INEDITA

TRACTATUS DE NUMERORUM DOCTRINA CAPITA XVI ALIAQUE.

TOMUS PRIOR.

PETROPOLI.

TYPIS AC IMPENSIS ACADEMIAE IMPERIALIS SCIENTIARUM.

1849.

Abb. 9.5 Einer der Vorläufer der *Opera omnia Euleri* waren die von N. Fuss und P. H. Fuss herausgegebenen *Commentationes Arithmeticae collectae* (Eulers gesammelte arithmetische Abhandlungen, Band 1. St. Petersburg 1849)

grunde, zu denen später eine vierte kam. Das Vorhaben – man ging zunächst von 35 Bänden aus – begann erfolgreich, sodass 1911 die ersten zwei Bände (EO I/1 und EO III/3) im Teubner-Verlag Leipzig erschienen, und bis zum ersten Weltkrieg lag bereits ein Dutzend Bände vor. Jedoch veröffentlichte in den Jahren 1910 bis 1913 der schwedische Mathematiker Gustaf Eneström (1852–1923)(Abb. 9.7) ein aus heutiger Sicht fast vollständiges Werkverzeichnis mit 866 Titeln. Daraufhin

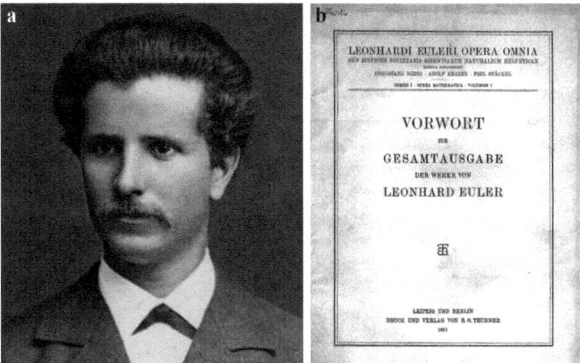

Abb. 9.6 a Ferdinand Rudio (1856–1929), **b** Vorwort zum ersten Band der *Opera omnia Euleri* (1911), Sonderdruck des Editors Rudio (Signatur oben links)

Abb. 9.7 Gustaf Hjalmar Eneström (1852–1923)

korrigierte man die Werkausgabe schließlich auf insgesamt 72 Bände, was die Kosten, aber nicht die Zahl der Abonnenten erhöhte.

Nach dem ersten Weltkrieg erschien bis 1927 trotzdem beinahe jährlich ein Band (insgesamt 8), als durch den Bankrott der zugehörigen Schweizer Bank das Vorhaben in schwieriges Wasser geriet. Es ist vor allem Andreas Speiser (1885–1970) zu danken, der von 1928 bis 1965 der Generalredaktor der Euler-Kommission war, dass die Edition trotz finanzieller Probleme und des Krieges auf hohem Niveau fortgeführt wurde und glanzvolle Jahre mit Herausgebern wie Constantin Carathéodory (1873–1950), Gerhard Kowalewski (1876–1950) oder Clifford Ambrose Truesdell (1919–2000) sowie Andreas Speiser (1885–1970) selbst erlebte. Die Edition, die nacheinander in insgesamt vier Verlagen erschien, wurde 2022 mit 72 Werkbänden und acht Briefbänden abgeschlossen – sie ist ein Jahrhundertwerk.[11] Deshalb ist es natürlich, dass sich die Editionsprinzipien gewandelt haben. Die Kommentierungen waren von unterschiedlicher Länge: im ersten Band (EO I/1) fehlten sie, manche Kommentare wurden nachgeliefert (in EO I/9 für die

---

[11] Aber ohne ein Gesamtinhaltsverzeichnis. Bei Recherchen sei dem Leser das Euler Archive empfohlen. Den Bänden der vierten Serie (OE IVA) der Euler-Ausgabe (OE) ist jedoch eine Konkordanztabelle beigegeben, aus der sich mit Hilfe der Eneströmnummer der entsprechende Band der Eulerausgabe ermitteln lässt.

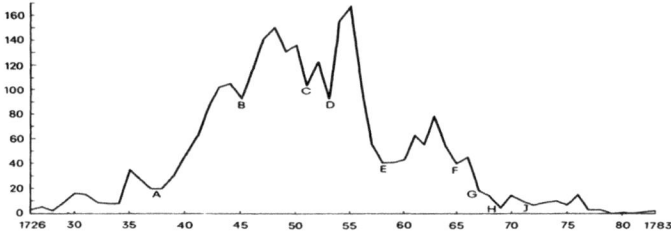

Abb. 9.8 Statistische Angaben zu Eulers Korrespondenz (nach den Briefwechselbänden der *Opera omnia*) von 1726 bis 1783

Differentialrechnung). Clifford A. Truesdell schaffte es, seinen Kommentar zu einem eigenen Begleitband auszuweiten (EO II/11,2). Die rein mathematischen Arbeiten (Serie I: Opera mathematica) lagen seit 1956 in 29 Bänden vollständig vor. Die geplante Serie IV/B (Notizbücher und Manuskripte) wird es in Papierform nicht geben, da eine Internetpräsentation an ihre Stelle treten soll.[12] Der bislang ungedruckte Briefwechsel und die Notizbücher sollen in einer Schriftenreihe des Bernoulli–Euler-Zentrums an der Universität Basel online (OBE.digital) erscheinen.

Neben der ehrwürdigen Euler-Edition hat sich im Internet ein amerikanisches Euler-Archiv (Euler Archive) etabliert, das Eulers Werk, auch in Übersetzungen, Kommentaren und Sekundärliteratur, online zugänglich macht. Obwohl aus rechtlichen Gründen die alten Bände der *Opera omnia Euleri* nicht ins Netz gestellt werden können, gibt es zahlreiche andere Zugänge. Beispielsweise hat die Berliner Akademie alle ihre Zeitschriften im Netz öffentlich gemacht, sodass Eulers Arbeiten in den Berliner *Mémoires* bequem zur Verfügung stehen. Das Euler-Archiv hat gegenüber der schwerfälligen Papieredition den Vorteil, bei Kommentaren und Sekundärliteratur stets auf dem Laufenden zu bleiben. Es basiert auf dem Eneström-Verzeichnis und begleitet die einzelnen Eintragungen mit Literaturhinweisen; schließlich arbeitet das Archiv selbst eigene Zusammenfassungen für die Einträge u. a. aus.

Die Serie IV/A der *Opera* enthält ca. 3000 bekannte Briefe von und an Euler. Seine Korrespondenzen mit nahezu 300 Partnern werden auf 4500 bis 5000 Briefe geschätzt, wovon etwa ein Drittel verloren gegangen zu sein scheint (Abb. 9.8). Die Briefe unterrichten über Persönliches, über wissenschaftliche Vor-

---

[12] Eine historisch interessante ergänzende Darstellung gibt M. H. Kowalewicz, „*Opera omnia*: Leonhard Eulers Weltanschauung? Anläßlich der 100-Jahrfeier der kritischen Ausgabe des Gesamtwerkes Eulers", in: *Aus Sibirien* 2011. Научно-информационный сборник, изд. А. П. Ярков и др. Печатник. Тюмень (Nautschno-informatsionnii sbornik), Hrsg. A. P. Jarkow u. a. Petschatnik. Tjumen 2011, S. 76–90; eine weitere Darstellungen der Editionsgeschichte und Vorgeschichte gibt es in *Euler* 1983. W. Habicht präsentierte eine inhaltliche Übersicht der *Opera*, die sehr lesenswert ist: „Die Serien I – III der Euler-Edition der Schweizerischen Naturforschenden Gesellschaft", in: *Verhandlungen der Naturforschenden Gesellschaft in Basel* 86 (1977), S. 77–85.

9.1 Eulers Werk (die *Opera omnia Euleri*)

haben und ihre Organisation sowie ihre Durchführung. Euler stellte Aufgaben, gab Ratschläge, klärte nachsichtig Fehler auf, förderte die Entwicklung junger Wissenschaftler oder half bei Stellungssuchen und selbst bei der Beschaffung von Büchern und wissenschaftlichem Gerät. Häufig sind die Briefe kleine Abhandlungen, in denen noch offener als in den gedruckten Arbeiten sich Eulers Gedanken entwickelten und Form annahmen. Der Briefwechsel zeigt auch die wichtige Rolle des Kontaktes zu Kollegen, denn die Entfaltung der Wissenschaften im 18. Jahrhundert war stark an isolierte, einzelne Persönlichkeiten gebunden. Hierin, also in der fehlenden Teamarbeit und der Begrenztheit der Kommunikationsmittel, liegt einer der Gründe, dass im 18. Jahrhundert oft grobe Fehler übersehen wurden oder phantastische Hypothesen ersonnen und hartnäckig verteidigt werden konnten. Jedoch bot der individuelle Austausch von Meinungen andererseits die Möglichkeit, auf den Briefpartner persönlich einzugehen. Euler beantwortete stets gewissenhaft alle Schreiben.[13] Wenn wir weiterhin bedenken, dass einzelne große Persönlichkeiten eine entscheidende Rolle für die Entfaltung der Wissenschaft spielen, so wird die Wirksamkeit brieflicher Kommunikation klar.

Jean Dieudonné (1906–1992) urteilte mit einer kompetenten Einschätzung aus heutiger Sicht, dass etwa 90 % der seit 1700 eingeführten mathematischen Begriffe und Methoden von vier oder fünf Wissenschaftlern des 18. Jahrhunderts, von etwa 30 Gelehrten des 19. Jahrhunderts und sicher nicht mehr als 100 des 20. Jahrhunderts geschaffen wurden. Das beleuchtet Eulers Wirkung sehr klar. Adolf Pawlowitsch Juschkewitsch, auch Yushkevich (Адольф Павлович Юшкевич, 1906–1993)(Abb. 9.9), ein tiefgründiger Kenner des Euler'schen Werkes, bezeichnete das 18. Jahrhundert geradezu als das Zeitalter Eulers, ohne dadurch dessen Einfluss nur auf dieses Jahrhundert einschränken zu wollen, und bereits Carl Gustav Jacob Jacobi hatte geschrieben, dass Euler in seiner Berliner Zeit die gesamte Mathematik umgestaltet habe.

Worauf beruhte und beruht die Wirkung Eulers? Eulers Souveränität bei der Anwendung der Mathematik in Verbindung mit der aufklärerischen Gewissheit und dem Glauben an die unbegrenzte Erkennbarkeit und die permanenten Fortschritte befähigten ihn vor allem, objektiven Tendenzen der Entwicklung der Wissenschaft und der Technik auf hervorragende Weise gerecht zu werden. In Bezug auf die Art seines Wirkens muss zunächst konstatiert werden, dass Euler trotz seines ausgezeichneten Lehrtalents und seiner Aufgeschlossenheit als wirkliches Mitglied der Akademie nicht viele Schüler hatte, denn er hielt (obwohl Professor) im eigentlichen Sinn kaum (öffentliche) Vorlesungen. Seine Wirkungsstätte waren vor allem die akademischen Konferenzen.

In seinen ersten St. Petersburger Jahren hielt Euler allerdings elementaren Unterricht am Kadettenkorps, wobei er sich Prüfungen nicht entzog. Überhaupt

---

[13] Immanuel Kant scheint eine der wenigen Ausnahmen zu sein, der auf sein Schreiben vom 23.8.1749, in dem er Euler bat, seine Streitschrift *Gedanken von der wahren Schätzung der lebendigen Kraft* zu prüfen, keine Antwort erhielt. Physikalisch war damals allerdings die Kontroverse schon geklärt.

Abb. 9.9 a Adolf Pawlowitsch Juschkewitsch (engl. Yushkevich; Juškevič, Адольф Павлович Юшкевич, 1906–1993), bedeutender ukrainisch-russischer Mathematikhistoriker, und **b** Gleb Konstantinowitsch Michailow (Глеб К. Михайлов, 1929–2021), ein hervorragender georgisch-russischer Physikhistoriker

interessierte er sich lebhaft für die Ausbildung russischer Schüler, wir sind auf seine Vorstellungen von der Förderung von Studenten eingegangen. Er war sich nicht zu schade, auch elementare Schulbücher zu verfassen (*Rechenkunst,* E 17, 35; *Vollständige Anleitung zur Algebra* E 387, 388), den Kometen von 1742 mit zwei Schriften (E 67, 68) zu bedenken und in Petersburg populärwissenschaftliche Beiträge für die entsprechende Zeitschrift der Akademie zu liefern, wo sein späterer Freund Gerhard Friedrich Müller (1706–1783) seine Petersburger Laufbahn als Redakteur begann; in Berlin waren Eulers genannte Abhandlungen über die Kometen vergleichbare Arbeiten. Schließlich unterwies Euler privatissimum in Berlin den Prinzen von Württemberg und die Prinzessinnen von Brandenburg-Schwedt, die Töchter des Markgrafen von Brandenburg-Schwedt, bei letzteren entstand das unvergleichliche Briefwerk (*Lettres á une Princesse,* E 343, 344, gewissermaßen ein Fernkurs). Er unterrichtete auch seinen Sohn Johann Albrecht und mit ihm die anwesenden russischen Gäste (z. B. Rumowski [Румовский] und Kotelnikow [Котельников]); eine Universität besuchte sein Lieblingssohn Johann Albert nie, für seine Ausbildung fand der vielbeschäftigte Vater stets die benötigte Zeit. Unter seinen Schülern und späteren Assistenten waren – sein Sohn Johann Albrecht eingeschlossen – keine bedeutenden Mathematiker.

9.1 Eulers Werk (die *Opera omnia Euleri*)

Hat sich das Wunder von Basel, das die entstehende Analysis von Johann I Bernoulli (1667–1748) in keine besseren Hände als die seines Schülers Leonhard Euler legen konnte, in Petersburg nicht wiederholt?[14] Nicht ganz, denn die russische Mathematik als Ganzes und das von ihr erreichte Niveau ist ohne Eulers Wirken nicht vorstellbar. Euler selbst hielt unter den Russen an der Akademie Semjon Kirillowitsch Kotelnikow (С. К. Котельников, 1723–1806) für den begabtesten, dem in ganz Deutschland nicht mehr als drei bessere vorgezogen werden könnten (Brief an Müller vom 27. August 1754); der talentierte Anders Lexell (1740–1784) starb zwölf Jahre nach seinem Eintreffen in St. Petersburg, wo er bis zu seinem frühen Tod lediglich für ein Jahr als Direktor der mathematischen Sektion der Akademie Euler nachfolgte.

Damit kommt Eulers Veröffentlichungen und Briefen Ausschlaggebendes zu. Obwohl sich die Zahl der Universitäten sowie Akademien und damit die Bibliotheken und deren Zeitschriften im 18. Jahrhundert vervielfachten, war es sowohl schwierig, zu publizieren, als auch weniger bekannte Zeitschriften zu beziehen. Euler mit seinen stets ausgezeichneten Beziehungen zur Petersburger und Berliner Akademie hatte es vergleichsweise einfach, in deren vielbeachteten Publikationsmitteln a priori eines großen Leserkreises für seine Veröffentlichungen gewiss zu sein, sodass bereits daher die Wirkung seiner Werke unmittelbar und weitreichend war. Seine zusammenfassenden Darstellungen, die unzugängliche oder auseinanderliegende Arbeiten mit seinen eigenen Forschungen verknüpften und so oft erst zu einer einheitlichen Theorie in durchsichtige Klarheit erhoben, waren von epochaler Wirkung. Die von Euler benutzten Symbole bürgerten sich schnell ein. Den Typ des Lehrbuchs schuf in der Mathematik eigentlich erst Euler, vor allem auch deshalb, weil es vor dem 18. Jahrhundert keine entsprechenden breiteren Leserkreise für Lehrbücher gab; das akademische Lehrbuch wurde jedoch mit der Französischen Revolution (1789) und deren gesellschaftlichen Umgestaltung sowie den aufkommenden wissenschaftlichen Bedürfnissen ein unverzichtbarer Teil der wissenschaftlichen Ausbildung.

Eulers souveräne Beherrschung des Stoffes führte dazu, dass er weitgehend eigene Entwicklungen beschrieb und nicht immer der historischen Herkunft gerecht wurde,[15] modern gesagt ging er mit Quellennachweisen etwas großzügig um (was jedoch seinerzeit nicht unüblich war). Die lebendig geschriebenen Abhandlungen und Bücher bieten stets einen offenen Einblick[16] in seine Ideen und

---

[14] Es ist schon bemerkenswert, dass die Stadt Basel im 17. und 18. Jahrhundert eine ununterbrochene Folge erstklassiger Mathematiker und Physiker seit den Brüdern Bernoulli hervorgebracht hat, die erst mit David Johann Collins, dem Sohn von Jakob II Bernoulli, in den 30er-Jahren des 19. Jahrhunderts abebbte; allgemeiner dauerte aber die Repräsentanz Basler Naturwissenschaftler im gesamten 19. Jahrhundert an.

[15] Irgendwo bekannte Euler, dass eine selbstständig gewonnenen Darstellung wesentlich dafür sei, dass er sich die einschlägigen Sachverhalte gut merken könne.

[16] Während zur Zeit des Barock ein großzügiger Einblick in eigene Arbeiten nicht die Regel war, denn eigene existentielle Interessen standen dem bereits entgegen, öffnete das Zeitalter der Aufklärung mehr und mehr die Möglichkeit für eine wachsende Zahl von Gelehrten, von der Wissenschaft leben zu können und damit auch einen offenen Austausch in den Wissenschaft zu verbinden. (Hinweise auf heutige Praktiken der Computerbranche mögen das Gesagte aktualisieren.)

Ansätze und sind mit vorbildlicher Klarheit und großem didaktischem Geschick abgefasst. Die aristotelische Maxime aus dessen *Nikomachischer Ethik*: Man muss nicht nur die Wahrheit sagen, sondern auch die Ursache des Irrtums, könnte Euler als Richtschnur beim Vermitteln wissenschaftlicher Erkenntnisse gedient haben.

Vor den langen Titel in barocker Art „Dissertatio physica de sono quam annuente numine divino jussu magnifici et sapientissimi philosophorum ordinis pro vacante professione physica ad d. 18. febr. a. MDCCXXVII. in auditorio juridico hora 9. publico eruditorum examini subjicit Leonhardus Eulerus" (Physikalische Dissertation über den Schall, die zur Unterstützung der Bewerbung um die vakante Stelle eines Professors für Physik an der Universität Basel verfasst wurde, die auf Anordnung der hohen philosophischen Fakultät am 18. Februar 1727 um 9 Uhr im juristischen Hörsaal öffentlich verteidigt wird), seiner zweiten Arbeit (E 2), stellte Euler noch eine Abkürzung voran: Q. F. F. Q. S. (= Q. B. F. F. [F. Q.] S.) – „Quod bonum, felix, faustum, fortunatumque sit" (Was gut, glücklich und gesegnet sei). Obwohl Euler die Professur nicht erhielt, erfüllte sich doch dieser Wunsch für sein weiteres Leben und Schaffen; in einer anderen Abhandlung drückt er seinen Wunsch durch ein anderes von ihm dazu gebrauchtes lateinischen Kürzel aus: Q. D. B. V. („quod Deus bene vertat") oder Was Gott wohl gelingen lasse.

Bei der Beurteilung von Eulers Wirkung darf seine umfassende und wirkungsvolle, aber zeitaufwendige wissenschaftsorganisatorische Tätigkeit nicht übersehen werden, mit der er die Forschung sowohl thematisch als auch personell beeinflusste. In Hinblick auf die St. Petersburger und Berliner Akademie kann mit einem gewissen Recht gesagt werden, dass er zugleich an beiden wirkte und eine „goldene Brücke" bildete, wie es Eduard Winter (1896–1982) treffend ausdrückte.

Eine bekannte mathematische Zeitschrift *The Mathematical Intelligencer*, die sich in den Dienst allgemeiner mathematischer Informationsvermittlung stellt, wählte in ihrem ersten Heft 1978 bezeichnenderweise die Euler'sche Einstellung zu ihrem Credo:

> „Euler veröffentlichte kaum jemals das letzte Wort zu einer Sache, sehr im Gegensatz zu Gauß Pauca, sed matura [Weniges, aber ausgereiftes]. Am Ende aller seiner Artikel fühlt man, dass er nur einen geeigneten Platz zum Aufhören gewählt hat und dass bald entweder er oder irgendjemand Weiteres zu sagen haben wird, und Euler ... , begierig die Wahrheit zu wissen, sorgt sich nicht viel darum, ob er oder ein anderer den nächsten Schritt tut."

In seiner Arbeit „Nova methodus motum corporum rigidorum determinandi" (Neue Methode, die Bewegung starrer Körper zu bestimmen; E 479, EO II/9) von 1775 bekannte der alte Euler über die Arbeit von Lagrange „Nouvelle solution du problème du mouvement" (Neue Lösung des Bewegungsproblems) (1773):

> „... aber als ich mit der größten Gewissenhaftigkeit versuchte, seinen höchst tiefsinnigen Gedanken in allen Einzelheiten zu folgen, bin ich wahrhaft nicht fähig gewesen, mich durch alle seine Rechnungen hindurch zu zwingen. Sogar das erste Lemma schrak mich so ab, dass ich meiner Blindheit wegen nicht hoffen konnte, sämtliche von ihm angewandten Kunstgriffe der Analysis durchzuprüfen."

Clifford Ambrose Truesdell gibt allerdings von Euler nicht genannte Schwierigkeiten der Lagrange'schen Arbeit an: Verschwommenheit und eine Wolke von Rechnungen!

Eulers Ehrlichkeit war entwaffnend! Er schrieb zum Beispiel am 16. Juni 1749 an Goldbach, dass neulich in den Braunschweiger Anzeigen die Frage: „Wieviel Kapital von 1000 Rth. in 640 Jahren zu 5 pro cento [Prozent], Zins auf Zins gerechnet, betragen werde?" aufgegeben worden sei, und der Auftraggeber verlangt habe, die Lösung in einer halben Stunde zu finden. Euler „hat dieselbe wohl eine ganze Stunde gekostet, und ich sehe nicht, wie die Arbeit verkürzt werden könnte." Da die Lösung eine sehr große Zahl sei, sei es fast unmöglich, die Rechnung nach der ordentlichen Art auszuführen.

„Ich habe folgende Summ gefunden: „36 404 192 715 744 080 Rth. 22 Gg. 11 9/10 ₰, welche nicht um 1/10 von der Wahrheit fehlen soll!"

(Euler hat also approximiert.) Im April 1750 kam Euler in der Korrespondenz noch einmal auf das Problem zurück, um anzuzeigen, dass nichts weiter zum Vorschein gekommen wäre, insbesondere was die Zeitforderung betreffe. Er gestand auch offen, dass die Auflösung des übersichtlichen Gleichungssystems

$$x + y + z = u^2$$
$$xy + xz + yz = v^2$$
$$xyz = w^2$$

in ganzen Zahlen ihn bald zur Verzweiflung brachte, so viel Mühe habe ihn die Lösung gekostet. Es erstaunt daher auch nicht, dass die kleinsten ganzzahligen Lösungen folgende sind:

$$x = 1\ 633\ 780\ 814\ 400$$

$$y = 252\ 782\ 198\ 228$$

$$z = 3\ 474\ 741\ 058\ 073$$

Später griff Euler noch weitaus schwierigere Probleme dieser Art (diophantische Gleichungen) auf.

Der Göttinger Gotthelf Abraham Kästner (1719–1800) verglich den Stil Eulers mit dem von Jean le Rond d'Alembert (1717–1783):

„Allemal wenn einerley Untersuchungen von d'Alembert und von Euler angestellt ist, ziehe ich Euler vor. Sonst hatten die Franzosen das Verdienst, schwere Untersuchungen durch Auseinandersetzung und Witz zu erleichtern, aber bey den genannten beiden ist mir oft eingefallen: Euler sey der gefällig unterhaltende, belehrende Franzose und d'Alembert der schwerfällige Deutsche."

Heute wird zwar gelegentlich die „behagliche Breite" Euler'scher Arbeiten bemängelt, aber der jetzt häufig bevorzugte knappe abstrakte Stil, der dem Leser eher das formale Gerüst als die tragenden Ideen vermittelt, verfällt in das andere Extrem. Obwohl der ungeheure Einfallsreichtum der Bearbeitung abgefasster Manuskripte sicher nicht gerade förderlich gewesen sein mag, kann man aber nicht, wie mitunter behauptet wird, sagen, dass Euler seine Manuskripte ungelesen und unredigiert zum Druck gegeben habe. Es trifft freilich bei den mitunter langen Liegezeiten der Arbeiten in einer Druckerei sicher zu, dass Euler eine in Rede stehende Abhandlung nicht immer so gegenwärtig war, dass er sie aus dem Gedächtnis berichtigen konnte, und daher mitunter fehlerhaft korrigierte.

Die Methode Eulers bestand darin, mit einfachsten Beispielen zu beginnen, um dann schrittweise zu allgemeineren Zusammenhängen zu kommen. Das war auch David Hilberts (1862–1943) erklärtes Ziel, der immer forderte, zunächst mit den ganz einfachen Fällen zu beginnen, um dann zu variieren. Hermann Hankel (1839–1873) urteilte über Euler:

> „Er war eine wesentlich konkrete Natur, die sich mit wirklicher Liebe und Begeisterung dem Stoff hingab und sich von ihm treiben ließ. Man hat ihn die 'lebendige Analysis' genannt, und ich möchte sagen: Euler stand mit den Problemen 'auf Du und Du'. Daher geht durch seine Schriften ein warmer, lebendiger Zug."[17]

Das wird auch durch Eulers zahllose Arbeiten zur direkten Lösung anstehender Probleme unterstrichen sowie durch seine Vorliebe, neben theoretischen Abhandlungen auch praktische Probleme der Naturwissenschaften und Technik zu bearbeiten. Dabei strebte Euler stets algorithmische Verfahren an, also die einfachsten geeigneten Formeln oder Tabellen zur Berechnung mit der gewünschten Genauigkeit. Er war *der* Mathematiker, der alles so einfach zu machen versuchte, wie es nur ging.[18] Die Freude an der Rechnung, aber auch die bewundernswerte Fähigkeit dazu (die längst nicht allen Mathematikern zu eigen ist), verunglimpfte Voltaire in dem „Traité de Paix" (Friedensvertrag) der zwischen Maupertuis und Koenig geschlossen wurde und in dem auch Euler seinen Teil abbekommt, beispielsweise im Artikel V:

> „Unser Stellvertreter Leonhard Euler erklärt durch unseren Mund:
> V. Dass er, um bei den Geometern wieder beliebt zu werden, in Zukunft versuchen wird, der Analysis, die er ihnen anbieten wird, ein wenig Eleganz zu verleihen; dass er nicht länger sechzig Seiten Berechnungen verwenden wird, um zu einer Schlussfolgerung zu gelangen, die durch eine Begründung von zehn Zeilen festgestellt werden kann; auch, dass er sich jedes Mal, wenn er seine Ärmel hoch rollt, um drei Tage und drei Nächte hintereinander zu rechnen, sich die Zeit nehmen wird, eine Viertelstunde vorher über die Wahl der anzuwendenden Grundsätze nachzudenken."[19]

Keine Frage, dass diese Kritik weit am Ziel vorüberging, wenn sie auch auf manche Zeitgenossen ihre Wirkung nicht verfehlte.

Aus heutiger Sicht – und wen will das nach etwa 250 Jahren verwundern – weist Eulers Werk Mängel an der gegenwärtig geforderten mathematischer Strenge auf (Abb. 9.10). Neben den objektiven historischen Gründen wurden diese Mängel

---

[17] „Die Entwicklung der Mathematik". Universitätsrede. Tübingen ²1884, S. 14.

[18] Das sah auch Albert Einstein als sein Ziel, nicht aber ohne auch die andere Tendenz einer Darstellung zu begrenzen, indem er Eulers Maxime durch „aber auch nicht einfacher" ergänzte.

[19] «Notre lieutenant général, Léonard Euler, déclare par notre bouche ce qui suit:
V. Que pour rentrer en grâce auprès des géomètres, il tâchera de mettre à l'avenir un peu d'élégance dans l'analyse qu'il leur offrira; qu'il n'emploiera plus soixante pages de calcul pour arriver à une conclusion qu'on peut établir par un raisonnement de dix lignes; item, que toutes les fois qu'il retroussera ses bras pour calculer trois jours et trois nuits de suite, il se donnera la patience de raisonner auparavant un quart d'heure sur le choix du principes qu'il conviendra d'employer.» – „Traité", in: *Maupertusiana*, o. O. 1753. S. 11 und 13. (Nabu-Reprint S. 586 und 588).

9.1 Eulers Werk (die *Opera omnia Euleri*) 907

Abb. 9.10 Büste Eulers von Heinrich Ruf im Basler Bernoullianum

teilweise auch dadurch begünstigt, dass Euler ein schneller Denker und rascher Arbeiter war, sodass gelegentlich Gedankensprünge sich als kleine, aber (heute) meist schließbare Lücken erwiesen. Wenn auch die technischen Einzelheiten zu revidieren sind, so bleibt doch in fast allen Fällen Eulers Aussage bestehen; über seine Irrtümer und Versehen ist die Zeit gnädig hinweggegangen. Zu Recht hob Constantin Carathéodory (1873–1950) wie auch andere Mathematikhistoriker hervor, dass der Mangel an Strenge natürlich mit dem Maß der Zeit zu messen sei. Bereits Felix Christian Klein (1849–1925) betonte, dass bisher jede Epoche, die glaubte, ein Maximum an Strenge erreicht zu haben, überboten wurde. Detlef Laugwitz (1932–2000), einer der Wegbereiter der Nichtstandardanalysis, hob hervor: „Strenge ist stets Strenge des einzelnen Beweises, der konkreten Rechnung. Das lokale Ordnen im Sinne von Freudenthal muß streng sein; alles aus einem Axiomensystem, dessen Widerspruchsfreiheit man ja auch noch wissen müßte, logisch zu deduzieren, können wir heute nicht mehr verlangen. 'Man weiß in der Mathematik nicht nur ob ein Resultat richtig, sondern sogar – oder eigentlich nur – ob es richtig begründet ist. Das nennt man Strenge.[20, 21]

Gemessen an den Maßstäben seiner Zeit kann Eulers Werk durchaus mit unserem heutigen axiomatischen Aufbau verglichen werden. Allerdings sollten wir dabei Verständnis dafür haben, dass Euler und seine Zeitgenossen, berauscht vom Erkenntnisstrom, sich der logischen Fundierung der Theorie nicht mit aller Kraft widmeten. So publizierte Euler wenig zu dem Grundlagenproblem der Geometrie,

---

[20] Freudenthal, H.: *Mathematik als pädagogische Aufgabe.* I und II. Stuttgart, 1973, S. 139. – Hans Freudenthal (1905–1990), deutsch-niederländischer Didaktiker der Mathematik.

[21] Laugwitz, D.: „Grundbegriffe der Infinitesimalmathematik bei Euler", in: *Mathemata* (Hrsg. Folkerts u. a.). Wiesbaden 1985, S. 459–483, Zitat S. 460.

dem Parallelenpostulat. Das mag mit seiner starken Neigung zur Analysis zusammenhängen, sicher aber auch mit der geometrischen Unanschaulichkeit der indirekten Beweisversuche (die zwar Eulers formalem Denken entsprachen, aber vermutlich nicht seinen geometrischen Vorstellungen), letztlich wohl auch mit der (seinerzeit) geringen praktischen Auswirkung. Immerhin hatte sich Euler entschieden gegen geometrische Deutungsversuche anderer Mathematiker für komplexe Zahlen gewandt.

Adolf P. Juschkewitsch (1906–1993) fertigte anhand des Eneström-Verzeichnisses folgende kleine, aber aufschlussreiche statistische Zusammenstellungen über Eulers Arbeiten an:

Jahre	Arbeiten	Prozent
1725–1734	35	5
1735–1744	50	7
1745–1754	150	20 %
1755–1764	110	14
1765–1774	145	19
1775–1783	270	35

Algebra, Zahlentheorie, Analysis	40 % der Arbeiten
Mechanik, restliche Physik	28 % der Arbeiten
Geometrie, einschließlich Trigonometrie	18 % der Arbeiten
Astronomie	11 % der Arbeiten
Schiffswesen, Architektur, Artilleristik	2 % der Arbeiten
Philosophie, Musiktheorie, Theologie u. a.	1 % der Arbeiten

Wir erinnern nochmals an die Einschätzung von Jean Dieudonné, dass nur durch wenige Mathematiker des 18. Jahrhunderts nachhaltige Begriffe geschaffen wurden. Das beleuchtet Eulers Wirkung sehr klar. Resümierend können wir unsere Darlegungen über Eulers Werk und seine Wirkung nicht besser als durch ein Wort seines Zeitgenossen Jonathan Swift (1667–1745) abschließen, dass es nämlich das Schicksal der Elefanten sei, stets kleiner gezeichnet zu werden, als sie in Wirklichkeit seien („Elephants are always drawn smaller than life")[22].

9.2 Leonhard Euler – der Mensch

> Dort nun, bei den Helden, bei diesen wirklich vorbildhaften Menschen, scheint uns das Interesse für die Person, für den Namen, für Gesicht und Gebärde erlaubt und natürlich …
> In diesem Sinne bemühten wir uns um Nachrichten.
> HERMANN HESSE (1877–1962) *Glasperlenspie*

---

[22] Es sei auch die in diesem Zusammenhang so treffende Fortsetzung des Zitat noch erwähnt „but a flea always larger".

9.2 Leonhard Euler – der Mensch

Eulers langes Gelehrtenleben verlief im Großen und Ganzen, von den schweren Schicksalsschlägen im Alter abgesehen, ruhig und ungestört. Es sind eigentlich lediglich drei Orte, die in seinem Leben eine Rolle spielten: Basel, St. Petersburg und Berlin. Alles in allem ein Leben, dem die Astrologen den Begriff Sonnenkind zu geben pflegen. Ganz anders waren etwa die Schicksale von Niels Abel, Carl Gustav Jacob Jacobi oder Evariste Galois (1811–1832) geartet. Das erschwert es, ein Bild des Menschen Leonhard Euler zu entwerfen, wobei der Zeitgeist seiner Epoche, geistreiche und anekdotisch aufgelockerte Beschreibungen von Lebensläufen anstelle exakter historischer Fakten zu geben, zusätzlich behindert.

Dennoch gibt es einige Anhaltspunkte, die nicht zu übersehen sind. Zunächst müssen wir davon ausgehen, dass Euler nicht schlechthin ein bedeutender und hervorragender Mathematiker war, sondern – und dies durchaus im Gegensatz zu vielen tüchtigen zeitgenössischen Kollegen, namentlich zu den meisten an den Universitäten wirkenden Mathematikern – sowohl wissenschaftlich als auch gesellschaftlich ein erfolgreicher und vorbehaltlos anerkannter Gelehrter war, der sich und den Seinen nur aufgrund wissenschaftlicher Tätigkeit soziale Sicherheit, ja Wohlstand verschaffen konnte. (Wir sahen gerade, dass es seinen Söhnen Johann Albrecht und Karl nicht gelang.) Diesen Umständen, begünstigt durch den aufklärerischen Optimismus und die Gewissheit des christlichen Glaubens, verdankte Euler zweifelsohne sein ausgeprägtes Selbstbewusstsein, das sich besonders in den offenbart (Abb. 9.13). Er wusste von Anfang an um seinen Wert, seine Überlegenheit, wie bereits sein Schreiben vom 7./18. September 1730 (bald nach seiner Ankunft) an den Petersburger Akademiepräsidenten Laurentius Blumentrost (1692–1755) deutlich erkennen lässt. Aber obwohl Euler noch berühmter werden sollte, blieb er zeitlebens ein bescheidener Mensch.

Vorerst soll uns jedoch Eulers unfassbare Produktivität interessieren, denn hierin überragte er wohl alle Mathematiker und hielt jedem Vergleich mit den Größten und Produktivsten der Menschheit stand (Abb. 9.11). Auf der Höhe seiner Schaffenskraft wäre die Leistung von 800 Seiten pro Jahr auch für einen Romancier beachtlich. Die von Eulers erstem Biografen N. Fuss vor mehr als 200 Jahren aufgeschriebenen Zeilen gelten auch heute noch:

> „Nur wenige Gelehrte haben so viel geschrieben wie Herr Euler; kein Mathematiker hat so viele Objekte auf einmal erfasst, keiner kam ihm gleich, weder in der Menge noch in der Mannigfaltigkeit seiner Entdeckungen."[23]

Euler war von ausgeglichener Art, so berichtete es sein Schüler Nikolaus Fuss. Und diese innere Ausgeglichenheit war gewiss eine notwendige Voraussetzung für seine ungewöhnliche schöpferische Tätigkeit. Die Grundlage für die Bewältigung eines so immensen Arbeitspensums bildete letztlich Eulers starker Wille, mit dem

---

[23] «Peu de Savants ont écris autant que M. Euler; aucun Géomètre n'a embrassé tant d'objets à la fois, aucun ne l'a égalé ni pour la multitude ni pour la variété de ses découvertes.» – *Éloge*, S. 64. – Aber ohne ein Ranking aufzustellen gibt es vergleichbare Mathematiker. Denken wir an G. W. Leibniz oder A. L. Cauchy, aber denken wir auch an die „Besessenheit", die hierfür nötig hierfür ist und an die Verwirklichung innerhalb des Familienalltags.

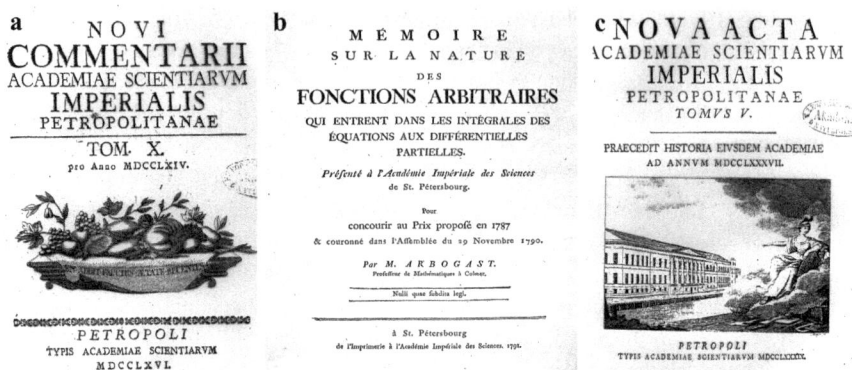

Abb. 9.11 a Der Band X der Petersburger Commentarii (1766). Der Band betraf das Jahr 1766, also Eulers Rückkehr nach Petersburg, was sich aber im Hinblick auf die Zahl von Eulers Publikationen nicht bemerkbar macht. **b** Preisschrift von Arbogast *Mémoire sur la nature des fonctions arbitraires*. Petersburg (1791). **c** Titelseite des Bandes V der Nova Acta für das Jahr 1787. In diesem Band wird die Preisaufgabe für 1789 gestellt. Antoine Arbogast (1759–1803) erhielt den Preis mit der Schrift *Mémoire sur la nature des fonctions arbitraires*. Petersburg (1791)

er einer Menge Krankheiten widerstand bzw. seine mathematische Tätigkeit dadurch nicht unterdrücken ließ. Wir haben einen brieflichen Bericht über das zu der Zeit malade Euler'sche Haus, den Johann Albrecht an Samuel Formey (1711–1797) aus Petersburg nach Berlin schickte, nach dem der betroffene Vater Euler beabsichtigte, wieder an Akademiekonferenzen teilzunehmen und in dem eine unbekannte, aber mit Euler offenbar vertraute Person sarkastisch am Briefrand notierte „aber man kennt ihn ja". Das war bei seinem begabten Sohn Johann Albrecht so vermutlich nicht der Fall, und dieser Mangel ließ ihn vielleicht seine geistigen Kräfte im Schatten des genialen Vaters nicht völlig entfalten. Unser Gewährsmann N. Fuss schrieb hierzu in seiner *Lobrede auf Herrn Euler* (1786):

> „Herr Euler war von einer gesunden und dauernden Leibesbeschaffenheit. Ohne diese würde er schwerlich so vielen Erschütterungen haben widerstehenden können, mit denen die Heftigkeit und Menge seiner Krankheiten seinen Körper bestürmt haben." – EO I/1, S. XL

Mediziner mögen hier eine Braue hochziehen, denn eine robuste Gesundheit war dem Gelehrten nicht eigen. Aber Eulers fast übermenschliche Arbeitsleistung, die sein Leben bestimmte und prägte, erforderte nicht nur die Abwesenheit von Leiden (oder deren Überwindung), sondern ebenso ungeheuren Fleiß und ausdauernden Willen, die durch eine hinter Eulers unauffälligem Wesen versteckte tiefe Liebe zum Wissen verursacht waren, und die in der Sicht von Fuss zu euphemistisch erschienen.

Eulers große Lebhaftigkeit, seine Neigung, leicht Feuer zu fangen oder gar aufzubrausen, waren Hinweise auf seine temperamentvolle, aber auch sanguinische Psyche. Allerdings verlöschte sein Zorn rasch. Jedoch das gewaltige Werk, das Euler mit großer Beharrlichkeit in ruhiger und stetiger Arbeit schuf, setzte noch zwei weitere Dinge voraus: ein gutes Gedächtnis und eine große

9.2 Leonhard Euler – der Mensch

Konzentrationsfähigkeit. Ein Kind auf den Knien (er brachte es ja schließlich auf 47 Enkel),[24] eine Katze auf dem Rücken, so schrieb er seine unsterblichen Werke, berichtete ein Zeitgenosse. Allerdings verzichten die auf uns gekommenen Bildnisse auf eine solche Staffage. Auch eine Unterhaltung um Euler herum störte ihn beim Denken in der Regel wenig. „Ich dürfte nur einen Augenblick aufstehen, so könnten mir meine Kinder leicht die Feder verwechseln," bekannte er nebenbei in den *Briefen an eine deutsche Prinzessin* und lässt uns seine Arbeitsbedingungen erahnen. Seinem empfindsamen Schüler Nikolaus Fuss war es ein unvergessliches Bild, den greisen und erblindeten Patriarchen inmitten seiner großen Familie zu sehen.[25]

Aus Briefen Eulers wissen wir, dass er als Vater, obwohl voll und ganz beschäftigt, sich um seine Kinder von klein auf intensiv bemühte, etwa sich um ihre Gesundheit sorgte, sie selbst unterrichtete (auch in Latein) oder ihre Schulbildung und ihr Studium aufmerksam verfolgte. Der frühe Tod von acht Kindern, oft kurz nach der Geburt, muss ihn stets tief getroffen haben. Das Anzeigen der Geburt oder des Todes seiner Kinder veranlasste Euler zu den wenigen Äußerungen über seine Frau, die wir von ihm kennen, z. B. im Brief an Goldbach vom 15. April 1749: „Vorgestern ist meine Frau mit 2 Töchtern auf einmal niedergekommen und befindet sich, Gott sei Dank, samt Kindern wohlauf." Es geht um die Zwillinge Ertmuth Louise und Helene Eleonore (geb. 13.4.1747), aber beide erlebten den Herbst nicht; im Sterberegister der Französisch-reformierten Kirche ist am 9. bzw. am 11. August ihr Ableben aufgeführt und als Begräbnisort der Friedrichstädter Kirchhof angegeben (Abb. 4.34). Die Kinder lebten nur 17 Wochen (beide beerdigt am 12.8.1747). Mit dieser traurigen Angabe versuchte Euler seinen Jugendfreund aus Basler Zeiten Johann Kaspar Wettstein (1695–1759) zu trösten, mit dem er zahlreiche Briefe wechselte. Wettstein war inzwischen Kaplan der englischen Königlichen Familie und hatte gerade selbst ein Kind verlorenen, was ihn in tiefe Trauer versetzte.

Die Breite von Eulers Schaffens ist beachtenswert, in bunter Folge wechselten Arbeiten aus entlegensten Arbeitsgebieten (von der Astronomie bis zur Zahlentheorie, von der Mechanik bis zur Geographie oder sogar Landwirtschaft, stetige Aufgaben wurden ebenso souverän wie diskrete Probleme behandelt). Das lässt bereits Rückschlüsse auf Eulers ungewöhnliche Gedächtniskraft zu. Fuss stellte in seiner *Éloge* zur Veranschaulichung zusammen, was seinen Meister um das Jahr 1769/70 beschäftigte: der Druck der *Integralrechnung* (Bd. 3, E 385), die *Anleitung zur Algebra* (2 Bde., E 387, 388), die *Dioptrica* (Bde. 1 und 2, E 386, 387; siehe Abschn. 7.5), die Mondtheorie (E 418), der Komet des Jahres 1769 sowie die Navigation, ganz zu schweigen von den gewechselten Briefen sowie den 16 Abhandlungen (E 368 bis 384 aus dem Jahr 1769) und den Tätigkeiten, die dem Venusdurchgang von 1769 gewidmet waren, u. a. m.

---

[24] Die Zahl ist zu erläutern. Acht Enkel wurden erst nach Eulers Tod geboren. Von den restlichen 39 Enkeln starben sieben als Kleinkind und weitere fünf im Kindesalter.

[25] Euler hätte 27 Enkel nebst deren Eltern um sich versammeln können, aber geographische und altersmäßige Umstände ermöglichten eine solche Vollversammlung nicht.

Euler konnte, sehr zur Verwunderung d'Alemberts, mitten im Gespräch entlegene Formeln zitieren; sein erfindungsreicher Kopf muss aber auch so von Ideen erfüllt gewesen sein, dass die ständig anströmende Flut neuer Gedanken Altes zurückdrängte. Beispielsweise war dies im Briefwechsel mit d'Alembert über den Logarithmus bei negativem Argument der Fall, wo Euler auch einmal eine sofortige Stellungnahme verschob, weil ihm der Gegenstand nicht mehr vertraut genug sei. Er begründete das damit, dass er sich Sachverhalte, die er selbst entwickelt habe, besser merken könne als angelesene. Auch scheinen ihm wie Gauß bereits in der Jugend die Grundideen zugefallen zu sein, die er wiederum wie später Gauß in Notizhefte eintrug und in nachfolgenden Jahren abarbeitete. In einem Brief aus Berlin vom 15.12.1742 an Goldbach bat Euler allerdings um Kopien der in Petersburg verbliebenen Arbeiten, damit er nicht eine Sache zweimal zum Vorschein bringe.

Sein phänomenales Gedächtnis[26] war offenbar von photographischer Exaktheit. Noch im hohen Alter konnte er die *Aeneis* von Publius Vergil (70–19 v. Chr.), die 9896 Verse umfasst, auswendig hersagen, wobei er zusätzlich die Anfangs- und Schlusszeile jeder Seite seiner Ausgabe, die sich vor seinem geistigen Auge aufgetan haben muss, bezeichnen konnte. Gewissermaßen, und häufig nebenbei, machte sein Gedächtnis Momentaufnahmen von den vor ihm liegenden Dingen, seien diese Akademieprotokolle oder mathematische Abhandlungen. Beides, aber auch viele Dinge, die ihm während des Studiums in Basel untergekommen waren, konnte er noch nach Jahrzehnten detailliert wiedergeben. In einer schlaflosen Nacht berechnete Euler die ersten sechs Potenzen der natürlichen Zahlen bis zur 20 und konnte sie noch nach Tagen auswendig hersagen (115 Zahlen, darunter achtstellige). Allerdings klagte der erblindete Greis, dass er viele fremde Dinge nicht mehr verstehen würde. In einem Brief an Goldbach vom 4. September 1751 bekannte er zwar, dass ihm länger zurückliegende mathematische Themen nicht mehr gegenwärtig seien, aber sein Gedächtnis war trotzdem außergewöhnlich, und er konnte sein Erinnerungsvermögen bis zum letzten Tag erfolgreich gegen die nachlassende Sehfähigkeit einsetzen. Der Akademie gegenüber hatte er geäußert, dass sein Nachlass zwei Jahrzehnte ausreichen würde, um die Petersburger Journale zu füllen. Euler selbst war damit in jenen Fehler verfallen, den alle, die sein Werkverzeichnis erfassen und es als Grundlage der gesammelten Werke nutzen wollten, begingen (von Nicolaus Fuss in seiner *Éloge* [1783] bis zum *Index operum Leonardi Euleri* [Berlin 1896, dem sogenannten Hagen Verzeichnis])[27], es waren unvollständige Verzeichnisse. Erst mit Gustaf Eneströms (1852–1923) fast vollständigem Verzeichnis mit 856 Titeln der Euler'schen Schriften war für den immer

---

[26] Es irritiert allerdings, wenn Euler gelegentlich den Rufnamen (?) seines späteren Lieblingssohnes Albert statt Albrecht angibt, erstmals in seinem ersten Brief an G. F. Müller von Ende 1734, also kurz nach der Geburt. Johann Albrecht selbst benutzt den Vornamen Albert erstmals in einer Arbeit von 1760. Als Sekretär der Petersburger Akademie benutzte J. A. Euler für amtliche Unterschriften den Vornamen Albert(us); z. B. am 7. Jan. 1779 auf der lateinischen Berufungsurkunde für Inochodzov [П. Б. Иноходцев] zum Ordinarus für Astronomie.

[27] Johannes Georg Hagen (1847–1930), SJ, Astronom. Das Hagen-Verzeichnis enthält auf 80 Seiten 796 Titelangaben, wobei die Titel in vier Teilen nebst zwei Anhängen sortiert sind. Es sollte die Opera Euleri vorbereiten.

9.2 Leonhard Euler – der Mensch

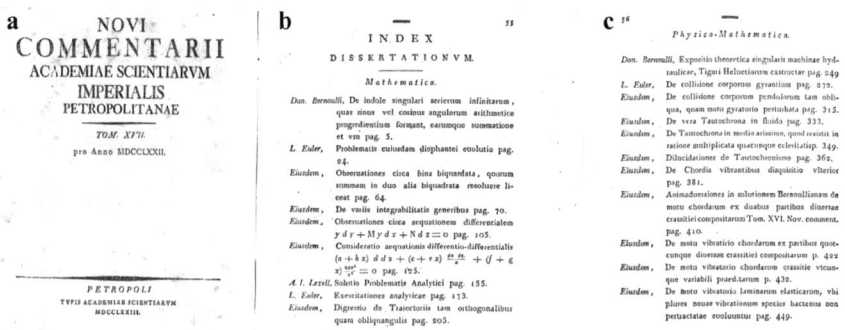

Abb. 9.12 a Eine typische Situation in den Petersburger und Berliner Akademiejournalen zeigt als Beispiel der Band 17 der Novi Commentarii Petropolitanae für das Jahr 1772, **b, c** Ein Blick auf das Inhaltsverzeichnis (Seite 55) zeigt die Dominanz Leonhard Eulers: in der Mathematik sind sieben von neun Abhandlungen von ihm, in der mathematischen Physik sind es sogar zehn von elf Abhandlungen!

drängenderen Wunsch einer Gesamtausgabe eine verlässliche Grundlage gelegt.[28] Das Versprechen Eulers auf posthume Abhandlungen veranschaulicht beispielsweise der Band der *Novi Commentarii* für 1785, der ganz eulerisch ausgerichtet ist, wie sein Inhalt zeigt.

Euler besaß ein umfangreiches Allgemeinwissen, sein mit dem Theologiestudium verbundenes Sprachstudium hatte ihm die besten klassischen Dichter nahegebracht, und er war auch in der Geschichte sehr bewandert, kannte sich in Medizin, Arznei- und Kräuterkunde, Biologie und Chemie gut aus; insgesamt gesehen ist das erheblich mehr, als man von einem Fachgelehrten erwartet hätte. Das 6. Notizbuch, Eulers „Catalogus librorum meorum" (Verzeichnis meiner Bücher), gibt Einsicht in Eulers Bibliothek. Die 539 Titel umfassende Liste entspricht vermutlich dem Stand von 1749 und enthält in der Hauptsache Werke der exakten Naturwissenschaften und Philosophie, viel religiöse Literatur, aber auch sowohl Werke antiker als auch zeitgenössischer Autoren, Wörterbücher, auch russische Bücher. (Als 1749 der Berliner Akademiepräsident Maupertuis den Schlendrian seiner Akademiker beim Entleihen von Büchern mit einer Verordnung zur sofortigen Rückgabe unter Androhung von Strafzahlung oder letztlich Gehaltspfändung behob, gehörte auch Euler zu den Sündern.)

Euler beherrschte Latein, Griechisch, Französisch und Russisch, er konnte offenbar auch Englisch lesen (und übersetzen); aber bis zu seinem letzten Tag sprach er das geliebte Schweizerdeutsch (Schwyzerdütsch der Basler) der „Lieni" Euler. Den später aus Basel zugereisten Schüler Nikolaus Fuss verblüffte er oft und gern durch manche konservierte Redewendung des heimischen Dialekts. Rudolf Fueter (1880–1950) bemerkte, dass Euler die Schweizer Unart, das Wörtchen

---

[28] „Verzeichnis der Schriften Leonhard Eulers", in: Jber. der DMV. Ergänzungsband 4, Leipzig 1910–1913.

„eben" laufend im Munde zu führen, auch ins Lateinische übernommen hatte, wo sich das entsprechende „plane" häuft. Eulers gesprochenes Deutsch wies einen starken Schweizer (genauer Basler) Akzent auf, sodass er in Berlin schlecht zu verstehen war, aber man parlierte dort sowieso gern „en française".

Zur neueren Literatur, besonders französischer Art, hatte Euler kein rechtes Verhältnis, was ihn im 18. Jahrhundert wenig Sympathien einbrachte, nicht nur bei Friedrich II. Der Sekretär der Berliner Akademie Jean Henri Samuel Formey, später durch Heirat mit Euler weitläufig verwandt, schrieb 1788 in einer für die Zeit der Aufklärung charakteristischen Abhandlung „Sur les rapports entre le savoir, l'esprit, le génie et le goût" (Über die Beziehung zwischen Wissen, Geist, Genie und Geschmack):

> „Euler war voller Lebhaftigkeit, er beging ständig Fehler, er liebte Witze; doch könnte ich nicht sagen, dass er sich jemals über irgendein Werk von Geist oder Geschmacks lobend äußerte, noch dass er die Aufführung irgendeines Schauspiels genossen hat, außer den der blödsinnigsten Marionettenspielen, zu denen er eifrig rannte, die seine Aufmerksamkeit stundenlang fesselten und ihn vor Lachen bersten machten. Wenn man ein so großer Mann wie Herr Euler ist, kann man auf Esprit verzichten."[29]

Das Urteil muss man allerdings relativieren, denn Formey, der seinen angeheirateten Verwandten Euler nicht besonders mochte (wir erinnern uns an dessen anonyme Schrift gegen Euler von 1747), glaubte, dass naturwissenschaftliche Begabung zwangsläufig mit dem Verlust an Schöngeistigem einhergehe. Immerhin fand Euler gern und häufig in der Musik Entspannung, wo er auch selbst aktiv wurde.

Formey, aber auch andere, gestanden Euler Fröhlichkeit und Heiterkeit zu. Die eleganten Franzosen führten den schlichten und natürlich gearteten Euler auf dem glatten höfischen Parkett gern aufs Glatteis, aber er stimmte anschließend fröhlich in ihr Gelächter mit ein. Mit den wortgewandten Schwätzern am Hofe konnte er nicht mithalten, aber bei ihm bestach die dem Zeitgeist weniger entsprechende Tiefe der Kenntnisse. Überhaupt wurde seine Unterhaltung sehr unterschiedlich beurteilt. Spöttische Bemerkungen des selbst brillant (aber möglichst auf Kosten von anderen) unterhaltenden Friedrichs II. überraschen nicht; eher schon d'Alemberts Briefstelle von 1766 an Voltaire, Euler sei sehr wenig amüsant, aber ein sehr großer Mathematiker («Le professeur Euler est un homme très-peu amusant, mais un très-grand géomètre»; 3.3.1766). Anders urteilte der Kreis der Freunde, hier als Beleg der Theologe und Geograph Anton Friedrich Büsching (1724–1793), der Pfarrer in St. Petersburg war:

> „Leonhard Euler ist nicht, wie die große Algebraisten zu sein pflegen, ein finsterer Kopf und im Umgang beschwerlicher Mann, sondern munter und lebhaft (insonderheit unter Bekannten), und obgleich sein verlorenes rechtes Auge etwas ekelhaft aussieht, so gewöhnt man sich doch bald daran und findet sein Gesicht angenehm."[30]

---

[29] «Euler étoit plein de vivacité, il avoit des faillies perpétuelles, il aimoit la plaisanterie; mais je ne fâche pas qu'il ait jamais fait cas d'aucun Ouvrage d'esprit de goût, ni qu'il se soit plu à la représentation d'aucun spectacle, excepté celui des Marionnettes les plus absurdes, auquel il couroit avec empressement, qui fixoit son attention des heures entieres le faisoit pâmer de rire. Quand on est aussi grand homme que l'est M. Euler, on peut se passer d'esprit.» – *Mémoires Berlin* 1788/89, S. 387.

[30] *Euler* 1907, S. 13.

9.2 Leonhard Euler – der Mensch

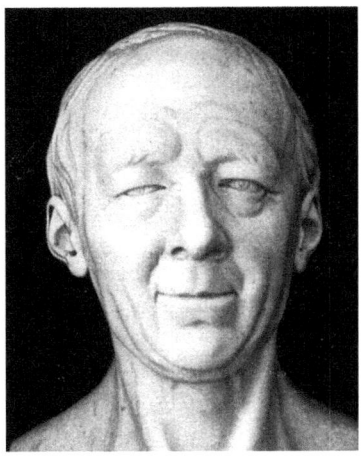

Abb. 9.13 Euler-Büste von D. Rachette (1744–1809), 1784

Eulers Umgang und Lebensgestaltung waren nicht von höfischer, sondern einfacher bürgerlicher Art. Nikolaus Fuss hob in der *Éloge* hervor, dass Euler jede Bonzenhaftigkeit und Arroganz (der etwa Augustin Cauchy oder Carl Gustav Jacobi gelegentlich erlagen) abging:

> „Die Kunst, die Rolle eines Wissenschaftlers zu spielen, seine Überlegenheit zu verschleiern, um sich auf die Stufe aller zu stellen, ist zu selten. Ein stets ausgeglichenes Temperament, eine sanfte, natürliche Fröhlichkeit, eine gewisse Bissigkeit gemischt mit Bonhomie [Gutmütigkeit], eine naiv angenehme Art, Geschichten zu erzählen, machten seine Unterhaltung ebenso angenehm wie kultiviert."[31]

Diese Einfachheit Eulers erstaunte immer wieder die Besucher. Auch sprach Euler stets anerkennend über andere, kaum über sich und sein Werk (Abb. 9.13). In seinen zahllosen Arbeiten lobt er nie seine eigenen Leistungen, jedoch die der anderen bis zum Übermaß, obwohl er sich wie ein Kind freuen konnte, wenn auch ihm etwas Schweres gelang. Neue wissenschaftliche Erkenntnisse erfreuten ihn stets, gleichgültig woher sie kamen und wie groß sein Anteil daran war und ob dieser genügend gewürdigt worden war.[32] Euler, wohl eines der wenigen Beispiele, war das Gefühl des (ehrgeizigen) Neides vollkommen fremd. So konnte er als königlicher Bauherr für Jahrzehnte Kärrner in Arbeit setzen. Der herausragende Wissenschaftshistoriker Dirk Struik (1894–2000) hob in Hinblick auf die rivalisierenden Gelehrten jener Zeit mit ihrem Gezänk und ihrer Medisance Euler durch einen

---

[31] «L'art de déposer l'air du savant, de déguiser sa supériorité de se mettre au niveau de tout le monde, est trop rare. Une humeur toujours égale, une gayeté douce naturelle, une certaine causticité mêlée de bonhomie, une manière de raconter naïve plaisante rendoient sa conversation aussi agréable que recherchée.» – *Éloge,* S. 69; EO I/1, S. XCII.

[32] Ausnahmen gibt es, aber eher selten. Eine solche war die in Eulers Augen unverdiente Ehrung von Klingenstierna.

treffenden Vergleich heraus: Mit ihnen würde er nur ungern eine Tasse Kaffee trinken, wohl aber mit Euler.

Natürlich besaß auch Euler Fehler und Schwächen. Seine schnelle Auffassungsgabe, die Sicherheit im Denken sowie sein lebhaftes Temperament führten dazu, dass er sich in seiner ungezwungenen Art schnell in andere Angelegenheiten einmischte (mitunter auf verletzende Art, vermutlich ohne es zu bemerken). Eigene Ansichten äußerte er freimütig, aber seine Bemerkungen wurden oft als Weisungen aufgefasst, und dann wurde sein administratives Verhalten als herrschsüchtiges Streben missverstanden. Das wiederum sah offenbar Euler nicht immer so. Empfindliches Handeln der zurückgesetzten Betroffenen scheint ihn irritiert zu haben, sodass er gelegentlich zum Misstrauen neigte (wie z. B. bei d'Alembert). Euler wusste um seine Superiorität, er war selbstbewusst, aber nicht eitel oder arrogant. Letztlich konnte er sich auch in hierarchischen Fragen arrangieren und seine eigenen Absichten zurückstellen (wie bei der Berliner Akademiepräsidentschaft); auch an der St. Petersburger Akademie erhielt er nicht die führende Stellung, die er sich gewünscht hatte. Sein Verhältnis zur Zarin, die ihm als Zeichen ihres Wohlwollens wiederholt sehr großzügig behilflich war (sie wusste den Wert ihres berühmten Akademiemitgliedes Eulers zu schätzen), war besser als das zum preußischen König (der ebenfalls genau wusste, welche Stellung Euler in der wissenschaftlichen Welt zukam) – aber bei beiden Herrschern gehörte Euler nicht zur Hofgesellschaft, und im Alltag sowohl in Berlin als auch in St. Petersburg hatte er die Nachstellungen der Mittleren in der Administration zu ertragen, die oft schlimmer als der Zorn der Großen waren. Aber durch Eulers sanguinisches Temperament kam fast alles bald wieder ins Lot (wie bei dem Streit mit Friedrich II.), ausgenommen waren jedoch Angelegenheiten, in denen Glaubenswahrheiten bezweifelt oder gar verachtet wurden (wie in der Affäre Samuel Koenig). Euler polemisierte nicht gegen andere Religionen, aber mit ganzer Kraft gegen den Atheismus. Noch einmal N. Fuss aus der *Éloge*:

> „Er war von Respekt vor der Religion erfüllt: Seine Frömmigkeit war aufrichtig, seine Andacht voller Hingabe. Er erfüllte mit größter Aufmerksamkeit alle Pflichten eines Christen."[33]

Bei Euler zeigten sich manchmal auch Eigenarten. Seine Herkulesarbeit in der Wissenschaft machte eine gewisse Einengung des Blickfeldes erforderlich, da auch dem phänomenalsten Kopf und der unverwüstlichsten Energie irgendwo Grenzen gesetzt sind. Die administrative Gewohnheit Eulers, Weisungen zu erteilen, und seine wissenschaftliche Sicherheit verbanden sich manchmal mit Eigenarten. In seiner Akademiegeschichte charakterisierte Adolf von Harnack (1851–1930) Euler als Leiter der Akademie mit den Worten: „Er war [genau wie im alltäglichen Leben] gewissenhaft und sparsam, aber kaum weniger heftig und eigensinnig als der alte Präsident [Maupertuis], zwar gerecht, aber nicht ohne

---

[33] «Il étoit pénétré de respect pour la religion: sa piété étoit sincère, sa dévotion pleine de serveur. Il a rempli, avec la plus grande attention, tout les devoirs du chrétien.» – *Éloge*, S. 69.

9.2 Leonhard Euler – der Mensch

Vorurteile."[34] Jede Stärke eines Menschen ist stets auch eine Versuchung für ihn, und als Kehrseite der geistigen Souveränität Eulers erscheinen mitunter naive Haltungen und Einstellungen, die durch die Übertragung der geradlinigen und unbeirrbaren Selbstsicherheit des Mathematikers auf Gebiete außerhalb des ihm wohl vertrauten Reiches der Logik oder Naturwissenschaften bewirkt wurden. Blaise Pascals (1623–1662) tiefgründiger Gedanke,

> „Mathematiker, die nur Mathematiker sind, haben also einen rechtschaffenen Geist, aber vorausgesetzt, dass ihnen alles durch Definitionen und Prinzipien gut erklärt wird; andernfalls sind sie falsch und unerträglich, weil sie nur auf der Grundlage wohlgeklärter Grundsätze aufrecht sind,"[35] erklärt manches von Eulers Wesen. Wo viel Licht ist, da ist bekanntlich auch Schatten. Die Berliner Akademiker bescheinigten deshalb ihrem Kollegen Euler durchaus einige Schrullen, akzeptierten ihn aber als aufrechten Menschen und erst recht als überragenden Gelehrten.

Ein Akademiemitglied berichtete, wie wir erwähnten, dass man um den 1751 gegründeten botanischen Garten der Akademie in Berlin eine Mauer ziehen und einige Tiere zur Unterstützung des Gärtners anschaffen wollte. Euler widersetzte sich dem mit allen Kräften, denn „es gäbe nichts Unwichtigeres als einen botanischen Garten, die ganze Botanik sei nichts als eine Spielerei", und er ergänzte aufgebracht, „dass es überhaupt nur eine Wissenschaft in der Welt gäbe: die Mathematik."[36] Zur Ehre des erregten Euler muss allerdings gesagt werden, dass es um außerordentlich beträchtliche Summen, nämlich um 15.000 Thaler ging, gerade die von Euler während des Siebenjährigen Krieges (!) ersparten Gelder der Akademie. Der Antragsteller war Johann Gottlieb Gleditsch (1714–1786), ein Mann, der nach dem Tod von Maupertuis tatsächlich fest daran glaubte, dessen Geist gesehen zu haben – Friedrich II. war außer sich über den Geisterseher in seiner aufgeklärten Akademie! Der bedeutende Botaniker des 19. Jahrhunderts Matthias Jacob Schleiden (1804–1881) übte ebenfalls eine harte, aber gerechte Kritik an seinen Vorgängern: Klassifikation gesammelten Heus. Freilich kam es auch vor, dass der große Mathematiker dem täglichen Leben etwas fremd gegenüberstand. Mit seinem Nachbarn in Berlin hatte Euler eine Auseinandersetzung über das Zuschütten eines Grabens, der die Grundstücke trennte. Der Streit kam bis zu Gericht und kostete jede Partei 100 Thaler.[37] Die Arbeitskosten für das Zuschütten: 5 Thaler!

Seit 1883 bürgerte sich eine Tradition ein, der anfallenden Euler-Jubiläen zu gedenken. Bücher, zahlreiche Artikel, die Namen einiger Straßen, aber auch

---

[34] *Geschichte der königlichen preußischen Akademie der Wissenschaften*, Band 1. Berlin 1900, S. 351 f.

[35] «Les Géomètres qui ne sont que géomètres ont donc l'esprit droit, mais pourvu qu'on leur explique bien toutes choses par définitions et principes; autrement ils sont faux et insupportables, car ils ne sont droits que sur les principes bien éclaircis." – *Pensées*, Ed. M. Le Guern. Paris 2004, S. 330 (No. 466).

[36] Thiébault, *Souveniers de Vingt ans de séjour à Berlin*. Bd. 5. Paris 1804, S. 14.

[37] Ebd. S. 14.

Abb. 9.14 a Prof. Dr. Robert E. Bradley, der Präsident der Euler Society (**b**)

Briefmarken wurden aus diesen Anlässen Euler gewidmet; der Mondforscher Euler wurde mit einem lunaren Krater von 27 km Durchmesser in der südlichen Hälfte des Mare Imbrium geehrt. Um die Jahrtausendwende fand sich in Nordamerika eine Gruppe enthusiastischer Euler-Freunde, die sich 2001 informell trafen und eine Euler Society gründeten, die sich dem Leben und Werk Euler verpflichtet fühlt und bereits 2002 ihre erste jährliche Tagung abhielt (Abb. 9.14). Bekannt ist ihr Sekretär C. Edward Sandifer (1951–2022) vor allem durch seine geistreiche monatliche Kolumne MAA online über Leonhard Euler, die schließlich zu zwei Büchern führte, *How Euler did it* und *How Euler did even more,* 2007 und 2015.

In den USA gibt es online ein sehr leistungsfähiges Euler-Archiv (Euler Archive), das alle Euler'schen Werke als Volltext liefert und vieles mehr zu Euler anbietet. Die Gründer waren D. Klyve und L. Stemkowski, gegenwärtig wird es von E. Tou und C. Goff betreut.

Die akademischen mathematischen Einrichtungen im Raum Berlin und Potsdam sowie die Berliner Mathematische Gesellschaft u. a. veranstalten seit 1993 im festlichen Rahmen (früher im Schlosstheater Sanssouci, jetzt im Auditorium maximum der Universität Potsdam) jährlich eine Euler-Vorlesung. Diese besteht aus einem historischen Vortrag und einem Thema aus der modernen Mathematik und ist Eulers Wirken über ein Vierteljahrhundert an der Berliner Akademie gewidmet.

Nikolaus Fuss beschrieb seinen Meister und die Gründe für seine Trauer um ihn so:

> „Er war ein guter Ehepartner, ein guter Vater, ein guter Freund, ein guter Bürger, der allen Beziehungen der Gesellschaft treu blieb. Alles trägt dazu bei, unser Bedauern zu rechtfertigen und der Welt zu beweisen, wie berechtigt unser Schmerz darüber ist, ihn verloren zu haben."[38]

---

[38] «Il étoit bon Époux, bon Père, bon Ami, bon Citoyen, fidèle à toutes les relations de la Société. Tout concourt à justifier nos regrets, à prouver au monde combien notre douleur de l'avoir perdu est légitime.» – *Éloge,* S. 70.

Abb. 9.15 Gedenktafel für Euler in der Kirchgasse 8 in Riehen von Rosa Bratteler (1886–1960)

An den erhaltenen Wohnhäusern in Berlin und St. Petersburg befinden sich Gedenktafeln für Euler. Auch in Riehen wurde 1960 anlässlich des 500-jährigen Jubiläums der Basler Universität am sogenannten Klösterli nahe dem Pfarrhaus eine bronzene Gedenktafel angebracht, die daran erinnert, dass Euler hier seine Jugend verbrachte (Abb. 9.15). Der kurze Text wurde von Otto Spiess (1878–1966) verfasst und endet mit dem knappen, aber treffenden Satz aus neun Wörtern, die dem Großen der Menschheit treffend gerecht wird:

„Er war ein großer Gelehrter und ein gütiger Mensch."

Spiess beschrieb in schlichten Worten den Menschen Euler. Wie wäre eine kurze Beschreibung des Mathematikers und seiner Wirkung in der Wissenschaft auszuführen?

Kapitel 10
Epilog

Die Vergangenheit, so dachte er, ist mit der Gegenwart durch eine ununterbrochene Kette von Ereignissen verknüpft, von denen sich eins aus dem anderen ergibt. Und es schien ihm, er habe soeben die beiden Enden dieser Kette gesehen – er berührte das eine Ende, da erzitterte das andere.[1]

ANTON TSCHECHOW (1860–1904)

Wagen wir abschließend im Geist des Barock eine Allegorie auf den Mathematiker Leonhard Euler. Er errichtete in barocker Weise ein beeindruckendes und schönes Gebäude der Mathematik, das einerseits dem Zeitgeist entsprach, aber andererseits auch dem praktischen Wesen Eulers Rechnung trug und solide erbaut wurde. Es gibt prachtvolle Säle, eindrucksvolle Zimmerfluchten sowie grandiose Treppenhäuser, die zu großartigen Aussichten führen. Aber neben überraschenden abkürzenden Verbindungen im Bauwerk sind einige Seitenflügel, wie manche finden, zu leichtfertig angebaut worden. Nachfolger von Euler haben im folgenden Jahrhundert den Untergrund dieses Gebäudes, das Souterrain, mit verwirrenden technischen Apparaturen versehen, die dem Geist dieser Zeit dienten, der der Genauigkeit verpflichtet war. Wiederum ein Jahrhundert später wollten die Bauherren alles Vorhandene bewahren oder rekonstruieren, und die erforderlichen Gerüste sowie Abhängungen der Baumeister veränderten nicht nur die Sicht auf das Gebäude – denn das Gerüst ist nicht das historische Gebäude.

Aber es gibt nach wie vor viele Möglichkeiten, das umfängliche und laufend wieder umgestaltete mathematische Gebäude forschend zu erkunden, wobei

---

[1] А. П. Чехов, Студент (1894). „Прошлое, думал он, связано с настоящим непрерывною цепью событий, вытекавших одно из другого. И ему казалось, что он только что видел оба конца этой цепи: дотронулся до одного конца, как дрогнул другой". – Dtsch. Übersetzung aus *Weiberwirtschaft*, Berlin 1966, Der Student, S. 406–410, Zitat S. 410.

Abb. 10.1 Medaille von Abraham Abramson (1725–1811), ca. 1777 (vermutlich zum 70. Geburtstag Eulers). Die Inschrift „Radio describit orbem" lautet deutsch etwa: Das Weltall beschreibt er mit dem Bleistift

Eulers Erbe immer wieder aufscheinen wird. Diese Biographie Eulers ist eine Möglichkeit, einen Rundgang durch Eulers Bauwerk zu wählen, und sie ist auch eine Handreichung, eigene Antworten auf Fragen zu Euler finden. Nikolaus Fuss (1755–1826) betonte in seiner *Lobrede auf Herrn Euler* (1786), die damals natürlich nicht ohne ein entsprechendes Quantum an Pathos aufgesetzt werden konnte: „Sein Name kann nur mit den Wissenschaften selbst erlöschen".

Diese Lebensbeschreibung Eulers ist umfangreich, aber natürlich nicht endgültig. Endgültig weder für diese Zeit noch für künftige Zeiten, in denen ohnehin weitere Um- und Anbauten das Gebäude verändern werden (Abb. 10.1). Der scharfsinnige Zeitgenosse Eulers, Georg Christoph Lichtenberg (1742–1799), sagte in einem Brief im Herbst 1787 an Gottfried August Bürger (1747–1794) für kommende Zeiten voraus, „Wenn man aus des großen Eulers Werken alles wegnehmen wollte, was nicht unmittelbare Anwendung im Praktischen hat, so würden sie sehr zusammenschmelzen. Der große Mann hat sich sehr mit den abstraktesten Vergleichungen der Größe beschäftigt, welche die Nachwelt erst zu gebrauchen wissen wird."[2]

Nochmals Clifford A. Truesdell (1919–2000) in seinem meisterhaften Vortrag in Basel zur 250. Wiederkehr des Geburtstages von Leonhard Euler am 18. Mai 1957:

---

[2] Lichtenberg, *Schriften und Briefe*, Bd. iv Hrsg. W. Promies. München 1967, S. 716 f.

10 Epilog

„Euler ist eine grosse umfassende Erscheinung wie Shakespeare gewesen: jeder der die Werke des einen oder des anderen lesen kann, macht sich ein eigenes, vielleicht wahres wenn auch unvollständiges Bild davon. In den Arbeiten Eulers kann man schönste Beispiele *jeder Art* mathematischen Denkens finden, und es ist möglich, dass ein anderer Leser durch Auswahl anderer Eulerschen Forschungen zu einer anderen Auffassung gelangt."[3]

In Johann Wolfgang Goethes (1749–1832) *Faust* bekennt Mephisto in der bekannten Schülerszene dem enttäuschten Baccalaureus: „Gewiß, mein Freund, es fehlt etwas im Buch/ Mit Suchen hab auch ich viel Zeit verloren." Deshalb ist es passend, am Schluss auf den Dichter des Barock Angelus Silesius (1624–1677) und seinen „Beschluß" des *Cherubischen Wandersmannes* zu verweisen, nämlich auf die Aufforderung:

„Freund, es ist auch genug. Im fall du mehr wilt lesen/
so geh und werde selbst die Schrift und das Wesen."[4]

<blockquote>
MÉMOIRE
SUR LA NATURE
DES
FONCTIONS ARBITRAIRES
QUI ENTRENT DANS LES INTÉGRALES DES
ÉQUATIONS AUX DIFFÉRENTIELLES
PARTIELLES.

Présenté à l'Académie Impériale des Sciences
de St. Pétersbourg.

Pour
concourir au Prix proposé en 1787
& couronné dans l'Assemblée du 29 Novembre 1790.

Par M. ARBOGAST.
Professeur de Mathématiques à Colmar.

Nulli quae subdita legi.

à St. Pétersbourg
de l'Imprimerie à l'Académie Impériale des Sciences. 1791.
</blockquote>

---

[3] „Eulers Leistungen in der Mechanik", in: *L'enseignement mathématique.* IIe série tome III. Genève 1957, S. 251–262, Zitat S. 260 f.
[4] Eigentlich Johannes Scheffler, aus dem *Cherubinischen Wandersmann*, Beschluss des 6. Buches (1675).

Anhang 1: Werkverzeichnis

22 Hauptwerke Eulers

Die erste Spalte gibt das Druckjahr an, in Klammern wird ein Jahr angegeben, in dem das Manuskript bzw. große Teile des Manuskripts fertig waren. Die zweite Spalte nennt die Titel der Werke, in der Regel in einer Kurzform und gelegentlich mit einem Stichwort, das im Buch gebraucht wird. Die numerischen Angaben enthalten die Eneström-Nummer und den Platz der Arbeit in den *Opera omnia Euleri*. Wie im Buch wird die Serie der *Opera* durch römische Ziffern bezeichnet und der entsprechende Band der Serie in indisch-arabischen Ziffern angegeben. Um einen Vergleich bei den Umfängen zu ermöglichen, sind die jeweiligen Seitenzahlen aus den *Opera* entnommen.

1736 (1734)	*Mechanica* (2 Bände), E 15 EO II/1–2; 394 + 452 S.
1738–1740 (1735)	*Rechenkunst* (2 Bände), E 17, 35 EO III/2; 289 S., 259 S.
1739 (1737)	*Tentamen novae theoriae muscicae* („Musiktheorie"), E 33 EO III/1; 230 S.
1744 (1743)	*Methodus inveniendi lineas curvas* („Variationsrechnung"), E 65 EOI/24; 450 S.
1744 (1744)	*Theoria motuum planetarum et cometarum* („Himmelsmechanik", Anhänge über; Kometen von 1681–1744), E 66 EO II/28; 200 S. 745 (1745)
1745 (1745)	*Neue Grundsätze der Artillerie*, erweiterte Übersetzung, E 77 EO II/14; 360 S.
1746 (1746)	*Gedancken von den Elementen der Cörper*, E 81 EO III/2; 20 S.
1747 (1747)	*Rettung der göttlichen Offenbarung gegen die Einwürfe der Freygeister*, E 92 EO III/12; 40 S.

1748 (1745)	*Introductio in analysin infinitorum* (2 Bände), E 101–102 EO I/8–9; 390+402 S.
1749 (1738–41)	*Scientia navalis* („Schiffstheorie", 2 Bände), E 110–111 EO II/18–19; 500+500 S.
postum 1862	*Anleitung zur Naturlehre*, E 842 EO III/1; nach 1.750.162 S.
1753 (1751)	*Theoria motus lunae* („Erste Mondtheorie"), E 187 EO II/23; 347 S.
1755 (1748)	*Institutiones calculi differentialis* („Differentialrechnung"), E 212 EO I/10; 676 S.
1762 (1761)	*Constructio lentium objectivarum* („Achromatische Linsen"), E 266 EO III/6; 34 S.
1765 (1760)	*Theoria motus corporum* („Zweite Mechanik"), E 289 EO II/3–4; 850 S.
1766 (1765)	*Théorie générale de la dioptrique* („Linsentheorie"), E 844 und 844a EO III/9; 40 S.
1768 (1760–1762)	*Lettres à une Princesse d'Allemagne* („Briefe", 3 Bände, hier in drei Banden), E 343–344, 417 EO III/11–12; 800 S.
1768–1770 (1762)	*Institutiones calculi integralis* („Integralrechnung", 3 Bände, ein vierter posthumer Band wurde nicht in die Opera aufgenommen), E 342, 366, 385 EO I/11–13; 462+542+505 S.
1769–1771 (1768)	*Dioptrica* („Optik", 3 Bände), E 367, 386, 404 EO III/3–4; 1053 S.
1770 (1767)	*Vollständige Anleitung zur Algebra* („Algebra"), 2 Bände, E 387–388 EO I/1; 498 S.
1772 (1768)	*Theoria motuum lunae, nova methodo* („Zweite Mondtheorie"), E 418 EO II/22; 500 S.+Tabellen
1773 (1773)	*Théorie complette de la construction et de la maneuvre des vaisseaux* („Zweite Schiffstheorie"), E 426 EO II/21; 184 S. 27

Anhang 1: Werkverzeichnis

Allgemeine Literaturhinweise

Bibliographische Nachweise erfolgen auf diese Weise:
- Bei kurzen bibliographischen Angaben sofort im laufenden Text,
- Längere bibliographische Angaben werden unmittelbar in Fußnoten gegeben.

Dabei werden bei einem einmaligen Verweis der gleichen Quelle ausführliche Angaben gemacht und bei wiederholtem Verweisen werden Kürzel benutzt. Die Kürzel sind so gehalten, dass man sie entweder durch vorangehende ausführliche Angaben oder im Literaturverzeichnis auflösen kann, in der Regel in den kapitelweisen Aufstellungen oder spätestens in diesem allgemeinen Literaturverzeichnis.

Allen Kapiteln sind auf sie bezogene spezielle Literaturhinweise beigefügt. Obwohl sich in diesen Verweisen auch einschlägige Eulersche Arbeiten befinden, werden in diesem allgemeinen Verzeichnis systematisch Hinweise auf Originalarbeiten Eulers gegeben (Teil A, Euleriana). Es folgen allgemeinere Angaben über einige ausgewählte mathematische Lehrbüchern, Monographien und Nachschlagewerke, die gänzlich Euler gewidmet sind oder größere Abschnitte über Euler enthalten (Teil B, Sekundärliteratur). Es sind sowohl mathematische als auch mathematikhistorische sowie historische Darstellungen darunter, die grundlegende Themen im Hinblick auf Eulers Werke behandeln und die von mir häufig zu Rate gezogen wurden. Gelegentlich ergeben sich Überschneidungen mit den speziellen Hinweisen.

Unsere Sammlung, die natürlich nicht repräsentativ ist, enthält auch digitalen Quellen. Dieser Bereich verändert sich fast täglich, und man findet in ihm sowohl Gesammelte Werke als auch einzelne Titel, neben Zeitschriftenbeiträgen auch andere interessante Archivalien. Man lasse sich aber nicht entmutigen, wenn eine Internetrecherche nicht sofort zum Ziel führt; da die meisten Drucke zu unserer Thematik gemeinfrei sind, kann man häufig andere Anbieter finden, die jedermann Zugang bieten und einen bequeme Einsicht ermöglichen. Die erste Wahl ist hier das amerikanische Euler Archive.

Euleriana (Originalarbeiten Eulers)

Euleriana

Leonhardi Euleri Opera omnia (Gesammelte Werke Eulers), herausgegeben von 1911 bis 2020 von der Euler-Kommission der Schweizer Akademie der Wissenschaften. Die Werke erscheinen kommentiert in der von Euler vorbereiteten Fassung und der seinerzeit benutzten Sprache

Die Werke sind in vier Serien eingeteilt:

I. *Opera mathematica*. Mathematik (29 Bde.)
II. *Opera mechanica et astronomica*. Mechanik und Astronomie (31 Bde.)

III. *Opera physica, Miszellanea*. Physik und Vermischtes (12 Bde.)
IV. *Commercium epistolicum et manuscripta*. Briefwechsel und und Manuskripte.

Die Serie IV ist in zwei Gruppen IV A und IV B aufgeteilt (8 Bande); wobei die Serie IV B nicht mehr im Druck, sondern in einer Online-Schriftenreihe der Bernoulli-Euler-Gesellschaft erscheint.

Alle Verweise auf diese Werkausgabe werden mit dem Kürzel EO gegeben, dem die Serie in römischen Ziffern mit der Bandnummer in indisch-arabischen Ziffern folgt. Von besonderem Interesse für unsere Thematik ist natürlich die Serie EO I; der Briefwechselband EO IV A/1 ist ein Regestenband für die Korrespondenzen in der Serie EO IV A. Die jeweiligen Arbeiten Eulers haben noch eine Eneström-Nummer (E n), die im Eneström-Verzeichnis einfach zu finden ist, welches in den Jahresberichten der DMV veröffentlicht wurde (siehe etwas weiter unten), aber dieses Verzeichnis ist heute ebenfalls im Internet unter dem Eintrag Euler Archive bequem zu erhalten. Inzwischen sind fast alle Eulerschen Arbeiten in der *Opera omnia* erfasst. Es gibt deutsche und englische Übersetzungen wichtiger Werke; der Briefwechsel Eulers mit Goldbach ist mit unterschiedlicher Kommentierung sogar doppelt herausgegeben worden (Berlin 1965; EO IV A/4, Basel 2015). Einige typische Angabe einiger ausgewählten Werken zur Veranschaulichung:

Éloge auf Euler von N. Fuss (1783), in der deutschen Übersetzung von Fuss (1786), in EO I/1;
Introductio in analysin infinitorum, 2 Bde. 1748 (E 101–102), EO I/8–9;
Institutiones calculi integralis, 3 Bde. 1768 f. (E 342, 366, 385), EO I/11–13;
Lettres à une Princess d'Allemagne, 2 Bd. 1768. (E 387–388), EO III/11–12;
Vollständige Anleitung zur Algebra, 2 Bde. 1770. (E 387–388), EO I/1.

Deutsche Übersetzungen

Euler, L.: *Einleitung in die Analysis des Unendlichen.* Erster Teil der *Introductio in Analysin Infinitorum* (dtsch. Übersetzung, E 101). Berlin 1983.
– Krazer, A. und F. Rudio: Kommentar zu Eulers *Introductio* in der Werkausgabe EO I/8.

Weiter wichtige Arbeiten Eulers sind in deutschen Übersetzungen bereits im 18. Jahrhundert erschienen. Man findet auch die Ubersetzungen im Enestrom-Verzeichnis (bis etwa 1910). Auch das Euler Archive fuhrt Ubersetzungen, insbesondere englische, an. Die Zusammenstellung der Eulerschen Werke im Enestrom-Verzeichnis liefert eine Enestrom-Nummer fur jedes Werk, mit deren Hilfe man den Ort der Arbeit in den Opera findet, die Bande der Serie IV der Opera bieten dazu Tabellen.Man findet auch die Ubersetzungen im Enestrom-Verzeichnis (bis etwa 1910). Auch das Euler Archive fuhrt Ubersetzungen, insbesondere englische, an. Die Zusammenstellung der Eulerschen Werke im Enestrom-Verzeichnis liefert eine Enestrom-Nummer fur jedes Werk, mit deren Hilfe man den Ort der Arbeit in den Opera findet, die Bande der Serie IV der *Opera* bieten dazu Tabellen.

Anhang 1: Werkverzeichnis

In Ostwald's Klassikern
[1] Abhandlungen über die Variationsrechung, 2Bde, 46 u. 47. Hrsg. P. Stackel. Leipzig 1914. Reprint.
[2] Zwei Abhandlungen über sphärische Trigonometrie. Grundzüge der sphärischen und allgemeinen sphärischen Trigonometrie. Bd. 73. Hrsg. E. Hammer. Leipzig 1896.
[3] Drei Abhandlungen über Kartenprojektionen. Bd. 93. Hrsg. A. Wangerin. Leipzig 1898.
[4] J. L. Lagrange's Zusätze zu Eulers Elementen der Algebra. Bd.103. Hrsg. H. Weber. Leipzig 1898.
[5] Abhandlungen über das Gleichgewicht und die Schwingungen der ebenen elastischen Kurven. Bd. 175. Hrsg. Linsenbarth. Leipzig 1910.
[6] Vollständige Theorie der Maschinen, die durch Reaktion des Wassers in Bewegung versetzt werden. Bd. 182. Leipzig. Hrsg. E. Brauer und M. Winkelmann. Leipzig 1911.
[7] Drei Abhandlungen über die Auflösung von Gleichungen. Bd. 226. Leipzig 1928.
[8] Zur Theorie komplexer Funktionen. Bd. 261. Hrsg. A. P. Juschkewitsch. Leipzig 1983.

In Reclams Universalbibliothek
[9] *Vollständige Anleitung zur Algebra.* Leipzig o. J. [= 1883]; mit einer Einleitung von J. Hoffmann. Stuttgart 1959.
[10] *Briefe an eine deutsche Prinzessin.* Philosophische Auswahl. Hrsg. G. Kröber. Leipzig 1965.

Briefwechsel

[11] *Opera omnia,* Serie IV A, Commercium epistolicum- 8 Bände (10 Buchbinderbände), Band IV A/1 ist der Restenband; die Briefwechselbände zur Himmelsmechanik sind unter EO II/26–27 eingereiht.
[12] Bandelier, A. et F. Eigeldinger: *Lettres de Genève (1741–1793) à Jean Samuel Formey.* Paris 2010.
[13] Bopp, K.: „Eulers und J. H. Lamberts Briefwechsel", in: Abhandlungen der Preußischen Akademie der Wissenschaften. 1924, S. 7–37.
[14] Eneström, G.: „Briefwechsel zwischen Euler und Johann I Bernoulli bzw. Daniel. Bernoulli bzw. d'Alembert", in: Bibliotheca mathematica 4 (1903), S. 344–388, 5 (1904), S. 248–291, 6 (1905), S. 248–291, 6 (1905), S. 16–87 bzw. 7 (1906–07), S. 126–165 bzw.11 (1911), S. 223–226.
[15] Fuss, P. H.: *Correspondance mathématique et physique de quelques célèbres géomètres du XVIIIème siecle* (Mathematischer und physikalischer Briefwechsel einiger berühmter Mathematiker des 18. Jahrhunderts). Bd. 1 Briefwechsel mit Goldbach, Bd. 2 mit Mitgliedern der Bernoulli-Familie. St. Petersbourg 1843. Reprint 1968. Kritische Ausgaben von Band 1: Berlin 1965 und Basel 2015 (= EO IVA/4).

[16] Juschkewitsch, A. P. und E. Winter (Hrsg.): *Leonhard Euler und Christian Goldbach. Briefwechsel 1729–1764*. Berlin 1965, auch in den *Opera omnis*, ser. IVA, hrsg. F. Lemmermeyer und M. Mattmüller.
[17] Juschkewitsch, A. P. und E. Winter, *Die Berliner und die Petersburger Akademie der Wissenschaften im Briefwechsel mit Leonhard Euler.* 3 Bde. Berlin 1959–1976.
[18] Suer, A. le: *Maupertuis et ses correspondants*. Montreuil-sur-Mer. 1896.
[19] Karsten, C.: „Briefe von Leonhard Euler und von Joh. Gust. Karsten", in: Allgemeine Monatsschrift für Wissenschaft und Literatur. Braunschweig 1854, S. 327–340.

Bibliographien

[20] Eneström, G.: *Verzeichnis der Schriften Leonhard Eulers,* in: Jahresbericht der DMV, Ergänzungsband 4. Leipzig 1910–1913. Das Verzeichnis (auch in englischer Übersetzung) gibt es auch im Internet auf den Seiten des *Euler Archive* (Euler-Archive.org); die meisten Arbeiten Eulers sind dort auch in Volltext aufrufbar bzw. es gibt einen entsprechenden Link. Die meisten (kommentierten und sorgfältig edierten) Ausgaben der *Opera omnia* sind aus rechtlichen Vorbehaltenen im Netz, also auch im Euler Archive, nicht einsehbar.
[21] Speiser, A.: „Einteilung der sämtlichen Werke Leonhard Eulers", in: Commentarii Mathematici Helvetici 20 (1947), S. 289–318, vgl. dazu von Speiser „Tableau de concordance des écrits de L. Euler dans les *Opera omnia,* ser. IVA, vol. 5, S. 525–528.
[22] Habicht, W.: „Die Serien I-III der Euler-Edition der Schweizerischen Naturforschen Gesellschaft", in: Verhandlungen der Naturforschenden Gesellschaft in Basel 86 (1977), S. 77–85.
[23] Engelsman, S.B.: „What you should know about Euler's *Opera omnia*", in: Nieuw Archief vor Wiskunde 8, 1 (1990), S. 67–79.
[24] May, K. O.: *Bibliograpy and Research Manual of the History of Mathematics*. University of Toronto 1973.
[25] Poggendorff, J. C.: *Biographisch-literarisches Handwörterbuch zur Geschichte der exakten Natur-wissenschaften.* (Hrsg. R. Zaunik). Berlin 1971 f.
[26] Kopelewitsch, Ju. Ch.: Der briefliche Nachlass Eulers in den Archiven der UdSSR, 2 Bde. Moskau 1962 russ. (Копелевич, Ю. Х. и. д.: *Рукописные Материалы Эйлера.* 1962 Москва)

Biographien

Diese Liste ist insofern unvollständig, da viele Zeitschriften und Bücher bei entsprechenden Themen häufig einen Lebenslauf Eulers einfügen.

[27] Fuss, N.: *Éloge*. St. Petersburg 1783; erweiterte deutsche Übersetzung des Autors *Lobrede auf Herrn Euler,* Basel 1786 = EO I/1.
[28] Condorcet, Marquis Marie Jean Nicolas Caritat de: „Éloge de M. Euler", in: Histoire de l'Acad. Roy. des Sciences, Paris 1783, S. 37–38, gedr. 1786 (= EO III/12). In: Oewuvres de Condorcet, Éloges (mots depuis d'an 1783), S. 1–42; engl. Übersetzung *Eulogy to Mr. Euler* von J. Glaus im Netz.
[29] Gartz: „Euler", angeschlossen die Söhne Johann Albrecht, Karl und Christoph. In: *Allgemeine Encyklopädie der Wissenschaft und Künste*. (J. S. Ersch und J. G. Gruber, Hrsg.) Erste Section A-G, 39. Theil. Leipzig 1843, S. 66–73.
[30] Wolf, R.: „Leonhard Euler", in: *Biographien zur Kulturgeschichte der Schweiz*. IV. Zyklus. Zürich 1858.
[31] Pasquier, G. du: *Léonard Euler et ses amis*. Paris 1927. Engl. Übersetzung von John Glaus 2008.
[32] Spiess, O.: *Leonhard Euler*. Frauenfeld-Leipzig 1929.
[33] Kowaleweski, G.: „Euler", in: *Große Mathematiker*. München 1933.
[34] Speiser, A.: Leonhard Euler", in: *Große Schweizer*. Zürich 1938.
[35] Speiser, A.: *Die Basel Mathematiker,* darin Euler, S. 39–50. 117. Neujahrsblatt. Basel 1939.
[36] Fueter, R.: „Leonhard Euler", in: Elemente der Mathematik, Beiheft 2. Basel 1979. Reprints.
[37] Speiser, A.: „Leonhard Euler", in: *Neue deutsche Biographie*, Bd. 4. Berlin 1953.
[38] Fleckenstein, O. J.: „Leonhard Euler", in: *Die großen Deutschen*. Berlin 1957.
[39] Schröder, K.: „Festvortrag *Euler*", in: (*Euler* 1958, S. 20–33).
[40] Juschkewitsch, A. P.: „Leonhard Euler", in: *Dictionary of Scientific Biography*. Bd. 4. New York 1971, S. 736–753.
[41] Bernhardt, H.: „Leonhard Euler", in: *Biographien bedeutender Mathematiker* (Hrsg. H. Wussing und W. Arnold). Berlin 1972.
[42] Fellmann, E. A.: „Leonhard Euler", in: Kindler Enzyklopädie. *Die Großen der Weltgeschichte*. Bd. IV. Zürich 1975.
[43] Fueter, R.: *Leonhard Euler,* Beiheft 3 der Zeitschrift Elemente der Mathematik. Basel 1979.
[44] Juschkewitsch, A. P.: *Leonhard Euler (russ.)* Moskau 1982. (А. П. Юшкевич: *Леонард Эйлер* Москва 1982).
[45] Thiele, R.: *Leonhard Euler*. Biographien hervorragender Naturwissenschaftler, Techniker und Mediziner, Bd. 56. Leipzig 1982. Russische (Kiew 1983), bulgarische (Sofia 1985) und italienische (Bologna 2000) Übersetzungen.
[46] Strubecker, K.: „Leonhard Euler (1707–1783)", in: Fredericiana. Zeitschrift der Universität Karlsruhe 33 (1983.), S. 3–23
[47] Fellmann, E. A.: *Leonhard Euler*. Hamburg 1995. Engl. Übersetzung Basel 2006.

[48] Thiele, R.: „Episodes from Eulers life and work", in Proceedings of the Canadian Society for History and Philosophy of Mathematics (ed. Tattersal). 23rd Annual Meeting. St. Johns 1997, S. 1–26.
[49] Thiele, R.: „The Mathematics and Science of Leonhard Euler", in: *Mathematics and the Historian's Craft*. (The Kenneth O. May Lectures; G. Van Brummeln and M. Kinyon, Eds.). New York 2005, S. 81–140.
[50] Thiele, R.: „Leonhard Euler (1707–1783)", in: Mitteilungen der DMV 15, 2 (2007), S. 93–103.
[51] Calinger, R.: *Leonhard Euler – Mathematical Genius in the Enlightenment*. Princeton 2015.

Gedenkbände, Festschriften, Sonderhefte u. ä.

[52] *Euler 1907. Festschrift zur Feier des 200. Geburtstages Leonhard Eulers.* (P. Schafheitlin u. a. Hrsg.) Leipzig 1907.
[53] *Euler* 1935. Сборник статей и материалов к 150-летию со дня смерти. АН СССС, Москва 1935. (Sammelband und Materialien zum 150 Todestag von Euler. Akademieverlag Moskau 1935).
[54] Speiser 1945. *Festschrift zum 60. Geburtstag von Andreas Speiser*. Zürich 1945. (Speiser war in schwierigen Zeiten Generalredaktor der *Opera omnia Euleri*; einige Arbeiten des Bandes von J. Ackeret, C. Carathéodory und O. Spiess bringen interessante Abhandlungen über Euler.)
[55] *Euler* 1958. Лаврентъев, М.А.: *Сборник статей* с 250-летием со дня росдения. Москва 1958. (Leonard Eiler. Sbornik statjei w tschest 250-letija so dnja rosdenija. Hrsg. M. A. Lawrentjew. Moskwa 1958; Sammelband der zu Ehren L. Eulers der Akademie der Wissenschaften der UdSSR vorgelegten Abhandlungen. Moskau 1958; deutsche Zusammenfassungen).
[56] *Euler 1959. Sammelband der zu Ehren des 250. Geburtstages Leonhard Eulers der Deutschen Akademien der Wissenschaften vorgelegten Abhandlungen.* (Hrsg. K. Schröder) Berlin 1959. Überwiegend mathematisch ausgerichtet, russische Zusammenfassungen.

Die beiden vorangehenden Bände gehören zu abgestimmten Festveranstaltungen der Akademien in der DDR und der SU im Jahre 1957.

[57] *Euler* 1983. *Leonhard Euler. Gedenkband des Kantons Basel-Stadt*. Basel 1959. Mit einer sehr reichhaltigen Bibliographie von J. J. Burckhardt.
[58] *Euler* 1983a. *A tribute to Leonhard Euler*. Special issue of Mathematics Magazine 56, 5 (1983).
[59] *Euler* 1984. *Zum Werk Leonhard Eulers*. (E. Knobloch u. a. Hrsg.). Basel 1984.
[60] *Euler* 1985. *Festakt und Wissenschaftliche Konferenz aus Anlaß des 200. Todestages von Leonhard Euler* (Hrsg. W. Engel) Berlin 1985. Dieser Band enthält das Programm der Euler-Ehrungen in der UdSSR 1983, Moskau und Leningrad (St. Petersburg) (S. 152–153).

[61] *Euler* 1988). Развитие идей Эйлера. Москва 1988.(Raswitie idej Leonarda Eilera i sovremennaja nauka. (Die Entwicklung der Ideen Eulers und die zeitgenössische Wissenschaft). Hrsg. N. N. Bogoljubow (Н. Н. Боголюбова и. д.) et al. Moskau 1988.
[62] *Euler* 2007. Mini-Workshop: *The Reception of the work of Euler*. (Organized by I. Grattan- Guinness and H. Pulte). Report No. 38/2007. Math. Forschungsinstitut Oberwolfach, 2007.
[63] *Euler* 2008. *Euler (1707–1783). Begleitband zur Ausstellung* des Braunschweigischen Landesmuseums, Braunschweig 2008.
[64] *Euler* 2008a. BSHM Bulletin. *Sonderheft für Euler* der British Society for the History of Mathematics. 23, 1 (2008)
[65] *Euler* 2007. *The MAA Tercentenary Euler Celebration.* (Ed. R. E. Bradley et al.) MAA. Washington 2007. 4 vols.
[66] *Euler* 2007a. Zum 300. Geburtstag von Leonhard Euler). Sonderheft der Elemente der Mathematik 62 (2007), S. 133–199.
[67] *Euler* 2007b. *300 Jahre Leonhard Euler*. Sonderheft des Wissenschaftsmagazin Uni nova der Universität Basel. März 2007.

Archivalien

[68] Knobloch, W. (Hrsg.): *Leonhard Eulers Wirken an der Berliner Akademie der Wissenschaften. Spezialinventar*. Regesten der Euler-Dokumente aus dem Akademiearchiv. Berlin 1984.
[69] Winter, E.: *Die Registres der Berliner Akademie der Wissenschaften* (1746–1766). Berlin 1957.
[70] *Leonhard Euler*. Korrespondenz. Kommentierter Index. Moskau 1967. (Переписка. Анноти-рованный уазатель).
[71] Копелевич и. д.: *Рукописные материалы Л. Эйлера* в Архиве Академии наук СССР, Москва 1962 (Handschriftliche Materialien Eulers in dem Archiv der Akademie der Wissenschaft der UdSSR, Moskau 1962.).

Genaue Titel der in der Biographie benutzten Zeitschriften

Acta eruditorum, Leipzig 1682–1731 Commentarii Academiae scientiarum Imperialis Petropolitanae, Petersburg 1728–1751 (fur die Jahre 1726–1746)
Novi Commentarii Academiae scientiarum Imperialis Petropolitanae. Petersburg 1750–1776 (fur die Jahre 1750–1776)
Nova Acta eruditorum, Leipzig 1732–1770 Neue Zeitungen von gelehrten Sachen (gelegentlich veranderte sich der Titel leicht), Leipzig 1715 bis 1784.
Nouvelle Bibliotheque Germanique. Hrsg. von Samuel Formey, dem Histographen der Berliner Akademie. 1746–1760.

Memoires de l'Academie Royal des Sciences et des belles lettres. Berlin 1748–1771 (fur die Jahre1746–17 69; das Titelblatt zeigt die Histoires an).

Miscellanea Berolinensia ad incrementum scientarum ex scriptis Societatis Regiae exhibitis. Berlin 1710–1744.

Histoire de l'Academie Royale des sciences et des belles lettres avec des Memoires. Berlin 1746–1771 (fur die Jahre 1745–1769).

Histoire et Memoires de l'Academie Royale des sciences . Paris 1699–1790.

Acta Academiae scientiarum Imperialis Petropolitanae, Petersburg 1778–1786 (fur die Jahre 1777–1782)

Nova acta Academiae scientiarum Petropolitanae. Petersburg 1787–1806 (fur die Jahre 1783–1802).

Philosophical Transactions, London seit 1665

Leonhard Eulers Wirken an der Berliner Akademie der Wissenschafteb. Regesten der Euler-Dokumente im Berliner Akademie Archiv, (Hrsg.) Wolfgang Knobloch. Berlin 1984

Die Registres der Berliner Akademie der Wissenschaften, 1746–1766. Dokumente fur das Wirken

Leonhard Eulers in Berlin. (Hrsg,) Eduard Winter. Berlin 1957

Протоколы заседаний конференции императорской Академии наук, 1729–1803. С. Петербург, 4 т. 1897-1911 (Protokolle der kaiserlichen Akademie der Wissenschaften von 1725 bis 1803. St. Petersburg, Bd.I, 1897).

Летопись Россиской Академии, т. I. 2000, С. Петербург (Jahrbuch der Russischen Akademie seit 1724, Bd. I. St. Petersburg)

Историко-математические исследования. Москва 1948 и сл. (Istoriko-mathematitscheskije issledovanija; Historisch-mathematische Forschungen seit 1948)

Пекарский, П.: История императорской Академии наук в Пегербурге. С. Петербург, т. I, 1870, т. II, 1873. (P. Pekarskij, Geschichte der kaiserlichen Akademie der Wissenschaften zu Petersburg. Petersburg. Bd. I, 1870: Bd. II, 1873)

Harnack, A.: Geschichte der Königl.-Preuß. Akademie der Wissenschaften. 3 Bde. Berlin 1900.

Juškevič, A. P. und E. Winter: Die Berliner und die Petersburger Akademie der Wissenschaften im Briefwechsel Leonhard Eules. 3 Bde. Berlin 1959–1965

Eine kurze Auswahl des Schrifttums über Leonhard Euler und seine Zeit

Arbeiten zur Aufklärung

[72] Bahr, E. (Hrsg.): *Was ist Aufklärung?* Stuttgart 1974.
[73] Blanning, T.: *Frederick, the Great King of Prussia.* Penguin 2016. Deutsche Übersetzung München 2018.

[74] Cobban, A. (Hrsg.): *Das 18. Jahrhundert*. München 1971, engl. Original *The eighteenth century*. London 1969.
[75] Donnert, E.: *Katharina die Grosse und ihre Zeit*. Russland im Zeitalter der Aufklärung. Leipzig 2004.
[76] Rektor der Universität Leipzig (Hrsg.): *Erleuchtung der Welt*. Dresden 2009.
[77] Fontius, M.: *Friedrich II. und die europäische Aufklärung*. Berlin 1995.
[77a] Fontius, M und H. Holzhey (Hrsg.): *Schweizer im Berlin der 18. Jahrhunderts*. Berlin 1996.
[78] Kathe, H.: *Preußen*. Eine Kulturgeschichte. München 1993.
[79] Kors, A. C. (Ed. in Chief): *Encyclopedia of the Enlightenment*. 4 Bd. Oxford 200
[80] Pekarski, P. P.: *Geschichte der kaiserlichen Akedemie der Wissenschaften*, russ. (Пекарский, П. П.: Исторія императорской Академіи Наукъ въСанктпетербургъ. Том первый. Санктпетербургъ 1870).
[81] Pekarski, P. P.: „Katharina II. und Euler", in: Schriften der Kaiserlichen Akademie der Wissenschaften, St. Petersburg 6 (1864), S. 59–92. (Пекарский, П. П.: „Екатерина II. и Эйлер." въ Записки имп. Академіи Наук, Санктпетербургъ 6 (1864). с. 59–92).
[82] Krockow, Ch. Graf von; *Friedrich der Große*, Bergisch Gladbach. 2000
[83] Martus, S.: *Aufklärung. Das deutsche 18. Jahrhundert*. Berlin 2015.
[84] Thiele, R.: „Über das Wirken Leonhard Eulers als Wissensvermittler", in: Berichte und Abhandlungen der BBAW. Berlin 2007, S. 261–289.
[85] Vierhaus, R.: *Wissenschaft im Zeitalter der Aufklärung*. Göttingen 1985.
[86] Voltaire: *Philosophisches Wörterbuch*. Leipzig 1984.
[86a] M. Fontius

Allgemeine Lehrbücher der Mathematik mit historischen Bemerkungen

[87] Hardy, G. H.: *Divergent Series*. Oxford 1949.
[88] Heuser, H.: *Lehrbuch der Analysis*, 2 Bde. Stuttgart, 1980, Nachauflagen.
[89] Heuser, H.: *Gewöhnliche Differentialgleichungen*. Stuttgart 1980.
[90] Hildebrandt, St.: *Analysis*. Berlin 2002.
[91] Kowalewski, G.: *Die klassischen Probleme der Analysis des Unendlichen*. Leipzig 1909, Nachauflagen.
[92] Triebel, H., *Analysis und mathematische Physik*. Leipzig 1981, überarbeite Auflagen Basel 1989.

Allgemeine Mathematikhistorische Darstellungen

[93] Becker, O.: *Grundlagen der Mathematik*. Freiburg 1964. Taschenbuch Wissenschaft 114 bei Suhrkamp 1975.

[94] Bense, M.: *Das Leben der Mathematiker*. Köln o. J.
[95] Boyer, Ch.: *The history of calculus and its conceptual Development*. New York 1959. Reprints.
[96] Bradley, R. and C. E. Sandifer (eds.): *Leonhard Euler: Life, Work and Legacy*. Amsterdam 2007.
[97] Braunmühl, A. von: *Geschichte der Trigonometrie*. Leipzig 1900. Reprint 1995.
[98] Cantor, M.: *Vorlesungen über Geschichte der Mathematik*. Bde. 3 & 4. Leipzig 1893 f.
[99] Devlin, K.: *The Millenium Problems*. New York 2003.
[100] Edwards, C. H. jun.: *The Historical Development of the Calculus*. New York 1979.
[101] Finch, S. R.: *Mathematical constants*. Cambridge 2003.
[102] Frei, G.: *Zahlentheorie, Analysis und vieles mehr*. Die Bedeutung Eulers für die heutige Zeit. In: Naturwissenschaftliche Rundschau 60, 12 (2007), S. 629–635.
[103] Grattan-Guinness, I.: *The development of the foundation of mathematical analysis from Euler to Riemannn*. Cambridge 1970.
[104] Debnath, L.: *The Legacy of Leonhard Euler*. A tricentenial Tribute. London 2010.
[105] Dunham, W.; *Euler. The master of Us All*. MAA 1999. Mit einer Aufteilung der Werke in den *Opera omnia*, S. 177–180.
[106] Hairer, E. and G. Wanner: *Analysis by its history*. New York 1996.
[107] Hakfort, C.: *Optics in the age of Euler*. Cambridge 1995
[108] Hollingdale, S.: „Euler", chp. 12, S. 275–296, in: *Makers of Mathematics*. London 1989.
[109] Havil, J.: Gamma – *Exploring Euler's Constant*. Princeton 2003. Deutsche Übersetzung *Gamma. Eulers Konstante*. Heidelberg 2007.
[110] Historia mathemematica. Von Kenneth O. May begründete Fachzeitschrift für mathematikgeschichtliche Forschungen seit 1976.
[111] Историко-математические исследование (ИМИ) (Istoriko-matematischeskie issledowanija (Zeitschrift für mathematikgeschichtliche Forschungen) Moskau seit 1948.
[112] Jahnke, N. H. (Hrsg.): *Geschichte der Analysis*. Heidelberg 1999.
[113] Juschkewitsch, A. P.: *Geschichte der Mathematik*, Bd. 3, Moskau 1972. (Юшкевич, А. П.: История математика. Москва 1972).
[114] Katz, V. J.: *A History of Mathematics*. New York 1993. Nachauflagen und gekürzte Ausgaben.
[115] Копелевич, Ю. Х.: „Материалы к биографии Эйлеры", в ИМИ Х (1957) с. 9–65. (Materialy k biografii Eilera. IMI X (1957), c. 9–65; Materialien zu einer Biographie Eulers)
[116] Laugwitz, D: *Zahlen und Kontinuum*. Mannheim 1986; Vorgänger *Infinitesimalkalkül*, Mannheim 1978.
[117] Laugwitz, D.: „Zur Rechtfertigung der Infinitesimalmathematik", in: MU 4 (1983), S. 77–94.

[118] Laugwitz, D.: *Bernhard Riemann*. Wendepunkte in der Auffassung der Mathematik. Basel 1996.
[119] Mankiewicz, R.: *The story of mathematics*. London 2000. Princeton Paperback. Sehr reichhaltig illustrierte Ausgabe.
[120] Маркушевич, А. И.: *Очерки истории аналитически Функций*. Москва 1951. Markuschewitsch, A.I.: *Abriss der Geschichte der analytischen Funktionen*. Übersetzung a. d. Russischen. Berlin 1959.
[121] Маркушевич, А. И.: *Основные понятия математического анализа и теории функций в трудах Эйлера*, in: (*Euler* 1958, Лаврентъев, S. 98–132), deutsche Zusammenfassung.
[122] Medvedev, F. A.: *Scenes from the History of Real Functions*. Basel 1991. (Ф. А. Медведев:*Очерки истории теории Функций дейсгвительногопе ремеменногоМоск*. Москва 19.751).
[123] Reiff, R.: *Geschichte der unendlichen Reihen*. Tübingen 1889. Reprint 1969.
[124] Struik, D. J.: *A concise History of Mathematics*. New York 1948, erweiterte Nachauflagen und Übersetzungen, dtsch. Übersetzung *Abriß der Geschichte der Mathematik*. Berlin 1980.
[125] Sonar, Th.: *3000 Jahre Analysis*. Berlin 2011.
[126] Spalt, D.: *Die Analysis im Wandel und Widerstreit*. Freiburg 2015.
[127] Szabó, I., *Geschichte der mechanischen Prinzipien*. Basel 1977, verbesserte Nachauflagen.
[128] Toeplitz, O.: *Die Entwicklung der Infinitesimalrechung*. (Hrsg. G. Koethe). Bd. 1. Berlin 1949.
[129] Tropfke, J.: *Geschichte der Elementarmathematik*. 7 Bde. Berlin 1902. Nachauflagen.
[130] Truesdell, C. A.: *An Idiot's Fugitive Essays on Science*. New York 1984.
[131] Truesdell, C. A.: *Essays in the History of Mechanics*. Berlin 1968.
[132] Varadarajan, V. S.: *Euler through Time: A new Look at Old Themes*. AMS 2006.
[133] Wolf, R.: *Biographien zur Kulturgeschichte der Schweiz*. 4 Bde. Zürich 1858 ff.
[134] Wilson, R, *Euler's pionieering equation*. Oxford 2018.

Nachschlagwerke

[135] Cajori, F.: *A History of Mathematical Notations*. 2 Bde. Chicago 1928/29. Reprint Dover New York 1993. Vol. II. Notations Mainly in Higher Mathematics.
[136] *Encyklopädie der Mathematischen Wissenschaften*. Herausgegeben von mehreren Akademien der Wissenschaften. 7 Bde. Leipzig 1898 ff. Bearbeitete französische Übersetzung *Encyclopédie des sciences mathématiques* (1901–1914), unvollständig.

[137] Gottwald, S. u. a. (Hrsg): *Lexikon bedeutender Mathematiker.* Leipzig 1990.
[138] Gillespie, C. C. (ed.): *Biographical Dictionary of Mathematicians. 4* Bde. New York 1970.
[139] Gowers, T.: *Princeton Companion to Mathematics.* Princeton and Oxford 2008.
[140] Pascal, E.: *Repertorium der höheren Mathematik.* Theil 1: *Analysis.* Bearbeitete deutsche Ausgabe von A. Schepp des ital. Originals *Repertorio di matematiche* (Milano 1898), Leipzig 1900.
[141] Wikipedia online.

Quellenwerke

[142] Smith, D. E.: *A source book in mathematics.* New York 1929.
[143] Stedall, J.: *Mathematics in emerging.* A source book 1540–1900. Oxford 2008.
[144] Struik, D. J.: *A Source Book in Mathematics, 1200–1800.* Cambridge (Mass.) 1969. Nachauflagen.
[145] Fauvel, J. and J. Gray: *The History of Mathematics.* A reader. London 1987. Nachauflagen.
[146] Witting, A. und M. Gebhardt: *Beispiele zur Geschichte der Mathematik.* 2 Bde. Leipzig 1913.

Digitale Quellen

Gesammelte Werke deutscher und französischer Mathematiker:

http://portal.mathdoc.frFondsnum/
http://www.academic-sciences.fr/archive/histoire_memoire.html
http://portal.mathdoc.fr/OEUVRES/

Französische Nationalbibliothek (BnF): https://gallica.bnf.fr/accueil/de/content/accueil

USA, JSTOR: http://www.jstor.org

Göttinger Digitalisierungs-Zentrum (GDZ): http://gdz.sub.uni-goettingen.de/en/index.html

Münchener Digitalisierungszentrum (MDZ), Staatsbibliothek: https://www.digitale-sammlungen.de/de

ETH Zürich, Bibliothek: https://library.ethz.ch/e-rara

Berliner Akademiebibliothek (alle Berliner Akademiezeitschriften und andere Materialien zur Akademiegeschichte): bibliothek.bbaw.de/bibliothek/digital/index.html

Euler-Archive: http.//www.math.dartmouth.edu/~euler/
St. Andrews University (Schottland): https://math.history.st-andrews.ac.uk
Internet-Enzyklopädie Wikipaedia: https://de.wikipedia.org/wiki/
Internet Archive (San Francisco): https://archive.org

Bemerkung
Von den zahlreichen Einträgen im Internet (Wikipedia u. a.) sei besonders auf die hauptsächlich von den britischen Mathematikern Edmund Roberts (*1943) und John Joseph O'Connor (*1945) an der St. Andrews University in Schottland überaus erfolgreich betriebene und sehr informative MacTutor Plattform für Geschichte der Mathematik (mehr als 3000 Biographien von Mathematikern und über 2 000 Seiten Beiträge zu mathematischen Themen) hingewiesen: math.history.st.andrews.ac.uk

Danksagung

> Ich habe damals, als ich mich anheischig machte, dieser Versammlung [der Kayserlichen Akademie der Wissenschaften zu St. Petersburg am 23. Oct. 1783] das Leben des unsterblichen Euler zu schildern, gefühlt, wie schwer mir das seyn würde. Ich gebe also hier, was die Umstände mir zu geben erlauben: einen Versuch über das Leben des großen Mannes.[1]
>
> NICOLAUS FUSS (1786)

Jeder Versuch einer Lebensbeschreibung, sei er nun kurz oder umfangreich, geht auf einen Plan des Verfassers zurück, und das ist natürlich auch in dieser Biografie der Fall. Bei einem Gelehrten wie Leonhard Euler ist ja bereits eine Auswahl aus dem schier unermesslichen Schaffen unumgänglich, um wenigstens des Wesentlichste angemessen darstellen zu können. Dabei erleichtert die Tatsache, dass es nur drei Orte sind, nämlich Basel, St. Petersburg, Berlin und dann wieder St. Petersburg, die Eulers reiches Leben und vielfältiges Wirken bestimmt haben, die biographische Aufgabe nicht wesentlich. Ich habe mich bemüht, die Jahrhunderte, die uns von Euler trennen,[2] zu überbrücken und stets auch den Menschen erscheinen zu lassen, wann immer das möglich war, nämlich „Etwas von der Zeit zu retten, in der man nie ... sein wird" (A. Ernaux, geb. 1940)[3]. Andererseits war die Wissenschaft ein so wesentlicher Bestandteil in Eulers Leben, dass jede Lebensbeschreibung, die sein Leben ohne sein wissenschaftliches Werk zu würdigen versucht, ins anekdotische und oberflächliche Beschreiben abglitte.

Ich möchte hier an eine Bemerkung von Clifford Ambrose Truesdell (1919–2000) in seiner meisterlichen Festrede zur Feier des 250. Wiederkehr des Geburtstages von Leonhard Euler in Basel 1957 erinnern, in der er nicht nur die diesem Buch vorangestellte Beschreibung Eulers gab (Motto, eingangs), sondern auch die Vorstellungen anführen, mit denen er das Verfassen von Lebensbeschreibungen dieses großen Mannes bedachte.

> „Euler ist eine große, umfassende Erscheinung, wie Shakespeare gewesen: jeder, der die Werke des einen wie des anderen lesen kann, macht sich ein eigenes, vielleicht wahres, wenn auch unvollständiges Bild davon. In den Arbeiten Eulers kann man schöne Beispiele jeder Art mathematischen Denkens finden, und es ist möglich, daß ein anderer Leser durch Auswahl anderer Eulerscher Forschungen zu einer anderen Auffassung gelangt."[4]

Ähnlich hat auch Pablo Picasso (1881–1873) einmal kurz und bündig argumentiert, und seine Einsicht gilt nicht nur für die Malerei, dass es nämlich nicht nur

---

[1]Leicht gekürzte Passage aus der „vom Verfasser selbst aus dem französischen übersetzten" *Éloge*, der *Lobrede auf Herrn Euler*, Basel 1786, S. 9. Der hintergründige Sinn ist auf Lateinisch klarer „Feci quod potui faciant meliora potentes" (Ich habe getan, was ich konnte, mögen diejenigen, die dazu in der Lage sind, es besser machen).
[2]Für Musikfreunde ist die wunderbare Barockmusik ein schneller Zugang zur Musik jener Zeit; ich habe Ähnliches mit Bildern versucht, nämlich die vergangene Zeit zu veranschaulichen.
[3]*Die Jahre*. In: *Bibliothek Suhrkamp*. 1. Auflage, Berlin 2017. (*Les Annés* 2008)
[4]„Eulers Leistungen in der Mechanik", in: L'Enseignement mathématique, IIe sér. T. III (1957), S. 251–262, Zitat S. 260 f., leicht gekürzt.

eine Wahrheit geben könne, denn sonst gäbe es zum gleichen Thema nicht so viele Gemälde. Christa Wolf (1929–2011) wies auf Einschränkungen hin: „Wie man es erzählen kann, so ist es nicht gewesen."[5]

Es ist weder Aufgabe des Autors, sich zum Richter aufzuspielen, noch in die Robe eines Staatsanwalts zu schlüpfen oder im Talar eines Verteidigers Einfluss zu gewinnen, denn es sollte das Ziel dieser wie wohl jeder anderen Biographie sein, Mensch und Werk in Zusammenhang mit seiner jeweiligen Epoche darzustellen: sowohl im Einzelnen den Geist der Zeit zu spiegeln als auch zu zeigen, wie dieser Einzelne Einfluss auf das ihn betreffende Geschehen und die ihn umgebenden Verhältnisse nahm bzw. nehmen konnte. In diesem Sinne bekannte in einem Interview eine zeitgenössische Historikerin Barbara Stollberg-Rilinger (*1955) über literarisch-historische Darstellungen Folgendes:

> „Mein Problem mit (den meisten) historischen Romanen ist, dass sie eine falsche Vertrautheit mit den Figuren suggerieren, anstatt sich von ihrer Fremdheit irritieren zu lassen. Ich möchte in vergangenen Epochen *nicht* meine eigene Befindlichkeit wiederfinden, sondern über ihre Andersartigkeit staunen."[6]

Ich bin während meines Mathematikstudiums mit Leonhard Euler bekannt gemacht worden, der mich seit dieser Zeit fasziniert. Das ist alles schon einige Zeit her, und ich habe seitdem eine Reihe von Kollegen, Bekannten und Freunden getroffen, die mit mir über Euler gesprochen und diskutiert haben. Bei der Verwirklichung, eine Biografie über Euler zu verfassen, wurde mir uneigennützige Hilfe verschiedener Art erwiesen. Ich bin sowohl für das stete Interesse von Freunden und Kollegen als auch für ihre hilfreiche Beratung, ihre Hinweise, ihre Unterstützung, aber auch für ihre Kritik zu Dank verpflichtet. Es ist nicht möglich allen diesen Personen, die mich unterstützt haben, angemessen und im Einzelnen zu danken. Unverzichtbar ist jedoch ein Dank an Bibliotheken und Archive, deren Mitarbeiter zuverlässig und hilfsbereit ihre Aufgaben erfüllt haben. Exemplarisch möchte ich den einschlägigen Schweizer Einrichtungen für ihre Mühe und Aufmerksamkeit meinen Dank sagen. Sie haben ihr Entgegenkommen nicht an die Person ihres berühmten Landsmannes geknüpft, sondern ihre Verrichtungen waren schlechthin an die Bereitschaft gebunden, den archivierten Schätzen zu erneutem Leben, Aufmerksamkeit und Wirken zu verhelfen. Das ist eine beeindruckende und zutiefst wissenschaftliche Einstellung.

Im Einzelnen möchte ich folgenden Damen und Herren besonders danken
Prof. Dr. Roger Baker, Provo (UT), USA
Prof. Dr. Kurt-R. Dr. Biermann †
Prof. Dr. Robert Bradley, Garden City (NY), USA
Frau Susanne Dietel, Leipzig
KMD Thomas Ennenbach, Lutherstadt Eisleben
Prof. Dr. Craig Fraser, Toronto, Canada

---

[5]Archiv der Akademie der Künste, Presse-AdK-W 1778.
[6]Interview in der SZ Nr. 197, 2022.

Mr. J. Glaus, Rumford (Maine), USA
Prof. Dr. Stefan Hildebrandt †
Prof. Dr. Harald Iro, Wien
Prof. Dr. Michel Kantorowicz †
Prof. Dr. Eberhardt Knobloch, Berlin
Dr. Wolfgang Knobloch, Berlin
Prof. Dr. Werner Lehfeldt, Göttingen
Herr Merten Wischnewsky, Potsdam
Dr. Franz Lemmermeyer, Jagstzell
Prof. Dr. Samuel Patterson, Göttingen
Pfarrer Michael Raith †
Frau Prof. Dr. Karin Reich, Berlin
Prof. Dr. Michael von Renteln, Karlsruhe
Frau Dr. Elena Roussanova, St. Petersburg, Russland
Prof. Dr. Edward Sandifer †
Dr. Karl-Heinz Schlote, Altenburg
Frau Dr. Monika Seidig, Berlin
Prof. Dr. Thomas Sonar, Braunschweig
Dr. Detlef Spalt, Darmstadt
Herr Thamm, Halle
Dr. Wolfgang Uhlmann †
Prof. Dr. Peter Ullrich, Bünde
Herr Robert Violet, Berlin
Frau Gudrun Werner †
Prof. Dr. David. Zitarelli †

Einige der Genannten erreicht mein Dank leider nicht mehr, der Kontakt und die Diskussionen mit ihnen fehlen mir. Keine Möglichkeit hatte ich verständlicherweise, den geheimen sächsischen Kriegsrat Johann August von Ponickau (1718–1802) aus einem alten sächsischen Adelsgeschlecht kennen zu lernen, aber die reiche Privatbibliothek des aufgeklärten Zeitgenossen Eulers, die auch aus bedeutenden Druckwerken zur Kulturgeschichte des 18. Jahrhunderts besteht, vermachte von Ponickau generös der Universität Wittenberg, und damit ist diese schöne Sammlung dank der Sorgfalt von Bibliothekaren ungeteilt in der Landes- und Universitätsbibliothek Halle-Wittenberg einsehbar. Sie hat mir bereits vor ihrer Digitalisierung einen umfangreichen, aber bequemen Einblick in das 18. Jahrhundert ermöglicht (z. B. durch ihren vollständigen Bestand der Neuen Zeitungen von gelehrten Sachen oder der Nouvelle Bibliothèque Germanique).

Abb. Johann August von Ponickau (1718–1802)

Ich möchte auch der Anregungen gedenken, die ich von der amerikanischen Euler Society auf ihren Meetings und in vielen persönlichen Gesprächen mit deren Mitgliedern und Gästen in nun nahezu einem Vierteljahrhundert erhalten habe. Für die warme Gastfreundschaft des Präsidenten Robert Bradley und seiner Frau bin ich besonders dankbar, da diese Besuche für mich mehr als eine nur formale Teilnahme am Leben der Euler Society bilden.

Der Weg, den heute ein Manuskript eines Autors über ein Typoskript zurucklegt, um schlieslich zwischen zwei Buchdeckeln zu landen, war je schon schwierig und das Ergebnis vieler einbezogener Gewerke. Ich danke dem Springer-Verlag fur die Aufnahme dieses Titels in sein Programm und in diesem Zusammenhang auch den Herausgebern der Reihe, wobei Prof. Kl.-J. Forster sein solides Informatikwissen dem Buch zukommen lies. Ebenso ist es mir ein Bedurfnis den indischen Herstellern dieses Buches, den Herren Ravindran und Salam nebst ihren Teams meinen herzlichen Dank fur ihr Engagement auszusprechen, um diese Euler-Biographie in ansprechender Form druckfertig zu machen.

Bei den mühevollen Korrekturen hat mich uneigennützig mein Kollege Dr. Franz Lemmermeyer unterstützt, ich danke ihm sehr herzlich für die Verbesserung des Typoskripts. Wie immer verdient mein langjähriger Freund und Kollege Wolfgang J. Weber (Frankfurt/M.) herzlichen Dank, sowohl für seine schnelle Hilfe bei Computerproblemen als auch für sein Interesse am Fortgang der Biographie, deren frühe Entwürfe er bereits kritisch gelesen und verbessert hat. Schließlich will ich nicht versäumen meinem Sohn, dem Mathematiker Dr. Helge Thiele (Frankfurt/M.), für seinen Beitrag bei der Drucklegung zu danken.

Selbstredend ist bei aller Hilfe der Verfasser für Inhalt und Form des Buches verantwortlich.

Anhang 2: Abbildungsverzeichnis und -nachweis

Ich bin für die Erlaubnis dankbar, für die nachstehend genannten Abbildungen die Abdruckrechte erhalten zu haben.

Da es sich in diesem Buch zu einem großen Teil um historische Abbildungen handelt, ist die Frage nach den Inhabern von Rechten nicht immer einfach zu beantworten, auch deshalb weil unsere Anfragen aus nicht ersichtlichen Gründen in einigen Fällen unbeantwortet blieben. Betroffene und Personen, die zu einer Aufklärung (Berichtigung von Fehlern oder Auslassungen) beitragen können, bitten wir freundlich, sich zu melden, damit die Versehen bei der nächsten Gelegenheit berichtigt werden.

Abkürzungen

Q	Quelle der Archivalie
V	Vorlage für den Druck
*	gemeinfrei,[7]
WiC	Wikipedia Commons
WiC*	Druckvorlage von Wikipedia genutzt
UB	Universitätsbibliothek,
UBB	Universitätsbibliothek Basel
UBL	Universitätsbibliothek Leipzig
Stabi Berlin	Staatsbibliothek Berlin
ETH	Zürich, ETH-Bibliothek, e-rara
BBAW	Berlin-Brandenburgische Akademie
MFO	Mathem. Forschungsinstitut Oberwolfach, Bibliothek
KSI	Bibliothek des Karl-Sudhoff-Institut der Universität Leipzig

---

[7]Eine genauere Erklärung diese Sachverhaltes befindet sich z. B. im Reihentitel *3000 Jahre Analysis* von Th. Sonar auf den Seite 679–681.

© Der/die Herausgeber bzw. der/die Autor(en), exklusiv lizenziert an Springer-Verlag GmbH, DE, ein Teil von Springer Nature 2025
R. Thiele, *Leonhard Euler (1707–1783)*, Vom Zählstein zum Computer,
https://doi.org/10.1007/978-3-662-68337-8

MI   Mathematisches Institut
Slg.   Sammlung
RT   Kürzel des Autors

Einband

Teilabbildung von E. Handmanns Pastellbild „Leonhard Euler" (1753). © Kunstmuseum Basel (Schweiz) Slg. Online; http.//276/eMuseum.Plus (Zugriff 2025).

Kapitel 1

1.1. Q*: Frontispiz der französischen *Encyclopédie*, 2. Aufl. 1772, nach einem Entwurf von Cochin gestochen; V: WiC*.
1.2. Q*: Titelseiten der ersten Ausgabe der *Encyclopédie* (1751), Q* WiC, sowie des *Großen Zedler* (1731), Q* und V: KSI.
1.3. Q*: Teil einer Statue Friedrichs II im Potsdamer Marly-Garten. V: RT.
1.4. Q*: Katharina II. Kupferstich nach F.I. Schubin; V: KSI, Porträtsammlung.
1.5. Q: Zarin Anna. Kupferstich, bkp Berlin; V: bkp Berlin.
1.6. Q*: Porträt I. Kant. V: KSI, Porträtsammlung.

Kapitel 2

2.1. Q*: Karte der Stadt Basel und Umgebung, gest. von E. Büchel um 1750; UB Basel, Kartensammlung; V: M. Raith (Riehen), Entwicklung der Landgemeinde Riehen 1988.
2.2. Q*: Historische Ansichten. a) Blick auf Basel, Federzeichnung von E. Büchel, um 1750; b) Blick aus der Vogelperspektive auf Basel (Ausschnitt Umgebung des Münsters, Merian); V: UB Basel, Handschriftenabteilung(Bildersammlung).
2.3. Q*; Taufeintrag Euler, Kirchenarchiv Basel im Staatsarchiv Basel-Stadt, W 12,4 AS, S. 376; V: M. Raith (Riehen).
2.4. Q: Porträts Speiser u. Spiess: V: MFO; Porträt Raith V: Raith.
2.5. Q*: Federzeichnung Riehen von E. Büchel (1752); V: UB Basel, Handschriftenabteilung (Bildersammlung).
2.6. a) Q*: Kirchenplan Riehen nach einer Vorlage von 1786, V: UB Basel, Bibliothek; Q: Innenraum der Dorfkirche, V: M. Raith (Riehen).
2.7. **a** heutiges Pfarrhaus in Riehen, **b** Brunnen im Pfarrgarten. V: RT.
2.8. Q*: Eulers Schulrede. V: UB Basel, Handschriftenabteilung.
2.9. Q*: Jakob Bernoulli, Gemälde von N. Bernoulli 1694; Johann I Bernoulli, Gemälde von J. R. Huber um 1740, beide im Museum an der Augustinergasse in Basel, Porträtgalerie; V: Professorenkatalog des Museums.
2.10. Q*: Erste gedruckte Arbeit Eulers, „Constructio", E 1, *Acta eruditorum* 1726; UB Leipzig, historischer Bestand, V: Euler-Archiv.

Anhang 2: Abbildungsverzeichnis und -nachweis   947

2.11.   Q*: Eulers Bewerbungsschrift „De sono", E 2, 1727, UB Basel, Historischer Bestand. V: Euler-Archiv.
2.12.   Q: Porträt des Akademiepräsidenten L. Blumentrost, Dr. E. Hintzsche, Halle (Saale), V: RT.
2.13.   Q*: Anfang und Ende der Bewerbung (Brief) von Euler an den Petersburger Akademiepräsidenten Blumentrost; V: KSI Photo-Slg.
2.14.   Q*: Immatrikulation L. Eulers. Universitätsbibliothek Basel, Handschriftenabteilung. Basler Universitätsmatrikel 1727.
2.15.   Q*: Blick auf Basel. V: RT.

Kapitel 3

3.1.   Q*: Porträt Peter I., Jäger, *Weltgeschichte*, Bd. 3, S. 467. Bielefeld 1888; V: RT
3.2.   Q*: D. Bernoulli, Slg. KSI*; V: KSI; Nikolaus II Bernoulli, Gemälde von Huber. UB Basel, WiC*.
3.3.   Q*: Gasthof Friedberg; Heimatmuseum Friedberg, V: Prof. Börger.
3.4.   Q* Ch. Wolff, Slg. KSI*; Nicolaus II Bernoulli, WiC*.
3.5.   Q*: Schiffstyp, UB Toronto; V: WiC*.
3.6.   Q* Bilfinger, Porträt Slg. KSI*; V: KSI.
3.7.   Q*: Menschikow Palais, Slg. KSI*; V: KSI.
3.8.   Q*: Katharina I., Stich von de Moor u. Honbraken, 1724, WiC*.
3.9.   Q*: Denkmal Trezzini in St. Petersburg; V: WiC* (Photo Надежда Пивоварова).
3.10.   Q*: Peter II., Porträt-Slg. KSI*; V: KSI
3.11.   Q*: Blick auf den Newski Prospekt, Machajew Album, unbek. Künstler, SUB Göttingen 2°H Russ. 434; V: WiC*.
3.12.   Q*: Allegorie, SUB Göttingen, gr. 2 H. Lit. Part. VIII 145/6 rara; V: SUB Göttingen.
3.13.   Q*: Akademie und Kunstkammer, Stiche aus Photo-Slg. KSI; V: RT.
3.14.   Q*: Porträt Korff aus Bugge, *Det Danske Frimuriers Historie*, Bd. 1. 1910; V: WiC*.
3.15.   Q*: Kaiserin Anna im Krönungsornat. Gemälde Caravaque, 1730. Tretjakow-Galerie V: WiC*.
3.16.   Q*: File Rubel. Rubel aus der Zeit der Zarin Anna, WiC*.
3.17.   Q*: Russischer Atlas, Landesbibl. Eutin, Slg. Steller Gesellschaft Halle; V: E. Roussanova.
3.18.   Q*: Vater (Stich 1750, WiC*) und Sohn Krafft, WiC*; Schattenriss Russ. Akad. d. Wissenschaften in Slg. KSI, V: KSI
3.19.   Q*: Delisle Porträt aus *Allgem. Geogr. Ephemeriden*, Bd. 11 (1803), Gotha, in Slg. KSI; V: KSI.
3.20.   Q*: Titelseite Hermann *Phoronomia*, ETH Zürich rara 5519; V: ETH.

3.21. Q*: S. Werenfels, Slg. Professorenporträts des Museums a. d. Augustinergasse, Basel, Th A 6; V: Basler Z. für Gesch., Sdruck Bd. 78 (1978).
3.22. Q*: Denkmal Lomonossow, St. Petersburg; V: WiC*, Kora 27.
3.23. Q*: Porträt Euler von Handmann (1756), Universität Basel (Naturhistorisches Museum), Slg. Professorenporträts des Museums a. d. Augustinergasse, Basel, A 100; V: Basler Z. für Gesch., Sdruck Bd. 78 (1978).V: WiC*.
3.24–25. Q*: Akademiegebäude St. Petersburg, aus: *Gebäude der Kays. Akademie* Petersburg 1741. Kupferstich Kunstkammer und Bibliothek, SUB Göttingen, gr 2°H Lit Part VIII, 145/6 rara; V: Ausstellung der UB Göttingen *Russland und die Göttinger Seele*, Göttingen 2003.
3.26. Q*: Seite a. d. Notizbuch Eulers (1727), Archiv der Russ. Akademie St. Petersburg (1727), in Slg. KSI; V: KSI.
3.27. Q*: Rangtafel von Peter I. (1727); V: WiC
3.28. Q*: Sokolew Porträt Euler, Schabeblatt; V: Porträt-Slg. KSI.
3.29. Q*: Schriftprobe Eulers. 1727. V: Private Slg. V: Photo Slg. KSI.
3.30. Q*: Stadtplan von St. Petersburg, *Petersburger Zeitung* (Wedomosti) 1737; V: WiC*.
3.31. Q*: Titelseite *Commentarii*. V: Bikbliothek der Leopoldina.
3.32. Q*: Titelseite der *Einleitung zur Rechenkunst* (1738). Photoslg. KSI.
3.33. Q*: Photo Zarenglocke in Kreml; V: WiC*
3.34. Q*: Bessler-Rad. Porträt Bessler: WiC*.
3.35. Q*: Das Perpetuum mobile aus *Das Mersseburger perpetum mobile*, Tafel. 1719 SUB Göttingen. Borlachs Erklärung aus Borlach, *Gegenbericht* 1716. WiC*.
3.36. Q*: Straßenszene. Photo-Slg. KSI.
3.37. Q*: Petersburger Zeitung vom April 1727 und die Neue Zeitungen (1749). WiC und UBL; V: WiC*.
3.38. Q*: Titelseite *Recueil*, Sammelband 1738, ULB, Photo-Slg. KSI; V: KSI
3.39. Q*: Statue von Fermat mit A. Wiles im Jahr 199, WiC*.
3.40. Q*: Porträt Descartes WiC*
3.41. Q*: Porträt Dedekind, Porträt-Slg. der Hamburger Math. Gesellschaft Hamburg: V: in: Porträt-Slg. MFO.
3.42. Q*: Bildnis d'Alemberts, Kupferstich von Henriquez nach einer Zeichnung von Jollain. Porträt-Slg. KSI; V: KSI.
3.43. Q: Porträt Schmieden, MFO ID 3707; V: MFO.
3.44. Q: Porträt Laugwitz, MFO ID 32.454; V: MFO.
3.45. Q*: Reihensummen aus *Introductio* I, § 193. ETH Zürich: V: ETH e-rara 8740.
3.46. Q*: Jakob Bernoulli. *Positiones mathematicae*. UB Basel, Porträtsammlung; V: WiC.

3.47   Q: Überunendliche Zahlen nach Wallis. V: RT.
3.48   Q*: Stadtplan von Königsberg 1763, Photo-Slg KSI. V: KSI.
3.49   Q*: Brückenproblem und Verallgemeinerung. *Petersburger Commentarii* 1736, Tafel 1, UBL; V: Euler Archiv.
3.50   Q*: Porträts: Listing (vor 1882), Möbius (um 1850, Stahlstich von A. Neuman). Poincare (1887) mit Unterschrift. Portrat-Slg. Math. Verein Hamburgund WiC; V: Math. Verein Hamburg und WiC*.
3.51   Q*: Porträt von Hankel, WiC*)
3.52   Q*:Porträt Hilbert, MFO ID 1724, Math. Verein Hamburg; V in MFO.
3.53   Q*: Porträt Varignon (WiC*), virtuelle Verschiebungen, analytisch Darstellung von Geschwindigkeiten, Slg. KSI*, *Nouvelle Mécanique*, Fig. 71, S. 183. Paris 1725; V: UBL.
3.54   Q*: Titelseite Eulers erste *Mechanik*, (1736) UBL; V: UBL.
3.55   Q*: Porträt Joh. Bernoulli, Slg. KSI*.
3.56   Q*; Monochord, Slg. RT.
3.57   Q*: Orgeltisch Andreas-Kirche in Lutherstadt Eisleben; V: KMD Th. Ennebach.
3.58   Q*: Hörbereich, Slg. RT.
3.59.   Q*: Büste Tartini, Innenhof Dom zu Padua; V: RT.
3.60.   Q*: Titelseiten von *De sono* und *Tentamen*. ETH Zürich, e-rara 22.198 sowie 5162. V: RT.
3.61.   Q*: Tonraum; V: KMD Th. Ennebach
3.62.   Q*: Intervallerweiterungen, Slg. RT.
3.63.   Q*: Tabelle der Konsonanzen der Genera im *Tentamen*, ETH Zurich, e-rara 6162. V: ETH.
3.64.   Q*: Tongeschlecht aus Kap. X des *Tentanen*. ETH Zurich, e-rara 5162. V: ETH.
3.65.   Q*: Tongeschlechter im *Tentamen*. ETH Zürich, e-rara 5162. V: ETH.
3.66.   Q*: Figurierte Zahlen, V: RT
3.67.   Q*: Angabe von π auf 127 Stellen, *Introductio,* § 126; ETH Zürich. V: ETH Zürich, e-rara.
3.68.   Q*: Titelseite Russischer Atlas. Museum Eutin; V: Steller-Gesellschaft, Halle.
3.69.   Q* Detail aus Testlins Bild der Pariser Akademiegründung, Collection Palace de Versailles WiC*.
3.70.   Q*: Gradnetz der Erde WiC*.
3.71.   Q*: Kaiserinnen Elisabeth I (Bildnis C. van Loo, 1760), Peterhof, und Katharina II. (Porträt von Rosslini, 1780), Kunsthist. Museum Wien. V: beide WiC*.
3.72.   Q*: Beginn der Arbeit von *De Maximi* von Friedrich Moula, Eulers Assistenten, in: Petersburger Commentarii 1737, S. 138. V: UBL

Kapitel 4

4.1 Q*: Leibniz u. Königin Sophie, WiC*.
4.2 Q*: Porträt Maupertuis, Teilabb. aus Frontispiz von *La figure de terre*; UBL. V: WiC*, RT.
4.3 Q*: Schiffe. Jäger, *Weltgeschichte*. Bd. 3, Bielefeldt 1889, S. 434
4.4 V: RT; V: Stettin (Szczecin), Hafen u. Marktplatz, heutiger Zustand, V: P. Janson.
4.5 Q*: Mon bijou, in: *Gartenlaube* 1877, S. 165; WiC*.
4.6 Q*: Erweiterung Preußens. Slg. KSI*, V: KSI*.
4.7 Q*: Ausschnitt aus dem Berliner Stadtplan von 1739 (nach Schleun), Zentral- und Landesbibliothek Berlin (ZLB); WiC*.
4.8 Q*: Krönung Friedrichs I (1701). WiC*, V: WiC*.
4.9 Q*: Eintragung in Berliner Adreß-Kalender für 1742 (S. 125) und ab 1744 (S. 21), Staatsbibl. Berlin, WiC. V: Slg. KSI*
4.10 Q*: Ansichten von Berlin. Opernplatz, V: RT; Zeughaus in Berlin; V: Slg. KSI* und RT.
4.11 Q*: Berliner Ansichten. Opernplartz, Oper, vormalige kgl. Bibliothek (Kommode)
4.12 Q*: Lietzow: a Plan V: Springer-Vlg., b PhotoV: RT
4.13 Q*: Jäger, *Weltgeschichte*, Friedrich II. Bd. 3, Bielefeldt 1889, S. 590; V: RT.
4.14 Q*: Schloss Rheinsberg, V: Photo D. Kretschmer.
4.15 Q*: Königliche Akademie im Marstall, Akademie der Künste, Berlin, Slg. KSI*
4.16 Q*: Wolffs Haus, Franckesche Stiftungen; V: I. Fischer.
4.17 Q*: Porträts Maupertuis (Detail aus dem bekannten Stich als großer Abplatter, WiC*), Voltaire (Jäger, *Weltgesch*., Bd. 3. Bielefeldt 1888, S. 578, V: RT; Algarotti, Slg. RT.
4.18 Q*: Porträt Müller, einzige bekannte Bild, WiC*, V: WiC (File G F Müller).
4.19 Q: Protokolle (1742), Archiv BBAW, I–IV–37, Bl. 147 V und I–IV–10, Bl. 7; V: BBAW.
4.20 Q*: Titelblatt Robins Gunnery und Eulers Übersetzung. V: WiC*
4.21 Q*: Titelseiten der *Petersburger Commentarii* und *Berliner Mémoires*; V: WiC*, Euler Archiv und Bibl. der BBAW.
4.22 Q*: Porträt d'Argens, Titelkupfer aus *Lettres juivas*, WiC*.
4.23 Q*: Schloss Cirey, WiC*.
4.24 Q*: Gutachten von Euler über ein optisches Instrument, Archiv BBAW I–V–34, Bl.2;
4.25. Q*: Archiv der Franz. Ref. Gemeinde, Berlin. Rep. 04–1043a.
4.26. Q*: Quittung über Kosten von Lalande, Archiv BBAW I–XVI–224, Bl. 190; V: BBAW

4.27. Q: Erste Seite von 5 des Euler'schen Vorschlags zur Reform der Akademie, I–I–5, Bl. 76, AdW Berlin, Archiv; V: BBAW
4.28. Q: Sitzordnung, Archiv BBAW, I_I_V, Bl. 153–154; V: BBAW
4.29. Q*: Franklin bei elektr. Experimenten, Philadelphia Museum of Art, WiC*;
4.30. Q*: Richmanns Unfall WiC*.
4.31. Q*: Segner, Slg. KSI*; V: RT
4.32. Q*: Porträt A. v. Harnack, Gutenberg. Projekt. WiC*
4.33. Q: Chodowiecki, Janitscharen, akg (VRS 23/0465), V: akg
4.34. Q. Alte Finowkanal; Photos RT
4.35. Q*: Porträts Kotelnikows und Rumowskis, Russ. Akademie*, V; Porträt-Slg. KSI. RT.
4.36. Q*: Französische Kirche zu Berlin. Alte Darstellung. Frz. Kirche; V: Photo RT.
4.37. Q: Taufeinträge. Landeskirchl. Archiv der Evangelischen Kirche Berlin; V:RT.
4.38. Q: Einträge im Sterberegister der Frz. Kirche zu Berlin, 1749, S. 144, V: RT.
4.39. Q: Verpachtung von Maulbeerbaumplantagen, Archiv der BBAW, I–X–8, Bl. 116; V: RT.
4.40. Q*: Maulbeerbäume in Zehlendorf, V: RT.
4.41. Q*: Magdeburg, Stadtarchiv. V: Volksstimme, RT.
4.42. Q*: Porträts Razumowski von Tocque (1758), Tretjakow-Galerie, WiC*, und Teplow WiC*.
4.43. Q*: Porträt Lambert, Lithographie nach einer Zeichnung von Vigneron. WiC*.
4.44. Q*: Zar Peter III., Gemälde von Pfandzeller. Eremitage, WiC*.
4.45. Q: Jezler, Museum der Stadt Schaffhausen, V: RT.
4.46. Q: Anweisung von Maupertuis an Köhler über Vertreter Euler. Archiv BBAW, I–XVI–225, Bl. 95.
4.47. Q*: Titelblatt der *Rettung*. Euler Archive, V; RT.
4.48. Q*: Formey. WiC*.
4.49. Q*: Porträts Malebranche, WiC*, und Sulzer (Porträt von Graff, Gleimhaus Halberstad), WiC*.
4.50. Q*: Helmholtz, WiC*,
4.51. Q*: Titelseite der „Réflexions" (*Mémoires de Berlin* 4 (1748), S. 324), Bibl. der BBAW) und erste Seite der deutschen Übersetzung (Internet Archive) V: Bibl. BBAW.
4.52. Q*: Porträt Riemann, WiC* (file Riemann)
4.53. Q: Pariser Akademie; V: RT.
4.54. Q*: Potät Leibniz von Francke, Herzog Anton Ullrich Museum, WiC*; Porträt Ch. Wolff um 1734, WiC*.
4.55. Q*: A. Menzel, Tafelrunde (Kriegsverlust), WiC; Photo Sanssouci (Rotunde), WiC*.
4.56. Q*: Tischrunde Kant. WiC*.

4.57. Q*: Porträt S. Koenig, WiC*, Gedenktafel für Ch. Wolff von Rodzinski, WiC*.
4.58. Q*: Maupertuis, Kupferstich aus *Figure de la Terre* (1738), WiC*.
4.59. Q*: Porträts Newton (Kupferstich von Smith nach Gemälde von Kneller, WiC*) und Descartes (Kupferstich von Edelinck, WiC*).
4.60. Q*: Äquatormonument in San Antonio; V: Photo Mr. Tickler, WiC*.
4.61. Q*: Titelblatt *Nova Acta eruditorum* 1751 und die letzten Zeilen der Arbeit von Koenig im Märzheft, UBL. V: RT.
4.62. Q*: Maupertuis'sches Prinzip, *Berliner Mém.* 1746, Bibl. BBAW; V:RT.
4.63. Q*: Titelseite Jugement und Anwesenheitsliste, Bibl. der BBAW. V: RT.
4.64. Q*: Dissertation Eulers, Reprint der *Maupertusiana*, V: RT.
4.65. Q*: Schmähschrift Akakia und Friedensvertrag. Reprint der *Maupertusiana;* V: RT.
4.66. Q: Geburtsort und Mausoleum Maupertuis, V: Photos RT.
4.67. Q* Maupertuis' Lettres, Titel und Teil des Inhalts, WiC*, V: RT.
4.68. Q: Anweisung des Akademiepräsidenten vom 24. 6. 1753, Archiv der BBAW I–XVI–225, Bl. 95; V: RT.
4.69. Q*: Vignette auf *Maupertuisiana*, UBL; V: RT.
4.70. Q*: Vignette auf *Akakia*, UBL; V: RT.
4.71. Q*: Titelblatter *Briefe an Prinzessin*, frz. Ausgabe, UBL. V: RT; Briefe, dtsch Übersetzung, ETH e-rara 5264, V: RT.
4.72. Q: Domplatz in Magdeburg; V: Photo RT
4.73. Q*: Porträt Prinzessin, Städt. Museum Herford; V: RT.
4.74. Q: Gehaltsbestätigung Eulers, Archiv BBAW, I–XVI–227, Bl. 75.
4.75. Q*: Oudry, Staatl. Museum Schwerin; WiC*; Longhi, Museum Vicenza (It.), WiC*.
4.76. Q*: Kreisdiagramme, moderne Ausgabe, WiC*
4.77. Q: Domplatz Magdeburg, V: Photos Autor.
4.78. Q: Pastellbildnis Prinzessin, Susan Petry, City Garden (NY).
4.79. Q*: Frontispiz Voltaire *Elements* und Porträt des Autors, aus *Elements*, ETH e-rara 4301.
4.80. Q*: Turbine, Photo-Slg. KSI: V: RT; Konzernarchiv der Georg Fischer AG, Schaffhausen; V: R. Kropfitsch.
4.81. Q*: Vergleich des Hubs, V: RT.
4.82. Q: Porträt Joh. Alb. Euler, Privatbesitz. V: RT.
4.83. Q*: Friedrich II, WiC*.
4.84. Q: Riga. V: Photos P. Janson.

Kapitel 5

5.1. Q*: *Einleitung,* Bd. 2. UB Göttingen, SUB 8 Math, 1871:2, V: Dtsch. Textarchiv; Russ. Textbuch nach Photo-Slg. KSI. V: RT.

5.2. Q: *Algebra,* ETH Zürich, e-rarra 4961; §§ 143, 144 nach Cambridge Reprint der Ausgabe 1796, V: RT.
5.3. Q*: *Algebra* von Maclaurin, Titelseite und S. 1. WiC*.
5.4. Q*: Porträt Maclaurin, WiC*.
5.5. Q*: Zwei Porträts. Klein und Penrose, WiC*,MFO. V: RT.
5.6. Q und V: RT.
5.7. Q*: Q und V: RT.
5.8. Q*: FDC, Slg. RT
5.9. Q*: Zwei geom, Satze, V: RT
5.10. Q: Titelseite *Atlas* und Weltkarte in Staatsbibl. Berlin; Anzeige Eulers aus Archiv BBAW I–VII–37, Bl. 53; V:RT
5.11. Q*: Magnetische Deklinationslinien aus E 237, V: Euler Archive.
5.12. Q*: IML, Stockholm; V:RT.
5.13. Q*: Fermat-Denkmal von Falguière (1881), WiC*; V: Descouens.
5.14. Q* Poststempel, WiC*, V: RT.
5.15. Q*. Porträts. Malebranche WiC*, Fermat WiC*.
5.16. Q*: S. Koenig, WiC*.
5.17. Q*: Porträt Gauß, WiC*.
5.18. Q: Porträt Erdös, Ungar. Akademie. Erdös Centennial; Alfréd Rényi Institute of Mathematics, Hungarian Academy Budapest; V: WiC/RT.
5.19. Q*: Briefwechsel Goldbach. WiC*
5.20. Q: Exzerpt, Handschriftenabteilung der SUB Göttingen, Nachlass Gauß SUB 13.45; WiC*; Textstelle aus *Berliner Mémoires* (1748), Bibl. BBAW, V: RT
5.21. Q*: Porträt Jak. und Nik. I Bernoulli, WiC*.
5.22. Q*: Porträt Philidor und Titelseite des Schachbuchs, WiC*.
5.23. Q*: Rösselsprünge aus *Berliner Mémoires* 15 (1759), UBL; V: Euler Archive.
5.24. Q*: Wandbehang, Schloss Eggenburg (Graz), WiC*.
5.25. Q* Irrgarten, V: RT
5.26. Q: Chronogramm, Dr. Krüssel; V: MDMV 15 (2000), RT.

Kapitel 6

6.1. Q*: Dido RT WiC*.
6.2. Q*: Verallgemeinerungen, *Acta erud.* 1693 und 1698, UBL; V: RT.
6.3. Q*: Huygens, *Œuvres completes*, vol. 9, vol. 10. Den Haag. 1888 ff.
6.4. Q*: Joh. Bernoulli, *Mémoires Paris*, 1718. Opera II, S. 235 f.; V: RT
6.5. Q*: Variationen, *Methodus inveniendi* 1744, UBL; V: RT.
6.6. Q*: Porträts, WiC*; V: RT
6.7. Q*: Agnesi, Titelseite, WiC*.
6.8. Q*: Maclaurin Buchseite *Treatise*; WiC*

6.9. Q*: *Introductio*, Def. einer Funktion. ULB; V: RT
6.10. Q*: Titelseite *Introductio* u. ihrer dtsch. Übers. ULB; V:RT.
6.11. Q*: Frontispiz, *Introductio*. ULB, V: RT.
6.12. Q*: Arbogast Abbildung 2. TU Darmstadt, WiC; V:A
6.13. Q*: Q*: Vorwort Inst. Diff. Calc., UBL, V: RT.
6.14. Q*: Porträt Euler von Darbes, in MAH Musée d'Arts, Genéve, Inv. 1829–008, Wiki* Q679075, V: RT
6.15. Q*: Porträt Carnot, WiC*; V: RT; Photo Denkmal V: RT.
6.16. Q: Gruppenphoto, Slg. K. Jacobs im MFO; V: RT
6.17. Q*: Titelseiten *Inst. Diff. Calc.* u. *Inst. calc. int.* UBL; V:RT.
6.18. Q*: *Differentialrechnung* (ICD), § 83, ETH Zürich, e-rara 5132; V:A
6.19. Q*: Hornförmige Winkel RT.
6.20. Q*: Porträt l'Hospital u. Titelseite seiner *Analyse*, beides WiC*.
6.21. Q*: Vergleich der Inhaltsverzeichnisse *Analyse* u. *Intr.*, beides UBL; V: RT.
6.22. Q*: Porträt Michelsen aus J. G. Krünitz: *Oeconomische Encyclopädie*, oder allgemeines System der Land- Haus- und Staats-Wirthschaft. Band 71. Berlin 1796; eine Seite der Übersetzung, WiC*, V:RT.
6.23. Q*: Ende des Vorworts der *Differentialrechnung*, ETH Zürich, e-rara 5132; V: RT.
6.24. Q*: Schweizer Nationalbank, 10-Franken-Note, WiC*; V:A
6.25. Q: 2 Seiten Abschrift Jezler, Städtisches Museum Schaffhausen (CH); V: Museum
6.26. Q*:Textstelle aus E 252, Euler Archive. WiC*.
6.27. Q*: Signet von Bousquet, Bibliothèque cantonale et universitaire Lausanne, WiC*
6.28. Q*: Porträt d'Alembert, WiC*; Tafel zu d'Alembert „Recherches", *Berliner Mémoires* 3 (1747), S. 214, Bibl. BBAW Berlin, Euler Archive WiC*.
6.29. Q*: Denkmal Monge, WiC*, Photo GertGrer
6.30. Q*: Tafel zu Eulers Arbeit „Sure la vibration", *Berliner Mémoires* 4(1748), S. 71. Bibl. BBAW.
6.31. Q*: *Petersburger Commentarii* 7(1734), Bibl. BBAW. V: RT.
6.32. Q*: Ausschreibung in *Petersburger Commentarii* 1787; Bibl. BBAW
6.33. Q*: Bild aus Preisschrift *Mémoire* von Arbogast, Petersburg 1791, SUB Göttingen 4 MATH, 7125 (1); V:A
6.34. Q*: Tafel zu D. Bernoullis Arbeit „Refelexions", *Berliner Mémoires* 1753, Bibl. BBAW, V: RT.
6.35. Q*: Fourier-Koeffizienten, *Nova Acta Petrop.*, Euler Archive, WiC*; V: RT
6.36. Q*: Modell der Schwingung, Modell-Slg., MI Göttingen; V:Prof. Patterson
6.37. Q*: Porträt G. Cantor, MFO; V:RT.
6.38. Q*: Porträt L. Euler von Handmann, Kunstmuseum Basel. WiC*.
6.39. Q*: Porträts Brüder Bernoulli, UB Basel, Porträtsammlung. WiC*
6.40. Q*: *Acta eruditorum*, Dezember 1696, Februar 1697 & Mai 1697. UBL; V:RT
6.41. Q*: Rollkurve, Zykloide.
6.42. Q* Titelseite *Methodus inveniendi*, UBL/MI.

6.43. Q*: Porträt Carathéodory, Slg. Reidemeister im MFO (ID 12 561).
6.44. Q*: Arbeit Eulers in *Petersburger Commentarii* 3 (1728), UBL, V: RT.
6.45. Q*: Kürzeste Linien, *Petersburger Commentarii* 3(1728), UBL, V: RT.
6.46. Q*: Porträt Hildebrandt und Klötzler, Vlg. EAGLE, V:RT.
6.47. Q*: Porträt Lagrange, Lithographie von Delpech nach einer Zeichnung von Belliard; WiC*.
6.48. Q*: Euler'sche Variationen; V: RT.
6.49. Q*: Verschieden Variationsarten. V: R. Klotzler.
6.50. Q*: *Elastica aus der Meth. Inv.*, UBL, V: RT.

Kapitel 7

7.1. Q*: Vorläufer. Porträt Varignon, WiC*, Hermann Porträt-Slg UB Basel; Titelseiten *Collections patrimoniales numérisées des bibliothèques de l'Université de Strasbourg*, ETH Zürich, rara 3070, V: RT.
7.2. Q*: Varignon'sche Regeln, *Collections* wie vorangehende Angabe.
7.3. Q*: *Acta eruditorum* 1701, Tab II, S. 22; Manuskript Joh. Bernoullis für seine Differentialrechnung, UB Basel, Handschriftenabteilung; V:RT.
7.4. Q*: Titelseite des Bandes 1 von Eulers *Mechanica*, ETH Zürich rara 4689.
7.5. Q*: Titelseite von Eulers *Scientia navalis*, ETH Zürich rara 4695.
7.6. Q*: Segelschiff, aus *Monument* [= Denkmal Peter I.] *eleve*, Paris 1772, SUB Göttingen gr.2°, Techn. II, 1615.
7.7. Q: Schiffshebewerk Niederfinow, Photo RT.
7.8–7.10 Q: Photos RT.
7.11. Q: Brief an Kästner. UBL, Handschriftenabteilung; V:RT
7.12. Q*: Rezension im Hamburgischen Magazin, 8, 1 (1751), Hamburgisches Magazin in Bayr. Staatsbibliothek.
7.13. Q*: Titelseite der zweiten *Mechanik*, Bibl. KSI; V: RT.
7.14. Q*: allegorischer Stich Sonnensystem aus Eulers *Himmelsmechanik*, UBL, V: KSI.
7.15. Q* Porträts dreier Astronomen Thiele, Hill, Poincaré, WiC*
7.16. Q*: Porträt T. Mayer (Stich v. Kaltenhofer in v. Zach *Allg. geogr. Ephemeriden*, 1799).
7.17. Harrison, WiC*, Chronometer, Science Museum, WiC* (Racklever)
7.18. Q*: Berliner Observatorium, WiC*.
7.19. Q*: Johann Kies (Professorengalerie Tübingen), Johann III Bernoulli (Professorengalerie Basel), WiC*
7.20. Q: Kupferstich Große Sonnenfinsternis 1748, Privatbesitz S. Petry, Garden City (NY).
7.21. Q*: Tartaglia, *Nova scientia*, 2. Buch, 11v, WiC*.
7.22. Q*: Robins, Titelseite *Gunnery*, Messvorrichtung, WiC*

Kapitel 8

8.1. Q: Stettin (Szeczin), Photos: P. Janson.
8.2. Q.: Dornburg, Photos: RT.
8.3. Q*:Winterpalais. WiC*, Photo Alex Florstein Fedorov.
8.4. Q*: Montesqieu, WiC*; Porträts Pekarski (russ. Wikipedia, WiC*) und Kljutschewski (WiC*, Photo Mariluna)
8.5. Q: Porträts Juschkewitsch (Photo Enid Grattan-Guinness in: Slg. MFO), Michailow (WiC*)
8.6. Q*: Smolni-Kathedrale, WiC* (Photo George Shuklin)
8.7. Q*: Akademie-Protokolle, Prof. E. Sandifer †, V:A
8.8. Q*: Porträt Daschkowa, WiC*
8.9. Q*: Bild Rasumowski (Original verschollen), WiC; Orlow WiC
8.10. Q*: Porträt Karsten, WiC*
8.11. Q*: Eulers Wohnhaus, Kunstkammer: Photo-Slg., KSI, V: RT.
8.12. Q: Konferenzsaal, unbekannter Photograph, Slg. Prof. Biermann †, V:RT.
8.13. Q*: Porträt Staehlin, WiC*
8.14. Q*: Johannes III Bernoulli, Titelseite seiner *Reisen*, WiC*
8.15. Q*: Porträt Lexell. *Nova Acta Academiae Petropolitanae* Tome II, S. 13. V: RT.
8.16. Q*: Optischer Sachverhalt, *Briefe an eine deutsche Prinzessin,* Band 3. 1762. Brief 209. WiC*.
8.17. Q*: Titelseite *Constructio,* ETH Zürich Bibl. Rara 3710. V: RT.
8.18. Q*: Schattenriss N. Fuss, Porträt-Slg. KSI; *Eloge* 1783, UBL, V: RT.
8.19. Q*: SUB Göttingen, Newablick, flussaufwärts. Machajew-Stiche, SUB Gött.gr2° H Lit. Part VII, 145/6 RARA.
8.20. Q*: Sobranie, Akademiearchiv Petersburg; V: Prof. Lehfeldt.
8.21. Q*: Wassili Insel, WiC* (Photo A. Savrin)
8.22. Q*: Augenarzt Wenzel, Kunstsammlung Veste Coburg, co-xi-71–1; Wenzel operiert, Zeichnung von D. Chodowiecki. Wellcome Library, London. Collection*, Referenz 16552i.
8.23. Q*: Augenquerschnitt aus den *Briefen an eine Prinzessin*, Brief 41; Lichtausbreitung aus Eulers *Nova theoria* (1746), in: *Opuscula* 1 (1748), S. 160–244 = EO III/5, S. 20.
8.24. Q: Lutherischer Friedhof, Photo-Slg. Autor; V:RT.
8.25. Q: Anzeige aus den Petersburger Wedomosti; V: Prof. Lehfeldt.
8.26. Q*: Altersbild Eulers, J. Darbes. Slg. RT.
8.27. Q* Montgolfière, WiC+
8.28. Q*: Gruppe Akademiemitglieder, WiC*
8.29. Q*: Grabstein Eulers, Photo E. Roussanova (Petersburg).

Anhang 2: Abbildungsverzeichnis und -nachweis

Kapitel 9

9.1. Q: Eulers Haus (heutiger Zustand), Photo E. Roussanova
9.2. Q: Gedenktafel an Eulers Haus, Photo E. Roussanova
9.3. Q*: Porträt P.H. Fuss, Gemälde von Jensen, Sternwarte Pulkowo, WiC*;
9.4. Q*: C.G. Jacobi, WiC*
9.5. Q*: Titelseite *Commentationes*, Euler Archive. V: RT.
9.6. Q*. G. Eneström, UB Basel Porträt-Slg. V: RT.
9.7. Q*: Porträt F. Rudio, WiC*; Titelseite Sonderdruck zu EO, Sonderdruck-Slg. RT.
9.8. Q*: Statistische Angaben, WiC.
9.9. Q*: Eulerbüste, Photo RT.
9.11. Q*: Titelseiten der *Petersburger Commentarii*, Bibl. BBAW, WiC
9.12. Q*: Inhalt eines Bandes der *Commentarii*, Bibl. BBAW, WiC
9.13. Q*: Büste Eulers, WiC*
9.14. Q*: Gedenktafel Eulers in Riehen, Slg, RT.
9.15. Q*: Porträt des Präsidenten der Euler Society, V:Euler Society.

Kapitel 10

10.1. Q*: Medaille Abramson. WiC*.

Personenregister

A

Abel, Niels Henrik (1802–1829), 159, 163, 497, 581, 603
Abramson, Abraham (1725–1811), 922
Achard, Antoine (1696–1772), 260, 309, 311
Ackeret, Jakob (1898–1981), 784
Adadurow s. Adodurow
Adodurow, Wassili (1709–1780), 72, 86, 90, 132, 490
Aepinus, Franz Ulrich (1724–1802), 330, 336, 842, 844
Agnesi, Maria Gaetan (1718–1799), 587
Alcuin von York (732?–804), 552
Aleksander Danilowitsch (1673-1729), 58
Alexandroff, Paul (1896–1982), 582
Algarotti, Francesco (1712–1764), 63, 286, 405
Amman, Johann (1707–1741), 86, 127
Ampère, André-Marie (1775–1836), 656
Anna Iwanowna, Zarin von Russland (1693–1740), 14, 77, 91, 239, 811
Apéry, Roger (1916–1994), 169
Arbogast, Louis François Antoine (1759–1803), 650, 674, 682, 698
Arbuthnot, Benedikt (1776–1820), 8
Archimedes (287–212 v. Chr.), 620
Aristoteles (384–322 v. Chr.), 678
August Wilhelm von Preußen (1722–1758), 305

B

Bach, Johann Sebastin (1685–1750), 218
Bach, Philipp Emanuel (1714–1788), 218
Bacon, Francis (1561–1626), 194
Balbi, Johann Friedrich von (1700–1779), 344, 785
Banach, Stefan (1892–1945), 377
Barlow, Clarence (1945–2023), 207
Baumann s. Bouman
Bayer, Gottlieb Siegfried (1674–1738), 57, 84
Bayle, Pierre (1647–1706), 365
Beauval, Jacques Basnage de (1656–1710), 296
Becher, Joachim (1635–1682), 42
Beck, Johann Rudolf (1657–1726), 39
Beckstein, Johann Simon (1684–1742), 84
Béguelin, Nicolas de (1714–1789), 841
Bell, Anna Emilie (1741–1830), 480
Bell, Eric Temple (1883–1960), 626
Bell, Karl Joseph von (1744–1830), 344, 480
Bering, Vitus Jonassen (1680–1741), 76, 101, 238, 255
Berkeley, George (1685–1753), 375, 622
Berlekamp, Elwyn Ralph (1940–2019), 553
Bernoulli, Daniel (1700–1782), Sohn von Johann I B., 6, 24, 26, 50, 172, 196, 242, 293, 329, 399, 415, 466, 468, 550, 661, 668, 688, 741, 753, 777, 821
Bernoulli, Jakob (1654–1705), Bruder von Johann I B., 171, 229, 296, 375, 550, 569, 703, 715
Bernoulli, Jakob II (1759–1789), Sohn von Johann II B., 892
Bernoulli, Johann I (1667–1748), Bruder von Johann I B., 50, 141, 296, 550, 569,

575, 598, 615, 618, 631, 636, 661, 668, 681, 703, 704, 715, 725, 750, 764, 795, 819
Bernoulli, Johann II (1710–1790), Sohn Johann I B., 33, 329
Bernoulli, Johann III (1744–1807), Sohn Johann II B., 242, 492, 807, 843, 849, 854, 880
Bernoulli, Nikolaus I (1687–1759), Neffe von Johann I B., 161, 495, 550
Bernoulli, Nikolaus II (1695–1726), Sohn Johann I B., 50, 79, 731
Bernoulli, René (*1943), 350, 855, 872
Bertins, Alexis Fontaine de (1704–1771), 650
Bertrand, Louis (1731–1812), 335, 360, 609
Bessel, Friedrich Wilhelm (1784–1846), 229, 237
Bessler, Johann Ernst (um 1680–1745), 136
Biermann, Kurt-R. (1919–2002), 476
Bilfinger (auch Bulfinger), Georg Bernhardt (1693-1750), 57
Binet, Jacques (1786–1856), 224
Biron (auch Buhren), Ernst Johann (1690–1672), 76, 91
Blanning, Tim (*1942), 289
Blumentrost, Laurentius (1692–1755), 44, 50, 57, 66
Bois-Reymond, Paul du (1831–1889), 581, 746
Boltin, Iwan Nikitich (1735–1792), 69
Bolyai, János (1802–1860), 507
Bolzano, Bernard (1781–1848), 497
Bonaparte, Napoleon (1769–1821), 819
Bonnet, Charles (1720–1793), 878
Bonnet, Pierre Ossian (1819–1892), 734
Borcke, Caspar Wilhelm von (1704–1747), 261, 309
Borel, Émile (1871–1956), 160
Born, Max (1882–1970), 742
Bos, Henk J. M. (*1940), 572, 580
Boscovich, Roger (1711–1787), 186, 771
Bose, Raj Chandra (1901–1987), 557
Boškovic s. Boscovich
Bosshart, Beatrice (*1945), 219
Bossut, Charles (1730–1814), 859
Bouchaud, Mathieu-Antoine (1719–1804), 469
Bougainville, Louis Antoine de (1729–1811), 650
Bouguer, Pierre (1698–1758), 38, 405, 775
Bouman, Johan (1706–1776), 344, 785
Bousquet, Marie-Michel (1696–1762), 308, 661
Bovier de Fontenelle, Bernard de (1748–1797), 113

Boyer, Carl Benjamin (1906–1976), 626
Boyer, Jean-Baptiste (1704–1771), 302, 365
Bradley, James (1693–1762), 328
Brander, Georg Friedrich (1713–1783), 306
Breger, Herbert (*1946), 420
Brevern, Karl von (1704–1744), 291
Briggs, Henry (1561–1639), 604
Briggs, William E. (1925–1999), 536
Bruckner, Daniel (1707–1781), 21
Bruckner, Isaac (1686–1762), 21, 134, 135, 877
Brückner s. Bruckner
Buffon, Georges-Louis Leclerc de (1707–1788), 843, 328
Bühren s. Biron
Bülfinger s. Bilfinger
Burckhardt, Bonifacius (1656–1708), Vorganger von Paulus Euler in Riehen, 21, 31
Burckhardt, Ernst Ludwig (18. Jh.), Respondent Eulers, 40
Burkhardt, Heinrich (1861–1914), 695
Burckhardt, Hieronymus (1680–1737), 31
Burckhardt, Johann (1691–1743), Mathematiklehrer Eulers, 26, 334, 427
Burckhardt, Jakob (1818–1897), 24
Bürger, Michael (1686–1726), 83
Burja (auch Burja), Abel (1752–1816), 481, 494, 877, 883
Busch, Hermann (1943–2020), 207
Büsching, Anton Friedrich (1724–1793), 880, 894, 914
Busoni, Ferruccio (1866–1924), 194
Buxbaum, Johann Christian (1694–1730), 83
Buzzard, Kevin Mark (*1968), 155

C
Cagliostro, Alexander (1743–1795), 7
Calvin, Johann (1509–1564), 266
Cantor, Georg (1845–1918), 361, 629, 638, 657, 702
Carathéodory, Constantin (1873–1950), 142, 390, 428, 717, 750, 899, 907
Caravaque, Louis (1684–1754), 77
Cardano, Girolamo (1501–1576), 494
Caritat, Marie Jean Antoine Nicolas de (1743–1794), 50, 685, 846, 881, 884
Carleson, Lennart (*1928), 582, 712
Carlyle, Thomas (1795–1881), 264, 395, 406, 447, 478
Carnot, Lazare Nicolas Marguerite (1753–1823), 621, 626, 631
Cassini, Jacques (1677–1756), 328

Cassirer, Ernst (1874–1945), 579
Castel, Louis-Bertrand (1668–1757), 196
Castillon, Jean (1708–1791), 663, 805
Catt, Henri de (1725–1795), 474
Cauchy, Augustin-Louis (1789–1857), 590, 596, 603, 626, 711, 750
Cavaillé-Coll, Aristide (1811–1899), 219
Celsius, Anders (1701–1744), 297
Cesàro, Ernesto (1859–1906), 160, 581
Chambre, Marin Creau de la (1594–1669), 388
Châtelet, Gabrielle-Émilie du (1706–1749), 142, 405
Chowla, Sarvadaman (1907–1995), 536
Clairaut, Alexis-Claude (1713–1765), 33, 228, 297, 311, 329, 361, 373, 508, 522, 735, 776, 800
Clausen, Thomas (1801–1885), 525
Clerselier, Claude (1614–1686), 388
Cochin, Nicolas d. J. (1715–1790), 5
Colbert, Jean-Baptiste (1619–1683), 236
Colburn, Zerah (1804– 1839), 525
Collins, Eduard (1791–1840), 894
Collins, Johann David (1761–1833), 894
Comte, Isidore Auguste (1798–1857), 500
Condamine, Charles Marie de la (1701–1774), 324, 329, 404
Condorcet s. Caritat
Connes, Alain (* 1947), 503
Conway, John H. (1937–2020), 553
Cotes, Roger (1682–1716), 496
Courtivron,Gaspard de (1715–1785), 419
Cramer, Gabriel (1704–1752), 33, 501, 508, 587, 823
Crusius, Christoph (1715–1767), 86

D

d'Alembert, Jean le Rond (1710–1783), 5, 7, 160, 194, 196, 324, 387, 450, 467, 496, 503, 523, 617, 652, 669, 673, 679, 705, 905
d'Angicour, Pierre (1665–1727), 296
d'Arcy, Patrick (1725–1779), 402, 825
d'Argens, Jean-Baptiste de Boyer (1704–1771), 309
Daschkowa, Katharina Romanowna (1743–1810), 833, 849
Darbes (auch d'Arbes), Joseph Friedrich (1747–1810), 878
Darwin, Charles (1809–1882), 4
Dedekind, Richard (1831–1916), 155, 585
Delen, Johann Jakob van (1743–1786), 468, 480, 840

Delisle, Joseph-Nicolas (1688–1768), 57, 81, 99, 237, 359, 513, 799
Delisle de la Croyere, Louis (vor 1688–1768), 81
de l'Isle s. Delisle
Descartes, René (1596–1650), 29, 148, 180, 194, 388, 400, 452, 496, 534, 566, 611, 617, 762
Diderot, Denis (1713–1784), 4, 5, 13, 450, 832, 868
Diels, Hermann (1848–1922), 398
Dieudonné, Jean (1906–1992), 156, 580, 613, 901
Dirichlet, Peter Gustav Lejeune (1805–1859), 520, 581, 616, 656, 696, 711
Dolgoruki, Wassili Wladimirowitsch (1667–1746), 133
Dolgoruki, Wladimir Sergejewitsch (1717–1803), 468, 836
Dollond, John (1706–1761), 354, 756, 857
Domaschnew, Sergei Gerasimowitsch (1743–1795), 848
Donnert, Erich (1929–2016), 11
Dudley, Underwood (*1937), 521, 540
Dürer, Albrecht (1471–1521), 454

E

Eberhardt, Johann Peter (1727–1779), 196
Ebert, Johann Jacob (1737–1805), 492
Ehler, Carl Leonhard Gottlieb (1685–1753), 179, 528
Einstein, Albert (1870–1950), 4
Elisabeth (Elisaweta) Petrowna, Zarin von Russland (1709–1762), 13, 239
Elkies, Noam (* 1966), 535
Eller, Johann Theodor (1689–1760), 296, 309, 310
Eneström, Gustav (1852–1923), 619, 898
Eratosthenes (276/273?–194 v. u .Z.), 536
Erdős, Pal (Paul) (1813–1996), 226, 518, 521, 540
Euklid (3. Jh. v. Chr.), 526, 564
Euler, Eltern und Groseltern Leonhard Eulers
    Euler, Paul(us) (1670-1745), Pfarrer, Vater, 20, 21, 22, 48, 95, 262
    Euler, Paulus sen. (1600–1673), Stralmacher, Grosvater
    Euler, Margarethe geb. Brucker (1678–1761), Mutter, 24, 25, 53, 94
    Euler, Anna Maria geb. Gassner (1642–1712), Grosmutter vaterlicherseits , 22

Geschwister Leonhard Eulers
Euler, Johann Heinrich (1719–1750), Kunstmaler, 241, 307
Euler, Anna Maria (1708–1778), verh. Gegenbach
Euler, Maria Magdalena (1711–1799), verh. Norbel, 333, 480
Ehefrauen Leonhard Eulers
Euler, Katharina geb. Gsell (1707–1773), erste Gattin Leonhard Eulers, Heirat 1733, 875
Euler, Salome Abigail geb. Gsell (1723–1794), zweite Gattin Leonhard Eulers, Halbschwester der ersten Gattin, Heirat 1776, 848, 875, *siehe* Abigail Gsell. Eulers zweite Gattin
Kinder Leonhard Eulers (siehe S. 95)
Euler, Charlotte verh. van Delen (1744–1780), Tochter Leonhard Eulers, 333, 480, 840
Euler, Christoph(or) (1743–1808), Sohn von Leonhard Euler, General, 333, 344, 479, 841, 891
Euler, Johann Albrecht (1734–1800), Sohn von Leonhard Euler, Sekretar der Petersburger Akademie, 94, 192, 221, 331, 333, 417, 469, 479, 505, 804, 836, 844, 875, 878, 891
Euler, Karl Johann (1740–1790), Sohn Leonhard Eulers, Arzt, 333, 344, 479, 841, 891
Euler, Katharina Helen (1741–1777), verh. von Bell, *siehe* Katharina Gsell, Eulers erste Gattin
Von den 13 Kindern des Ehepaars Euler sind acht fruhzeitig verstorben:
  Anna Margaretha, 1736–1736
  Maria Gertrud, 1737–1739
  Anna Elisabeth, 1739–1739
  Hermann Friedrich, 1747–1750
  Ertmuth Louise, 1749–1749
  Helene Eleonora, 1749–1749
  August Friedrich, 1750–1750
  NN vermutlich ungetauft
  Anna Margaretha, 1736–1736
Euler, Albertine verh. Fuss (1766–1822), Tochter von Johann Albrecht, 859
Euler, 893
Euler, August Heinrich (1868–1957), 896
Euler, Ulf von (1905–1983), 896
Euler-Chelpin, Hans Karl August von (1873–1964), 896

F

Fabricius, Johann Albert (1668–1736), 296
Fagnano, Giulio Carlo (1682–1766), 654
Farrar, John (1779–1853), 492
Fejér, Lipot (Leopold) (1890–1959), 160
Ferber, Johann Jakob (1748–1795), 844
Fermat, Pierre de (1601–1655), 145, 148, 230, 361, 388, 518, 525, 528, 566, 725
Feuerbach, Karl (1800–1834), 510
Fichte, Johann Gottlieb (1762–1814), 365, 452
Fleckenstein, Joachim Otto (1914–1980), 432
Fokker, Adriaan Daniel (1887–1972), 215
Fontenelle, Bernard le Bouvier de (1657–1757), 85, 328, 574
Formey, Jean Henri Samuel (1711–1797), 309, 358, 523, 835, 868, 885, 914
Fourier, Jean Baptiste Joseph de (1768–1830), 580, 581, 613, 651, 656, 659, 698, 711
Francheville, Joseph du Fresne de (1704–1781), 310
Francke, August Hermann (1663–1727), 282, 296
Franklin, Benjamin (1706–1790), 7, 324
Fraser, Craig (*1951), 741
Fraunhofer, Joseph (1787–1826), 370, 857
Frey, Gerhard (*1944), 542
Friederike Charlotte von Brandenburg-Schwedt (1745–1808), 446, 450, 459
Friedrich I., König in Preußen (1657–1713), 250, 272
Friedrich II., König von Preußen (1712–1786), 11, 251, 263, 267, 279, 287, 303, 326, 343, 430, 460, 478, 559, 669, 786, 842
Friedrich III., Kurfürst von Brandenburg (1657–1713), 250
Friedrich Wilhelm, Kurfürst von Brandenburg (1620–1688), 266, 446, 558, 815
Friedrich Wilhelm I., König in Preußen (1688–1740), 67, 251, 262, 272
Frisch, Johann Leonhard (1666–1743), 296
Frobenius, Georg (1849–1917), 497
Fueter, Rudolf (1880–1950), 369, 913
Fuss, Nikolaus (1755–1826), 25, 33, 201, 290, 392, 479, 506, 768, 794, 796, 831, 843, 859, 875, 885, 909, 922
Fuss, Paul Heinrich (1798–1855), 25, 33, 239, 546, 859, 886, 896

G

Galeotti, Mark (*1965), 11
Galilei, Galileo (1564–1642), 4, 717, 816
Galilei, Vincenzio (1520–1594), 194
Galois, Evariste (1811–1832), 497
Galuppi, Baldassare (1706–1785), 867
Gärtner, Joseph (1732–1791), 844
Gauß, Carl Friedrich (1777–1855), 33, 43, 60, 147, 226, 365, 496, 507, 520, 525, 533, 547, 566, 600, 653, 747, 751, 896
Gehler, Samuel Traugott (1751–1795), 858
Georg Bernhardt (1693-1750), 70, 80
Georgi, Johann Gottlieb (1729–1802), 844, 885
Gilbert, William (1544–1603), 324
Gillies, Donald B. (1928–1975), 526
Girard, Albert (1595–1632), 496, 538
Gleditsch, Johann Gottlieb (1714–1786), 309, 396, 445
Gmelin, Johann Georg (1709–1755), 97, 111, 513
Gmelin, Samuel Gottlieb (1745–1774), 844
Gödel, Kurt (1906–1978), 360
Goethe, Johann Wolfgang von (1749–1832), 203, 441, 923
Gogol, Nikolai Wassiljewitsch (1809–1852), 64, 832
Goldbach, Christian (1690–1764), 52, 57, 84, 144, 172, 176, 200, 223, 227, 234, 353, 360, 510, 543, 775, 812
Goldschmidt, Benjamin (1807–1851), 752
Golowin, Michail Jewsejewitsch (1756–1790), 843, 861
Golowin, Nikolai Fjodorowitsch (1695–1745), 133
Golowkin, Alexander (1688–1760), 75
Gottsched, Johann Christoph (1700–1766), 296
Gottsched, Luise Adelgunde Victorie geb. Kulmus (Gottschedin) (1713–1762), 426
Graeveniz, Henning Friedrich von (1744–1764), 825
Grandi, Guido (1671–1742), 170, 581
Graun, Karl-Heinrich (1703/04?–1759), 217, 218, 463
Green, George (1793–1841), 747
Gregory, James(1637–1675), 150, 167
Grischow, Augustin (1683–1749), 296
Grischow, August Nathanael (1726–1760), 330, 807
Groß, Christain (1698?–1742), 81
Grüson, Johann Philipp (1767–1857), 492, 861

Gsell, Georg (1673–1740), 57, 92, 107
Gsell, Katharina (1707–1773), 92
Gsell, Salome Abigail verh. Euler (1723–1794), 848, 875
Guichard, Chales Theophile (Karl Gottlieb, auch Quintus Icililius) (1724–1775), 474
Güldenstädt, Johann Anton (1745–1781), 845
Gustav II Adolf, König von Schweden (1594–1632), 249
Guy, Richard K. (1916–2020), 553

H

Hadamard, Jacques (1865–1963), 226, 722
Hall, Chester Moor (1703–1771), 757
Hall, Rupert (1920–2009), 185
Haller, Albrecht von (1708–1777), 328, 407, 464
Halley, Edmond (1656?–1743), 604
Hamel, Georg (1877–1954), 188
Hamilton, William Rowan (1805–1865), 497, 726, 740, 742, 750
Handmann, Jakob Emanuel (1718–1781), 102
Hankel, Hermann (1839–1873), 2, 165, 182, 906
Hardy, Godfrey Harold (1877–1947), 114, 160, 518
Harnack, Adolf von (1851–1930), 329, 916
Harrison, John (1693–1776), 803
Harsdörffer, Georg Philipp (1607–1658), 552
Häseler, Johann Friedrich (1732–1797), 858
Hegel, Georg Wilhelm Friedrich (1770–1831), 452
Heilbronn, Ernst Hans (1908–1974), 536
Heinrich, Prinz von Preußen (1726–1802), 881
Heinrich Friedrich Markgraf von Brandenburg–Schwedt (1709–1788), 340, 445
Heinsius, Gottfried (1709–1769), 86, 99, 237, 513
Heisenberg, Werner (1901–1976), 616
Helfgott, Harald (*1977), 544
Helmholtz, Hermann Ludwig Ferdinand von (1821–1894), 219, 372
Herder, Johann Gottfried (1744–1803), 316, 397
Hermann, Jakob (1678–1733), 183, 729, 763, 816
Hermes, Johannes (1846–1912), 148
Hermite, Charles (1822–1901), 234
Herzen, Alexander Iwanowitsch (1812–1870), 64
Hestenes, Magnus R. (1906–1991), 720

Heuser, Harro (1927–2011), 639
Heussi, Karl (1877–1961), 10
Hewlett, John (1762–1844), 492
Hilbert, David (1862–1943), 51, 165, 182, 390, 506, 538, 543, 565, 585, 692, 720, 721, 735, 906
Hill, George William (1838–1914), 802
Hiller, Johann Adam (1728–1804), 196
Holmboe, Bernt (1795–1850), 159
Hooke, Robert (1635–1703), 194
Horner, Francis (1778–1817), 492
Hornsby, Thomas (1733–1810), 863
Hulot, Guillaume (1660–1720), 273
Humbert, Abraham von (1689–1761), 309, 823
Hunt, Richard A. (1896–1982), 582
Hunter, Henry (1741–1802), 451
Hurwitz, Adolf (1859–1919), 362
Huygens, Christiaan (1629–1695), 194, 518, 572

I

Inochodzow, Peter Borisowitsch (1742–1806), 844, 861
Iro, Harald (*1946), 771
Iselin, Jacob Christoph (1681–1737), 31
Iselin, Johann Rudolf (1705–1779), 29
Isidor von Sevilla (ca. 560–638), 516
Islenew, Iwan Iwanowitsch (?–1784), 844
Iwan VI., Zar von Russland (1740–1764), 239, 811

J

Jablonski, Daniel Ernst (1600–1741), 295
Jacobi, Carl Gustav Jacob (1804–1851), 429, 442, 656, 685, 729, 742, 895
Jacobi, Paul (?–1758), 825
Jariges, Philippe Joseph de (1706–1770), 296, 309, 312, 315, 806
Je(t)zler, Christoph (1734–1791), 356, 666
Jones, William (1675–1749), 232
Jordan, Charles Etienne (1700–1745), 337
Joucourt, Louis de (1704–1780), 5
Junker, Gottlob Friedrich (1703–1746), 93
Juschkewitsch, Adolf Pawlowitsch (1906–1993), 626, 901, 908
Justi, Johann Heinrich Gottlob von (1717–1771), 357, 396

K

Kähler, Erich (1906–2000), 498, 537
Kant, Immanuel (1724–1804), 1, 3, 15, 42, 252, 313, 368, 384, 389, 394, 452, 457
Karl Eugen, Herzog von Württemberg (1728–1793), 301
Karl VI., deutscher Kaiser (1685–1740), 289
Karl XII, König von Schweden (1682–1718), 249
Karsten, Wenceslaus Johann Gustav (1732–1787), 469, 508, 573, 649, 697, 797, 836
Kästner, Gotthelf Abraham (1719–1800), 505, 740, 791, 856, 905
Katharina I., Zarin von Russland (1684–1727), 61, 66
Katharina II., Zarin von Russland (1729–1796), 11, 240, 259, 481, 827
Keill, John (1671–1721), 816
Kepler, Johannes (1571–1630), 4, 229
Keyserling, Karl von (1697–1765), 123
Kies, Johann (1713–1781), 296, 309, 807
Kirch, Christfried (1694–1740), 296
Kirch, Gottfried (1639–1710), 296
Kirch, Margareta (1703?–nach 1748), 809
Kirilow, Iwan K. (1689–1737), 98
Kircher, Athanasius (1602–1680), 220
Kirnberger, Johann Philipp (1721–1783), 215
Klein, Felix (1849–1925), 390, 496, 503, 742
Klingenstierna, Samuel (1698–1765), 354, 756
Kljutschewski, Wassili Ossipowitsch (1841–1911), 64, 91, 829
Klötzler, Rolf Johannes (1931–2021), 719, 738
Klügel, Georg Simon (1739–1812), 506, 757
Kneser, Adolf (1862–1930), 416, 723, 751
Knutzen, Martin (1713–1751), 311, 378
Koebe, Paul (1882–1945), 803
Koenig, Samuel (1712–1757), 31, 285, 397, 398, 529
Koethe, Gottfried Maria Hugo (1905–1989), 622
Kohl, Johann Peter (1698–1778), 84
Köhler, David (18. Jh.), Kassenwart der Berliner Akademie, 473
Kolmogorow, Andrei (1903–1987), 582, 712
Kopernikus, Nikolaus (1473–1543), 4, 194
Kordenbusch, Georg Friedrich von Buschenau, 863

Korff, Johann Albrecht von (1697–1766), 75, 94, 122, 123, 773
Kotelnikow, Semjon Kirillowitsch (1723–1806), 335, 665, 843, 846, 903
Kowalewski, Gerhard (1876–1950), 899
Krafft, Georg Wolfgang (1701–1754), 81, 510
Krafft, Wolfgang Ludwig (1743–1814), 83, 804, 844, 855
Kramer, Adolf (?–1734), 84
Krasilnikow, Andrei Dmitrijewitsch (1705–1773, 844
Kratzenstein, Christoph Gottlieb von (1723–1795), 222, 776
Kries, Friedrich Kristian (1768–1849), 451
Kronecker, Leopold (1823–1891), 517, 530
Krüger, Johann Gottlob (1715–1759), 536
Kühn, Heinrich (1690–1769), 179
Kulibin, Iwan Petrowitsch (1735–1818), 39, 861
Kusnezow, Wassili, 490
Küttner, Samuel Gottlob (1747–1828), 878
Kuzmin, Rodin (1891–1949), 234

L

Lacroix, Sylvestre François de (1765–1843), 611, 651, 685
Ladegast, Friedrich (1818–1905), 219
Lagny, Thomas Fantet de (1660–1734), 233, 607
Lagrange, Joseph-Louis (1736–1813), 37, 184, 230, 329, 450, 477, 495, 520, 523, 538, 617, 655, 659, 710, 742, 744, 773, 802, 843
Lalande, Joseph Jérôme Lefrançais de (1732–1807), 307, 328, 863
Lambert, Johann Heinrich (1728–1777), 177, 234, 355, 506, 608, 810, 825
Lamettrie, Julien Offrey de (1709–1751), 367
Lamy, Bernard (1641–1715), 220
Landau, Edmund (1877–1938), 544
Lander, Leon Joseph (1932–2011), 535
Landry, Fortuné (1799–1895), 525
Laplace, Pierre Simone (1749–1827), 3, 651, 739, 810
Laroche (La Roche), Etienne (Ende 15. Jh. -Anfang 16. Jh.), 525
Laugwitz, Detlef (1932–2000), 164, 620, 628, 907
Lebesgue, Henri (1875–1941), 601, 657, 696
Legendre, Adrien Marie (1752–1833), 154, 224, 226, 506, 520, 530, 655, 656, 685, 739

Lehmann, Johann Gottlieb (1719–1767), 330, 844, 846
Lehndorff, Ernst Heinrich von (1727–1811), 441, 447
Leibniz, Gottfried Wilhelm (1646–1716), 60, 172, 194, 225, 253, 281, 295, 393, 420, 529, 551, 568, 595, 598, 615, 650, 704, 715
Leitmann, Johann Georg (1667–1736), 83
Lepetschin, Iwan Iwanowitsch (1740–1802), 845
Le Sage, George-Louis (1724–1832), 481
Lessing, Gotthold Ephraim (1729–1781), 219, 316
Leutmann s. Leitmann
Lexell, Anders Johan (1740–1784), 804, 844, 856, 885
Lichtenberg, Georg Christoph (1742–1799), 8, 10, 181, 188, 384, 413, 922
Lie, Sophus (1842–1899), 573, 617, 652, 678
Lieberkühn, Johann Nathanael (1711–1756), 309
Ligeti, Györgi (1923–2006), 220
Lindemann, Ferdinand (1852–1939), 234
Linné, Carl von (1707–1778), 324, 328
Liouville, Joseph (1809–1882), 234
Listing , Johann Benedikt (1808–1882), 180
Lobatschewski, Nikolai Iwanowitsch (1792–1856), 131, 148, 507
Lomonossow, Michail Wassiljewisch (1711–1765), 65, 89, 90, 834, 845
Lowitz, Georg Moritz (1712–1722), 336, 812, 844
Lozeran du Fiesc, Louis Antoine (1698–1755), 142
Lucas, Edouard (1842–1901), 146, 525
Lucchesini, Girolamo (1751–1825), 478
Ludwig XIV., König von Frankreich s. Louis, 251
Luzin, Nikolai (1883–1950), 582, 712
l'Hospital, Guillaume François Antoine de (1661–1704), 499, 586, 636, 726

M

Macartney, George (1737–1806), 838
Mach, Ernst (1838–1916), 376, 419, 454
Machin, John (1680–1751), 233
Maclaurin, Colin (1698–1746), 143, 498, 587, 603, 643
Magnitzkii, Leontii Filippowitch (1669–1739), 113
Maillard, Sebastian (1746–1822), 222

Mairan, Jean Jacques Dortus de (1700–1781), 662
Maria Augusta, Prinzessin von Württemberg (1706–1756), 301
Malebranche, Nicolas (1638–1715), 366, 372
Mangoldt, Hans von (1854–1925), 525
Mann, Thomas (1875–1955), 478
Manstein, Christoph Hermann von (1711–1757), 69, 114
Mardefeld, Gesandten Axel von (1691–1748), 290
Marggraf, Andreas Sigismund (1709–1782), 309
Maria Augusta, Prinzessin von Württemberg, 101
Maria Theresia, österreichische Königin (1717–1780), 289
Marinoni, Giovanni (1678–1755), 179
Markuschewitsch, Alexei Iwanowitsch (1908–1979), 660
Martini, Christian (1699–nach 1739), 84
Mascheroni, Lorenzo (1750–1800), 176
Matijassewitsch, Juri Wladimirowitsch (*1947), 538
Mattheson, Johann (1681–1764), 217
Matwijewskaja, G. P. (*1930), 521
Maupertuis, Pierre Louis Moreau de (1698–1759), 33, 137, 254, 286, 288, 297, 315, 322, 388, 398, 742, 754
Maurin, Krysztof (1923–2017), 714
Maxwell, James Clark (1831–1879), 499
Mayer, Christian (1719–1783), 863
Mayer, Friedrich Christian (1697–1729), 81
Mayer, Johann Tobias (1723–1762), 803, 862
Meckel, Johann Friedrich (1724–1774), 344
Melnikov, Ilja Grigorevich (1916–1979), 539
Mencke , Friedrich Otto(1708–1754), 296
Mendelssohn, Moses (1729–1786), 316
Mengoli, Pietro (1626–1686), 169
Menschikow, Aleksander Danilowitsch (1673–1729), 124
Mercator (Kauffman), Nicolaus (um 1619–1687), 150
Mercator, Gerhard (1512–1594), 101
Merian, Johann Bernhard (1723–1807), 349
Merian, Maria Sybilla (1647–1717), 92
Mersenne, Marin (1588–1648), 194, 231, 526
Mesmer, Franz Anton (1734–1815), 7, 324
Méziriac, Claude-Gaspar Bachet de (1581–1638), 230, 534
Michailow (auch Mikhailov), Gleb Konstantinowitsch (1929–2021), 902
Michelotti, Pietro (1763–1740), 70

Michelsen, Johann Andreas Christian (1749–1797), 493, 620
Mikhailov s. Michailow
Mittag-Leffler, Magnus Gösta (1846–1927), 516
Mizler, Lorenz Christoph (1711–1748), 211, 218
Möbius, August Ferdinand (1790–1868), 181, 510
Moissenko, Fedor Petrowitsch (1754–1781/82?), 844
Moivre, Abraham de (1667–1754), 176
Monge, Gaspar (1746–1818), 508, 643, 672, 684
Montesquieu, Charles-Louis de Secondant (1689–1755), 292, 328, 829
Morgan, Augustus de (1806–1871), 106
Morgenstern, Oscar (1902–1877), 553
Morrey, Charles B. (1907–1984), 747
Moula, Friedrich (1703–1782), 86, 243, 330
Mozart, Leopold (1756–1791), 218
Müller, Gerhard Friedrich (1705–1783), Freund Eulers, 65, 83, 101, 136, 238, 290, 513, 837
Mylius, Christlob (1722–1754), 427, 443

N
Nabokov, Vladimir (1899–1977), 839
Nartow, Andrei Konstantinowitsch (1693–1756), 113
Naudé, Philipp jun. (1684–1745), 296, 309, 540
Naudé, Philipp sen. (1654–1728), 296
Neumann, John von (1903–1957), 553, 824
Newton, Isaac (1643–1727), 4, 29, 59, 183, 194, 400, 452, 574, 603, 614, 650, 726, 756, 762, 816
Nicolai, Friedrich (1733–1811), 7, 270, 316
Nicolay, Ludwig Heinrich (1737–1820), 895
Nikolaus (1755–1826), 768
Nörbel, Maria Magdalena (1711–1799), 94

O
Olbers, Heinrich Wilhelm (1758–1840), 809
Olivera e Silva, Tomás, 544
Orffyre s. Bessler
Orlow, Grigori Grigorewitsch (1734–1783), 835
Orlow, Wladimir Grigorewitsch (1743–1831), 832, 835, 871
Ostermann, Heinrich Johann Friedrich (1686–1747), 81, 91, 133

Personenregister

Ostrogradski, Michail Wassilewitsch (1801–1862), 896, 747
Oudry, Jean-Baptiste (1686–1755), 455
Owen, John (1616–1683), 45
Ozanam, Jacques (1640–1717), 552
Ozigova, E. (Helena) P. (1923–1994), 521

P

Pallas, Peter Simon (1741–1811), 513, 845
Parker, Ernest Tilden (1926–1991), 557
Parkin, Thomas R. (1920–1990), 535
Pascal, Blaise (1623–1662), 917
Pasquier, Louis Gustave du (1876–1957), 857
Paucker, Magnus Georg von (1787–1855), 147
Paul, Jean (1763–1825), 555
Pawlow, Michail Iwanowitsch (1733–?), 882
Paxson, Georg Aaron (1932–1986), 146, 525
Pekarski, Peter Petrowitsch (1827–1872, 831
Pell, John (1611–1685), 231, 495, 538
Pelloutier, Simon (1694–1757), 349
Penrose, Roger (*1931), 503
Perron, Oskar (1880–1975), 501
Perwuschin, Iwan M. (1827–1900), 146, 525
Pestalozzi, Johann Heinrich (1746–1827), 26
Peter I., Zar von Russland (1672–1725), 49, 60, 249, 815
Peter II., Zar von Russland (1715–1730), 63, 91
Peter III., Zar von Russland (1728–1762), 258, 355
Philidor (eigentlich André Danican) (1726–1795), 553
Pingré, Alexandre-Guy (1711–1796), 863
Planck, Max (1858–1947), 416, 896
Playfair, John (1748–1819), 505
Plücker, Julius (1801–1861), 501, 614
Poincaré, Henri (1854–1912), 154, 180, 565, 802
Poisson, Siméon Denis (1781–1840), 372, 577
Poleni, Giovanni (1683–1761), 70, 88
Popow, Nikita Iwanowitsch (1720–1782), 844
Pott, Johann Heinrich (1692–1777), 296, 309
Prades, Abbé de (um 1720–1786), 6
Prémontval, André Pierre le Guay de (1716–1764), 328
Puschkin, Aleksander Sergejewitsch (1799–1837), 240, 811, 868

R

Rachette, Jean-Dominique (1744–1809), 886
Raith, Michael (1944–2005), 20
Rameau, Jean-Philippe (1683–1764), 197, 205

Ranke, Leopold von (1795–1886), 59
Razumowski, Kirill Grigorewitsch (1728–1803), 123, 241, 273, 349, 663, 775, 835
Redern, Sigismund Ehrenreich von (1720–1789), 835
Reimers, Heinrich Christoph von (1768–1812), 66
Resmî, Ahmed Ibrahim Effendi (1694?–1783), 331
Reuleaux, Franz (1829–1905), 511
Riccati, Jacopo Francesco (1676–1754), 177, 227, 652
Richelot, Friedrich Julius (1808–1875), 147
Richmann, Georg Wilhelm (1711–1753), 7, 86, 324, 813
Riehl, Alois (1844–1924), 384
Riemann, Bernhard (1826–1866), 363, 385, 524, 581, 608, 656, 696, 756
Riemann, Hugo (1849–1919), 219
Robins, Benjamin (1707–1751), 42, 191, 300, 437, 772, 817
Robison, John (1739–1805), 214
Rolle, Michel (1652–1719), 508
Römer, Olaf Christensen (1614–1710), 297
Röse, Anton Ferdinand (?–1794), 799
Rousseau, Jean-Jacques (1712–1778), 460
Rudio, Ferdinand (1856–1929), 897
Rudolff, Christoff (1500?–1545?), 495
Rumowski, Stepan Jakowlewitsch (1734–1812), 335, 450, 665, 844, 846
Russell, Bertrand Arthur Earl of (1872–1970), 568

S

Salmonowicz, Stanislaw (1931–2022), 265
Salomon, Joseph (1793–1856), 646
Saltykowa, Praskowja Fjodorowna, Zarin von Russland (1664–1723), 71, 123
Sandifer, C. Edward (1951–2022), 918
Sauveur, Joseph (1653–1716), 198, 694
Schafheitlin, Paul (1861–1924), 632
Schafirow, Peter Pawlowitsch (1669–1739), 71
Scheibe, Johann Adolph (1708–1776), 219
Schleiden, Matthias Jacob (1804–1881), 917
Schlesinger, Martin Ludwig (1877–?), 880
Schmettau, Samuel von (1684–1751), 309, 315
Schmidt, Jacob Friedrich (?–nach 1780), 844
Schmieden, Curt (1905–1991), 164, 628
Schnirelman, Lew Gebrichovitsch (1905–1938), 361
Schopenhauer, Arthur (1788–1860), 383, 450

Schumacher, Johann Daniel (1690–1761), 57, 89, 97, 291, 663
Schwartz, Laurent (1915–2002), 712, 747
Schwarz, Hermann Amandus (1843–1921), 581
Scriba, Christoph (1929–2013), 219
Segner, Johann Andreas von (1704–1777), 329, 344, 783, 796, 823
Selfridge, John L. (1927–2010), 146
Shrikhande, Sharad-Chandra S. (1917–2020), 557
Silbermann, Gottfried (1683–1753), 214
Smith, Henry John (1826–1883), 530
Snell, Willebrord van Roijen (1580–1626), 725
Snow, Charles Percy (1905–1980), 367
Sobolew, Sergei Lwowitsch (1908–1989), 712, 747
Sofronow, Michael (1729–1760), 335
Sokolow, Nikita Petrowitsch (1748–1795), 844
Sommerfeld, Arnold (1868–1951), 184
Sophia Dorothea von Hannover (1687–1757), 260
Sophie Auguste Friederike von Anhalt–Zerbst (1729–1796), s. Katharina II.
Sophie Charlotte, Königin in Preußen (1668–1705), 253
Speiser, Andreas (1885–1970), 20, 899
Spiess, Otto (1878–1966), 8, 21, 409, 814, 919
Spinoza, Baruch (1632–1677), 312
Spleiss, Thomas (1705–1775), 854
Stäckel, Paul (1862–1919), 547, 550
Staehlin, Jakob von (1709–1785), 41, 53, 86, 196, 200, 221, 470, 834, 846
Stahl, Georg Ernst (1660–1734), 42
Stanislaw II. Poniatowski, König von Polen (1732–1798), 481
Stehelin, s. Staehlin
Steiner, Jacob (1796–1863), 510
Steller, Georg Wilhelm (1709–1745), 255
Stevin, Simon (1548–1620), 152, 194, 209
Stieda, Wilhelm (1852–1933), 894
Stieltjes, Thomas Jean (1856–1894), 154
Stifel, Michael (1487–1567), 24, 495
Stokes, George (1819–1903), 747
Stone, Edmund (1702–1768), 499, 564
Storch, Heinrich Friedrich von (1766–1835), 480
Struik, Dirk (1894–2000), 106, 915
Struve, Friedrich Georg (1793–1854), 82
Sturm, Johann Christoph (1635–1703), 232
Subbotin, Michail Fjodorowitsch (1893–1966), 804

Suhm, Ulrich Friedrich von (1691–1695), 285, 290
Sulzer, Johann Georg (1720–1779), 366, 397
Süßmilch, Johann Peter (1707–1767), 266, 330, 558
Swedenborg, Emanuel (1688–1772), 7
Swift, Jonathan (1667–1745), 908
Szabó, István (1906–1980), 189

T

Tao , Terence (* 1975), 544
Tarry, Gaston (1843–1916), 557
Tarski, Alfred (1901–1983), 377
Tartaglia, Niccolò (1499?–1557), 678, 816
Tartini, Giuseppe (1692–1770), 198
Taubert, Johann Kaspar (1717–1771), 481, 841
Taylor, Brook (1685–1731), 26, 150, 196, 575, 668, 693
Telemann, Georg Philipp (1681–1767), 196, 217
Teplow, Grigorij Nikolajewitsch (1717–1779), 98, 273, 349, 775, 844
Thiebault, Dieudonné (1733–1805), 390
Thiele, Thorvald (1838–1910), 802
Thury, César François Cassini de (1714–1784), 328
Timmerding, Heinrich Emil (1873–1945), 384, 776
Toeplitz, Otto (1881–1940), 617, 623, 660
Tonnelier s. Châtelet
Trezzini, Domenico (1670–1734), 62
Troscott, Johann (1719–1786), 844
Truesdell, Clifford A. (1919–2000), 2, 151, 186, 199, 201, 589, 712, 795, 899, 922
Tschebyshow, Pafnuti Lwowitch (1821–1894), 226, 530
Tuffet, Jacques (*1926), 435
Turgot, Robert Jacques (1727–1781), 820

U

Unger, Johann Friedrich (1714–1781), 196

V

Valerio, Lucas (1552–1618), 635
Vallée-Poussin, Charles de la (1866–1962), 226
Varignon, Pierre de (1654–1722), 160, 183, 763

Vermeulen, Christoph Ludwig (1724–1789), 308
Veronese, Guiseppe (1854–1917), 629
Viereck, Adam Otto von (1684–1758), 287, 295, 315
Viète, François (1540–1603), 148, 564, 617
Vignoles, Alphonse des (1649–1744), 296, 314
Vlacq, Adrien (1600?–1667?), 604
Vockerodt, Johann Gotthilf (1693–1757), 90
Vogel, Martin (1923–2007), 207
Voltaire (eigentlich Arouet), François Marie (1694–1778), 30, 106, 142, 267, 286, 288, 305, 324, 328, 429, 461, 622, 772
Vucinich, Alexander (1914–2002), 845

W

Waerden, Bartel Leendert van der (1903–1996), 500
Wagner, Johann Wilhelm (1681–1745), 807
Waitz, Joseph Sigismund (1698–1777), 324
Waldo, Clarence A. (1852–1926), 235
Wallis, John (1616–1703), 173, 224, 496, 506
Waltershausen, Wolfgang Sartorius von (1809–1876), 601
Waring, Edward (1734–1793), 543
Weber (1842–1913), 492
Wegelin (Weguelin), Jacob Daniel (1721–1791), 477
Weggersløff (Weggersloff), Friedrich (1702–1763), 135, 193, 778

Weierstraß, Karl (1815–1897), 523, 579, 626, 720, 723
Weil, André (1906–1998), 332, 518, 545
Weitbrecht, Josias (1702–1747), 83
Wenzel, Jean Baptiste de (1724–1790), 872
Werenfels, Samuel (1657–1740), 31, 89
Werner, Georg (1754–1798), 181
Wettstein, Johann Kaspar (1695–1759), 31, 911, 775
Weyl, Hermann (1885–1955), 155, 163
Wildbrecht, Aleksander Michailowitsch (?–1820), 861
Wiles, Andrew (*1953), 145, 542
Winogradow, Iwan Matwejevitsch (1891–1983), 361, 544
Winsheim, Christian Nicolaus von (1694–1751), 86, 99, 237, 513
Winter, Eduard (1896–1982), 79, 904
Wiskowatow, Wassili Iwanowitsch (1779–1812), 492
Wolf, Caspar (1733–1794), 336
Wolff, Christian von (1679–1754), 55, 172, 284, 297, 312, 367, 389, 393, 397, 399, 564, 636
Woronoj, Georgi (1868–1908), 160
Woronzow, Michail Illarionowitsch (1714–1767), 836

Z

Zach, Franz Xaver von (1754–1832), 335
Zarlino, Gioseffo (1517–1590), 203

GPSR Compliance

The European Union's (EU) General Product Safety Regulation (GPSR) is a set of rules that requires consumer products to be safe and our obligations to ensure this.

If you have any concerns about our products, you can contact us on ProductSafety@springernature.com

In case Publisher is established outside the EU, the EU authorized representative is:

Springer Nature Customer Service Center GmbH
Europaplatz 3
69115 Heidelberg, Germany

Batch number: 09473438

Printed by Printforce, the Netherlands